黄河流域生态保护和高质量发展国际工程科技战略高端论坛论文集

中国工程院土木、水利与建筑工程学部
黄河勘测规划设计研究院有限公司 编

黄河水利出版社
·郑州·

内 容 提 要

本书以“黄河流域生态保护和高质量发展”为主题，是中国工程院、水利部黄河水利委员会共同举办的2022年黄河流域生态保护和高质量发展国际工程科技战略高端论坛论文合辑。重点聚焦完善水沙调控体系、复苏河湖生态环境、推进水资源节约集约利用、实施跨流域调水工程、推进数字孪生黄河建设等五大议题方面的研究成果。论文集的出版对促进国内外专家和广大科技人员持续关注黄河保护治理、推动黄河流域生态保护和高质量发展重大国家战略的实施、推动水利科技创新、展示水利科技工作者才华和成果有重要意义。

本书可供广大水利科技工作者和大专院校师生交流学习和参考。

图书在版编目(CIP)数据

黄河流域生态保护和高质量发展国际工程科技战略高端论坛论文集/中国工程院土木、水利与建筑工程学部，黄河勘测规划设计研究院有限公司编. —郑州：黄河水利出版社，2022.8

ISBN 978-7-5509-3346-0

Ⅰ.①黄… Ⅱ.①中… ②黄… Ⅲ.①黄河流域-生态环境保护-2022-文集 Ⅳ.①X321.22-53

中国版本图书馆CIP数据核字(2022)第137306号

组稿编辑：王志宽 电话：0371-66024331 E-mail：wangzhikuan83@126.com

出 版 社：黄河水利出版社 网址：www.yrcp.com
地址：河南省郑州市顺河路黄委会综合楼14层 邮政编码：450003
发行单位：黄河水利出版社
发行部电话：0371-66026940、66020550、66028024、66022620(传真)
E-mail：hhslcbs@126.com
承印单位：河南匠之心印刷有限公司
开本：787 mm×1 092 mm 1/16
印张：40
字数：1 211千字
版次：2022年8月第1版 印次：2022年8月第1次印刷

定价：360.00元

《黄河流域生态保护和高质量发展国际工程科技战略高端论坛论文集》编委会

前言 Preface

黄河是中华民族的母亲河。习近平总书记十分关心黄河流域生态保护和高质量发展。2019年9月18日，习近平总书记在郑州组织召开座谈会，亲自擘画、亲自部署、亲自推动黄河流域生态保护和高质量发展重大国家战略，发出了"让黄河成为造福人民的幸福河"的伟大号召。2021年10月8日，中共中央、国务院印发了《黄河流域生态保护和高质量发展规划纲要》，之后《黄河流域生态保护和高质量发展水安全保障规划》等专项规划相继发布。

国际工程科技战略高端论坛是中国工程院的一个重要学术活动品牌。为充分发挥中国工程院国际工程科技战略高端论坛对重大国家战略的支撑引领作用，中国工程院联合水利部黄河水利委员会共同举办"2022年黄河流域生态保护和高质量发展国际工程科技战略高端论坛"，为长期关心黄河保护治理的国内外专家搭建高水平、高层次的交流平台，共同为黄河保护治理建言献策。

2022年黄河流域生态保护和高质量发展国际工程科技战略高端论坛于2022年9月17—19日在河南郑州召开，论坛主题为黄河流域生态保护和高质量发展。论坛设5个议题，分别为：完善水沙调控体系、复苏河湖生态环境、推进水资源节约集约利用、实施跨流域调水工程、推进数字孪生黄河建设。

2022年黄河流域生态保护和高质量发展国际工程科技战略高端论坛由中国工程院、水利部黄河水利委员会主办；中国工程院土木、水利与建筑工程学部，黄河勘测规划设计研究院有限公司，生态环境部黄河流域生态环境监督管理局，河南省科学技术协会承办；水利部小浪底水利枢纽管理中心，黄河实验室，中国保护黄河基金会，中国水利水电科学研究院，郑州大学，华北水利水电大学，清华大学，武汉大学，四川大学，河海大学，西安理工大学，南京水利科学研究院，黄河水利科学研究院，长江设计集团有限公司，黄河水利水电开发集团有限公司，华为技术有限公司，大禹节水集团股份有限公司，中铁工程装备集团有限公司，水利部黄河流域水治理与水安全重点实验室，新疆寒旱区水资源与生态水利工程研究中心，河南省黄河水沙资源高效利用技术创新中心，河南科技智库黄河国家战略研究基地等22家单位协办。5个分论坛分别由黄河勘测规划设计研究院有限公司、中国水利水电科学研究院、郑州大学、华北水利水电大学承办。

2022年黄河流域生态保护和高质量发展国际工程科技战略高端论坛第一号通知发出论文征集消息后，受到关心黄河的人士和水利科技工作者的广泛关注，共收到来自有关科研院所、大专院校、水利企事业单位等单位科技工作者的论文160篇。经相关专家严格审查，选出102篇论文编入会议论文集。

本论文集由黄河勘测规划设计研究院有限公司牵头汇总，《人民黄河》杂志社、黄河水利出版社为论文的审稿做了大量的工作。论文集的编辑出版得到黄河水利出版社的鼎力相助，参与审稿、编辑的专家和工作人员花费了大量的时间，克服了时间紧、任务重等困难，付出了辛苦和汗水，在此一并感谢。同时，对所有应征投稿的科技工作者表示诚挚的谢意！

由于编辑出版论文集的工作量大、时间紧，且编者水平有限，不足之处，欢迎广大作者和读者批评指正。

编　者

2022年7月

目录 Contents

推进水资源节约集约利用

实施跨流域调水工程

推进数字孪生黄河建设

其　他

完善水沙调控体系

多沙河流水库"蓄清调浑"设计运用研究进展

张金良[1,2]

(1. 黄河勘测规划设计研究院有限公司,河南郑州　450003;
2. 水利部黄河流域水治理与水安全重点实验室(筹),河南郑州　450003)

摘　要:本文从理论研究、技术应用和工程实践三个层面系统梳理了多沙河流水库设计运用的发展历程。发展至今,先后经历了"蓄水拦沙""蓄清排浑""蓄清调浑"三个阶段。进入"蓄清调浑"阶段以来,在理论研究层面,揭示了泄水建筑物布设与水库排沙及有效库容保持的互馈机制、高含沙水流能耗机制、输沙能量转换机制,为多沙河流水库设计运用提供了理论基础;在技术应用上,水库拦沙库容再生利用与多元化利用、淤积形态与库容分布耦合设计技术及水沙分置开发技术均得到了创新和发展,为超高、特高含沙河流上重大水利枢纽工程开发找到行之有效的途径;在工程实践中,以小浪底水库为代表的运用实践,以及黄河古贤、泾河东庄和甘肃马莲河等重大水利工程为代表的规划设计,为"蓄清调浑"设计运用提供了丰富的理论与技术支撑,未来结合工程建设运行可进一步验证完善"蓄清调浑"运用理论及设计技术。

关键词:水库泥沙;蓄水拦沙;蓄清排浑;蓄清调浑;设计运用

1　研究背景

在天然河道上修建水库会带来河道边界条件的改变和来水来沙过程的变化,从而引发一系列工程泥沙问题,这种现象在泥沙量大、含沙量高的多沙河流上尤为明显[1]。工程泥沙问题有多种不同的表现形式[2],例如库尾泥沙淤积会造成淤积末端上延,影响河道排洪通道畅通;库区泥沙淤积会侵占水库有效库容,影响水库综合效益发挥[3];泄流孔洞泥沙淤堵会造成启闭设施破坏,影响工程运用安全[4];坝下泥沙淤积会造成尾水渠泥沙淤堵,影响水库泄流安全[5]。由于多沙河流的治理主要围绕工程泥沙问题的处理,因此引起了大批学者的关注与重视[6-7]。为有效解决多沙河流水库工程泥沙问题,保障水库长期效益发挥,我国泥沙科技工作者针对多沙河流水库设计运用进行了长期探索与实践,在该领域积累了丰富的实践经验和理论基础。

多沙河流水库工程泥沙设计运用需要综合考虑工程规模、不同运用阶段泥沙淤积量、工程运用对下游河道冲淤影响等多方面因素,因此需要开展大量的研究与论证工作[8]。总体而言,我国多沙河流水库设计运用经历了三个阶段:第一阶段是20世纪50—60年代,以三门峡水库为代表,采用"蓄水拦沙"设计运用,由于对泥沙问题考虑不足,库容淤损过快,回水末端淤积上延,渭河下游防洪问题突出[9];第二阶段是20世纪70年代至21世纪初期,针对水库淤积过快问题,将水库运用方式调整为"蓄清排浑"运用,部分实现了水库既定的开发目标,同时在对三门峡等水库运用实践总结的基础上,为缓解黄河下游淤积,提出小浪底水库"拦粗排细、蓄清排浑"运用方式[10]和"调水调沙"运用方式[11-13],使得工程泥沙设计技术显著提升。第三阶段是进入21世纪以来,以小浪底水库为代表的运用实践,为多沙河流水库设计运用提供了丰富的技术支撑;此外,泥沙科技工作者针对高、超高、特高含沙量河流工程泥沙设计

基金项目:国家重点研发计划项目(2016YFC0402503,2018YFC1508404)。

作者简介:张金良(1963—),男,教授级高级工程师,主要从事多沙河流治理与水沙调控工作。

难和拦沙库容再生利用难等世界性难题，以古贤、东庄、马莲河等水库为基础进行理论创新、技术攻关及实践应用[14]，提出“蓄清调浑”设计运用理论及关键技术[15]，系统解决了多沙河流工程泥沙问题，形成了较为完善的理论与技术体系，极大地推动了多沙河流水库设计运用及研究发展。

经过多年理论创新与技术发展，现阶段，多沙河流水库“蓄清调浑”设计运用研究已经取得了较大进展，形成了较为完整的系统框架，创新性地提出包括水库淤积形态与库容分布耦合设计、拦沙库容再生利用、水沙分置开发等关键技术[14]。本文旨在综述多沙河流水库设计运用发展历程，从理论创新、关键技术及工程实践三个方面总结不同发展阶段的研究进展，梳理“蓄水拦沙”和“蓄清排浑”阶段存在的问题以及“蓄清调浑”阶段取得的成果，为新时期多沙河流水库设计运用及研究发展提供方向。

2　多沙河流水库设计运用理论研究进展

多沙河流水库设计运用理论的核心，是研究工程修建前后库区、坝前以及坝下游的泥沙运动特性[16]，由此推演不同工程规模及工程布置时水沙运动的特点、泥沙淤积的形态及其与水库调度之间的响应[17-19]。纵观多沙河流水库设计运用理论研究进展，其基本理念从“蓄水拦沙”以“拦”为主到“蓄清排浑”的“拦、排”结合，再到现阶段“蓄清调浑”的“拦、排、调”结合，以“调”为主。

2.1　蓄水拦沙

20世纪50—60年代，我国兴建了大批水利工程，由于轻视泥沙问题的严重性以及对工程泥沙问题认识水平有限，该时期多沙河流水库多参考清水河流水库，并借鉴早期苏联专家对水库设计运用的经验，以拦蓄洪水泥沙为主[20]。该时期对水库排沙理论的研究也主要基于世界范围内多数水库运用的经验，即认为水库排沙将已经淤积在水库里的泥沙冲走实际上是不可能的，想用水库经过底孔放水的方法冲走已经沉积的泥沙的企图，只能造成一个后果，即由于水的作用在泥沙沉积的范围内，冲出一条狭窄的沟槽，并直接在底孔旁形成一个面积有限的漏斗状坑穴，而且只有在水流运动过程中处于悬浮状态的细颗粒泥沙，才有可能被水库排泄出库。因此，仅仅依靠水力冲刷手段带走的泥沙量，与水库长时期运用累计拦蓄的泥沙量相比几乎是可以忽略不计的。此外，即使水库汛期敞泄排沙，水流经过水利枢纽泄洪后也将会在上游形成回水，回水的形成和水库坡降的降低将使水流流速和挟沙能力大大降低，因此泄洪排沙期库区内的泥沙淤积量仍然会很多。在考虑上述因素的情况下，该时期水库往往设置较大的库容拦蓄泥沙，且忽视水库排沙作用的影响，因此不可避免地造成库容淤损过快的后果。

综上可知，“蓄水拦沙”设计运用阶段，由于缺乏经验，对工程泥沙问题认识不足，对水库水流泥沙运动过程理解有限，因此错误预估了泥沙问题的潜在危害。即使有个别学者提出在水库上游通过开展水土保持、修建拦沙坝等措施减少入库泥沙量[21-22]，但受当时主流思想的影响，泥沙处理的思路仍局限于“拦”。这种通过水库拦沙库容被动换取水库寿命的设计运用方式是不合理的，注定会大大缩减水库的使用寿命，导致水库原有开发功能在短时间内全部或部分丧失。

2.2　蓄清排浑

针对“蓄水拦沙”阶段水库淤积严重的问题，我国水利工作者认识到以“拦”为主的设计运用思路是不可行的，为了适应水利工程的开发需求，解决水库有效库容长期保持这一迫切问题，需要探索新的道路。早在20世纪60年代，林一山[23]根据辽宁柳河上游的闹得海水库和埃及尼罗河上的小阿斯旺水库，提出要使水库长期保持部分有效库容，就必须使库区既能在必要时达到排沙的流速，又能充分发挥蓄水兴利的目的，即汛期排沙，汛后蓄水的运用方式，由此拉开了“蓄清排浑”设计运用的序幕。随后，韩其为[3]进一步从理论上阐述了水库长期使用的原理和根据，并给出了保留库容的确定方法，同时从理论上详细论证了水库长期使用的根据、在技术上的可行性和经济上的合理性。三门峡等水库改建后泥沙淤积的有效控制，也从工程实践上验证了“蓄清排浑”设计运用的可行性[24-26]。从基本原理上讲，水库蓄清排浑设计运用是指水库在汛限水位附近具有一定的泄流规模，因此在汛期含沙量较高、洪量较大时能够维持汛限水位或进一步降低水位泄洪排沙运用，将全年尤其是非汛期淤积的泥沙排泄出库，从而实现水库全年的冲淤平衡，维持有效库容的长期保持；而在非汛期含沙量较低时，水库能够蓄水兴利运用，综合实现开发目标。自提出以来，“蓄清排浑”设计运用方式在实践中不断优化和完善。胡春宏等[15]结合江河水沙变化的实际情况，提出了长江三峡水库、黄河三门峡水库和小浪底水库基于“蓄清排浑”运用方式进一步优化的建议，即三峡水库汛期实施“中小洪水”调度，三门峡水库由汛期全部敞泄发展为汛期大于一定流量时敞泄，小浪底水库结合调水调沙运用。

总体而言，经过我国水利工作者的长期探索，不断研究水库“蓄清排浑”设计运用方式，在理论和解决实际问题上都已经颇为成熟，以“拦、排”结合能够保证水库调节库容和防洪库容的长期保持和使用，有效地解决了我国多沙河流水库有效库容难以保持的问题，但采用上述运用方式后，仍然存在一些问题需要解决，例如水库汛期不能蓄水，在干旱地区难以保障供水任务，从而带来排沙和供水之间难以协调的矛盾；水库在进入正常运用期后仍需强迫排沙，调沙能力减弱，进而影响水库防洪减淤效益；超高含沙河流即使采用“蓄清排浑”仍难以保持有效库容等。由此可见，“蓄清排浑”设计运用方式仍然有很大的发展空间，因此仍需探索新时期多沙河流水库设计运用方式。

2.3　蓄清调浑

21世纪初期，张金良等[27]结合三门峡水库和小浪底水库运用实践，提出多沙河流水库通过调水调沙长期保持有效库容的同时，还要尽可能调节出库水沙搭配关系，有利于下游河道减淤，由此形成了“蓄清调浑”的初步概念。21世纪发展至今，以小浪底水库为代表的运用实践[28-29]和以东庄、马莲河、古贤等水库为代表的规划设计[30-33]，为多沙河流水库设计运用提供了丰富的理论支撑。泥沙科技工作者创新发展了工程泥沙设计理论[14]，提出了高、超高、特高含沙量河流分级标准，探明了“水库-河道”联动机制、输沙能量转换机制，创建了水库拦沙能力计算新方法，构建了库区泥沙冲淤能耗最小临界形态计算公式，从理论上揭示了泄水建筑物布设与水库排沙及有效库容保持的互馈机制，为多沙河流水利枢纽工程拦沙库容设置、淤积形态设计、泄水排沙建筑物规划设计等提供了理论基础，由此逐步形成了以全面发挥水库的综合效益和长期提高下游水沙关系协调度为核心的“蓄清调浑”设计运用方式。“蓄清调浑”的核心思想是指，根据水库开发任务要求，充分考虑多沙河流来水来沙过程中场次洪水和年际间丰、平、枯变化，统筹调节泥沙对水库淤积形态和有效库容的影响，以尽可能提高下游河道水沙关系协调度为核心，设置合适的拦沙和调水调沙库容，通过“拦、调、排”全方位协同调控，实现有效库容长期保持和部分拦沙库容的再生利用、拦沙库容与调水调沙库容一体化使用，更好地发挥水库的综合利用效益[15]。采用“蓄清调浑”设计运用方式的水库，在适当拦沙和汛期排沙的基础上，根据来水来沙条件动态优化水库调度运用，能够长期发挥有效协调水沙关系的能力，实现水库拦沙库容的恢复利用及下游河道的高效输沙。与“蓄清排浑”相比，“蓄清调浑”更加注重“调”的运用，指导思想更为主动、灵活。同时为更好地满足“调”的需求，“蓄清调浑”在水库设计上也有一定的要求，水库需要增设足够深度的排沙底孔和足够的调沙库容，在此基础上根据水沙系列的丰平枯变化动态调整其运用方式，以此来解决水沙关系不协调带来的库容淤损过快或河道淤积严重等问题，从而实现以水库河道为整体的泥沙年际年内调节的需要。

总的来说，新时期泥沙科技工作者对工程泥沙问题进行了全链条研究，使该领域得到了全方位发展。尤其是创新形成的多沙河流水库“蓄清调浑”设计运用新理念，突破了以往“蓄清排浑”运用传统，对于工程泥沙问题有了更全面的认识和更系统的理解，将泥沙处理思路由被动防御转变为主动调控，使得水库设计运用理论得到提升。同时，在理论基础层面，高含沙水流能耗机制、互馈机制、输沙能量转换机制、泥沙淤积机制等均得到发展，有力地支撑了水利工程的规划设计和调度运用。

3　多沙河流水库设计运用关键技术研究进展

多沙河流水库设计运用中面临着有效库容保持难、淤积形态设计难、供水排沙兼顾难等诸多问题，采用一定技术手段解决上述问题一直是研究的热点问题。以下本文将分别叙述拦沙库容再生利用、淤积形态与库容分布耦合设计、水沙分置开发三个关键技术在不同阶段的研究进展。

3.1 拦沙库容再生利用技术

在河流上修建水库后，水位抬高，流速降低，势必造成库区的泥沙淤积。关于此，韩其为[3]的《水库淤积》、钱宁[34]的《泥沙运动力学》、张瑞瑾[35]的《河流动力学》等都对水库淤积的机制和库区水流泥沙运动的机制进行过研究。早期“蓄水拦沙”阶段，由于理论基础的缺乏，尚未对水库排沙效应有清晰的认知，普遍忽略水库的排沙作用，认为即使水库低水位运用或敞泄运用，也只能排出部分泥沙，将水库局限地看作拦沙工程[36]。到了“蓄清排浑”阶段，虽然水库库容保持领域已经有了较为成熟的理论和技术，包括溯源冲刷、异重流排沙等措施，但仍未对水库拦沙库容再生利用进行研究，也没有相应的技术，且水库拦沙库容一旦淤满，只能被动进入正常运用期强迫排沙运用。“蓄清调浑”是对多沙河流水库拦沙库容再生利用技术的创新，该阶段首次提出了在死水位以下创造坝前临时泥沙侵蚀基准面实现拦沙库容再生利用的设计理念，发明了低位非常排沙孔洞的设置与设计技术，并在泾河东庄等水库得以应用，基于此的非常规排沙调度方式，能够实现拦沙库容恢复20%以上，使死库容复活并永续利用[14]。

3.2 淤积形态与库容分布耦合设计技术

水利枢纽的开发建设一般要同时兼顾防洪、发电、供水、灌溉等多目标要求，如何结合地形、来水来沙等条件进行库容分布设计直接影响水库的规模指标。“蓄水拦沙”阶段，水库淤积形态计算和库容分布设计往往分开进行，且水库淤积形态设计中未充分考虑河槽冲淤临界状态，而实际上水库具有死滩活槽的特点，槽库容有冲有淤。“蓄清排浑”阶段，韩其为[16]研究了三角洲淤积的趋向性和特点。除三角洲淤积形态外，其他学者对锥体淤积形态、带状淤积形态等也有过大量研究[22,25]，有了一些经验性的形态判别方法[37]。具体进行水库淤积形态设计的方法包括公式计算、数学模型计算和物理模型计算等。但该阶段关于冲淤临界状态的研究较少，对于河槽冲淤临界状态的界定尚不清晰，这给水库库容分布设计带来影响，造成水库回水计算基底边界不明确。“蓄清调浑”阶段，淤积形态与库容分布耦合设计技术得到完善，通过识别库区干支流水沙与泥沙淤积形态的响应关系，统筹考虑了水库调沙需求及不利影响，完整构建了水库“高滩深槽、高滩中槽、高滩高槽”三种淤积形态设计技术，提出“深槽调沙、中槽兴利、高槽调洪”三槽淤积形态和库容分布耦合设计新技术，创建了库区“小水拦沙，大水排沙，适时造峰，淤滩塑槽”的滩槽同步塑造调控技术，实现了拦沙库容、调水调沙库容、兴利库容、防洪库容分布与淤积形态的耦合设计，确立了设计新技术和规则[14]。

3.3 水沙分置开发模式与技术

水库存在供水的任务，而多沙河流水库由于存在汛期排沙的要求，需要保持一定时段的低水位运用，因此存在供水与排沙之间的矛盾，该问题对于特高含沙河流水库尤其突出。“蓄水拦沙”阶段，水库淤损过于严重，淤废后将难以发挥供水等综合效益[38]。“蓄清排浑”阶段修建的水利枢纽工程多为单库开发模式，因此无法满足特高含沙河流水库供水保证率的问题，水沙分置开发模式与技术仍旧处于空白。直至“蓄清调浑”阶段，开始研究干流大库调控泥沙、支流调蓄水库调节供水的并联水库模式，研究形成并联水库兴利库容联合配置设计技术，论证水沙分置效果。建立的兴利库容和调沙库容联合配置设计技术，突破了有效库容保持和供水调节之间难以协调的技术难题，为特高含沙河流重大水利枢纽工程开发找到了行之有效的途径[14]。

4 多沙河流水库设计运用实践进展

自20世纪50年代至今，我国多沙河流水库设计运用经历了三个发展阶段，不同阶段都有相应的工程实践案例。本文将分别叙述不同水库设计运用阶段的工程案例及当时存在的问题，剖析问题的成因和行之有效的解决措施，为未来水库设计运用研究提供理论和技术支撑。

4.1 蓄水拦沙

“蓄水拦沙”设计运用方式完全不考虑排沙，以一定库容拦蓄泥沙，若遇丰沙年份，水库淤积速度将会很快，库容损失率也大，水库的近期效益虽高，但远期效益随着库容的淤损显著降低[21]。典型案例如三门峡水库1960—1962年曾采用这种运用方式，导致水库淤积严重。在1960年9月至1962年3月一年半的时间内，三门峡水库 330 m 高程以下淤积泥沙 15.3 亿 t，有 93%的来沙淤积在库内，导致回水末端淤积上延，潼关高程从 323.40 m 抬升到 328.07 m，渭河下游防洪问题严峻。除此以外，黄河干流上的盐锅峡水电站，运用 9 年损失库容 76%。黄河上游青铜峡水库，仅 5 年时间，库容由 6.06 亿 m^3 减至 0.79 亿 m^3，损失 87%。内蒙古曾调查 19 座 100 万 m^3 以上的水库，淤积量占总库容的 31%。据 1983 年陕西省调查资料统计，全省建成的 314 座水库，总库容 40.48 亿 m^3，泥沙淤积量达 7.67 亿 m^3，其中 1970 年以前建成的 120 座水库已损失库容 53%，有 43 座水库淤满报废；榆林、延安两地区水库泥沙的淤积量分别占总库容的 75%和 88%[39]。山西省对 1958 年以后兴建的大中型水库进行调查，结果显示，到 1974 年底泥沙淤积约 7 亿 m^3，占总库容的 32%。由于这一时期对泥沙认识水平有限，采用了以“拦”为主的设计运行思路，被动地通过堆沙库容“拦”沙换取水库使用寿命，没有很好地解决泥沙淤积问题，这一时期修建的水库泥沙淤积问题严重，大量工程被迫改建[26]。

4.2 蓄清排浑

经历“蓄水拦沙”阶段水库严重淤积的惨痛教训后，我国多沙河流水库开始逐渐采用“蓄清排浑”设计运用方式，最初的实践案例借鉴于闹得海水库的成功运用[23]，由此形成了“蓄清排浑”的初步理念，随后在进一步发展中，根据水库运用对泥沙调节形式的不同，分为汛期敞泄运用、汛期控制低水位运用和汛期控制蓄洪运用三种形式。汛期敞泄运用即空库迎洪，利用泄空过程造成的溯源冲刷和沿程冲刷，将前期淤积的泥沙排至库外。这种运用方式排沙效果好，能大大减少水库的淤积，如黑松林、红领巾、洗马林等水库。汛期控制低水位运用即采用限制一定的低水位进行控制运用，这个水位一般为排沙水位，当洪水到来时，库水位限制在这一水位之下，排走汛期的大部分泥沙，依靠年际间水沙的丰枯变化，可基本控制水库的淤积。青铜峡水库和改建后的三门峡水库即属于这种类型。汛期控制蓄洪运用即汛期含沙量较高的洪水期采取降低水位控制运用，而含沙量较低的小洪水则适当地加以拦蓄，以提高兴利效益，满足用水需要，如山西恒山水库。总的来说，虽然“蓄清排浑”基本解决了水库的淤积问题，但水库进入正常运用期后如何解决调沙库容过小与协调水沙关系的矛盾仍难以解决，且超高、特高含沙河流即使采用“蓄清排浑”仍难以解决库容淤损过快的难题。

4.3 蓄清调浑

基于“蓄清排浑”设计运用方式仍然难以解决的难题，新时期以小浪底水库为代表的运用实践，为多沙河流水库设计运用提供了丰富的技术支撑。依托当前正在开展的黄河古贤水利枢纽、泾河东庄水利枢纽、马莲河水利枢纽等重大工程设计，对涉及的工程泥沙问题进行了全链条研究，形成了系统的“蓄清调浑”设计运用理论技术体系。多沙河流水库库坝区输沙流态和冲淤模式十分复杂，现有模型考虑不全面，难以适应高、超高、特高不同含沙量水库冲淤模拟。针对目前多沙河流水库回水计算基底边界不明确，可能导致移民回水超出设计范围，诱发社会问题，提出了基于高滩高槽推算移民水位的新方法。在深入研究古贤水库坝区泥沙冲淤规律的基础上，识别出库区干支流水沙交互存在沿程入汇、分层倒灌、蓄泄吐纳、侧向驱动四种基本模式，建立了冲淤模拟方法，提出了库坝区耦合水沙全交互模型，能够支撑水库泥沙设计的全方位模拟评估[14]。为持续发挥水库拦沙减淤效益，提出了在死水位以下创造坝前临时泥沙侵蚀基准面实现拦沙库容再生利用的设计理念。在超高含沙量河流水库泥沙设计中，在正常泄流排沙孔以下增设非常排沙底孔，通过孔洞空间布置、泄流规模等设计，在死水位以下快速形成临时泥沙侵蚀基准面，为实现拦沙库容再生利用创造工程条件。结合东庄水库调度设计，根据东庄水库水沙特性，提出低位非常排沙孔洞采用“相机泄空，适时回蓄”的调度方式，并确定了启用的水沙条件、泄水流量、回蓄时机，使水库拦沙库容恢复 20%以上，并永续利用[14]。针对特高含沙河流水库有效库容保持和供水调节之间难以协调的难题，结合马莲河水库，创建了特高含沙河流干流大库调控泥沙、调蓄水库调节供水的并联水库水沙分置开发模式，为特高含沙量河流重大水工程开发开辟了新途径。

5 结 论

本文系统回顾了我国多沙河流水库设计运用方式的发展历程，对“蓄水拦沙”“蓄清排浑”“蓄清调浑”三个阶段水库设计运用理论研究、关键技术和应用实践进行总结和分析，主要认识如下：

(1)在理论研究层面，“蓄水拦沙”缺乏水库排沙理论支撑，单纯采用“拦”的策略，忽视水库排沙效应；“蓄清排浑”采用“拦、排”结合的策略，能够从理论上阐述水库长期使用的原理和根据，但仍具有一定的局限性；“蓄清调浑”注重“调”，完善发展高含沙水流能耗机制、多沙水库泥沙淤积机制，将泥沙处理思路由被动防守转为主动调控。

(2)在关键技术中，“蓄清调浑”对多沙河流淤积形态与库容耦合分布设计技术、超高含沙河流水库拦沙库容再生利用技术和特高含沙河流水沙分置开发技术等进行创新，实现协调水沙关系和拦沙库容再生利用，解决了长期以来制约超高、特高含沙河流大型水利枢纽建设的关键难题。

(3)在工程实践中，“蓄清调浑”运用方式与设计技术已经在小浪底等水库进行了应用，为黄河古贤、泾河东庄以及甘肃马莲河等重大水利枢纽工程论证提供了技术支撑，未来结合工程建设运行可进一步验证完善“蓄清调浑”运用理论及设计技术。

参考文献

[1] 胡春宏. 我国多沙河流水库“蓄清排浑”运用方式的发展与实践[J]. 水利学报,2016,47(3):283-291.
[2] 戴定忠. 中国的河流泥沙问题[M]. 北京:水利电力出版社,1991.
[3] 韩其为. 水库淤积[M]. 北京:科学出版社,2003.
[4] 付健,陈翠霞,罗秋实,等. 小浪底水利枢纽进水塔前泥沙冲淤研究[M]. 郑州:黄河水利出版社,2017.
[5] 胡春宏,陈建国,郭庆超. 三门峡水库淤积与潼关高程[M]. 北京:科学出版社,2008.
[6] 涂启华,安催花,万占伟,等. 多泥沙河流水利水电工程泥沙处理[M]. 北京:中国水利水电出版社,2020.
[7] 韩其为,杨小庆. 我国水库泥沙淤积研究综述[J]. 中国水利水电科学研究院学报,2003,1(3):169-177.
[8] 涂启华,扬赉斐. 泥沙设计手册[M]. 北京:中国水利水电出版社,2006.
[9] 黄河水利委员会科技外事局,三门峡水利枢纽管理局. 三门峡水利枢纽运用四十周年论文集[M]. 郑州:黄河水利出版社,2001.
[10] 陈建国,周文浩,孙高虎. 论黄河小浪底水库拦沙后期的运用及水沙调控[J]. 泥沙研究,2016(4):1-8.
[11] 李国英. 黄河调水调沙[J]. 中国水利, 2002(11):34-38,10.
[12] 张金良. 黄河调水调沙实践[J]. 天津大学学报, 2008(9):1046-1051.
[13] 安新代,石春先,余欣,等. 水库调水调沙回顾与展望——兼论小浪底水库运用方式研究[J]. 泥沙研究,2002(5):36-42.
[14] 张金良. 多沙河流水利枢纽工程泥沙设计理论与关键技术[M]. 郑州:黄河水利出版社,2019.
[15] 张金良,胡春宏,刘继祥. 多沙河流水库“蓄清调浑”运用方式及其设计技术[J]. 水利学报,2021,52(S):1-10.
[16] 韩其为. 论水库的三角洲淤积[J]. 湖泊科学,1995,7(2):107-118.
[17] 钱宁,张仁,赵业安,等. 从黄河下游的河床演变规律来看河道治理中的调水调沙问题[J]. 地理学报,1978(1):13-24.
[18] 练继建,万毅,张金良. 异重流过程的梯级水库优化调度研究[J]. 水力发电学报,2008(1):18-23.
[19] 张金良,练继建,万毅. 基于多库优化调度的人工异重流原型试验研究[J]. 人民黄河,2007,29(2):1-2,5.
[20] 刘继祥. 水库运用方式与实践[M]. 北京:中国水利水电出版社,郑州:黄河水利出版社,2008.
[21] 王开荣,李文学,郑春梅. 黄河泥沙处理对策的发展、实践与认识[J]. 泥沙研究,2002,47(6):26-30.
[22] 水利水电科学研究院. 水库淤积问题的研究[M]. 北京:水利电力出版社, 1959.
[23] 林一山. 水库长期使用问题[J]. 人民长江,1978(2):1-8.
[24] 龙毓骞,张启舜. 三门峡工程的改建和运用[J]. 人民黄河,1979(3):1-8.
[25] 胡春宏,王延贵,张世奇,等. 官厅水库泥沙淤积与水沙调控[M]. 北京:中国水利水电出版社,2003.
[26] 郭玲. 巴家咀水库除险加固后运用方式探讨[J]. 甘肃水利水电技术,2011,47(8):47-48, 51.
[27] 张金良,乐金苟,季利. 三门峡水库调水调沙(水沙联调)的理论和实践[C]//中国水利学会地基与基础工程专业委员会. 黄河三门峡工程泥沙问题研讨会论文集. 北京:中国水利学会地基与基础工程专业委员会:中国水利学会,2006, 7.

[28] 李国英. 基于水库群联合调度和人工扰动的黄河调水调沙[J]. 水利学报, 2006, 37(12):1439-1446.
[29] 陈建国,周文浩,韩闪闪. 小浪底水库拦沙后期运用方式的思考与建议[J]. 水利学报,2015,46(5):574-583.
[30] 梁艳洁,谢慰,赵正伟,等. 东庄水库运用方式对渭河下游减淤作用研究[J]. 人民黄河,2016,38(10):131-136.
[31] 钱胜,付健,盖永岗,等. 渭河下游洪水冲淤特性对东庄水库运用要求分析[J]. 陕西水利,2013(6):131-133.
[32] 张金良. 黄河古贤水利枢纽的战略地位和作用研究[J]. 人民黄河,2016,38(10):119-121, 136.
[33] 万占伟,李福生. 古贤水库建设的紧迫性和建设时机[J]. 人民黄河,2013,35(10):33-35.
[34] 钱宁. 泥沙运动力学[M]. 北京:科学出版社,1983.
[35] 张瑞瑾. 河流动力学[M]. 武汉:武汉大学出版社,2007.
[36] 姜乃森,傅玲燕. 中国的水库泥沙淤积问题[J]. 湖泊科学,1997,9(1):1-8.
[37] 焦恩泽. 可用库容问题的研究[J]. 泥沙研究,1981(3):57-66.
[38] 陆大璋. 青铜峡水库的排沙措施及效果[J]. 人民黄河,1987(4):18-21.
[39] 陕西省水利科学研究所河渠研究室水库组. 陕西省百万方以上水库淤积情况调查[J]. 陕西水利科技,1973(1):27-35.

泾河东庄水库非常排沙运用研究

陈翠霞[1,2]　付　健[1,2]　刘俊秀[1,2]

（1. 黄河勘测规划设计研究院有限公司，河南郑州　450003；
2. 水利部黄河流域水治理与水安全重点实验室（筹），河南郑州　450003）

摘　要：泾河东庄水库是黄河水沙调控体系的重要支流水库，水库非常排沙运用对保持水库有效库容、恢复拦沙库容以长期发挥拦沙减淤效益意义重大。本文采用东庄水库和渭河下游河道一维水沙数学模型，从水库排沙、库容恢复、渭河下游减淤等方面，计算比选了东庄水库非常排沙底孔运用方式。结果表明：①入库遇连续 2 d 流量大于 600 m^3/s 洪水时开启非常排沙底孔，与 1 000 m^3/s 方案相比，非常排沙底孔运用期间库区多冲刷 4.95 亿 t，拦沙库容累计多恢复 2.21 亿 m^3，渭河下游河道多减淤 0.22 亿 t；②水库入库遇 2~5 年一遇洪水时开启非常排沙底孔，与 3~5 年一遇洪水方案相比，非常排沙底孔运用期间库区多冲刷 7.08 亿 t，拦沙库容累计多恢复 2.11 亿 m^3，渭河下游河道多减淤 0.28 亿 t；③相比遇 2~5 年一遇洪水方案，水库入库遇连续 2 d 流量大于 600 m^3/s 洪水时开启非常排沙底孔，可多恢复拦沙库容 1.22 亿 m^3，恢复单方库容耗水量少 2.92 亿 m^3，渭河下游多减淤 0.10 亿 t。

关键词：非常排沙；东庄水库；泾河；渭河下游

1　引言

东庄水利枢纽工程坝址位于泾河干流最后一个峡谷段（张家山站）出口以上 29 km，距西安市约 90 km。坝址以上控制流域面积 4.31 万 km^2，占泾河流域面积的 95%，占渭河华县站控制流域面积的 40.5%，几乎控制了泾河全部洪水泥沙。坝址断面实测年均悬移质输沙量 2.37 亿 t，约占渭河来沙量的 70%、黄河来沙量的 1/6。东庄水利枢纽工程是国务院批复的《黄河流域综合规划》《黄河流域防洪规划》《渭河流域重点治理规划》《关中–天水经济区发展规划》中重要的防洪、水沙调控和水源工程，是渭河防洪减淤体系的重要组成部分，是黄河水沙调控体系的重要支流水库。开发任务是以防洪减淤为主，供水、发电、改善生态等综合利用。

东庄水库来水含沙量高，来沙量大，实测年均含沙量高达 140 kg/m^3，7 月、8 月平均含沙量分别达到 310 kg/m^3 和 298 kg/m^3，库区地形弯曲，曲折系数达到 3.0，水库泥沙问题极为复杂，库容保持任务十分艰巨，当属世界之最。枢纽在正常排沙孔洞（进口底板高程 708 m）之下增设了非常排沙底孔（进口底板高程 693 m），实现有效库容长期保持和拦沙库容重复利用[1]。针对东庄水库排沙运用方式的研究，梁艳洁等[2]提出了有利于减少渭河下游河道淤积、维持渭河下游中水河槽的东庄水库正常排沙运用方式；高际平等[3]提出了蓄清排浑是东庄水库维持有效库容的有效运用方式之一。当前对于东庄水库非常排沙底孔运用的研究很少。本文从水库排沙、库容恢复、渭河下游减淤等方面论证了非常排沙底孔的运用方案，为东庄水利枢纽工程设计提供了技术支撑。

2　研究区域、方法和数据

2.1　研究区域

本文研究区域为泾河东庄水库及渭河下游河道。东庄水库校核洪水位 803.29 m，设计总库容

基金项目：河南省青年人才托举工程项目（2022HYTP022）；国家重点研发计划（2016YFC0402503）。

作者简介：陈翠霞（1987—），女，高级工程师，主要从事水库调度研究工作。

32.76 亿 m^3,其中拦沙库容 20.53 亿 m^3,调水调沙库容 3.27 亿 m^3,死水位为 756 m,非常排沙水位 715 m。枢纽为大(1)型Ⅰ等工程,采用双曲拱坝为代表坝型,主要建筑物包括:1 座混凝土双曲拱坝、3 个溢流表孔、4 个排沙泄洪深孔和 2 个非常排沙底孔及其配套设置的坝下消能防冲水垫塘和二道坝,1 座库区左岸坝前布置的供水取水口和 1 条发电引水洞及其下方 1 条排沙洞,1 座安装 2 大 2 小共 4 台机组、装机规模 110 MW 的地下厂房发电系统,一套结合坝基和库区左右岸碳酸盐岩库段防渗的灌浆帷幕系统。当前工程处于全面建设阶段,预估 2027 年发挥作用。

渭河下游自咸阳至渭河口全长约 208 km,于潼关汇入黄河。咸阳下游 39 km 处渭河左岸有支流泾河汇入,渭河口上游 19 km 处左岸有支流北洛河汇入。渭河下游属三门峡库区,由于受水库回水影响,河道淤积严重,比降变缓,河床比降仅为 0.5‰~0.1‰。水沙关系不协调是进入渭河下游水沙的基本特性,也是渭河下游河道淤积的根本原因,渭河下游河段已成为地上"悬河",中小洪水易形成"横河""斜河"顶冲两岸堤防。防洪工程有干流防洪大堤和华阴滩区三门峡返库移民区防洪围堤。

2.2 研究方法

数学模型是模拟水库和河道水沙演进及冲淤演变常用的方法。本文东庄水库和渭河下游河道泥沙冲淤计算均采用一维水动力学模型,模型原理及基本控制方程见文献[4],模型已经过三门峡水库、小浪底水库、黄河小北干流和黄河下游河道实测资料验证,模型计算值与实测值误差在 15%以内,能够准确反映水库及河道水沙输移和泥沙冲淤特性。

2.3 研究数据

黄河中下游干支流河道有系统的水文泥沙测验数据和固定的河道统测断面,由黄委水文部门逐年整编发布。在进行东庄水库非常排沙运用论证时,考虑降雨及人类活动影响,设计入库沙量系列采用 1.7 亿 t。入库水沙系列选取时,统筹考虑来水来沙的丰枯变化,选取 1968—1979 年+1987—1999 年+1962—1986 年系列,相应的入库水、沙量分别为 12.21 亿 m^3、1.68 亿 t,其中汛期 7—10 月水、沙量分别为 7.99 亿 m^3、1.56 亿 t。

3 结果与分析

3.1 计算方案

东庄坝址原始河床高程为 587 m,排沙泄洪深孔进口高程为 708 m,非常排沙底孔进口高程为 693 m。当坝前泥沙淤积面高程低于排沙底孔进口高程时,水库不具备排沙条件。根据渭河下游河道洪水冲淤特性[5],当流量大于 600 m^3/s、含沙量大于 300 kg/m^3 的非漫滩高含沙洪水进入渭河下游时,冲刷较为明显,主槽过洪能力增加;咸阳站和张家山站流量大于 1 000 m^3/s 的洪水输沙效率较高,渭河下游主槽发生冲刷,平滩流量扩大。防洪减淤是东庄水利枢纽的主要开发任务,非常排沙底孔运用在增强水库排沙效果、恢复水库库容的同时,应避免对渭河下游河道减淤造成不利影响,因此非常排沙底孔运用方案的拟订应选取大流量有利条件。

考虑水流由东庄坝址传播至渭河入黄口的时间约 30 h,因此东庄水库大流量入库水流应持续 2 d 以上。东庄坝址上距泾河干流杨家坪水文站 190 km,上距泾河干流景村水文站 101.9 km,水流由杨家坪水文站传播至景村水文站、由景村水文站传播至东庄坝址的时间均将近 1 d。杨家坪水文站至景村站之间有较大支流马莲河和黑河汇入,景村水文站至东庄坝址无较大支流汇入。因此,拟订非常排沙底孔运用方案为:①当"泾河杨家坪站+马莲河雨落坪站+黑河亭口站"实测流量大于 600 m^3/s 且景村站实测流量也大于 600 m^3/s 时,开启非常排沙底孔,简称"实测流量大于 600 m^3/s 方案";②当"泾河杨家坪站+马莲河雨落坪站+黑河亭口站"实测流量大于 1 000 m^3/s 且景村站实测流量也大于 1 000 m^3/s 时,开启非常排沙底孔,简称"实测流量大于 1 000 m^3/s 方案"。

根据工程设计条件,非常排沙底孔不参与泄洪运用。根据渭河下游防洪要求,当东庄入库为 5 年一遇以下洪水时,即入库流量小于 3 220 m^3/s,可以敞泄运用;对于 5 年一遇以上洪水,则需要根据华县断面流量情况,水库有可能要削峰滞洪。因此,以洪峰流量为判别指标,考虑大流量时水库排沙效果较好,在入库2~5年一遇洪水之间，又拟订了“景村站遇2年一遇（1 230 m^3/s）至5年一遇（3 220 m^3/s）洪水时开启非常排沙底孔”（简称“2~5年一遇方案”）和“景村站遇3年一遇（1 960 m^3/s）至5年一遇洪水时开启非常排沙底孔”（简称“3~5年一遇方案”）两个运用方案。

非常排沙底孔泄流排沙时，库水位可最低降低至715 m，比正常死水位756 m低41 m，当入库平均流量小于300 m^3/s 时关闭非常排沙底孔。非常排沙底孔运用方案见表1。

表1　非常排沙底孔运用方案

<table>
<tr><th>序号</th><th>非常排沙底孔运用方案</th><th>非常排沙底孔运用条件</th><th>备注</th></tr>
<tr><td>1</td><td>实测流量大于600 m³/s</td><td>“泾河杨家坪站+马莲河雨落坪站+黑河亭口站”实测流量大于600 m³/s且景村站实测流量大于600 m³/s时，开启非常排沙底孔，直到入库平均流量小于300 m³/s结束；或库区淤积量达到23.0亿 m³</td><td rowspan="4">当入库流量大于300 m³/s时，水库首先开启正常排沙泄洪深孔敞泄，降低水位至死水位756 m泄流排沙</td></tr>
<tr><td>2</td><td>实测流量大于1 000 m³/s</td><td>“泾河杨家坪站+马莲河雨落坪站+黑河亭口站”实测流量大于1 000 m³/s且景村站实测流量大于1 000 m³/s时，开启非常排沙底孔，直到入库平均流量小于300 m³/s结束；或库区淤积量达到23.0亿 m³</td></tr>
<tr><td>3</td><td>2~5年一遇</td><td>景村站遇2~5年一遇洪水时开启非常排沙底孔，直到入库平均流量小于300 m³/s结束；或库区淤积量达到23.0亿 m³</td></tr>
<tr><td>4</td><td>3~5年一遇</td><td>景村站遇3~5年一遇洪水时开启非常排沙底孔，直到入库平均流量小于300 m³/s结束；或库区淤积量达到23.0亿 m³</td></tr>
</table>

3.2 计算结果

3.2.1 实测流量大于600 m^3/s 和实测流量大于1 000 m^3/s 方案比较

3.2.1.1 水库排沙情况

非常排沙底孔运用期间两方案东庄水库排沙情况见表2。实测流量大于600 m^3/s 方案，排沙总次数、总天数均多于实测流量大于1 000 m^3/s 方案，非常排沙底孔运用期间水库总冲刷量比实测流量大于1 000 m^3/s 方案多4.95亿t。

表2　非常排沙底孔运用期间东庄水库排沙情况

方案	发生年数/a	发生次数/次	发生天数/d	入库总计			出库总计			库区累计冲刷量/亿t
				水量/亿 m^3	沙量/亿t	平均含沙量/(kg/m^3)	水量/亿 m^3	沙量/亿t	平均含沙量/(kg/m^3)	
实测流量大于600 m^3/s	11	14	48	43.10	17.74	411.60	44.88	28.50	635.03	10.76
实测流量大于1 000 m^3/s	6	6	23	24.51	10.32	421.05	24.84	16.13	649.36	5.81

3.2.1.2 水库冲淤变化和库容恢复效果

水库冲淤和库容恢复效果见表3。不设置排沙底孔，水库正常运用50年内槽库容最大淤积量为2.98亿 m^3，占设计调水调沙库容3.27亿 m^3 的91.13%，有近70%的年份槽库容淤积量在设计调水调沙库容的50%以上，近20%的年份槽库容淤积量在设计调水调沙库容的75%以上。实测流量大于600 m^3/s 方案，水库正常运用50年内槽库容最大淤积量为1.07亿 m^3，占设计调水调沙库容的

32.72%；库区最小淤积量为18.36亿 m^3，累计淤积小于拦沙库容20.53亿 m^3 的年份为30年，50年内可累计恢复拦沙库容4.45亿 m^3。实测流量大于1 000 m^3/s 方案，水库正常运用50 a内槽库容最大淤积1.99亿 m^3，占设计调水调沙库容的60.86%；库区最小淤积量为19.48亿 m^3，水库运用过程中累计淤积小于拦沙库容20.53亿 m^3 的年份为17年，50 a内可累计恢复拦沙库容2.24亿 m^3。可见，非常排沙底孔运用可实现拦沙库容的恢复和重复利用。实测流量大于600 m^3/s 方案对拦沙库容的恢复效果优于实测流量大于1 000 m^3/s 方案，多恢复2.21亿 m^3。

表3 水库正常运用50年库区冲淤计算结果

方案	库区最大淤积量/亿 m^3	库区最小淤积量/亿 m^3	槽库容淤积		拦沙库容恢复情况	
			最大淤积量/亿 m^3	占设计调水调沙库容百分比/%	库区淤积量小于20.53亿 m^3 年份/a	拦沙库容累计恢复/亿 m^3
不设置非常排沙底孔	23.51	20.97	2.98	91.13	0	0
实测流量大于600 m^3/s	21.60	18.36	1.07	32.72	30	4.45
实测流量大于1 000 m^3/s	22.52	19.48	1.99	60.86	17	2.24

3.2.1.3 渭河下游河道减淤效果

渭河下游河道累计淤积量见表4。无东庄水库条件下渭河下游河道累计淤积9.44亿t，不设非常排沙底孔、实测流量大于600 m^3/s 和实测流量大于1 000 m^3/s 方案，渭河下游河道累计淤积量分别为7.13亿t、6.64亿t和6.86亿t，累计减淤量分别为2.31亿t、2.80亿t和2.58亿t。实测流量大于600 m^3/s 方案比实测流量大于1 000 m^3/s 方案多减淤0.22亿t。因此，推荐采用实测流量大于600 m^3/s 方案。

表4 水库正常运用50年渭河下游河道累计淤积量

比选方案	累计淤积量/亿t	累计减淤量/亿t
无东庄水库	9.44	
不设非常排沙底孔	7.13	2.31
实测流量大于600 m^3/s	6.64	2.80
实测流量大于1 000 m^3/s	6.86	2.58

3.2.2 2~5年一遇和3~5年一遇方案比较

3.2.2.1 水库排沙情况

非常排沙底孔运用期间两方案东庄水库排沙情况见表5。2~5年一遇方案排沙总年数、次数和天数均多于3~5年一遇方案，水库总冲刷量多7.08亿t。

表5 非常排沙底孔运用期间东庄水库排沙情况

方案	发生年数/a	发生次数/次	发生天数/d	入库总计			出库总计			库区累计冲刷量/亿t
				水量/亿 m^3	沙量/亿t	平均含沙量/(kg/m^3)	水量/亿 m^3	沙量/亿t	平均含沙量/(kg/m^3)	
2~5年一遇	27	39	109	50.68	20.21	398.78	57.53	33.02	573.96	12.81
3~5年一遇	11	11	41	24.09	10.06	417.60	25.92	15.79	609.18	5.73

3.2.2.2 水库冲淤变化和库容恢复效果

水库冲淤和库容恢复效果见表6。2~5年一遇方案,水库正常运用50年内槽库容最大淤积量为1.17亿 m^3,占设计调水调沙库容的35.78%;库区最小淤积量为19.13亿 m^3,累计淤积量为小于拦沙库容20.53亿 m^3 的年份为29年,50年内可累计恢复拦沙库容3.23亿 m^3。3~5年一遇方案,水库正常运用50年内槽库容最大淤积量为1.89亿 m^3,占设计调水调沙库容的57.80%;库区最小淤积量为20.25亿 m^3,累计淤积小于拦沙库容20.53亿 m^3 的年份为10年,50年内可累计恢复拦沙库容1.12亿 m^3。2~5年一遇方案对拦沙库容的恢复效果比3~5年一遇方案多2.11亿 m^3。

表6 水库正常运用50年库区冲淤计算结果

方案	库区最大淤积量/亿 m^3	库区最小淤积量/亿 m^3	槽库容淤积		拦沙库容恢复情况	
			最大淤积量/亿 m^3	占设计调水调沙库容百分比/%	库区淤积量小于20.53亿 m^3 年份/a	拦沙库容累计恢复/亿 m^3
不设置非常排沙底孔	23.51	20.97	2.98	91.13	0	0
2~5年一遇	21.70	19.13	1.17	35.78	29	3.23
3~5年一遇	22.42	20.25	1.89	57.80	10	1.12

3.2.2.3 渭河下游河道减淤效果

渭河下游河道累计淤积量见表7。不设非常排沙底孔,2~5年一遇和3~5年一遇方案,渭河下游河道累计淤积量分别为7.13亿t、6.74亿t和7.02亿t,累计减淤量分别为2.32亿t、2.70亿t和2.42亿t。2~5年一遇方案比3~5年一遇方案多减淤0.28亿t。因此,推荐采用2~5年一遇方案。

表7 水库正常运用50年渭河下游河道累计淤积量

比选方案	累计淤积量/亿t	累计减淤量/亿t
无东庄水库	9.44	
不设非常排沙底孔	7.13	2.32
2~5年一遇方案	6.74	2.70
3~5年一遇方案	7.02	2.42

3.2.3 非常排沙底孔运用方案推荐

对上述实测流量大于600 m^3/s 方案和2~5年一遇方案进行对比,见表8。水库运用50 a内,与实测流量大于600 m^3/s 方案相比,2~5年一遇方案水库排沙次数多,非常排沙底孔运用期间库区总冲刷量较大,但每年非常排沙期的年均天数较少,每次排沙的冲刷强度和对拦沙库容的恢复效果较差,可恢复的拦沙库容少1.22亿 m^3,恢复单方库容耗水量多2.92亿 m^3,渭河下游河道减淤量少0.10亿t。因此,推荐实测流量大于600 m^3/s 方案。

表8 非常排沙底孔运用期间东庄水库计算结果

方案	发生年数/a	发生次数/次	发生天数/d	库区冲刷量/亿t	库区淤积量小于20.53亿 m^3 年份/a	拦沙库容累计恢复/亿 m^3	恢复单方库容耗水量/亿 m^3	渭河下游减淤量/亿t
实测流量大于600 m^3/s	11	14	48	10.76	30	4.45	6.11	2.80
2~5年一遇	27	39	109	12.81	29	3.23	9.03	2.70

4 结论

（1）东庄水库非常排沙运用对保持水库有效库容、恢复拦沙库容以长期发挥拦沙减淤效益意义重大。东庄水库入库遇连续2 d大于600 m^3/s时开启非常排沙底孔，相比1 000 m^3/s方案，非常排沙底孔运用期间库区多冲刷4.95亿t，拦沙库容累计多恢复2.21亿m^3，渭河下游河道多减淤0.22亿t；与2~5年一遇方案相比，可多恢复拦沙库容1.22亿m^3，恢复单方库容耗水量少2.92亿m^3，渭河下游河道多减淤0.10亿t。非常排沙底孔泄流排沙时，水库水位最低可降至715 m，比正常死水位756 m低41 m，当入库平均流量小于300 m^3/s时关闭非常排沙底孔。

（2）泾河东庄水库是黄河水沙调控体系的重要支流水库，水库排沙运用方式影响水库拦沙使用年限、渭河下游河道和黄河下游河道冲淤变化。需要进一步结合渭河及黄河流域生态保护和高质量发展，深入研究东庄水库与黄河中游水库群联合调控方式。

参考文献

[1] 张金良. 泾河东庄水利枢纽工程双泥沙侵蚀基准面排沙研究[J]. 人民黄河,2021,43(10):35-39.
[2] 梁艳洁,谢慰,赵正伟,等. 东庄水库运用方式对渭河下游减淤作用研究[J]. 人民黄河,2016,38(10):131-136.
[3] 高际平,姚文艺,张俊华,等. 东庄水库蓄清排浑运用对维持有效库容的作用[J]. 泥沙研究,2010(2):57-63.
[4] 张金良. 多沙河流水利枢纽工程泥沙设计理论与关键技术[M]. 郑州：黄河水利出版社，2019.
[5] 钱胜,付健,盖永岗. 渭河下游洪水冲淤特性对东庄水库运用要求分析[J]. 陕西水利,2013(6):131-132.

黄河中游三门峡、小浪底水库汛限水位动态控制研究

李荣容[1,2]　崔振华[1,2]

(1. 黄河勘测规划设计研究院有限公司,河南郑州　450003;
2. 水利部黄河流域水治理与水安全重点实验室(筹),河南郑州　450003)

摘　要:针对黄河洪水资源化利用问题,以三门峡水库、小浪底水库为对象,研究基于"实时预蓄预泄法"的黄河中游干流梯级水库汛限水位动态方案,提出水库汛限水位动态域、预泄回蓄判别指标和模式,通过数学模型进行计算分析,结果表明:动态控制方案对水库及下游防洪基本无影响,水库结合预报提前3 d预泄,可在洪水到来前将库水位降至现状汛限水位;由于汛期平水期水库运用水位抬高,库区淤积有所增加,实施过程中可根据实际情况临时降低水位运用,减少库区淤积,待洪峰、沙峰过后及时回蓄,充分拦蓄洪水资源。

关键词:汛限水位;动态控制; 防洪减淤影响;梯级水库;洪水资源化

黄河是资源性缺水河流,水资源供需矛盾突出。近年来通过对上游龙羊峡水库、刘家峡水库,中游三门峡水库、小浪底水库的联合调度运用,实现了黄河水资源的合理配置,提高了沿黄两岸的供水保证率,在黄河水资源优化配置中发挥了重要作用。然而,受人类活动和气候变化的影响,黄河流域水资源供需矛盾日益尖锐,迫切需要通过"洪水资源化"等多种途径并举,科学合理利用水资源,缓解水资源短缺的局面。本文以三门峡水库、小浪底水库为研究对象,结合工程运用现状和水沙预报精度,研究提出黄河中游梯级水库汛限水位动态管理模式及关键控制指标,为充分利用洪水资源、提高多沙河流梯级水库防洪兴利等综合利用效益提供技术支撑。

1　水库运用现状

三门峡水库是黄河中游干流上修建的第一座以防洪为主,兼顾防凌、灌溉、发电、供水等综合利用的大型水利枢纽工程,水库位于河南省陕州区(右岸)和山西省平陆县(左岸)交界处,上距潼关约120 km,坝址以上控制流域面积68.84万km²。三门峡水库汛期7月1日至10月31日汛限水位305 m,防洪运用水位333.65 m,防洪库容58.26亿m³(2020年10月实测)。小浪底水库是黄河中下游防洪工程体系的核心,水库的开发任务是以防洪(防凌)、减淤为主,兼顾供水、灌溉、发电,位于黄河干流最后一个峡谷的出口处,上距三门峡水库130 km,坝址控制流域面积69.42万km²,控制了黄河86.9%的径流和几乎全部的泥沙。小浪底水库设计汛限水位254 m,现状7月1日至8月31日前汛期汛限水位235 m,9月1日至10月31日后汛期汛限水位248 m,防洪运用水位275 m,前、后汛期防洪库容分别为79.60亿m³、60.06亿m³(2021年4月实测)。三门峡、小浪底、陆浑、故县、河口村等水库联合运用,共同承担黄河下游的防洪任务。

三门峡水库调度运用主要受制于库区淤积和可能带来的潼关高程影响问题,目前采用"蓄清排浑"运用方式,即非汛期蓄水兴利,汛期控制坝前水位305 m防洪排沙运用,当水库来较大洪水时,水库敞泄排沙运用。通过水库汛期排沙、汛后蓄水,使库区基本冲淤平衡。目前潼关高程稳定在328 m左右,库

作者简介:李荣容(1982—),女,高级工程师,硕士,从事洪水调度、水文水资源研究工作。

区 333.65 m 高程以下有 58 亿 m^3 左右的有效库容可长期稳定保持。

小浪底水库 2000 年投入运用以来，与已建三门峡、陆浑、故县、河口村等水库和东平湖、北金堤滞洪区联合运用，将黄河下游堤防洪水设防标准从 60 年一遇提高到近千年一遇，基本解除了下游凌汛威胁。通过水库拦沙和调水调沙使下游河道持续冲刷；拦蓄了 2003 年、2005 年、2007 年、2010—2013 年、2018—2021 年间 9 场伏汛洪水和 7 场秋汛洪水，最大限度地减少了水库、河道泥沙淤积，减轻了黄河下游的防洪压力；通过水库调节，基本满足了供水、灌溉的需要，还多次向天津应急供水，缓解当地用水危机，为促进经济社会发展做出了重大贡献。

2 汛限水位动态控制域研究

2.1 研究方法[1]

水库汛限水位动态控制域的确定是动态控制研究的关键内容，也是动态控制方案实施的基础。目前常用的确定方法主要有预泄能力约束法、统计分析法、库容补偿法等，本文采用预泄能力约束法分析水库的动态控制域，该方法应用较为广泛，比较成熟。

预泄能力约束法主要采用如下公式推求汛限水位上限：

$$\Delta Z_1 \leqslant f[(q_{out} - Q_{in})t_y] \tag{1}$$
$$q_{out} \leqslant q_{an}$$

式中：ΔZ_1 为设计汛限水位 Z_0 以上浮动增值，对应的水位即是汛限水位动态控制上限值；$f[*]$ 为预泄能力；t_y 为有效预见期；Q_{in} 为 t_1 时期内平均入流量；q_{out} 为 t_1 时期内平均泄流量；q_{an} 为下游河道允许过流量。

2.2 汛限水位动态控制上限分析

三门峡水库、小浪底水库为串联关系，本文研究的汛限水位动态控制时间为 7—8 月。推求汛限水位上限的关键影响因素为预见期、预见期内的入库基流、下游河道允许最大下泄流量。首先，根据黄河中游现状预报水平、近期来水特点和下游河道过流条件，计算三门峡水库、小浪底水库可浮动的总水量，然后参考两库实际调度运用灵活度分配各水库可浮动水量，接着以现状汛限水位动态控制下限值，查算得到浮动库容相应的上限水位。最后，考虑汛限水位上浮的防洪淤积影响，确定三门峡水库、小浪底水库汛限水位动态控制域。

2.2.1 预见期

三门峡水库、小浪底水库入库水沙预报参考站为潼关站。2016 年、2017 年小浪底水库开展汛限水位动态控制试验期间[2]，黄委水文局每天发布专项预报，内容为潼关站和小花区间未来 3~5 d 日均流量预报及黄河流域后期天气形势预估。2021 年秋汛洪水期间，黄委水文局滚动制作包括潼关站在内的关键站未来 7 d 流量过程预报。参照《水文情报预报规范》(GB/T 22482—2008)，2016 年、2017 年专项预报精度随着预见期的增加而降低，2016 年潼关站未来 3 d 日均流量预报的精度为 91.8%~49.2%；2017 年潼关站未来 5 d 日均流量预报的精度为 98%~52.9%。2021 年秋汛关键期潼关 7 d 水量预报合格率 84.4%，预报平均误差 10.2%。总体来看，潼关站前 3 d 日均流量预报精度基本满足水库调度要求。潼关站泥沙预报较为复杂，目前主要通过潼关站与上游相关站含沙量经验相关模型进行泥沙试预报。

根据以上分析结果，本次研究洪水预报预见期采用 72 h。不考虑泥沙预报，以潼关站的实测含沙量作为调度控制指标。

2.2.2 入库基流

潼关站 2000—2021 年 7—8 月平均流量为 1 030 m^3/s，本文汛限水位动态控制运用采用“实时预蓄预泄法”，即按照洪水起涨前即将水位降至下限水位进行汛限水位动态控制，则有效预见期内的入库基流为洪水起涨前的过程。考虑到汛期平均流量代表了汛期平均来水水平，且包含了洪水过程的各个阶段，根据潼关站 7—8 月平均流量，入库基流取 1 000 m^3/s。

2.2.3 允许下泄流量

根据近几年黄河下游排洪能力分析结果,黄河下游最小平滩流量在4 500 m^3/s左右,为保证下游河道洪水不漫滩,允许下泄流量按不超过4 000 m^3/s考虑。

2.2.4 汛限水位动态控制域确定

根据式(1)计算得到7—8月中游干流水库可浮动的总水量为7.78亿m^3。综合考虑汛限水位上浮对库区淤积、渭河下游地区防洪安全影响,三门峡水库汛限水位动态控制域为305~308 m,浮动库容0.46亿m^3;小浪底水库汛限水位动态控制域为235~240 m,浮动库容6.6亿m^3。

3 汛限水位动态控制方案[3]

3.1 预泄判别指标和预泄模式

3.1.1 预泄判别指标

预泄判别指标是指水库转入预泄状态的指标,取潼关流量和含沙量。

三门峡水库转入预泄主要是从利于水库排沙和潼关高程冲刷两个角度考虑,三门峡水库汛期库区冲刷主要发生在流量级大于1 500 m^3/s的过程,而含沙量大于100 kg/m^3的水流挟带的沙量占有较大的比重,综合实测资料分析结果及三门峡水库排沙运用实践经验,预泄判别指标为潼关站流量1 500 m^3/s、含沙量100 kg/m^3,为保持一定的挟沙效果,同时需满足日均流量大于1 000 m^3/s。

小浪底水库调度运用灵活性较大,且目前处在拦沙后期第一阶段,有较大的调节库容,预泄时机可适当推后,预泄流量判别指标取潼关日均流量2 500 m^3/s,相当于2年一遇;含沙量判别指标同三门峡水库。

3.1.2 预泄模式

预泄模式一般包括考虑预报的预泄模式和不考虑预报的预泄模式。考虑预报的预泄模式根据水库的预报结果,在可用的预见期内,提前根据预报信息将水库水位预泄至设计的汛限水位;不考虑预报的预泄模式是根据水库实时入库流量、含沙量信息,当来水来沙超过一定指标时,便认为水库上游发生洪水或可能导致水库发生较大淤积,实时将水库水位预泄至设计的汛限水位。可以看出,前者提前预泄,可腾出更多的库容;后者预泄时机短,在洪水涨速较快时存在一定的风险。

根据三门峡水库、小浪底水库来水来沙特性、实际排沙运用和下游控制泄量要求,拟订预泄模式如下:①考虑来水预报,根据未来3 d潼关站预报结果,当来水超过预泄判别流量且有继续上涨趋势时,三门峡水库按不小于1 000 m^3/s(相当于1#~5#机组满发流量)预泄,小浪底水库按控制花园口站不超过4 000 m^3/s预泄,在洪水到达前将库水位降低至汛限水位。②不考虑泥沙预报,根据潼关站实测含沙量,当含沙量超过100 kg/m^3,且日均流量大于1 000 m^3/s时开始预泄,将库水位降低至汛限水位。

3.2 回蓄判别指标和回蓄模式

回蓄方式可按照固定值下泄或根据实际入库流量动态下泄。当回蓄过程中下泄流量为固定值时,水库可根据下游实际用水需求均匀下泄,此方式的优点是水库调度运行简单易行,闸门操作方式单一。当预泄流量为动态过程时,水库根据入库流量过程或者洪水预报结果适时调整下泄流量,此方式的优点是水库的下泄流量与入库流量相适应,缺点是水库的调度运行和闸门操作比较复杂,需要根据入库流量或者洪水预报过程适时调整。本文采用固定值下泄法回蓄。

参考近几年三门峡水库、小浪底水库实际调度运用情况,提出回蓄模式及下泄流量为:预报未来3 d潼关站来水无明显起涨趋势,且潼关流量减小至1 500~2 000 m^3/s、含沙量减小至100 kg/m^3以下,同时坝前含沙量较低时,相机转入水资源利用,按照发电流量固定下泄,逐步回蓄至上限水位。

4 汛限水位动态控制水库防洪及库区淤积影响分析

4.1 对防洪运用影响分析

选择1992年、1993年、1996年、2012年实测典型洪水进行调洪计算,结果见表1、图1、图2。可见,三门峡水库汛限水位从 305 m 浮动到 308 m,上浮库容仅 0.46 亿 m^3,水库按 1 000~3 000 m^3/s 预泄,一般 1~2 d 即可将水位回降至 305 m 以下。小浪底水库汛限水位从 235 m 浮动到 240 m,上浮库容 6.6 亿 m^3,考虑小花间来水,水库按 3 800 m^3/s 左右预泄,3 d 内可将水位降至 235 m。洪水期调洪过程与常规方案一致。回蓄段,三门峡水库按 200~1 000 m^3/s 回蓄,1 d 内可蓄至 308 m;小浪底水库按 1 000~1 500 m^3/s 回蓄,8~16 d 左右可蓄至 240 m。总体来看,汛限水位动态控制方案对水库及下游防洪基本无影响。

表 1　不同方案实测洪水典型调洪结果

水库蓄水情况及下游洪水情况			1992 年	1993 年	1996 年	2012 年
三门峡	预泄段	预泄历时/h	18~40	43	7~26	13~17
		预泄流量/(m^3/s)	1 000~1 500	1 000~1 200	1 000~3 000	1 500~3 000
	洪水段	最大入库流量/(m^3/s)	4 040	4 440	7 400	5 540
		最大出库流量/(m^3/s)	4 040	4 440	5 410	5 230
		最高水位/m	305	305	306.48	305
回蓄段		回蓄历时/h	17~31	11	11~15	12~15
小浪底	预泄段	预泄历时/h	68	55	70	53
		预泄流量/(m^3/s)	3 870~4 000	3 850~4 000	3 300~4 000	3 680~4 000
	洪水段	最大出库流量/(m^3/s)	3 640	3 930	3 670	2 590
		最高水位/m	235.13	235.00	237.64	235.00
回蓄段		回蓄历时/h	180	268	390	353
花园口		洪峰流量/(m^3/s)	4 130	4 200	5 020	4 000

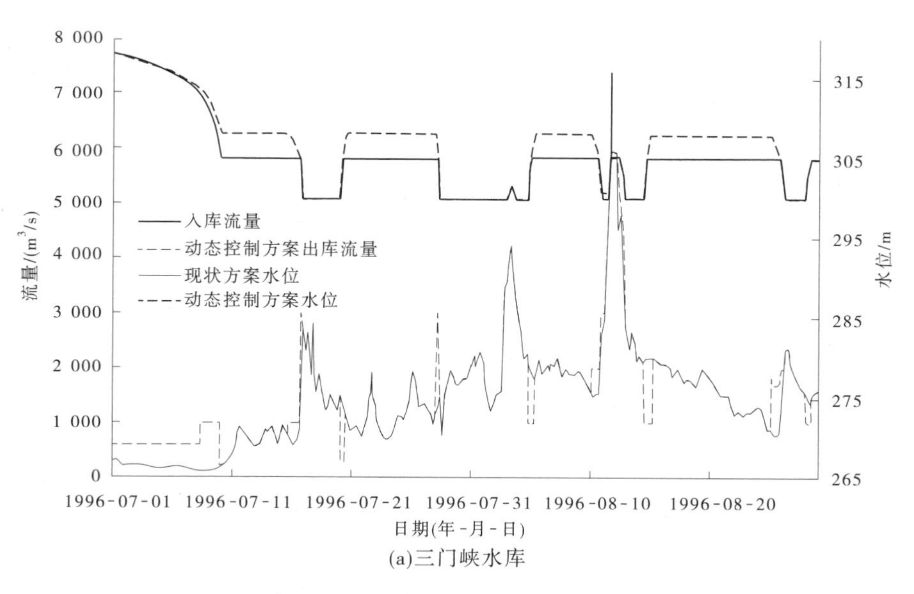

(a)三门峡水库

图 1　1996 年典型三门峡水库、小浪底水库调度过程线

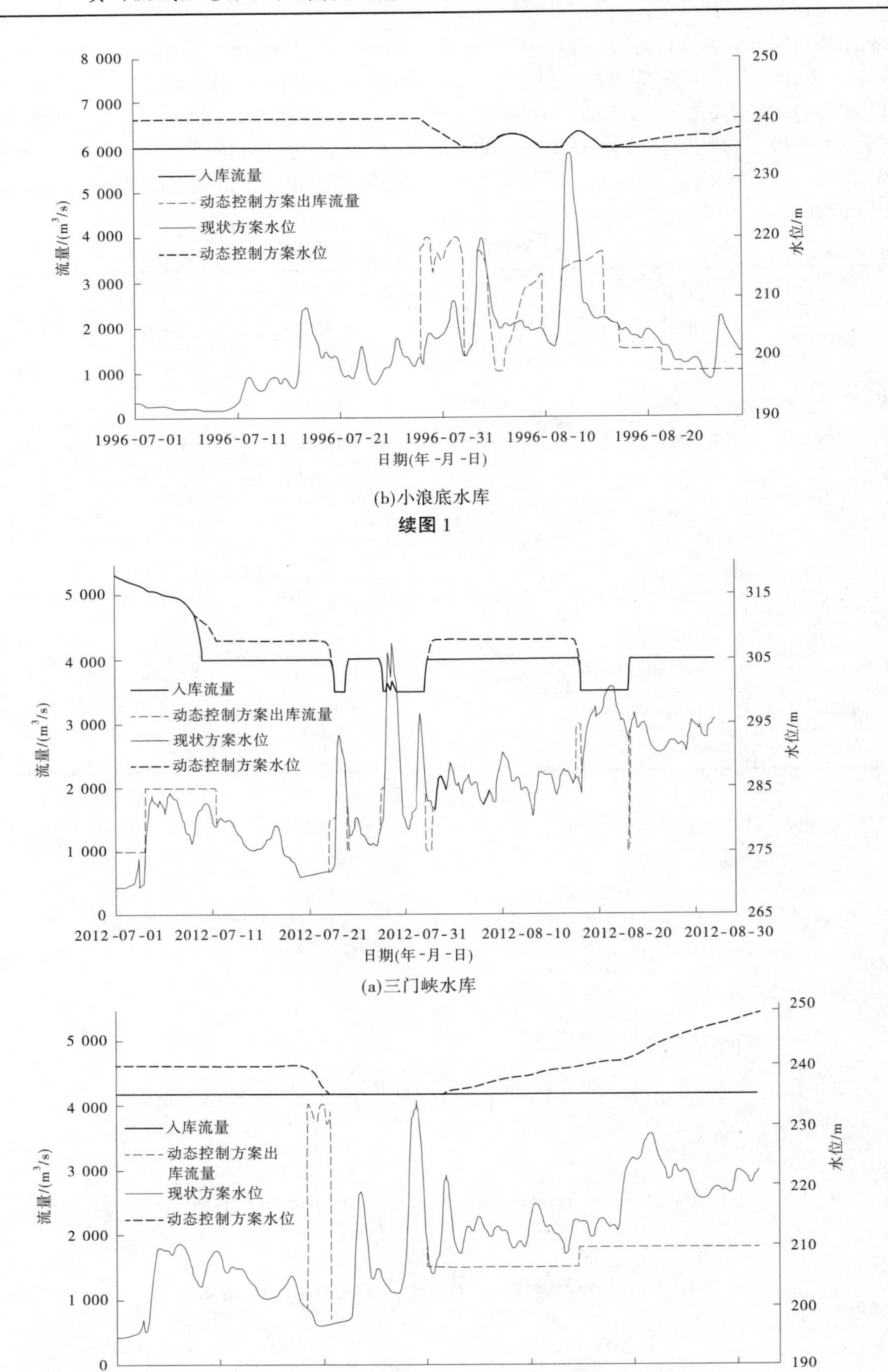

(b)小浪底水库

续图 1

(a)三门峡水库

(b)小浪底水库

图 2　2012 年典型三门峡水库、小浪底水库调度过程线

4.2 对库区冲淤影响分析

考虑近期黄河中游水沙情势变化,依据1987年以来实测年水沙量过程,设计来沙量5.6亿t和2.6亿t 2个水沙系列情景,采用三门峡水库、小浪底水库一维水沙数学模型,对提出的汛限水位动态控制方案进行库区冲淤计算,结果见表2。

表2 三门峡水库、小浪底水库库区冲淤计算结果(系列长度5年)

年序	水库累计冲淤量/亿t							
	1999年系列(249.93亿 m^3,5.61亿t)				2004年系列(238.84亿 m^3,2.57亿t)			
	三门峡		小浪底		三门峡		小浪底	
	现状	动态控制	现状	动态控制	现状	动态控制	现状	动态控制
第1年	-0.01	0.04	2.95	3.34	-0.08	-0.02	2.41	2.54
第2年	-0.07	-0.05	5.51	6.49	-0.20	-0.10	4.50	4.79
第3年	-0.08	0.03	8.10	9.31	-0.22	-0.08	6.60	6.96
第4年	-0.18	-0.02	10.39	12.00	-0.25	-0.12	8.49	9.03
第5年	-0.05	0.02	15.67	17.88	-0.48	-0.31	9.75	10.30

由表2可知,水库来沙量越大,计算期5年末库区总淤积量越多。水库汛限水位动态控制方案与现状方案相比,来沙量5.61亿t平沙系列三门峡水库、小浪底水库总淤积量增加0.07亿t、2.21亿t;来沙量2.57亿t枯沙系列2004系列总淤积量增加0.17亿t、0.55亿t;两个系列小浪底水库分别于第4年初、第5年末累计淤积量达到42亿 m^3,进入拦沙后期第二阶段。

4.3 综合效益分析

(1)提升水库蓄水保证率,改善三门峡水库库区的生态环境。水库实施汛限水位动态控制,增加蓄水量约7亿 m^3,汛末蓄水保证率提高,可为黄河下游抗旱用水储备水源,缓解区域用水紧张的局面。另外,三门峡水库湿地生态系统是黄河河流生态系统的主要组成部分,库区是国家珍禽白天鹅、鹤类等的栖息地。三门峡水库实施汛限水位动态控制可增加水域面积约8.76 km^2,湿地面积约24.5 km^2,有利于改善库区生态,补充地下水源,促进生物多样性发展,促进区域社会经济、生态文明建设。

(2)增加发电效益。选择1990年、1999年和2004年三个具有丰、平、枯代表性的典型年,潼关站实测年来水量分别为334.0亿 m^3、222.54亿 m^3 和198.20亿 m^3,计算水库发电效益。经调算,3个典型年三门峡水库汛限水位动态控制增加发电量为0.48亿~1.11亿kW·h,三门峡水库增加发电量为1.17亿~2.06亿kW·h。

5 结论

(1)基于预泄能力约束法,分析黄河中游现状预报水平、近期来水特点和下游河道过流条件,得到三门峡水库、小浪底水库7—8月现状汛限水位以上可浮动的总水量为7.78亿 m^3,考虑水库库区淤积及调度运用现状,提出三门峡水库、小浪底水库汛限水位动态控制域分别为305~308 m、235~240 m。

(2)基于实时预蓄预泄法,提出三门峡水库、小浪底水库汛限水位动态控制方案。水库水位高于汛限水位下限,当满足预泄判别指标时,三门峡水库按不小于1 000 m^3/s 预泄,小浪底水库按控制花园口站不超过4 000 m^3/s 预泄,直至水位降至汛限水位下限,洪水到来后按正常方式运用。洪峰、沙峰过后,潼关流量减小至1 500~2 000 m^3/s 且潼关、坝前含沙量均较低时,相机转入水资源利用,水库按发电流量固定下泄,逐步回蓄至上限水位。

(3)基于典型年、系列年的数学模型计算结果表明:水库结合预报提前3 d预泄,可在洪水到来前将库水位降至现状汛限水位,动态控制方案对水库及下游防洪基本无影响。由于汛期平水期水库运用水位抬高,库区淤积有所增加,潼关站来沙量2.57亿t、5.61亿t情景,三门峡水库增加淤积量0.07亿~

0.17 亿 t,小浪底水库增加淤积量 0.55 亿~2.21 亿 t。针对水库淤积影响,可根据实际情况临时降低水位运用,减少库区淤积,待洪峰、沙峰过后及时回蓄,发挥洪水资源化利用效益。

参考文献

[1] 周惠成,王本德,王国利,等.水库汛限水位动态控制方法研究[M].大连:大连理工大学出版社,2017.
[2] 刘树君,董泽亮,张荣凤.小浪底水利枢纽首次汛限水位动态控制试验效果浅析[J].中国水利,2017(7):42-44.
[3] 李玮,郭生练,刘攀.水库汛限水位确定方法评述与展望[J].水利发电,2005,31(1):66-70.
[4] 中国大坝工程学会.中国大坝工程学会 2018 学术年会论文集[M].郑州:黄河水利出版社,2018.

基于 ADCP 回波强度反演含沙量的应用探索

吴　剑　王志勇

（黄河水利委员会河南水文水资源局，河南郑州　450003）

摘　要：近年来，ADCP 广泛应用于流量测验，目前黄河水利委员会河南测区黄河干流小浪底、西霞院、花园口、夹河滩四站均实现了走航式 ADCP 测流。本文选取花园口水文站 2021 年实测 ADCP 原始资料，结合 0.6 相对水深处测取的单沙，采用间接平差模型，建立回波强度数据和含沙量的相关关系，探索利用 ADCP 反演悬移质含沙量在黄河下游应用的可行性。

关键词：ADCP；回波强度；间接平差；悬移质含沙量

1　引言

悬移质含沙量测量有多种方法，目前采用的主要有称重法、光学法和声学法。长期以来，河流悬移质含沙量测量一般采用称量法，该方法不但耗时费力、效率不高，在时间、空间方面分辨率不高，甚至还会由于取样条件的限制，在实际测验中有可能漏测沙峰。光学法的原理是光束通过悬沙水体被吸收、散射后，剩余的透射部分光通量符合消光散射定律[1]，当水体受污染时，水体透光性越小，所测的悬移质含沙量越大[2]，对各种水体的适应性不强。声学法是以声波作为信息媒介的测量技术，利用声波散射方法可以获取远距离高分辨率的悬沙浓度垂向分布。与上述两种方法相比，声学法不需要采样，水体不受干扰，具有高空间解析度、可以实时连续观测等优点，获得的悬移质含沙量剖面的时间序列，在悬移质泥沙测验的研究中具有广泛的应用前景。

本文依据 ADCP 反演悬移质含沙量的原理，通过对花园口水文站实测资料进行分析处理，建立间接平差模型，探索利用 ADCP 反演悬移质含沙量在黄河下游应用的可行性。

2　ADCP 估算悬移质含沙量的原理

ADCP 发射固定频率的声波脉冲，脉冲信号遇到水中的悬浮物质之后出现散射现象，同时 ADCP 接收水中散射体的回波强度信号。根据多普勒效应，ADCP 可同时测得沿水深各水层单元的三维流速分量，并测定悬浮物的回波强度。由于散射 ADCP 发射波的悬浮物主要是悬浮泥沙，回波强度的大小能够间接反映水中悬沙浓度的多少，ADCP 记录的回波强度信号可以用来反演悬移质含沙量。

在实际应用中，获得声源所有特征相关的物理特性是不可能的。某一水深的回波强度信号，在系统频率、声波脉冲模式不变以及水体的温度、盐度变化不大的前提下，只与泥沙颗粒的粒径、种类和浓度有关，对于种类和粒径均一的泥沙来说，它直接与泥沙的浓度（含沙量）相关，简化的声呐方程[3]的指数形式为

$$\lg C = K_1 E + K_2 \tag{1}$$

式中：C 为悬移质含沙量；E 为回波强度；K_1、K_2 为拟合因子，通过现场泥沙浓度与回波强度的回归分析来标定。

3　间接平差原理

间接平差是在确定多个未知量的最或然值时，选择它们之间不存在任何条件关系的独立量作为未

作者简介：吴剑（1987—），男，高级工程师，从事水文测验及测绘数据处理方向的研究工作。

知量,组成用未知量表达测量的函数关系、列出误差方程式,按最小二乘法原理求得未知量的最或然值的平差方法[4]。间接平差基础方程求解推导如下

设平差问题中,有 n 个不等精度的独立观测 $\underset{n\times 1}{L}$,相应权为 $p_i(i=1,2,\cdots,n)$,并设需 t 个必要观测,用 $\underset{t\times 1}{X}$ 表示选定的未知数,按题列出 n 个平差值方程为

$$\left.\begin{aligned}\hat{L}_1 = L_1 + v_1 &= a_1x_1 + b_1x_2 + \cdots + t_1x_t + d_1\\ \hat{L}_2 = L_2 + v_2 &= a_2x_1 + b_2x_2 + \cdots + t_2x_t + d_2\\ &\vdots\\ \hat{L}_n = L_n + v_n &= a_nx_1 + b_nx_2 + \cdots + t_nx_t + d_n\end{aligned}\right\} \tag{2}$$

令 $x_i = x_i^0 + \delta x_i$

则式(2)为

$$\left.\begin{aligned}v_1 &= a_1\delta x_1 + b_1\delta x_2 + \cdots + t_1\delta x_t + l_1\\ v_2 &= a_2\delta x_1 + b_2\delta x_2 + \cdots + t_2\delta x_t + l_2\\ &\vdots\\ v_n &= a_n\delta x_1 + b_n\delta x_2 + \cdots + t_n\delta x_t + l_n\end{aligned}\right\} \tag{3}$$

式(3)称为误差方程,$a_i,b_i,\cdots,t_i,l_i$ 为误差方程系数及常数项,且

$$l_i = a_ix_1^0 + b_ix_2^0 + \cdots + t_ix_i^0 + d_i - L_i(i=1,2,\cdots,n) \tag{4}$$

若设

$$\underset{n\times 1}{V} = \begin{bmatrix} v_1\\ v_2\\ \vdots\\ v_n\end{bmatrix} \quad \underset{t\times 1}{\delta x} = \begin{bmatrix} \delta x_1\\ \delta x_2\\ \vdots\\ \delta x_t\end{bmatrix} \quad \underset{n\times 1}{l} = \begin{bmatrix} l_1\\ l_2\\ \vdots\\ l_n\end{bmatrix}$$

$$\underset{n\times t}{B} = \begin{bmatrix} a_1 & b_1 & \cdots & t_1\\ a_2 & b_2 & \cdots & t_2\\ \vdots & \vdots & & \vdots\\ a_n & b_n & \cdots & t_n\end{bmatrix} \quad \underset{n\times n}{P} = \begin{bmatrix} p_1 & 0 & \cdots & 0\\ 0 & p_2 & \cdots & 0\\ \vdots & \vdots & & \vdots\\ 0 & 0 & \cdots & p_n\end{bmatrix}$$

则式(2)的矩阵形式为

$$V = B\delta x + l \tag{5}$$

式中有 n 个待定的改正数和 t 个未知数,共 $n+t$ 个待定量,而方程只有 n 个,所以有无穷多组解。为了寻求一组唯一的解,根据最小二乘原理,在 $V^TPV=\min$ 的准则下求 δx,按数学上求函数自由极值的理论,即

$$\frac{\partial V^{\mathrm{T}}PV}{\partial \delta x} = 2V^{\mathrm{T}}P\frac{\partial V}{\partial \delta x} = 2V^{\mathrm{T}}PB = 0$$

转置后得

$$\underset{t\times n}{B^{\mathrm{T}}}\ \underset{n\times n}{P}\ \underset{n\times 1}{V} = \underset{t\times 1}{0} \tag{6}$$

将式(5)代入式(6)得法方程

$$B^{\mathrm{T}}P(B\delta x + l) = 0$$

$$B^{\mathrm{T}}PB\delta x + B^{\mathrm{T}}Pl = 0$$

令 $\underset{t\times t}{N} = B^{\mathrm{T}}PB$,$\underset{t\times 1}{U} = B^{\mathrm{T}}Pl$,式(6)可表示为

$$N\delta x + U = 0 \tag{7}$$

其纯量形式为

$$
\left.\begin{array}{l}
[paa]\delta x_1 + [pab]\delta x_2 + \cdots + [pat]\delta x_t + [pal] = 0 \\
[pab]\delta x_1 + [pbb]\delta x_2 + \cdots + [pbt]\delta x_t + [pbl] = 0 \\
\vdots \\
[pat]\delta x_1 + [pbt]\delta x_2 + \cdots + [ptt]\delta x_t + [ptl] = 0
\end{array}\right\} \quad (8)
$$

将式(8)算得的 δx 代入式(6)求出改正数向量 V,进而求出观测平差值。

4 应用实例

4.1 测站概况

花园口水文站是黄河下游防洪和水资源调度的控制站,设立于 1938 年 7 月,位于郑州市花园口镇花园口村,距上游西霞院水文站 105 km,距下游夹河滩水文站 96 km,距河口 768 km,集水面积 730 036 km^2,占黄河流域总面积的 97%,系根据线的原则规划的大河重要控制站,属国家重要水文站,担负着为黄河水旱灾害防御、水资源管理和收集原型水文信息的重任,为流域经济社会发展提供基础服务依据。

4.2 测验河段及测站特性

花园口水文站测验河段从上游邙山断面到下游辛寨断面,全长约 50 km,测验断面附近宽约 9 km,河床由细沙组成,冲淤变化剧烈,主流摆动频繁,分流串沟较多,经常出现弯道、浅滩,水位流量关系复杂多变,属典型的游荡型宽浅河道。

花园口水文站 15.0 kg/m^3 以下含沙量天数平均占比 93.2%,7.00 kg/m^3 以下含沙量天数平均占比 84.7%,花园口水文站 ADCP 批复应用范围为流量 4 500 m^3/s 以下、含沙量 15.0 kg/m^3 以下,ADCP 测流已经成为花园口站流量测验的常规手段。花园口站全年有沙,河床由泥沙组成,除调水调沙期外,大部分时段的含沙量较低,探索利用 ADCP 反演悬移质含沙量的可行性,不仅可以大幅度减轻工作量、减少投入、保障安全,而且可以在同等条件下得到更多的系列资料,丰富水文测验成果。

5 比测研究情况及成果分析

5.1 比测情况介绍

本文选取花园口站 2021 年实测 ADCP 原始资料,结合 0.6 相对水深处测取的单沙,建立回波强度数据和含沙量的相关关系,共搜集到 10 组数据,开展 ADCP 回波强度反演悬移质含沙量的探索。实测最大断面流量 3 280 m^3/s,最小断面流量 513 m^3/s,最大单沙 6.56 kg/m^3,最小单沙 1.81 kg/m^3。

5.2 数据采集

本次试验采用了瑞智 600 型 ADCP,根据花园口站悬移质泥沙测验方案规定,单沙含沙量,采用主流三线垂线混合法采取,本书采用 1 000 mL 采样器,利用主流三线 0.6 一点法实测悬移质含沙量,水样经过沉淀、称重处理后,可计算得到悬移质含沙量。在采用传统泥沙测验方法依次采集各测沙垂线水样的同时,利用 ADCP 开展流量测验,搜集 0.6 水深处的回波强度数据。数据处理界面见图 1。

5.3 悬移质含沙量的估算及关系的确定

利用垂线含沙量的对数值与 0.6 水深的回波强度对悬移质含沙量进行标定,即分别用不同起点距的回波强度与采用传统测沙方法取得(实测)的悬移质含沙量建立相关关系。

根据声呐方程,建立 0.6 相对水深处平均回波强度 E,与其对应的实测垂线含沙量 C 的对数值 $\lg C$ 建立相关关系,如图 2 所示,$\lg C$-E 关系点子呈带状密集分布,平均回波强度与含沙量的相关系数 $R^2 = 0.967$,两者显著相关。

$$
\lg C = -0.031\,8E + 3.350\,2 \quad (9)
$$

式中:C 为实测垂线含沙量;E 为回波强度。

由计算结果(见表 1)可知,由回波强度推算的含沙量和实测含沙量的最小绝对误差为 0.01 kg/m^3,最大绝对误差为 0.58 kg/m^3,最小相对误差为 0.30%,最大相对误差为 17.75%,系统误差为 0.42%,标准差为 0.29。

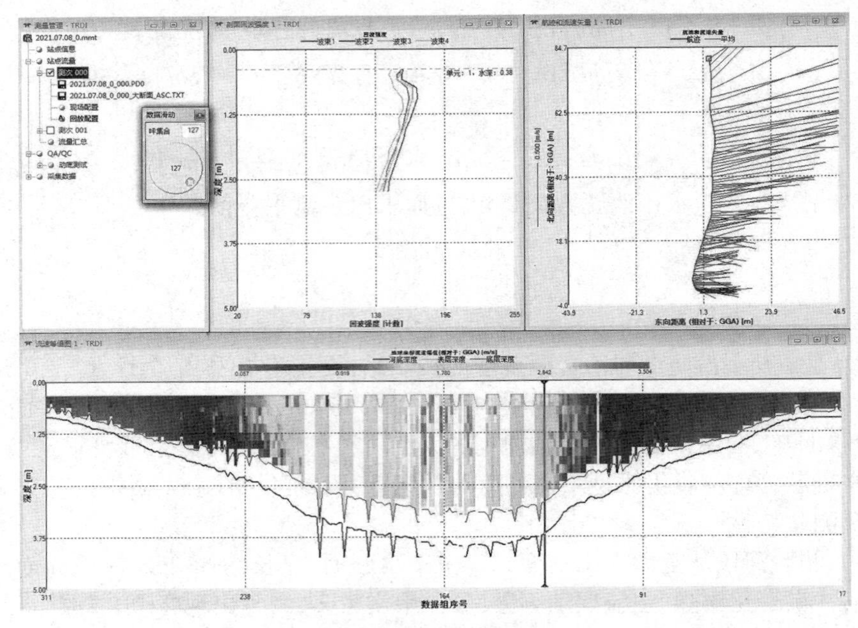

图 1　数据处理界面

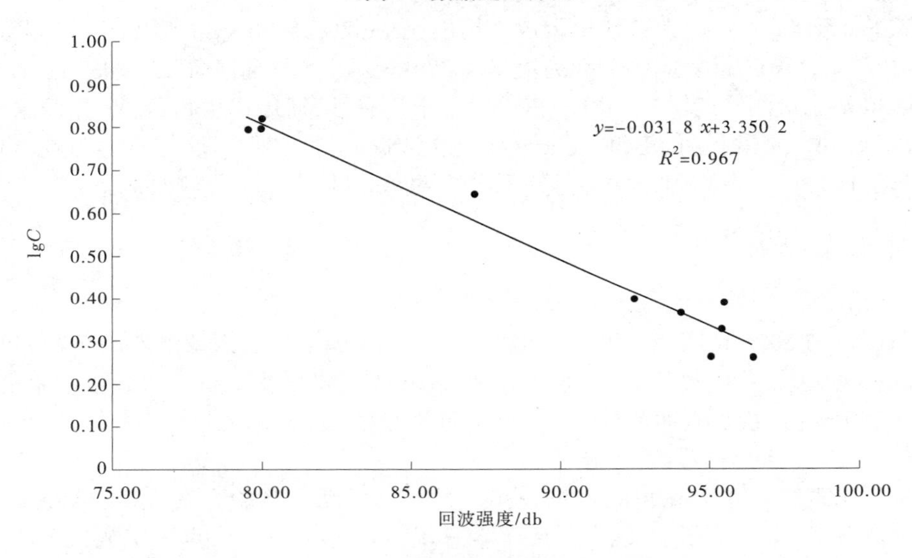

图 2　含沙量-回波强度相关关系线

表 1　含沙量-回波强度误差统计

序号	拟合含沙量/(kg/m^3)	实测含沙量/(kg/m^3)	绝对误差/(kg/m^3)	相对误差/%
1	1.92	1.81	0.11	6.24
2	2.13	1.81	0.32	17.75
3	3.80	4.38	-0.58	-13.32
4	2.07	2.11	-0.04	-1.73
5	2.06	2.43	-0.37	-15.14
6	2.57	2.48	0.09	3.69
7	6.40	6.56	-0.16	-2.42
8	6.61	6.20	0.41	6.67
9	6.41	6.24	0.17	2.77
10	2.29	2.30	-0.01	-0.30

6 结论与建议

利用ADCP进行悬移质含沙量测量,在测流的同时记录与悬移质泥沙密切相关的回波强度信号,由回波强度来反演悬移质含沙量,结合花园口站的应用实例,利用ADCP的回波强度数据和现场采集的水样含沙量建立相关关系,根据相关关系反演估算含沙量。本次研究成果选取同步观测的10组数据,初步探索了基于ADCP回波强度反演含沙量的可行性,要使其在花园口站得到应用,还必须积累大量资料,在各水位级和各含沙量级分别开展比测分析试验,分析ADCP回波强度反演含沙量受泥沙粒径、流速、水深、含沙量等因素的影响程度,并利用ADCP回波强度开展输沙率计算模式探索。

参考文献

[1] 唐兆民,何志刚,韩玉梅.悬浮泥沙浓度的测量[J].中山大学学报(自然科学版),2003,42(Z2):244-247.
[2] 刘红,何青,王元叶,等.长江口浑浊带海域OBS标定的实验研究[J].泥沙研究,2006(5):52-58.
[3] 杨惠丽,罗惠先,于爽.利用ADCP回波强度估算河流悬移质含沙量的应用研究[J].水利水电技术,2017(48):106-110.
[4] 武汉大学测绘学院测量平差学科组.误差理论与测量平差基础[M].武汉:武汉大学出版社,2014.

黄土丘陵沟壑区桥沟小流域水沙变化特征及成因分析

刘思君　刘立峰　刘姗姗　雷　欣

（黄河水利委员会绥德水土保持科学试验站，陕西榆林　719000）

摘　要：以黄土丘陵沟壑区桥沟典型小流域为原型观测流域，利用流域内径流泥沙观站和雨量站观测设施，对其观测的1986—2020年降水径流泥沙测验资料进行了统计分析。采用滑动平均法、双累积曲线法、Mann-Kendall非参数秩次相关检验法，对其水沙变化的特点、变化趋势以及影响因素进行了分析。结果表明：在显著性水平 $\alpha=0.05$ 下，桥沟小流域径流与泥沙在多年变化中均呈明显下降趋势，变化可划分为3个时期。径流量突变年份为2001年，年平均径流量减少幅度达85%以上；输沙量突变点为2002年，年平均输沙量减少幅度达90%以上。最后，针对影响水沙变化的降水与人类活动因素，导致桥沟小流域水沙量减少的主要原因是1999年后退耕还林等水土保持措施的实施。

关键词：桥沟小流域；水沙变化；趋势分析；水土保持措施

黄土丘陵沟壑区是黄土高原水土流失最为严重的区域之一，土壤侵蚀模数一般为5 000～15 000 t/(km^2·a)[2]。据水土流失治理和水资源开发活动较少的1933—1967年实测数据，黄土高原年均入黄沙量18.7亿t，其中黄土丘陵沟壑区的来沙量约占90%[1]，是黄土高原最主要的泥沙来源区。近年来水土流失动态监测成果显示，黄土丘陵沟壑区呈现“黄退绿进”的现象，说明多年的水土保持治理与研究已经取得了很大成就，同时说明黄土丘陵沟壑区的下垫面条件发生了较大改变，导致流域水沙条件发生了显著变化。曾有学者对皇甫川[3]、祖厉河[4]等大流域进行了水沙趋势分析，但是水土保持治理措施主要在小流域尺度（小于50 km^2）开展，因此研究小流域尺度的水沙变化趋势对探究水土保持措施对水沙变化影响有着关键的作用。本文以地处黄土丘陵沟壑区的典型小流域桥沟为例，以实测的1986—2020年降水径流泥沙观测资料为依据，对其水沙变化的特点、未来变化趋势以及影响因素进行了分析。

1　桥沟小流域概况

桥沟小流域（110°17′22″～110°17′49″E，37°29′36″～37°30′15″N）位于陕西省榆林市绥德县，是黄河中上游无定河流域的二级支流（见图1）。该小流域1986年以来一直作为黄河水利委员会绥德水土保持科学试验站水土流失原型观测的野外试验样区。流域面积0.45 km^2，主沟道长1 400 m，海拔为810～960 m，平均比降1.11%，流域沟道呈“V”字形，沟壑密度5.4 km/km^2，不对称系数0.23，流域内部分布有一支沟和二支沟两条较大支沟，其面积分别为0.069 km^2、0.093 km^2。

该区域属于大陆性温带半干旱季风气候，四季分明，温差较大。区域内多年平均气温9.9 ℃[5]，年平均相对湿度59%，年平均蒸发量2 069 mm。多年平均降水量454.0 mm，其中汛期（6—9月）降水量占

基金项目：中国水利水电科学研究院流域水循环模拟与调控国家重点实验室开放研究基金项目（IWHR-SKL-KF202005）。

作者简介：刘思君（1991—），女，工程师，主要从事水土流失规律和水土保持研究工作。

年降水量的 70.13%，且多以暴雨的形式出现。多年平均径流量 3 180.8 m^3，多年平均输沙量 1 156.0 t。

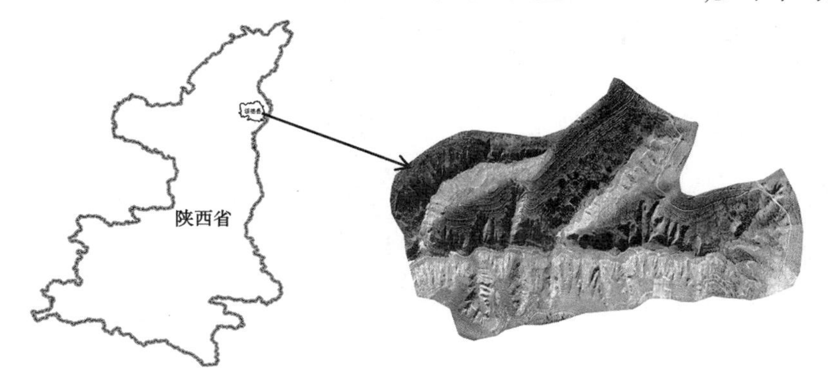

图 1 研究区桥沟流域地理位置

1986—1999 年桥沟小流域内一直延续着当地农耕传统，流域梁峁坡和沟床地分布有较多农地，沟坡及沟道为荒地；1999 年起黄土高原实施大规模的退耕还林、封山育林和植被恢复等措施[6]。流域的林草有效覆盖率从 20 世纪 80 年代末的 15 %上升到 2016 年的 74%[1]。目前研究区植被以草本为主，主要有艾蒿、狗尾草、本氏羽茅、胡枝子、百里香、白草、猪毛蒿、冰草等数十种，多分布于沟谷的荒坡上，以自然恢复草地为主[7]。

2 数据与方法

2.1 数据来源

桥沟小流域内设有桥沟 1 号、桥沟 2 号、桥沟 3 号、桥沟 5 号 4 个雨量站，流域沟口处设有一个径流泥沙观测站，采用三角槽设施观测。收集 4 个雨量站 1986—2020 年降水、径流和泥沙观测资料。由于桥沟小流域内无全年观测的雨量站，故年降水量采用距离最近的黑家坬雨量站（全年观测）的降雨数据，汛期面雨量采用泰森多边形法[12]计算获得。径流泥沙数据采用沟口径流泥沙观测站的实测值。

2.2 研究方法

采用数理统计法和累积距平法，对研究时段（1986—2020 年）桥沟小流域逐年降水量、径流量和输沙量特征进行分析；采用滑动平均法和 Mann-Kendall 非参数秩次相关检验法，对研究时段（1986—2020 年）年降水量、径流量和输沙量的变化趋势以及突变年进行深入分析；采用双累积曲线分析法，定量计算了各时段的水沙衰减量以及降水变化和水土保持措施对水沙变化影响的相对贡献，分析了不同时段水沙变化的原因。

2.2.1 滑动平均法

为消除不稳定的波动，显示出数据的平稳性，故采用五日滑动平均法。

2.2.2 双累积曲线法

为了更准确地反映水沙关系的变化，建立年径流量和年输沙量的双累积曲线[3]。

$$S_{R_i} = \sum_{i=1}^{n} R_i \tag{1}$$

$$S_{W_i} = \sum_{i=1}^{n} W_i \tag{2}$$

式中：S_{R_i}、S_{Wi} 为前 i 年的累积径流量（m^3）和累积输沙量（t）；R_i、W_i 为第 i 年的径流量（m^3）和输沙量（t）。

流域水沙特性如发生系统变化，在水沙量双累积曲线图上将表现出明显的转折，即累积曲线斜率明显增大或减小。

2.2.3 Mann-Kendall 非参数秩次相关检验法

Mann-Kendall 非参数秩次相关检验法已被广泛应用于检验水文气象资料的趋势成分[4]。其基本原理如下：

对序列 $X_t=(x_1,x_2,\cdots,x_n)$，其趋势检验的统计量为

$$U(d_l)=\frac{[d_l-E(d_l)]}{[\mathrm{Var}(d_l)]^{1/2}} \tag{3}$$

式中

$$d_l=\sum_{j=1}^{n}\sum_{i=1}^{n-1}a_{ij}a_{ij}=\begin{cases}x_i<x_j,当\ i<j\ 时\\ 0,其他\end{cases} \tag{4}$$

$$E(d_l)=\frac{l(l-1)}{4} \tag{5}$$

$$\mathrm{Var}(d)=\frac{l(l-1)(2l+5)}{72} \tag{6}$$

当 n 增加时，$U(d_l)$ 很快收敛于标准化正态分布，在给定显著性水平 α 下，在正态分布表中查得临界值 $U_{\alpha/2}$，当 $IU(d)I<U_{\alpha/2}$ 时，接受原假设，即趋势不显著；若 $IU(d)I>U_{\alpha/2}$，则拒绝原假设，即认为趋势显著。当统计量 $U(d_l)$ 为正值时，说明序列有上升趋势；当 $U(d)$ 为负值时，则表示有下降趋势。对于显著水平 $\alpha=0.05$，$U(d)$ 的临界检验值为±1.96。

2.2.4　水沙变化驱动因素分析方法

为了消除降雨的影响，令

$$E=W_s/p \tag{7}$$

式中：E 为侵蚀率（或产沙系数），t/mm。令相邻时段的平均值分别为 W_{s1}、W_{s2}、P_1、P_2 及 E_1、E_2。对 $W_s=E\cdot P$ 取全微分，并以差分形式表示为

$$\Delta W_s=W_{s1}-W_{s2}=\frac{P_1+P_2}{2}(E_1-E_2)+\frac{E_1+E_2}{2}(P_1-P_2)=\bar{P}\cdot\Delta E+\bar{E}\cdot\Delta P \tag{8}$$

若 P 不变，则 $\Delta W_s=\bar{P}\cdot\Delta E$ 计为水土保持影响；若 E 不变，则 $\Delta W_s=\bar{E}\cdot\Delta P$ 计为雨量影响。同理，令

$$D=W/P \tag{9}$$

式中：D 为径流率；W 为径流量；P 为降水量。令相邻时段的平均值分别为 W_1、W_2、P_1、P_2 及 D_1、D_2。对 $W=D\cdot P$ 取全微分，并以差分形式表示为

$$\Delta W=W_1-W_2=\frac{P_1+P_2}{2}(D_1-D_2)+\frac{D_1+D_2}{2}(P_1-P_2)=\bar{P}\cdot\Delta D+\bar{D}\cdot\Delta P \tag{10}$$

若 P 不变，则 $\Delta W=\bar{P}\cdot\Delta D$ 计为水土保持影响；若 D 不变，则 $\Delta W=\bar{D}\cdot\Delta P$ 计为雨量影响。

应用式(8)、式(10)对上述的 7 个时段的各项变化量计算见表 3 和表 4。

3　结果与分析

3.1　桥沟小流域水沙特征分析

为研究桥沟小流域多年来水来沙条件的变化，选取其控制站桥沟 1986—2020 年降水径流泥沙观测数据进行基本特征分析。

3.1.1　降水量特征分析

黄土丘陵沟壑区的降水受纬度、水汽来源以及地形变化的综合影响，故流域降水量变化比较复杂。桥沟小流域多年（1986—2020 年）平均降水量 454.0 mm，其中多年汛期平均降水量为 318.4 mm，占全年降水量的 70.13%。其中 2013 年的降水量最大（700.9 mm），2005 年的降水量最小（282.5 mm），最大值与最小值相差 418.4 mm，极值比为 2.48。年降水量呈现出明显的上升趋势（见图 2），1998—2011 年间，降水量普遍低于平均水平，2012—2020 年间，降水量普遍高于平均水平（见图 3），由此可见近 10 年

降水量有微量增加。

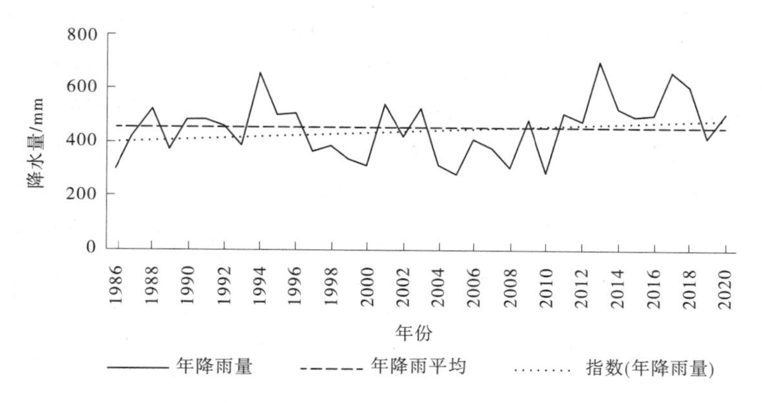

图 2　1986—2020 年桥沟小流域降水量变化

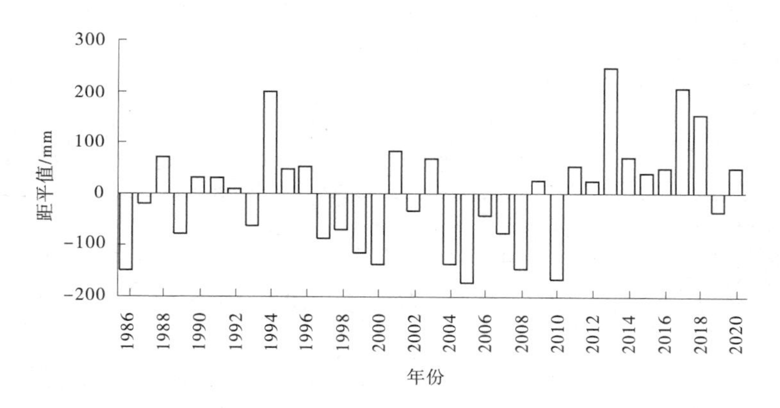

图 3　1986—2020 年桥沟小流域降水量距平值变化

3.1.2　径流量特征分析

桥沟小流域多年(1986—2020 年)平均径流量 3 270 m^3,折合径流深 7.27 mm。由表 1 可知,桥沟小流域径流从 1986 年至今基本呈递减趋势。其中 1991—1995 年与 2016—2020 年出现两个增高值,分别对应于 1994 年 8 月 4 日与 2017 年 7 月 26 日的洪水事件,1994 年 8 月 4 日洪水径流量为 22 410 m^3,折合径流深 49.8 mm,2017 年 7 月 26 日洪水径流量为 6 298 m^3,折合径流深 14.0 mm。

将 1991—1995 年与 2016—2020 年两次特异值进行比较,1991—1995 年桥沟小流域径流量达 11 977.92 m^3,至 2016—2020 年已减至 1 604.40 m^3,减少幅度为 86.6%。若不考虑特殊情况,将 1986—1990 年与 2010—2015 年平均值进行比较,1986—1990 年桥沟小流域径流量为 4 847.6 m^3,至 2010—2015 年已减至 12.77 m^3,减少幅度为 99.7%。若去除这两次洪水影响,桥沟小流域降水径流特征值统计见表 1。

表 1　桥沟小流域降水径流特征值统计

项目	时段						
	1986—1990 年	1991—1995 年	1996—2000 年	2001—2005 年	2006—2010 年	2011—2015 年	2016—2020 年
平均降水量/mm	424.90	498.18	383.02	416.38	373.84	541.50	540.22
平均径流量/m^3	4 847.6	11 977.92	3 832.82	758.14	172.18	12.77	1 604.40
平均径流量(除大暴雨)/m^3	4 847.6	7 495.92	3 832.82	758.14	172.18	12.77	344.5

注:暴雨洪水分别为 1994 年 8 月 4 日与 2017 年 7 月 26 日。

由表 1 可知,去除两次洪水影响,1991—1995 年与 2016—2020 年平均径流量分别减少 37.4%与 78.6%,但这 7 个时间段径流变化趋势并没有改变。1986—1990 年桥沟小流域径流量为 4 847.6 m^3,至 2016—2020 年已减至 344.5 m^3,减少幅度为 92.9%。

结果表明,不论是否考虑大洪水影响,桥沟小流域近 35 年平均径流量减少幅度达 85%以上。

3.1.3　输沙量特征分析

桥沟小流域多年平均(1986—2020年)输沙量1 155.98 t。从表2可知,流域输沙量与径流量变化趋势基本一致,均呈下降趋势。其中1991—1995出现增高值,主要是因为1994年8月4日出现大洪水,2016—2020年输沙量有微量上升,主要原因也是2017年7月26日出现的大洪水。1994年8月4日洪水输沙量为10 610 m^3,2017年7月26日洪水输沙量为1 017.0 m^3。若将1991—1995年与2016—2020年两次特异值进行比较,1991—1995年桥沟小流域输沙量达4 826.16 t,至2016—2020年已减至266.09 t,减少幅度为94.5 %。若不考虑特殊情况,1986—1990年桥沟小流域输沙量为1 754.10 t,至2010—2015年已减至0.59 t,减少幅度为99.97 %。若去除这两次洪水影响,桥沟小流域降水泥沙特征值统计见表2。

表2　桥沟小流域降水泥沙特征值统计

项目	时段						
	1986—1990年	1991—1995年	1996—2000年	2001—2005年	2006—2010年	2011—2015年	2016—2020年
平均降水量/mm	424.90	498.18	383.02	416.38	373.84	541.50	540.22
平均输沙量/t	1 754.10	4 826.16	1 038.78	187.27	18.87	0.59	266.09
平均输沙量(除大暴雨)/t	1 754.10	2 704.16	1 038.78	187.27	18.87	0.59	141.4

注:暴雨洪水分别为1994年8月4日与2017年7月26日。

由表2可知,去除两次洪水影响,1991—1995年与2016—2020年平均输沙量分别减少44.0%与46.9%。此时,1986—1990年桥沟小流域输沙量为1 754.10 t,至2016—2020年已减至141.4 t,减少幅度为91.9%。

结果表明,不论是否考虑大洪水影响,桥沟小流域近35年平均输沙量减少幅度达90%以上。

3.2　桥沟小流域水沙变化趋势分析

水沙序列特征值随时间呈一定的变化趋势。采用滑动平均法、双累积曲线法、Mann-Kendall(M-K)非参数秩次相关检验法对桥沟水沙变化趋势进行统计分析[8-9]。

3.2.1　水沙变化趋势检验

对于桥沟小流域的径流量和输沙量取5 a进行滑动平均,使序列高频震荡(水沙特别年份)对水沙变化趋势分析的影响得以弱化(见图4)。可以看出桥沟水沙变化过程基本一致,二者均呈明显的下降趋势。

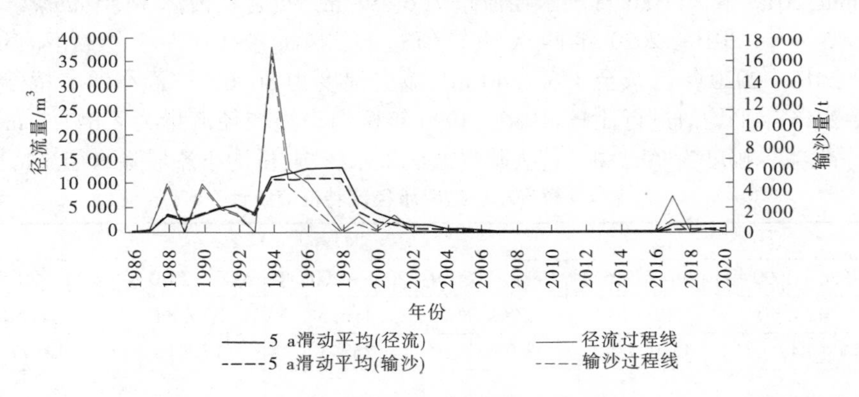

图4　桥沟年径流量和输沙量滑动平均

从桥沟水沙量双累积曲线(见图5)可看出基本呈一直线。但随着时间序列的变化,也表现出一定的波动,大致分为2个阶段:①1986—1994年,斜率增大(向输沙量轴偏转),此时段内输沙量也有所增加,为上升段Ⅰ;②1995—2020年,斜率减小(向径流量轴偏转),说明自1995年以后,输沙量明显减少,为下降段Ⅱ。

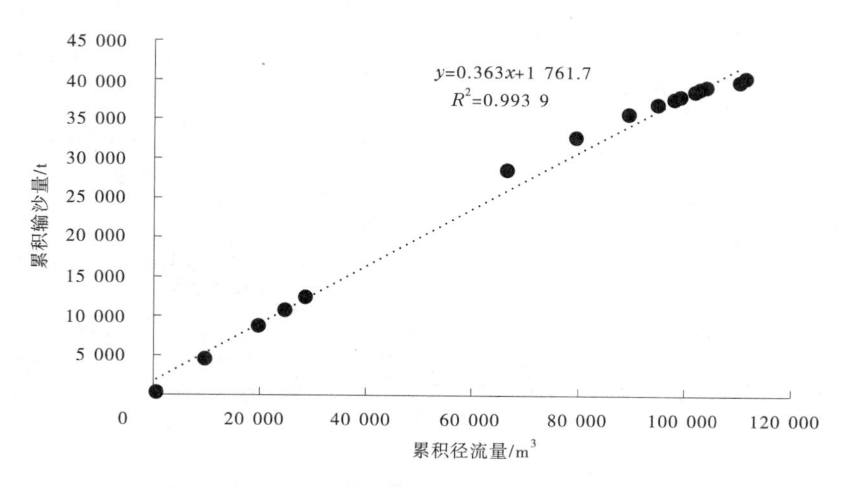

图 5　桥沟小流域年径流量-年输沙量双累积曲线图

3.2.2　水沙变化突变点确定

3.2.2.1　年降水变化突变点确定

从桥沟小流域降水量 M-K 检验图(见图 6)可看出,在 1986—1998 年与 2014—2020 年期间,$UF(k)$值为正值,说明降水量总体呈增加趋势;在 1999—2013 年间 $UF(k)$值为负值,说明该时段内降水量呈减少趋势。$UF(k)$与 $UB(k)$两条曲线的共有 6 个交点,降水基本呈现丰水与枯水交替出现,但并未有突变点。

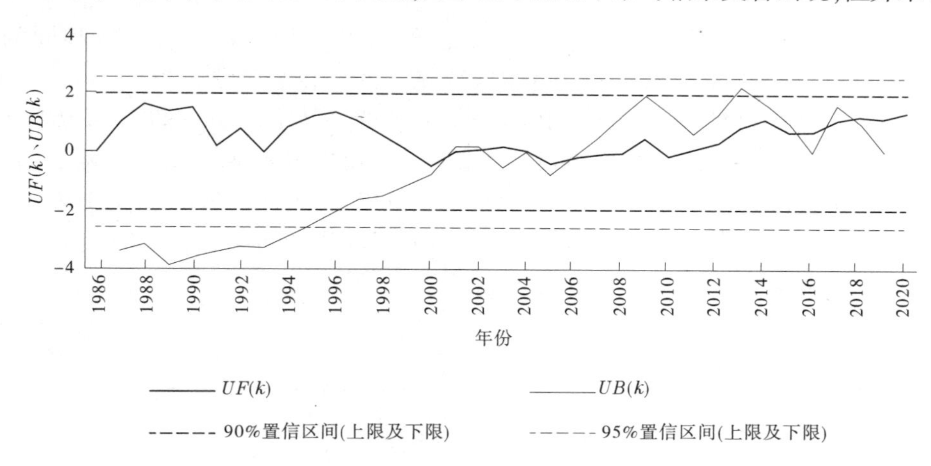

图 6　桥沟小流域年降水量 *M-K* 检验图

1986—1996 年 $UF(k)$值处于波动区间,降雨处于平水阶段(11 a),平均降水量 465.6 mm;1997—2000 年 $UF(k)$值快速下降,降雨为枯水阶段(4 a),平均降水量 352.2 mm;2001—2009 年 $UF(k)$值处于波动状态,呈微度下降(9 a),平均降水量 395.1 mm;而 2011—2020 年 $UF(k)$值持续上升,说明降雨处于丰水阶段(10 a),平均降水量 540.9 mm。

3.2.2.2　年径流变化突变点确定

观测数据显示,桥沟小流域年径流量和输沙量变幅较大,年均径流量为 3 180.8 m^3,其中,1994 年径流量最大,为 37 910.0 m^3,最小径流量为 0。年均泥沙量为 1 155.95 t,其中,1994 年输沙量最大,为 16 245 t,最小输沙量为 0。年径流量与输沙量总体上具有逐步减小的趋势。

从桥沟小流域径流量 *M-K* 检验(见图 7)可知,$UF(k)$值在 1986—2001 年为正值,说明桥沟小流域径流量的变化趋势是上升的;$UF(k)$值在 2001—2020 年为负值,说明桥沟小流域径流量的变化趋势是下降的。其中,2008—2020 年 $UF(k)$值超出了 90%(Ua = 0.10)的信度线,说明该时段内径流显著减少,处于枯水期(13 a)。同时,$UF(k)$与 $UB(k)$两条曲线交叉于 2001 年,说明 2001 年为桥沟流域径流量突变年份。

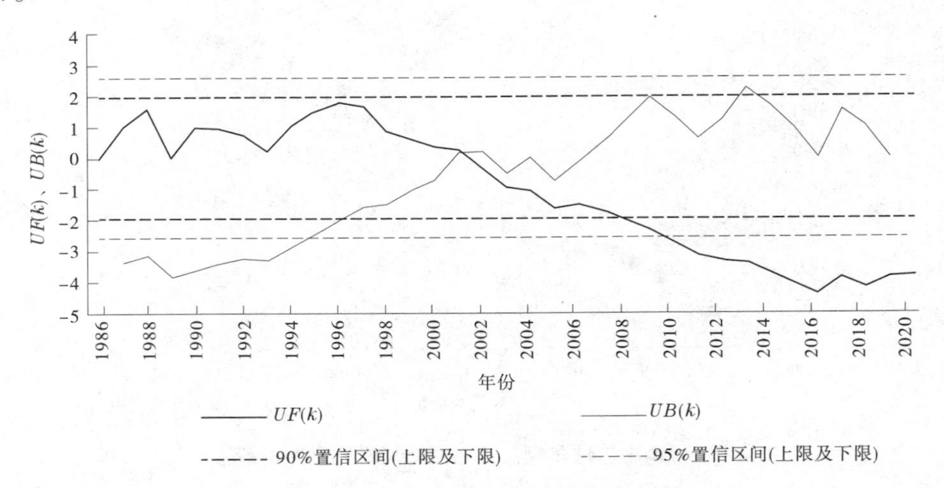

图 7　桥沟流域年径流量 *M*-*K* 检验图

根据 *UF*(*k*)值大小,将径流量变化划分为 3 个变化时期:Ⅰ为非显著波动期(1986—1997 年),年均径流量 7 903. 1 m^3;Ⅱ为显著减流期(1998—2016 年),年均径流量 445. 73 m^3;Ⅲ为减流平稳期(2017—2020 年),年均径流量 2 005. 5 m^3。

3. 2. 2. 3　年输沙变化突变点确定

从桥沟小流域输沙量 *M*-*K* 检验图(见图 8)可知,输沙量与径流量具有基本相同的变化趋势。*UF*(*k*)值在 1986—1999 年为正值,说明桥沟小流域径流量的变化趋势是上升的;*UF*(*k*)值在 2000—2020 年为负值,说明桥沟小流域径流量的变化趋势是下降的。其中,2006—2020 年 *UF*(*k*)值超出了 90%(*Ua*=0. 10)的信度线,说明该时段内径流显著减少。同时,*UF*(*k*)与 *UB*(*k*)两条曲线在 1999—2002 年期间出现了 3 次交叉,1999—2002 年期间每年输沙量分别为 732. 15 t、162. 45 t、864. 6 t、14. 47 t,而 1986—1998 年平均输沙量为 2 861. 6 t,2003—2020 年平均输沙量为 82. 5 t,由此可以得出,2002 年为桥沟流域径流量突变年份。

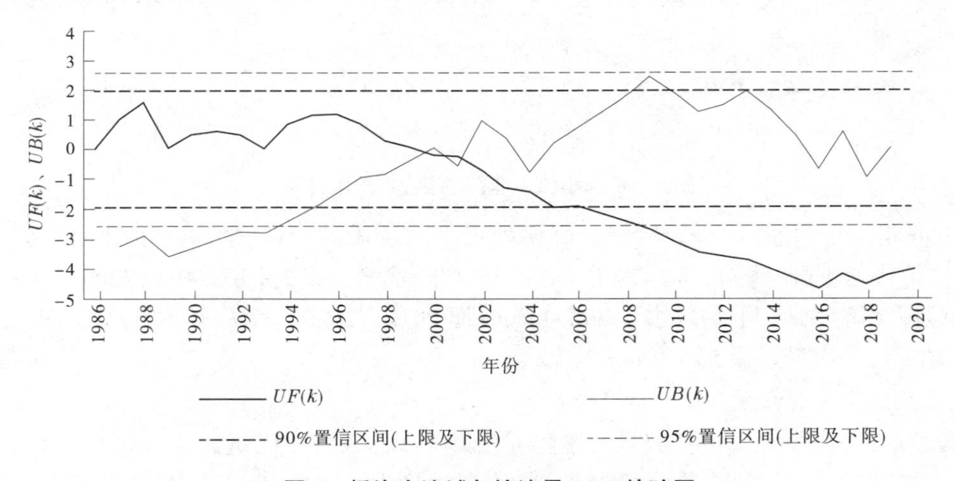

图 8　桥沟小流域年输沙量 *M*-*K* 检验图

根据 *UF*(*k*)值大小,将输沙量变化可划分为 3 个变化时期:Ⅰ为非显著波动期(1986—1998 年),年均输沙量 2 861. 6 t;Ⅱ为显著减沙期(1999—2016 年),年均输沙量 107. 1 t;Ⅲ为减沙平稳期(2017—2020 年),年均输沙量 332. 6 t,与径流量变化时期基本一致。

含沙量是反映土壤侵蚀强度与等级的重要指标之一。研究时段桥沟小流域年平均含沙量变化较大,最大值出现在 1987 年,达 526. 4 kg/m^3,最小值为 0,平均含沙量为 186. 6 kg/m^3。累积平均含沙量

（累积输沙量与累积径流量的比值）基本呈现持续稳定的下降趋势，说明流域水土流失强度在不断下降。对应输沙量的 3 个变化时期，年平均含沙量：Ⅰ为 318.8 kg/m³，Ⅱ为 94.6 kg/m³，Ⅲ为 171.1 kg/m³。

3.3 桥沟小流域水沙变化驱动因素分析

3.3.1 水沙相关分析

从桥沟历年水沙量的相关关系（见图 9）可以看出，桥沟大部分输沙量与径流量的关系点均密集分布在相关线附近，各年代点据在相关线两侧均有分布，线性拟合程度良好（决定系数 R^2 在 0.97 以上），说明水沙关系未出现系统偏离。

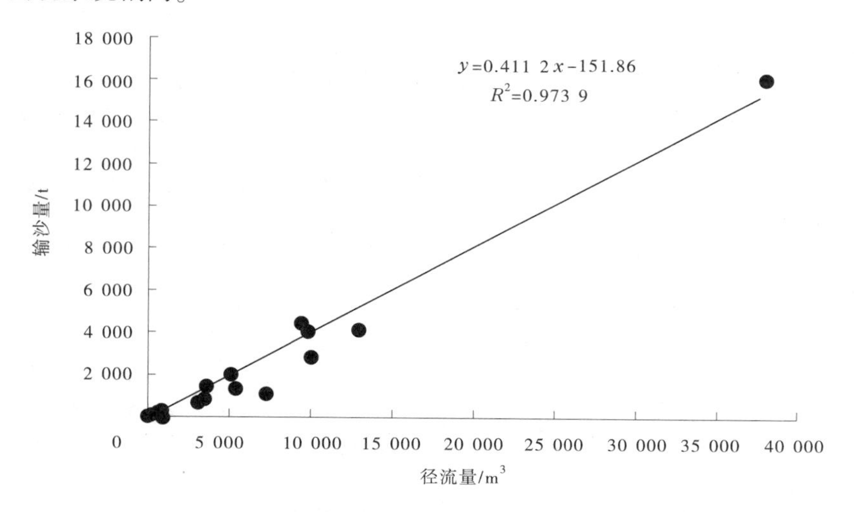

图 9 桥沟小流域历年径流量-输沙量相关关系

3.3.2 水沙变化驱动因素分析

影响流域产流产沙的主要因素包括降雨、流域下垫面条件以及人类活动等 3 大方面。就同一流域而言，由于地质地貌条件相对稳定，年际间流域面积也相对稳定，故产水产沙量的多少主要受降水和人类活动的影响。流域降水是地表产沙的动力条件，其时空分布（包括时间、落区、强度、历时等）对流域产水产沙有直接影响；而水土保持、雨水集蓄、土地利用等人类活动改变了流域下垫面，使产流机制发生了变化[10-11]。因此，水土保持措施和降雨的变化是导致水沙量变化的根本和直接原因。

由表 3、表 4 可知，桥沟小流域 1986—2020 年水沙变化过程中，各时段的影响因素也有差异，表现为：

（1）这 7 个时段间，降水影响及水土保持措施影响占比呈波动状，但平均降水量变化呈现稳中上升的趋势，但是降水影响呈现下降趋势，水土保持措施影响整体呈上升趋势，特别是 1999 年开始施行退耕还林政策后，水土保持措施影响力大幅上升，而降雨影响对径流泥沙的作用微乎其微。

（2）年径流量影响因子中，降水与人类活动影响分别平均占总减水量的 2.57%和 97.43%；年输沙量影响因子中，降水与人类活动影响分别占总减沙量的 1.95%和 98.05%。

4 讨论

（1）由于桥沟内 4 个雨量站均为汛期（6—9 月）雨量站，因此桥沟小流域年降水量借用距桥沟 5.5 km 的黑家坬雨量站降雨数据，导致年降雨数据与桥沟实际年降水量有一定差异，从秦艳丽[6]对大理河 1960—2015 年降水数据分析，大理河年降水量呈增加趋势，但增长趋势不明显，与本研究降雨趋势相符，因此本研究关于降水趋势的研究也有重要的参考价值。

表 3　桥沟小流域径流衰减分析

年份	D/(t/mm)	W/t	P/mm	ΔW/t	ΔP/mm	ΔD/(t/mm)	平均 $D \cdot \Delta P$	平均 $P \cdot \Delta D$	ΔW_s/t	降雨影响占比/%	水土保持措施占比/%
1986—1990	9.20	3 907.22	424.90								
1991—1995	24.04	11 977.92	498.18	-8 070.70	-73.28	-14.85	-1 217.88	-6 852.82	-8 070.70	15.09	84.91
1996—2000	10.01	3 832.82	383.02	8 145.10	115.16	14.04	1 960.61	6 184.49	8 145.10	24.07	75.93
2001—2005	1.82	758.14	416.38	3 074.68	-33.36	8.19	-197.28	3 271.96	3 074.68	-6.42	106.42
2006—2010	0.46	172.18	373.84	585.96	42.54	1.36	48.52	537.44	585.96	8.28	91.72
2011—2015	0.02	12.77	541.50	159.41	-167.66	0.44	-40.59	200.00	159.41	-25.46	125.46
2016—2020	2.97	1 604.40	540.22	-1 591.63	1.28	-2.95	1.92	-1 593.55	-1 591.63	-0.12	100.12

表 4　桥沟小流域泥沙衰减分析

年份	E/(t/mm)	W/t	P/mm	ΔW/t	ΔP/mm	ΔE/(t/mm)	平均 $E \cdot \Delta P$	平均 $P \cdot \Delta E$	ΔW_s/t	降雨影响占比/%	水土保持措施占比/%
1986—1990	4.13	1 754.10	424.90								
1991—1995	9.69	4 826.16	498.18	-3 072.06	-73.28	-5.56	-506.21	-2 565.85	-3 072.06	16.48	83.52
1996—2000	2.71	1 038.78	383.02	3 787.38	115.16	6.98	713.97	3 073.41	3 787.38	18.85	81.15
2001—2005	0.45	187.27	416.38	851.51	-33.36	2.26	-52.74	904.25	851.51	-6.19	106.19
2006—2010	0.05	18.87	373.84	168.40	42.54	0.40	10.64	157.76	168.40	6.32	93.68
2011—2015	0.00	0.59	541.50	18.27	-167.66	0.05	-4.32	22.60	18.27	-23.66	123.66
2016—2020	0.49	266.09	540.22	-265.50	1.28	-0.49	0.32	-265.82	-265.50	-0.12	100.12

(2)秦艳丽[6]对大理河 1960—2015 年径流泥沙变化趋势进行研究,结果表明:大理河年径流量减少幅度为 34.85%;年输沙量减少幅度为 89.14%,减少趋势均很显著,突变年份均为 2002 年,与桥沟小流域突变年份基本为同一时期。张富等[4]研究成果表明:祖厉河流域降水量和径流量突变点是 1995 年,输沙量突变点是 2000 年,出现输沙量突变点较径流量突变点滞后,而本次研究中桥沟小流域径流量突变点为 2001 年,输沙量突变点为 2002 年,输沙量突变点也出现了滞后现象,说明年径流量与年输沙量虽然有极强的关联关系,但输沙量突变点有可能滞后,导致突变点滞后的原因还有待进一步研究。

(3)王小军等[3]研究表明:皇甫川流域近年来水沙衰减的主要原因是水土保持措施,与本研究相符。刘微等[13]采用 CPA 法对皇甫川径流进行突变分析,得出人类活动是 2000 年后皇甫川流域径流量减少的主导因素。秦艳丽[6]对大理河年径流量和年输沙量影响因素研究结果表明,1972—1986 年和 1997—2015 年,人类活动影响下的减水量分别占径流减少量的 67.31%和 98.79%;1972—2002 年和 2003—2015 年,人类活动影响下的减沙量分别占输沙量的减少量 89.31%和 114.67%。主要原因是 1999 年起黄土高原实施大规模的退耕还林、封山育林和植被恢复等工程取得明显效果。以上研究均与本研究成果相符,可以得出水土保持措施(人类活动)是年径流量和年输沙量减少的主要原因。

(4)桥沟小流域近 35 年来水来沙锐减的主要原因是水土保持措施的实施等人类活动,这肯定了水土保持工作的成效,但径流量和输沙量于 2017 年后均呈平稳波动状态,同时也说明随着时间的推移,原有水土保持措施已不能满足新的要求,必须结合新的形势,开展高质量治理。

5 结论

(1)根据桥沟小流域 1986—2020 年降水量、径流量和输沙量数据分析,年降水量呈上升趋势,但趋势不明显。在显著性水平 $\alpha=0.05$ 下,年径流量和年输沙量均呈显著下降趋势。

(2)桥沟小流域 1986—2020 年平均径流量减少幅度达 85 %以上,年平均输沙量减少幅度达 90%以上。

(3)通过 Mann-Kendall 非参数秩次相关检验法检验突变特征,结果表明桥沟小流域降水量突变年份为 2001—2003 年与 2017—2018 年,径流量突变年份为 2001 年,输沙量突变年份为 2002 年。

(4)桥沟小流域径流量变化可划分为 3 个变化时期:非显著波动期(1986—1997 年)、显著减流期(1998—2016 年)、减流平稳期(2017—2020 年)。输沙量变化也可划分为 3 个变化时期:非显著波动期(1986—1998 年)、显著减沙期(1999—2016 年)、减沙平稳期(2017—2020 年),与径流量变化时期基本一致。

(5)导致桥沟小流域水沙量呈现减少趋势的原因包括降水和人类活动,其中对水沙变异起重要作用的是 1999 年后退耕还林等水土保持措施的实施。

参考文献

[1] 刘晓燕,李晓宇,高云飞,等. 黄土丘陵沟壑区典型流域产沙的降雨阈值变化[J]. 水利学报,2019,50(10):1177-1188.

[2] 郑宝明,党维勤. 黄河水土保持生态工程辛店沟科技示范园建设与评价[M]. 郑州:黄河水利出版社,2014.

[3] 王小军,蔡焕杰,张鑫,等. 皇甫川流域水沙变化特点及其趋势分析[J]. 水土保持研究,2009,16(1):222-226.

[4] 张富,赵传燕,邓居礼,等. 祖厉河流域降雨径流泥沙变化特征研究[J]. 干旱区地理,2018,41(1):75-82.

[5] 宋晓鹏,张岩,王志强,等. 无人机摄影测量提取黄土高原切沟参数精度分析[J]. 北京师范大学学报(自然科学版),2021,57(5):606-612.

[6] 秦艳丽. 大理河流域景观格局变化对水沙过程的影响研究[D]. 西安:西安理工大学,2021.

[7] 王承书. 黄土高原典型侵蚀类型区降雨—入渗过程与模拟[D]. 杨凌:西北农林科技大学,2020.

[8] Gan T Y. Hydro-climatic trends and possible climatic warming in the Canadian Prairies[J]. Water Resource Research, 1998, 34(11):3009-3015.

[9] Douglas E M , Vogel R M, Kroll C N. Trends in floods and low flows in the United States :impact of spatial correlation[J]. Journal of Hydrology, 2000, 240 :90-105.

[10] 许炯心,孙季. 近 50 年来降水变化和人类活动对黄河入海通量的影响[J] . 水科学进展,2003, 14(6):690-695.

[11] 粟晓玲,康绍忠,魏晓妹,等. 气候变化和人类活动对渭河流域入黄径流的影响[J] . 西北农林科技大学学报(自然科学版), 2007,35(2):153-159.

[12] 杨大文,杨汉波,雷慧闽. 流域水文学[M]. 北京:清华大学出版社,2014.

[13] 刘微,张丹蓉,管仪庆,等. 1954~2010 年皇甫川流域基流变化及原因分析[J]. 人民黄河,2014,36(8):21-23.

黄土高原粗泥沙集中来源区水土保持精准治理模式探讨

毕慈芬[1]　李子镛[2]

（1. 黄河水利委员会黄河上中游管理局，陕西西安　710021；
2. 黄河水土保持西峰治理监督局，甘肃西峰　745000）

摘　要：本文回顾了黄土高原水土保持治理历程，给出黄土高原粗泥沙集中来源区水土保持治理规划布局，提出了“填壑复塬、拦沙造田、清洁水库、滞蓄防灾、退耕还林（草）”等粗泥沙集中来源区治理措施，切断粗泥沙来源，构建干旱、半干旱区沟道人工湿地生态系统，为黄河下游永久减淤和当地脱贫致富服务。

关键词：黄土高原；粗泥沙集中来源区；精准治理

1　问题提出

黄河的根本问题是水少沙多，问题出在下游，根子在流域。黄土高原由于水土流失破坏了塬面，形成了黄河集中产沙的策源地，也是造成黄河下游“地上悬河”之祸根，严重威胁着沿黄两岸人民的生命财产安全。

新中国成立后，党中央、国务院在总结历史治黄经验教训的基础上，提出了“根治黄河水害，开发黄河水利”的总方针，开启了人民治黄新时代。为了解决黄河下游泥沙淤积问题，先后进行了一系列试验、研究和实践工作。首先，是修建三门峡水利枢纽，可控制流域面积68.8万km^2，占全流域总面积的91.5%，坝址处多年平均水量占全河总水量的89%，占总沙量的98%。实践结果以淹没关中“八百里秦川”肥沃良田为代价，还对古城西安造成威胁[1]。随后王化云提出，在多沙支流上，修建大型拦泥库方案。20世纪60年代初，黄委会设计院曾经查看过支流大型拦泥库坝址，如无定河的白家川、皇甫川的魏镇、窟野河的黄羊城、秃尾河的高家堡，均因淹没损失太大而未能实施。后提出黄河中下游大面积放淤处理泥沙方案，结果显示：黄河小北干流放淤区35年淤满，黄河下游温孟滩放淤区37年淤满，原阳封丘放淤区53年淤满；东明放淤区9.4年淤满；台前放淤区12年淤满，上述五大放淤区相当于解决黄河下游河道20年的淤积量。上述所有减淤措施中，大水库、大拦泥库、大放淤都是短期起作用的措施，算不上解决百年大计。水土保持与用洪用沙方案虽能长期起作用，但其对黄河下游减淤不过1.5亿～2.5亿t，达到黄河下游冲淤平衡差距仍较大[2]。

1963年，钱宁教授首次提出粗泥沙集中来源区概念。粒径$d \geqslant 0.05$ mm的粗泥沙主要集中在两个区域，第一个区域是皇甫川至秃尾河各支流的中下游地区，粗泥沙输沙模数为10 000 t/(km^2·a)；另一个区域为无定河中下游[粗泥沙输沙模数6 000～8 000 t/(km^2·a)]，以及广义的白于山区河源区[粗沙输沙模数6 000 t/(km^2·a)]。在64万km^2的黄土高原中有45.4 km^2的水土流失区，其中多沙区19.1万km^2，多沙粗沙区7.86万km^2[3]。

1975年，淮河大洪水后，为防御黄河特大洪水，黄委会在“拦排放调”的基础上提出“拦、排、放、调、挖”处理泥沙，“上拦下排，两岸分治”处理特大洪水。

1979年，在黄河中下游治理规划学术讨论会上提出用干流水库调水调沙，其中张启舜根据三门峡

作者简介：毕慈芬（1935—），女，教授级高级工程师，主要从事水土保持、黄河泥沙研究工作。

水库运用经验提出三门峡水库滞洪调沙运用,钱宁提出拦粗排细,陈技霖、黄德英提出人造洪峰,方宗岱提出高浓度调沙放淤[4]。

为了保证防洪安全,1983 年龚时旸研究过加高堤防防御洪水的方案,研究结果认为加高堤防既不可靠,也不经济[5]。

1988 年 3 月,全国政协副主席钱正英在郑州"黄河规划座谈会"上提出关于黄土高原水土保持的两个战略目标,完整清晰地概括出"对黄土高原整个水土流失区广大面上的水土保持工作应为脱贫致富服务,这必须是首要的、第一位的事。具有依靠群众使治理开发工作真正给广大群众带来实惠,面上的水保工作才有活力与生命力。为脱贫致富服务的自觉性越强,水土保持工作就会越有成效。面上水土保持工作做好了,拦泥减沙作用自然也在其中了。所以,不要把这一目标和减淤问题搅在一起。第二个目标是对集中产沙的粗泥沙来源区减沙为黄河下游河道减淤。这项工作主要依靠列入国家基建的治沟骨干工程,它必须有群众性的中小型淤地坝相配合,以小流域为单元形成完整坝系,一条沟一条沟,一条支流一条支流地集中治理、连续治理、综合治理。在粗泥沙来源区内的重要支流治理虽然也有大中型坝库工程,但从水土保持角度看,应该主要是许多条流域治理的有限元集合或叠加,当然上述集中产沙区,同样也有脱贫致富服务的问题,但主要是为黄河服务的减沙。"[6]。

2005 年 9 月,李国英在《维持黄河健康生命》中提出控制黄河粗泥沙的三道防线。第一道防线,黄土高原水土流失区治理"先粗后细";第二道防线,黄河小北干流放淤"淤粗排细";第三道防线,小浪底水库"拦粗排细"[7]。

2006 年 3 月 31 日,《黄河中游粗泥沙集中来源区界定研究专家鉴定意见》通过,在原 7.86 万 km^2 多沙粗沙区内,进一步界定 $d \geq 0.1$ mm 且粗沙输沙模数等于 1 400 t/(km^2 · a)面积 1.88 万 km^2 区域为黄河下游淤积危害最大的粗泥沙集中来源区。根据来沙粒径和粗沙输沙模数等指标,对粗泥沙集中来源区的 9 条支流进行了产沙排序,依次是窟野河、皇甫川、清水川、秃尾河、孤山川、石马川、佳芦河、乌龙河和无定河[8]。

2008 年 7 月,郑新民等根据侵蚀产沙环境特征将黄土高原粗泥沙集中来源区 1.88 万 km^2 分成 4 个类型区,即黄土 1 区、黄土 2 区、砒砂岩裸露区和盖沙盖土区,并给出治理意见[9]。

几十年来黄土高原水土保持的试验、研究、示范、推广实践均证明钱正英提出的两个战略目标是正确的、可行的。如今黄土高原降雨量大于 400 mm 的区域已由黄变绿,向北推进了 400 km,该区群众已基本脱贫,正在向致富的路上迈进。黄河下游输沙量也明显减少,说明第一个战略目标已取得好成绩。可是 1.88 万 km^2 的粗泥沙集中来源区,至今治理零散,缓慢,其整体治理速率和效益与黄河根治防洪减灾任务相去甚远。这里恰是降雨量小于 400 mm 的干旱、半干旱区,又是黄河三大暴雨中心之一,历史上著名的"上大型"洪水,如 1843 年 8 月洪水,来自河龙区间洪水流量为 30 800 m^3/s,花园口洪峰流量为 33 000 m^3/s。1933 年 8 月洪水,来自该区洪峰流量 18 500 m^3/s。花园口洪峰流量 20 400 m^3/s[7]。近些年来,黄河恰遇枯水期,河龙区间没有出现过大于 5 万 km^2 以上的暴雨洪水,也是影响沙量减小的主要原因,万万不能忽视这一因素。如今砒砂岩地区已找到了控制粗泥沙集中来源的沙棘植物"柔性坝"+淤地坝+骨干坝综合技术[10],只待能在大面积粗泥沙集中来源区支流,进一步有组织、有计划推广实践。

为落实习近平总书记提出的源头治理,特提出粗泥沙集中来源区精准治理模式,突出抓好黄土高原水土保持工作,促进黄河流域生态保护和高质量发展。

2 精准治理模式规划方案

2.1 精准治理模式拦沙机制

借助刚柔工程的体系,达到抬高沟道侵蚀基准,减小沟道比降,降低水流冲刷,用当地产沙消灭"潜在土壤侵蚀面"[11],既可改变沟道的输水输沙性能,也可将冲刷—输移—沉积正向河床演变的规律改变成为沉积淤积上沿的逆向河床演变过程[12]。

2.2 加强黄河中下游防洪工程体系建设

实践证明:“上拦下排,两岸分滞”的防洪工程体系和小浪底调水调沙是成功的。2021年汛期防汛的实践就是很好的例证。为加强“确保西安,确保下游”,应首先保证完善黄河下游防洪工程体系建设,再在黄河中游和粗泥沙集中来源区的支流上,因地制宜地进行复制,以便形成黄河干、支流两套平行并存独立的防洪工程体系和调水调沙体系,达到既可单独防汛调度,也可实现联合防汛调度,以应对因气候变化可能出现的罕见的特大暴雨灾害,做到黄河防汛游刃有余,确保防汛安全。

2.3 落实源头治理,切断粗泥沙来源

甘志茂1990年首次提出“潜在土壤侵蚀面”的概念[11],这是指粗泥沙来源区3级U形支流以上正在发育的沟头前进、沟岸扩张、沟底下切,4级以上V形支沟沟谷坡面非径流产沙和暴雨径流产沙混合作用集中产沙的所在地。为此把这里的产沙全拦住,它既不像大型拦泥库没有淹没损失,又把源头的产沙用来消灭“潜在土壤侵蚀面”,切断粗泥沙产源,这样可以为下游永久减沙,达到治本的目标。早在1963年9月,李赋都就提出“万库化”是根本治理黄河的措施之一[4]。

2.4 科学构建支流合理有序的空间布局结构

坚持山水林田湖草综合治理,在于针对沟道地貌形态和产沙规律[13],合理安排水沙、粗细沙、生产减灾的有序配置。实现“填壑复塬”“拦沙造田”,形成粗细沙土壤水库,大面积接收暴雨径流,在其下游建造清洁水库,在流域最低的一级支流,建造滞洪防灾工程。这样,不仅可把沙拦住、把水留住,还能形成干旱、半干旱地区沟道人工湿地生态系统,为生态修复重建和经济发展奠定良好的基础[14]。

2.5 构建多沙支流终极稳定平衡纵剖面

(1)把粗泥沙集中来源区的所有骨干工程提升为小型水利工程标准,均应按500年一遇的洪水标准设计,千年一遇的洪水标准校核,与黄河干流防洪标准相一致。

(2)骨干工程应保证三大件:坝体、排水闸、溢洪道,因为排水闸是最终控制支流纵比降的侵蚀基准面,涉及最终河床的稳定平衡和防止盐碱化的问题。

(3)要保证沟道最终平面外形蜿蜒曲折,高滩深槽下凹型的纵剖面,还要保证滩面耕地不发生盐碱化。同时,本文特别关注张金良等《高标准免管淤地坝理论技术体系研究》[15]。

2.6 两条规定

(1)整个沟道不同类型工程的施工顺序应视沟道前期是否侵蚀到基岩的程度而定,也就是按照沟道土壤可耕层深度而定。如果没有侵蚀到基岩,而且可保证足够深土壤耕种层,施工顺序自上而下,否则自下而上。

(2)骨干工程不允许垮坝。

2.7 完善支流流域交通系统

沟道人工湿地生态系统建成之时,就是支流流域交通架构完善之时,这样就可达到“要想富,先修路”的目标。

3 精准治理模式

3.1 填壑复塬

填壑复塬具体指流域3级U形支沟上游V形沟谷坡非径流和暴雨径流集中产沙的沟头段,沟谷面积占流域总面积的43%~55%,而侵蚀产沙量占50%~70%[16],就是“潜在土壤侵蚀面”所在地。

(1)在4级V形支沟口,用封壑淤地坝进行封壑,其上游采用沙棘植物“柔性坝”坝系工程技术,控制支毛沟头形态各异的卯坡面、沟谷坡面、沟床的不同部位,对其进行全方位立体笼罩。

封壑淤地坝可一次封,也可分年封。一次封从壑顶直到沟底。分年封视2级U形支沟上游段侵蚀程度而定,具体指沟床是否侵蚀到基岩,裸露还是有足够的可耕层土壤而定。其方法是在布设柔性坝前在壑口修建宽2 m、高1.5 m封壑淤地坝,上面按0.3 m株距和0.5 m行距,按梅花形种植3~4年生沙棘苗做拦沙透水坝框架。次年再继续依次种植直至壑顶。这样就可把$d \geq 0.05$ mm,80%的粗泥沙拦在

封墩淤地坝以上,把 $d<0.05$ mm 的泥沙排泄到下游。

(2)在3级U形支沟上段,修建永久骨干坝,把 $d>0.05$ mm 的粗沙全拦截,只排泄 $d<0.05$ mm 的泥沙。

(3)从长远看,封墩淤地坝最终会形成准塬面或盆状凹坑塬面。永久骨干坝拦完 $d>0.05$ mm 的粗沙后,如果淤满了,就与封墩塬连在一起形成永久准塬面,是封墩塬的继续和组成部分,共同形成粗沙土壤水库,如果未淤,满则是流域上游的一个水库。封墩塬上可种植乡土乔木,如油松、白榆等,形成沟头森林生态系统,可发展林下经济,如种植中药材等。

3.2 拦沙造田

拦沙造田具体指永久骨干坝下游至2级U形支沟中段。建造拦沙骨干坝,其上游至永久骨干坝之间建造淤地坝坝系工程,拦截 $0.03\ mm\leq d<0.05$ mm 泥沙,只排泄 $d<0.03$ mm 的泥沙,可形成细沙土壤水库,以发展沟道基本农田,最终要形成高滩深槽的横断面,可发展滩地农业,形成农田生态系统,保证粮食安全。

3.3 清洁水库

清洁水库具体指2级U形支沟沟口或1级支流的上段,修建清洁水库提供人畜饮水,$d<0.03$ mm 的细泥沙可穿堂过,向下游排泄,形成清洁水源生态系统。水库可发展养殖业。

3.4 滞蓄防灾

滞蓄防灾具体指1级支流,河道开阔,又是流域最低处,若遇2021年7月郑州型大暴雨,此处就是蓄滞洪区。可根据干支流防洪规划布设拦洪枢纽或建造支流滞蓄洪区。该枢纽承上启下,是支流的防洪工程体系,也是中游干流防洪工程体系的重要组成部分,与干流形成共同的黄河防洪减灾工程体系和调水调沙体系,形成滞蓄减灾生态系统。$d<0.03$ mm 的泥沙,无论是放在滞蓄减灾水库还是放在干流枢纽,最终都必须在禹门口以下龙潼河段放淤,也就是只能给三门峡水利枢纽输送 $d<0.025$ mm 的非造床质泥沙,这是底线,最好是全拦在龙潼河段的滩地上,这样也可防止渭河口一级拦门沙的形成。

3.5 退耕还林(草)

坡度小于20°的沟谷坡,修建缓坡梯田和退耕还林草,形成林果生态系统,以发展畜牧业和果业。

3.6 完成交通体系

治理后流域自上而下自然形成梯田路、封墩路、永久路、农田路、水库路、防灾路。

4 精准治理模式实施建议

(1)建议在西安成立多沙粗沙区研究培训中心,下设天水、西峰、绥德三个水土保持科学试验站,主要承担7.86万 km^2 水土流失规律、综合治理技术、生态修复和重建、经济可持续发展、研究试验示范推广监测总结、干部培训任务和"一带一路"科技合作项目管理工作。

(2)建议立项选择粗泥沙来源区皇甫川、沙圪堵以上1 351 km^2 的9条支沟:水泉沟、酸刺沟、王五沟、干察板沟、乌兰沟、石家渠、安家渠、刘家渠、胡家渠,立专项进行精准模式野外原型试验研究。

(3)建议对7.86万 km^2 多沙粗沙区内比降大于1%沟、长小于1 km的沟道条数进行普查,为加强数字孪生黄河研究取得可靠资料。

(4)建议中小型骨干坝、淤地坝和沙棘植物"柔性坝"均由国家基建投资。

5 结语

本文是笔者1995—2006年在内蒙古准格尔旗西召沟小流域进行"砒砂岩地区沙棘植物柔性坝试验研究"[17]取得创新成果后又进行了扩大推广试验成功基础上提出的,为落实2019年9月18日习近平总书记在黄河流域生态保护和高质量发展座谈会上提出的"综合治理,系统治理,源头治理"指示精神,提出切断产沙源,构建干旱半干旱地区沟道人工湿地生态系统,达到标本兼治、两全其美的结果。该模式的特点是:一抬高,抬高沟道侵蚀基准;二分治,水沙分治,粗细沙分治;三协同,同时加强黄河中下游粗泥沙集中来源区支流防洪工程体系和调水调沙体系建设;四多效,为黄河下游减沙,为当地群众脱贫致富,为干流水利枢纽减小拦沙库容、增加兴利库容,为黄河减少输沙水量;五并举,沟坡并举,自上而下刚柔工程并举,拦沙蓄水防灾并举,林业农业草业养殖业果业并举,近期和远期并举。

参考文献

[1] 毕慈芬.确保西安,确保下游[R].西安:黄河水利委员会黄河上中游管理局,2019.

[2] 黄河水利委员会勘测设计院.黄河规划志·黄河志(卷六)[M].郑州:河南人民出版社,1991.

[3] 钱宁,王可钦,闫德林,等.黄河中游粗泥沙来源区及其对黄河下游冲淤的影响[C]//河流国际泥沙学术讨论会论文集.北京:北京立华出版社,1988.

[4] 水利部黄河水利委员会.有关人士治黄意见摘要(参考资料三)[R].1982.

[5] 龚时旸.开发黄河水资源实现四化标准做贡献[J].人民治黄,1983(3).

[6] 华绍祖,毕慈芬.在新形势下进一步做好黄土高原水土保持工作的认识和几项工作安排[R].西安:黄河中游治理局,1989.

[7] 李国英.维持黄河健康生命[M].郑州:黄河水利出版社,2005.

[8] 徐建华,林银平,吴成基,等.黄河中游粗泥沙集中来源区界定研究[M].郑州:黄河水利出版社,2006.

[9] 郑新民,赵光耀,田杏芳.黄河中游粗泥沙集中来源区治理方向研究[M].郑州:黄河水利出版社,2008.

[10] 毕慈芬,邰源临,王富贵.防止砒砂岩地区土壤侵蚀的水土保持综合技术探讨[J].泥沙研究,2003(13):63-65.

[11] 甘志茂.黄土高原地貌与土壤侵蚀研究[M].西安:陕西人民出版社,1989.

[12] 钱宁,张仁,周志德.河床演变动力学[M].北京:科学出版社,1989.

[13] 毕慈芬,王富贵.砒砂岩地区土壤侵蚀机理研究[J].泥沙研究,2008(1):70-73.

[14] 毕慈芬,王富贵,赵光耀,等.砒砂岩区沟道人工湿地生态系统的构建与建议[J].中国水土保持,2016(9):76—78.

[15] 张金良,苏茂林,李超群,等.高标准免管淤地坝理论技术体系研究[J].人民黄河,2020(9):136-140.

[16] 中华人民共和国水利部.黄土高原地区水土保持淤地坝规划[R].2003.

[17] 毕慈芬,李桂芬,邰源临,等.砒砂岩地区沙棘植物"柔性"坝实验技术总结(1995—2006)[R].西安:水利部黄河水利委员会黄河上中游管理局,2006.

潼关水文站同位素在线测沙仪应用分析与研究

李泽鹏

（黄河水利委员会三门峡库区水文水资源局，河南三门峡 472000）

摘 要：泥沙测验是对河流或水体中随水流运动泥沙的变化、运动、形式、数量及其演变过程的测量，以及河流或水体某一区段泥沙冲淤数量的计算，包括河流的悬移质输沙率、推移质输沙率、床沙测定以及泥沙颗粒级配的分析等。流域的开发和国民经济建设，需要水文工作者提供大量的径流洪水的水文资料，还需要提供可靠的泥沙测验资料。同位素在线测沙仪具有测量精度高、数据传输快、数据处理便捷等优点，同位素在线测沙仪不仅可以完整控制沙峰过程与准确测得含沙量的起涨点，并且对水文站优化测验方式、提高水文测报能力提供重要支撑。

关键词：同位素测沙；泥沙测验；含沙量；精度

1 研究背景

目前，潼关水文站的测沙方式依旧是传统的人工采用横式采样器取沙。传统的测验方式存在较多的客观影响因素，人工测验数据不能完整地控制沙峰，无法准确地测到含沙量的起涨点，并且完成一次泥沙测验，需要大量的人力。同位素在线测沙仪具有测量精度高、数据传输快、数据处理便捷等优点。同位素在线测沙仪不仅可以完整控制沙峰过程与准确测得含沙量的起涨点，并且对水文站优化测验方式、提高水文测报能力提供重要支撑。对潼关水文站目前安装的同位素在线测沙仪进行比测试验分析，确定适合的测验方法和水深、含沙量范围，使同位素测沙仪尽快得以应用。

2 研究区域概况

潼关水文站位于陕西省境内潼关县秦东镇（简称潼关站），东经 110°19′34″，北纬 34°36′17″，测验河段位于黄河、渭河、北洛河汇合口下游 6 km 左右，其上约 130 m 处有公路桥 1 座，其下约 600 m 处右岸建有控导工程，小水时使主流摆向左岸，大水时断面出现常壅水情况，下游有三门峡水库。年内来沙分配不均衡，多年平均输沙量为 16.04 亿 t。

3 同位素在线测沙仪基本情况

3.1 测沙仪安装情况

黄河潼关站现有低水缆道主缆钢塔支架和副缆钢塔支架，左岸钢塔支架基础由于主流变动，目前处于河道主流，其灌注桩可以作为平台基础安装测沙仪系统。考虑不影响低水缆道主缆应用，测沙仪系统选在副缆灌注桩东南向的一个桩上。在灌注桩背水处设置导轨，4 个灌注桩顶部中间建设平台，设置升降控制装置。仪器附近建高度仪，监测水面高度变化，测沙仪升降由步进电机控制。根据水深变化及监测要求将指令发给步进电机，控制测沙仪升降到监测高度。为减小电机功耗，采用平衡锤结构，其转向及承载点放在钢塔支架上。采用太阳能及蓄电瓶供电。仪器安装如图 1、图 2 所示。

3.2 测沙仪技术原理

测沙仪的工作原理，是利用同位素的放射性，γ 射线通过物质时的能量衰减原理测量被测物质的密

作者简介：李泽鹏（1993—），男，工程师，主要从事水文水资源研究工作。

度,从而测得含沙量[1]。同位素仪器内部,电离室把γ射线转变成电流信号。浑水中含沙量愈大,γ射线被泥沙吸收的愈多,进入电离室的γ射线就愈少,转变成电流信号就愈小;浑水含沙量小时被泥沙吸收的少,电离室输出的电流信号相应会大。γ射线半衰期非常长,放射出射线的能量非常稳定,使得测量仪器的性能非常稳定[2]。

图 1　潼关站低水缆道副缆灌注桩

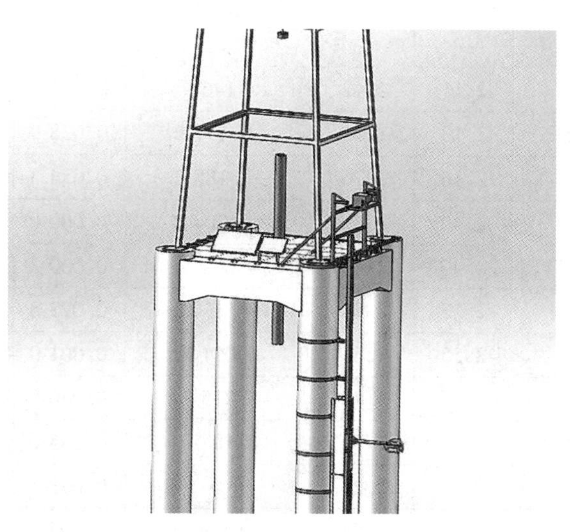

图 2　测沙仪安装及工作状态

4　测沙仪与人工观测含沙量比测情况及分析研究

4.1　比测数据及比测结果分析

测沙仪观测含沙量数据可靠性的比测主要在仪器下放到相对水深位置处,同时进行相同位置的人工观测含沙量对比。目前比测资料有 116 次,其中 5.00 kg/m³ 以下有 48 次,5.00～30.0 kg/m³ 有 35 次,30.0 kg/m³ 以上有 33 次,对现有比测数据分析见表 1。

表 1　人工成果与测沙仪成果总量误差分析

序号	人工成果	测沙仪成果	P_i (测沙仪成果-人工成果)/人工成果	P_i^2	序号	人工成果	测沙仪成果	P_i (测沙仪成果-人工成果)/人工成果	P_i^2
1	0.200	0.222	0.1100	0.012 1	11	1.60	1.40	-0.125 0	0.015 6
2	0.351	0.215	-0.387 5	0.150 1	12	1.64	1.36	-0.170 7	0.029 1
3	1.01	1.03	0.019 8	0.000 4	13	1.68	1.86	0.107 1	0.011 5
4	1.02	0.768	-0.247 1	0.061 0	14	1.72	1.86	0.081 4	0.006 6
5	1.16	1.32	0.137 9	0.019 0	15	1.74	1.72	-0.011 5	0.000 1
6	1.22	1.21	-0.008 2	0.000 1	16	1.78	1.32	-0.258 4	0.066 8
7	1.32	1.21	-0.083 3	0.006 9	17	1.84	1.51	-0.179 3	0.032 2
8	1.44	1.47	0.020 8	0.000 4	18	1.86	2.17	0.166 7	0.027 8
9	1.50	1.86	0.240 0	0.057 6	19	1.91	1.64	-0.141 4	0.020 0
10	1.55	1.48	-0.045 2	0.002 0	20	1.98	1.97	-0.005 1	0.000 0

续表 1

序号	人工成果	测沙仪成果	P_i（测沙仪成果-人工成果）/人工成果	P_i^2	序号	人工成果	测沙仪成果	P_i（测沙仪成果-人工成果）/人工成果	P_i^2
21	2.11	2.42	0.146 9	0.021 6	55	5.98	4.47	-0.252 5	0.063 8
22	2.13	1.71	-0.197 2	0.038 9	56	6.00	5.78	-0.036 7	0.001 3
23	2.16	1.76	-0.185 2	0.034 3	57	6.07	4.44	-0.268 5	0.072 1
24	2.40	2.39	-0.004 2	0.000 0	58	6.33	4.67	-0.262 2	0.068 8
25	2.40	2.43	0.012 5	0.000 2	59	6.52	5.85	-0.102 8	0.010 6
26	2.53	2.14	-0.154 2	0.023 8	60	7.13	6.10	-0.144 5	0.020 9
27	2.55	2.63	0.031 4	0.001 0	61	7.16	8.15	0.138 3	0.019 1
28	2.55	3.10	0.215 7	0.046 5	62	7.30	7.42	0.016 4	0.000 3
29	2.62	3.11	0.187 0	0.035 0	63	7.45	7.46	0.001 3	0.000 0
30	2.72	2.23	-0.180 1	0.032 5	64	7.46	5.35	-0.282 8	0.080 0
31	2.72	2.54	-0.066 2	0.004 4	65	8.48	8.08	-0.047 2	0.002 2
32	2.88	2.81	-0.024 3	0.000 6	66	8.53	7.16	-0.160 6	0.025 8
33	2.99	2.68	-0.103 7	0.010 7	67	8.95	9.01	0.006 7	0.000 0
34	3.00	2.76	-0.080 0	0.006 4	68	9.10	9.10	0.000 0	0.000 0
35	3.00	3.71	0.236 7	0.056 0	69	9.42	12.3	0.305 7	0.093 5
36	3.21	2.48	-0.227 4	0.051 7	70	9.50	11.7	0.231 6	0.053 6
37	3.24	2.85	-0.120 4	0.014 5	71	9.55	9.92	0.038 7	0.001 5
38	3.25	2.91	-0.104 6	0.010 9	72	10.6	8.35	-0.212 3	0.045 1
39	3.30	3.83	0.160 6	0.025 8	73	11.0	12.0	0.090 9	0.008 3
40	3.44	3.41	-0.008 7	0.000 1	74	13.5	12.4	-0.081 5	0.006 6
41	3.45	3.43	-0.005 8	0.000 0	75	14.0	14.8	0.057 1	0.003 3
42	3.48	3.18	-0.086 2	0.007 4	76	15.5	14.9	-0.038 7	0.001 5
43	3.55	2.71	-0.236 6	0.056 0	77	18.0	18.9	0.050 0	0.002 5
44	3.88	4.34	0.118 6	0.014 1	78	21.5	23.5	0.093 0	0.008 7
45	3.92	3.08	-0.214 3	0.045 9	79	22.1	23.4	0.058 8	0.003 5
46	3.95	4.27	0.081 0	0.006 6	80	24.0	25.2	0.050 0	0.002 5
47	4.50	3.45	-0.233 3	0.054 4	81	27.0	28.5	0.055 6	0.003 1
48	4.51	4.00	-0.113 1	0.012 8	82	27.1	27.0	-0.003 7	0.000 0
49	5.09	3.40	-0.332 0	0.110 2	83	28.5	30.9	0.084 2	0.007 1
50	5.38	4.16	-0.226 8	0.051 4	84	31.3	30.8	-0.016 0	0.000 3
51	5.48	5.14	-0.062 0	0.003 8	85	33.4	34	0.018 0	0.000 3
52	5.48	4.00	-0.270 1	0.072 9	86	35.0	36.3	0.037 1	0.001 4
53	5.57	5.34	-0.041 3	0.001 7	87	35.0	35.2	0.005 7	0.000 0
54	5.70	4.11	-0.278 9	0.077 8	88	35.5	32.7	-0.078 9	0.006 2

续表 1

序号	人工成果	测沙仪成果	P_i（测沙仪成果−人工成果）/人工成果	P_i^2	序号	人工成果	测沙仪成果	P_i（测沙仪成果−人工成果）/人工成果	P_i^2
89	35.6	34.8	−0.022 5	0.000 5	103	41.9	42.7	0.019 1	0.000 4
90	35.6	36.9	0.036 5	0.001 3	104	47.0	48.1	0.023 4	0.000 5
91	36.0	37.4	0.038 9	0.001 5	105	51.9	51.0	−0.017 3	0.000 3
92	36.6	37.9	0.035 5	0.001 3	106	55.5	53.3	−0.039 6	0.001 6
93	36.7	37.1	0.010 9	0.000 1	107	56.0	55.9	−0.001 8	0.000 0
94	36.7	36.9	0.005 4	0.000 0	108	58.9	57.3	−0.027 2	0.000 7
95	37.4	36.4	−0.026 7	0.000 7	109	60.2	60.4	0.003 3	0.000 0
96	37.6	35.9	−0.045 2	0.002 0	110	61.5	62.7	0.019 5	0.000 4
97	37.8	36.4	−0.037 0	0.001 4	111	62.0	63.1	0.017 7	0.000 3
98	38.8	38.6	−0.005 2	0.000 0	112	62.4	63.6	0.019 2	0.000 4
99	39.0	38.6	−0.010 3	0.000 1	113	62.4	60.1	−0.036 9	0.001 4
100	40.3	39.6	−0.017 4	0.000 3	114	65.7	62.6	−0.047 2	0.002 2
101	40.3	41.0	0.017 4	0.000 3	115	66.0	63.5	−0.037 9	0.001 4
102	40.9	41.0	0.002 4	0.000 0	116	66.0	62.6	−0.051 5	0.002 7
求和：P_i=−3.969 5　P_i^2=2.084 9　系统误差=3.4%　标准差=13.5%									

分析得出测沙仪成果对比人工成果系统误差为3.4%，随机不确定度为27.0%。以人工成果为纵坐标、同位置测沙仪成果为横坐标，用同一比例尺，点绘关系曲线。发现相关点子密集成一线性，并且点子无明显系统偏离，说明关系良好。通过坐标原点和点群重心，可以认定为单一线。

由图3可知，虽有部分点子明显偏离关系线，但相关回归方程为 $y=1.006\,2x$，相关系数为0.997 0，说明相关性较好，仪器性能较稳定，数据可靠，且测沙仪观测值系统偏小，离散度较低，可信度较高。

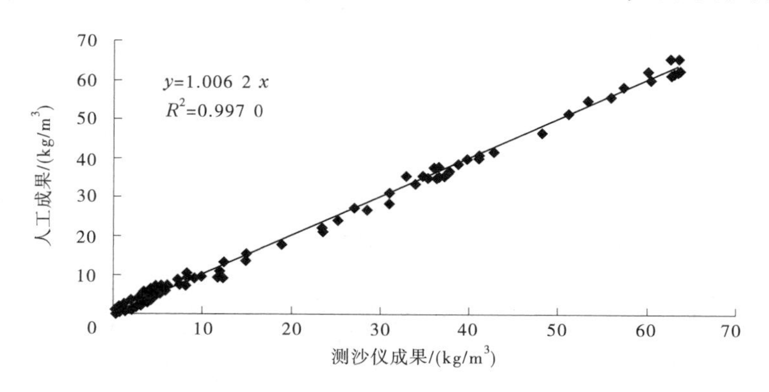

图3　人工成果与测沙仪成果线性关系

4.2　测沙仪在不同条件下与人工测验偏差的原因

图4是人工成果与测沙仪成果的相对误差随含沙量级的变化，由相对误差分布可以看出，随着含沙量级增大，相对误差呈逐渐减小的趋势。

同位置比测样本总量分析得出测沙仪成果对比人工成果的系统误差为3.4%，随机不确定度为27.0%。人工成果与测沙仪成果的相对误差随量级的变化，由误差分布可以看出，含沙量小于

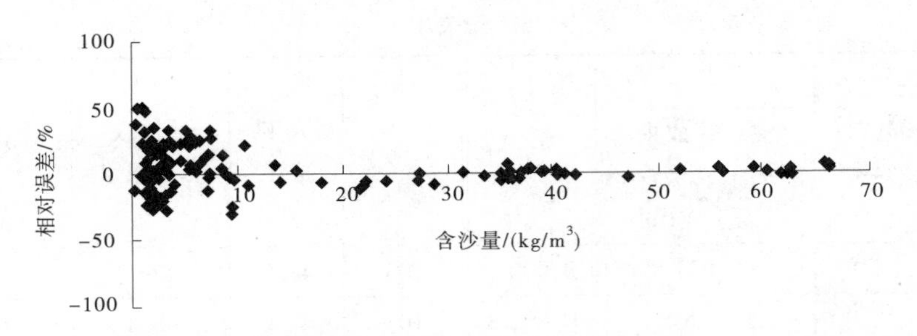

图 4　人工成果与测沙仪成果的相对误差随含沙量级变化

5.00 kg/m³ 误差较大,5.00~30.0 kg/m³ 误差较小,基本在 0~±30%,30.0 kg/m³ 以上量级的误差明显减小,基本在 0~±10%。

目前,数据分析得出测沙仪性能可靠、稳定。但由于其他客观原因及近期潼关站含沙量较小,致使目前比测数据较少,同时缺少大含沙量的比测分析,例如 100 kg/m³ 量级以上的含沙量,下一步工作将着重比测更高的含沙量,进一步为测沙仪的应用提供更多的科学依据。

5　结论

(1)通过对比分析测沙仪、潼关水文站人工测沙过程,两种测验方式所得的含沙量过程趋势基本一致,其中测沙仪数据实时传输,含沙量过程线趋势光滑,而人工测沙数据量较少,转折明显。测沙仪监测的含沙量过程最大值(峰值)在流量过程的峰值之前,这和以往我们认知的含沙量峰值与流量峰值的关系是不同的。一般情况下,含沙量峰值落后流量峰值。出现该种特殊情况,可能与黄河小北干流的特殊情况、黄渭河来水方式、潼关断面的特殊位置及桃汛洪水的出现时机有关。一般来说,流量、含沙量过程陡涨陡落,且沙峰晚于洪峰。潼关水沙峰的特殊关系往往使人工测沙无法准确地测得含沙量的起涨点,测沙仪测沙实时数据传输为潼关水文站的单沙、断沙监测提供了可靠的依据。采用测沙仪在线测沙系统可有效的控制含沙量的变化过程。

(2)对潼关水文站目前安装的同位素测沙仪进行比测试验分析,确定适合的测验方法和水深、含沙量范围,使同位素测沙仪在水文站得以应用。分析出同位素测沙仪位置垂线含沙量分布和水平含沙量分布,给出合理的同位素测沙仪下放位置。了解同位素测沙仪测沙成果与人工测沙断面含沙量的关系,为断面含沙量完整控制提供依据,同位素在线测沙仪的测量精度高、数据传输快、数据处理便捷等优点极大地解放劳动力同时也提高了特殊沙情的报汛精度及时效性。

参考文献

[1] 彭世想,赵益民,牛长喜. 低剂量同位素在线测沙技术研究[C]//中国水利学会会议论文集. 2020. 10.

[2] 陈月红,刘孝盈,汪岗. 放射性同位素示踪在泥沙研究中的应用[J]. 水利水电技术,2003(5):4-6.

[3] 李德贵,罗珺,陈莉红,等. 河流含沙量在线测验技术对比研究[J]. 人民黄河,2014,36(10):16-19.

[4] 郭涵,赵新生,胡明利. 浅议同位素测沙仪率定规范的制定[J]. 水利技术监督, 2021(8):10-12.

黑山峡水库调节水沙库容规模分析

钱 裕[1,2] 闫孝廉[1,2] 方洪斌[1,2]

(1. 黄河勘测规划设计研究院有限公司,河南郑州 450003;
2. 水利部黄河流域水治理与水安全重点实验室(筹),河南郑州 450003)

摘 要:通过实测资料分析,从维持宁蒙河段中水河槽规模、为中游洪水泥沙调控子体系提供水流动力条件的角度,提出黑山峡水库水沙调控流量在西线南水北调工程生效前、后宜控制在 2 500 m^3/s、3 000 m^3/s,一次历时应不小于 15 d;调控时机应控制在宁蒙河段支流尤其是内蒙古十大孔兑主要来沙的 7 月中旬至 9 月下旬。利用设计水沙系列进行长历时调蓄计算,得出 75%频率下黑山峡水库低限水沙调控库容在南水北调西线工程生效前、后分别为 21 亿 m^3、23.6 亿 m^3 左右。

关键词:中水河槽;联合调控;水沙调控库容;黑山峡

1 研究背景

黑山峡水利枢纽工程是黄河水沙调控体系 7 大骨干工程之一,在黄河治理开发中具有承上启下的重要战略地位。工程开发任务为调节水沙、防凌(洪)、改善生态、供水、发电等综合利用。通过黑山峡水库调节水沙,增强全河水资源调控能力,对上游梯级电站下泄水量进行反调节,合理安排汛期下泄水量和流量过程,恢复宁蒙河段中常洪水过程,遏制新悬河发育,长期维持宁蒙河段 2 500 m^3/s 左右的中水河槽规模,同时为中游水库群库区冲刷、排沙保库容和协调中下游水沙关系创造有利条件是其首要任务。多年以来,众多学者围绕河段开发在黄河水资源利用、防洪防凌、生态环境保护乃至区域经济社会发展中的战略地位[1-8],水库泥沙淤积情况[9],下游河道水温变化[10],对宁蒙河段的防凌作用[11],库容规模需求[12]等方面开展了大量研究工作,但对黑山峡水库调节水沙库容规模的分析较少,而这又是河段开发方案决策的关键。

2019 年 9 月 18 日,习近平总书记在郑州主持召开黄河流域生态保护和高质量发展座谈会,强调黄河流域生态保护和高质量发展是重大国家战略,指出当前黄河流域仍存在一些突出困难和问题。要保障黄河长久安澜,必须紧紧抓住水沙关系调节这个牛鼻子。本文结合新形势,分析协调宁蒙河段水沙关系,恢复并维持中水河槽规模,保障防凌安全,同时为中游洪水泥沙调控子体系提供水流动力条件等需求,分析计算黑山峡水库调节水沙库容规模,以期为黑山峡河段开发提供参考。

2 研究数据和方法

本文采用的有关水文站实测水沙资料来自《中华人民共和国水文年鉴》中的“黄河流域水文资料”。

利用宁蒙河段场次洪水资料,分析不同类型洪水河道水沙演进及冲淤特性,研究不同量级洪水(流量、含沙量)对河槽的塑造作用。从恢复和维持中水河槽的需求出发,分析宁蒙河段的调控流量、历时及水量指标。

场次洪水冲淤公式:

$$\Delta W_s = W_{s干入} + W_{s支入} + W_{s退} - W_{s干出} - W_{s引} \tag{1}$$

作者简介:钱裕(1981—),男,高级工程师,主要研究方向为河床演变、工程泥沙。

式中：ΔW_s 为场次洪水冲淤量，亿 t；$W_{s干入}$ 为干流来沙量，亿 t；$W_{s支入}$ 为支流来沙量，亿 t；$W_{s退}$ 为灌区退沙量，亿 t；$W_{s干出}$ 为出口沙量，亿 t；$W_{s引}$ 为灌区引沙量，亿 t。

场次洪水平均流量：

$$\overline{Q} = \sum_{t}^{T} q_i \cdot t_i / T \tag{2}$$

式中：$\overline{Q}$ 为场次洪水平均流量，m^3/s；q_i 为各因子流量，入为正，出为负，m^3/s；t_i 为场次洪水历时，d。

利用黄河中游地区对小北干流和水库淤积较为严重的高含沙小洪水资料，分析洪水出现的时机、历时和水沙量，研究黑山峡水库下泄大流量，提供水流动力条件的时机、历时、流量级、水量等调控指标。

由调控指标，经设计水沙过程调蓄计算，得到调节水沙库容。

3 调节水沙需求

3.1 宁蒙河段水沙关系调节的需求

3.1.1 调控流量

统计1960—2020年宁蒙河段99场干流洪水，不同粒径泥沙冲淤量、冲淤效率与流量级关系见表1、图1。

表1 宁蒙河段干流洪水不同粒径泥沙冲淤量、冲淤效率与流量级关系

项目	粒径/mm	不同流量级(m^3/s)洪水泥沙冲淤量、冲淤效率					
		<1 000	1 000~1 500	1 500~2 000	2 000~2 500	2 500~3 000	>3 000
冲淤量/亿 t	0~0.025	0.172	0.066	-0.776	-0.756	-2.043	-0.531
	0.025~0.05	0.122	0.074	-0.340	-0.528	-1.088	-0.571
	0.05~0.08	0.090	0.050	-0.106	-0.243	-0.419	-0.169
	0.08~0.1	0.060	0.033	-0.071	-0.162	-0.280	-0.113
	>0.1	0.037	0.062	0.018	0.135	0.071	0.073
	全沙	0.481	0.285	-1.275	-1.554	-3.759	-1.311
冲淤效率/(kg/m^3)	0~0.025	0.876	0.097	-1.408	-1.292	-2.410	-0.885
	0.025~0.05	0.621	0.110	-0.617	-0.902	-1.283	-0.952
	0.05~0.08	0.458	0.073	-0.193	-0.415	-0.495	-0.282
	0.08~0.1	0.305	0.049	-0.128	-0.277	-0.330	-0.188
	>0.1	0.189	0.092	0.033	0.231	0.084	0.121
	全沙	2.449	0.421	-2.313	-2.655	-4.434	-2.186

(1)含沙量 3 kg/m^3 以下，宁蒙河段冲刷效率随着流量增大而增大。当流量在 2 500~3 000 m^3/s 时，冲刷效率达到最大，当流量大于 3 000 m^3/s 以后，冲刷效率有所降低。

(2)含沙量 3~7 kg/m^3，随着流量级的增大，宁蒙河段逐步由淤积转为冲刷，当流量达到 1 500 m^3/s 以上时，宁蒙河段总体呈现冲刷，冲刷效率随着流量的增大而增大，但流量大于 3 000 m^3/s 后，冲刷效率随之迅速减小。流量级在 2 500~3 000 m^3/s 时冲刷效率最大。

(3)含沙量 7~20 kg/m^3 和含沙量大于 20 kg/m^3 洪水，随着流量级的增大，宁蒙河段淤积效率降低，流量大于 2 500 m^3/s 以后转为冲刷。

(4)各分组泥沙在不同水流条件下均能不同程度地被输移，小于 0.1 mm 的各粒径组泥沙，随着流量级增大，淤积效率逐渐减小，当流量大于 1 500 m^3/s 时，转淤积为冲刷，当流量在 2 500~3 000 m^3/s 时，冲刷效率达到最大，但流量大于 3 000 m^3/s 以后，冲刷效率有所减小；粗径大于 0.1 mm 的泥沙表现为淤积，淤积效率随流量增大有所波动，但总体趋势减小，淤积效率最小时的流量级为 2 500~3 000 m^3/s。

宁蒙河段洪水随着含沙量级的增大，整个河段逐步由冲刷转为淤积；随着流量级的增大，整个河段

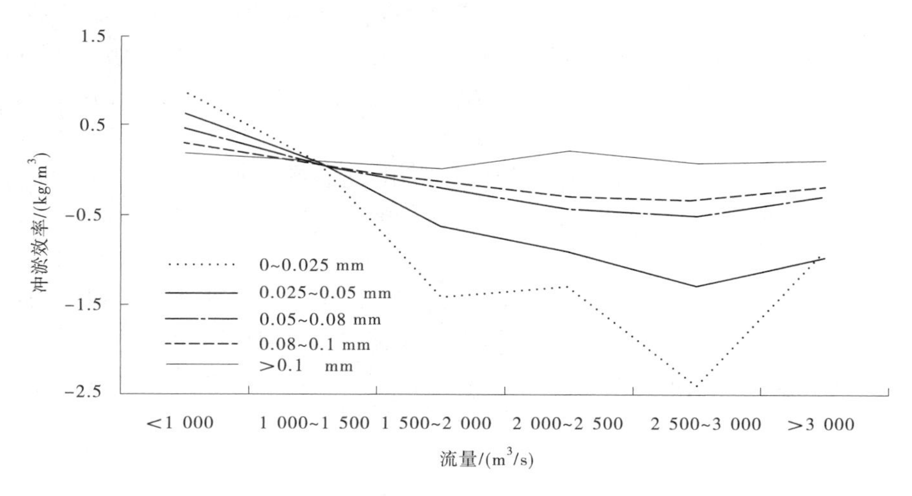

图 1　宁蒙河段不同粒径泥沙冲淤效率与流量级关系图

由淤积逐步转为冲刷或者淤积效率降低，有利于宁蒙河段输沙包括各分组泥沙粒径输沙的流量级范围是 2 500~3 000 m^3/s。考虑黄河流域水资源短缺，南水北调西线生效前控制调控流量在 2 500 m^3/s 左右，南水北调西线生效后调控流量可逐步增加至 3 000 m^3/s。

3.1.2　调控历时

根据河道冲淤特性和调水调沙实践，若要利用大流量达到较好的输沙和冲沙效果，减少河道淤积、恢复河道主槽过流能力，其中常洪水的历时一般应不小于整个河段的水流传播时间，由下河沿—头道拐流量传播时间（见表 2）可知，下河沿洪水传播至三湖河口站需要 6~7 d，传播至头道拐站需要 9~10 d。

表 2　下河沿—头道拐各河段传播时间分析成果

河段名称	河段/km	流量 1 500~3 000 m^3/s 洪水传播时间/h
下河沿—青铜峡	124	20~30
青铜峡—石嘴山	194	24~30
石嘴山—巴彦高勒	142	48~56
巴彦高勒—三湖河口	221	40~44
三湖河口—头道拐	300	70~80
合计	981	202~240

根据宁蒙河段场次洪水冲淤特性分析，不同含沙量的洪水流量越大、历时越长，宁蒙河段冲刷量越大。对 2 500~3 000 m^3/s 流量级洪水，宁蒙河段冲刷的最小历时为 15 d，随着历时的增长，冲刷效率先增大后减小，30 d 左右冲刷效率达到最大（见图 2）。

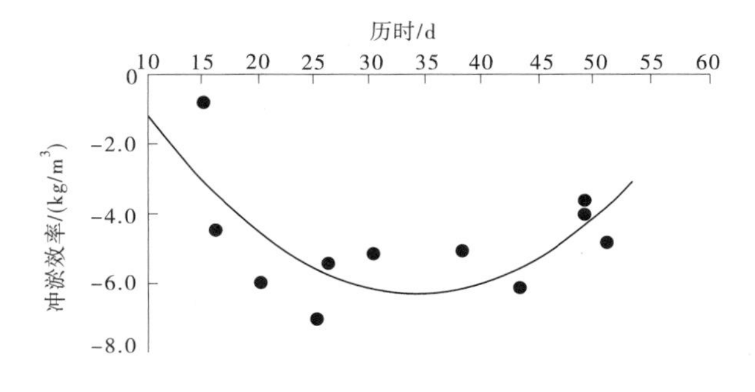

图 2　宁蒙河段 2 500~3 000 m^3/s 流量级洪水持续历时与洪水期冲淤量关系

宁蒙河段流经沙漠地区,支流(孔兑)洪水往往挟带大量泥沙淤积堵塞干流河道。据西柳沟入汇资料,1960 年以来有近 10 次较严重淤堵,其中场次洪水来沙接近或超过 2 000 万 t 的淤堵有 3 次(1961 年 2 970 万 t、1966 年 1 980 万 t、1989 年 5 140 万 t),淤堵泥沙在干流较大流量的持续作用后恢复河道水位历时分别为 13 d(1961 年)、20 d(1966 年)、25 d(1989 年)。

从恢复并长期维持宁蒙河段较大中水河槽规模的角度出发,考虑宁蒙河段洪水演进、洪水输沙效率及输移洪水期以外的泥沙淤积物要求,宁蒙河段调控大流量的一次历时应不小于 15 d。

3.1.3 调控时机

宁蒙河段干流洪水泥沙主要来自于 7 月中旬至 9 月下旬,确定为主汛期,该时期上游水库进行水沙调控(7 月 1—10 日和 10 月可纳入蓄水调节期),优化水沙过程。宁蒙河段支流尤其是内蒙古十大孔兑高含沙洪水主要发生在 7 月中旬至 8 月下旬,考虑防止宁蒙河段支流尤其是内蒙古十大孔兑高含沙洪水淤堵干流河道的要求,上游水库应在 7 月中旬至 8 月下旬泄放大流量。干、支流最大洪峰流量分布见图 3。

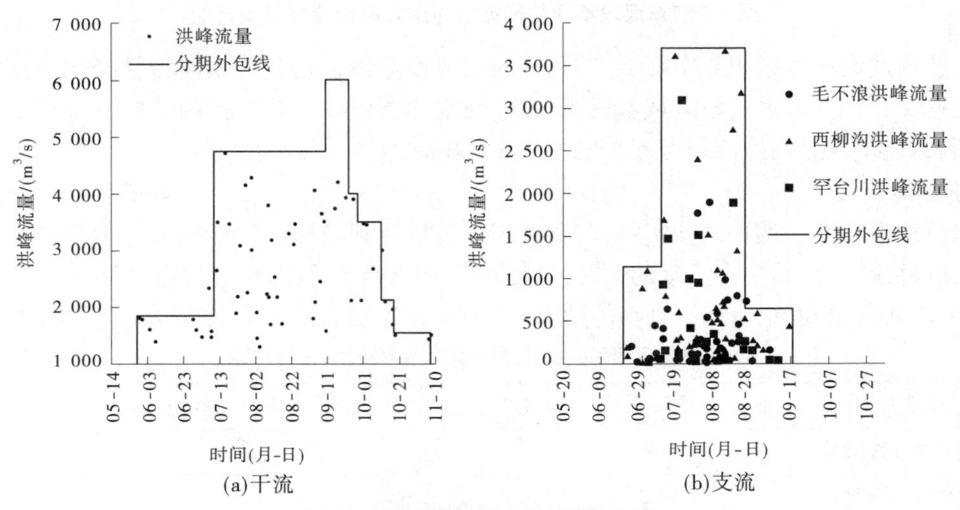

(a)干流　(b)支流

图 3　宁蒙河段最大洪峰流量分布

3.2　与中游水库联合调控的需求

1986 年以来,黄河中游小北干流和下游河道持续淤积,中游高含沙小洪水是造成河道持续淤积的重要影响因素。黄河中游汛期来沙主要集中在 7 月中旬至 8 月下旬,占整个汛期来沙量的 76.6% 和 70.5%,见表 3。

表 3　1986 年以来龙门站和潼关站汛期水沙特性统计

时段		水量/亿 m³		沙量/亿 t		水量占汛期水量比例/%		沙量占汛期沙量比例/%	
		龙门	潼关	龙门	潼关	龙门	潼关	龙门	潼关
7 月	上旬	5.3	6.9	0.15	0.19	5.7	5.6	6.2	5.5
	中旬	5.8	8.1	0.30	0.34	6.3	6.5	12.3	9.9
	下旬	8.8	11.3	0.42	0.53	9.5	9.1	17.3	15.4
8 月	上旬	7.9	10.0	0.52	0.57	8.6	8.1	21.4	16.5
	中旬	8.6	11.4	0.32	0.55	9.3	9.2	13.3	15.9
	下旬	11.0	14.3	0.30	0.44	11.8	11.5	12.3	12.8

续表 3

时段		水量/亿 m³		沙量/亿 t		水量占汛期水量比例/%		沙量占汛期沙量比例/%	
		龙门	潼关	龙门	潼关	龙门	潼关	龙门	潼关
9月	上旬	9.3	12.3	0.18	0.30	10.1	9.9	7.4	8.7
	中旬	9.5	12.6	0.08	0.15	10.3	10.1	3.3	4.3
	下旬	8.9	11.9	0.09	0.16	9.6	9.6	3.7	4.6
10月	上旬	6.5	9.6	0.03	0.11	7.1	7.6	1.2	3.2
	中旬	5.5	8.4	0.02	0.07	6.1	6.8	0.8	2.0
	下旬	5.2	7.4	0.02	0.04	5.6	6.0	0.8	1.2
汛期		92.3	124.2	2.43	3.45	100.00	100.00	100.00	100.00

流量小于 2 000 m³/s、含沙量大于 100 kg/m³ 的高含沙小洪水主要出现在 7 月上旬至 8 月中旬，龙门站、潼关站出现天数分别占 84.1%、79.6%，相应水量分别占 80.0%、76.7%，相应沙量分别占 84.1%、78.9%，见表 4。

表 4　1986 年以来龙门站和潼关站汛期高含沙小洪水统计

时段		龙门			潼关		
		天数/d	水量/亿 m³	沙量/亿 t	天数/d	水量/亿 m³	沙量/亿 t
6月	上旬	2	2.27	0.27	0	0	0
	中旬	4	3.57	0.50	1	1.52	0.20
	下旬	5	2.95	0.38	7	5.96	0.86
7月	上旬	16	11.74	1.82	5	5.97	0.80
	中旬	28	19.44	4.02	19	19.11	3.76
	下旬	30	26.49	4.09	25	22.39	4.11
8月	上旬	19	20.53	3.27	18	18.39	3.28
	中旬	18	18.34	3.33	7	5.76	0.90
	下旬	6	7.28	1.07	7	8.19	1.64
9月	上旬	3	4.43	0.84	3	4.52	0.58
	中旬	0	0	0	0	0	0
	下旬	1	0.69	0.09	1	1.53	0.18
合计		132	117.73	19.68	93	93.34	16.31

上游黑山峡水库通过反调节增加汛期水量并集中大流量下泄，在调节宁蒙河段水沙关系的同时，为中游水库水沙调控提供水流动力条件，尽量减少小北干流及下游河道的淤积，延长中游水库拦沙运用年限、长期保持有效库容。从时间要求上看，考虑上游水沙调控需求以及尽量兼顾中游洪水泥沙调控要求，黑山峡水库泄放大流量时机宜安排在 7 月中旬至 8 月下旬。从流量要求上看，上游水库泄放的大流量过程即使在经过沿程损耗后还能为中游水库提供较大的水流动力（流量在 2 000 m³/s 左右），可以为中游提供较大输沙动力条件。

4　调节水沙库容规模

现阶段，考虑河道条件以及沿河两岸用水影响，调控大流量控制在 2 500 m³/s，一次历时应不小于

15 d;西线南水北调工程生效后,退还挤占的河道内生态水量,调控大流量可逐步增加至 3 000 m^3/s,调控历时宜增加至 30 d 左右。

按 1956—2010 年设计水沙序列下河沿站连续滑动 15 d、30 d 平均流量出现频率(见表 5、图 4)可知,设计水沙条件下连续 15 d 出现频率 60%、75%、90%的流量分别为 1 001 m^3/s、879 m^3/s、747 m^3/s。

表 5　下河沿站不同频率设计系列连续 15 d、30 d 流量统计　　单位:m^3/s

频率/%	1956—2010 年设计系列	
	15 d 滑动平均流量	30 d 滑动平均流量
10	1 897	1 390
50	1 104	982
60	1 001	924
70	912	851
75	879	831
80	846	813
90	747	757

南水北调西线工程生效前,按照 2 500 m^3/s 流量连续泄放 15 d,需水量为 32.4 亿 m^3,入库流量按设计水沙系列连续 15 d 出现频率 75%的流量 879 m^3/s、相应水量 11.4 亿 m^3 计,则需水库补水 21.0 亿 m^3,该部分水量由水库存蓄的非汛期水量来满足,则低限的水沙调控库容为 21.0 亿 m^3。

南水北调西线工程生效后,若仍按 3 000 m^3/s 流量连续泄放 15 d,需水量为 38.9 亿 m^3,按照流量 1 179 m^3/s(南水北调西线生效后约增加 300 m^3/s)、相应水量 15.3 亿 m^3 计,需水库补水 23.6 亿 m^3,则需要低限的水沙调控库容为 23.6 亿 m^3。若考虑 3 000 m^3/s 流量连续泄放 30 d,需要水沙调控库容约 50 亿 m^3。

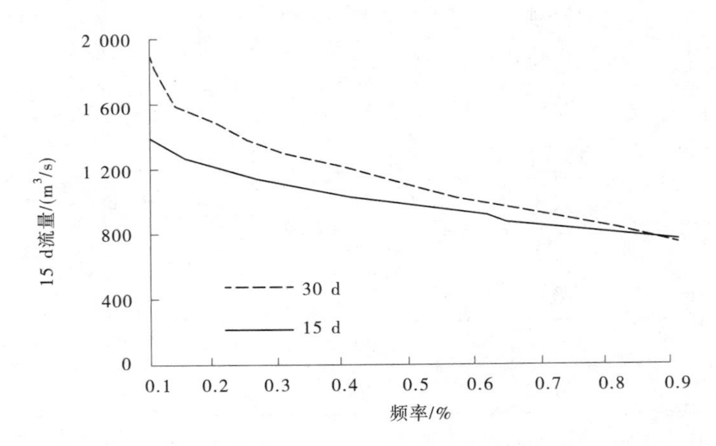

图 4　主汛期连续滑动 15 d、30 d 平均流量出现频率情况

5　结论

(1)宁蒙河段洪水随着流量级的增大,整个河段由淤积逐步转为冲刷或者淤积效率降低,有利于宁蒙河段输沙包括各分组泥沙粒径输沙的流量级范围是 2 500~3 000 m^3/s。

(2)从恢复并维持宁蒙河段较大中水河槽规模并为中游水库提供水流动力条件,考虑洪水演进、输沙效率及输移洪水期以外的泥沙淤积物要求,黑山峡水库调控大流量的一次历时应不小于 15 d,调控时机应在 7 月中旬至 8 月下旬。

(3)按 1956—2010 年设计水沙序列下河沿站连续滑动 15 d 75%频率计算,南水北调西线工程生效前,黑山峡水库低限水沙调控库容为 21.0 亿 m^3;南水北调西线工程生效后,低限水沙调控库容为 23.6 亿 m^3。

参考文献

[1] 林昭.再论黄河大柳树水利枢纽工程的任务和作用[J].水利水电工程设计,2000(3):1-2,54.
[2] 杨松青,陆占军,郑霞.黄河大柳树枢纽工程与西北水资源开发[J].宁夏工程技术,2003(3):9-11.
[3] 司志明.对黄河黑山峡河段开发方案论证有关问题的意见和建议[J].水利规划与设计,2003(3):10-14.
[4] 曲耀光,杨根生.拟建黑山峡水库不必要性的研究[J].中国沙漠,2004,24(1):92-98.
[5] 郭潇,冯志军,张卫东.大柳树水利枢纽在西北地区发展中战略地位的思考[J].宁夏工程技术,2005(19):59-61.
[6] 何潜,周立强,李谦,等.浅析黄河大柳树水电站在电力系统中的地位和作用[J].电网与水力发电进展,2007,23(8):53-57.
[7] 杨振立,段高云,郭兵托,等.黄河黑山峡河段的功能定位和开发任务[J].人民黄河,2013,35(10):40-41,44.
[8] 王旭强,周涛,袁汝华,等.黄河黑山峡大柳树水利枢纽工程功能分析[J].水利经济,2018,36(2):59-61,85.
[9] 郑贺新.黄河黑山峡河段水库泥沙淤积研究[J].海河水利,2006(10):58-60.
[10] 唐旺,王理,权全.黄河黑山峡河段水库下游河道水温预测[J].电网与清洁能源,2008(10):71-75.
[11] 袁斌.大柳树水利枢纽对宁蒙河段的防凌作用研究[J].宁夏工程技术,2008(12):370-374.
[12] 安催花,鲁俊,郭兵托,等.黄河黑山峡水库库容规模需求研究[J].人民黄河,2022,44(1):42-46.

泥沙淤积对箱式超声波明渠流量计精度影响研究

周　江[1]　李　勇[1]　张　强[2]　单振江[2]　宋　岩[3]

（1. 黄河水利委员会信息中心，河南郑州　450004；2. 沙雅县水利局，新疆沙雅　842200；
3. 北京华水仪表系统有限公司，北京　100020）

摘　要：箱式超声波明渠流量计在各种水利设施中的广泛使用。实际应用中，在泥沙含量大的河道，如黄河和新疆南部等区域使用，会产生严重的泥沙淤积，严重影响流量计计量精度，因此解决泥沙淤积对水量的精确测量具有重要意义。对此，本文选择南疆地区地势平坦、渠道内水流流速缓、含沙量大的渠道，在箱体内有泥沙淤积的情况下，自由流及壅水工况下，计量精度的比测及在静水情况下箱式超声波明渠流量计是否出现误判断走流量情况。通过利用换能器、高精度电子水尺、超声波水位计相结合测量并优化，箱式超声波明渠流量计在有泥沙淤积的环境下可以识别淤积高度，并在流量计算时，抵减因淤积造成的断面面积变化，从而有效地保证计量精度。

关键词：箱式超声波流量计；流量计算；泥沙淤积；智能化计量

1　引言

箱式超声波明渠流量计是一种用于在渠道取水口或宽度较小的渠道上进行流量测量的箱式设备，通常由箱体、喇叭口、连接法兰等组成，箱体里安装有阵列式超声波换能器、计量模块等。流量计量部分采用流速面积法原理，流速测量部分采用超声波时差法原理。过流面积部分是通过超声波或电子水尺测量出水深，然后根据箱体的内部宽度参数来进行计算。箱式超声波明渠流量计经过精密加工而成，内部尺寸参数精确，整个测量计算过程与渠道参数无关。与超声波流量计等测量设备相比，大大提高了计量精度和数据可靠性。

在多泥沙渠道中，箱体内的泥沙淤积会对测量精度造成影响。对此情况，本文设计的箱式超声波明渠流量计基于现代化测量设备和自控技术，通过设置超声波水位计，多声道、交叉式排布的换能器，高精度电子水尺，解决了明渠中流态不稳定造成的计量影响，测出流速并自动测量计算淤积厚度，通过程序处理提高流量计量精度。

2　箱式超声波流量计结构及工作原理

2.1　设备参数

规格：宽×高，1 000 mm×1 000 mm；

流速测量原理：超声波时差法；

换能器分布间距：5 cm，错层交叉排布，共 20 层，每层 1 对；

三水位测量方式：超声波水位计、电子水尺及换能器；

超声波水位计最大误差：±2 mm；

作者简介：周江（1978—），男，高级工程师，研究方向为水利信息化。

电子水尺最大误差：±3 mm；

换能器水位最大误差：±3 cm（换能器分布间距 5 cm）；

产品校准方式：静态标定 + 实流标定；

实验室最大流量误差：±2%；

结构材质：高强度不锈钢；

电子仓防护等级：IP68。

2.2　工作原理

换能器测得箱体内每层平均流速，进而得出过流断面平均流速，电子水尺测得箱体内液位高度并计算得出过流断面面积，根据过流断面平均流速和断面面积得出过流流量。

箱体淤积判断：若箱体内形成淤积断面，流量计程序会自动将断面面积减去淤积面积，再与断面平均流速相乘，得出过流流量。

箱式超声波明渠流量计采用流速面积法原理。其中，流速采用超声波时差法，通过多对换能器分层进行测量；测流断面面积中的宽为箱体内部宽度，水深（高）通过电子水尺、超声波水位计以及超声波换能器测量并优化后得出。测箱经过精密加工而成，内部尺寸参数精确，大大减少了现场渠道等外部因素对计量准确度的影响。

超声波时差法工作原理见图 1。

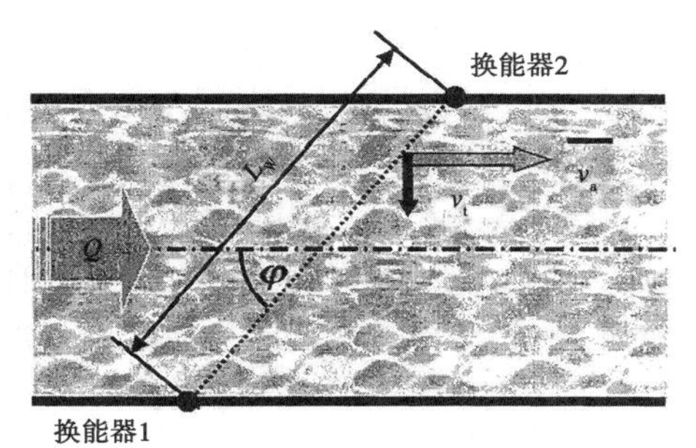

图 1　超声波时差法测量原理图

超声波在静水中传播速度为 c，声路长为 L_W，水流速度平均速度为 v_a。

换能器为压电晶体，压电晶体具有声能和电能相互转换的特征，处理单元发送一个电信号给换能器 1，换能器 1 把电能（电信号）转换为超声波的形式传送给换能器 2，换能器 2 接收到超声波信号时，它能立即产生一个电动势送到处理单元，处理单元便可测出超声波的顺流传播时间 t_{12}；同理，当换能器 2 发射超声波信号，换能器 1 接收，处理单元便可测得超声波的逆流传播时间 t_{21}。

当换能器 1 向换能器 2 发射超声波时（顺流），超声波在顺水中的速度 v_1 为静水流速加上水流速度分量，即 $v_1 = c + v_a \cos\varphi$

当换能器 2 向换能器 1 发射超声波时（逆流），超声波在顺水中的速度 v_2 为静水流速减去水流速度分量，即 $v_2 = c - v_a \cos\varphi$

根据声路长 LW，可计算出

$$t_{12} = L_W / v_1 \tag{1}$$

$$t_{21} = L_W / v_2 \tag{2}$$

根据顺流、逆流的传播时间可计算出传播时间差，然后设备根据该时间差可计算出水流的平均流速 v_a，即

$$t_{12} = \frac{L_W}{c + v_a \cos\varphi} \tag{3}$$

$$t_{21} = \frac{L_W}{c - v_a \cos\varphi} \tag{4}$$

$$\bar{v}_a = \frac{L_W}{2\cos\varphi}\left(\frac{1}{t_{21}} - \frac{1}{t_{12}}\right) \tag{5}$$

箱式超声波明渠流量计采用下列方法提高计量精度：

（1）断面流速分层测量。箱式超声波明渠流量计采用交叉错层的换能器分布方式，在复杂的渠道流场状态下，可实现各层流速的精确测量。

（2）水位数据多源印证。水位测量同时采用电子水尺、超声波水位计及超声波换能器三种方式，计

算主机通过对 3 个水位测量结果比对后选择最可信的水位值用于流量计算。

(3)淤积厚度自动识别。交叉错层分布的超声波换能器可检测淤积层厚度,最大淤积检测误差小于 3.5 cm。在流量计算时,抵减淤积造成的断面面积,极大地提高了计量精度。

根据现场断面测量获取的水位与断面面积关系,通过相应的积分公式计算断面和流量。通过安装多对换能器,提高流量测验精度。

3 测试过程及数据分析

沙雅县地处我国南疆,属暖温带沙漠边缘气候区,县内长年日照充足,降水稀少,气候干燥,年均降水量 47.3 mm,年均蒸发量 2 000.7 mm,蒸发量是降水量的 42.3 倍。作为我国棉业大县,沙雅县境内农作物用水完全依靠农业灌溉。

沙雅县地区地势平坦,渠道内水流流速缓,含沙量大。现场试验主要是对已安装的箱式超声波明渠流量计,在箱体内有泥沙淤积的情况下,自由流及壅水工况下,计量精度的比测及在静水情况下箱式超声波明渠流量计是否出现误判断走流量情况。

3.1 比测环境

新疆沙雅县海楼镇团结村,渠道为矩形渠,顺直,纵坡为 0.2‰~0.6‰,地表水多年平均悬移质含沙量为 4.26 kg/m^3,左岸为农田,右岸为柏油公路;比测断面为矩形防渗渠,渠道由整块水泥板构成,宽 1.00 m,深 1.00 m。比测点上游 30 m 和下游 40 m 处分别安装有节制闸。比测时,渠道内淤积未清理,有上次灌溉时自然形成的淤积层。

3.2 比测方法

以人工转子流速仪测得渠道断面平均流速,以人工水尺测得渠道水深得到断面面积,计算得到的平均流量为标准值;与箱式超声波明渠流量计测得的流量数据比对误差。

3.2.1 自由流工况

在测试渠道段内无阻挡物、渠道水流动为自由流情况下,选取不同时段进行了 13 次测量,测试记录见表 1。

表 1 自由流工况下箱式超声波明渠流量计测试记录表

自由流状态下 箱式超声波明渠流量计数据		日期:2021 年 3 月 25 日	天气:晴,温度:17 ℃
		地点:新疆沙雅县海楼镇团结村	
		实测淤积高度:190 mm	测水箱自检淤积高度:221 mm
序号	瞬时流量/(m^3/h)	液位/mm	累计水量/m^3
1	417.29	652	658
2	417.22	645	665
3	415.93	641	672
4	412.65	641	679
5	410.05	641	686
6	405.20	641	693
7	383.91	640	699
8	363.12	638	705
9	357.90	634	711
10	340.40	629	717
11	323.44	626	723
12	309.28	623	728
13	291.46	618	733
平均流量:0.104 m^3/s,平均流量=[SUM(瞬时流量 1:瞬时流量 13)/13]/3 600			

自由流工况下,人工转子流速仪测得流量为 0.102 m^3/s,误差=(超声波测水箱平均流量-转子流速

仪流量)/ 转子流速仪流量×100% =(0.104-0.102)/0.102×100% = 2.0%(取小数点后3位)。

3.2.2 壅水工况

在测试断面下20 m处渠道内放入阻挡物,人工制造渠道壅水工况。在水位开始升高至超过阻挡物水位稳定期间,选取不同时段进行了11次测量,测试记录见表2。

表2 壅水工况下箱式超声波明渠流量计测试记录

壅水工况下箱式超声波明渠流量计数据		日期:2021年3月25日	天气:晴,温度:19 ℃
		地点:新疆沙雅县海楼镇团结村	
		实测淤积高度:190 mm	测水箱自检淤积高度:221 mm
序号	瞬时流量/(m^3/h)	液位/mm	累计水量/m^3
1	285.72	711	1 408
2	286.57	713	1 413
3	287.36	717	1 417
4	283.92	720	1 422
5	288.02	721	1 427
6	289.89	721	1 432
7	287.54	723	1 436
8	283.41	725	1 441
9	288.25	726	1 446
10	286.91	728	1 451
11	289.61	730	1 455
平均流量:0.079 m^3/s,平均流量=[SUM(瞬时流量1:瞬时流量11)/11]/3 600			

壅水工况下,人工转子流速仪测得流量为0.077 m^3/s,误差=(超声波测水箱平均流量-转子流速仪流量)/ 转子流速仪流量×100% =(0.079-0.077)/0.077×100% = 2.6%(取小数点后3位)。

3.2.3 静水工况下

静水工况下,箱式超声波明渠流量计显示瞬时流量为0 m^3/h,转子流速仪无转动。

3.2.4 箱式超声波明渠流量计淤积高度

如图2所示,通过发送RS485通信指令得到箱式超声波明渠流量计返回淤积高度数据,0X00DD为十六进制有效数据,转化为十进制为221,即箱式超声波明渠流量计检测出淤积高度为221 mm。箱式超声波明渠流量计淤积检测高度及换算结果见图3。

[16:03:19.930]发→◇01 03 02 03 00 01 75 B2□
[16:03:19.930]收←◆01 03 02 00 DD 78 1D

图2 RS485通信指令

4 结语

通过分析比对智能化测量值和人工测量值,以人工流速仪现场测量数据为基准,箱式超声波明渠流量计在箱体内有自然形成的泥沙淤积情况下,计量精度误差在±2.0%,壅水状态下,计量精度误差在±2.6%,并且在静水状态下不会出现误判断走流量情况。结果显示,本款箱式超声波明渠流量计通过换能器的排布变化结合高精度电子水尺,通过程序处理,在有泥沙淤积的环境下,可以识别淤积高度,并在流量计算时,抵减因淤积造成的断面面积变化,从而有效地保证计量精度。

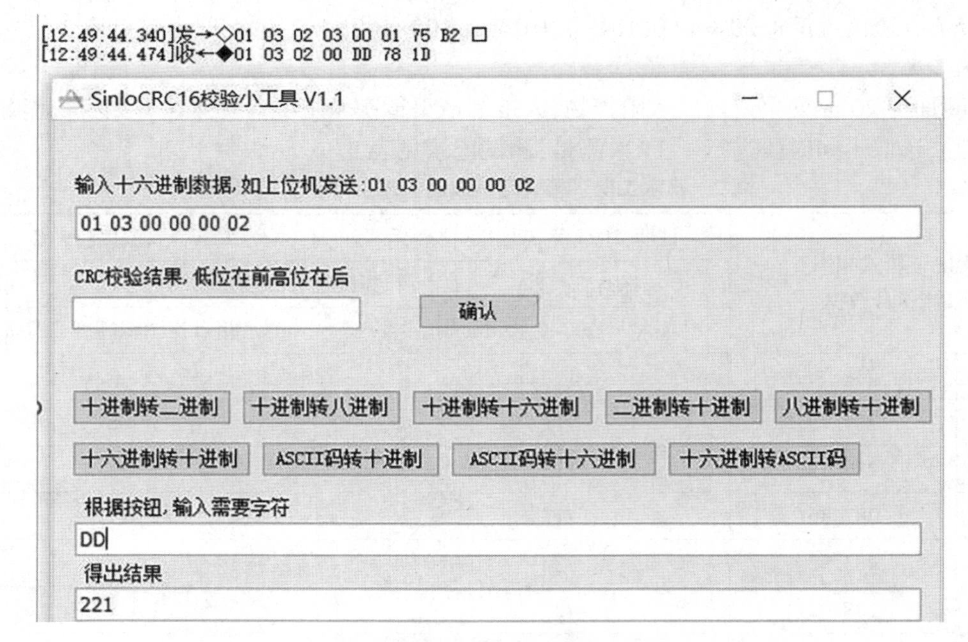

图 3　箱式超声波明渠流量计淤积高度

参考文献

[1] 王玉晓,崔峰,郭秋歌,等. 多泥沙明渠流量智能化精确计量系统设计研究[J]. 人民黄河,2020,42(11):166-168.

[2] 孙采鹰,田志强,曹凯. 超声波明渠流量计研究与设计[J]. 内蒙古科技大学学报,2015,34(4):333-336.

[3] 彭婷婷,周义仁. 基于水位流速法的矩形渠道流量自动监测系统[J]. 人民黄河,2014,36(3):73-75.

[4] 张建民. 机电一体化系统设计[M]. 北京:北京理工大学出版社,2007.

[5] 中国灌区协会. 箱式超声波明渠流量计: T/CIDA 0007—2021(中国灌区协会团体标准)[M]. 北京:中国水利水电出版社,2021.

2003—2020年三门峡水库原型试验分析

王海军　季　利　王育杰

（黄河水利委员会三门峡水利枢纽管理局，河南三门峡　472000）

摘　要：自2002年11月三门峡水库原型试验以来，入库输沙量与含沙量呈大幅减小态势，非汛期最高库水位一般按不超过318 m运用，较原型试验前降低了2~4 m，促进了库区淤积重心下移；"桃汛"洪水期间降低水库水位以实现库区上段泥沙向下段迁移与潼关高程下降；汛期平水过程控制库水位305 m综合利用水资源，汛期洪水过程进行敞泄排沙运用，以增强溯源冲刷效果并与沿程冲刷充分结合。原型试验以来，三门峡库区非汛期淤积控制在黄淤36断面以下部位，以上河段脱离水库运用直接影响，全库区总体冲刷效果明显，潼关高程下降1.20 m，总库容恢复增加3.492亿m^3。适应新的来水来沙和水库运用边界条件，应合理优化三门峡水库控制运用指标，以进一步提高水库运行质量和充分发挥水库综合效益。

关键词：三门峡水库；原型试验；控制运用；潼关高程；输沙量；含沙量；库区冲刷

三门峡水利枢纽是黄河干流上修建的第一座以防洪为主综合利用的大型水利枢纽工程。三门峡水库最高防洪运用水位为335 m（大沽高程，下同）。现阶段三门峡水库的主要任务是防洪、防凌、调水调沙和发电[1]。1973年11月起，三门峡水库开始按"蓄清排浑"方式进行控制运用；1986年后受黄河流域汛期来水大幅减少影响，库区出现累积性淤积，潼关高程［潼关（六）断面1 000 m^3/s流量相应水位值］呈现间歇性抬升，2002年汛后潼关高程已升至328.78 m，水库335 m高程下库容减少至55.94亿m^3。面临这一新情况，自2002年11月起三门峡水库开始原型试验，以期通过调整运用指标解决水库库区累积性淤积问题，恢复水库有效库容。

1　入库水沙分析

1.1　入库水沙量

2002年11月至2020年10月三门峡水库18个运用年间（简称2003—2020年），入库潼关站年均径流量、输沙量、含沙量分别为268.0亿m^3、2.230 3亿t、8.32 kg/m^3，较1974—1985年分别小33.2%、小78.7%、小68.2%，较1986—2002年分别大7.9%、小68.5%、小70.8%。其中，入库输沙量减幅大于径流量减幅，入库含沙量减幅接近70%，总体上属枯水枯沙系列。2003—2020年潼关站径流量、输沙量与含沙量统计见表1。

表1　2003—2020年潼关站径流量、输沙量与含沙量统计

时段	径流量/亿m^3			输沙量/亿t			含沙量/（kg/m^3）		
	非汛期	汛期	年	非汛期	汛期	年	非汛期	汛期	年
2003—2007年	118.2	113.3	231.5	0.774 3	2.730	3.504	6.55	24.1	15.1
2008—2020年	135.6	146.4	282.0	0.320 2	1.420	1.740	2.36	9.70	6.17
2003—2020年①	130.8	137.2	268.0	0.446 4	1.784	2.230	3.41	13.0	8.32
1974—1985年②	164.6	236.3	400.9	1.610	8.871	10.48	9.78	37.5	26.1
1986—2002年③	137.9	110.6	248.5	1.833	5.238	7.071	13.3	47.4	28.5
（①—②）/②/%	-20.6	-41.9	-33.2	-72.3	-79.9	-78.7	-65.1	-65.4	-68.2
（①—③）/③%	-5.2	24.1	7.9	-75.6	-65.9	-68.5	-74.3	-72.5	-70.8

作者简介：王海军（1972—），男，高级工程师，研究方向为水文泥沙、水库调度运用分析。

非汛期潼关站平均径流量、输沙量分别为130.8亿 m^3、0.446 4亿t，占年比分别为48.8%、20.0%；汛期平均径流量、输沙量分别为137.2亿 m^3、1.784亿t，占年比分别为51.2%、80.0%。即非汛期、汛期径流量大致各占50%，而来沙量80%集中在汛期。

2003—2007年潼关站输沙量相对稍大，年均为3.504亿t，各年平均含沙量均大于10 kg/m^3，年、非汛期、汛期多年平均含沙量分别为15.1 kg/m^3、6.55 kg/m^3、24.1 kg/m^3。

2008—2020年潼关站输沙量呈减少趋势，年均为1.740亿t，约为2003—2007年的50%，仅为规划设计输沙量的11%；年、非汛期、汛期平均含沙量均小于10 kg/m^3，分别为6.17 kg/m^3、2.36 kg/m^3、9.70 kg/m^3，约为2003—2007年的40%，均小于原型试验前非汛期平均含沙量，含沙量减少趋势更为明显。

水库原型试验期入库输沙量显著减少，已是汛期平均入库含沙量呈现原型试验之前非汛期特征。即：当前汛期之“浑”，比原型试验前非汛期之“清”还清；当前非汛期之“清”更“清”了。未来一段时间，三门峡入库输沙量少、含沙量低仍将会成为黄河沙情的常态[2]，对冲刷库区泥沙、增大水库库容与降低潼关高程等十分有利。

1.2 入库洪水

2003—2020年汛期，三门峡入库潼关站最大洪峰流量为6 400 m^3/s，大于2 000 m^3/s 的洪峰共53次，年均3次。其中，大于3 000 m^3/s、4 000 m^3/s、5 000 m^3/s、6 000 m^3/s 的次数分别为24次、12次、6次、2次，有16次来水以黄河为主，9次以渭河为主，28次由黄渭河共同形成。其间，入库最大含沙量为431 kg/m^3，大于150 kg/m^3 的沙峰共10次，7次以渭河来沙为主，3次由黄渭河共同组成。年最大洪峰流量平均值为3 710 m^3/s，仅为1974—2002年同期均值5 950 m^3/s 的62.4%。其中，有7年汛期最大入库洪峰流量小于3 000 m^3/s，最小值仅为1 480 m^3/s。

2 水库控制运用分析

原型试验以来，2003—2015年连续13年开展18次黄河调水调沙（汛前12次、汛期6次），2006—2015年连续10年开展利用并优化桃汛洪水冲刷降低潼关高程试验。此间，平均运用水位为313.22 m，最高、最低年均库水位分别为314.58 m（2014年）、311.70 m（2003年），最高、最低月均库水位分别为317.56 m（5月）、303.75 m（7月）。

2.1 非汛期运用

一般控制库水位不超过318 m。“桃汛”洪水入库前，适当降低库水位以冲刷降低潼关高程；个别应急调度期，有时库水位短时间超318 m。

最高、最低运用水位分别为319.42 m、284.80 m，平均水位为317.04 m，年均最高、最低水位分别为317.75 m、315.59 m。水位超过318 m的天数年均11 d，较1973—1986年、1986—2002年超过318 m平均天数分别减少109 d、77 d；水位超过317 m、315 m的天数年均分别为178 d、227 d。

非汛期水库最高运用水位的降低与高水位运用天数的减少，促进了库区泥沙淤积重心整体下移，有利于提高水库汛期洪水敞泄过程的排沙效率。

2.2 汛期运用

一般情况为平水过程控制水位305 m，发生洪水时进行敞泄排沙。库水位 <300 m、300～305 m、>305 m的年均天数分别为64 d、10 d、49 d，分别占汛期总天数的8%、52%、40%。其中，高于305 m水位运用时间主要在水库汛初调水调沙准备期、汛期敞泄滞洪期、汛期应急调度期及汛末水库回蓄过渡期等时段。

原型试验期间，汛期平均库水位为305.68 m，汛期平均水位最高为308.50 m（2014年），主要原因为：该年汛初进行黄河调水调沙，8—9月为三门峡市区应急抗旱蓄水按310 m水位控制运用，汛末提前向非汛期运用过渡等。

2.3 敞泄排沙

原型试验期,一般在洪水入库前打开 12 个底孔、12 个深孔与 2 条隧洞(高水位条件下有时包含 7 台发电机组与 1 条排沙钢管),真正地实现“敞泄排沙”与“空库迎洪”,最低排沙水位降至 284~292 m,较原型试验前排沙运用水位 300 m 显著降低,有效增加近坝段水面纵比降,增大溯源冲刷强度。一般敞泄运用主要集中在两个时段:一是 6 月末或 7 月初黄河调水调沙期;二是汛期洪水排沙期。各年敞泄排沙次数、历时与当年入库洪水场次、时间长短密切相关。

其间敞泄排沙共 53 次,以输沙量法统计,累计入库沙量 14.04 亿 t、出库沙量 34.29 亿 t,平均排沙比 244%;累计冲刷泥沙 20.25 亿 t,占汛期总出库沙量的 70.8%,占汛期总冲刷量的 124%;累计历时 293 d,年均敞泄 16.3 d,占汛期天数的 13.2%;年均敞泄 2.9 次,平均每次敞泄天数 5.5 d。汛期以 13.2%的敞泄排沙时间排出汛期 70.8%的泥沙,表明水库排沙主要集中在汛期洪水敞泄排沙期。

单次敞泄排沙运用冲刷泥沙量最多的是 2003 年渭河秋汛洪水过程,历时 16 d,冲刷量达 1.34 亿 t;冲刷效率最高的一次平均为 0.257 亿 t/d,最低的一次平均为 0.007 亿 t/d。冲刷效率与库区前期淤积量关系密切,前期淤积量大,冲刷效率高,前期淤积量小,冲刷效率低;在一次敞泄排沙过程中,高效冲刷主要在前 3 d,之后随敞泄排沙时间的延长冲刷效率明显下降。水库排沙应集中利用洪水过程特别是洪峰段敞泄排沙,敞泄排沙时间较长且冲刷效率明显下降时可适当缩短敞泄时间。

3 库区冲淤分析

3.1 水库回水影响范围分析

水库回水影响范围与水库蓄水位、入库流量及河床纵比降等关系密切。对多沙河流水库而言,回水影响范围直接决定着水库泥沙淤积部位。

根据实测资料,原型试验期间,一般情况为:库水位 305 m、310 m、315 m、318 m、320 m 的回水影响长度距离大坝分别约 29 km、53 km、68 km、81 km、87 km,具体位置分别在黄淤 19 断面、26 断面上游 2 km,30 断面、33 断面、35 断面下游 2 km。非汛期回水影响最远到黄淤 33 断面,大多数在黄淤 33 至 30 断面间,库区黄淤 33 断面至潼关(六)断面(间距 32 km)、潼关以上库区的黄河小北干流河段及渭河下游河段均呈自然河道状态。

3.2 黄河小北干流河段冲淤分析

黄河小北干流河段全线冲刷,累计冲刷泥沙 3.705 亿 m^3,各断面都出现较大幅度的冲刷下切。黄淤 41—45、黄淤 45—50、黄淤 50—59、黄淤 59—68 断面间累计冲刷泥沙分别为 0.267 7 亿 m^3、0.523 9 亿 m^3、1.062 亿 m^3、1.852 亿 m^3。

3.3 渭河下游河段冲淤分析

渭河下游河段全线冲刷,累计冲刷泥沙 2.869 亿 m^3,主要表现为主槽刷深拓宽。其中,渭拦 4—渭淤 1、渭淤 1—10、渭淤 10—26、渭淤 26—37 断面间累计冲刷泥沙分别为 0.082 2 亿 m^3、0.514 3 亿 m^3、0.841 5 亿 m^3、1.431 0 亿 m^3。渭河下游各控制断面河槽过洪能力均得到显著增大。其中,咸阳站由 1 700 m^3/s 增至 3 710 m^3/s,临潼站由 3 000 m^3/s 增至 3 700 m^3/s,华县站由 1 400 m^3/s 增至 2 900 m^3/s。各断面河槽过洪能力均超过 2 900 m^3/s。

3.4 潼关以下库区冲淤分析

以分段冲淤累计体积计算,潼关黄淤 41 断面以下库区累计冲刷泥沙 1.362 亿 m^3。其中,黄淤 15 断面以上全部冲刷,最大冲刷段在黄淤 18—19 断面间,冲刷量为 0.209 4 亿 m^3;次大冲刷段在黄淤 31—32 断面间,冲刷量为 0.143 7 亿 m^3。黄淤 8—11、黄淤 14—15 断面间仅有微量淤积。潼关黄淤 41 断面以下库区各段累计冲淤量见图 1。

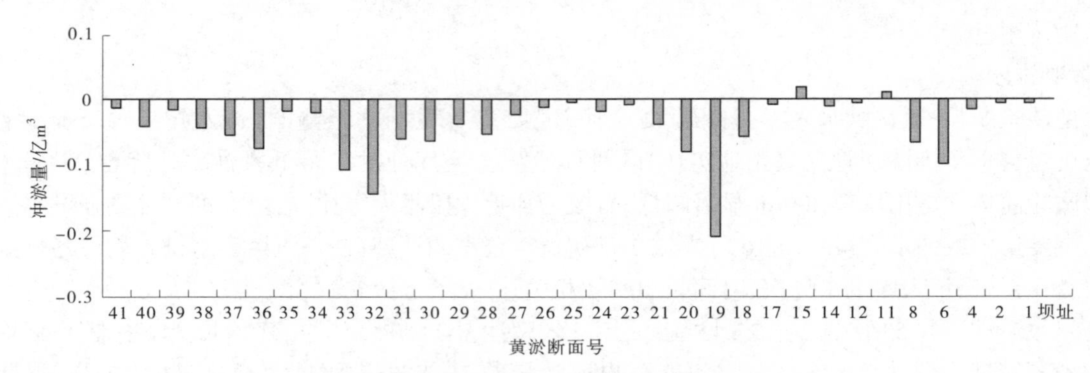

图1 潼关黄淤41断面以下库区各段累计冲淤量

3.4.1 非汛期冲淤

非汛期潼关黄淤41断面以下库区累计淤积泥沙9.827亿 m^3。淤积部位在黄淤36断面以下,淤积体大致呈三角洲分布,三角洲顶点位于黄淤17—21断面,淤积重心在黄淤18—32断面间,黄淤27—28断面间累计淤积量最大,为1.180亿 m^3;黄淤32—36断面间呈现弱溯源淤积现象,淤积末端一般在黄淤34—36断面间,黄淤36断面以上有冲有淤,冲淤量较小,其冲淤变化主要受来水来沙条件影响。非汛期潼关黄淤41断面以下库区各段累计冲淤量见图2。

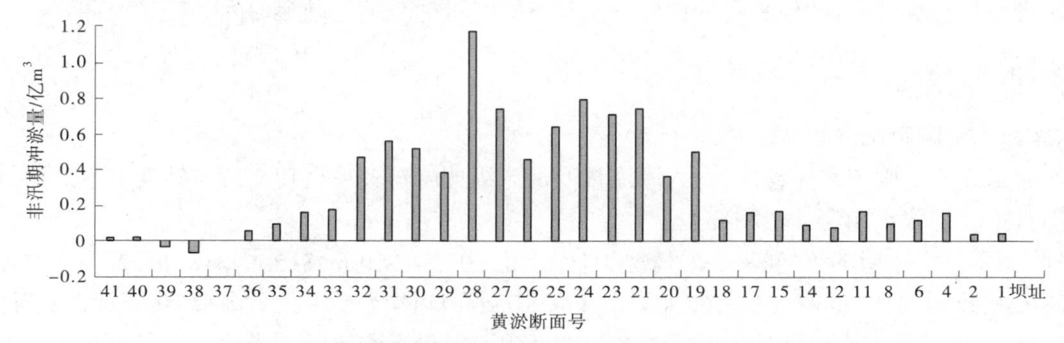

图2 非汛期潼关黄淤41断面以下库区各段累计冲淤量

3.4.2 汛期冲淤

汛期潼关黄淤41断面以下库区累计冲刷11.19亿 m^3。冲刷部位基本在黄淤36断面以下,主要冲刷河段在黄淤18—32断面间,其中黄淤27—28断面间累计冲刷量最大,为1.233亿 m^3。黄淤32—37断面间呈现溯源冲刷且逐渐减弱,汛期,在有利的水沙条件下,水库敞泄所产生的溯源冲刷最远发展到黄淤37断面附近;黄淤37断面以上河段汛期有冲有淤,冲淤量相对较小,表明该段不受水库运用影响,呈现自然河道冲淤特性。黄淤18断面以下河段,汛期一般有冲有淤,总体上冲刷。汛期潼关黄淤41断面以下库区各段累计冲淤量见图3。

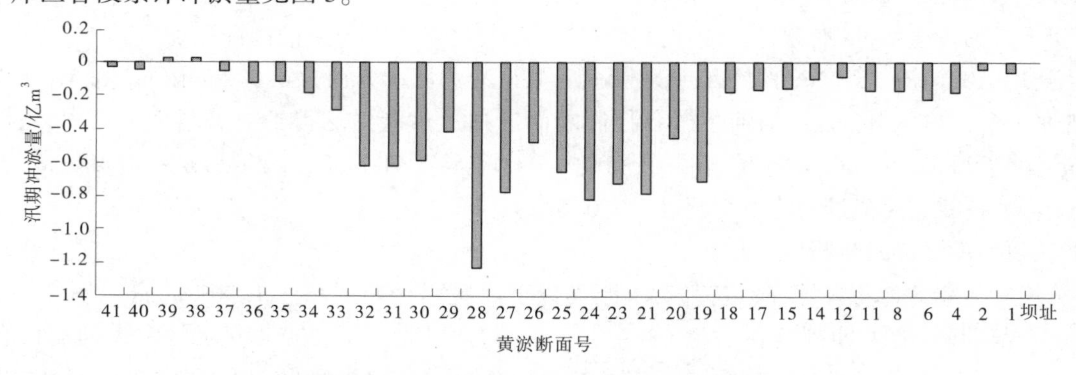

图3 汛期潼关黄淤41断面以下库区各段累计冲淤量

原型试验前，三门峡水库非汛期库水位低于 320.5 m，水库运用对潼关河床的淤积基本没有影响[3]。原型试验后，由于非汛期一般控制最高库水位不超过 318 m，使水库运用进一步脱离了对潼关河床冲淤的影响，实现了淤积部位整体进一步下移，潼关以下河段汛期冲刷范围覆盖了非汛期淤积范围，汛期冲刷量总体大于非汛期淤积量，即不仅将原型试验期内非汛期淤积泥沙冲出库外，而且还将原型试验前一部分淤积泥沙冲出库外。

3.5 潼关高程变化

2002 年汛后至 2020 年汛后，潼关高程仍遵从非汛期上升、汛期下降的规律，且汛期降幅大于非汛期升幅。非汛期平均上升 0.26 m，汛期平均下降 0.33 m，年均下降 0.07 m，潼关高程由 328.78 m 降为 327.58 m，试验期累计下降 1.20 m。

非汛期除 2020 年潼关高程下降 0.12 m 外，其余年份全为上升，年度最大升幅 0.61 m（2015 年），汛前潼关高程最高、最低高程分别为 328.82 m（2003 年）、327.76 m（2012 年）。汛期潼关高程除 2018 年上升 0.05 m 外，其余年份全为下降，最大年度降幅为 0.88 m（2003 年），汛后最高、最低高程分别为 328.78 m（2002 年）、327.38 m（2012 年）。

4 水库库容变化分析

近几年研究成果表明：由于三门峡水库全库区淤积物粒径大于等于 0.05 mm 的泥沙重量占总沙重约 50%，呈现粉砂特性，多年淤积物存在着密实演化与缩体现象；部分距坝较远的断面（黄淤 50—68 断面及渭淤 11—37 断面）多年累积淤积体超出 335 m 高程范围。以各年度断面法测算的冲淤量为基础计算得到的三门峡水库多年累积冲淤量，并不能真正代表实际库容的变化[4]。实际库容的变化应以时段始末实测库容差来计算分析。

据 2002 年汛后与 2020 年汛后实测库容资料比较，三门峡水库原型试验以来各级高程下的库容均呈增大结果，其中，305 m、318 m、326 m、335 m 库容分别增大 0.096 亿 m^3、0.727 亿 m^3、1.529 亿 m^3、3.492 亿 m^3；黄河小北干流库段、渭河下游库段、北洛河库段及潼关以下库段 335 m 高程相应库容分别增大 0.458 亿 m^3、1.510 亿 m^3、0.001 3 亿 m^3、1.523 亿 m^3。三门峡水库各级水位库容变化见表 2。

表 2 三门峡水库各级水位库容变化统计

水位/m	2002 年汛后库容/亿 m^3					2020 年汛后库容/亿 m^3					库容增大/亿 m^3				
	小北干流	渭河下游	北洛河	潼关以下	累计	小北干流	渭河下游	北洛河	潼关以下	累计	小北干流	渭河下游	北洛河	潼关以下	累计
305				0.140	0.140				0.237	0.237				0.097	0.097
310				0.812	0.812				0.974	0.974				0.162	0.162
315				2.322	2.322				2.837	2.837				0.515	0.515
318				3.999	3.999				4.727	4.727				0.727	0.727
320				5.888	5.888	0	0		6.789	6.789	0	0		0.901	0.901
326	0	0	0	17.17	17.17	0.009	0.023	0	18.67	18.7	0.009	0.023	0	1.497	1.529
335	5.905	4.632	0.012	45.39	55.94	6.363	6.141	0.013	46.91	59.43	0.458	1.510	0.001	1.523	3.492

5 结论

（1）2003 年特别是 2008 年以后，三门峡入库潼关站输沙量、含沙量显著减少，非汛期、汛期及全年平均含沙量均小于原型试验前非汛期平均含沙量，水库原“蓄清排浑”控制运用的输沙量条件发生了重大变化，输沙量减少极有利于水库减淤与库容恢复。

(2)三门峡水库原型试验以来,非汛期最高库水位一般控制不超过318 m,回水影响控制在黄淤33断面以下,淤积影响控制在黄淤36断面以下,潼关至古垮20 km河段呈自然冲淤特性;汛期敞泄排沙所产生的溯源冲刷最远可发展至黄淤37断面;原型试验期基本实现了汛期洪水沿程冲刷与溯源冲刷的有机结合,库区总体呈现良好的冲刷效果,潼关高程下降1.20 m,总库容增大3.492亿 m^3。

(3)随着三门峡水库来沙量的大幅减少、潼关高程的显著下降及渭河流域重点治理规划的全面实现等重要条件变化,新阶段三门峡水库“蓄清排浑”控制运用指标应合理进行完善与优化,以实现水库生态保护和高质量运行,充分发挥水库综合效益。

参考文献

[1] 水利部黄河水利委员会.黄河流域综合规划(2012—2030年)[M].郑州:黄河水利出版社,2013.

[2] 王光谦,钟德钰,吴保生.黄河泥沙未来变化趋势[J].中国水利,2020(1):32.

[3] 王育杰.三门峡水库“蓄清排浑”运用与潼关高程关系研究[J].人民黄河,2003(7):17.

[4] 王育杰,牛占.水库淤积物密实变化对冲淤计算与库容影响的研究[J].泥沙研究,2020(6):51.

基于 2021 年沁河洪水的河口村水库调洪作用分析

李　佩[1]　成　阳[2]

（1. 焦作黄河河务局温县黄河河务局，河南温县　454850；
2. 焦作黄河河务局孟州黄河河务局，河南孟州　454750）

摘　要：河口村水库是沁河干流重要的水利枢纽工程，在沁河防汛工作中起着重要作用。2021 年 7 月，沁河下游出现"7·11""7·23"两次洪水过程，根据上下游、干支流来水情况，河口村水库进行多次调度运用，在保证水库运行安全的同时，进行滞洪、削峰、错峰，有效控制了武陟站洪峰流量，减轻了下游防洪压力，确保了沁河下游防洪安全。本文依据 2021 年沁河洪水过程实测资料，分析河口村水库在防洪减灾方面的显著作用。

关键词：水库；防洪调度；沁河

1　基本情况

1.1　沁河下游防洪形势

沁河素有"小黄河"之称，属黄河一级支流，其流域面积占黄河小花间流域面积的 37.7%，且其下游河道与黄河一样，同为"地上悬河"，因此沁河防洪工作意义重大，任务艰巨。

沁河发源于山西省沁源县，位于黄河左岸，穿太行山于河南省济源市的五龙口出山谷进入下游平原，于焦作市武陟县汇入黄河。沁河下游防洪河段全长 90 km，河势游荡多变，素有"沁无三里直"之说。沁河年径流量和输沙量变幅大，洪水具有峰高量小、来猛去速的特点[1]。

丹河为沁河的最大支流，发源于山西省高平县，于焦作市博爱县出山谷入平原，汇入沁河。丹河长 169 km，其中河南省境内长 50 km，流域面积 3 152 km^2。白水河是丹河的支流，发源于山西省晋城市，于青天河水库下游约 800 m 处注入丹河。此外，沁河下游还有安全河、逍遥河两条主要支流汇入，如图 1 所示。

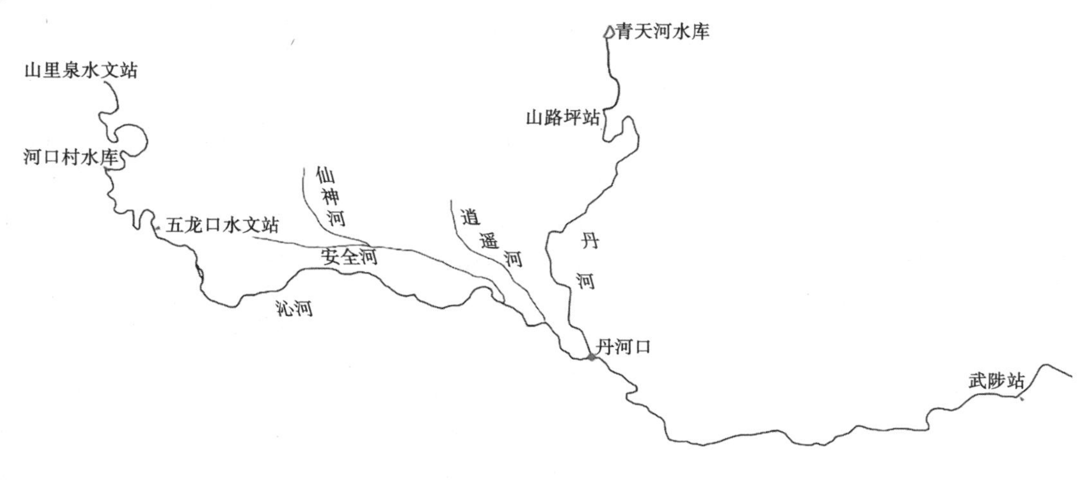

图 1　沁河下游示意图

作者简介：李佩（1995—），女，助理工程师，主要从事水文预报、水库调度等方面的工作。

1.2 水库概况

河口村水库位于沁河干流最后一个峡谷段出口济源市河口村附近，是沁河下游重要的水利枢纽工程。水库上距山里泉水文站约22 km，下距五龙口水文站9 km左右，控制流域面积9 223 km^2，占沁河流域面积的68.2%。河口村水库工程规模为大(2)型，以防洪为主，兼顾灌溉、发电等其他效益，设计防洪标准为500年一遇，校核标准为2 000年一遇。水库正常蓄水位275 m，设计洪水位285.43 m，校核洪水位285.43 m，总库容3.17亿m^3。

河口村水库的建成，完善了黄河下游防洪工程体系，使沁河下游防洪标准由20年一遇提高到100年一遇。

1.3 水库运用情况

河口村水库主体工程于2011年4月开工建设，2014年9月下闸蓄水，2015年主体工程基本完工，2017年10月通过竣工验收。

2015年6月23—29日，水库首次开闸泄水，将库水位从250 m逐渐降至235 m，水库最大泄量达450 m^3/s，总泄水量0.566亿m^3。此次运用过程中，通过水库的间歇性预泄洪水，五龙口水文站洪峰流量到达武陟站流量得到有效削减，避免了下游漫滩情况的出现，减小了对下游河势的影响[2]。

2016—2017年，河口村水库进行几次开闸泄水，持续时间较短，且水库泄量均在450 m^3/s以下；2018—2020年，水库未进行下泄洪水。

2 水库调度运用

2.1 “7·11”洪水

2.1.1 水情概况

2021年7月10日，沁河流域大部分地区普降中到大雨；11日，流域近半数面积普降暴雨到大暴雨。“7·11”洪水过程各站雨量统计见表1。

表1 “7·11”洪水过程各站雨量统计　　单位：mm

站名	降雨量	
	7月10日	7月11日
润武区间	94.76	90.34
丹河晋城站	46.6	165.4
丹河青天河站	17	70.5
白水河河西站	37	146.8

受降雨影响，7月11日12时36分，河口村上游山里泉水文站流量226.8 m^3/s，13时24分，流量陡增至3 800 m^3/s，且3 000 m^3/s以上流量持续约2 h；丹河干支流普遍涨水，支流白水河水势暴涨，丹河山路坪站11日15时18分起涨，流量65 m^3/s，仅36 min后，15时54分洪峰流量达1 170 m^3/s，为1957年以来最大洪水。到达峰顶后，山路坪站流量迅速下降，16时54分，流量690 m^3/s；17时54分，流量440 m^3/s。“7·11”洪水过程各站流量过程线见图2。

2.1.2 水库调度

根据洪水传播时间理论值推算，山路坪站至武陟站洪水传播时间较河口村水库快2 h左右，考虑洪水传播时间、丹河来水状况及水库运行安全等因素，为避免沁河下游洪水叠加，河口村水库先进行拦洪，库水位在2 h内上涨4.7 m，拦蓄水量0.15亿m^3。7月11日16时50分，水库开始下泄300 m^3/s流量，此时山路坪站流量690 m^3/s。2 h后的18时3分，山路坪站流量366 m^3/s。

沁河下游武陟站自7月12日0时起涨，7月13日7时，洪峰流量达368 m^3/s。7月15日，武陟站流量退至100 m^3/s以下。自7月11日至15日，洪水历时5 d。

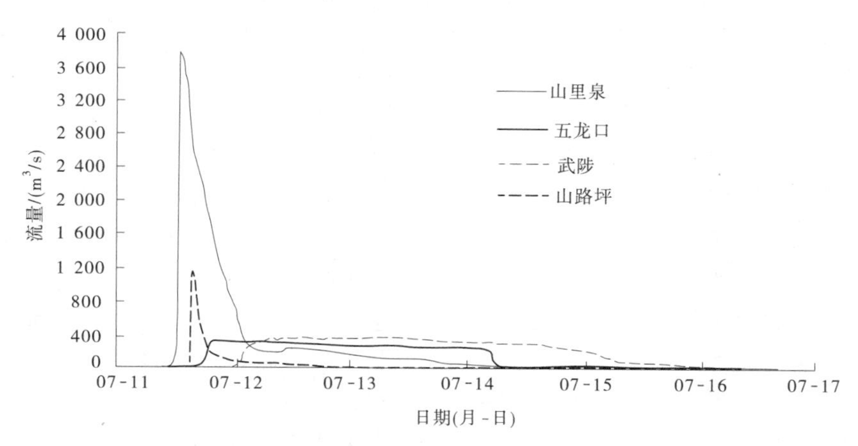

图 2 “7·11”洪水过程各站流量过程线

2.2 “7·23”洪水

2.2.1 水情概况

2021 年 7 月中下旬,西太平洋有台风“烟花”生成并向我国靠近,受台风和副热带高压的影响,加之偏东气流的引导,大量水汽由西太平洋海上向我国内陆输送,同时,太行山区、伏牛山区特殊地形对偏东气流起到抬升辐合效应,沁河流域普降大到暴雨。其中,19—22 日降雨强度较大。“7·23”洪水过程各站雨量统计见表 2。

表 2 “7·23”洪水过程各站雨量统计

单位:mm

站名	降雨量			
	7 月 19 日	7 月 20 日	7 月 21 日	7 月 22 日
润武区间	139.92	114.7	118.22	82.62
丹河—晋城站	91.8	90.8	44	51.6
白水河—河西站	55.4	150.4	43	128.2

受降雨影响,7 月 19 日起,沁河上游山里泉水文站出现多次洪水涨落过程,分别于 19 日 12 时 36 分、21 日 2 时、22 日 21 时出现洪峰流量 1 110 m^3/s、1 990 m^3/s、1 430 m^3/s;沁河支流逍遥河 20 日 20 时 30 分出现最大流量 450 m^3/s,安全河 21 日 12 时至 22 日 12 时出现最大流量 90 m^3/s;丹河山路坪站自 22 日 10 时 54 分起涨,15 时 12 分达洪峰流量 1 020 m^3/s,随后迅速回落,23 日 0 时,流量已降至 300 m^3/s 左右。“7·23”洪水过程各站流量过程线见图 3。

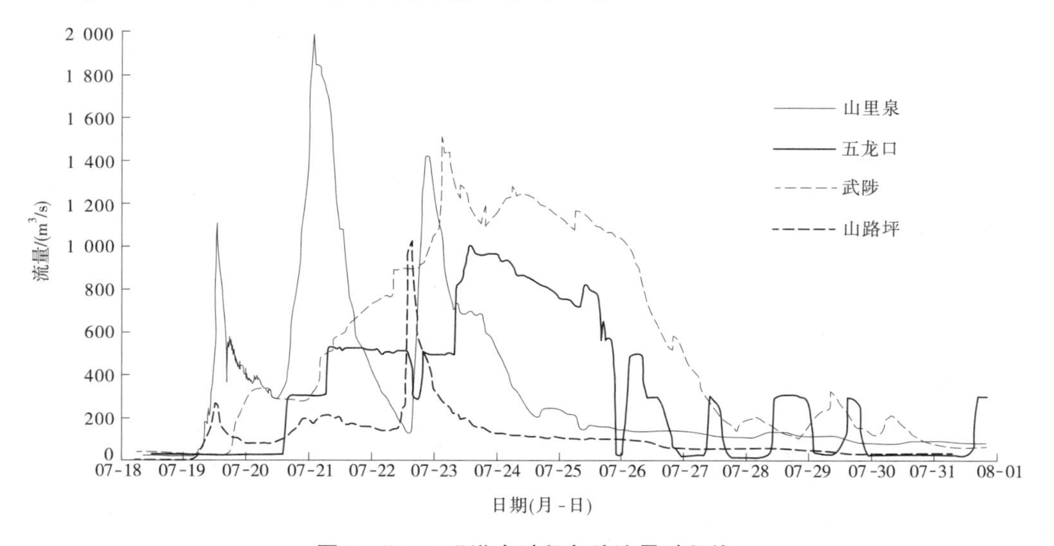

图 3 “7·23”洪水过程各站流量过程线

沁河下游武陟站流量自 7 月 19 日起持续上涨,23 日 3 时 12 分洪峰流量 1 510 m^3/s。7 月 30 日,沁河武陟站流量基本下降至 100 m^3/s 以下。自 7 月 19 日至 30 日,洪水历时 12 d。

2.2.2 水库调度

此次洪水过程中,河口村水库进行多次调度运用。

第一次调度为 7 月 20 日。7 月 19 日,山里泉水文站出现 1 110 m^3/s 洪峰流量,同日丹河山路坪站出现 279 m^3/s 洪峰流量,武陟站流量逐步上涨至 350 m^3/s。此时,河口村水库进行拦洪蓄水。7 月 20 日,山路坪站流量已降至 100 m^3/s 以下,14 时,河口村水库按 280 m^3/s 下泄。

第二次调度为 7 月 21 日。7 月 21 日 2 时,山里泉水文站出现 1 990 m^3/s 洪峰流量,此时山路坪站流量上涨至峰值 200 m^3/s 左右,安全河、逍遥河流量总计约 400 m^3/s。为避免干支流洪峰在下游叠加,河口村水库进行拦洪,16 时,下泄流量由 300 m^3/s 增至 500 m^3/s。

第三次调度为 7 月 23 日。7 月 22 日 15 时 12 分,丹河山路坪站出现 1 020 m^3/s 洪峰流量;21 时,山里泉水文站出现 1 430 m^3/s 洪峰流量,此时,武陟站流量为 900 m^3/s 左右。为实现错峰调度,河口村水库进行拦洪,22 日 21 时至 23 日 7 时 30 分,库水位上涨 4.2 m,拦蓄水量 0.2 亿 m^3,库水位已超汛限 24.09 m。7 月 23 日 8 时,山路坪站流量已退至 200 m^3/s 左右,武陟站也已进入退水期,河口村水库下泄流量由 500 m^3/s 增至 800 m^3/s,15 时,水库达最大泄量 1 020 m^3/s。

3 水库调洪作用分析

3.1 "7·11"洪水

"7·11"洪水过程中,上游山里泉水文站来水经河口村水库拦洪,洪峰流量由 3 800 m^3/s 削减至 300 m^3/s,削峰率达 92%。

根据洪水还原计算,在无河口村水库调节的情况下,干流山里泉水文站来水与支流丹河叠加,同时考虑沁河河道多年未大流量行洪等其他因素,武陟站将出现 1 800 m^3/s 左右洪峰流量。而经河口村调蓄后,武陟站洪峰流量为 368 m^3/s,水库调节作用明显。

3.2 "7·23"洪水

"7·23"洪水过程中,上游山里泉水文站来水经河口村水库调蓄,削峰率达 58.5%~66.7%。同时,根据丹河来水情况,实施错峰调度,有效避免了丹河口以下河段大流量叠加。

根据洪水还原计算,若无河口村水库调节,受沁河干流及支流安全河、逍遥河来水影响,武陟站将于 7 月 21 日出现第一波洪峰 1 800 m^3/s 左右;受沁河干流及支流丹河来水影响,武陟站将于 7 月 23 日出现第二波洪峰 1 700 m^3/s 左右。经水库调节后,武陟站洪峰流量 1 510 m^3/s,且 1 500 m^3/s 左右流量仅出现 2.5 h。

3.3 各站水文要素

分析"7·11""7·23"两次洪水过程中各站水文要素,对比各站洪峰流量及峰现时间,沁河干流山里泉水文站来水经水库调蓄后,削峰作用明显,且避免了与支流来水的叠加,有效控制了下游武陟站洪峰流量。水量方面,两次洪水过程中,武陟站水量分别有 68%、58%来自于上游五龙口站,即河口村水库下泄洪水。经水库拦蓄和阻滞作用后,水库入库流量过程被展平,洪峰被削减,在保证水库运行安全的同时,大大减轻了下游防洪压力。

"7·11""7·23"洪水过程各站水文要素分别见表 3、表 4。

表 3 "7·11"洪水过程各站水文要素

站名	洪峰流量/(m^3/s)	峰现时间(月-日 T 时:分)	洪量/亿 m^3
山里泉	3 800	07-11T13:24	1.21
五龙口	320	07-11T19:42	0.62
山路坪	1 170	07-11T15:54	0.18
武陟	368	07-13T07:00	0.90

表 4 "7·23"洪水过程各站水文要素

站名	洪峰流量/(m^3/s)	峰现时间(月-日 T 时:分)	洪量/亿 m^3
山里泉	1 990	07-21T02:00	3.8
五龙口	1 010	07-23T13:48	3.49
山路坪	1 020	07-22T15:12	1.28
武陟	1 510	07-23T03:12	5.94

3.4 水库运行安全

在水库防洪调度的过程中,统筹考虑了水库下游防洪要求及水库自身防洪标准。在应对 2021 年 7 月沁河洪水过程中,河口村水库以前汛期汛限水位 238 m 为依据,在满足削峰错峰需要、拦蓄洪水以保证下游防洪安全的同时,随着入库流量及库水位的升高,逐步增大下泄流量,保证水库运行安全。河口村水库水位及流量过程线见图 4。

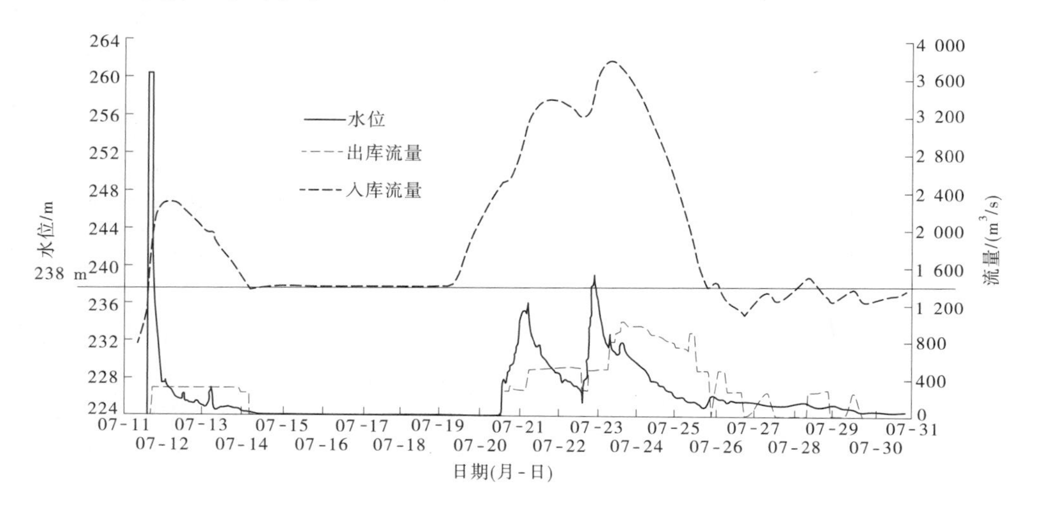

图 4 河口村水库水位及流量过程线

4 结语

本文以 2021 年 7 月沁河下游两次主要来水过程为例,梳理了河口村水库调度过程,分析了其在防洪减灾工作中起到的重要作用。现将河口村水库在此次沁河洪水中发挥的调洪作用总结如下:

(1)实现拦洪削峰。对上游来水进行调蓄,压减洪峰流量,将沁河下游武陟站流量控制在合理范围内。

(2)实现错峰调节。综合考虑沁河上游及水库下游沁河各支流来水情况,实施错峰调节,控制下游峰现时间,避免大流量来水在沁河下游的叠加,减轻下游防洪压力。

(3)保证水库自身安全。统筹考虑削峰错峰与库水位调节之间的关系,以汛限水位为调度依据,保证水库安全运行。

参考文献

[1] 焦作黄河河务局. 焦作黄(沁)河防洪预案[R]. 焦作:焦作市防汛抗旱指挥部,2021.

[2] 刘树利,林攀,李艳,等. 河南焦作市河口村水库间歇式预泄洪水对沁河下游防洪影响分析[J]. 中国防汛抗旱,2018,28(10):65-67.

[3] 巨安祥,陈文军. 浅析我省大型水库在江河防洪削峰调度方面的作用[J]. 陕西水利,2007(1):37-38.

黄河中游暴雨洪水对典型“大沙年”输沙量影响分析

高亚军　吕文星　徐十锋

（黄河水文水资源科学研究院，河南郑州　450004）

摘　要：本文以龙门和潼关水文站典型“大沙年”为研究对象，重点分析 1988 年、1992 年、1994 年和 1996 年黄河流域发生的大暴雨，剖析暴雨洪水对这些典型“大沙年”产沙影响，以期为客观认识未来黄河来沙情势提供科学支撑。结果表明，河龙区间不仅是龙门以上的主要来沙区，也是潼关以上的主要来沙区，潼关站的泥沙主要来自干流河龙区间和泾河张家山以上两个地区，基本达 90% 以上。来沙的时间非常集中，以河龙区间为例，4 个“大沙年”来沙时间集中在 7—8 月。输沙量的多少一般与主汛期的降雨量有关，但更与降雨的时空分布有关，同时与雨洪的频次和大小关系更密切。在下垫面基本一致的相邻年，洪水次数多，洪峰流量大，输沙量就大。

关键词：暴雨；洪水；大沙年；输沙量；黄河中游

水少沙多、水沙关系不协调是黄河区别于其他江河的基本特征，也是黄河复杂难治的症结所在。未来黄河的来沙情势事关治黄方略确定、流域水沙资源配置、重大水利工程布局与运用[1]，是近年治黄的热点问题。

黄河作为世界上含沙量最大的河流，中游流经的黄土高原是世界上水土流失最严重的地区，也是黄河泥沙集中来源区[2]。近年来，水利水保工程和植树造林等治理措施加大投入，截至 2018 年，累计治理水土流失面积 21.8 km^2，占水土流失面积的 48%。黄土高原植被覆盖度指数由 1999 年的 32%增加到 2018 年的 63%[3]。加之气候变化等因素，黄河潼关站实测输沙量由 1919—1959 年的年均 16 亿 t 减少至 2000—2020 年的年均 2.45 亿 t，2015 年入黄泥沙甚至减少至 0.55 亿 t[4]。许炯心认为，汛期降水的减少是入黄泥沙减少的主要原因之一[5]。

黄河水沙系列的丰枯变化是气候等自然因素与人类活动因素共同作用的结果。在 20 世纪 60 年代以前，人类活动较弱，水沙系列丰枯主要受制于气候因素，降雨为主导因子，而之后则受制于人类活动、气候因素的共同影响，不过每一时段的主导因子是不同的[6-7]。Miao 等通过重建 1960—2008 年天然水沙量时间序列分析了 1970—2008 年黄河上游气候变化和人类活动对径流量、泥沙量减少的贡献率[8]。廖义善等的研究表明，20 世纪 60 年代流域内侵蚀产沙严重，产沙量分别是 20 世纪 70 年代、80 年代和 90 年代的 1.62 倍、3.16 倍和 1.71 倍[9]。

黄河水沙主要来自于上中游地区，中游的潼关水文站控制黄河流域面积的 91%、径流量的 90% 和泥沙的近 100%[10]。为此，本文以龙门水文站和潼关水文站典型“大沙年”为研究对象，重点分析 1988 年、1992 年、1994 年和 1996 年黄河流域发生的大暴雨，剖析这些典型年份大沙年产沙的原因，为客观认识未来黄河来沙情势提供科学支撑，为黄河防洪减淤提供决策依据。

1　研究区概况

黄河干流河道全长 5 464 km，流域面积 79.5 万 km^2（包括内流区 4.2 万 km^2）。河源至内蒙古托克托县的头道拐为黄河上游，是黄河径流的主要来源区，来自兰州以上的径流量占全河的 61.7%；头道拐至河南郑州的桃花峪为黄河中游，该河段绝大部分支流地处黄土高原地区，暴雨集中，水土流失严重，是

作者简介：高亚军（1976—），男，硕士，教授级高级工程师，主要从事水文泥沙研究工作。

黄河洪水和泥沙的主要来源区,其中头道拐至潼关区间来沙量占全河的 91.1%;桃花峪至入海口为黄河下游,汇入的较大支流有 3 条,该河段河床高出背河地面 4~6 m,是举世闻名的“地上悬河”。黄河具有“水少沙多,水沙关系不协调”的突出特点。

流域年均降水量 447 mm,其中 6—9 月占 61%~76%,西北部分地区年降水量只有 200 mm 左右。黄河多年平均天然径流量 535 亿 m^3(1956—2000 年系列,利津站),天然沙量 16 亿 t(1919—1960 年,陕县站)。

黄土中游范围及潼关水文站、龙水文门站位置见图 1。

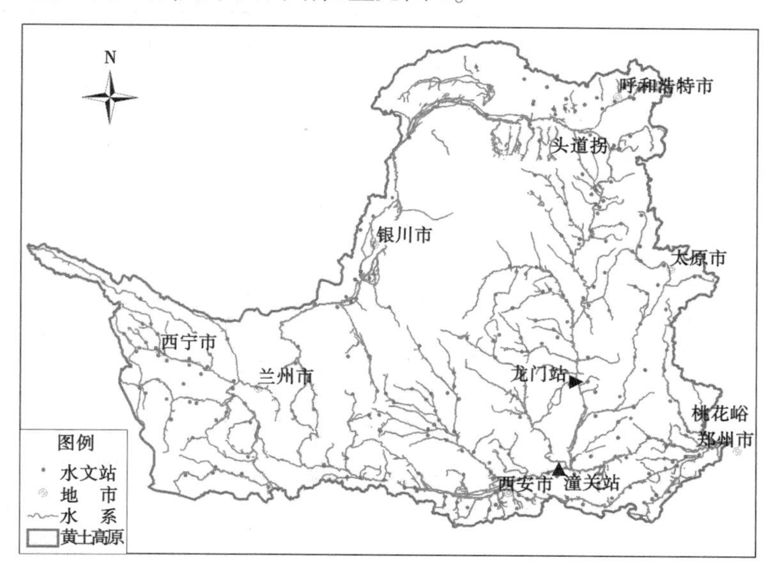

图 1 黄土中游范围及潼关水文站、龙水文门站位置

2 典型“大沙年”遴选

本文采用保证率划分的方法确定丰、平、枯水年份[11]。从 1919—2018 年潼关水文站年输沙量丰平枯划分统计(见表 1)可以看出,特丰沙年发生在 20 世纪 70 年代之前,一共发生了 12 次,主要集中在 20 世纪 30 年代、50 年代和 60 年代;偏丰沙年发生在 20 世纪 80 年代之前,一共发生了 25 次,主要集中在 20 世纪 20 年代、40 年代、50 年代和 70 年代,平沙年发生在 20 世纪 90 年代之前,一共发生了 26 次,主要集中在 20 世纪 60 年代、80 年代和 90 年代;偏枯沙年除 20 世纪 40 年代没发生外,其余年代均有发生,一共发生了 25 次,主要集中在 20 世纪 80 年代以来;特枯沙年发生在 21 世纪以来,一共发生了 12 次,其中:21 世纪初发生 5 次,21 世纪初已达到 7 次以上。

表 1 1919—2018 年潼关水文站年输沙量丰平枯划分统计

年代	特丰沙年	偏丰沙年	平沙年	偏枯沙年	特枯沙年
1919—1929		6	3	2	
1930—1939	3	3	3	1	
1940—1949	2	6	2		
1950—1959	3	3	3	1	
1960—1969	3	1	5	1	
1970—1979	1	5	2	2	
1980—1989		1	4	5	
1990—1999			4	6	
2000—2009				5	5
2010—2018				2	7
小计	12	25	26	25	12

为了能够更直观地反映出20世纪80年代以来泥沙量的变化情况，采用1980—2018年系列潼关水文站年输沙量数据，近似地划分出各年代丰平枯出现的次数情况。经统计，特丰沙年发生在20世纪80年代和90年代，一共发生了5次；偏丰沙年主要集中在20世纪80年代和90年代，一共发生了10次，平沙年各个年代均有发生，一共发生了10次，主要集中在20世纪80年代、90年代和21世纪初；偏枯沙年则发生在21世纪以来，一共发生了10次；特枯沙年仍然发生在21世纪以来，一共发生了4次，其中：21世纪初发生1次，21世纪初已达到3次以上，详见表2。

表2　20世纪80年代以来潼关水文站年输沙量丰、平、枯划分统计

时段	特丰沙年	偏丰沙年	平沙年	偏枯沙年	特枯沙年
1980—1989年	2	4	4		
1990—1999年	3	5	2		
2000—2009年		1	3	5	1
2010—2018年			1	5	3
小计	5	10	10	10	4

为了能够对“大沙年”进行典型区域分析，本次采用20世纪80年代以来潼关水文站年输沙量丰、平、枯划分统计表中对应的特丰沙年，黄河流域潼关干流水文站年输沙量排在前五的年份分别是1981年、1988年、1992年、1994年、1996年，龙门水文站年输沙量排在前五的年份分别是1981年、1988年、1994年、1995年、1996年，图2为1980年以来潼关水文站和龙门水文站历年输沙量过程线。潼关水文站年最大洪峰流量排在前五的年份分别是1981年、1988年、1989年、1994年、1996年，龙门站年最大洪峰流量排在前五的年份分别是1988年、1989年、1994年、1995年、1996年，图3为1980年以来潼关水文站和龙门水文站历年最大洪峰流量过程线。综合考虑潼关水文站和龙门水文站年输沙量以及年最大洪峰流量资料，本次以1988年、1992年、1994年和1996年黄河流域发生的大暴雨为研究对象，剖析暴雨洪水对这些典型“大沙年”产沙的影响。

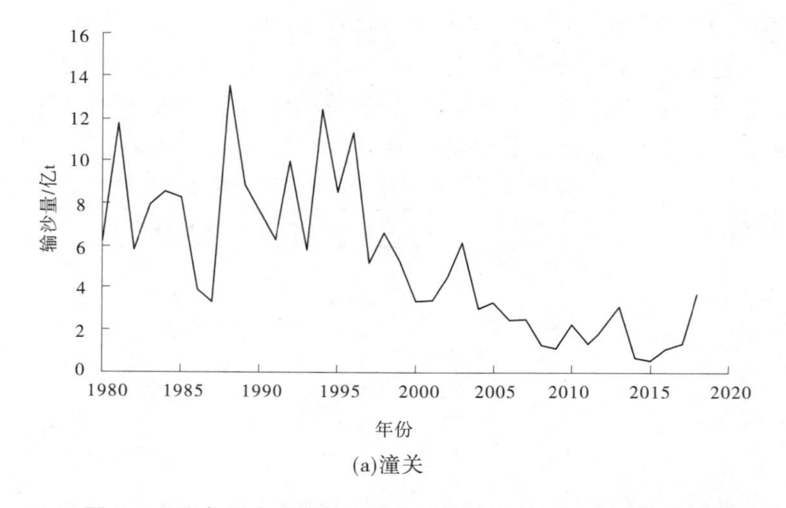

(a)潼关

图2　1980年以来潼关水文站和龙门水文站历年输沙量过程线

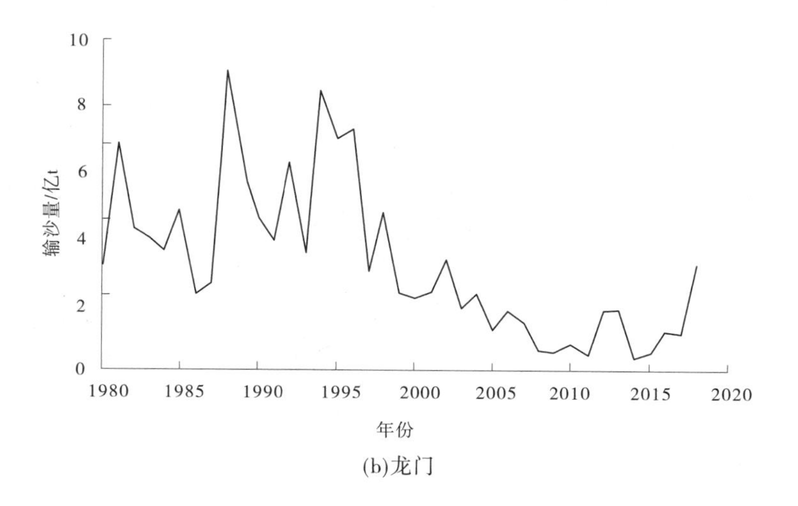

(b)龙门

续图 2

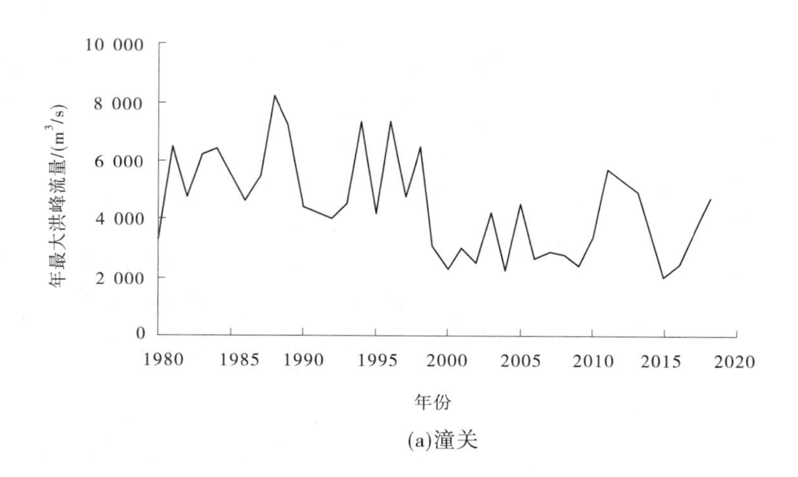

(a)潼关

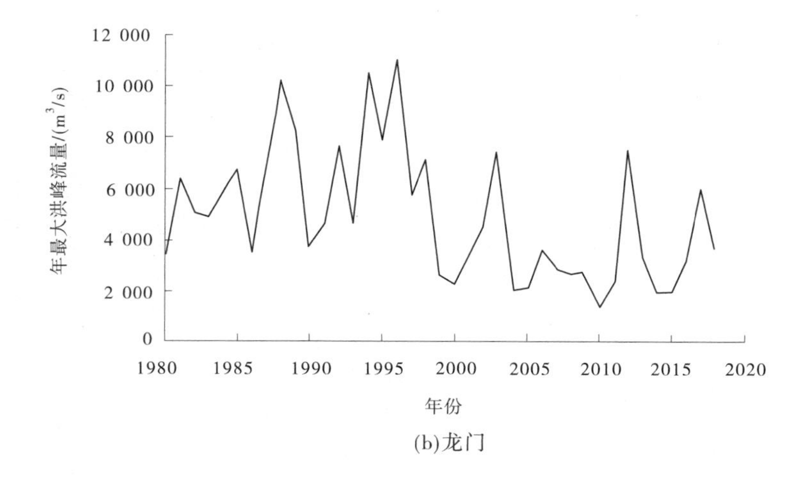

(b)龙门

图 3　1980 年以来潼关水文站和龙门水文站历年最大洪峰流量过程线

3 “大沙年”暴雨洪水泥沙分析

3.1 “大沙年”泥沙来源

1988年、1992年、1994年和1996年潼关水文站年输沙量分别为13.60亿t、9.96亿t、12.40亿t和11.40亿t,其中干流龙门水文站的来沙量分别占潼关水文站当年输沙量的66.9%、63.4%、68.6%和64.3%,是潼关水文站泥沙的主要来源区。其次是泾河张家山水文站,来沙量分别占潼关水文站年输沙量的31.6%、34.3%、28.2%和36.6%,是潼关站的又一个来沙区,见表3。

表3 四个“大沙年”泥沙来源组成统计

站名	年实测输沙量/亿t				占潼关比例/%			
	1988年	1992年	1994年	1996年	1988年	1992年	1994年	1996年
龙门	9.10	6.31	8.51	7.33	66.9	63.4	68.6	64.3
洑头	1.32	1.46	2.63	0.83	9.7	14.7	21.2	7.3
张家山	4.30	3.42	3.50	4.17	31.6	34.3	28.2	36.6
咸阳	1.03	1.29	0.37	0.22	7.6	13.0	3.0	1.9
河津	0.04	0.14	0.02	0	0.3	1.4	0.2	0
潼关	13.60	9.96	12.40	11.40	100	100	100	100

龙门站的输沙量中,泥沙又主要来自河口镇—龙门区间(简称河龙区间,下同),在四个“大沙年”中,河龙区间来沙分别占龙门水文站输沙量的96.4%、95.4%、92.5%和93.9%,表明河龙区间不仅是龙门以上的主要来沙区,也是潼关以上的主要来沙区,潼关站的泥沙主要来自干流河龙区间和泾河张家山以上两个地区,基本达90%以上。来沙的时间非常集中,以河龙区间为例,4个“大沙年”河龙区间7—8月输沙量占年输沙量分别为88.3%、77.1%、82.7%和79.2%。

从表3看出,一是潼关四个“大沙年”中来沙区域十分集中,泥沙主要来自黄河干流龙门以上,龙门沙量占潼关沙量的63.4%~68.6%,其次是泾河张家山以上,占28.2%~36.6%,两站合计占96%以上,这足以表明泥沙来源的区域性十分集中。二是潼关“大沙年”时,来沙的时间也很集中,四个“大沙年”河龙区间7—8月输沙量占到年输沙量的77.1%~88.3%,表明来沙的时程分配也十分集中。

3.2 “大沙年”主汛期降雨与年输沙量关系

表4是4个“大沙年”与下垫面基本一致的前后相邻年的年、7—8月实测输沙量以及对应的主汛期(7—8月)降雨量统计。

表4 四个“大沙年”与前后相邻年潼关、龙门、河龙区间有关洪水泥沙统计

年份	年输沙量/亿t			7—8月输沙量/亿t			龙门大于2 000 m^3/s		河龙区间7—8月降雨量/mm
	潼关	龙门	河龙区间	潼关	龙门	河龙区间	洪峰/(m^3/s)	次数	
1987	3.34	2.60	2.43	1.74	2.00	1.95	6 840	1	161.4
1988	13.60	9.10	8.77	11.54	7.90	7.74	10 200	8	319.1
1989	8.84	6.33	5.14	4.63	4.11	3.67	8 310	5	118.9
1991	6.22	3.90	3.68	1.42	1.69	1.65	4 590	2	84.1
1992	9.96	6.31	6.02	6.30	4.77	4.64	7 740	7	261.3
1993	5.87	3.49	3.07	3.33	2.42	2.22	4 600	3	202.1
1994	12.40	8.51	7.87	8.20	6.85	6.51	10 600	8	255.4
1995	8.52	6.99	6.43	4.20	3.94	3.69	7 860	4	252.2
1996	11.40	7.33	6.88	8.81	5.71	5.45	11 100	6	238.3
1997	5.21	3.00	2.75	3.88	1.96	1.85	5 750	1	147.1

1988年潼关水文站实测输沙量13.60亿t，而前后相邻的1987年和1989年分别是3.34亿t和8.84亿t，龙门水文站这三年的来沙量分别是2.60亿t、9.10亿t和6.33亿t，潼关来沙量的多少与龙门水文站是完全对应的，而河龙区间这三年7—8月的降雨量分别是161.4 mm、319.1 mm和118.9 mm，表明河龙区间来沙量又与河龙区间7—8月的降雨量的多少完全对应。

1992年也基本如此，潼关年输沙量为9.96亿t，而1991年和1993年分别是6.22亿t和5.87亿t，龙门水文站三年对应输沙量分别是3.90亿t、6.31亿t和3.49亿t，而河龙区间这三年7—8月对应的降雨量分别是84.1 mm、261.3 mm和202.1 mm，也表明来沙量与主汛期的降雨量关系比较密切。

1994年和1996年有相邻年降雨也比较大但产沙不是很多的情况，如河龙区间1994年和1995年7—8月降雨量分别为255.4 mm和252.2 mm，基本接近，但龙门7—8月的输沙量分别为6.85亿t和3.94亿t，相差近3亿t；又如1996年与1995年相比，7—8月降雨量分别为252.2 mm和238.3 mm，1996年比1995年还小了近14 mm，但1996年和1995年龙门7—8月的输沙量分别为5.71亿t和3.94亿t，产沙与7—8月的降雨又不完全对应，这是下面将要讨论到的输沙量的多少更与洪水的次数和洪水大小有关。

3.3 暴雨洪水的频次与大小对输沙量的影响

表4中还统计了4个“大沙年”及其与下垫面基本一致的前后相邻年的年最大洪峰以及洪峰流量大于等于2 000 m^3/s的洪水次数，由于龙门的洪水次数和洪峰流量的大小对黄河潼关站输沙影响最大，下面仅以龙门水文站为例进行讨论。

所研究的4个“大沙年”，最大洪峰流量分别是10 200 m^3/s、7 740 m^3/s、10 600 m^3/s和11 100 m^3/s，均比相邻前后年的洪峰大，大于2 000 m^3/s洪水次数分别是8次、7次、8次和6次，也是比相应前后年的次数多。

通过以上的分析可以看出：一是输沙量的多少一般与主汛期的降雨量有关，但与雨洪的频次和大小关系更密切；二是在下垫面基本一致的相邻年，洪水次数多，洪峰流量大，输沙量就大。

4 结论

（1）参考河川径流丰、平、枯划分标准，划定了1919—2018年潼关水文站年输沙量丰、平、枯年份，筛选了20世纪80年代以来特丰沙年，综合考虑潼关水文站和龙门水文站年输沙量以及年最大洪峰流量资料，选取1988年、1992年、1994年和1996年黄河流域发生的大暴雨年份，剖析这些年份“大沙年”产沙的原因。

（2）河龙区间不仅是龙门以上的主要来沙区，也是潼关以上的主要来沙区，潼关水文站的泥沙主要来自干流河龙区间和泾河张家山以上两个地区，基本达90%以上。来沙的时间非常集中，以河龙区间为例，4个“大沙年”来沙时间集中在7—8月。

（3）输沙量的多少一般与主汛期的降雨量有关，但更与降雨的时空分布有关，同时与雨洪的频次和大小关系更密切。在下垫面基本一致的相邻年，洪水次数多，洪峰流量大，输沙量就大。

参考文献

[1] 刘晓燕，党素珍，高云飞，等. 极端暴雨情景模拟下黄河中游区现状下垫面来沙量分析[J]. 农业工程学报，2019，35(11)：131-138.

[2] Zhao Y，Cao W H，Hu C H，et al. Analysis of changes in characteristics of flood and sediment yield in typical basins of the Yellow River under extreme rainfall events[J]. Catena，2019，177：31-40.

[3] 胡春宏，张晓明，赵阳，等. 黄河泥沙百年演变特征和近期波动变化成因[J]. 水科学进展，2020，31(5)：725-733.

[4] 水利部黄河水利委员会. 黄河泥沙公报（2006—2020）[R]. 郑州：水利部黄河水利委员会，2018.

[5] 许炯心. 黄河中游多沙粗沙区水土保持减沙的近期趋势及其成因[J]. 中国水土保持，2004，2(7)：7-10，48.

[6] 姚文艺，高亚军，安催花，等. 百年尺度黄河上中游水沙变化趋势分析[J]. 水利水电科技进展，2015，35(5)：112-120.

[7] 姚文艺,徐建华,冉大川.黄河流域水沙变化情势分析与评价[M].郑州:黄河水利出版社,2011.
[8] Miao Chiyuan, N I Jinren, Borthwick A G L, et al. A preliminary estimate of human and natural contributions to the changes in water discharge and sediment load in the Yellow River[J]. Global and Planetary Change, 2011, 76: 196-205.
[9] 廖义善,卓慕宁,蔡强国,等.大理河流域不同时间尺度水沙变化影响因素及趋势研究[J].水土保持学报,2009,23(6): 51-56.
[10] 胡春宏,张晓明.论黄河水沙变化趋势预测研究的若干问题[J].水利学报,2018,49(9):1028-1029.
[11] 中华人民共和国住房和城乡建设部.水文基本术语和符号标准:GB/T 50095—2014[S].北京:中国计划出版社,2015.

塔里木河阿拉尔市城区段水沙特性及河势分析研究

许明一[1]　钱　裕[1]　王　旭[2]

（1. 黄河勘测规划设计研究院有限公司，河南郑州　450003；
2. 新疆水利水电规划设计管理局，新疆乌鲁木齐　830000）

摘　要：以塔里木河干流控制站阿拉尔水文站作为代表站，重点研究阿拉尔市城区段塔里木河干流河道情况。通过水沙特性分析、同流量水位变化、水文站横断面变化，由卫星影像分析河势变化，并对河道冲淤进行预测，对河势进行预估。塔里木河近期综合治理工程完成后，进入塔里木河干流水量增加，泥沙则进一步减少，河势得到一定的控制。预测未来该河段仍将维持相对冲淤平衡的状态；考虑到该河段的河型以及河床质特性，不排除未来河势产生进一步变化的可能。

关键词：水沙特性；河道冲淤；河势分析；冲淤预测

塔里木河（简称塔河）是我国最大的内陆河，塔河流域面积及多年平均水资源量约占我国西北干旱区面积及水资源总量的1/3[1]，塔河对于我国干旱内陆区经济发展和生态文明建设起着重要作用。

由于干旱少雨、水资源匮乏，且塔河干流自身不产流，季节性较强，受源流来水影响较大。塔河流域生态环境极为脆弱，易发生退化，遭到破坏后恢复难度大且过程缓慢[2]。为遏制塔河生态环境恶化趋势，塔河自2000年开始实施应急输水和塔河干流输水工程建设。2011年，塔河干流开展防洪规划工作，随后“塔里木河第一师阿拉尔市段（25+000~108+000段河道治理工程”实施，塔河阿拉尔市段的节点整治护岸工程已初步建成，对减轻该河段防塌岸洪灾和稳定河势起到了重要作用。

为研究塔河河道整治，前人已做了大量的研究，包括泥沙冲淤及河势分析等。本文旨在分析塔河上游控制站阿拉尔水文站的水沙变化，并研究阿拉尔市城区段塔河干流河势变化，来反映近些年来塔河治理的效果与今后治理的展望。

1　流域概况

塔河流域属我国最大的内陆河流域，塔河发源于塔里木盆地周边的喀拉昆仑山、昆仑山、阿尔金山、帕米尔及天山南坡，具有独立水系，以冰雪融水补给为主。塔河流域主要河流有阿克苏河、叶尔羌河、和田河、克孜河、盖孜河、克里雅河小河水系、渭干河、开都河以及塔河干流等[3]。塔河干流始于阿克苏河、叶尔羌河及和田河的交汇处肖夹克，归宿于台特马湖。阿克苏河系塔河的主要支流，长年有水流入塔河，水量占塔河年总径流量的70%~80%。和田河属季节性河流，来水量约占塔河年径流量的15%~20%。叶尔羌河水量占塔河年径流量的4%左右[4-5]。塔河流域水系见图1[6]。

新疆生产建设兵团第一师阿拉尔市，地处天山南麓，塔克拉玛干沙漠北缘，阿克苏河与和田河、叶尔羌河三河交汇之处的塔河上游。阿拉尔市主城区沿塔河两岸布置，距离塔河源头50 km。

2　测站情况

塔河干流自1956年开始设立水文站，其中阿拉尔水文站和新渠满水文站为国家基本水文站，测验项目较全，资料系列较长；其他站均为专用站，测验项目少，且系列较短。塔河流域水文测站情况见图1。

阿拉尔水文站位于塔河上游，是阿克苏河、叶尔羌河、和田河三源流汇入干流水量、水质的控制

作者简介：许明一（1981—），女，高级工程师，主要从事水利规划、水文分析计算和水情自动测报系统设计等相关工作。

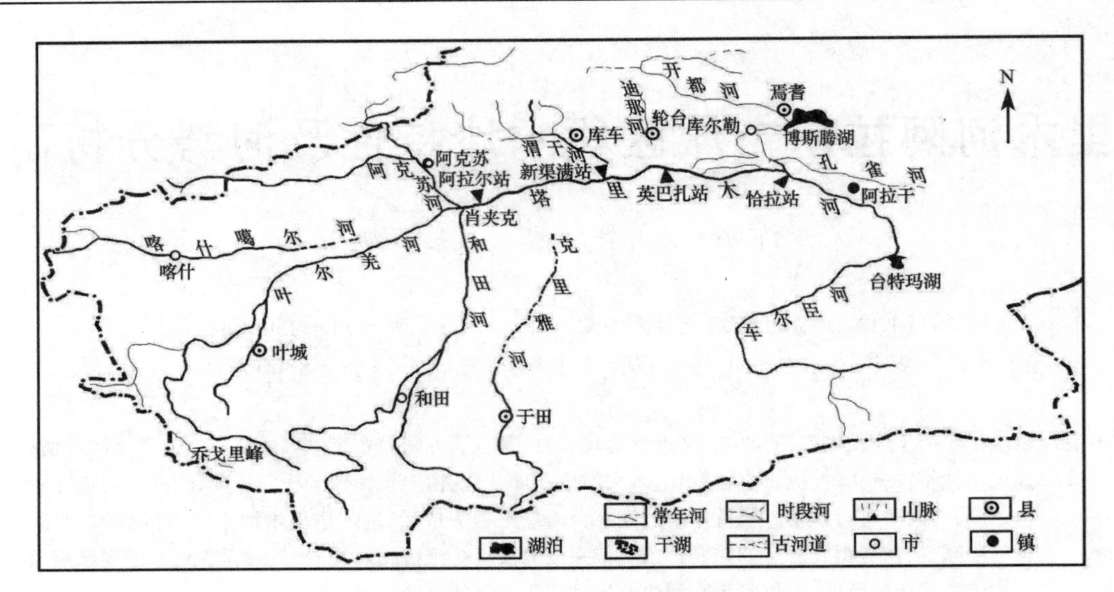

图 1　塔里木河流域水系及干流水文站分布示意图

站[7]，位于三河汇流处的肖夹克以下 48 km 处，也是塔河干流上游的主要控制站。阿拉尔水文站位于阿拉尔市，测流断面位于塔河阿拉尔大桥处。

3　水沙特性分析

3.1　径流特性分析

塔里木河干流自身不产流，干流水量主要由阿克苏河、叶尔羌河、和田河三源流补给，为纯耗散型内陆河。

阿拉尔水文站为干流径流量的控制站，1957—2019 年多年平均流量为 145.5 m^3/s，1999 年前随着时间的推移，时段年平均流量呈递减的趋势。2010 年以来，随着塔河流域的近期治理和水资源管理的逐步深入，加之近期全球气温变暖，雪融水增加等原因，进入塔河干流 2010—2019 年的年平均流量为 167 m^3/s。

3.2　实测水沙特性

根据实测资料统计，1956 年 7 月至 2019 年 6 月进入塔河干流阿拉尔站的年平均水量为 46.3 亿 m^3（见表 1）。其中汛期（7—9 月，下同）、非汛期（10 月至次年 6 月，下同）的来水量分别为 33.1 亿 m^3 和 13.2 亿 m^3，占全年来水量的 71.5%和 28.5%。进入塔河干流阿拉尔站的沙量多年平均为 2 045 万 t，其中汛期、非汛期的来沙量分别为 1 830 万 t 和 215 万 t，占全年来沙量的 89.5%和 10.5%，沙量主要集中在汛期，更集中在汛期的几场大洪水。从各时段来沙量分析，20 世纪 70 年代、90 年代和 2000—2019 年来沙偏少，20 世纪 50 年代、60 年代和 80 年代来沙偏丰[8-9]。从来沙量的年内分配看，多年汛期、非汛期占年沙量的比例变化不大。

表 1　塔里木河干流阿拉尔水沙特征值

时段	水量/亿 m^3			输沙量/万 t			含沙量/(kg/m^3)		
	汛期	非汛期	全年	汛期	非汛期	全年	汛期	非汛期	全年
1956 年 7 月至 1960 年 6 月	37.6	18.0	55.6	2 638	296	2 934	7.0	1.6	5.3
1960 年 7 月至 1970 年 6 月	34.4	16.7	51.1	2 053	297	2 350	6.0	1.8	4.6
1970 年 7 月至 1980 年 6 月	31.3	12.7	44.0	1 820	156	1 976	5.8	1.2	4.5
1980 年 7 月至 1990 年 6 月	32.3	12.5	44.8	2 315	230	2 545	7.2	1.8	5.7
1990 年 7 月至 2000 年 6 月	29.9	11.7	41.6	1 815	187	2 002	6.1	1.6	4.8
2000 年 7 月至 2019 年 6 月	34.7	11.9	46.6	1 302	192	1 494	3.8	1.6	3.2
1956 年 7 月至 2019 年 6 月	33.1	13.2	46.3	1 830	215	2 045	5.5	1.6	4.4

3.3 场次水沙特性

统计阿拉尔水文站1980年以来历时大于10 d的场次洪水特征值情况见表2,可以看出,洪水基本发生在汛期7—8月,洪水平均流量为1 000~1 500 m^3/s,平均含沙量在10 kg/m^3以内,历时15 d以上洪水水量占汛期比例为40%~60%,沙量占汛期比例为50%~70% ,且近几年发生洪水概率有所提高。

表2 阿拉尔水文站1980年以来历时10 d以上场次洪水特征值统计

洪水编号	起始时间(年-月-日)	历时/d	水量/亿 m^3	沙量/亿 t	平均含沙量/(kg/m^3)	平均流量/(m^3/s)	最大流量/(m^3/s)	最大含沙量/(kg/m^3)	水量占汛期比例/%	沙量占汛期比例/%
1	1984-08-09	24	23.0	0.13	5.7	1 111	1 620	8.8	60	73
2	1986-07-18	21	22.4	0.14	6.5	1 234	1 700	15.6	61	47
3	1994-07-18	10	11.8	0.07	5.7	1 361	1 840	6.6	24	27
4	1999-07-31	16	20.6	0.17	8.3	1 491	2 120	8.3	52	69
5	2000-07-25	11	10.8	0.08	7.5	1 139	1 300	11.6	40	58
6	2006-07-28	20	21.2	0.11	5.1	1 228	1 810	15.4	47	62
7	2010-07-27	20	23.9	0.18	7.5	1 386	1 870	10.5	45	68
8	2015-07-27	17	18.8	0.09	4.5	1 283	1 600	27.1	42	62
9	2016-08-02	12	11.4	0.02	2.1	1 095	1 530	6.1	23	30
10	2017-07-19	23	23.0	0.09	4.0	1 157	1 440	5.3	46	47

4 天然河道冲淤及河势分析

4.1 同流量水位变化

分析1958—2019年阿拉尔水文站断面1 000 m^3/s流量水位变化情况见图2,由图2可以看出,1960—1986年同流量水位呈现下降趋势,1986年汛后1 000 m^3/s同流量水位较1959年下降了0.52 m,表明河道逐步冲刷;1986—2001年同流量水位抬升,河床逐渐回淤。2000年后又呈现下降趋势,至2018年汛后达到历史最低值1 009.08 m。2019年汛后则大幅抬高。该河段近期处于冲刷的态势,总体来看,阿拉尔水文站断面河床多年表现为动态冲淤平衡。

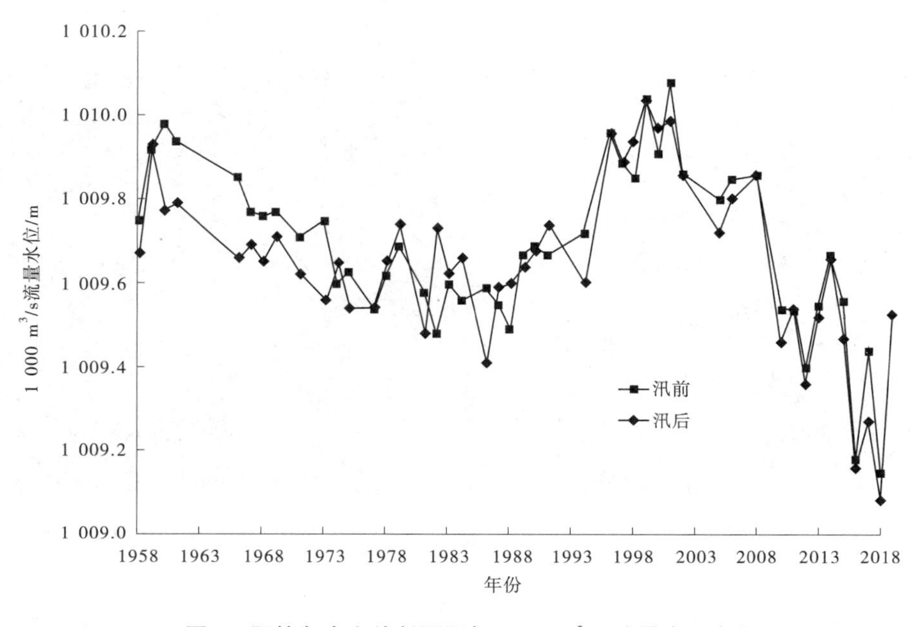

图2 阿拉尔水文站断面历年1 000 m^3/s流量水位变化

4.2 河势变化分析

4.2.1 横断面变化分析

套绘典型年份阿拉尔水文站汛前和汛后大断面变化情况,主槽无固定流路,摆动较为频繁,滩槽转换时有发生。从多年汛后河势变化来看,主槽有冲刷下切趋势,汛期洪水淤滩刷槽效果比较明显[10-11]。

4.2.2 近期河势变化分析

塔里木河阿拉尔段为弯曲型向游荡型河道过渡的河段,具有明显的游荡性特征,主要表现为:河槽较宽,宽度 1~3 km,河道宽浅散乱,主汊互换,流路变化不定,主流左右摆幅较大[11-12]。其中有堤防河段主流在大堤以内游荡摆动,滩槽转换较为频繁,局部控导对稳定河势起到一定作用,岸线较为稳定;无堤防河段横向上存在着输沙不平衡,不断引起凹岸坍塌和凸岸淤涨,造成两岸高滩坍塌。

阿拉尔城市段起点为塔里木河大桥上游 11 km 处,终点为塔里木河大桥下游 7 km 处,河段全长 18 km。在阿拉尔水文站附近,河宽由 20 世纪 60 年代的 760 m 扩大至 20 世纪 90 年代的 1 000 m 左右,该河段河道宽浅散乱,主汊互换,流路变化不定,主流左右摆幅较大。目前两岸护岸工程已建成[12-13],河宽约 1 200 m,主流摆动频繁,时而分汊,汛前汛后河势变化较为明显。近年来陆续开工建设一批城市段河道整治工程,重要河湾凹岸的防护工程逐步修建完善,河道的摆幅得以遏制,凹岸的坍塌速率有所减弱,河势得到一定的控制,但城市区内仍然存在自然河坎未防护属于城市防洪工程的薄弱环节。

根据该河段近期不同年份卫星影像图(见图 3~图 6)分析,近期河势变化特征如下:

1984 年,河道流向为由南向北,流路沿左岸直冲伊兰勒克所处的河湾,并在此处形成河湾。河出二桥桥址后摆至河道南岸,在一桥上游河段附近再次形成由南而北的横河,之后河面展宽,平稳滑过一桥。受河道冲淤变化的影响,1994 年河槽流路更为紊乱,由于河道缺少护岸工程,河湾不断淘刷,两岸河湾弯曲率进一步加大。

北岸的防洪应急工程于 2011 年 10 月完工,从 2014 年卫星影像可以看出,此处河湾的发展得到控制,一桥和二桥之间的南北横河及河湾趋于顺直,部分河段流路得以理顺。阿拉尔市段河道治理护岸工程于 2012—2015 年陆续建成,河道护岸工程有效限制了该河段的流路向南岸(右岸)发展,缩短了河道流路长度。从 2019 年汛前主槽流路来看,由于河道两岸的整治工程上下游布置相互衔接,对局部河段有一定的控导作用,逐步形成了有利河槽行洪的"微弯"型流路形态。

图 3 1984 年河段卫星影像

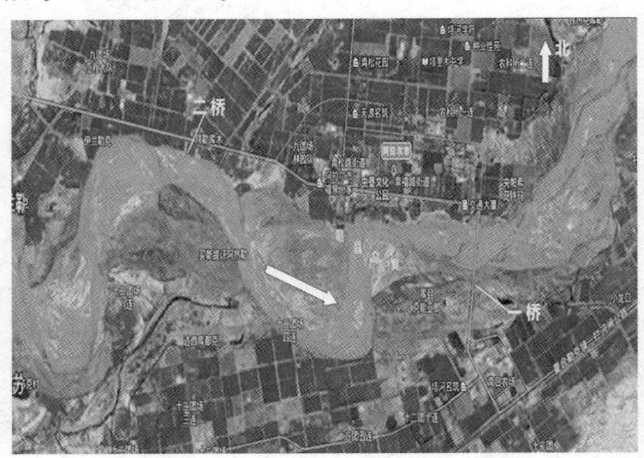

图 4 1994 年河段卫星影像

图5　2014年河段卫星影像

图6　2019年河段卫星影像

5　河道冲淤预测及河势预估

5.1　天然河道冲淤预测

阿拉尔城区河段属于冲积平原型地貌，比降较缓，河床质较细，泥沙启动流速小，河床冲淤变化较为明显。水流挟带的泥沙在流经由松散的粉细物质组成的平原河道时，冲淤变化大，洪水时冲淤变化更为剧烈。该河段整体表现为大水冲刷小水落淤，尤其洪水前后河床形态变化较为剧烈[13-14]。实测资料表明，20世纪90年代以来，阿拉尔站断面年内冲淤与90年代以前相比趋于稳定，同流量水位变幅明显减小。年际方面，阿拉尔站断面表现为多年动态冲淤平衡。近期2010年以后河床整体表现为微冲，冲淤变化幅度不大。随着上游工程及水保措施的拦沙作用，进入阿拉尔站断面的泥沙会进一步减少，预测未来该河段仍将维持相对冲淤平衡的状态。

5.2　天然河势变化预估

阿拉尔城区段河床宽浅，心滩遍布，汊道众多，主流摆动频繁，属于典型的平原游荡型河段。两岸无控导工程之前，沿岸农田灌溉渗漏使两岸处在浸润饱和状态，汛期洪水导致局部塌岸严重，滩槽极易发生转换，无固定岸线及主槽。城区段河道整治工程[15-16]修建后，对局部河段有一定的控导河势的能力，岸线趋于稳定，冲淤程度有所减小，但主槽仍摇摆不定，无固定流路。以阿拉尔水文站断面为例，从近期河势变化来看，阿拉尔站断面主槽摆动频率及幅度有所减小，但考虑到该河段的河型以及河床质特性，以及河势变化的复杂性和不确定性，不排除未来河势产生进一步变化的可能。

6　结论

本文重点分析了以阿拉尔为代表的塔河干流站的水沙特性及所在阿拉尔市城区段的河道冲淤、河势情况，并对河道冲淤进行了预测，对河势变化进行了预估。

阿拉尔断面1957—2019年多年平均流量为145.5 m^3/s，进入塔河干流2010—2019年的年平均流量为167 m^3/s。2000—2019年来沙偏少。总体来说，阿拉尔站断面河床多年表现为动态冲淤平衡。阿拉尔塔河干流城区段堤防、护岸工程修建以来，河道的摆幅得以遏制，凹岸的坍塌速率有所减弱，河势得到一定的控制，部分河段流路得以理顺。预测未来该河段仍将维持相对冲淤平衡的状态；不排除未来河势产生进一步变化的可能。

塔河干流治理工程实施后，对塔河干流生态恢复和稳定河势、防洪减灾起到了积极的影响。以习近平新时代中国特色社会主义思想为指导，将对塔河生态修复推向新高度，对水资源进行更合理的分配；通过城镇和主要乡村河段防洪工程的建设，巩固提升治理成果，进一步理顺河道，实现流域防洪安全。

参考文献

[1] 祁泓锟,焦菊英,严晰芹,等.近40年塔里木河流域水沙演变及其空间分异特征 [J].水土保持研究, 2022,29(5):1-5.
[2] 胡春宏,王延贵,郭庆超,等.塔里木河干流河道演变及整治[M].北京: 科学出版社,2005.
[3] 周森,王亚春.塔里木河干流治理综述[J].人民黄河, 2005,27(2):47-48 .
[4] 王顺德,王彦国,王进,等.塔里木河流域 40 a 来气候、水文变化及其影响[J].冰川冻土, 2003,25(3): 315-320.
[5] 段建军,王彦国,王晓风,等.1957—2006 年塔里木河流域气候变化和人类活动对水资源和生态环境的影响[J].冰川冻土, 2009,31(5): 781-791.
[6] 王进,龚伟华,沈永平,等.塔里木河干流上游中、下段河床淤积和耗水对生态环境的影响[J].冰川冻土, 2009,31(6):1086-1093.
[7] 胡春宏,王延贵.塔里木河干流河道综合治理措施的研究——干流河道演变规律[J].泥沙研究,2006(8):21-29.
[8] 冯忠垒.塔里木河河道泥沙淤积与水利工程运行关系研究[D].乌鲁木齐:新疆农业大学,2004.
[9] 夏德康.塔里木干流泥沙运动及河道变迁[J].水文,1998(6):42-47.
[10] 张江玉,郭庆超,祁伟,等.塔里木河干流堤防建设对输水输沙影响研究[J].泥沙研究,2015(4):52-58.
[11] 金庆日.塔里木河干流河段河道整治工程冲刷数值模拟[J].东北水利水电,2021(8):39-42.
[12] 吾斯曼卡热 · 依马木.塔里木河河床稳定性分析及护岸工程设计施工[J].陕西水利,2021(2):161-163.
[13] 梁建飞.塔里木河干流治理工程实施后泥沙冲淤演变分析[J].陕西水利,2018(6):13-15.
[14] 冯起,陈广庭,李振山.塔里木河现代河道冲淤变化的探讨[J].中国沙漠,1997, 17(1):38-43.
[15] 李玉建,侍克斌,严新峻.塔里木河干流泥沙治理途径初探[J].人民黄河,2005, 27(1):26-27.
[16] 陈瑞.塔里木干流河道治理规划浅析[J].能源与节能,2021(7):109-110.

潼关以上各区间单元水沙变化分析

张　萍　郭邵萌

（黄河水文水资源科学研究院，河南郑州　450004）

摘　要：根据潼关以上水文站网，考虑各水文站资料系列长度，将潼关以上分为 84 个区间单元，其中上游 18 个、汾河 3 个、泾洛渭河 25 个、河龙区间 38 个区间单元。融合水文和 GIS 技术，重点分析各区间单元现状年（2007—2018 年）相比于基准年（1975 年之前）的实测径流量、输沙量和年最大含沙量的变化情况。结果表明：与基准年相比，年径流量、输沙量、最大含沙量均呈现减少趋势，且年输沙量减少幅度远大于径流量和最大含沙量。径流量减幅最大的区域主要在皇甫川、偏关河、红河、县川河、孤山川、蔚汾河、汾河下游以及渭河支流葫芦河静宁以上；输沙量减少最大的区域集中在河龙区间、汾河、渭河干流和泾河；年最大含沙量减幅大于 90%的区域位于洮河李家村以上、窟野河、秃尾河、仕望川。来水量、来沙量减幅最多的区间单元地貌类型主要为黄土丘陵区，而变化不大或者增多的区间单元地貌类型以土石山区、草原区为主。研究成果可为流域水沙资源的配置与管理以及重大水利工程的布局提供技术参考。

关键词：水沙变化；区间单元；水沙关系；ArcGIS；黄河

1　研究背景

黄河是一条多泥沙河流，一定的水沙量及其过程是维系黄河健康的基本物质条件[1]。随着流域水利建设的不断发展和水土保持工作的深入开展、水资源开发利用程度的持续提高以及水文气象的变化，黄河水沙情势不断改变，特别是 20 世纪 80 年代以来，黄河水沙减少趋势明显。黄河水沙情势直接关系到治黄方略的确定、流域水沙资源的配置与管理以及重大水利工程的布局等[2-3]，所以黄河流域主要产水产沙区的水沙变化情况一直是人们关注的重点。

前人关于水沙变化的研究做过大量工作，研究方法上一般是选取典型小流域进行深入分析，或对黄河进行分段、分区域研究[4-6]，而对黄河流域产水产沙区各干支流精细划分区间单元，从全流域的空间分布角度进行水沙变化情况阐述的研究较少。本文以黄河流域潼关断面以上主要产沙区[5]作为研究范围，以海量的水文径流泥沙数据为基础，挖掘现状年相比于基准年的实测水沙指标不同变幅的空间分布，同时应用 ArcGIS 点-面分布模式，动态显示各区间单元的时空演变特征。

2　基础资料和研究方法

2.1　资料情况

本文采用黄河潼关以上近百个水文站从建站以来至 2018 年实测水沙数据进行分析。对部分水文站的水沙数据进行了插补延长，并对部分水文站水文测验断面迁移情况进行了资料一致性处理。

2.2　研究范围

本文将黄河流域潼关水文站以上区域作为水沙变化特点分析范围，重点关注来水来沙量变化比较大的干支流[7]，包括黄河河口镇—龙门区间、渭河咸阳以上、泾河张家山以上、北洛河交口河以上、汾河

基金项目：国家重点研发计划（2021YFC3201101-03）。

作者简介：张萍（1982—），女，高级工程师，硕士，主要从事水文水资源研究工作。

河津以上、十大孔兑、清水河泉眼山以上、苦水河郭家桥以上、祖厉河靖远以上、庄浪河红崖子以上、大通河享堂以上、大夏河折桥以上、洮河红旗以上、湟水民和以上等重点产水产沙区。

2.3 研究时段

考虑黄土高原近百年产沙环境变化特点、前人研究截止时间和实测数据可得性[8]，本文将1975年之前作为基准年，将2007—2018年作为现状年，即认为1975年之前是研究区下垫面的“天然时期”，2007年之后下垫面条件基本趋于稳定，可作为现状年，重点分析现状年相比于基准年的变化特点。

2.4 研究方法

基于ArcGIS10.2工作平台，采用ArcHydro模块，结合黄河流域1:5万DEM数据与研究区实际水文站网布设情况，精细化划分潼关以上主要来沙区[1]的子流域边界并提取河网[9-10]，对应支流的汇水范围结合水文站网布设来确定研究区间，并提取空间信息，深度挖掘每个区间单元现状年相比于基准年的实测水沙指标不同变幅的空间分布，指出水沙变幅与下垫面的驱动关系。并链接水文要素变化特征至区间单元，基于点-面拓扑关系，强调水文区间地理维度，动态显示各区间单元的时空演变特征。

3 研究结果

3.1 区间单元划分

为区分不同地貌类型来水量和来沙量的变化差异，将研究区进行了最大程度的细化。依托现有水文站网，以水文站控制范围作为基本单元，把研究区划分为84个区间单元（见表1~表4），这些区间单元之间不存在包含关系。

表1 黄河上游18个区间单元

序号	区间单元	序号	区间单元	序号	区间单元
1	唐乃亥以上	7	湟水石崖庄以上	13	祖厉河郭城驿以上
2	大夏河双城以上	8	民和—石崖庄—桥头	14	靖远—郭城驿
3	折桥—双城	9	桥头（湟水）以上	15	清水河韩府湾以上
4	小川—唐乃亥	10	大通河连城以上	16	泉眼山—韩府湾
5	洮河李家村以上	11	享堂—连城	17	苦水河郭家桥
6	洮河红旗—李家村	12	庄浪河红崖子以上	18	十大孔兑

表2 河龙区间38个区间单元

序号	区间单元	序号	区间单元	序号	区间单元
1	清水河以上	14	温家川—神木	27	小理河李家河以上
2	放牛沟以上	15	秃尾河高家堡以上	28	绥德—青阳岔—李家河
3	偏关以上	16	高家川—高家堡	29	白家川—绥德—马湖峪—殿市—横山
4	沙圪堵以上	17	申家湾以上	30	清涧河子长以上
5	皇甫川皇甫以上	18	杨家坡以上	31	延川—子长
6	县川河旧县以上	19	林家坪以上	32	大宁以上
7	孤山川高石崖以上	20	后大成/贺水	33	延河延安以上
8	桥头（朱家川）以上	21	裴沟以上	34	甘谷驿—延安
9	裴家川以上	22	无定河韩家峁以上	35	临镇以上
10	兴县以上	23	横山以上	36	新市河以上
11	窟野河新庙以上	24	殿市以上	37	大村以上
12	王道恒塔以上	25	马湖峪以上	38	吉县以上
13	神木—新庙—王道恒塔	26	大理河青阳岔以上		

表 3　汾河流域 3 个区间单元

序号	区间单元	序号	区间单元	序号	区间单元
1	兰村以上	2	义棠—兰村	3	河津—义棠

表 4　泾洛渭河流域 25 个区间单元

序号	区间单元	序号	区间单元	序号	区间单元
1	渭河武山以上	10	马莲河贾桥以上	19	景村—雨落坪—杨家坪—张河
2	散渡河甘谷以上	11	板桥以上	20	芦村河以上
3	葫芦河北峡(静宁)以上	12	雨落坪—板桥—庆阳—贾桥	21	张家山—芦村河—景村
4	秦安—北峡	13	毛家河以上	22	华县—张家山—咸阳
5	北道—秦安—甘谷—武山	14	红河以上	23	北洛河刘家河以上
6	牛头河社棠以上	15	袁家庵以上	24	北洛河张村驿以上
7	咸阳—社棠—北道	16	泾川—袁家庵	25	交口河—刘家河—张村驿
8	马莲河洪德以上	17	杨家坪—泾川—红河—毛家河		
9	庆阳—洪德	18	张河以上		

3.2　径流变化

黄河流域潼关以上 1956—2018 年系列多年平均径流量为 322.8 亿 m^3(见图 1)。径流量年际变化整体上呈现阶梯下降趋势,其中 1964 年径流量(699.3 亿 m^3)最大,是黄河流域 1956—2018 年多年均值的 2.2 倍;1997 年径流量(149.4 亿 m^3)最小,仅占 1956—2018 年多年均值的 46.3%。对比各年代均值下降趋势明显(见图 2),20 世纪 90 年代比 80 年代减少 33%左右,2000 年以来持续减少,2000—2018 年多年均值仅有 236.4 亿 m^3,占多年均值的 70%。

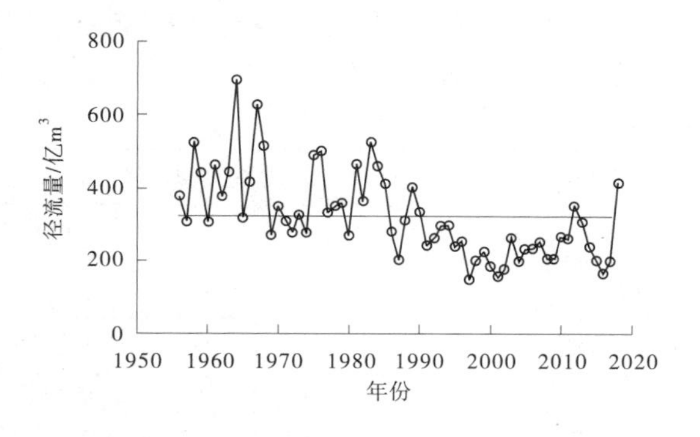

图 1　黄河潼关站 1956—2018 年系列年径流量过程线

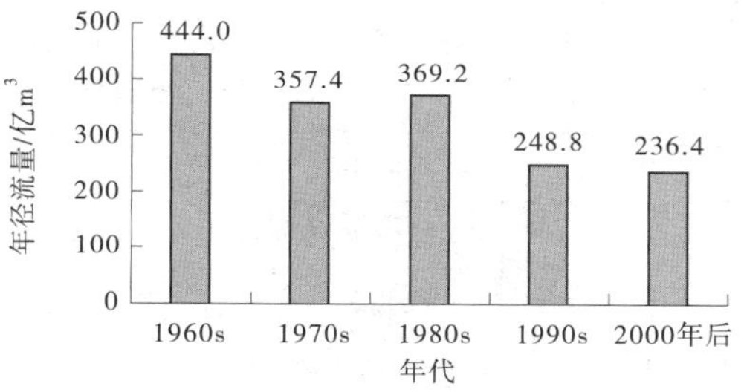

图 2　黄河流域潼关以上区域不同年代年径流量变化

细化到区间单元,现状年与基准年相比,减少最多的区域集中在黄河中游河龙区间、汾河河津—义棠区间、葫芦河北峡以上等;年径流量变化不大的区域集中在黄河上游以及中游汾川河、北洛河的部分区间;年径流量增加的区域在黄河上游洮河、庄浪河、大通河、清水河、苦水河的部分区间以及汾河兰村—义棠区间。

(1)黄河上游 18 个区间单元中,8 个呈减少趋势,其中减少最多的是大夏河折桥—双城区间,减幅 82.3%;径流变化不大(变化率在-15%~15%)的区间单元有 5 个,分别是小川以上、大夏河双城以上、大通河连城以上、唐乃亥以上及湟水石崖庄以上,其中唐乃亥以上变化率为-0.5%,说明实测径流量基本没变;径流量增加的小区域有 5 个,分别是洮河红旗—李家村区间、庄浪河红崖子以上、大通河享堂—连城区间、清水河泉眼山—韩府湾区间以及苦水河郭家桥以上,其中实测径流量增加最多的是苦水河郭家桥以上,增大幅度为 326%,基准年年均径流量为 0.260 7 亿 m^3,现状年为 1.112 亿 m^3。

(2)河龙区间 38 个区间单元全部为减少趋势,平均减幅 51.7%。减幅最大为皇甫川沙圪堵—皇甫区间,减幅接近 100%;减幅最小为延河甘谷驿—延安区间,减幅 9%。

(3)泾洛渭河流域25个区间单元全部为减少趋势,平均减幅47.1%。减幅最大的为渭河支流葫芦河北峡以上,减幅86.6%,从基准年的0.363 5亿m^3减少到现状年的0.048 6亿m^3。减幅最小为华县—咸阳—张家山区间,减幅4.9%。

(4)汾河流域3个区间单元中,兰村以上和义棠—河津区间为减少趋势,减幅分别为89.3%和67.5%;而兰村—义棠区间实测径流量为增大趋势,增幅为51.2%。

黄河流域潼关以上现状年与基准年径流量变化对比见图3。

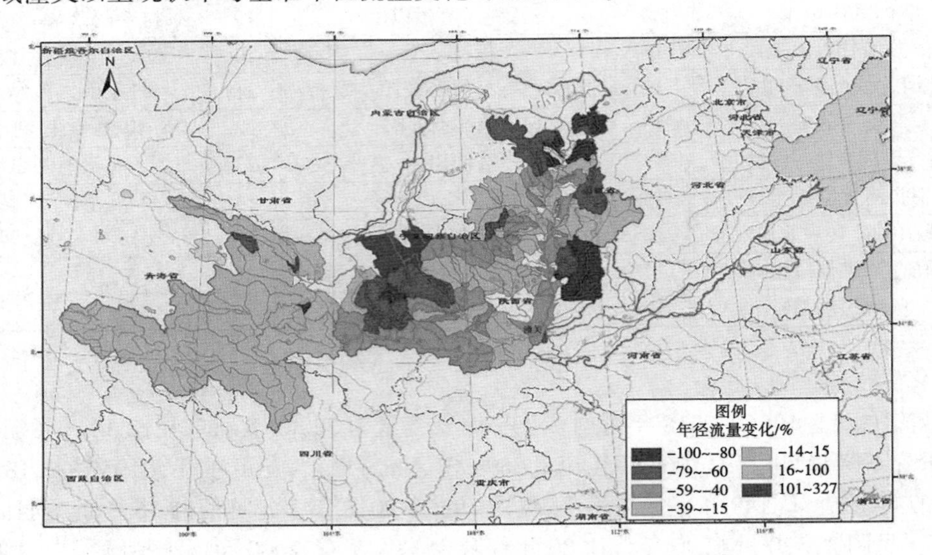

图3　黄河流域潼关以上现状年与基准年径流量变化对比

从地貌类型上来看,年径流量减幅最多的区间单元基本上均为黄土丘陵区,属于水土流失比较严重的地区,见表5。年径流量变化不大或者增多的区间单元的地貌类型,土石山区和草原区占了绝大多数。

表5　径流量变化典型区间单元对应地貌类型

变化类型	区间	变化率/%	河流	地貌类型
年径流量减幅最多区间单元	皇甫—沙圪堵	-100.0	皇甫川	丘1
	偏关以上	-95.5	偏关河	丘1
	放牛沟—清水河	-94.6	清水河	丘1
	河津—义棠	-89.3	汾河	丘2+黄土阶地+冲积平原
年径流量变化不大或增大区间单元	唐乃亥以上	0	黄河干流	土石山区
	石崖庄—湟源	4.4	湟水	高地草原区+土石山区
	兰村—义棠	51.2	汾河	冲积平原区+土石山区
	红崖子以上	95.3	庄浪河	土石山区+丘5

3.3　输沙量变化

黄河流域潼关以上1956—2018年系列年输沙量多年均值为8.9亿t。输沙量年际变化整体上呈现快速下降趋势(见图4),其中1958年年输沙量(29.9亿t)最大,是1956—2018年多年均值的3.3倍;2015年年输沙量(0.55亿t)最小,仅占多年均值的6%。对比各年代均值,阶梯状下降趋势明显(见图5),从20世纪六七十年代的13亿~14亿t降至八九十年代的8亿t左右,2000—2018年多年均值仅2.5亿t,占多年系列均值的27.5%。

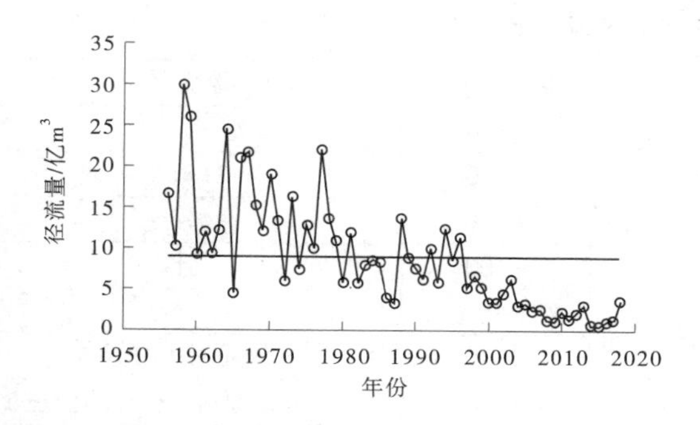

图4　黄河潼关站1956—2018年系列年输沙量过程线

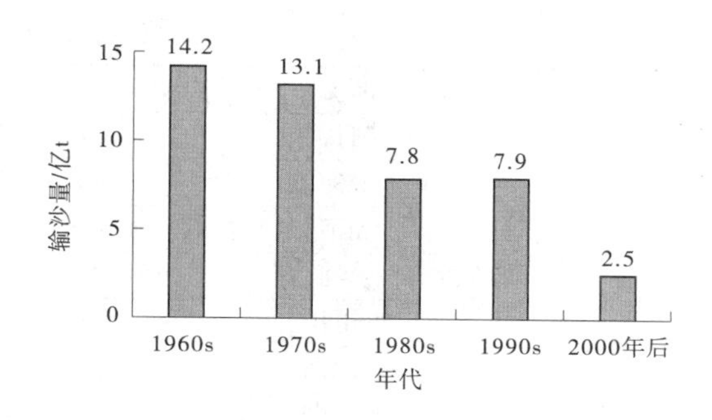

图5　黄河潼关站不同年代年输沙量

细化到区间单元,84个区间单元中有81个呈减少趋势,平均减幅83%。减幅最大区域集中在黄河中游河龙区间、汾河河津—义棠区间、泾河景村—雨落坪—杨家坪区间等;庄浪河红崖子以上年输沙量变化不大;年输沙量增加的区域有两个,分别是鸣沙洲和北洛河的交口河—刘家河—张村驿区间。分区域来看:

(1)黄河上游18个区间单元中,16个呈减少趋势。其中,减少最多的是洮河李家村以上,减幅93.5%;变化不大的区间单元有1个,为庄浪河的红崖子以上;输沙量增加的区间单元有1个,为宁夏河段的鸣沙洲,增幅26.4%。

(2)河龙区间38个区间单元全部为减少趋势,平均减幅90.1%。减少最多的为窟野河温家川—神木区间、皇甫川的皇甫—沙圪堵区间、州川河吉县以上以及窟野河王道恒塔以上,减幅均接近100%;减少最少的为汾川河的临镇以上,减幅17.3%。

(3)泾洛渭河流域25个区间单元中,24个呈减少趋势,平均减幅75.5%。减少最多的为泾河景村—雨落坪—杨家坪—张河区间和渭河干流咸阳—社棠—北道区间、泾河杨家坪—泾川—红河—毛家河区间,减幅接近100%。减少最少的为泾河支流黑河的张河以上区间,减幅12.8%。呈增加趋势的单元1个,为北洛河的交口河—刘家河—张村驿区间,增幅261%。

(4)汾河流域3个区间单元年输沙量均为减少趋势,减幅分别为近100%、99.99%和90.4%。

黄河流域潼关以上现状年与基准年输沙量变化对比见图6。

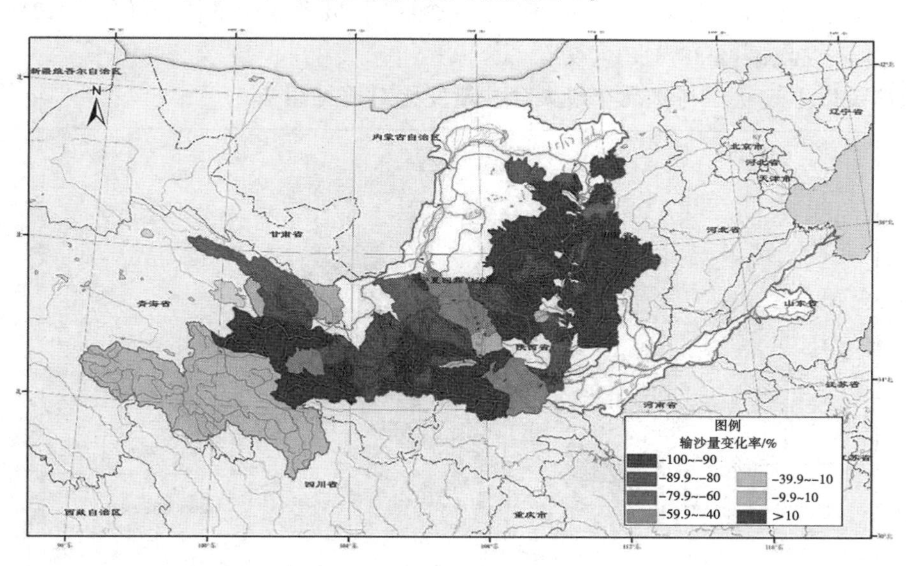

图6　黄河流域潼关以上现状年与基准年输沙量变化对比

从地貌类型来看,年输沙量减幅最多的区间单元均为黄土丘陵区,属于水土流失比较严重的地区;年输沙量变化不大或者增多的区间单元,地貌类型以土石山区和草原区为主,见表6。

表 6　输沙量变化典型区间单元对应地貌类型

变化类型	河流	区间	变化率/%	地貌类型
年输沙量减幅最多区间单元	窟野河	温家川—神木	-100	丘 1
	汾河	河津—义棠	-100	丘 2+黄土阶地
	泾河	景村—雨落坪—杨家坪—张河	-100	丘 1
	汾河	兰村以上	-100	丘 2
	皇甫川	皇甫—沙圪堵	-99.9	丘 1
年输沙量变化不大或增大区间单元	庄浪河	红崖子	7.9	土石山区+丘 5
	鸣沙洲	鸣沙洲	26.4	干旱草原区+上游部分丘 1
	北洛河干流	刘家河—交口河	261.2	黄土高原沟壑区+黄土丘陵林区

3.4　最大含沙量变化

年最大含沙量变幅整体上小于输沙量。84 个区间单元中有 74 个呈减少趋势，平均减幅 62.8%。减少最多的区域集中在河龙区间的窟野河、仕望川、州川河及洮河李家村以上等；变化不大（变幅在-10%～10%）的区间单元有 8 个，大部分位于泾河、清水河及唐乃亥—小川区间；呈增加趋势的区间有 2 个，位于庄浪河红崖子以上及北洛河支流葫芦河的张村驿以上，平均增幅 23.2%。分区域来看：

（1）黄河上游 18 个区间单元中，现状年与基准年相比，13 个呈减少趋势。其中减少最多的是洮河李家村以上，减幅 95%，减少最少的为祖厉河靖远—郭城驿区间，减幅 10%；最大含沙量变化不大的区间单元有 4 个，为黄河干流小川—唐乃亥区间、清水河及干流兰州—青铜峡区间；最大含沙量增加的区间单元有 1 个，为庄浪河红崖子以上，增幅 18.1%。

（2）河龙区间 38 个区间单元全部为减少趋势，平均减幅 72%。减少最多的为窟野河流域、州川河吉县以上及仕望川，减幅均在 90%以上；减少最少的为小理河的李家河以上，减幅 23.6%。

（3）泾洛渭河流域 25 个区间单元中，20 个呈减少趋势，平均减幅 47.2%。减少最多的为北洛河志丹以上和渭河干流咸阳—社棠—北道区间，减幅都在 85%以上。减少最少的为马莲河支流柔远川的贾桥以上，减幅 13.8%。变化不大的单元有 4 个，均位于泾河支流马莲河。呈增加趋势的单元有 1 个，为北洛河支流葫芦河的张村驿以上，增幅 28.3%。

（4）汾河流域由于受资料限制，只有河津以上一个区间，最大含沙量从基准年的 121.7 kg/m^3，减少至现状年的 14.4 kg/m^3，减幅 88.1%。

黄河流域潼关以上现状年与基准年最大含沙量变化对比见图 7。

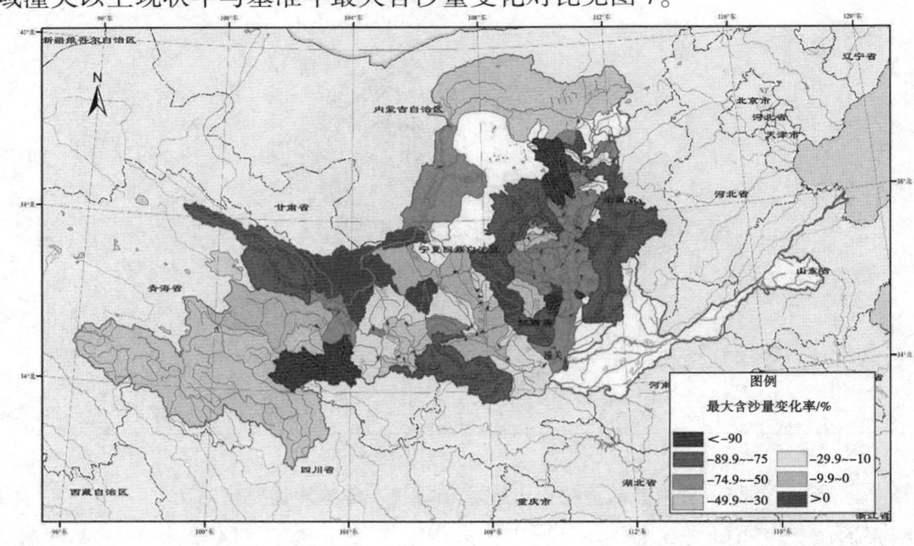

图 7　黄河流域潼关以上现状年与基准年最大含沙量变化对比

4 结论

（1）黄河流域潼关以上年径流量、输沙量和最大含沙量年际变化均呈递减趋势，且年输沙量的减少幅度远大于径流量和最大含沙量。84 个区间单元中，有 81 个区间单元年输沙量呈减少趋势，平均减幅 83%。

（2）汛期径流量占比不高，为 40%～60%。其中，7—10 月的汛期径流量占全年径流量的比重在 43%～62%，7—8 月的主汛期占比在 19%～38%。

（3）黄河上游相比于河龙区间、汾河及泾洛渭河，各水文要素变化幅度较小。如径流量呈减少趋势的区间单元占比为 44%，河龙区间、汾河及泾洛渭河全部为 100%。

（4）黄河中游河龙区间为黄河流域多年平均径流量减幅最大的区域，39 个小区间单元中，现状年与基准年相比，全部为减少的趋势，平均减幅为 51.7%。黄河上游整体变化不大。

（5）来水量、来沙量减幅最多的区间单元地貌类型主要为黄土丘陵区，而变化不大或者增多的区间单元地貌类型以土石山区、草原区为主。

参考文献

[1] 姚文艺，徐建华，冉大川，等. 黄河流域水沙变化情势分析与评价[M]. 郑州：黄河水利出版社，2011.

[2] 冉大川，左仲国，吴永红，等. 黄河中游近期水沙变化对人类活动的响应[M]. 北京：科学出版社，2012.

[3] 许炯心. 黄河中游多沙粗沙区 1997—2007 年的水沙变化趋势及其成因[J]. 水土保持学报，2010，24（1）：1-7.

[4] 姚文艺，高亚军，安催花，等. 百年尺度黄河上中游水沙变化趋势分析[J]. 水利水电科技进展，2015，35（5）：112-120.

[5] 徐建华，李晓宇，陈建军，等. 黄河中游河口镇至龙门区间水利水保工程对暴雨洪水泥沙影响研究[M]. 郑州：黄河水利出版社，2009.

[6] 刘晓燕，李晓宇，党素珍. 黄河主要产沙区近年降水变化的空间格局[J]. 水利学报，2016，47（4）：463-471.

[7] 李晓宇，刘晓燕，李焯. 黄河主要产沙区近年降雨及下垫面变化对入黄沙量的影响[J]. 水利学报，2016，47（10）：1253-1268.

[8] 刘晓燕，等. 黄河近年水沙锐减成因[M]. 北京：科学出版社，2016.

[9] 康俊，孙佳，程炳岩. 基于 ArcHydro Tools 的涪江流域特征自动提取分析[J]. 西南师范大学学报，2017，42（6）：83-87.

[10] 曾红伟，李丽娟，柳玉梅，等. ArcHydro Tools 及多源 DEM 提取河网与精度分析——以洮儿河流域为例[J]. 地球信息科学学报，2011，13（1）：22-31.

高含沙河流坝前泥沙淤积及其影响研究进展

李潇旋　宋修昌

（1. 黄河勘测规划设计研究院有限公司，河南郑州　450003；
2. 水利部黄河流域水治理与水安全重点实验室（筹），河南郑州　450003）

摘　要：高含沙河流中修建的水库，往往存在严重的泥沙淤积现象，并带来以下问题：减小了水库的调节库容，影响综合效益的发挥；淤积上延抬高了尾水位，增大了水库的淹没损失；粗颗粒的泥沙会对水轮机造成磨损，引起拦污栅的堵塞；淤积的泥沙增大了坝前的淤沙压力，影响枢纽的安全运行等。本文对高含沙河流中坝前泥沙淤积特性及其影响研究的现状和成果进行了全面综述，主要包括泥沙淤积固结特性、淤沙压力的影响因素和计算、泥沙淤积对坝体的影响三个方面。现有的研究不足主要体现在：黏性泥沙不同淤积阶段的淤积固结作用机制的理论薄弱；淤沙压力与淤积厚度和淤积历时的关系尚不明确，且影响因素复杂；淤沙压力对不同的坝形在应力变形和渗流方面的影响认识不足。今后仍需要深化基础理论研究，加强试验和监测能力，提高数值模拟的精度，力争对坝前泥沙淤积特性及其影响有更进一步的认识，为相关工程结构设计提供有力支撑。

关键词：高含沙河流；泥沙；淤积；淤沙压力；应力变形

我国水库大部分兴建于新中国成立后，虽运行时间不长，但因多沙水流的存在，水库淤积问题比较严重。我国七大江河的年输沙量高达23亿t，特别是西北、华北地区的一些河流，含沙量非常高[1]。黄河流域的中游地区，特别是河口镇至龙门区间，多年平均径流量63亿m^3，年均输沙量为7.93亿t，平均含沙量126 kg/m^3；龙门至三门峡区间，多年平均径流量为94亿m^3，年均输沙量为4.29亿t，平均含沙量46 kg/m^3，因此黄河流域的水库，如刘家峡水库、青铜峡水库、三门峡水库、巴家嘴水库等淤积情况非常严重[2]。1990—1992年黄河流域进行了一次全流域的水库泥沙淤积调查，至1989年全流域共有小(1)型以上水库601座，总库容522.5亿m^3，已淤损库容109.0亿m^3，占总库容的21%；其中干流水库淤积79.9亿m^3，占其总库容的19%；支流水库淤积29.1亿m^3，占其总库容的26%[3]。

水库淤积主要引发以下问题[4-5]：兴利库容和防洪库容不断损失，防洪、发电、通航、灌溉以及养殖等效益的发挥大受限制，导致水库综合效益降低；泥沙淤积加大了水库的坡降，使库内水位不断抬高，因而使回水和它引起的再淤积不断上延，即出现水库淤积“翘尾巴”现象；在变动回水区，由于淤积改变了河势，随着水位的下降，冲刷不断向下游发展，当水位下降快、河底冲刷慢时，就会出现航深不够的现象；坝前泥沙会进入坝体建筑物，包括船闸和引航道、水轮机进口、渠道引水口等，引起水轮机磨损，造成拦污栅堵塞，从而增大停机抢修风险；水库蓄水后，由于库内淤积下泄含沙量常常很低，引起下游河道长距离冲刷，水位逐渐降低，河势有所改变，河型也可能发生变化；由于悬移质泥沙表面常吸附大量污染物质，泥沙淤积后污染物质则在库内积累，会加重水库污染。

因此，对水库淤积的相关问题进行深入研究是摆在水库泥沙工作者面前非常重要的课题。多年来，我国泥沙工作者在系统性泥沙淤积观测的基础上，对水库淤积相关内容进行了深入研究，取得了一系列成果。但由于泥沙的运动非常复杂，水库淤积的影响因素也比较多，目前对很多内容研究还不够精细

基金项目：中国博士后科学基金项目（2021M701375）；中国保护黄河基金重点资助项目（2021YF013）。
作者简介：李潇旋（1990—），男，博士后，工程师，主要研究方向为水工结构计算。

化。本文就水库淤积的成因及淤积固结特性、淤沙压力的影响因素和计算、泥沙淤积对坝体的影响等方面进行综述,分析不足并提出未来的重点研究方向。

1 水库泥沙淤积固结特性

1.1 水库泥沙淤积成因

天然河流在长期流动过程中,与河床相互作用处于相对冲淤平衡状态。修建高坝大库后,抬高了侵蚀基准面,坝前水位升高,增大了过水面积,流速减缓,降低了水流挟沙能力,破坏了冲淤平衡状态,导致泥沙在坝前库区逐步落淤。水库泥沙淤积在库区形成新的河床,与水沙不断进行相互作用,直至新河床使上游来水来沙全部输送到下游,库区泥沙淤积基本完成[6-7]。

1.2 水库泥沙淤积形态与特征

库区泥沙淤积完成后会形成淤积体,其形态复杂多样,与入库水沙条件、河床边界条件和水库运行方式等因素密切相关。淤积形态又将显著地影响库区泥沙的运移和落淤,最终在排沙情况、淤积部位和库容损失等方面具有不同的特征[8-10]。

水库淤积体纵剖面形态主要包括三角洲淤积形态、锥体淤积形态和带状淤积形态。三角洲淤积形态主要出现在坝前水位稳定、库容较大和水位变化较小的水库中,根据沿程淤积物级配变化特点,淤积区可划分为坝前淤积段、异重流淤积段、三角洲前坡段、三角洲顶坡段和三角洲尾坡段[11-12]。锥体淤积形态主要出现在低水头水利枢纽和高含沙河流上的中大型水库中,其淤积厚度自上而下沿程递增,至坝前达到最大厚度,淤积过程大致平行抬高,三角洲淤积最终发展为锥体淤积形态[13-14]。带状淤积形态是指淤积物沿程分布较为均匀,一般发生在少沙河流上,可分为变动回水区、常年回水区行水段和常年回水区静水段[15]。

水库淤积体在横断面上的形态也具有一定的特点,单纯淤积状态下主要有淤槽为主、等厚淤积、淤滩为主和淤积面水平抬高四种。冲淤交替后会形成一个有滩有槽的复式断面。

1.3 水库泥沙淤积固结特性

1.3.1 高含沙水流

多沙水流是指水流中的含沙量很高,而高含沙水流是黄河泥沙的特有现象。钱宁[16]认为高含沙水流必须有一定含量的细粉砂及黏土作骨架,含沙量增大后,泥沙沉速大幅度降低,将日平均含沙量大于100 kg/m^3 作为高含沙水流含沙量的下限。张瑞瑾[17]认为高含沙水流的特点是水流的含沙量大于200~300 kg/m^3、细泥沙含量大于5 kg/m^3,并可以在悬浮质中产生凝絮现象。高含沙水流的容重、流变性质及黏性、沉降特性和沉速等都与普通含沙水流不同。刘建军[18]认为细颗粒含量在200~300 kg/m^3 以上,与水组成三维网架结构的基本悬浮液的非牛顿体,才是高含沙水流。

1.3.2 异重流

当多沙河流洪水进库后,粗颗粒泥沙沉降淤积,细颗粒泥沙被水流带往下游,与库内清水存在密度差和压力差,潜入库底形成异重流[19]。水库异重流包括产生、运动、淤积和排沙4个方面。20世纪50年代初,我国开始对异重流进行研究。三门峡、巴家嘴、汾河、刘家峡等大型水库兴建好后均开始了异重流的观测工作,积累了大量的观测资料[20]。范家骅等[21]于20世纪50年代对官厅水库的异重流观测和室内试验进行了较深入的研究,针对异重流从产生到排沙的全过程进行了详细的描述,给出了异重流的潜入条件及异重流排沙和孔口出流的计算方法。韩其为等[22]认为因阻力作用,只有某一时段的异重流可以流动到坝前,并给出了流量、含沙量和泥沙组成沿程变化规律。

1.3.3 泥沙颗粒的物理化学性质

根据粒径大小,通常将泥沙分为黏土(<4 μm)、粉沙(4~62 μm)和沙(>62 μm)三大类。黏性泥沙是指主要由黏土和粉沙、少量非黏性的细沙、有机物以及水等组成的复杂混合物,其中黏土含量超过5%~10%。因此,黏性泥沙比表面积大,质量轻,表面存在一定的物理化学作用[23-24]。钱宁等[25]揭示了泥沙颗粒表面双电层的产生机制,颗粒表面的负电荷吸引了异号离子,同时也吸引了水分子,导致水分子丧失自由能而整齐地排列在颗粒表面。因为双电层和吸附水膜的存在,颗粒表面主要有范德华力、库仑力、黏聚力、毛细压力等作用力。

黏性泥沙表面的相互作用力使泥沙颗粒连接在一起,形成凝絮体。高含沙河流中绝大部分黏性泥沙都是以凝絮体的形式运动。因此,絮凝过程会影响和改变黏性泥沙的淤积固结过程[26-27]。文献[28-31]对絮团特性进行了研究,认为其主要特性包括粒径、形状、有效密度和沉降速度等,同时对絮凝作用的影响因素进行了探索,认为主要有泥沙颗粒组成和性质、水体紊动剪切、悬沙浓度、盐度、有机物、絮凝时间、水体酸碱度、絮凝历史等,这些因素主要通过颗粒碰撞频率、颗粒间相互黏结能力和絮团分散频率等方面影响着絮团特性。

1.3.4 淤积固结特性

黏性泥沙落淤后,水分逐渐排出,泥沙逐渐固结密实,该过程可持续很长时间。不同时刻淤积物的黏聚力、密度和抗剪强度也不同。在固结过程中,虽然黏性颗粒含量一定,随着孔隙水的排出,干容重越来越大,黏聚力也越来越大,淤积物愈难冲刷[32-33]。王果庭[34]从胶体化学的角度分析了固结过程,认为黏性颗粒在水流中初始的浑浊液是一种不稳定体系,需要不断减小颗粒表面的自由能来达到相对稳定的状态,最终重力势能和表面自由能之和达到最小。王军等[35]认为宏观角度上,淤积固结过程是骨架密实和孔隙水排出的过程,微观上是淤积体内部物理化学作用,受颗粒级配、矿物组成、水环境条件等多种因素影响。蒋磊[36]认为水库泥沙的淤积过程主要包含水库淤积物的组成特征和干容重的分布特征,淤积物的组成特征主要取决于来水来沙性质和水库运用方式,干容重是影响水库淤积物起动和冲刷的重要因素。

2 淤沙压力的影响因素和计算

2.1 水库淤积计算

水库淤积计算是水库淤积及泥沙研究的重要内容,其计算结果对水库调用方式和枢纽结构的设计有重要影响。计算方法通常有经验法、形态法和数值模拟法[37-40],计算结果通常分为三类:①只估算水库总淤量及其变化过程,韩其为[4]曾利用不平衡输沙理论导出了一个较为通用的出库含沙量关系;②经过对水库淤积规律的研究,得出各种参数的直接计算方法,比较典型的是对于三角洲淤积体的水库;③采用河流动力学的有关方程和方法构造模型,分时段、分河段求解,又称为河流动力学数学模型。

2.2 淤积高程

坝前泥沙淤积高程是水利枢纽工程设计中考虑淤沙压力荷载的重要参数。为了对泥沙淤积速度和水库库容进行量化分析,以正常蓄水位以下库容 V 和多年平均入库沙量 W 的比值库沙比 $K(K=V/W)$ 来作为判断是否考虑淤沙荷载的依据。$K<30$ 时,来沙量大而库容小,淤积速度快,库容损失率大,30 a 内或更短时间水库淤积平衡,此时采用 100 a 的来沙量作为坝前淤沙高程的设计依据,淤积计算年限取水库淤积平衡年限;$30<K<100$ 时,泥沙淤积有一定程度的减轻,计算年限和淤积高程取 50~100 a;$K>100$ 时,属于少沙河流中的水库,泥沙淤积极少,可不考虑泥沙问题。杨赉斐[41-42]认为除了考虑库沙比外,工程排沙设施、水库运行方式、水库形状、淤积形式等因素是确定坝前泥沙淤积高程的主要依据,同时给出了坝前泥沙淤积高程设计标准与工程设计基准期的关系。

2.3 淤积历时

淤积历时反映了淤积物不同淤积固结阶段的干密度等特性,一般认为淤积物干容重会随着淤积历时的增加而逐渐趋于密实。Lane 等[43]最先给出了淤积物密实过程中干密度随时间变化的经验计算公式。方宗岱等[44]通过研究认为,淤积物干密度与时间的关系仅仅在初期较短时间内,密实度随时间迅速增加,经过一定时间后,干密度的变化甚微。韩其为[45]根据饱水土压密理论研究了水库淤积物的密实问题,得到了包括淤积物固结密实和干密度分布及随时间变化的一系列成果。张耀哲等[46]认为淤积密实过程的干密度应与初始干密度、稳定干密度、淤积年限及淤积物粒径等有关,并推导出淤积过程的干密度等于其初始干密度加上稳定干密度与初始干密度之差值与时间衰减函数的乘积。

2.4 淤沙干容重

淤沙干容重是反映淤沙物理力学特性的一个非常重要的指标。影响淤沙干容重取值的因素比较复杂，师长兴等[47]认为淤沙干容重与粒径级配、淤积时间、淤积高程、堆放环境、渗透率等因素有关。张耀哲等[46]通过对水库实测干容重资料进行分析发现，库区淤积物平均干容重沿程呈现减小的变化趋势，横向分布呈现两岸大、中间小的特征，沿高程垂线方向上呈现自上而下逐渐增大的非连续变化的规律，这是水库周期性淤积导致了泥沙颗粒的分级，从而形成了不均匀的层次，淤积深度越大，干容重值越趋于稳定。计算方法上，Lara 等[48]收集了 1 300 多组水库淤积物干密度的资料，并采用回归分析求得了混合沙淤积物的初期干密度的计算公式。《泥沙手册》[49]先引入初期干容重的经验值，再考虑具有这种初期干容重的淤积物的密实过程，并据此给出了初期干容重和稳定干容重的计算公式。韩其为等[50]给出一种淤积物干容重的近似分布结果，它能同时描述干容重随淤积年限与沿淤积厚度的变化，并给出了相关参数在不同条件下的取值范围，用连云港淤积物干容重测量资料进行了验证。浦承松等[51]根据实测资料分析认为干密度与中值粒径大小有关，泥沙粒径越细，受其影响也越大。当中值粒径大于 5 mm 后，其对泥沙干密度的影响已经可以忽略。王兵等[52]收集了淤积物中值粒径与干密度的变化关系成果，结果表明淤积物的干密度随粒径增加而增加，但在中值粒径大于 1 mm 以后，淤积物的干密度随粒径的增加变化很小。

2.5 淤沙压力计算公式

有关淤沙压力的计算公式的研究目前还不多见。《水工建筑物荷载设计规范》(SL 744—2016)中，淤沙压力采用主动土压力公式，且仅将淤沙容重和摩擦角作为定值代入，没有考虑黏性颗粒的影响。该规范同时规定淤沙的浮容重和内摩擦角，可参照类似工程的实测资料分析确定，对于淤沙严重的工程宜通过试验确定。陈一明等[53-54]首次对坝前泥沙压力在淤积固结作用下的变化规律进行了分析研究，通过模型试验并在理论分析的基础上分析了坝前泥沙淤积固结机制及相应泥沙压力，得到了坝前泥沙饱和容重随时间的变化规律及最终的稳定趋势。尹志等[55-56]通过对长达 250 d 泥沙淤积固结条件下泥沙压力模型试验结果分析，研究了泥沙压力与淤积历时、泥沙干容重、粒径之间的变化关系，并建立了泥沙压力理论变化公式。

3 泥沙淤积对水利枢纽的影响

根据前述，目前对泥沙淤积不利影响的研究主要集中在减小水库的调节库容、增大水库的淹没损失、粗颗粒的泥沙会对水轮机造成磨损，引起拦污栅堵塞、增大坝前淤沙压力、影响枢纽的安全运行等，泥沙淤积对坝体本身的应力场和渗流场的影响研究甚少。泥沙淤积后在坝前产生的淤沙压力会影响坝体的稳定性，淤积的泥沙又会影响坝体和坝基的渗透性，必须引起重视。

3.1 土石坝

王志华等[57-58]通过研究得出，在高含沙河流上修建中小型土石坝时，当坝基覆盖层深厚、缺乏采用垂直防渗设施的条件时，坝前泥沙淤积作为一种良好的防渗手段，不但能起到防渗效果，而且能够降低工程造价。但是随着泥沙高度的增加，坝体的位移与应力都有所增加，因此运用泥沙淤积作为防渗手段时，应该考虑泥沙对应力场的影响。对于高含沙河流上的中小型水利工程，泥沙淤积作为防渗手段有一定的适用条件：水库建成之后在没有泥沙淤积的情况下，坝体与坝基都不会发生渗透破坏，拦河坝能够安全运行；高含沙河流上的泥沙为细沙，保证淤积泥沙有足够小的渗透系数。

3.2 重力坝

杜修力等[59-60]将淤沙层模拟液固两相介质，采用不同的计算模型进行了淤沙对重力坝地震反应影响的研究，结果表明饱和淤沙层对地震反应影响较小，非饱和淤沙层对坝体地震的影响非常明显。闫毅志等[61-62]推导了饱和多孔液固两相介质的压力波动方程，并分析了淤沙层厚度和参数对混凝土坝面的地震响应影响，结果表明淤沙能够降低坝面动水压力，减小混凝土坝对地震的响应。熊长鑫等[63-64]严格考虑了坝体、库水、淤沙、地基间的相互作用，将淤沙视作固液两相介质，考虑淤沙饱和度，地基为弹性介质,用有限元法在平面内分析了重力坝坝顶位移和坝踵拉应力为随时间的响应过程。

3.3 拱坝

王进廷等[65]、杜修力等[66]分别从库底淤沙层为饱和重流体和非饱和重流体这两个角度,来分析坝体—库水可压缩性—地基间的动力相互作用,并成功地对小湾拱坝进行了实例分析。王进廷等[67]提出一种拱坝—可压缩库水—地基系统地震波动反应的时域显式分析方法。刘晓嫚[68]依托构建的坝体—库水—淤沙—地基耦合模型,深入研究了单向输入地震波斜入射对拱坝系统的影响,并对双向地震激励下的拱坝地震响应进行了探讨和研究。

4 展望

本文在前人研究的基础上对坝前泥沙淤积特性及其影响研究进行了全面综述,主要包括泥沙淤积固结特性、淤沙压力的计算、泥沙淤积对坝体的影响三方面。泥沙淤积固结特性方面研究较为深入且形成了较为一致的认识,但是对厚淤沙条件下淤积物的特性研究还不多,在淤沙压力的计算方面还未形成共识,在泥沙淤积对坝体的影响方面认识还不够。随着淤积厚度的逐渐增大,淤沙的影响越来越大,因此未来有必要对以下问题进行深入研究:

(1)厚淤沙条件下淤积物的物理力学特性。通过深层淤积物的物性试验,结合坝体本身的尺寸、来水来沙条件,对厚淤沙的概念进行界定,指出厚淤沙与正常淤沙之间的区别和联系。

(2)厚淤沙条件淤沙压力的计算模型。通过在坝前埋设大量的应力传感器,长历时监测不同淤沙深度的淤沙压力,通过拟合分析提出考虑淤积厚度和淤积历时的厚淤沙压力计算模型,并借助模型试验进行验证。

(3)厚淤沙条件淤沙对坝体的影响。现场监测和数值模拟相结合,对厚淤沙对坝体的应力、变形和渗流特性进行深入的研究和分析,以精确评估厚淤沙对坝体的影响。

参考文献

[1] 韩其为, 杨小庆. 我国水库泥沙淤积研究综述[J]. 中国水利水电科学研究院学报, 2003, 1(3): 5-14.
[2] 焦恩泽. 黄河水库泥沙[M]. 郑州: 黄河水利出版社, 2004.
[3] 张金良. 黄河水库水沙联合调度问题研究[D]. 天津:天津大学,2004.
[4] 韩其为. 水库淤积[M]. 北京: 科学出版社, 2003.
[5] 胡春宏, 周文浩. 中国水科院十多年来泥沙研究综述[J]. 泥沙研究, 1999(6): 12-16.
[6] 胡春宏. 从三门峡到三峡我国工程泥沙学科的发展与思考[J]. 泥沙研究, 2019, 44(2): 1-10.
[7] 郭庆超, 曹文洪, 陈建国, 等. 河流泥沙学科几个方面发展跟踪[J]. 中国水利水电科学研究院学报, 2009(2): 294-300.
[8] 王延贵, 胡春宏. 官厅水库淤积特点及拦门沙整治措施[J]. 泥沙研究, 2003, 28(6): 25-30.
[9] 陈建. 水库调度方式与水库泥沙淤积关系研究[D]. 武汉:武汉大学, 2007.
[10] 叶辉辉, 高学平, 贠振星, 等. 水库调度运行方式对水库泥沙淤积的影响[J]. 长江科学院院报, 2015, 32(1): 1-5,10.
[11] 愈维升, 李鸿源. 水库三角洲河道输沙之研究[J]. 泥沙研究, 1999(3):8-16.
[12] 韩其为. 论水库的三角洲淤积(一)[J]. 湖泊科学, 1995(2): 107-118.
[13] 假冬冬, 江恩慧, 王远见, 等. 小浪底水库水沙调控对淤积形态影响的数值模拟[J]. 人民黄河, 2022, 44(2): 32-35,44.
[14] 韩其为, 沈锡琪. 水库的锥体淤积及库容淤积过程和壅水排沙关系[J]. 泥沙研究, 1984(2): 33-51.
[15] 赵克玉, 王小艳. 水库纵向淤积形态分类研究[J]. 水土保持研究, 2005(1):186-188.
[16] 钱宁, 高含沙水流运动[M]. 北京: 清华大学出版社, 1989.
[17] 张瑞瑾. 河流泥沙动力学[M]. 北京:中国水利水电出版社, 1988.
[18] 刘建军. 明渠高含沙水流的两个重要特性研究[J]. 水利学报,1995(12): 54-58.

[19] 范家骅，吴德一，沈受百，等. 浑水异重流的实验研究与应用[C]//河流泥沙国际学术讨论会论文集第一卷，北京：光华出版社，1980：227-236.
[20] 曹如轩，任晓枫，卢文新. 高含沙异重流的形成与持续条件分析[J]. 泥沙研究，1984(2)：1-10.
[21] 范家骅，焦恩泽. 官厅水库异重流初步分析[J]. 泥沙研究. 1958(3)：34-53.
[22] 韩其为，向熙珑. 异重流的输沙规律[J]. 人民长江，1981(4)：76-81.
[23] 曹辉，张继顺，董先勇，等. 白鹤滩水电站泥沙特性研究[J]. 人民长江，2018，49(23)：16-20.
[24] 李长征，杨勇，王锐，等. 黄河库区淤积泥沙特性的声学参数反演[J]. 应用地球物理，2018，15(1)：78-90,149.
[25] 钱宁，万兆惠. 泥沙运动力学[M]. 北京：学科出版社，2003.
[26] 郭超，何青. 长江中下游洪枯季泥沙絮凝研究[J]. 泥沙研究，2014(5)：59-64.
[27] 郭超，何青，郭磊城，等. 紊动对黏性细颗粒泥沙絮凝沉降影响的试验研究[J]. 泥沙研究，2019，44(2)：18-25.
[28] 张乃予，周晶晶，王捷. 泥沙絮团结构的试验研究综述[J]. 泥沙研究，2016(1)：76-80.
[29] 张志忠. 长江口细颗粒泥沙基本特性研究[J]. 泥沙研究，1996(1)：67-73.
[30] 赵慧明，汤立群，王崇浩，等. 生物絮凝泥沙的絮凝结构实验分析[J]. 泥沙研究，2014(6)：12-18.
[31] 陈洪松，邵明安. 有机质对细颗粒泥沙静水絮凝沉降特性的影响[J]. 泥沙研究，2001(3)：35-39.
[32] 殷宗泽. 土体沉降与固结[M]. 北京：中国电力出版社，1998.
[33] 姚仰平. 土力学[M]. 北京：高等教育出版社，2004.
[34] 王果庭. 胶体稳定性[M]. 北京：科学出版社，1990.
[35] 王军，谈广鸣，舒彩文. 淤积固结条件下粘性细泥沙起动冲刷研究综述[J]. 泥沙研究，2008(3)：75-80.
[36] 蒋磊. 淤积固结后粘性泥沙冲刷运动规律试验研究[D]. 武汉：武汉大学，2012.
[37] 张威. 水库三角洲淤积及其近似计算[J]. 人民长江，1964(2)：39-45.
[38] 陈景梁，付国岩，赵克玉. 浑水水库排沙的数学模型及物理模型试验研究[J]. 泥沙研究，1988(1)：77-86.
[39] 焦恩泽，林斌文. 水库淤积的简化估算方法[J]. 人民黄河，1982(1)：9-15.
[40] 张启舜，张振秋. 水库冲淤形态及其过程的计算[J]. 泥沙研究，1982(1)：1-13.
[41] 杨赉斐. 坝前泥沙淤积高程分析研究[J]. 西北水电，1995(3)：1-6,18.
[42] 杨赉斐. 青铜峡枢纽泥沙设计中若干问题的研究[J]. 西北水电技术，1982(1)：33-44.
[43] Lane E W，Koelzer V A. Density of Sediments Deposited in Reservoirs[C]//Report No. 9，A Study of Methods Used in Measurements and Analysis of Sediment Loads in Streams，Hydraulic Laboratory. University of Iowa City，Iowa，1943.
[44] 方宗岱，尹学良. 水库淤积物干密度资料分析[J]. 泥沙研究，1958(3)：45-51.
[45] 韩其为. 泥沙淤积物干密度的分布及其应用[J]. 泥沙研究，1997(2)：10-16.
[46] 张耀哲，王敬昌. 水库淤积泥沙干容重分布规律及其计算方法的研究[J]. 泥沙研究，2004(3)：54-58.
[47] 师长兴，章典，尤联元，等. 黄河口泥沙淤积估算问题和方法——以钓口河亚三角洲为例[J]. 地理研究，2003，22(1)：49-59.
[48] Lara J M，Pemberton E L. Initial unit weight of deposited sediments[C]//Proceedings of the Federal Inter-Agency Sedimentation Conference，1963. U. S. Dep. Agr. Misc. Publ.，970，818-845，1965.
[49] 中国水利学会泥沙专业委员会. 泥沙手册[M]. 北京：中国环境科学出版社，1992.
[50] 韩其为，王玉成，向熙珑. 淤积物的初期干密度[J]. 泥沙研究，1981(1)：1-13.
[51] 浦承松，梅伟，朱宝土，等. 非均匀沙干密度计算方法的探讨[J]. 武汉大学学报(工学版)，2010，43(3)：320-324.
[52] 王兵，詹磊，殷俊，等. 泥沙干密度的预测计算[J]. 水道港口，2010，31(5)：352-356.
[53] 陈一明，谈广鸣. 淤积固结条件下坝前泥沙压力对坝体影响的试验[J]. 武汉大学学报(工学版)，2014，47(2)：145-148，176.
[54] 陈一明. 水库淤积物固结作用及其对坝体的影响分析[D]. 武汉：武汉大学，2015.
[55] 尹志，卢婧，王濂. 淤积固结条件下坝前泥沙压力试验研究[J]. 建筑技术开发，2017，44(19)：8-9.
[56] 尹志. 淤积固结条件下坝前泥沙压力试验研究[D]. 武汉：武汉大学，2010.
[57] 王志华. 泥沙淤积对中小型土石坝渗流场与应力场的影响[D]. 杨凌：西北农林科技大学，2009.
[58] 王志华，辛全才，刘应雷，等. 泥沙淤积对中小型土石坝渗流的影响[J]. 人民黄河，2009，31(1)：85-86.
[59] 杜修力，王进廷，张楚汉. 淤积泥沙对垂直地运动作用时刚性坝面动压力的影响研究[J]. 水利学报，2003(2)：66-72.

[60] 杜修力,王进廷.拱坝—可压缩库水—地基地震波动反应分析方法[J].水利学报,2002(6):83-90.
[61] 闫毅志, 张燎军, 杨华舒, 等. 多孔介质淤沙对混凝土坝地震响应的影响分析[J]. 水电能源科学, 2012, 30(1): 54-56.
[62] 闫毅志, 张燎军, 魏述和, 等. 淤沙的塑性性质对混凝土坝地震反应的影响研究[J]. 水力发电学报, 2009, 28(5): 191-194.
[63] 熊长鑫. 库底淤沙对混凝土坝地震响应的影响研究[D].昆明:昆明理工大学, 2015.
[64] 熊长鑫, 闫毅志. 层状淤沙对混凝土重力坝地震响应的影响分析[J]. 水利水电技术, 2015, 46(3): 39-42,49.
[65] 王进廷, 杜修力, 张楚汉. 重力坝-库水-淤砂-地基系统动力分析的时域显式有限元模型[J]. 清华大学学报(自然科学版), 2003(8): 1112-1115.
[66] 杜修力, 王进廷, Hung. T. K. 淤砂对库水地震动水压力作用分析[J]. 科学通报, 2000(18): 2012-2016.
[67] 王进廷, 唐庆, 杜修力. 库底非饱和淤砂层对高拱坝地震反应的影响[J]. 水利水电科技进展, 2007(2):22-25.
[68] 刘晓嫚. 单双向地震波斜入射下拱坝-库水-淤沙-地基系统动力相互作用研究[D].昆明:昆明理工大学, 2020.

论黄河下游河道泥沙资源化利用途径

田洪国　张春元　齐　清

（聊城黄河河务局，山东聊城　252000）

摘　要：梳理了黄河下游泥沙来源及组成，黄河泥沙造陆情况，下游河道泥沙淤积与防洪安全。分析了当前黄河下游泥沙治理的具体措施、取得成效及局限性。提出了重点在淤改土地、输沙入田、建材利用三个方面泥沙资源化利用的新途径。通过实现黄河下游河道泥沙资源化利用，以期缓解黄河下游泥沙淤积问题。

关键词：黄河；泥沙；资源化；利用；途径

1　黄河下游河道泥沙现状

1.1　黄河下游泥沙的来源与组成

众所周知，黄河是世界上含沙量最大的河流，多年平均天然输沙量达 16 亿 t，多年平均天然含沙量 35 kg/m^3。黄河的泥沙与位于中游的黄土高原有着直接的联系。黄土高原位于我国的中北部，东西长近 1 000 km，南北宽 750 km，总面积达到 64 万 km^2，这个区域是世界上黄土分布最集中、覆盖面积最大的高原（占世界黄土分布的 70%），黄土厚度在 50～80 m，最厚达 150～180 m。

黄土高原是在风力吹扬搬运下，在干旱半干旱环境堆积的风成堆积物，由于特殊的地形、地貌，黄土高原极易发生水土流失。受风力输送和重力的影响，黄土高原的西部地区土壤以粉沙为主，土质比较松软，水的渗透性比较强，土壤的结合力不强，容易被水冲刷。加之地表径流沿黄土的垂直缝隙渗流到地下，由于可溶性矿物质和细粒土体被淋溶至深层，土体内形成空洞，上部的土体失去顶托而发生陷落，呈垂直洞穴，造成黄土高原洞穴侵蚀情况十分严重。于是，这个区域就形成了世界上水土流失最为严重、风沙产生量最高、生态环境极其脆弱的地区之一。黄河在流经黄土高原时带走大量的泥沙，成为世界上挟带黄土最多的河流。据统计，黄河中游产沙量占全部产沙量的 89%。

1.2　从资源角度看黄河泥沙与华北平原的关系

黄河泥沙本身并非有害，它对人类有利或有害，主要取决于其所堆积的位置和沉积的时间。从有利的方面来说，黄河泥沙是造就土地的重要力量。历史上，黄河不断进行着对上中游侵蚀切割，下游淤积造陆，且搬山造陆力度居世界所有河流首位。因为含沙量大，带来的黄土塑造了中国第二大平原——华北平原。华北平原又称黄淮海平原，是由黄河、海河、淮河、滦河等所挟带泥沙沉积的冲积平原，其中黄河是塑造华北平原的主力。华北平原北主要位于河南、河北两省，其地势低平，是我国最完整的平原，面积约 30 万 km^2。

本文从横向和纵向两个维度说明黄河泥沙的作用。从横向对比来看，在世界文明史中，古埃及文明的尼罗河流域与古巴比伦文明的两河流域居民只能集中生活在河流两岸的狭长地带，而黄河流域泥沙淤积出了华北地区，居民能够遍布整个华北平原。时至今日，位于黄河河口的垦利县每年新淤积土地达 2 万余亩，自 1855 年以来，总造陆面积超过 2 个香港的面积，沧海桑田在这里呈现。由于黄河带来的黄土疏松而又肥沃，十分适合农耕。相比之下，两河流域的土壤又干又硬，西欧与南欧的土壤则属于高度

作者简介：田洪国（1982—），男，高级经济师，研究方向为水利经济管理、防洪工程。

的黏土质。从纵向对比,我国第一大河长江年径流量约 9 513 亿 m^3,黄河年径流量约 535 亿 m^3,长江的天然年径流量是黄河的 18 倍,但淤积出的下游冲积平原仅 12.6 万 km^2,相当于黄河下游冲积平原的一半。所以,从有利的方面来看,黄河泥沙淤积出了的广阔国土,黄河水滋润了农耕文明,促进了中华文明的发展与延续,是中华民族当之无愧的母亲河。

1.3 黄河下游泥沙淤积与防洪安全

从不利因素来看,黄河下游泥沙的淤积造成了严峻的洪水威胁。受生产力、人口增长等多种条件局限,人们不允许黄河在天然条件下左右摆动游荡,于是历代治河大都采取了筑堤束水之策。当前黄河下游河道是清咸丰五年(1855 年)河南兰考铜瓦厢决堤后的河道。黄河自郑州桃花峪进入下游后河道变宽,坡度变缓,河水流速减慢,在两岸堤防的束缚下,河水挟带的泥沙沉积下来,使河床逐渐抬高。据已有资料统计,进入下游后 1/4 的泥沙淤积在河道,河床每年升高约 10 cm。目前,现状河床高出背河地面 4~6 m,是举世闻名的“地上悬河”。20 世纪 80 年代中期,受降雨较少、用水增加、水库调节、下游生产堤制约等因素影响,下游河道主槽泥沙淤积比例迅速扩大,陶城铺以上河段主槽淤积比例由以前的 30%增加至 70%,陶城铺以下河段 90%以上淤积在主槽,造成“槽高、滩低、堤根洼”的“二级悬河”,严重影响了防洪安全。“水少、沙多、水沙关系不协调”是黄河复杂难治的根本症结所在。

2 当前黄河下游泥沙治理的措施及局限性

2.1 当前黄河下游泥沙治理的主要措施

新中国成立以来,通过大量研究和实践及水利工程调节,我国逐步形成了“拦、排、调、放、挖”的黄河泥沙综合治理战略措施。“拦”,主要靠上中游地区的水土保持和干支流控制性工程拦减泥沙,无疑是为了减少进入下游的沙量。“排”是指尽可能多地将泥沙输送入海。“调”是利用干流骨干工程调节水沙过程,使之适应河道的输沙特性,以减少河道淤积或节省输沙水量。“放”主要是在下游两岸处理和利用一部分泥沙,将水沙放出。比如滩区放淤、放出堤外加固黄河大堤等。“挖”是一种局部的疏导措施,调整的泥沙量占总量的比例很小。当前,“放”“挖”是“拦”“排”“调” 处理泥沙主要措施的补充,属处理泥沙的辅助措施。通过水土保持减沙、骨干水库拦沙、小北干流放淤、挖河固堤等,减少了进入黄河下游的泥沙。尤其小浪底水利枢纽建成后,充分发挥“调”的优势,开展调水调沙,效果显著。据统计,自 2002 年至 2020 年,调水调沙使下游河道累计冲刷约 22 亿 t 泥沙,下游河道最小过流能力由 1 800 m^3/s 提高到 4 200 m^3/s,极大地提高了下游河道的过洪能力,打破了“河淤堤高”“人沙赛跑”的恶性循环。

2.2 当前黄河下游泥沙治理的局限性

一是水库泥沙淤积问题。黄河中游的众多水库,都承担着“截沙、拦沙、排沙”的重要使命。但是,水流在大坝拦阻作用下流速降低,泥沙很容易沉淀淤积。如果水库中泥沙淤积长期排不出或排出量很少,水库的使用寿命将缩短。建成多年的小浪底水库、万家寨水库,陆浑水库、故县水库、三门峡水库都面临需要减少泥沙淤积的问题。

二是输沙水量不足问题。黄河多年平均径流量 535 亿 m^3,仅占全国的 2%。其中被引用的水资源已超过 300 亿 m^3,超过总径流量的一半。随着经济社会的发展,工农业用水需求逐渐增大。当前满足工农业用水及生活用水本已捉襟见肘,为了维持黄河健康生命,必须确保生态用水需求。调水调沙需要人造洪峰,由于降雨因素和人类活动影响的加剧,黄河来水来沙量、汛期来水比例、汛期有利于输沙的大流量历时和水量明显减少,上游水库缺少冲沙水量,调水调沙后期的水流动力也存在不足现象,目前输沙水量无法满足常年连续调水调沙的需要。

为了更好地治理泥沙、利用泥沙,综合考虑经济性与实用性,需要大力挖潜其他措施潜力,以期实现泥沙治理与资源化利用双效益。

3 对黄河下游泥沙进行资源化利用的途径

3.1 淤改土地，在“放”字上有所作为

早在汉代末年，贾让就提出了著名的“治河三策”。用现代的话理解，上策是人工改道、不与水争，中策是黄河窄段分流、放淤分洪[1]，下策是在原有的河道上加固堤防。古今中外没有太多人反对贾让的提法，然而，两千多年来，限于各种因素，还没有人真正地实施上策或者中策。

鉴于当今科技水平的不断进步，工程建设水平逐步提高，机械设备大规模应用，我们已经有条件探索新途径，在“放”字上多做文章，通过放淤等方式实现黄河泥沙资源化利用。淤改土地，是黄河放淤的一大用处。由于泥沙中含有大量腐殖质，具有很高的肥力，所以很早就有人利用黄河支流（如泾河等）来淤灌田地，取得了丰产的效果。在北宋王安石变法期间，就大规模地在黄河干流上引水淤地，由于朝廷的鼓励和提倡，一时间引黄放淤形成高潮。利用黄河泥沙淤成的田地非常肥沃，对促进沿河地带农业生产的发展起到了重要作用。

黄河泥沙是一种优良的土壤改良原料，黄河流域引洪淤灌就是将泥沙资源转为农业利用的有效途径之一。据统计，截至1990年底，黄河下游地区共放淤改良土地23.2万 hm^2。放淤、稻改和淤背固堤给黄河沿岸带来了巨大的经济效益、社会效益和环境效益。近年来，山东黄河河务局联合沿黄地区部分县、乡在淤改造地方面做了许多有益探索。例如章丘国土资源局在黄河大堤内淤改造地4 000多亩，在大堤外侧整理土地7 500多亩，此举引起了山东省各级政府部门的热烈欢迎和高度重视。据初步统计，山东省沿黄地区堤外两岸各15 km范围内现有坑塘、涝洼地面积近80万亩。利用黄河泥沙淤改沿黄涝洼地，将大大增加可耕地面积，有效地缓解了近年来不断增加的建设用地与土地资源紧缺的矛盾。同时，也将利于黄河防洪安全、改善所在地生态环境。

当前，各级政府正在积极贯彻黄河流域生态保护和高质量发展。建议将“淤改土地”纳入地方政府相关规划，国土资源部门与黄河河务部门相互配合，将这一工作列为常态化重点工作开展。首先要摸清沿黄盐碱涝洼地的数量、具体位置，落实建设资金，制订切实可行的实施方案。其次要探索远距离输送泥沙难题，将淤改土地由线向面拓展，由沿黄向纵深推进。

黄河上已经建成小北干流放淤试验工程，为大规模的放淤工程建设提供了宝贵经验；黄河下游滩区安全建设中充分利用放淤措施淤筑村台和良田；一些沿黄煤矿塌陷区通过试验，利用黄河泥沙填充采煤塌陷地带，恢复了当地面貌，增加了土地供应。在今后的泥沙治理中，建议通过淤改土地这一重要途径实现黄河泥沙的资源化利用。

3.2 输沙到田，改变灌区沉沙淤积局面

输沙到田是泥沙资源化利用的又一重要途径。以山东省为例，目前全省有引黄灌区60处，有效灌溉面积3 040万亩，近10年平均引用黄河水近70亿 m^3。必须看到，在引黄灌溉中引水必引沙。为了避免渠道淤积，灌区采取设置渠首沉沙池，将泥沙沉淀在沉沙池中。虽然缓解了淤积问题，但是沉沙池的占地问题、周边土地次生沙化失调问题、“以挖待沉”在经济上是否合算问题、沉沙池废弃后的后续处理问题接踵而至。因此，在引黄灌溉的同时，开展灌区泥沙治理与综合利用势在必行。

针对灌区引水过程中的泥沙淤积，解决途径在于实现引黄灌区输水渠道泥沙的远距离输送，输沙入田。

一是改进渠道断面。目前，黄河下游引黄灌区输水渠道断面基本为标准梯形断面，其特点是设计与施工都比较简单。根据水力最优断面概念，窄而深的渠道形式有利于泥沙输送，且渠道纵比降越大越有利于泥沙远距离输送。但是广大的黄河下游灌区位处黄河冲积平原，地势平缓，山东境内沿黄灌区地面比降在1/6 000~1/10 000，灌区调整渠道比降的潜力非常有限。

鉴于这种形式，引入复式断面渠道概念，以期获得远距离输沙效果。在一定的渠道纵坡、边坡、粗糙率、引水含沙量及级配等条件下，渠道不淤积的引水流量与渠道底宽存在一定的比例关系。引水流量越大，渠道不淤积所允许的渠底最大宽度就越大，引水流量越小，渠道不淤积所允许的渠底最大宽度就越

小。采用复式断面渠道,引水流量大对应大的过流断面,引水流量小对应较窄的渠道,有利于渠道不淤。

二是做好水量调度,进行渠道衬砌。小流量引水会显著增加泥沙淤积的程度。建议应做好水量调度,尽量避免小流量长时间引水,并采取沿程分布的方式,尽量输沙入田;根据曼宁公式,流速与渠道粗糙率成反比,所以渠道衬砌可以明显提高渠道的输沙能力。建议通过引黄灌区现代化改造,将现有引黄渠道中尚未衬砌的部分加以衬砌。

针对引黄灌区渠道的泥沙淤积,应找准方向,把泥沙集中淤积在渠首沉沙池及输水干渠渠道沿线的"点""线"式泥沙处理方式,转换为分散淤积到支渠以下或田间的"面"式处理方式,千方百计输沙入田,尽量减少渠首集中沉沙、淤沙。这样做既能肥沃耕地,又能减缓引黄渠道的淤积,节约了清淤费用,减少了沉沙占地,可谓一举两得,是黄河泥沙资源化利用的又一重要途径。

3.3 发展建材,为黄河泥沙资源化利用拓宽新途径

黄河泥沙属硅铝资源,可成为我国新型、稳定的矿产资源。近年来,材料科学工作者和水利工作者联合攻关,对黄河泥沙的资源情况、物理化学性能和工艺性能,以及工业应用等进行了较系统的探索,取得了可喜的成果和经验。如利用黄河泥沙制作备防石、空心砖、墙体砖、内燃烧结砖、蒸养砖、免蒸免烧砖、彩陶制品、多孔材料取得了可喜成果。黄河泥沙保温隔热材料的研究及黄河泥沙在日用陶瓷及玻璃工业中的应用也取得了一定经验[2]。建议加大政策扶持力度,积极探索新工艺、新方法,在经济、高效、环保的前提下大规模利用黄河泥沙发展新型建材或其他材料,争取形成规模化效应。

4 结语

黄河下游泥沙淤积是河流上中游侵蚀与搬运、下游沉积的自然规律。为了延缓或解决泥沙淤积问题,需要因势利导,给泥沙以出路,积极探索淤改土地、输沙入田、发展建材等多种渠道,将泥沙作为资源加以利用,化害为利,促进黄河流域生态保护和高质量发展。

参考文献

[1] 韦直林,王嘉仪,王增辉,等. 论黄河泥沙的"两极"治理[J]. 人民黄河,2012,34(2):1-9.
[2] 王立久,姚文艺,冷元宝. 黄河泥沙资源利用与原则[J]. 人民黄河,2014,36(7):9-12.

黄河上游环境条件对泥沙有效期的影响探析

高　翔　常桂荣

（黄河水利委员会上游水文水资源局，甘肃兰州　730030）

摘　要：泥沙颗粒级配分析是黄河水文泥沙测验的主要项目之一，而黄河上游测区部分颗粒分析送样站地处偏远且非汛期沙样较少，导致具体执行过程中难以满足相关规定的最大时限送样要求。为解决这一问题，通过激光粒度分析仪对黄河上游主要控制站——兰州水文站进行不同季节样品有效期研究，同时对黄河上游6个站点的水质进行研究分析，并且对水质特点较为突出的民和站样品进行重点研究分析。通过试验分析对比得出，泥沙颗粒分析样品有效期与放置时间长短有关，对水质较为敏感而与季节关系不明显。

关键词：泥沙颗分有效期；黄河上游；环境；激光粒度分析仪

泥沙颗粒级配分析是黄河水文泥沙测验的主要项目之一。泥沙颗粒数据是研究河道淤积、河床演变、泥沙来源和特性、水利工程的合理调度运用等工作必不可少的基本数据。而河流泥沙颗粒具有复杂的外形，影响分析成果的精度也是多方面的，除与分析仪器和方法密切相关外，还与河流水质好坏及取样后放置时间长短有很大关系。

在黄河上游测区，非汛期沙样较少，采用累积水样混合处理方法，有些颗分送样站地处偏远，不能及时寄送当月的泥沙颗粒分析试样，导致颗分样品无法满足检验要求[1]。结合黄河上游测区的实际情况，分析研究泥沙颗分样品的有效期对今后泥沙分析工作有着重要意义。

1　黄河上游测区自然环境及水沙特点

黄河上游测区位于黄河上游的上段，范围自青海省黄河源头至安宁渡水文站，地跨青海、四川、甘肃三省，干流河长2 289 km，占全河总长度的41.3%；控制流域面积24.4万km^2，占全河总面积的32.4%。多年平均径流量315.8亿m^3（兰州水文站），约占全河径流总量的59.0%（1956年以来）；多年平均输沙量1.5亿t（安宁渡水文站），占全河的9.4%[2]。

泥沙颗粒的形成来源于岩石的风化，粗颗粒是物理风化的产物，其矿物成分与原岩相同，主要是石英、方解石和各种长石，属于架状硅酸盐。细颗粒是化学风化的产物，基本上都是黏土矿物，属于层状硅酸盐，常见的有蒙脱石、高岭石、伊利石等。

黄河上游测区的泥沙颗粒分析测站包括黄河干流的唐乃亥水文站、贵德水文站、循化水文站、小川水文站、上诠水文站、兰州水文站，支流的民和水文站、享堂水文站。唐乃亥水文站多年平均中数粒径值D_{50}为16 μm，贵德水文站多年平均中数粒径值D_{50}为11 μm，循化水文站多年平均中数粒径值D_{50}为7 μm，小川水文站多年平均中数粒径值D_{50}为17 μm，上诠水文站多年平均中数粒径值D_{50}为15 μm，兰州水文站多年平均中数粒径值D_{50}为15 μm，民和水文站多年平均中数粒径值D_{50}为15 μm，享堂水文站多年平均中数粒径值D_{50}为11 μm，上游测区泥沙多年平均粒径为27 μm。按照泥沙粒径大小将泥沙划分为：细沙（$D_{50}\leq 0.025$ mm）、中沙（0.025 mm$<D_{50}<$0.050 mm）和粗沙（$D_{50}\geq 0.050$ mm）[3]，因此黄河上游泥沙组成以细沙为主，且所占比重大。

作者简介：高翔（1987—），女，工程师，主要从事水文资料整汇编及泥沙颗粒分析工作。

2 试验方法和质量控制

目前,泥沙颗粒级配检测方法使用激光衍射法(简称激光法)。主要使用的仪器为激光粒度分析仪,其参数值经优化率定后确定参数范围[4],适合黄河上游泥沙颗粒级配的参数值通过日常检测的方法及经验确定,见表1。

表1 黄河上游测量黄河泥沙颗粒级配的参数值

参数名称	分散时间/min	超声强度	泵速/(r/min)	测量时间/s
合适值范围	3~5	4~12	3 000~3 500	2~20
选用值	3	12	3 200	6
参数名称	遮光度/%	颗粒折射率	颗粒吸收率	分散剂折射率
合适值范围	10~20	1.0~2.0	1.0~2.0	1.33
选用值	15	1.6	1.0	1.33

激光法分析可按下列步骤进行[1]:

(1)开机顺序和预热时间应按仪器要求进行。

(2)对仪器进行运行状态检查。

(3)设计运行进程和组织成果文档。

(4)设计(或调整)率定的参数值。

(5)输入样品名称、来源、室内温度、湿度等相关信息。

(6)往储样容器加入符合规定的分散介质(水),并对其进行背景测量,观察进程和结果,若背景值偏大,应按要求进行光路校准或光路清洁或更换高质量的分散介质(水)。

(7)将一次抽取的有充分代表性的样品完全加入储样容器中,应保证加入1~3次达到遮光度要求的范围(粗沙样的遮光度取正常范围上限,细沙样的遮光度取正常范围下限),然后进入实际测量。

(8)可重复测量3次,观察成果数据与图形,级配曲线吻合良好即作为分析结果,差异较大时应及时查找原因,采取排除气泡、杂质,超声分散或重新取样分析等措施,直至数据一致。

(9)储存(自动存储)测量结果,完成一个样品的粒度检测。

(10)清洁系统,去除粒子残留,为下次粒度检测做好准备。

(11)某样品组粒度分析完毕,应将数据按要求输入并备份。

(12)工作完成或告一段落可关机,关机顺序按仪器要求进行。

本次试验研究按照实验室质量控制的要求,在完成对仪器设备进行校准,对泥沙样品进行重复性、重现性分析,定期参加同类分析室间的比对工作的基础上进行试验,保证了仪器的精准度与测量质量,确保了试验数据与试验结果的科学性和准确性。

3 环境条件对泥沙颗分样品有效期影响的试验探析

河流泥沙颗粒具有复杂的外形,影响分析成果精度的因素是多方面的,除与分析仪器和方法密切相关外,还与河流水质好坏及取样后放置时间长短有很大关系。

本文进行不同季节、不同水质对泥沙颗分样品有效期的试验,通过试验分析确定泥沙颗分样品的有效期,并研究环境条件对泥沙颗分样品有效期的影响。

3.1 样品选取

由于黄河上游泥沙组成以细沙为主,且比重较大,因此选择细沙颗分样品作为试验沙样具有普遍性与代表性。

兰州水文站悬移质泥沙颗粒多年平均中数粒径值为15 μm,由于兰州以上河段受大型水利工程的影响,加之兰州以上河段水土保持较好,故兰州水文站沙样以细沙为主且特征组成稳定,因此选择兰州水文站沙样作为本试验的泥沙样品具有代表性。

3.2 样品处理

将兰州水文站泥沙颗分样品取样后，做粒度分析。为确保测试质量，具体分析时需要从同一泥沙颗分样品中搅拌均匀取一次，以后在1个月的对应日再从同一试样中均匀取样，进行第二次测试，依次类推，进行第三次测试等，通过激光粒度分析仪做粒度分析。每次分析时只用很少一部分泥沙颗分样品，根据兰州多年温度变化情况将剩余泥沙颗分样品按春季3—5月、夏季6—8月、秋季9—11月、冬季12月至次年2月4个季节常温密封存放于放样间。

3.3 试验分析

3.3.1 季节对样品有效期的影响

表2为兰州水文站春季存放样品复测误差统计分析表。

表2 兰州水文站春季存放样品复测误差统计分析

样品名称	分析时间	累积时间	粒度分布特征值/μm					
			D_{10}/μm	相对误差/%	D_{50}/μm	相对误差/%	D_{90}/μm	相对误差/%
兰州站	3月	真值	1.69		8.90		28.2	
	4月	1个月	1.69	0.0	8.92	0.1	28.7	0.9
	5月	2个月	1.73	1.2	9.08	1.0	29.8	2.8
	6月	3个月	1.79	2.9	9.27	2.0	31.0	4.7
	7月	4个月	1.83	4.0	9.69	4.2	32.2	6.6

表3为兰州水文站夏季存放样品复测误差统计分析表。

表3 兰州水文站夏季存放样品复测误差统计分析

样品名称	分析时间	累积时间	粒度分布特征值/μm					
			D_{10}/μm	相对误差/%	D_{50}/μm	相对误差/%	D_{90}/μm	相对误差/%
兰州站	6月	真值	1.51		8.94		27.2	
	7月	1个月	1.51	0.0	9.06	0.7	27.2	0.0
	8月	2个月	1.54	1.0	9.19	1.4	28.0	1.4
	9月	3个月	1.63	3.8	9.45	2.8	28.4	2.2
	10月	4个月	1.72	6.5	9.89	5.0	32.5	8.9

表4为兰州水文站秋季存放样品复测误差统计分析表。

表4 兰州水文站秋季存放样品复测误差统计分析

样品名称	分析时间	累积时间	粒度分布特征值/μm					
			D_{10}/μm	相对误差/%	D_{50}/μm	相对误差/%	D_{90}/μm	相对误差/%
兰州站	9月	真值	1.52		7.19		16.4	
	10月	1个月	1.53	0.3	7.19	0.0	16.5	0.3
	11月	2个月	1.55	1.0	7.26	0.5	17.9	4.4
	12月	3个月	1.69	5.3	7.59	2.7	18.3	5.5
	1月	4个月	1.72	6.2	7.86	4.5	19.1	7.6

表5为兰州水文站冬季存放样品复测误差统计分析表。

表 5　兰州水文站冬季存放样品复测误差统计分析

样品名称	分析时间	累积时间	粒度分布特征值/μm					
			D_{10}/μm	相对误差/%	D_{50}/μm	相对误差/%	D_{90}/μm	相对误差/%
兰州站	12 月	真值	1.41		7.82		20.6	
	1 月	1 个月	1.41	0	7.89	0.4	20.7	0.2
	2 月	2 个月	1.43	0.7	7.95	0.8	21.8	2.8
	3 月	3 个月	1.52	3.8	8.13	1.9	22.3	4.0
	4 月	4 个月	1.61	6.6	8.27	2.8	23.8	7.2

经对比分析、误差统计,存放 1、2、3 个月的泥沙样品,粒度分布特征值相对误差 D_{50} 小于 3%,D_{10} 和 D_{90} 均小于 6%。存放至第 4 个月的泥沙样品,粒度分布特征值超出误差控制范围[1]。说明泥沙样品在常温下密封存放至第 4 个月时,样品已失效,不能用其做粒度分析。结合环境温度条件与实验结果分析得出:泥沙样品有效期与放置时间长短有关,与环境温度关系不明显,泥沙样品的有效期为 3 个月。

3.3.2　水质对样品有效期影响

对贵德水文站、循化水文站、小川水文站、兰州水文站、民和水文站、享堂水文站监测断面取的水样进行检测,从水温、pH、氨氮、五日生化需氧量、化学需氧量 5 项指标进行分析。

测定各站水样 pH 值如图 1 所示,可知各站 pH 值在统一范围内,水体都偏碱性。

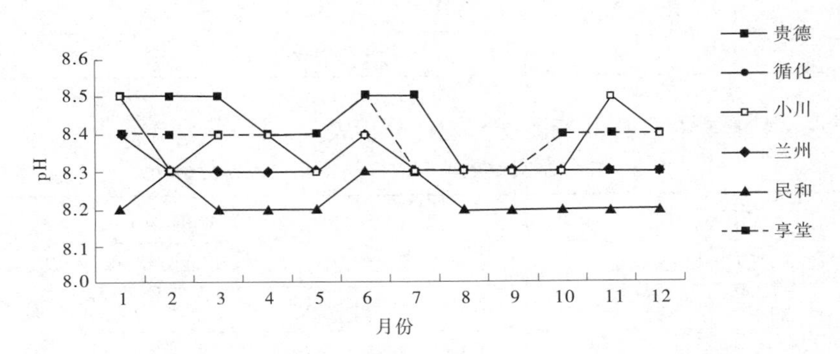

图 1　贵德等 6 站 1—12 月水样 pH 值对比

对各站点进行采样、测量并记录取样水温,统计结果如图 2 所示,可知各站水温按季节变化。

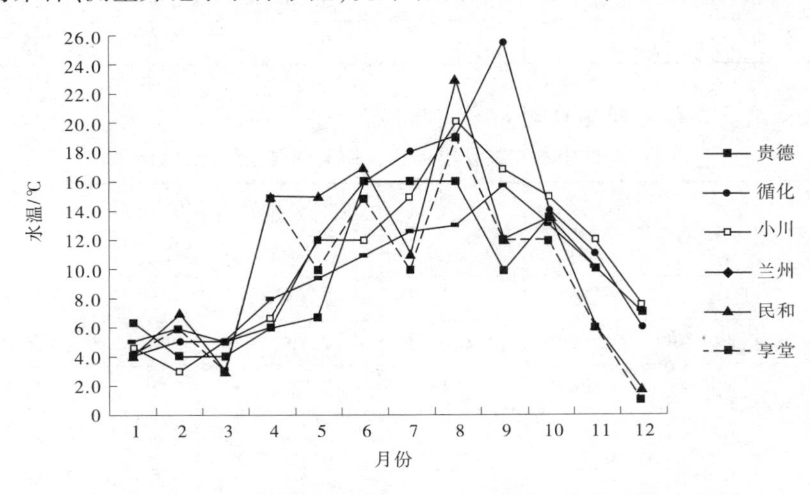

图 2　贵德等 6 站 1—12 月水样水温对比

对各站点水样采样、测量并进行氨氮检测,检测结果如图 3 所示,可知民和水文站水样中氨氮含量比贵德、循化、小川、兰州、享堂等站中氨氮含量高。

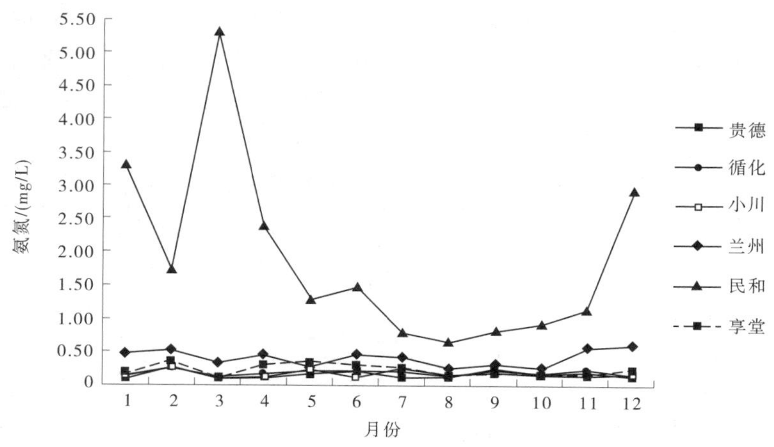

图 3　贵德等 6 站 1—12 月水样氨氮对比

对各站点水样采样、测量并进行五日生化需氧量值检测,检测结果如图 4 所示,可知民和水文站水样中五日生化需氧量值比贵德、循化、小川、兰州、享堂等站水样中五日生化需氧量值高。

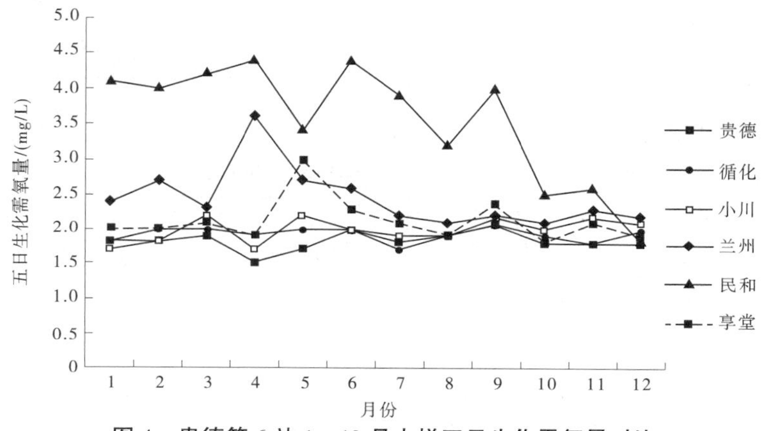

图 4　贵德等 6 站 1—12 月水样五日生化需氧量对比

通过对各站点一年中水质检测结果分析可以得出,民和水文站相对于其他站点其氮氧及五日生化需氧量较高,水质特征明显。为进一步深入研究,本文对民和水文站近 10 年氮氧及化学需氧量变化、氮氧及化学需氧量超标率进行分析研究。其数据分析结果如图 5、图 6 所示。

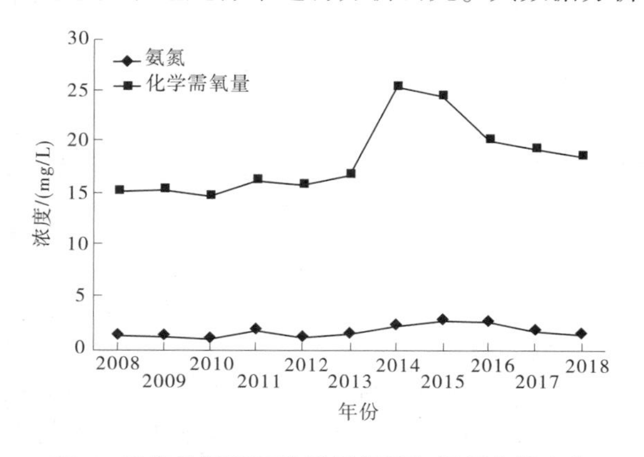

图 5　民和监测断面化学需氧量与氨氮含量变化

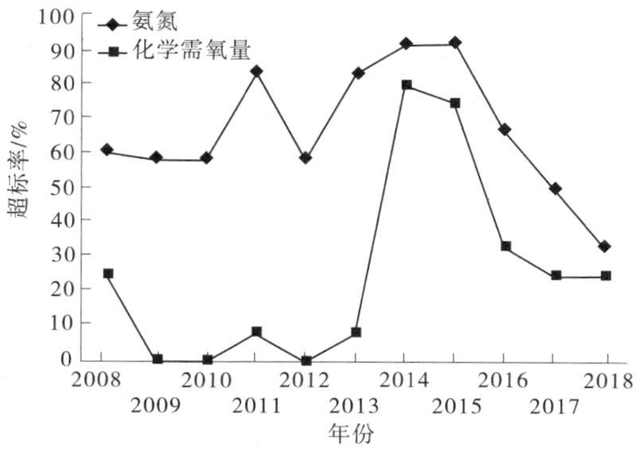

图 6　民和站化学需氧量与氨氮含量超标率变化

通过图 5、图 6 可以得出,民和水文站在 2014 年之前化学需氧量及氨氮出现不同程度增长,其化学需氧量及氨氮超标率也较高,在 2014 年之后,相关指标得到一定控制,但是其超标率依然较高。由此证明,民和水文站水质较差,可将其作为标记站进一步研究泥沙颗分样品的有效期。

将民和水文站泥沙颗分样品取样后,做粒度分析。为了确保测试质量,具体分析时需要从同一泥沙颗分样品中搅拌均匀取一次,以后在1个月的对应日再从同一试样中均匀取样进行分析,进行第二次测试,依此类推,进行第三次测试等,通过激光粒度分析仪做粒度分析。表6为民和水文站春季存放样品复测误差统计分析。

表6　民和水文站春季存放样品复测误差统计分析

样品名称	分析时间	累积时间	粒度分布特征值/μm					
			D_{10}/μm	相对误差/%	D_{50}/μm	相对误差/%	D_{90}/μm	相对误差/%
民和站	3月	真值	1.52		7.96		25.7	
	6月	3个月	1.68	5.0	8.32	2.2	29.1	6.2

表7为民和水文站夏季存放样品复测误差统计分析。

表7　民和水文站夏季存放样品复测误差统计分析

样品名称	分析时间	累积时间	粒度分布特征值/μm					
			D_{10}/μm	相对误差/%	D_{50}/μm	相对误差/%	D_{90}/μm	相对误差/%
民和站	6月	真值	1.36		6.95		23.7	
	9月	3个月	1.40	1.4	7.62	4.6	27.2	6.9

表8为民和水文站秋季存放样品复测误差统计分析。

表8　民和水文站秋季存放样品复测误差统计分析

样品名称	分析时间	累积时间	粒度分布特征值/μm					
			D_{10}/μm	相对误差/%	D_{50}/μm	相对误差/%	D_{90}/μm	相对误差/%
民和站	9月	真值	1.74		11.4		47.5	
	12月	3个月	1.85	3.1	12.5	4.6	54.4	6.8

表9为民和水文站冬季存放样品复测误差统计分析。

表9　民和水文站冬季存放样品复测误差统计分析

样品名称	分析时间	累积时间	粒度分布特征值/μm					
			D_{10}/μm	相对误差/%	D_{50}/μm	相对误差/%	D_{90}/μm	相对误差/%
民和站	12月	真值	2.08		12.9		39.8	
	3月	3个月	2.16	1.9	13.5	2.3	45.9	7.1

通过表6~表9数据分析可以得出,由于民和站水质较差,该站泥沙颗分样品的有效期受到水质的影响,在存放至第三个月与第一次分析结果即真值相比较,相对误差超出误差控制 D_{50} 应小于3%,D_{10} 和 D_{90} 均小于6%的范围。因此,对于水质特征相对明显的民和水文站进行分析,结果表明:泥沙颗分样品从取样到分析,最大时限不宜超过1个月。

4　结语

综上所述,本文全面阐述了黄河上游测区环境条件对泥沙颗粒分析样品有效期的影响,并为减轻黄河上游测站送样负担、延长送样时间提供了量化指标,希望能够对流域各测区泥沙颗分送样工作、推进水资源节约集约利用有所帮助。

参考文献

[1] 水利部黄河水利委员会水文局. 河流泥沙颗粒分析规程:SL 42—2010[S]. 北京:中国水利水电出版社,2010.
[2] 柴元方,李义天,李思璇,等. 2000 年以来黄河流域干支流水沙变化趋势及其成因分析[J]. 水电能源科学,2017,35(4):106-110。
[3] 孙维婷,穆兴民,赵广举,等. 黄河干流悬移质泥沙粒径构成变化分析[J]. 人民黄河,2015,37(5):4-9。
[4] 英国马尔文仪器有限公司. 马尔文 MS2000 激光粒度分析仪使用手册[M]. 和瑞莉,李静,等,译. 郑州:黄河水利出版社,2001.

浅谈调水调沙对黄河尾闾的影响

李兆瑞[1]　聂莉莉[2]

(1. 垦利黄河河务局,山东东营　257500;2. 黄河河口管理局,山东东营　257500)

摘　要:治黄百难,唯沙为首。本文以黄河尾闾——垦利段为例,介绍了以水冲沙原理及调水调沙的运用,从河槽过流能力、引黄供水需求、湿地生态环境及造陆作用四个方面,分析了调水调沙对垦利黄河的影响,对垦利黄河河务局相关保障措施进行了总结并提出了几点思考。结果表明:调水调沙对黄河下游河段产生了有力的冲淤效果,提高了河道的行洪能力;优化了水资源配置,缓解了供水需求;生态补水充足,湿地生态系统恢复效果明显;丰富了土地资源,造陆作用显著。

关键词:调水调沙;河槽束水;生态修复;造陆作用

1　引言

黄河宁,天下平。自古以来,中华民族始终在同黄河水旱灾害作斗争。在漫长的治黄历史上,先人们在艰难地探索黄河运行规律中,逐步了解了黄河“害在下游、病在中游、根在泥沙”的问题,为了除害兴利,历代劳动人民,特别是先贤们对如何治理黄河做出了种种努力,曾产生过多种多样的治黄理论和治黄方略。1986 年 5 月,王化云概括地提出“拦、用、调、排”四字治河方略,其中“调”就是调水调沙。自 2002 年起,黄河每年均进行一次调水调沙,多年来取得了明显的防洪减淤效果,为黄河沿岸生态治理和高质量发展提供了可靠保障。侯成波等根据泥沙运动规律,对黄河调水调沙中的几个关键技术问题进行了阐述[1];李国英研究了基于空间尺度的黄河调水调沙理论[2];彭瑞善对黄河综合治理进行了分析[3]。这些研究对于黄河治理发展都具有借鉴意义。2021 年黄河汛前调水调沙工作有序进行,本文以黄河垦利区段为例,研究调水调沙对黄河尾闾的影响。

2　调水调沙原理及分析

2.1　以水冲沙原理

大浪淘沙,惊涛拍岸。这种场景形象地论述了“以水冲沙”的正确性。泥沙比重大于水的比重,在静水中下沉,在动水中一方面受到重力作用有下沉趋势,一方面受到水的冲刷、紊动作用而被长距离挟带。当泥沙受到的重力作用大于紊动扩散作用时,泥沙下沉淤积;当紊动扩散作用大于重力作用时,泥沙将上浮或者河床被冲刷,正是由于重力和紊动扩散的共同作用,才可以实现泥沙的长距离运动[4-5]。运动的泥沙也有可能与静止的泥沙置换,即水流冲刷和泥沙淤积交替出现。泥沙的运动方式大体有“推移”和“悬移”两种,不论做何种运动的泥沙,在相同的水流条件下,部分泥沙都可以静止下来变成床沙,部分床沙也可以变成运动的泥沙。当水流条件变强时,部分床沙将变成运动的泥沙,这就是冲刷;当水流条件变弱时,部分运动泥沙回落到河床变成床沙,这就是淤积。这样加大水的流量,窄河槽束水,水压增大,流速提高,推动泥沙加速前进,减少泥沙淤积,冲刷河道,致使水流适时挟沙入海。

2.2　调水调沙

黄河小浪底水库运用后,黄河下游的防洪形势发生了较大变化,但多沙之河没有改变,进入下游的水沙条件两极分化趋势更为明显。一方面,洪水以高含沙中小洪水为主,水沙比例更不协调;另一方面,

---

作者简介:李兆瑞(1993—),女,工程师,主要从事水利工程方面的研究工作。

当今气候异常，稀遇大洪水可能性仍将存在。若不进行人工干预，塑造一个稳定的河槽，河道将进一步萎缩，"小水漫滩"的情况将加剧，河道排沙能力降低。为此需要不断进行调水调沙，以利于河槽束水冲沙，将所挟带的泥沙和河床上的淤泥适时送入大海，从而减少河床淤积，增大主槽的行洪能力，保障人民生命财产安全。

调水调沙，就是在现代化技术条件下，利用干支流水库对进入下游的水沙过程进行调控，塑造相对协调的水沙关系，减少水库河道淤积，恢复并维持中水河槽。通过对河道区间来水和水库蓄水进行调度，人工塑造有利于下游输沙、河道冲刷和水库减淤的过程。调水调沙的科学性、时效性很强，风险不可低估。依据河势、水情和沙情，黄委选用了三种可能出现的情况开展了三次试验，取得了巨大成功。在三次调水调沙试验成功并把握了一定调度规律的基础上，黄委将三次试验、三种类型年份、三种调度运行方式分别运用到以后的调水调沙生产运行中，使之成为水库调度常态。

实施调水调沙，能够维持黄河下游的中水河槽，实施黄河生态调度和黄河三角洲生态补水，在确保后期应急抗旱用水安全的前提下，优化水库的淤积形态，进一步探索水工联合调度及泥沙运输规律，促进黄河生态保护及高质量发展。

3　调水调沙对黄河尾闾——垦利段的影响

垦利黄河自董集镇罗盖村西北入境，流经董集镇、胜坨镇、垦利街道办事处、黄河口镇，于黄河口镇汇入渤海，境内全长 126 km，河道主要特点为上窄下宽，弯道卡口较多，河道纵比降小，滩区横比降大。

3.1　提高河槽过流能力

自 6 月 19 日调水调沙以来，利津站 8 时流量及水位不断增加(见图 1、图 2)，最大流量 4 000 m^3/s，最高水位 11.53 m，后期随着调水调沙流量的减小，相应的利津站流量及水位降低，大流量过境入海。其间垦利段河势总体稳定，靠水工程 17 处，靠水坝段 280 段，靠溜坝段 280 段，观测 8 处滩地靠水，最小出水高度 0.44 m，最大出水高度 1.5 m。无洪水漫滩和生产堤偎水情况，无滩岸坍塌情况，工程无险情发生。

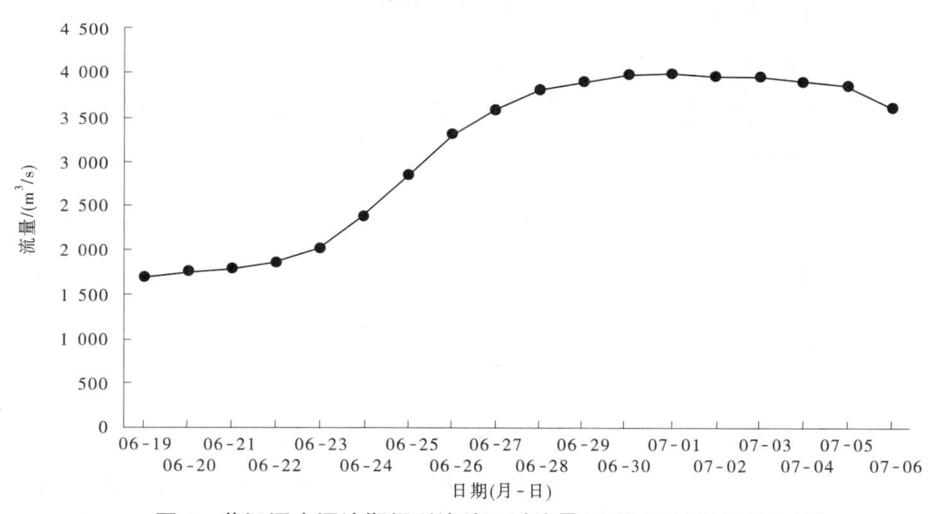

图 1　黄河调水调沙期间利津站 8 时流量(6 月 19 日至 7 月 6 日)

行洪输沙能力普遍提高，河槽形态得到调整，河道主槽不断萎缩的状况得到初步遏制，下游河道主河槽平均降低 2.6 m，主河槽最小过流能力由 2002 年汛前的 1 800 m^3/s 恢复到 2021 年汛前的 5 000 m^3/s 左右。河道断面形态得到有力调整，洪水时滩槽分流比得到初步改善，"二级悬河"形势开始缓解，滩区小水大漫滩状况初步得到遏制。下游河道全线冲刷，黄河调水调沙以来，累计入海总沙量达 28.8 亿 t。

河道冲刷明显，过流能力增强，漫滩流量增大，小水大漫滩的状况得到改善，减轻了堤防的防守压力；由于河槽冲刷，凌汛封河期过流能力增大，减轻了防凌压力；河槽形态得到调整，防洪防凌形势得到缓解，河势向有利的方向发展。

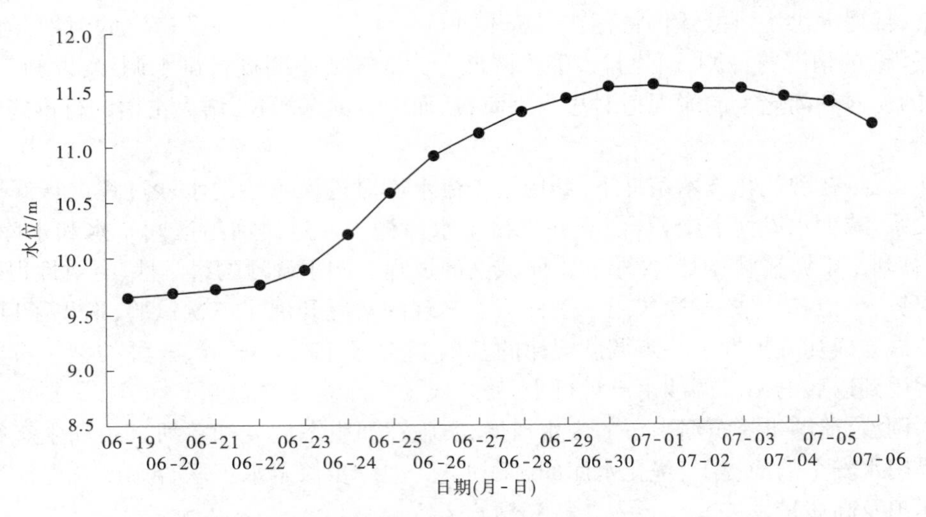

图2　黄河调水调沙期间利津站水位(6月19日至7月6日)

3.2　缓解引黄供水需求

引黄灌溉用水主要集中在春灌3—6月,此时适逢黄河枯水季节,水资源供给与需求之间矛盾最为突出,引黄灌溉需水量与黄河天然来水量在时间上分布不协调。黄河调水调沙可以对下游河道水量进行调节,在时间上进行优化配置,提高下游灌溉供水保证率,使灌区获得最大的灌溉效益,在一定程度上缓解了下游水资源的供需矛盾。调水调沙期间,垦利区积极推进农业灌溉及生活用水保障,日引水量最大达到430万 m^3。其间路庄闸适时分流分洪,积极进行生态补水,高效打造黄河三角洲生态湿地。黄河调水调沙期间垦利每日引水情况(6月19日至7月1日)见图3。

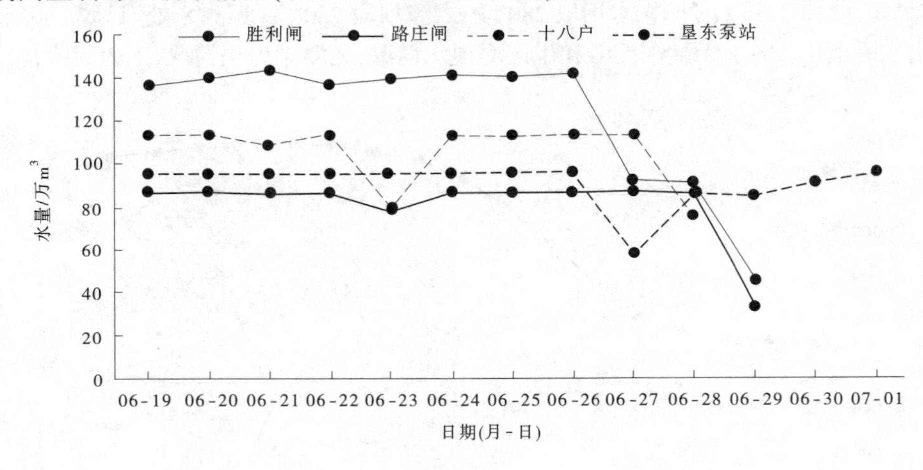

图3　黄河调水调沙期间垦利每日引水情况(6月19日至7月1日)

黄河下游引黄涵闸多建于20世纪60—80年代,当时由于河道连年淤积抬高,因此在设计涵闸底板高程时考虑了淤积因素,闸底板设置相对较高。自调水调沙以来,黄河下游主河槽全线下切,同流量水位明显降低,引黄闸底板高程相对抬高,在一定程度上影响了水闸引水。但是近年来在大河常年平均流量下,水位仍能满足水闸的设计引水要求,及时进行闸前清淤和引水渠道清淤,可缓解河道下切对引水的不利影响。

3.3　改善湿地生态环境

结合调水调沙及生态补水,入海口附近水面面积增加,黄河三角洲湿地生态系统恢复效果明显。一是通过向三角洲湿地人工和漫溢补水,湿地面积增加,有利于保护区植被的顺向演替和鸟类栖息地功能的恢复与改善;二是增加了地下水的补给量,提高了地下水位,有利于防止海水入侵减轻盐渍化;三是增加了滨海的淡水补充,有利于维持近海水域合理的盐度,并输送了大量的营养盐,对近海地区水生生态环境的改善起到积极的促进作用;四是在鱼类洄游和产卵关键期塑造适宜的径流过程,为其提供有利条件;五是大量泥沙进入河口地区,加快了三角洲造陆过程,有效促进三角洲湿地植被的顺向演替。

黄河调水调沙,河水流量大,淡水充足,为湿地恢复、改善湿地资源提供了丰富的水资源优势。对自然保护区产生了深刻的影响,有效地缓解了湿地面积的缩小和盐碱化程度的加剧,使保护区内的湿地得到恢复与扩展,生态环境得到明显改善,各种珍稀鸟类数量逐渐增多,同时植物繁茂,生物多样性日渐丰富,取得了良好的生态效益和社会效益,呈现了人与自然和谐相处的新景观。

3.4 造陆作用显著

调水调沙使得大量泥沙集中而不是分散状态下注入渤海,使得造陆速率相对加强,湿地面积大幅增加,为三角洲湿地环境的持续和良性发展提供了广阔的发展空间,也在一定程度上遏制了因岸线蚀退所带来的负面影响,为今后黄河河口水化资源的优化配置和调控提供了重要发展方向。

4 保障措施及思考

4.1 保障措施

为全力应对此次调水调沙过程,确保防汛安全,垦利黄河河务局于6月21日启动防御大洪水运行机制,下设综合调度组、水情方案组、工情灾情组、物资保障组等十个职能组,根据上级要求及来水情况适时启动各职能组。一是高度重视调水调沙工作,切实加强领导、压实责任,严格调度指令,按照职责分工,开展好相关工作。二是严格落实巡查防守和班坝责任制,对畸形不利河势河段、新改建、重新靠河坝岸等重点工程加大巡查力度,及时发现抢护险情。三是督促浮桥运营单位及时将浮桥拆除到规定宽度,确保要求拆除到位,并严格按照一舟一锚的要求进行固定。四是加强涉水安全管理,及时通报黄河水情,提前做好人员及设备设施的撤离和安全保障工作,寻堤查险按安全操作,并加强水利风景区、工程步道等重点部位的安全防范和警示宣传教育,确保人员和设施安全。五是加强河势、生产堤偎水及滩唇出水高度、观测点水位的观测,准确记录,及时上报。

4.2 几点思考

调水调沙作为黄河治理最具有生命力的举措和发展方向,如何发挥其更有效的作用,应切实注意以下几个方面的问题:

调水调沙应注意解决多目标、多效应的协调和实现。河流治理的终极目标是维持健康生命,实现河道减淤甚至冲刷,保持河流通畅的水沙下泄功能。如何从生态环境和人与自然和谐共处的角度等方面,挖掘和充分发挥调水调沙功能,是人们需要思索的一个重要课题。

黄河入海,其冲淤演变方向不仅受到来水来沙条件和河床边界条件等因素的制约,还会受到海洋动力条件的影响。因此,在进行调水调沙运用时,还应着力塑造相对有利的包括河床边界条件在内的其他相关条件,以使调水调沙发挥更大作用。

科学对待调水调沙运用导致的泥沙进入问题。泥沙集中下泄入海,在一定程度上加剧了黄河岸线淤积延伸的强度,由此带来的负面效应也需要引起重视。

5 结语

研究了调水调沙对黄河尾闾——垦利段的影响,从河槽过流能力、引黄供水需求、湿地生态环境及造陆作用四个方面进行分析,得出了以下结论:

(1)黄河下游河槽形态得到调整,过流能力明显增加;河道排沙能力得到一定提高,产生了良好的冲沙入海效果;中小洪水漫滩概率减少,滩区损失得到有效保证。

(2)引黄供水供需矛盾得到缓解,通过时间上的统一调度和水资源优化配置,农业用水及生活用水需求得到较大满足。

(3)湿地生态环境得到改善,黄河三角洲生态补水良好,湿地面积增加,生物多样性丰富。

(4)丰富了土地资源,扩大了耕地面积,造陆作用显著。

参考文献

[1] 侯成波,张敬明,王绍志.黄河调水调沙中的几个关键技术问题[J].水利发展研究, 2003(3):19-21.
[2] 李国英.基于空间尺度的黄河调水调沙[J].人民黄河,2004(2):1-4,46.
[3] 彭瑞善.黄河综合治理思考[J].人民黄河, 2010,32(2):1-4,140.
[4] 王开荣.黄河调水调沙对河口及其三角洲的影响和评价[J].泥沙研究, 2005(6):5.
[5] 张爱静,董哲仁,赵进勇,等.黄河水量统一调度与调水调沙对河口的生态水文影响[J].水利学报,2013,44(8):987-993.

暴雨洪水系列重现期曲线的统计特性

慕　平[1,2]　慕　星[3]

(1. 黄河勘测规划设计研究院有限公司,河南郑州　450003;
2. 水利部黄河流域水治理与水安全重点实验室(筹),河南郑州　450003;
3. 中国南水北调集团有限公司,北京　100036)

摘　要: 为了更好地揭示年最大暴雨洪水系列的变化趋势、重现期曲线的统计特性以及系列的代表性,本文采用点绘年最大暴雨洪水系列重现期分布图的方式,发现年最大暴雨洪水系列经验重现期点据呈下凹形、上凹形、相对“直线”形三种分布形状,皮尔逊-Ⅲ(P-Ⅲ)型理论重现期曲线也呈现这三种曲线形状。年最大暴雨洪水重现期点据分布均匀并趋于稳定,表明系列的代表性尚好,反之代表性差。在推估稀遇洪水时,应重点依据趋于均匀且稳定的重现期下部曲线段点据,重视中值点、分界点,认清反曲点。综合运用年最大暴雨洪水重现期曲线的统计特性,期望为推求误差小、可信度高的稀遇洪水探索出新的思路和解决问题的方法,从而推进“设计洪水亟待革命”的成功。

关键词: 洪水重现期;曲线形状;统计特性;代表性

一个站的实测年最大暴雨洪水,每年必定会发生并且呈忽大忽小变化,该洪水现象称为随机变量。当实测洪水系列较长时,这些看似偶然的洪水可呈现出一定的统计规律,可以用数理统计加以分析。用数理统计法估算设计洪水存在三种误差,即原始资料误差、理论方法误差及运算误差[1]。原始资料误差主要表现为偶然误差及系列代表性问题;理论方法误差由理论研究不完善导致;运算误差由解算方法不完善导致,可造成系统偏差。上述三种误差的大小直接影响设计洪水成果的可信性。目前,在国内外任何科学技术领域里,像设计洪水这样的误差及不确定性问题是独一无二的[2]。

为了说明洪水系列的变化趋势、资料误差及代表性情况,本文采用点绘年最大暴雨洪水系列重现期分布图的方式,揭示年最大暴雨洪水重现期曲线的基本统计特性;通过对相对长、短系列重现期点据的对比分析,探讨年最大暴雨洪水系列重现期点据分布趋于均匀性及稳定性的演变情景,以期为推求误差小、可信度高的稀遇洪水探索出新的思路和方法,推进“设计洪水亟待革命”[3]的成功。

1　实测暴雨洪水系列重现期点据的分布形状

为推求其更稀遇暴雨洪水或指定频率的洪水用于水利工程设计,首先需确定洪水系列的绘点位置,当实测年最大暴雨洪水系列达到一定长度时,目前,多将年最大暴雨洪水系列由大到小按对称于中值的数学期望公式[式(1)]确定系列各项的频率:

$$P_m = m/(n+1) \tag{1}$$

式中:P_m 为实测暴雨洪水的频率;n 为实测暴雨洪水年数;m 为暴雨洪水系列从大到小的序数,$m=1,2,\cdots,n$。

若将频率(P_m)换算为重现期(T_m),其倒数关系为

$$T_m = 1/P_m \tag{2}$$

基金项目: 国家重点研发计划(2016YFC0402501);河南科技智库调研课题(HNKJZK-2022-14A);高标准新型淤地坝理论技术研究(2021YF013)。

作者简介: 慕平(1957—),男,正高级工程师,主要从事水文、洪水研究工作。

作者在长期工作实践中,点绘了大量的不同流域不同站点的实测年最大暴雨洪水系列半对数重现期分布图,通过观察和对比分析发现,当实测年最大暴雨洪水系列达到一定长度并趋于稳定时,其经验重现期点据会呈现出三种分布形状及变化趋势:下凹形分布、上凹形分布、介于两者之间的相对“直线”形分布。本文点绘了 PA、TC、LS 三个典型站点的实测年最大暴雨洪水系列经验重现期点据(见图 1),分别对应上述三种形状及变化趋势,其中下凹形分布的 PA 站点下部点据呈显著的曲线状分布,上部点据略呈“直线”状分布趋势,在曲线段与“直线”段之间存在一个分界点,这个分界点的位置与 C_v 值的大小有关。年最大暴雨洪水系列重现期点据呈现出不同的分布形状与该年最大暴雨洪水系列的 C_v 值的大小有关,呈下凹形分布的则 C_v 值偏小,呈上凹形分布的则 C_v 值偏大。暴雨洪水系列重现期点据呈现出不同的分布形状,反映了各流域多年来的气候特征、暴雨洪水特性以及流域下垫面产汇流的特点,也比较好地揭示了各流域暴雨洪水的大小和变化趋势[4]。

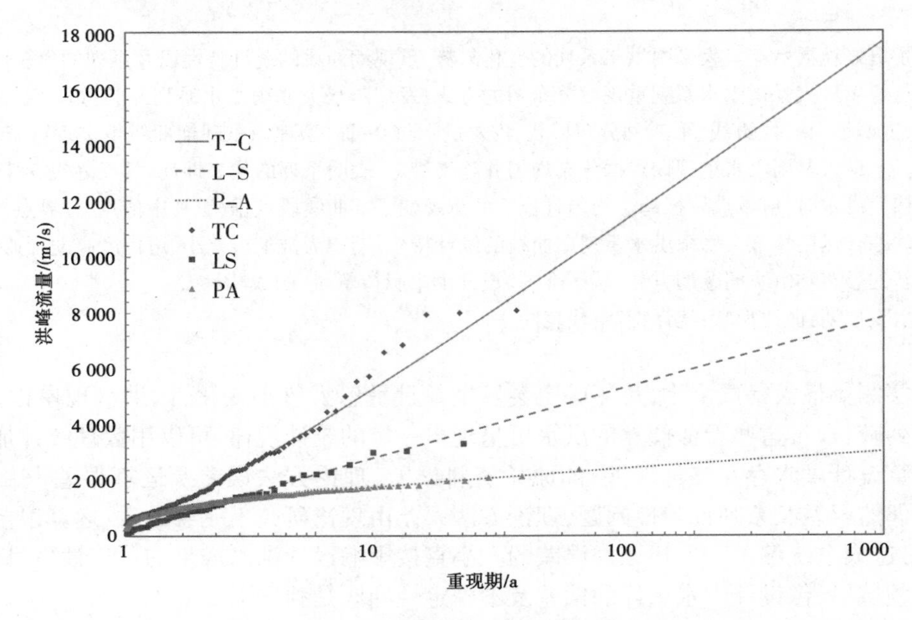

图 1　三种典型暴雨洪水系列重现期分布

若实测年最大暴雨洪水系列相对较短,特别是最大的几个点据分布散乱、脱离点群,则实测年最大暴雨洪水系列半对数重现期图上最大点据多为反曲点,下部点据会呈现出不均匀分布的扭曲状,则该系列不具有代表性,会造成显著的统计偏差。随着年最大暴雨洪水系列不断延长,这种散乱点据分布会呈现出相对均匀的变化趋势(见图 2)。

洪水经验频率公式是按对称于中值建立起来的,系列各项点据以中值为对称点,中值的重现期为 2 年一遇。在点绘的实测年最大暴雨洪水系列半对数重现期分布图中,系列点据呈现的三种分布形状主要由下部曲线段的曲率和曲向决定,而表征曲线段主要取决于三个点:一是曲线段的中值点,二是曲线段和“直线”段的分界点,三是分界点相对于中值点的对称点。其中,中值点是年最大暴雨洪水系列重现期点据中最重要的特征点:

(1)在年最大暴雨洪水重现期分布图中,在中值点处作一条切线,若切点在切线的下方,则该系列为下凹形分布;若切点在切线的上方,则该系列为上凹形分布;否则为“直线”形分布。

(2)当实测年最大暴雨洪水系列达到一定长度时,在下部曲线段,对称于中值的两端点据基本确定后,若适线偏离中值点,会造成适线的 C_v 值明显偏大或偏小,并可左右万年洪水值的大小,只有适线趋近中值点,才能比较好地确定洪水系列的 C_v 值。

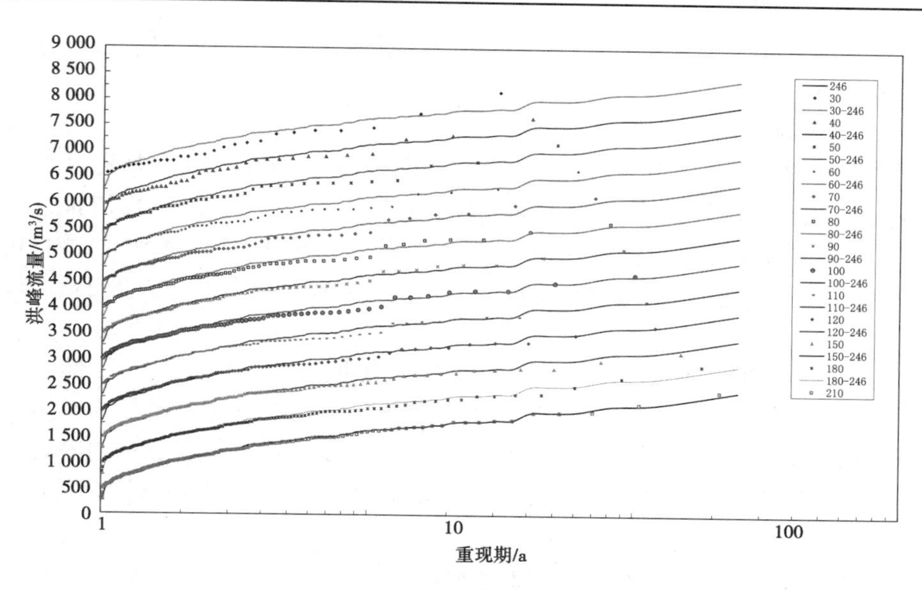

图 2　PA 站相对长、短暴雨洪水系列重现期分布对比图

2　P-Ⅲ型暴雨洪水重现期曲线的形状及特性

20 世纪初以来,各国为推求更稀遇暴雨洪水或指定频率的洪水,采用过 10 余条不同线型的曲线进行适线及外延推估。学者们经过多年分析论证后认为,由三个参数(均值、C_v、C_s)确定的线型曲线可以对年最大暴雨洪水系列的点据进行较好的拟合适线,其中最著名的是(P-Ⅲ)型曲线[5]。图 1 中的三条曲线为初步拟合实测年最大暴雨洪水系列点据的 P-Ⅲ型理论重现期曲线,可以看出 P-Ⅲ型理论重现期曲线呈现出三种不同曲线形状,即下凹形曲线、上凹形曲线、介于两者之间的相对"直线"形曲线(分别对应图 1 中的 P-A、T-C、L-S 曲线)。这表明 P-Ⅲ型曲线线型与实测年最大暴雨洪水系列半对数重现期点据分布的变化趋势是比较吻合的。

P-Ⅲ型理论重现期下凹形曲线、上凹形曲线的特征是:①洪水重现期曲线下部为典型的曲线,其曲率变化特征点位于中值点;上部为相对的"直线",其曲率变化很小。②在曲线与"直线"之间存在一个分界点,这个分界点的位置与 C_v 值的大小有关。对大量洪水重现期曲线进行长期观察和对比分析后发现:一般洪水重现期曲线若靠近相对"直线"形曲线,其分界点大致位于 10 年一遇点据处;当洪水重现期曲线偏离相对"直线"形曲线时,其分界点大致位于 20 年一遇点据处。P-Ⅲ型理论洪水重现期曲线的这些特性,对推求更稀遇洪水起着至关重要的作用,这也是长期以来人们采用相对较短暴雨洪水系列外延推求更稀遇暴雨洪水极其重要的依据之一。

3　暴雨洪水系列重现期点据分布趋于均匀性及稳定性分析

推求更稀遇暴雨洪水需采用的暴雨洪水系列资料应具有可靠性、一致性及代表性。目前,代表性多依赖于实测暴雨洪水系列资料的年限或特大暴雨洪水。当特大暴雨洪水的重现期不宜处理或处理不到位,则点绘的暴雨洪水重现期点据分布极不均匀,该特大暴雨洪水重现期点据多为反曲点。若在较短的暴雨洪水系列中出现特大值,对暴雨洪水的地区统计特性会产生较大的影响,特别是暴雨洪水资料代表性差的样本,对统计分析及推求稀遇暴雨洪水影响极大。

通过点绘具有代表性的相对长、短年最大暴雨洪水系列重现期点据分布对比图(见图 2),可以明显看出年最大暴雨洪水相对长、短系列重现期点据的分布趋于均匀性及稳定性的演变情景。图中最上部的点据为 30 年系列,最下部的点据为 210 年系列。图中连线均为同一条 246 年洪水系列重现期点据的连线,为使各系列洪水重现期点据不重叠,各相应长、短系列采用相对坐标,平移纵坐标间距差均为 500 m^3/s。由于点绘出的年最大暴雨洪水重现期分布图点据可呈现上述三种分布形状,并且呈下凹形、上凹形分布的点据下部为典型的曲线，上部为相对的“直线”形，则需分别说明曲线段、直线段趋于均匀性及稳定性的演变情景。

3.1 曲线段趋于均匀性及稳定性分析

若实测暴雨洪水重现期点据的分布形状为下凹形（见图 2），当年最大实测暴雨洪水系列长度小于 70 年时，重现期下部曲线段点据处于不稳定状态，分布形状尚未定形。一般不均匀状态下可有多种情况：10 年一遇以下点据分布较均匀并趋于稳定，10 年一遇以上点据分布均匀性较差；约 10 年一遇点据明显偏小或约 20 年一遇点据显著偏大。这说明年最大暴雨洪水系列点据分布处于不均匀、不稳定状态，代表性差。

当年最大实测暴雨洪水系列长度大于 80 年时，重现期点据呈现较均匀分布，下部曲线段点据比较密集，点据间大小差较小，上部点据间大小差略大，局部点据出现跳跃现象。比如约 5 年一遇以下洪水重现期点据趋近于或几乎与长系列相应洪水处在一条线上，约 20 年（或 10 年）一遇左右洪水重现期点据也趋近于长系列相应的洪水值。这说明代表性较好的暴雨洪水系列重现期点据应是较均匀分布且趋于稳定。

若实测暴雨洪水重现期点据的分布形状为上凹形（见图 1），系列的 C_V 值偏大，要使系列重现期下部曲线段点据趋于均匀和稳定，需要取得比 80 年更长的系列。

3.2 “直线”段趋于均匀性及稳定性分析

较短年最大暴雨洪水系列常出现较大暴雨洪水或特大暴雨洪水，常造成暴雨洪水最大重现期点据在 20 年或 10 年以上直线段呈扭曲状。如图 2 中 30 年至 70 年系列，上部系列重现期点据常偏离点群，甚至出现十分明显的反曲点，这是较短系列中出现较大或特大暴雨洪水造成的。随着系列长度增加到 80 年以上，系列最大重现期点据呈现较均匀分布状态，并逐渐趋近直线分布。

这充分表明较短的年最大暴雨洪水系列重现期点据呈现出偏离点群的不均匀状、反曲状等，是暂时的不稳定状态，不具代表性。因此，在设计洪水分析估算时，不宜参考或依据不均匀暴雨洪水重现期点据以及反曲点进行适线和拟定参数。

3.3 洪水系列的代表性分析

通过综合对比分析上述相对长、短年最大暴雨洪水系列重现期点据分布，可以初步认为：若暴雨洪水重现期上部点据偏离点群、分布呈参差不齐状，甚至出现反曲点，下部曲线段点据的分布形状尚未定形或呈扭曲状，出现不均匀、不稳定的状况，则该洪水系列代表性差；当洪水系列重现期点据呈稳定的均匀分布，且下部为典型的曲线、上部略呈直线分布趋势，则该洪水系列代表性尚好。

从年最大暴雨洪水相对长、短系列重现期点据的分布趋于均匀性及稳定性的演变情景中可以看出，当实测年最大暴雨洪水系列达到一定长度时，有的洪水系列整体上均匀性、稳定性较差，但在不均匀性、不稳定性的状态下也存在局部的均匀性、稳定性，如偏于下部曲线段的暴雨洪水重现期点据（或对称于中值附近 10 年或 20 年一遇以下的暴雨洪水重现期点据）分布的均匀性及趋于稳定性，好于其上部段点据。实测年最大暴雨洪水系列重现期下部曲线段点据是否均匀分布或趋于稳定，与系列 C_v 值大小及系列长度有关。

4 结语

当实测年最大暴雨洪水系列达到一定长度时，通过点绘及分析各地暴雨洪水系列重现期曲线分布图，本文初步归纳出以下几点认识：

（1）各地实测年最大暴雨洪水系列半对数重现期点据分布随 C_v 值的大小呈三种不同分布形状，即下凹形分布、上凹形分布及介于两者之间的相对“直线”形分布。下凹形分布、上凹形分布的点据，其下部点据呈显著的曲线状分布，上部点据略呈“直线”状分布趋势。

（2）P－Ⅲ型理论洪水重现期曲线随 C_v 值的大小变化呈三种不同曲线形状，即下凹形曲线、上凹形曲线及介于两者之间的相对“直线”形曲线，这与实测年最大暴雨洪水系列半对数重现期点据分布的变化趋势基本一致。P-Ⅲ型理论洪水重现期曲线由下部的典型曲线和上部的相对"直线"组成。

(3)在年最大暴雨洪水系列半对数重现期分布图中,下部曲线段的曲率及曲向可以表征洪水系列的 C_v 值的大小,而中值点、分界点是暴雨洪水重现期点据和P-Ⅲ型理论洪水重现期曲线中的重要特征点:分界点及其相对于中值点的对称点基本确定后,只有适线趋近中值点,才能比较好地确定洪水系列的 C_v 值。

(4)年最大暴雨洪水重现期点据分布均匀并趋于稳定,表明年最大暴雨洪水系列的代表性尚好,反之代表性差。多数情况下暴雨洪水系列的均匀性较差,但偏于下部的点据(或对称于中值附近10年一遇或20年一遇以下的点据),其分布的均匀性及趋于稳定性好于上部段点据。实测年最大暴雨洪水系列重现期下部曲线段点据是否均匀分布或趋于稳定,与年最大暴雨洪水系列 C_v 值大小及系列长度有关。

通过点绘年最大暴雨洪水重现期分布图的方式,可以从另一种形式和角度重新认识稀遇暴雨洪水的变化趋势。推估稀遇洪水时,应重点依据趋于均匀且稳定的重现期下部曲线段点据,重视中值点、分界点,认清反曲点。本文只是对年最大暴雨洪水系列重现期曲线的统计特性进行了初步的分析与归纳,还有待后续深化探讨,期望综合运用年最大暴雨洪水重现期曲线的统计特性,为推求误差小、可信度高的稀遇洪水探索出新的思路和解决问题的方法,推进"设计洪水亟待革命"的成功。

参考文献

[1] 刘光文. 泛论水文计算误差[J]. 水文, 1992(2):1-13.
[2] 刘光文. 水文频率计算评议[J]. 水文, 1986(3):10-18.
[3] 刘光文. 全国水文计算进展和展望学术讨论论文选集[C]. 北京:中国水利水电出版社,2003.
[4] 慕平,关红兵,夏燕青. 稳定的常遇洪水是推求稀遇洪水的基础[J]. 人民黄河,2007(12):29-30.
[5] 刘光文. 皮尔逊Ⅲ型分布参数估计[J]. 水文,1990(4):1-15.

渭河平原典型河流汇口水力特性研究
——以漆水河与渭河交汇口为例

谌 霞[1,2] 李 昇[1] 魏子淳[1] 刘盼盼[1] 马 龙[1] 杨 期[1]

(1. 西北农林科技大学水利与建筑工程学院,陕西杨凌 712100;
2. 西北农林科技大学旱区农业水土工程教育部重点实验室,陕西杨凌 712100)

摘 要:天然河流交汇区水流呈现复杂水力特性,对流域的河岸冲刷、泥沙输运影响显著。本文建立了漆水河与渭河交汇区水动力数学模型,并对该交汇区平水期与枯水期的水流运动开展了模拟研究。结果表明:干支流交汇后会形成水流偏转区和干支流掺混区,当支流流速远大于干流时(枯水期),交汇区出现分离区与挤压区,而平水期工况中均无明显分离区出现;受河道轮廓与江心洲的影响,两个时期不同工况下,水力特性存在明显差异,水力分区特征以及紊动能分布特征不同;汇流比增大时,河流交汇区和下游紊动能随之增大,受河道轮廓影响,河流局部呈现紊动能整体增大的现象。通过对漆水河与渭河交汇区的模拟研究,可为渭河平原类似汇口的河道治理、防洪防汛以及辫状河流中的水沙输运研究等提供理论依据。

关键词:水流交汇区;数值模拟;汇流比;渭河;漆水河

1 研究背景

在我国庞大的河流水系中,存在着大量干支流交汇现象,交汇区水流掺混强烈,支流汇入破坏了干流的水流平衡,相互顶托,呈现出复杂的水动力特征[1]。长期以来,为了探究明渠交汇区水流特征,国内外学者首先通过水槽试验、数值模拟等研究方法针对概化交汇模型水槽水流开展了大量研究。Best等[2]选择具有代表性的直角交汇水槽模型试验,首次将交汇区流场分为停滞区、流速偏向区、最大流速区、回流分离区、剪切层区、流速恢复区,该研究对于整个交汇区流场研究具有开拓性意义,但不足之处在于工况单一,未进行系统比对分析。刘盛赟等[3]进行了交汇水槽水气两相流模型模拟研究,进一步揭示了分离区尺寸和形状受交汇角、流量比、动量比影响下的变化规律。周舟等[4]通过建立等宽明渠三维模型,利用VOF方法模拟水流表面,研究了等宽明渠不同汇流比与交汇角条件下水流交汇区域分区特性。王冰洁等[5]建立了直角交汇明渠模型,通过分析分离区尺寸提出了分离区岸线修整优化的最佳方案。何勇等[6]建立了弯曲型交汇的模型,研究了不同流量比条件下凸凹岸交汇的水流特征。在研究非对称交汇模型的基础上,冯亚辉等[7]通过数值模拟研究得出了Y形对称交汇口滞留区和分离区特征水深随交汇角和汇流比的变化规律。

经过大量学者的研究,针对交汇水槽水流特征得出了具有普适性的结论。在此基础上,不少关于交汇区水流的研究中心转移到了天然河流交汇口。王海周等[8]通过物理模型试验研究了天然交汇河流水位的沿程变化规律和水位同流量的变化关系。张琦等[9]开展了数值模拟试验,得出交汇区水流特性

基金项目:国家自然科学基金青年基金资助项目(52109101);陕西省重点研发计划(2022SF-443);四川大学水力学与山区河流开发保护国家重点实验室2020年开放基金资助项目(SKHL2013);中国博士后科学基金资助项目(2019M653762);西北农林科技大学大学生创新创业训练计划项目(X202010712328)。

作者简介:谌霞(1988—),女,副教授,博士,研究方向为环境水力学。

会受到支流上游河流形态和支流流量制约结论。王协康等[10]选取长江与嘉陵江交汇区作为研究对象，建立了三维模型，分析了其在不同干支流来流情况下分离区的形态变化以及下游螺旋流的特征。高永胜等[11]通过三维数值模拟的方法对深溪沟与白沙河交汇区的水面特征、流速场、分离区的形状特征进行了分析。许泽星等[12]探讨了不同汇流比条件下岷江与白沙河汇口的水流分区特性。Guillén-Ludeña等[13]认为在以泄洪为主的干流，与以挟沙为主的支流交汇形成的山区水流交汇区中，汇流比、交汇角及支流的强挟沙能力是水动力学特性的主要影响因素；米潭等[14]通过建立平面二维自由表面流 MIKE 21 FM 模型，研究了不同汇流比下 Y 形河流交汇区污染物扩散情况。由于不同河流交汇区的河道地形地势复杂、交汇形式多变、河流流量时空差异较大，其流场及水流结构也呈现出一定差异。

渭河平原由于其地势相对平坦，河流交汇区多呈现较为典型的水深较浅的辫状交汇特征，而其复杂的水动力特征尚不明晰。因此，本文以陕西关中平原最大河流渭河与其支流漆水河的交汇口为研究对象，建立平面二维水动力数学模型。结合当地水文资料，选取了平水期（2019 年 5 月）与枯水期（2020 年 1 月）两组典型河流汇口作为研究区域，开展不同水流交汇条件下交汇区水动力特性研究，可为进一步探索该河流河道演变规律及水沙输运研究提供参考，也可为该河流河道优化整治、防洪度汛提供理论依据。

2 研究区域及模拟设计

渭河是黄河的最大支流，多年平均径流量 75.7 亿 m^3，陕西境内为 53.8 亿 m^3，关中平原降雨集中在 7—9 月，导致该时期渭河洪水灾害较多。漆水河属渭河一级支流，源出麟游县庙湾附近，于渭河中下游北岸武功县大庄乡白石滩汇入，交汇角度约为 40°，全河长 151 km，平均比降 4.7‰，流域近似扇形，流域面积 3 824 km^2，多年平均径流量为 0.854 2 亿 m^3。漆水河含沙量大，在泥沙输移过程中于交汇处冲积形成大大小小的江心洲，属于辫状河。

研究区域如图 1 所示，干流宽度较宽，支流宽度较窄，交汇区域河流面积增大且存在江心洲，不同时期下河岸轮廓与河心洲大小存在差异，同时，该区域水深相对较浅、宽深比大，平面二维模拟研究可以有效地体现水流基本特征，具有一定代表性。

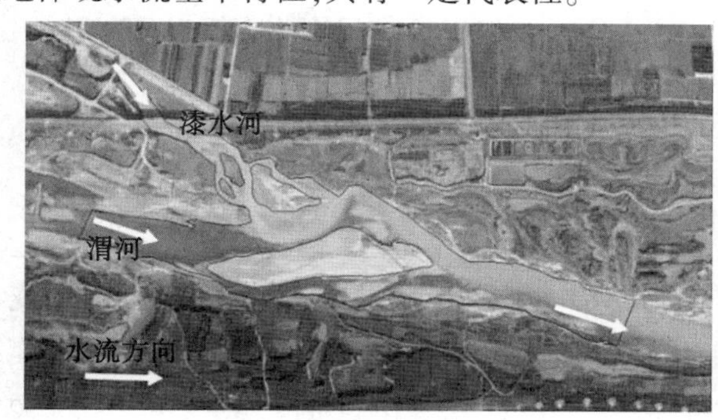

(a)枯水期

(b)平水期

图 1　研究区域示意图

由于交汇区水流掺混作用较强，紊动较强，因此本文紊流模型采用 RNG k-ε 模型。采用有限体积法对计算区域进行离散，压强-速度采用 SIMPLEC 算法耦合，松弛因子保持默认值，监视收敛残差小于 10^{-3} 认为结果收敛。基本控制方程如下：

（1）连续方程

$$\frac{\partial \rho}{\partial t} + \frac{\partial u_i}{\partial x_i} = 0 \tag{1}$$

（2）动量方程

$$\frac{\partial \rho u_i}{\partial t}+\frac{\partial}{\partial x_j}(\rho u_i u_j)=-\frac{\partial \rho}{\partial x_j}+\frac{\partial}{\partial x_j}\left[(\mu+\mu_t)\left(\frac{\partial u_i}{\partial x_j}+\frac{\partial u_j}{\partial x_i}\right)\right] \tag{2}$$

(3)紊流方程

k 方程:

$$\frac{\partial}{\partial t}(\rho k)+\frac{\partial}{\partial x_i}(\rho k u_i)=\frac{\partial}{\partial x_j}\left[\alpha_k(\mu+\mu_t)\frac{\partial k}{\partial x_j}\right]+G_k+\rho\varepsilon \tag{3}$$

ε 方程:

$$\frac{\partial}{\partial t}(\rho\varepsilon)+\frac{\partial}{\partial x_i}(\rho\varepsilon u_i)=\frac{\partial}{\partial x_j}\left[\alpha_\varepsilon(\mu+\mu_t)\frac{\partial \varepsilon}{\partial x_j}\right]+\frac{C_{i\varepsilon}^*\varepsilon}{k}G_k-C_{2\varepsilon}\rho\frac{\varepsilon^2}{k} \tag{4}$$

$$\mu_t=\rho C_\mu\frac{k^2}{\varepsilon} \tag{5}$$

$$C_{1\varepsilon}^*=C_{1\varepsilon}\frac{\eta(1-\eta/\eta_0)}{1+\beta\eta^3} \tag{6}$$

$$\eta=(2E_{ij}\cdot E_{ij})^{1/2}\frac{k}{\varepsilon} \tag{7}$$

$$E_{ij}=\frac{1}{2}\left(\frac{\partial u_i}{\partial x_j}+\frac{\partial u_j}{\partial x_i}\right) \tag{8}$$

式中:$i,j=1,2$ 分别代表 x,y 这 2 个坐标方向;ρ 为密度,kg/m^3;t 为时间,s;u_i、u_j 为流速在 x、y 方向的流速分量,m/s;x_i、y_j 为坐标分量;μ 为分子黏性系数,m^2/s;μ_t 为紊流黏性系数;k 为紊动能;ε 为紊动耗散率;经验常数取 $C_{1\varepsilon}=1.42$,$C_{2\varepsilon}=1.68$,$\sigma_k=1.0$,$\sigma_\varepsilon=1.3$,$C_\mu=0.0845$,$\eta_0=4.377$,$\beta=0.012$;G_k 为流速梯度产生的紊动能增加项。

本文选取渭河与漆水河交汇区平水期和枯水期两组水面为计算流体域,不同时期,两个计算区域的河岸轮廓与江心洲形态有所不同,区域尺寸约为 600 m×1 400 m,选取干流渭河长度约为 1 450 m,支流漆水河长度约为 630 m,交汇口距离渭河上游边界约 580 m。设置渭河上游进口边界与漆水河上游进口边界为速度进口,渭河下游出口边界为自由出流边界,江心洲以及河岸轮廓线作为无滑移固壁边界,固壁边界采用标准壁面函数法处理。各计算工况及边界条件见表 1、表 2,本研究于计算区域内绘制了优良的计算网格,采用四边形和三角形混合表面网格,模型一包含 47 795 个网格单元、45 843 个节点,模型二包含 50 744 个网格单元、48 757 个节点,具体网格划分如图 2 所示。

表 1　模型一模拟工况(枯水期)

工况	漆水河入口宽度/m	渭河入口宽度/m	漆水河流速/(m/s)	漆水河流量/(m^3/s)	渭河流速/(m/s)	渭河流量/(m^3/s)	流速比	流量比 R
工况 1	22.00	74.20	0.17	3.71	0.20	14.84	0.84	0.25
工况 2	22.00	74.20	0.34	7.42	0.20	14.84	1.69	0.50
工况 3	22.00	74.20	0.67	14.84	0.20	14.84	3.37	1.00
工况 4	22.00	74.20	1.64	36.10	0.20	14.84	8.21	2.43

表 2　模型二模拟工况(平水期)

工况	漆水河入口宽度/m	渭河入口宽度/m	漆水河流速/(m/s)	漆水河流量/(m^3/s)	渭河流速/(m/s)	渭河流量/(m^3/s)	流速比	流量比 R
工况 5	12.20	100.10	0.10	1.22	0.10	10.01	1.00	0.12
工况 6	12.20	100.10	0.41	5.01	0.10	10.01	4.10	0.50
工况 7	12.20	100.10	0.82	10.01	0.10	10.01	8.20	1.00
工况 8	12.20	100.10	1.64	20.02	0.20	20.02	8.20	1.00

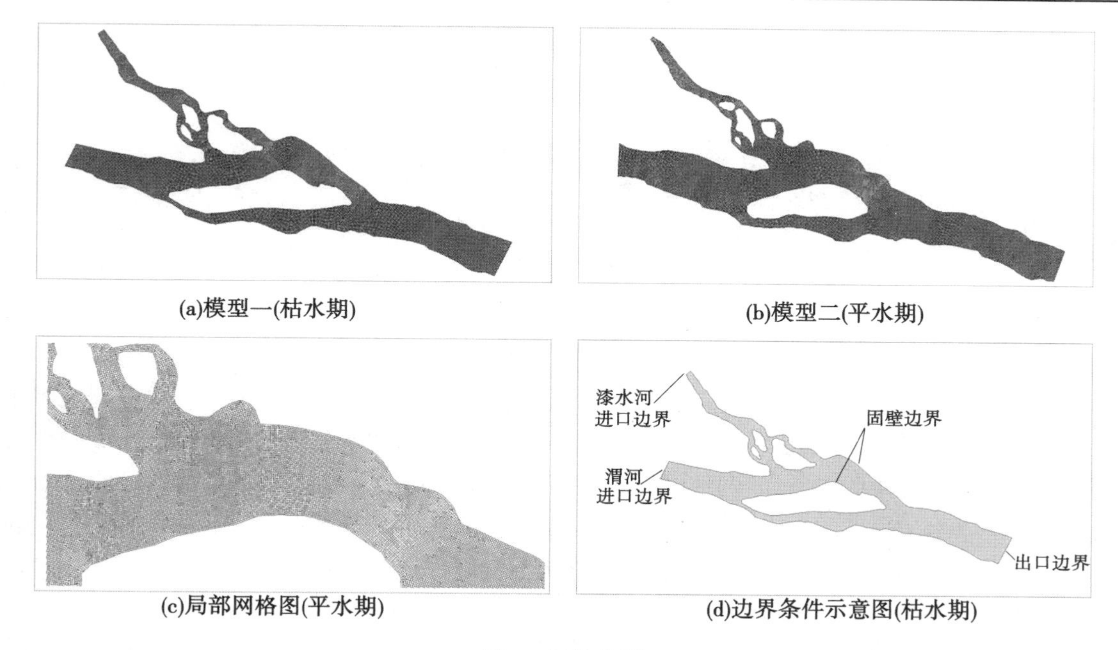

(a)模型一(枯水期)　(b)模型二(平水期)

(c)局部网格图(平水期)　(d)边界条件示意图(枯水期)

图 2　网格模型

3　结果与讨论

3.1　交汇区流速分布特性变化规律

为了探究漆水河与渭河交汇区流速场特征,本文在支流上游、干流上游、交汇口、右岸窄河道、交汇下游分别取 5 个特征点(见图 3),并绘制各点流速随流量比增大的变化折线图,如图 4 所示。由干流上游特征点 2 处流速变化折线图可得,当干流流量一定、支流流量增大即流量比增大时,干流上游处(特征点 2)流速保持稳定,受支流影响不大。通过对比特征点 3 和特征点 4 处流速变化折线可得,交汇区右岸窄河道(特征点 4)流速相比交汇口(特征点 3)增大趋势较缓,当流量比较小时,右岸窄河道流速大于交汇口处,当流量比较大时,交汇口处流速大于右岸窄河道。通过分析对比交汇口处(特征点 3)与交汇口下游处(特征点 5)的流速变化曲线,可以得到,下游处流速始终高于交汇口处流速,分析其原因为河心洲后下游两股水流汇聚,流速较交汇口处增大,且随着流量比增大,特征点 3 和特征点 5 两处流速差距逐渐减小,由此可以得出,当流量比增大时,交汇口处水流对河心洲后的汇聚水流流速影响增大,而右岸窄河道水流对下游水流影响减小。

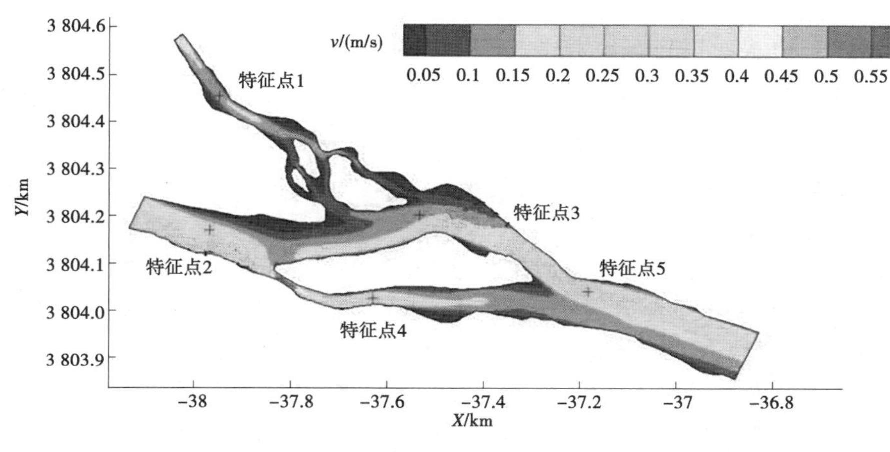

图 3　特征点示意图

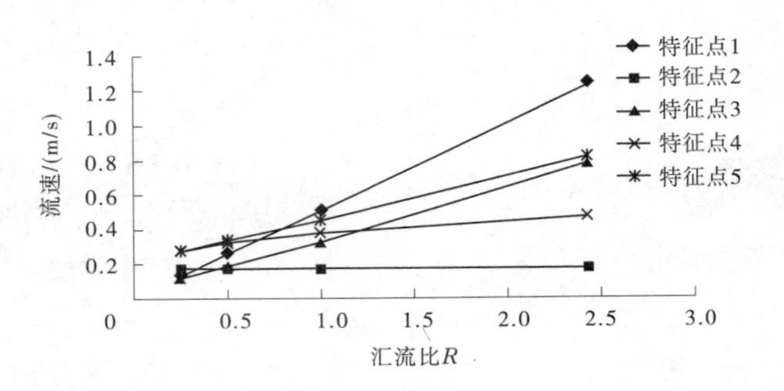

图4 特征点流速折线图(工况1~4)

在河流枯水期工况中,河道较窄,江心洲面积较大,会对交汇区水流形态与流速分布产生较大影响。图5(a)、(b)、(c)、(d)分别为工况1、2、3、4的交汇区流线图,可以看出,由于支流受到干流顶托和江心洲弯道的影响,交汇口处水流向左岸偏转流线弯曲明显,且随着支流流量增大,该偏转角度逐渐减小。由于特殊河岸轮廓的影响,干流上游左岸距入口220 m处出现回流区,该回流区随汇流比增大而变大。由于江心洲的存在,如图5(a)、(b)、(c)所示,在当汇流比较小的工况中,交汇口处并未出现明显的回流分离区;当汇流比 R 较大时,由图5(d)工况4交汇区流线图可得,在干支流交汇口靠近河心洲位置处出现顺时针漩涡状特殊水流结构,沿水流方向呈翼状贴合江心洲壁面分布。受该特殊流场的影响,交汇区过流断面变窄,水流收缩,流速增大。在交汇口下游,流线逐渐恢复顺直,横向流速分布由左侧集中逐渐向横向均匀分布。

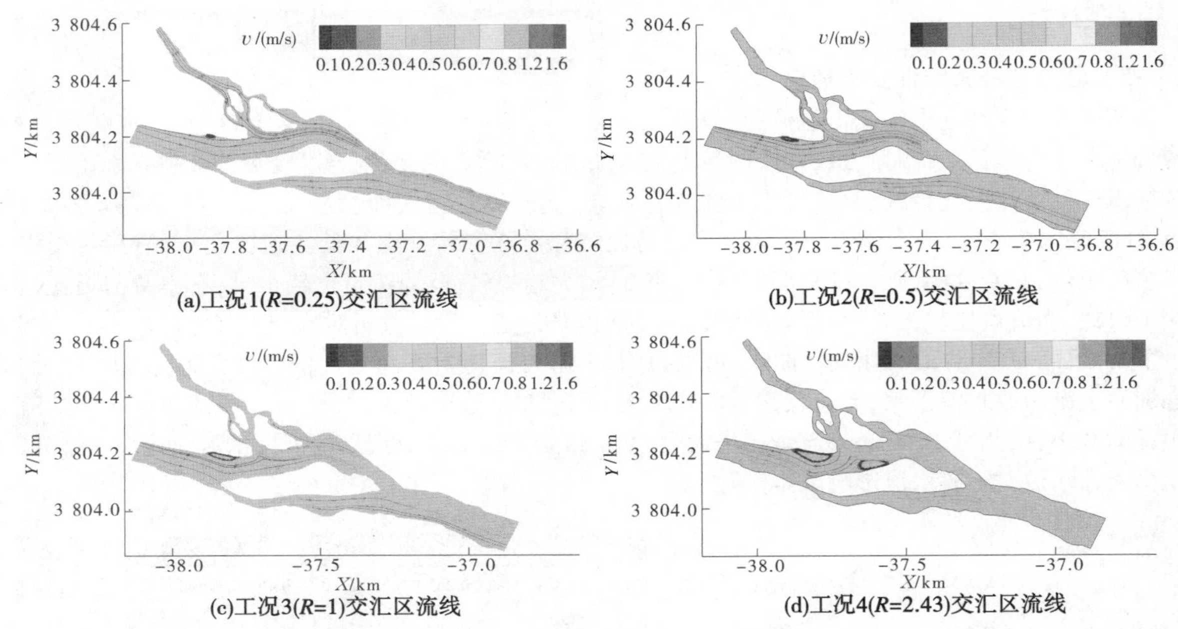

(a)工况1(R=0.25)交汇区流线　(b)工况2(R=0.5)交汇区流线

(c)工况3(R=1)交汇区流线　(d)工况4(R=2.43)交汇区流线

图5 枯水期各工况交汇区流线

当河流处于平水期,河道较宽,支流中江心洲数目较多,对支流水流形态产生了一定影响。图6分别为工况5、6、7的交汇区流线图,保持干流流量不变,改变支流流量,支流上游多处出现回流现象,沿 X 轴正方向将回流区划分为1号回流区、2号回流区、3号回流区;根据图6(a)、(b)、(c)不同工况下流线图分析,3号回流区的形成主要受特殊河岸轮廓条件影响,不同来流情况下未发生较大变化;不同工况中,1号回流区大小与位置均无明显变化;2号回流区大小随支流流量增大而变小,且位置向上游偏移。此外,不同汇流比 R 的工况中,交汇口内流线偏转弯曲明显,干支流汇聚流速增大,交汇区可以观察到明显的干支流掺混剪切区,但水流相对平顺,未出现明显分离区。

通过对比图7中工况7、8的交汇区流速场及流态特性分布图可知,当汇流比 R 保持为1不变,干支流流量同比增大,交汇区水流流速整体增大,交汇区及下游流场平顺,流态特性无明显变化。由此可以

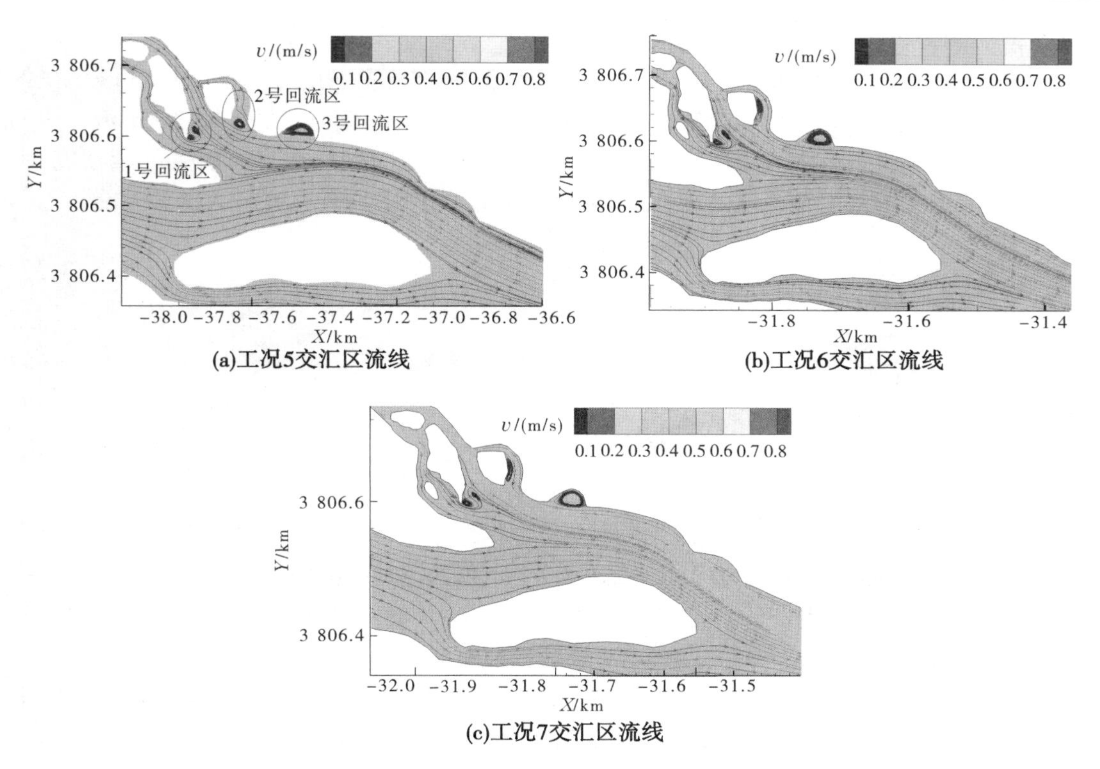

(a)工况5交汇区流线

(b)工况6交汇区流线

(c)工况7交汇区流线

图 6　平水期各工况交汇区流线

得出交汇区复杂特殊流速场产生的原因主要为干支流量不均衡变化。通过对比图 8 中工况 7、8 特征点流速数据,可出看出随着干支流流量同比增大,交汇区及下游(特征点 3、4、5)流速增大幅度相近。通过图 7(b)中工况 8 与图 5(c)工况 3 交汇区流速特性图对比分析,相同流量比与干流流速,不同流体区域中,工况 3 水流在交汇时偏转更明显,结合图 8 其特征点流速变化分析,虽然支流上游来流流速不同,但在交汇区发生交汇掺混作用之后,交汇区以及交汇区下游水流平顺区流速相差不大。

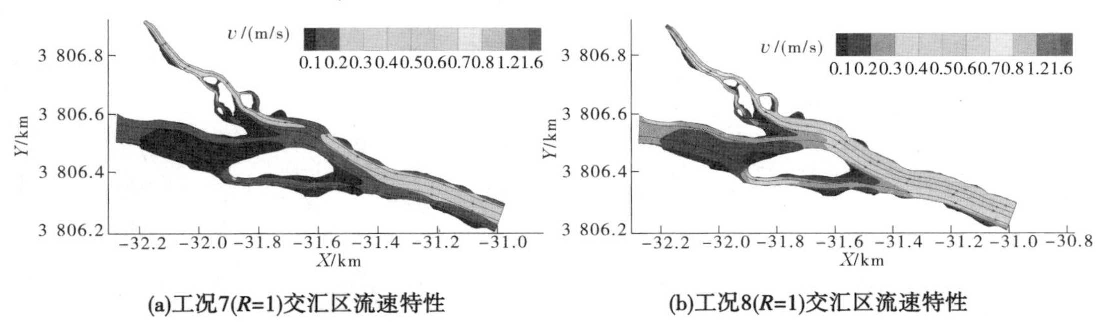

(a)工况7(R=1)交汇区流速特性

(b)工况8(R=1)交汇区流速特性

图 7　平水期工况交汇区流速特性图

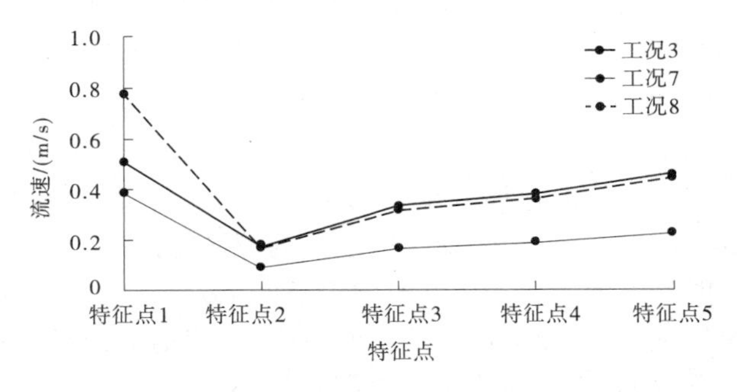

图 8　工况 3、7、8 特征点流速折线

3.2 交汇区紊动能分析

图 9(a)、9(b)为工况 2(R=0.5)与工况 3(R=1)交汇区紊动能强度分布图,分析可得,在各工况下,干流来流入口附近水流稳定,紊动能较小;受河道轮廓与江心洲的影响,支流上游与干流右岸的较窄河道中,河道有效过水面积小,水流流速增大,水体与边壁摩擦产生紊动,故具有较大的紊动能;水流交汇区及其下游由于水流的掺混和流速差的存在,水流产生剪切作用,同样具有较大的紊动能。

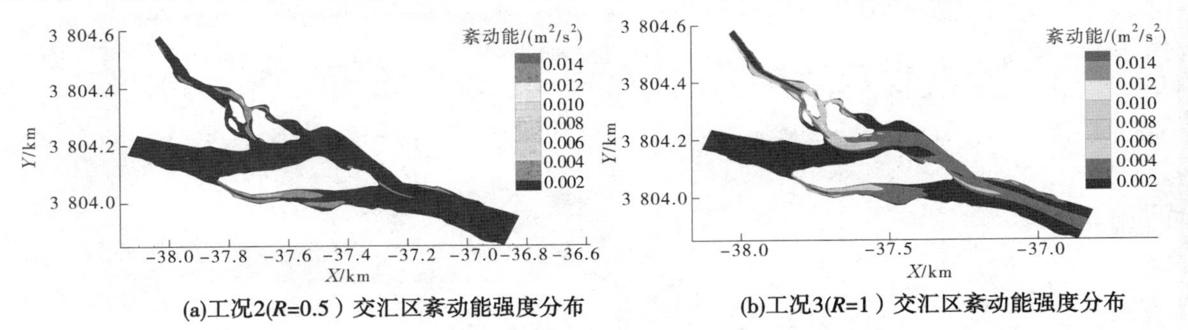

图 9 工况 2(R=0.5)与工况 3(R=1)交汇区紊动能强度分布

图 10 为工况 1~4 特征点紊动能折线图,当汇流比 $R\leqslant1$ 时,除干流上游(特征点 2)受支流影响较小,紊动能较小且较为稳定外,其余特征点紊动能均随支流来流流速增大而逐渐增大,当工况 4 汇流比 R 为 2.4 时,特征点 3 与特征点 5 紊动能显著增大,由此分析得出:随支流来流流速增大,支流、水流交汇区以及下游水流流速增大,水流的剪切作用更显著,水体紊动更强烈,故紊动能整体增大。通过对比图 11 中工况 3 与工况 8 特征点紊动能大小,分析可得,相同汇流比与干流流速,不同水流区域下,工况 8 在特征点 1 的紊动能大小远大于工况 3,产生该现象的原因为干支流流量同比增大,支流流速增大程度远大于干流,因此工况 8 中支流来流流速较大且水流剪切作用更显著,紊动能较大;工况 8 特征点 4 的紊动能大小明显小于工况 3,是由于工况 8 中右岸较窄河道宽于工况 3,水流掺混相对较弱,故水体与边壁摩擦产生紊动能更小。

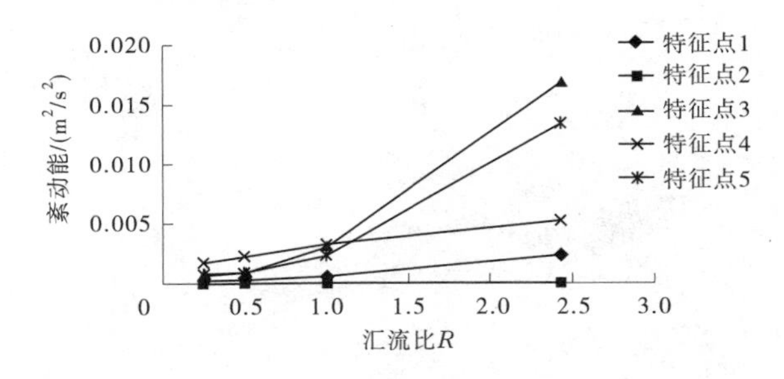

图 10 特征点紊动能折线图(工况 1~4)

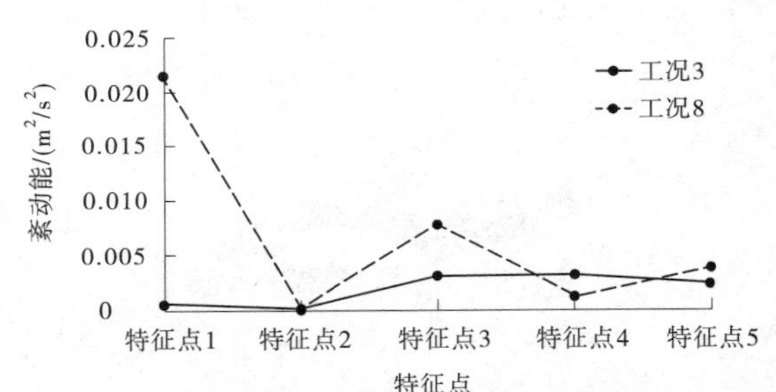

图 11 特征点紊动能折线图(工况 3、8)

3.3 不同时期下交汇区的分区特性异同

本文分别建立了 2019 年 5 月(平水期)与 2020 年 1 月(枯水期)的漆水河与渭河交汇区水动力模型,由于两个时期河岸轮廓与江心洲形态均存在明显差异,对水流分区特性有一定影响。

平水期河道宽阔,江心洲面积相对较小,水流交汇时形成的干支流掺混区,伴随着汇流比 R 的变化,并未出现明显分离区。枯水期河道窄,江心洲面积更大,干支流掺混区流速提高更明显,流线偏转区特征更显著。当汇流比过大时,支流流速远大于干流时,交汇区有分离区与收缩区出现,因此可以得出河道上游以及交汇区中江心洲的存在会影响交汇区水流的分区特性。

受江心洲的影响,不同时期渭河来流沿右岸窄河道流向下游,有效过水面积小,水流流速增大,紊动能偏大;根据不同工况研究发现,河流交汇后干流偏向左岸,流速随上游流速的增大而增大;受河道轮廓的影响,交汇区及上游存在不少回流区,回流区流速相对较小,紊动能较小。该现象可为交汇区河岸冲刷演变提供参考依据。

4 结论

本文建立了漆水河与渭河交汇区平面二维数学模型,通过控制流量比 R,开展了枯水期和丰水期交汇区水力特性的数值模拟研究,分析了不同水期和工况下漆水河与渭河交汇口流速分布特性、紊动能分布特性以及不同时期交汇区的分区异同,得出如下结论:

(1)汇流比的大小对漆水河与渭河交汇口水力特性变化显著,掺混区水流流速随汇流比增大而增大,下游流速随之增大。由于交汇口江心洲的顶托作用,下游干流均更偏向左岸。同一计算范围条件下,干支流流速同比增大时,交汇区及下游水流流速随之增大,其流速特性及分区情况无明显差异;相同汇流比与干流流速,不同计算范围条件下,枯水期工况交汇区水流偏转更明显,水流在交汇区发生掺混,交汇区及下游水流流速无明显差别。

(2)受河道轮廓影响,水流与边壁摩擦水体紊动强烈,同时由于流速差的存在,水流发生剪切作用,交汇区干支流掺混区以及由江心洲与右岸轮廓形成的较窄河道紊动能较大,不同工况下,分离区与回流区的紊动能普遍较小;相同汇流比与干流流速,不同计算范围条件下对比,河道变窄或流速差大,则水流紊动能大。

(3)不同时期工况下交汇区的分区存在明显差异,在平水期工况中未发现明显分离区的存在,枯水期漆水河流量大于渭河,流速远大于渭河时,交汇区分区特征较为明显,出现以回流结构为特征的分离区以及流速增大的收缩区,交汇区下游水流恢复平顺,为流速恢复区。除了汇流比的影响,河道轮廓、河道上游以及交汇区中江心洲也会影响交汇区的分区特性。

漆水河含沙量大,交汇口上游形态为辫状河流,通过本文对漆水河与渭河交汇区水力特性的研究可以为进一步研究辫状河流的水沙运动特性提供支持,同时本文的研究成果可为当地河道治理、水生物环境生态保护、防洪防汛等提供理论参考。

参考文献

[1] Best J L, Reld I. Separation zone at open-channel junctions[J]. Journal of Hydraulic Engineering, 1984, 110(11): 1588-1594.

[2] Best J L. Flow dynamics at river channel confluences: implications for sediment transport and bed morphology[J]. Special Publications, 1987, 39: 27-35.

[3] 刘盛赟,康鹏,李然,等. 水流交汇区的水动力学特性数值模拟[J]. 水利水电科技进展,2012, 32(4):14-22.

[4] 周舟,曾诚,周婕,等. 等宽明渠交汇口流速分布特性数值模拟[J]. 水利水运工程学报,2020(1):32-39.

[5] 王冰洁,周苏芬,王海周,等. 明渠干支河流直角交汇区整流方法探讨[J]. 四川大学学报(工程科学版), 2015,47(S1):7-12.

[6] 何勇,金生. 弯曲型交汇河口三维数值模拟研究[J]. 水利与建筑工程学报, 2019,17(2): 232-238,244.

[7] 冯亚辉, 李书友, 郭维东. Y 型交汇口水面形态特征的数值分析[J]. 人民长江, 2008, 39(16):63-66.

[8] 王海周,王冰洁,刘兴年,等. 明渠交汇区水位变化特性试验研究[J]. 四川大学学报(工程科学版), 2015, 47(S1): 13-17.

[9] 张琦,丁全林,钱乐乐,等. 交汇口支流水动力特性数值模拟研究[J]. 人民长江, 2017, 48(11):101-106.

[10] 王协康,周苏芬,叶龙,等. 长江与嘉陵江交汇区水流结构的数值模拟[J]. 水科学进展,2015,26(3): 372-377.

[11] 高永胜,叶龙,王以逵,等. 深溪沟与白沙河交汇区水流运动 3 维数值模拟[J]. 工程科学与技术,2020,52(2): 78-85.

[12] 许泽星,郑媛予,关见朝,等. 岷江都江堰河段交汇区水流运动特性数值模拟[J]. 工程科学与技术, 2019, 51(3): 59-66.

[13] Guillén-Ludeña S,Franca M J,Cardoso A H,et al. Evolution of the hydromorphodynamics of mountain river confluences for varying discharge ratios and junction angles[J]. Geomorphology, 2016, 255:1-15.

[14] 米潭,姚建. Y 型河流交汇区污染物扩散模拟研究[J]. 环境科学与技术,2020, 43(11): 9-16.

水工程联合调度防洪减灾效益评估方法研究

李美玉

（垦利黄河河务局，山东东营　257091）

摘　要：本文提出了一种水工程联合调度防洪减灾效益评估方法，从滩区行洪运用、排涝泵站限排调度、水库工程防洪调度、蓄滞洪区分蓄洪运用、堤防超标运用五个方面精准剥离不同工程的防洪效益与调度风险，解决水工程联合调度情景下防洪减灾效益分对象、分区域、分类别评估问题；为汛前防洪预案制订、汛中实时调度决策、汛后总结报告编写提供重要基础与技术手段。

关键词：水工程联合调度；防洪减灾；效益评估

防洪减灾效益评估是检验水工程防洪作用、挖掘调度应用潜力、开展极端洪水风险调控、提出防洪体系联合调度方案、明确防洪工程投入时机的重要基础与技术手段。每年汛前制订流域水工程联合调度运用计划、超标准洪水防御预案、防汛抗旱应急预案等方案，都需要回答通过水工程联合调度解决哪些区域防洪问题，解决到什么程度；每年汛中实时应对洪水过程中，水工程联合调度的防洪减灾效益预评估也是绕不开的问题，即通过科学评估各工程及工程群组的防洪作用，为实时调度方案拟订提供决策依据；每年汛后都要编制防汛总结报告，必然也需定量回答通过已实施的水工程联合调度，到底发挥了多大的防洪减灾效益。

然而目前，流域防洪工程数量逐年增加、可调度工程类别不断增多、调度对象及规模不断扩大、工程拓扑关系日趋复杂。水工程联合统一调度对象已由水库群逐步扩大至蓄滞洪区、滩区、泵站涵闸等，调度范围由上游扩展至全流域。诸多防洪工程的累计、叠加影响，使得水工程联合调度的防洪减灾效益评估变得异常复杂，亟须精细剖析各防洪工程在防洪体系中所起到的防洪作用及在超标准洪水条件下面临的防洪风险，以适应新时期、新常态下流域经济社会发展对防洪支撑保障能力的需求。目前，单一工程的防洪减灾效益评估理论及技术相对成熟，但多工程乃至全流域防洪工程体系联合调度的防洪减灾效益系统评估方法尚未见报道。现有评估手段多是采用经验总结和初步估算，无法客观反映各单一工程及多工程群组的防洪减灾效益，且在时效性、准确性等方面难以满足风险调控、综合应急管理等方面的实际需求。在此情景下，提出水工程联合调度防洪减灾效益评估方法就显得十分迫切[1]。

针对以上问题，本文提出了一种水工程联合调度防洪减灾效益评估方法，精准剥离不同工程的防洪效益与调度风险，解决水工程联合调度情景下防洪减灾效益分对象、分区域、分类别评估问题。

1　技术方案

1.1　基础资料收集分析及灾损与风险量化方法拟定

基础资料收集分析及灾损与风险量化方法拟定，具体包括防汛特征水位制定、风险定义、灾损定义、资料收集分析、风险与灾损计算。

1.1.1　防汛特征水位制定

堤防是防洪的基本措施，也直接承担着保障防洪保护区防洪安全的任务。为使堤防的防守工作能根据水情变化有序地进行，一般按防汛需要和堤防状况制定了几级不同的防汛特征水位，作为防汛调度中的重要依据；防汛特征水位主要有设防水位、警戒水位和保证水位三级，在各级不同特征水位情况下

作者简介：李美玉（1991—），女，经济师，主要从事水利水电工程方面的工作。

拟定有不同的防守方案,供防汛调度参考。

1.1.2　风险定义

风险定义为通过复核堤防稳定性,设定河道水位在某一水位 Z 时,Z>保证水位,堤防依然可安全行洪,不会发生溃决。①防洪工程体系按调度规程正常调度运用后,预报某河段防洪控制站水位将超过设防水位,但低于保证水位时,当地防汛抗旱指挥机构按照批准的防洪预案和防汛责任制的要求,组织专业和群众防汛队伍巡堤查险,严密布防。②在防汛实践中,预报水位将超过保证水位、低于堤顶设计高程时,如堤防渗透和抗滑稳定安全系数等指标仍在设计规范允许的安全范围内,堤防可能超过保证水位运行,需加强对本河段堤防的巡查防守;如河水位进一步抬升,堤防稳定性指标不在设计规范允许的安全范围内,将采取“撤”的措施,及时开展防洪保护区的人员转移;当预报洪水将达到或超过蓄滞洪区启用标准时,实施蓄滞洪区内居民转移、清场等工作。本发明将洪水带来的堤防、水库、蓄滞洪区等防洪工程巡查与防守成本,防洪保护区和蓄滞洪区应急避险转移安置成本统一纳入工程运行风险范畴。

1.1.3　灾损定义

灾损定义为水工程联合调度涉及的灾损,主要包括:河道水位超过堤顶设计高程时将发生漫堤,造成防洪保护区受淹,产生洪灾损失;蓄滞洪区分洪运用后将造成区内受灾;水库汛期库水位过高运用,若后期遭遇较大洪水会造成库区淹没。本发明将洪水造成的淹没损失定义为灾损。

1.1.4　资料收集分析

为满足水工程调度防洪减灾效益评估需要,需收集资料。本发明中的资料收集分析中收集的资料包括基础资料和相关资料,其中,基础资料包括流域或区域内的水文、地形、社会经济、防洪工程等资料,相关资料包括防汛特征水位、各地防洪方案和预案、防洪抢险投入、洪灾损失、防汛手册、洪水风险图等资料。

1.1.5　风险与灾损计算方法

(1)根据水文学法、水力学法、实际水灾法等分析计算洪水淹没范围、水深及历时等洪水淹没特征值。

(2)根据批准的防洪预案和当地防汛经验,构建河道洪水位(超保证、超警戒与超设防)、历时等参数与工程巡查防守成本和应急避险转移安置成本的相关关系。

(3)基于已有洪水风险图、模型计算、现场调查等方法,建立洪水淹没范围(水深、历时、流速等)与各类资产洪灾损失率的相关关系。

(4)根据洪水淹没特征值,评估有无防洪工程状态下及不同水工程调度后的洪灾损失。

1.2　工程运用前后河道水面线及超警、超保历时计算

1.2.1　确定工程运用次序

根据洪水量级及其发展趋势、防洪工程布局,防洪工程投入次序一般为相机运用滩区行蓄洪水、相机限制泵站对河湖排涝、充分利用上游水库群联合调度拦蓄洪水、视实时水情工情运用蓄滞洪区分蓄洪水或堤防超标运用(河道强迫行洪)[2]。

1.2.2　工程运用前后河道水面线计算

通过构建水文水动力数学模型,估算滩区分洪流量过程。

根据水量平衡法、水文统计法等估算沿河泵站排涝过程。

根据水库蓄量变化量、蓄滞洪区水位容积关系等,估算水库、蓄滞洪区蓄洪过程。

基于上述方法推求的干流河道上游来水边界(如有水库,则为坝址还原流量)和旁侧入流边界(各支流及未控区间控制断面还原流量),采用多模型(水动力学模型、水文模型、时变多因子相关图模型)演算实现干流河道来水还原计算,获得主要控制站多模型水位还原结果,综合考虑干支流来水特性、洪水组成、涨落关系及多模型演算结果,确定干流主要控制站最终还原计算成果。

(1)采用水文-水动力学模型还原计算防洪工程体系不运用(将滩区不行洪、沿河泵站不限排、蓄滞洪区不分洪、水库不拦洪)条件下河道沿程水面线 $Z_{1(t)}$ 及主要控制站最高洪水位 $Z_{1\max}$、超设防水位 Z_S

的历时 $T_{S1}=t(Z_{1(t)}|Z_{1(t)}\geqslant Z_S)$、超警戒水位 Z_J 的历时 $T_{J1}=t(Z_{1(t)}|Z_{1(t)}\geqslant Z_J)$、超保证水位 Z_B 的历时 $T_{B1}=t(Z_{1(t)}|Z_{1(t)}\geqslant Z_B)$。

(2)在(1)的基础上,分析计算运用滩区行蓄洪水后的河道沿程水面线 $Z_{2(t)}$ 及主要控制站最高洪水位 $Z_{2\max}$、超设防水位 Z_S 历时 $T_{S2}=t(Z_{2(t)}|Z_{2(t)}\geqslant Z_S)$、超警戒水位 Z_J 历时 $T_{J2}=t(Z_{2(t)}|Z_{2(t)}\geqslant Z_J)$、超保证水位 Z_B 历时 $T_{B2}=t(Z_{2(t)}|Z_{2(t)}\geqslant Z_B)$。

(3)在(2)的基础上,分析计算泵站限排后的河道沿程水面线 $Z_{3(t)}$ 及主要控制站最高洪水位 $Z_{3\max}$、超设防水位 Z_S 历时 $T_{S3}=t(Z_{3(t)}|Z_{3(t)}\geqslant Z_S)$、超警戒水位 Z_J 历时 $T_{J3}=t(Z_{3(t)}|Z_{3(t)}\geqslant Z_J)$、超保证水位 Z_B 历时 $T_{B3}=t(Z_{3(t)}|Z_{3(t)}\geqslant Z_B)$;

(4)在(3)的基础上,分析计算水库群拦蓄洪水后的河道沿程水面线 $Z_{4(t)}$ 及主要控制站最高洪水位 $Z_{4\max}$、超设防水位 Z_S 历时 $T_{S4}=t(Z_{4(t)}|Z_{4(t)}\geqslant Z_S)$、超警戒水位 Z_J 历时 $T_{J4}=t(Z_{4(t)}|Z_{4(t)}\geqslant Z_J)$、超保证水位 Z_B 历时 $T_{B4}=t(Z_{4(t)}|Z_{4(t)}\geqslant Z_B)$;

(5)在(4)的基础上,分析计算蓄滞洪区分洪运用后的河道沿程水面线 $Z_{5(t)}$ 及主要控制站最高洪水位 $Z_{5\max}$、超设防水位 Z_S 历时 $T_{S5}=t(Z_{5(t)}|Z_{5(t)}\geqslant Z_S)$、超警戒水位 Z_J 历时 $T_{J5}=t(Z_{5(t)}|Z_{5(t)}\geqslant Z_J)$、超保证水位 Z_B 历时 $T_{B5}=t(Z_{5(t)}|Z_{5(t)}\geqslant Z_B)$。

2 滩区行洪运用防洪减灾效益评估

2.1 水位降低作用

滩区行洪运用最大可降低河道洪水位 $\delta_1=Z_{1\max}-Z_{2\max}$,根据滩区运用前后的水位过程计算得到滩区降低超设防时间 $S_1=T_{S1}-T_{S2}$、超警戒水位时间 $J_1=T_{J1}-T_{J2}$、超保证水位时间 $B_1=T_{B1}-T_{B2}$。

2.2 防洪减灾效益评估

根据河道洪水位与工程巡查防守成本的相关关系 $C=f_1(Z_{(t)})$、河道洪水位与人员转移安置费用的相关关系 $D=f_2(Z_{(t)})$,计算得到滩区运用前的工程巡查防守成本 $C_1=f_1(Z_{1(t)})$ 和滩区运用后的工程巡查防守成本 $C_2=f_1(Z_{2(t)})$ 和人员转移安置费用 $D_2=f_2(Z_{2(t)})$。

根据防洪保护区洪水淹没范围(水深、历时、流速等)与各类资产洪灾损失率的相关关系 $W=f_3(Z_{(t)},v_{(t)},\cdots)$、为保护重点防洪保护区而做出牺牲区域的洪水淹没范围与各类资产洪灾损失率的相关关系 $S=f_4(Z_{(t)},v_{(t)},\cdots)$,计算得到滩区运用前的防洪保护区淹没损失值 $W_1=f_3(Z_{1(t)},v_{1(t)},\cdots)$、滩区运用后的防洪保护区淹没损失值 $W_2=f_3(Z_{2(t)},v_{2(t)},\cdots)$ 和滩区淹没损失 $S_2=f_4(Z_{2(t)},v_{2(t)},\cdots)$;其中,$v(t)$ 表示第 t 时刻的流速;$v_{1(t)}$ 表示滩区运用前第 t 时刻的流速;$v_{2(t)}$ 表示滩区运用后第 t 时刻的流速;$Z_{1(t)}$ 和 $Z_{2(t)}$ 对应的防洪保护区的淹没损失值、人员转移安置费用值、巡堤投入费用等三项差,再减去滩区运用损失值,即为滩区行洪运用的防洪减灾效益:

$$F_1 = W_1 - W_2 + C_1 - C_2 - D_2 - S_2 \tag{1}$$

3 排涝泵站限排调度防洪减灾效益评估

3.1 水位降低作用

排涝泵站限排最大可降低河道洪水位 $\delta_2=Z_{2\max}-Z_{3\max}$,根据泵站限排前后的水位过程计算得到超设防水位、警戒水位、保证水位的历时变化;降低超设防水位时间 $S_2=T_{S2}-T_{S3}$、降低超警戒水位时间 $J_2=T_{J2}-T_{J3}$、降低超保证水位时间 $B_2=T_{B2}-T_{B3}$。

3.2 防洪减灾效益评估

根据河道洪水位与工程巡查防守成本的相关关系,计算得到泵站限排后的工程巡查防守成本 $C_3=f_1(Z_{3(t)})$ 和滩区运用的人员转移安置费用 $D_2=f_2(Z_{2(t)})$。

根据洪水淹没范围(水深、历时、流速等)与各类资产洪灾损失率的相关关系,计算得到泵站限排后的防洪保护区淹没损失值 $W_3=f_3(Z_{3(t},v_{3(t)},\cdots)$ 和滩区淹没损失值 $S_2=f_4(Z_{2(t)},v_{2(t)},\cdots)$。其中,$v_{2(t)}$ 表

示滩区运用后第 t 时刻的流速；$v_{3(t)}$ 表示泵站限排后第 t 时刻的流速。$Z_{2(t)}$ 和 $Z_{3(t)}$ 对应的防洪保护区的淹没损失值、巡堤投入费用等两项差，即为泵站限排的防洪减灾效益：

$$F_2 = W_2 - W_3 + C_2 - C_3 \tag{2}$$

（说明：泵站限排前后均涉及滩区行洪运用的人员转移安置成本 D_2 和淹没损失 S_2）

4　水库工程防洪调度防洪减灾效益评估

4.1　水位降低作用

水库群拦蓄洪水最大可降低河道洪水位 $\delta_3 = Z_{3\max} - Z_{4\max}$，根据水库群蓄洪前后的水位过程计算得到超设防水位、警戒水位和保证水位的历时变化；降低超设防水位时间 $S_3 = T_{S3} - T_{S4}$、降低超警戒水位时间 $J_3 = T_{J3} - T_{J4}$、降低超保证水位时间 $B_3 = T_{B3} - T_{B4}$。

4.2　防洪减灾效益评估

根据河道洪水位与工程巡查防守成本和应急避险转移安置成本的相关关系，计算得到水库拦蓄后的工程巡查防守成本 $C_4 = f_1(Z_{4(t)})$ 和应急避险转移安置成本 $D_4 = f_2(Z_{4(t)})$（说明：水库超蓄将造成库区人员转移安置）。

根据洪水淹没范围（水深、历时、流速等）与各类资产洪灾损失率的相关关系，计算得到水库拦蓄后的下游防洪保护区洪灾损失值 $W_4 = f_3(Z_{4(t)}, v_{4(t)}, \cdots)$ 和库区淹没损失值 $S_4 = f_4(Z_{4(t)}, v_{4(t)}, \cdots)$（说明：水库超蓄将造成库区淹没损失，故水库拦蓄后的洪灾损失不仅包括下游防洪保护区的洪灾损失，还包括库区的淹没损失）。其中，$v_{4(t)}$ 表示水库拦蓄后第 t 时刻的流速；$Z_{3(t)}$ 和 $Z_{4(t)}$ 对应的防洪保护区的淹没损失值、人员转移安置费用值、巡堤投入费用等三项差，再减去水库淹没损失（若产生），即为水库群拦蓄的效益：

$$F_3 = W_3 - W_4 + C_3 - C_4 - D_4 - S_4 \tag{3}$$

（说明：水库群拦蓄前，仅涉及滩区行洪运用的人员转移安置 D_2 和淹没损失 S_2；水库群拦蓄后，同时涉及滩区行洪运用及水库超蓄引起的人员转移安置 D_2+D_4 和淹没损失 S_2+S_4）。

5　蓄滞洪区分蓄洪运用防洪减灾效益评估

5.1　水位降低作用

蓄滞洪区分蓄洪运用最大可降低河道洪水位 $\delta_4 = Z_{4\max} - Z_{5\max}$，根据蓄滞洪区分洪前后的水位过程计算得到超设防水位、警戒水位和保证水位的历时变化，降低超设防水位时间 $S_4 = T_{S4} - T_{S5}$、降低超警戒水位时间 $J_4 = T_{J4} - T_{J5}$、降低超保证水位时间 $B_4 = T_{B4} - T_{B5}$。

5.2　防洪减灾效益评估

根据河道洪水位与工程巡查防守成本和应急避险转移安置成本的相关关系，计算得到蓄滞洪区分洪后的工程巡查防守成本 $C_5 = f_1(Z_{5(t)})$ 和应急避险转移安置成本 $D_5 = f_2(Z_{5(t)})$（说明：蓄滞洪区分洪将造成区内人员转移安置）。

根据洪水淹没范围（水深、历时、流速等）与各类资产洪灾损失率的相关关系，计算得到蓄滞洪区分洪后的防洪保护区淹没损失值 $W_5 = f_3(Z_{5(t)}, v_{5(t)}, \cdots)$ 和蓄滞洪区淹没损失值 $S_5 = f_4(Z_{5(t)}, v_{5(t)}, \cdots)$（说明：蓄滞洪区分洪将造成区内淹没损失，故蓄滞洪区分蓄洪运用后的洪灾损失不仅包括防洪保护区的洪灾损失，还包括蓄滞洪区的淹没损失）；其中，$v_{5(t)}$ 表示蓄滞洪区分洪后第 t 时刻的流速；$Z_{4(t)}$ 和 $Z_{5(t)}$ 对应的防洪保护区的淹没损失值、人员人数和转移安置费用值、巡堤投入费用等三项差，再减去蓄滞洪区运用损失（包括经济损失和人口转移费用），即为蓄滞洪区分洪的效益：

$$F_4 = W_4 + S_4 + C_4 - W_5 - S_5 - C_5 - D_5 \tag{4}$$

（说明：蓄滞洪区分洪前，仅涉及滩区行洪运用和水库超蓄运用引起的人员转移安置 D_2+D_4 和淹没损失 S_2+S_4；蓄滞洪区分洪后，同时涉及滩区行洪运用、水库超蓄运用、蓄滞洪区分洪运用引起的人员转移安置 $D_2+D_4+D_5$ 和淹没损失 $S_2+S_4+S_5$）。

6 堤防超标运用防洪减灾效益评估

当 Z_{4max} 超过保证水位但低于堤顶设计高程，且堤防渗透和抗滑稳定安全系数等指标仍在设计规范允许的安全范围内，堤防可超过保证水位运行，即采取河道强迫行洪措施，避免蓄滞洪区分洪运用。

当 Z_{4max} 超过堤顶设计高程，但减少蓄滞洪区分洪数量后，Z_{5max} 低于堤顶设计高程，且堤防渗透和抗滑稳定安全系数等指标仍在设计规范允许的安全范围内，此时，可采取河道强迫行洪措施，减少蓄滞洪区分洪运用数量。

通过统计避免或减少的蓄滞洪区损失 $S_6=f_4(Z_{6(t)},v_{6(t)},\cdots)$ 和堤防超标运用后的工程巡查防守成本 $C_6=f_1(Z_{6(t)})$ 和应急避险转移安置成本 $C_6=f_2(Z_{6(t)})$，分析堤防超标运用产生的防洪效益，即

$$F_5 = S_6 - C_6 - D_6 \tag{5}$$

7 水工程联合调度防洪减灾效益评估

7.1 水位降低作用

水工程联合调度最大可降低河道洪水位 $\delta_5=Z_{1max}-Z_{5max}$，根据水工程联合调度前后的水位过程计算得到超设防水位、警戒水位和保证水位的历时变化，降低超设防水位时间 $S_5=T_{S1}-T_{S5}$、降低超警戒水位时间 $J_5=T_{J1}-T_{J5}$、降低超保证水位时间 $B_5=T_{B1}-T_{B5}$。

7.2 防洪减灾效益评估

水工程联合调度的防洪减灾效益为滩区行蓄洪水、限制泵站对河湖排涝、水库群联合调度拦蓄洪水、运用蓄滞洪区分蓄洪水、堤防超标运用强迫行洪的效益之和，即

$$F = F_1 + F_2 + F_3 + F_4 + F_5 \tag{6}$$

（说明：当滩区行洪、泵站限排、水库调度、蓄滞洪区分洪、堤防强迫行洪等措施中的某一项未实施时，累计防洪减灾效益相应扣除该分项效益）。

8 结语

针对水工程联合调度防洪减灾效益评估手段匮乏问题，本文从灾损与风险的视角创新性地提供了一种水工程联合调度防洪减灾效益评估方法，该方法能精准剥离不同工程的防洪效益与调度风险，且能解决水工程联合调度情景下防洪减灾效益分对象、分区域、分类别评估问题[3]。

本方法的实施填补了我国水工程联合调度防洪减灾效益评估的技术空白，是对现有后工程时期水工程联合防洪调度的补短板工作，具有重大的工程应用推广价值。

参考文献

[1] 金兴平. 水工程联合调度在 2020 年长江洪水防御中的作用[J]. 人民长江，2020，51(12)：8-14.
[2] 赵海燕. 水利工程防洪减灾效益分析与应用[J]. 工程技术，2020(4)，237.
[3] 黄艳. 流域水工程指挥调度实践与思考[J]. 中国防汛抗旱，2019，29(5)：805-815.

复苏河湖生态环境

黄河流域生态流量指标现状及监管对策探讨

谷 雨 韩柯尧 席春辉 朱彦锋 许 腾 李 蒙 王瑞玲

（黄河生态环境科学研究所，河南郑州 450003）

摘 要：黄河流域生态本底脆弱，水生态环境问题仍面临严峻挑战，生态流量是维护流域水生态系统功能与水环境质量的关键保障和核心要素。当前黄河流域生态流量监管工作仍处在初步阶段，生态流量指标与生态保护功能不适应、监管体系构建不完善等问题亟待解决。本文基于黄河流域水文情势和环境质量基本情况，分析当前黄河流域生态流量指标现状以及监管存在问题，并结合流域重要生态系统功能与保护目标，从流域整体性和系统性角度出发，对现阶段黄河流域生态流量指标确定、过程保障、监测评估和目标考核等方面提出监管建议。

关键词：黄河流域；生态流量；指标现状；监管建议

河流是地球生态环境系统的关键要素之一，河道生态流量的保障是维持河流健康的必然要求，也是生态文明建设的必由之路。自 2007 年世界环境流量大会发布《布里斯班宣言》后，各国逐渐对生态流量形成较为统一的认识[1]。发展至今，生态流量不仅具有自然属性，而且含有社会属性，强调人与自然的和谐共生，是社会经济用水与生态环境需水的平衡与纽带[2-4]。

黄河流域是我国重要的生态安全屏障，也是人口活动和经济发展的重要区域。当前，黄河流域生态保护与高质量发展上升为国家重大战略，开展黄河生态治理，实现高质量发展是建设美丽中国的重要根基之一[5]。然而，黄河流域水资源十分短缺，水资源开发利用率高达 80%，远超一般河流 40%的生态警戒线。面对黄河流域生态系统脆弱的严峻形势，构建并加强差异化的生态流量管控体系，是黄河流域实现水资源精准管控的重要路径之一，更是贯彻落实“还水于河”“三水统筹”的重要举措[6-7]。

1 生态流量不足是黄河流域突出水生态环境问题的重要原因

黄河流域目前面临突出的水资源、水生态和水环境问题，流域内多条河流存在不同程度的断流现象，包括全日性断流和间歇性断流。根据全国第三次水资源调查评价，在流域面积达 1 000 km^2 以上且天然状况下常年有水的河流中，黄河流域有 20 条支流出现过断流情况，其中黄河上游地区断流河流为 5 条，占全流域比例为 25%；黄河中游地区断流河流为 11 条，占全流域比例为 55%；黄河下游地区断流河流为 4 条，占全流域比例为 20%［见图 1(a)］。此外，如图 1(b)所示，我们在黄河流域“十四五”水生态环境保护规划研究中发现，黄河流域存在断流或出现过断流现象的河流多达 94 条（未区分季节性河流和常年有水河流）。黄河流域河流断流频发的主要原因是河流水资源衰减等自然因素与水资源过度开发利用等人为因素叠加，其中人为的开发利用活动被认为是主要影响因素[8]。

河流断流不仅对沿岸居民的生产生活产生影响，而且会引发流域内一系列的生态环境问题，如生态平衡失衡、生物多样性降低、自然植被次生演替、河流自净能力下降等。依据黄河流域“十四五”水生态环境保护规划研究统计的结果，黄河流域出现断流或存在断流现象的河流上共分布有 126 个国控断面，占流域总断面（“十四五”时期）数量的 44. 7%。如图 2 所示，“十三五”期间黄河流域水质不达标断面数量为 49 个（不含湖泊国控断面），其中 69. 4%的水质不达标断面分布在断流或出现断流现象的河流；

作者简介：谷雨（1993—），博士研究生，工程师，主要从事黄河流域生态保护相关研究工作。

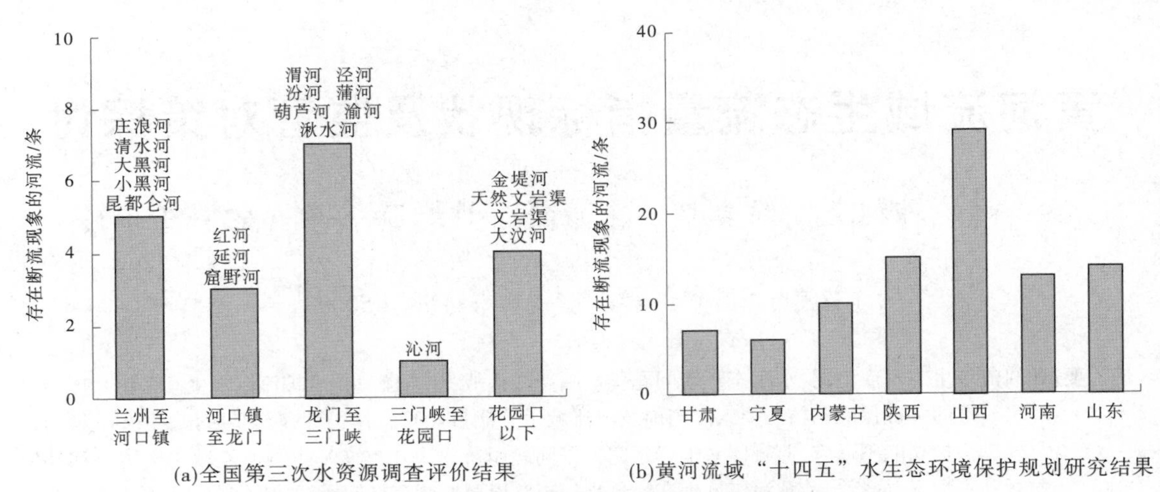

图 1　黄河流域存在断流或出现断流现象的河流

2021 年黄河流域水质不达标国控断面数量为 48 个，其中 81.3%的水质不达标断面分布在断流或者出现断流现象的河流。这一结果说明，尽管经过污染防治攻坚战，黄河流域水污染治理工作取得了显著成效，但不达标或不稳定达标断面还占有一定比例，且集中分布在断流或者出现过断流现象的河流。河流生态流量不足导致河流水体自净能力下降，污染物稀释作用减弱，是黄河流域水生态环境问题的重要原因之一。

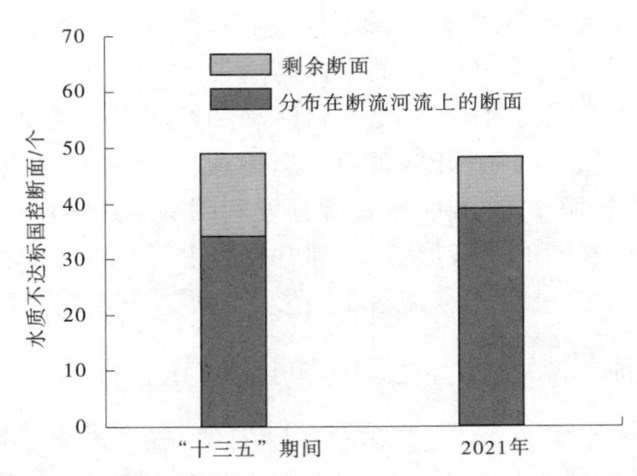

图 2　黄河流域“十三五”期间与 2021 年国控断面不达标情况

2　黄河流域生态流量指标现状及适应性分析

2.1　生态流量指标现状

目前黄河流域已确定的生态流量指标一部分出自《黄河流域综合规划》和湟水、洮河、伊洛河、沁河、北洛河等支流规划和规划环评中确定的生态流量指标，其中涉及黄河干流断面 6 个，支流断面 36 个。另一部分则是近年来水利部印发的第一至第四批重点河湖生态流量保障目标和渭洮河等支流分配方案确定的生态流量指标，其中涉及黄河干流断面 3 个，支流断面 17 个。图 3(a)为黄河干流已确定生态流量指标的断面情况，指标类型主要分为三类：生态需水量、最小下泄水量、生态基流。其中花园口与利津断面同时具有生态需水量与生态基流两种指标类型。黄河支流断面生态流量指标类型主要分为四类：多年平均下泄水量、生态需水量、月均最小生态需水量和生态基流，各目标类型涉及的断面数量分别为 22 个、25 个、8 个和 17 个[见图 3(b)]。

黄河流域生态流量的研究已受到广泛的关注，目前相关研究成果多集中在黄河干流[9-10]。以干流石嘴山、头道拐、龙门、潼关、花园口和利津断面为例，其关键期生态需水量是根据重点河段保护鱼类繁殖

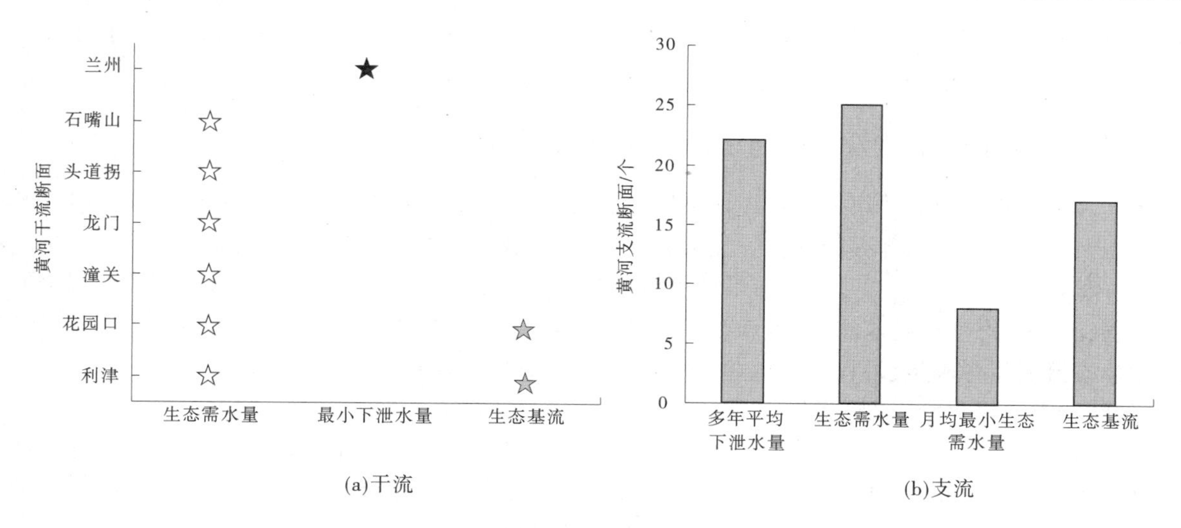

(a)干流　　(b)支流

图 3　黄河流域已确定生态流量指标

期、生长期对径流条件要求及沿黄洪漫湿地水分需求,并考虑黄河水资源条件和水资源配置实现的基础上而确定。对黄河支流而言,支流规划及规划环评确定的生态流量指标具有相对明确的生态学意义和生态环境保护目标及对象。而部分断面的生态基流指标则低于支流规划及规划环评确定的最小生态流量。

2.2　生态流量指标适应性分析

由前文分析可知,当前黄河流域,尤其是黄河支流面临突出水生态环境问题。为进一步分析黄河流域生态流量指标的适应性,我们对黄河上中下游的部分重要一级支流进行生态流量的核算。根据《河湖生态环境需水计算规范》(SL/T 712—2021),生态流量通常采用水文学法。我们以黄河流域代表性1956—2000 年天然水文系列为基础,采用国内外最为常用的 Tennant 与 Q_p 法对部分一级支流的生态流量进行核算。如图 4 所示,将已有支流规划确定的最小生态需水量与重点河湖保障目标等确定的生态基流与本次核算的结果进行对比。可以发现黄河上游支流,如湟水、洮河重要断面的生态流量与本次核算结果基本一致;而中下游支流的生态流量指标则基本小于本次核算的结果。值得注意的是,除伊洛河黑石关断面外,中下游其余支流断面的生态基流或最小生态需水量指标均小于 Tennant10%,包括渭河华县、沁河武陟、汾河河津、大汶河戴村坝断面。根据 Tennant 法表示的河流生态状况,当生态流量为

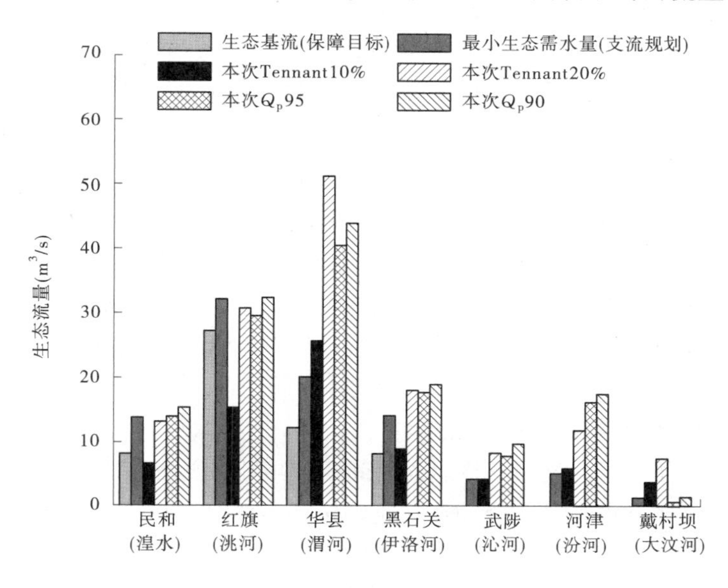

图 4　典型支流生态流量指标对比

Tennant10%时,对大多数水生生命体而言,是建议支撑短期生存栖息的最小瞬时流量;而当生态流量低于 Tennant10%后,河道内的生态状况将处于“极差”的境地,面临严重退化的风险[11]。

3 黄河流域生态流量监管存在问题及对策建议

黄河流域受水资源自然禀赋与经济社会发展双重影响,生态流量不足的问题呈现范围扩大化、区域差异化以及监管能力不足并存的现象。突出表现为:一是现阶段黄河流域,尤其是黄河支流的最小生态流量目标存在偏低的情况;二是生态流量监管对象及内容还不明确,生态流量的监管机制和过程保障措施不完善;三是生态流量的监测、监控和考核体系不健全。为加强黄河流域生态流量的监管,对现阶段流域内生态流量指标确定、过程保障、监测评估和目标考核等方面提出监管建议。

3.1 加快构建差异化的生态流量目标体系

当前,黄河流域生态流量的制定与监管工作还处在初步阶段,距离生态功能保护需求仍有较大差距。针对现阶段黄河流域,尤其是黄河支流的最小生态流量目标存在偏低的情况,建议在充分考虑河流生态环境功能定位与保护目标的基础上,针对河流存在的突出问题进行综合判定,并根据河流不同阶段的水资源、水生态和水环境状况进行动态调整,构建适用于黄河流域的生态流量指标体系。

(1)针对水资源较充沛的黄河上游支流如洮河、大通河等,应以保护优先,维持“良好-很好”的生态环境状况,确保生态流量稳定达到 Tennant20%的基础上,实现敏感期生态流量达到支流规划和规划环评要求,保障河流生态环境功能正常发挥。

(2)针对开发利用程度较高的湟水、渭河、伊洛河、沁河,应统筹多目标协调,努力维持“一般-良好”的生态环境状况。确保生态流量稳定达到 Tennant15%,水质不能稳定达标的河流原则上还应满足 Q_p95 核算的流量,并实现敏感期生态流量达到支流规划和规划环评要求,实现水质稳定达标,保障河流的基本生态环境功能正常发挥。

(3)针对水量及水质状况较为严峻的河流如汾河、大黑河、石川河、大汶河等,应确保底线,原则上其最小生态流量应不低于 Tennant10%,以维持河流基本生态环境功能。对于近期生态流量保障十分困难的河流,其最小生态流量应在不低于 Tennant5%的基础上,尽快在“十四五”期间提高生态流量的目标与保障。

(4)对于已有规划及规划环评和水利部确定的最小生态流量,并符合以上原则的河流,建议直接应用并据此开展生态流量监管。

(5)对于已有生态流量成果不符合以上原则的河流或目前还没有生态流量相关成果的河流,建议应用 Tennant 法和 Q_p 法基于天然系列进行核算,根据以上基本原则综合确定,并开展生态流量监管。

3.2 明确监管对象,加强过程保障

针对黄河流域生态流量的监管,建议应首先以断流或出现断流现象和水质不达标或不稳定达标的河流为重点监管对象。一方面,以最小生态流量(生态基流、最小生态需水量)的监管作为重点,通过构建上下游协调机制,优化调整水库调度运行等方式,加强生态流量的监管;另一方面,加强“还水于河”方案制订与落实的监管工作,审查流域再生水利用水平符合政策文件、规划及规划环评、项目环评等要求的情况,加强河道阻隔及河岸带侵占现象的监管。通过生态流量、再生水利用、岸线开发利用、事中事后等监管工作为黄河流域生态流量提供过程保障。

3.3 建立协同监测评估机制,实施动态化目标考核

生态流量的监管强调实时性,河流一旦遭遇长时间断流或生态流量不足将会对河流生态系统产生不可逆的损害。因此,建议建立水利、生态环境、农业农村等多部门协同的生态流量监测评价机制,加强生态流量的监测与提前预警功能。实施动态化的生态流量目标考核制度,针对生态流量不达标或不能稳定达标的断面,持续开展水生态环境监测,评估生态流量实施的生态环境效果,建立科学的生态流量考核评价方法。

4 结论

本文首先分析生态流量与黄河流域突出水生态环境问题的关系，发现黄河流域，尤其是黄河支流一方面存在较为严重的断流现象；另一方面，“十三五”及2021年间黄河流域水质不达标断面有69.4%和81.3%分布在断流或者出现断流的河流，断流引发的水体自净能力下降，是导致水环境质量下降的重要原因之一。

加强黄河流域生态流量的保障与监管是推动黄河流域“三水统筹”的重要举措。目前黄河流域已确定的生态流量指标包含多种类型，通过生态流量适应性分析发现，黄河流域部分支流的最小生态流量（生态基流、最小生态需水量）指标偏低，不利于维护河流正常的生态环境健康。此外，针对黄河流域生态流量的监管工作，建议构建差异化目标体系，分类实施，以断流或出现断流现象和水质不达标或不稳定达标的河流为重点监管对象，加强“还水于河”、事中事后等过程保障监管。通过建立多部门协同监测评估机制，实施动态化目标考核，确保河流不断流，保障自净用水，促进黄河流域水生态环境质量持续改善。

参考文献

[1] Arthington A H, Bhaduri A, Bunn S E, et al. The Brisbane Declaration and Global Action Agenda on Environmental Flows [J]. Frontiers in Environmental Science, 2018;6.

[2] 陈昂，吴淼，黄茹，等. 国际环境流量发展研究[J]. 环境影响评价，2019(1)：46-49.

[3] 张璞，刘欢，胡鹏，等. 全国不同区域河流生态基流达标现状与不达标原因[J]. 水资源保护，2022(2)：176-82.

[4] 连煜. 黄河生态系统保护目标及生态需水研究[M]. 郑州黄河水利出版社，2011.

[5] 王金南. 黄河流域生态保护和高质量发展战略思考[J]. 环境保护，2020(1)：17-21.

[6] 高欣，丁森，尚光霞，等. 黄河流域水生态环境问题诊断与保护方略[J]. 环境保护，2021(13)：9-12.

[7] 连煜，张建军. 黄河流域纳污和生态流量红线控制[J]. 环境影响评价，2014(4)：25-27.

[8] 范立民. 黄河中游一级支流窟野河断流的反思与对策[J]. 地下水，2004(4)：236-237.

[9] 唐蕴，王浩，陈敏建，等. 黄河下游河道最小生态流量研究[J]. 水土保持学报，2004(3)：171-174.

[10] 马真臻，王忠静，郑航，等. 基于低风险生态流量的黄河生态用水调度研究[J]. 水力发电学报，2012(5)：63-70.

[11] 徐志侠，董增川，周健康，等. 生态需水计算的蒙大拿法及其应用[J]. 水利水电技术，2003(11)：15-17.

黄河流域水生态保护修复思路与措施研究

史自立　肖宏琳　李楠楠

（黄河勘测规划设计研究院有限公司，河南郑州　450003）

摘　要：黄河是中华民族的母亲河，保护黄河是事关中华民族伟大复兴的千秋大计。在分析当前黄河流域水生态环境现状形势基础上，按照新时期治水新思路，提出了黄河流域水生态保护修复总体思路，构建了流域"三区一廊道"水生态保护总体布局，从8个方面提出了相应的水生态保护与修复措施，推动黄河流域的生态保护和高质量发展。

关键词：黄河流域；水生态保护；修复；措施

黄河是中华民族的母亲河，保护黄河是事关中华民族伟大复兴的千秋大计。黄河流域构成我国重要的生态屏障，是连接青藏高原、黄土高原、华北平原的生态廊道。上游河源区分布有三江源、祁连山、甘南、若尔盖等多个国家重点的生态功能区，具有重要水源涵养功能，被誉为"中华水塔"；中游黄土高原是我国北方重要的生态屏障；黄河河口三角洲是我国暖温带最完整的湿地生态系统，是主要江河河口中最具重大保护价值的生态区域，在我国生物多样性维持中具有重要地位。以黄河干流及主要支流、乌梁素海等重要湖库为主的河湖生态系统，是洪水泥沙排泄的重要通道和生物连通的重要生态廊道。

1　黄河流域水生态环境现状形势

1.1　流域生态本底脆弱，资源禀赋条件差

黄河流域地处干旱、半干旱地区，是我国水资源最为紧缺、供水矛盾最为突出的地区之一。黄河流经世界上面积最大的黄土高原水土流失区和巴丹吉林、腾格里、毛乌素、库布齐、乌兰布和等五大沙漠沙地，是我国生态脆弱区分布面积最大、生态脆弱性表现最明显的流域之一，流域资源环境承载能力低。

1.2　经济开发需求强烈，生态保护压力大

黄河流域分布有兰州、西安、济南等中心城市和中原等城市群，河套灌区、汾渭平原、黄淮海平原等粮食主产区是我国重要的能源基地。黄河上中游发展不充分，分布差5个全国集中连片特困区。流域经济社会发展不足，水土资源承载条件与经济社会发展不协调，生态保护压力持续加大。

1.3　生态环境保护统筹不足，协同治理能力弱

黄河流域生态环境整体性保护不足，综合治理措施不配套，缺乏系统治理。生态环境保护涉及上中下游、干支流、左右岸多省（区）和水利、自然资源、生态环境等多部门，"九龙治水"、分头管理问题突出，亟待加强协同治理和联动管控。

2　水生态保护修复总体思路与布局

2.1　总体思路

按照"治理黄河，重在保护、要在治理"的重要指示，践行"节水优先、空间均衡、系统治理、两手发力"的新时期治水思路，落实"水利工程补短板、水利行业强监管"的改革发展总基调，以维持黄河流域生态安全和黄河健康生命为目标，以水资源与水环境承载能力为刚性约束，坚持山水林田湖草综合治理、系统治理、源头治理，协同流域与区域、部门与行业，统筹水量、水质、水域空间和水生态，按照突出

作者简介：史自立（1985—），男，工程师，从事项目管理工作。

“保”、严格“控”、系统“治”、协同“管”的总体思路，构建黄河流域“三区一廊道”生态保护总体布局，共同抓好大保护，协同推进大治理。

（1）突出“保”。黄河流域生态脆弱，资源禀赋条件差，坚持生态优先、绿色发展，将生态保护作为最大前提。以黄河流域重要水源涵养区、生态极度脆弱区及敏感区、珍稀濒危土著鱼类及水生野生动物重要栖息地为重点，强化黄河流域生态保护，顺应河流自然演变规律，发挥河湖生态自我修复能力，强化河源区水源涵养功能维护、黄土高原水土保持、河口三角洲生态保护，维护河湖水系生态廊道。

（2）严格“控”。以约束和调整人类行为为主线，合理划定水生态空间范围，加强水生态空间用途管制，严格保护河湖生态空间；以水资源为最大刚性约束，严控水资源无序、过度开发利用，保障河湖生态流量和入海水量；强化水环境承载能力约束，严格控制污染物入河量。

（3）系统“治”。针对河源区局部水源涵养功能降低、河湖及河口生态受损、支流水环境质量下降、黄土高原水土流失、地下水超采等问题，因地制宜，系统采取水源涵养、水土保持、水生态修复、生态流量保障、水污染防治等综合措施，开展河湖生态环境综合治理。

（4）协同“管”。针对流域生态保护“九龙治水”、分头管理问题，建立流域统筹、部门协调、区域配合的生态保护协同长效机制，推进监测站网共建和信息共享，构建水资源水生态监测、监控、评估、反馈体系，开展绩效评价考核及联合执法监管等。

2.2 总体布局

黄河生态系统是一个有机整体，充分考虑上、中、下游的差异，构建以河源区、黄土高原区、河口区为重点，黄河干支流为主线的“三区一廊道”生态保护格局。

河源区以三江源、祁连山、甘南、若尔盖等水源涵养区为重点，推进实施一批重大生态保护修复和建设工程，提升上游水源涵养能力；黄土高原区突出抓好水土保持，以自然修复为主，因地制宜建设旱作梯田和淤地坝，提高蓄水保土能力；河口区以天然湿地保护为重点，开展河口三角洲生态补水，促进受损生态系统修复，提高生物多样性；以黄河干流及主要支流为重点，严格水生态空间管控，开展水库生态调度，保障生态流量，维持河流廊道功能。强化水环境承载能力约束，加强黄河干流水环境保护，加大支流水环境治理。

3 水生态保护修复具体措施

坚持山水林田湖草是一个生命共同体，坚持因地制宜、分类施策，提升流域水生态系统稳定性和质量，打造上中下游相协调、人与自然相和谐的绿色生态廊道，筑牢国家生态安全屏障。

3.1 加大河源区涵养功能保护力度

以三江源、祁连山、甘南、若尔盖等水源涵养区为重点，实施封育保护、退牧还草、植被恢复、湿地修复、沙化治理、生态移民等重大生态保护修复工程。以秦岭、子午岭、六盘山、伏牛山等重点支流源区为重点，实行小治理、大保护，加大封山禁牧、轮封轮牧和封育保护力度。

3.2 推进黄土高原区水土流失综合防治

建立以小流域为单元，实施以淤地坝、旱作梯田和林草植被建设为主要措施的立体综合治理体系，形成“山顶植树造林戴帽子，山坡兴修梯田系带子，山腰退耕种草披褂子，沟底筑坝淤地穿靴子”等治理模式，提高水土保持水平。

3.3 继续开展河口三角洲生态保护

强化河口生态空间管控，科学开展水系连通，实施生态补水，保障入海水量，为河口三角洲湿地生态系统保护和修复提供水力条件，促进河口水生态系统质量和稳定性提升。

3.4 推进河流生态廊道功能维护

①严格河湖空间管控。划定河湖水生态管控空间，制订水生态空间管控方案，推动河湖生态系统持续向好，保障河湖生态水量。构建黄河流域主要河湖生态流量指标体系，确定生态流量近期管控目标和远期目标，提高生态流量保障程度。②开展河湖生态系统修复。加强河流湿地保护，严禁不合理的开发

和开垦。③构建沿黄人工绿洲生态带。合理确定河道外人工湿地规模,严格限制引黄河水资源过度建设人工水面。④绿色小水电发展。重要生态保护河段禁止新建小水电,过度开发河段小水电有序退出。

3.5 加强流域水资源保护

强化水环境承载能力约束,严格控制入河污染物总量,强化水域功能管控;推动水环境协同治理,推进入河排污生态治理;实施农村水系综合整治,促进流域水环境持续改善;加强集中式饮用水水源地保护,实施城镇、农村饮用水水源综合保护与修复,开展引调水工程水源保护。

3.6 强化重点区域地下水保护和治理

开展地下水超采治理,实施退减耕地面积、水源置换等综合治理措施,逐步实现地下水采补平衡;实施地下水保护工程;对窟野河、汾河、金堤河等沿岸浅层地下水污染区域,实施治理保护与修复工程;加强地下水监管,以县域为单元,确定地下水水量、水位双控指标。

3.7 提升水生态环境保护支撑能力

建立水生态水资源保护监测体系。推进水生态监测工作,建设水质水量水生态协同监测站网和监测信息管理系统,构建水资源水生态监测评估反馈体系,建立饮用水水源监测体系,提升水生态保护的科技支撑能力。

3.8 创新生态保护协同体制机制

依托河长制湖长制,流域机构联合流域省区以及发展改革、自然资源、生态环境、城乡建设等部门,建立流域统筹、部门协作、省区参与的黄河流域生态保护协同长效管理体制机制。建设黄河流域生态保护议事协商平台,研究建立流域水生态补偿机制和水生态空间管控机制,提升黄河流域生态保护协同水平,共同抓好大保护,协同推进大治理。

4 结论

中华民族的起源同黄河有着密切的关系,随着社会的不断发展,如何对新时期黄河流域的水生态进行保护和修复成了当前面临的重要问题。在开展水生态保护和修复时,要以尊重自然规律为基础,不断地进行反思和总结经验,促进黄河流域水生态环境质量的提升及人与自然和谐发展。

参考文献

[1] 黄河水利委员会.黄河流域综合规划(2012—2030年)[M].郑州:黄河水利出版社,2013.
[2] 刘晓燕.黄河环境研究[M].郑州:黄河水利出版社,2009.
[3] 王兆印,田世民.黄河的综合治理方略[J].天津大学学报,2008,41(9):1130-1135.
[4] 郑子彦,吕美霞,马柱国,等.黄河源区气候水文和植被覆盖变化及面临问题的对策建议[J].中国科学院院刊,2020,35(1):61-72.
[5] 吴海莲,刘生明.黄河源区生态环境形势[J].草业与畜牧,2011(7):42-43.
[6] 张军燕,张建军,杨兴中,等.黄河上游玛曲段春季浮游生物群落结构特征[J].生态学杂志,2009,28(5):983-987.
[7] 李小玲,朱进锋,黄玉景,等.黄河中游生态环境建设探讨[J].河南科技,2013(5):163.

黄河流域生态环境协同管理理论初探

张　立

（生态环境部黄河流域生态环境监督管理局，河南郑州　450004）

摘　要：黄河流域水资源严重短缺、生态环境脆弱，经济社会发展与生态环境关系密切，长期以来以农业生产、能源开发为主的经济社会发展方式与流域资源环境承载能力不相适应，流域生态环境形势严峻。针对流域生态环境的整体性、系统性以及人类活动对生态环境胁迫的复杂性，分析流域生态环境协同管理的必要性，阐述流域生态环境协同管理的内涵、主客体、要求、形式、保障机制等，初步搭建了黄河流域生态环境协同管理框架。

关键词：协同管理；生态环境；黄河流域；整体性；系统性

黄河流域属资源型缺水，生态环境脆弱，流域经济社会与生态环境间协调任务艰巨，习近平总书记多次指出要共同抓好大保护，协同推进大治理。黄河流域生态环境具有整体性、系统性以及人类活动对生态环境胁迫的复杂性，决定了要将协同理念贯彻到流域生态环境管理的各层级、各领域、各要素，构建完善的协同管理体制机制，促进流域生态环境管理合力凝聚、提高管理效能，实现流域生态环境高水平保护和经济绿色高质量发展。通过梳理黄河流域生态环境协同管理现状，基于生态环境与经济社会发展之间的胁迫关系，从协同管理的内涵、主客体、要求、形式和保障等方面初步搭建了黄河流域生态环境协同管理框架。

1　黄河流域生态环境协同管理现状

1.1　流域生态环境管理体制现状

随着我国从流域管理到流域生态环境管理的范围拓展，从职责分工到规范协作，流域生态环境管理体制在不断发展。在流域与区域相结合的流域管理体制基础上，2016 年，“河长制”在全国广泛推行，提高了政府治污工作的协调管理，最大程度地整合了各级政府的执行力。2017 年，《按流域设置环境监管和行政执法机构试点方案》提出，要遵循生态系统整体性、系统性及其内在规律，将流域作为管理单元，统筹上下游、左右岸，理顺权责，优化流域环境监管和行政执法职能配置。2018 年，生态环境部整合了其他六部门的相关职责，强化了生态环境制度制定、监测评估、监督执法和督察问责四大职能，既有助于解决生态环境保护涉及多个部门职责不清、监管力量分散等问题，也有利于理顺资源环境领域“九龙治水”的管理体制。我国流域生态环境管理体制的逐步完善，为进一步开展流域生态环境协同管理提供了坚实基础。

1.2　流域生态环境协同管理理论研究现状及实践发展

1.2.1　流域生态环境协同管理理论研究现状

我国流域生态环境协同管理相关理论研究起步较晚，大都集中于流域水环境管理、流域生态协同治理研究。王俊敏等[1]基于协同论视角构建跨域政府协同治理分析框架，并构建流域政府协同机制。林永然等[2]从协同治理角度研究了黄河流域生态保护的实践路径。付景保[3]则指出协同治理是解决黄河流域生态环境问题的必然选择。潘开灵等[4]在基于协同学的思想基础上提出“管理协同”，研究了管理协同的过程模型，并将管理协同的机制构造分为形成机制和实现机制。刘绍霆[5]综述了我国的水环境管理技术和方法，指出当前我国的流域管理体制并不协同。郭勇[6]将协同论应用于水环境管理中，分析构建起区域水

作者简介：张立（1988—），女，工程师，主要从事黄河流域生态环境方面的规划工作。

环境多部门协同管理模型,为我国水环境协同管理领域的问题分析与解决提供了必要的理论和方法。

1.2.2 流域生态环境协同管理实践发展

虽然我国尚未建立系统的流域生态环境协同管理机制,但流域生态环境协同管理已在实践中探索并向前发展。协同管理理念分散体现于相关法规政策要求中,《中华人民共和国水污染防治法》规定了以整个流域或各区域为单位的统一规划水污染防治要求;《中华人民共和国环境保护法》规定了国家建立跨行政区域的流域环境污染联合防治协调机制;《黄河流域生态保护和高质量发展规划纲要》印发,流域水生态环境保护、水环境综合治理规划有序推进;《水污染防治行动计划》及黄河生态保护治理攻坚战实施进一步推动多部门保护治理协同落地;《关于建立跨省流域上下游突发水污染事件联防联控机制的指导意见》(环应急〔2020〕5号)鼓励推动建立跨省流域突发水污染事件联防联控机制;水利部黄河水利委员会和生态环境部黄河流域生态环境监督管理局(简称生态环境部黄河局)共建了黄河流域突发水污染事件联防联控协作机制;《关于充分发挥检察职能服务保障黄河流域生态保护和高质量发展的意见》引导多地签订黄河流域生态环境保护司法协作框架协议;《支持引导黄河全流域建立横向生态补偿机制试点实施方案》(财资环〔2020〕20号)印发,山东与河南"对赌"协议(《黄河流域(豫鲁段)横向生态保护补偿协议》)签订,跨部门跨区域联合机制逐步完善;《十省区科技厅关于加强科技创新协作促进黄河流域生态保护和高质量发展的联合倡议书》发布,黄河流域生态保护和高质量发展联合研究中心、协同智库纷纷成立,科技协同不断创新。

可以看出,黄河流域生态环境协同管理的研究总体较少,实践内容相对分散,协同管理的顶层设计尚未形成。

2 黄河流域生态环境与经济社会发展之间的胁迫关系

2.1 黄河流域生态环境脆弱敏感性

黄河流域水资源禀赋条件差,多年平均天然径流量仅为长江的5%,人均水资源量约为全国平均水平的1/5,流域大部分位于干旱、半干旱地区,是我国水资源最紧缺、供水矛盾最为突出的地区之一。黄河流经世界上面积最大的黄土高原水土流失区和巴丹吉林、腾格里、毛乌素、库布齐、乌兰布和等五大沙漠沙地,是我国生态脆弱区分布面积最大、脆弱生态类型最多、生态脆弱性表现最明显的流域之一,上游的高原冰川、草原草甸和三江源、祁连山,中游的黄土高原,下游的黄河三角洲等,都极易发生退化,恢复难度极大且过程缓慢。

2.2 黄河流域经济社会发展活跃性

作为我国重要的经济地带,黄河流域各省份2020年地区生产总值25.4万亿元,约占全国的25%。流域流经的9个省(区)汇聚了我国大量的人口,特别是山东、河南、陕西等均属于人口大省、农业大省。黄河流域不仅是我国重要的农牧业生产基地,分布有黄淮海平原、汾渭平原、河套灌区等农产品主产区,粮食和肉类产量占全国的1/3左右,而且是我国重要的能源、化工、原材料和基础工业基地,拥有丰富的水能、煤炭、石油、天然气和有色金属资源,被称作我国的"能源流域",整体经济社会发展活跃。

2.3 流域生态环境与经济社会发展的胁迫关系

黄河流域的生态环境状况是流域经济社会发展的重要基础和影响因素。黄河流域以有限的水资源和脆弱的生态系统支撑全流域多年来的快速发展,生态环境承受了巨大的压力。虽然通过多年的治理保护,流域生态环境持续恶化的趋势得到了抑制,但仍存在河源区生态退化、上游面源污染、中游水土流失、下游及河口地区生态破坏和流域层面的生态流量不足、水生态水环境污染等突出生态问题。随着经济社会的发展,流域内生态、资源、经济、社会等多方面要素相互影响,引发水资源供需矛盾和复合性生态功能失衡,造成了跨区域、大范围、长时间的生态环境-经济社会发展胁迫,导致不平衡、不协调的矛盾越来越突出。

流域从源头到河口作为一个完整性、整体性极强的自然区域,涉及河流上下游、左右岸及附近区域,其界限不同于传统行政区域的划分,加之流域大部分地区位于西北区域,行政能力较之南方发达地区比较薄弱,涉及的区域行政单位分割复杂。区内生态环境、水利、自然资源、农业农村等职能部门管理往往各自为政,业务条块化,职能专业化,使得各区域、各职能部门管理碎片化严重,在生态环境-经济社会发展胁迫形势下,流域生态环境管理效能提升面临极大挑战。流域生态环境管理困境主要在于"碎片化管理",寻求协同管理模式是破解流域生态环境与经济社会发展胁迫关系的重要路径[7]。

3　黄河流域生态环境协同管理框架

基于资源依赖理论、整体性治理理论、府际合作理论、协同治理理论等,结合对流域生态环境协同管理的认识,提出黄河流域生态环境协同管理框架,主要包括协同管理的主客体、要求、组织形式、保障机制等,黄河流域生态环境协同管理框架框架示意见图1。

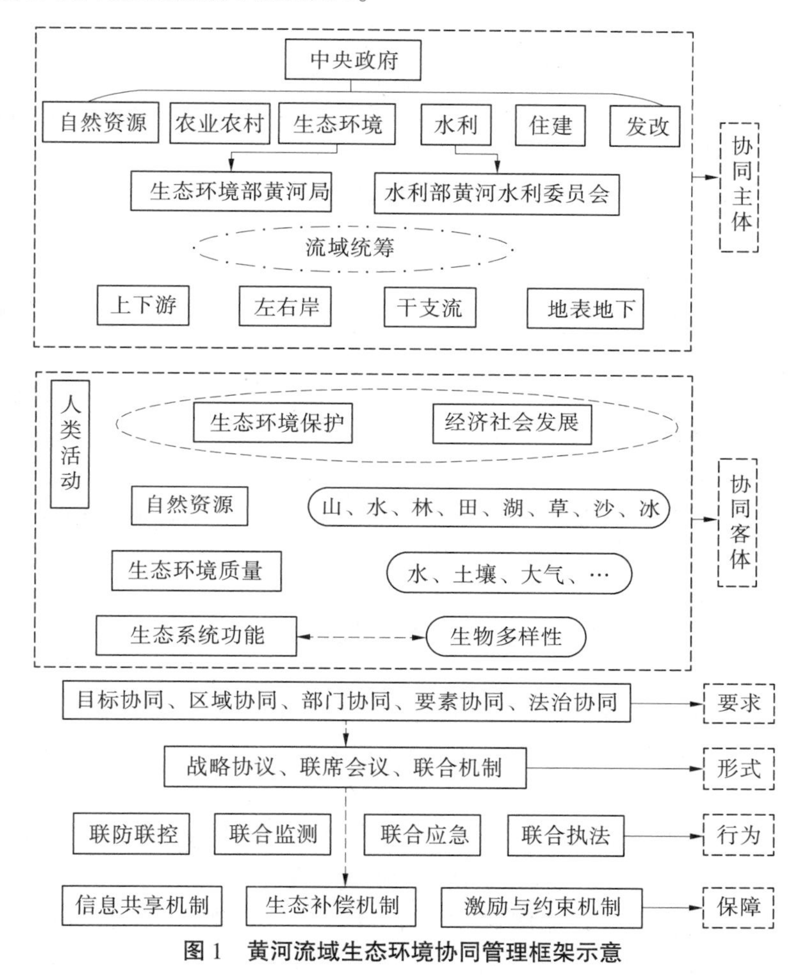

图1　黄河流域生态环境协同管理框架示意

4　黄河流域生态环境协同管理框架内容

4.1　内涵

生态环境管理是指对损害生态环境质量的人为活动或自然活动施加影响,主要通过政策法规、伦理道德等强制性或非强制性措施进行管理[8]。协同学(Synergetics),源于希腊语,意为"协调合作之学"[9],它的基本假设是:甚至在无生命物质中,新的、井然有序的结构也会从混沌中产生出来,并随着恒定的能量供应而得以维持。

结合上述定义,流域生态环境协同管理的内涵为:流域生态环境管理中政府及其各相关职能部门主体之间利用各种管理手段和方法进行的协调或运作,消除在协作过程中产生的壁垒和障碍,统筹考虑流域生态环境的各种功能和冲突性用途,协调流域内多方利益相关者及多种生态环境要素,维护流域生态系统可持续性的一种管理模式。

4.2 主客体

协同管理的主体:主要包括不同级别(包括国家级、流域级、地区级)和不同功能(行政机构、执行机构等)的生态环境管理机构,具体到黄河流域来讲,即中央政府、流域管理机构(生态环境部黄河局、水利部黄河水利委员会)、9省(区)及地市人民政府及其相关生态环境职能部门。根据现代环境治理体系的要求,社会组织和公众也可一并纳入协同管理的主体。

协同管理的客体:主要包括水体、水资源及其形成的水环境、水生态,也包括流域内其他各种自然资源和生态系统以及人类作用于这些资源和系统的行为。

4.3 要求

流域生态环境协同管理要求主要体现在目标协同、区域协同、部门协同、要素协同、法治协同等方面。

(1)目标协同:将流域生态环境管理的目标统一到推动黄河流域生态保护和高质量发展上,把生态优先和"四水四定"作为黄河流域协同管理的刚性要求,建立黄河流域统筹协调机制,构建资源利用、污染防治、生态保护修复统筹协调的目标管理体系,统筹谋划实施统一的流域生态环境保护治理,在兼顾协同与差异化的前提下设置合理的政府绩效考核目标,以完善流域生态保护补偿机制,协调不同主体间的利益。

(2)区域协同:流域上中下游、干支流、左右岸政府之间协同开展生态环境管理,加强管理政策、项目、机制联动,协调不同区域的利益博弈,提高流域整体管理的合力和效率。例如,青海、四川、甘肃毗邻地区应协同推进黄河上游水源涵养和生态保护修复,甘肃、青海共同开展祁连山生态修复和黄河上游冰川群保护,陕西、宁夏、内蒙古毗邻地区统筹能源化工发展布局,加强生态环境共保和水污染防治,山西、陕西黄土高原交界地区加强协作,共同保护黄河晋陕大峡谷的生态环境。

(3)部门协同:生态环境、水利、自然资源、林草、农业农村、渔业、住建、发改、工信等部门之间畅通沟通渠道,加强信息整合共享,衔接管理职能和资源,建立协同工作机制,统筹推进河湖岸线利用与缓冲带保护修复、水源涵养与水土保持、湿地保护与滩区治理,统筹人工生态建设与自然生态修复,统筹污染防治与碳减排,统筹生态环境保护与产业布局、城市建设等。流域管理机构从生态环境要素的开发利用、配置管理、保护修复等多方面,统筹协调、同步调度、强化协作、加强沟通、优势互补,充分发挥监督和管理、指导和协调作用。

(4)要素协同:对山水林田湖草沙冰实施综合协同治理,构成良性生态循环圈,增强流域生态承载力;统筹推进污染防治与生态保护,强化减污降碳协同增效、多污染物协同控制、各要素区域协同治理,对水、土壤、生物、大气质量协同控制管理,全面提升流域生态环境质量;构建"三水"统筹治理格局,重点突破生态用水保障和河湖水生态改善,促进流域水资源、水生态和水环境的全面改善;综合考虑生态安全、经济发展、民生福祉需要,实现人水和谐共生发展的良好格局。

(5)法治协同:加快推进黄河保护立法,突出整体管理与协同规范,形成包括法律、法规、规范性文件等内在统一、相互配合的流域生态环境法规体系,推进流域标准共建与区域协同立法。建立流域生态环境治理管理联动执法机制,环境监察机构与环境监测机构、生态环境主管部门与其他行政部门之间、不同行政区政府进行联动执法。建立健全与黄河战略相适应的司法协作机制,建立"流域管理+行政执法+检察监督"生态环境协同管理的模式。

4.4 组织形式

习近平总书记要求"完善跨区域管理协调机制",黄河流域生态环境协同管理,需建立协同管理组织机构,加强多层次、多形态的政府间协同合作,构建协作高效的政府间合作机制[10]。

(1)战略协议:跨行政区流域地方政府之间可缔结包含权责划分、争端处理机制、各方常态与应急合作机制等内容的生态环境管理流域合作协议,政府部门之间根据协议要求,实现部门之间协作关系的规范化。流域地方政府相关职能部门之间也可直接缔结合作协议,如联合执法、信息通报、科技共享等。

(2)联席会议:鉴于生态环境部黄河局在有跨省(区)影响的重大开发和产业规划、标准、环评文件审批、排污许可证核发方面具有建立流域会商机制的职责,建议以此为基础,充分发挥流域机构协调作用，设立由省级政府生态环境管理部门领导为成员的轮值联席会议制度，提出环境合作行动的目标、方案和措施，协调解决政府之间的重大环境问题，协商流域规划、政策标准、考核评估、生态补偿、信息共享等重大事项，在广泛磋商的基础上达成合作意见。

(3)联合机制：流域相关地方或部门可在污染联防联控、监督管理、突发环境事件应急处置、信息共享、生态补偿、司法保障等方面建立协作机制，明确工作流程，组织开展跨区域联合检查、联合执法、联合监测、联合评估等活动，以行为协同反馈优化流域生态环境协同管理机制[11]。

4.5 保障机制

(1)加强信息沟通和共享机制建设。应建立全流域统一的自然资源与生态环境基础数据库和管理信息系统，实现生态环境监测网络体系共享，通过互联网和人工智能技术收集、处理和整合各级政府、职能部门及企业事业单位掌握的流域信息，及时发布流域生态环境及管理的相关信息，建立重大生态环境问题预警预报系统。

(2)完善流域生态保护补偿机制。在加大监测和评价的基础上建立以政府为主导、流域生态补偿机制为主要形式的跨行政区之间的利益协调机制，推动省(区)加快签订干支流横向生态保护补偿协议，完善黄河流域生态保护补偿机制管理平台，建立黄河流域生态保护补偿基金，完善补偿标准和基准，推进排污权、水权等市场化交易。

(3)健全激励与约束机制。建立流域内各级党委、政府协同保护黄河的目标责任制和考核评价制度，把评价考核结果作为财政转移支付资金分配、区域主要负责人奖惩和提拔使用的重要依据[12]。加强对黄河流域各级政府和部门的生态保护修复履责情况、开发建设活动生态环境影响监管情况进行监督，加大对流域生态环境问题的责任追究和惩处力度。

5 结语

黄河流域生态环境协同管理是一个重大课题，应以加强目标协同、流域统筹管理、完善协调机制、夯实协同保障为基本路径，以消除不同管理主体间利益博弈和短期性行为、调动各级政府及部门的积极性为目标，整合全流域资源要素，汇聚管理合力，形成协同管理新格局，推动黄河流域生态环境质量和生态系统功能持续提升。

国内外关于流域生态环境协同管理的研究尚处于探索阶段，本文仅是对黄河流域生态环境协同管理的一个探索，是否符合生态环境保护实际且适应当下的形势要求，协同管理与协同治理的关系等仍需进一步研究。

参考文献

[1] 王俊敏，沈菊琴. 跨域水环境流域政府协同治理：理论框架与实现机制[J]. 江海学刊，2016(5)：214-219，239.

[2] 林永然，张万里. 协同治理：黄河流域生态保护的实践路径[J]. 区域经济评论，2021(2)：154-160.

[3] 付景保. 黄河流域生态环境多主体协同治理研究[J]. 灌溉排水学报，2020，39(10)：130-137.

[4] 潘开灵，白列湖，程奇. 管理协同倍增效应的系统思考[J]. 系统科学学报，2007(1)：70-73.

[5] 刘绍霆. 流域生态管理技术现状及趋势探讨[J]. 环境保护与循环经济，2012，32(9)：66-68.

[6] 郭勇. 基于协同论区域水环境多部门协同管理模型分析[J]. 水科学与工程技术，2019(3)：83-86.

[7] 兰婷伊，许传洲. 基于新发展理念背景下生态环境管理的创新策略和发展[J]. 环境工程，2021，39(11)：218.

[8] 李萌，娄伟. 中国生态环境管理范式的解构与重构[J]. 江淮论坛，2021(5)：51-56.

[9] 赫尔曼·哈肯. 协同学——大自然构成的奥秘[M]. 凌复华，译. 上海：上海译文出版社，2005.

[10] 徐艳晴，周志忍. 水环境治理中的跨部门协同机制探析——分析框架与未来研究方向[J]. 江苏行政学院学报，2014(6)：110-115.

[11] 刘洋，万玉秋，缪旭波，等. 关于我国跨部门环境管理协调机制的构建研究[J]. 环境科学与技术，2010，33(10)：200-204.

[12] 李媛，任保平. 黄河流域地方政府协同发展合作机制研究[J]. 财经理论研究，2022(1)：23-31.

黄河宁夏段生态保护修复策略及路径探究

丰　莎[1,2,3]　张　睿[1,2,3]　党　远[4]

（1. 黄河勘测规划设计研究院有限公司，河南郑州　450003；
2. 水利部黄河流域水治理与水安全重点实验室（筹），河南郑州　450003；
3. 河南省城市水资源环境工程技术研究中心，河南郑州　450003；
4. 郑州弘毅天承知识产权代理有限公司，河南郑州　450003）

摘　要：黄河宁夏段作为我国西北地区重要的生态屏障，是整个黄河生态廊道建设的重要组成部分。面对经济社会快速发展带来的一系列生态退化问题，黄河宁夏段生态保护修复工程，因循生态流演化规律，依据修复区域生态系统退化或损害程度的差异，分区治理、分类施策，采用自然修复、辅助再生和生态重建等不同生态修复模式，保护生物多样性，营造多样生境，促进退化生态系统的正向演替，提升河道整体的生态系统服务功能及价值。坚持"自然修复为主、人工干预为辅"的生态修复原则，综合制定黄河宁夏段生态保护修复策略和路径方法，形成"水、滩、林、草、鸟"有机融合的沿黄滩地风貌，以期为后续黄河流域生态保护修复工程提供一定的理论和实践基础。

关键词：黄河宁夏段；高质量发展；生态系统；保护修复；策略；路径

随着黄河流域生态保护和高质量发展上升为重大国家战略，一个黄河文化大发展大繁荣的时代正在来临。黄河流域治理内容进一步转变，不再局限于传统点状水利工程（如水库、水利枢纽等）或线状水利工程（如中小河流治理）建设，而是强调向着"项目综合化、要素系统化、范围扩大化"的综合治理模式转变，用整体思维统筹"山水林田湖草沙"等各生态要素，进行一体化保护修复。通过摸清区域生态本底，分区分类制定高效的生态保护修复策略与实施路径，提升森林、草原、湿地、农田、荒漠等陆地生态系统碳汇能力和生态保育能力，进而改善区域生态环境、保障生态系统安全、维持河流健康。提高黄河流域生态系统的质量与韧性，加强河流与当地社会、人文的耦合关系，对宁夏构建自然、生态、健康、低碳的黄河生态廊道和高质量发展具有重要意义。

1　区域概况

黄河是中国第二长河，全长 5 464 km，根据流域形成发育的地理、地质条件及水文情况，黄河干流河道可分为上、中、下游和 11 个河段。黄河流域是我国北方重要的生态屏障，在国家"两屏三带"生态安全战略格局中，是连接青藏高原、黄土高原和北方防沙带的生态廊道[1]。宁夏地处黄河中上游，是全国重要的生态节点、生态屏障和生态通道。因黄河润泽，域内湖泊众多，湿地连片，素有"塞上江南"之称。

黄河宁夏河段自中卫南长滩翠柳沟入境，至石嘴山市惠农区头道坎麻黄沟出境，穿越中卫、吴忠、银川、石嘴山 4 个地级市的 11 个县（市、区），全长 397 km[2]，占黄河全长的 7.3%。河段大部分属于干旱地区，降水量少，蒸发量大。土壤侵蚀类型以轻中度风蚀为主，兼有轻度水蚀，降雨量少且非常集中，多以暴雨形式出现。

这里聚集着以黄河、大漠、草原为特色的众多生态旅游资源，既有塞上江南雄浑壮观的景色，也有众多神奇的传说和悠久的历史，形成了多样的文化资源和自然资源。

基金项目：国家社会科学基金重大项目"建设黄河国家文化公园研究"（21ZDA081）。

作者简介：丰莎（1990—），女，工程师，硕士，主要从事城市河道综合治理、滨水生态景观设计工作。

2 生态现状及问题

2.1 生态现状

宁夏黄河拥有良好的自然条件,水土资源丰富,滋养着广阔的林地、湿地、草地等,是天然植被的主要分布区和野生动物的主要栖息地,动植物资源丰富。宁夏黄河及其两岸滩地是宁夏"一河三山"生态安全格局中的重要生态廊道,在抵御风沙、保持水土、调节气候、保护生物多样性等方面发挥了重要作用,是西北地区重要的鸟类栖息地,全球8条重要鸟类迁徙通道中有2条覆盖该区域。黄河生态系统的稳定对于宁夏地区乃至我国西北区域生态安全具有重大意义。

2.2 存在的问题

(1)生态斑块联系不足,生境破碎。区域内生态斑块破碎,湿地、林地、河流、滩地、坑塘等分布散乱,各斑块之间缺少联系,威胁滩区正常生态过程,造成滩区生境破碎化、孤岛化,生境多样性逐步丧失。

(2)农业种植,影响生物多样性。滩地开垦,侵占天然湿地和生物栖息地;农作物种植结构单一,破坏滩地食物链;机械和化肥的使用,造成面源污染;分散、粗旷的滩地耕作,破坏了生态系统的稳定,物种多样性消失。

(3)涉河建筑,侵占河道,影响行洪和生态系统完整性。滩地景区的标志性建筑或部分湖堤形成的永久性或连续性的工程,侵占河道空间,缩小行洪断面,易引起河势变化,危及堤防安全。这些人为"节点"使得生态系统内正常的物质流、能量流、信息流在交互过程中受到阻碍,加剧了生态系统之间的割裂,景观破碎度上升,不利于区域生态系统的持续健康发展。

(4)人为活动干扰,生态布局杂乱。黄河宁夏段部分河段滩面形态单一、空间粗放、岸线杂乱,现状滩面的利用度较低,存在建筑垃圾堆弃、植被退化、雨污水排放等无序的开发和破坏活动,造成生态布局杂乱,制约滩面生态价值的体现。

(5)植被群落层次单一,美学价值不足,群众缺乏获得感。区域植被群落结构单一,形态差异小,植物生境不丰富,生态美学价值不足,无法满足人民群众亲近黄河、感受黄河生态之美的需求。

3 生态修复策略

3.1 保护优先,因地制宜

以尊重自然资源为前提,保留、修复、优化黄河自然风貌,提高河流自我调节能力和生态系统稳定性。严守生态保护红线,把滩区的利用限制在资源环境可承受范围之内,综合考虑区域自然禀赋,因地制宜制订有针对性的生态保护修复方案,实现从传统过度干预、过度利用向自然修复、休养生息转变,推进黄河流域"山水林田湖草沙"生命共同体[3]良性循环。

3.2 科学分区,分类施策

严格遵循《黄河流域重要河道岸线保护与利用规划》划定的"两线"(临水边界线、外缘边界线)、"三区"(保护区、保留区和控制利用区),对水域岸线进行分区规划。根据不同分区场地生态系统损害或退化程度的差异,分类精准施策:

(1)自然修复:适用于生态损害相对较低、场地具备较强自然恢复能力的区域。

(2)辅助再生:适用于生态中度甚至高度退化、场地具备一定自然恢复能力的区域。

(3)生态重建:适用于生态损害或退化程度高、场地自然恢复能力已基本丧失的区域。

3.3 增加"留野率",突出生物多样性

荒野作为最本真的生态自然,保存着自然的特征和影响力,具有自然过程占主导,人类干扰程度和控制度较低的属性。在河流生态保护修复过程中增加"留野率",加强与周边生态斑块连接,构成一个完整、连通的生态网络格局,有利于生态系统自然、高效地进行自我调节[4],从而真正增加滩地生物多样性、提升生态系统韧性。

3.4 丰富滩面形态,增加河流空间异质性

空间异质性,是指空间内一个系统的复杂性和变异性[5]。为提高黄河滩面结构稳定性和形态异质性,形成丰富的河流生境,在滩面设置湿地、滩涂、生态沟渠、湖、雨水花园、岛、洲等,形成多样生境条件,为动植物提供不同类型的生存环境,促进物质循环和能量流动,从而提高生物多样性、生态系统稳定性。

3.5 功能赋予,嵌入绿色基础服务设施

维持河流自身健康,支撑黄河流域高质量发展,不仅要恢复生态环境价值,还需满足社会经济和文化价值等方面诉求。在生态保护的前提下,增加生态服务场地、嵌入绿色基础设施,向公众开展生态体验和自然教育,促进生态产品价值实现。突出黄河滩地原真性和自然特色,完善供给、调节、支持、文化全方位的生态系统服务[6]。

3.6 形象提升,实现河流美学价值

黄河河滨带处于水陆交错地带,具有动态变化和自由萌发的美,理应成为市民重要的体验对象与审美对象。通过生态修复、功能赋予、绿色服务设施嵌入等提升黄河滨水形象,让人民感受黄河生态之美,具有较高的美学启智意义。

4 实施路径

统筹宁夏黄河水域岸线保护修复、退耕还湿、退养还滩,建设集防洪、生态保护等功能于一体的绿色生态廊道,选取重点片段、关键节点、典型滩区(以唐滩为例),从防洪安全、生态保护修复、绿色基础设施建设、城河联系、功能活力、场地形象等方面进行生态保护修复实践探索。

4.1 整合防洪安全与生态

黄河生态保护修复工程并非全然反对水利既有治水之道,应以城市安全和防洪安全为前提,与流域整体生态系统相结合,统筹治理,与防洪工程、河道治理工程、水资源利用、水环境治理工程等相结合,充分衔接并统筹兼顾已规划或已实施的相关工程。

4.2 河道划分片区

依据上位规划"两线""三区"划定黄河宁夏段河道保护片区、滩地保护修复片区(见图1)。

图1 黄河宁夏段河道分区示意图

河道保护片区是指生态保护红线和临水控制线的外包线以内的区域,该区域上水概率较高,是滩区生态系统与河流生态系统进行能量、物质和信息交换的界面。

滩地保护修复片区指河道保护片区以外、两岸大堤(无堤段为河道外缘线)内坡脚的滩地范围,该区域上水概率相对较低,是河道生态空间生态修复与涵养、保障生物多样性的重要场所。

4.3 典型滩地生态保护修复设计——以唐滩为例

4.3.1 唐滩生态现状

唐滩距青铜峡城区约 5.7 km,河滩治理长度 5.5 km,治理面积 118.2 hm^2。以现状大面积鱼塘、林地、耕地为核心进行生态修复,现状地形丰富,植被情况良好,有自然斑块林地分布,生境基底条件较好(见图 2)。

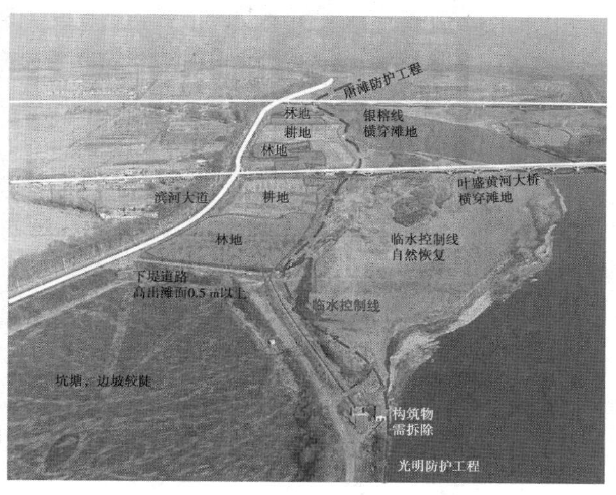

图 2　唐滩生态资源现状分布

唐滩现状因养殖鱼类留下大面积坑塘,坑塘边坡较陡,河岸灌草植物群落及浅水草本植物群落不易构建;坑塘水深超过 2.5 m,深水水草沼泽植物群落在 2.5 m 以下深水区不能成活;下堤道路高出滩面 0.5 m 以上,影响防洪安全;引水灌溉留下沟渠以及构筑物,影响防洪安全;另外,叶盛黄河大桥及银榕线从滩面穿过,贯穿了黄河两岸。同时,光明防护工程及唐滩防护工程,这些人为的工程措施对现状生态环境造成了一定程度的影响。

滩面现状有一定的原生植被,以野生灌木、草本为主,由于长期的人为活动,唐滩有片状或稀疏散生的人工林,多以旱柳、白蜡、刺槐、国槐等为主;有水田及耕地,草本以水蓼、莎草、佛子茅、碱蓬、芦苇以及多种禾本科、菊科等为主。

4.3.2 唐滩保护修复生态措施

(1)场地整理:本次工程首先清理场地内私搭乱建的各种建(构)筑物;拆除高于滩面 0.5 m 以上的道路,对坑塘边坡进行修整。

(2)生态保护、自然修复:对于滩地内生态比较脆弱的林地要及时进行生态保护、系统治理、全面修复,补充种植适宜灌草,形成完善的“林灌草”植物群落,提升区域生态系统的自然恢复能力。

(3)利用现状、辅助再生:依托现状,师法自然,在保护原有植被为主的基础上,利用耕地机制,构建花田生境;利用现状水渠、坑塘、洲、岛等构建湿生生境,恢复湿生生境的植物群落。通过丰富滩地生物多样性,更好地稳固生态节点、筑牢生态屏障、畅通生态通道,促进区域生态环境逐步改善。

(4)岸线重塑、生态重建:结合现状鱼塘整治、退耕还湿等举措,重塑自然岸线和滩涂,恢复水体的自然蜿蜒,构建水下森林,重塑水空间健康优美的生态环境(见图 3)。

4.3.3 唐滩近自然植物群落构建

近自然植物群落又可称为近自然园林,其概念源于林学“近自然林业”理论,是一种回归自然、遵从自然法则、让自然来经营森林的思想[7]。本次典型滩植物生境构建以近自然群落理论为基础,对滩区内现状生境条件进行调查分析、分类,识别相似生境植物群落的构成方式,确定和建立适宜该生境的优势种群和优势种,构建相对稳定、适应性强的植物群落结构。模拟地带性群落种类组成、结构,构建复层的乔灌草植物群落[8],如乔灌草群落、灌草群落、乔草群落、水生适生群落等(见图 4)。尽量遵循自然滩地中群落稳定后的植物组成及比例，以便形成自我稳定性好、维护费用较低的生态系统。

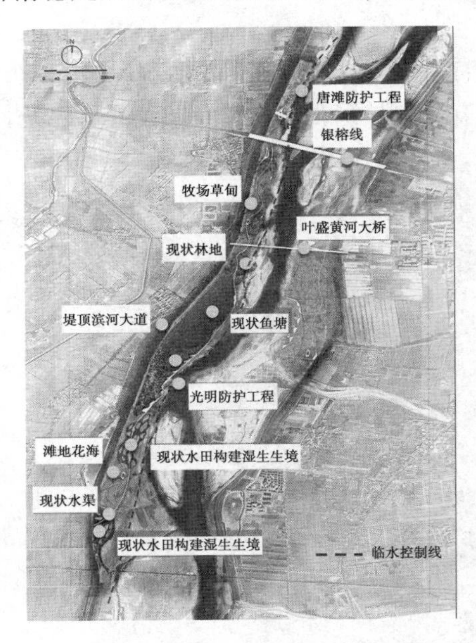

图3　唐滩生态保护修复平面布置

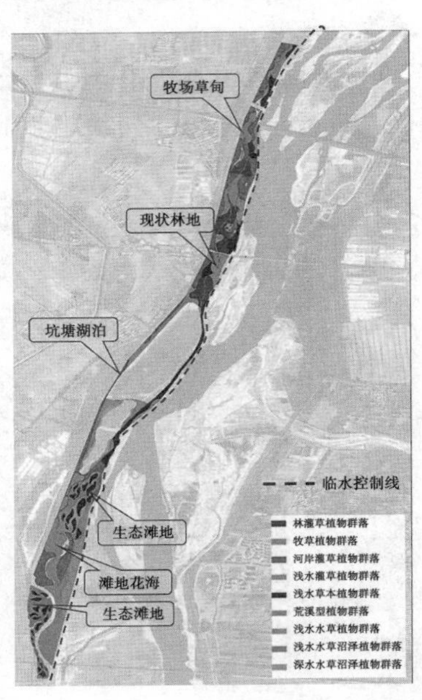

图4　唐滩植物群落构建

按照生境、群系、群落、群丛的层级关系，规划符合西北地区自然环境特征的旱生生境、半干半湿生境和湿生生境类型[9]（见图5）。三大生境下结合具体的生态环境条件又下设多个植物群落类型。结合不同场地条件，按照建群优势种、伴生乔木、伴生灌木和草本地被的构成原则进行具体的群落设计（见表1）。

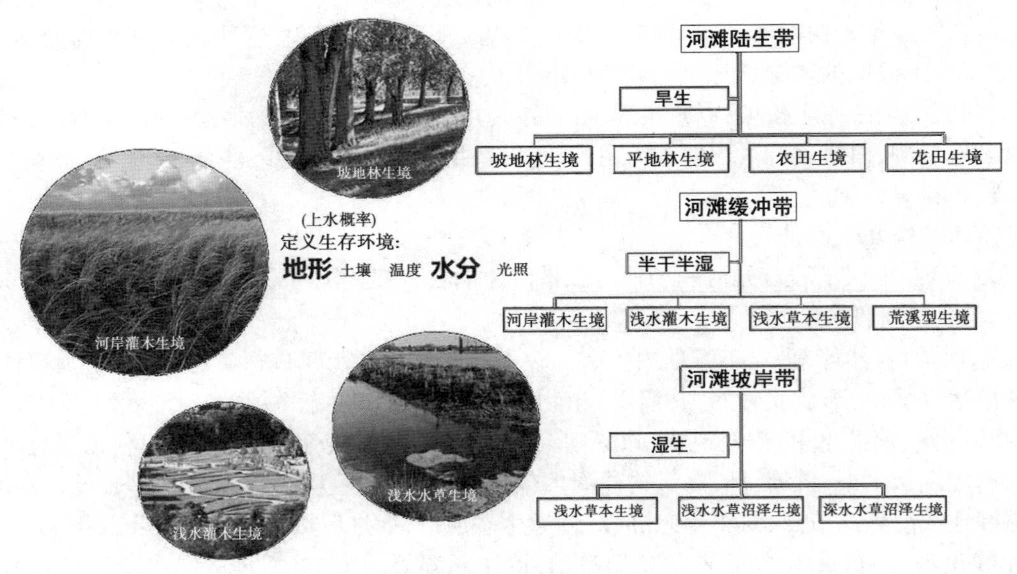

图5　唐滩植物生境分类

4.3.4　增设低干扰服务系统

滩地作为河道与城市之间的过渡地带，是连接人与自然河流的桥梁。在保障滩地防洪安全、生态安全的前提条件下进行适度低影响开发，将城市慢行系统与河滩地慢行系统连通，服务自行车骑行及步行游人，使滩地成为人民群众能够接触自然、感受黄河的场地。同时融入人文美学设计，将滩地自然风貌、人文要素与生态服务功能结合，形成独特的滨水公共开放空间。加强城河联系，赋予生态服务功能，提升滨水空间形象。

表1 唐滩生态修复植物群落典型配置

生境类型	植物群落类型	典型群落搭配类型
旱生生境	林灌草	旱柳—珍珠梅+绣线菊—麦冬
	牧草	紫花苜蓿+狼尾草
半干半湿生境	河岸灌草	黄刺玫+千屈菜群丛
	浅水灌草	红蓼+菖蒲
	浅水草本	芦苇+香蒲+千屈菜群丛
湿生生境	浅水水草	荻+狗牙根
	浅水水草沼泽	芦苇+香蒲
	深水水草沼泽	萍蓬草+眼子菜

一级道路宽度控制在3~5 m,采用透水铺装;二级道路宽度控制在1.5~3 m,利用河滩碎石铺设的简易路面;临时性休憩场地面积控制在100~150 m^2/个,利用碎石、回收木材等生态材料打造;修复区域绿化面积及水体面积控制在总面积的90%以上。

5 反思与建议

在国土空间规划背景下,河流生态修复从一个理念逐渐变为行动计划,但目前仍面临着诸如物力和时间有限、理论和实践缺乏等问题。

解决黄河流域存在的诸多问题,实现黄河安澜,人民安居乐业,经济社会高质量发展,基础和关键在切实改善流域生态环境,实现人与自然和谐共生,根本路径在流域上下游、左右岸、干支流一体谋划,协同发力,统筹推进,系统治理[10]。

河流生态保护修复是一个长期性、持续化的实践过程,未来需进一步完善生态修复的法律法规体系、健全生态修复工程跟踪管理政策,制定全过程生态保护修复体系。加强河流生态修复技术标准化建设,综合水利、生态、规划、地质、环境等学科要求,推动河流生态保护修复从局部、单要素向区域“山水林田湖草沙”一体化保护修复和综合治理加快转变。

6 结语

通过对黄河滩地生态敏感区、退化区、受损区等的分类识别,采用自然修复、辅助再生、生态重建等措施实施河道生态保护和修复,构建多功能生境,提升物种多样性,满足河道重要的水源涵养、水质净化、生态修复、生物栖息、固碳减排等重要的生态服务功能。消除生态胁迫,优化生态空间格局,提升区域生态系统韧性与稳定性,构建宁夏黄河生态廊道,筑牢祖国西北生态安全屏障。同时注重文化融入,重构人与自然相互适应、和谐共生的平衡关系,提升河流文化、亲水、生态等多方面的参与性,让河流重回生态,让人民感受幸福。

参考文献

[1] 计伟,刘海江,高吉喜,等.黄河流域生态质量时空变化分析[J].环境科学研究,2021,34(7):1700-1709.
[2] 马卓荦,顾霜妹,陈峰.宁夏黄河滩区生态系统保护研究[J].中国水运(下半月),2014,14(10):162-163.
[3] 贾若祥. 打造五大黄河 开创黄河流域生态保护新局面[J].经济,2020(4):96-97.
[4] 白立敏.基于景观格局视角的长春市城市生态韧性评价与优化研究[D].长春:东北师范大学,2019.
[5] 王远飞.黄河滩区自然景观生态系统特征研究[D].开封:河南大学,2008.
[6] 俞孔坚,龚瑶,王颖,等.基于生态系统服务的黄河滩区生态修复模式探索——以郑州黄河滩地公园规划设计

为例[J]. 景观设计学, 2021,9(3):86-97.
[7] 孔强,李小兰.城市滨水区带状绿地近自然植物群落营建探析[J].安徽农业科学,2016(1):266-267,314.
[8] 杨倩, 李永红. 湿地公园的植物群落构建——以杭州西溪湿地植物园为例[J]. 中国园林, 2010(11):4.
[9] 刘晖, 徐鼎, 李莉华,等.西北大中城市绿色基础设施之生境营造途径[J].中国园林, 2013,29(3):5.
[10] 赵具安.协同推进黄河流域甘肃段生态保护和高质量发展研究——以渭河流域天水段为例[J].天水行政学院学报,2021,22(5):77-84.

基于水生态足迹的黄河流域水生态盈亏评价及时空变化

石　琦　王慧亮

（郑州大学水利科学与工程学院，河南郑州　450001）

摘　要：水生态盈亏评价是水资源利用评价的基础，其时空分布研究可以为流域水资源优化配置提供支撑。本文以黄河流域为例，基于水生态足迹核算黄河流域2003—2018年水生态足迹和水生态承载力，进而得出流域水生态盈亏。研究表明：黄河流域不同省份的水资源生态足迹有很大差别，除了青海省、四川省以外，其他省份都出现了生态赤字，其中宁夏回族自治区最为突出。这说明黄河流域水资源的利用程度依然很高，水资源的供求关系依然十分紧张，研究结果为黄河高质量发展中的水资源动态均衡配置提供科学依据。

关键词：水资源盈亏；水生态足迹；水生态承载力；黄河流域；时空变化

1　引言

随着社会经济的发展，我国已由经济高速增长阶段转为高质量发展阶段，作为发展基石的能源控制着我国经济的命脉，各行业对于能源的巨大需求和能源持续性短缺也已成为不争的事实。党的十八大以来，“绿水青山就是金山银山”的观念已深入人心，水资源问题在社会大众中引起广泛关注。

1999年，徐中民等[1]首次将生态足迹模型引入我国，并对甘肃省的生态足迹进行计算和评估。由此开始，国内学者采用水资源生态足迹模型，定量计算和分析了广西、辽宁、湖北、云南等省（区）的人均水资源生态足迹、水资源生态承载力、水资源生态盈余特征[2-5]。此后，有些学者对水生态足迹模型进行了改进，水生态足迹的动态变化与空间分布情况[6]，或者开始在生态足迹模型的基础上，基于LMDI构建的水资源生态足迹分解模型分析了经济、结构、技术与人口效应的驱动效果[7]。研究区域除了以省（区）为对象外，也有部分研究以流域尺度或者其他行政区尺度开展研究[8-9]。然而，利用生态足迹模型对黄河流域水资源利用状况进行分析的研究还很少。

参照国内外已有研究成果，本文运用生态足迹模型，对黄河流域的生态承载力、生态盈余、生态赤字进行了研究，以期为黄河流域地区的高质量发展提供科学依据。

2　研究方法和数据来源

2.1　水资源生态足迹模型

水资源生态足迹可以反映区域消耗的水资源，也可以转换为区域水资源消耗账户的组合，结合黄河流域的实际情况，可以建立农业、工业、生态和生活用水四类子账户[10]，水资源生态足迹和四类子账户的计算公式如下：

$$EF_W = N \times ef_W = N \times \gamma_W \times \left(\frac{W}{P_W}\right) \tag{1}$$

基金项目：国家自然科学基金（51909240）。

作者简介：石琦（2000—），女，硕士研究生，研究方向水资源优化配置与规划管理。

式中：EF_W 为水资源生态足迹，hm^2；N 为人口数；ef_W 为人均水资源生态足迹，hm^2/人；γ_W 为水资源的全球均衡因子；W 为人均消耗的水资源量，m^3；P_W 为水资源全球平均生产能力，m^3/hm^2。

2.2 水资源生态承载力

水资源生态承载力表示了水资源利用的某一阶段，水资源的最大供给量可供支撑某区域生产、生活和生态的能力[11]，一般在水资源生态承载力的计算中要扣除60%用于维持当地生态环境，保持生态平衡。水资源生态承载力模型为

$$EC_W = N \times eC_W = 0.4 \times \varphi \times \gamma_W \times (\frac{Q}{P_W}) \tag{2}$$

式中：EC_W 为水资源承载能力，hm^2；N 为人口数；eC_W 为人均水资源承载能力，hm^2/人；γ_W 为水资源的全球均衡因子；φ 为区域水资源产量因子；Q 为水资源总量，m^3；P_W 为水资源全球平均生产能力，m^3/hm^2。

2.3 水资源生态盈余和水资源生态赤字

将区域内水资源消耗产生的生态足迹与生态承载力相比较，就会产生水资源生态赤字和水资源生态盈余，此指标可用来判断研究区域内水资源的可持续利用情况[7]。

$$\text{水资源生态盈余(赤字)} = EC_W - EF_W \tag{3}$$

当 $EC_W>EF_W$ 时，为水资源生态盈余；当 $EC_W=EF_W$ 时，为水资源生态平衡；当 $EC_W<EF_W$ 时，为水资源生态赤字。

2.4 模型参数与数据来源

本文计算模型所需的参数主要为水资源全球均衡因子 γ_W、水资源产量因子 φ 和全球水资源平均生产能力 P_W。根据黄林楠等[12]的研究，取水资源全球均衡因子为5.19，全球水资源平均生产能力为3 140 m^3/hm^2，青海、四川、甘肃、宁夏、内蒙古、陕西、山西、河南、山东等省（区）的水资源产量因子分别为0.28、1.76、0.22、0.06、0.14、0.68、0.29、0.78、0.70[13]。本文的水资源及其相关数据来自于2003—2018年黄河流域内各省（区）统计年鉴、水资源公报、黄河流域水资源公报。

3 结果与分析

3.1 黄河流域各省（区）人均水资源生态足迹变化

根据式（1）可以计算出黄河流域各省（区）人均水资源生态足迹，结果见表1。

表1 黄河流域各省（区）人均水资源生态足迹计算结果　　单位：hm^2/人

省份	青海	四川	甘肃	宁夏	内蒙古	陕西	山西	河南	山东	流域
2003	0.717	0.430	0.418	1.884	1.359	0.293	0.268	0.428	0.293	0.515
2004	0.729	0.441	0.419	2.090	1.450	0.302	0.264	0.422	0.293	0.535
2005	0.717	0.446	0.403	2.228	1.537	0.313	0.280	0.444	0.270	0.556
2006	0.740	0.396	0.408	2.184	1.531	0.340	0.301	0.496	0.297	0.577
2007	0.738	0.398	0.403	2.039	1.519	0.322	0.258	0.448	0.296	0.548
2008	0.654	0.426	0.404	2.041	1.451	0.340	0.283	0.454	0.299	0.550
2009	0.606	0.454	0.406	1.960	1.484	0.331	0.297	0.467	0.313	0.551
2010	0.654	0.431	0.406	1.910	1.460	0.329	0.310	0.470	0.330	0.551
2011	0.654	0.669	0.413	1.900	1.510	0.340	0.346	0.467	0.333	0.566
2012	0.492	0.481	0.409	1.766	1.427	0.346	0.335	0.485	0.331	0.548
2013	0.500	0.576	0.373	1.804	1.436	0.351	0.338	0.516	0.308	0.550
2014	0.494	0.622	0.368	1.749	1.439	0.354	0.320	0.460	0.293	0.535
2015	0.500	0.599	0.361	1.741	1.486	0.360	0.339	0.463	0.289	0.543
2016	0.501	0.677	0.364	1.639	1.462	0.353	0.351	0.465	0.281	0.537
2017	0.493	0.596	0.362	1.608	1.452	0.362	0.343	0.485	0.294	0.538
2018	0.486	0.597	0.346	1.607	1.471	0.362	0.335	0.459	0.282	0.531

由表1可知，在2003—2018年中，黄河流域整体人均水资源生态足迹呈现逐年减少的变化趋势。2003—2006年，人均水资源生态足迹逐年增加，由2003年的0.515 hm^2/人增加到2006年的0.577 hm^2/人，增幅达到12%；2006—2007年人均水资源生态足迹减少至0.548 hm^2/人；2008—2011年人均水资源生态足迹有小幅度增加，达到了0.566 hm^2/人；2011—2012年又出现小幅度下降，2012年人均水资源生态足迹为0.548 hm^2/人；2013—2018年虽然有小幅度升降变化，但是总体趋势还是下降的，在2018年达到最低值，0.531 hm^2/人。

根据黄河流域各省(区)每年人均水资源生态足迹的计算结果，得到图1。由图1可以看出，同一地区各年份间变化不大，但流域内不同省(区)间数值相差较大。宁夏回族自治区和内蒙古自治区人均水资源生态足迹值可达1.5 hm^2/人，其中宁夏回族自治区较为突出，可以达到2 hm^2/人。青海省的人均水资源生态足迹在黄河流域中排第三位在0.8 hm^2/人以内；陕西省、山西省和山东省较小，小于0.3 hm^2/人；四川省、河南省和甘肃省与总体，人均水资源生态足迹接近，在0.5 hm^2/人左右。

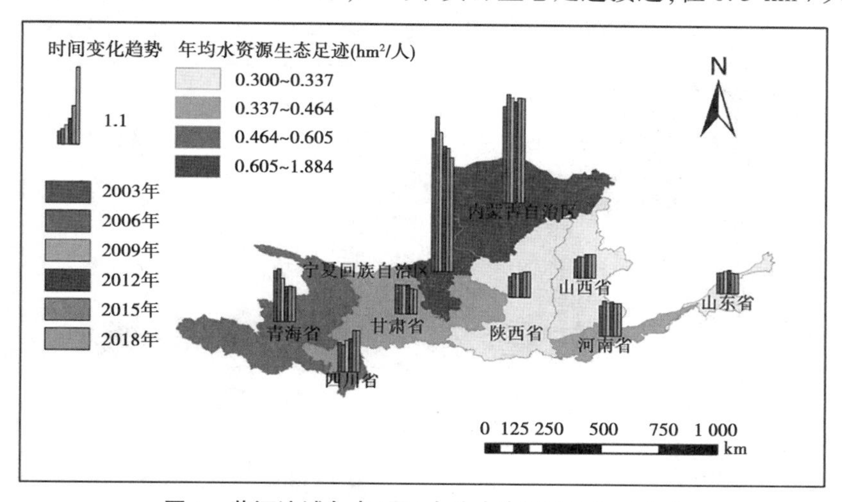

图1　黄河流域各省(区)人均水资源生态足迹分布

3.2　黄河流域人均水资源生态承载力变化分析

根据式(2)可以计算出黄河流域各省(区)人均水资源生态承载力，结果见表2。

表2　黄河流域各省(区)人均水资源生态承载力计算结果　　单位：hm^2/人

年份	青海	四川	甘肃	宁夏	内蒙古	陕西	山西	河南	山东	流域
2003	0.82	89.02	0.10	0.01	0.05	0.25	0.07	0.30	0.28	0.28
2004	0.80	84.66	0.08	0.01	0.05	0.12	0.05	0.18	0.30	0.22
2005	1.12	85.73	0.12	0.01	0.03	0.16	0.05	0.21	0.23	0.24
2006	0.73	62.58	0.08	0.01	0.04	0.13	0.05	0.15	0.11	0.18
2007	0.89	70.09	0.09	0.01	0.05	0.15	0.05	0.14	0.17	0.20
2008	0.80	64.69	0.07	0.01	0.05	0.12	0.04	0.12	0.11	0.17
2009	1.08	73.63	0.08	0.01	0.03	0.14	0.04	0.14	0.15	0.21
2010	0.93	86.37	0.07	0.01	0.04	0.17	0.05	0.21	0.13	0.23
2011	0.86	94.85	0.08	0.01	0.04	0.21	0.07	0.23	0.20	0.26
2012	1.15	97.51	0.11	0.01	0.05	0.15	0.05	0.14	0.11	0.24
2013	0.85	80.21	0.10	0.01	0.04	0.17	0.06	0.11	0.14	0.21
2014	0.82	83.41	0.08	0.01	0.04	0.16	0.06	0.14	0.06	0.20
2015	0.69	67.20	0.06	0.01	0.03	0.14	0.05	0.13	0.08	0.17
2016	0.70	59.65	0.06	0.01	0.06	0.13	0.06	0.13	0.16	0.18
2017	0.80	78.83	0.08	0.01	0.04	0.16	0.07	0.13	0.09	0.20
2018	1.16	89.44	0.14	0.01	0.05	0.15	0.06	0.13	0.16	0.24

通过表 2 可以得知，在 2003—2018 年，黄河流域整体人均水资源生态承载力受到当地水资源量的影响，变化幅度相对较大。2003—2004 年，人均水资源生态承载力由 0.28 hm^2/人减少至 0.22 hm^2/人；2005 年出现小幅度回升，人均水资源生态承载力达到 0.24 hm^2/人；2005—2008 年呈现下降趋势，2008—2011 年连续增长，到 2011 年人均水资源生态承载力达到 0.26 hm^2/人；2011—2015 年再次出现下降趋势，在 2015 年到达最低点，人均水资源生态承载力为 0.17 hm^2/人；2015—2018 年人均水资源生态承载力再次上升，2018 年达到 0.24 hm^2/人。从整体上来说，黄河流域水资源生态承载力呈现先减少后增加的变化趋势。

图 2 为黄河流域各省(区)人均水资源生态承载力分布图，由图 2 可以看出，青海省和四川省的人均生态承载力远超黄河流域其他省份(由于黄河流域中四川省所占面积及拥有的人口很少，所以黄河流域四川部分的人均生态承载力很大，为了更好地展示人均水资源生态承载力的空间分布情况，四川省部分在图中不予给出)；宁夏回族自治区、内蒙古自治区以及山西省人均生态承载力偏低，甘肃省、山西省、河南省以及山东省的人均生态承载力相近，在黄河流域人均承载力中属于中间梯队。

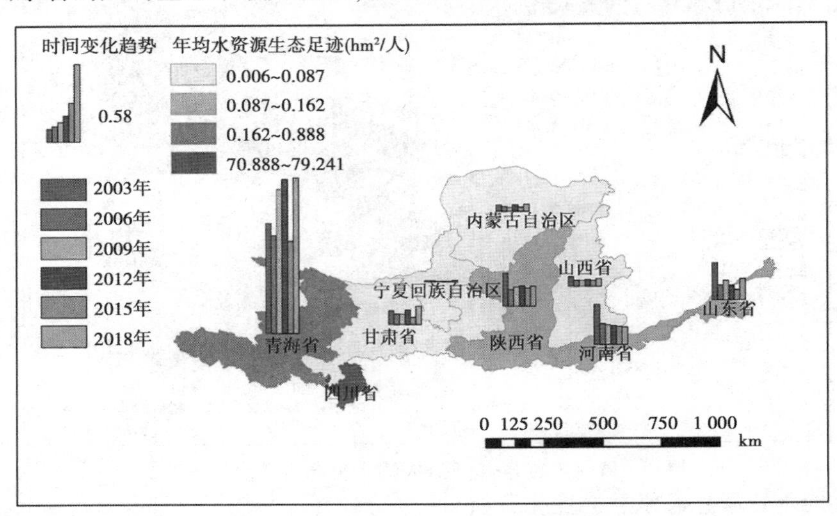

图 2 黄河流域各省(区)人均水资源生态承载力分布

3.3 水资源生态盈亏变化分析

计算黄河流域水资源盈亏，结果如图 3 所示。可以看出，2003—2018 年黄河流域各省(区)水资源生态盈亏状况变化趋势大体不变。由于黄河流域中四川省所占面积很小，人口很少，所以水资源生态盈余远超黄河流域其他省份。只有四川省和青海省的人均水资源盈亏状况是盈余，其中宁夏回族自治区和内蒙古自治区的水资源生态赤字很大，宁夏回族自治区农业用水占比较大且农业灌溉节水水平不高，说明当地水资源利用水平远超当地的水资源承载力，水资源利用不可持续，当地政府应该给予高度重视，加大节水宣传力度，提高水资源利用水平，促进水资源合理配置。山西省、陕西省、河南省以及山东省的水资源生态盈亏状况相近，高于-0.5 hm^2/人，均为水资源生态赤字状态，这些省份经济发展水平较高，水资源开发利用程度大，为了满足经济发展，出现水资源生态赤字。

4 结论

运用水资源生态足迹方法，对 2003—2018 年黄河流域水资源生态足迹进行了研究，得出了如下主要结论：

(1) 2003—2018 年黄河流域人均水资源生态足迹总体上呈减小趋势，但年际间差异不大，而人均水资源生态承载能力呈现先减小后增加的趋势，但是总体来说，流域水生态足迹远远大于生态承载力，流域生态赤字没有改变。流域水资源盈亏始终低于 0，说明水资源开发利用处于不安全状态，水资源可持续利用受到威胁。

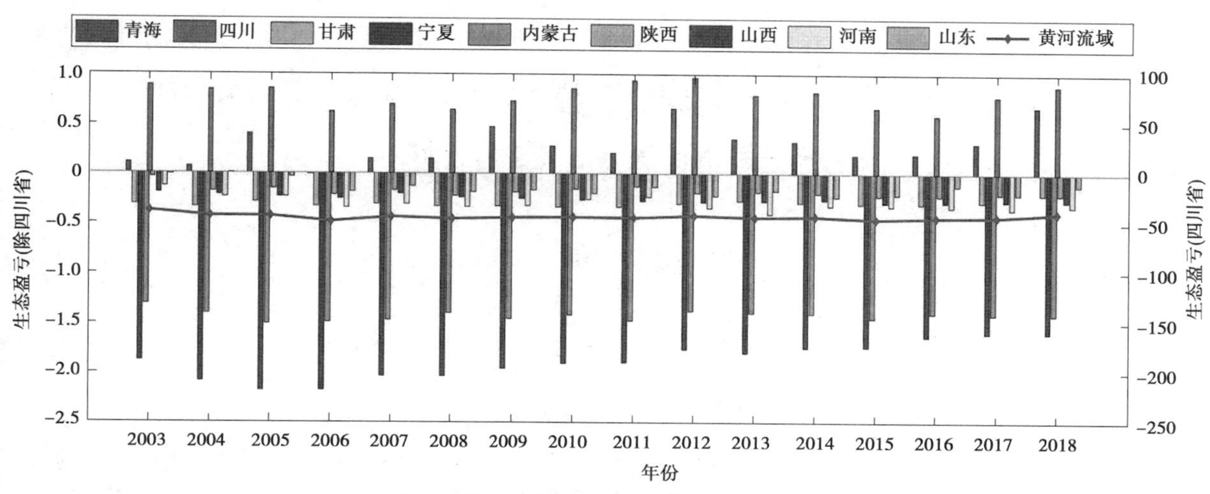

图 3　黄河流域各省区水资源生态盈亏状况

(2)黄河流域不同省(区)的水生态足迹和承载力存在地区差异性,中游地区水生态足迹明显比上下游地区的高,总体呈现出中间高、两侧低的趋势;而水生态承载力则波动变化,表现为青海省最高,内蒙古自治区最低。除了流域上游青海省、四川省水资源表现为生态盈余,其余省(区)水资源呈现不同程度的水生态赤字状态。

(3)宁夏回族自治区和内蒙古自治区的水资源生态赤字最大,建议加大农业节水宣传力度,并且优化水资源配置。

参考文献

[1] 徐中民,张志强,程国栋. 甘肃省 1998 年生态足迹计算与分析[J]. 地理学报, 2000(5):607-616.

[2] 孙学颖,唐德善. 广西水资源生态足迹时空分析[J]. 南水北调与水利科技, 2015,13(1):34-37.

[3] 洪思扬,王红瑞,朱中凡,等. 辽宁省水资源生态足迹与生态承载力分析[J]. 水利经济, 2016,34(3):46-52,81.

[4] 韩丽红,潘玉君,马佳伸,等. 云南省水资源生态足迹的时空演化特征分析[J]. 人民珠江,2021,42(4):28-34.

[5] 贾诗琪,张鑫,彭辉,等. 湖北省水生态足迹时空动态分析[J]. 长江科学院院报, 2022,39(3):27-32,37.

[6] 陈正雷,陈星. 山东省水生态足迹时空分布与驱动效应研究[J]. 人民黄河, 2020,42(4):76-80.

[7] 莫崇勋,赵梳坍,阮俞理,等. 基于生态足迹的广西壮族自治区水资源生态特征时空变化规律及其驱动因素分析[J]. 水土保持通报, 2020,40(6):297-302,311.

[8] 高安国. 平江县生态足迹及其时空变化特征研究[D]. 长沙:湖南农业大学,2015.

[9] 赵博. 辽河流域水资源生态足迹及生态承载力时空分析研究[J]. 水资源开发与管理, 2021(9):32-37,43.

[10] 王慧亮,申言霞,李卓成,等. 基于能值理论的黄河流域水资源生态经济系统可持续性评价[J]. 水资源保护,2020,36(6):12-17.

[11] 王浩,赵勇. 新时期治黄方略初探[J]. 水利学报,2019,50(11):1291-1298.

[12] 黄林楠,张伟新,姜翠玲,等. 水资源生态足迹计算方法[J]. 生态学报, 2008(3):1279-1286.

[13] 谭秀娟,郑钦玉. 我国水资源生态足迹分析与预测[J]. 生态学报,2009,29(7):3559-3568.

基于 NANI-S 模型的黄河流域人类活动净氮输入时空分析

刘铭璐　郭　溪

（郑州大学水利科学与工程学院，河南郑州　450001）

摘　要：准确识别流域人类活动净氮输入的时间变化和空间分布是流域环境管理的关键。本文以黄河流域为研究对象，建立了将 NANI 模型与空间自相关分析方法相结合的 NANI-S 模型，基于黄河流域 70 个地级市 2002—2018 年统计数据，对其 NANI 时间变化趋势、空间分布特征以及影响因素进行分析。结果表明：①从时间变化上看，黄河流域 NANI 呈先上升后下降趋势，峰值点出现在 2014 年[7 597.24 $kg/(km^2 \cdot a)$]，与最低值 2002 年[6 048.58 $kg/(km^2 \cdot a)$]相比上涨 25.6%，氮肥输入是其主要来源，多年平均贡献率为 47.45%；②从空间分布上看，黄河流域 NANI 全局 Moran's I 在 0.67 ~0.78 波动，呈现显著的空间相关性，Moran 散点图和 LISA 聚类图显示，整个黄河流域西部地区以"L-L"型聚集为主，中东部地区以"H-H" 型聚集为主，除此之外还有少量的"L-H"型和"H-L"型分布。根据 NANI-S 模型的时空分析结果，给出黄河流域水污染管理工作的政策建议，为流域污染防治与高质量发展提供科学依据。

关键词：NANI；空间自相关；时空变化；氮污染；黄河流域；流域管理

1　引言

随着社会的发展、人口的增长，含氮化合物成为增加粮食产量、饲养禽畜、改善生活条件的主要原料之一[1-2]，过度施肥、工业固氮等人为活动导致环境中的氮负荷量激增[3]，占据全球氮循环的主导地位[4]，造成土壤酸化、森林破坏、富营养化以及生物多样性减少等环境问题[5]。流域作为联系自然环境和人类活动的重要载体，大量的人为氮（AN）随水循环进入河流，成为大多流域氮输出的主要来源。当某一水体内的氮累积量超过自身容纳量时，会引发水体污染、水质恶化，导致一系列环境问题[6]。因此，如何长期有效地控制河流的氮输入和积累成为流域治理改善流域水质的关键。为应对严重的水污染和资源短缺的挑战，需要以水质为导向进行流域管理，削减氮输入来控制流域的面源污染，存在氮输入的量化和空间分布是亟须解决的关键问题。

目前，相关研究中主要采用物理过程模型和统计模型来了解流域营养物质负荷（见表 1）。其中，物理过程模型通过监测点获得的数据进行参数的设置和调整，具有强大的氮循环模拟能力，但由于输入数据的高要求，它们应用于监测点不足的大流域受到限制。统计模型利用水量和水质数据，建立一个与氮通量有关的回归关系，估算流域氮负荷。这些模型虽然只考虑数据的输入和输出避免了高精度参数，但是仍以大量的降雨、径流量以及土地利用监测数据为基础，数据获得难度大。

流域的树状结构特点意味着产汇流与氮排放之间存在交互作用，为实施最佳流域污染控制方案，需要将流域划分为小控制单元[10]。我国实行"流域—控制区—控制单元"三级分区水环境管理体系（见图 1）。对流域，体现水系整体自然属性的同时明确对流域水污染防治的重点和方向；对控制区，在子流域划分的基础上[10]总结流域内环境问题，提出具体治污目标和实施计划；对控制单元，锁定污染来源，制订符合当地情况的控制方案[11]。控制单元往往由行政单元作为承载体[12]，通过因地制宜的水环境

作者简介：刘铭璐（1997—），女，硕士研究生，主要从事水资源优化配置与规划管理研究工作。

治理政策控制氮输入[13]，缺乏以行政区域为基础的人为氮输入研究[14]，使得流域污染治理措施难以实施。城市作为流域的节点，不同区域人类活动的互动关系体现了流域的宏观特征[15]。因此，以地级市为基础研究单位，研究结果更加准确适用[15-16]。

表 1 关于流域 N 负荷的研究模型

类型	模型	特点
物理过程模型	HSPF 模型[7]	通过监测点获得的数据进行参数的设置和调整，具有强大的氮循环模拟能力，但由于输入数据的高要求，它们应用于监测点不足的大流域受到限制
	SWAT 模型	
	AGNPS 模型	
	ReNuMa 模型[8]	
统计模型	SPARROW 模型	利用水量和水质数据与氮通量有关的回归关系，估算流域氮负荷。这些模型虽然只考虑数据的输入和输出避免了高精度参数，但是仍以大量的降雨、径流量以及土地利用监测数据为基础，数据获得难度大
	LOADEST 模型	
	PLOAD 模型[9]	

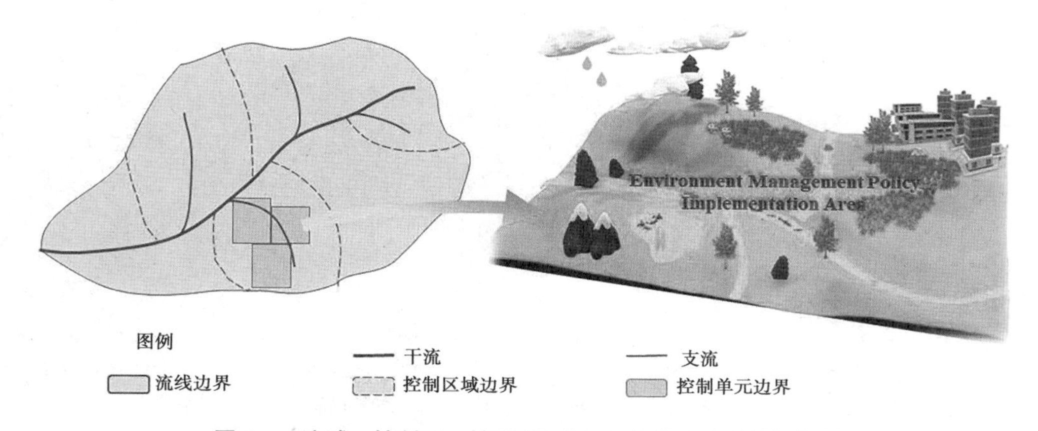

图 1 “流域—控制区—控制单元”三级分区水环境管理体系

地学统计中的空间自相关分析是指某些变量在不同区域内观测数据之间潜在的相互依赖性，用于探索空间分布格局和依赖程度，广泛应用于环境污染领域。AN 输入不仅是累积氮污染单向转移的结果，也是流域社会经济发展中负环境外部性的集中体现[17]。在本文中将 NANI 与 SAC 方法相结合，提出用于流域 NANI 时空分析的 NANI-S 模型。选择黄河流域作为研究区域，对 2002—2018 年 70 个地级市的 NANI 进行定量评价，利用 GeoDa 1.14 软件分析 AN 输入的空间分布特征。

2 材料与方法

2.1 研究区域及数据来源

2.1.1 研究区域

黄河流经中国九省（区）70 个地级市，是西北和华北的主要水源地，全长 5 464 km，流域面积 79.5 万 km^2。流域人均水资源量为 473 m^3，占我国人均水资源量的 23%[18]。废水排放量从 1980 年的 2 170 万 t 逐步增加到 2017 年的 4 494 万 t[19]，氮是最主要的水污染源之一。以流域内 70 个地级市为控制单元，量化探索黄河流域 NANI 时空分布特征，具有重要的理论和现实意义。黄河流域地市行政区划简图见图 2。

2.1.2 数据来源

本文选取 2002—2018 年间黄河流域各地市的社会发展类数据（城镇人口数量、农村人口数量、区域

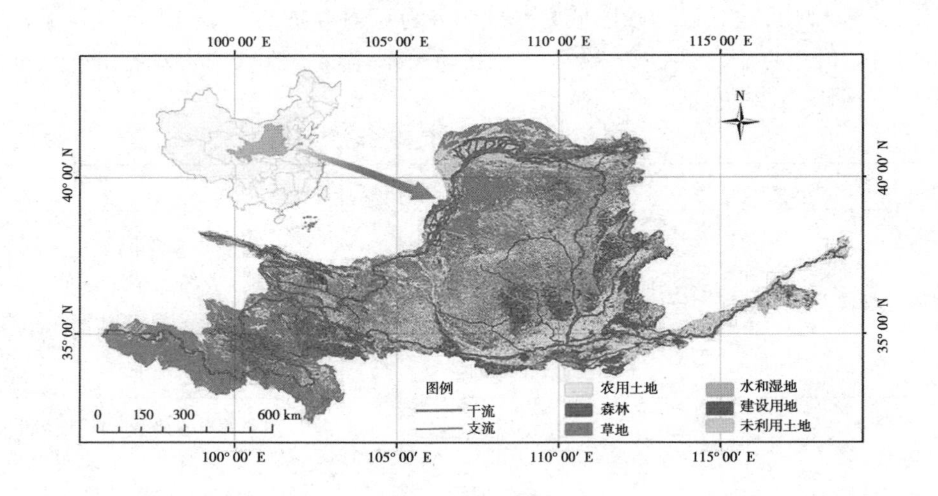

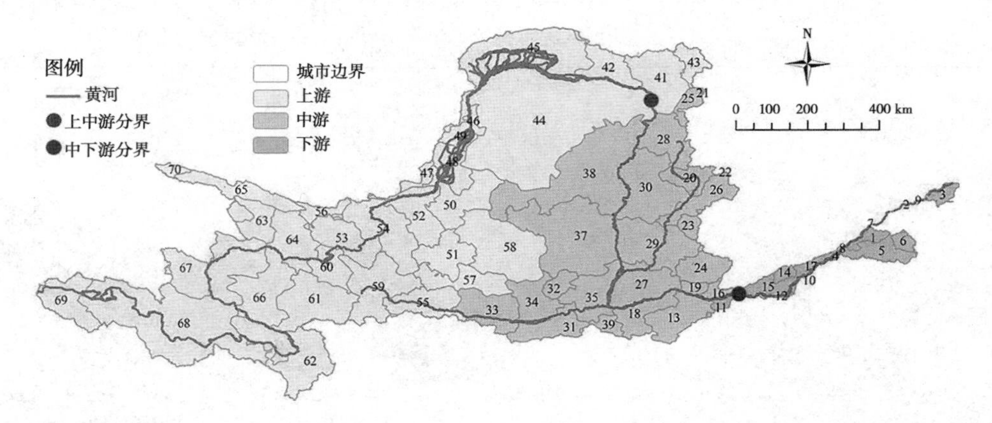

（下游：1—济南；2—淄博；3—东营；4—济宁；5—泰安；6—莱芜；7—德州；8—聊城；9—滨州；10—菏泽；11—郑州；12—开封；14—安阳；15—新乡；中游：13—洛阳；16—焦作；17—濮阳；18—三门峡；19—济源；20—太原；21—大同；22—阳泉；23—长治；24—晋城；25—朔州；26—晋中；27—运城；28—忻州；29—临汾；30—吕梁；31—西安；32—铜川；33—宝鸡；34—咸阳；35—渭南；36—韩城；37—延安；38—榆林；39—商洛；40—杨凌；上游：41—呼和浩特；42—包头；43—乌兰察布；44—鄂尔多斯；45—巴彦淖尔；46—乌海；47—阿拉善盟；48—银川；49—石嘴山；50—吴忠；51—固原；52—中卫；53—兰州；54—白银；55—天水；56—武威；57—平凉；58—庆阳；59—定西；60—临夏回族自治州；61—甘南藏族自治州；62—阿坝藏族羌族自治州；63—西宁；64—海东；65—海北藏族自治州；66—黄南藏族自治州；67—海南藏族自治州；68—果洛藏族自治州；69—玉树藏族自治州；70—海西蒙古和藏族自治州

图 2　黄河流域地市行政区划简图

面积）、经济类数据（国内生产总值、农牧业生产总值）、农业数据（氮肥施用量、复合肥施用量、农产品种植面积、作物产量、畜禽养殖量）等作为研究指标，数据来源于各省（区）历年《统计年鉴》《中国农村统计年鉴》《国民经济和社会发展统计公报》《环境质量公报》《黄河流域综合规划（2012—2030）》等，氮沉降数据来自中国国家生态系统研究网。

2.2　方法

2.2.1　NANI 计算

NANI 模型计算主要包括四部分：大气氮沉降、氮肥输入、人类食物/动物饲料和作物固氮，计算公式如下：

$$\text{NANI} = N_{dep} + N_{fer} + N_{im} + N_{cro} \tag{1}$$

式中：NANI 为黄河流域中 AN 的总输入；N_{dep} 为大气氮沉降量；N_{fer} 为农业活动中未被作物吸收的化肥中的氮含量，通过水循环进入河流；N_{im} 为畜禽和作物的氮产量与人类和畜禽耗氮量之间的物质平衡[20]，在数值上等于食品氮消费量与畜禽饲料氮消费量之和与畜禽产品氮产量与作物氮产量之和的差；N_{cro} 为作物固氮量，黄河流域以豆类和花生为主要的固氮植物。以 Excel 软件为处理平台，估算地级市四个部分的 AN 输入（见表 2），再使用 ArcGIS 10.2 软件将结果反映在地图上。

表 2　各来源 AN 的计算

项目	计算方法	补充
N_{dep}	$N_{dep}=N_{NH_y}=N_{NO_x}$	氮沉降数据来源于大气数据集和研究领域已有的研究成果[21-23]。
N_{fer}	$N_{fer}=(NF+CF\times r_N)$ NF 为化肥中的氮量，万 t；CF 为复合肥的施用量；r_N 为氮与复合肥的比例	黄河流域中的 r_N 参考值为 34.4%[23]
N_{im}	$N_{im}=N_{hc}+N_{lc}-N_{cp}-N_{lp}$	
	$N_{hc}=\sum_{i=1}^{2}Pop_i\times NT_i \quad NT_i=\left(\frac{PROT_i/1\,000}{NCF}\right)\times 365$ N_{hc} 为人类食物消费的氮含量（$\times10^6$ kg），Pop 为区域人口，万人；NT 为标准年氮消耗量，kg/a；$PROT$ 为食物蛋白质含量，g/d；NCF 为蛋白质和氮含量的转化系数；$i=1$ 为城市人口，$i=2$ 为农村人口	NT_1 的参考值为 65.4（kg/a）；NT_2 为 63.6（kg/a）[24]；NCF 为 6.25[15]
	$N_{lc}=\sum_{i=1}^{4}(AN_i\times ANI_i)$ N_{lc} 为动物饲料消费氮含量，$\times10^6$ kg；AN 为地区畜禽养殖数量（$\times10^4$）；ANI 为禽畜年均氮消耗量，g/d；i = 1、2、3、4 分别为猪、牛和马、绵羊和家禽	不同物种年平均饲料氮消耗量见补充表[25-26]
	$N_{cp}=\sum_{j=1}^{11}CP_j\times PC_j\times10^{-3}\times(1-\gamma)$ N_{cp} 为作物中的氮含量；CP 为作物产量，万 t；PC 为作物的氮含量；γ 为损失率；j 代表主要作物品种	γ 为食品在生产过程中因变质或浪费而造成的损失率，参考值为 10%[25]
	$N_{lp}=\sum_{i=1}^{4}AN_i\times AC_i\times(1-\gamma)$ N_{lp} 为畜禽产品的氮含量；AN 为一个地区畜禽养殖的数量（$\times10^4$）；AC 为氮含量的畜禽产品	
N_{cro}	$N_{cro}=\sum_{k=1}^{2}(CA_k\times NF_k)\times10^{-4}$ CA 为播种给作物的区域，km^2；NF 为作物的固氮率，[kg/(km^2·a)]；$k=1,2$ 为大豆和花生	大豆和花生的固氮率[3] 分别为 9 600 kg/km^2 和 8 000 kg/km^2

2.2.2　空间自相关

空间自相关是某一地理现象或者属性变量在空间相互作用或空间扩散作用的影响下，在相邻的地理空间单元间呈现出一定的依赖性和关联性[26]。人为氮输入问题实质上是对社会经济环境问题的反映，后者普遍存在的空间相关性往往导致前者表现出同样的特性。空间自相关分析就是识别这种关联性是否显著，可以分为全局空间自相关和局部空间自相关[27]。全局空间自相关用于分析整个流域人为氮输入的空间关联程度，判断其在整体空间上是否存在聚集现象。通常用全局 Moran′s I 描述[27]，取值一般在[-1, 1]，大于 0 为正相关，小于 0 为负相关。越接近-1 表示黄河流域各市间 NANI 差异越大，越接近 1 代表各市 NANI 关系越密切，表示各市 NANI 之间不相关。计算见公式(2)。

$$Moran'I = \frac{\sum_{i=1}^{n}\sum_{j=1}^{n}\omega_{ij}(x_i - \bar{x})(x_j - \bar{x})}{S^2\sum_{i=1}^{n}\sum_{j=1}^{n}\omega_{ij}} \tag{2}$$

$$S^2 = \frac{1}{n}\sum_{i=1}^{n}(x_i - \bar{x})^2 \tag{3}$$

式中:n 为黄河流域地级市总数;S^2 为黄河流域不同城市 NANI 的方差;x_i 和 x_j 分别为黄河流域城市 i 和城市 j 的 AN 输入;$\bar{x}$ 为 AN 输入平均值;ω_{ij} 为空间权重矩阵。构建一阶邻接矩阵判定城市是否共享空间中的边界或顶点,如果城市 i 和城市 j 相邻,ω_{ij} 的值为 1,否则为 0。

局部空间自相关可以识别流域内城市间 AN 聚集区和孤立区的位置,包括局部空间关联指标(LISA)指数和 Moran 散点图。局部 Moran's I 计算见式(4)。I_i 为正表示城市在空间上与邻近城市的 NANI 相似,即高 NANI 区域(H-H)或低 NANI 区域(L-L)的集群;I_i 为负表示不相似,即高 NANI 区域围绕低区域(L-H)或低 NANI 区域围绕高 NANI 区域(H-L)。Moran 散点图中各象限含义如表 3 所示。

$$I_i = \frac{x_i - \bar{x}}{S^2}\sum_{j=1}^{n}\omega_{ij}(x_j - \bar{x}) \tag{4}$$

表 3　Moran 散点图各象限特征及意义

象限	模式	意义
第一象限	H-H	高 NANI 聚集区域
第二象限	L-H	高 NANI 区域围绕低 NANI 区域
第三象限	L-L	低 NANI 聚集区域
第四象限	H-L	低 NANI 区域围绕高 NANI 区域

空间滞后模型描述了空间相关性[28],计算如式(5)所示。其目的是探究考虑空间效应的解释变量对黄河流域 NANI 的估计和预测,通过权重反映空间关系。

$$y = \rho W_y + \beta X + \varepsilon \tag{5}$$

式中:y 表示市级单元 NANI;ρ 为空间滞后回归系数;W_y 为带有权重的空间滞后因子;β 为参数;X 为影响因素;ε 为独立误差项。

2.2.3　NANI-S 模型

从宏观角度识别氮污染分布,提高流域污染治理效率,在上述研究方法的基础上,将 NANI 模型与空间自相关分析方法相结合,提出基于"量化—分析—管控"的 NANI-S 模型。首先,利用 NANI 模型对流域的人类活动造成的氮输入量进行量化评估,量化氮的输入量是实现氮污染管理的前提。然后,观察其时间变化特征,并通过空间分析识别输入区域的空间特征,掌握氮输入分布是制定污染管理政策的基础。最后,根据时间变化和空间分布特点,制定具体的控制措施。技术路线图如图 3 所示。

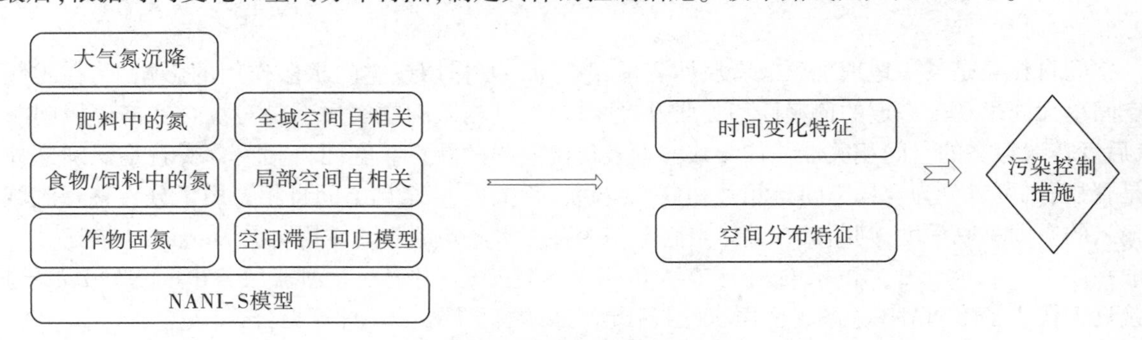

图 3　NANI-S 模型技术路线图

3 结果

3.1 黄河流域 NANI 时间变化特征

2002—2018 年黄河流域市级尺度人类活动净氮输入总量年平均值 5.40×10^6 t，年平均 NANI 值为 6 787.59 kg/(km^2 · a)，高于其他流域[13,29-30]（见表 4）。总体来看（见图 4），2002—2018 年黄河流域 NANI 变化明显，呈现先上升后缓慢下降的趋势。从不同时期来看，黄河流域总 NANI 在 2002—2005 年增长，在 2005—2014 年下降后一直保持增长。峰值出现在 2014 年[7 597.24 kg/(km^2 · a)]，比 2002 年的最低值[6 048.58 kg/(km^2 · a)]上涨 25.6%，年均增长率为 1.97%。

表 4　其他流域的 NANI

地区	NANI [kg/(km^2 · a)]	作者
美国东北部盆地	4 500	Boyer et al. (2002)
美国西部盆地	1 073	Schaefer et al. (2009)
波罗的海盆地	5 800	Hong et al. (2012)
印度盆地	4 616	Swaney et al. (2015)

近 20 年来，黄河流域经济快速发展，高强度工农业活动和高人口密度导致用水量激增[22]，造成大量氮输入，给流域生态环境带来巨大压力。2015 年后的下降直接反映了化肥施用零增长计划、加强污水厂建设计划以及严格控制大江大河污染物排放规定的政策，有效控制 AN 输入，改善水环境。

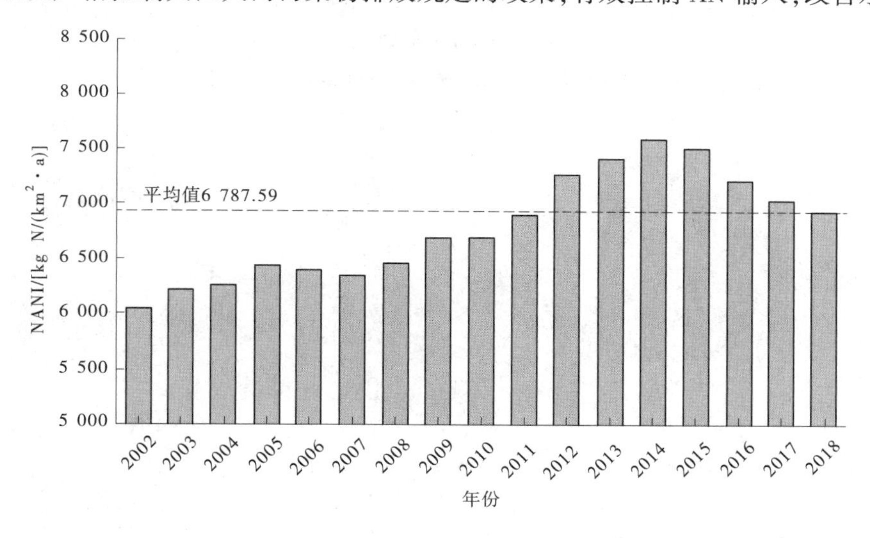

图 4　2002—2018 年黄河流域平均总 NANI 时间变化

3.2 黄河流域 NANI 空间变化特征

3.2.1 黄河流域 NANI 分布图

为探索黄河流域 NANI 空间分布演化特征，将 2002—2018 年表 2 的计算结果输入 ArcGIS 10.2 软件。NANI 分为六个等级：极高、高、中到高、中到低、低、极低（图 5 中用不同颜色标记的等级）。黄河流域氮污染存在显着空间差异，总体来看，下游城市的 NANI 高于上游和中游城市。2002 年黄河流域 NANI 达到极低水平的城市数量最多，充分说明经济发展伴随着环境恶化。2014 年渭南市的 NANI 达到较高水平，咸阳市 NANI[54 138.38 kg/(km^2 · a)]成为仅次于安阳[56 872.83 kg/(km^2 · a)]的第二高城市，表明极高和高等级地区开始向中游延伸。这可能是因为随着关中平原城市群发展，大量人口向城市聚集，粮食、肉类、蛋奶的需求增加，农业畜牧业蓬勃发展。黄河流域 NANI 空间分布图见图 6。

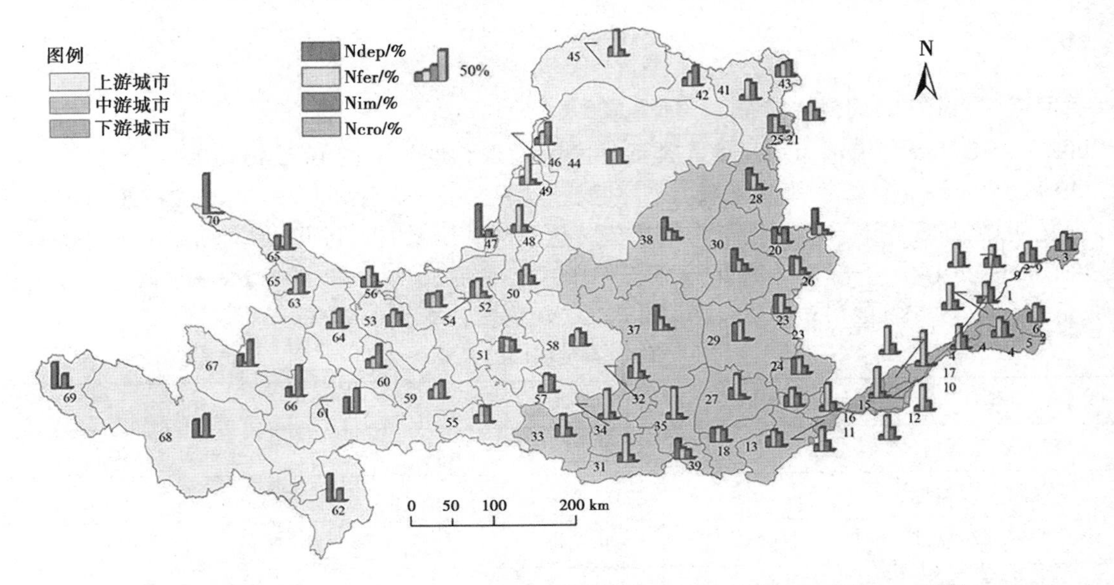

(下游:1—济南,2—淄博,3—东营,4—济宁,5—泰安,6—莱芜,7—德州,8—聊城,9—滨州,10—菏泽,11—郑州,12—开封,14—安阳,15—新乡;中游:13—洛阳,16—焦作,17—濮阳,18—三门峡,19—济源,20—太原,21—大同,22—阳泉,23—长治,24—晋城,25—朔州,26—晋中,27—运城,28—忻州,29—临汾,30—吕梁,31—西安,32—铜川,33—宝鸡,34—咸阳,35—渭南,36—韩城,37—延安,38—榆林,39—商洛,40—杨凌;上游:41—呼和浩特,42—包头,43—乌兰察布,44—鄂尔多斯,45—巴彦淖尔,46—乌海,47—阿拉善盟,48—银川,49—石嘴山,50—吴忠,51—固原,52—中卫,53—兰州,54—白银,55—天水,56—武威,57—平凉,58—庆阳,59—定西,60—临夏回族自治州,61—甘南藏族自治州,62—阿坝藏族羌族自治州,63—西宁,64—海东,65—海北藏族自治州,66—黄南藏族自治州,67—海南藏族自治州,68—果洛藏族自治州,69—玉树藏族自治州,70—海西蒙古族藏族自治州

图5 2002—2018 年黄河流域城市 NANI 四种成分的分布比例

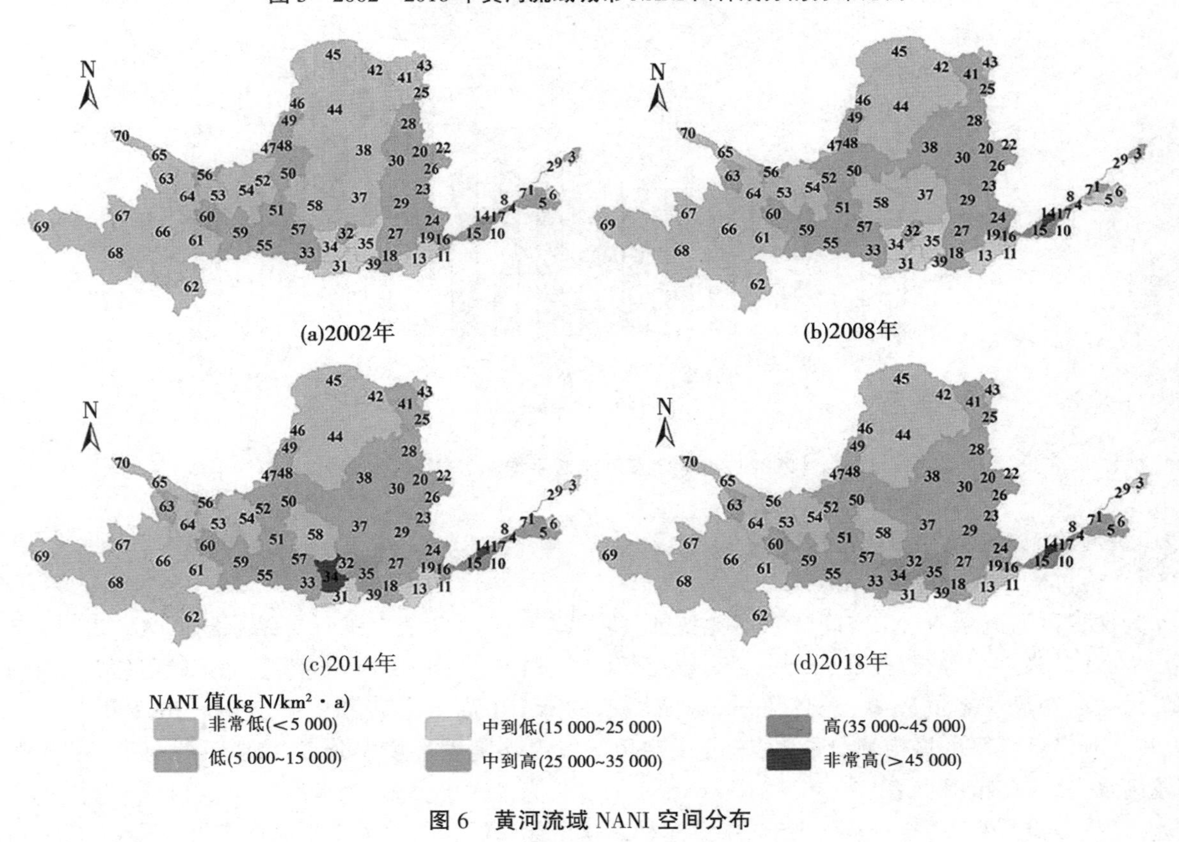

图6 黄河流域 NANI 空间分布

3.2.2 黄河流域 NANI 空间自相关分析

综上所述,黄河流域的 NANI 存在空间差异,具有显著的空间相关性和聚集性,不仅受到当地人类活动的影响[31],还受到邻近城市的影响。2002—2014 年 Moran's I 呈下降趋势,2014 年最小为 0.67,表明黄河流域的氮污染空间聚集性稍有降低,流域环境有所好转[32],这与过去 20 年中中国政府所做出的努力有关。2015—2018 年,Moran's I 出现波动,这说明"十一五""十二五"期间以点源控制为重点的环境政策在黄河流域效果变弱,表明尚未形成成熟的协同控制机制,氮输入控制的空间效应不稳定,可能会对黄河流域的氮污染的协同防治机制建设产生负面影响。2002—2018 年黄河流域的全局 Moran's I 见表 5。

表 5 2002—2018 年黄河流域的全局 Moran's I

年份	2002	2003	2004	2005	2006	2007	2008	2009	2010
Moran's I	0.72	0.71	0.77	0.78	0.76	0.76	0.77	0.76	0.76
P 值	0.001	0.001	0.001	0.001	0.001	0.001	0.001	0.001	0.001
Z-score	9.066 5	8.923 2	9.636 9	9.844 1	9.706 4	9.614 2	9.818 2	9.719 4	9.591 7
年份	2011	2012	2013	2014	2015	2016	2017	2018	
Moran's I	0.77	0.70	0.71	0.67	0.72	0.75	0.69	0.75	
P 值	0.001	0.001	0.001	0.001	0.001	0.001	0.001	0.001	
Z-score	9.743 6	8.830 4	8.923	8.497 3	9.06	9.393 7	8.669 5	9.431 1	

3.2.3 黄河流域 NANI 局部空间自相关分析

全局 Moran's I 用于验证黄河流域 NANI 的空间相关性,但无法识别不同城市的异质性,需通过局部空间自相关分析[31,33]探讨整个流域内一个城市的 NANI 与其邻近城市的 NANI 之间的相关程度。LISA 聚类图(见图 7)和 Moran 散点图(见图 8)是通过 Geoda 1.14 软件在 5%显著性水平下获得的。Moran 散点图中的每个点代表一个城市,将第一象限命名为恢复区,第三象限为保护区,第二和第四象限为管理区。

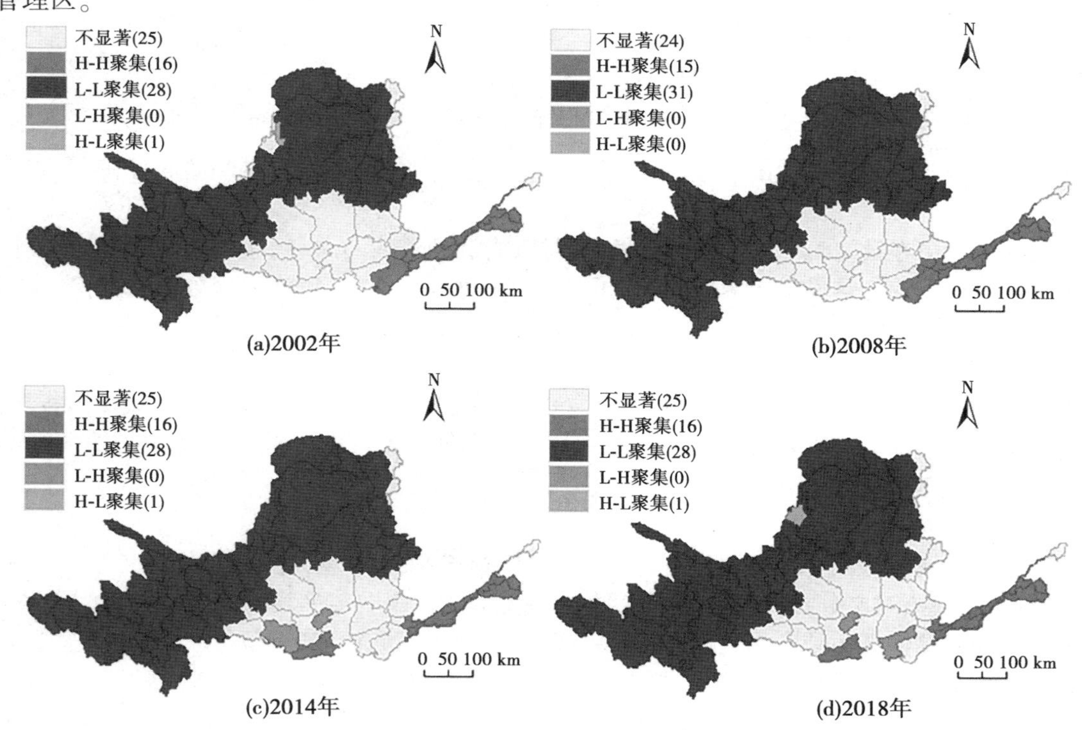

图 7 2002 年、2008 年、2014 年、2018 年黄河流域 NANI 的 LISA 聚类图

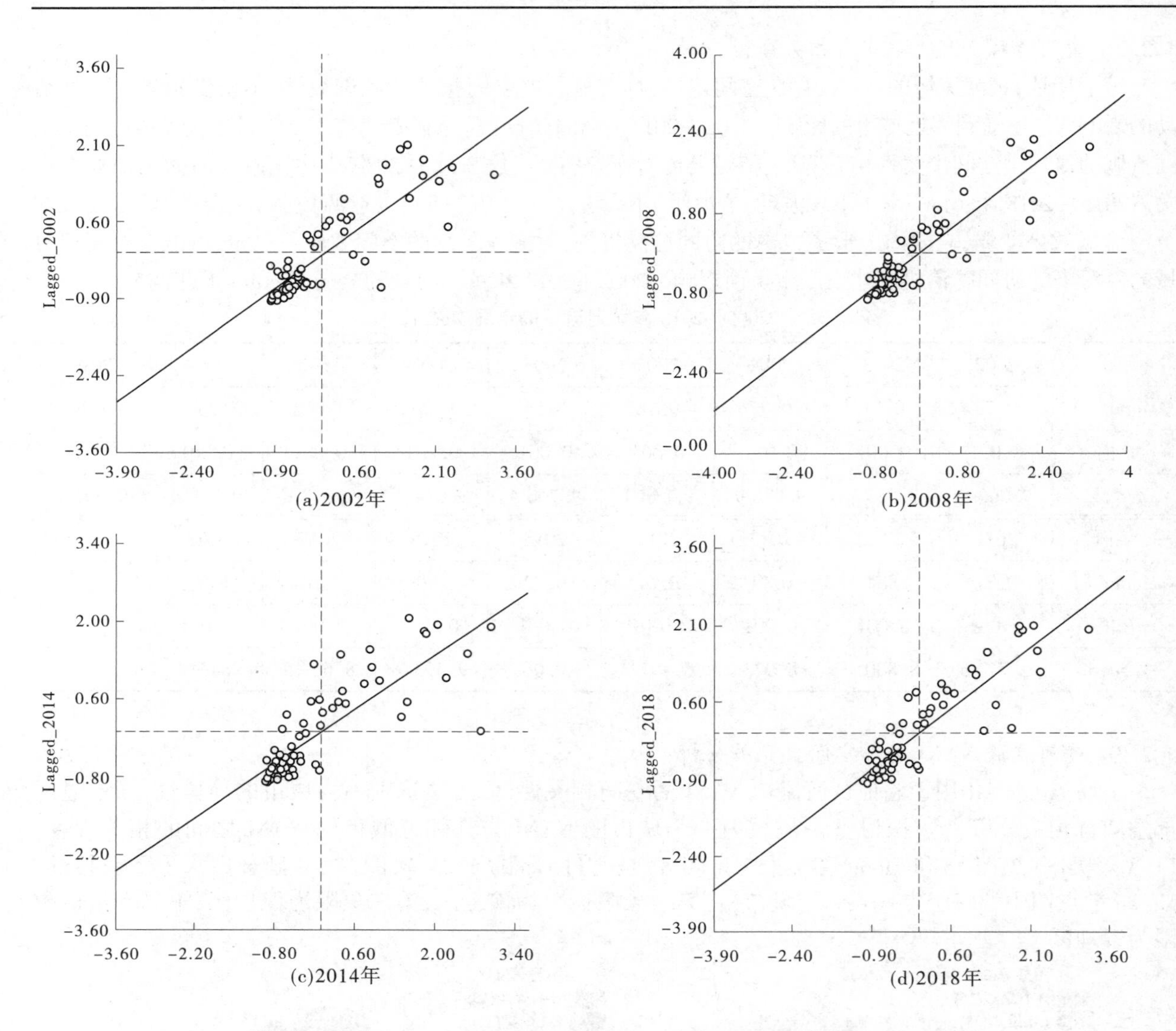

图 8　2002 年、2008 年、2014 年、2018 年 NANI 在黄河流域的 Moran 散点图

恢复区主要分布在河南省和山东省,应以减少 AN 投入为首要目标,建立联防联控机制,提高管理效率。

保护区主要集中在黄河流域中上游的青海省、甘肃省和内蒙古自治区,生态质量较好,是我国重要的生态功能区,如三江源、赫连山自然保护区、鄂尔多斯草原等。此外,黄河源地处青藏高原,生态环境较为脆弱,破坏影响深远,难以修复。因此,在区域发展中需要大量的精力投入到生态保护上来维持 NANI 的 L-L 聚集状态。

管理区域,如宝鸡、铜川、三门峡[见图 7(c)、(d)],往往采用基于激励政策的污染控制指导方法。对于生态质量较差的高低城市乌海[见图 7(a)、(d)],急需加快氮污染控制,以免影响周边城市。

4　结论

为加强黄河流域经济社会发展过程中的氮管理,建立 NANI-S 模型对黄河沿岸 70 个城市的氮污染进行评价,分析氮污染时空分布特征。结果表明:黄河流域 NANI 多年平均 Moran′s I 为 0.76,AN 输入存在显著正相关。整体氮污染形势呈现好转趋势,证明科学的污染治理政策对生态环境修复具有积极作用。黄河干流 70 个地级市的 NANI 呈现明显的空间聚集性,中下游城市的 NANI 高于上游。除河南、山东等传统的高 NANI 城市群外,西安也成为高负荷城市。这不利于整个流域的可持续发展,流域管理中需要降低氮污染的空间相关性。

参考文献

[1] Henry R B C, Edmunds M G, Köppen J. Erratum: "On the Cosmic Origins of Carbon and Nitrogen" (2000, ApJ, 541, 660)[J]. The Astrophysical Journal, 2022, 927(1).

[2] Robert Socolow. 与地球同步：碳氮循环在保护地球宜居性中面临的挑战[J]. Engineering, 2016, 2(1): 47-50.

[3] Lian Huishu, et al. Effects of anthropogenic activities on long-term changes of nitrogen budget in a plain river network region: A case study in the Taihu Basin[J]. Science of the Total Environment, 2018, 645: 1212-1220.

[4] Galloway James N. The global nitrogen cycle: past, present and future[J]. Science in China. Series C, Life sciences, 2005, 48 Suppl 2(2): 669-678.

[5] F. Dentener, et al. Nitrogen and sulfur deposition on regional and global scales: A multimodel evaluation[J]. Global Biogeochemical Cycles, 2006, 20(4): B4003-1-B4003-21.

[6] Xiaoying Yang, et al. Spatiotemporal patterns and source attribution of nitrogen load in a river basin with complex pollution sources[J]. Water Research, 2016, 94: 187-199.

[7] Donigian A, Bicknell B R, Imhoff J C, et al. Hydrological Simulation Program – Fortran (HSPF). Hydrological Simulation Program – Fortran(HSPF), 1995.

[8] Bongghi Hong, et al. Evaluating regional variation of net anthropogenic nitrogen and phosphorus inputs (NANI/NAPI), major drivers, nutrient retention pattern and management implications in the multinational areas of Baltic Sea basin[J]. Ecological Modelling, 2012, 227: 117-135.

[9] USEPA (2001) PLOAD version 3.0: An ArcView GIS Tool to Calculate Nonpoint Sources of Pollution in Watershed and Stormwater Projects, User's Manual. U.S. Environmental Protection Agency, Washington, DC.

[10] 邓富亮，金陶陶，马乐宽，等. 面向“十三五”流域水环境管理的控制单元划分方法[J]. 水科学进展，2016，27(6): 909-917.

[11] 王金南，吴文俊，蒋洪强，等. 中国流域水污染控制分区方法与应用[J]. 水科学进展，2013，24(4): 459-468.

[12] Sergio A. Sañudo-Wilhelmy, Gary A. Gill. Impact of the Clean Water Act on the Levels of Toxic Metals in Urban Estuaries: The Hudson River Estuary Revisited[J]. Environ. Sci. Technol., 1999, 33(20): 3477-3481.

[13] Mark Crane, Jeffrey M. Giddings. "Ecologically Acceptable Concentrations" When Assessing the Environmental Risks of Pesticides Under European Directive 91/414/EEC[J]. Human and Ecological Risk Assessment: An International Journal, 2004, 10(4): 733-747.

[14] Wangzheng Shen, et al. A framework for evaluating county-level non-point source pollution: Joint use of monitoring and model assessment[J]. Science of the Total Environment, 2020, 722(prepublish): 137956.

[15] Wei Huang, et al. Driving forces of nitrogen input into city-level food systems: Comparing a food-source with a food-sink prefecture-level city in China[J]. Resources, Conservation & Recycling, 2020, 160(C).

[16] Li Shu, et al. Optimal control of nonpoint source pollution in the Bahe River Basin, Northwest China, based on the SWAT model[J]. Environmental science and pollution research international, 2021, 28(39): 55330-55343.

[17] Cui Xia, et al. Temporal and spatial variations of net anthropogenic nitrogen inputs (NANI in the Pearl River Basin of China from 1986 to 2015[J]. PloS one, 2020, 15(2): e0228683.

[18] Yellow River Conservancy Commission of the Ministry of Water Resources (2013) Comprehensive Plan for the Yellow River Basin (2012-2030). Yellow River Water Conservancy Commission, Henan, China.

[19] Yellow River Conservancy Commission of the Ministry of Water Resources (2017) Water Resources Bulletin in the Yellow River Basin. Yellow River Conservancy Commission of the Ministry of Water resources. http://www.yrcc.gov.cn/zwzc/gzgb/gb/szygb/. Accessed 10 December 2020

[20] Grimm N B, et al. Global Change and the Ecology of Cities[J]. Science, 2008, 319(TN.5864): 756-756.

[21] Claire Granier, et al. Evolution of anthropogenic and biomass burning emissions of air pollutants at global and regional scales during the 1980 – 2010 period[J]. Climatic Change, 2011, 109(1-2): 163-190.

[22] W Gao, et al. Estimating net anthropogenic nitrogen inputs (NANI) in the Lake Dianchi basin of China[J]. Biogeosciences, 2014, 11(16): 4577-4586.

[23] 李书田,金继运.中国不同区域农田养分输入、输出与平衡[J].中国农业科学,2011,44(20):4207-4229.
[24] 琚腊红,于冬梅,房红芸,等.1992—2012 年中国居民膳食能量、蛋白质、脂肪的食物来源构成及变化趋势[J].卫生研究,2018,47(5):689-694,704.
[25] Horn H (1998) Factors affecting manure quantity, quality, and use. Proceedings of the Mid-South Ruminant Nutrition Conference, Dallas-Ft. Worth, May 7-8, 1998.
[26] Anselin Luc. A test for spatial autocorrelation in seemingly unrelated regressions[J]. Economics Letters, 1988, 28(4): 335-341.
[27] Moran P A P. The Interpretation of Statistical Maps[J]. Journal of the Royal Statistical Society. Series B (Methodological), 1948, 10(2): 243-251.
[28] Luc Anselin, Raymond J G, M Florax. New Directions in Spatial Econometrics[M]. Springer, Berlin, Heidelberg.
[29] Sylvia C, Schaefer, James T. Hollibaugh and Merryl Alber. Watershed nitrogen input and riverine export on the west coast of the US[J]. Biogeochemistry, 2009, 93(3): 219-233.
[30] D P Swaney, et al. Net anthropogenic nitrogen inputs and nitrogen fluxes from Indian watersheds: An initial assessment[J]. Journal of Marine Systems, 2015, 141: 45-58.
[31] Yun Sun, et al. Function zoning and spatial management of small watersheds based on ecosystem disservice bundles[J]. Journal of Cleaner Production, 2020, 255(C): 120285-120285.
[32] Dongmei Han, Matthew J Currell, Guoliang Cao. Deep challenges for China's war on water pollution[J]. Environmental Pollution, 2016, 218: 1222-1233.
[33] Wu Zening, et al. Study of spatial distribution characteristics of river eco-environmental values based on emergy-GeoDa method[J]. The Science of the total environment, 2021, 802: 149679.

黄河流域小水电清理整改的思考与建议

索二峰[1,2,3]　王文成[1,2]

（1. 黄河勘测规划设计研究院有限公司，河南郑州　450003；
2. 水利部黄河流域水治理与水安全重点实验室（筹），河南郑州　450003；
3. 河南省城市水资源环境工程技术研究中心，河南郑州　450003）

摘　要：按照《黄河流域生态保护和高质量规划纲要》的相关要求，水利部与有关部门联合印发《关于开展黄河流域小水电清理整改工作的通知》的文件，力争到2024年底前解决黄河流域过度的小水电开发问题。黄河流域小水电数量少，整个流域只有700多座，与已完成小水电清理整改的长江流域不是一个数量级，但黄河流域的特点是缺水而且生态特别脆弱，所以电站的建设更为敏感。在基本消除小水电过度开发的不利影响，保持国家重要自然生态系统的原真性和完整性，建立绿色小水电可持续发展的长效机制，为黄河流域人水和谐、建设造福人民的幸福河提供支撑的目标下，黄河流域小水电清理整改措施应按照更高、更科学的标准来开展。

关键词：黄河流域；小水电；清理整改；系统性

小水电是指装机容量小于50 MW的水电站，具有投资少、周期短、见效快的优势，是重要的民生水利基础设施，小水电的建设对于缓解电力紧缺、改善能源结构、促进经济发展发挥了重要作用。然而，近年来部分地区高强度、无秩序地开发对生态环境造成了较大的负面影响[1]。按照《黄河流域生态保护和高质量发展规划纲要》的相关要求，水利部与有关部门联合印发《关于开展黄河流域小水电清理整改工作的通知》的文件，力争到2024年底前解决黄河流域的小水电过度开发问题。黄河流域小水电数量少，整个流域只有700多座，与已完成小水电清理整改的长江流域不是一个数量级，但黄河流域的特点是缺水而且生态特别脆弱，所以电站的建设更为敏感。所以，在基本消除小水电过度开发的不利影响，保持国家重要自然生态系统的原真性和完整性，建立绿色小水电可持续发展长效机制，为黄河流域人水和谐、建设造福人民的幸福河提供支撑的目标下，黄河流域小水电清理整改措施应按照更高、更科学的标准来开展。

1　清理整改内容和要求

根据水利部、发展改革委、自然资源部、生态环境部、农业农村部、能源局、林草局《关于开展黄河流域小水电清理整改工作的通知》（水电〔2021〕410号），要求对青海、甘肃、宁夏、内蒙古、陕西、山西、河南、山东8省（区）黄河干支流流经的县级行政区域内（四川省已参加长江经济带小水电清理整改）单站装机容量5万kW及以下的小水电站进行清理整改。使得小水电站生态流量得到有效保障，河流连通性显著改善，影响正常行洪和下游生活、生产、生态用水问题得到有效解决，基本消除小水电过度开发的不利影响。

清理整改以河流为单元，系统分析河流生态保护对象及其保护要求，调查小水电开发对河流生态系统的叠加累积性影响，逐站核查存在的问题。在问题核查基础上，以河流为单元，开展综合评估，从流域层面统筹开发强度、密度，综合“三线一单”生态环境分区管控要求，逐站明确“退出、整改、保留”分类意

作者简介：索二峰（1978—），男，高级工程师，从事城市水生态综合规划设计和研究工作。

见，提出“一站一策”整改措施。根据综合评估确定的整改措施，积极稳妥组织开展分类整改，解决小水电影响生态环境的突出问题。

2 主要问题和难点

在“绿水青山就是金山银山”发展理念的引领下，正确处理生态环境保护与经济发展的关系，实现绿色发展、循环发展、低碳发展，推动人与自然和谐共生的良性发展、促进生态经济化和经济生态化。绿色改造、生态发展是清理整治小水电的关键，小水电的生态建设是传统小水电升级的必由之路，是推进节能减排、改善大气环境、促进生态文明建设的有效举措。

我国早期建成的电站，由于当时的时代背景，没有对电站提出生态方面的要求，随着能源供需平衡的改善、小水电开发程度及相关技术水平的提高以及风电、太阳能等新能源的兴起，小水电生态环境累积影响的凸显，社会对小水电的绿色属性提出了许多质疑。小水电对河流生态环境影响主要表现为以下两个方面：①受早期开发理念影响，引水式及混合式电站没有生态放流，造成河流局部河段减水脱流，枯水期甚至造成断流，影响河流生态和下游生产生活用水。②闸坝阻隔，破坏河流连通性，影响洄游鱼类，改变了一些水生生物的生存环境。黄河流域装机容量 5 万 kW 以下的小水电站约有 700 多座，同样存在着以上的生态问题，迫切需要进行清理整治。

2018 年以来，长江经济带省(市)完成 2.5 万多座小水电清理整改。电站整改、退出后，使 1 300 多条河流在历经长年脱水、断流后重现生机，河湖的生态、景观、灌溉、行洪等功能逐步恢复，经济社会价值日渐显现，总体开发强度下降了 15 个百分点[2]。但是，通过长江流域小水电清理整改工作的“回头看”，并结合黄河流域小水电实际调研情况，发现清理整改工作中还存在部分问题需要思考和改进，主要表现在如下三个方面：

(1)水工建筑物改造或拆除等总体设计要求不足，使得部分小水电，仅拆除电站，未新建相应消能措施，人为造成大坝安全隐患；部分小水电电站拆除后，库区水位下降较快，致使库区浅滩河底露出并沙化，湿地面积大幅减少，造成新的生态环境影响。

(2)黄河流域小水电清理整治的重点区域与贫困地区高度重合，小水电的清理、整改及退出补偿均没有财政支持，县市自筹资金存在很大压力和困难，需防范和化解可能存在的社会风险。

(3)小水电站普遍有“重电轻机不管水”的现象，对防汛、大坝安全管理等重视程度不高。在运行过程中存在较多的安全问题：①基础设施老化、压力管爆裂、引水堤岸坍塌等安全隐患较大；②设备老化、技术落后，机组效率不高，能耗高、故障多；③管理制度不健全，巡检随意，管理人员缺少培训、专业水平低等[3-4]。

为了黄河流域人水和谐，建设造福人民的幸福河，按照《黄河流域生态保护和高质量发展规划纲要》的要求，黄河流域小水电清理整改措施应按照更高、更科学的标准来开展。

3 思考与建议

符合生态环保要求的小水电是可再生清洁能源项目，不仅能够助力国家碳中和，还可以为发电出力波动较大的风电、光伏提供调峰、调频。而且很多小水电不仅具有发电的功能，还兼具防洪、灌溉、供水等综合效益。黄河流域整体缺水且生态特别脆弱，所以电站建设的生态影响问题更为突出。结合黄河流域特点，如何消除小水电过度开发存在的不利影响，需要在总结长江流域小水电清理整治工作的基础上进行更多系统性的思考。

笔者参加了 2021 年度长江流域小水电清理整改 “回头看”工作，参与主编了《黄河流域小水电清理整改综合评估报告编制大纲》，以及《2022 年度黄河流域小水电清理整改工作调研报告》。根据小水电以往清理整改经验和实际调研情况，就如何按照更高、更科学的标准开展黄河流域小水电清理整改提出如下建议：

(1)坚持《关于进一步做好小水电分类整改工作的意见》的总基调，把修复河流生态环境摆在压倒性的位置,从生态整体性和流域系统性出发,统筹生态保护、绿色发展和民生改善,对小水电提出分类整改要求。

(2)黄河流域小水电整改汲取长江流域小水电清理整改的经验,程序上依然是问题核查、综合评估、一站一策,最后进行分类整改、验收销号。

(3)由省级层面统一组织,以河流为单元开展综合评估,编制综合评估报告,逐站明确分类意见,提出"一站一策"整改措施。

(4)将安全规范整改纳入小水电清理整改工作中,不仅是对清理整改工作内容和范围的完善与充实,更具有现实意义。安全规范整改方式主要包括:一是通过技术改造消除小水电站的安全隐患;二是加强设备管理,建立技术档案,记录机组参数及运营异常、故障及事故;三是制定大坝安全管理检查标准,固化日常工作,将监督检查常态化、监督考核规范化。

(5)建议小流域内多电站联合开展自动化改造,打造"智能焕新"提升样板,实现"无人值班自动化",提升电站安全生产标准化管理水平和经济效益。

(6)鼓励各省结合自身条件开展生态电价试点,在水电站落实生态流量方面提出生态电价的补偿机制,既满足了生态环境保护的需求,又调动了小水电业主整改的积极性,利用生态电价杠杆的政策促进小水电绿色可持续发展。

4 结论

根据世界能源理事会、美国国家可再生能源实验室发布的数据,小水电的能源回报率是风电的9倍、光伏发电的56倍、火电的68倍,发电效率分别是风电、光伏发电的2.2倍和3.5倍。推动小水电绿色发展,可全面提高水能资源利用效率,提高清洁电能的供给保障能力。所以,深化黄河流域小水电清理整改,优化其存量,可以有效地解决黄河流域及其他流域区域过度的小水电开发问题,加大河流生态系统治理和修复力度,实现小水电转型升级、绿色发展。

参考文献

[1] 王浩祥,刁新兵.陕西省小水电开发有关生态环境保护机制建议[J].陕西水利,2021(3):83-85.
[2] 审计署资环司青年理论学习小组.让老百姓看得见山望得见水[J].审计观察,2021(3):23-26.
[3] 刘云箭,郭梦旸.基于湖南等四省的长江经济带小水电清理整改情况分析[J].长江技术经济,2021(8):218-222.
[4] 郝力赫.浅谈农村小水电对生态环境的影响与治理[J].黑龙江水利科技,2021(4):100-101.

考虑碳化效应的固化重金属污染土化学溶出评价

曹智国[1,2,3]　杨风威[1,2]　金俊超[1,2]

(1. 黄河勘测规划设计研究院有限公司,河南郑州　450003;
2. 水利部黄河流域水治理与水安全重点实验室(筹),河南郑州　450003;
3. 东南大学,江苏南京　211189)

摘　要:碳化作用对固化土中重金属化学溶出行为的影响是不可忽略的。基于现有的固体废弃物处置中污染物溶出评价框架,考虑碳化作用对重金属污染物化学溶出行为的影响,提出考虑碳化效应的固化污染土化学溶出评价方法。基于化学溶出评价方法和固化污染土碳化深度预测方法,给出化学平衡控制情况下考虑碳化效应的污染物长期溶出量与污染物溶解度和碳化深度的关系,给出污染物运移控制情况下考虑碳化效应的污染物长期溶出量与污染物扩散系数和碳化深度的关系,并对考虑和不考虑碳化效应计算得到的污染物累积溶出量进行比较。

关键词:碳化效应;固化污染土;化学溶出评价;化学平衡;溶质运移

1　引言

重金属污染物在固化土(或淤泥)中的化学溶出是一个复杂的过程,对化学溶出过程进行评价与建模对于研究污染物的长期溶出行为是很有必要的。国内外学者已经提出了一些评价方法与模型,用于预测不同环境下水泥材料中污染物的溶出行为。Kosson 等[1]基于材料特性参数和环境条件参数,提出了污染物溶出评价整体框架,可用于评价特定情况下污染物的长期溶出过程。Sloot 等[2]、Martens 等[3]、Wang 等[4]、Sloot 等[5]、Tiruta-Barna[6]和 Sarkar 等[7]基于化学平衡建立了水泥材料的地球化学模型,可用于评价各种复杂情况下污染物的形态特征和长期化学溶出特性。碳化作用对重金属化学溶出行为的影响是不可忽略的[8-9],但由于相关化学反应和污染物溶出过程的复杂性,考虑碳化效应的化学溶出评价方法未见公开报道。

本文基于现有的固体废弃物处置中污染物溶出评价框架[1],考虑碳化作用对重金属污染物化学溶出行为的影响,提出考虑碳化效应的固化污染物土化学溶出评价方法,基于评价方法和固化污染土碳化深度预测方法[10],给出化学平衡控制情况下和污染物运移控制情况下,考虑碳化效应的污染物长期溶出计算方法。

2　考虑碳化效应的化学溶出评价方法

为了综合评价水泥固化土的化学溶出行为,基于 Kosson 等[1]给出的污染物溶出评价框架,提出了一种三层结构的化学溶出评价框架(见图 1),评价框架考虑了碳化作用的影响。三个层次的评价分别为溶出潜能评价(层 1)、化学平衡评价(层 2)和溶质运移评价(层 3)。层 1 为溶出潜能评价,它提供了预期环境条件下污染物的最大溶出潜能。最大溶出潜能即单位质量废弃物中污染物可溶出的最大潜能,可通过特定环境下污染物的化学溶出试验获得。层 2 为化学平衡评价,它提供了化学平衡时污染物溶出浓度与 pH 的关系,可通过 pH 相关溶出试验获得。层 3 为溶质运移评价,它提供了污染物的运移

基金项目:国家自然科学基金面上项目(51578148);水利重大关键技术研究项目(2021KY04(S))。

作者简介:曹智国(1990—),男,工程师,博士,主要从事隧道工程与污染土处理等方面的研究工作。

速率,用于评价污染物溶出与时间的关系,可通过半动态淋滤试验获得。基于化学平衡得到的污染物溶出浓度一般大于或等于基于溶质运移得到的溶出浓度,因此在缺少溶质运移速率信息(层3)的情况下,化学平衡评价(层2)是一个偏保守的评估。

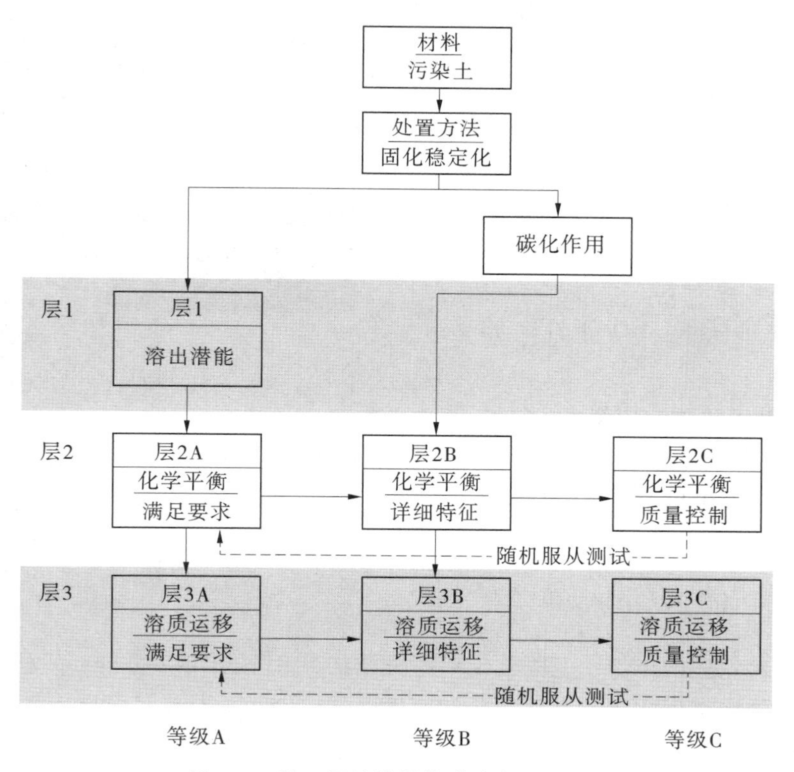

图1　一种三层结构的化学溶出评价框架

层2和层3中定义了三个等级(等级A、等级B和等级C),三个等级的选用取决于废弃物的已知信息或现场特定的要求。等级A为层2或层3中相应试验的简化测试。层2A为现场预期情况下的化学平衡评价,如仅用酸性、中性和碱性三种pH状态的浸提液进行化学平衡溶出试验(液固比为10 mL/g)。层3A为溶质运移速率的粗略评估,如仅进行5 d时间的半动态淋滤试验。在缺乏详细信息的情况下,等级A提供的测试结果可用于现场情况的保守评估。等级B提供了水泥固化污染物土化学溶出的详细特征。层2B为整个相关pH范围(pH=2~13)内的化学平衡评价,其中得到的最大溶出量也相当于层1中的最大溶出潜能。层3B为溶质运移速率的详细评价,如进行超过60 d的半动态淋滤试验,并对淋滤后水泥固化土的完整性进行检验。等级B提供的测试结果可用于深入了解材料的关键信息。等级C是以质量控制为目的的简化测试,依赖于等级B中材料特征的关键指标。在层2C和2A之间有一个反馈回路,这是说明层2A可用于进一步保证质量控制。层3C与3A之间的反馈回路也是类似的。

上述三层结构的化学溶出评价框架可用于指导污染土处理方案的选择,也可用于评价不同环境下污染物的溶出。对于非饱和状态的原位固化处理的污染土或异位固化处理再回填的污染土,在其长期服役过程中,二氧化碳的碳化效应是一个无法忽视的问题。碳化作用下水泥固化重金属污染土中污染物的化学平衡溶出行为和溶质运移特性均发生变化,因此为了能够真实地评价污染物的长期溶出行为,需要将碳化作用的影响引入化学溶出评价框架,给出碳化作用下水泥固化土中污染物的化学平衡溶出行为和溶质运移特性的详细特征。

3　化学平衡控制情况下污染物溶出评估

3.1　化学平衡控制溶出的场地条件

当水流通过渗透性较好的材料,且入渗速率较低,液固比也较低时,原位pH环境下的局部化学平衡决定了污染物的溶出量,具体如图 2 所示。在这种情况下,评估污染物溶出需要用到的场地信息包括土体几何尺寸、土体密度、入渗速率、原位 pH 环境、场地的液固比和原位 pH 环境下污染物的溶解度等。其中,场地的液固比代表在评估的时间段内与固化土接触的液体对应的累积液固比,可通过入渗速率、接触时间、固化土密度和固化土几何尺寸来确定,具体计算方法如下[11]:

$$LS_{\text{site}} = 10\,\frac{inf \cdot t_{\text{year}}}{\rho H} \tag{1}$$

式中:LS_{site} 为场地的液固比,L/kg;inf 为场地的入渗速率,cm/a;t_{year} 为评估时间,a;ρ 为水泥固化土的密度,kg/m^3;H 为水泥固化土的深度,m。

根据 Kosson 等[11]和 Schreurs 等[12],100 a 的时间内,场地入渗速率相对较高时得到的 LS_{site} 值大于 10 mL/g。

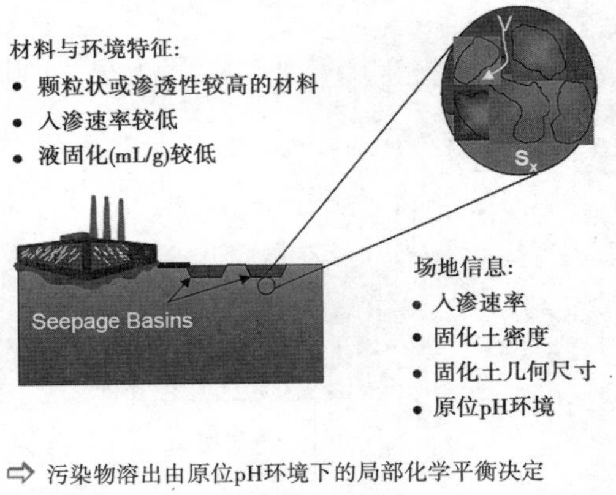

图 2　化学平衡控制情况下的污染物溶出

3.2　考虑碳化效应的污染物溶出量

水泥固化污染土在长期服役过程中,需要考虑碳化效应的影响。在化学平衡控制情况下,考虑碳化效应的污染物累积溶出量的计算方法如下:

$$M^{t}_{\text{mass}} = 10 \times \frac{inf \cdot t_{\text{year}}}{\rho_{\text{C}} x_{\text{C}} + \rho_{\text{N}}(H - x_{\text{C}})}\,\frac{S_{\text{pH,C}} x_{\text{C}} + S_{\text{pH,N}}(H - x_{\text{C}})}{H} \tag{2}$$

式中:M^{t}_{mass} 为考虑碳化效应的单位质量固化土中污染物的累积溶出量,mg/kg;ρ_{C} 为水泥固化土碳化部分的密度,kg/m^3;ρ_{N} 为水泥固化土未碳化部分的密度,kg/m^3;$S_{\text{pH,C}}$ 为水泥固化土碳化部分对应的原位 pH 环境下污染物的溶解度,mg/L;$S_{\text{pH,N}}$ 为水泥固化土未碳化部分对应的原位 pH 环境下污染物的溶解度,mg/L;x_{C} 为水泥固化土的碳化深度,m。

固化污染土碳化深度的确定方法参见文献[10],具体计算公式如下:

$$x_{\text{C}} = \left(\frac{2D_{\text{e},CO_2}[CO_2]^0}{[CH] + 3[CSH]} \cdot t\right)^{1/2} \tag{3}$$

式中:D_{e,CO_2} 为 CO_2 在水泥固化土碳化部分的扩散系数,m^2/s;$[CO_2]^0$ 为环境中 CO_2 气体的摩尔浓度,mol/m^3;[CH]和[CSH]分别为水泥水化反应完成时水泥固化土中 CH 和 CSH 的摩尔浓度,mol/m^3;t 为时间,s。

大气中碳化与室内加速碳化两种情况下,固化污染土碳化深度的发展规律是不同的。碳化时间相同时,大气中碳化与室内加速碳化的碳化深度的比值可通过下式确定:

$$\frac{x_{\text{C,n}}}{x_{\text{C,a}}} = \left(\frac{[CO_2]_{\text{n}}}{[CO_2]_{\text{a}}}\right)^{1/2} \tag{4}$$

式中:$x_{\text{C,n}}$ 为大气中碳化的碳化深度,m;$x_{\text{C,a}}$ 为室内加速碳化的碳化深度,m;$[CO_2]_{\text{n}}$ 为大气中 CO_2 的摩尔浓度,mol/m^3;$[CO_2]_{\text{a}}$ 为室内加速碳化的 CO_2 摩尔浓度,mol/m^3。

室内加速碳化所用的 CO_2 浓度一般为 20%[10],根据大气中 CO_2 浓度的检测结果[13],大气中 CO_2 的浓度为 0.04%。根据文献[10]的测试结果,固化土试样 Pb0.5C7.5 的 CO_2 扩散系数可取 1.5×10^{-6} m^2/s,CH 和 CSH 的浓度可根据水泥掺入量确定。大气中碳化和室内加速碳化两种情况下,固化污染土碳化深度随时间的变化规律如图 3 所示。由图 3 可见,固化污染土在大气中碳化 100 a 时间,碳化深度达到 30 cm。

根据 Kosson 等[11]的研究,入渗速率取 20 cm/a,评估时间取 100 a;根据文献[10]的测试结果,水泥固化土碳化部分的密度取 1.75×10^3 kg/m^3,未碳化部分的密度取 1.7×10^3 kg/m^3;固化土深度取 1 m;

pH 环境设定为 4.0、5.5、7.0 和天然 pH,根据文献[9]中固化土试样 Pb0.5C7.5 的测试结果,对应的碳化部分铅的溶出浓度分别为 27.6 mg/L、4.56 mg/L、0.26 mg/L 和 0.19 mg/L,对应的未碳化部分铅的溶出浓度分别为 18.1 mg/L、3.23 mg/L、0.17 mg/L 和 0.12 mg/L;试样 Pb0.5C7.5 的 CO_2 扩散系数取 1.5×10^{-6} m^2/s。根据水泥固化土试样 Pb0.5C7.5 碳化部分与未碳化部分在 pH 为 4.0、5.5、7.0 和天然 pH 下的铅浓度测量结果,计算考虑碳化效应的污染物铅累积溶出量随时间的变化规律,如图 4 所示。pH 为 4.0 环境下,100 a 时间考虑碳化效应的铅累积溶出量接近 250 mg/kg,天然 pH 下,100 a 时间考虑碳化效应的铅累积溶出量不足 2 mg/kg。

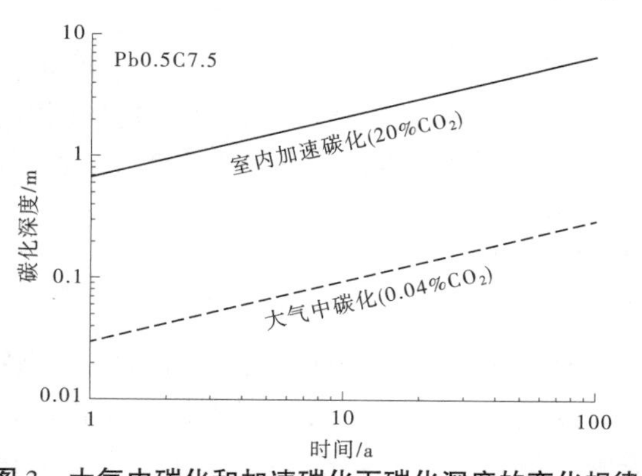

图 3 大气中碳化和加速碳化下碳化深度的变化规律

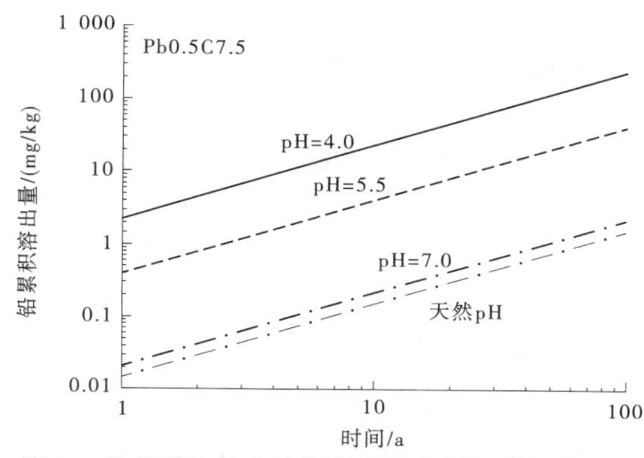

图 4 考虑碳化效应的铅累积溶出量与时间的关系

考虑碳化效应和不考虑碳化效应的铅累积溶出量的比较如图 5 所示。可见,考虑碳化效应的铅累积溶出量比不考虑碳化效应的铅累积溶出量大。因此,固化污染土的碳化防治是一个值得关注的内容。

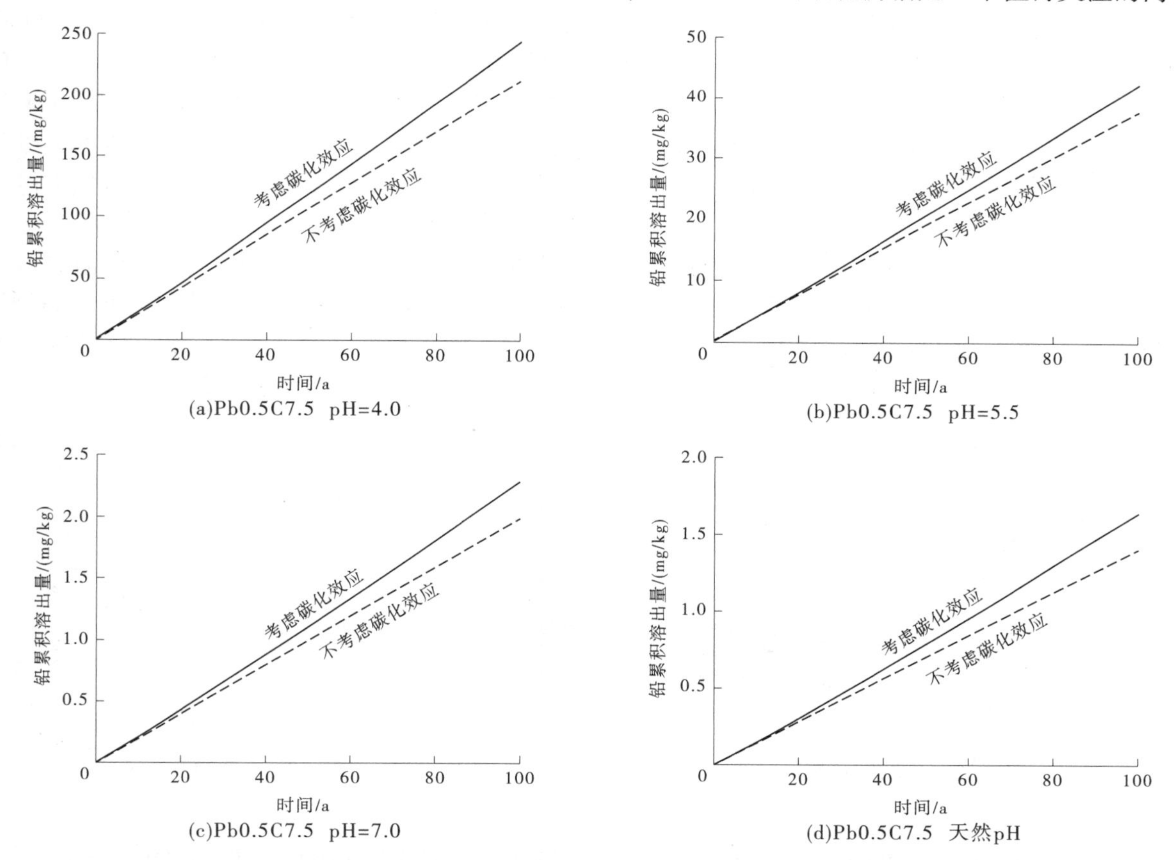

图 5 考虑和不考虑碳化效应铅累积溶出量的比较

4 溶质运移控制情况下污染物溶出评估

4.1 溶质运移控制溶出的场地条件

溶质运移速率控制污染物溶出的场地条件如图 6 所示。由于不透水覆盖层的存在或周围具有高渗透性的通道，入渗的水流无法渗透通过低渗透性的水泥固化土，入渗的水流从低渗透性的固化土外部流过，此时水泥固化土中的溶质运移速率决定了污染物的溶出量。在这种情况下，评估污染物溶出需要用到的场地信息包括固化土几何尺寸、固化土密度、固化土中污染物的初始浓度和固化土的表观扩散系数。

4.2 考虑碳化效应的污染物溶出量

水泥固化污染土在长期服役过程中，需要考虑碳化效应的影响，包括碳化深度的发展和碳化作用对溶质运移速率的影响。在溶质运移控制情况下，考虑碳化效应的污染物累积溶出量的计算方法如下：

$$M_{\text{mass}}^{t}=\frac{2\rho_{\text{C}}C_0\left(\frac{D_{\text{C}}^{\text{obs}}t}{\pi}\right)^{1/2}x_{\text{C}}+2\rho_{\text{N}}C_0\left(\frac{D_{\text{N}}^{\text{obs}}t}{\pi}\right)^{1/2}(H-x_{\text{C}})}{\rho_{\text{C}}Bx_{\text{C}}+\rho_{\text{N}}B(H-x_{\text{C}})} \tag{5}$$

式中：M_{mass}^{t} 为考虑碳化效应的时间 t 时单位质量固化土中污染物的累积溶出量，mg/kg；ρ_{C} 为水泥固化土碳化部分的密度，kg/m^3；ρ_{N} 为水泥固化土未碳化部分的密度，kg/m^3；$D_{\text{C}}^{\text{obs}}$ 为水泥固化土碳化部分的表观扩散系数，m^2/s；$D_{\text{N}}^{\text{obs}}$ 为水泥固化土未碳化部分的表观扩散系数，m^2/s；x_{C} 为水泥固化土的碳化深度，m；H 为固化土的深度，m；B 为固化土的宽度，m。

固化污染土碳化深度的确定方法参见文献[10]，具体计算公式见式(3)。

某场地，固化土体深度取 1 m，固化土体宽度取 1 m；评估时间取 100 a；根据文献[10]的测试结果，水泥固化土碳化部分的密度取 1.75×10^3 kg/m^3，未碳化部分的密度取 1.7×10^3 kg/m^3；根据文献[8]中水泥固化土试样 Pb0.5C7.5 的半动态淋滤试验结果，淋滤液 pH 为 7.0、4.0 和 2.0 三种情况下，对应的碳化部分铅的表观扩散系数分别为 2.2×10^{-17}m^2/s、2.5×10^{-17}m^2/s 和 2.6×10^{-14} m^2/s，对应的未碳化部分铅的表观扩散系数分别为 8.6×10^{-18}m^2/s、1.2×10^{-17}m^2/s 和 2.1×10^{-14} m^2/s；试样 Pb0.5C7.5 的 CO_2 扩散系数取 1.5×10^{-6} m^2/s，CH 和 CSH 的浓度可根据水泥掺入量确定。根据水泥固化土试样 Pb0.5C7.5 碳化部分与未碳化部分在 pH 为 7.0、4.0 和 2.0 三种淋滤液中的铅表观扩散系数测量结果，计算考虑碳化效应的污染物铅累积溶出量随时间的变化规律，如图 7 所示。由图 7 可见，随着淋滤液 pH 值的减小，污染物铅的累积溶出量增大。淋滤液 pH 为 7.0 时，100 a 时间考虑碳化效应的污染物铅累积溶出量超过 1 mg/kg；淋滤液 pH 为 2.0 时，100 a 时间考虑碳化效应的污染物铅累积溶出量接近 50 mg/kg。

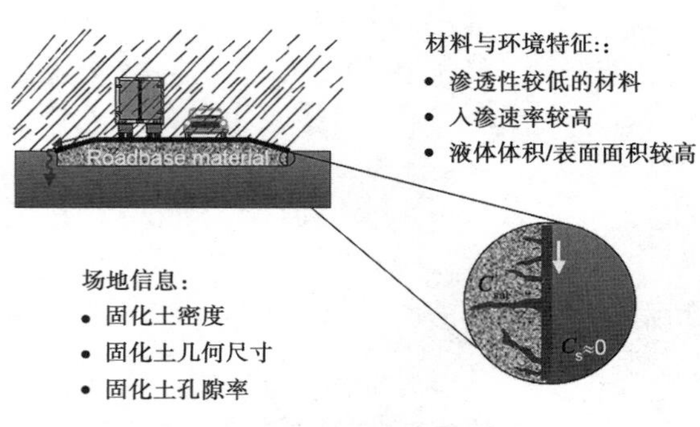

图 6 溶质运移控制情况下的污染物溶出

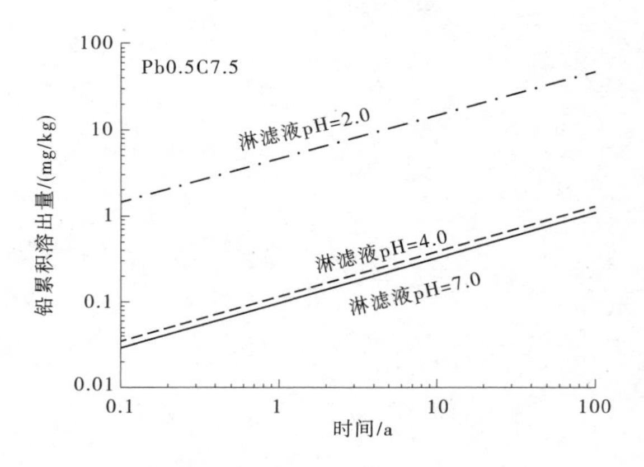

图 7 考虑碳化效应的铅累积溶出量与时间的关系

考虑碳化效应和不考虑碳化效应的铅累积溶出量的比较如图 8 所示。可见,考虑碳化效应的铅累积溶出量比不考虑碳化效应的铅累积溶出量大。

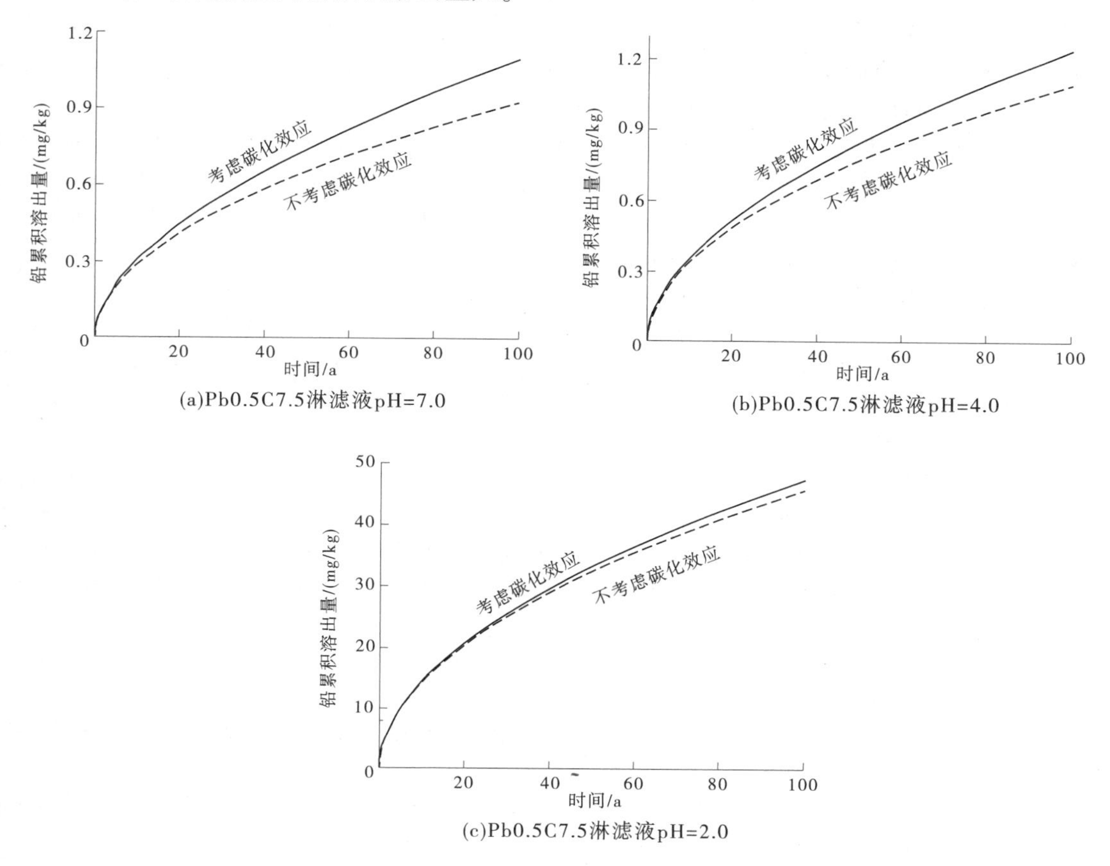

图 8　考虑和不考虑碳化效应铅累积溶出量的比较

5　结论

本文给出了考虑碳化效应的固化污染物土化学溶出评价方法,基于评价方法和固化重金属污染土碳化深度预测方法,给出了化学平衡控制情况下和污染物运移控制情况下,考虑碳化效应的污染物长期溶出计算方法。主要结论如下:

(1)基于现有的废弃物处置中污染物溶出评价框架,考虑了碳化作用对重金属污染物化学溶出的影响,提出了考虑碳化效应的固化污染物土化学溶出评价方法。评价方法具有三层结构,三个层次的评价分别为溶出潜能评价、化学平衡评价和溶质运移评价。

(2)基于化学溶出评价方法和固化重金属污染土碳化深度预测方法,给出了化学平衡控制情况下考虑碳化效应的污染物长期溶出量与污染物溶解度和碳化深度的关系 $M^t_{\text{mass}} = 10 \times \dfrac{inf \cdot t_{\text{year}}}{\rho_C x_C + \rho_N(H - x_C)} \times \dfrac{S_{\text{pH,C}} x_C + S_{\text{pH,N}}(H - x_C)}{H}$,给出了污染物运移控制情况下考虑碳化效应的污染物长期溶出量与污染物扩散系数和碳化深度的关系 $M^t_{\text{mass}} = \dfrac{2\rho_C C_0\left(\dfrac{D^{\text{obs}}_C t}{\pi}\right)^{1/2} x_C + 2\rho_N C_0\left(\dfrac{D^{\text{obs}}_N t}{\pi}\right)^{1/2}(H - x_C)}{\rho_C B x_C + \rho_N B(H - x_C)}$,比较了大气中碳化与室内加速碳化两种情况下固化重金属污染土碳化深度的关系 $\dfrac{x_{C,n}}{x_{C,a}} = \left(\dfrac{[CO_2]_n}{[CO_2]_a}\right)^{1/2}$,并对考虑和不考虑碳化效应计算得到的污染物累积溶出量进行了比较。

参考文献

[1] Kosson D S, Sloot H A, Sanchez F, et al. An integrated framework for evaluating leaching in waste management and utilization of secondary materials [J]. Environmental Engineering Science,2002,19(3):159-204.

[2] Sloot H A, Zomeren A,Meeussen J C L,et al. Test method selection, validation against field data, and predictive modelling for impact evaluation of stabilised waste disposal [J]. Journal of Hazardous Materials, 2007,141:354-369.

[3] Martens E, Jacques D, Gerven T V, et al. Geochemical modeling of leaching of Ca, Mg, Al, and Pb from cementitious waste forms [J]. Cement and Concrete Research,2010,40:1298-1305.

[4] Wang L, Chen Q, Jamro I A, et al. Geochemical modeling and assessment of leaching from carbonated municipal solid waste incinerator (MSWI) fly ash [J]. Environmental Science and Pollution Research,2016,23:12107-12119.

[5] Sloot H A, Kosson D S. Use of characterization leaching tests and associated modelling tools in assessing the hazardous nature of wastes [J]. Journal of Hazardous Materials,2012,207-208: 36-43.

[6] Tiruta-Barna L. Using PHREEQC for modelling and simulation of dynamic leaching tests and scenarios [J]. Journal of Hazardous Materials, 2008, 157: 525-533.

[7] Sarkar S, Kosson D S, Mahadevan S, et al. Bayesian calibration of thermodynamic parameters for geochemical speciation modeling of cementitious materials [J]. Cement and Concrete Research, 2012, 42: 889-902.

[8] 彭之晟, 曹智国, 章定文. 碳化作用对固化污染土中铅运移特性的影响[J]. 东南大学学报(自然科学版), 2021,51(4):640-646.

[9] 彭之晟, 曹智国, 章定文. 碳化作用对固化/稳定化污染土中铅的化学溶出特性的影响[J]. 土木与环境工程学报(中英文), 2022(3):195-202.

[10] 曹智国, 章定文, 彭之晟, 等. 水泥固化铅污染土碳化深度变化规律及预测方法[J]. 东南大学学报(自然科学版), 2021,51(4):631-639.

[11] Kosson D S, Sloot H A, Eighmy T T. An approach for estimation of contaminant release during utilization and disposal of municipal waste combustion residues [J]. Journal of Hazardous Materials,1996,47:43-75.

[12] Schreurs J P G M,Van der Sloot H A,Hendriks C F. Verification of laboratory-field leaching behavior of coal fly ash and MSWI bottom ash as a road base materials [J]. Waste Management,2000,20(2-3):193-201.

[13] Tans P, Keeling R. Trends in atmospheric carbon dioxide. Earth System Research Laboratory, 2017. <https://www.esrl.noaa.gov/gmd/ccgg/trends/full.html>.

黄河流域河南段河湖生态环境复苏方法研究

何　苏　罗雅倩　郎　毅

（黄河水利委员会河南水文水资源局，河南郑州　450004）

摘　要：为推动黄河流域生态保护和高质量发展，本文针对生态流量及过程、水环境质量、水域岸线空间、地下水等生态环境要素，分析了当前黄河流域河南段河湖生态环境河道断流、湖泊萎缩干涸、生态流量不足、水质恶化、水域岸线空间占用、自然形态受损、地下水超采等7方面存在的问题，提出了加大黄河流域河南段河湖生态环境复苏的意义和复苏理念，从顶层设计、加强河湖生态流量及过程、加强河湖水环境质量、加强河湖水域岸线空间保护、地下水超采治理等5个方面探索研究了黄河流域河南段河湖生态环境复苏实现路径。

关键词：河湖；生态环境；生态流量；生态廊道；水域岸线

2019年9月，习近平总书记在黄河流域生态保护和高质量发展座谈会上指出，黄河是我国重要的生态屏障和重要的经济地带[1]，将黄河流域生态保护和高质量发展作为重大国家战略。

黄河河南段处于黄河流域中下游，自陕西省潼关进入河南省，西起灵宝，东至台前，流经三门峡、济源、洛阳、郑州、焦作、新乡、开封、濮阳等8个省辖市，河道总长711 km，两岸堤距一般为5～10 km，河道宽、浅、散、乱，河势游荡多变，河床平均高出两岸地面3～5 m，最大悬差达24 m，滩区总面积2 116 km^2，滩内有1 312个自然村，常住人口约125.4万人，耕地15.2余万 hm^2（约占滩区总面积的75%），5处国家级、省级湿地自然保护区与黄河河道重合度超过60%，有10多处饮用水水源保护区，还有1处黄河郑州段黄河鲤国家级水产种质资源保护区。目前，黄河流域河南段河湖生态环境复苏的研究较少。基于此，本文以黄河流域河南段河湖生态环境为研究对象，分析当前黄河流域河南段河湖生态环境现状，提出了加大黄河流域河南段河湖生态环境复苏的意义和复苏理念，探索研究了黄河流域河南段河湖生态环境复苏实现路径，将绿色发展理念贯彻始终，助力黄河流域生态保护和高质量发展。

1　黄河流域河南段河湖生态环境现状

1.1　生态环境脆弱

由于人类活动干扰和水资源过度开发，加上气候变化因素的影响，流域水资源量持续减少，水污染日益严重，部分湿地湖泊萎缩严重，水源涵养功能下降，湿地生态功能严重退化；水文情势发生明显改变，土著鱼类等生物栖息环境受到破坏，生物多样性明显降低。黄河干支流生产用水挤占生态用水，据测算，年均生态水量亏缺约20亿 m^3，河南段沁河支流断流问题突出，河湖生态保护压力持续增大。

1.2　水生态监测数据少，缺乏持续动态监测

根据历史资料收集和文献查询，河南黄河流域水生态监测数据资料较少，重要河湖、水库断面浮游生物、底栖动物、鱼类资源等缺乏长时间持续动态监测，无法准确评估河湖生态系统演变特征和健康状况。目前，流域重点河湖断面监测仍以水量、水质为主，缺乏水生态持续监测和生物多样性调查评价，流域监测预警能力仍有待进一步提升。

1.3　河湖水质退化问题仍然存在

2021年《河南省生态环境状况公报》[2]显示，黄河流域河南河段水质状况为良好。但46个省控断

作者简介：何苏（1987—），女，高级工程师，主要从事水环境监测、分析研究工作。

面中,Ⅳ类水质断面有7个,Ⅴ类水质和劣Ⅴ类水质断面各1个,这类水资源已基本无使用功能。流域内济源、洛阳、三门峡和濮阳等地区重污染行业分布较为集中,以往粗放式的发展对大气、水资源土地都造成了污染,黄河中游三门峡等地区土壤存在重金属超标现象。部分流入黄河的支流河道污染严重,如黄河支流金堤河和汜水河,其水质分别为中度污染和重度污染。

1.4 存在水域岸线空间占用、河湖自然形态受损情况

由于历史原因,黄河下游两岸滩地人口多,耕地面积大,滩区生态环境受人类活动的干扰强烈,河湖自然形态受损;滩区存在农村环境基础设施薄弱,种植业、养殖业产生的大量废弃物堆积等点源污染,以及大量施用农药、化肥产生的面源污染造成耕地生态功能下降,影响到地表水、浅层地下水水质,区域水环境污染较为严重。同时,农业开发、湿地围垦、矿山开采、金属冶炼、化工制造、非法采石挖沙等不合理的人为活动导致水域岸线空间被占用,区域土壤重金属风险较高,三门峡、济源等区域土壤重金属污染修复亟待开展。

1.5 部分区域地下水超采

黄河流域水资源开发利用率高达80%,远超一般流域40%的生态警戒线。流域地下水超采的县级行政区有62个,占县级行政区数量的14%。河南黄河流域部分地区存在地下水超采情况,通过近年实施的地下水超采综合治理,局部地区地下水亏空得到有效回补。地下水超采会引发地下水资源衰减、地面沉降、海水入侵、河湖萎缩等一系列严重的生态环境问题。

2 加大黄河流域河南段河湖生态环境复苏的意义

一是推动黄河流域河南段水利高质量发展的重要举措。坚持以人民为中心的发展思想,贯彻落实新发展理念,复苏黄河流域河南段河湖生态环境,对维护河湖健康生命、实现人水和谐共生、促进经济社会高质量发展意义重大,是实现黄河流域河南段水利高质量发展的重要内容和基础。

二是加快推进黄河流域河南段生态文明建设的必然选择。河湖生态系统是最基础、最活跃的水生生态系统。通过复苏黄河流域河南段河湖生态环境,重塑和保持河湖健康生命形态,畅通物质、能量生物基因的交换廊道,让河湖重新焕发生机,为推进黄河流域河南段生态文明建设、建设美丽河南奠定基础。

三是筑牢国家生态安全屏障的重要基石。河湖水系是国家生态安全屏障的"主动脉",恢复河湖健康生命,构建水安全保障体系,对维护国家生态安全具有重要意义。

3 黄河流域河南段河湖生态环境复苏理念

遵循自然规律和河湖演变规律,注重河湖复苏与经济社会发展的协同性、联动性、整体性,强化水资源刚性约束,促进经济社会发展与水资源水环境承载能力相协调。从过度干预、过度利用向节约优先、自然恢复、休养生息转变,从以水质保护为主向流域山水林田湖草沙系统治理转变,以复苏黄河流域河南段河湖生态环境助推水利高质量发展。

4 黄河流域河南段河湖生态环境复苏实现路径

复苏河湖生态环境,不能就水论水,必须坚持系统治理,兼顾生态整体性和流域系统性,强化流域统一规划、统一治理、统一调度、统一管理。

4.1 加强河湖生态环境复苏顶层设计方面

复苏河湖生态环境是一项复杂的系统工作,需统筹谋划,加强顶层设计。《黄河流域生态保护和高质量发展规划纲要》已于2021年发布,应尽快细化落实,完善配套的法律法规和标准体系。编制黄河河南段生态空间管控方案,开展不同分区的边界划定工作,确定资源环境和生态管控指标。

4.2 加强河湖生态流量及过程方面

分区分类确定河湖生态流量目标,加强河南段河流生态流量管控。

(1)根据不同河湖生态系统特点,分别确定基本生态流量(水位)和涉水工程枯水期、生态敏感期等不同时段最小下泄生态流量和生态水位控制要求,制订生态流量保障方案,重点保障河湖水体连续性及重要环境敏感保护区生态用水,落实各项保障措施,明确相关责任主体,加强水量调度,强化用水总量控制。

(2)协同制订重要支流如伊河、洛河、沁河生态流量调度方案,因河施策,保障河流基本生态流量。

(3)建立健全干流和主要支流生态流量监测、预警机制,完善生态流量监测设施,根据河湖生态流量保障目标,由水利部确定河湖生态流量预警等级和阈值,及时发布预警信息。

(4)全面加强河流重要控制断面监测站点建设,建设水电站生态流量泄水设施及在线监控装置,推动已建涉水工程生态化改造,增设必要的生态流量监测计量设施,完善监管体系[3]。

4.3 加强河湖水环境质量方面

河湖水质改善与维护主要是为了解决湖泊富营养化、湖泊沼泽化、黑臭水体等水质性缺水问题,增加区域可用水量。

(1)加强饮用水水源保护,开展点源、面源综合治理,加大污染水体防治力度,从陆域污染源到内源河流污染源进行全过程治理,加强宣传教育,引导广大民众、企业不要随意排放污水,同时加大检查力度,对违规排放者给予必要的追责,实施截污减排,治理面源与内源,减少入河湖污染负荷。

(2)实施湿地及植被缓冲带建设,根据黄河流域河南段湿地地貌条件,合理规划和种植湿地植物物种,营造一个有利于维持湿地公园生物多样性和多功能性的植物种类策略。

(3)加强流动源环境风险防范,对危险有毒有害物质的运输、储存实施全过程监管,提升风险管理水平。

4.4 加强河湖水域岸线空间保护方面

4.4.1 强化河湖水域保护和监管

(1)加快推进河南段河湖划界工作,以黄河流域河南段主要河湖防洪、供水、生态安全为目标,开展河湖管理范围、行蓄洪区、饮用水水源地、水源涵养与水土流失防治区等河湖涉水空间范围的划定工作,对建设水利基础设施等需求,留足必要的空间和廊道,明确管理界线,设立界桩标志,构建范围明确、责任清晰的河湖管理保护体系。

(2)强化河南段水域岸线分区管控和用途管制,确定不同类型涉水空间的功能定位和用途,明确管理界限、管理单位与管理要求。强化规划约束机制,编制河南段河湖岸线保护和利用规划,科学划分岸线功能区,合理划定保护区、保留区、控制利用区和开发利用区边界。严格规范河道采砂行为,依法严厉打击河道内非法采石挖砂,禁止倾倒垃圾、开垦、开矿等不合理的人为活动,实施生态空间管控和负面清单管理,依法严格规范涉河建设许可,加强事中、事后监管,整治“四乱”。

(3)加强与河南段国土空间规划对接协调,确保涉水空间划分成果纳入同级国土空间基础信息平台,叠加到国土空间规划“一张图”上。

4.4.2 打造河南段沿河沿湖绿色生态廊道

以河南段黄河干流及其支流为重点,从生态系统整体性出发,加快推进河湖生态保护治理。

(1)加强河南段黄河干流生态廊道保护。推动鱼类产卵场修复与重建,实施黄河禁渔期制度,并在适宜的河段开展水生生物增殖放流。统筹河道水域、岸线和滩区生态建设,建设下游生态航道,保护河道自然岸线,营造自然深潭浅滩,为生物提供多样性生境。加强黄河骨干水库统一调度,保障河流基本生态流量和入海水量。推进柔性河防工程等生态友好型工程试点建设,加强下游黄河两岸生态防护林建设,发挥其水土保持、防风固沙、加固堤防等功能。

(2)构建河南段黄河重要支流生态廊道。优化支流水资源配置,逐步退还挤占的生态用水,遏制沁河支流断流态势,保障伊洛河支流入黄控制断面基本生态流量。加强伊洛河中下游等土著鱼类重要栖息地分布河段的保护,以河南段国家公园、重要水源涵养区、珍稀物种栖息地等为重点区域,清理整治过度的小水电开发,加强鱼类生境保护与修复,因地制宜建设过鱼设施。通过“违法圈圩、违法建设”清理，综合采取河岸带植被恢复、河流生境修复、水环境保护等多种措施，加强重要生境和纵向连通性恢复，修复植被缓冲带和河湖漫滩湿地，大力推进岸线占用退还，加强河湖空间带修复。

4.5 地下水超采治理方面

（1）开展地下水超采治理。按照逐步压减地下水超采量、实现采补平衡的原则，开展地下水超采综合治理。以沁河下游地区地下水超采区域为重点，制订地下水超采治理与保护方案，综合采取节水、退减灌溉面积、水源置换、关停地下水水井等措施，加快推进地下水压采，严格地下水水量、水位双控，逐步实现地下水采补平衡。

（2）加强地下水监管。以县域为单元，明确地下水取用水计量率、监测井密度、灌溉用机井密度等管理指标，实施地下水水量、水位双控，加强超采区地下水开发利用监督管理，暂停超采行政区新增取水许可。加强黄河干流三门峡至小浪底区间及沁河等支流地下水水位观测，控制地下水开采量，维持合理的地下水水位，严格实施限采区管理。强化河南段重点超采区域监管联防联控，系统开展流域地下水超采区评价、治理效果监督检查与动态评估，充分发挥国家地下水监测工程作用，完善河南段地下水监测及计量系统建设，建立地下水超采预警机制和监管平台，健全全国—流域—省（区）监测信息共享机制。

参考文献

[1] 习近平. 在黄河流域生态保护和高质量发展座谈会上的讲话[J]. 中国水利，2019(20)：1-3.
[2] 河南省生态环境厅. 2021 年河南省河南省生态环境状况公报[EB/OL]. https://sthjt. henan. gov. cn.
[3] 段红东. 生态水利工程概念研究与典型工程案例分析[J]. 水利经济，2019，37(4)：1-4.

黄河流域水生态监测工作初步探索和展望

常　珊　李懿琪

（黄河水利委员会水文局，河南郑州　450004）

摘　要：水生态监测是生态文明建设的基础工作。近年来，黄河水利委员会积极参与黄河流域水生态监测工作，不断拓宽水生态监测内容和服务领域。本文在分析总结黄河流域水生态监测工作实践和存在问题的基础上，给出了有针对性的措施和合理化建议。最后对黄河流域水生态监测前景进行了展望。
关键词：黄河流域；水生态监测；水生生物

2011 年中央一号文件对我国水利领域的发展提出了更高的要求，也把水环境保护提升到了一个新的高度，生态水利逐渐提上日程。2013 年水利部印发《关于加快推进水生态文明建设工作的意见》，提出水生态文明建设是生态文明的重要组成和基础保障。2019 年习近平总书记在黄河流域生态保护和高质量发展座谈会上提出"加强生态环境保护和保障黄河长治久安"的指引方向。2015 年，中央审议通过并出台了《水污染防治行动计划》，明确指出要"完善水环境监测网络，提升水生生物监测等能力"。2021 年 10 月，中共中央、国务院印发《黄河流域生态保护和高质量发展规划纲要》，将黄河流域生态保护作为事关中华民族伟大复兴的千秋大计。这一系列举措都标志着水生生物监测在我国发展已势在必行，开展水生态监测已成为各级管理部门的共识。

1　水生态监测的概念和发展

1.1　水生态监测的概念

水生态的全称是水生态系统，指水生生物群落与水环境相互作用、相互制约，通过物质循环和能量流动，共同构成具有一定结构和功能的动态平衡系统[1]。水生态监测工作是评价水生态环境质量、保护与修复生态环境、合理利用自然资源的依据。水生态监测主要包括水环境监测和水生生物监测两个方面。随着社会的进步和发展，水生态监测的内涵也在不断地加深和扩展，从最初的单纯水化学监测发展到包含物理、化学及水文等在内的水环境监测，到后来的涵盖生物、环境及系统性功能的水生态监测。

1.2　我国水生态的发展

20 世纪 80 年代至 90 年代，我国逐步成立了国家和地方环境监测机构，生态保护工作开始受到重视。到 90 年代中后期，中国环境监测工作的重点逐渐集中到理化监测方面，使得环境质量标准中生物监测指标和保护目标缺失，加之国家在人力、物力、经费上没能提供正常的能力建设支持，导致生物监测在水环境监测体系中缺乏明确的地位，水生生物监测工作陷入了无的放矢的尴尬境地[2]。

21 世纪初，水利部提出了"向可持续发展水利转变，维持河流健康生命，人与自然（河流）和谐相处"等水资源管理思路，对水环境监测提出了更高的要求，环境监测站开始恢复和增强水生生物监测的能力。我国在"十二五"重大专项中也积极开展了针对"流域水生态环境质量监测与评价"的研究，在生物监测标准的发展上，积极制（修）订了发光菌、淡水鱼、浮游动物、软体动物、指示微生物等 19 项生物监测标准，水生生物监测的相关研究也在逐步展开。

当今，河流健康理论已成为河流生态修复的重要依据，国内相继开展了河流健康状况评价指标体系

作者简介：常珊（1989—），女，工程师，从事水环境监测管理和评价工作。

和评价方法的研究。2008年水利部水文局启动了藻类监测试点工作,2010年水利部印发了《河流健康评估指标、标准与方法(试点工作用)》《全国重要河湖健康评估(试点)工作大纲》。紧随其后,一批有关水生态监测的规范,如《淡水浮游生物调查技术规范》(SC/T 9402—2010)、《水环境监测规范》(SL 219—2013)、《水库渔业资源调查规范》(SL 167—2014)、《内陆水域浮游植物监测技术规程》(SL 733—2016)也相继发布,有力地推动了水生态监测技术的发展。

2 黄河流域水生态监测工作探索

2.1 黄河流域水生态监测工作的开展状况

黄河流域水生生物监测工作开始于20世纪70年代至80年代,黄河水利委员会分别在黄河干流的上、中、下游选取11个河段连续3年开展水生生物调查监测工作,取得水体污染对藻类植物、浮游动物、鱼类的区系组成和数量变动的影响等一系列研究成果。80年代中期,分别对伊洛河、三门峡水库等黄河重点水域开展浮游动植物、鱼类等一系列水生生物监测与调查工作,积累了较多的监测资料。90年代,对黄河干流10个河段的浮游生物群落进行调查,基本掌握了黄河干流上、中、下游主要河段浮游动、植物的分布特征及群落组成,取得悬浮颗粒物对藻类生物、浮游动物多样性和对鱼类资源的影响及沉降颗粒物对生物群落的影响等监测成果。近些年来,一些高校和科研机构也逐步开展了黄河流域水生生物的监测及研究工作。但是相比于长江流域、珠江流域等地区的水生生物监测工作,黄河流域水生生物监测工作及研究基础薄弱的现状是客观存在的,在黄河流域开展水生生物监测工作任重而道远。

2020年,按照《水利部办公厅关于印发2020年水生态水环境监测试点工作安排的通知》(办水文函〔2020〕522号文)要求,黄河水利委员会开展了汾河河津和伊洛河黑石关生态流量监测与枯水期生境调查。通过对试点河流开展生态基流目标确定方法研究和水生态、水环境监测情况调研摸底与保护对象复核,完成了黄河流域相关省(区)开展的水生态监测试点工作技术指导和成果报告汇总。黄河河源区、河口区及重要河流生态廊道的生态保护和修复工作是黄河流域生态保护的重要组成之一,水生态监测是黄河流域生态保护和修复工作的基础内容,因此开展水生态监测是贯彻落实黄河流域生态保护和高质量发展重大国家战略、确保"十四五"时期黄河流域生态保护和高质量发展取得明显成效的重要举措。

按照水生态文明建设和水利改革发展对水生态监测工作的要求,2021年1月,水利部水文司印发了《关于征求〈2021年全国部分重点水域水生态监测工作技术方案〉意见的函》,组织在长江、黄河、汉江、洪泽湖、白洋淀、珠江三角洲、辽河等全国部分水域开展水生态监测工作。接到任务后,黄河水利委员会围绕水生态保护和高质量发展的要求,结合流域水生态突出问题和流域水生态监测技术能力等方面统筹考虑,在水生态水环境监测试点工作的基础上,进一步拓展监测范围和监测内容。

2.2 采样点布设

黄河流域水生态监测站点主要分布在黄河河源区扎陵湖、鄂陵湖和黄河口三角洲湿地,重要湖库水域岱海、乌梁素海、万家寨水库、三门峡水库,支流水域无定河、渭河、汾河等,共布设53个样点(2021年),见图1。

具体情况为:鄂陵湖面积为600~700 km^2,共布设6个监测点位;扎陵湖面积为500~600 km^2,共布设5个监测点位;乌梁素海湖区内共设置4个监测点位;岱海湖区内共设置了3个监测点位;无定河源头设置1个监测点位;黄河万家寨库区、三门峡库区各设置了4个监测点位;渭河设置了2个监测点位;汾河设置了1个监测点位;黄河口区三角洲设置2个监测点位。

2.3 监测指标

本次监测指标涵盖水生生物类群包括浮游植物、浮游动物和叶绿素a。在水生生物监测的同时,在河流相应开展流速、流量等水文因子以及水温、电导率、溶解氧、pH、总氮、氨氮、总磷、高锰酸盐指数等水体理化指标的监测;在湖库开展透明度、水深、水温、电导率、溶解氧、pH、总氮、氨氮、总磷、高锰酸盐指数等水体理化指标的监测。

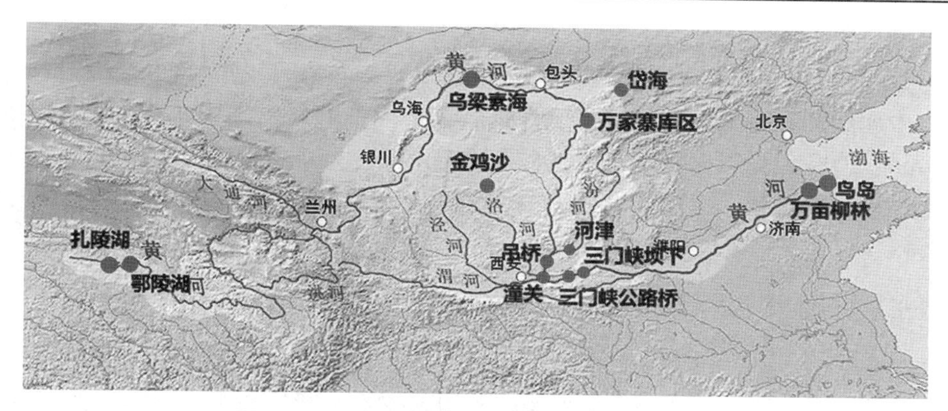

图1　2021年黄河流域水生态监测站点示意图

3　黄河流域水生态监测整体评价结果分析

2021年,共开展32个样点64次浮游植物监测,共采集到浮游植物162种,隶属8门11纲21目39科71属。此次共对32个监测点进行了浮游藻类多样性指数、丰富度指数和水体富营养化、水华分析评价。

本次监测成果群落组成如图2所示。在种类方面,硅藻门藻类占主要优势,占总种类数的40.12%;其次为绿藻门和蓝藻门,分别占总种类数的29.01%和12.96%;裸藻门、甲藻门、隐藻门、黄藻门和金藻门种类最少,分别占总种类数的8.03%、4.32%、2.47%、1.85%和1.24%。浮游植物定性监测成果数据显示,浮游植物种类空间分布存在差异,上下游浮游植物多样性变化幅度较大。

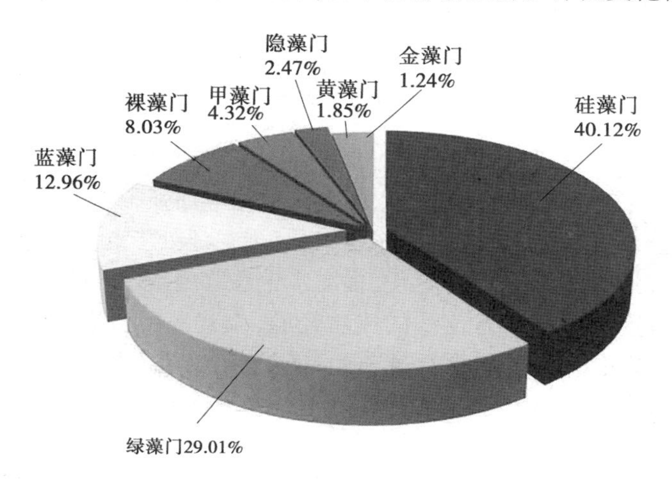

图2　2021年黄河流域藻类分布

4　黄河流域水生态监测工作存在的难点

4.1　缺乏专业技术人员

目前,黄河流域水生态监测工作处于起步阶段,缺乏经验和相关水生态技术人员。同时受水生生物监测在国内发展缓慢的影响,我国从事水生生物相关专业的监测人员很少。专业的生物监测人员的缺乏成了制约生物监测工作发展的瓶颈。

4.2　缺乏背景研究资料

黄河流域幅员辽阔,水生生物及其群落结构多种多样,流域大部分地区的水生生物种类、群落分布等数据尚不清楚,缺乏基本的研究资料,监测历史很短或缺失,导致黄河流域水生生物监测工作基本上处于空白的局面。

4.3 水生态监测体系未建立

黄河流域水生态监测基础薄弱,水生态监测站网体系尚未建立。水生态监测数据缺乏是黄河水生态保护、治理开发实践和科研规划工作中存在的重大瓶颈,黄河调水调沙及生态调度等许多工作的深入开展因水生态系统现状不明、历史不清、数据支持不够而受限。为此,迫切需要建设黄河水生态监测体系、建立水生态监测长效机制,为黄河水生态保护和高质量发展重大决策制定等提供重要的数据支持和强大的技术保障。

5 黄河流域水生态监测工作建议

5.1 提高监测效率

加大新技术的推广及应用,以提高监测效率。利用新技术不断提高水生态监测的效率。不断拓展监测内容,将底栖动物、鱼类、生物综合毒性等参数纳入日常的监测范围,不断提高监测机构的水生态监测能力,利用物联网技术、人工智能技术来提高监测的时效性。

5.2 推动监测方法和监测结果标准化

加快水生态监测技术规范、水生态健康评价体系等标准的建立,确定水生态监测布点原则、采样要求、监测项目、分析方法、监测频率、质量保证方法、评价方法等,规范指导水生态监测的科学进行,建立合理的指标体系,使指标体系科学化、系统化、标准化。

5.3 完善水生态监测网,建立水生态监测基础信息库

充分发挥水文系统监测站网及积累的水文水质资料的优势,加快建立水生态监测网,收集水生态基础信息,根据不同的水文因素、地形条件、地貌特征、水生生物分布、生物栖息地环境以及经济发展要求等因素,对水生态进行比较研究[3]。同时,建立水生态基础信息库,比较不同时期水生态状况的变化,研究水生态的发展趋势,利用地理信息系统和遥感技术,对水生态脆弱地区进行实时监控,为水生态保护和修复提供基础信息。

6 展望

当前水利部加强了水生态保护和修复工作,水文系统也相应加强了水生态监测工作,但这仅仅是水生态监测工作的起步,水生态监测是一项长期的系统工程,现在还处于起步探索阶段,必须增强群众的水生态保护意识,加大投入,加强科技队伍的建设,提高水生态监测技术;水文部门应加深研究,结合水环境监测的实践和成果,借鉴国外水生态监测的成功经验,构建黄河流域水生态监测体系[4],立足现状,因地制宜,选择试点,不断总结经验,加强研究,逐步推动水生态监测工作的开展,为水生态保护和修复工作提供更及时、准确的信息,为水生态文明建设给予有力支持。

参考文献

[1] 左其亭. 黄河流域生态保护和高质量发展研究框架[J]. 人民黄河,2019(11):1-6.
[2] 林祚顶. 水生态监测探析[J]. 水利水文自动化,2008(4):1-4.
[3] 郎锋祥. 水文部门开展水生态监测的实践与探讨[J]. 水利发展研究,2014(3):54-56.
[4] 刘进琪. 关于构建我国水生态监测体系的思考[J]. 甘肃水利水电技术,2012(11):13-17.

特殊环境条件下黄河壶口河段变绿问题浅析

李　婳　张知墨　王　娟　娄彦兵　秦祥朝

（生态环境部黄河流域生态环境监督管理局生态环境监测与科学研究中心，河南郑州　450004）

摘　要：突发性藻类异常繁殖现象多发生在温度较高区域的河湖中，高纬度地区水体发生情况较少。近年来，黄河流域特别是壶口河段水体水华现象引发社会强烈关注。藻类过量繁殖是水体中多种因素共同作用的结果，温度、光照、营养盐、水动力条件等都会对水华的演替、持续时长产生影响。本文针对近期黄河壶口段水华现象，通过现场走访与调查，对该河段温度、营养盐、水动力学、生态监测结果评价分析，确定引发此次水华现象的浮游植物优势种为绿藻和硅藻，流量和流速减小导致的水体静缓和透明度增高、水温升高、适当的营养盐条件，是引发此次水华现象的主要环境原因。提出春末夏初，流量较小且温度适宜的时期，需加强黄河壶口河段的水生态监测工作并及时开展该河段藻类过量繁殖机制研究，为建立黄河流域水生态长效管控机制提供技术支撑。

关键词：黄河壶口段；水华；水生态监测；绿藻；硅藻

水体富营养化已成为全球性的重要水污染问题之一[1]，近年来，黄河流域水体富营养化现象时有发生，影响自然景观和城市正常供水[2]。黄河壶口段地处黄河中游区域，位于晋陕大峡谷南段，东濒山西省临汾市吉县，西临陕西省延安市宜川县，下段的壶口瀑布，是黄河干流唯一的瀑布，为两省共有旅游景区。2022 年 5 月初，壶口瀑布由曾经浑浊的黄色竟然变成了浓郁的绿色。针对水华爆发的条件和机制，依据现场走访调研，查阅相关照片和往年资料，对营养盐、水生态调查监测及结果评价分析，初步确定该现象为硅藻、绿藻过量繁殖造成。

1　水文状况分析

温度与流速都可以通过改变藻类周边的水体环境来影响其生长繁殖过程，对不同藻类生长的影响有着重要的研究意义[3-4]。本次调查范围为头道拐水文站至龙门水文站约 735.4 km，重点监测范围为吴堡水文站（壶口以上约 180 km）至龙门水文站（壶口以下约 50 km），约 230 km 河段。

1.1　水温

据吴堡、龙门水质自动监测站 4 月下旬至 5 月上旬相关数据资料分析，自 2022 年 5 月初起，吴堡、龙门断面水温均呈现显著上升趋势，至 5 月 6 日达到最高后稍有回落，如图 1 所示。

1.2　水位和流量

据吴堡、壶口断面 4 月下旬至 5 月上旬相关数据资料分析，其水位和流量均显著下降，维持在低水位、小流量状态，如图 2 所示。

1.3　流速和含沙量

据吴堡水文站流速及含沙量相关数据资料分析，自 2022 年 4 月初起，吴堡断面流速和含沙量均呈现下降趋势。特别是自 4 月底至 5 月上旬，流速显著下降，含沙量趋于 0，基本呈现“静流、清水”状态。

作者简介：李婳（1983—），女，硕士，高级工程师，研究方向为水生态监测与评价。

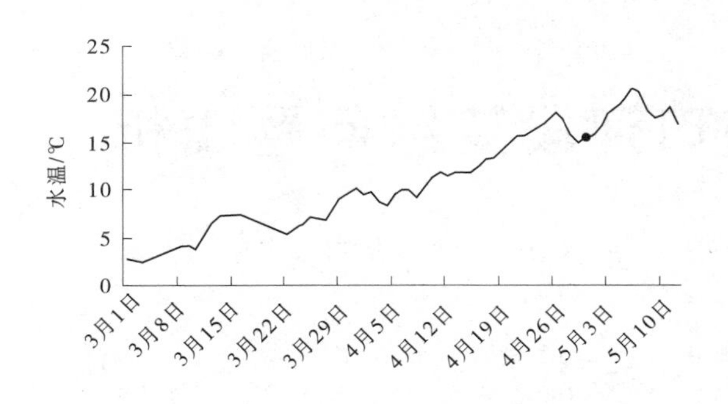

图 1　2022 年 3~5 月吴堡断面水温变化

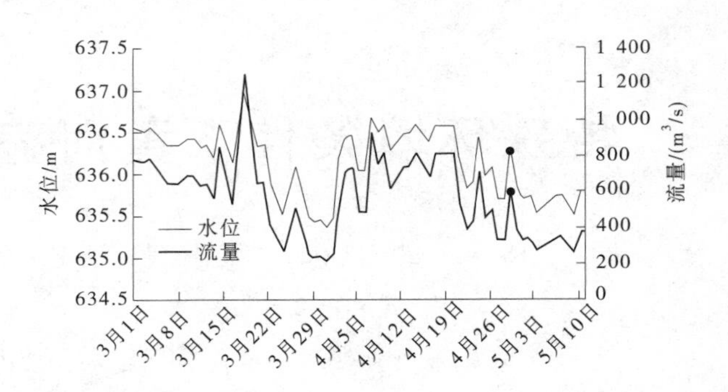

图 2　2022 年 3~5 月吴堡断面水位/流量变化

2　现场调查及监测结果分析

依据 5 月上、中旬现场调查记录，吴堡断面 5 月 1 日水体开始变为淡绿色，调查当天，水体为清水，无味、略显淡绿色；龙门断面 5 月初开始变为淡绿，调查当天，水体为清水，无味、略显淡绿色。

2.1　总磷、总氮监测结果分析

氮磷含量是造成水体富营养化的主要因子[5-6]，本文对黄河中游头道拐至三门峡水库区间 4 月至 5 月初总磷、总氮监测结果进行分析并绘制沿程污染物浓度变化趋势图，见图 3、图 4。

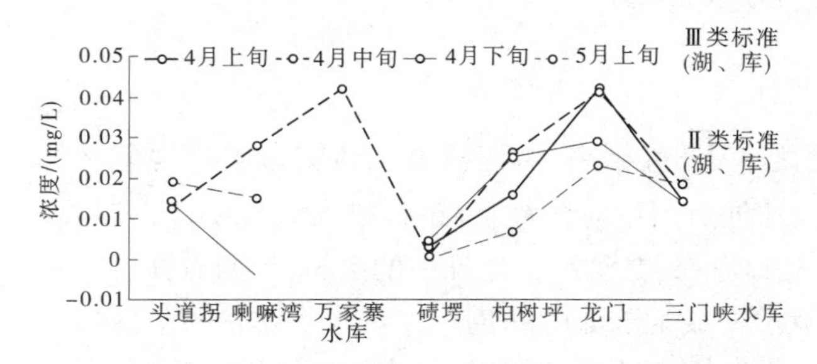

图 3　黄河中游总磷沿程变化趋势

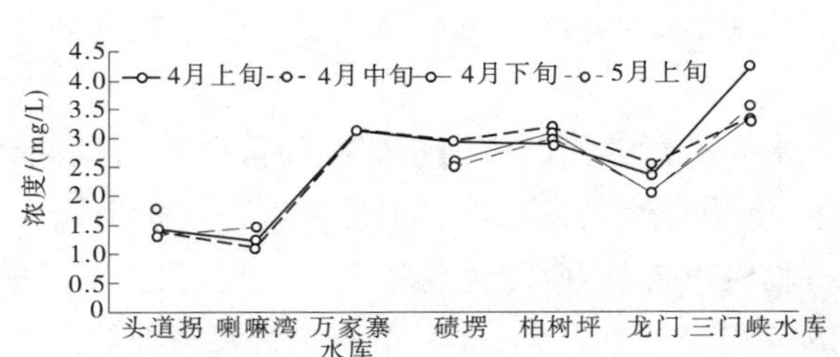

图 4　黄河中游总氮沿程变化趋势

从图 3 可以看出，万家寨库区总磷浓度大幅高于库区上、下游的监测断面污染物浓度。从碛塄开始，总磷浓度逐渐升高，至龙门断面达到阶段性峰值；但按照时间推移，自 4 月下旬至 5 月初，碛塄至龙门断面间水体总磷浓度基本呈现下降趋势，且按照地表水河流评价标准，碛塄至龙门断面间水体总磷属于Ⅱ类水质。从图 4 中可以看出，黄河水体自喇嘛湾进入库区后总氮浓度急剧升高，库区以下呈现缓慢降低趋势，区间内各断面总氮浓度随时间变化不明显。

2.2　综合营养指数分析

综合营养指数是反映河流湖泊富营养化状态的重要指标[7]，本文根据 5 月调查期间吴堡、壶口、龙门 3 个断面监测数据计算综合营养指数，分别评价河段营养状态。

各参数营养状态指数：以叶绿素 a 的状态指数 TLI(Chla)为基准，再选择 TP、TN、COD、SD 等与基准参数相近的(绝对偏差较小的)参数的营养状态指数，同 TLI(Chla)进行加权综合。

本文使用以下公式计算各参数营养状态权重：

$$W_j = \frac{R_{ij}^2}{\sum_{j=1}^{M} R_{ij}^2} \tag{1}$$

式中：R_{ij} 为第 j 个参数与基准参数的相关系数；M 为与基准参数相近的主要参数的数目；W_j 为第 j 个参数的营养状态指数的相关权重。

本文使用的综合加权指数模型为

$$TLI(\Sigma)=\sum_{j=1}^{M}W_{j}TLI(j) \tag{2}$$

式中：TLI(Σ)为综合加权营养状态指数；TLI(j)为第j种参数的营养状态指数。

经计算，各点位综合营养指数结果及综合营养状态分级见表1。

表1 各点位综合营养指数结果及综合营养状态分级

营养状态	监测时间	吴堡	壶口	龙门
分级	5月10—11日	30≤47.38≤50	30≤47.67≤50	30≤47.22≤50
		中营养	中营养	中营养
	5月11—12日	30≤48.36≤50	30≤48.68≤50	30≤49.85≤50
		中营养	中营养	中营养

根据营养状态分级，调查监测及结果评价，吴堡、壶口、龙门三断面两次综合营养指数分别在47.38~48.36、47.67~48.68和47.22~49.85，且两次结果差别不大，均表明河段处于中营养化状态。

2.3 浮游植物(藻类)调查分析

2.3.1 种类组成

调查结果表明，水样共鉴定浮游植物58属(种)，隶属于硅藻门、绿藻门、蓝藻门、裸藻门、甲藻门、隐藻门和金藻门7门。其中，绿藻门藻类在种类组成上占优势，有25属(种)，占43.1%；其次是硅藻门，有21属(种)，占32.21%。

2.3.2 种群丰度

6个调查位点丰度差异较大(见图5)，其中，壶口1调查位点浮游植物丰度最高，丰度达190.23×10^5 cells/L，主要贡献物种为硅藻门种类；吴堡1调查位点浮游植物丰度最低，丰度为26.03×10^5cells/L；绿藻门和硅藻门在所有位点均有发现，除吴堡2调查位点外，蓝藻门在其余位点均有发现，在壶口1位点丰度较高，在剩余各位点丰度都较低。

2.3.3 种群生物量

调查结果显示，6个调查位点生物量差异较大(见图6)，其中壶口2浮游植物生物量最高，高达16.339 mg/L；壶口1位点生物量仅次于壶口2，为15.731 mg/L，其生物量的主要贡献物种均为硅藻门；其次是龙门1调查位点，生物量为13.823 mg/L，龙门2、吴堡1、吴堡2三个位点的生物量都处于较低水平，其中吴堡1位点浮游植物生物量最低，因为在吴堡1位点鉴定到的藻类数量极少。

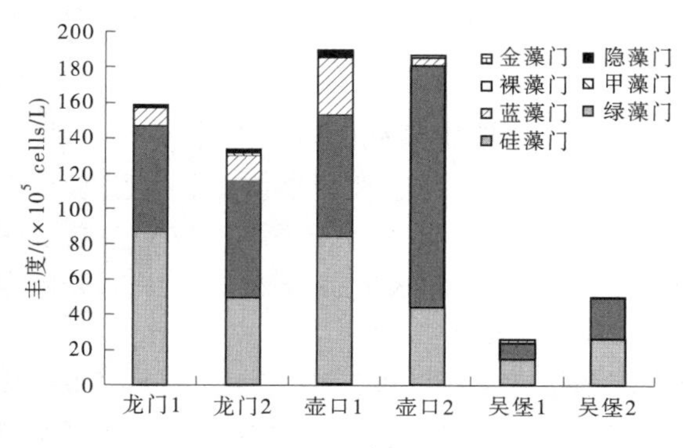

图5 各位点浮游植物丰度

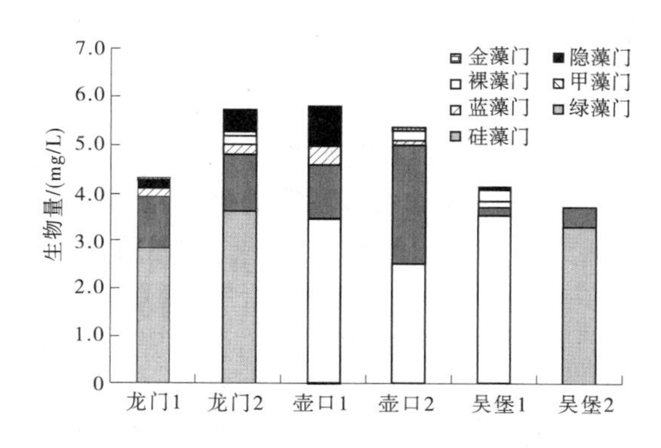

图6 各位点浮游植物生物量变化

2.3.4　生物多样性指数

通过香农-威纳指数计算各调查位点浮游植物多样性,结果显示,各调查位点生物多样性指数变化范围在2.5~3.7,龙门2调查位点香农-威纳多样性指数最高为3.63,壶口1、吴堡1、吴堡2调查位点香农-威纳多样性指数都大于3,龙门1和壶口2调查位点香农-威纳多样性指数都在2~3,见图7。

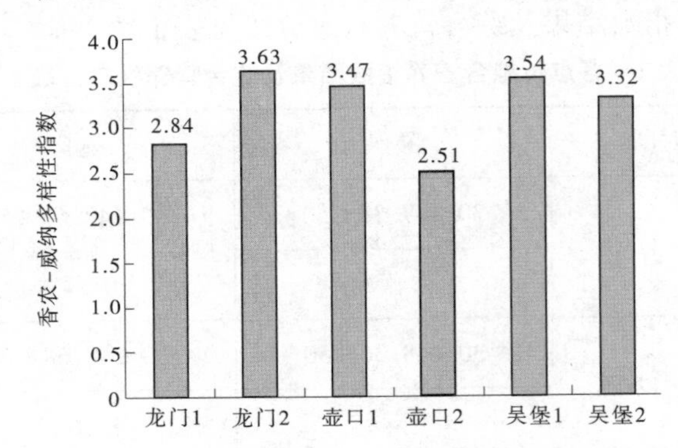

图7　各位点浮游植物生物多样性指数变化

2.3.5　优势种评价

在调查的6个位点中,绿藻门种类最多,为丰度主要贡献门类。硅藻门生物量最高,因其在各个位点生物量都极高。壶口1和壶口2调查位点的丰度和生物量最高。种属水平上,绿藻门的游丝藻在6个位点丰度占比均最高,成为此次调查的绝对优势藻类。小环藻在其中4个位点中被发现且丰度较高,成为优势种。此外,美丽星杆藻、尖针杆藻和普通等片藻在部分位点丰度占比也较高。

3　结果分析

本次调查各位点浮游植物优势种主要为丝状绿藻游丝藻或硅藻小环藻。水质分析结果也显示,各位点均处于中富营养水平,综合营养指数在47~49,高锰酸盐指数、总磷和总氮含量相较以前没有明显升高,但叶绿素a含量偏高。根据调查走访,综合分析水温、水文、水环境和水生生物等多方面结果,本次黄河中游龙门段水体“变绿”问题应为一次绿藻和硅藻过量繁殖的过程,采样期已处于该过程的末期。

根据调查,在本次水华过程期间,黄河流域壶口段区域处于一个天气晴好、温度升高的时期,水温在5月初的几天内显著上升;而同时期区域内水位、流速、流量、含沙量均呈下降趋势,特别是含沙量接近于0,为本区域营造了一个阳光充足、水体清澈、水温适宜、流速缓慢、营养合适的适宜于藻类快速生长的环境。总之,上游来水量减少、流速减缓,上游小流量清水下泄含沙量低、河水氮磷值偏高、主槽宽浅河道低水位情况、水体水温升高和光照条件好等条件共同作用[8],致使本区域藻类爆发性增长,导致本次水华过程。

4　结语

近年来,黄河中游水华问题已经引起广泛的关注,水华爆发是水体中多种因素共同作用的结果,温度、光照、营养盐、水动力条件等都会对水华的演替、持续时长产生影响[3]。判定水体是否发生水华以及水华爆发的原因,需要在水华的发生过程中及时采样,密切关注,通过长系列相关调查数据共同说明问题,尤其是春末夏初,流量较小且温度适宜的时期,需加强对壶口河段的水生态监测工作,及时开展专项研究,明确藻类过量繁殖的条件和机制。

此外,目前关于水华的研究多集中于蓝藻,对绿藻及硅藻的研究还比较少。建议开展多因素协同作用对藻类生长影响的试验研究,提出针对性的防治策略。这对藻类过量繁殖预测及控制,避免水华对黄河中游水生态系统产生进一步的危害将具有十分重要的意义。

参考文献

[1] Wu F F, Wang X . Eutrophication Evaluation Based on Set Pair Analysis of Baiyangdian Lake, North China[J]. Procedia Environmental Sciences, 2012, 13(3):1030-1036.

[2] 沈宏,周培疆.环境有机污染物对藻类生长作用的研究进展[J].水生生物学报,2022,26(5):529-535.

[3] 杜延生, 钱佳欢, 张海平. 环境因子协同作用对藻类生长影响的研究进展[J]. 绿色科技, 2017(24):1-3,7.

[4] 王培丽. 从水动力和营养角度探讨汉江硅藻水华发生机制的研究[D]. 武汉:华中农业大学, 2010.

[5] 王振强,刘春广,乔光建.氮、磷循环特征对水体富营养化影响分析[J].南水北调与水利科技,2010(6):82-85.

[6] 王洪铸, 王海军, 李艳,等.湖泊富营养化治理:集中控磷,或氮磷皆控?[J]. 水生生物学报, 2020, 44(5):23.

[7] 唐兴基,李雪梅.综合营养状态指数法在水体富营养化评价中的应用[J].中文科技期刊数据库(全文版)经济管理, 2016(6):127-129.

[8] 殷志坤, 李哲, 王胜,等. 磷限制下光照和温度对水华鱼腥藻生长动力学的影响[J]. 环境科学, 2015(3):6.

黄河三角洲高氯河水中化学需氧量测定方法研究

董方慧　于晓秋

(黄河水利委员会山东水文水资源局,山东济南　250032)

摘　要:黄河三角洲河水具有氯离子含量高、化学需氧量(COD)低的特点,但氯离子含量高会影响其水中化学需氧量的测定。为更准确地测定黄河三角洲高氯河水中化学需氧量的含量,本文选择三种实验室常用的检测方法:重铬酸盐法、快速消解分光光度法、氯气校正法进行对比,分析三种方法的优劣及其对黄河三角洲高氯河水的适用性。用实验室水样模拟黄河三角洲高氯河水,测定其化学需氧量,并优化实验方法。将优化后的实验方法应用于黄河三角洲高氯河水化学需氧量的测定。结果表明,优化后的实验方法可用于黄河三角洲高氯河水化学需氧量的测定。

关键词:黄河三角洲高氯河水;化学需氧量;测定方法

近年来,我国水体受有机物污染非常普遍,有机物在生物降解过程中消耗水体中大量的溶解氧,造成氧的消失,破坏水体环境和生物群落的平衡状态,给自然环境带来不良影响。而有机物的组成又比较复杂,要想分别测定各种有机物的含量十分困难。因此,一般采用一些综合性指标来代表有机污染物浓度。其中,化学需氧量(COD)是应用最广泛的一项综合性指标,也是评价水体污染程度,并且直接反映废水治理净化程度的一项重要指标,是水质监测的一个重要项目。同时,化学需氧量的测定,也可作为过程控制的指标。

目前,测定水中化学需氧量普遍采用重铬酸钾,但消除共存的氯化物干扰问题一直是个难题,而氯离子又普遍存在于环境中,如海水、工业废水、入海河口等,其中黄河三角洲地区河水是典型的氯离子含量极高的地表水。黄河三角洲河水氯离子含量具有范围广、不同河流之间差异大、同一河流不同断面之间存在差异、同一断面不同时间存在差异的特点。

因此,研究一种能够快速、准确测定黄河三角洲高氯河水中化学需氧量的方法极为重要。本文就是通过实验和研究,就黄河三角洲高氯河水特殊性,研究一种能够准确测定高氯河水中化学需氧量,且对环境友好、成本低、效率高的分析方法。

1　实验方法

水中化学需氧量的测定方法有许多种,国内实验室常用的检测方法主要有:《水质 化学需氧量的测定 重铬酸盐法》(HJ 828—2017)[1](简称重铬酸盐法)、《水质 化学需氧量的测定 快速消解分光光度法》(HJ/T 399—2007)[2](简称快速消解分光光度法)、《高氯废水 化学需氧量的测定 氯气校正法》(HJ/T 70—2001)[3](简称氯气校正法)。

将三种方法主要特征指标对比汇总,见表1。

由表1可知,重铬酸盐法检出限最低,快速消解分光光度法消解时间最短,但两种方法氯离子适用范围略低。氯气校正法检出限最高。

三种方法在黄河三角洲高氯河水监测中的适用性分析如下:

重铬酸盐法采用加入硫酸汞,使之成为络合物以消除氯离子含量低于1 000 mg/L的干扰,当氯离

作者简介:董方慧(1992—),女,助理工程师,研究方向为水文、水质、水环境、水生态监测。

子含量高于 1 000 mg/L 时,先作定量稀释,使含量低于 1 000 mg/L 再行测定,而当氯离子含量很高时,稀释带来的误差较大,但其具有检出限低的优势。可用于低氯离子含量、低 COD 值黄河三角洲河水化学需氧量的测定。

表 1　三种方法主要特征指标汇总

方法	氯离子适用范围/(mg /L)	COD 检出限或测定下限/(mg /L)	消解时长/min	适用水体
重铬酸盐法	0~1 000	4	130	地表水、生活污水和工业废水
快速消解分光光度法	0~1 000	15	15	地表水、地下水、生活污水和工业废水
氯气校正法	1 000~20 000	30	120	油田、沿海炼油厂、油库、氯碱厂、废水深海排放等废水

快速消解分光光度法与上述方法原理相同,但其具有消解时间更短、单个水样硫酸汞使用量更少的优势。可用于低氯离子含量、低 COD 值黄河三角洲河水化学需氧量的快速测定。

氯气校正法中用硫酸汞络合氯离子后测定表观化学需氧量,将未络合而被还原的那部分氯离子所形成的氯气导出,再用氢氧化钠溶液吸收后,加入碘化钾,用硫代硫酸钠标准滴定溶液滴定,将消耗的硫代硫酸钠的量换算成消耗氧的质量浓度,即为氯气校正值,表观化学需氧量与氯气校正值之差即为所测水样真实的化学需氧量。该方法受氯离子含量影响较小,但其具有检出限过高的劣势。可用于高氯离子含量、高 COD 值黄河三角洲河水化学需氧量的测定。

2　实验分析

实验共分两步,第一步,在实验室制配置模拟水样,用邻苯二甲酸氢钾配制水样,测定其 COD 含量;用氯化钠配制水样,测定其氯离子含量。这样可以高度还原黄河三角洲高氯河水,并且可以进行反复实验,不断优化实验方法,寻找最佳实验条件与快捷、准确的黄河三角洲高氯河水化学需氧量测定方法。

第二步,实地采集黄河三角洲高氯河水水样,测定其化学需氧量含量。

2.1　实验室水样 COD 含量测定

2.1.1　实验室水样配制

为保证配制的水样能有效模拟黄河三角洲河水,用邻苯二甲酸氢钾分别配制 COD 含量为 20 mg/L、30 mg/L、60 mg/L 的实验室水样,用氯化钠分别配制氯离子含量为 2 000 mg/L、3 000 mg/L、4 000 mg/L、5 000 mg/L、10 000 mg/L、20 000 mg/L 的实验室水样。

将不同 COD 含量与不同氯离子含量相组合,配制 16 个 COD 含量与氯离子含量均不同的水样,并将其编号,见表 2。

表 2　实验室水样编号

COD 含量/(mg /L)	氯离子含量/(mg /L)					
	2 000	3 000	4 000	5 000	10 000	20 000
20	1	2	3	4	—	—
30	5	6	7	8	9	10
60	11	12	13	14	15	16

2.1.2　三种方法测定实验室水样 COD 含量

用三种方法(重铬酸盐法、快速消解分光光度法、氯气校正法)测定实验室水样 COD 含量,为方便统计,规定重铬酸盐法为方法 1,快速消解分光光度法为方法 2,氯气校正法为方法 3。

根据方法规程，用三种方法分别测定16个实验室水样COD含量。为保证实验数据可靠，每个水样做3个平行样，其结果见表3。

表3　实验室水样COD含量

单位：mg/L

水样编号	方法1				方法2				方法3			
	测定值			均值	测定值			均值	测定值			均值
1	20	20	21	20	20	19	20	20	25	26	28	26
2	21	21	21	21	22	23	22	22	23	25	24	24
3	24	24	24	24	27	28	26	27	29	25	27	27
4	25	25	26	25	31	30	30	30	24	23	21	23
5	29	30	31	30	30	30	31	30	27	28	28	28
6	30	31	30	30	32	32	31	32	27	26	26	26
7	32	33	32	32	33	32	32	32	28	27	28	28
8	34	35	35	35	35	35	36	35	28	30	29	29
9	40	41	40	40	50	51	49	50	31	28	31	30
10	59	60	60	60	79	80	80	80	33	30	33	32
11	60	61	60	60	59	60	60	60	59	60	59	59
12	61	60	60	60	61	63	64	63	60	61	60	60
13	60	61	60	60	64	63	64	64	61	62	61	61
14	65	66	65	65	70	71	70	70	59	60	60	60
15	70	69	70	70	69	71	70	70	60	61	60	60
16	80	81	80	80	80	81	80	80	61	59	60	60

2.1.3　数据检验

相对误差指的是测定值所造成的绝对误差与被测定真值之比，乘以100%所得的数值，以百分数表示。计算公式为

$$\text{相对误差}=\frac{|\text{真实值}-\text{测定均值}|}{\text{真实值}}\times 100\% \tag{1}$$

一般来说，相对误差更能反映测定值的可信程度。因此，用相对误差来检验实验室水样COD含量的测定值。结果见表4。

由表4可以清楚看到，用方法1测定水样时，除测定水样3、4、8、15的相对误差较大外，其余检测结果可信。

用方法2测定水样时，大部分水样因氯离子含量较高，按实验方法稀释水样倍数较大，稀释后其COD含量过低，数据不可信。

用方法3测定水样时，COD含量为20 mg/L、30 mg/L的，低于方法检出限，不可信；COD含量>30 mg/L时，检测结果可信。

2.1.4　小结

实验室水样COD含量测定情况及测定的相对误差，可以总结出16个实验室水样COD含量的最佳检测方法，结果见表5。

表4 实验室水样 COD 含量测定相对误差 %

水样编号	方法1	方法2	方法3
1	0	0	*
2	5.0	*	*
3	20.0	*	*
4	25.0	*	*
5	0	0	*
6	0	6.7	*
7	6.7	*	*
8	16.7	*	*
9	*	*	0
10	*	*	6.6
11	0	0	1.7
12	0	5.0	0
13	0	6.7	1.7
14	8.3	*	0
15	16.7	*	0
16	*	*	0

注:表中*表示水样稀释后测得的 COD 值已经低于方法检出限或测定下限,数据不可信,因此不计算其相对误差)

表5 不同氯离子含量水样适用检测方法 单位:mg/L

COD 含量	氯离子含量					
	2 000	3 000	4 000	5 000	10 000	20 000
20	方法1	方法1	方法1*	方法1*	—	—
30	方法1、2	方法1、2	方法1	方法1	方法3	方法3
60	方法1、2、3	方法1、2、3	方法1、2、3	方法1、3	方法1、3	方法3

注:方法后标有*的,表示方法可用但相对误差较大。

由表5可知,不同氯离子含量水样最佳检测方法选择可按以下方案:

(1)当氯离子含量<3 000 mg/L 时,水样最佳检测方法为方法1。

(2)当氯离子含量在3 000~10 000 mg/L 时,可先用方法2粗略测定水样 COD,COD≤30 mg/L,水样最佳检测方法为方法1;COD>30 mg/L,水样最佳检测方法为方法3。

(3)当氯离子含量>10 000 mg/L 时,水样最佳检测方法为方法3。

另外,方法2在高氯水样检测过程中,因其适用氯离子含量范围较低但检出限较高,故方法2可做快速粗略测定使用。

2.2 实际水样 COD 含量测定

根据实验室模拟水样得到的结论,用于测定黄河三角洲地区实际水样。

2.2.1 实际水样采集及其氯离子含量测定

东营市位于黄河三角洲,取东营市利津、丁字路口、鸟岛、万亩柳林、神仙沟、孤河路桥、桩埕路桥断面水样,根据表1的结论,考虑不同时间氯离子含量的差异,桩埕路桥断面于6月、7月、11月分别取样。

测定上述水样氯离子含量,并按 2.1.4 的最佳检测方法选择方案对氯离子含量的分类,对各水样进行标记,结果见表 6。

表 6　水样氯离子含量及分类

断面名称	氯离子含量/(mg /L)	氯离子含量分类		
		<3 000 mg/L	3 000~10 000 mg/L	>10 000 mg/L
利津	92	√	—	—
丁字路口	88	√	—	—
鸟岛	14 733	—	—	√
万亩柳林	3 218	—	√	
神仙沟	10 325	—	—	√
孤河路桥	2 184	√	—	—
桩埕路桥 6 月	10 431	—	—	√
桩埕路桥 7 月	6 034	—	√	—
桩埕路桥 11 月	3 676	—	√	—

2.2.2　实际水样最佳检测方法选择及 COD 含量测定

根据 2.1.4 的最佳检测方法选择方案及表 6 中的各水样氯离子含量分类,可得以下方案:

(1)利津、丁字路口、孤河路桥水样氯离子含量<3 000 mg/L,选择方法 1。

(2)万亩柳林、桩埕路桥 7 月、11 月水样用方法 2 进行粗测,其 COD 值分别为 48 mg/L、102 mg/L、24 mg/L,故万亩柳林、桩埕路桥 7 月水样选择方法 3 测定,桩埕路桥 11 月水样选择方法 1 测定。

(3)鸟岛、桩埕路桥 6 月、神仙沟水样氯离子含量>10 000 mg/L,选择方法 3。

为保证实验数据可靠,每个水样做 6 个平行样,结果见表 7。

表 7　实际水样 COD 含量　　单位:mg/L

断面		1	2	3	4	5	6	均值
利津		8	8	7	8	8	8	8
丁字路口		9	8	9	9	9	9	9
鸟岛		113	111	106	112	110	110	110
万亩柳林		43	44	45	46	43	42	44
神仙沟		67	66	67	69	66	68	67
孤河路桥		17	18	18	17	19	18	18
桩埕路桥	6 月	158	154	157	156	155	159	157
	7 月	99	100	103	100	102	98	100
	11 月	19	20	19	21	20	20	20

2.2.3　数据检验

为检验数据离散程度,用相对标准偏差 *RSD* 与标准偏差 *SD* 来检验实际水样 COD 含量的测定值。标准偏差 *SD* 即方差的算术平方根,反映组内个体间的离散程度。其计算公式为

$$SD = \sqrt{\frac{\sum (x_i - \bar{x})^2}{N - 1}} \tag{2}$$

其中,N 为平行样个数。

相对标准偏差 RSD 指标准偏差 SD 与计算结果算术平均值 $\bar{x}$ 的比值。其计算公式为

$$RSD = \frac{SD}{\bar{x}} \times 100\% \tag{3}$$

结果见表 8。

表 8　实际水样 COD 含量标准偏差与相对标准偏差

断面名称		$\bar{x}$/(mg/L)	SD	RSD/%
利津		8	0.4	5.1
丁字路口		9	0.4	4.5
鸟岛		110	2.4	2.2
万亩柳林		44	1.5	3.3
神仙沟		67	1.2	1.7
孤河路桥		18	0.8	4.2
桩埕路桥	6 月	157	1.9	1.2
	7 月	100	1.9	1.9
	11 月	20	0.8	3.8

由表 8 可知,实际水样 COD 含量的各结果相对标准偏差均<6,符合实验室质量管理规定的要求,测定结果可信。

2.2.4　总结

根据 2.1.4 的最佳检测方法选择方案和水样氯离子含量快速匹配测定方法,快速高效完成测定,测定结果合理。

实际水样 COD 测定值合理,验证了“不同氯离子含量水样最佳检测方法选择方案”准确、可行。因此,实验结论可用于黄河三角洲高氯河水中化学需氧量测定,且方法具有快捷、高效、准确的优点。

3　结论

由实验可知,黄河三角洲高氯河水中化学需氧量测定时:

(1)当氯离子含量<3 000 mg/L 时,水样最佳检测方法为重铬酸钾法;

(2)当氯离子含量在 3 000~10 000 mg/L 时,可先用快速消解分光光度法粗略测定水样 COD,COD≤30 mg/L,水样最佳检测方法为重铬酸钾法;COD>30 mg/L,水样最佳检测方法为氯气校正法;

(3)当氯离子含量>10 000 mg/L 时,水样最佳检测方法为氯气校正法。

快速消解分光光度法在高氯水样检测过程中,因其适用氯离子含量范围较低但检出限较高,故可作为快速粗略测定使用。

参考文献

[1] 环境保护部. 水质 化学需氧量的测定 重铬酸盐法:HJ 828—2017 [S]. 北京:中国环境科学出版社,2017.

[2] 国家环境保护总局. 水质 化学需氧量的测定 快速消解分光光度法:HJ/T 399—2007 [S]. 北京:中国环境科学出版社,2007.

[3] 国家环境保护总局. 高氯废水 化学需氧量的测定 氯气校正法:HJ/T 70—2001 [S]. 2001.

黄河流域矿井水产排相关环境问题初探

朱彦锋　韩柯尧　许　腾　谷　雨　李　蒙

（黄河生态环境科学研究所，河南郑州　450004）

摘　要：黄河流域煤炭资源丰富，我国14个大型煤炭基地中7个位于流域中上游地区[1]。该区域生态环境脆弱、水资源短缺，煤炭大规模开发与脆弱的生态环境叠加，导致黄河流域中上游地区面临地下水位下降、地表径流衰减、区域生态环境破坏等突出问题。同时，煤炭开采造成大量含高盐分、高氟矿井水无序排放，对区域水环境、水生态安全也构成一定威胁，已成为制约黄河流域煤炭行业高质量发展的重要瓶颈和重点区域生态文明建设的突出短板。本文立足于黄河流域生态环境特征和矿井水产排特性，识别煤炭开采和矿井水不合理排放可能造成的生态环境问题，从维持区域生态安全角度，系统提出矿井水产生、治理、控制、排放全过程的管控意见。

关键词：黄河流域；矿井水；产排特性；系统管控

黄河流域煤炭资源分布广泛，流域总面积79.5万km^2，其中含煤区域逾35.7万km^2，宁东、神东、陕北、晋北、晋中、晋东、黄陇7个大型煤炭基地位于黄河中上游地区[1]，2020年，黄河流域煤炭产量约占全国总产量的80%。与此同时，黄河流域大部分位于干旱、半干旱地区，生态环境十分脆弱。一方面，煤炭资源开发不可避免地对区域生态环境造成一定破坏，尤其是中上游部分支流受煤炭开采影响，水源涵养功能下降，地表径流衰减，出现季节性断流。另一方面，煤矿开采疏干承压地下水和浅层地下水，多余矿井涌水被排放至地表，对区域水生态安全又形成新的威胁。在黄河流域生态保护和高质量发展成为五大国家重大战略之一的时代背景下，如何将减轻煤炭开发及疏干排水不利影响，融入流域、区域生态保护格局，是推动流域生态环境高水平保护和煤炭产业高质量发展的一项重要工作，目前仍存在许多问题亟待探讨。本文立足于黄河流域生态环境和经济社会特征，分析识别煤炭开采及矿井水排放对区域生态环境可能造成的影响，提出矿井水产生、治理控制、排放全过程的管控意见，不仅为黄河流域及西北地区煤炭行业的高质量发展和生态保护的协调推进提供示范和借鉴，也为黄河流域生态环境监督管理工作提供参考依据。

1　黄河流域典型生态环境及经济社会复合特征

黄河贯穿了我国青藏高原、内蒙古高原、黄土高原、华北平原四大地貌单元，是连接我国西北、华北、渤海地区的重要生态廊道，在我国“两屏三带”为主体的生态安全战略格局中占据重要位置。黄河流域大部分地区位于干旱、半干旱地区，水资源贫乏，生态环境脆弱，分布有青藏高原复合侵蚀、西北荒漠绿洲交接、北方农牧交错、沿海水陆交错带四大生态脆弱区，是我国生态脆弱区分布面积最大、生态脆弱性表现最明显的流域之一。同时，黄河流域是典型的资源型缺水流域，水资源供需矛盾突出，以全国2%的水资源支撑了12%的人口、15%的耕地和14%的经济总量。受气候变化、人类活动及下垫面变化等多种因素影响，流域水资源总量呈现持续减少的趋势（见图1）。根据第三次水资源调查评价成果，1956—2016年黄河多年平均天然径流量为490.0亿m^3，比国务院“八七”分水成果580亿m^3减少了15%，比1956—2000年黄河河川天然径流量534.8亿m^3减少了8%，黄河地表水径流量衰减最严重的是中游地

作者简介：朱彦锋（1984—），男，工程师，主要从事黄河水资源和水生态保护工作。

区,其中北干流区间减少约 29%,支流中窟野河衰减更为严重。

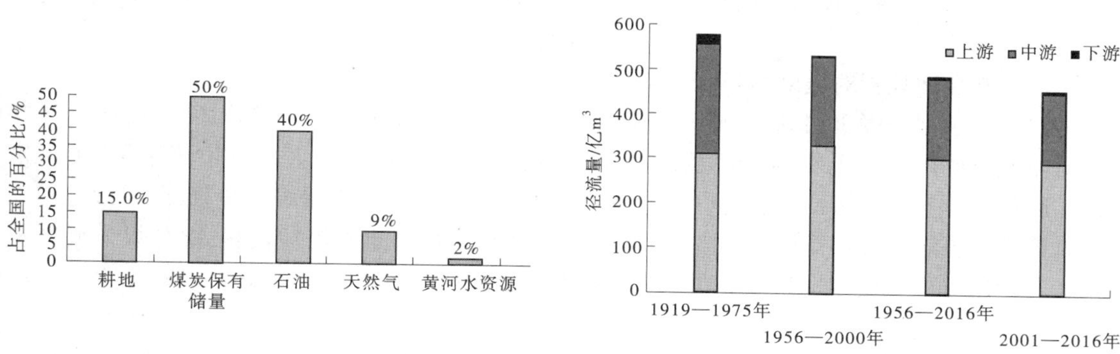

图 1 黄河流域水资源禀赋条件及衰减情况示意图

与此同时,黄河流域内矿产资源丰富,分布相对集中,是我国横跨东、中、西部的重要能源基地。沿黄九省(区)原煤产量约占全国的 80%,煤炭储量占全国一半以上,主要分布于流域中上游山西、陕西、内蒙古、宁夏、甘肃等省(区)的 7 个国家大型煤炭基地。流域内矿产资源及伴生的能源基地分布与水资源严重衰减以及水源涵养、防风固沙、水土保持生态脆弱敏感区空间分布高度重合,区域生态环境状况受社会经济活动影响大。随着煤炭等矿产资源开发强度的加大,区域生态环境破坏风险将进一步加剧,可能造成水土流失、耕地损失、植被退化等问题,同时煤炭开采带来的矿井疏干水无序利用和外排污染风险问题也更加凸显。

2 煤炭开采及矿井水产排关键生态环境问题识别

2.1 煤炭规模开采地下水系统变化及其对陆域生态系统的影响

黄河流域中上游煤炭资源以侏罗纪煤炭为主,含煤岩系主要为中下侏罗统延安组,由砂、泥岩类及煤层组成,其中泥岩、粉砂岩约占 70%。侏罗纪地层中地下水的补给、径流条件差,以风化裂隙为主,矿床水文地质类型一般属水文地质条件简单的裂隙充水型,但在第四系松散砂层广泛分布及烧变岩分布区,砂层入渗条件较好,岩层空隙发育,透水性提高,水文地质条件变得复杂,在大规模机械化采煤的扰动下,煤层顶板发生垮落,形成垮落地带和裂隙带,导水裂隙带容易导通部分承压含水层和第四系浅水层,导致含水层结构破坏,使得地下水补排平衡状态发生改变并造成地下水水位下降[2](见图 2)。

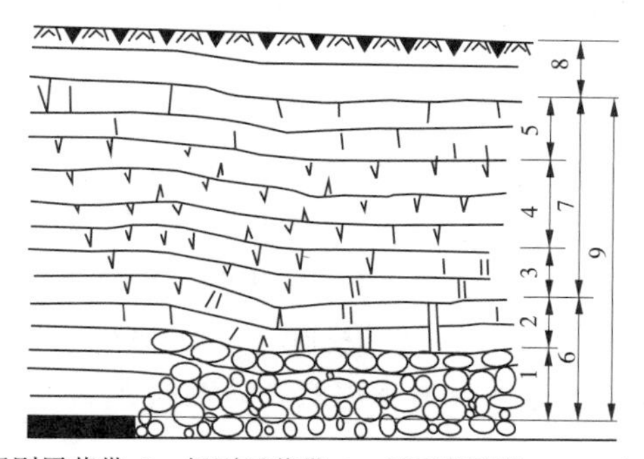

1—不规则冒落带;2—规则冒落带;3—严重断裂带;4—一般断裂带;
5—微小断裂带;6—冒落带;7—断裂带;8—整体移动带;9—导水裂隙带

图 2 煤炭开采导水裂隙带示意图

同时,煤炭开采破坏了自然条件下的水循环过程,改变了包气带土壤理化性质,使得地表降雨入渗与蒸发过程、地下水的补给过程、地表植被吸收水分的过程发生改变,导致区域潜水位下降、植被退化和水源涵养功能下降,从而对地表陆域生态系统造成累积性的不良影响[3-4]。窟野河是黄河流域中游的重要支流,流域内大规模、超强度开采现象比较严重,受煤炭资源开发及下垫面变化的影响,区域水源涵养功能下降,水资源衰减严重,近 10 a 河川天然径流量较 1956—2000 年减少约 59%。此外,煤炭超强度开采导致窟野河下游河道存在季节性断流,不仅影响河流生态功能,对区域生态环境也造成一定程度的破坏。

2.2 矿井涌水的不合理处置对区域水环境的影响

由于含煤层、含水层及隔水层共生,煤矿开采不可避免对地下水含水层造成破坏,进而产生矿井涌水,目前黄河流域煤矿矿井疏干水年产生量约为 40 亿 m^3。由于黄河流域大部分位于干旱、半干旱地区,尤其是矿区集中分布的中游地区,降雨量少,蒸发量大,气候干旱,蒸发浓缩十分强烈,导致地层中盐分较高,同时地下水补给、径流、排泄条件差,使地下水本身及矿井水的矿化度较高,部分煤矿矿井全盐量高达 9 000 mg/L。同时,受水文地质条件影响,部分地区如鄂尔多斯盆地地下水中氟化物本底值较高,导致矿井水存在氟化物超标现象。

直接排放未经处理的高氟、高矿化度矿井水会给生态环境带来较为严重的危害,主要表现为河流水含盐量上升、浅层地下水水位抬高、土壤盐碱化、不耐盐碱类植被退化、农作物减产等。同时,高氟矿井水外排也会增加河流特征污染物的负荷,造成水环境污染风险。目前,黄河中上游大型煤炭企业外排的经处理后的矿井水基本可以满足地表水Ⅲ类水质量标准,然而由于缺乏相应的全盐量处置标准,各个地区和企业对矿井水全盐量的处置措施和执行标准不尽相同。2020 年,生态环境部、国家发改委、国家能源局联合印发《关于进一步加强煤炭资源开发环境影响评价管理的通知》,为控制高矿化度矿井水排放可能引发的土壤盐渍化等问题,明确提出外排矿井水全盐量不超过 1 000 mg/L。但考虑到黄河流域尤其是主要干支流全盐量背景值[5],在实际管理中应开展相关论证研究,以维持河流水环境质量和不增加干流全盐量负荷为管控要求。

2.3 矿井水无序利用对区域生态安全的影响

矿井水是一种地下水资源,煤矿开采一方面造成地下水资源破坏,致使地下水水位下降、地表沉陷,从而对地表陆域植被也造成影响,由于流域矿区相对集中,大规模开采对区域整体生态系统安全必然构成一定威胁;另一方面,黄河流域典型煤矿矿井水涌水量大且全盐量较高,部分区域矿井疏干水利用未经相关科学论证、技术研究及行政许可,未经合理处置直接回用于景观水系、植被建设和河湖补水,也存在一定的生态环境风险,尤其是不规范的盐分指标治理控制,随着盐分的积累,容易在受纳河湖产生长期性、持续性、累计性的影响。

3 黄河流域矿井水的整体性管控意见及建议

3.1 首要任务是推动矿井水源头减量

黄河流域水资源禀赋条件差,水资源供需矛盾突出,水资源保护意义重大,尤其是对作为战略资源的黄河流域西北地区地下水资源保护,在煤炭开采过程中,应按照生态优先的原则,探索开展分层开采、限高保水、充填保水、注浆封堵等保水采煤的措施,即通过控制岩层移动来维持具有供水意义和生态价值的含水层结构稳定或控制水位变化在合理范围内,寻求煤炭开采量与水资源承载能力之间最优解的煤炭开采技术,从而从源头减少矿井水的产生总量,降低对区域地下水资源的影响。对于煤炭集中开采、环境影响突出的区域,建议针对生态承载力和煤炭开采疏排水影响,探索煤炭开发规模、布局限制性措施。

3.2 全面加强矿井水的系统治理控制

针对黄河流域矿井水高氟、高矿化度的特征,有必要对煤矿矿井水开展系统的治理和控制,在处置常规污染物的基础上,加强对盐分和氟化物的处置,除要满足国家规定的外排矿井水全盐量不超过 1 000 mg/L 的要求外,还应结合区域环境承载能力,提出基于不同保护目标和保护要求下的矿井水排放总体管控策略及具体控制要求,研究制定相关排放标准和规范。矿井水处置应当注重分质、分类、分级的科学合理性,在满足生态修复和综合利用目标的基础上,兼顾经济技术合理性,保障可持续的处理处置。

3.3 统筹协调开展矿井水的配置利用

进一步强化煤矿开采产生的矿井涌水是对地下水资源产生破坏,并造成区域水源涵养能力下降、生态系统服务功能受损的总体认识。在此基础上,立足于区域生态环境质量改善和生态补偿,构建基于补偿性保护修复的矿井水多途径综合利用机制,在生态安全、确有必要的前提下,经科学合理论证推进矿井水替代工农业用水、河湖生态补偿、区域生态建设、城镇绿化杂用等多用途利用,降低区域水环境风险。矿井水应当坚持生态修复与综合利用并重,综合利用的重要目的是替代地表、地下新鲜水使用,是推动地表水还水于河、减轻具有供水意义的地下水含水层开发强度、缓解区域水资源紧张局面的重要手段,不能以刻意消耗水资源为目的。尤其是煤炭开发对于白垩系及以上含水层构成影响,或对黄河重要支流、区域重要湿地产生影响时,更应将矿井水用于修复地表河湖和区域生态。同时,单个煤矿矿井水的管控和利用是局限的,应站位流域和区域层面,在生态保护优先的前提下,强化区域统筹管理,制订基于区域生态环境保护和恢复的矿井水处置方案,对区域煤矿矿井水产排行为进行统一谋划和约束,全面优化矿井水利用途径、配置方案等,统筹解决矿井水无序排放和河湖生态系统受损等问题,也为黄河流域生态环境监管提供技术支撑和参考依据。

4 结论

黄河流域是典型的资源型缺水流域,加之煤炭等能源资源分布与生态敏感脆弱区域高度叠加,进一步加剧了流域生态环境的敏感性和脆弱性,流域煤炭开采带来的疏干排水问题已成为黄河上中游亟待解决的重要生态环境问题之一,同时也是黄河流域生态环境监督管理关注的重点领域。矿井水作为煤炭开采的一种伴生资源,具有重要的保护价值和意义,应坚持资源与环境统筹、区域与流域统筹、开发与保护统筹,把生态优先的原则贯穿于资源开发的全过程,基于生态安全、能源安全的系统协调,把煤炭开采整个开发行为控制在资源环境承载力范畴之内,并按照区域生态系统及河湖生态系统整体保护要求,立足于区域生态环境质量改善和生态补偿,通过科学论证,合理控制和约束区域矿井水产生、治理控制、排放利用行为,推动区域矿井水排放控制和生态修复治理从“无序”到“有序”的转变,助力黄河流域典型矿区生态环境高水平保护和煤炭行业高质量发展,也为黄河流域生态环境监管提供技术支撑。

参考文献

[1] 彭苏萍, 毕银丽. 黄河流域煤矿区生态环境修复关键技术与战略思考[J]. 煤炭学报, 2020, 45(4): 1211-1221.

[2] 韩宝平, 郑世书, 谢克俊, 等. 煤炭开采诱发的水文地质效应研究[J]. 中国矿业大学学报, 1994, 23(3):70-77.

[3] Tiwary R K. Environmental impact of coal mining on water regime and its management[J]. Water, air and soil pollution, 2001, 132(1): 185-199.

[4] 张健民, 李全生, 南清安, 等. 西部脆弱区现代煤-水仿生共采理念与关键技术[J]. 煤炭学报, 2017, 42(1): 66-72.

[5] 李群, 穆伊舟, 周艳丽, 等. 黄河流域河流水化学特征分布规律及对比研究[J]. 人民黄河, 2006, 28(11): 26-27.

生态圈层设计方法在汇河入大汶河口河流湿地的应用

兰　翔[1,2]　刘　童[1,2]

(1. 黄河勘测规划设计研究院有限公司,河南郑州　450003;
2. 水利部黄河流域水治理与水安全重点实验室(筹),河南郑州　450003)

摘　要:汇河入大汶河口河流湿地区域,地处三河交汇处,因戴村坝工程的建设,成为大汶河溢流退水通道,河道内部低洼,常年有退水及测渗补水,水位稳定。河道动植物生态本底良好,河道地形起伏丰富,层次明确,包括浅滩、中滩、高滩及堤路空间。河道独特的自然地理环境为生态圈层设计提供了良好的空间基础。本文以区域主要生态问题为导向,充分结合设计洪水位及场地地形,对区域空间分层次、分类别开展生态修复与保护设计工作,在河流湿地构建陆生空间、水陆交错空间、水域湿地空间的特色复合圈层结构,并通过植物群落的配植与生境营造,在区域内实现生态效益显著、水系湿地稳定、地形地貌协调的圈层设计。

关键词:河流湿地;生态圈层;植物群落

1　研究区域概况

1.1　区位分析

研究区域位于东平县东部,距离东平县主城区约 9 km,距离东平湖国家湿地公园约 30 km,交通便捷,气候适宜,地形地貌多样,自然地理区位优势显著。汇河入大汶河口河流湿地区域南部紧邻大汶河,北部有汇河流经并汇入大汶河,两河汇流后为大清河,沿大汶河右岸是著名的水利工程——戴村坝,戴村坝是古代水利工程,蓄水给大运河南旺段补水,其灰土坝是分洪溢流坝,汛期时流量超过 2 000 m^3/s,大汶河经灰土坝向区域场地内溢流。经过历史冲刷及演变,场地区域逐渐形成河流、湿地、滩地的空间形态。三水汇流造就了研究区域独特的生态自然环境,区域成为汇河、大汶河、大清河三河汇流的重要生态区域,也是黄河一级支流大汶河下游生态廊道的重要节点。

1.2　场地分析

区域场地空间属于大汶河的溢流分洪通道。场地内水源主要为汇河来水与大汶河侧渗水。汇河自东向西,一部分流入场地内,其余汇入黄河一级支流大汶河下游。大汶河自东向西,因戴村坝蓄水作用,水位较高,侧渗至场地区域。溢流分洪通道中部为天然形成的河流湿地,两岸地形逐步增高,区域西北侧有天然出水口,汇流至大汶河。区域北部、南部设计有堤防,堤顶路起到防汛与交通作用。

区域远离城市区域,用地性质是绿地及河流滩地,属于非建设区域。现状生态本底较好,场地中部低洼,形成自然河流湿地,由河流湿地向外侧形成三层自然空间,分别是河流湿地空间、水陆交错空间及陆域空间。河流湿地空间自然生态环境较好,已形成自然水生植物群落;水陆交错空间植物较为杂乱,多为杨树及野生灌木地被,生物多样性差,局部有黄土裸露,生态破碎程度高;陆域空间多以自然地被及人工苗圃为主。

作者简介:兰翔(1987—),男,硕士,从事生态河道治理及景观文化规划设计工作。

整体而言,区域现状地形层次丰富,现状植被较为单一,生态多样性、物种多样性不足,生态植物群落及生态栖息地空间较为缺乏,尚未形成稳定的、可持续的河流湿地生态系统。随着大运河申遗成功,戴村坝及研究区域将成为国家遗址公园和国家文化公园的重要组成部分,场地的开放程度及市民的参与程度会显著提高,亟须通过生态圈层设计实现保护修复区域自然生态环境的目的,助力汇河入大汶河口河流湿地的高质量发展。

2 生态圈层设计方法

2.1 生态圈层理念研究

生态圈理论的提出源于对传统不可持续发展模式的反思与变革,通过重构生态保护和社会发展的关系,在生态建设领域和经济领域方面实现生态化转型[1]。生态圈层结构是自然要素受到外界人为干扰与自我保护维护作用下形成的具有明显分层特征的空间模式结构[2]。研究区域的生态要素为河流、湿地、地形及种植,属于中小型河流生态廊道及斑块。可借鉴自然保护区理论中的圈层保护模式选定河流湿地圈层保护类别,构建"核心区-缓冲区-试验区"的生态功能分区。通过对现状植物资源的归纳研究,确定保护、提升、补充种植的区域,明确不同生态功能区的功能及联系,因地制宜地进行植物配置设计,创建多样的栖息地空间,营造丰富的动植物生境。

2.2 生态圈层设计策略

(1)保护优先,注重生态效益。全面提升河流湿地总体空间的生态连续性。河流湿地区域的下游段芦苇长势良好,浅滩——河道湿地空间,局部自然生长有沉水、挺水植物,设计进行保护;中滩——水陆交错空间,局部陡坡因降雨冲刷,边坡塌陷,植被多为裸露,可对边坡进行梳理整平,重新配置植物;高滩——陆域空间,杨树林沿现状堤防呈带状分布,生境稳定,进行保护设计,形成小型森林生态系统,具有涵养水源、保育土壤、固碳释氧、积累营养物质、保护生物多样性和森林游憩等多种服务功能[3],其余区域重新配置植物。

(2)分层营造,创建多样生境。在圈层理论的指导下对区域进行布局设计,通过对不同分区的功能划定与设计,达到涵养湿地水源、调节小气候、保障区域生态安全的目的,使得生态圈建设的综合效益达到最优。合理地搭配各种落叶树种与常绿树种、阔叶树种与针叶树种、乔木与灌木。充分发挥区域地形特色结合植物种植进行区域雨水设计,逐级通过植物措施滞蓄,减缓径流速度,起到海绵的作用,是常规市政工程以外的、能对区域雨水管理发挥良好作用的重要途径。

(3)适度开放,减少人为干预。在实现生态圈层保护区域生态环境稳定的基础上,根据圈层生态功能区的划定,在生态敏感性较高区域减少人为活动,其他区域适当设置公共服务空间,满足市民游客生态交互需求。

2.3 总体构思

在满足洪水安全前提要求下,对现状的生态要素进行梳理与归纳,主要对现状植物进行生态保护与修复工作,在保留场地现有种植的前提下,以乡土植物、生产植物、彩叶植物为绿化工程的骨干树种,对河流湿地区域、水陆交错区域及陆地区域的种植进行分类、分层的圈层设计,结合区域未来发展,全面提升区域场地内的综合效益。

2.4 生态圈层设计方法

根据空间的特征、湿地资源及其生态环境的生态敏感度不同,建立向心梯度结构,即具有方向性的递减或者递增的布局模式,增强区域生态的连续性与稳定性。在现状场地核心空间(河流湿地空间)与陆域空间之间建立缓冲空间(水陆交错空间),达到对外界不良生态干扰的屏蔽,以及对场地内部自然湿地的保护和过渡。其中,陆域空间起到屏蔽外围干扰、保护生态敏感性较高区域的功能;水陆交错空间营造丰富的动植物群落,使其生态稳定性更强,有利于形成相对稳定的生态自循环系统;表流湿地空间有利于物质能量的交流、互换,有利于帮助原生湿地的恢复,从而促进整个生态系统的良性循环,总体构建相互嵌套的区域生态圈(见图1)。

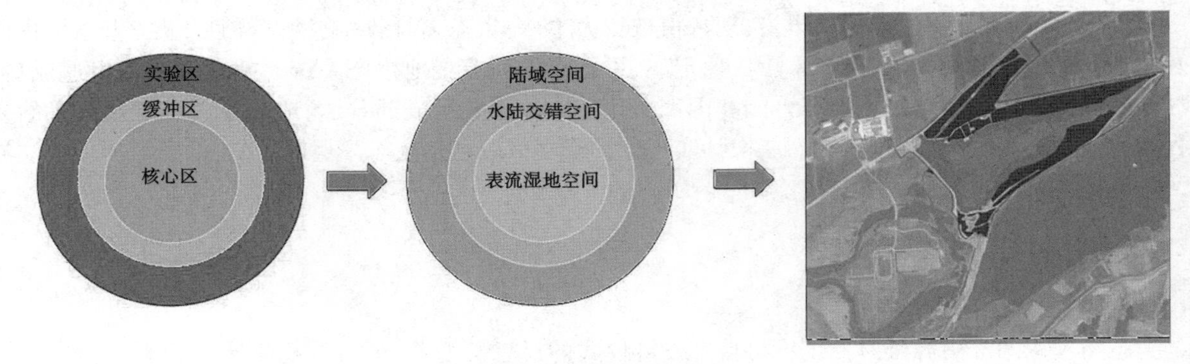

图 1　圈层设计示意图

河流湿地空间区域，地形方面修复现状水系形态，种植上确定保护现状芦苇的范围，其他浅水水域布置种类丰富的水生植物，通过丰富变化的岸线及植物群落塑造生境，维持河流湿地生态系统的连续性。

水陆交错空间区域，区域水位在汛期变幅较大，种植方面只种植低矮耐冲刷的草本植物，中滩区域结合现状地形营造湿地浅滩和泡状湿地，以湿生、水生植物为主。重视植物与水体环境的结合，水生植物、地被植物合理搭配，营建群落生境，并通过边坡的削缓与覆绿有效减缓雨水径流速度，涵养净化径流雨水。

陆生空间区域，植物配植应以陆生植物为主，结合现状自然生长状态的杨树林带，适当进行疏伐，增加林内的通透性。并充分考虑季相、高低、疏密等变化，遵循生态原则，乔灌草合理搭配，丰富植物群落。

3　生态圈层应用设计

3.1　总体布局应用设计

经过水文计算，区域范围内 5 年一遇洪水位是 47.10 m，10 年一遇洪水位是 48.43 m，25 年一遇洪水位是 49.84 m。在 5 年一遇水位范围下设计为河流湿地空间，因上水频率较大及防洪安全要求，布局方面只种湿生及水生植物，浅滩仅布置必要的耐水冲刷材质的园路以满足交通及植物管护的畅通，减少人为活动对高生态敏感区的扰动、干预；将 10 年一遇水位以上、25 年一遇水位以下设计为水陆交错空间，布局丰富的滩地边坡形式，如草花、抛石等，种植方面可考虑地被草花的配置方式，避免片植种植，布置耐水冲刷园路，满足生态观光、体验的需求；将 25 年一遇水位以上设计为陆域空间，结合现状林地布局林地空间、林下空间，形成乔、灌、草的配置方式，结合世界文化遗产戴村坝布置文化、教育与体验场所。

工程平面总布置见图 2。

图 2　工程总平面布置

3.2 河流湿地空间应用设计

河流湿地空间是区域生态敏感性较高区域，是生态保护修复的重点区域。在河流湿地水面以下10~60 cm范围内，设计种植挺水植物、浮水植物和沉水植物，局部浅水区构建水下森林，投放鱼类恢复水域生物链。挺水植物以荷花、芦竹、香蒲、芦苇、黄菖蒲、千屈菜、再力花等形成稳定的群落空间，对蔓生性或具有较强萌蘖能力的水生植物，宜采取水下围网、水下种植池、容器栽植等多种措施控制其生长区域；沉水植物选择苦草、金鱼藻、海菜花、黑藻等植物群落；浮水植物设计有睡莲、王莲、竹叶眼子菜、荇菜等植物群，水面叶片覆盖面积不超过水域面积的1/3。三种植物群落采用组团连片种植方式，创造不同水深和流速的条件，增加水生生境的多样性，形成稳定的河流湿地生态系统。河流湿地区域绿化种植设计有利于净化湿地水质，丰富动物生境，促进整个水生态系统的良性循环，全面提升水体自我循环修复能力，在外界干扰条件下，保持水体的洁净[4]。在此基础上，选择地形变化丰富区域，高差在50 cm内采用布置枯木及抛石等措施，为河流生物提供栖息场地。

3.3 水陆交错空间应用设计

水陆交错空间是区域整体空间物质流、能量流交互频率较高区域，起伏的坡地有利于生物栖息地的营造，便于营造丰富的动植物群落，设计以水生、湿生植物搭配的种植形式。区域位于河流水位消落带，综合考虑河流湿地的水位变化、流速及冲刷深度，选择深根性、耐冲刷的植物进行种植设计，具体选择香蒲、千屈菜、再力花、芦苇、黄菖蒲等水生植物，营造大尺度水陆自然群落空间。湿生植物设计选择垂柳、水杉、枫杨、碧桃、丁香、紫荆、狼尾草等，种植于水岸边坡较缓区域（边坡坡度一般不陡于1∶4），形成乔木、灌木、地被草花的复合植物群落，较陡区域设计种植狗牙根及草种撒播种植，局部采用稳定性高的草皮护坡，整体种植空间顺应地形地势，起伏有致，生境栖息地稳定。

3.4 陆生空间应用设计

陆生植物区主要作用是屏蔽外围干扰，保护生态敏感性较高的区域（水陆交错区及表流湿地区）；陆域区植物品种宜选择抗性较强、管理粗放的植物品种，对生态环境进行基本的保护和修复，营造自然、开阔的空间氛围。现状杨树林地在保护的基础上设计种植地被草花，形成林草空间，现状苗圃区域变规则种植为组团种植，发挥生态群落效益。其余区域乔木种植以点缀为主，增加常绿品种和果林为动物提供食物，地被选择低矮、自播能力较强的品种并以大面积种植为主，植被花期营造花海般的绚丽效果。乔灌草品种选择黄山栾树、大叶女贞、桂花、杏、桃、苹果、石榴、山楂、白三叶、二月兰、大花金鸡菊、野花组合等，构建“林+草”“林+灌+草”“灌+草”的多样植物群落，有效增加生物丰度，为区域内哺乳动物、鸟类、两栖爬行类动物提供栖息空间。

4 结论与展望

区域创新应用生态圈层设计方法，结合水文特征及水位变化，在确保防洪安全的前提下，保护修复河流湿地自然生态系统。通过对河流湿地空间、水陆交错空间、陆生空间三种主体分区设计，构建河流湿地环境稳定、动植物群落生境多样、生态系统安全的特色空间，设计恢复栖息地生态系统结构和功能，全面提升区域生态及社会价值，逐步实现区域绿色、循环、可持续发展。

项目的应用践行了“绿水青山就是金山银山”的理念，坚持黄河流域生态保护和高质量发展，不仅是城乡水生态文明建设的一项有力工程措施，同时也为区域提供了一处生态体验、科普教育、文旅融合胜地。

参考文献

[1] 杨琳. 区域生态圈的建构美丽浙江的地方性实践[J]. 中共石家庄市委党校学报，2022(1)：38.
[2] 吕东，王云才. 基于生态圈层结构的区域生态网络规划[J]. 风景园林规划与设计，2014(9)：18.
[3] 王兵，马向前，郭浩，等. 中国杉木林的生态系统服务价值评估[J]. 林业科学，2009，45(4)：124-130.
[4] 董哲仁. 河流形态多样性与生物群落多样性[J]. 水利学报，2003(11)：3.

浅析焦作沿黄(沁)河生态廊道建设

李兴敏　赵　利　王文海

(焦作黄河河务局,河南焦作　454000)

摘　要:为加强生态环境保护,焦作黄河河务局积极践行绿色发展战略,黄(沁)河沿线生态廊道建设取得一定成效,但还存在缺少系统规划,河地融合不足、黄河文化和生态廊道建设有机结合不够充分等问题,针对这些问题,结合焦作黄(沁)河工程实际,本文提出做好整体规划、融入地方发展、聚焦黄河文化推进生态文化建设等建议。

关键词:生态廊道;生态系统;焦作黄(沁)河段

1　引言

2019年9月18日,习近平总书记在黄河流域生态保护和高质量发展座谈会上的讲话指出,要坚持生态优先、绿色发展,加强生态环境保护,促进河流生态系统健康。2021年10月22日,习近平总书记在深入推动黄河流域生态保护和高质量发展座谈会上的讲话指出,沿黄河省(区)要落实好黄河流域生态保护和高质量发展战略部署,坚定不移走生态优先、绿色发展的现代化道路。为全面贯彻落实习近平总书记新思想、新要求、新目标和新部署,焦作黄河河务局统筹水安全、水工程、水资源、水经济、水文化融合发展,沿黄(沁)河积极打造生态廊道,建设生态屏障,在防洪固沙、涵养水源、美化环境和保护生态安全等方面开展积极探索。

2　焦作沿黄(沁)河生态廊道建设现状

黄河及其一级支流沁河是流经焦作市的两条重要河流,焦作黄河河段位于黄河中下游结合处,上接洛阳孟津县,下连新乡原阳县;沁河上接济源市,于武陟县方陵村汇入黄河。境内堤防包括临黄堤、温孟滩移民防护堤、沁河堤防,共计253 km,黄(沁)河河道工程64处,坝、垛、护岸共计1 629座,涵闸25座。下属6个水管单位。

(1)以打造"防洪保障线、抢险交通线、生态景观线"三位一体的绿色长廊为目标,大力发展生态建设,种植栾树、国槐、白蜡、广玉兰、红枫、红榉等树种,背河100 m宽淤背区以经济林和苗圃为主,种植法桐、红叶李、大叶女贞、白蜡、栾树、百日红、椿树等树种,黄河临河50 m、沁河临河15 m宽防浪林带,形成了以黄(沁)河大堤为主轴,以防浪林、适生林、护堤林为主要内容的生态风景线[1]。

(2)坚持"临河防浪,背河取材"的防洪功能定位,充分考虑黄(沁)河的生态结构、生态景观等功能的需要,综合考虑工程特点、土壤特性等条件,采取自然修复与人工促进相结合的方法,通过"造、封、补、改、修、管"等综合措施,根据各区域的自然和社会经济条件,宜林则林、宜草则草,构建起"自然、多彩、连通"的生态廊道与河、堤、坝、林、草一体的健康稳定生态系统[2],累计栽种花卉树木100多个品种172万余株,植草1.83万亩,绿化面积达3.08万亩,绿化覆盖率达78.8%以上。

(3)融合"党建美学""生态美学""文化美学",注重挖掘自然环境、人文、历史等元素,实现沿黄(沁)河风景资源可持续发展。根据不同的地势,因地制宜,因势赋形,合理布局,根据地理位置、人文特

作者简介:李兴敏(1986—),女,副高级工程师,主要从事规划计划、工程建设管理工作。

点、黄(沁)河重大历史事件等情况,建成了国家水利风景区黄河文化苑,修建了丹河口文化苑、大樊堵口纪念广场、老龙湾生态景观、沁河入黄口、沁河杨庄改道纪念亭、留村闸生态提升工程等精品景观,不断赋予黄(沁)河以深厚的文化内涵。

3 生态廊道建设实践

3.1 植管并重,强力推进生态廊道建设

加大资金投入,将生态廊道建设资金列入工程管理专项经费,近3年累计投入达3 000余万元,主要用于行道林、防浪林、护堤林、适生林、护坝林养护以及堤坡、坝面(坡)草皮养护及补植等。为确保生态廊道建设质量,焦作黄河河务局在培养自身技术力量的同时,聘请林业、园林等专家开展业务培训和指导,强化树木修剪、病虫害防治、草皮养护等环节新技术、新装备的引进和推广。

3.2 创新管护模式,提高廊道建设成效

积极探索拓宽种植管理新方法,鼓励职工以苗木合作社、职工互助组等形式,开发和利用淤背区、护堤地土地从事苗木种植,不仅提高了职工的积极性,更重要的是绿化苗木成活率高,长势良好,促进了绿化工作的良性循环、有序发展。成立护绿工作小组,加大对堤坡、淤背区、护坝地、绿化带等树木的巡查管护力度,及时发现制止破坏生态环境的行为。加强与黄河派出所、林业公安联系,严厉打击故意破坏树木的违法行为,有效地保护了生态廊道建设的成果。

3.3 全民义务植树,践行生态理念

认真贯彻执行党和国家有关国土绿化的方针、政策,积极组织全民义务植树工作。2018年以来,仅本局职工参加义务植树已达400余人次,栽植树木达5 000余株,义务植树尽责率均达到90%以上,为推动形成生态文明建设的共识发挥了积极作用。

3.4 扩大宣传效应,营造共建共享氛围

为确保生态廊道建设成果,加大生态环境保护力度,焦作黄河河务局采用宣传车沿堤广播、发放宣传资料等形式,充分利用广播电视、微信等媒体进行宣传,传播生态科普教育活动信息,提高广大群众自觉爱绿护绿意识;积极开展“河小青”志愿服务活动,以青春的名义守护青山绿水;举办生态科普教育宣传活动,全面提高干部职工对生态保护及绿化工作的知晓率和参与率。

4 存在的问题

4.1 缺乏系统规划

目前辖区生态廊道建设尚无系统规划设计[3],局属6个水管单位结合各地实际开展生态廊道建设,各廊道间的连续性及其生态景观效果不强。

4.2 河地融合不足

兄弟单位立足自身实际,结合地方规划,实现了黄河生态建设与地方生态规划建设的融合,焦作黄河河务局在引入地方资金打造生态廊道、景观工程的工作渠道不畅通。

4.3 有机结合不充分

对区域内的黄(沁)河文化、景观等发掘不足,景点建设标准不高、主题不明显。黄河文化和生态廊道建设未有机结合起来。

5 生态廊道建设建议

加快推进生态廊道建设,做好焦作黄(沁)河流域生态屏障建设,推动构建焦作山水林田湖草完整生态系统,为美丽河南贡献焦作黄河力量。

5.1 做好整体规划,优化生态空间布局

坚持生态优先、绿色发展,因地制宜、科学规划,形成廊道与景观建设相互交织的完整连贯的空间结构。加强规划建设管理,通过规划确保黄(沁)河廊道布局的整体性、功能的协调性,通过不同县局的不

同定位,突出各县局的特色性。武陟县结合嘉应观黄河文化,依托黄(沁)河工程,打造黄河生态、红色文化、民俗风情示范带;温县、孟州围绕温孟滩移民区,结合大玉兰控导、化工控导、开仪控导工程,打造黄河绿色生态综合体;沁阳、博爱结合沁河工程,构建生态文化科普长廊和抢险宣传基地等沁河文化带。

5.2 融入地方发展,实现生态共建共赢

践行“开门治河”思路,主动加强与地方政府的沟通,将黄(沁)河防洪生态工程纳入地方和流域系统建设整体规划,利用国储林等项目携手推进沿黄(沁)河生态廊道、生态示范区、重点生态项目等建设,促进生态工程迅速见效。选择工程基础好、文化底蕴深厚的老田庵控导、驾部控导、大玉兰控导等重点建设工程,打造绿化和文化融合的精品工程;打造十步一景、景景怡人的孟州 15 km 黄河堤防生态文化长廊。

5.3 聚焦黄河文化,推进生态文化建设

深挖黄河文化内在“基因”,推进防洪工程与黄(沁)河文化有机融合示范带建设,结合文化地标、工程状况,融合党建红、生态绿等元素,打造地标性生态工程。以北围堤抢险、大樊堵口、御坝文化为切入点打造焦作黄(沁)河文化基地,形成整体统一、各具特色、功能完备、亮点突出的焦作黄(沁)河文化示范带。

5.4 建设主体涵闸,深化生态内涵

先试先行,深挖涵闸文化内涵建设主题涵闸,全面实施沁河改建涵闸美化工程,力争先干先成。完成留村闸、陶村闸、五车口闸、亢村闸、庙后闸等生态提升工程,打造出层次错落、色彩丰富的生态景致。细掘涵闸文化内涵,结合党建红和水文化,大模大样建示范,让涵闸美丽再“升级”、颜值再“提档”。

5.5 以河长制为依托,建设岸绿景美的黄(沁)河

以河长制为依托,全面监管河湖,配合沿黄(沁)各级河长开展年度巡河查河,结合公安、检察院等部门加强行刑衔接,严厉打击各类非法水事活动。利用好“沿河村庄守护黄(沁)河”微信群,发挥村级河长巡河制度;持续深化以“治污、治乱、治沙、治岸”为重点的“清四乱”工作,巩固前期成果,做到彻底清、长效清,为河长决策提供黄河方案,建设岸绿景美黄(沁)河。

6 结语

焦作黄(沁)河生态廊道建设在防洪固沙、涵养水源、美化环境和保护生态安全等方面发挥了重要的作用,为焦作市生态可持续发展及和谐发展提供了巨大动力,整治和优化了环境,提升了土地价值,促进了城市健康发展。做好生态廊道建设是实现黄河流域生态保护和高质量发展的有力抓手,推动焦作黄(沁)河生态建设向整体化、系统化、生态化融合发展,必须加快构建连续完整、景观优美、结构稳定、功能完备的生态长廊,以点带面促进黄(沁)河生态环境持续改善,努力实现人水和谐共生。

参考文献

[1] 申杭,李留刚. 新乡沿黄生态廊道建设经验及建议[J]. 人民黄河,2020(S2):112-113.
[2] 董斌,苗蕾,李有. “郑汴一体化 ”进程中生态廊道系统建设探讨[J]. 气象与环境科学,2008(1):35-38.
[3] 李益民. 汕尾市林业生态景观提升建设研究[J]. 林业科技情报,2021(1):21-23.

基于无人设备的水华监测综述

吴雷祥　李　昂　刘晓波　黄　伟　邵葆蓉
关荣浩　王卓微　刘星辰

（中国水利水电科学研究院，北京　100038）

摘　要：随着无人飞行器与数字传感器的快速发展，无人设备技术在水生态保护、水环境监测等领域的应用不断深入。与传统卫星遥感和有人机遥感相比，利用无人设备进行水华监测可更为全面地反映水华的时空分布情况，实现区域性、动态化的水华监测效果，为水华监测提供了新的途径和思路。本文阐述了无人设备水华监测原理、监测指标、基于无人设备的水华识别方法、无人设备在富营养化水体水华监测应用方面的进展与影响水华监测精度的因素，在此基础上，对无人机水华遥感监测进行展望，未来无人机高光谱遥感技术有望成为大时空尺度水域水华监测的重点和方向。

关键词：无人设备；水华监测；高光谱遥感

1　引言

近年来，在人类活动和自然因素的影响下，生物所需的氮、磷等营养物质大量进入湖泊、河流、海湾等缓流水体，水环境变化剧烈，淡水湖泊富营养化引起的藻类水华问题频发[1-2]。水体富营养化会破坏水体生态平衡、降低生物多样性，导致水体生态功能减弱，甚至危及人类饮水安全，因而引起国内外高度重视。要对水华进行有效治理，必须对其发生、发展的整个过程有清晰的把握，因此实现对水华时空监测成为亟须解决的问题。

传统的水华监测需要实地人工采集并给出样点处数据，耗费大量人力、物力，难以实现大面积、区域性、实时动态的水华监测。近年来，卫星遥感因其速度快、范围广、监测周期短，已经成为湖泊、河流水华监测和预警的必要手段[3]。然而卫星遥感也有其局限性，如分辨率低，无法将水华与其他水生植物准确区分，受天气状况影响较大，无法及时反映水华情况[4-5]。因此，利用无人机搭载多光谱、高光谱设备，获取不受云层干扰、不易受天气状况影响的影像，将是今后水华监测的重要手段[6]。

无人机遥感技术在国内外为水生态保护、水环境监测等工作提供技术支持，在反演水质参数、水华监测等应用中存在着巨大的潜力[7]。因此，有必要针对无人设备在水华监测方面的应用情况进行总结，在此基础上对无人机水华遥感监测进行展望，为拓展无人设备在水华监测上的深度应用提供参考。

2　水华识别研究现状

2.1　遥感识别原理

水体中水华爆发时，水体色度、透明度等物理性质会发生变化[3]，叶绿素含量升高，在近红外波段反射率“陡坡效应”较明显，在蓝、红光波段反射率较低；通常水中水华覆盖区域与无水华水域光谱特征具有明显差异，覆盖有藻类的水体反射光谱在红光波段呈现出低反射率、绿光波段及近红外波段呈现高反射率[8]，明显区分于清洁水体，是遥感技术识别水华的关键依据。

2.2　识别方法

迄今为止，已经有很多学者利用卫星遥感影像对水华进行了探究分析，探索了诸多识别方法。水华

作者简介：吴雷祥（1982—），男，工学博士，高级工程师，研究方向为水生态修复与水环境治理。

识别方法主要可以分为三大类:①基于遥感技术的光谱特征,近红外抬升、近红外与可见光波段差异等波段运算的方式得到,如近红外波段阈值法[9]、近红外波段与红波段的差值法或比值法[10]、归一化植被指数(NDVI)、增强型植被指数(EVI)及浮游藻类指数(FAI)等指数类方法[11];②基于大数据算法的图像分割分类方法,如分类区域生长、大津算法等图像分割方法[12]、支持向量机、随机森林等图像分类方法[13]。③基于浮游植物色素进行水华识别提取的方法。如基于遥感的蓝藻反演是利用遥感和实测数据,通过构建蓝藻参数与遥感反射率的经验或半经验模型[14]或生物光学模型[15],从遥感图像中获取蓝藻参数,其中叶绿素 a 和藻蓝素是最常用的蓝藻反演参数。还有一些针对浮游植物色素的蓝藻水华指数(CAI)、最大特征峰高度(MPH)、最大叶绿素指数(MCI)等方法。

实际监测中发现,水生植物、高浑浊水体以及薄云等对水华遥感识别的影响显著。水华的反射光谱特点与植物的相类似,导致基于该特点的水华遥感识别方法均无法对两者进行区分。朱庆[16]发现高光谱遥感可以利用 625 nm 波长附近藻蓝素吸收峰区分水华和水草;高浑浊水体在可见光近红外整体增高,导致单波段法、比值法、NDVI、FAI 等会将浑浊水体误判为低强度藻华,而用适当的波段组合成的假彩色合成图上,水华可明显区分于清洁水体、高浊水体及云等,水色指数为此问题提供了一个新的解决思路[17]。

3　无人设备水华监测进展

与传统的卫星遥感和有人机遥感相比,无人机遥感技术具有机动灵活、使用成本低、操作简单、响应迅速和时空分辨率高等优势,即使作业于复杂的天气条件(如阴天、雾霾天气等)下也能避免云层遮挡的问题,可在一定高度(<1 km)下忽略大气和云层的影响,解决传统水华监测工作中存在的问题。

3.1　无人机影像处理

无人机遥感影像质量主要受两方面因素的影响:其一,无人机受风力的影响,导致航摄姿态不稳定,容易造成影像重叠度不规律;其二,无人机平台搭载的多为非量测型相机,所获取的影像幅值小、数量多、边缘存在非线性光学畸变[18]。随着无人机遥感应用的发展,广大学者对解决此类问题进行了探索。

勾志阳等[19]从影像叠合程度、航线偏离及航摄的高度差等方面对无人机获取的遥感影像进行质量的评估,描绘了无人机实际飞行的航线和轨迹规划航线的重合程度,验证了无人机航摄影像质量达到航空摄影测量的基本标准。马瑞升[20]等在已有的遥感影像几何畸变的知识框架下,利用垂直地面航摄的方法去标记相机传感器的位置,建立畸变校正模型,采用无人机航摄的正射影像作为底图,相同点匹配校正航拍图像,最终的结果经过实际航摄任务的验证,单位误差小于 1.0 m,角度畸变基本消除。

国内外许多学者探索了无人机影像特征提取与匹配算法的研究,近年来机器学习算法的引入,为无人机遥感影像样本数据水体和水华识别提供了便利。杜敬[21]针对无人机遥感影像分辨率高、信息量大的特点,选取大量训练样本构建了深度卷积神经网络模型(DCNN),用于影像识别,利用最大稳定极值区域方法对无人机遥感影像拼接后的影像进行了分割,水体目标识别效果较好。

3.2　无人机遥感水华监测

3.2.1　无人机多光谱水华监测

无人机遥感技术在蓝藻快速识别和提取应用中可靠且高效,可为小微水域水华监测提供技术保障。无人机具有系统灵活、高频率、覆盖面广等特点,可利用图像分析增强蓝藻信号快速分析数据和实施后续监测。

韩翠敏等[22]利用集成 RTK 模块的大疆精灵 4 无人机获取太湖贡湖湾区域高分辨率影像,证实了利用无人机影像进行蓝藻覆盖区域提取准确高效。Barruffa 等[23]评估了小型无人机和多光谱相机在淡水中叶绿素 a 和蓝藻浓度的空间和时间分辨率,结果表明,基于无人机的遥感能够补充当前的水华监测方案。Yuri Taddia 等[24]发现无人机采样数据与水体表面叶绿素(r^2 = 0.79)和蓝藻(r^2 = 0.77)浓度具有相关性,可以绘制出准确识别水体蓝藻斑块的空间分布图。

基于多光谱遥感数据的植被指数阈值法可以区分水华和普通水体,但难以区分水华和水生植物,且多光谱遥感的光谱分辨率较低,难以精确捕捉光谱信息,因此在水华监测上具有一定局限性。

3.2.2 无人机高光谱水华监测

高光谱遥感拥有更细致的光谱,可在纳米级别获取连续的光谱信息,从而选取更靠近特征波段处的波段进行建模,实现蓝藻水华的精确监测。

对于水生植物分布变化较为显著的内陆水体,通过对比两者在可见光波段及短波红外波段的反射光谱差异,可实现水生植物和藻华的同步遥感监测。李俊生等[25]通过高光谱遥感识别方法研究了太湖的水华和水草,进行水面光谱测量试验,对水华和典型水生植物的反射率进行光谱测量,采用的 ASD 光谱仪具有较高的光谱分辨率,可捕捉水体中各种生物的光谱差异,建立了光谱指数以及判别公式,经验证,公式识别效果较好。

在小型湖库应急监测中,选择无人机(分辨率最高能达到 0.04 m)或人工监测,实现人工安排、随机机动,短时间内开展突发性湖库藻类大规模爆发的事故处置,已有学者应用无人机在太湖[26]、八里河[27]、马斯洛马斯自然保护区[28]等进行藻华监测;通过光谱反射曲线对多次采集不同浓度蓝藻的高光谱曲线进行差异分析,可为无人机高光谱技术在太湖等湖泊蓝藻监测中的应用提供借鉴与参考。而在日常大中型湖库监测中,则更倾向于使用多源卫星数据实现长时序动态监测,如中分辨率成像光谱仪(MODIS)因其免费、时间分辨率高等优点成为日常水质监测中最受欢迎的数据资源。

3.2.3 多种方法整合水华监测

随着技术的进步,摄像机分辨率提高,视频监控等手段兴起。当下单一的监测手段不足以满足监测需求,整合多种监测方式成为新的探索趋势。无人机设备与其他监测手段的有效结合,可进一步提高水华监测精度,诸多学者对此进行了探索,取得了一定进展。

Husein 等[29]综合显微计数、色素提取、qPCR、探针和遥感以及新兴技术,包括下一代测序、光子系统、生物传感器、无人机和机器学习,设计了蓝藻三层框架综合预警系统,用于监测生物活性或藻类生物量、蓝藻或蓝藻相关基因和蓝藻代谢产物。该框架最大限度地减少了与蓝藻监测相关的时间和成本。

无人机影像与 MODIS 卫星图像结合,可提高水华监测精度。Xu 等[30]利用无人机图像作为 MODIS 卫星图像的补充,对中国南黄海绿潮进行监测。无人机的使用提高了绿潮探测、预报和管理的效率。邱银国等[31]构建了巢湖水质和水华全方位监测网络,结合巢湖水动力水质藻类耦合模拟模型,研制了蓝藻水华预测预警和蓝藻水华暴发应急处置模块,研发巢湖蓝藻水华监测预警与模拟分析平台,实现蓝藻水华短期和长期模拟。

当下多技术手段融合的水华综合监测平台实现了全湖水华现状迅速掌握、超标信息自动识别与高精度预测预警、沿岸重点区域水华堆积风险评估等功能,为河湖水华的科学防控和应急处置提供了科学依据与数据支撑。

3.3 无人机水华监测精度影响因素

3.3.1 无人机飞行控制水平

使用无人机遥感技术进行水华监测,对操作人员技术有要求,需依据实际需要灵活控制无人机,保证无人机飞行平稳,这样才能拍摄高清的水体画面。如果飞行控制水平较差,导致无人机飞行不稳定,拍摄画面清晰度不高,图像容易出现误差,影响到监测数据质量[32]。

3.3.2 图像处理方法选取

图像拼接需要借助计算机支持,图像拼接方法的选取直接影响图像拼接的质量。因此,应该选择配套的图像处理软件和方法来精准比对空间重叠图像,然后图像融合拼接成新的图像[33]。

3.3.3 无人机影像参数反演模型选取

现阶段常用的反演模型主要有多元回归方法和机器学习算法,结合监测数据改进现有算法,可提高无人机高光谱遥感图像处理的工作效率。利用耦合水文物理模型和人工智能模型,进一步提高水利高光谱遥感信息定量识别精度[34]。

4 结论与展望

4.1 结论

无人机遥感技术具有监测范围广、速度快、成本低和便于长期动态监测的优势,可获取大量数据,对于河湖水华的分析、监测和预测提供了更多的可能,能及时发现一些传统方法难以顾及的区域水华情况,规避了卫星遥感的时效性局限,在天气状况允许的条件下,可以随时对水域进行遥感监测,掌握感兴趣区域的水华变化状况,对于小微水域的水华精准监测有着十分重大的意义。

当前无人机遥感水华监测技术在河湖水华监测、典型参数反演等方面展开了应用,结合机器学习算法等多种技术手段,取得了一系列进展,提高了无人机遥感水华监测的精度。现阶段的无人机高光谱遥感在水华监测中的应用正处于发展阶段,整体来看,其在理论方法及模型构建等方面还未成熟,仍面临着一些问题:影像的空间分辨率需进一步提高,以满足小型湖泊、水库等小型水域的水华监测;此外,部分区域无人机禁飞,数据的获取也存在一定的限制。

4.2 展望

(1)为了提高富营养化湖泊水华的遥感监测应用能力,亟待补充完善不同湖泊、不同水华藻类的光谱数据库,为发展普适性更强的反演算法奠定数据基础。

(2)由于不同湖泊面积和水环境的差异以及不同数据源之间分辨率的差异,需要进一步发展多源数据融合的反演算法,以此实现系统化、体系化的监测。

面向新时期水环境监测的应用需求,需要开展无人机遥感与人工智能交叉学科之间的新方法、新理论以及新思路,无人机遥感水华技术将不断扩大其在水华监测方面的应用范围。

参考文献

[1] 严飞, 张敏. 太湖蓝藻水华的日动态遥感监测[J]. 中国资源综合利用,2022,40(4):170-172.

[2] 杨桂山,姜加虎,薛滨,等. 中国湖泊调查报告[M]. 北京:科学出版社,2019.

[3] 来莱,张玉超,景园媛,等. 富营养化水体浮游植物遥感监测研究进展[J]. 湖泊科学,2021,33(5):1299-1314.

[4] GALVOR K H, ARAUJOM C U, JOSÉ G E, et al. A method for calibration and validation subset partitioning[J]. Talanta, 2005,67(4):736-740.

[5] 罗中兴,李霄,左莉,等. 无人机载核辐射监测及气溶胶采样系统试验分析[J]. 环境监测管理与技术,2019,31(1):58-60.

[6] 丁铭,李旭文,姜晟,等. 基于无人机高光谱遥感在太湖蓝藻水华监测中的一次应用[J]. 环境监测管理与技术,2022,34(1):49-51,71.

[7] 段洪涛, 罗菊花,曹志刚,等. 流域水环境遥感研究进展与思考[J]. 地理科学进展,2019,38(8):1182-1195.

[8] 刘堂友,匡定波,尹球. 藻类光谱实验及其光谱定量信息提取研究[J]. 红外与毫米波学报,2002(3):213-217.

[9] 段洪涛,张寿选,张渊智. 太湖蓝藻水华遥感监测方法[J]. 湖泊科学,2008,20(2):145-152.

[10] Hu C M. A novel ocean color index to detect floating algae in the global oceans[J]. Remote Sensing of Environment, 2009,113(10):2118-2129.

[11] Zhang YC, Ma RH, Duan HT, et al. A novel algorithm to estimate algal bloom coverage to subpixel resolution in Lake Taihu[J]. IEEE Journal of Selected Topics in Applied Earth Observations and Remote Sensing,2014,7(7):3060-3068.

[12] Ananias PHM, Negri RG. Anomalous behaviour detection using one-class support vector machine and remote sensing images: A case study of algal bloom occurrence in inland waters[J]. International Journal of Digital Earth,2021,14(7):921-942.

[13] El-Alem A, Chokmani K, Laurion I, et al. Comparative analysis of four models to estimate chlorophyll-a concentration in case-2 waters using MODerate resolution imaging spectroradiometer (MODIS) imagery[J]. Remote Sensing,2012,4(8):2373-2400.

[14] Blix K, Eltoft T. Machine learning automatic model selection algorithm for oceanic chlorophyll-a content retrieval[J]. Re-

mote Sensing,2018,10(5):775.

[15] Duan HT, Ma RH, Zhang YC,et al. Are algal blooms occurring later in Lake Taihu? Climate local effects outcompete mitigation prevention[J]. Journal of Plankton Research,2014,36(3):866-871.

[16] 朱庆. 东中国海浮游植物种类遥感反演研究[D]. 上海:华东师范大学,2021.

[17] 梁桥, 沈芳, 朱庆. 东海常见浮游植物的光学特性及环境的影响[J]. 海洋湖沼通报,2020(6):119-126.

[18] 周晓敏, 赵力彬, 张新利. 低空无人机影像处理技术及方法探讨[J]. 测绘与空间地理信息,2012,35(2):182-184.

[19] 勾志阳,赵红颖,晏磊. 无人机航空摄影质量评价[C]//2006 中国科协年会. 2006.

[20] 马瑞升,孙涵,林宗桂,等. 微型无人机遥感影像的纠偏与定位[J]. 南京气象学院学报,2005(5):632-639.

[21] 杜敬. 基于深度学习的无人机遥感影像水体识别[J]. 江西科学,2017(1):158-161,170.

[22] 韩翠敏,程花,夏晴晴,等. 无人机 RTK 技术在蓝藻水华监测中的应用[J]. 安徽农业科学,2020,48(2):225-227.

[23] Silvarrey Barruffa Alejo, Pardo Alvaro, Faggian Robert, et al. Monitoring cyanobacterial harmful algal blooms by unmanned aerial vehicles in aquatic ecosystems[J]. Environmental Science: Water Research and Technology,2021,7(3)573-583.

[24] Yuri Taddia, Paolo Russo, Stefano Lovo, et al. Multispectral UAV monitoring of submerged seaweed in shallow water[J]. 2019,12:1-16.

[25] 李俊生, 吴迪, 吴远峰, 等. 基于实测光谱数据的太湖水华和水生高等植物识别[J]. 湖泊科学,2009,21(2):215-222.

[26] Pyo J, Duan HT, Baek S,et al. A convolutional neural network regression for quantifying cyanobacteria using hyperspectral imagery[J]. Remote Sensing of Environment, 2019,233:111350.

[27] Chen SL, Hu CM, Barnes BB,et al. A machine learning approach to estimate surface ocean pCO_2 from satellite measurements[J]. Remote Sensing of Enwironment,2019,228:203-226.

[28] 闻亮, 李胜, 陈清, 等. 基于无人机遥感的水质监测信息集成与应用[J]. 江苏水利, 2020(10):35-40.

[29] Almuhtaram Husein,et al. State of knowledge on early warning tools for cyanobacteria detection[J]. Ecological Indicators, 2021:133-138.

[30] Xu Fuxiang,et al. Validation of MODIS-based monitoring for a green tide in the Yellow Sea with the aid of unmanned aerial vehicle[J]. Journal of Applied Remote Sensing, 2017,11(1):012007.

[31] 邱银国, 段洪涛,万能胜,等. 巢湖蓝藻水华监测预警与模拟分析平台设计与实践[J]. 湖泊科学,2022,34(1):38-48.

[32] 姚金忠,范向军,杨霞,等. 三峡库区重点支流水华现状、成因及防控对策[J]. 环境工程学报,2022(6):2041-2048.

[33] 宋冰. 无人机在水文应急监测中的应用探讨[J]. 黑龙江水利科技,2016,44(12):125-126,139.

[34] 潘邦龙,申慧彦,邵慧,等. 湖泊叶绿素高光谱空谱联合遥感反演[J]. 大气与环境光学学报, 2017,12(6):428-434.

黄河流域水生态环境调查监测若干问题的思考

李　昊　周艳丽　袁　璐　李辰林　王　娟

（生态环境部黄河流域生态环境监督管理局生态环境监测与科学研究中心，河南郑州　450005）

摘　要：黄河流域生态环境支撑在水，约束在水，保护的核心关键也在水。近年来，黄河流域水环境质量、生态质量总体有所好转，但局部地区水环境污染依然严重，生态系统敏感脆弱，承载能力低，生态问题复杂，过度干扰和高强度开发导致的流域生态系统失衡与生态安全威胁问题日益凸显。本文分析了近年来黄河流域重点水生态环境调查监测形势及变化趋势，监测工作中存在的问题，从生态系统的整体性出发，围绕生态质量、环境质量，结合黄河流域生态空间、国土空间、农业规划布局等，从监测角度提出在水生态、新污染物、农业面源、监测预警及数据挖掘等方面的思考。

关键词：水生态环境；调查监测；形势分析；问题思考

1　黄河流域区域发展和生态功能定位

黄河流域发展战略地位突出，是“五大重大国家战略”中黄河流域生态保护和高质量发展的承载区，也是国家能源安全的重要保障区，流域内矿产资源丰富，沿黄九省（区）原煤产量约占全国的80%，煤炭储量占全国的50%以上。黄河流域具有重要的农业战略地位，全国13个粮食主产省份中有4个分布在黄河流域，渭汾平原、河套灌区、黄淮海平原、甘肃、新疆等都是我国农产品主产区，在国家“七区二十三带”为主体的农业战略格局中占有重要位置。黄河流域是国家生态安全的重要屏障，兼有青藏高原、黄土高原、北方防沙带、黄河口海岸带等生态屏障的综合优势，拥有三江源、祁连山等多个国家公园和五个国家重点生态功能区。据不完全统计，黄河流域分布有自然保护区680余个，其中国家级自然保护区152个，主要分布在黄河源头、祁连山、贺兰山、太行山、秦岭、黄河三角洲等生物多样性丰富，水源涵养、土壤保持等生态功能极为重要的区域，约占流域总面积的17%。国家级水产种质资源保护区53个，国家森林公园204个，省级以上风景名胜区77个，国家湿地公园81个，省级以上重要湿地46个。黄河也是西北、华北经济社会发展的重要水资源保障。上游河源区被誉为“中华水塔”，是重要的水源涵养区和水源补给区；中游秦岭地区被誉为“中央水塔”，水资源储量约220多亿 m^3。

2　黄河流域水生态环境状况

2.1　水环境质量状况

“十三五”期间，黄河流域水质状况从轻度污染改善为良好，地表水国控断面达到或优于Ⅲ类水比例提高20.5%，劣Ⅴ类比例下降15.2%，东平湖、龙羊峡、小浪底、三门峡等重点湖库水质稳定在Ⅲ类及以上标准，湟水、汾河、渭河等流域水质进一步提升，优良水质比例持续增加，各断面污染物年均浓度明显降低，省界控制断面Ⅲ类水及以上比例达到85.4%。劣Ⅴ类水主要分布在甘肃马莲河，内蒙古小黑河、乌兰木伦河，宁夏苦水河，山西汾河、南川河、三川河、杨兴河、涝河，陕西皇甫川、甘河等支流。主要污染指标为氨氮、总磷、氟化物、化学需氧量等。2020年，黄河流域地级及以上城市153个集中式饮用水水源地中，地表饮用水源地水质达到或优于Ⅲ类比例为96.0%，地下饮用水水源地水质达到或优于Ⅲ类比例为98.0%。

作者简介：李昊（1984—），女，硕士，副高级工程师，从事水生态环境保护与调查评估等方向的研究工作。

2.2 生态质量状况

"十三五"期末，黄河流域生态质量"优""良""一般""较差""差"的比例分别为2.3%、37.6%、44.3%、15.6%、0.2%，与2015年相比，"一般"及以上比例上升2.5个百分点。根据2021年黄河流域水生态调查监测结果，流域共检出底栖动物120种，隶属3门7纲62科。与20世纪80年代调查数据相比，底栖生物种类数量减少47种。底栖生物种类数量受多个方面的影响，其中河流环境变化、调查时间、调查强度和鉴定水平等都是不可忽视的因素。据调查结果，黄河流域检出的底栖生物中，种类最多的为节肢动物门，主要优势种为直突摇蚊属，水生昆虫的摇蚊幼虫和寡毛类的水丝蚓为主要类群。浮游植物以硅藻门为绝对优势类群，在丰度上，蓝藻门和硅藻门为流域内绝对优势类群，主要优势种为小环藻属、假鱼腥藻属、浮丝藻属、尖尾蓝隐藻。利用Shannon-Wiener指数评价，黄河流域浮游动物以中等—良好为主，浮游植物Pielou均匀度指数以良好为主，底栖动物BPI指数以较差—良好为主。

3 黄河流域水生态环境调查监测面临的形势与需求

生态文明建设体制机制的逐步健全，绿色发展政策的不断深入，科技创新实力的不断增强，社会公众对健康环境和美好生活诉求的与日俱增，为持续深化生态环境监测改革创新释放了法治红利、政策红利、技术红利和人心红利。新一轮机构改革将地下水、水功能区、入河排污口、农业面源等领域纳入生态环境保护范畴，生态环境治理领域不断扩大，生态环境保护要求不断提升。而生态环境监测是生态环境保护的"顶梁柱"和"生命线"。黄河流域生态环境保护总基调的确定，使得生态监测作为生态文明建设和生态环境保护的重要基础支撑，面临着难得的机遇与挑战。现今，绿色发展理念不断深入人心，信息传播与表达方式的快速迭代升级，社会公众对健康环境和优美生态的期盼与日俱增，生态环境参与意识与维权意识逐渐增强，对提升生态环境监测信息服务水平、加强与人体健康相关指标监测、提高突发环境事件应急监测水平也提出更多诉求与更高期待。

4 黄河流域水生态环境调查监测存在的主要问题

4.1 生态脆弱与生态退化并存，有效的水生态监测体系尚未构建

由于资源分布与生态脆弱高度重合，黄河流域大部分地市表现出脆弱、较高脆弱及高度脆弱的生态本底特征。"十四五"期间，黄河流域国控地表水环境质量监测网监测重要河流134条，湖库19座，设置监测断面282个，上、中、下游监测断面比例分别为24.8%、66.3%和8.9%。重要支流设置国控断面227个，其中湟水、洮河、窟野河、无定河、延河、汾河、渭河、沁河、伊洛河、大汶河等10条支流流域设置国控断面数占支流断面总数的63.9%。监测指标由传统的21项常规监测因子调整为"9+X"，其中"9"为基本指标，包括水温、pH、溶解氧、电导率、浊度、高锰酸盐指数、氨氮、总磷、总氮，"X"为特征指标，可根据水质现状监测结果和水污染防治工作需求动态调整。同时期，黄河流域地下水环境质量设置考核站点438个，监测指标分为基本指标、特征指标和全指标，特征指标可根据地下水污染防治工作需要动态调整。与较为完善的地表水与地下水监测站网不同，2020年以来，黄河流域连续开展了系统性的水生态调查监测工作，监测指标包括水生生物、水生境和水环境，但受工作初期基础不足的影响，缺乏适用于多泥沙河流特性的水生态监测技术规范和评价标准，水生态监测点位布设和分区监测指标体系构建仍在探索阶段。对于水生境监测，现有手段仍以人工监测、目视判断为主，在大尺度遥感及低空遥感的综合应用、监测指标选择的代表性与普适性等方面仍需持续推进。

4.2 部分区域水环境问题突出，农业面源和新污染物监测工作尚处于起步阶段

黄河流域是我国重要的能源化工和农业经济发展区域，生态环境高胁迫区域主要集中在银川—包头—呼和浩特—晋陕煤炭资源开采和加工区，以及中下游部分煤炭和建材产区，集中的矿产资源空间配置呈现污染集中、风险集中的生态环境特点。在资源开发、工业集聚和城市排污集中的宁蒙河段、中游北干流和潼三（潼关—三门峡）河段，长期属于流域水污染负荷大、水环境风险高的典型区域。黄河流域重金属污染物排放总量水平较高，重点重金属排放量约占全国的30%，以有色金属采选、有色金属冶

炼、电镀、制革等行业为主。据不完全统计,黄河流域现有省级以上工业园区258个,尾矿库738座,其中黄河干流附近尾矿库有184座,污染排放和部分地区矿产资源开发造成的重金属污染历史遗留问题等都可能对周边水体造成影响。2020年以来,黄河流域水质虽整体有所好转,但受纳污能力小、排污总量大的影响,仍有部分断面水质较同期存在反弹或水质较差。黄河流域农村人居环境整治实施进展相对缓慢,宁蒙灌区、汾渭平原等农产品主要产区农业面源影响突出,部分地区长期的引黄灌溉和施肥导致以硝酸盐为主要污染物的农业面源污染加剧,也使得黄河流域水污染呈现出复合型和结构性污染特征[1]。现阶段,黄河流域在新污染物监测和农业面源监测方面尚处于起步阶段,污染负荷监测及核算工作基础薄弱。

4.3 生态环境监测技术支撑能力不足,数据深度分析及预警能力有待加强

现阶段黄河流域生态环境质量监测手段已逐步从手工监测向自动监测过渡,但在航天和航空遥感、大数据和现代感知技术等大尺度流域层面的调查监测手段仍使用不足。流域内各级各类生态环境监测数据和信息联网程度、跨部门、跨层级的监测数据互联共享程度、跨领域监测数据深度分析挖掘和应用程度尚有不足。生态环境监测数据的使用多为表面的简单计算与分析评价,缺乏系统的、有预见性的剖析处理,数据报告仍以单一的水环境质量报告为主,尚未与经济社会发展有效融合,趋势变化分析的广度和深度有待提高。自动监测数据在水质预警上支撑力度欠缺,尚未建立系统的监测预警指标体系,并形成与之适应的监测预警能力。

5 对黄河流域调查监测若干问题的思考

黄河流域水生态环境监测工作要统筹生态保护和污染防治,从生态系统整体性出发,立足于黄河流域生态保护和高质量发展要求及生态环境保护需要,服务于黄河流域生态保护监管工作,从以环境质量为重点向以生态质量、环境质量两手抓两手都要硬转型,实现发现问题、分析原因、提出整改、落实措施的管理要求。

5.1 合理优化黄河流域水生态监测网络,构建水生态监测体系

黄河流域水生态监测体系构建包括监测网络设置、监测指标选择、监测方法确定以及监测时间、频次及质量保证等多方面内容。本文主要从监测网络设置、监测指标选择等方面提供一些工作思路。水生态监测网络设置的关键是明确设置原则,一是要统筹兼顾、突出重点。充分考虑上下游、左右岸、近远期以及社会发展需求,与黄河流域生态保护和高质量发展规划、黄河生态保护治理攻坚战行动方案等规划与方案相协调,点位布设应覆盖流域主要水体类型,关注监管重点河湖及生态环境问题突出河段,兼顾行政区划,实施疏密差别化布点,突出不同区域或水域的重要性。二是要科学合理、定位功能。水生态监测点位的选择要符合流域三水特征,具有足够的空间代表性,与生态功能分区、水环境控制单元、水功能区划等相关区划相协调,综合自然保护区、水产种质资源保护区、生态敏感区、珍稀濒危水生生物物种及其栖息地、水文分区等分布,尽量覆盖重点关注区域内各类生境,以反映人类活动对水生态系统的影响。同时点位布设要体现社会发展的超前意识,结合未来社会发展需求和水生态安全保护需要,具有前瞻性。三是要做到有效衔接、实用可行。点位布设要充分依托“十四五”国控断面,从均质化、规模化扩展向差异化、综合化布局转变,实现水生态监测与水质理化监测的有效衔接,体现监测网络的延续性和系统性。同时,还应考虑采样的可行性及便利性,避开河流交汇处、排污口、人工景观等敏感河段。

水生态调查监测的目的是解析人类活动对水生态系统的影响,量化区域社会经济发展和水生态系统间的相互关系,协调区域发展诉求与水生态环境保护目标的统一实现,为社会经济发展的宏观调控和生态环境保护的规划布局提供依据。在指标的选择上,要识别区域水生态系统的短板和限制水生态系统功能提升的关键胁迫因子[2],指标的选择是一个长期变化的过程,要根据不同的形势要求动态调整,同时,监测指标的选择尤其是在指标的计算中要避免过于复杂化和学术化。现阶段,黄河流域水生态监测指标的设定可以从水资源、水环境、水生态和水生境四大类出发,根据不同河湖不同管理目标有所侧

重。黄河流域的河湖按照管理要求主要分为三大类:一是生态优先、保护良好型,二是多目标协调、状况一般型,三是“三水”问题突出、确保底线型,不同河湖监测指标可以适当调整。以水生境监测指标为例,可以采用航天遥感、航空遥感和地面人工监测相结合的方式,针对水生境服务功能、水生境状况等开展调查监测。在水生境服务功能方面,综合考虑黄河流域河道断流和区域水资源短缺现状,设置生态用水、河道生态缺水等二级指标,水生境状况指标可以在自然岸线、水体连通性、水生植被覆盖度、水源涵养区生态系统质量、水生生物栖息地人类活动影响等方面进行合理选择,指标的计算应有利于业务化工作的开展,逐渐减少人为主观因素的干扰。

水生态监测体系构建可以参考全国生态功能区划和重点水功能区划思路,根据流域的水生态系统空间异质性特征、流域生态环境敏感性、水生态系统服务功能重要性等科学划定水生态功能区。分区便于分析不同区域内主要生态问题,反映流域水生态系统的空间差异及分布规律,以保护流域水生态系统的物理完整性、化学完整性和生物完整性[3]。在水生态监测成果的应用上,可以尝试将其与区域经济调控效果进行关联分析,将社会经济参数与水生态系统改善参数进行情景模拟,推断不同区域在不同阶段的水生态状况与其相应目标的差距,为区域发展规划在水生态系统方面的容量与存量做出预测。

5.2 推进传统环境监测向生态环境监测转变,加强新污染源和农业面源监测力度

有毒有害化学物质的生产和使用是新污染物的主要来源,为了科学评估环境风险、精准识别环境风险较大的新污染物,首先要建立健全新污染物治理体系,形成配套的化学物质环境信息调查、新污染物环境调查监测、化学物质环境风险评估等制度,及时确定重点管控的新污染物清单。在黄河流域可以聚焦石化、涂料、纺织印染、橡胶、农药、医药等行业,试点开展化学物质调查监测、生物综合毒性监测与环境风险评估。在农业面源调查监测中,可在汾渭平原、河套灌区等重点区域开展试点农业面源污染调查监测,筛查并识别区域特征污染物,逐步掌握重点流域及区域农业面源污染动态变化、面源污染风险区分布,及时发现和跟踪前沿问题。此外,还可在重点区域开展热点问题调查监测,如在四道沙河、都思兔河、马莲河、蒲河、清水河、新蟒河及红碱淖流域探索开展本底值专项调查监测,针对 pH、氟化物、砷等污染物浓度在流域、省(市)尺度上与降水时空变化、岩土类型、地下水分析、土地利用类型的相关规律进行研究。

5.3 加强监测数据深度挖掘,提升水质监测预警能力

尝试从水环境质量监测向预测预报和风险评估过渡,深度发掘监测数据价值。从单一的水环境质量报告,逐步发展到以例行报告为主干、实时数据为基础、专题报告为特色、预测预防为亮点、污染溯源为保证的高质量综合报告,服务监督管理决策。在环境质量、污染源、生态质量等重点领域,尝试构建监测预警体系。综合考虑经济、水文、气象、地理条件等要素,融合水环境、生物毒性、数理统计等多种预警方法[4],关联多维、多元数据,逐渐实现水质与相关各类污染源和风险源的智能分析、实时监控,拓展污染物通量监测和成因机制解析,不断提升生态环境质量与污染排放的关联性分析能力,有效支撑精准治污。在重点区域可以积极探索高通量、高灵敏度的环境 DNA、图像识别、生物芯片检测、藻类及浮游动物自动识别系统等水生态环境监测新模式,同时加强物联网、人工智能、5G 通信、大数据、遥感、云计算等高新技术应用,不断创新监测手段。

6 结语

目前,水问题已成为经济社会发展和生态环境保护中最为突出的问题。本文以问题为导向,围绕水生态质量、水环境质量,从监测角度提出在水生态监测体系构建、传统环境监测向生态环境监测转变、监测数据挖掘与预警能力提升等方面的思考。随着生态保护政策的不断推进和人民群众环保意识的逐渐增强,在今后黄河流域生态保护过程中将会面临新的机遇和更大的挑战,未来仍需根据实际问题动态调整监测思路与保护策略。

参考文献

[1] 高欣,丁森,尚光霞,等.黄河流域水生态环境问题诊断与保护方略[J].环境保护,2021, 49(13):9-12.
[2] 刘梦圆.基于水生态服务的区域发展战略环境评价方法研究[D].北京:清华大学,2016.
[3] 胡开明,陆嘉昂,冯彬,等.太湖流域水生态功能分区研究[J].安徽农学通报,2019,25(19):98-104.
[4] 嵇晓燕,杨凯,姚志鹏,等.地表水水质预警方法研究综述[J].环境监测管理与技术,2022,34(3):10-14.

打造复合型黄河生态廊道，助力幸福河建设

芦卫国[1]　陈明章[2]　卢为民[1]　王军杰[1]

（1. 焦作黄河河务局武陟第二黄河河务局，河南焦作　454950；
2. 河南黄河河务局焦作黄河河务局，河南焦作　454950）

摘　要：党的十八大以来，习近平总书记站在党和国家事业发展全局和中华民族伟大复兴的战略高度，立足我国基本国情水情和经济社会发展实际，多次就治水兴水发表重要讲话、做出重要指示，形成了习近平治水兴水重要论述。2019 年 9 月 18 日，习近平总书记在郑州主持召开黄河流域生态保护和高质量发展座谈会，以前所未有的节奏和力度，对黄河保护治理做出了一系列重大决策部署，将黄河流域生态保护和高质量发展列为重大国家战略，把治黄事业高质量发展引入了崭新境界，发出了"让黄河成为造福人民的幸福河"的伟大号召，擘画了黄河治理开发高质量发展的宏伟蓝图，拉开了新时代黄河全流域高质量发展的帷幕。

关键词：防洪工程；复合型；生态廊道；幸福河

黄河，是中华文明的重要发祥地和传承创新区，孕育了悠久的中华文明。世界各地的炎黄子孙，把黄河流域认作中华民族的摇篮，称黄河为"母亲河"，视黄土地为自己的"根"。

黄河，是我国北方地区的生态"廊道"，更是我国重要的生态屏障，黄河用其有限的水资源为改善流域生态、防止土地荒漠化发挥着重要作用。

黄河，是一条既可兴利又可为害的大河。在新中国成立前的 2 540 多年间，共决口 1 590 多次，改道 26 次，大的改道、迁徙 6 次，"三年两决口，百年一改道"是黄河的真实写照。

人民治黄以来，党和国家对治理开发黄河极为重视。1952 年，毛泽东主席第一次出京视察就来到了黄河边，发出了"要把黄河的事情办好"的伟大号召。沿黄军民和几代治黄人开展了大规模的黄河治理保护工作，取得了举世瞩目的成就，实现了黄河伏秋大汛 70 余年岁岁安澜，彻底扭转了历史上黄河"三年两决口"的险恶局面。

尤其是党的十八大以来，以习近平同志为核心的党中央站在党和国家事业发展全局的战略高度，立足我国基本国情水情和经济社会发展实际，多次就治水兴水发表重要讲话、做出重要指示，形成了习近平治水兴水重要论述，明确了"节水优先、空间均衡、系统治理、两手发力"的治水思路，为建设美丽中国、生态中国，实现中华民族永续发展，走向社会主义生态文明新时代，指明了前进方向和实现路径。

2019 年 9 月 18 日，习近平总书记在郑州主持召开黄河流域生态保护和高质量发展座谈会，亲自擘画、亲自部署、亲自推动黄河流域生态保护和高质量发展重大国家战略，发出了"让黄河成为造福人民的幸福河"的伟大号召。强调要坚持"绿水青山就是金山银山"的理念，坚持生态优先、绿色发展，以水而定、量水而行，因地制宜、分类施策，上下游、干支流、左右岸统筹谋划，共同抓好大保护，协同推进大治理，着力加强生态保护治理，保障黄河长治久安，促进全流域高质量发展，改善人民群众生活，保护传承弘扬黄河文化，让黄河成为造福人民的幸福河。

2021 年 10 月 22 日，习近平总书记在深入推动黄河流域生态保护和高质量发展座谈会上进一步强调，要科学分析当前黄河流域生态保护和高质量发展形势，把握好推动黄河流域生态保护和高质量发展的重大问题，咬定目标、脚踏实地，埋头苦干、久久为功，为黄河永远造福中华民族而不懈奋斗。

作者简介：芦卫国（1983—），男，工程师，从事黄河工程建设与管理、防汛抢险等工作。

从“要把黄河的事情办好”到“让黄河成为造福人民的幸福河”，充分体现出历代国家领导人对黄河的深切关怀。对标对表习近平总书记系列讲话精神，基层水管单位作为流域管理机构、建设幸福河的执行者、主力军，必须心怀“国之大者”，深入践行习近平总书记生态文明思想、新发展理念、新时代治水思路以及黄河流域生态保护和高质量发展座谈会重要讲话精神，紧紧把握新时代治黄事业高质量发展的新定位、新要求，扮靓母亲河，对黄河生态廊道提质升级，将黄河防洪工程高标准打造成复合型生态廊道，使其成为黄河流域生态保护和高质量发展的样板工程、示范工程、标杆工程，助力黄河成为造福人民的幸福河建设。

1 何谓复合型生态廊道

生态廊道，是指在生态环境中呈线形或带状布局、能够沟通连接空间分布上较为孤立和分散的生态景观单元的景观生态系统空间类型，能够满足物种的扩散、迁移和交换，是构建区域山水林田湖草完整生态系统的重要组成部分[1]。

建设复合型黄河生态廊道，就是要按照山水林田湖草综合治理、系统治理、源头治理的重大要求，树立大生态[1]、大环保、大格局、大统筹理念，围绕修动脉、复生态、优产业等理念，打造堤内绿网、堤外绿廊的生态格局，打造水清、河畅、岸绿、景美的生态景观，让黄河防洪工程成为集防护、生态、经济、文化、休闲观光等功能于一身的“防洪保障线、生态景观线、靓丽风景线、文化传承线、富民旅游线”，把黄河建设成为一条生态河。

建设复合型黄河生态廊道，是对“重在保护，要在治理”原则的具体实践，在国土绿化、涵养水土、保持生物多样性等硬指标方面会有很大提升，对改善沿黄地区的生态环境、改善沿黄各市的局地小气候、扮靓母亲河的颜值以及满足人民更加优美的生态环境需求，都将起到极其重要的作用，更会对人们树立起尊重自然、顺应自然、保护自然的思想自觉产生积极的促进作用。

2 如何将黄河防洪工程建设成为复合型生态廊道

2.1 高标准将黄河防洪工程打造成保障防洪安全的卫士

“黄河宁，天下平”，对标习近平总书记关于保障黄河长治久安的要求，要把黄河建设成一条平安河。尽管黄河先后开展了4次大规模堤防建设，兴建了龙羊峡、刘家峡、小浪底等一批重要水利枢纽，开展了河道整治，开辟了分、滞洪区，基本建成了“上拦下排、两岸分滞”的防洪工程体系，但是洪水风险依然存在；尽管黄河多年没出大的问题，但黄河水害隐患还像一把利剑悬在头上，丝毫不能放松警惕。

坚持“人民至上、生命至上”的原则，兼顾“治”和“建”，按照“建重于防、防重于抢、抢重于救”的要求，紧紧抓住水沙关系调节这个“牛鼻子”，以保障沿岸群众安居乐业为前提，以提高防洪和水安全保障能力为基础[1]，积极配合上级主管部门开展黄河治理规划，加快推进黄河防洪工程体系建设，补齐防洪工程短板，提升防洪安全保障能力。

加强险工险段和薄弱环节治理，大力推进黄河堤防标准化建设、河道和滩区综合提升治理工程，确保黄河堤防不决口、河道不断流、河床不抬高、水质不超标，全面提高堤防工程的抗洪能力，实现黄河沿岸安全和经济社会发展双赢。

建立健全河道管理联防联控机制，强化与地方政府、河长办及新闻媒体沟通协作，落实“河务+河长”“河务+检察长”工作机制，深入开展乱占、乱采、乱堆、乱建“清四乱”巩固提升行动、着力解决工程管理范围内的垃圾、违章种植等难点治理，并将其纳入乡村创先争优考核行列，加强责任追究，实行问责制，通过采取全面督查、定期抽查、综合评比、新闻曝光等措施，推动河长制从“有名有实”转向“有力有为”，真正实现“河长制，河长治”。

坚持高标准管理，加大工程日常维修养护精细化管理力度，逐段进行整修，消除管理死角，高标准实现“整一段、成一段、靓一段，最终连点为线”的目标，让工程面貌及生态环境得到根本改善，将防洪工程打造成干净整洁的绿色生态带、保护沿河群众生命财产安全的卫士。

加强与地方政府的沟通协调，按照标准对所辖工程重新进行确权划界，专项整治护堤地断带或达不到规定标准，确保工程完整与安全，为黄河工程建设和生态建设提供土地保障。

2.2　高标准将黄河防洪工程打造成靓丽的生态景观廊道

“绿水青山就是金山银山”，对标习近平总书记关于黄河流域生态环境保护的要求，把绿色作为底色，发展才更有亮色。近年来，沿黄各地区大规模开展国土绿化，培植生态保育林，生态环境持续明显向好，水土流失综合防治成效显著，黄土高原摆脱“山光水蚀”的旧貌，实现了“人进沙退”的奇迹，库布齐沙漠植被覆盖率达到了53%；下游河口湿地面积逐年回升，生物多样性明显增加；近20 a来，黄河含沙量累计下降超过8成。昔日跑水、跑土、跑肥的“三跑田”变成了保水、保土、保肥的“三保田”，黄土高原迈进了山川秀美的新时代，绿色“版图”不断扩展。但是我们必须看到，仍有较大水土流失面积亟待治理。因此，对沿黄生态廊道提质升级，迫在眉睫。

结合“建设美丽中国”要求，坚持生态优先、绿色发展、因地制宜、系统治理的原则，大力开展“美丽黄河工程”建设，以“工程靓、环境美、景观优、效益好”为目标，以“突出特色、提高品位”为中心，以乔灌木相结合，充分考虑时间、空间、地域等因素，因地制宜、分类施策，多树种、多色彩、多层次统筹谋划好防浪林带、行道林带、适生林带、生态护坡带建设，突出“春花、夏荫、秋色、冬韵”，形成春夏季看花、秋冬季看落叶或十里樱花、十里银杏、十里松树、十里海棠，花树间隔等特色，着力打造精品、形成特色，一段一特色、一段一亮点，全面提升黄河防洪工程的生态景观效应，高标准打造黄河生态景观廊道，提升沿黄生态环境品质，筑牢黄河生态屏障，在黄河岸边谱写岸绿、景美、惠民的生态、幸福新篇章。

还应结合实际，做好水源涵养，有序退耕还草、还湿，积极配合地方政府规划建设沿黄滨河公园、湿地公园、小游园、生态农业园，改善生态环境，增加生物多样性，着力打造“一园一景、一园一韵、一园一魂、一园一品”，黄河防洪工程像一条绿链将沿线的景区“串珠成链”，形成池塘相连、花红草绿、水鸟翔集、如诗如画的生态湿地景观，让黄河防洪工程成为新的网红打卡地，让黄河成为生态涵养地和休闲后花园，人们亲近黄河、感受自然的好去处，让沿河村民“出门有游园，散步闻花香”，享有更多“绿色福利”，共建人与自然和谐共生的幸福河。

2.3　高标准将黄河防洪工程培育成新的经济增长点

既守住“绿水青山”，又收获“金山银山”，对标习近平总书记关于黄河流域生态环境保护的要求，必须找到精准的切入点，下好高效的“先手棋”，以改善工程整体面貌为前提，结合基层单位经济发展，在现有土地资源上做好文章，采取自主开发或合作社等模式因地制宜发展苗木、花卉、采摘园等“林、花、果”产业，推动生态效益向经济效益转化。

一是大力发展花卉苗木业。根据造林需求和花卉苗木市场的新变化，合理确定苗木、花卉生产的结构和走向。不断培育适合本地和国内市场需求的种苗花卉品种，提高苗木质量，大力培育“拳头产品”，促进“黄河”品牌花卉苗木业有序、健康发展。二是大力发展经济林果业。按照“布局区域化、基地规模化、生产标准化、经营产业化、服务社会化、产品品牌化”的总体发展思路，因地制宜，稳妥地搞好核桃、杏、桃、梨、苹果等果树品种定向引进和名、特、优新品种引进。严把生产、管理工作，解决好生产、储藏、加工、包装、销售和运输等关键环节，努力提高林果的质量和市场竞争力。三是大力发展林下经济。发展林下经济具有投资少、见效快、风险相对较小的特点，是极具后发优势的可持续产业。要认真研究，大力发展不影响工程面貌的百慕大等林草或西瓜、草莓等林果采摘园的林下经济等。通过发展林下经济，不断提高林地产业的集聚效应，并逐步向产业集群化、营销品牌化、经营规模化方向发展。

通过发展“林、花、果”产业，使防洪工程四季有花、有果、有绿、有景，来到这里，就仿佛来到“树的世界、花的海洋、果的天下”，享受到生态旅游的“绿色生活”“森林氧吧”，充分体现黄河防洪工程的生态效益、经济效益和社会效益。

2.4　高标准将黄河防洪工程打造成弘扬黄河文化的坚实载体

黄河文化是中华文明的重要组成部分，是中华民族的根和魂。传承弘扬黄河文化是推动黄河流域生态保护和高质量发展的重要任务之一。对标习近平总书记关于保护、传承、弘扬黄河文化的要求，实施黄河旅游精品工程，做好文化旅游融合发展，面对黄河说黄河，才能讲好黄河故事、擦亮黄河符号、打造黄河文化品牌，就能实现既有厚重历史，又有时代价值；既有社会效益，又有经济效益的目的。

要充分挖掘、整理和创新黄河文化的科学内涵和广阔外延，发挥文化统领作用，深入挖掘和宣传黄河文化蕴含的时代价值和老一辈黄河人在艰苦的岁月中创下的累累功绩，守好老祖宗留给我们的宝贵遗产[2]；认真梳理治河方法和治河实践的演变历程，系统研究治河与治国、治河与中华民族文化"内核"的内在联系，以古鉴今汲取哲学智慧和历史教训，以利于更好地探索新时代人水和谐共生之路；讲述在中国共产党领导下，老一辈治黄人荜路蓝缕、艰苦创业的故事；讲述沿黄军民团结拼搏，战胜 1958 年、1982 年等历次大洪水的故事；讲述党的十八大以来，在习近平新时代中国特色社会主义思想指导下，人民治黄事业日新月异的变化；建立黄河文化信息数据公共平台，推进黄河文化创意创新行动，引导黄河文化融入文化创意、休闲旅游、传统设计等领域，推动黄河文化资源产业化开发和社会化应用。

编制黄河文化建设资料，丰富黄河文化建设的内容，逐步形成黄河文化特有的核心价值体系，以古老黄河的沧桑巨变为例证，阐明中国共产党为什么"能"、中国特色社会主义为什么"好"。抓好治黄典型人物和事迹宣传，展现治黄人不畏艰险、执着坚守的无私奉献精神，讲好"治黄历史故事"和"人民治黄故事"，拓展黄河文化的传承载体和传播渠道，让当下治黄工作者继承黄河文化的精华，打造黄河文化品牌。

从建设人水和谐的现代治黄体系出发，将黄河工程、黄河经济、黄河文化、黄河生态"四位一体"作为统领全局的思想线，深度挖掘文化内涵，充分以现有黄河工程、一线班组为依托，把"党建美学""生态美学""文化美学"融入防洪工程生态建设的全过程，在对黄河工程进行绿化、美化、突出文化包装的同时，按照由点到线、由线成面的原则，规划建设各种黄河文化载体，以"小景点"嵌入"大工程"、"小平台"弘扬"大文化"，着力推进防洪工程与黄河文化深度融合，扎实做好防洪工程景区景点、历史文化遗存、文化精品项目的开发建设，发展黄河文化这一独有的产业。

通过在戗台、淤区或堤肩因地制宜建设黄河风景区、文化游园、黄河博物馆等各种黄河文化传承载体，将黄河防洪工程打造成为具有文化、旅游、休闲、健身于一体的生态长廊、景观长廊、文化长廊，展现治水兴水的人文关怀、生态景观和文化魅力，积累丰富的治黄文化资源和厚重的精神积淀。不仅满足群众对美好生活的需求，还加强对外交流与宣传，让人们更多地认识黄河、了解黄河，讲好黄河故事，让黄河文化入脑入心、落地生根[3]，为更多人提供心灵滋养，使其成为赓续中华文明精神图谱的重要底色、坚定文化自信的重要载体，为实现中华民族伟大复兴的中国梦凝聚精神力量，实现发展旅游经济、弘扬黄河文化和乡村振兴多赢，走出一条治黄事业高质量发展的新路，不断提高人民群众的获得感、幸福感和归属感，让黄河成为造福人民的幸福河。

3 结语

打造复合型黄河生态廊道，是深入贯彻落实黄河流域生态保护和高质量发展重大国家战略的重要举措，是一项非常庞大的综合性、系统性和全域性的庞大工程。作为基层流域管理机构，我们要更好地立足新发展阶段、贯彻新发展理念、构建新发展格局，在时代发展大势中把初心落在行动上、把使命担在肩膀上，扛起责任、展现担当、主动作为，补短板、强基础、锻长板，奋力谱写黄河流域生态保护和高质量发展的崭新篇章，让中华民族的母亲河永葆持续发展的生机活力，让黄河成为造福人民的幸福河，让人民群众生活得更舒心、更美好、更有品质。

参考文献

[1]刘雅鸣，万川明，曾鸣，等. 生态大廊道　黄河大文章[N]. 河南日报，2020-03-23(1).

[2] 苗长虹，艾少伟，喻忠磊. 黄河文化的历史意义与时代价值[N]. 中国经济网，2019-11-01.

[3] 崔学军. 深入挖掘精神内核 传承弘扬黄河文化[N]. 河南日报，2021-03-24(9).

黄河河口河道治理历程及治理对策

简　群[1]　栗　铭[1]　唐梅英[2]

（1. 黄河水利委员会新闻宣传出版中心，河南郑州　450003；
2. 黄河勘测规划设计研究院有限公司，河南郑州　450003）

摘　要：黄河河口治理关系到黄河下游防洪安全和黄河三角洲经济社会发展与生态的良性维持，是治理黄河的重要组成部分。本文分析了1855年以来黄河三角洲演变和不同时期流路的变化情况，总结了黄河河口的主要治理历程及治理措施。从维持黄河健康生命和保障黄河河口高质量可持续发展的要求出发，提出进一步加强防洪工程建设，稳定清水沟流路，有计划地使用备用入海流路，处理好黄河河口治理与经济社会发展、生态良性维持的关系，以及建立健全科学的管理体制等对策。

关键词：河道治理；入海流路；治理对策；黄河河口

1　黄河河口治理开发

黄河三角洲位于渤海湾与莱州湾之间，属陆相弱潮强烈堆积性河口，是1855年铜瓦厢决口改道夺大清河后入海流路不断变迁而发展形成的。河口三角洲一般指以宁海为顶点，北起套尔河口，南至支脉沟口，现有面积约6 000多km^2的扇形地区。近50 a来为保护河口地区的工农业生产，尾闾河段改道顶点下移至渔洼附近，摆动改道范围也缩小到北起车子沟、南至宋春荣沟、面积2 400多km^2的扇形地区。

黄河每年挟带大量泥沙输往河口，致使河口长期处于自然淤积、延伸、摆动、改道的循环演变之中。自1855年以来，黄河入海尾闾流路共发生了9次大的变迁（1855年铜瓦厢决口夺大清河为首次入海流路），其中1889—1953年改道6次，顶点在宁海附近，1953年以后改道3次，顶点在渔洼附近。黄河三角洲的演变大体经历了1855—1889年改道入渤海以后的初期阶段、1889—1949年尾闾河道基本处于自然变迁阶段及1949年至今的人工计划改道阶段。

黄河下游河道以善淤、善决、善徙而著称于世。河流泛滥于淮河和海河下游广大平原地区，黄河入海河口也随黄河下游河道的变迁而变动，时而入黄海、时而入渤海。

（1）古代治河期间。北宋定都开封，当时黄河以走北路入渤海为主，宋王朝为避京城水害，防御北方新崛起的辽、金侵犯以及稳定社会发展经济，对治理黄河十分重视。在堤、埽的修筑技术，裁弯和拖淤等治河措施以及发展漕运和灌溉农田、放淤等方面均有较大发展。其中，欧阳修在其疏奏中第一次提及了河口的淤积及其影响问题；苏辙在其疏奏中总结了黄河形不成江心洲分汊河型和黄河口在淤积状态下不可能形成网状河口的缘由。

明、清两代定都北京，统治时间较长，均以维护漕运为国家大计。主张治河不单纯避其害而且设法资其利以济漕运，对河口的治理也很重视。如河官潘季驯的《河防一览》、万恭的《治河筌蹄》、靳辅的《治河方略》、陈潢的《河防述言》等，沿黄地区的州、县志中，以及各种记述河防大事的史料中，对黄河和黄河口的特性、演变规律和治理措施均有精辟详尽的分析研究[1]。分析研究的内容不限于黄河下游河道，同时也涉及了河口自然演变的基本规律、尾闾河段河床形态的演变以及河口治理的诸项措施。

（2）近代治河期间。清末和民国初期，社会动荡，军阀混战，加之日军侵华，无暇治理黄河。对黄河

作者简介：简群（1969—），女，副编审，主要从事水利工程技术研究及编审出版工作。

河口的研究几乎没有开展。仅李仪祉、张含英、挪威籍安立森以及日本东亚研究所第二调查委员会等谈及河口的情况和有关河口治理问题,但无条件落实。

(3)现代治河期间。20世纪50年代黄河河口的研究资料多为河口尾闾历史调查和查勘报告,并辅以河口情况的介绍;60年代开始对黄河河口基本情况和基本规律进行系统总结,并首次提出黄河尾闾河道摆动"小循环"的概念,尔后又集中进行了河口防洪、防凌、计划改道和水利等治理规划工作。70年代,河口科研工作有了较大突破和进展,主要表现在:①初步总结了"小循环"河型演变有"散乱—归股—顺直—弯曲—出汊—大出汊—改道散乱"的一般规律,并对出汊摆动的条件和判别指标做了初步探讨[2];②明确地将摆动与改道区分开,并提出摆动的分类问题,同时分析了改道的效果;③在分析了河口延伸与下游水位升高的关系以及壅水淤积形态对比后,提出了从长时期宏观的间接影响上看,河口延伸基准面相对升高是引起下游河道持续淤积的主导因素;④通过总结浚淤历史、开展水槽拖淤试验等形式,对河口治理问题进行探讨。

关于黄河河口的治理措施,主要是随着河口三角洲的开垦、人口增加、工农业生产发展的要求而进行的。

1855年黄河改道大清河入渤海以来,在相当长时间内,河口地区人迹罕至。清光绪八年(1882年)始有垦户出现,至清宣统二年(1910年),垦户渐增,大片荒地被开垦,垦利县由此而得名。这期间由于大量泥沙淤积在陶城铺以上的泛区内,进入河口的泥沙很少,河口还比较稳定。清同治十一年(1872年)以后,随着下游堤防的逐渐完备,输送到河口的泥沙增多,河口的淤积、延伸问题逐渐显露,尾闾河道摆动变迁也日益频繁。为保护垦户的土地,河口地区自宁海以下,两岸已修有民埝20余km,均为民修民守,尾闾河道仍处于自然变迁状况。黄河1947年回归故道前后,渤海解放区分4期对河口段进行复堵,至1949年,左岸大堤修至4段,右岸修至垦利宋家圈东7.5 km[3]。

新中国成立后,黄河三角洲开发受到党和国家的重视,先后3次从鲁西南和附近县移民垦荒,垦利县境陆续出现了友林、新林、建林、益林等村落,并先后建立起规模较大的农场、林场、军马场[1]。1961年开始石油开发,随后组织石油会战,建立了胜利油田。大型农牧场的出现和石油开发,特别是1983年东营建市以来,黄河三角洲的经济社会情况发生了很大的变化,目前已成为我国重要的石油开采、加工基地。

随着河口地区生产的发展,对防洪要求日益迫切,不容许尾闾河道再任意改道。为了保护河口地区的工农业生产并减轻黄河下游防洪负担,分别于1953年、1964年和1976年实施了3次人工改道,1996年实施了清8人工改汊,同时又实施了国家计委(原"中华人民共和国国家计划委员会"简称)批复的河口治理一期工程。

2 河口治理对策研究

2.1 进一步加强防洪工程建设,相对稳定清水沟流路

相对稳定的入海流路是河口地区经济社会可持续发展的客观需要。在不影响黄河下游防洪安全的前提下,通过正确的、在合理范围内的人工干预,实现黄河河口现有流路较长时期内的相对稳定是可能的。

按照西河口10 000 m^3/s对应水位12 m(大沽高程,下同)作为改道控制条件,行河次序为清8汊河—北汊—原河道,采用同"小浪底水库运用方式研究项目"中相同的设计水沙系列,利用二维泥沙水动力学数学模型进行模拟预测,计算结果表明:在考虑有计划地安排入海流路并采取河道整治、淤背固堤、挖河疏浚等综合措施情况下,可使清水沟流路在50 a或更长时间内保持稳定。

主要工程措施:2010年前,对堤防高度、强度不能满足设防标准的堤段予以加高加固,结合挖河疏浚淤背加固堤防,对丁字路以上河段加强河道整治工程建设等;2010年至今,控导、险工等河道整治工程加固、改汊工程规划等,同时将刁口河流路作为备用流路加以管护。

2.2 规划备用流路

现有研究成果表明,在相当长时期内,黄河仍将是一条多泥沙河流,有一定的沙量入海,河口淤积延伸是不可避免的,所以现有流路的长时间稳定也是有限的,且流路使用过程中还存在有突发性大洪水使尾闾被迫改道的可能性。因此,从长远考虑,为保障黄河下游防洪安全,必须给入海流路留有改道空间,即备用入海流路。

备用入海流路着重分析了清水沟以北地区的刁口河流路和马新河流路。其中,刁口河流路为原行河故道(1964年),目前仍保留原河道形态,若改行此道,对油田及三角洲开发干扰相对较小,河口海域海洋动力条件也比较有利,但临近清水沟流路,同时河口泥沙淤积是否对东营海港有影响尚待研究。马新河流路是在利津王庄附近改道,向北入海,可将王庄附近的窄河段裁弯取直,将有利于防凌,且马新河流路离清水沟较远,有利于延缓岸线延伸,但此流路现有人口迁安较困难,新河建设投资较大,行河初期防守任务也比较艰巨。

从目前情况分析,刁口河流路比马新河流路更易实施,所以将刁口河流路作为备用入海流路较为理想。

2.3 处理好黄河河口治理与社会经济、生态环境之间的关系

河口治理需兼顾地区经济发展布局,经济布局又要总体上服从河口治理,两者都需与生态环境建设相协调。为此,建议河口地区社会经济发展目标定位为以建设石油化工、高效农(牧、渔)业、自然保护区为基础,城镇化、循环经济为特色的节水型生态经济区。

河口地区石油、天然气和卤水资源丰富,发展石油化工的条件得天独厚;以河口湿地为核心的自然保护区是该地区的特色之一,有良好的基础,建议进一步巩固扩大这一优势,维护生态系统,发展生态旅游;河口地区有丰富的土地资源,宜发展速生经济林、枣(林)粮间作等高效生态农业;由于淡水资源贫乏,所以要限制高耗水产业,提高水的重复利用率,控制灌溉用水量,建设节水型生态经济区。

2.4 理顺黄河河口的管理体制和投资体制

河口的治理不仅包括现行河道,也包括备用流路、海岸线,三角洲水资源的统一配置、生态保护及有关的设施建设等,涉及多单位、多部门,只有进行统一管理,才能保证治理有序进行。

长期以来,黄河河口(4段、21户以下)治理的各项工程由黄河部门、胜利石油管理局和东营市共同管理,工程投资也由三方筹集。各部门多头管理,各自为政,无序修建工程设施,对河口的防洪和综合治理与开发产生了许多不利影响。

为了确保河口地区的防洪安全,保证河口必需的流路和容沙范围,为河口地区经济社会的发展创造一个良好的环境,实现人与自然的和谐相处,建议把河口治理纳入国家基本建设体制,由国家投资统一进行治理,按照"统一管理,分级负责"的原则尽快制定出台相应的管理办法,明确各有关部门在河口治理中的责任和权利,使河口治理健康有序地进行。

2.5 加强河口观测和科学研究

翔实、丰富的观测数据是开展黄河河口地区科学研究和制订治理方案的重要基础。目前,黄河河口的科学研究滞后,不利于河口的治理进程。建议加大投入,建立河口科学研究基金;加强河口演变、水文、泥沙及海洋动力因素等方面的原型观测;特别要尽快建设河口模型试验基地,为分析、研究、认识,进而掌握河口地区演变的内在自然规律提供科学依据。鉴于黄河河口问题的复杂性,应进一步广泛地开展多学科、多部门相互交叉与协作,特别是要借助于数学模型、物理模型和其他现代科技手段,进行科学研究工作,为制订河口地区科学的、合理的治理方案提供决策支持;继续开展河口疏浚试验,为黄河河口治理和三角洲开发与保护提供技术支持[3]。

2.6 其他治理对策

河口治理的其他措施和途径主要有以下几个方面:①以导流工程约束入海方向;②疏浚河口;③利用海洋动力输沙;④西河口高水位分洪工程;⑤治理拦门沙;⑥引海水冲刷;等等。

诸上治理对策,有的已经比较成熟,已在河口治理实践中发挥了重要作用,例如河道整治、加高加固堤防等;有的理由充分,拟实施或部分已实施,例如河口物理模型试验基地建设、规划备用流路建设等;有的是尚处于实验探索阶段,例如挖拦门沙等;有的争议较大,理论仍需进一步论证,例如巧用海洋动力,固住河口、西河口高水位分洪、引海水冲刷现行入海流路等。这些对策研究极大地丰富了河口治理措施的内涵,为尽可能延长清水沟流路的行河时间和预留备用流路,为维持黄河高质量发展提供了强有力的技术支撑。

3　结语

黄河河口治理是黄河下游防洪减淤体系的重要组成部分,是维持黄河高质量发展的重要措施之一。黄河河口的治理涉及黄河下游防洪、三角洲社会经济发展、生态环境保护等因素。所以,黄河河口的治理要遵循黄河三角洲的自然演变规律,以保障黄河下游防洪安全为前提,以改善黄河三角洲的生态环境为根本,充分发挥三角洲地区的资源优势,促进地区经济社会的可持续发展。从战略高度全面规划、统筹兼顾、合理安排,谋求黄河下游的长治久安并促进地区经济社会的可持续发展。近期治理对策应加强以清水沟流路为基础的防洪工程与非工程措施建设,延长清水沟流路的使用年限,为三角洲开发建设提供防洪安全保障,并为三角洲开发建设提供必需的水资源;远期应有计划地安排入海备用流路,适时实施人工改道。

参考文献

[1] 中国水利学会,黄河研究会. 黄河河口问题及治理对策研讨会[C]. 郑州:黄河水利出版社,2003.
[2] 黄河河口近期治理防洪工程建设可行性研究报告[R]. 郑州:黄河勘测规划设计研究院,2003.
[3] 黄河河口治理规划报告[R]. 郑州:黄河勘测规划设计研究院,2000.

西北地区水库近自然圈层植物群落构建研究
——以何家沟水库生态景观绿化为例

刘　童[1,2]　兰　翔[1,2]

(1.黄河勘测规划设计研究院有限公司,河南郑州　450003;
2.水利部黄河流域水治理与水安全重点实验室(筹),河南郑州　450003)

摘　要:黄河流域生态保护和高质量发展重大国家战略提出后,对黄河流域生态水景观设计也提出了更高的要求——必须由原来只注重"量"而忽略"质"的粗放型规划设计方式,转变为"质"与"量"并重的生态保护和高质量发展模式。本文以宁夏固原市何家沟水库为例,根据新的发展要求,从水库的自然生态、气候环境等现状出发,分别从生态保护视角下的宏观结构和高质量发展视角下的微观营造入手,利用层次分析法控制合理的生态绿化用地规模,模拟水圈生态系统结构,构建近自然的"生态群落圈层"植被群落结构,从而形成具有生境稳定性、文化乡土性、体验多元性和效益多样性的植物景观,达到复苏水库生态环境的目的。

关键词:生态保护和高质量发展;植物景观;生态群落;层次分析法;圈层结构

1　生态保护和高质量发展为植物景观规划工作提出新任务

习近平总书记在2019年9月提出黄河流域生态保护和高质量发展重大战略,特别提出要坚持山水林田湖草综合治理、系统治理、源头治理,推动黄河流域高质量发展。这就对黄河流域的植物规划工作提出了新的任务:传统的以景观塑造为主的植被规划,已难以适应新时期生态保护和高质量发展的要求,植被规划必须以更高的站位去统筹布局,在充分顺应自然、保护和修复生态环境的基础上,着眼于维持生态学过程,保持生态系统的可持续性,并应合理地利用自然和生态资源,充分发挥植物景观对地区文化乡土性的展示功能,为居民提供多元体验的游憩体验,带动区域产业经济增长的社会经济发展,为黄河流域地区的生态保护和高质量发展做出应有的贡献。

2　特征与构建难点

2.1　区域自然气候特征

固原市位于我国黄土高原的西北边缘,属黄河流域,境内以六盘山为南北脊柱,将固原市分为东西两部分,呈南高北低之势。地形由于受河水切割、冲击等作用,形成丘陵起伏,沟壑纵横,梁峁交错,山多川少,塬、梁、峁、壕交错的地理特征,固原市属黄土丘陵沟壑区。

固原市地处黄土高原暖温半干旱气候区,是典型的大陆性气候,形成冬季漫长寒冷、春季气温多变、夏季短暂凉爽、秋季降温迅速的四季气候特征,该地区昼夜温差大,春季和夏初雨量偏少,灾害性天气多。固原市平均气温为6.7~8.8 ℃,年平均降水量为458.6~668.2 mm。

2.2　何家沟水库概况

何家沟水库位于固原市原州区黄铎堡镇何家沟村,是固原市黄河水调蓄工程的调节水库,是实现和保障整个工程供水的核心。库区被山体环绕,水库周边坡地多为次生林,覆盖灌木丛和野生草本植物,

作者简介:刘童(1990—),女,工程师,主要从事景观设计方面的工作。

地形呈现台地状独特风貌。

周边山体较陡，坡度在1:2~1:5，高差在百米左右；水库周边为黄土梁，以黄土为主，间有壤土，对种植植物有一定不利影响；山脚多为裸露土地或多年生草本，从山坡到山顶逐渐出现小乔木—灌木—地被的植物群落类型。

植被规划要求以水库为核心，划出合理的生态绿化范围，并综合水土保持、景观绿化、经济发展等要求。

2.3 构建难点

黄土高原的土壤和气候，会对植被群落的形成造成不利影响。由于对植被群落有生态修复、水土保持、风貌提升等诸多需求，最理想的状态当然是尽可能选择较多的植被群落，但黄土高原地区的土壤和气候导致了在植被选择时的捉襟见肘，因此如何充分利用好现有的乡土植物品种，体现固原市四季风貌特色，并适当引入引种效果较好的外来物种，形成富有固原本土特色的丰富植被景观，是构建时的一个难点。

该区域具有黄土高原地区典型的沟壑纵横地形，对植被群落的形成、风貌影响较大。由于周边山体较为陡峭，坡度大多在1:2~1:5，局部坡度甚至达到1:1，很多植被在此无法定根，可选的植被种类较为贫乏，形成的植被群落较为单一，导致生态和群落进化过程不够完整。同时，无论是较大的地形坡度，还是较为单一的生态群落，都不利于形成优美的植物景观。

水库小气候生境和景观独具特色，如何充分顺应和利用小气候成为较大难题。固原市地处西北，干旱而少雨，因此以水库为核心的地表景观成为该地区具有独特魅力的景观资源，从水库作为核心，由水到旱形成的植被构成了水生、湿地消落带、旱生混交林、高山草甸的竖向分异植被结构。同时，结合库区的气象气候条件，会形成诸如折射、反射、水汽蒸腾等一系列的独特景观，在植被规划时，应该充分予以顺应和利用。

3 生态保护视角下的宏观结构

3.1 控制规模的划定

由于水库生境本质上是区域自然生态系统的一个关键性核心斑块[1]，因此需要对该斑块的规模进行合理控制，以达到既可以保护生境敏感种的生存，维持此处优越的水域、生态、气候等环境因子控制力，维持近乎自然的生态干扰体系，又能尽可能地节约和集约利用土地，减少工程投资的目的。并在满足生态保护功能的基础上，加入对景观、游憩等功能的综合考虑，综合划定用地规模。

规模划定主要运用的因子包括水陆消落带分析、地形分析、视廊分析等。水陆消落带影响的是植物赖以生存的水分因子，是对植物群落竖向分异起关键影响力的因素[2]；地形分析决定了植被生长的温度、光照、水分条件等因素，靠近库区谷地的区域较为温暖，靠近山脊处较为寒冷；山南侧的植被光照条件较为良好，山北侧光照条件较为不足，东南侧迎风坡往往能够阻挡温湿的水汽形成较多的降雨，而西北侧则往往因湿气无法到达而干燥少雨；视廊分析考虑重要视线廊道的动态视觉效果所影响到的区域，如环库路上的动态视廊及重要节点处的视线通廊，如水库入口区域的视线通廊。

运用层次分析法，根据主要的规模划定因子，分别对场地的地形地貌、水库淹没区边线、环库路50 m生态控制带和重要节点成景范围内200 m进行分析，并将单项分析结果进行加权叠加，从而得到最终的用地控制范围，见图1。

3.2 群落空间结构的圈层化设计

稳定的群落生态系统不应该是依照人为意志“凭空创造”出来的，而应该是对区域自然形成的、较为稳定的生态群落进行充分的模拟和提升，尊重生态群落自然演化的过程。对于该区域而言，由于水库在该生态斑块中占据核心地位，周围被群山环绕，因此在该区域模拟自然生态系统中的水圈生态系统稳态最为合适。

参照水圈生态系统的特点，对该区域内的空间结构进行整体统筹，考虑水陆关系、物质能量交换和流通过程，围绕水体建立四个层级的圈层生态结构：以水体为核心，由内而外，形成的圈层分别是生态水

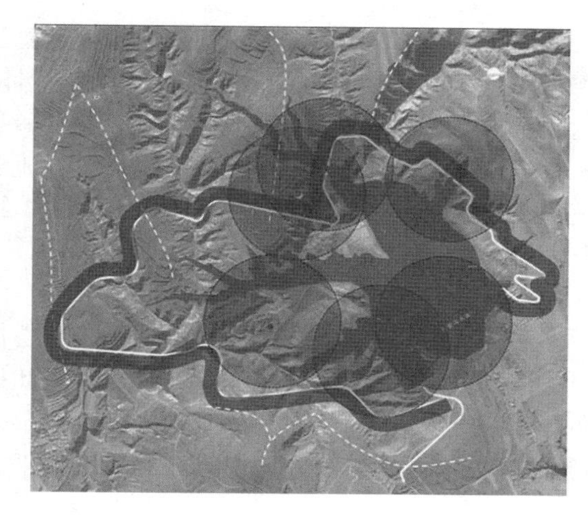
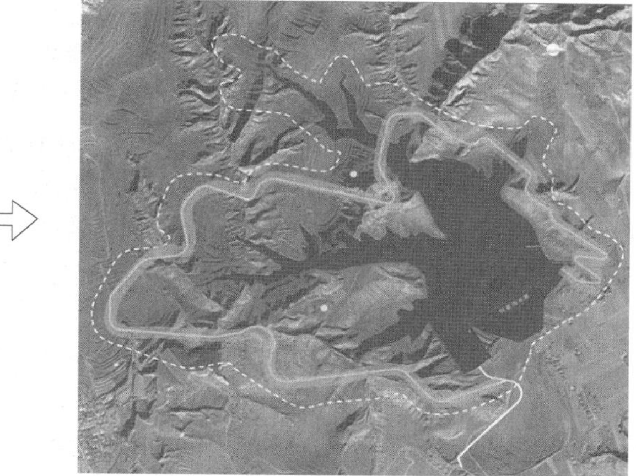

图 1 运用层次分析法来划定用地的规模

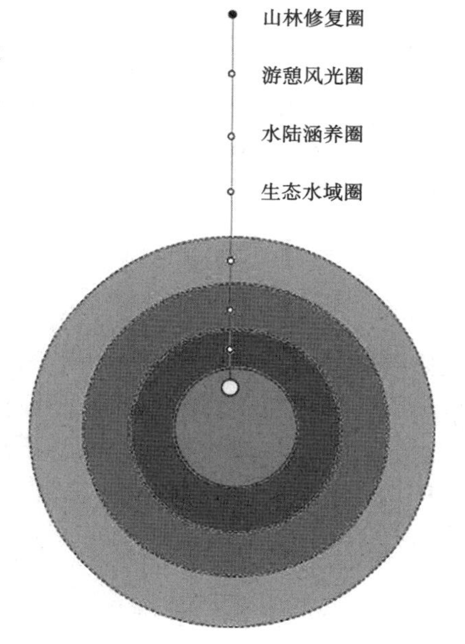

图 2 围绕水体的圈层化结构

域圈、水陆涵养圈、游憩风光圈和山林修复圈,见图 2。

生态水域圈是位于最中心的圈层,也是该生态系统最核心、最具特征的圈层[3],由于水库的存在,生态水域圈得以维持较为稳定的小气候特征,此处主要形成“地被+草本+水生”的植物群落结构,并辅以水旱都可生长的阔叶乔木作为点缀,该处的植被都必须能满足一定程度的水生环境,以蒲苇、芦苇、马蔺、鸢尾等水生和地被植物为主,点缀白蜡、柳树等阔叶乔木。

水陆涵养圈紧贴生态水陆圈,具有明显的水陆交接带特征,同时也是物种和群落最丰富,物质能量交换最为频繁的圈层,该圈层应尽可能地提供各种异质性生境,形成丰富的复层群落结构,以“阔叶乔木+地被+草本+水生”的方式进行构建,以洋槐、白蜡、柳树等作为基调树种,搭配元宝枫等特色树种,并以各类观赏草和地被灌木草本作为植物群落的重要组成部分。

游憩风光圈是人为活动最多,景观、游憩和经济功能最为突出的一个圈层。该圈层尽可能考虑四季的季象、观赏对象等内容,形成以“阔叶乔木+小乔木+地被+草本”为主的植被群落,考虑季象效果,搭配一定数量的常绿乔木。该处以白蜡、洋槐、栾树、臭椿等作为基调树种群,搭配西北地区观赏效果良好的石竹、波斯菊等草本地被。

山林修复圈是该生态景观绿化斑块最外侧的一环,同时也是该斑块向外围一般自然生长群落过度的一环,其连接性和稳定性作为该环生态景观规划的重点。该区域以“常绿乔木+阔叶乔木+地被+草本”为主要群落构成形式,大面积种植本地长势良好的乡土植物,如云杉、白皮松、山桃、山杏等。

4 高质量发展视角下的微观营造

4.1 生境稳定性

生境稳定性作为生态植物景观规划任务的核心,同时也是该区域景观高质量发展的前提和保障,何家沟水库作为固原市北部生态格局上重要的一环,如果形成圈层化稳定生态结构,必然对城市的山水骨架形成起到重要作用。此外,该区域位于中国西北候鸟的迁徙路线上,在每年春秋季节,将有黑鹳、鸿雁、灰鹤等诸多候鸟在此经过[4],因此要考虑为鸟类提供适宜的栖息地,以蒲苇、细叶芒等各类草类来满足鸟类隐藏、栖息觅食、繁衍等要求。同时,还应考虑为鸟类提供一定的食物,以山楂、火棘、水栒子等果实丰富的乡土植物来满足这一要求。

4.2 文化乡土性

固原市地处沟通中西、连接南北的重要战略枢纽,除具有重要的经济、交通、旅游战略意义之外,还具有独特的乡土文化。水库所在区域属于六盘山余脉,六盘山历来就有“山高太华三千丈,险居秦关二百重”的美誉,毛泽东的“六盘山上高峰,红旗漫卷西风”更是给这个区域增加了一份浪漫的红色情怀,因此在考虑该区域植物景观的同时,增加乡土文化的表达是十分有必要的。在通过植物保持水土和塑造景观的同时,充分融合周边环境元素的四季特色,体现“天光之朗润、水色之澄澈、民风之醇厚、地势之起伏、气象之万千、植物之多姿”的六盘山绚烂风光。考虑植物动物群落、地形、气象、水体等四季特色,设计“水库十二景”,将中华传统文化中最具诗意的审美意趣融入景观。

4.3 体验多元性

高质量的生态植物景观,除满足基本的生态功能和风貌展示之外,还将给人带来多元性的身心体验——这种体验也应充分与动植物群落以外的其他场地元素进行协调统一:春秋天的招鸟植物,为此处招来阵阵鸟鸣,给人鸟鸣啾啾的听觉体验;山间的花溪,在春季盛开时花香阵阵,给人以嗅觉体验;游人在林下不停探寻,感受远近高低各不同的趣味,给人以感觉体验……多元的体验为生态植物景观带来文化共鸣,也吸引更多体验者到此欣赏游憩。

4.4 效益多样性

植物景观的规划还应考虑到与本地产业相结合,固原市素来以林草业为重要的产业发展方向。除了考虑生态效益和社会效益,还应该适度地考虑经济效益,在相对外围的圈层,如游憩观光圈和山林修复圈,可以适量种植一些能够给当地带来经济收入的经济性苗木,如本地种植和驯化已经较为成熟的桃、杏、李、榛子、枸杞、山楂、核桃等[5],一方面可以直接通过果实采收带来一部分经济收益;另一方面可以适度开展观光采摘等活动,丰富城市的旅游观光内容,促进城市产业转型。

5 思考

本文以固原市何家沟水库为例,从水库的自然生态、气候环境等现状出发,分别从生态保护视角下的宏观结构和高质量发展视角下的微观营造入手,对水库及周边的生态绿化环境进行梳理。在宏观结构方面,运用层次分析法,对控制规模进行了划定,并对植物群落空间结构进行了圈层化设计,规模适宜、结构合理;在微观营造方面,综合考虑生境、文化、体验和效益等因素,分别对相应的内容进行微观营建的设计,丰富了生态景观的综合功能,形成了山水—植被—动物互相协调的稳定性生境,展示了固原市特有的“层林尽染”的红色主题乡土风貌,提供了视觉、听觉、嗅觉、感觉等多位一体的自然体验,完善了生态、社会和经济等三位一体的效益,有力地促进了固原市的高质量发展。

黄河流域生态保护和高质量发展战略的提出,对生态景观设计来说,既是机遇,也是挑战:如何在生态保护的基础上,科学合理地对生态景观进行多方位、多角度的谋划,是新时期景观规划设计所面临的核心问题,这需要规划设计师运用更多的智慧和经验去进行实践和解答。

同时,什么样的景观结构是最适合区域所在生态系统的?本文认为,应该从“道法自然”的角度出发去思考,如水库类植被群落,就可模拟自然生态系统中的水圈生态系统,在确定圈层的基础上,再进行每个圈层的详细设计。当然,我们也应客观认识到,这种结构依然存在着其他的可能性,这些可能性可以从不同的角度去思考和表达,值得不断地进行探索。

参考文献

[1] 王晓辉, 张之源, 蒋宗豪,等. 小型湖泊湿地自然保护区功能区划探讨[J]. 合肥工业大学学报(自然科学版),2004(7):751-755.
[2] 吴孝平."消落带"滨水景观设计研究——以重庆瀼渡河库区消落带为例[D].兰州:兰州理工大学,2002.
[3] 张军民. 基于生态圈层结构的绿洲生态安全问题研究——以新疆为例[J]. 干旱区资源与环境, 2010, 24(9):52-55.
[4] 孙立新, 龚大洁, 孙呈祥,等. 六盘山自然保护区鸟类群落时空变化[J]. 干旱区研究, 2014, 31(2):329-335.
[5] 贾永辉, 马兴武, 罗进云,等. 浅谈六盘山局地气候变化及林木种植措施[J]. 吉林农业(学术版),2012(1):122.

利用黄河水沙资源改善濮阳生态环境

张殿强

（中原大河水利水电工程有限公司，河南濮阳　457000）

摘　要：对于缺水城市濮阳，在濮阳段黄河大堤上修建引黄涵闸，采取放淤固堤、自流放淤、“二级悬河”治理等方式改造背河洼地为良田，为发展优质水稻和生态农业创造条件，提升了地下水水位，保护和改造了生态湿地；利用黄河水引黄灌溉，既提高了农作物产量，又为发展生态农业提供了充足水源，为濮阳生态建设提供了用水保障，改善了生态环境。

关键词：涵闸；引水；造田；灌溉；补源；湿地

濮阳紧邻黄河，位于黄河下游，黄河以北 50 km，金堤河以北 10 km 处，是中华文明的发祥地之一。黄河养育了濮阳人民，也给濮阳人民带来过沉重的灾难。3 500 年前，濮阳地区河流纵横，湖泊密布，呈现出一派水乡泽国的景象。到了西汉时期，大范围的植被破坏而导致水土流失加剧，使黄河成为地上“悬河”。黄河频繁的决口和改道给这一地区造成了很大灾害。历史记载的黄河决口、改道次数有 1 500 次之多，每次都给豫东北平原人民带来沉重灾难。洪水过后，往往又带来盐碱、风沙和沙暴等系列灾害。濮阳是河南省乃至全国比较干旱的地区之一，是在黄河故道、遍地黄沙之上兴起的石油化工城市，地表、地下水资源匮乏，生态环境恶劣[1]。

1　引黄供水

1.1　引黄涵闸

早在 1958 年濮阳就开始兴建渠村、刘楼引黄闸，到 20 世纪 70 年代末，已在黄河大堤上修建引黄涵闸 5 座，顶管 3 处，虹吸 13 座，扬水站 3 座，设计引黄流量 313.02 m^3/s。1979 年以来，从防洪安全和利于引水考虑，对已有的涵闸、顶管、虹吸、扬水站进行了整合、改建，截至 2010 年底濮阳引黄工程共有涵闸 11 座，虹吸 1 座，设计引黄流量 312.5 m^3/s，控制灌溉面积 450 多万亩[2-4]。2015 年引黄入冀补淀工程开工建设，在渠村设引黄渠首闸，设计流量 100 m^3/s，控制灌溉面积 465.1 万亩（含濮阳 193.1 万亩，河北 272 万亩），2017 年通水运行，发挥了向河北省、雄安新区及白洋淀生态补水的良好社会效益。2018 年水利部黄河水利委员会对彭楼灌区改扩建工程进行批复，2020 年工程进入实施阶段，对彭楼引黄闸进行移位重建，并在彭楼险工连坝 27# ~ 28# 坝之间增设渠首闸。原彭楼引黄闸于 1960 年建成，1986 年改建，设计流量 50 m^3/s，再次改建后的彭楼引黄闸设计流量 75 ~ 80 m^3/s，控制灌溉面积 231.08 万亩（其中范县 31.08 万亩，山东莘县、冠县 200 万亩）[5-6]，目前主体工程已完工，正在进行设备安装调试，预计今年 5 月通水运行。工程改建后引水能力将大幅度提高，彭楼灌区严重缺水状况会得到有效缓解。

1.2　引水

为了解决城市居民生活、工业和生态用水，勤劳的濮阳人民依靠自己的聪明才智，利用渠村、南小堤、彭楼 3 座引黄闸，通过第一、第二、第三濮清南干渠和城市供水专线、中原油田供水专线，成功地将滚滚黄河水源源不断地引进城市、油田、工厂和田间。2015 年，濮阳南水北调配套工程发挥效益，逐步解决了大部分城市居民生活用水，黄河水主要以工业、农业和生态用水为主。随着濮阳市的建设与发展，

作者简介：张殿强（1992—），男，助理工程师，主要从事水利工程施工管理工作。

城市用水规模越来越大,近两年年均引水量近 10 亿 m^3(含向河北供水 4 亿多 m^3),优质、清甜的黄河水为濮阳的生态文明建设提供了充足的水源,同时也使雄安新区的生态用水得到了有力保障。

1.3 地下水水位迅速回升

濮阳市人均水资源占有量近 200 m^3,是河南省平均水平的 1/2,相当于全国平均水平的 1/10,属于典型的缺水地区。特别是位于金堤河以北海河流域的清丰、南乐、华龙区、高新区等区域,原为红旗引黄灌区,停止引黄供水后,大面积开发地下水灌溉,浅层水迅速下降至 14 m 左右,形成了严重的缺水漏斗区,带来了地面沉降、坍塌、土地沙碱化、植被减少、生态恶化等一系列问题。渠村灌区复灌后,特别是 1986 年以后,兴建了引黄灌溉工程,该区域地下水水位迅速上升。如华龙区从 1996 年到 2011 年,15 年间地下水水位上升了 8.91 m,南乐县地下水水位年均上升幅度为 0.15 m。

随着引黄补源的实施,地下水水位得到了止降回升,一是防止了土地沙化、遏制了水环境的持续恶化;二是使浅层地下水水质和多个苦水区水质得到了明显改善,提高了饮水质量;三是遏制了地表植被衰退,改善了生态环境[7-9]。

2 造田

2.1 背河洼地生态环境

由于黄河淤积、决口、取土等原因,在黄河大堤背河形成顺堤走向、向大堤倾斜、呈带状分布的低洼盐碱地和沙荒地,成为背河洼地。背河洼地宽度一般为 1~13 km,近堤处一般临河滩地低 4 m 左右,期间还有黄河决口时形成的许多大潭坑。“春天白茫茫,夏天水汪汪,走路沙沙响,祖祖辈辈只听青蛙叫不见庄稼长”,这就是昔日流传在黄河岸边的一首民谣,充分反映了昔日黄河背河洼地恶劣的生态环境。

2.2 引水改造背河洼地

濮阳人民为了改变这一恶劣的生产条件和生态环境,利用黄河水沙资源,结合放淤固堤,通过引黄供水工程自流放淤等方式,淤填平了渠村、张李屯、陈屯、北坝头、南小堤、习城、丁寨、邢庙、宋大庙、大王庄、陈楼等 10 多个背河大潭坑,并对背河几百米内的坑塘、盐碱地、沙荒地进行了放淤改土、压碱。经过 20 多年的不懈努力,使背河 5 万多亩坑塘、盐碱地、沙荒地变成了良田。本着既能沉沙澄清渠水,减少下游河道淤积,又能改良土壤的原则,在第一濮清南渠首区域,选择盐碱地、沼泽地、废坑塘,先后兴建 8 座沉沙池,使 80%的泥沙沉淀,改土造田 2 万多亩。这些都为开展背河洼地治理,发展优质水稻和生态农业创造了条件。

2.3 “二级悬河”试验工程

黄河下游河道上宽下窄,河道冲淤变化剧烈,河势游荡多变。两岸大堤之间滩区面积约 3 154 km^2,有耕地 340 万亩,居住人口 189.5 万人。由于主槽淤积和生产堤的修建,东坝头至陶城铺河段逐步形成槽高、滩低、堤根洼的“二级悬河”,严重威胁防洪安全。

2002 年 6 月,黄河首次进行调水调沙,在高村站大河流量不足 1 800 m^3/s 时,造成濮阳滩区生产堤多处决口漫滩,引起了黄河防总的高度重视。2003 年 1 月,水利部黄河水利委员会在濮阳市组织召开了由水利部、国家防汛抗旱指挥部办公室、清华大学等 100 多名专家参加的黄河下游“二级悬河”治理对策专题研讨会。经过专家们的认真分析和深入调研,决定首先在濮阳市南小堤至彭楼河段内开展“二级悬河”治理试验工程。

“二级悬河”试验工程于 2003 年 6 月开工,至 2004 年 1 月完成疏浚主槽和淤填堤河的施工任务,于 2004 年 5 月完成淤区盖顶任务,把堤河、串沟改造成 2 万多亩耕地。试验工程的实施,在一定程度上扩宽挖深河槽,扩大了河道过流断面,使平槽流量有所增大,再加上淤堵串沟的措施,相应减少了“小水成灾”的可能,从而避免了滩区群众的损失,保护了滩区群众生命财产安全,为广大滩区人民创造一个安全、稳定的居住环境。“二级悬河”治理试验工程,减少了滩区群众的漫滩损失,增加了滩区可耕种面积,提高了滩区群众的经济收入。同时,淤填堤河不仅改善了滩区群众的交通条件,也改善了堤河附近的生态环境,使当地的生产生活条件得到很大改善。

3 灌溉

3.1 农业灌溉

濮阳地表径流靠天然降水补给,平均年径流量 1.86 亿 m^3,径流深 44.4 mm,境内浅层地下水资源量 4 亿 m^3 左右,其中可用于开采的资源量更少。黄河贯穿濮阳县、范县、台前三县 150 余 km,过境水资源比较丰富,为发展引黄灌溉提供了得天独厚的便利条件。濮阳人民自 20 世纪 50 年代末开始,在修建引黄供水工程的同时,投入了大量人力、物力、财力进行引黄灌区改建、扩建及配套工程建设,经过多年的努力奋斗,基本实现了旱能浇、涝能排,旱涝保丰收,为农业增产增收做出了巨大贡献。

3.2 林业

通过引黄灌溉,不仅确保了农业大丰收,而且提供了肥沃、充足的地表水,淡化了浅层地下水,为丰富地面植被,开展造林治沙,发展生态林业,优化生态环境奠定了基础,提供了保证。

目前,全市有林地面积约 150 多万亩,林木覆盖率达到 27% ,比 20 世纪 80 年代提高了近 20 个百分点,活立木蓄积量达到 600 余万 m^3。林业的生态、经济、社会、文化等多项功能得到全面发挥,实现了生态效益、经济效益和社会效益的有机统一。昔日黄沙遍野、尘土飞扬的沙荒地,如今已是树木成行,绿荫连天,鸟语花香,呈献给人们的是一幅人与自然和谐的优美画卷。

4 建设湿地保护区

为全面、有效地保护濮阳黄河湿地资源,维护濮阳市的生态安全,濮阳市非常重视对境内湿地的修复与保护工作,在濮阳县和范县分别创建了濮阳金堤河国家湿地公园、濮阳县黄河湿地保护区、范县黄河湿地公园,使黄河湿地在蓄洪防旱、涵养水源、净化水质、控制土壤侵蚀、降解环境污染和维护生物多样性等方面发挥了重要的生态作用[10]。

4.1 濮阳金堤河国家湿地公园

金堤河国家湿地公园位于濮阳市南环路以南,西起濮阳县城关镇南堤村,东至 106 国道濮阳县清河头桃园村。其中,湿地面积约 490.3 hm^2,湿地率 67.63%。

濮阳金堤河国家湿地公园分为湿地保育区、恢复重建区、宣教展示区、合理利用区、管理服务区等 5 个功能区,是一个以湿地生态、滨水休闲、湿地文化为核心特色,集湿地生态观光、湿地科普宣教、滨水休闲度假、湿地文化体验等功能于一体的公园。该湿地公园为濮阳县乃至濮阳市带来了显著的生态效益、社会效益。

生态效益方面,不仅可以为动植物提供良好的生存繁衍空间,维护生物多样性与野生物种种群存续;还可以发挥湿地生态系统的调蓄功能,有效调节水流,最大限度地防止水土流失,涵养水源,减少洪涝灾害造成的损失。另外,湿地结合水体修复规划,对河道进行治理,使河流中的植物、微生物通过物理过滤、生物吸收和化学合成与分解等,降解、吸收并转化河道内的污染物,使湿地公园内的水体得到净化,从而有效改善湿地公园周边的生态环境。

社会效益方面,科普宣教工程让游客在有限时间内参观和了解湿地生态方面的科学知识,同时认识到爱护自然、保护环境的重要性。公园的建立将为周边居民提供游览、休憩的空间,提升群众休闲娱乐的空间环境,优化城市空间。

4.2 濮阳县黄河湿地保护区

该湿地保护区位于濮阳县南部沿黄滩区,涉及习城、郎中、渠村 3 个乡,全长 12.5 km,总面积约 5 万亩,属于省级自然保护区。多年来,濮阳县为保护和管理好该保护区,采取了许多切实可行的管护措施。一是成立专门管理机构,建立健全县、乡、村三级监测员管理网络,将湿地保护纳入日常管理。二是湿地管理人员经常深入有关乡村宣传保护湿地、保持生态平衡和保护好湿地资源永续利用的重大意义,并通过电视、电台、广播、报纸、网络等多种媒体,加大宣传力度,加强对公众湿地保护科普教育,提高了公众保护湿地的意识,营造了一个“人人爱鸟、护鸟”的良好氛围。三是对有损保护区环境的一些小型企业进行全面清除,并严禁人们在区域内实施破坏性的开垦。四是积极开展拯救、保护珍稀野生动植物资源活动,对破坏珍稀野生动植物资源的行为进行依法惩处,为野生动物的栖息、繁殖创造了良好的生存环境。

目前,该湿地保护区内物种繁多,生物类型多样,是候鸟迁徙的重要停歇地、繁殖地和觅食地,具有重要的生态价值。区域内已知脊椎动物200多种,其中国家一级保护动物有大鸨、白尾海雕、金雕、白肩雕、玉带海雕、白鹤等,二级保护动物有30多种,属于省重点保护的鸟类有20多种,列入中日候鸟保护协定的鸟类近20种,列入中澳候鸟保护协定的鸟类20多种。

4.3 范县黄河湿地公园

范县黄河湿地公园位于河南省范县西南部辛庄镇,南起范县与濮阳县交界处,东侧与山东省为界,西侧主要以“村村通”公路和黄河河岸为边界,毛楼村东侧包括郑板桥纪念馆范围,毛楼村西侧包括国家储备林彭楼片区(西至黄河大堤堤顶路,北至村村通公路,东南侧均以村周林带为界)。规划总面积439.59 hm^2,其中湿地面积347.65 hm^2,湿地率为79.09%。

目前正在建设的湿地公园一期景观区,占地面积224 000 m^2,其中水体面积56 680 m^2,绿化面积135 330 m^2,广场和道路面31 990 m^2。设计栽植中山杉、美国红枫、金叶榆、栾树、白蜡等乔木树种,千屈菜、菖蒲、睡莲等水生物种,麦冬、草坪灯地被植物。

湿地公园设计以生态、自然、人文为核心,将板桥文化和黄河文化融入设计,突出地方特色和地域文化。

5 结语

对于黄河岸边的缺水城市濮阳,通过在濮阳境内黄河大堤上修建引黄涵闸引黄河水,利用水沙资源,采用放淤固堤、自流放淤、“二级悬河”初步治理等方式改造背河洼地,增加了良田,为发展优质水稻和生态农业创造了便利条件。同时利用黄河水补源,提升了地下水水位,为濮阳生态建设提供了用水保障。利用黄河水引黄灌溉,既提高了农业作物产量,又为发展生态农业提供了充足水源,还保护开发了湿地资源,为居民提供了游览、休憩的空间,提升了群众休闲娱乐的空间环境。为使濮阳尽快纳入黄河流域生态保护和高质量发展重大国家战略提供了有利条件,为水美乡村建设做出了贡献。

参考文献

[1] 柴青春.濮阳黄河[M].郑州:黄河水利出版社,2014.
[2] 柴青春.濮阳黄河防洪工程体系建设与管理[M].郑州:河南人民出版社,2016.
[3] 王汉文,濮阳黄河故道生态文明建设[C]//中国水利学会.中国水利学会2016年学术年会论文集(上册).南京:河海大学出版社,2016:306-308.
[4] 张永伟.濮阳沿黄区域生态文明建设[C]//中国水利学会.中国水利学会2016年学术年会论文集(上册).南京:河海大学出版社,2016:309-313.
[5] 中原大河水利水电工程有限公司.范县彭楼灌区改扩建工程(渠首段)施工组织设计[R].濮阳:中原大河水利水电工程有限公司,2020.
[6] 河南黄河勘测设计研究院.范县彭楼灌区改扩建工程施工图设计[R].郑州:河南黄河勘测设计研究院,2019.
[7] 马春玲,苏琼,陈曙光.濮清南引黄蓄灌补源调配水资源实践与成效[J].人民黄河,2018,40(8):54-56,61.
[8] 韩莉.引沙补源工程的规划与设计[J].河南水利与南水北调,2017,46(9):52-53.
[9] 马春玲,杜斌.渠村灌区综合治理与引黄补源成功初探[J].中国水利,2016(3):16-18.
[10] 张永伟,李震涛,周峰,等.利用水资源创建城市生态湿地景观探讨[J].中国水利,2015(15):18-20.

长垣滩区生态治理对防洪影响的研究分析

谢亚光[1,2]　梁艳洁[1,2]　高　兴[1,2]　朱呈浩[1,2]

(1. 黄河勘测规划设计研究院有限公司,河南郑州　450003;
2. 水利部黄河流域水治理与水安全重点实验室(筹),河南郑州　450003)

摘　要:黄河滩区治理事关黄河流域的安宁与稳定,对黄河流域抵御洪水的危害有着重要的意义。本文通过采用二维河道平面水流数学模型对长垣滩区生态治理对防洪的影响进行了数值模拟计算。结果表明:不考虑贯孟堤改扩建工程时,生态治理前后工程河段最高水位降幅在 0.09~0.14 m;考虑贯孟堤改扩建工程时,生态治理工程前后工程河段最高水位降幅在 0.10~0.15 m。

关键词:长垣滩区;生态治理;防洪影响

1　引言

黄河以“善淤、善徙、善决”闻明于世,素有“三年两决口,百年一改道”之说。黄河下游“地上悬河”形势严峻,下游“地上悬河”长达 800 km,现状河床平均高出背河地面 4~6 m,其中新乡市河段高于地面 20 m[1-2]。时至今日,尽管黄河流域防洪工程控制体系已日趋完善,但仍约有 190 万群众生活在下游滩区,黄河洪水风险依然是流域的最大威胁。长期以来,围绕如何治理黄河一直是众多学者关注的焦点。张金良等[3-7]提出了黄河下游滩区生态治理思路:由黄河大堤向主槽滩地依次分区改造为高滩、二滩和嫩滩,各类滩地设定不同的洪水上滩标准,高滩区域作为居民安置区,二滩发展高效生态农业等,嫩滩建设湿地公园,与河槽一起承担行洪输沙功能。

长垣滩区位于黄河下游左岸河南省新乡市境内,是河南省最大的低滩区,长垣县是防汛重点县,黄河下游最宽断面大车集断面(24 km)位于此,同时也是游荡性河势向过渡性河势转变的节点河段,“二级悬河”严重发育河段,“槽高、滩低、堤根洼”的不利河道断面形态显著。

贯孟堤位于黄河下游左岸河南省新乡市境内,黄河干流侧淤断面辛庄和王高寨之间,长度为 21.12 km,是封丘倒灌区的控制性工程。封丘倒灌区位于黄河下游左岸河南省新乡市封丘县和长垣县境内。贯孟堤设防段末端姜堂至黄河大堤之间有长约 8 km 的缺口,形成封丘倒灌区的倒灌口门,威胁封丘倒灌区群众防洪安全。

本文考虑了长垣滩区生态治理工程的可行性,以治理前后滩区为研究对象,通过建立二维河道平面水流数学模型,研究了长垣滩区生态治理工程对防洪的影响。

2　工程区域情况

2.1　河段概况

长垣滩区位于黄河下游东坝头至高村河段。东坝头至高村河段是清咸丰五年(1855 年)铜瓦厢决口后形成的河道,河段长 70 km,两岸堤距 5.0~20.0 km,河道比降 0.172‰。天然情况下,该河段河道内水流散乱,主流摆动十分频繁。20 世纪 60 年代后期以来,东坝头至高村河段陆续修建了多处河道整治工程。这些工程作用明显,工程的修建使得该段河势主流摆动大幅减弱。

作者简介:谢亚光(1987—),男,工程师,主要从事生态治理与工程泥沙研究工作。

2.2 水文条件

黄河下游洪水主要由中游地区暴雨形成,洪水发生时间为6—10月。黄河中游的洪水,分别来自河龙间、龙三间和三花间这三个地区。小浪底水库建成后,黄河下游防洪工程体系的上拦工程有三门峡、小浪底、陆浑、故县、河口村5座水库;下排工程为两岸大堤,设防标准为花园口22 000 m^3/s 流量;两岸分滞工程为东平湖滞洪水库,进入黄河下游的洪水须经过防洪工程体系的联合调度。表1是黄河水利委员会发布的防洪工程运用后黄河下游各级洪水流量。

表1 工程运用后各站不同量级洪水流量

单位:m^3/s

水文站	1 000年一遇	200年一遇	100年一遇	20年一遇	10年一遇	5年一遇
夹河滩	20 900	16 500	13 700	10 700	10 000	8 000
石头庄	20 600	16 100	13 200	10 600	10 000	8 000
高村	19 900	15 500	13 000	10 400	10 000	8 000

2.3 工程概况

工程方案总体布局见图1,对洪水有影响的主要治理措施包括淤筑高滩、二滩整治、嫩滩及河槽治理。高滩位于黄河大堤的临河侧,规模按照安置现状人口进行规划,其中苗寨高滩顶面积5.53 km^2,占地面积5.57 km^2;武邱高滩顶面积4.78 km^2,占地面积4.84 km^2。二滩为高滩至黄河控导工程之间的区域,主要发展生态农业,并对搬迁后的村庄进行土地整治。嫩滩位于控导工程与黄河主槽之间,本次规划对嫩滩进行一定程度的疏浚,扩大现有河槽的过流能力。当前河道疏浚的目标,按照主槽达到安全通过5年一遇及以上洪水为目标。典型断面疏浚见图2。

图1 长垣滩区生态治理总体布局

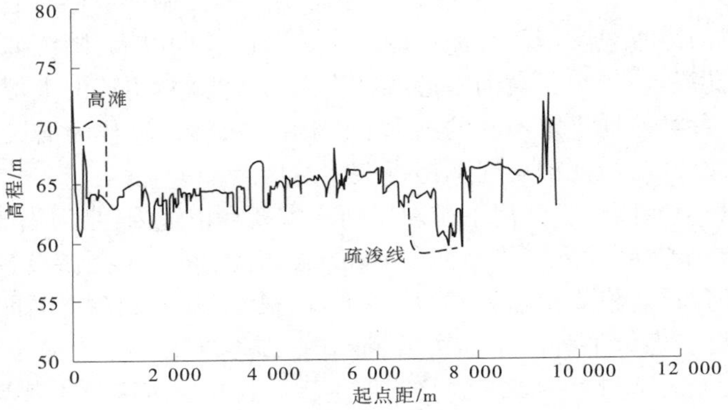

图2 长垣滩区典型断面疏浚示意图

贯孟堤扩建工程(见图3)自现状贯孟堤尾处开始,沿现有贯孟堤延伸到天然文岩渠右堤相接,主体堤防工程总长23.874 km,在贯孟堤扩建工程末端新建防洪闸,预留应急水泵工作平台,跨越天然文岩渠,抵至左岸黄河大堤桩号20+300处,与贯孟堤扩建工程形成闭合的防洪体系,防御黄河洪水。本次工程方案贯孟堤改扩建工程进行了考虑。

3 模型建立

3.1 控制方程及定解条件

采用河道平面二维水流数学模型进行计算,基本方程包括水流连续方程与水流运动方程:

$$\frac{\partial Z}{\partial t}+\frac{\partial(hu)}{\partial x}+\frac{\partial(hv)}{\partial y}=0 \tag{1}$$

$$\frac{\partial(hu)}{\partial t}+\frac{\partial u(hu)}{\partial x}+\frac{\partial v(hu)}{\partial y}=-gh\frac{\partial Z}{\partial x}+D\left(\frac{\partial^2(hu)}{\partial x^2}+\frac{\partial^2(hu)}{\partial y^2}\right)-\frac{gn^2(hu)\sqrt{u^2+v^2}}{h^{\frac{4}{3}}} \tag{2}$$

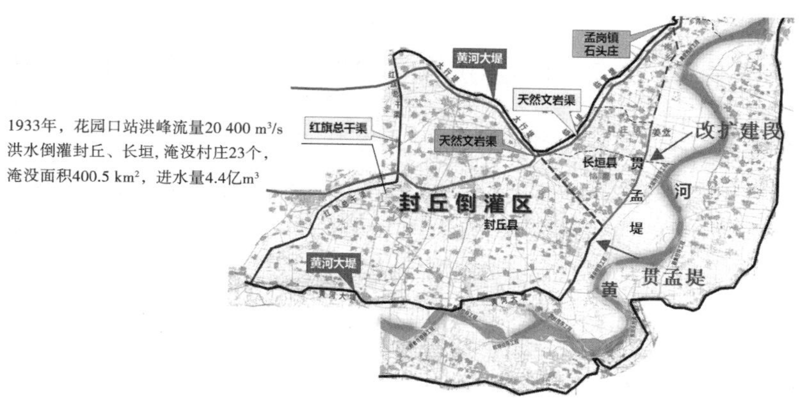

图 3　现状贯孟堤及改扩建工程

$$\frac{\partial(hv)}{\partial t} + \frac{\partial u(hv)}{\partial x} + \frac{\partial v(hv)}{\partial y} = - gh\frac{\partial Z}{\partial y} + D\left(\frac{\partial^2(hv)}{\partial x^2} + \frac{\partial^2(hv)}{\partial y^2}\right) - \frac{gn^2(hv)\sqrt{u^2+v^2}}{h^{\frac{4}{3}}} \tag{3}$$

式中：h 为水深，m；u 为 x 方向的流速，m/s；v 为 y 方向的流速，m/s；z 为水位，m；n 为糙率系数；D 为紊动黏性系数，m^2/s；

3.2　计算过程

3.2.1　计算范围及网格剖分

数学模型的计算范围上边界为夹河滩水文站测量断面，下边界至高村水文站测量断面，河道长约 84.4 km，模型计算网格及地形插值见图 4。模拟区域内的离散采用三角形网格，对区域内堤防、道路、河道整治工程等周围网格适当加密，共布置网格 41 876 个。

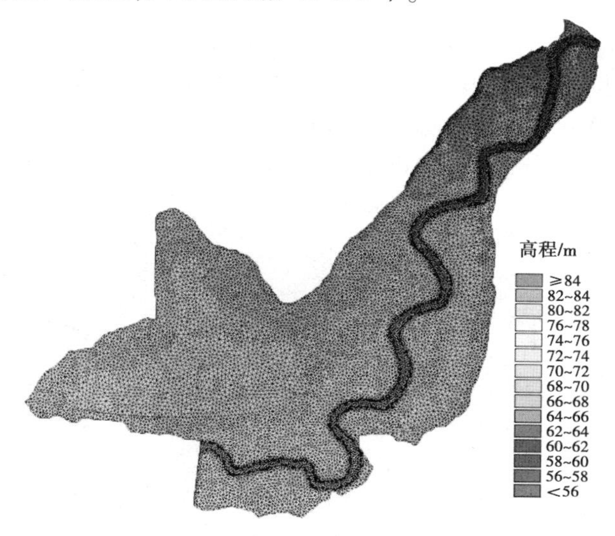

图 4　模型计算网格及地形插值

3.2.2　地形概化

为分析工程建设造成的壅水、淹没影响，本次结合工程河段河道冲淤演变预估分析，从偏于安全的角度考虑，选择主槽过流能力最小的地形条件（主要是河槽地形）进行洪水影响分析计算。因此，采用 2000 年汛前地形条件作为本次模型计算的地形条件。滩地地形采用黄河下游实测 1:10 000 河道地形图（结合场区范围内测量的 1:2 000 地形图进行了补充）。主槽地形需要利用 2000 年汛前实测大断面资料生成。根据整理的滩地地形和主槽地形资料，进行滩槽地形拼接，生成全河道三维地形，检查拼接位置处地形连贯性并进行必要的修正。生成后的地形插值图见图 4。

3.2.3 计算边界条件

计算河段总长度约为 84.4 km，上游边界条件为来流量，下游边界为水位控制条件，两岸水边界流速为 0。

3.3 模型率定及模型验证

模型主槽糙率采用黄河水利委员会发布的河段实测糙率，对于滩地糙率，采用黄河防总发布的 2000 年该河段沿程水位流量成果验证，通过不断调整糙率，使模型计算所得的河道测验断面水位计算值和实测值误差不超过 3 cm，验证计算成果与已有成果吻合较好。

4 计算方案及结果分析

4.1 计算方案

本次计算共 3 个工况（见表 2），工况 1 不考虑工程措施，为原状方案，工况 2 考虑长垣滩区生态治理工程，工况 3 考虑贯孟堤改扩建工程，工况 4 考虑长垣滩区生态治理工程及贯孟堤改扩建工程。

表 2 计算工况

	方案
工况 1	原状
工况 2	考虑长垣滩区生态治理工程
工况 3	考虑贯孟堤改扩建工程
工况 4	考虑长垣滩区生态治理工程及贯孟堤改扩建工程

4.2 模型进出口边界条件

考虑下游大堤设防标准和滩区安全建设防洪标准，选用 1 000 年一遇（“82 · 8”型洪水）洪水过程。通过黄河中游五库联调，洪水演进至计算模型进口断面（夹河滩水文站断面）过程见图 5。该场洪水持续 13 d，最大洪峰流量为 20 936 m^3/s，洪量为 114.13 亿 m^3。

模型出口边界采用黄河水利委员会发布的 2000 年高村水位流量关系，见图 6。

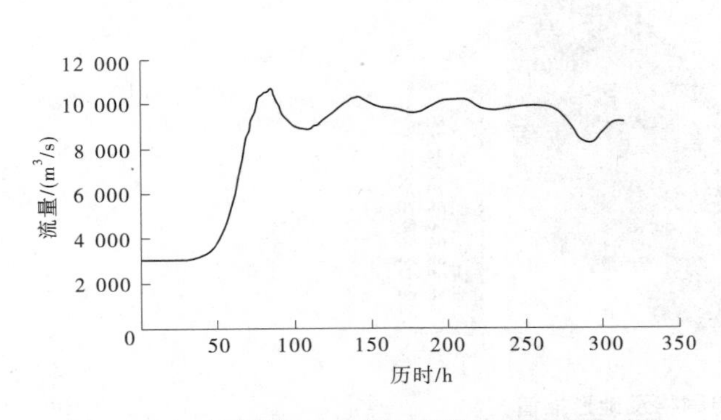

图 5 1982 年典型 1 000 年一遇洪水设计流量过程

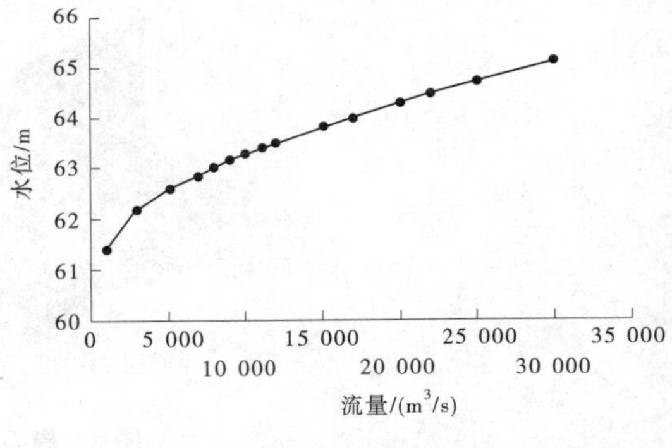

图 6 高村水位流量关系（2000 年）

4.3 计算结果及分析

4.3.1 流场及流速变化

图 7~图 10 显示了工况 1~工况 4 条件下工程河段流场图。对比工况 1 与工况 2，工况 1 条件下河道主槽流速为 1.12~2.89 m/s，工况 2 条件下河道主槽流速为 1.07~2.75 m/s，这是由于工况 2 中河道主槽清淤疏浚使河道断面面积增大，从而使河道主槽流速略有减小，主槽水流流向则没有明显变化；滩地流速变化较为明显，工况 1 条件下滩地流速为 0~0.58 m/s，工况 2 条件下滩地流速则为 0~0.44 m/s，工况 2 条件下滩地水流流速明显减小，水流在高滩附近则有明显的变化，高滩附近水流流速约 0.13 m/s。工况 3 条件下河道主槽流速为 1.26~3.22 m/s，滩地流速为 0~0.82 m/s，对比工况 1，河道主槽及滩地

水流流速明显增大,这是由于贯孟堤封堵使过流断面减小造成的,但主槽水流流向则没有明显变化,滩地水流流向局部受贯孟堤改扩建工程的影响有明显的改变。工况 4 考虑了贯孟堤改扩建工程与滩区生态治理工程的共同影响,河道主槽流速为 1.18~3.03 m/s,滩地流速为 0~0.71 m/s,对比工况 3,受滩区生态治理工程的影响,主槽及滩地水流流速有明显降低,主槽水流流向没有明显变化,滩地局部水流流向变化较为显著,高滩附近水流流向有明显改变,高滩附近水流流速约 0.17 m/s。对比工况 4 与工况 2 可以看出,受贯孟堤改扩建影响,河道主槽及滩地流速明显增大,贯孟堤附近局部水流流向有明显变化。

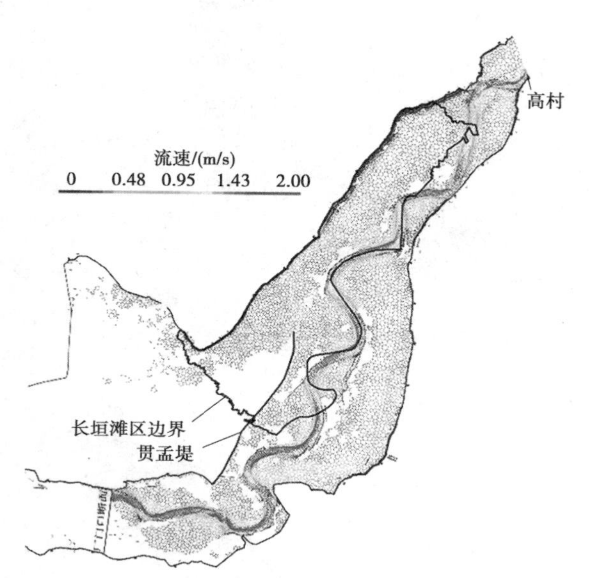

图 7 工程河段流场图(工况 1)

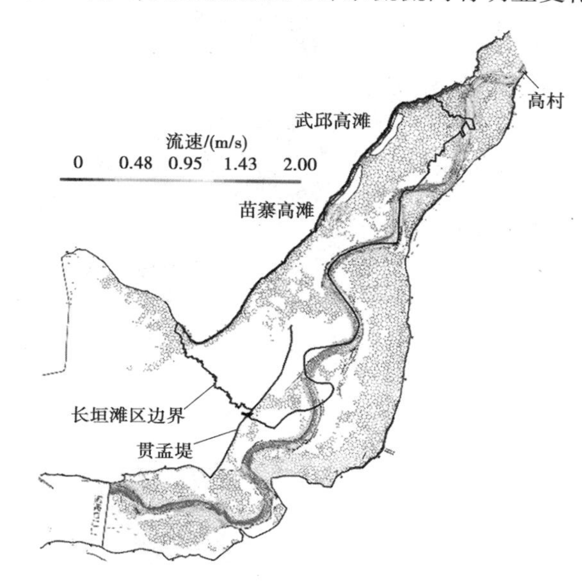

图 8 工程河段流场图(工况 2)

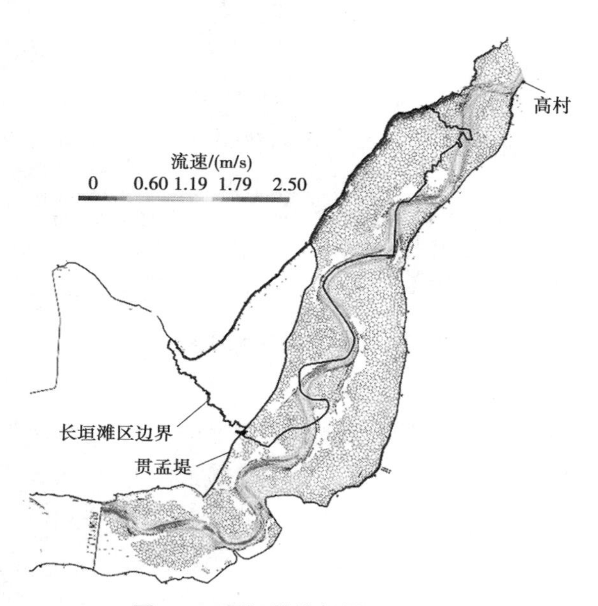

图 9 工程河段流场图(工况 3)

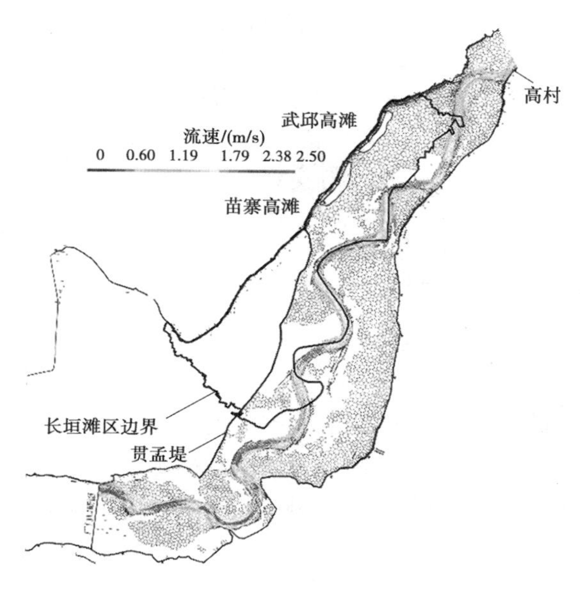

图 10 工程河段流场图(工况 4)

4.3.2 淹没范围及水位变化

图 11~图 14 显示了工况 1~工况 4 条件下工程河段最大淹没水深图。相较工况 1,工况 2 淹没范围变化不大,受生态治理工程影响,局部淹没水深有所减小,高滩附近淹没水位减小 0.3~0.8 m,工况 3 与工况 4 受贯孟堤改扩建工程影响,滩区淹没水深明显有所增大。相较工况 3,工况 4 淹没范围有所减小,高滩附近水深略有减小,局部增大 0.4~1.1 m。

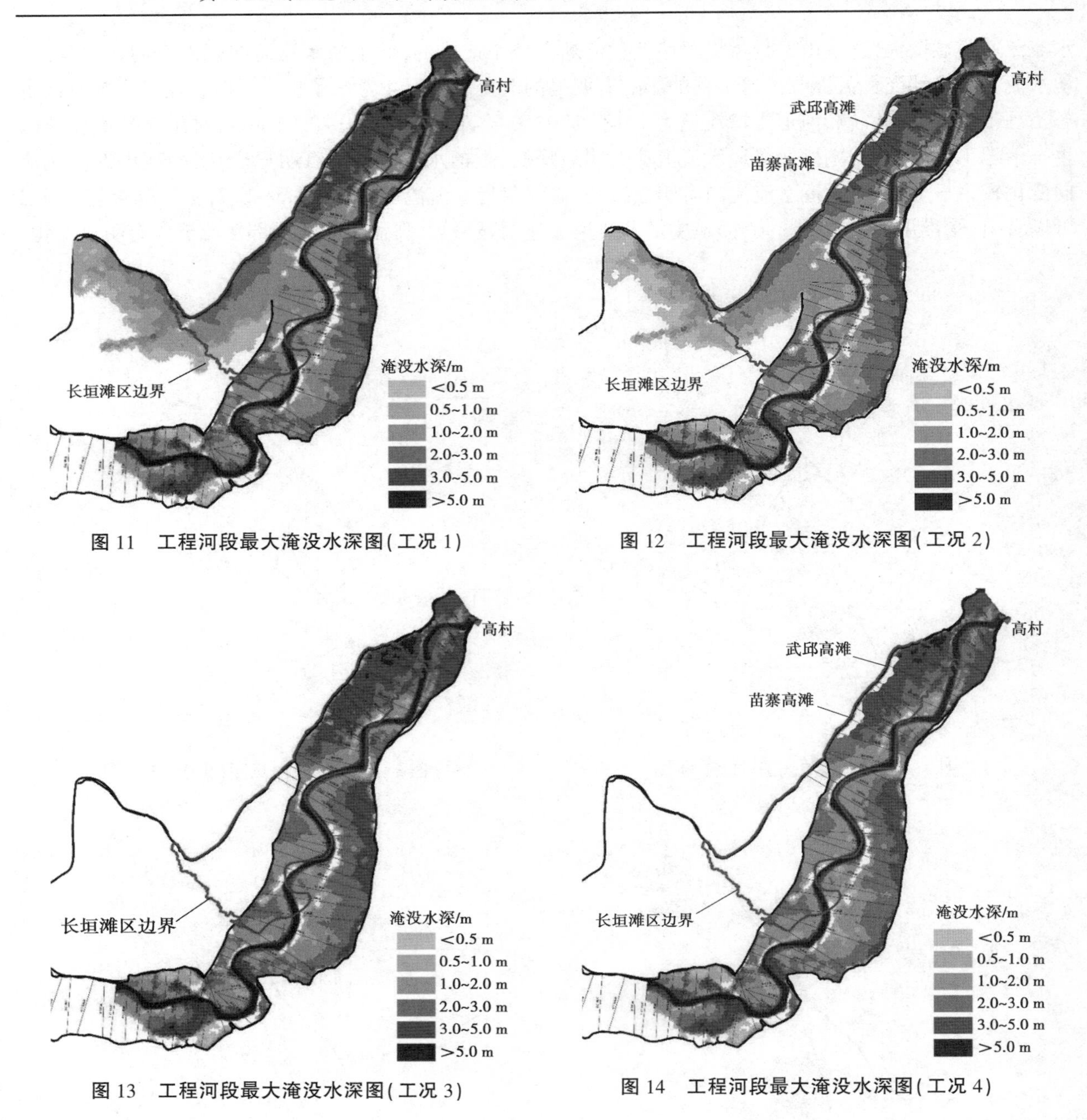

图 11　工程河段最大淹没水深图(工况 1)

图 12　工程河段最大淹没水深图(工况 2)

图 13　工程河段最大淹没水深图(工况 3)

图 14　工程河段最大淹没水深图(工况 4)

滩区生态治理工程会对洪水沿程水面线有明显的影响,在不实施贯孟堤改扩建工程时,实施滩区生态治理工程后,长垣滩区范围内最高水位降幅在 0.09~0.14 m。在实施贯孟堤封堵的条件下,再实施滩区生态治理工程后,长垣滩区最高水位降幅在 0.10~0.15 m。

5　结论

本文采用河道平面二维数学模型对长垣滩区生态治理工程前后进行了数值模拟和计算。从计算结果可以看出,不考虑贯孟堤改扩建工程时,生态治理工程前后工程河段最高水位降幅在 0.09~0.14 m,淹没范围变化不大,局部淹没水深减小 0.3~0.8 m,河道主槽流速略有减小,流向变化不大,滩地流速也略有减小,局部水流流向受高滩工程影响变化较大;考虑贯孟堤改扩建工程时,生态治理工程前后工程河段最高水位降幅在 0.10~0.15 m,淹没范围变化不大,局部淹没水深减小 0.4~1.1 m,河道主槽流速略有减小,流向变化不大,滩地流速也略有减小,局部水流流向受高滩工程影响变化较大。

参考文献

[1] 张金良. 黄河下游滩区再造与生态治理[J]. 人民黄河, 2017, 39(6): 24-27,33.
[2] 张金良, 仝亮, 王卿, 等. 黄河下游治理方略演变及综合治理前沿技术[J]. 水利水电科技进展, 2022, 42(2): 41-49.
[3] 张金良, 刘继祥, 万占伟,等. 黄河下游河道形态变化及应对策略——“黄河下游滩区生态再造与治理研究”之一[J]. 人民黄河, 2018, 40(7): 1-6,37.
[4] 张金良,刘继祥,罗秋实,等. 不同治理模式下黄河下游水沙运行机制研究——“黄河下游滩区生态再造与治理研究”之二[J]. 人民黄河, 2018,40(8):1-7.
[5] 张金良. 基于悬河特性的黄河下游生态水量探讨——“黄河下游滩区生态再造与治理研究”之三[J]. 人民黄河, 2018,40(9):1-4.
[6] 张金良, 刘继祥, 李超群,等. 黄河下游滩区治理与生态再造模式发展——“黄河下游滩区生态再造与治理研究”之四[J]. 人民黄河,2018,40(10):1-5,24.
[7] 张金良, 刘生云, 暴入超, 等. 黄河下游滩区生态治理模式与效果评价——“黄河下游滩区生态再造与治理研究”之五[J]. 人民黄河,2018,40(11):1-4,33.

关于加强黄河流域生态保护的几点建议

张寒星

（荥阳黄河河务局，河南郑州　450199）

摘　要：黄河流域是中华文明的发祥地，是五千年华夏文明的根源所在。但黄河流域的生态保护还存在一些突出问题，包括生态环境较为脆弱、防洪问题仍然突出、水资源供需矛盾突出等。为此，本文提出了加强黄河流域生态保护的几点意见和建议，一是坚决守住黄河安澜底线，确保防洪安全；二是坚持退耕还林还草，继续开展水土保持治理；三是坚持节水优先、集约利用；四是推进黄河湿地建设和保护；五是采取迁建等方式改善滩区经济社会发展落后的局面；六是坚持依法治河管河。

关键词：黄河流域；生态保护；环境修复

1　引言

黄河流经青海、四川、甘肃、宁夏、内蒙古、山西、陕西、河南、山东等九省（区），在山东省垦利县注入渤海。黄河干流河道全长 5 464 km，流域面积 79.5 万 km^2（包括内流区 4.2 万 km^2）。黄河流域处于干旱向半干旱地区过渡地带，水少沙多，水沙异源，时空分布不均。黄河作为我国北方地区的生态“廊道”，创造了充满活力的河流生态系统。黄河河源区是流域重要的水源涵养和水源补给区，被誉为“中华水塔”。黄河上中游横贯世界最大的也是生态最脆弱的黄土高原和荒漠戈壁，黄河用它有限的水资源为改善流域生态，防止土地荒漠化发挥着重要作用。在黄河下游，黄河又为沿黄经济社会发展和回补地下水提供了重要的客水资源。黄河已成为我国西北、华北地区的重要生态安全保护屏障和生态建设的重要载体和依托。但黄河流域的生态保护还存在一些突出问题，包括生态环境较为脆弱、防洪问题仍然突出、水资源供需矛盾突出等，而且黄河流域大部分位于我国中西部地区，由于历史、自然条件等原因，经济社会发展仍然相对滞后，与东部地区以及长江流域相比存在明显差距。黄河流域的生态保护和高质量发展具有紧迫性和重要性，但不可能一蹴而就，需要我们久久为功，持续发力[1]。

2　加强黄河流域生态保护的几点建议

2.1　坚决守住黄河安澜底线，确保防洪安全

当前，黄河防汛还存在一些薄弱环节，包括黄河下游仍然面临洪水的威胁、防洪工程体系不是很完善、防洪非工程措施不足、滩区及滞洪区安全设施不足等。确保黄河安澜，就必须进一步完善黄河下游防洪工程体系，进一步推动加快重大防洪工程的前期工作，积极推进黄河下游“十四五”防洪、河道和滩区综合提升治理等工程前期工作，开展桃花峪水利工程功能定位研究，不断完善黄河防洪工程体系，健全防洪工程安全监测系统和非工程措施的提升，建设数字孪生黄河，促进黄河防洪工程治理体系和治理能力现代化。逐步探索适应长期小水流量条件下的河道整治方案，与原已建工程一道进一步限制主流

作者简介：张寒星（1996—），女，助理工程师，从事项目前期、工程管理和科技管理等工作。

摆动，增强对大中洪水的控制作用，有效防止塌滩、塌村现象的发生，保证滩区群众的生产生活安全，同时提高引黄取水的保证率和促进沿黄地区工业、农业发展。

2.2 坚持退耕还林还草，继续开展水土保持治理

发展经济是为了民生，保护生态环境同样也是为了民生。因此，我们要加大黄土高原特别是多沙粗沙区治理、修复力度，一是要继续实施退耕还林还草、实现生态自我修复，让黄土高原绿起来，着力修复和保护黄河流域的林草生态系统，加强黄河沿岸湿地生态系统的保护；二是要加大多沙粗沙区拦沙坝建设等工作力度，从根本上解决黄土高原水土流失严重、生态环境脆弱的问题以及黄河下游泥沙淤积问题；三是将造林绿化与造景相结合[2]。因地制宜推行阔、针叶混交与乔灌草一体化的绿化模式，在黄河流域的通道两侧、城乡周边、河流两岸大规模营造生态林；多树种配置景观林，以创建森林城市、园林城市为载体，将城乡绿化与美化紧密结合起来，打造城在绿中、村在林中、人在景中的生态宜居家园。

2.3 坚持节水优先、集约利用

目前，黄河水资源的开发利用率已远远超过国际公认的40%警戒线，水资源可持续支撑能力面临严峻挑战，实施节水优先、集约利用，更加科学合理高效地利用水资源，是黄河生态保护和可持续发展的必然选择。通过节水型社会建设，提高用水效率，满足经济社会发展不断增长的合理用水需求，进而通过水资源的优化配置、高效利用，引导经济结构调整、发展方式转变及产业布局优化，发展节水型经济，建立最严格的水资源管理制度，强化需水管理，走内涵式发展道路。因此，我们要从严从细管好水资源，精打细算用好水资源。强化水资源刚性约束，严控水资源开发利用总量，严格节水指标管理，严格生态流量监管和地下水水位水量双控，严格规划和建设项目水资源论证、节水评价。

2.4 推进黄河湿地建设和保护

湿地，被喻为“地球之肾”，具有涵养水源、净化水质、维护生物多样性等功能。黄河湿地是众多鸟类的栖息地和鸟类迁徙的重要停歇地和越冬季，但随着经济社会的发展，盲目开发、围垦湿地的现象普遍存在，给黄河湿地建设和保护带来极大危害[3]。为此，我们要做好黄河湿地建设和保护，在确保防洪安全和不影响防洪工程建设实施的前提下，建议地方政府及有关部门合理划定湿地保护范围，减少湿地管理和居民生产之间的矛盾；开展打击破坏湿地资源专项行动，坚决取缔违法采砂采矿、违法建筑物、非法砖窑厂，将非法占用土地归还湿地建设；纵深推进“清四乱”常态化、规范化，坚决遏增量、清存量，将非法占用土地归还湿地。

2.5 采取迁建等方式改善滩区经济社会发展落后的局面

担负着重要作用的黄河下游滩区，经济社会发展严重滞后于大堤外的经济社会发展。河南黄河滩区有大小10余块，既是滞洪区，又是行洪区，还担负着重要的沉沙作用。滩区为典型的农业经济状态，除少量的油井、窑厂、采砂厂、旅游景区外，乡(镇)企业规模很小[4]。滩区农作物夏粮以小麦为主，秋粮以大豆、玉米、花生为主。遇洪水漫滩，秋作物种不保收。因此，一方面我们要加大黄河滩区政策研究力度，对滩区实行政策补偿和财政倾斜；另一方面，我们还要加大滩区安全建设力度，采取外迁安置、滩内就地就近安置、临时撤离等措施，为滩区群众营造出一个相对安全的环境。

2.6 坚持依法治河管河

我们要依法规范黄河治理开发活动，依法治水，强化水行政执法与刑事司法衔接、与检察公益诉讼协同，依法推进黄河保护治理，进一步改善生态环境，维持黄河健康生命，保证流域及相关地区经济社会发展。一是推动黄河保护法、河南省黄河河道管理条例等立法进程；二是依法严厉打击重大水事违法行为；三是开展形式多样的法治宣传教育活动，将法治与治河文化有机结合。

参考文献

[1] 马柱国,符淙斌,周天军,等.黄河流域气候与水文变化的现状及思考[J].中国科学院院刊,2020(1):52-60.
[2] 韩康宁.黄河重点生态区生态修复的现状、问题与对策研究[J].三门峡职业技术学院学报,2021(1):24-31.
[3] 樊宝敏,李智勇.过去4 000年中国降水与森林变化的数量关系[J].生态学报,2010(20):5666-5676.
[4] 牛先平. 山西省黄河流域生态保护修复存在问题及建议[J].山西林业,2021(4):16-17.

推进水资源节约集约利用

梯级水库群调度对黄河生态流量保障的作用分析

尚文绣　靖　娟　方洪斌

（黄河勘测规划设计研究院有限公司，河南郑州　450003）

摘　要：为了明确梯级水库群调度在黄河生态流量保障中的作用，对2000—2019年三门峡水库和小浪底水库的调节过程进行还原，得到没有两水库运行情景下花园口断面和利津断面的径流过程，与实测情景对比，量化水库群调度对黄河生态流量保障的作用。结果表明，如果没有三门峡水库和小浪底水库的联合调度，2000—2019年：花园口断面年均断流1.35 d、年均预警10.7 d、年均生态基流达标率95.61%，分别比实测情景增加1.35 d、增加9.35 d和降低2.51%；利津断面年均断流68.95 d、年均预警75.55 d、年均生态基流达标率77.89%，分别比实测情景增加68.95 d、增加70.20 d和降低16.28%。梯级水库群调度发挥了保障黄河下游连续不断流和提升生态基流保证率的作用。为了维护黄河健康生命，需要进一步完善黄河梯级水库群工程体系并优化调度方案。

关键词：梯级水库群；联合调度；生态流量；小浪底水库；三门峡水库；黄河

大型河流开发通常以梯级方式展开[1-3]。梯级水库群通过拦蓄调节河流水资源时空分布，发挥灌溉、发电、防洪、供水、养殖、航运、旅游等多种功能，服务人类社会经济发展，同时也不同程度地改变陆地水循环、调节河流水文情势，对生态系统产生深刻的影响[4-6]。目前，全球已建、在建坝高超过30 m的大坝已超过1.5万座[7]，我国现有库容10万m^3以上的水库近10万座，各大江河干流、主要支流已经或正在形成各自的梯级系统[8-10]。

梯级水库群调度直接改变河流径流过程，进而引发其他环境要素和生物资源的连锁变化[11-12]。定量分析梯级水库群调度对径流过程的影响是长期的研究热点，已经形成了大量评价指标体系和方法，众多研究采用这些指标方法评价了水库运行前后河流径流过程变化，以此反映水库对径流的影响[13-16]。然而河流径流演变还受到气候变化、取用水等多因素复合影响，对比水库运行前后两个时段的径流变化，反映了多因素对径流的复合作用，但难以厘清水库在其中发挥的作用[17]，科学量化水库对径流变化的影响是当前研究的难点。本文提出梯级水库群调度对径流过程影响的定量分析方法，量化三门峡水库和小浪底水库对黄河下游径流过程的影响，明确两水库联合调度在防断流、生态基流保障等方面的作用。

1　研究方法与数据

1.1　研究范围

本文以三门峡水库和小浪底水库为研究对象，研究区域为小浪底水库坝下至黄河入海口，分析梯级水库群调度对黄河下游生态流量保障的影响。三门峡水库于1961年投入运行，总库容354亿m^3，水库运用后库区淤积严重，1973年以来按“蓄清排浑”运用。小浪底水库于1999年底投入运行，总库容126.5亿m^3，控制92%的流域面积、87%的天然径流量和近100%的输沙量。水库工程以防洪、防凌、减淤为主，兼顾供水、灌溉、发电，近年来新增了生态调度任务。

1.2　梯级水库群调度对径流过程影响的定量分析方法

河流径流演变受到水库运行、气候变化、取用水等多因素复合影响，本文提出基于情景对比的梯级

基金项目：国家重点研发计划资助项目（2021YFC3200203）；河南省重大科技专项（201300311400）。

作者简介：尚文绣（1990—），女，高级工程师，博士，主要从事水文水资源研究工作。

水库群调度对径流过程影响的定量分析方法。将分析时段定为2000—2019年，情景1代表了有三门峡水库和小浪底水库调蓄时该时段下游的实测径流状态；情景2代表了没有两水库的情况下，评价时段内下游日径流的模拟状态(见表1)。与情景1对比，情景2仅改变了梯级水库群运行这一个影响因素，上游来水、下游取用水、其他水利工程运行等条件均与情景1保持一致。

表1　情景设置

情景分类	工程条件	评价时段	径流类型
情景1	有三门峡水库和小浪底水库	2000—2019年	实测日径流
情景2	无三门峡水库和小浪底水库	2000—2019年	模拟日径流

两种情景下的径流过程表达为

$$F_A = \{f_{A,1},\ f_{A,2},\ \cdots,\ f_{A,n}\} \tag{1}$$

$$F_S = \{f_{S,1},\ f_{S,2},\ \cdots,\ f_{S,n}\} \tag{2}$$

式中：F_A 和 F_S 分别为情景1和情景2对应的黄河下游评价断面的径流过程；$f_{A,i}$ 和 $f_{S,i}$ 分别为情景1和情景2下第 i 个径流过程指标，$i=1\sim n$。

梯级水库群对径流过程的影响 E 表示为

$$E = \{e_1,\ e_2,\ \cdots,\ e_n\} \tag{3}$$

$$e_i = f_{A,i} - f_{S,i} \tag{4}$$

式中：e_i 是梯级水库群对第 i 个径流过程指标的影响。

情景2需要对三门峡水库和小浪底水库的调蓄作用进行还原，得到没有水库运行情景下的径流。三门峡水库的入库径流代表了没有经过两水库调蓄的径流状况，用三门峡水库入库径流代替小浪底水库的出库径流，并考虑两个水库间的区间来水等因素对径流进行缩放，实现对水库调蓄作用的还原。然后考虑小浪底水库至评价断面区间的来水、取水与蒸发渗漏损失，得到无三门峡水库和小浪底水库情景下评价断面的径流过程：

$$r_{S,t} = \frac{W_O + W_S}{W_I} r_{I,t-t_1} + r_{B,t-t_2} - r_{w,t-t_3} - r_L \tag{5}$$

式中：$r_{S,t}$ 是在没有三门峡水库和小浪底水库运行的情况下评价断面第 t 天的平均流量，m^3/s；W_O 是小浪底水库多年平均出库水量，亿 m^3；W_S 是评价时段末小浪底水库蓄水量，亿 m^3；W_I 是三门峡水库多年平均入库水量，亿 m^3；$r_{I,t-t_1}$ 是三门峡水库第 $t-t_1$ 天的实测入库流量，m^3/s；$r_{B,t-t_2}$ 是第 $t-t_2$ 天的小浪底水库至评价断面区间的来水流量，m^3/s；$r_{W,t-t_3}$ 是第 $t-t_3$ 天小浪底水库至评价断面区间的取水流量，m^3/s；r_L 是小浪底水库至评价断面区间的日均蒸发渗漏损失流量，m^3/s；t_1、t_2 和 t_3 分别是小浪底水库、支流汇入地点和取水地点到评价断面的水流传播时间，d。

1.3　指标与数据来源

将花园口断面和利津断面作为评价断面。选择断流天数、预警天数、生态基流不达标天数和生态基流保证率作为径流过程指标。历史上黄河下游频繁断流，给河流生态造成了严重破坏，保障黄河不断流是黄河生态保护的重要任务。预警流量是黄河断流的预警信号，低于预警流量会触发红色预警，启动相应的抗旱应急调度预案，根据《黄河水量调度条例实施细则(试行)》，花园口断面和利津断面的预警流量分别为150 m^3/s 和30 m^3/s。生态基流是为维护河湖等水生态系统功能不丧失，需要保留的低限流量过程中的最小值。流量长期低于生态基流会给水生态系统造成严重破坏，生态基流保证率原则上应不小于90%。根据水利部颁布实施的《第一批重点河湖生态流量保障目标(试行)》，花园口断面和利津断面的预警流量分别为200 m^3/s 和50 m^3/s。

三门峡水库入库断面为潼关断面，小浪底水库出库断面为小浪底断面。潼关、小浪底、花园口和利津4个断面实测日径流数据来自相关水文站实测数据，根据实测径流数据及水资源公报数据计算区间来水、取用水和蒸发渗漏水量。

2 结果

2.1 径流还原结果

三门峡水库和小浪底水库的调蓄对长系列年均径流量没有明显影响，小浪底断面2000—2019年实测年均径流量250.55亿m^3，还原后年均径流量253.45亿m^3，变化1.16%。三门峡水库和小浪底水库主要改变径流的年内分布（见图1），增大了3—7月的流量，其中6月增幅高达155.19%；减小了8月至次年2月的流量，其中8—10月的降幅达到31.88%~50.10%。两水库调度对年内径流过程的影响与水库的调度任务密切相关：3—5月为黄河下游提供灌溉用水，6—7月塑造大流量调水调沙，8—10月拦蓄洪水保障下游防洪安全，11月至次年2月水库蓄水并承担防凌任务。

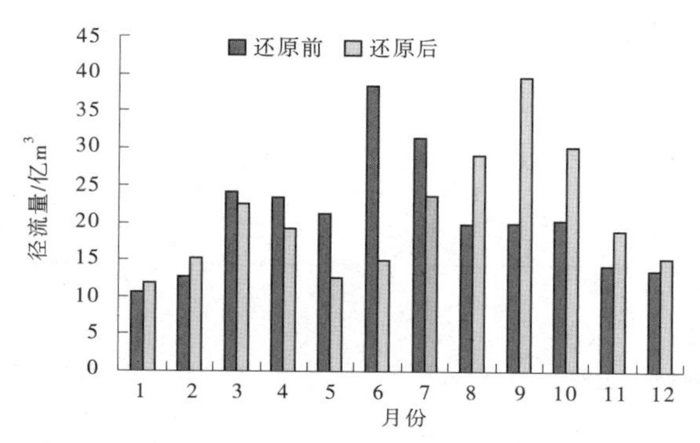

图1　还原前后小浪底断面多年平均月流量变化对比

2.2 对河道断流的影响分析

2000—2019年黄河下游持续不断流，即情景1中花园口断面和利津断面断流天数均为0。情景2中花园口断面和利津断面断流天数如图2和表2所示，径流模拟结果显示，如果没有三门峡水库和小浪底水库调蓄，2000—2019年：花园口断面年均断流1.35 d，年最长断流天数9 d（2001年）；利津断面年均断流68.95 d，年最长断流天数134 d（2002年）。2000—2019年，三门峡水库和小浪底水库的联合调度年均减少花园口断面断流1.35 d、减少利津断面断流68.95 d。

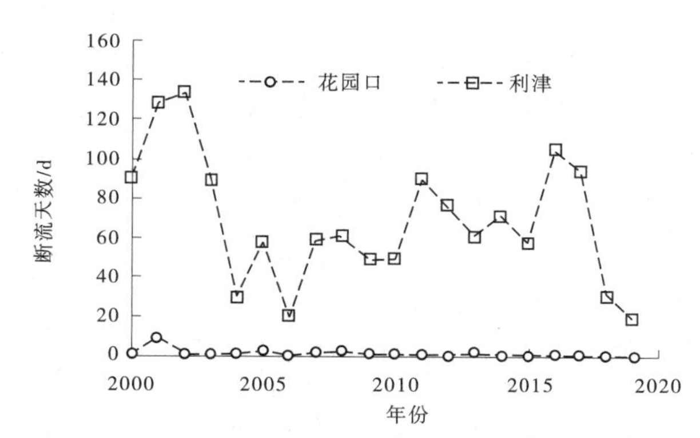

图2　情景2中花园口断面和利津断面断流天数

表 2　不同情景中花园口断面和利津断面各指标值及变化情况

时段	类型	花园口断面				利津断面			
		断流天数/d	预警天数/d	生态基流不达标天数/d	生态基流保证率/%	断流天数/d	预警天数/d	生态基流不达标天数/d	生态基流保证率/%
1990—1999 年	实测	0	17.80	26.10	92.85	78.70	107.40	118.70	67.50
2000—2019 年	实测(情景 1)	0	1.35	6.90	98.11	0	5.35	21.30	94.17
	模拟(情景 2)	1.35	10.70	16.05	95.61	68.95	75.55	80.75	77.89
	差值*	-1.35	-9.35	-9.15	2.50	-68.95	-70.20	-59.45	16.28
2004—2019 年	实测(情景 1)	0	0	1.19	99.67	0	0	0.75	99.79
	模拟(情景 2)	0.94	5.81	9.31	97.45	58.56	64.50	69.38	81.00
	差值*	-0.94	-5.81	-8.12	2.22	-58.56	-64.50	-68.63	18.79

注:带 * 是指情景 1 指标值减去情景 2 指标值。

由图 2 可知,情景 2 中 2000—2003 年利津断面断流天数较多。2000—2002 年是连续枯水年,天然径流量分别比多年(1956—2016 年)平均值偏低 32.31%、40.81%和 49.77%。虽然 2003 年是丰水年,但来水集中于 8—10 月,2003 年 1—7 月天然径流量比多年平均值偏枯 34.05%,三门峡水库入库水量比多年平均值偏少 59.16%,导致情景 2 中 2003 年丰水年利津断面仍断流天数较多。2004 年后情景 2 中断流天数有所减少,花园口断面年均断流 0.94 d,利津断面年均断流 58.56 d。2004—2019 年,三门峡水库和小浪底水库的联合调度年均减少花园口断面断流 0.94 d、减少利津断面断流 58.56 d。

2.3　对预警的影响分析

两种情景中花园口断面和利津断面的预警天数如图 3、图 4 和表 2 所示。情景 1 中,2000—2003 年花园口断面和利津断面均存在实测流量低于预警流量的现象,但 2004 年后均没有再发生过预警情况。情景 2 结果显示,如果没有三门峡水库和小浪底水库的调蓄作用,2000—2019 年:花园口断面有 17 年发生预警,年均预警 10.70 d,年最长预警 56.00 d(2001 年);利津断面每年都发生预警,年均预警 75.55 d,年最长预警 143.00 d(2002 年)。情景 2 中,2004 年后花园口断面预警天数显著减少,年均预警 5.81 d;利津断面预警天数也有所减少,年均预警 64.50 d。2000—2019 年,三门峡水库和小浪底水库的联合调度年均减少花园口断面预警 9.35 d、减少利津断面预警 70.20 d。

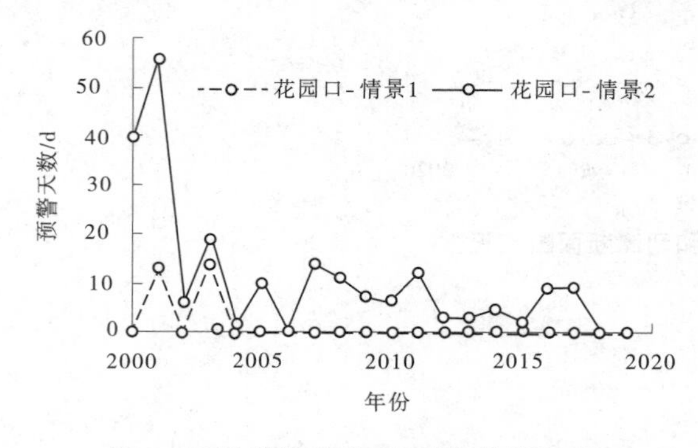

图 3　两种情景中花园口断面预警天数

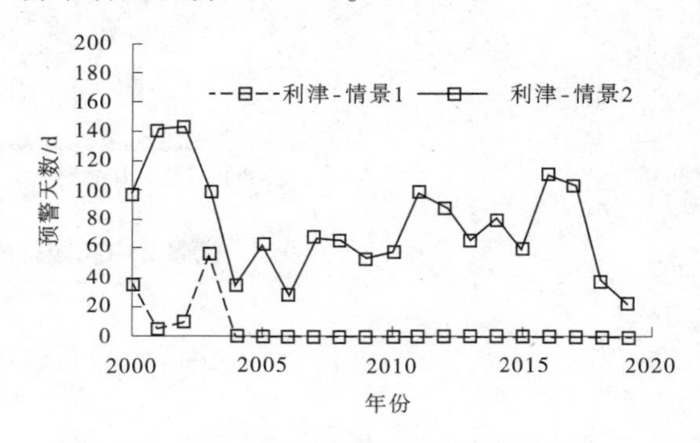

图 4　两种情景中利津断面预警天数

2.4 对生态基流的影响分析

情景 1 和情景 2 中花园口断面生态基流不达标天数如图 5 和表 2 所示。情景 1 中,花园口断面有 6 年发生了生态基流不达标的现象,2000—2019 年年均生态基流不达标 6.90 d,年最长不达标 58.00 d(2003 年);生态基流不达标现象在 2000—2003 年比较严重,年均不达标 29.75 d,2004 年后仅有 2 年发生了生态基流不达标现象,2004—2019 年生态基流年均不达标 1.19 d。情景 2 结果显示,如果没有三门峡水库和小浪底水库的调蓄作用,2000—2019 年:花园口断面有 18 年发生生态基流不达标的现象,2000—2019 年年均生态基流不达标 16.05 d,年最长不达标天数 71.00 d(2002 年);2000—2003 年生态基流年均不达标 43.00 d,2004—2019 年生态基流年均不达标 9.31 d。2000—2019 年,三门峡水库和小浪底水库的联合调度年均减少花园口断面生态基流不达标 9.15 d。

情景 1 和情景 2 中利津断面生态基流不达标天数如图 6 和表 2 所示。情景 1 中,利津断面有 6 年发生了生态基流不达标的现象,2000—2019 年年均生态基流不达标 21.30 d,年最长不达标 153.00 d(2003 年);2000—2003 年生态基流年均不达标 103.50 d,2004 年显著改善,2004—2019 年生态基流年均不达标仅 0.75 d。情景 2 结果显示,如果没有三门峡水库和小浪底水库的调蓄作用,2000—2019 年:利津断面每年均发生生态基流不达标的现象,年均不达标 80.75 d,年最长不达标 153.00 d(2002 年);2000—2003 年生态基流年均不达标 126.25 d,2004—2019 年生态基流年均不达标 69.38 d。2000—2019 年,三门峡水库和小浪底水库的联合调度年均减少利津断面生态基流不达标 59.45 d。

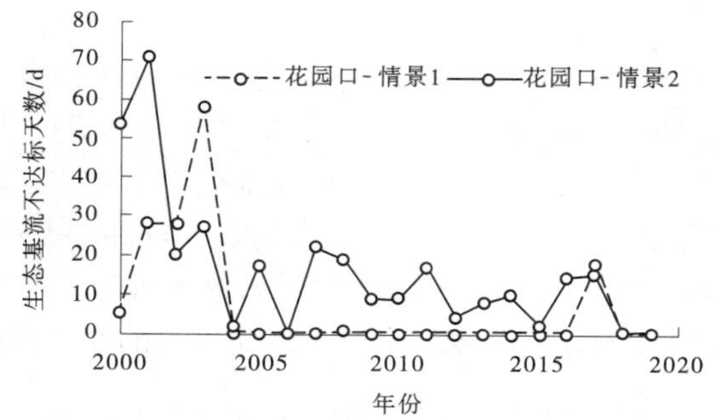

图 5 两种情景中花园口断面生态基流不达标天数

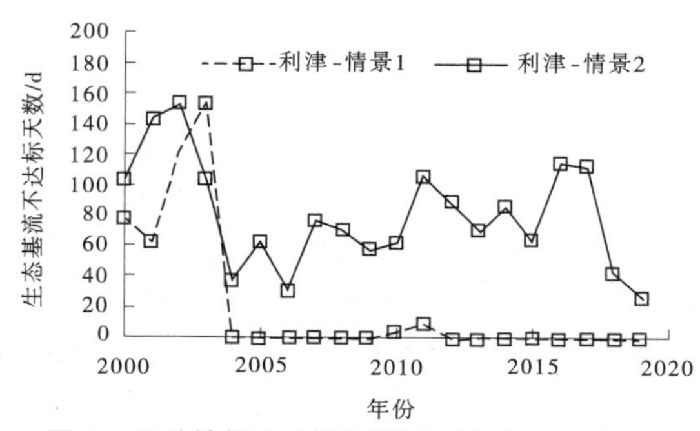

图 6 两种情景中利津断面生态基流不达标天数

《第一批重点河湖生态流量保障目标(试行)》要求生态基流保证率不低于 90%。情景 1 和情景 2 中花园口断面生态基流保证率如图 7 和表 2 所示。情景 1 中,除 2003 年外其他 19 年生态基流达标率均高于 90%,2000—2019 年年均生态基流保证率 98.11%。情景 2 结果显示,如果没有三门峡水库和小浪底水库的调蓄作用,2000 年和 2001 年生态基流达标率不足 90%,2000—2019 年年均生态基流保证率 95.61%。2000—2019 年,三门峡水库和小浪底水库的联合调度年均增加花园口断面生态基流达标率 2.51%。

情景 1 和情景 2 中利津断面生态基流保证率如图 8 和表 2 所示。情景 1 中,2000—2019 年年均生态基流保证率为 94.17%;2000—2003 年生态基流保证率均低于 90%,均值为 71.66%;2004—2019 年生态基流保证率均不低于 90%,均值为 99.79%。情景 2 结果显示,如果没有三门峡水库和小浪底水库的调蓄作用,只有 2006 年和 2019 年生态基流保证率不低于 90%,2000—2019 年年均生态基流保证率仅为 77.89%,远低于《第一批重点河湖生态流量保障目标(试行)》的要求;2000—2003 年生态基流保证率仅为 65.43%,2004—2019 年生态基流保证率增加到 81%。2000—2019 年,三门峡水库和小浪底水库的联合调度年均增加利津断面生态基流达标率 16.28%。

3 讨论

河流径流过程受到气候变化、取用水、工程条件等因素的复合影响。1990—1999 年小浪底水库尚未生效,还没有形成三门峡水库和小浪底水库联合调度的模式。对比 1990—1999 年和 2000—2019 年黄河下游径流过程及来水、取水等因素的变化,进一步明晰梯级水库群调度对黄河下游径流过程变化的贡献。

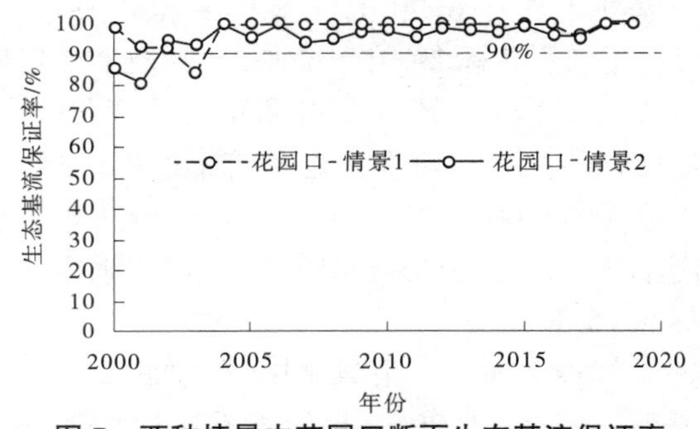

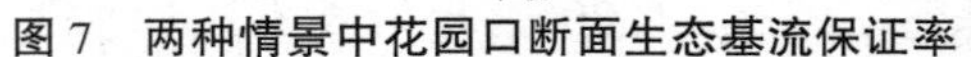

图 7　两种情景中花园口断面生态基流保证率

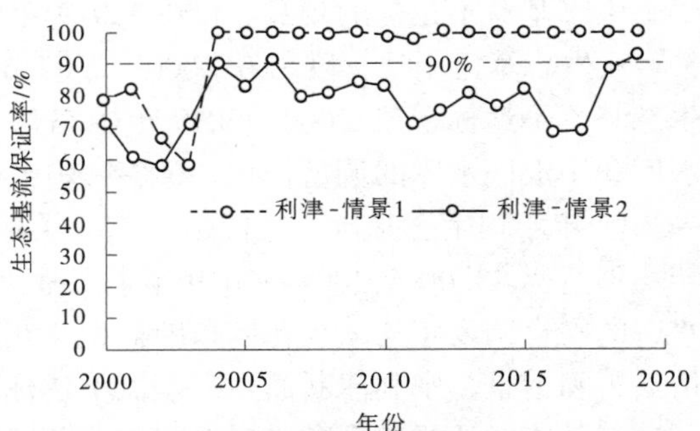

图 8　两种情景中利津断面生态基流保证率

1990—1999 年黄河枯水频发,天然年径流 427.08 亿 m^3,比多年平均值(1956—2016 年)偏枯 12.84%。如表 2 所示,这一时段黄河下游断流频发,利津断面年均断流 78.70 d、年均预警 107.40 d、生态基流年均不达标天数 118.70 d,生态基流保证率仅 67.50%。2000—2019 年利津断面实现了连续不断流,年均预警天数降至 5.35 d,生态基流年均不达标天数降至 21.30 d,生态基流保证率提升到 94.17%,表明黄河下游径流过程明显改善。

来水和取水两个因素的变化情况如表 3 所示。与枯水频发的 1990—1999 年相比,2000—2019 年黄河天然年径流量增加了 48.73 亿 m^3,增幅为 11.41%。但是进入潼关断面以下的水量并没有明显变化,2000—2019 年潼关断面实测年径流量仅比 1990—1999 年增大了 3.08 亿 m^3,变化幅度仅为 1.27%。但是潼关断面以下的引黄水量却有显著增长,2000—2019 年潼关断面以下的引黄水量比 1990—1999 年增大了 12.29 亿 m^3,增幅为 10.69%。说明与 1990—1999 年相比,2000—2019 年进入潼关断面以下的来水没有明显改善,用水向不利于河流生态保护的方向发展,但在三门峡水库和小浪底水库的联合调度下,黄河下游断流、预警和生态基流不达标等问题都得到了显著改善。

表 3　不同时段黄河来水与取水变化情况　　单位:亿 m^3

. 时段	利津断面天然年径流量	潼关断面实测年径流量	潼关断面以下引黄水量
1990—1999 年(①)	427.08	242.27	115.00
2000—2019 年(②)	475.81	245.35	127.29
变化量(②-①)	48.73	3.08	12.29

4　结论

本文提出了一种梯级水库群调度对径流过程影响的定量分析方法,研究了三门峡水库和小浪底水库联合调度对黄河下游生态流量保障的作用,得到以下结论:

(1)2000—2019 年,三门峡水库和小浪底水库的联合调度保障了黄河下游连续 20 a 不断流,显著减少了预警天数,提高了生态基流保证率,对于改善黄河下游生态环境具有重要意义。

(2)与频发断流的 1990—1999 年相比,2000—2019 年潼关断面的实测径流量没有明显增大,但潼关断面以下的引黄水量大幅增加,不利于黄河下游生态流量保障,但三门峡水库和小浪底水库的联合调度消除了这一负面影响,保障了黄河下游径流过程向有利于河流生态健康的方向转变。

参考文献

[1] 王浩, 王旭, 雷晓辉, 等. 梯级水库群联合调度关键技术发展历程与展望[J]. 水利学报, 2019,50(1):25-37.
[2] 彭少明, 王煜, 尚文绣, 等. 应对干旱的黄河干流梯级水库群协同调度[J]. 水科学进展,2020,31(2):172-183.
[3] 陈进. 长江流域水资源调控与水库群调度[J]. 水利学报,2018,49(1):2-8.
[4] 彭少明,尚文绣,王煜,等. 黄河上游梯级水库运行的生态影响研究[J]. 水利学报, 2018,49(10):1187-1198.
[5] 张金良, 练继建, 张远生, 等. 黄河水沙关系协调度与骨干水库的调节作用[J]. 水利学报,2020,51(8):897-905.
[6] 赵高磊, 林玲, 蒲迅赤, 等. 梯级水库水温影响的极限[J]. 水科学进展, 2020,31(1):120-128.
[7] JIA J. A technical review of hydro-project development in China [J]. Engineering, 2016,2:302-312.
[8] 黄强,刘东,魏晓婷,等. 中国筑坝数量世界之最原因分析[J]. 水力发电学报, 2021,40(9):35-45.
[9] 邓安军, 陈建国, 胡海华, 等. 我国水库淤损情势分析[J]. 水利学报, 2022,53(3):325-332.
[10] 朱晓声, 郭小娟, 王耀耀, 等. 梯级水库建设对怒江与澜沧江沉积物氮形态分布的影响[J]. 中国环境科学, 2019, 39(7):2990-2998.
[11] 陈求稳, 张建云, 莫康乐, 等. 水电工程水生态环境效应评价方法与调控措施[J]. 水科学进展, 2020,31(5):793-809.
[12] Gillespie B R, Desmet S, Kay P, et al. A critical analysis of regulated river ecosystem responses to managed environmental flows from reservoirs[J]. Freshwater Biology, 2015,60(2):410-425.
[13] 张文浩,瞿思敏,徐瑶,等. 泼河水库对潢河径流过程及水文情势的影响[J]. 水资源保护,2021,37(3):61-65.
[14] 张飒, 班璇, 黄强, 等. 基于变化范围法的汉江中游水文情势变化规律分析[J]. 水力发电学报, 2016,35(7):34-43.
[15] 班璇, 师崇文, 郭辉, 等. 气候变化和水利工程对丹江口大坝下游水文情势的影响[J]. 水利水电科技进展, 2020, 40(4):1-7.
[16] 段唯鑫, 郭生练, 王俊. 长江上游大型水库群对宜昌站水文情势影响分析[J]. 长江流域资源与环境, 2016,25(1):120-130.
[17] 尚文绣, 彭少明, 王煜, 等. 小浪底水利枢纽对黄河下游生态的影响分析[J]. 水资源保护, 2022,38(1):160-166, 175.

黄河流域气候要素时空变化及水资源应对策略研究

陈　靓[1]　杨明祥[1]　刘　梅[2]

（1. 中国水利水电科学研究院，北京　10038；
2. 中国南水北调集团东线有限公司，北京　100070）

摘　要：本文利用大数据技术，广泛收集黄河流域历史气象资料、水文观测站点资料，从降水、气温和蒸发三个方面分析了黄河上游、中游、下游关键气候要素的时空分布特征和深层次演变规律；在总结变化现状、分析影响规律的基础上，结合黄河流域自身特点，从工程、管理等多个维度，制定了黄河流域应对气候变化的策略框架，提出了黄河流域应对气候变化的具体措施，旨在服务于黄河流域生态保护和高质量发展，为“幸福河”的建设提供相关参考。

关键词：黄河；气候要素；时空变化；水资源；应对

1　研究区域概况

黄河发源于青藏高原巴颜喀拉山北麓的约古宗列盆地，流经青海、四川、甘肃、宁夏、内蒙古、山西、陕西、河南、山东等九省（区），在山东省垦利县注入渤海，干流全长 5 464 km，全程落差 4 480 m，流域面积 79.5 万 km^2（其中包含内流区约 4.2 万 km^2），东西方向长约 1 900 km，南北方向宽约 1 100 km[1-3]。

一般将黄河干流河道以河口镇和桃花峪为上游、中游、下游分界点。其中，河源至内蒙古托克托县的河口镇以上为黄河上游区域，河道总长 3 472 km，流域面积为 42.8 万 km^2，占全河流域面积的 53.8%；河口镇至河南郑州市的桃花峪为黄河中游区域，河道总长 1 206 km，流域面积 34.4 万 km^2，占全流域面积的 43.3%；桃花峪以下为黄河下游区域，河道总长 786 km，流域面积 2.3 万 km^2。黄河流域大部分地区干旱少雨、生态环境脆弱，中部有 43.4 万 km^2 面积的水土流失严重区，是造成黄河多泥沙的原因[4]，也是黄河下游河道淤积、洪水泛滥的根源（见表 1）。

表 1　黄河流域概况

河段	控制断面	区域划分	河道长度/km	流域面积/万 km^2	流域占比/%
上游	头道拐	内蒙古托克托县河口镇以上	3 472	42.8	53.8
中游	花园口	河口镇至河南郑州市桃花峪	1 206	34.4	43.3
下游	利津	桃花峪以下	786	2.3	2.9
总计			5 464	79.5	100

2　黄河流域气候要素时空分布特征

黄河流域气候变化日趋显著，气候变化对流域自然环境、生态环境、社会经济等产生了一定影响。气候要素受多种因素的综合影响，呈现趋势性、突变性以及“多时间尺度”结构等特征[5-6]，并具有多层次演变规律，主要体现在降水、气温和蒸发三个方面。本文依据中国 1961—2018 年 58 年间的降水、气

基金项目：中国水利水电科学研究院青年托举项目（SD0145B102021）。

作者简介：陈靓（1982—），女，高级工程师，主要从事水利水电工程、水资源利用生态环境影响等方面的研究工作。

温和蒸发皿蒸发观测资料，采用 Mann-Kendall（简称 M-K）检验法、小波分析法和 Kriging 插值法等方法[7-8]，分析了黄河流域降水、气温、蒸发等关键气候要素的时空分布特征和变化规律，可为制定黄河流域水资源气候变化应对策略提供依据。

2.1 数据来源及处理

降水和气温数据来源于中国气象网提供的黄河流域 1961—2018 年 1 029 个气象站逐月降水和气温资料，精度为 0.5 ℃；蒸发量数据来源于中国气象网提供的黄河流域内 1961—2018 年 45 个蒸发站基于大型蒸发皿的实测资料；由于部分站点大型蒸发皿蒸发量存在缺测值，通过大型蒸发皿与小型蒸发皿测得的比值（$K=E_b/E_s$，E_b 为大型皿蒸发量，E_s 为小型皿蒸发量）进行插补[9-10]，查阅参考文献黄河流域 $K=0.60$。黄河流域气象站和蒸发站空间分布见图 1。

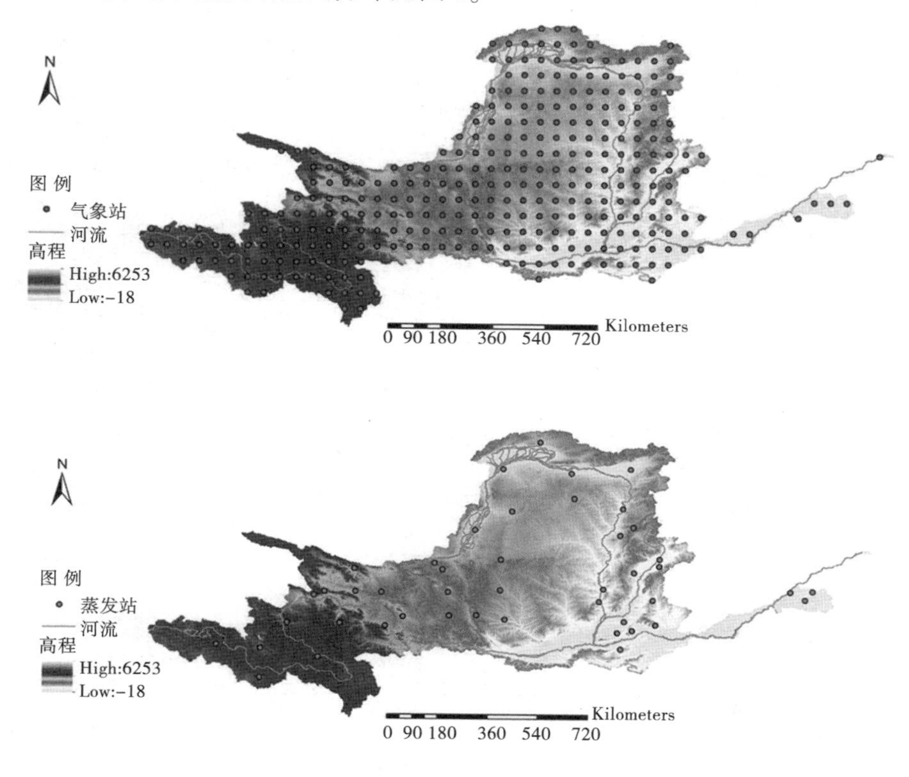

图 1　黄河流域气象站（上）和蒸发站（下）分布

2.2 结果分析与讨论

2.2.1 趋势性

本文运用 M-K 趋势分析法，分别研究了黄河流域降水、气温和蒸发在时间尺度上的变化趋势。结果显示，1961—2018 年，黄河流域多年平均降水量为 470.1 mm，年降水量从上游至下游逐渐增加。根据线性拟合结果，在 1961—2018 年整个长时间序列上，黄河上游年降水量呈上升趋势，中游和下游年降水量呈现减少趋势，总体降水变化并不显著。其中，黄河上游年降水量以 4.0 mm/10 a 的趋势上升；中游和下游年降水量分别以 3.1 mm/10 a 和 8.3 mm/10 a 的趋势减少，下游年降水量减少趋势最明显。黄河流域三大气候要素趋势性变化特征见图 2。

黄河流域多年平均气温为 5.8 ℃，上游、中游和下游年平均气温均呈上升趋势，且三者都通过 Mann-Kendall 趋势分析 95%显著性检验，表明气温上升趋势显著，符合全球气候变暖大趋势。上游、中游和下游升温速度依次为 0.4 ℃/10 a、0.2 ℃/10 a 和 0.3 ℃/10 a，上游地区气温变化最显著。

黄河流域多年平均蒸发皿蒸发量为 1 067.3 mm。蒸发皿蒸发量呈现全流域下降趋势，上游、中游和下游下降速度依次为 13.3 mm/10 a、13.1 mm/10 和 28.4 mm/10 a，下游蒸发量下降最显著。表明在黄河流域存在“蒸发悖论”现象[11-12]。

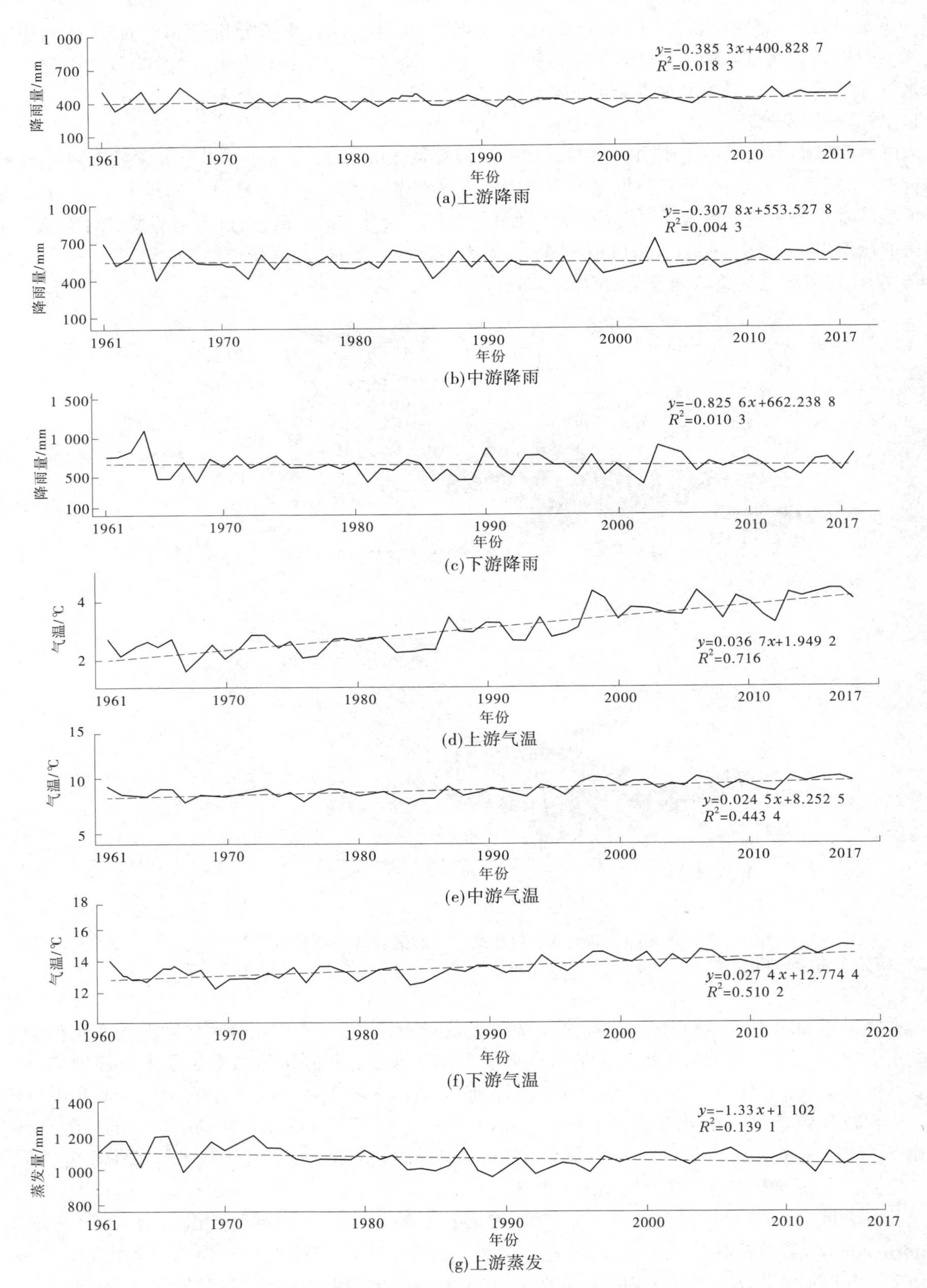

图 2 黄河流域三大气候要素趋势性变化特征

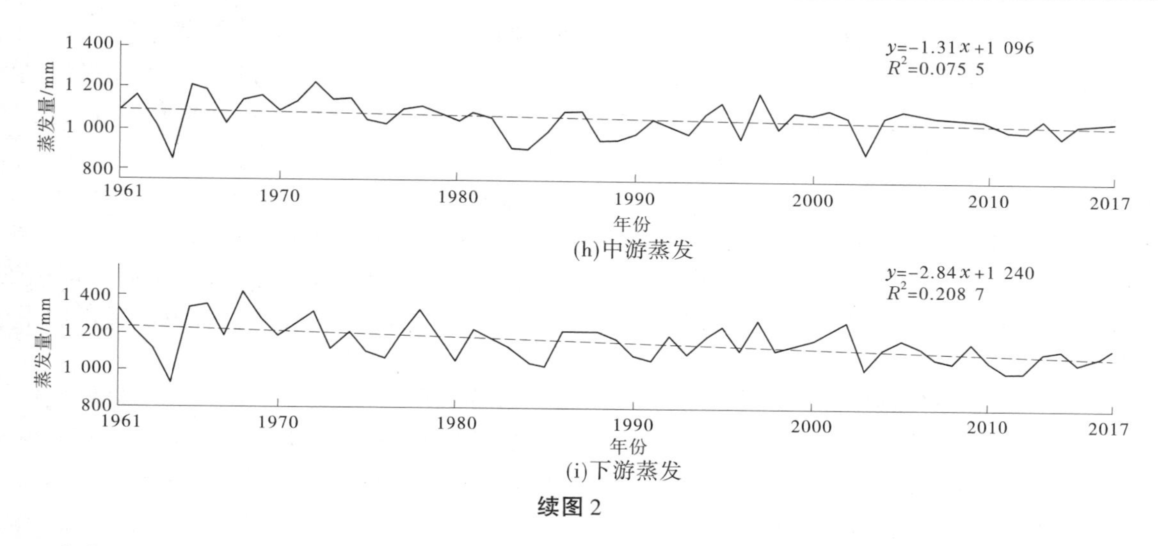

(h)中游蒸发

(i)下游蒸发

续图 2

2.2.2 突变性

M-K 突变检验结果(见图 3)显示,黄河上游地区年降水量于 2015 年发生突变,在突变发生之前 2000—2010 年降水量呈不显著下降趋势,2010 年后开始逐年上升,进一步说明近 10 a 黄河上游地区呈现湿化趋势[13];黄河中游地区年降水量于 2016 年发生突变,年降水量下降趋势有所减缓,但仍呈下降趋势;黄河下游地区年降水量于 1961 年、1964 年发生突变。

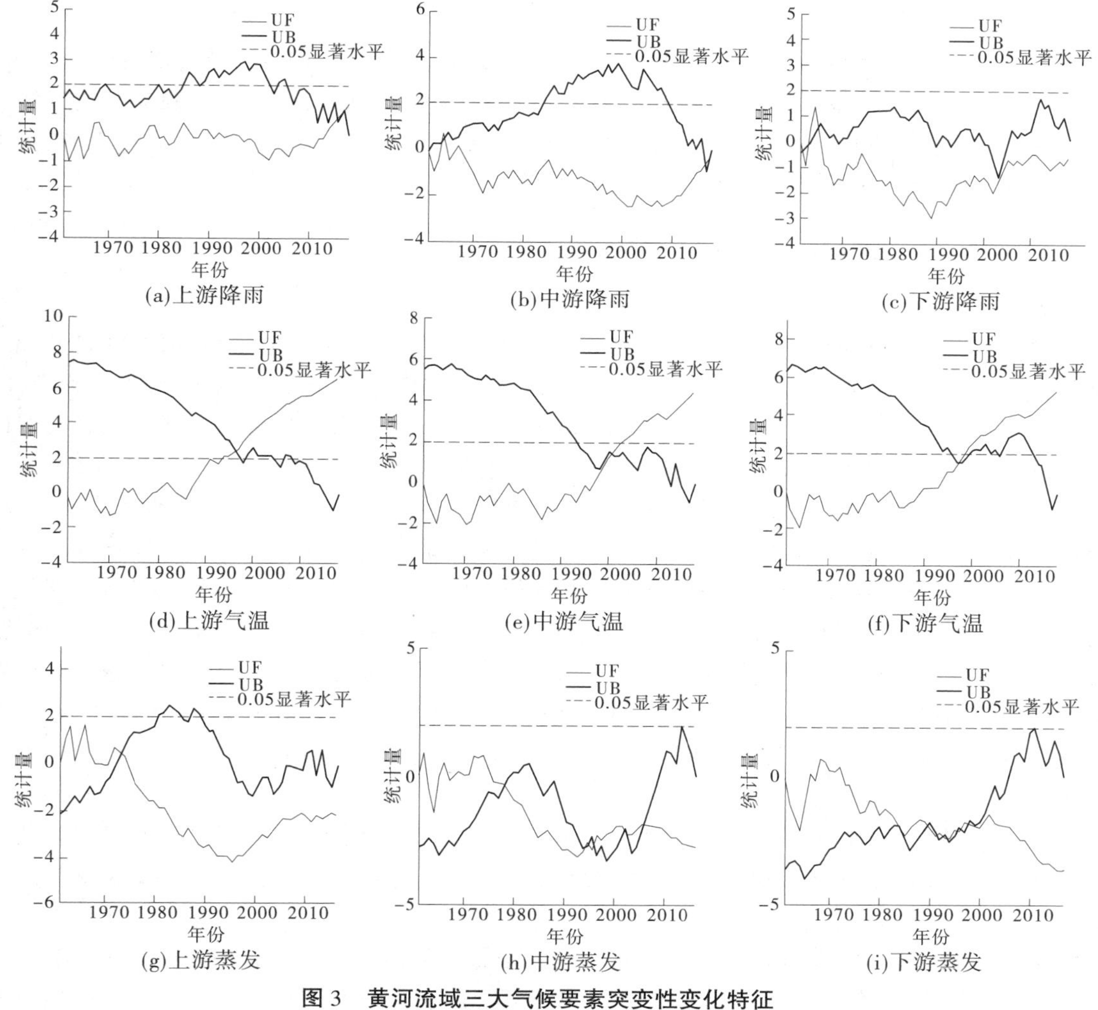

(a)上游降雨 (b)中游降雨 (c)下游降雨

(d)上游气温 (e)中游气温 (f)下游气温

(g)上游蒸发 (h)中游蒸发 (i)下游蒸发

图 3 黄河流域三大气候要素突变性变化特征

黄河上游地区年平均气温于1996年发生突变,在1996年之后年平均气温呈显著上升趋势,进一步印证了黄河上游地区呈现暖湿化现象,且变暖趋势较变湿趋势发生更早;黄河中游地区年平均气温于2000年发生突变,且2002年后气温上升趋势显著;黄河下游地区年平均气温于1998年发生突变,突变使年平均气温由不显著上升趋势转为显著上升趋势。

黄河上游地区年蒸发皿蒸发量于1975年发生突变,突变使年蒸发皿蒸发量由上升趋势变为下降趋势,上游年蒸发皿蒸发量突变时间早于降水和气温突变时间;黄河中游地区年蒸发皿蒸发量于1978年和1995—2007年期间发生突变,黄河中游突变时间和上游突变时间较接近,但略晚于上游;黄河下游地区年蒸发皿蒸发量于1990—1998年期间发生突变,此后蒸发量下降趋势逐渐增加,2008年以后年蒸发皿蒸发量下降趋势显著。

降水量的地区分布规律既受天气系统制约,又受地形等地理环境间接影响,造成明显的地区性差异。黄河流域年降水量空间分布总体上呈“南多北少,东多西少”的空间格局。下游地区明显高于中游、上游地区。在泾渭洛河区间内多年平均降雨量最高,在兰托区间多年平均降雨量最低[见图4(a)]。而年降水量变化趋势呈“西北向东南递减,由上升转为下降”。其中,在兰州以上地区、中游山陕地区部分站点年降水量增速较大,大于10 mm/10 a。

黄河流域多年平均气温空间分布总体上呈“东部高、西部低,南部高、北部低”的空间格局。从图4(b)可以看出,黄河流域中下游年平均气温明显高于上游。在三花区间年平均气温最高,达14.9 ℃;在黄河源区年平均气温最低,仅-6.5 ℃。黄河流域年平均气温呈现全流域变暖趋势,且东南地区年平均气温上升速度较西北地区慢,说明黄河上游西北地区呈现暖湿化现象,黄河下游地区呈现暖干现象[14]。

黄河流域各区域地貌形态和气候类型差异较大,蒸发皿蒸发量总体上呈“北部多、南部少,东部多、西部少”的空间格局[见图4(c)]。黄河流域年蒸发皿蒸发量由东北向西南地区递减,变化趋势以下降为主,其中黄河上游兰州以上区间部分站点、黄河下游蒸发皿蒸发量呈上升趋势,上升速度小于5 mm/10 a;黄河中游部分站点蒸发皿蒸发量下降速度较大,大于5 mm/10 a。

3 黄河流域应对气候变化的对策和建议

3.1 策略框架

黄河流域的基本特点决定了流域水资源系统对气候变化的敏感性和脆弱性,随着黄河流域未来气候变暖趋势的加剧,水资源供需矛盾将进一步加大,极端灾害发生的概率、时空分布及不确定性增大。因此,黄河流域水资源应对气候变化的形势更加严峻。本文依据国家水利改革发展的战略部署以及国家适应气候变化战略,提出了黄河流域应对气候变化的总体策略,见图5。

(1)黄河流域应对气候变化应综合考虑现状水平和变化环境。充分考虑流域的经济社会发展、技术条件、环境容量等现状,并对气候变化、社会经济变化及其带来的水资源影响等变化背景和发展趋势有充分的分析和判断,更好地把握和制定流域应对气候变化的方向和对策,采取合理的应对措施。

(2)黄河流域应对气候变化应整体考虑水安全保障。依据不同的经济社会情景、气候变化情景,全面评估气候变化对流域防洪安全、供水安全和生态环境安全等的影响,制定流域应对气候变化的对策。

(3)黄河流域应对气候变化应充分发挥协同作用。在流域可持续发展框架下,多维度综合考虑“减缓与适应”对策、“常规与应急”对策之间的协同作用,以权衡取舍,提高流域水资源管理调控水平和气候变化应对能力。

(4)黄河流域应对气候变化应合理处理多重因素。坚持采用“无悔策略”开展应对气候变化对策的制定,尽量减少当前由于对气候变化规律认识的局限性和不确定性对流域应对气候变化决策所造成的不利影响。

(5)黄河流域应对气候变化应统筹协调各类对策措施。分析和评估现有水相关政策、法律、制度框架在应对气候变化中的作用与能力;统筹协调工程、非工程类气候变化应对措施以及实施过程;坚持预

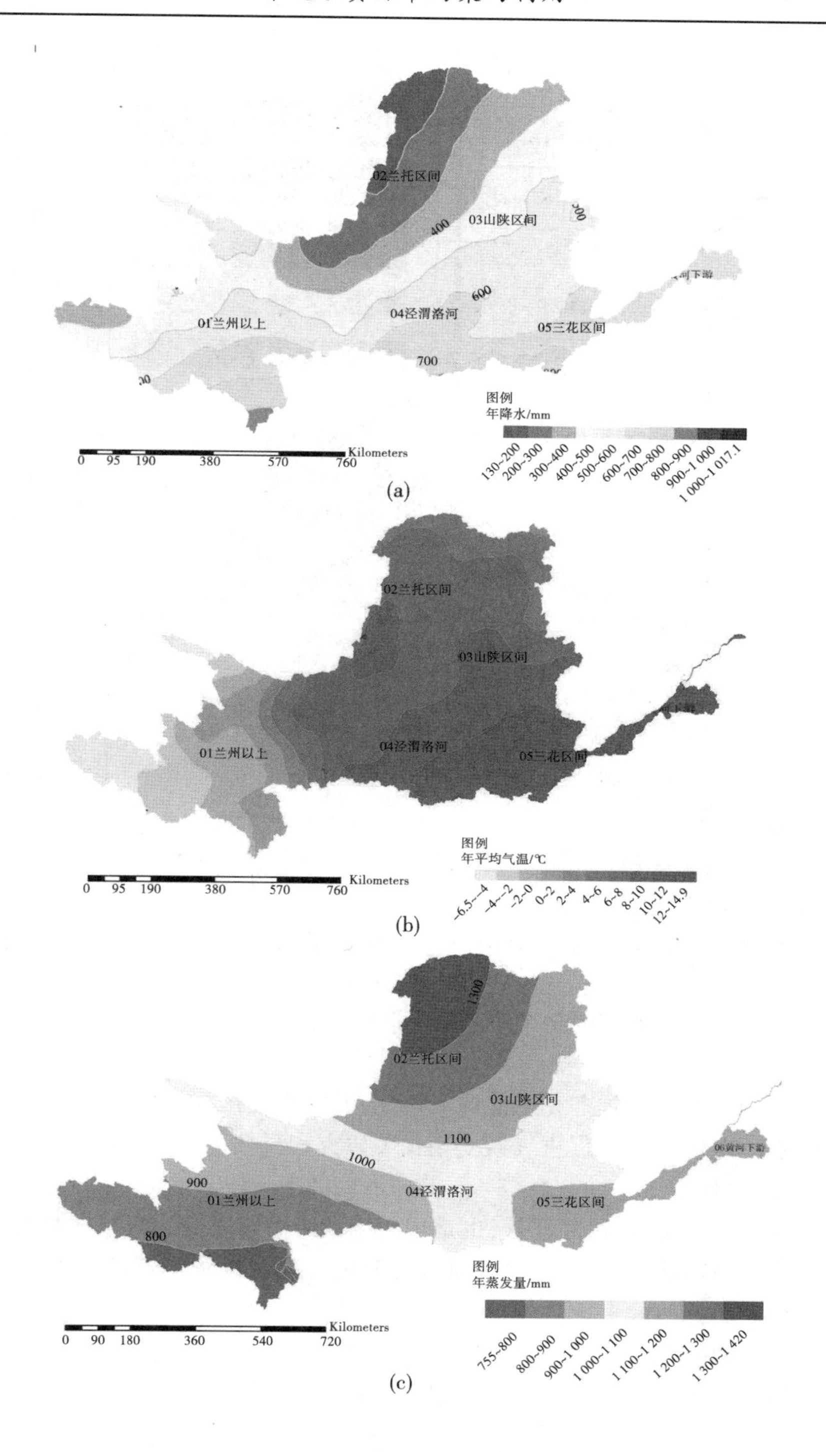

图 4 黄河流域三大气候要素空间分布特征

防为先，增强黄河流域对气候变化影响的抵御或修复能力，降低气候变化带来的各类负面影响；坚持实施气候变化背景下的流域水资源综合调控和管理思路。

3.2 对策建议

本文从“常规对策”和“应急对策”两个层面提出流域应对气候变化的对策和建议。“常规对策”又包括“减缓对策”和“适应对策”两部分：通过有效的适应性措施和管理，提高黄河流域预防和抵御气候变化的能力；通过合理的减缓措施，控制和减少污染物及温室气体的排放量，在源头上减缓气候与环境变化的进程。

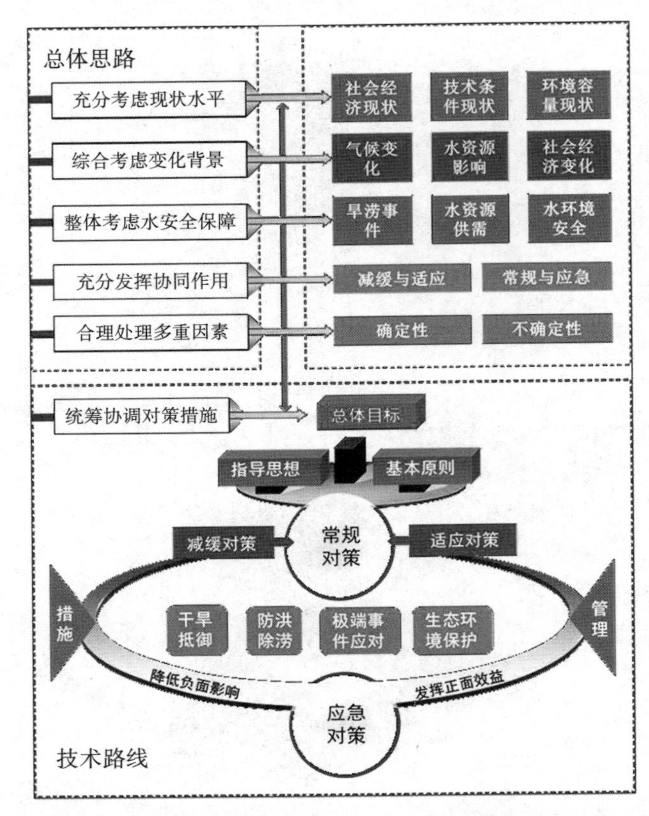

图5 黄河流域水资源应对气候变化策略框架

3.2.1 气候变化减缓对策

减缓气候变化影响是一项长期、艰巨的挑战。黄河流域应对气候变化的减缓对策主要包括以下若干方面：

(1)继续强化水资源节约和水利结构优化的政策导向,建设节水型社会;保护湿地,维持流域生态系统健康;

(2)加大可再生能源发展,增加非化石能源所占比例,减少碳排放;

(3)提高公众的气候变化意识,促进气候变化相关研究和科技进步等。

3.2.2 气候变化适应对策

适应气候变化是一项现实、紧迫的任务,也是黄河流域应对气候变化的基本对策。科学的适应对策既需要应对根本的水资源短缺问题,又需要应对水资源灾害频发以及水资源供需平衡等问题。具体对策主要包括以下若干方面：

(1)加快水利基础设施建设,提高供水保障能力;

(2)积极实施外流域调水,改善黄河流域缺水局面;

(3)大力开发非常规水源,形成多源互补的良性格局;

(4)因地制宜实施抗旱技术,进一步完善抗旱保障机制;

(5)制定与实施干旱管理规划;

(6)加强防洪工程体系建设,全面提升防洪能力;

(7)适当提高防洪标准和防洪等级,有效适应致洪压力;

(8)提升灾害衍生意识,应对洪水次生灾害;

(9)明确职责职能,加强防洪减灾政策法规体系建设;

(10)科学调度,提高水利工程调控能力;

(11)以法治水,落实最严格的水资源管理制度;

(12)加强水利行业监管,发挥水利工程的最大效益。

3.2.3 气候变化应急响应对策

历史上黄河流域就是洪涝频发、水旱灾害严重的流域。气候变化影响下,黄河流域极端水文和气象事件呈现出不确定性和突发性特征,频率和强度均有所增大。黄河流域应急响应对策包括以下几个方面:

(1)加强预警体系建设,提高极端事件的准备、反应和恢复能力;

(2)建立健全应急预案,为极端事件提供行动指南;

(3)加强应急队伍建设,建立健全应急救灾体制。

4 小结

本文利用大数据技术,广泛收集黄河流域历史气象资料、水文观测站点资料,从降水、气温和蒸发三个方面分析了1961—2018年黄河上游、中游、下游关键气候要素的时空分布特征和深层次演变规律;在总结变化现状、分析影响规律的基础上,结合黄河流域自身特点,从工程、管理等多个维度,制定了黄河流域应对气候变化的策略框架,提出了黄河流域应对气候变化的具体措施,旨在服务于黄河流域生态保护和高质量发展,为"幸福河"的建设提供相关参考。

参考文献

[1] 史辅成,张冉. 近期黄河水沙量锐减的原因分析及认识[J]. 人民黄河, 2013,35(7):1-3.

[2] 刘昌明,田巍,刘小莽,等. 黄河近百年径流量变化分析与认识[J]. 人民黄河, 2019, 41(10): 11-15.

[3] Liang K, Liu C, Liu X M. Impacts of climate variability and human activity on streamflow decrease in a sediment concentrated region in the Middle Yellow River[J]. Stochastic Environmental Research & Risk Assessment, 2013, 27(7):1741-1749.

[4] 赵阳,胡春宏,张晓明,等. 近70年黄河流域水沙情势及其成因分析[J]. 农业工程学报, 2018, 34(21):112-119.

[5] 施雅风. 中国气候与海面变化及其趋势和影响-气候变化对西北华北水资源的影响[M]. 济南:山东科学技术出版社, 1995.

[6] 张建云,王国庆. 气候变化对水文水资源影响研究(精)[M]. 北京:科学出版社, 2007.

[7] 张建云. 短期气候异常对我国水资源的影响评估——国家"九五"重中之重科技项目96-908-03-02专题简介[J]. 水科学进展, 1996(S1):1-3.

[8] 水利部水文局. 国家"十五"科技攻关计划(2001-BA611B-02-04)"气候变化对中国淡水资源的影响阈值及综合评价"[R]. 1996.

[9] 王中根,刘昌明,黄友波. SWAT模型的原理、结构及应用研究[J]. 地理科学进展, 2003, 22(1):79-86.

[10] Tung C P, Haith D A. Global-Warming Effects on New York Streamflows[J]. Journal of Water Resources Planning & Management, 1995, 121(2):216-225.

[11] Guo S, Wang J, Xiong L, et al. A macro-scale and semi-distributed monthly water balance model to predict climate change impacts in China[J]. Journal of Hydrology, 2002, 268(1):1-15.

[12] 李志,刘文兆,张勋,等. 气候变化对黄土高原黑河流域水资源影响的评估与调控[J]. 中国科学,2010, 40(3):352-362.

[13] 王卫光,丁一民,徐俊增,等. 多模式集合模拟未来气候变化对水稻需水量及水分利用效率的影响[J]. 水利学报, 2016,47(6):715-723.

[14] 陈磊. 黄河流域水资源对气候变化的响应研究[D]. 西安:西安理工大学, 2017.

阿坝州黄河流域水资源条件研判

刘柏君[1,3]　苏　柳[1]　乔　钰[2]　李红艳[3]　毕黎明[1]

(1. 黄河勘测规划设计研究院有限公司,河南郑州　450003;
2. 河南黄河河务局供水局,河南郑州　450003;
3. 河南工程学院管理工程学院,河南郑州　451191)

摘　要:水资源条件是开展流域规划和水量调配的重要基础。四川阿坝藏族自治州(简称阿坝州)作为黄河流域上游典型的湿润区,气候变化和人类活动使区域水资源情势出现了一定的不确定性,给阿坝州水利工程建设、河流保护治理提出新的挑战。本文利用多种类水文水资源分析方法,厘清了阿坝州黄河流域1956—2016年水资源量演变特征,评价了流域内水资源的特点。结果表明:①流域多年平均降水量为669.00 mm,降水量呈现不显著下降趋势,降水主要集中在6—8月;②流域水资源总量为41.4亿m^3,白河与黑河水资源量占流域水资源总量的73.8%,是阿坝州黄河流域的主要来水河流;③红原县和若尔盖县水资源量占流域水资源总量的78.1%,是流域主要的产水县区;④流域水资源质量状况良好,各河流水质沿程较优。研究成果可以为阿坝州水资源节约集约利用、防洪减灾提供科学依据。

关键词:水量;水质;变化特征;演变趋势;阿坝州黄河流域

1　引言

水资源是社会经济发展的基础性资源,也是生态环境复苏的保障性资源[1-2]。实现水资源节约集约利用、提高水害灾防御能力是新阶段水利高质量发展的核心内容[3],其中的关键问题就是明晰水资源条件。水资源条件研判是对某一地区或流域水资源质量的时空分布特征与潜在的演变趋势做出分析和判定。早在1840年,美国开展了密西西比河水量统计工作,并于20世纪初完成了《科罗拉多水资源》《纽约州水资源》《联邦东部地下水》等成果;到了1930年,苏联编著了《国家水资源编目》报告;1968年,美国对全国水资源进行分区,完成了全国的首次水资源评价[4-5]。2009年美国水安全法案提出定期开展综合性水资源调查评价,每5年向国会报告一次;欧盟2000年水框架指令规定明确的执行时间表,各成员国以6年为一个周期开展水资源评估等工作[6]。《中华人民共和国水法》规定:"制定规划,必须进行水资源综合科学考察和调查评价";"地方各级人民政府应当结合本地区水资源的实际情况,……,合理组织开发、综合利用水资源"[7-8]。《中华人民共和国水文条例》规定:县级以上人民政府水行政主管部门应当根据经济社会的发展要求,会同有关部门组织相关单位开展水资源调查评价工作[7-8]。这些规定为开展水资源条件分析评价提供了法律依据。2017年,我国中央一号文件明确要求:"……全面推行用水定额管理,开展县域节水型社会建设达标考核。实施第三次全国水资源调查评价"[9]。因此,开展水资源条件研判十分必要,能够为水资源的有效管理、统一规划和优化配置提供科学依据。

黄河是世界上含沙量最高、治理难度最大的河流,黄河流域自然条件复杂,河情特殊,决定了黄河治

基金项目:"十三五"国家重点研发计划课题(2018YFC1508706);国家自然科学基金(42077449;U1704121;71804042);教育部人文社会科学研发项目(19YJC630075);黑土地保护与利用科技创新工程专项资助(XDA28060100)。

作者简介:刘柏君(1990—),男,博士,高级工程师,硕士生导师,研究方向水文水资源。

理的长期性、复杂性和艰巨性[10-11]。黄河流域面积 79.5 万 km^2，横跨我国东、中、西三大区域，上游、中游、下游地区水资源条件具有明显的差异性[12]。四川阿坝州位于黄河源头区，水资源本底情势较好，开展阿坝州黄河流域水资源条件研判，对黄河流域生态保护和高质量发展具有推动作用。

2 研究区概况

阿坝州位于青藏高原东南缘、四川省西北部，北和西北与甘肃省、青海省交界，东和东南与绵阳市、德阳市、成都市相邻，南和西南与雅安市接壤，西与甘孜藏族自治州相连。阿坝藏族羌族自治州黄河流域总面积为 16 960 km^2，涵盖阿坝县、若尔盖县、红原县、松潘县 4 县，介于东经 101°6′53″~104°15′8″和北纬 32°6′44″~34°18′54″(见图 1)。阿坝州黄河流域属高原型季风气候，平均气温为 9.3 ℃，冬季寒冷而漫长，夏季北部温凉、南部温热且短暂，大部分地区春秋季相连，干雨季分明，光照充沛，昼夜温差大，无霜期短。

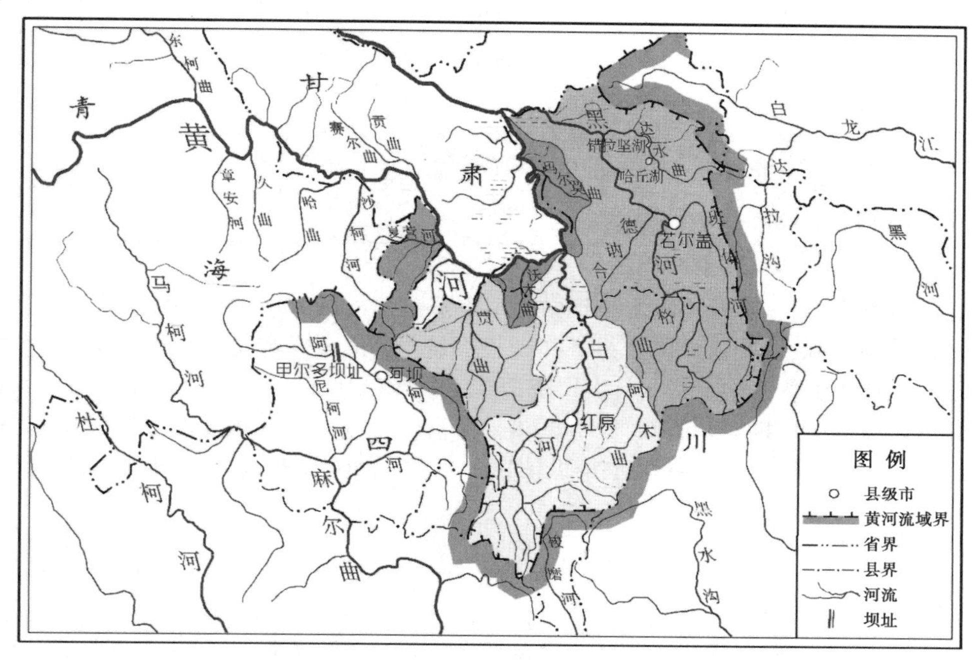

图 1 阿坝州黄河流域概况及水系分布

阿坝州黄河流域降雨主要集中在 5—10 月，具有雨日多、连续雨日较长的特点，流域洪水由暴雨产生，一般出现在 6—10 月，洪水洪峰相对较高，一次洪水过程尖瘦，洪水历时较长。同时，水多沙少是阿坝州黄河流域的典型水文特征，流域多年平均含沙量小于 0.50 kg/m^3，泥沙主要来源于暴雨侵蚀。

阿坝州黄河流域内面积大于 50 km^2 的河流有 123 条，黄河一级支流有黑河、白河、贾曲、夏容曲、玛尔莫曲、沙柯、沃木曲 7 条(见表 1)。其中，黑河、白河、贾曲流域面积均在 1 000 km^2 以上。黑河阿坝州境内河长 456 km，流域面积 7 769 km^2，发源于四川省红原县与松潘县交界处山冈，流经若尔盖县，西入玛曲县境，至曲果果芒汇入黄河；白河河长 279 km，流域面积 5 346 km^2，发源于四川省阿坝州红原县与马尔康县交界处山冈，流经阿坝县，于若尔盖县汇入黄河；贾曲阿坝州境内河长 136 km，流域面积 2 005 km^2，发源于四川省阿坝州阿坝县与红原县交界处山岭，向北汇入黄河。

3 水资源量变化特征分析

为了便于分析，将流域分为黄河干流及诸小支流、贾曲、白河、黑河 4 个水资源分区(见图 1)，利用多种方法研判流域 1956—2016 年间水资源量变化特征。

3.1 降水量

阿坝州黄河流域 1956—2016 年多年平均降水量 113.6 亿 m^3，折合平均降水深为 669.0 mm，水资源分区中，黑河分区多年平均降水量最大，为 48.92 亿 m³，占流域总量的 43.1%，折合平均降水深为 641.26 mm；其次为白河分区，多年平均降水量为 40.3 亿 m³，占流域总量的 35.5%。行政分区中，红原县多年平均降水量最大，为 52.51 亿 m³，占流域总量的 46.2%，折合平均降水深为 781.12 mm；其次为若尔盖县，多年平均降水量为 38.85 亿 m³，占流域总量的 34.2%，折合平均降水深为 567.17 mm。

表 1　阿坝州黄河流域主要水系特征

河流名称		河流长度/km	流域面积/km²	河口流量/(m/s)	流经县域
黄河(干流)		174	16 960	479.00	阿坝县、若尔盖县
一级支流	黑河	456	7 769	79.80	红原县、若尔盖县
	白河	279	5 346	73.30	红原县、阿坝县、若尔盖县
	贾曲	136	2 005	25.60	阿坝县、红原县
	玛尔莫曲	46	563	5.36	若尔盖县
	夏容曲	26	501	5.24	阿坝县
	沙柯	36	270	2.79	阿坝县
	沃木曲	37	180	1.71	阿坝县、若尔盖县

阿坝州黄河流域 1956—2016 年降水呈现微弱的下降趋势(见图 2)，利用 Mann 检验发现，60 a 降水量变化未通过显著性检验，说明流域降水量下降趋势不显著。流域降水量最大值为 141.01 亿 m³，出现在 1975 年，降水量最小值为 88.43 亿 m³，出现在 2002 年，极值比 1.60。黄河干流及诸小支流分区、贾曲分区、白河分区、黑河分区的极值比分别为 1.68、1.56、1.95、1.89，说明白河分区降水量变化最为剧烈；阿坝县、红原县、松潘县、若尔盖县降水量极值比分别为 1.56、1.98、1.69、1.85，说明红原县降水量变化最为剧烈。

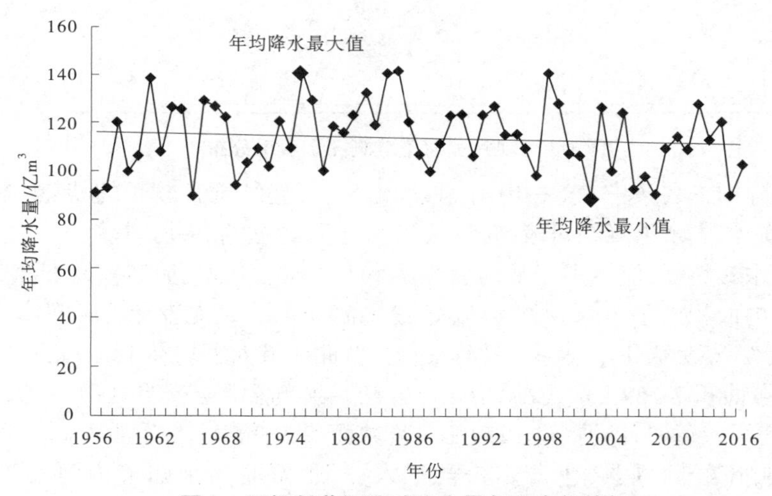

图 2　阿坝州黄河流域降水量年际变化特征

以 1980 年与 2000 年进行时段划分，分析阿坝州黄河流域降水量在不同时段的变化特征。流域 1956—1980 年、1981—2000 年、2001—2016 年的多年平均降水量分别为 113.5 亿 m³、119.1 亿 m³ 和 106.4 亿 m³；1956—2000 年和 1956—2016 年时段的多年平均降水量分别为 116.0 亿 m³ 和 113.6 亿 m³。1981—2000 年时段多年平均降水量比 1956—1980 年时段增加了 5.6 亿 m³，而 2001—2016 年时段多年平均降水量比 1981—2000 年时段减少了 12.7 亿 m³，比 1956—1980 年时段减少了 7.1 亿 m³；同时，2001—2016 时段多年平均降水量比 1956—2000 年时段减少了 9.6 亿 m³，结果见表 2。

表 2　阿坝州黄河流域不同时段降水量变化特征

分区	河流/县区	面积/(km²)	年均降水量(亿 m³)				
			1956—1980 年	1981—2000 年	2001—2016 年	1956—2000 年	1956—2016 年
水资源分区	黄河干流及诸小支流	1 841	12.2	12.7	12.4	12.4	11.3
	贾曲	2 005	13.1	14.0	13.3	13.5	13.1
	白河	5 346	40.2	42.7	34.9	41.3	17.2
	黑河	7 769	48.1	49.7	45.9	48.8	21.8
县级行政区	阿坝县	3 476	22.2	23.6	22.4	22.8	52.5
	红原县	6 603	52.5	56.0	44.6	54.1	0.4
	松潘县	50	0.5	0.4	0.4	0.4	38.9
	若尔盖县	6 831	38.4	39.0	39.0	38.7	113.6
合计		16 960	113.5	119.1	106.4	116.0	113.6

3.2　地表水资源

阿坝州黄河流域 1956—2016 年多年平均地表水资源量为 41.4 亿 m³,最大值为 69.0 亿 m³,发生在 1983 年,最小值为 20.9 亿 m³,发生在 2008 年,极值比为 3.31,说明流域地表水资源量年际变化较为剧烈(见表 3)。水资源分区中,黄河干流及诸小支流、贾曲、白河、黑河各分区地表水资源量分别占流域总量的 15.5%、10.7%、47.0%、26.8%,可以看出,流域内白河分区与黑河分区地表水资源较多,即阿坝州东南部地表水资源量相对较多,西部地表水资源量相对较少;由此推断,在相同降水条件下白河流域产汇流过程更为高效,黑河流域产汇流会受到若尔盖湿地的水资源涵养作用的影响。行政分区中,阿坝县、红原县、松潘县、若尔盖县地表水资源量分别占流域总量的 21.4%、44.1%、0.5%、34.0%,可以看出,红原县是阿坝州黄河流域地表水资源量最为丰沛的县(区),其次为若尔盖县,松潘县由于在流域内的面积较小,地表水资源量因此偏少。

表 3　阿坝州黄河流域地表水资源量分析结果

分区	河流/县区	面积/(km²)	多年平均地表水资源量/亿 m³	最大值/亿 m³	最小值/亿 m³	极值比
水资源分区	黄河干流及诸小支流	1 841	6.5	15.3	2.8	5.39
	贾曲	2 005	4.4	7.2	2.2	3.24
	白河	5 346	19.4	36.3	8.5	4.26
	黑河	7 769	11.1	24.5	2.8	8.71
县级行政区	阿坝县	3 476	8.9	13.4	5.0	2.71
	红原县	6 603	18.3	33.5	7.8	4.32
	松潘县	50	0.2	0.3	0.1	2.38
	若尔盖县	6 831	14.1	22.5	7.8	2.87
合计		16 960	41.4	69.0	20.9	3.31

同样以 1980 年与 2000 年进行时段划分,分析阿坝州黄河流域地表水资源在不同时段的变化特征。

通过分析,流域1981—2000年多年平均地表水资源量比1956—1980年偏丰10.91%,2001—2016年多年平均地表水资源量比1956—1980年偏枯11.21%,2001—2016年多年平均地表水资源量比1980—2000年偏枯20.04%,可以看出,阿坝州黄河流域地表水资源量近十年减少,较为显著。从水资源分区看(见图3),黄河干流及诸小支流1981—2000年多年平均地表水资源量比1956—1980年偏丰14.74%,2001—2016年多年平均地表水资源量比1981—2000年偏枯8.29%;贾曲1981—2000年多年平均地表水资源量比1956—1980年偏丰20.22%,2001—2016年多年平均地表水资源量比1981—2000年偏枯13.23%;白河1981—2000年多年平均地表水资源量比1956—1980年偏丰8.59%,2001—2016年多年平均地表水资源量比1981—2000年偏枯19.05%;黑河1981—2000年多年平均地表水资源量比1956—1980年偏丰9.50%,2001—2016年多年平均地表水资源量比1981—2000年偏枯30.91%。由此可知,黑河分区地表水资源量减少最为明显。

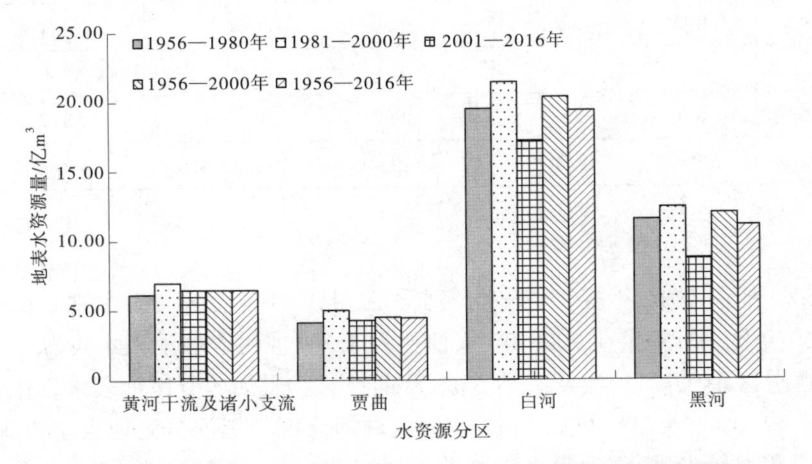

图3 阿坝州黄河流域水资源分区不同时段地表水资源变化特征

从行政分区看(见图4),阿坝县1981—2000年多年平均地表水资源量比1956—1980年偏丰15.24%,2001—2016年多年平均地表水资源量比1981—2000年偏枯10.57%;红原县1981—2000年多年平均地表水资源量比1956—1980年偏丰14.17%,2001—2016年多年平均地表水资源量比1981—2000年偏枯29.68%;松潘县1981—2000年多年平均地表水资源量比1956—1980年偏丰2.67%,2001—2016年多年平均地表水资源量比1981—2000年偏枯16.77%;若尔盖县1981—2000年多年平均地表水资源量比1956—1980年偏丰4.27%,2001—2016年多年平均地表水资源量比1981—2000年偏枯12.63%。可以看出,红原县地表水资源量减少最为明显。

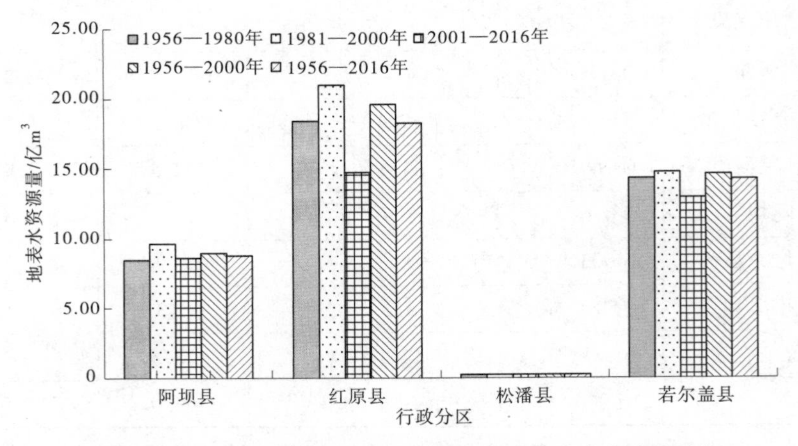

图4 阿坝州黄河流域县级行政区不同时段地表水资源变化特征

3.3 地下水资源

阿坝州黄河流域均为山丘区，由此其地下水资源量即为降水入渗补给量。从水资源分区看，黄河干流及诸小支流、贾曲、白河、黑河多年平均地下水资源量分别占流域地下水总量的 15.7%、10.7%、47.0%、26.6%；从行政分区看，阿坝县、红原县、松潘县、若尔盖县多年平均地下水资源量分别占流域地下水总量的 21.0%、44.0%、0.5%、34.0%（见表 4）。可以看出，白河分区地下水资源量较为丰富，贾曲分区最少；红原县地下水资源量较为丰富，松潘县由于涉及面积较少地下水资源量最少。

表 4　阿坝州黄河流域地下水资源量（$M \leq 2$ g/L）分析结果

分区	河流/县区	面积/（km^2）	地下水资源总量/亿 m^3
水资源分区	黄河干流及诸小支流	1 841	1.6
	贾曲	2 005	1.1
	白河	5 346	4.9
	黑河	7 769	2.8
县级行政区	阿坝县	3 476	2.2
	红原县	6 603	4.6
	松潘县	50	0.1
	若尔盖县	6 831	3.6
合计		16 960	10.5

3.4 水资源总量

由于阿坝州黄河流域均为山丘区，即流域内地下水量与地表水量间不重复计算量为 0，因此流域水资源总量与地表水资源量一致，约为 41.4 亿 m^3。

4 水资源质量分析

基于 2016—2018 年水质数据对阿坝州黄河流域水资源质量进行分析，评价河长为 800.8 km。

4.1 地表水

4.1.1 河流

评价结果显示：流域全年期、汛期河长水质为Ⅱ类，黄河干流及诸小支流、贾曲、白河、黑河全年期及汛期水质均为Ⅱ类。非汛期 82.8%的河长水质为Ⅱ类，17.2%的河长水质为Ⅲ类，白河、黑河部分河段非汛期存在Ⅲ类水质现象。从行政分区看，全年期、汛期若尔盖县、阿坝县和红原县Ⅱ类水质河长占比分别为 56.3%、2.1%和 41.6%。非汛期若尔盖县、阿坝县和红原县Ⅱ类水质河长占比分别为 39.1%、2.1%和 41.6，若尔盖县Ⅲ类水质河长占比为 17.2%（见表 5）。

4.1.2 水功能区

阿坝州黄河流域共划分一级水功能区 4 个，包括 1 个保护区（黑河若尔盖自然保护区）和 3 个保留区（黄河青甘川保留区、白河阿坝保留区、黑河若尔盖保留区），水质目标为Ⅱ类。通过分析，流域水功能区年度、汛期和非汛期水质类别均为Ⅱ类，达标河长 800.8 km，年度水质达标率均为 100%；其中，保留区评价河长为 138.0 km，水质为Ⅱ类；3 个保留区评价河长为 662.8 km，水质为Ⅱ类。从行政分区看，阿坝县涉及 2 个保留区，评价河长 17.0 km，Ⅱ类水质河长达标率 100%。若尔盖县涉及 1 个保护区、3 个保留区，评价河长分别为 138 km 和 312.9 km，Ⅱ类水质河长达标率 100%。红原县涉及 2 个保留区，评价河长为 332.9 km，Ⅱ类水质河长达标率 100%。综上可知，阿坝州黄河流域水功能区水质全部达标，水质好且总体稳定。

4.2 地下水

分析阿坝县、红原县、松潘县、若尔盖县2016—2018年地下水水质数据可知，各县地下水水质监测指标均达到《地下水质量标准》(GB/T 14848—2017)中的Ⅲ类标准，其中，若尔盖县巴西乡地下水水质监测指标均达到《地下水质量标准》(GB/T 14848—2017)中的Ⅱ类标准。

表5 阿坝州黄河流域河流水质评价结果

县级	行政区	若尔盖县	阿坝县	红原县
全年期、汛期分类河长/km	评价河长	450.9	17.0	332.9
	Ⅰ类	0	0	0
	Ⅱ类	450.9	17.0	332.9
	Ⅲ类	0	0	0
	Ⅳ类	0	0	0
	Ⅴ类	0	0	0
	劣Ⅴ类	0	0	0
非汛期分类河长/km	评价河长	450.9	17.0	332.9
	Ⅰ类	0.0	0.0	0.0
	Ⅱ类	312.9	17.0	332.9
	Ⅲ类	138.0	0.0	0.0
	Ⅳ类	0.0	0.0	0.0
	Ⅴ类	0.0	0.0	0.0
	劣Ⅴ类	0.0	0.0	0.0

5 结论

本文通过多种方法，对位于黄河源区的四川阿坝州黄河流域水资源条件进行了研判，得到以下主要结论：

(1)阿坝州黄河流域多年平均降水量为669.0 mm，水资源分区中，黑河分区多年平均降水量最大，占流域总量的43.1%；行政分区中，红原县多年平均降水量最大，占流域总量的46.2%。1956—2016年，流域年均降水量呈现不显著下降趋势。

(2)阿坝州黄河流域多年平均地表水资源量约为41.4亿m^3，水资源分区中，白河、黑河分区地表水资源量分别占流域总量的47.0%、26.8%，是流域的主要来水河流；行政分区中，红原县、若尔盖县地表水资源量分别占流域总量的44.1%、34.0%，是流域主要的产水县区。

(3)阿坝州黄河流域多年平均地下水资源量为10.5亿m^3，考虑到流域均为山丘区，因此流域地表水与地下水间的不重复水量为0，则流域水资源总量约为41.4亿m^3。分析发现，流域水资源量整体呈现先增加后减少的趋势。

(4)阿坝州黄河流域水资源质量情势较好，地表水水质整体达到Ⅱ类标准，地下水水质整体均在Ⅲ类及以上标准。

(5)阿坝州黄河流域水量丰沛、洪水资源丰富，水质状况优异，水资源开发利用形势良好。未来可通过改造或新建水库工程，进一步提升流域水资源调蓄能力，为流域防洪安全和水资源安全提供保障。

参考文献

[1] 李国英. 深入学习贯彻习近平经济思想 推动新阶段水利高质量发展[J]. 水利发展研究,2022,22(7):1-3.
[2] 张金良. 黄河流域河湖生态环境复苏研究[J]. 水资源保护,2022,38(1):141-146.
[3] 张金良. 黄河流域生态保护和高质量发展水战略思考[J]. 人民黄河,2020,42(4): 1-6.
[4] 后立胜, 许学工. 密西西比河流域治理的措施及启示[J]. 人民黄河,2001(1):39-41,46.
[5] 王浩, 仇亚琴, 贾仰文. 水资源评价的发展历程和趋势[J]. 北京师范大学学报(自然科学版), 2010,46(3): 274-277.
[6] 刘柱, 孙霞, 李楠. 国内外水资源评价的研究现状[J]. 科技创新与应用, 2020(17): 53-54.
[7] 陈琴.《水法》修订实施十周年回顾与展望[J]. 水利发展研究, 2012,12(9):1-6.
[8] 陈金木, 汪贻飞. 我国水法规体系建设现状总结评估[J]. 水利发展研究, 2020,20(10): 64-69.
[9] 任焕莲. 第三次水资源调查评价点源污染调查分析[J]. 水利技术监督, 2019(4):1-3,62.
[10] 牛玉国, 王煜, 李永强, 等. 黄河流域生态保护和高质量发展水安全保障布局和措施研究[J]. 人民黄河, 2021, 43(8): 1-6.
[11] 夏军, 刘柏君, 程丹东. 黄河水安全与流域高质量发展思路探讨[J]. 人民黄河, 2021, 43(10): 11-16.
[12] 刘昌明, 刘小莽, 田巍, 等. 黄河流域生态保护和高质量发展亟待解决缺水问题[J]. 人民黄河, 2020, 42(9): 6-9.

郑州黄河水资源承载力评价及障碍因素研究

吕军奇　栗士棋

（河南黄河河务局郑州黄河河务局，河南郑州　450008）

摘　要：本文采用郑州黄河 2016—2020 年相关资料，构建基于水资源、社会、经济、生态环境 4 个准则层的评价指标体系，采用熵权法和层次分析法组合赋权的 TOPSIS 模型对郑州黄河 2016—2020 年水资源承载力进行评价，并利用障碍度函数诊断影响郑州黄河水资源承载力提升的主要障碍因素。结果表明：2016—2020 年郑州黄河水资源承载力总体呈上升趋势，从障碍度分析结果来看，郑州黄河水资源承载力提升受水资源过度开发利用和生态环境破坏双重制约，合理规划水资源开发和恢复生态环境是提升郑州黄河水资源承载力的主要途径。

关键词：郑州市；水资源；承载力评价；障碍因素

2019 年 9 月 18 日，习近平总书记亲临郑州主持召开座谈会，提出黄河流域生态保护和高质量发展重大国家战略，为黄河长治久安指明了方向。目前，针对黄河的研究成果种类繁多，如王国庆等对气候变化背景下未来水资源趋势进行预测，认为黄河流域未来 30 a 气温将显著升高，流域降水总体可能增多，流域水资源供需矛盾可能会加剧。鲍振鑫等对黄河枯野河流域水沙变异进行归因定量识别，认为 1960—2014 年枯野河流域径流和输沙量呈显著减少趋势，1980—2014 年气候变化和人类活动对输沙量减少贡献分别为 25%和 75%左右。艾广章等以郑州黄河为例，探讨了幸福河内涵及评价标准。赵建民等研究了黄河流域水土保持对水资源承载力的作用机制，认为黄河流域水土保持能大幅度提高黄河流域水资源承载力。左其亭[1]等对黄河流域九省（区）水资源承载力进行评价，结果表明，从时间上，水资源承载力呈增大趋势；空间上，沿黄九省（区）水资源承载力存在明显差异。总的来看，针对黄河的研究主要集中在气候变化[2]、水沙定量归因以及文化理论内涵等方面，黄河水资源承载力研究主要集中在水土保持及全流域范围内的研究，缺少对黄河流域重点河段、重点城市的水资源承载力研究。郑州是河南省的省会城市，同时也是黄河流域的重点城市和国家中原地区的重要中心城市，由于区域水资源相对缺乏，厘清城市供水来源，研究城市水资源承载能力，对于促进城市发展和水资源有效管理具有重要意义和水行政管理价值。

基于以上背景，本文采用水资源-社会-经济-生态环境系统进行耦合，构建郑州黄河水资源承载力评价指标体系。采取熵权法和层次分析法获得指标综合权重，对郑州市 2016—2020 年水资源承载力进行综合评价，以期对黄河流域生态保护和高质量发展、河南黄河“五河建设”、郑州国家中心城市建设提供一定参考。

1　研究区概况与数据来源

1.1　研究区概况

郑州市地处河南中北部，总面积 7 446 km^2，截至 2020 年 11 月，全市总人口 1 260 万人，城镇人口 987.9 万人，城镇化率 78.4%。2016—2020 年郑州黄河年平均供水量 45 848.19 万 m^3，其中黄河地表

基金项目：中国工程院重大咨询研究项目（2020-ZD-18-5）；国家重点研发计划课题“区域水土资源空间网络系统变化特征和驱动机制研究”（2017YFA0605002）。

作者简介：吕军奇（1973—），男，高级工程师，从事水文水资源、水利工程研究工作。

水年平均供水量 40 225 万 m^3，地下水年平均供水量 5 623. 19 万 m^3，其中农业供水比重较大，约占年供水量的 50%，而城市居民供水比重波动较大，5 年间城市供水比重幅度变化达到了 12%。随着郑州成为国家中心城市，人口激增，城市供水大幅波动，水资源供需矛盾日益严峻，对郑州市的高质量发展发出了严峻挑战。

1.2 数据来源

本文选取 2016—2020 年作为评价年份，15 个指标来评价郑州黄河水资源承载力。研究数据主要来源于郑州黄河水资源年报（2016—2020 年）、郑州市统计局统计年鉴（2016—2020 年）。黄河是郑州市供水的主要来源，基于郑州黄河引水量，分析郑州市水资源承载力。

2 研究方法

2.1 指标体系构建

基于水资源承载力自然及社会的双重属性，我们将流域水资源承载力看作区域自然-经济-社会复合生态系统。为了郑州黄河近 5 a 水资源承载力较为客观地反映出来，本文综合国内外相关研究及黄河流域水资源情况及郑州市发展特点选取了 15 个具有科学性、系统性、可操作性及数据易获取性的指标构建了郑州黄河水资源承载力评价体系（见表 1），从水资源、社会、经济及生态环境等四个方面进行水资源承载力分析。

表 1 郑州黄河水资源承载力评价指标体系

目标层	准则层	指标层	属性	权重
郑州黄河水资源承载力指数	水资源子系统（0.56）	人均用水量/m^3（A1）	逆向	0. 264
		人均水资源量/m^3（A2）	正向	0. 13
		水资源开发程度/%（A3）	正向	0. 064
		产水模数/（m^3/hm^2）（A4）	正向	0. 51
		需水模数/（m^3/hm^2）（A5）	正向	0. 033
	社会子系统（0.12）	人口自然增长率/%（A6）	逆向	0. 118
		人口密度/（人/km^2）（A7）	逆向	0. 564
		城市化率/%（A8）	正向	0. 263
		人均社会消费品零售总额/元（A9）	正向	0. 312
	经济子系统（0.06）	人均 GDP/元（A10）	正向	0. 13
		第三产业占 GDP 比重/%（A11）	正向	0. 06
		万元 GDP 用水量/m^3（A12）	逆向	0. 553
		单位农田面积灌溉用水/（m^3/km^2）（A13）	正向	0. 258
	生态环境子系统（0.26）	废水排放量/t（A14）	逆向	0. 25
		生态环境用水率/%（A15）	正向	0. 75

评价指标等级划分的科学与否对最终评价结果影响显著，结合国内外大量研究和已有规范，本文将水资源承载力划分为 5 个等级，分别表示可承载、弱可承载、临界、超载、严重超载，具体划分见表 2。

表 2　郑州黄河水资源承载力评判标准

贴近度	承载力等级	系统状态
[0.00~0.30)	5	水资源承载力已接近饱和,水资源供需矛盾突出,生态破坏严重
[0.30~0.40)	4	水资源与社会经济平衡发展的状态趋向失衡,生态系统濒临失衡
[0.40~0.50)	3	水资源与社会经济处于平衡状态,生态系统较为稳定,处于可持续状态
[0.50~0.60)	2	水资源处于弱无压力状态,水资源满足社会经济快速发展,生态系统稳定,处于可持续状态
[0.60~1.0)	1	水资源处于强无压力状态,水资源富足满足,能够满足社会经济高速发展,生态系统极稳定,处于可持续状态

2.2　研究方法

科学合理的评价方法是水资源承载力评价的关键。当前,比较常见的评价方法有主成分分析法、层次分析法、熵权法、模糊综合评判法等[3]。由于各评价对象中存在一定的差异性,熵权法利用此差异性来确定权重,该方法受主观因素影响较小,因而使评价结果具有较高的准确性[4]。本文采用极差标准化方法对评价数据进行预处理,公式如下:

$$d_i = \begin{cases} \dfrac{x_i - x_{\min}}{x_{\max} - x_{\min}} (\text{正向指标}) \\ \dfrac{x_{\max} - x_i}{x_{\max} - x_{\min}} (\text{逆向指标}) \end{cases} \tag{1}$$

式中:d_i 为标准化后第 i 个指标值;x_i 为第 i 个原始指标值;$x_{\max}$、$x_{\min}$ 分别为第 i 个原始指标的最大值和最小值。

郑州黄河水资源承载力指数计算公式如下:

$$U = \sum w_i d_i \tag{2}$$

式中:U 为水资源承载力指数,表示水资源承载力大小;w_i 为第 i 个指标的权重。

熵权法与层次分析法相结合评价地区水资源承载力,可在一定程度上弥补两方法存在的不足,从而增加评价结果的科学性。

障碍度函数主要用于诊断事务发展的障碍因素,主要涉及贡献度、指标偏离度、障碍度三个衡量因子,可以据此判别影响水资源承载力的主要障碍因素。贡献度 F_i 和指标偏离度 I_i 计算公式分别为

$$F_i = w_i \cdot q_j \tag{3}$$

$$I_i = 1 - d_i \tag{4}$$

式中:q_j 为第 j 个准则层的权重。

第 i 个指标对水资源承载力障碍度 P_i 为

$$P_i = \frac{F_i I_i}{\sum_{i=1}^{n} F_i I_i} \tag{5}$$

3　结果与分析

3.1　水资源承载力评价结果分析

从图 1 可以看出,郑州黄河水资源承载力随年份的变化呈现先增高、后减少趋势,2016—2020 年郑州黄河水资源承载力整体呈现上升趋势。2016—2019 年间水资源缓慢上升,四年间水资源承载力上升

了152%，水资源承载力上升速率达到0.068/a，水资源承载力标准从2016年的5级上升到2019的1级，郑州黄河水资源承载力明显提高。分析发现，这四年间子系统中承载力均呈现上升状态，其中，变化幅度最大的是生态环境系统，承载力上升达到了223%，对郑州黄河水资源承载力上升贡献最大。2020年，随着新冠肺炎疫情的爆发，郑州经济建设放缓导致城市供水下降，对水资源承载力产生影响。水资源承载力由2019年的0.72下降到0.47，下降了34.7%，水资源承载力等级由1级下降到3级。4个子系统中，社会子系统承载力下降幅度最大，达到了60%，认为是导致郑州黄河水资源承载力下降的主要原因。总的来看，黄河郑州段作为紧邻河南省会和国家中心城市的重点河段，其水资源承载力与郑州城市发展联系较为紧密；同时，得益于近年来郑州市及其沿黄河段部分生态环境不断改善，黄河郑州段水资源承载力不断提升，较2016年前获得明显改善。近5 a来郑州黄河水资源承载力等级得到显著提升，2020年较2016年承载力提升2个等级。

从水资源子系统来看，2016年水资源子系统承载力最差，随着2017年郑州入选国家中心城市，郑州市对水资源重新进行了科学合理的规划，子系统承载力在2016—2018年呈显著上升趋势，2018年水资源子系统承载力上升为1级，水资源供需矛盾明显改善。2019年，习近平总书记在郑州召开黄河流域生态保护与高质量发展座谈会，郑州黄河作为黄河流域的重点河段，坚持"生态优先、绿色发展、以水而定、量水而行、因地制宜、分类施策"，不搞大开发，进行水资源科学调控，水资源子系统承载力略有下降，2020年较2018年下降了27%左右。但从总体看，近5 a郑州黄河水资源承载力仍呈上升趋势，2020年水资源子系统等级较2016年上升4个等级，做到水资源科学规划与经济发展并重。

从社会子系统来看，子系统承载力在2016—2019年稳步上升，从图2可知。郑州作为河南省的省会城市，其社会发展较好，2016年承载力等级为2级，2016年后随着政策支持，承载力2017年达到1级并不断攀升，于2019年承载力达到0.8左右，四年间变化了36%。2020年受新冠肺炎疫情影响，人口密度、人口自然增长率、城市化率、人均社会消费品零售总额等受损，子系统压力增加，承载力快速下降，达60.9%。由此可见，突发社会性公共事件对于社会子系统承载力有显著影响。

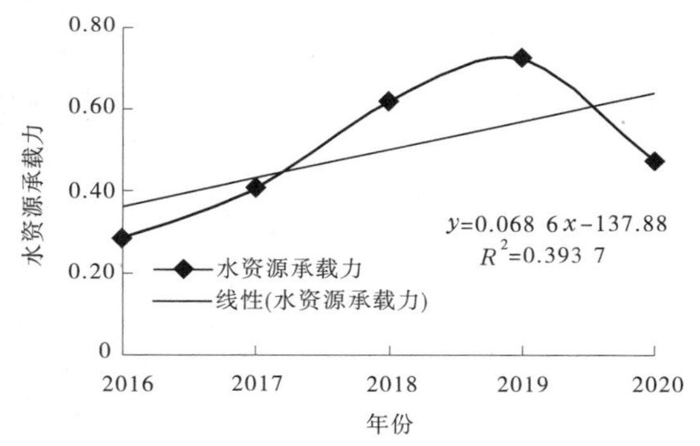

图1　郑州黄河2016—2020年水资源承载力时间变化

图2　郑州黄河2016—2020年子系统承载力时间变化

从经济子系统来看，2016—2020年承载力变化可分为三个阶段。2016—2017年，子系统承载力评价值由0.65下降到0.2，下降了69.2%，从1级下降到了5级。2017年的万元GDP用水量大，这是造成承载力下降的关键原因。2017—2019年承载力稳步上升，重新达到1级，从0.2上升到0.87，这归功于工业发展和节水技术的推广革新，万元GDP用水量持续减少。2020年，受新冠肺炎疫情影响，人均GDP、第三产业比重及单位农田面积灌溉用水均呈现不同程度的下滑趋势，子系统承受压力增加，承载力略有下降。总的来看，近些年来郑州市的快速发展，为郑州黄河水资源承载力带来较好的支撑作用。

从生态子系统来看，2016—2020年承载力呈现"波动"增长态势，2016—2017年承载力达到第一个"波峰"，承载力等级由5级上升到2级，2019年承载力达到第二个"波峰"，承载力等级达到1级，五年的时间内承载力变化幅度达到了220%，生态子系统承载力呈跳跃式上升。两次"波峰"的形成体现在生态环境用水率的提升上，这一方面归功于郑州的快速发展及黄河流域的政策导向，同时表明黄河郑州段水管理者践行生态保护与高质量发展理念效果显著。

3.2 水资源承载力障碍因子诊断

运用障碍度函数,计算得到2016—2020年郑州黄河水资源承载力评价指标体系中15个指标的障碍度,选取各年障碍度排名前八的指标如表3所示。

表3 郑州黄河2016—2020年水资源承载力主要障碍排序

年份	障碍度指标排序							
	1	2	3	4	5	6	7	8
2016	A4	A15	A1	A2	A8	A7	A5	A6
2017	A4	A15	A1	A2	A12	A8	A14	A7
2018	A1	A15	A3	A14	A12	A8	A6	A5
2019	A1	A7	A14	A15	A3	A4	A2	A8
2020	A4	A2	A14	A3	A7	A5	A12	A13

从表3可以看出,2016年水资源承载力关键障碍因子主要集中在水资源子系统和社会子系统,其中障碍度排名前三的指标为产水模数(A4)、生态环境用水率(A15)、人均用水量(A1)。2017—2019年,水资源子系统在持续成为关键障碍因子的同时,生态环境系统取代社会子系统,成为水资源承载力关键障碍因子。生态环境系统下的废水排放量(A14)和生态环境用水率(A15)两指标均入选障碍度排名前八,说明这两个指标是今后提升郑州黄河水资源承载力的重点考虑因素。2020年,受新冠肺炎疫情影响,经济萧条,经济子系统取代生态环境子系统,成为水资源承载力主要障碍因子。总的来看,2016—2020年郑州黄河水资源承载力一直受水资源子系统影响,同时,生态子系统对承载力影响显著。

对2016—2020年15个指标出现在排名前8频次,人均用水量(A1)、人均水资源量(A2)、产水模数(A4)、人口密度(A7)、城市化率(A8)、废水排放量(A14)、生态环境用水率(A15)各出现4次,水资源开发程度(A3)、需水模数(A5)、万元GDP用水量(A12)各出现3次,其他指标出现频次较少。

综合以上障碍度计算和分析结果,2016—2020年郑州黄河水资源承载力持续受水资源子系统影响,影响程度最大;其次是生态环境子系统,是今后提升水资源承载力的主要途径。排除突发社会公共事件影响,社会子系统和经济子系统障碍因素总体对郑州黄河水资源承载力影响不大。

4 结论

(1)2016—2020年郑州黄河水资源承载力总体呈上升趋势,2019年承载力最高,2020年略有下降;水资源承载力由2016年的0.29上升到2020年的0.72,上升62%,承载力等级上升两个等级,近5 a郑州黄河水资源年承载力向良好方向发展。

(2)从权重来看,水资源子系统和生态环境子系统对郑州黄河水资源承载力影响最大,产水模数和生态环境用水率是影响水资源承载力的重要指标。

(3)从各子系统来看,近5 a郑州黄河水资源子系统承载力稳步提升,2020年承载力等级较2016年上升4个等级;突发性公共事件对社会子系统影响较大,进而对水资源承载力产生影响;近5 a郑州经济的平稳发展为郑州黄河水资源承载力提供较好支撑;近5a生态子系统承载力等级跳跃式上升,为郑州黄河水资源承载力的提升提供了强劲动力。

(4)从障碍度分析结果来看,郑州黄河水资源承载力提升受水资源过度开发利用和生态环境破坏双重制约。主要受制于人均用水量、人均水资源量、产水模数、人口密度、城市化率、废水排放量、生态环境用水率这8个障碍因素。合理规划水资源开发和恢复生态环境是提升郑州黄河水资源承载力的主要途径。

参考文献

[1] 左其亭,张修宇.气候变化下水资源动态承载力研究[J].水利学报,2015,46(4):387-395.
[2] 王国庆,乔翠平,刘铭璐,等.气候变化下黄河流域未来水资源趋势分析[J].水利水运工程学报,2020(2):1-8.
[3] 朱一中,夏军,谈戈.关于水资源承载力理论与方法的研究[J].地理科学进展,2002(2):180-188.
[4] 胡永江,丁超,朱菊,等.基于文献计量学的水资源承载力研究进展综述[J].内蒙古科技大学学报,2021,40(1):91-97.

河套灌区近 30 a 地下水埋深变化特征及归因分析

樊玉苗[1]　靳晓辉[1]　王会永[2]　王爱滨[1]

(1. 黄河水利科学研究院,河南郑州　450003;
2. 内蒙古河套灌区水利发展中心,内蒙古巴彦淖尔　015000)

摘　要:地下水稳定是灌区天然林草及湖泊海子等生态要素健康发展的重要基础,河套灌区生态环境脆弱,分析其地下水埋深的时空变化及主控因子可为保障灌区粮食安全和生态安全提供支撑。通过分析近 30 a 来河套地下水埋深的时空变化特征及其主要影响因素,结果表明:河套灌区地下水埋深呈逐年增加的变化趋势,且计算得到 Hurst 指数为 0.79,地下水埋深未来趋势与过去相同;地下水埋深年内呈现为随季节波动的变化特征,每年两次地下水埋深上升阶段;通过回归分析,灌区引黄水量的减少是导致地下水埋深增加的主要原因,其次为地下水开采量的增加、降水量的减少。

关键词:河套灌区;地下水;Hurst 指数;归因分析

1　研究背景

河套灌区是我国重要的粮食生产基地,是"一带一路"和西部大开发的重要农产品产地,同时也是国家"两屏三带"生态安全战略格局中"北方防沙带"的重要组成部分[1-2]。灌区降水稀少,蒸发强烈,属于典型无灌溉即无农业的干旱地区,引用流经的黄河水是该地区社会经济可持续发展的重要保障,更是维系灌区及周边生态环境的决定因素[3-4]。地下水作为灌区重要的水资源及生态资源之一,维持地下水稳定是灌区天然林草及湖泊海子等生态要素健康发展的重要基础[5-6]。彭翔研究了河套灌区地下水埋深与生态环境的关系,得出最适合河套灌区杨树生长的地下水埋深为 1.6~2.0 m,低于或高于这个深度均不利于杨树的生长[7]。苏春利等的研究表明,地下水埋深、高盐地下水和强烈的潜水蒸发是河套灌区冲积平原土壤盐渍化的主要影响因素[8]。郑倩等分析了河套灌区解放闸灌域植被指数(NDVI)与地下水埋深的定量关系,得出不同分区的埋深与不同时段的 NDVI 关系表现为当埋深小于 2.5 m 时,埋深越小,NDVI 均值越大,呈负相关关系变化[9]。

河套灌区地下水主要来源于大气降水和黄河水灌溉补给浅层含水体的动态水量,近些年随着生态安全建设的日益加强,以及在人类活动和气候变化的双重影响下,河套灌区地下水资源动态变化特征及发展趋势受到越来越多的关注[10-11]。本文根据灌区近 30 a 的地下水埋深监测数据,结合引黄水量、降水量以及地下水开采量等资料,分析了河套灌区地下水埋深的时空变化及主要影响因素,为保障灌区粮食安全和维持生态环境健康提供科学支撑。

2　数据来源与研究方法

2.1　研究区概况

河套灌区位于内蒙古自治区的巴彦淖尔市,东经 106°20′~109°19′,北纬 40°19′~41°18′,北抵阴山山脉的狼山及乌拉山、南至黄河、东与包头市为邻、西与乌兰布和沙漠相接,是全国三个特大型灌区之一,也是我国最大的一首制自流引水灌区。灌区属于常温带大陆性干旱、半干旱气候带,降水稀少、蒸发

基金项目:河南省自然科学基金(202300410544)。

作者简介:樊玉苗(1990—),博士,主要从事灌区水资源高效利用研究工作。

强烈、干燥多风是其主要气候特征，多年平均降水量约 169.4 mm，年蒸发量约 2 194.5 mm，蒸发量是降水量的 10 倍之多。灌区海拔介于 1 050~1 018 m，自西南向东北方向缓倾，地势平坦开阔。河套灌区绿洲农业历史悠久，始于秦汉，兴于清末，优越的引黄河水灌溉条件为灌区农牧业发展提供了重要保障，自古有"黄河百害，唯富一套"的话语流传，具有"塞外粮仓"之称。

2.2 数据来源

河套灌区地下水埋深数据来源于巴彦淖尔市水利相关部门 1990—2019 年 198 眼地下水埋深动态监测井的实测数据，监测井的具体分布见图 1。降水数据来自国家气象科学数据中心（中国气象科学数据共享服务网）。灌区引黄水量由内蒙古河套灌区水利发展中心供水处提供。地下水开采量采用内蒙古自治区水资源公报等资料。

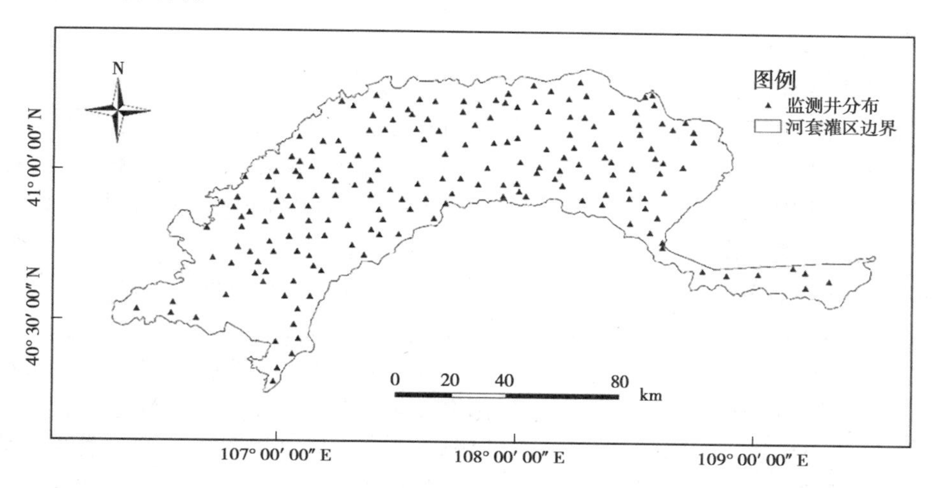

图 1 河套灌区地下水监测井分布

2.3 研究方法

河套灌区引黄水量、降水量、地下水开采量等因素随时间的变化特征采用线性趋势分析方法，同时利用 ArcGIS 软件对地下水埋深空间变化进行刻画。地下水埋深变化的归因采用回归分析方法。地下水埋深的未来趋势通过 R/S 分析法计算的 Hurst 指数表征，该指数用于揭示长时间序列的趋势性特征[12-13]，0.5<Hurst<1，表明时间序列具有持续性，未来变化趋势与过去相同，且 Hurst 越接近 1，持续性越强；Hurst =0.5，表明时间序列具有随机性；0< Hurst <0.5，表明未来变化趋势与过去相反，且 Hurst 越接近 0，反持续性越强。

3 结果与分析

3.1 地下水埋深变化特征

3.1.1 时间上的变化特征

3.1.1.1 地下水埋深年际动态分析

根据研究区内 198 眼观测井 30 a 数据，得到河套灌区地下水埋深的年平均值及其年际变化（见图 2）。可以看出 30 a 来河套灌区地下水埋深呈现逐年波动上升的变化趋势，年均埋深由 1990 年的 1.66 m 增加到 2019 年的 2.67 m，埋深倾向率为 0.37 m/(10 a)。

为进一步量化判别河套灌区地下水埋深的变化趋势，以 1990—2019 年灌区地下水埋深月平均值构建时间序列，计算得到 Hurst 指数为 0.79，介于 0.5~1，表明地下水埋深数据序列未来趋势与过去相同，呈逐年增加的趋势。Hurst 指数计算的散点曲线如图 3 所示。

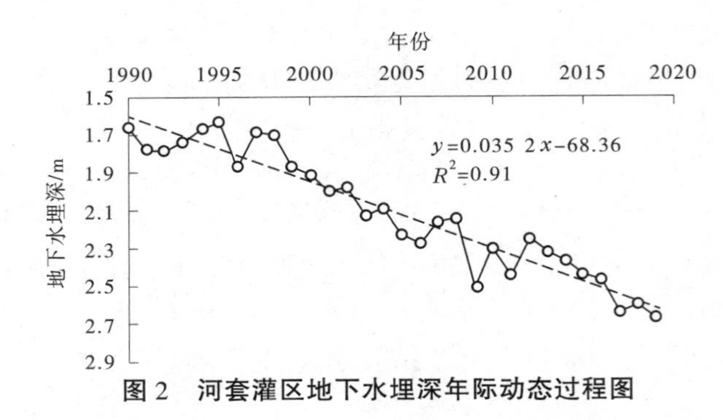

图 2 河套灌区地下水埋深年际动态过程图

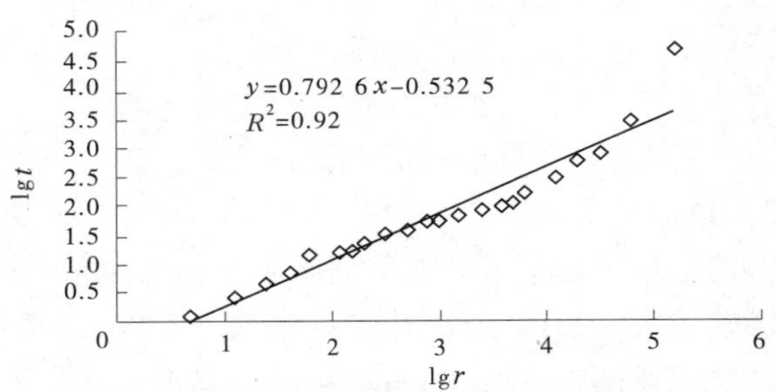

图 3 河套灌区地下水埋深月平均值序列 R/S 分析图

3.1.1.2 地下水埋深年内动态分析

为分析灌区地下水埋深在年内的波动特征及变化趋势，分别绘制了 1990—2019 年(30 a)、1990—1994 年(5 a)、2015—2019 年(5 a)的月平均地下水埋深变化图(见图 4)。灌区地下水年内呈现为随季节波动的变化特征，每年出现两次地下水埋深上升阶段。第一阶段为 4~6 月，随着播前补墒灌水及作物灌溉的开始，地下水埋深在黄河水的补给下逐渐上升，第二阶段为 9~11 月，灌区开始进行洗盐压碱的非生育期灌溉，地下水埋深再次随着黄河水的补给开始上升。

对比 1990—1994 年、2015—2019 年地下水埋深年内波动特征，发现近些年地下水埋深年内波动幅度有所减少，绘制了近 30 a 来地下水埋深变幅(最大值与最小值之差，见图 5)、第一上升阶段变幅(见图 6)、第二上升阶段变幅(见图 7)。通过图 5 可以看出，年内地下水埋深变幅呈现波动减小的变化趋势，最大变幅为 1992 年的 1.52 m，最小变幅为 2016 年的 0.84 m。图 6 呈现的地下水第一上升阶段变化规律与年内变幅的变化趋势相同，为不断减小的趋势，而通过图 7 的第二上升阶段变幅的变化趋势发现，该阶段的变幅呈现出波动增大的趋势。分析认为这主要与近年来作物春、夏灌溉(第一上升阶段)开采地下水量逐年上升有关。

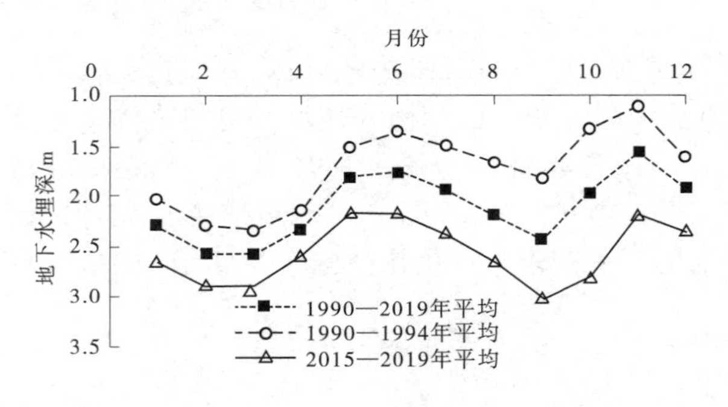

图 4 河套灌区地下水埋深年内波动特征

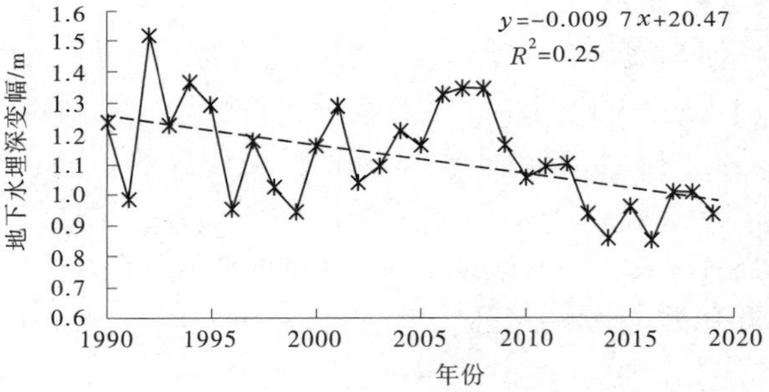

图 5 河套灌区地下水埋深变幅年际变化图

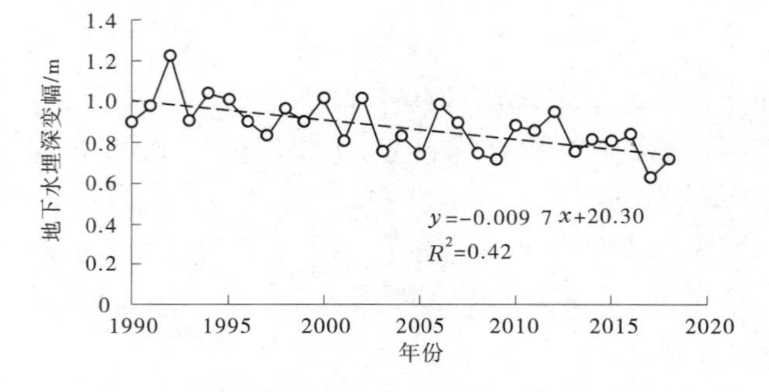

图 6 河套灌区地下水埋深第一上升阶段变幅图

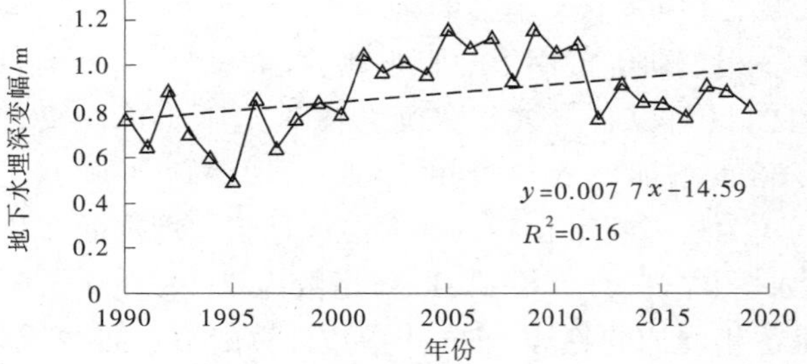

图 7 河套灌区地下水埋深第二上升阶段变幅图

3.1.2　空间上的变化特征

根据河套灌区地下水埋深的序列长度，以 10 年为间隔展布地下水埋深的空间分布与变化（见图 8）。可以看出，1990 年灌区地下水埋深基本维持在 2 m 以内，局部地区地下水埋深有超过 2 m 的现象，但分布零散，最大埋深为 3.74 m。此后地下水埋深整体呈增加趋势，2019 年多数区域埋深超 2 m，最大埋深达到 12.2 m。

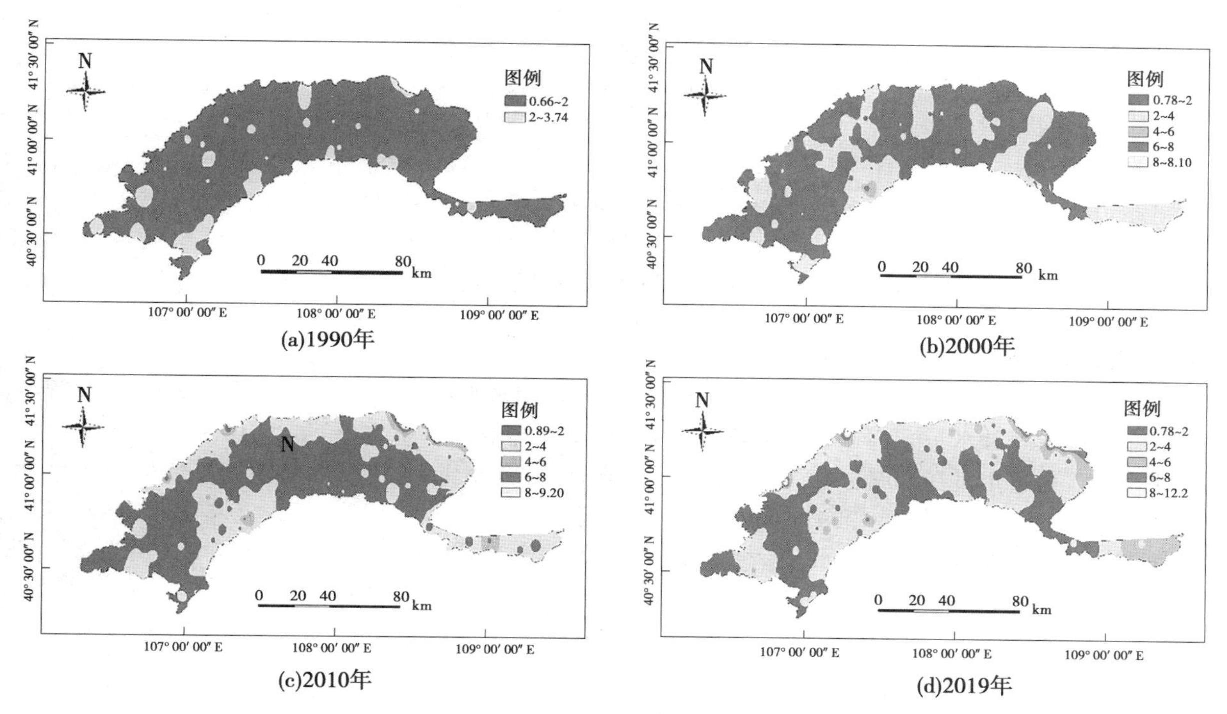

图 8　河套灌区地下水埋深时空动态（1990—2019 年）

图 9 为 1990 年、2000 年、2010 年、2019 年埋深范围变化情况。由图 9 可知，1990 年灌区约 90%的面积地下水埋深在 2 m 范围内，此后地下水埋深小于 2 m 的面积逐渐减少，下降为 69%、58%、39%。2~4 m 埋深范围的面积占比增加最为明显，由 1990 年的 10%增至 2019 年的 52%。

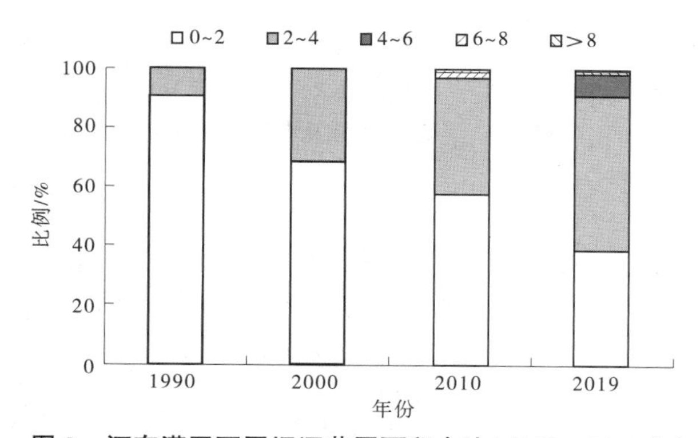

图 9　河套灌区不同埋深范围面积占比（1990—2019 年）

3.2　降水及引用水量变化特征

3.2.1　降水量

图 10 为灌区 1990—2019 年降水量资料。可以看出，灌区近 30 a 降雨呈现减少的趋势，最大为 1995 年的 243.1 mm，最小为 2011 年的 52.6 mm。河套灌区降水量具有年内分配不均匀的特点，主要集中在 6—9 月，其降水量占全年总降水量的 67.0%~80.4%。从灌溉角度来看，全年降水的分配为秋灌阶段（7—9 月中旬）降水量最大，约占全年降水量的 50%，春夏灌阶段（4—6 月）和秋浇阶段（9 月下旬

至10月底)次之,而融冻阶段和封冻阶段降水量较小。

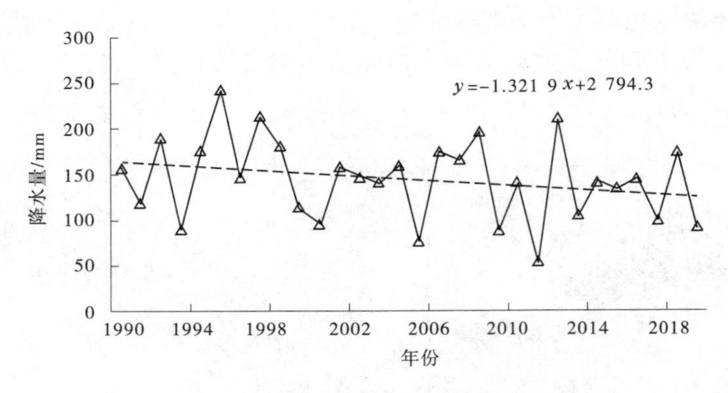

图10　河套灌区降水量变化图

3.2.2　引用黄河水量

根据河套灌区管理单位统计,1990—2019年灌区渠首引黄水量、退补水量(总干渠发电直接退至黄河水量及乌梁素海补水量)、灌区引黄水量(渠首引黄水量与退补水量之差)如图11所示。可以看出,近些年来渠首引黄水量在60亿m^3左右波动,无明显变化趋势,而退补水量呈现逐年增加的趋势,由1990年的9.45亿m^3,增加到19.97亿m^3,这主要与近些年总干渠电站运行需求及乌梁素海生态补水量增加相关。相对而言灌区引黄水量呈波动减少趋势,最大为1999年的54.45亿m^3,最小为2016年的36.46亿m^3。

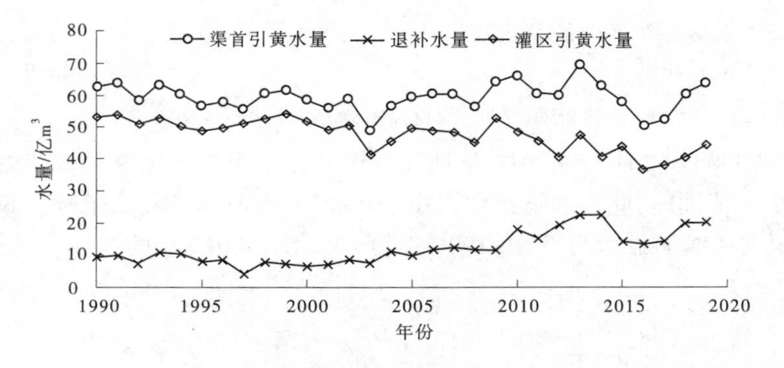

图11　河套灌区引黄水量变化图

3.2.3　地下水开采量

河套灌区是其所在行政区巴彦淖尔市农业经济的主要生产区,由于灌区无地下水开采量的系列数据,因此在此分析巴彦淖尔市地下水开采量变化趋势。根据1999—2019年内蒙古自治区水资源公报,1999年以来灌区所在巴彦淖尔市地下水开采量如图12所示。可以看出地下水开采量呈现逐年增加的变化趋势,由1999年的5.33亿m^3增加到2019年的6.77亿m^3,2012年开采量最大,为8.35亿m^3。

3.3　地下水埋深归因分析

人为因素和自然条件是影响地下水埋深变化的主要因素[14],对河套灌区地下水年均埋深与降水量、灌区引黄水量、地下水开采量进行回归分析,如图13~图15所示。呈现出随降水量和灌区引黄水量减少、地下水开采量增加,河套灌区地下水埋深逐渐增加的关系,且地下水年均埋深与各因素的相关系数分别为0.42、0.71、0.56,通过影响河套灌区地下水变化的三个主要因素的分析可得出,灌区引黄水量的减少是导致地下水埋深增加的主要原因,其次为地下水开采量的增加、降水量的减少。

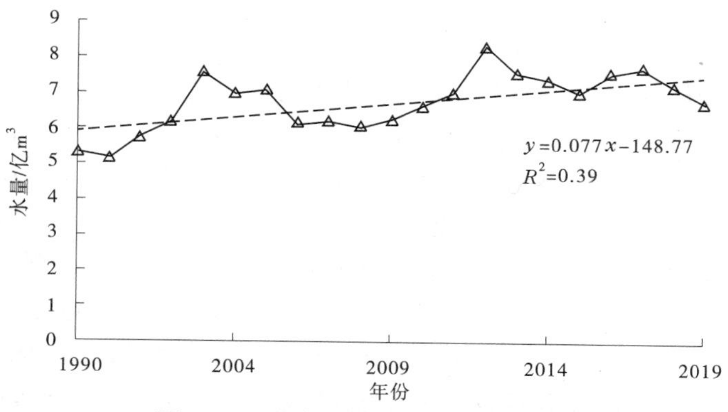

图12　巴彦淖尔市地下水开采量变化图

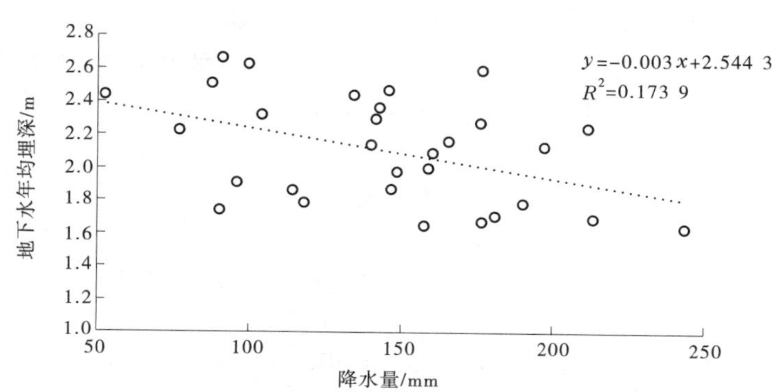

图13　河套灌区地下水埋深与降水量关系

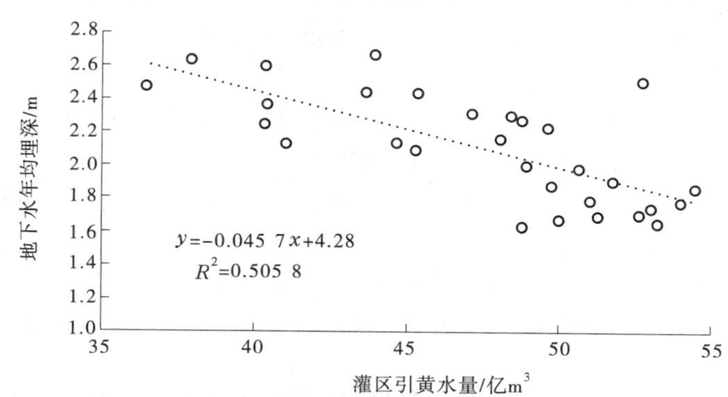

图14　河套灌区地下水埋深与灌区引黄水量关系

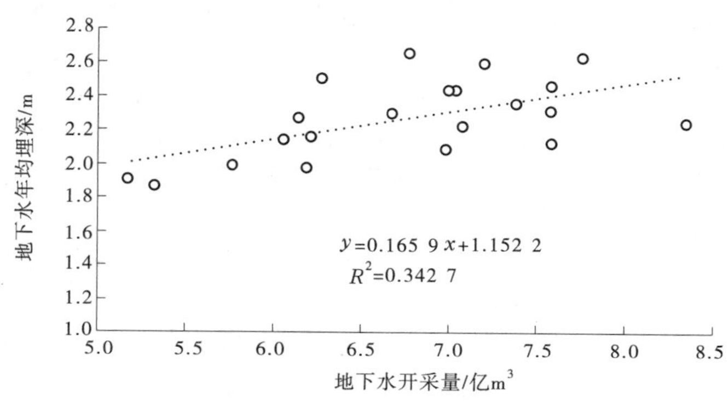

图15　河套灌区地下水埋深与开采量关系

4 结论

（1）河套灌区地下水埋深在近 30 a 呈现出逐年增加的变化趋势，由 1990 年的 1.66 m 增加到 2019 年的 2.67 m，主要地下水埋深范围由 1~2 m 向 2~4 m 范围发展，2~4 m 埋深范围的面积占比由 1990 年的 10%增至 2019 年的 52%；河套灌区地下水埋深序列的 Hurst 指数为 0.79，表明灌区地下水埋深未来变化趋势与现状趋势相同，依然呈增加态势发展。通过河套灌区地下水埋深的年内波动分析，灌区地下水年内呈现为随季节波动的变化特征，每年出现 4—6 月、9—11 月两次地下水埋深上升阶段，且随着近年来作物春、夏灌溉（4—6 月）开采地下水量逐年上升，第一阶段的上升幅度呈不断减少的趋势。

（2）回归分析表明，地下水年均埋深与灌区引黄水量、降水量呈负相关关系，随着灌区引黄水量和降水量减少，地下水埋深逐渐增加，相关系数分别为 0.71、0.42；而与地下水开采量呈正相关关系，相关系数分别为 0.56，综合分析得出，河套灌区地下水埋深增加的主要原因为灌区引黄水量的减少。河套灌区生态环境脆弱，地下水埋深增加是其生态安全面临的巨大威胁，因此在我国水资源供需矛盾日益激化的背景下，在灌区粮食安全、水资源安全、生态安全间博弈关系的基础上，合理开发、配置灌区可用水资源是未来保障灌区绿洲农业可持续、高质量发展面临的重要难题。

参考文献

[1] 毕彦杰，赵晶，张文鸽，等. WACM4.0 模型模拟内蒙古河套地区山水林田湖草系统水循环[J]. 农业工程学报，2020，36(14)：148-158.

[2] 史海滨，杨树青，李瑞平，等. 内蒙古河套灌区节水灌溉与水肥高效利用研究展望[J]. 灌溉排水学报，2020，39(11)：1-12.

[3] 景明，张会敏，杨健，等. 宁蒙典型灌区深度节水控水措施研究[J]. 人民黄河，2020，42(9)：155-160.

[4] 牛乾坤，刘浏，程湫雅，等. 基于多源遥感数据的河套灌区干旱时空演变特征[J]. 干旱地区农业研究，2020，38(4)：266-277.

[5] Ao C，Zeng W，Wu L，et al. Time-delayed machine learning models for estimating groundwater depth in the Hetao Irrigation District，China[J]. Agricultural Water Management，2021，255：107032.

[6] Salem G S A，Kazama S，Shahid S，et al. Impacts of climate change on groundwater level and irrigation cost in a groundwater dependent irrigated region[J]. Agricultural water management，2018，208：33-42.

[7] 彭翔. 基于遥感的河套灌区地下水埋深变化对生态环境的影响研究[D]. 武汉：武汉大学，2017.

[8] 苏春利，纪倩楠，陶彦臻，等. 河套灌区西部土壤盐渍化分异特征及其主控因素[J]. 干旱区研究，2022，39(3)：916-923.

[9] 郑倩，史海滨，李仙岳，等. 河套灌区解放闸灌域植被指数与地下水埋深的定量关系[J]. 水土保持学报，2021，35(1)：301-306.

[10] 马贵仁，屈忠义，王丽萍，等. 基于 ArcGIS 空间插值的河套灌区土壤水盐运移规律与地下水动态研究[J]. 水土保持学报，2021，35(4)：208-216.

[11] Zhang Z，Guo H，Zhao W，et al. Influences of groundwater extraction on flow dynamics and arsenic levels in the western Hetao Basin，Inner Mongolia，China[J]. Hydrogeology Journal，2018，26(5)：1499-1512.

[12] 涂又，姜亮亮，刘睿，等. 1982—2015 年中国植被 NDVI 时空变化特征及其驱动分析[J]. 农业工程学报，2021，37(22)：75-84.

[13] 靳晓辉，樊玉苗，段浩，等. 银川平原地下水位对黄河流域水量统一调度的时空响应分析[J]. 水资源与水工程学报，2021，32(4)：45-51.

[14] 吴彬，杜明亮，穆振侠，等. 1956—2016 年新疆平原区地下水资源量变化及其影响因素分析[J]. 水科学进展，2021，32(5)：659-669.

黄河“八七”分水30 a成效及对郑州黄河水资源配置的启示

栗士棋　吕军奇

（河南黄河河务局郑州黄河河务局，河南郑州　450001）

摘　要：本文回顾了“八七“分水方案出台的历史背景、历史意义与方案技术要点，重点对1999年黄河水量统一调度以后的运行效果进行了分析，提出了在气候变化和人类活动双重作用影响下的流域水资源新形势，并在以上基础上总结提出了对郑州黄河水资源配置的相关启示。“八七”分水方案是我国大江大河第一个流域分水方案，经过30 a来的不断发展、完善、细化，有力支撑了黄河流域水资源管理，成为流域管理重要的技术文件。黄河郑州段地处黄河中下游交界处，地理位置特殊，同时郑州又作为河南省的政治、经济、文化中心，对“八七”分水方案实行情况进行总结，有助于郑州黄河提升水资源配置能力，更好为郑州建设国家中心城市提供强有力的水资源支撑。

关键词：“八七”分水；运用效果；黄河；郑州黄河水资源配置

河流分水方案是流域水资源管理的依据，也是建立国家水权制度，发挥资源市场配置作用的基础[1]。黄河流经九省（区），是我国北方地区的主要河流，以2%的河川径流量供给着全国15%耕地面积的农业用水和12%的人口供水，人均水资源量473 m^3，不足全国水平的1/4[2]。黄河流域是国家重要的能源基地和粮食主产区[3]，自20世纪70年代以来，经济社会的高速发展，导致用水刚性需求持续增长。为了协调上下游、左右岸、各区域、各部门之间的争水问题，需要制定分水方案来引导流域有序用水，协调各区域利益关系，保障河流合理开发利用和经济社会的可持续发展[4]。

1987年国务院颁布的我国首个大江大河的分水方案——《黄河可供水量分配方案》（简称“八七”分水方案），是流域水资源管理和调度的依据，极大地推动了黄河水资源的合理利用及节约用水，对全国江河水量分配起到了示范性作用。“八七”分水方案指定的各省（区）分水指标沿用至今[5]。为适应流域水文情势变化及沿黄省份实际发展要求，分水方案在执行过程中经历了行政、法律、工程、科技、经济等手段补充与完善，尤其是1999年实施的全河水量统一调度，更为“八七”分水方案提供了里程碑式的支撑与发展[6]。本文以1999年为界，对分水方案的发展历程、技术要点进行回顾，并阐述该方案对郑州黄河水资源配置的一些思考，以期为“抓党建、聚民心；强业务，树标杆；兴经济，惠民生”郑州治黄思路下的黄河治理“郑州标杆”贡献一份力量。

1　“八七”分水历史背景与意义

1.1　历史背景

分水方案的出台是各个方面综合因素作用的结果，相关研究表明，水资源和社会经济需水时空不匹配是分水方案产生的根本原因[6]，“八七”分水方案出台的直接原因是1970年以来的黄河严重断流等问题[7]。20世纪70年代沿黄九省（区）的快速发展使黄河地表水用水量由新中国成立初期的60亿~80亿 m^3 快速变化至80年代初的250亿~280亿 m^3。同时，由于缺乏有效的管理手段，上游省份无序引

基金项目：国家重点研发计划课题“区域水土资源空间网络系统变化特征和驱动机制研究”（2017YFA0605002）。

作者简介：栗士棋（1996—）男，硕士，工程师，主要从事水文水资源、气候变化等方面的研究工作。

水,致使黄河自1972年起开始频繁断流。断流一方面造成下游各省生活、工业和农业用水困难,阻碍经济社会稳定发展;另一方面造成河道淤积、水环境污染、威胁防洪安全且严重破坏下游生态环境。为缓解黄河断流严峻形式及水资源开发利用中的无序引水等问题,黄河水利委员会与沿黄省(区)协同开展黄河水资源利用规划和可供水量分配方案研究。

1.2 历史意义

黄河"八七"分水方案是我国大江大河第一个流域性分水方案,对河道内生态用水和河道外经济社会用水进行了平衡与分配,对河道外用水进行了各个行政区域的平衡与分配[8]。该分水方案是黄河流域水资源开发、利用、节约、保护的基本依据,是黄河水量调度与水资源管理的基本依据,是流域治理开发的重要支撑。分水方案对于流域各省(区)国民经济发展规划、水利发展规划、工程建设安排具有重要指导作用,对于流域经济社会可持续发展、生态环境良性维持具有重要的支撑作用。分水方案以及之后的调度与管理实践为其他流域水量分配提供了可供借鉴的成功经验。

总的来看,"八七"分水方案与其他分水方案相比具有以下显著特点:一是体现了流域总体利益原则,分水方案由流域组织机构研究提出、有关行政区域参与协调、国家最终决策,是水资源作为国家基本自然资源和国有资源的合理配置,是国家层面对流域水资源利用的整体性安排,做到了流域整体利益最大化;二是以供定需和总量控制原则,黄河流域水资源供需不平衡,分水方案根据水资源供需与水资源承载力首先确定正常年份可供水量,把可供水量作为供水量约束条件合理安排供水,合理控制各省(区)总用水量,保证人民生活生产和生态用水要求;三是体现了发展的原则,分水方案既尊重了现状实际用水,又研究预测了各省(区)未来灌溉发展、工业和城市增长以及大中型水利工程兴建的可能性,统筹兼顾并合理安排了上下游、各地区、各部门之间的用水要求;四是体现了保护生态环境原则,在流域水资源供需矛盾十分尖锐的情况下,分配210亿 m^3 水量作为河道内生态环境用水对维持河道健康生命以及国家生态文明建设具有很强的前瞻性。以上特点都对郑州黄河水资源合理配置具有一定的参考作用。

2 "八七"分水技术要点

"八七"分水方案实行十余年后,黄河断流问题依然没有得到解决,国家与社会各界对黄河断流情势依然十分关注[9]。为进一步缓解黄河流域水资源供需矛盾和黄河下游断流情势,1998年12月国务院颁布了《黄河可供水量年度分配及干流水量调度方案》和《黄河水量调度管理办法》,授权黄河水利委员会统一调度和管理黄河水资源,此令持续20余年。实行全河水量统一调度后的"八七"分水方案细化成果与发展见图1。

2.1 执行效果分析

(1)有效抑制了流域用水过快增长。从逐年计划分配耗水量与实际耗水量对比分析(见表1),1999—2017年19 a中有13 a流域实际总耗水量小于计划分配耗水量,有效抑制了各省(区)经济社会用水过快增长,推动并强化了流域节水及产业结构优化升级。1999—2013年"八七"分水方案得到较好的实施,除特枯年份外,实际耗水量均低于计划分配耗水量,甘肃、宁夏、内蒙古、山东等省(区)存在超指标用水,但超耗水量逐渐减少并趋于稳定,2014—2017年上述省(区)超耗水量开始增加,水资源不适应性特征开始显现。

(2)促进提高水资源利用效率。"八七"分水方案促进了沿黄各省(区)不断加大节水力度,提高了水资源利用效率(见表2)。

2000—2016年流域人均用水量由382 m^3 减少到343 m^3,农田实际灌溉定额由6 735 m^3/hm^2 减少到5 520 m^3/hm^2,万元GDP用水量由638 m^3 减少到100 m^3,万元工业增加值用水量(2000年可比价)由233 m^3 减少到34 m^3。2016年黄河流域人均用水量、万元工业增加值用水量、农田灌溉定额均低于全国同期水平。在分水方案提出的总量控制原则下,特别是1999年黄河实行全河水量统一调度管理,倒逼沿黄各省(区)节约用水,提高用水效率。另外,2003年开始的水权转让通过加大农业节水力度,将

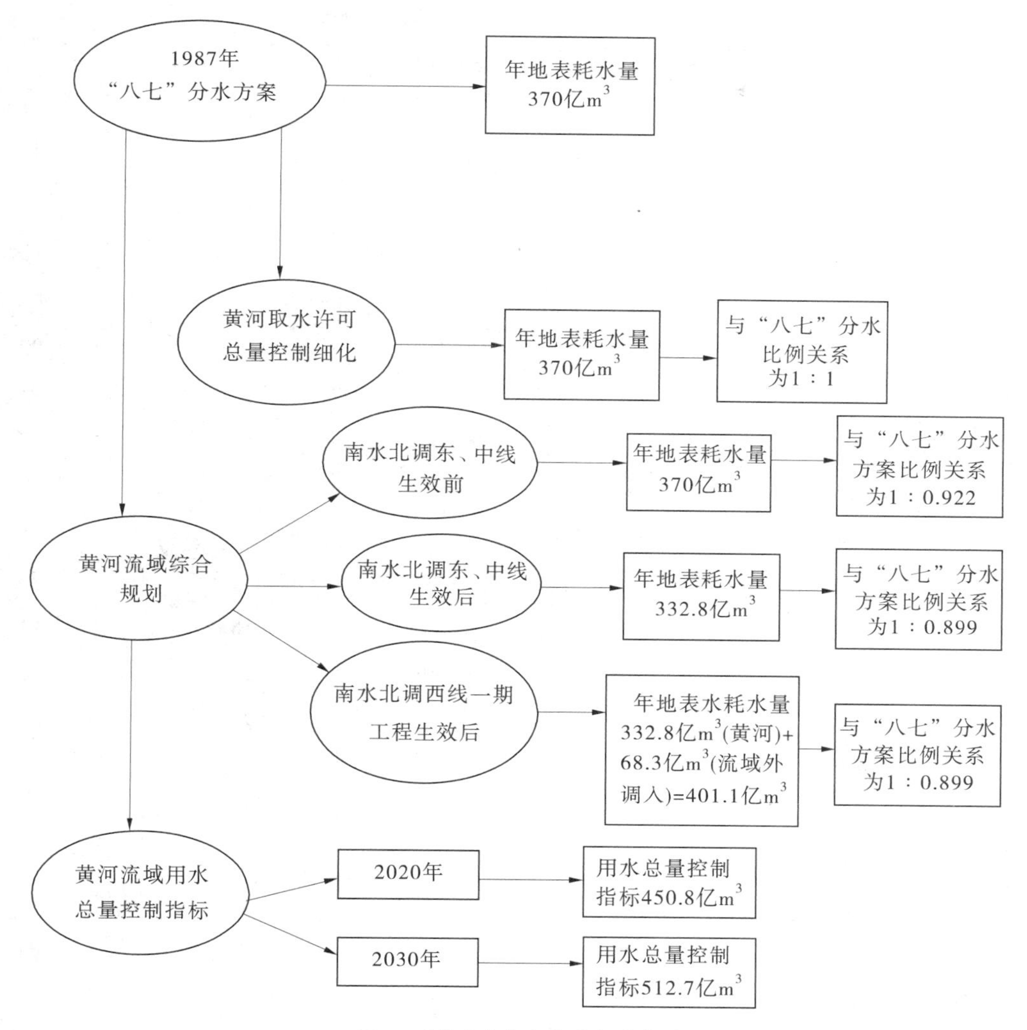

图1 “八七”分水方案细化与发展

节约的水量用于农业生产，也对灌区灌溉效率提升起到重要作用。

(3)保障流域供水安全。“八七”分水方案保障了枯水年份用水秩序，保障了流域供水安全。为应对2002—2003年特枯来水年份，制定了《黄河水量调度突发事件应急处置规定》，黄河水资源统一管理的应急制度得以确立，使整体上的超用水计划得到有效遏制，并在抗旱工作中发挥了巨大作用。2008年6月实施的《黄河流域抗旱预案(试行)》，提出了黄河流域抗旱预案响应措施。黄河水量统一调度以来，出现了8个枯水年份，来水量均低于统一调度前断流比较严重的1995年和1997年，通过加强调度管理，协调各省(区)用水，保障了流域及供水区生活、生产和生态环境用水安全。

(4)实现了黄河干流20 a不断流。通过严格执行主要控制断面预警流量和入黄断面最小流量指标，结束了20世纪70—90年代频繁断流的局面，实现了1999年8月11日以来黄河干流连续20年不断流。同时，在黄河水资源有所减少的径流条件下，维持了一定的河道基流和入海水量，改善了河流生态功能和水环境质量。利津断面下泄水量为35亿~334亿m^3，一些年份仍低于规划提出的河道内生态环境用水控制指标，离功能性不断流以及维持河道适宜性生态环境的要求还有一定差距。

2.2 流域水资源出现新的形势

黄河“八七”分水方案实施30多a，在缓解黄河水资源供需矛盾、保障流域供水安全、维持河流基本生态流量等方面发挥了重要作用，成为流域水资源管理的关键技术支撑。特别是随着人类活动对黄河流域水资源影响的加剧，流域水资源出现新的形式[10]。

表 1　1999—2018 年“八七”分水方案执行情况　　单位:亿 m^3

年份	计划分配耗水量	实际耗水量	超耗水量	全年入海水量	非汛期入海水量
1999	310	299	-11	62	17
2000	293	272	-21	42	31
2001	258	265	8	41	33
2002	237	286	49	35	12
2003	271	244	-27	190	69
2004	308	249	-59	196	90
2005	328	268	-60	204	93
2006	343	305	-38	187	115
2007	324	289	-35	200	78
2008	340	296	-44	142	87
2009	335	307	-29	128	70
2010	320	309	-11	188	61
2011	348	334	-14	179	88
2012	366	323	-43	277	128
2013	347	332	-15	232	106
2014	321	339	18	109	71
2015	314	340	26	127	84
2016	296	322	26	81	37
2017	312	329	17	90	61
2018	353			334	131
平均	314	300	-14	156	73

表 2　黄河流域水资源利用效率

年份	人均用水量/m^3	万元 GDP 用水量/m^3	城镇居民用水量/[L/(人·d)]	万元工业值增加用水量/m^3	农田灌溉定额/(m^3/hm^2)
2000	382	638	101	233	6 735
2005	357	294	103	88	6 105
2010	357	175	114	56	5 910
2016	343	100	101	34	5 520
全国水平	438	129	136	84	5 700

(1)黄河径流变化。近 30 a 来黄河天然来水量呈不断减少趋势,2000 年以来变化更加显著。“八七”分水方案采用的基础径流是 1919—1975 年系列黄河多年平均天然径流量 580 亿 m^3。第二次全国水资源评价得出 1956—2000 年黄河多年平均天然径流量为 535 亿 m^3。2001—2017 年黄河多年平均天然径流量减少为 456 亿 m^3。黄河近年来天然径流与“八七”分水方案的基础径流相比减少了近 1/4,因此很有必要调整黄河分水总量。

(2)入黄泥沙的变化。20 世纪 60 年代以来,流域内大规模的人类活动对黄河水沙状况产生了很大的影响。干流大型水库、中游水土保持工程和沿黄引黄灌区引水引沙工程等,均在一定程度上改变了黄河水沙的时空分布。近 100 a 的泥沙监测表明,黄河来沙量发生了显著变化。以黄河干流潼关站来沙量为例:1960—1986 年为 12.10 亿 t,1987—1998 年减少为 5.42 亿 t,1999—2017 年年均仅 2.46 亿 t。黄河水沙关系是维护黄河健康生命的最重要关系之一,入黄泥沙的变化势必要求对黄河生态用水进行科学核算,确定合理的生态用水量。

(3)流域用水格局变化。"八七"分水方案实施以来,黄河流域各省(区)经济社会发展程度、对黄河分水依赖程度以及水资源利用效率的差异改变了黄河用水空间格局:甘肃、宁夏、内蒙古、山东等省(区)用水量经常超过分水指标,而山西、陕西等省用水量则一直未达到分水指标,其中山西省目前还未达到分水指标的 1/4,必须充分考虑以上综合因素,公平科学的调整分水比例。

(4)跨流域调水影响。南水北调工程是缓解我国北方水资源严重短缺局面的战略性基础设施,按照规划东、中、西三条线路从长江调水北送,总调水规模为 448 亿 m^3,几乎等于再造一条黄河,仅 2014 年南水北调中线一期工程正式通水后每年可向北方输送 89 亿 m^3 水量(相当于 1/5 条黄河径流量),必将在很大程度上改变河南省、河北省、天津市和山东省的原有供水结构。另外,近几年的引汉济渭、永定河引黄生态补水等跨流域调水也对山西省、陕西省的供用水格局产生影响。因此,必须充分考虑跨流域调水对各省(区)的影响,调整分水比例。

3 "八七"分水方案对郑州黄河水资源配置的启示

根据黄河流域生态保护和高质量发展规划纲要要求及郑州黄河河务局打造黄河治理"郑州标杆"的切实需要,通过强化水资源刚性约束与节水措施、上下游间的水权交易、全流域的工程联合调度以及管控黄河生态流量,进一步完善黄河分水管理机制。

3.1 加强分水监测,加大处罚力度

如能尝试建立郑州黄河分水实时监测系统,对各县局各时段分水量进行准确实时监测,根据各县分水情况,及时发出预警信息;依据《黄河水量调度条例》制定黄河水量调度"郑州方案";加大对违反分水规定的单位和个人的行政处罚力度与经济处罚额度,对超出分水配额的各县实施约谈、通报等措施,对于重大违反分水规定的案件由市局挂牌督办,同时将相关情况上报省局、黄河水利委员会。

3.2 加强郑州段生态流量管控,建立郑州黄河生态流量预警机制

黄河郑州段地处黄河中下游交界处,东出邙岭以下,属游荡型河道,地形地理位置特殊,应统筹考虑巩义、荥阳、惠金、中牟四县实际生产、生态用水需求,结合中下游河流特性、水文气象条件,根据优化调整后的分水方案,制定科学的《郑州黄河生态流量管控实施方案》;综合运用互联网、地理信息系统、水动力模型等技术手段,构建郑州黄河的生态流量在线监测体系和预警机制,对郑州段实施全线生态流量在线监测,将预警信息、整改措施及时向社会公开,主动接受社会面监督。

3.3 强化水资源刚性约束,形成合理的郑州黄河水资源配置格局

根据习近平总书记对黄河流域生态保护和高质量发展系列讲话的要求,以水定需、量水而行。牢牢把握住郑州作为河南省会的发展机遇,把水资源作为最大刚性约束,优化经济社会与产业结构、规模、布局,全面提高郑州市用水的空间与时间适配与均衡。加大郑州段微咸水、再生水等非常规水源利用,增加流域水资源可利用量,科学统筹郑州黄河分水、地下水、地表水、非常规水源以及跨流域调水各类水资源,形成科学合理的郑州水资源配置格局。鉴于目前南水北调调水因价格较高造成的供水需求不足而导致黄河分水矛盾突出的问题,应发挥政府有为之手,采取价格均衡、财政补贴等手段促进南水北调工程供水的足量利用,减少对黄河分水过分依赖。

3.4 建立郑州黄河水权交易制度,鼓励与省内其他地市进行水权交易

郑州市作为河南省的经济、政治、文化中心,在河南省内拥有首屈一指的发展机遇,但同时也造成了省内城市发展的不平衡以及用水条件差异,也造成了河南省内沿黄城市黄河分水量利用程度的明显差

别,除了优化调整黄河分水方案外,为了保护省内引黄水量较少地市的权益,应积极推进省内黄河水权交易,用市场手段促进郑州黄河分水的高效利用与配置。与洛阳、焦作、新乡、开封、濮阳等城市协商转让交易一部分黄河水权,即满足这些地区水资源需求,也可获得一定的经济补偿,同时保障了长期权益,在自身城市发展需要时可以方便地收回利用权。

3.5 建议实施全流域联合调度,提高黄河分水效果

适时向黄河水利委员会、省局提出建议,利用龙羊峡水库、小浪底水库等黄河干流控制性工程,在黄河全流域尺度上进行全流域的工程联合调度管理,实现黄河水量—水质—泥沙—水生态的联合调控。通过工程联合调度调节径流年内、年际分布过程,减少径流波动性影响,优化黄河年际、年内径流量变差系数,拉平年内黄河用水与来水差曲线,减少分水矛盾;通过优化水库群调水调沙运用方式,建立科学合理的水沙调控运行模式,利用水库联合调度塑造高效输沙水流条件,提高输沙效率、减少输沙用水量,进一步协调黄河水沙关系。

3.6 提升郑州地区水资源利用效率,减小黄河分水压力

目前,郑州地区用水效率还有很大提升空间,如农业灌溉用水方式不够科学,灌溉节水水平不高,特别是秋冬的储水灌溉浪费严重,加剧了郑州段黄河分水的矛盾。因此,应根据最严格水资源管理制度要求,分析节水潜力,科学拟定节水目标,通过制定完善的郑州节水标准定额体系,进行郑州灌区节水改造,全面开展郑州市节水评价,在郑州市推进合同节水等方式,提高水资源利用效率,控制用水需求不合理增长,减小郑州黄河分水需求压力。

4 结语

(1)“八七”分水方案是我国大江大河第一个流域分水方案,对于国家流域水资源合理配置及流域系统管理治理具有引导作用和示范性意义。分水方案根据沿黄九省(区)的实际需要及经济发展状况,按照以供定需的原则,确定了 370 亿 m^3 的年地表耗水量。该方案的亮点在于,在黄河水资源十分紧缺的情况下,仍然划定了 210 亿 m^3 的河道生态用水量,对于维持黄河生态建设及世界河流的科学治理提供了里程碑式的治理方案,具有很强的科学意义。“八七”分水方案 30 多 a 来的运用实践,充分验证了该文件的合理性和有效性。

(2)近些年来,随着流域经济社会的快速发展,黄河流域气候变化和人类活动加剧,黄河形势发生了诸多变化,主要表现在径流变化、入黄泥沙、流域用水格局和跨流域调水工程等方面。未来黄河流域水资源需求仍面临一定刚性增长,特别是黄河流域生态保护和高质量发展重大国家战略落地会催生新的用水需求。有效总结“八七”分水方案成效及不足,对于新形势下的黄河水资源合理配置具有重要的价值。

(3)郑州市作为河南省省会、国家中心城市所在地,科学调配黄河水资源,对于打造黄河流域生态保护和高质量发展示范区具有重要的指导意义。通过对“八七”分水 30 a 经验效果进行系统总结,并结合郑州黄河实际情况,确定了强化水资源刚性约束与节水措施、鼓励县际水权交易、建议实施全流域联合调度、提升城市水资源利用率等措施。在缓解黄河郑州段水资源配置压力的同时,为沿黄其他城市水资源配置提供借鉴方案。

参考文献

[1] 王学凤. 干旱区水资源分配理论及流域演化模型研究[D]. 北京:清华大学,2006.
[2] 郑航. 初始水权分配及其调度实现[D]. 北京:清华大学,2009.
[3] 王宗志,胡四一,王银堂. 基于水量与水质的流域初始二维水权分配模型[J]. 水利学报,2010,41(5):524-530.
[4] 周婷,郑航. 科罗拉多河水权分配历程及其启示[J]. 水科学进展,2015,26(6):893-901.
[5] 胡文俊,杨建基,黄河清. 尼罗河流域水资源开发利用与流域管理合作研究[J]. 资源科学,2011,33(10):1830-1838.

[6]王劲峰,刘昌明,王智勇,等.水资源空间配置的边际效益均衡模型[J].中国科学(D辑:地球科学),2001(5):421-427.
[7]胡智丹,郑航,王忠静.黄河干流水量分配的演变及多数据流模型分析[J].水力发电学报,2015,34(8):35-43.
[8]王煜,彭少明,武见,等.黄河"八七"分水方案实施30a回顾与展望[J].人民黄河,2019,41(9):6-13,19.
[9]关于缓解黄河断流的对策与建议[J].地球科学进展,1999(1):3-5.
[10]王煜,彭少明,郑小康.黄河流域水量分配方案优化及综合调度的关键科学问题[J].水科学进展,2018,29(5):614-624.

黄河水资源利用对郑州市生态建设的影响研究

孙　冬　王　佳

(1. 郑州黄河河务局惠金黄河河务局,河南郑州　450045;
2. 郑州黄河河务局巩义黄河河务局,河南郑州　451200)

摘　要:黄河是中华民族的母亲河,是古老文明的发源地。作为郑州市最重要的过境河流,对于郑州市生态城市建设极为重要。黄河大堤能保障城市的生态安全,黄河生态廊道可以提高城市空气质量,黄河水资源是城市供水生命线系统的基础,黄河湿地发挥着重要的生态系统服务功能。分析黄河流域水资源过度开发利用对生态城市建设的不利影响,提出黄河水资源持续高效利用的意见与建议及有效的解决措施,达到促进黄河水资源合理利用、降低对生态城市建设不利影响的目的。

关键词:黄河;郑州市;生态;水资源利用;影响

郑州市地处中原地区,位于河南省的中部。作为河南省省会,郑州市的发展对于加快中原崛起具有深远的影响。郑州市城市发展,必须达到物质文明建设、精神文明建设、生态文明建设的协调统一,既要创造物质财富和精神财富,又要通过生态环境建设,创造巨大的生态财富。

黄河水资源开发利用推动郑州市生态水系建设。早在2006年,郑州市就启动了生态水系的规划和建设,规划按照"水通 水清 水美 健康安全 生态环保 人水和谐"的理念。先后完成了贾鲁河、须水河、潮河、七里河、魏河、十七里河、十八里河等市内河道治理工程。在治理河道的同时,为了给河道补充水源,实施了郑州市花园口引黄补源灌溉和郑州市生态水系输水两大水源工程。其中,郑州市花园口引黄补源灌溉工程设计供水能力为5 m^3/s,每年可以向郑州北部四河(东风渠、魏河、索须河、贾鲁河)提供4 000万 m^3/s 生态水量,以郑州周边河渠、湖泊、湿地为规划主线,建设完善的城市供水系统,确保供水安全;沟通规划区内河湖水系,加强水循环,改善城市生态环境;推进中水回用,提高水资源的利用率;融城市水系、绿化建设于一体,最终实现"水通 水清 水美"的目标。

郑州市以建设国家中心城市为契机积极打造黄河生态系统。2017年,郑州市人民政府发布《郑州市生态建设实施方案》,为加快生态郑州建设,全面构建森林、湿地、流域、农田、城市五大生态系统,建设成沿黄河湿地和引黄湖泊湿地相结合的湿地公园群,打造生态湿地绿带。在2019年8月公布的《郑州国家中心城市森林生态系统规划(2019—2025)》中已明确提出,建设黄河南岸绿色生态屏障带,要以郑州黄河中央湿地公园规划建设为带动,结合黄河湿地保护区与湿地公园群建设,提升黄河生态廊道,挖掘黄河文化,重塑黄河形象,构建黄河生态走廊。根据郑州市黄河及市内河生态水系现状[1],可以看出,黄河横跨郑州市北部,承担了郑州生态用水及激活郑州生态水系的重要功能。因此,郑州市生态城市建设必须严格黄河水资源管理,加大湿地保护,形成具有自己特色的水生态城市。

1　黄河水资源生态用水利用现状

黄河是我国西北、华北地区的生态屏障、流域及沿黄相关地区的重要水源,在流域及相关地区经济社会发展、生态格局与国家战略布局中具有重要地位和作用。对黄河流域水资源进行统一调度与管理,可以增加黄河下游河道水量[2],改善部分河道水资源环境质量,遏制生态环境恶化。

然而,黄河水资源利用现状不容乐观,存在较多的问题:第一,水资源总量不足,黄河生态用水保障

作者简介:孙冬(1988—),男,助理工程师,主要从事水利工程建设与管理工作。

压力巨大[3]。黄河流域天然水流量仅占全国的2%，却关系到全国12%的人口供水任务，同时担负着15%的耕地面积，水资源总量明显不足，再加上黄河泥沙量较大，是泥沙量最多的河流，有限的水量还担负着运沙要求，更加重了水资源的紧缺[4]。特别是在遭遇枯水年甚至特枯水年的情况下，协调和保障生态用水压力巨大。

第二，生态流量基础研究不足，取水许可指标存在不均衡现象，超计划用水现象突出。以惠金黄河河务局花园口闸为例，郑州市生态水系调度运行管理中心需要该闸每天向东风渠供水40万 m^3，向魏河供水16万 m^3，该闸需要达到日引水量56万 m^3 才能满足城市生态用水的需求。而该闸按照黄河水利委员会批准的许可水量为500万 m^3/a。亟待开展与匮乏的黄河水资源相适应的生态指标调控和管理研究工作。

第三，生态流量管理缺乏相关法规政策，生态用水监管能力不足。《中华人民共和国水法》《中华人民共和国水污染防治法》中都明确提出水资源开发利用时应充分考虑生态用水需求，但受河流生态用水及生态流量要求不具体等情况，生态流量目标管理可操作性不强。基层单位引黄供水远程监控系统有时运行不稳定，水资源监管偏重于引黄闸门，缺乏对引黄灌区的监管。

第四，引用水困难，用水效率偏低。受黄河主河道下切的影响，郑州黄河河务局管辖的7座涵闸的共性问题在于存在不同程度的引水困难，供水保证率较低，无法满足沿黄城市、灌区的生态、生活和农业用水需求。此外，黄河水资源利用方式较为粗犷，利用率偏低，供水成本较高，浪费严重。

2　黄河水资源利用对生态城市建设的影响

2.1　黄河水资源利用对生态城市建设的重要性

黄河是郑州市的主要过境河道，西从巩义市杨沟村入境，经荥阳市、惠济区、金水区到中牟县狼城岗镇东狼村出境，沿河边界长160 km，引黄区位优势明显。目前，郑州市引黄已从过去单一的农业灌溉向生态补源、工业和生活用水方向转变。长期以来，黄河水利委员会对郑州市引用黄河水水量分配充足，较好地服务和保障了经济社会发展，改善了生态环境，方便了城乡居民生活。随着郑州国家中心城市、水生态文明城市建设需要，黄河水资源需求量与日俱增，对黄河水资源的需求大幅度增长，水资源短缺矛盾不断加剧。

2014年以来，郑州市已列入全国水生态文明试点城市，生态水系建设必须高效利用黄河水资源，优化配置生态用水与环境协调发展。根据《郑州市城市总体规划（2010—2020年）》，2020年郑州市人口将达1 500万人，建成区面积1 000万 km^2，中心城区常住人口700万人，预计总水量21.06亿 m^3，人均拥有水量410 m^3，预计市区缺水量达2亿 m^3，水资源的支撑成为重要因素。根据黄河流域水资源的最新规划成果，黄河多年平均天然径流量逐步减少，需水量呈增加趋势。2013年，国务院发布的《关于印发实行最严水资源管理制度考核办法的通知》中，确定了各省（区）用水量控制目标，据此，黄河水利委员会也相应提出了建立黄河水资源开发利用、黄河用水效率控制，黄河水功能区限制纳污“三条红线”，增加黄河引水指标相当不易。因此，要做到既不突破上级分配的引水指标，又能满足郑州市区域经济社会发展对黄河水资源的需求，进一步提升黄河水资源利用效率就成为必经之路。

2.2　郑州市生态水系建设采取的措施

水资源问题是制约生态城市建设发展的瓶颈，注入郑州生态水系的水，绝大部分来自于黄河。长期来看，除贾鲁河外，郑州市的生态水源只有黄河。黄河水资源对郑州市生态城市建设的重要性不可忽视。2015年底，郑州市环城生态水系循环工程动工[5]，郑州市环城水系循环工程的投用，将利用牛口峪的引黄水为水源，黄河水通过提灌，将用于南部四河生态补水后的退水一路向东汇集至圃田泽，圃田泽内的水再通过泵站及输水管道，将水依次提至花马沟、白石滚潭沟、潮河、十七里河、十八里河、熊耳河、金水河等河道上游，为其输送生态基流（见图1）。黄河水不仅可以循环利用，还能补给郑州航空港经济综合实验区生态用水。这样一来，充分利用了黄河源水，使市内河水循环流动，水面也会相应增加，从而激活郑州市区生态水系。将实现郑州市河道生态景观用水的循环利用，为郑州市生态水系提供经济、可靠的水源,有效遏制地下水超采趋势,降低污染,改善河道生态。由此可见,充分利用黄河水资源已经成为加快郑州市生态城市建设的重要途径。

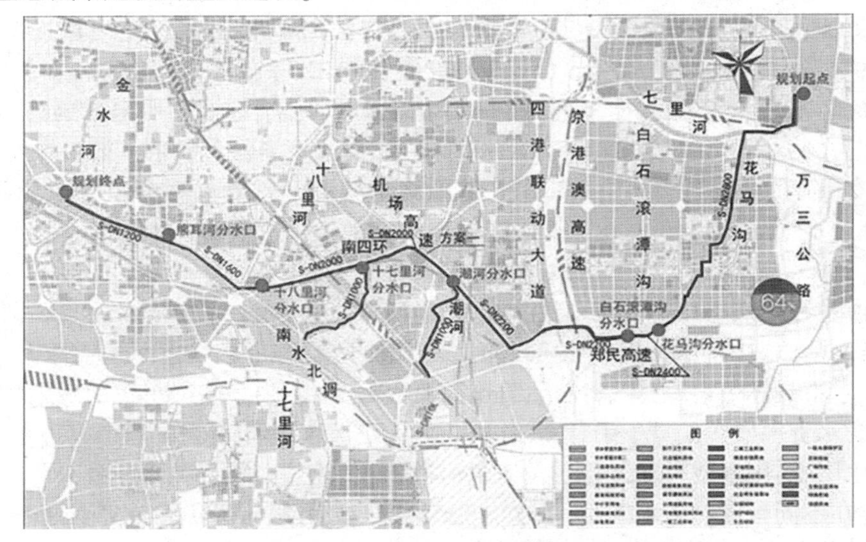

图 1　环城生态水系循环工程输水管道规划

3　持续高效利用黄河水资源促进生态城市建设

3.1　节约用水,严格控制用水总量

黄河水资源要达到持续高效的利用,离不开节约用水,郑州市是国家级节水型建设试点城市,通过提高水资源利用率,可以降低用水规模,减少平用水总量,降低大规模用水对生态环境的破坏与影响。第一,郑州市农业灌溉用水浪费严重,在农业方面,由于大量农业灌溉用水损失在送水过程和漫灌之中,具有较大的节约潜力和空间,因此在农业灌溉方面节约用水切实可行。可通过调整农作物种植结构,节水灌溉技术,建立节水工程等措施,从而达到节水灌溉的目的。第二,郑州市冶炼、火力发电、造纸、纺织、造纸及食品加工等高耗水工业,占了郑州市总用水量的 1/4,因此工业节水同样具备节约空间,研究节水技术与污水处理技术,可以有效解决污水问题。工业节水既可以节约用水,也可以减少污水处理量。合理采用新设备、新技术,提高水资源的重复利用率,是进行工业节水的重要措施。

3.2　增加黄河流域可用水量

郑州市属于严重缺水地区,自然条件决定了郑州市水资源数量偏少的问题。黄河水量不足也是黄河沿线城市存在的主要问题之一,因此增加黄河流域可用的水资源量是解决黄河水资源供需矛盾的有效措施[6]。第一,合理利用南水北调工程,为黄河下游流域提供丰富的水源。有关资料表明[7],南水北调东线工程和中线工程可为黄河下游提供42 亿 m^3 的水资源,这对缓解黄河流域水资源供需矛盾、郑州市水资源短缺等问题起到了重要的作用。第二,利用引黄工程提高生态水保障能力,重点挖掘已有引黄工程潜力,改善引水条件。根据近期规划,尽快对郑州境内马渡、赵口闸进行改建,通过改建,提升其引黄能力,构建引黄生态保障体系,保证供水效率及今后长远供水。第三,城市污水资源化,郑州市工业废水污染严重,有效进行污水处理,在污水管理过程中,加强对污水的处理措施,使其达到环境允许的排放标准及污水灌溉标准,使污水资源化,不仅可以提高水资源利用率,有效地进行水资源利用,而且可以增加黄河流域可用水量,缓解郑州市水资源短缺的问题。

3.3　加强黄河水资源调度与行政管理

自 1999 年开始实行黄河水量统一调度后,下游河道水量明显增加,这表明黄河水量进行统一调度对水资源利用和河流生态健康及沿线城市生态建设均能起到积极作用[8]。据研究表明[7],建立降水量、流域用水现状监测、预报,水资源开发治理,土地开发利用的流域综合管理系统,可为加强黄河水资源调度创造良好条件。

加强黄河水资源调度与管理需要建立健全水资源管理制度，通过对黄河流域水资源进行统一管理，加大管理力度，保证管理效果，提高水资源利用率。加强基层单位水资源管理能力，严格取水许可制度，特别是加强基层单位取水许可监督管理工作，加大基层单位监管力度，将监管范围扩大至引黄闸门、引黄灌区等，明确区分农业灌溉用水与生态用水的区别，从源头上杜绝非法取水乱象，为调整取用水用途的不同基价提供有力依据。灌区要建立最严格水资源管理制度和水资源优化配置相结合的用水管理制度，推进以用水总量、用水定额控制管理为重点的节水防污、生态保护、有偿使用、监管并重的水资源管理制度。

由于水资源的开发、利用和保护涉及地方各级政府部门及各行业部门的权益问题，重复管理现象严重，责任不明，“政出多门”，不仅增加了政府的管理成本，减弱了财政资金的使用效果，而且不利于水资源的统一管理，进一步加深了水资源危机的严重程度。要强化郑州市引黄口门和黄河水资源的统一管理，科学、灵活、合理调配引黄供水，避免工程设备闲置浪费和多头管理，尤其是流域管理与城市水务管理的问题上矛盾更为突出。因此，在水资源统一管理上，要加强行政命令，淡化隶属关系。无论是流域机构管理的黄河水和水利部门管理的地表水和地下水，还是市政部门管理的中水，都应按照政府统一规划进行开发利用，只有黄河水资源与城市水资源协调管理，用足用好有限的水指标，才能为强化黄河水资源统一管理和调度创造良好条件，使工程的整体效益得到更好的发挥，保证实现高效持续的利用黄河水资源促进郑州市生态城市建设。

3.4 运用经济手段管理水资源

由于水资源问题而产生的日益增长的人为因素，片面的经济发展观忽视了水资源与人口、经济的协调发展。无限度耗竭水资源的经济发展模式导致了水资源紧缺矛盾日益加剧。对水资源观念落后，涉水行为失当，造成水资源的巨大浪费，更加重了水资源的危机。仅仅单靠行政命令管理水资源一般很难得到很好的效果，必须根据水资源规划明确水权归属，建立水权制度；进行水权交易，建立水市场。

科学制定水资源资产价格，通过经济手段来促使产业结构调整[9]。全省沿黄地市中，郑州市引黄河水量最多，但水费标准低，征收较少。长期以来，超计划引水，郑州市多处引黄口门都有农业灌溉用水，其下游退水也主要用于农业灌溉和生态补源。生态用水价格被作为农业用水对待[1]，在农业用水价格较为便宜的情况下，可将生态用水价格调整至非农业用水价格，采用将生态用水价格高于农业用水的方式进行结算。使企业及个人自觉使用节水技术及工艺，实现水资源的最优化配置。还需加强与地方政府的沟通协调，明确界定农业用水、生态用水的区别。按照国家调价规定，协调调整农业用水与非农业水价格。

4 结语

郑州市黄河水资源生态用水利用现状不容乐观，开发利用程度较大，水资源总量的不足严重影响了郑州市经济的可持续发展。郑州市的水资源危机日益凸显，存在着水资源总量不足、生态流量基础研究不足、生态流量管理不足及用水效率低等问题。为缓解郑州市生态水资源危机，研究黄河水资源利用对郑州市生态城市建设的影响，可以提高黄河水资源利用率，挖掘引黄工程潜力，充分利用黄河水资源，加强统一调度管理，解决水资源不足等问题。实现黄河水资源的持续高效利用，支撑和保障郑州市生态城市建设发展的目标。

参考文献

[1] 张金安，胡良明，雒国栋. 综合利用黄河水建设郑州生态之城[J]. 河南水利与南水北调，2008(8)：26-27.
[2] 张建怀. 黄河山东段水资源可持续开发利用和研究[D]. 北京：中国农业大学，2005.
[3] 韩乾坤，郑州市水资源现状及对策分析[C]. 中国水论坛第四届学术研讨会. 人水和谐理论与实践. 北京：2017：1006-1008.

[4] 魏俊彪,王高旭,吴永祥.黄河水资源利用及其对生态环境的影响分析[J].水电能源科学,2012(7):9-12,219.
[5] 郑州市财政局.郑州市环城生态水系循环工程 PPP 项目[ER/OL].[2015-04-04].http//zzcz.zhengzhou.gov.cn/ggtz/206731.jhtml.
[6] 阮本清,韩宇平,高季章,等,南水北调中线工程向黄河相机补水量分析[J].水利学报,2015,1(1):22-29.
[7] 郑州市政协.关于高效利用黄河水资源保障我市生态水系建设的调研报告[R].郑州:郑州市政协.
[8] 乔钰,胡慧杰.黄河下游生态水量调度实践[J].人民黄河,2019(9):26-35.
[9] 赵秉栋,赵庆良,焦士兴,等,黄河流域水资源可持续利用研究[J].水土保持研究,2003,10(4):102-104.

黄河流域生态环境保护与水资源可持续利用

王建湖　刘金聚　崔洁令　汪庆随

（濮阳黄河河务局台前黄河河务局，河南台前　457600）

摘　要：近年来，黄河周围的生态环境问题，以及水资源的不良利用，导致周边生态出现了不断退化的风险，整个河道上下游之间水源的矛盾、水盐之间的失衡，水土流失以及不断抬升的河床，都成为当前亟待解决的难题。想要在当前社会良好发展的背景后能够良好的治理水沙情势，就一定要加强黄河流域生态环境的保护与水资源的利用。因此，本文针对如何开展有效生态文明建设，实现黄河水资源的合理利用做出深入探析，以期为相关行业的工作人员提供良好的帮助。

关键词：黄河流域；生态环境；保护措施；水资源利用；可持续发展

黄河自古以来就为周边地区带来了丰富的供养，不仅为流域生态环境提供了有力的保护，也为人们带来了丰富的资源，是当之无愧的母亲河。20 世纪初，国家踏上高速发展的道路，黄河流域也成为国家能源化工重要的发展基地，也是国内粮食以及棉布重要的生产基地，有效地推动了国家的经济发展。但正是受到社会不断发展的影响，黄河流域周边城市化进程加快，人口不断增加，以及多种工业发展，黄河内部的水资源逐渐出现了短缺甚至匮乏、断流等问题，不仅造成生态环境的破坏，还严重影响了黄河流域城市的发展。因此，就需要我们能够提升对于黄河流域生态环境保护的重视，要积极寻求合理的解决方式，促进黄河流域周边经济能够实现人与自然和谐共生的持续发展。

1　黄河水资源特点

1.1　黄河流域水资源量匮乏

黄河之所以被称为母亲河，是因为它流域面积广泛，充足的水资源为两岸群众带来了良好的生存帮助。但从近年来实际的统计数据来看，黄河流域的面积虽然还能够占到我国领土面积的 8%，但从多年平均统计的净流量来看，仅为 580 亿 m^3，占据国内全部河流净流量的 2%。从黄河的径流深度展开分析，多年依赖平均径流深为 77 mm，这一真实数据令人咋舌，如果以平均径流深来看，其仅能够达到 27%。如果按照黄河流域内人均占有水量展开分析，平均每人能够实现 700 m^3，能够占年径流量的 26.5%。黄河流域内，每公顷的平均水量仅为 4 500 m^3，占国家平均水平的 17%。由此可见，黄河自身的实际情况，已经出现了翻天覆地的改变，流域内的水资源匮乏程度，也令人十分担忧。

1.2　黄河水资源时空分布不均

以河流的汛期来看，通常每年的 7—10 月，是属于全年间河流能够实现最大径流量的月份，而黄河也并不例外，但在汛期内，黄河自身的径流量能占据全年水平的 60%。通常当黄河水域延伸至黄土高原地带时，就会出现一些中小型的支流，使得径流的年内分配能够实现更为集中的现象。汛期是黄河全年径流量的主要时期，但如果发生较大的洪水，那么也有可能是整个年份内径流量的又一次集中。

随着自然环境的变化以及人类活动的影响，黄河自身的径流量每年都会出现不同程度的变化。整个流域在不同的地区，平均年径流的路径存在着 0.11~0.53 的变化，如果处于干流的年径流极值，则可以占 3.5 左右，黄河小部分的支流年径流极值能够达到 40 以上。

黄河自身出现径流年际变化另一个较为明显的特点便是受多种因素的影响，导致出现较长时间的

作者简介：王建湖（1971—），男，副高级工程师，主要从事水利工程和运行管理工作。

枯水月份,20 世纪后,黄河就已经出现了 3 次断流,并且每次断流持续的时间能够达到 10 a 以上。这对于本就岌岌可危的黄河内部水资源来说,更是一项令人心痛的现象。

黄河内部水资源分布较为不均,如果拿整个黄河流域内部水资源丰富的地区与水资源较深的地区来比,甚至可以出现 140 倍的差距。由此可知,黄河水资源在分配上存在着严重的不足。

1.3 黄河含沙量较高且水沙异源

黄河之所以被称为黄河,也是因为其自身存在着较高的含沙量。但其自身还有着一个较为突出的特点,便是内部的水沙异源。以黄河流域兰州段情况来看,大多有着水多沙少的特点,而以三峡门作为分界线,以上的流域,则明显是沙多水少。因为黄河自身有着较高的含沙量,这就大大增加了人们对其实现良好开发利用的难度。甚至一度造成黄河的淤堵现象。黄河流域的各地政府,为了能够有效地解决黄河水道内的淤积,建立了众多沉沙地,同样也为当地的土地资源使用带来了压力。黄河流域附近的城市,因为每年必须开展的清淤工作,也致使当地投入了大量的经济资源以及人力资源,以此将每年都会产生的大概十几亿的淤泥能够科学地输送至大海,而想要实现这一目标,也需要黄河自身能具备大约 200 亿 m^3 的生态用水。

2 黄河水资源开发利用中存在的问题

2.1 用水量不断上升出现供需矛盾

任何行业、企业想要实现良好的发展,必然离不开水源的供应,而黄河流域自古以来就是我国农业发展的重要区域,黄河流域的群众,为了能够实现农作物的良好发展,通过黄河进行农作物灌溉的历史,甚至能够追溯到上古时代。20 世纪 50 年代后国家逐渐稳定,真正注重农业发展后,黄河流域更是建立了诸多大小规模不一的水利设施。以相关的设计调查统计来看,在黄河干支流域,建立了大、中、小三种规模的水库 3 183 座,能够融入 583 m^3 的水源。饮水工程也共计修建了 9 800 处,农业所需的提水工程建设量更是达到了 236 万处,各种规模不一的井口,也建立了 37.8 万口。

不仅如此,黄河流域的下游还建立了多个能够向内陆地区提供输送水源的引黄提水站,可以说农业能够实现良好的发展,离不开黄河提供的有力帮助。农业用水的需求量,也是随着国家经济的不断发展,不断提升使用标准,如若拿当前人们发展所需用水与 50 年前农业灌溉用水相比,用水量大约提高了 233 倍。

虽然国家在良好发展的背景下,各个地区早已脱离用水困难的局面,黄河流域周边的城市,工业以及城市的生活用水,其来源主要是黄河内部的水资源。且随着科技的发展,为工业行业打开新篇章后,黄河需要为周边城市提供工业用水以及供养城市人民生活用水的耗水量,也在短短不到 50 年的时间里,增长了 60 倍有余。这也是黄河内部水资源逐渐匮乏的主要原因之一。

以相关真实数据的统计来看,在过去发展的 50 年间,因为黄河流域往往资源较为充沛,促使了人们积极投向黄河流域的城市寻求发展,所以周边城市的人口,从最初的不到 5 000 万,直至 2000 年,已经突破了 2 亿大关。社会的发展与人口的增长,带给黄河的是成倍增加的耗水量。最终导致黄河内部水资源以及周边生态环境出现了较大的供需矛盾。

2.2 水资源利用浪费以及水污染问题较为严重

农业想要实现良好的发展,必然离不开水源的供应,同时,这也是水资源浪费的主要因素之一。根据相关数据调查,黄河周围发展农业的城市,对于灌溉用水的利用率非常低,仅仅只为 30%,但灌溉用水需求量,顶峰时期甚至能够达到 22 500~27 000 m^3/hm^2。造成这一浪费现象的主要因素,是黄河流域开展的农业灌溉,大多为自流灌溉,这样引水较为便捷,大多采用漫灌、串灌等传统方式,且大多农业企业在生产的过程中,并不注重水资源的使用,认为身靠黄河,能够取之不尽用之不竭,导致多数水利工程的建设,存在严重的缺点,甚至诸多水利工程因为投入使用的年岁较久,已经出现了跑水、漏水的现象,这也是造成水资源严重浪费的一大因素。据相关调查分析,因为农业水利工程未能够采用先进良好的理念与设备开展农业灌溉,每年都会造成 100 亿~200 亿 m^3 的水资源严重浪费。

除此之外，黄河流经城市的附近开展工业，也是水资源浪费的主要途径，在过去年间，因为多数工业企业自身过于注重利益的获取，不能及时更新自身的生产设备，设备出现老旧、落后的问题，导致对水资源的大量消耗。多数企业未能够深入贯彻国家号召的绿色发展，自身内部管理水平较低，造成水资源的浪费，且能够实现重复用水的比例难以满足帮助黄河缓解水资源匮乏。

国内为了能够促进各行各业的良好发展，从而推动社会实现不断的进步，在过去年间，也将优惠用水政策，作为鼓励企业发展、人们生产的方式，这也在一定程度上，制约了人们自身对于节水意识的正确形成，甚至和各种节水工程与节水概念的研究与推广背道而驰，助长了水资源浪费的不良风气。黄河是我国华北地区以及西北地区重要的水源发源地，近年来，随着国家不断兴起的工业、化工业，在高速生产的背后，是大量废水废物污染的增加，这些污染进入河道后，对整个黄河以及周边的生态环境带来了严重的污染。水中的有害物质数量不断增加，污染的程度也蔓延威胁到了多个城市的周围生态环境的发展。

3 黄河水资源与生态保护的有效对策

3.1 构建全面、统一的规范管理制度

想要实现黄河水资源与周边生态环境的良好保护，必然离不开各项制度的建立，通过制度政策的约束，帮助人们在开展治理保护工作的过程中，具备良好的正确性与方向性。黄河流域的各地政府以及相关管理部门，要在用水工程上，提供科学合理的管理意见，最大程度避免各自为政、目标不能统一的不良现象。国家要号召建立完整、全面的管控体系，要联合研究单位与相关人才，开发能够准确预测黄河流域降水量的预报，真正构建其能够动态、实施监控水资源以及相关水库的管理制度。通过对黄河流域水流实际情况的预测，最大程度进行水流经的控制与利用。通过网格化的管理系统，为黄河流域各个地区的管控与统一打下扎实的基础。

3.2 开辟新水源，提升水资源利用率

黄河流域各地政府要注重对于蓄水工程的建设。以此保证当地城市能够具备良好的调蓄能力。以黄河实际的情况来看，到中下游地段，普遍存在着调蓄能力较差的现象，这也是影响黄河自身水资源严重不足的问题之一。想要避免黄河断流，就需要各地政府能够建立蓄水工程，增加自身对于水量调控的能力，以此作为能够在水源枯竭期，实现自身用水调度的良好应用。

相关管理部门要能够科学合理地开展对于地下水源的开发，虽然部分黄河流域具有非常丰富的水资源储备含量，其能够实现开发的价值也引人注目，但如果一味追求利益与使用，也是黄河水资源匮乏的一大影响因素。

除此之外，黄河流域的各地政府，要提高对于污水管理的重视，采取多种科学有效的措施，最大程度的表面污水要能够经过良好的处理，最终排向黄河，不仅是保护黄河流域附近生态环境的必行之举，也是实现各个地区良好发展的重要依据。通过科学良好的污水治理方式，也能够有效的帮助黄河流域附近农业行业实现长远健康的发展，对整个国家的生态环境保护工作，也提供了有力的帮助。

3.3 节约利用黄河水资源

想要真正解决黄河水资源匮乏的不良现状，各地政府也要从节约黄河水资源的利用处，作为开展工作的切入点。要能够根据当地实际的发展情况，因地制宜，构建科学合理的节水生产体系，最大程度的保证黄河的水资源能够实现较高的利用率。以当前各地实际用水情况进行分析，多数对于水资源的利用，主要以农业灌溉为主，这就需要相关管理部门能够重点关注农业生产用水的不良现状。要积极寻求合理的农业水利工程技术，通过科学的灌溉方式与先进的灌溉设备，在保证当地农业能够良好发展的前提下，最大程度地进行水资源的节约。而工业生产用水，也要能够积极引进较为先进的用水改造技术，要加强能够实现水资源重复利用的研究，以此来减少水资源的浪费。

3.4 通过政策合理调控用水价格

水资源是整个地球十分宝贵的有限资源，这就需要人们能够提高对其保护的重视程度，相关部门要

注重这一问题,以促进人们珍惜水资源、主动开展节水保护措施为目标,开展对于水价的合理调控。要能够摒弃传统发展观念中,过于侧重经济发展的不良现状,将水资源作为优惠政策提供给大众,能够通过贴切市场经济的发展,科学调控用水价值,真正帮助促进人们意识到节水的意义与价值。要转变无偿抵偿的用水政策为个人以及企业真正落实节水观念后的奖励政策,以此为实现水资源的良好保护提供有力的帮助。

4 结语

综上所述,黄河的水资源,在当前不断发展的社会下,已经发出了危险的警告,黄河流域周边生态环境的不断恶化,也在时刻提醒人们要加强对于环境的保护。因此,各地政府以及相关管理部门,一定要最大程度发挥自身职能,要真正认识到当前对于黄河水资源利用的不足以及生态环境岌岌可危的现状,积极响应国家实现人与自然和谐共生、绿色可持续发展的目标,并从实际出发,寻求良好的解决措施,开展保护黄河以及生态环境的必行之举。

参考文献

[1] 沈彦俊. 黄河流域生态环境保护与水资源可持续利用[J]. 民主与科学,2018(6):16-19.

[2] 刘彦随,夏军,王永生,等. 黄河流域人地系统协调与高质量发展[J]. 西北大学学报(自然科学版),2022,52(3):357-370.

[3] 王钇霏,许朗. 黄河流域农业节水与生态环境耦合协调特征[J]. 人民黄河,2022,44(4):145-151,160.

基于随机森林的土壤水分特征曲线的传递函数研究

湛　江[1,2,3]　万伟锋[1,2]　赵贵章[3]　王　琳[4]

(1. 黄河勘测规划设计研究院有限公司,河南郑州　450003;
2. 水利部黄河流域水治理与水安全重点实验室(筹),河南郑州　450003;
3. 华北水利水电大学地球科学与工程学院,河南郑州　450046;
4. 河南省地质环境监测院,河南郑州　450006)

摘　要: 水分特征曲线是重要的土壤水力学参数,对于研究土壤水分和溶质运移具有重要意义。由于水分特征曲线的测定试验通常费时费力,根据土壤理化性质参数建立起的土壤传递函数(Pedo-Transfer Functions, PTFs)成为解决这一问题的有效途径,但受限于PTFs的地域性、建立方法的局限性以及土壤特性广泛的空间变异性等原因,特定区域的PTFs仍然难以建立。本文基于黄河下游沿岸的兰考县闫楼乡233个包气带土壤样本数据,以土壤黏粒、粉粒和砂粒含量、分形维数、干容重、总孔隙度、pH值、有机质和电导率9个变量作为影响因素,采用随机森林算法,对van Genuchten模型参数进行预测并剔除了不敏感因子,构建了土壤水分特征曲线的PTFs。结果显示,预测含水率与实测含水率相差不大,决定系数R^2达到0.979 6,均方根误差RMSE为0.023 4,平均相对误差MRE为17.82%,由该方法建立的水分特征曲线传递函数是可行的。

关键词: 黄河下游;土壤水分特征曲线;土壤传递函数;随机森林

土壤水分特征曲线是重要的土壤水力学参数,广泛应用于水文循环、农田水力、水土保持和工程建设等领域。但该参数的获取并不容易,因为绝大部分试验过程费时费力、人工成本极高或者准确度有限[1]。譬如,一组样品的压力膜仪试验通常要耗费10 d以上的时间。因此,通过容易测定的土壤物理化学性质参数建立的土壤传递函数(Pedo-Transfer Functions,PTFs)成为快速取得土壤水力学参数的有效途径。但是由于PTFs往往存在强烈的地域性[2],PTFs的泛化性能差,难以进行大范围推广,因此特定区域的PTFs通常需要采集样本重新建立。最初PTFs的建立方法主要是线性回归和非线性回归。近年来,虽然有一些研究者利用非线性回归建立了不同地区土壤水分特征曲线的PTFs[3-5],并取得了不错的预测结果。但随着计算机技术和人工智能技术的飞速发展,各种机器学习算法逐渐成为构建PTFs主流方法。其中,尤以人工神经网络算法(Artificial Neutural Network,ANN)的应用较多。而近年来,多种方法结合以及深度学习方法,是ANN的发展方向。除此以外,近年来还有许多研究者利用支持向量机算法建立了土壤水分特征曲线的PTFs[6-8],在某些条件下,预测精度要优于ANN[9]。但由于数据的稀缺性以及算法的复杂性等原因,这些新算法在PTFs中的应用并未得到广泛推广。

由于研究成本和采样技术难度等原因,PTFs的绝大部分研究对象是表层土壤,对于深层土壤缺少研究[10]。黄河下游水患频发,黄河不断冲刷地表导致了黄河下游沿岸土壤的轮回沉积,在包气带逐渐形成了3个岩性截然不同的土层。与此同时,近代以来的人类活动(农业生产和工程建设等)使得该地区表层土壤理化特性呈现了强烈变异。人类活动和自然因素所导致的土壤的空间变异无疑加大了构建

基金项目: 河南省重点研发与推广专项(科技攻关)项目(212102311150)、河南省自然资源厅科技项目(201937913)。

作者简介: 湛江(1992—),男,博士,工程师,主要从事水文地质与环境地质学的研究工作。

PTFs 的难度。本文通过选取河南省兰考县闫楼乡作为黄河下游沿岸典型区，采集不同质地土壤，借助随机森林算法建立了包气带土壤水分特征曲线的 PTFs，为黄河下游沿岸的土壤水文学研究奠定了数据分析基础，也为 PTFs 研究提供了新思路。

1　材料与方法

1.1　研究区概况

1.1.1　自然地理与地质条件

研究区位于河南省兰考县闫楼乡(114°57′23″E～115°00′02″E,34°54′27″N～34°52′31″N)，北部紧邻黄河。近代以来的“花园口决堤”事件，使得兰考县的地貌发生了巨大变化，成为历史上著名的黄泛区。兰考县地层沉积十分具有代表性，能够反映黄河下游泥沙的沉积过程。除此之外，兰考县曾饱受风沙灾害，土地贫瘠，是著名的盐渍区。经过近 30 年的土地改良等措施，该地区的农业生产条件得到很大改善，故兰考县地表土壤具有一定的特殊性，能够反映人类活动的影响。研究区近地表出露全部为全新统，属全新统黄河冲积层，岩性主要包含粉土、粉质黏土以及粉砂，粉砂层广泛分布于地表 5 m 以下。

1.1.2　采样

本文采用人工掘进法，依每个钻孔按不同岩性分层采集原状环刀样品。但考虑到地表土壤因人类土地利用(农业、村庄和工程建设等)影响较大，因此本文按四层采集，从地表至深处，依次为第一层地表土层、第二层粉土层、第三层粉质黏土层和第四层粉砂层。根据网格法确定采样点钻孔，共设置采样点钻孔 64 个，网格单元大小为 500 m×500 m。为避开建筑物和街道，因此采样点位置稍偏离网格中心(见图 1)。

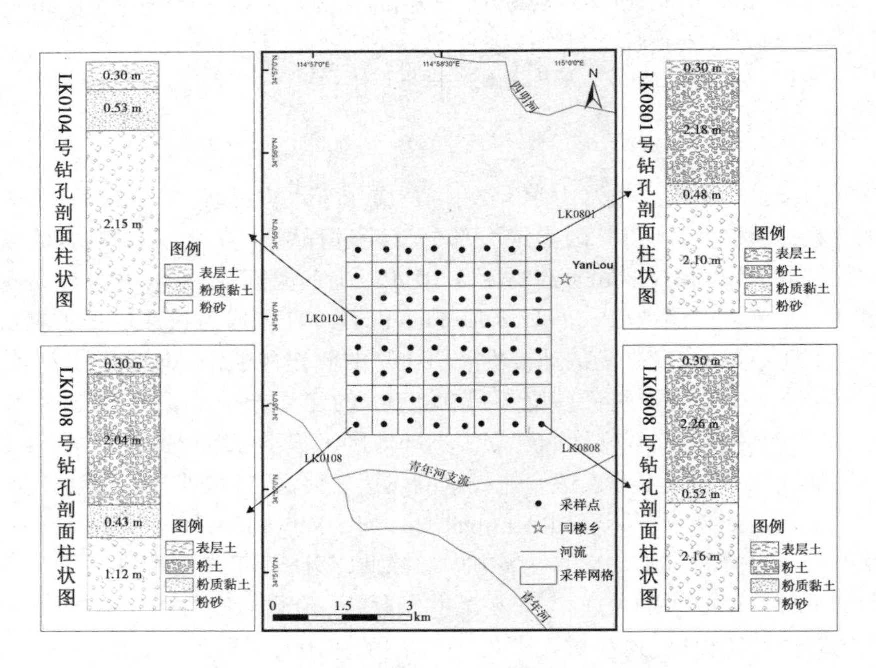

图 1　研究区采样点分布和代表钻孔剖面柱状图

图 1 中显示了 4 个钻孔(LK0104、LK0108、LK0801、LK0808)的剖面柱状图，表层与第二层均以地表以下 30 cm 为界。可以看出，东北部和南部高地的包气带土层共计 4 层，位于研究区西北部洼地的 LK0104 号钻孔，由于粉土层的风蚀剥离，只有三层。因而第二层粉土层样品不足 64 个，其余岩性均取 64 个样品。

1.1.3　测定项目与方法

土壤水分特征曲线的测定方法很多，但考虑到压力膜仪吸力范围广，对于黏土等细质地土壤可以测得完整曲线，因此本研究选择压力膜仪法测定土壤水分特征曲线，理化性质参数测定方法与参考标准见表1。

表1　测定项目与方法

测定项目	测试方法	试验设备或参考标准
土壤水分特征曲线	压力膜仪法	1500F1 和 1600 型压力膜仪(美国 SEC 公司)
土壤结构组成	激光粒度仪法	QT-2012 型激光粒度仪(渠道科技公司)
土壤干容重	烘干法	《土工试验方法标准》(GB/T 50123—2019)
土壤总孔隙度	烘干法	《土工试验方法标准》(GB/T 50123—2019)
土壤有机质	重铬酸钾滴定法	《农业行业标准》(NY/T 1121.6—2006)
土壤 pH 值	pH 酸度计	《农业行业标准》(NY/T 1121.6—2006)
土壤电导率	电导率仪法	《农业行业标准》(NY/T 1121.6—2006)

1.2　研究方法

本文以9个土壤物理化学性质参数，包括黏粒、粉粒和砂粒含量、分形维数、干容重、总孔隙度、pH值、有机质和电导率作为PTFs的自变量，其中分形维数是表征土壤粒径分布不均匀性的参量。分形维数越大，表明土壤粒径越不均匀，它可以帮助精确刻画土壤PSD特征，定量评价土壤结构组成。根据激光粒度仪所测得的土壤粒径分布数据，本文采用土壤体积分布分形维数的计算公式[11]。通过实测水分特征曲线拟合建立van Genuchten模型参数，再由van Genuchten模型参数作为因变量，并基于随机森林算法，从而建立起水分特征曲线的PTFs。

1.2.1　随机森林

随机森林(Random Forest，RF)是一种新兴机器学习算法，由Leo Breiman[12]提出，进入20世纪后得到迅速发展。作为新兴的、高度灵活的一种机器学习算法，在准确率方面具有相当的优势，近年来，伴随R语言的普及，RF在金融、医学和环境等领域取得了许多成绩，而在土壤水分特征曲线的PTFs中的应用尚不多见。

随机森林的基本单元是决策树，而它的本质属于机器学习的一大分支，即集成学习(Ensemble Learning)方法。随机森林中每棵决策树都是一个分类器或模型，那么对于一个输入样本，k棵树会有k个分类结果或者模型(见图2)。

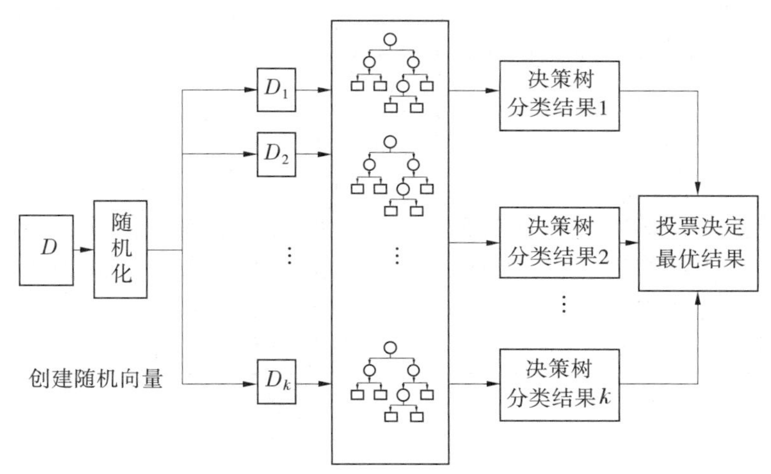

图2　随机森林工作原理图

而随机森林集成了所有的分类或预测模型的投票结果，将投票次数最多的类别指定为最终的输出，即袋装(Bagging)思想。将若干个弱分类器(或模型)的分类结果进行投票选择,从而组成一个强分类器(或模型)。两个随机性的引入,使得随机森林不容易陷入过拟合,并且具有很好的抗噪能力。

随机森林通过构造不同训练集从而使模型差异化,以此提高模型的泛化能力。通过 k 轮训练,得到一个分类模型序列 $\{h_1(x), h_2(x), \cdots, h_k(x)\}$,采用简单多数投票法决定该系统的最终分类结果[16],即

$$H(x) = \underset{Y}{\mathrm{argmax}} \sum_{i=1}^{k} I(h_i(x) = Y) \tag{1}$$

其中,$H(x)$ 为组合分类模型;h_i 为单分类器;Y 为输出量;$I(°)$ 为示性函数

1.2.2 精度评价标准

评价预测模型优劣的指标有很多,本文根据均方根误差(RMSE)、平均相对误差(MRE)与决定系数 R^2 来评价模型精度。

(1)均方根误差(RMSE)为预测值与实测值方差均值的平方根,均方根误差越小,表明预测值越接近实测值:

$$\mathrm{RMSE} = \sqrt{\frac{1}{N}\sum_{i=1}^{N}(y_m - y_p)^2} \tag{2}$$

(2)平均相对误差(MRE)为绝对误差与实测值之比的平均值:

$$\mathrm{MRE} = \frac{1}{N}\sum_{i=1}^{N}\left|\frac{y_m - y_p}{y_m}\right| \tag{3}$$

(3)决定系数 R^2 反映了预测值变异在总变异中的比率,它可以从整体上反映拟合优度,R^2 越接近于1,表明整体上预测值越接近于实测值。

$$R^2 = \frac{\sum_{i=1}^{N}(y_p - \bar{y}_m)^2}{\sum_{i=1}^{N}(y_m - \bar{y}_m)^2} \tag{4}$$

以上式中,y_m 为模型实测值;y_p 为模型预测值;$\bar{y}$ 为实测值均值。

2 结果与分析

2.1 土壤水分特征曲线与理化性质

2.1.1 土壤水分特征的经验模型

根据实测土壤水分特征曲线,需拟合经验模型后,再通过经验模型参数建立传递函数。鉴于 van Genuchten 模型[13]对不同类型的土壤质地适用性较强,因此本文选择 van Genuchten 拟合实测土壤水分特征曲线:

$$\theta = \theta_r + \frac{\theta_s - \theta_r}{[1 + (\alpha h)^n]^m} \tag{5}$$

式中:α 为有关进气值的经验参数;n 和 m 为有关孔隙形状和分布的参数,通常假定 $m=1-1/n$。

由 233 个样品的实测水分特征曲线数据经过拟合后,其决定系数 R^2 在 0.986 2~0.999 8 之间,表明水分特征曲线的经验模型参数准确,其经典统计学特征如表 2 所示。

表 2 van Genuchten 模型参数的经典统计学特征

参数	最小值	最大值	均值	标准差	变异系数
$\theta_r/(cm^3/cm^3)$	0.011 1	0.265 2	0.056 0	0.032 7	0.584 4
$\theta_s/(cm^3/cm^3)$	0.352 6	0.621 2	0.487 0	0.070 5	0.144 7
α	0.001 7	0.014 2	0.008 1	0.002 5	0.310 4
n	1.215 0	3.307 3	1.883 3	0.388 5	0.206 3

2.1.2 土壤理化特性

由 1.1.3 节所述的试验得到 233 个样品的土壤理化特性的经典统计学特征如表 3 所示。由表 3 可以看出，除干容重和 pH 值以外，其余影响因子的变异系数均高于 10%，表明土壤理化特性具有较强的变异性。

表 3　土壤理化特性的经典统计学特征

影响因素	最小值	最大值	均值	标准差	变异系数
黏粒/%	0	91.28	8.82	18.20	2.063 5
粉粒/%	0.05	99.95	55.03	34.91	0.634 4
砂粒/%	0	99.95	36.38	39.18	1.077 0
分形维数	1.04 6	2.470	1.867	0.401	0.215
干容重/(kN/m^3)	12.01	16.44	14.03	0.89	0.063 4
孔隙度/%	32.30	67.00	45.17	4.73	0.104 7
pH 值	7.8	9.7	8.68	0.34	0.039 2
有机质/(g/kg)	0.57	31.2	5.75	5.41	0.940 9
电导率/(μS/m)	8.67	1 141.2	246.83	203.14	0.823 0

2.2 基于随机森林的 van Genuchten 模型参数的预测

模型的输入变量包括黏粒、粉粒、砂粒、分形维数、干容重、总孔隙度、pH 值、有机质和电导率共计 9 个因子，输出变量分别为残余含水率 θ_r、饱和含水率 θ_s、参数 α 和参数 n。

本文采用 Kennard-Stone 算法，按照 3 : 1的比例将研究区包气带土壤样品划分为建模集和验证集[14]。该分类方法基于欧式距离筛选具有代表性的样本，充分考虑样本的变异性，因此本研究选择根据四个土层分别选择 48 个、31 个、48 个和 48 个样品共计 175 个样品作为建模集，剩余 58 个样品作为验证集(见表 4)，通过计算和比较均方根误差(RMSE)、平均相对误差(MRE)和决定系数(R^2)等指标，选择随机森林算法作为 van Genuchten 参数的预测模型。

表 4　van Genuchten 模型参数的建模集和验证集的经典统计学特征

项目	样品数	参数	最小值	最大值	均值	标准差	变异系数
建模集	175	θ_r/(cm^3/cm^3)	0.011 1	0.265 2	0.059 1	0.035 7	0.604 1
		θ_s/(cm^3/cm^3)	0.361 6	0.621 2	0.496 0	0.077 0	0.155 3
		α	0.001 7	0.014 2	0.008 0	0.002 8	0.348 1
		n	1.232 1	3.307 3	1.896 2	0.396 5	0.209 1
验证集	58	θ_r/(cm^3/cm^3)	0.016 3	0.079 3	0.046 7	0.017 8	0.382 1
		θ_s/(cm^3/cm^3)	0.352 6	0.582 7	0.469 0	0.060 4	0.128 7
		α	0.006 1	0.010 5	0.008 5	0.001 1	0.126 5
		n	1.215 0	2.778 9	1.844 4	0.356 5	0.193 3

2.2.1 随机森林的参数设置

有关随机森林的算法见[15]描述，本文借助 R-studio 的 Random Forest 软件包[16](v.4.6-14)，实现 van Genuchten 模型参数的预测。随机森林中对决策树的每个节点属性集合中随机选择一个包含 m 个属性的子集(m≤自变量属性种类数)，然后再从这个子集中选择一个最优属性用于划分，因而随机森林算法只需调节“mtry”单个参数(见表 5)。

表 5　随机森林的参数设置

参数	θ_r	θ_s	α	n
mtry	1	2	2	9

2.2.2　预测结果

图 3 显示了随机森林的预测结果，可以看出，随机森林算法预测的 4 个参数中，θ_s 比其他 3 个参数的精度高，α 和 n 的预测结果稍逊（R^2 低于 0.6），但二者的平均相对误差尚可（均低于 0.12）。随机森林算法通过样本扰动（bootstrap sampling）的方法，使得建模集中有约 36.8%的样本并未直接参与训练，而是作为验证集来对泛化性能进行“包外估计”（out of bag estimate）从而降低误差。并且，随机森林中每棵决策树本身存在“自属性扰动”，这就使得最终集成的泛化性能可通过个体学习器之间差异度的增加而进一步提升。

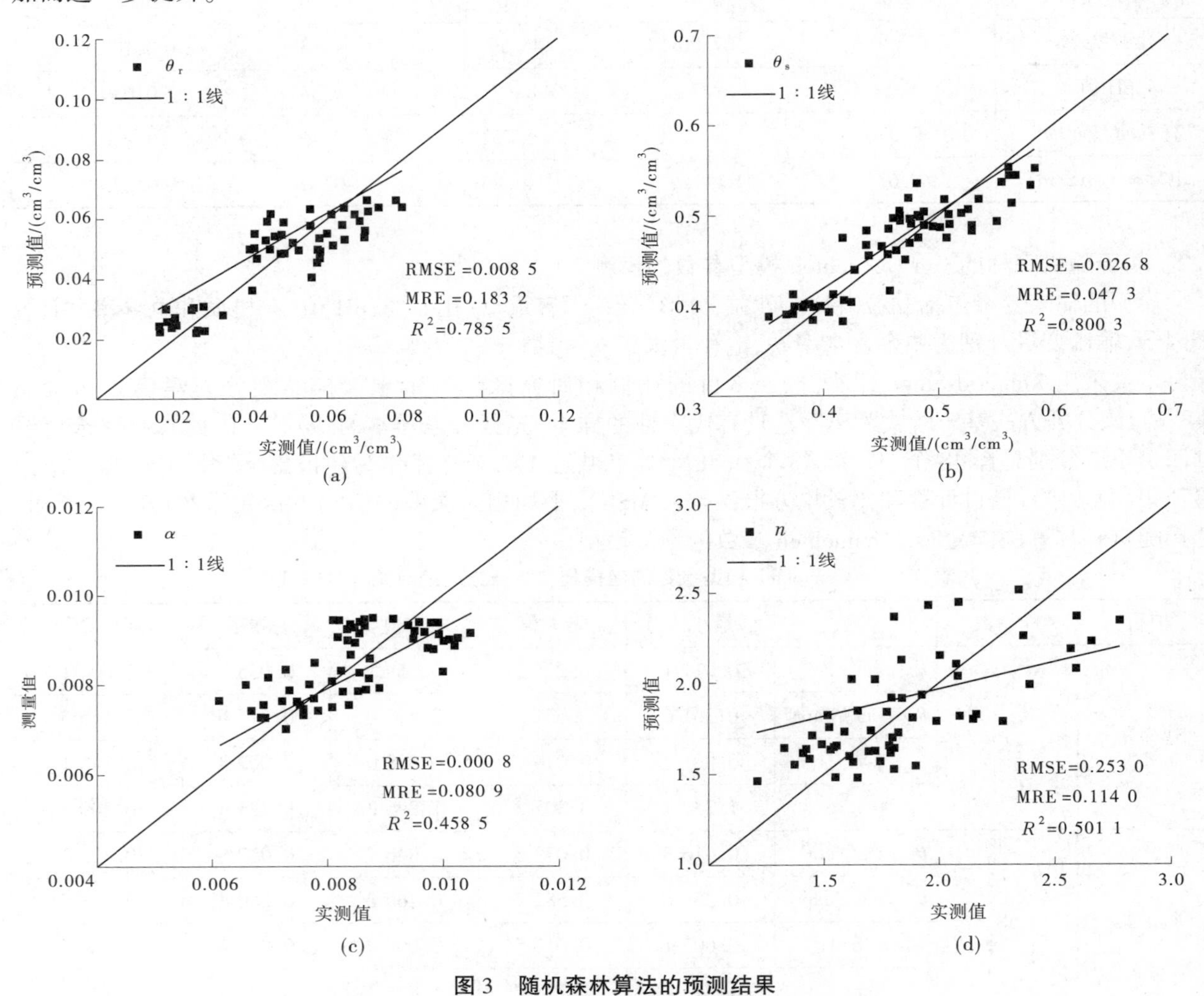

图 3　随机森林算法的预测结果

2.2.3　水分特征曲线传递函数的构建与验证

根据随机森林算法建立 van Genuchten 模型参数的最佳预测模型后，还需根据 4 个参数的预测结果建立 van Genuchten 模型表达式，再与实测水分特征曲线相比较。考虑到验证集样本较多，通常的做法是根据预测 van Genuchten 模型与实测相同压力下含水率进行对比验证[5]。本文选取了由验证集 4 个参数组合而成的 26 个水分特征曲线，共计 390 个含水率值进行验证（见图 4）。由图 4 可以看出，由随机森林预测的 van Genuchten 模型所求得的含水率与实测含水率相差不大。决定系数 R^2 达到 0.979 6，表明整体上实测值与预测值基本吻合;均方根误差 RMSE 为 0.023 4;平均相对误差 MRE 为 17.82%。这表明,虽然随机森林所预测的 van Genuchten 模型参数中,参数 α 和参数 n 的预测精度稍有欠缺,但并不影响由 4 个参数决定的 van Genuchten 模型的精度,由该方法建立的水分特征曲线传递函数是可行的。

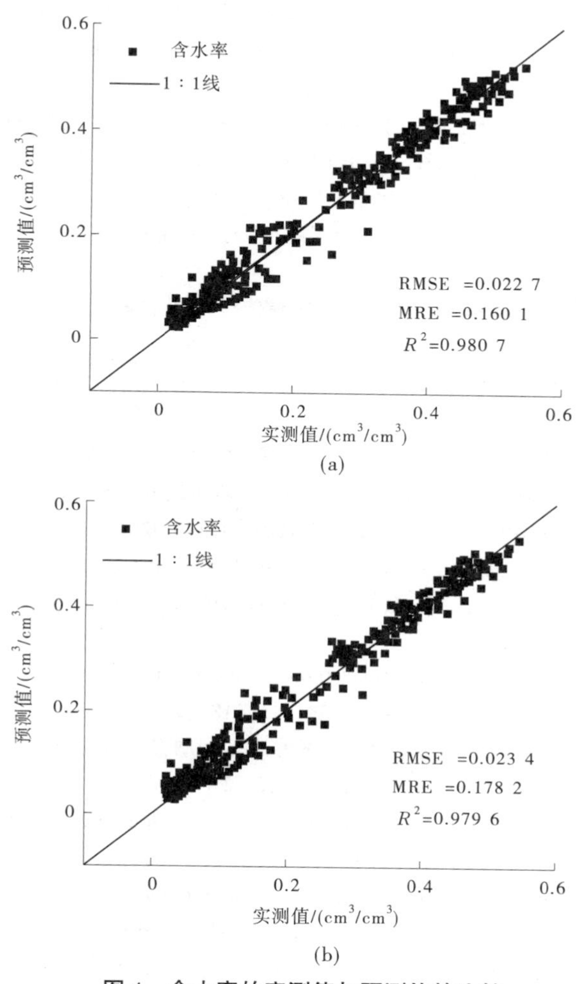

图 4 含水率的实测值与预测值的比较

3 结论与展望

本文通过随机森林算法对研究区包气带土壤水分特征曲线的 van Genuchten 模型的 4 个参数,即残余含水率 θ_r、饱和含水率 θ_s、参数 α 和参数 n 分别进行了预测。构建了水分特征曲线的 PTFs,主要得到以下结论:

(1)基于随机森林的预测结果显示,对于残余含水率 θ_r 和饱和含水率 θ_s 的预测结果要优于参数 α 和参数 n。但参数 α 和参数 n 的 MRE 较低,不影响构建 PTFs。

(2)由预测结果构建的 van Genuchten 模型与相同压力下实测含水率进行比较得知,整体上实测值与预测值相差不大。决定系数 R^2 达到 0.979 6;均方根误差 RMSE 为 0.023 4;平均相对误差 MRE 为 17.82%。

(3)本文选择了常见的、易于测定的土壤结构和物理化学指标作为影响因素。但是一些理化性质参数还受到季节和温度的影响,这可能会限制 PTFs 的应用。

(4)本文利用随机森林算法构建的水分特征曲线 PTFs 的预测精度较高,但对于预测的因变量与自变量间的内在联系缺乏解释性。关于水分特征曲线与影响因素的作用机制,下一步仍需结合物理试验进行机制研究。

参考文献

[1] GALVEZ J F,POLLACCO J,LASSABATEREL, et al. A General Beerkan Estimation of Soil Transfer Parameters Method Predicting Hydraulic Parameters of Any Unimodal Water Retention and Hydraulic Conductivity Curves: Application to the Kosugi Soil Hydraulic Model Without Using Particle Size Distribution Data[J]. Advances in Water Resources, 2019(129): 118-130.

[2] 刘建立,徐绍辉,刘慧. 估计土壤水分特征曲线的间接方法研究进展[J]. 水利学报,2004(2): 68-76.

[3] Liu Z,Shu Q,Wang Z. Applying Pedo-transferfunctions to Simulate Spatial Heterogeneity of Cinnamon Soil Water Retention Characteristics in Western Liaoning Province[J]. Water Resources Management,2007(21):1751-1762.

[4] 姚姣转,刘廷玺,王天帅,等. 科尔沁沙地土壤水分特征曲线传递函数的构建与评估[J]. 农业工程学报,2014, 30(20): 98-108.

[5] 王子龙,常广义,姜秋香,等. 灰色关联及非线性规划法构建传递函数估算黑土水力参数[J]. 农业工程学报,2019, 35(10):60-68.

[6] 聂春燕,胡克林,邵元海,等. 基于支持向量机和神经网络的土壤水力学参数预测效果比较[J]. 中国农业大学学报, 2010,15(6):102-107.

[7] 李彬楠,樊贵盛. 基于支持向量机方法的土壤水分特征曲线预测模型[J]. 节水灌溉,2019,281(1):108-111, 117.

[8] Qin W J,Fan G S. Estimating Parameters for the Van Genuchten Model From Soil Physical-chemical Properties of Undisturbed Loess-soil[J]. Earth Science Informatics,2020,10. 1007/s12145-020-00503-3.

[9] Achieng K O. Modelling of Soil Moisture Retention Curve Using Machine Learning Techniques: Artificial and Deep Neural Networks Vs Support Vector Regression Models [J]. Computers and Geosciences, 2019, doi: 10. 1016/j. cageo. 2019. 104320.

[10] Qiao J B,Zhu Y J,JIA X X,et al. Development of pedotransfer functions for soil hydraulic properties in the critical zone on the Loess Plateau, China[J]. Hydrological Processes,2018,32(18):2915-2921.

[11] 王国梁,周生路,赵其国. 土壤颗粒的体积分形维数及其在土地利用中的应用[J]. 土壤学报,2005(4):545-550.

[12] Leo B. Random Forest[J]. Machine Learning,2001,45(5):5-32.

[13] VAN GENUCHTEN M T. A Closed-form Equation for Predicting the Hydraulic Conductivity of Unsaturated Soils[J]. Soil Science Society of America Journal,1980,44(5):892-898.

[14] LI S,JI W,Chen S, et al. Potential of Vis-nir-swir Spectroscopy From the Chinese Soil Spectral Library for Assessment of Nitrogen Fertilization Rates in the Paddy-rice Region,China[J]. Remote Sensing,2015(7):7029-7043.

[15] 周志华. 机器学习[M]. 北京:清华大学出版社,2016.

[16] Liaw A. Package ‘randomforest’[M]. 2018.

河南黄河流域水资源最大刚性约束与区域发展的研究

赵小鑫　王文海　王志伟

（焦作黄河河务局，河南焦作　454950）

摘　要：2019 年 9 月 18 日，习近平总书记首次提出了“把水资源作为最大的刚性约束”的重要原则，这是在以水资源的可持续利用保障社会经济的可持续发展总体战略框架下，做好水资源管理工作的新目标。本文以河南黄河流域水资源为基础，研究如何依托黄河水资源最大刚性约束，优化黄河水资源管理与配置，促进河南区域发展，实现“中原崛起”，分析河南黄河流域落实水资源最大刚性约束存在问题，并提出对策及建议，实现水资源刚性约束利用及河南黄河流域平稳可持续发展目标。

关键词：水资源管理；刚性约束；节约集约利用；黄河；区域发展

1　研究河南黄河流域水资源最大刚性约束意义

习近平总书记指出，黄河水资源量就这么多，搞生态建设要用水，发展经济、吃饭过日子也离不开水，不能把水当作无限供给的资源[1]。我国传统水利模式必须向现代水利、可持续发展水利模式转变，将“把水资源作为最大的刚性约束”的重要原则作为革命性措施抓好水资源的管理、配置和保护。

研究河南黄河流域水资源最大刚性约束，关乎河南省生态经济发展。改革开放以后，我国优先发展东部沿海地区，有条不紊地实施西部大开发和振兴东北的发展战略，中部地区除保障粮食安全和耕地红线外，始终没找到崛起方向，中国人口最多的地方一直在盼望迎来“中原崛起”契机。水格局决定着发展格局，黄河贯穿河南省，惠泽多个地市，是省内最大的过境水资源，也是中原的优势所在，河南黄河流域将是中原地带未来经济发展的重要转折点。

2　黄河流域河南段水资源概况

河南省水资源地区分布不均，水资源分布与土地资源和生产力布局不均衡，但是以全国 1/70 的水资源量，养活了全国 1/14 的人口，生产了全国 1/10 的粮食，支撑了全国 1/18 的经济总量。根据河南省 2005 年第二次全省水资源评价测算结果，全省多年平均水资源总量为 403.53 亿 m^3，约为全国水资源总量 28 124 亿 m^3 的 1.43%，居全国第 19 位。全省人均、耕地亩均水资源占有量分别为 376 m^3、331 m^3，约为全国人均、亩均水平的 1/5、1/4。河南省多年平均进入水量 413.64 亿 m^3，其中主要为黄河流域的 379.96 亿 m^3，占全省的 92.2%。全省多年平均出境水量 630.22 亿 m^3，其中黄河流域为 381.23 亿 m^3，占全省的 60.5%。1987 年国务院批准的在南水北调工程生效前《黄河可供水量分配方案》中，分配给河南省黄河干支流耗水量指标为 55.4 亿 m^3，其中干流 35.67 亿 m^3，支流 19.73 亿 m^3。

3　河南黄河流域落实水资源最大刚性约束存在的问题

研究河南黄河流域把水资源作为最大刚性约束的分析，需要先把黄河流域作为一个整体去研究，虽然黄河流域上、中、下游区域水资源、水生态、水环境、管理措施、发展格局等皆不相同，但是单拎出来黄

作者简介：赵小鑫（1989—），男，工程师，硕士，从事水资源管理与调度工作。

河流域任何一段都和整个黄河流域息息相关,紧密耦合。

3.1 黄河流域可用水资源量先天不足

1987 年 9 月 11 日,国务院办公厅发布《黄河可供水量分配方案》(俗称“八七”分水方案),具体分配方案见表 1。

表 1 “八七”分水方案

地区	青海	四川	甘肃	宁夏	内蒙古	陕西	山西	河南	山东	河北	天津	合计
年耗水量/亿 m^3	14.1	0.4	30.4	40.0	58.6	38.0	43.1	55.4	70.0	20.0		370.0

“八七”分水方案是黄河水利委员会约商黄河水量分配关系密切的 12 个省(区、市)的相关部门座谈,调整并提出在南水北调工程生效前黄河可供水量分配方案。该方案可用水量是根据 1919—1975 年系列黄河平均径流量测算确定的,平均天然径流量为 580.0 亿 m^3,剔除必要的冲沙水量 210.0 亿 m^3(多为调水调沙、汛期的洪水),仅剩余可引用水量 370.0 亿 m^3。因此,黄河流域可用水资源量先天不足原因有 3 个,一是河道天然水量不足,根据 1956—2000 年系列水资源调查评价,黄河河道多年平均水量,仅占全国河川径流量的 2%,总量不到长江的 7%。二是中游主要流经黄土高原,水土流失严重。三是河道水少沙多,可调度用水量少。

3.2 黄河流域水资源时空分布不均

黄河水资源径流地区分布不均,径流量年内年际变化大。简单来说,黄河水资源具流动性、不确定性,丰水年和枯水年相互交错等特点。

黄河流域 7 个区间地表水资源量分布不均。表 2 反映黄河流域地表水资源分区水资源量,根据黄河水利委员会 1956—2000 年的数据分析,分区地表水资源量和分区控制断面水资源量有以下特点:分区地表水资源量,以河源—龙羊峡区间地表水资源量最大,黄河下游区间地表水资源量最少,龙门—三门峡干流区域区间地表水资源量为负值。分区控制断面地表水资源量,以黄河下游河口控制断面地表水资源量最大,花园口和三门峡控制断面地表水资源量次之,龙羊峡控制断面地表水资源量最少。

表 2 黄河流域分区地表水资源量

单位:亿 m^3

流域分区	控制断面	分区地表水资源量	控制断面地表水资源量
河源—龙羊峡	龙羊峡	212.03	212.03
龙羊峡—兰州	兰州	24.24	334.00
兰州—头道拐	头道拐	-0.18	333.82
头道拐—龙门	龙门	54.54	388.36
龙门—三门峡	三门峡	-1.62	502.95
三门峡—花园口	花园口	14.22	562.99
花园口—河口	河口	3.38	566.37

黄河径流年内年际变化大。黄河径流年内分布普遍集中,历年 7—10 月汛期天然径流量占比 57%以上,8 月径流量最大,1 月径流量最小。黄河流域天然径流量年际变化大,详见表 3。

3.3 黄河天然来水量呈减少趋势

根据黄河流域不同年系列,黄河年际平均径流量存在很大差异,且呈显著减少趋势,1919—1975 年系列(“八七”分水方案依据系列)黄河多年平均径流量 580.0 亿 m^3,1956—2000 年系列黄河多年平均径流量 534.8 亿 m^3,1956—2010 年系列黄河多年平均径流量 482.4 亿 m^3,2001—2019 年多年平均天然径流量 466.0 亿 m^3(见表 3)。可见,各阶段年系列黄河多年平均径流量减幅逐渐增大,基于气候变化、黄河中游黄土高原水土保持措施、沿黄水工程建设等影响,可预判未来黄河天然径流量有可能继续减少。

表 3　不同系列年黄河多年平均径流量

系列年	多年平均径流量/亿 m^3	与“八七”分水方案依据径流量的差值	
		减少量/亿 m^3	减幅比/%
1919—1975 年	580.0		
1956—2000 年	534.8	45.2	7.8
1956—2010 年	482.4	97.6	16.8
2001—2019 年	466.0	114.0	19.6

3.4　黄河流域地表水资源开发过度利用粗放

黄河流域水资源开发利用已超出其承载能力,新中国成立以来,随着社会经济的发展,也伴随着黄河流域水资源开发利用开始突飞猛进的发展,已建成蓄引提工程约 5.4 万座(处)。根据 2001—2019 年系列统计,黄河流域年平均天然流量 466.0 亿 m^3,年均地表水供水量为 376.3 亿 m^3,地表水资源开发利用率高达 80%,远超一般流域 40%的生态警戒线。黄河流域取用水方式较为粗放,其第一大用水户是农业生产用水,节水机制不健全,流域农业灌溉水利用系数低,流域灌区配套节水设施不完善、节水工程改造进度慢、种植结构布局不合理等问题,造成巨大的黄河水资源浪费。

3.5　黄河流域水生态环境功能下降

1999 年 3 月 1 日,黄河水利委员会发布第一份调度指令,水量统一调度开始运行,实现黄河干流连年不断流。然而随着沿黄地区社会经济的发展,工农业生产污水、城乡居民生活污水等,由于污水处理率低,大部分直接进入流域水体,导致水环境污染,水生态环境功能持续下降。近年来生态环境部不断加大对黄河流域的生态环境治理,农业农村面源污染防治攻坚等取得突破进展,编制的《2020 中国生态环境状况公报》显示黄河流域Ⅰ~Ⅲ类水质断面比例为 84.7%,但是由于流域内环境基础设施欠账较多,水生态环境形势依然严峻。

3.6　河南黄河流域发展格局亟需细化调整

水格局决定了地区未来发展格局。纵观中国发展用水历史和国外发达国家用水情况,在不同发展阶段,相同的是对水资源的重视程度,不同的是水资源利用总量、种类、层次、程度和模式。

黄河流域地区上、中、下游都有其独特的环境优势,当然对于流域内地区最大的优势是拥有黄河水资源。黄河水资源是河南省实现中部崛起的重要优势之一。河南省虽然是一个缺水的省份,但是水资源开发利用并不充分,且伴随地下水超采和旱涝交替的怪象。分析原因:一是引黄供水工程合理、有序、可持续供水效果差;二是河南省细化分配方案中个别地市取水指标未充分利用;三是黄河水资源利用效率低下;四是省内地下取水井泛滥;五是水网水系建设滞后。

3.7　河南黄河流域水资源管控力弱

水资源管理与监督法规体系不健全,存在时效性差、协调性差、执行力弱等问题。相关的法规体系建设还不够完善,法律责任不明确,黄河管理的法律法规适用于全国,涉及水利、林业、工业等部门,致使法律之间难免存在不协调、冲突的条款。《中华人民共和国水法》原则性太强、执行力弱;地方性法规涉及大江大河内容不够详细,甚至不涉及;行政法规和部门规章处于分裂状态效用不强;总之,缺少一部综合性的黄河水资源管理的法律,这是黄河流域水资源管控力弱的重要原因之一。

黄河流域取水项目重建设轻管理。虽然实行黄河水资源统一调度与管理多年,面对落实“把水资源作为最大刚性约束”的要求还有很大差距,一是黄河流域法规体系不完善;二是水资源管理考核缺乏具体的奖惩措施;三是水权分配未细化至县级;四是黄河重要支流未纳入统一调度,多头管理,监管薄弱;五是水资源管理手段简单落后,发现问题时间滞后,整改依靠告知、提醒、预警、告警等通知,手段单一。

4 河南黄河流域落实水资源最大刚性约束的对策及建议

黄河是华夏的母亲河、生命河、幸福河。我们要以母亲河现有的能力为基础，去丈量区域发展强度。统筹区域多种水源，优化水资源配置格局，以节约用水扩大发展空间，利用“把水资源作为最大刚性约束”这把金钥匙，打开河南黄河流域高质量发展的大门。

4.1 以水而定、量水而行

以水而定、量水而行是落实水资源最大刚性约束的总纲，也是河南黄河流域今后开发利用水资源、促进区域发展的总要求。正在开展的黄河“八七”分水重新调整方案调研，是在筹备掀开以水定发展的序幕。以区域为单位，权衡人口、经济、耕地、生态等用水需求，结合产业结构和发展布局，统计区域自产水量和其他外调水量，重新制定黄河可用水分配方案。区域可用水资源将会成为经济发展的“天花板”，在此基础上，优化城市发展格局，合理扩大经济规模，助推乡村振兴。河南黄河流域在落实水资源最大刚性约束的要求下，抓好以水而定、量水而行这个总纲，科学构建新发展格局、制定重点行业规划，赢得发展先机。

4.2 合理分水、管住用水

合理分水、管住用水是落实水资源最大刚性约束的框架。重在确定约束边界，确定落实方法。沿黄区域需抓紧建立健全初始水权分配制度，促进水资源利用中的外部性内在化，实现资源利用的高效率；结合各区域水资源承载能力评价制度，确定区域水量分配制度；对于过境黄河水适配动态径流量建立用水动态调整机制。严格执行水资源论证制度，强化取水许可管理；取用河湖水量，优先保障河湖生态流量水量，科学划定工业用水定额、居民生活用水定额、农业灌溉用水定额和生态环境用水定额；根据我国主体功能区规划，科学划分区域农业、城镇和生态水安全管控分区，确定水资源开发利用范围边界，差别化管理。

4.3 控制总量、盘活存量

控制总量、盘活存量是落实水资源最大刚性约束的核心。总量控制是最严格水资源管理制度的重点要求，是坚持人水和谐，做好水资源开发利用和保护，落实“四定”，协调好生活、生产和生态用水，统筹区域各种水源关系的根本依据。通过水资源消耗总量和强度双控、水资源论证制度、水资源承载能力监测预警评价、水资源超载区取水许可限批、水资源督查考核等制度落实总量控制，为水资源最大刚性约束落实提供重要支撑。水资源最大刚性约束并不是搞“一刀切”，盘活存量是水资源最大刚性约束政策可持续的支撑条件，实践中，由于早期取水项目取水许可论证水量偏大，取水项目配套渠系工程建设搁浅，受水范围用水结构发生改变等，会出现闲置和节余的存量水资源，要盘活这些存量水资源，需要抓紧建立完善闲置取水指标处置制度，区域间、区域内取水户间基于节约水量的水权交易制度。

4.4 调控指标、统筹使用

调控指标、统筹使用是落实水资源最大刚性约束的手段。国家对水资源依法实行取水许可制度和有偿使用制度，实际上就是水资源取得和使用制度。目前黄河取水指标是在国务院办公厅批准的可供水量分配方案框架下，向有关部门论证后无偿申请取得。沿黄各地区有多种可供水源，水权和取水指标虽然已经确定，因为涉及当地用水计划、国民经济发展规划、配套取水设施和引水渠系建设、资金投入与预期效益等复杂因素，地方区域并有进行科学的系统的规划并统筹使用，用水户取水习惯就近使用原则，能用地下水就统一用地下水，导致其他水源用水指标空置，利用效率低，间接造成水市场份额固化。

水资源是一种自然资源，兼具有很强的公益性，尤其是黄河水资源，虽然用水大体分为农业用水和非农用水，都对应有国家发改委规定的价格，但是黄河水资源是正规水源中价格最低的，属于引用管理成本高，利用使用成本低。还普遍存在“包干”水价问题，这些都不利于水资源最大刚性约束政策的落实，从现今或将来国家经济发展程度的角度，水资源已成为稀缺资源，具有强大的经济价值，人们还在缓慢接受这个事实，但是相信不久的将来，水市场可能是竞争最热的市场，会成为“把水资源作为最大的刚性约束”的催化剂，真正发挥水市场的杠杆作用。

4.5 合理确权、信息共享

合理确权、信息共享是落实水资源最大刚性约束的关键。国家对水资源实行流域管理与行政区域管理相结合的管理体制。但是没有细化如何协调流域与地方区域管理的问题。目前各级地方政府的分块管理在发挥主导作用,以流域管理机构为主的流域统一管理发挥作用受限,致使黄河流域水资源的整体性受到割裂。在实际运行中普遍存在流域水资源管理部门与水行政主管部门条块分割、各自为政现象,这种管理方式导致了流域管理效率低下、管理资源浪费,同时也导致各部门的相互推诿。明确管控黄河流域资源的权责划分,统一权威领导,合理确权,流域与区域地方信息共享,共同打造水资源管理信息化平台,使沿黄各地区,因地制宜发挥比较优势,统筹推进黄河流域生态保护和高质量发展。

4.6 建章立制、联合管理

建章立制、联合管理是落实水资源最大刚性约束的保障。水利行业在水资源节约保护、水资源管理、取水工程建设和取水项目核查等方面的监管宽、松、软,尤其是水资源监督管理方面,相关制度建设滞后,现有制度要么是原则性强实用性弱,要么是老而不适用,软而不管用,缺而无可用。黄河流域亟需根据现有发现的问题,组织完善有关配套政策措施,加快补齐制度短板,健全监督管理的长效机制,严格取用水管理,为落实水资源最大刚性约束提供依凭。加深黄河流域派出机构与地方各部门的联系,尤其是水利部门和环保部门,在取用黄河水监管方面需要联合行动,为落实水资源最大刚性约束提供保障。

参考文献

[1] 习近平. 在黄河流域生态保护和高质量发展座谈会上的讲话[J]. 中国水利,2019(20):1-3.
[2] 郭孟卓. 对建立水资源刚性约束制度的思考[J]. 中国水利,2021(14):12-14.
[3] 吴强,马毅鹏,李森. 深刻领会、全面落实习总书记"把水资源作为最大的刚性约束"指示精神[J]. 水利发展研究,2020(1):6-9.
[4] 刘同凯,贾明敏,马平召. 强化刚性约束下的黄河水资源节约集约利用与管理研究[J]. 人民黄河,2021,43(8):70-73,121.
[5] 陈茂山,陈金木. 把水资源作为最大的刚性约束如何破题[J]. 水利发展研究,2020(10):15-19.

黄河流域地下水资源量变化及影响因素分析

马志瑾　李　晓　潘启民

(黄河水文水资源科学研究院,河南郑州　450004)

摘　要:1956—2016 年黄河流域地下水资源量发生了显著变化,了解其变化背后的影响因素,将为后续管控黄河流域地下水资源量提供有力技术支撑。本文基于《全国水资源调查评价》《黄河流域水资源公报》等资料,对黄河流域 60 余 a 来地下水资源量变化与影响因素进行了系统分析。结果表明,黄河流域地下水资源量呈明显减少态势;平原区地下水补给量构成发生变化,降水入渗补给量占比增大,地表水体补给量占比减小;山丘区地下水排泄量构成中的人工排泄量占比越来越大;降水量区域性变化以及人类活动影响是黄河地下水资源量与补排构成变化的主要原因。

关键词:地下水资源;动态演变;黄河流域

地下水是水循环的重要环节,是生态环境的重要支撑,是水资源的重要组成部分,也是经济社会供水的重要水源[1-2]。随着全球气候变化加剧、人类活动加强,水循环、生态水文过程以及水资源情势发生了一定的变化。变化环境下地下水资源量发生了显著变化,对供水安全、生态安全带来严重挑战[3-4]。陈飞等对中国 60 余 a 来地下水资源的演变规律与影响因素进行了系统分析,认为全国地下水资源量总体稳定,地下水资源区域演变趋势差异明显,黄河流域等地下水开发利用强度高、供水比例大的区域,地下水资源量减少趋势明显[5]。

本文基于 20 世纪 80 年代以来水利部门开展的 3 次全国水资源调查评价中黄河流域地下水资源量调查评价成果,以及历年《黄河水资源公报》等有关资料,通过对 1956—1979 年、1980—2000 年、2001—2016 年不同时间序列的黄河流域地下水资源量、补给量和排泄量的比较,探讨气候变化及人类活动影响下黄河流域地下水资源量演变规律,把握流域内地下水资源的新情势、新变化,在黄河流域高质量发展背景下,为黄河流域经济社会发展与生态文明建设提供重要参考。

1　研究区概况与数据来源

1.1　研究区概况

黄河发源于青藏高原巴颜喀拉山北麓的约古宗列盆地,是中国第二大河,流经青海、四川、甘肃、宁夏、内蒙古、山西、陕西、河南、山东九省(区),在山东省垦利县注入渤海,流域总面积 79.5 万 km^2(含内流区 4.2 万 km^2)。

黄河流域横跨青藏高原、内蒙古高原、黄土高原和华北平原等四个地貌单元。流域地势西高东低,大致分为三个阶梯,每个阶梯独特的气候与自然景观,对该区域水资源形成演化都起着决定性的作用。

流域内平原区地下水以降水入渗、地表水体转化、山前侧向等方式补给,多以人工开采、潜水蒸发、河道排泄等方式排泄,有时也以侧向流出的方式补给其他区域的地表水或地下水;山丘区基岩裂隙水补给方式单一,以大气降水为主,多以河川基流、山前侧向补给或泉水形式排泄;山丘区岩溶水以大气降水和地表水渗漏为重要补给源,沿岩溶溶隙通道循环较深,多以大泉形式排泄,有时也以侧向径流形式补给地表水或其他含水层[6]。

作者简介:马志瑾(1983—),女,高级工程师,主要从事水文水资源研究工作。

1.2 数据来源

本文所指的地下水资源量，是与当地降水和地表水体有直接水力联系、参与水循环且可以逐年更新的动态水量，且矿化度不大于 2 g/L 的浅层地下水资源量。

分区地下水资源量由平原区和山丘区地下水资源量之和扣除其重复量求得。平原区地下水资源量采用补给法求得（主要包括降水入渗补给量、地表水体补给量、侧向补给量、井灌回归补给量等）；山丘区地下水资源量采用排泄法（主要包括降水入渗补给量、实际开采量、潜水蒸发量、山前侧向流出量、山前泉水溢出量等）[7]。

基础资料为黄河流域 1956—2016 年系列地下水资源量成果，其中 1956—1979 年平均数据采用第一次全国水资源调查评价成果，1980—2000 年、2001—2016 年平均数据采用第二次全国水资源调查评价成果。

在分析地下水资源量变化时，为与全国水资源评价系列一致，探究近年来地下水资源量、循环通量、补给排泄构成变化情况，将 1956—1979 年平均值作为基准期，将 1980—2000 年平均值和 2001—2016 年平均值作为对比期，分析流域内各个水资源二级区较基准期的变化。

2 地下水资源量变化

2.1 地下水资源量变化

1956 年以来，黄河流域地下水资源量时空分布发生了变化，总体呈明显减少态势。如表 1 所示，2001—2016 年平均地下水资源量为 364.45 亿 m^3，比 1956—1979 年平均地下水资源量减少 41.31 亿 m^3，比 1980—2000 年平均地下水资源量减少 11.44 亿 m^3（见表 1）。

表 1 黄河流域分区地下水资源量统计

水资源二级区	平原区地下水资源量/（亿 m^3/a）			山丘区地下水资源量/（亿 m^3/a）			分区地下水资源量/（亿 m^3/a）		
	1956—1979 年	1980—2000 年	2001—2016 年	1956—1979 年	1980—2000 年	2001—2016 年	1956—1979 年	1980—2000 年	2001—2016 年
龙羊峡以上	0	1.01	1.33	152.19	80.39	71.26	152.19	81.1	72.49
龙羊峡—兰州		3.54	2.92		53.37	51.91		55.19	53.74
兰州—河口镇	58.92	50.58	49.42	13.84	16.48	13.85	48.71	46.23	43.1
河口镇—龙门	17.07	17.49	19.97	23.77	19.05	20.33	40.32	35.05	38.81
龙门—三门峡	46.2	52.28	50.68	63.76	51.59	48.94	97.5	91.01	86.95
三门峡—花园口	6.66	7.62	7.63	29.97	30.06	28.76	35.2	35.41	34.01
花园口以下	22.11	14.3	16.03	8.39	12.16	9.92	25.33	24.1	24.85
内流区	6.32	7.75	10.4	0.22	0.23	0.24	6.51	7.81	10.49
黄河流域	157.28	154.57	158.37	292.14	263.34	245.22	405.76	375.89	364.45

2.2 平原区地下水补给量变化

2001—2016 年平均平原区地下水总补给量为 166.97 亿 m^3，较 1956—1979 年平均地下水资源量增加了 22.58 亿 m^3，较 1980—2000 年平均地下水资源量增加了 5.03 亿 m^3（见表 2）。

从各补给量动态变化分析，1956—1979 年均值、1980—2000 年均值和 2001—2016 年均值对比发现，降水入渗补给量呈增加趋势，增加 16.58 亿 m^3，增幅 26%；山前侧向补给量先增加 9.00 亿 m^3，后减少 0.89 亿 m^3，总体增幅 107%；地表水体转化补给量呈减少趋势，减少 6.37 亿 m^3，减幅 10%；井灌回归补给量呈增加趋势，增加量分别为 2.74 亿 m^3 和 1.23 亿 m^3，增幅分别为 47%和 17%。

表2　黄河流域平原区地下水主要补给量及其变化

地下水补给项	不同评价期地下水补给量/(亿 m^3/a)			变化分析			
	1956—1979年①	1980—2000年②	2001—2016年③	变化量/(亿 m^3/a) ③-①	变化率/% (③-①)/①	变化量/(亿 m^3/a) ③-②	变化率/% (③-②)/②
降水入渗补给	64.14	75.34	80.72	16.58	26	5.38	7
山前侧渗	8.38	18.27	17.38	9.00	107	-0.89	-5
地表水体补给	66.01	60.96	59.64	-6.37	-10	-1.32	-2
井灌回归	5.86	7.37	8.6	2.74	47	1.23	17
地下水总补给	144.39	161.94	166.97	22.58	16	5.03	3

2.3　山丘区地下水排泄量变化

2001—2016年平均山丘区地下水总排泄量为245.22亿 m^3，较1956—1979年平均山丘区地下水总排泄量减少了72.65亿 m^3，较1980—2000年平均山丘区地下水总排泄量减少了19.57亿 m^3（见表3）。

表3　黄河流域山丘区地下水主要排泄量及其变化

地下水排泄项	不同评价期地下水排泄量/(亿 m^3/a)			变化分析			
	1956—1979年①	1980—2000年②	2001—2016年③	变化量/(亿 m^3/a) ③-①	变化率/% (③-①)/①	变化量/(亿 m^3/a) ③-②	变化率/% (③-②)/②
天然河川基流量	272.71	219.63	200.06	-72.65	-27	-19.57	-9
开采净消耗量	1.56	19.78	22.3	20.74	1329	2.52	13
潜水蒸发量		0.23	0.19	0.19	—	-0.04	-17
山前侧向流出量	13.83	23.45	22.11	8.28	60	-1.34	-6
山前泉水溢出量	4.04	0.26	0.32	-3.72	-92	0.06	23
总排泄量	292.14	277.07	245.22	-46.92	-16	-31.85	-11

从各排泄项动态变化分析，1956—1979年均值、1980—2000年均值和2001—2016年均值对比发现，天然河川基流量呈减少趋势，减少72.65亿 m^3，减幅27%；开采净消耗量呈增加趋势，增加20.74亿 m^3，增幅1329%；潜水蒸发量减少，减少0.04亿 m^3，减幅17%；山前侧向流出量先增加9.62亿 m^3，后减少1.34亿 m^3，总增幅60%；山前泉水溢出量显著减少，减少3.72亿 m^3，减幅92%。

2.4　地下水补给量、排泄量构成变化

平原区地下水补给量构成发生了变化，1956—1979年均值、1980—2000年均值和2001—2016年均值对比发现，降水入渗补给量占总补给量的比重增大，从1956—1979系列的44%，先增加到47%，后增加到48%；地表水体补给量占总补给量的比例减小，从1956—1979系列的46%，先减少到38%，后减少到36%；山前侧渗量占总补给量的比例，从1956—1979系列的6%，先增大到11%，后减小到10%。

山丘区地下水排泄构成发生了变化，1956—1979年均值、1980—2000年均值和2001—2016年均值对比发现，天然河川基流量占总排泄量的比重，从1956—1979年系列的93%，先减小到79%，后增加到82%，总体减小；开采净消耗量占总排泄量的比例明显增大，从1956—1979年系列的1%，先增大到7%，后增大到9%；山前侧向流出量占总排泄量的比例也明显增大，从1956—1979年系列的5%，先增大到8%，后增大到9%。

3 影响因素分析

3.1 降水变化

黄河流域1956—2016年系列年均降水量452 mm，总体趋势平稳(见图1)，但是在区域分布上有些许变化(见表4)，与1956—1979年系列年均降水量相比，黄河源区地区的降水量明显增加，宁蒙河段与黄河中下游区域降水量明显减少；与1980—2000年系列年均降水量相比，降水量增多，山陕区间上部与黄河内流区间增多尤为显著。

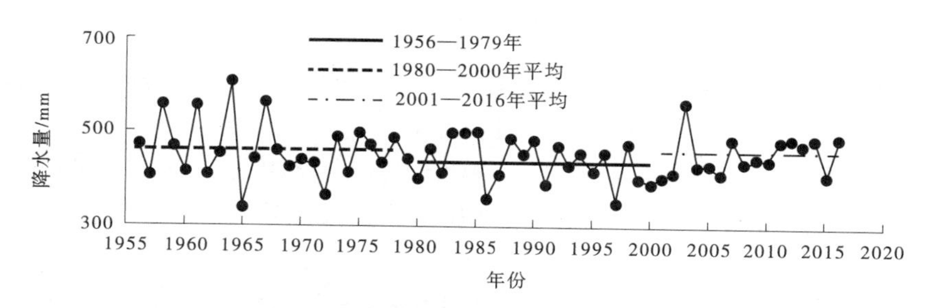

图1 黄河流域年均降水量变化线

表4 黄河流域年均降水量变化情况

水资源二级区	不同评价期年均降水量/mm			变化分析			
	1956—1979年 ①	1980—2000年 ②	2001—2016年 ③	变化量/(亿 m^3/a) ③-①	变化率/% (③-①)/①	变化量/(亿 m^3/a) ③-②	变化率/% (③-②)/②
龙羊峡以上	478	494	506	28	6	12	2
龙羊峡—兰州	507	495	510	3	1	15	3
兰州—河口镇	271	251	258	-13	-5	7	3
河口镇—龙门	460	412	472	12	3	60	15
龙门—三门峡	559	524	536	-23	-4	12	2
三门峡—花园口	668	633	647	-21	-3	14	2
花园口以下	669	610	643	-26	-4	33	5
内流区	292	261	280	-12	-4	19	7
黄河流域	461	438	457	-4	-1	19	4

黄河流域局部区域雨量与雨强的改变，导致降水入渗补给量改变，从而影响地下水资源数量[8-9]。

3.2 人类活动

3.2.1 人类活动对地下水补给量的影响

首先对于地表水体补给量的影响，不同于陈飞等提出的由于灌溉面积迅速发展，灌溉用水量明显增长，地下水灌溉渗漏补给量随之增大。黄河流域地表水体补给量呈减少趋势，减少的原因主要集中在两个方面：一是宁蒙河段灌溉用水量减少，自1998年发布《黄河水资源公报》以来，宁夏农田灌溉用水从1998年的81.73亿 m^3 减少到2020年的56.18亿 m^3，减少了25.55亿 m^3，减幅达31%，地表灌溉用水量的减少，从而渠系渗漏补给量、渠灌田间入渗补给量大幅减少，再加上大规模推广田间节水灌溉技术，从而导致了地表水体补给量[10]；二是下游河段河道下切(据2022年新华社消息，自2002年以来，通过持续开展黄河调水调沙，黄河下游河道主河槽不断萎缩的状况得到初步遏制，下游河道主河槽逐步下降，河道的主河槽平均下切了2.6 m，河道下切改变河道渗漏条件)，导致黄河下游河段河道渗漏量明显减少。

其次由于煤炭开采、疏干排水等人类活动干扰，部分地区地下水水位大幅下降[11-12]。地下水水位下降后，降水入渗过程延长，降水入渗补给系数变小，相同降水情况下降水入渗补给量明显减小。从1956—1979 年、1980—2000 年、2001—2016 年黄河区的降水入渗补给量—降水量关系可以看出，2001—2016 年相同降水条件下降水入渗补给量较 1956—1979 年、1980—2000 年明显减小。

3.2.2 人类活动对地下水排泄量的影响

地下水开采量的快速增大，导致河川天然基流量减少并改变了山丘区地下水排泄量构成。

4 结论

（1）与 1956—1979 年、1980—2000 年系列相比，2001—2016 年黄河流域地下水资源数量减少。其中平原区地下水资源量基本稳定，山丘区地下水资源量减少趋势显著。

（2）平原区地下水补给构成发生了变化，降水入渗补给量占比增大，地表水体补给量占比减小。

（3）山丘区地下水排泄构成发生了变化，天然河川基流量占比减小，开采净消耗量与山前侧向流出量占比明显增大。

（4）降水量区域性改变、人类活动干扰是导致黄河流域地下水资源量变化、补排泄构成改变的主要因素。

参考文献

[1] 李原园，曹建廷，沈福新，等. 1956—2010 年中国可更新水资源量的变化[J]. 中国科学：地球科学，2014，44(9)：2030-2038.

[2] 张建云，王国庆，金君良，等. 1956—2018 年中国江河径流演变及其变化特征[J]. 水科学进展，2020，31(2)：153-161.

[3] 王国庆，张建云，管晓祥，等. 中国主要江河径流变化成因定量分析[J]. 水科学进展，2020，31(3)：313-323.

[4] 张建云，贺瑞敏，齐晶，等. 关于中国北方水资源问题的再认识[J]. 水科学进展，2013，24(3)：303-310.

[5] 陈飞，徐翔宇，羊艳，等. 中国地下水资源演变趋势及影响因素分析[J]. 水科学进展，2020，31(6)：811-819.

[6] 石建省，张发旺，秦毅苏，等. 黄河流域地下水资源、主要环境地质问题及对策建议[J]. 地球学报，2000(2)：114-120.

[7] 钱家忠，吴剑锋，朱学愚，等. 地下水资源评价与管理数学模型的研究进展[J]. 科学通报，2001(2)：99-104.

[8] 潘启民，曾令仪，何丽. 黄河流域浅层地下水资源量及可开采量分析[J]. 人民黄河，2007(1)：47-49，80.

[9] 潘启民，张如胜，李中有. 黄河流域分区水资源量及其分布特征分析[J]. 人民黄河，2008(8)：54-55.

[10] 吴彬，杜明亮，穆振侠，等. 1956—2016 年新疆平原区地下水资源量变化及其影响因素分析[J]. 水科学进展，2021，32(5)：659-669.

[11] 贾建伟，王栋，何康洁，等. 长江流域地下水资源量分布特征及开采潜力分析[J]. 人民长江，2021，52(9)：107-112.

[12] 韩双宝，李甫成，王赛，等. 黄河流域地下水资源状况及其生态环境问题[J]. 中国地质，2021，48(4)：1001-1019.

渭河流域甘肃段水资源生态足迹及其可持续利用分析

李　平　秦瑞杰

（黄河水土保持天水治理监督局（天水水土保持科学试验站），甘肃天水　741000）

摘　要：渭河流域人口众多，水生态环境脆弱，随着经济社会的不断发展，水资源短缺矛盾愈加突出。基于渭河流域甘肃段2011—2020年水资源数据，利用水资源生态足迹模型对该区域水资源生态足迹与生态承载力进行分析计算。结果表明，区域水资源承载力与降水相关，人均水资源生态足迹和承载力波动起伏，水资源生态足迹亏缺较大，压力指数较高，供用水安全保障程度低，建议从水源、产业结构、节水技术等方面着手，提升区域水资源可持续利用水平。

关键词：水资源；生态足迹模型；水安全；可持续利用

生态足迹理论兴起于1992年，是通过生态生产性土地面积来衡量人类对自然资源的利用程度以及自然界为人类生产生活提供支持服务，这一理论可揭示一定区域内生物资源的消费需求与其供给能力平衡状况的变化趋势，进而评价区域可持续发展状况。因其计算方法结果直观、可操作性强，应用范围逐步扩大并延伸至水资源研究领域。国内水资源生态足迹方面的多以省域、市域为研究对象，以流域为研究对象的主要有张军等[1]对黑河流域2004—2010年水足迹和水资源承载力动态特征分析，贾焰等[2]对石羊河流域2001—2011年水资源生态足迹研究等。本文以渭河流域甘肃段为研究对象，应用水资源生态足迹模型对其2011—2020年水资源生态足迹进行分析评价，为该地区水资源可持续利用提供借鉴。

1　渭河流域甘肃段基本情况

1.1　研究区概况

渭河是黄河最大的支流，发源于甘肃定西渭源鸟鼠山，经定西、天水、宝鸡、咸阳、西安、渭南入黄河，干流全长818 km，宝鸡峡以上为上游区域，干流河道长430 km，主要支流有秦祁河、咸河、榜沙河、散渡河、藉河、葫芦河、牛头河、通关河。渭河流域上游区域总面积30 775 km^2，其中甘肃境内25 790 km^2，宁夏境内3 281 km^2，陕西境内1 704 km^2。渭河流域甘肃段处于干旱地区和湿润地区的过渡地带，地貌主要为黄土丘陵区，海拔1 200~2 400 m，多年平均降水量250~600 mm，变化趋势是东、南多，西、北少，降水量年际变化较大，年内降水集中在6—9月。区域涉及定西、天水、平凉、白银、陇南5市19个县（市、区），2020年人口为538.53万人，GDP为984.01亿元。

1.2　水资源相关数据

1.2.1　水资源量

研究区水资源总量包括当地降水形成的地表水和地下水，即地表水资源量和降水补给量之和。根据《甘肃省水资源公报》，研究区2011—2020年水资源总量平均值为16.99亿 m^3，人均水资源量为

作者简介：李平（1985—），男，工程师，主要从事水土保持方面的工作。

320 m³,约为全国的 1/7,属于极度缺水地区。

1.2.2 供水情况

研究区供水按水资源性质分为地表水源供水、地下水源供水及其他水源供水,地表水源供水分蓄水、引水、提水及跨流域调水,地下水源分浅层水、深层水,其他水源供水包括污水处理回用、雨水利用等,2011—2020 年平均供水总量 5.554 7 亿 m³,其中地表水源 3.726 2 亿 m³、地下水源 1.395 3 亿 m³、其他水源 0.433 2 亿 m³,2020 年供水能力为 5.581 7 亿 m³。研究区工程性缺水和资源性缺水状况并存,目前已建成中型水库 2 座、小型水库 35 座,总库容 1.81 亿 m³,调蓄径流能力比较低;在建跨流域调水工程引洮工程和曲溪城乡调水供水工程,总调水供水量 3.53 亿 m³,提高了供水安全保障程度,但离安全饮水全覆盖仍有不小差距。

1.2.3 用水情况

由表 1 可知,研究区用水二级账户中,多年平均生产用水量、生活用水量、生态环境用水量分别为 4.445 4 亿 m³、0.975 9 亿 m³、0.133 5 亿 m³,生产用水占总用水量比例较高,生态环境用水占比较低,生产用水和生活用水比较稳定,生态环境用水因 2019 年、2020 年引洮一期工程生态补水增幅较大。生产用水中,第一产业用水量占比最高,用水量受降水量和灌溉条件影响较大,降水量高的年份,用水量相对较少,灌溉条件改善,用水量增加;第二产业用水量呈下降趋势,主要是工业企业产能调整,用水量减少;第三产业用水量稳步增长,符合区域经济社会发展趋势。研究区多年平均耗水量 3.577 8 亿 m³,在严格控制地表水用水量,限制和治理地下水超采等政策下,为满足水资源对经济社会可持续发展的推动作用,实现“渭河流域水量分配方案”中 2030 水平年甘肃省渭河流域河道外地表水多年平均耗水量 3.23 亿 m³ 控制指标,应当从提高农业节水灌溉措施,减少农业生产耗水,提升工业生产节水技术,推广普及居民生活节水器具等方面着手,降低耗水量,提高水资源利用效率。

表 1 区域分类用水情况统计

单位:亿 m³

年份	生产用水量			生活用水量	生态环境用水量	总用水量	总耗水量
	第一产业	第二产业	第三产业				
2011	3.402 6	0.640 9	0.251 8	1.231 1	0.080 4	5.606 8	3.649 6
2012	3.372 7	0.731 1	0.256 6	1.239 5	0.080 6	5.680 5	3.662 2
2013	3.876 2	0.567 8	0.285 6	0.796 2	0.037 3	5.563 1	3.634 6
2014	4.241 1	0.659 6	0.300 7	0.807 2	0.037 6	6.046 2	3.900 6
2015	3.593 7	0.535 3	0.286 2	0.866 3	0.066 6	5.348 1	3.455 4
2016	3.792 5	0.558 2	0.288 5	0.883 8	0.071 7	5.594 7	3.604 2
2017	3.717 9	0.505 0	0.314 9	0.906 5	0.073 8	5.518 1	3.540 4
2018	3.329 3	0.491 4	0.353 7	0.962 3	0.041 5	5.178 2	3.290 5
2019	3.827 7	0.321 8	0.408 3	1.048 1	0.562 5	6.168 4	4.019 6
2020	3.086 1	0.310 8	0.145 2	1.018 1	0.282 8	4.843 0	3.021 1
平均	3.624 0	0.532 2	0.289 2	0.975 9	0.133 5	5.554 7	3.577 8

2 基于水资源生态足迹模型的评价方法

2.1 水资源生态足迹模型

2.1.1 水资源生态足迹模型[3]

水资源生态足迹是以水资源用地面积来表示区域消耗水资源量的情况,其计算模型如下:

$$EF_W = N \times ef_w = \gamma \times (W / P_w) \tag{1}$$

式中:EF_W 为水资源生态足迹,hm^2;N 为人口数量,人;ef_w 为人均生态足迹,hm^2/人;γ 为水资源的全球均衡因子,根据世界自然基金会(WWF)计算值为 5.19,无量纲;W 为利用的水资源量,m^3;P_w 为水资源全球平均生产能力,取 $3.14 \times 10^3\ m^3/hm^2$。

2.1.2 水资源生态承载力模型

水资源承载力是维持地区水资源开发利用的最大供给量,其模型的构建是基于水资源生态足迹,干旱区河流水资源利用率极限阈值为净水资源量的 40%[4]。

$$EC_W = N \times ec_w = 0.4 \times \psi \times \gamma_w \times (Q / P_w) \tag{2}$$

式中:EC_W 为水资源承载力,hm^2;N 为人口数量,人;ec_w 为人均生态足迹,hm^2/人;ψ 为区域水资源的产量因子,是区域水资源平均生产能力与世界水资源平均生产能力的比值,无量纲;γ_w 为全球水资源均衡因子 5.19;Q 为研究区水资源总量,m^3; P_w 为水资源全球平均生产能力,取 $3.14 \times 10^3 m^3/km^2$。

2011—2020 年研究区水资源平均生产能力为 607.9 m^3/hm^2,水资源产量因子为 0.194。

2.2 评价方法

采用水资源生态盈亏、水资源生态压力指数[5]2 种指标进行水资源可持续利用评价。评价的具体内容如下。

2.2.1 水资源生态盈亏 EPL

基于水资源生态足迹及其生态承载力获得水资源生态的盈亏情况,进而衡量地区水资源可持续利用的程度,其计算模型为

$$EPL = EC_W - EF_W \tag{3}$$

式中:EPL 为水资源生态盈亏,hm^2;$EPL>0$ 表示水资源生态为盈余,$EPL=0$ 表示水资源生态状况为平衡,$EPL<0$ 表示水资源生态亏缺。

2.2.2 水资源生态压力指数 EP

水资源的生态压力数值的变化可以在一定程度上衡量特定研究区水资源使用过程中对生态环境所造成的压力的大小,计算公式为

$$EP = EF_W / EC_W \tag{4}$$

式中:EP 为水资源生态压力指数,其等级的划分借鉴任志远[6]的研究,$EP<0.5$ 表示安全,$0.5 \leq EP<0.8$ 表示较安全,$0.8 \leq EP<1.0$ 表示较安全,$EP>1.0$ 表示不安全。

3 研究区水资源生态足迹与生态承载力分析

3.1 水资源生态足迹和生态承载力

根据计算,结果如图 1、图 2 所示,2011—2020 年间水资源生态足迹值呈波动起伏但变化幅度不大,最高为 2019 年 $1.019\,6 \times 10^6\ hm^2$,最低为 2020 年 $0.800\,5 \times 10^6\ hm^2$,变化幅度为 $0.219\,1 \times 10^6\ hm^2$。水资源生态承载力年际变化幅度较大,最高为 2020 年 $0.391\,8 \times 10^6\ hm^2$,最低为 2016 年 $0.102\,2 \times 10^6\ hm^2$,变化幅度为 $0.289\,6 \times 10^6\ hm^2$。此外,研究区水资源生态承载力与降水量有较强的相关性。由于区域常住

人口数量变化不大，人均水资源生态足迹和生态承载力变化呈相同趋势。

3.2 水资源账户生态足迹

根据计算，结果如图3、图4所示，各水资源账户生态足迹中，生产用水账户生态足迹占比最大，超过70%，自2014年达到峰值逐年回落，生活用水足迹自2013年降低后逐年稳步提升，生态用水足迹比较稳定，2019年、2020年提升幅度较大，主要是引洮供水一期工程输送生态扶贫水，导致生态用水足迹增加，表明区域加强保护生态环境、实施城乡河湖生态环境治理举措。总体上看，区域各水资源账户生态足迹变化趋势与区域经济、社会发展状况相符。

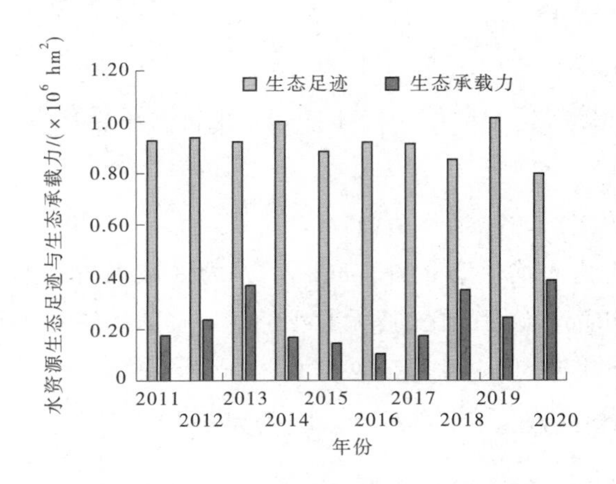

图1 水资源生态足迹与生态承载力变化

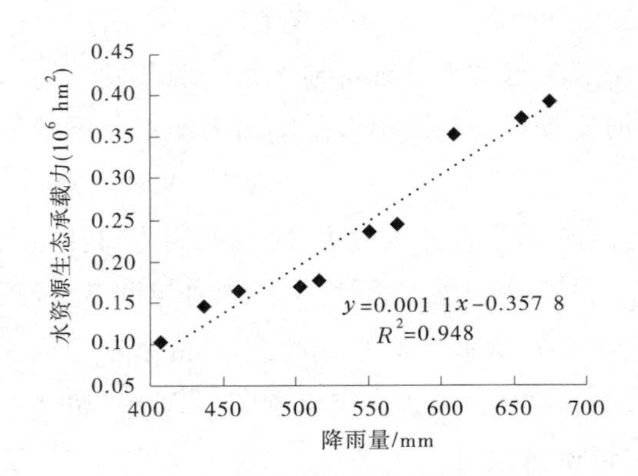

图2 水资源生态承载力与降雨量关系

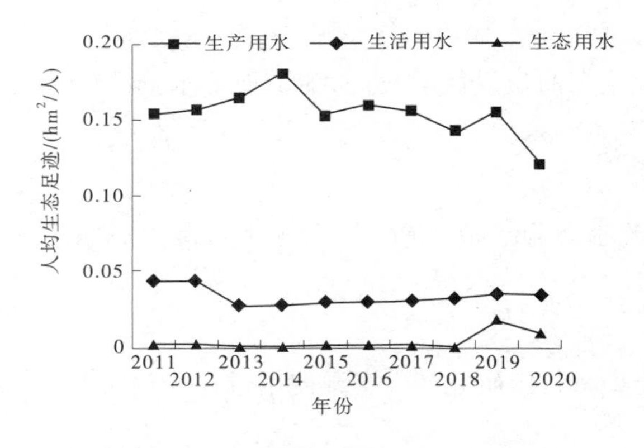

图3 水资源二级账户生态足迹变化

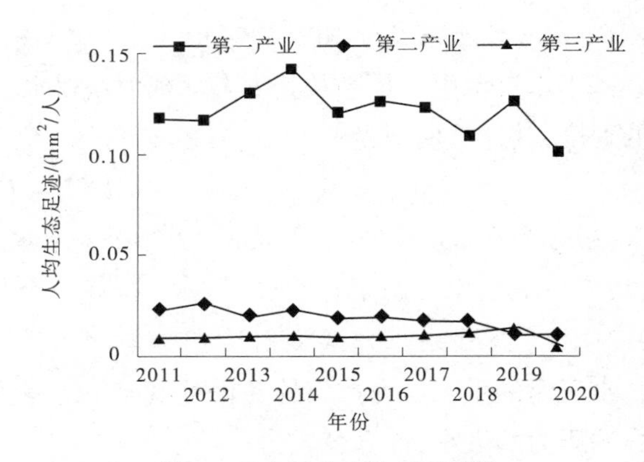

图4 三产用水生态足迹变化

生产用水账户中，第一产业用水和第二产业用水占生产用水绝大部分，第一产业用水生态足迹呈波动趋势，范围38%~50%，主要受降水量和灌溉条件影响，降水量大的年份，用水量相对较少，灌区节水改造、大型泵站更新改造、小型农田水利建设等改善灌溉条件，扩大灌溉范围，增加灌溉用水量。第二产业用水生态足迹逐年下降，主要是规模工业产能压缩，产能下降导致。第三产业用水占生产用水足迹账户比例较小，但逐年提升，反映区域产业结构调整状况。

3.3 水资源盈亏与压力指数

由表2可知，研究区域2011—2020年人均水资源生态盈亏(EPL)呈波动起伏，2013年、2018年、2020年亏缺程度较小，主要是降水量较大，产水系数高，水资源生态承载力上升，水资源亏缺减小；十年间水资源生态压力指数 *EP* 均超过 2.0,处于不安全状态。水资源生态压力指数受水资源生态足迹和水资源生态承载力影响波动变化。水资源生态足迹变化不大,反映了经济社会处于平稳状态,对水资源的开发利用比较稳定;水资源生态承载力与降水量正相关,2016 年处于低谷,2013 年、2018 年、2020 年处于峰值,导致生态压力指数 2016 年出现生态压力值峰值,2013 年、2018 年、2020 年出现生态压力值谷值。总的来说,区域水资源承载力受降水影响变化较大,生态足迹变化不明显,生态亏缺一直存在,生态压力指数较高,水生态环境安全性较低。随着引洮工程和曲溪调水供水工程等跨流域调水工程的实施,调蓄工程布局逐步完善,区域工程性缺水状况将在一定程度上得到改善,生态承载力得以提升,供水安全程度提高,降水变化对生态压力指数的影响程度减小。

表 2　人均水资源生态盈亏及压力指数

年份	人均生态承载力/hm^2	人均生态足迹/hm^2	人均生态盈亏 *EPL*/hm^2	生态压力指数 *EP*
2011	0.034 7	0.180 5	−0.145 8	5.199 2
2012	0.046 2	0.183 1	−0.136 9	3.962 3
2013	0.070 2	0.173 8	−0.103 6	2.475 3
2014	0.031 2	0.188 5	−0.157 4	6.046 9
2015	0.027 6	0.166 3	−0.138 8	6.036 6
2016	0.019 2	0.173 5	−0.154 3	9.047 0
2017	0.031 6	0.170 2	−0.138 5	5.380 1
2018	0.064 8	0.157 9	−0.093 1	2.435 6
2019	0.045 7	0.189 3	−0.143 7	4.146 4
2020	0.072 8	0.148 6	−0.075 9	2.043 1

4　结论

研究区水资源生态足迹在 2011—2020 年总体平稳,人均水资源生态足迹亦同步变化,水资源承载力受降水量影响较大,资源性缺水和工程性缺水状况严重,水资源的生态压力指数较高,存在较大的水资源生态赤字。随着最严格水资源管理制度和“渭河流域水量分配方案”的实施,区域水资源的消耗受到严格控制,生态足迹趋于稳定,为维持经济社会的可持续发展,必须调整产业结构,提升节水技术,提高污水处理回用及雨水积蓄利用。此外,合理布局蓄水工程,提高供水能力,并实施跨流域调水补充本地水资源,改善资源性缺水和工程性供水短缺状况,也是保障区域供水安全和生态安全、实现经济社会生态可持续发展的有效途径。

参考文献

[1] 张军,周冬梅,张仁陟. 黑河流域2004—2010年水足迹和水资源承载力动态特征分析[J]. 中国沙漠,2012,32(6):1779-1785.

[2] 贾焰,张军,张仁陟. 2001—2011年石羊河流域水资源生态足迹研究[J]. 草业学报,2016,25(2):10-17.

[3] 黄林楠,张伟新,姜翠玲,等.水资源生态足迹计算方法[J]. 生态学报,2008,28(3):1279-1286.

[4] 左其亭. 净水资源利用率的计算及阈值的讨论[J]. 水利学报,2011,42(11):1372-1378.

[5] 谭秀娟,郑钦玉. 我国水资源生态足迹分析与预测[J]. 生态学报,2009,29(7):3559-3568.

[6] 任志远,黄青,李晶. 陕西省生态安全及空间差异定量分析[J]. 地理学报,2005,60(4):597-606.

实施跨流域调水工程

南水北调西线调水与黄河流域水资源集约利用

彭少明

（黄河勘测规划设计研究院有限公司，河南郑州　450003）

摘　要：黄河流域是中国重要能源、粮食主产区和生态屏障，然而水资源短缺且近期衰减显著，并将成为影响能源粮食生产和生态安全的关键制约要素。在分析黄河流域水资源开发利用现状及用水水平的基础上，对照国内节水技术标准与国际用水发展趋势，评估黄河流域节水潜力为25.36亿m^3。结合流域水资源演变，面向黄河流域生态保护和高质量发展重大国家战略，按照“四水四定”的原则，预测2035年黄河流域需水量将达到499.59亿m^3，缺水量为113.53亿m^3，其中上中游六省（区）生活工业缺水量将达到78.26亿m^3。结合南水北调西线工程一期调入水量80亿m^3，重点解决黄河上游生活和工业缺水，提出西线调水的分配方案，可为南水北调西线工程宏观决策提供参考。

关键词：水资源；集约利用；缺水；调水；南水北调西线；黄河流域

黄河流域横跨我国东中西部，是我国重要的能源、化工、原材料和基础工业基地，2019年黄河流域煤炭产量约19亿t，占全国的50%，火电装机容量约占全国的17%。黄河流域耕地资源丰富，流域内耕地面积2.44亿亩，光热条件适宜，有效灌溉面积8 125万亩，农业生产发展尚有潜力，在保障国家粮食安全中具有十分重要的战略地位[1]。黄河流域属大陆性季风气候，大部分地处干旱半干旱地区，降水量少而蒸发量大。水是黄河的命脉，是黄河流域生态保护和高质量发展的核心要素，水资源短缺长期制约流域生态保护和经济社会发展，科学评估黄河流域水资源集约利用水平、合理增加黄河水资源可利用量、提高水资源承载能力是深入推进重大国家战略的有效途径。

1　黄河流域水资源与开发利用概况

1.1　黄河水资源及其变化

（1）黄河水资源量。据第三次水资源评价，1956—2016年黄河多年平均河川天然径流量490.0亿m^3，与地表水不重复的地下水资源量108.9亿m^3，见表1。黄河年径流量只占全国的2%，承担着占全国15%的耕地面积和12%人口的供水任务，同时还承担着向流域外调水及一般清水河流所没有的输沙任务，人均水资源量不足全国平均的1/4，低于国际公认的人均500 m^3的“极度缺水标准”。

表1　黄河干流主要控制断面多年平均水资源量（1956—2016年系列）

主要断面	集水面积/万km^2	河川天然径流量/亿m^3	断面以上与地表水不重复的地下水资源量/亿m^3	水资源总量/亿m^3
唐乃亥	12.20	200.2	0.4	200.6
兰州	22.26	324.0	1.9	325.9
河口镇	36.79	307.4	24.1	331.5
三门峡	68.84	435.4	84.8	520.2
花园口	73.00	484.2	94.6	578.8
利津	75.19	490.0	108.9	598.9

基金项目：国家重点研发计划课题（2021YFC0404404），国家自然基金项目。

作者简介：彭少明（1973—），男，博士，教授级高级工程师，主要从事水文水资源方面的研究工作。

(2)水资源量变化。由于人类活动影响,流域下垫面变化显著,黄河天然径流量呈显著减少趋势。根据黄河流域历次水资源调查评价结果,1919—1975 年黄河天然径流量 580.0 亿 m^3(第一次水资源调查评价,1956—1975 年下垫面条件);1956—2000 年黄河天然径流量 534.8 亿 m^3(第二次水资源调查评价,1980—2000 年下垫面条件);1956—2016 年黄河天然径流量 490.0 亿 m^3(第三次水资源调查评价,2001—2016 年下垫面条件),与 1919—1975 年系列相比减幅达 16%[2]。黄河流域 1956—2016 年系列年降水量与径流变化见图 1。

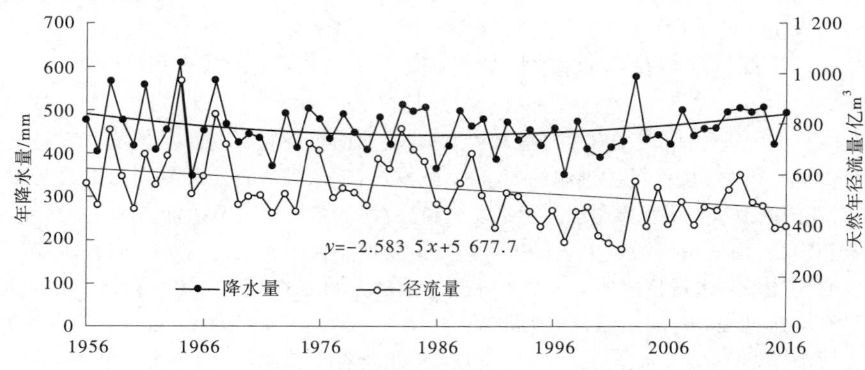

图 1　黄河流域 1956—2016 年系列年降水量与径流变化

1.2　未来黄河水资源演变态势

根据观测资料分析,黄河流域 1956—2016 年降水量呈现出丰—枯—丰三阶段变化,其中 1956—1980 年年均降雨量 457.0 mm,1981—2000 年年均降水量 438.6 mm,2001—2016 年年均降雨量 461.6 mm。降水虽有波动性特征,但不管是黄河流域整体,还是主要属于产水区的兰州以上地区和中游头道拐—花园口区间,都没有明显的增加或减少趋势。黄河天然径流量减少 90 亿 m^3,主要是人类活动及下垫面变化综合影响导致降雨径流关系变化的结果。未来黄土高原水土保持工程的建设、地下水的开发利用能源开发、雨水利用都将导致产汇流关系向产流不利的方向变化,即使在降水量不变的情况下,黄河天然径流量仍将进一步减少,预测 2035 年黄河流域河川径流量将进一步减少到 460 亿 m^3 左右。

2　黄河水资源利用水平

受水资源紧缺困扰和最严格水资源管理制度的约束,通过工程、技术、经济、管理等多种措施与手段,黄河流域用水水平有了较大程度提高,工农业用水水平超过全国平均水平,进一步节水的潜力有限。

2.1　现状用水水平

2000—2019 年,黄河流域内灌溉水利用系数从 0.44 提高到 0.56,2019 年农田灌溉亩均用水量 344 m^3,较 2000 年的 405 m^3 下降了 15%,低于全国的 368 m^3、长江流域的 416 m^3。黄河流域特别是上中游地区通过高耗水行业结构调整以及空冷、闭式水循环等节水技术大力推广等,工业节水水平不断提高,流域万元工业增加值用水量由 2000 年的 75 m^3 降至 2019 年的 19.9 m^3,仅为全国平均水平的 1/2,长江流域的 1/3,工业用水水平已达到国内先进水平。黄河流域城镇供水管网漏损率为 12.9%,低于全国平均水平 14.1%。

2.2　节水潜力分析

按照深度节水控水的要求,黄河流域节水潜力分析考虑:一是以国家制定的规程、规范为依据和标准;二是参照国内外先进用水指标或世界先进用水水平;三是考虑各省(区)现状用水水平和将来节水指标实现的可行性与可能性。

黄河流域现状用水水平指标与节水指标比较见表 2。

表2　黄河流域现状用水水平指标与节水指标比较

省(区)	城镇供水管网漏损率/%		工业供水管网漏损率/%		工业用水重复利用率/%		灌溉水利用系数	
	现状水平	节水指标	现状水平	节水指标	现状水平	节水指标	现状水平	节水指标
青海	15.3	10	14.9	9.5	58.4	85	0.56	0.63
甘肃	8.6	8.5	8.2	8	94.9	98	0.57	0.63
宁夏	10.5	9	10.1	8.5	96.1	98	0.54	0.57
内蒙古	16.1	10	15.6	9.5	88.8	93	0.51	0.56
陕西	13.4	10	12.9	9.5	90.3	95	0.58	0.63
山西	10.6	10	10.2	9.5	87.6	92	0.62	0.67
河南	16.8	10	16.3	9.5	95.9	98	0.57	0.61
山东	12.6	10	12.1	9.5	91.9	96	0.64	0.68
黄河流域	12.9	9.7	12.7	9.3	91.2	96	0.56	0.61

农业节水潜力主要通过挖掘供水端和用户端节水潜力来实现。在工程可达、管理可控、经济可行的前提下,考虑黄河流域高效节水灌溉措施的适应性,最大程度实施渠系衬砌和高效节水灌溉,挖掘渠系和田间输水效率,2035年按照现状农业有效灌溉面积全部实施节水改造,节灌率提高到100%,以宁蒙灌区地下水位不低于2.5 m为生态约束条件,灌溉水利用系数提高到0.61,农业节水潜力为21.25亿 m^3。

工业节水潜力主要通过先进工艺技术、先进设备、中水回用、废污水“零排放”等节水新技术推广应用。工业用水重复率由现状年的91.2%可提高到96%,工业供水管网漏损率由现状年的12.7%降低到9.3%,据此黄河流域工业节水潜力为2.80亿 m^3。城镇生活节水综合考虑现状供水管网漏损状况、城镇化水平状况,在经济合理的状况下,将供水管网漏损率进一步降低至9%以下,黄河流域城镇生活节水潜力为1.31亿 m^3。

综合分析,以2019年为现状年黄河流域节水潜力约为25.36亿 m^3,其中农业节水潜力占83.8%。

3　黄河流域上中游六省(区)水资源供需形势

随着黄河流域经济社会的快速发展,黄河流域及相关地区耗水量持续增加,水资源制约问题已经凸现,未来随着重大国家战略推进,用水需求仍将进一步增长,黄河流域供需形势朝更加不利方向演化。

3.1　过去40 a流域用水总体呈增加趋势

随着经济社会的快速发展,黄河供水区总供水量从1980年的446.3亿 m^3 增大至2019年的556.0亿 m^3(见表3),其中流域内供水量由343.0亿 m^3 增加到425.7亿 m^3,年均增长率为0.56%[3]。青海、甘肃、宁夏、内蒙古、陕西、山西等黄河上中游六省(区)用水量占流域内用水量比例由80%增加到83%。

3.2　未来需水仍将继续增长

统筹黄河流域水资源条件和粮食安全,充分考虑水资源承载能力,按照“以水定地”的原则,结合历年农田实际灌溉面积发展情况,灌溉发展的重点是搞好现有灌区的改建、续建、配套和节水改造,充分发挥现有灌溉面积的经济效益,为保障粮食安全及实现乡村振兴,根据各地区的水土资源条件,适当发展部分新灌区,同时积极发展旱作农业,推行旱作节水灌溉。预测2035年黄河流域农田灌溉面积8 303万亩,增加584万亩,灌溉需水量262.39亿 m^3,较现状265.7亿 m^3 略有减少。

表 3　1980—2019 年黄河流域供水量变化　　单位：亿 m^3

年份	流域内				流域外	合计
	地表水	地下水	其他供水	小计		
1980	249.2	93.3	0.5	343.0	103.4	446.3
1985	245.2	87.2	0.7	333.1	82.7	415.8
1990	271.8	108.7	0.7	381.1	104.0	485.1
1995	266.2	137.6	0.8	404.6	99.1	503.7
2000	272.2	145.5	1.1	418.8	87.6	506.3
2005	261.1	138.4	3.5	403.0	71.4	474.4
2010	278.9	129	4.4	412.3	105.8	518.1
2015	283.3	123.3	8.7	415.3	119.4	534.6
2019	294.6	114.4	16.7	425.7	130.3	556.0

2000—2019 年，黄河流域工业增加值年均增速为 12%，按照“以水定产”的原则，有序开发山西、鄂尔多斯盆地综合能源基地资源，推动宁夏宁东、甘肃陇东、陕北、青海海西等重要能源基地高质量发展，推动能源化工产业向精深加工、高端化发展，预测黄河流域工业增加值年均增长率为 4.9%，万元工业增加值用水量下降到 13.3 m^3，工业需水量达到 73.26 亿 m^3，较现状 63.94 亿 m^3 增加 14.6%。

2000—2019 年黄河流域人口年均增长率为 5.96‰，城镇化率从 39.1%提高到 56.9%。按照“以水定人、以水定城”的原则，优化未来黄河流域人口规模和城镇化布局，预测 2035 年流域总人口将达到 13 249 万人，城镇化率提高到 74.8%，生活需水量为 86.53 亿 m^3，较现状增加 32.44 亿 m^3。

综合预测，黄河流域 2035 年总需水量为 499.59 亿 m^3，其中上中游六省（区）总需水量为 412.27 亿 m^3，见表 4。

表 4　2035 年黄河流域河道外需水量预测　　单位：亿 m^3

省(区)	生活				工业	农田灌溉	林牧渔	牲畜	生态环境	总需水量
	城镇居民	农村居民	城镇公共	小计						
青海	2.03	0.63	1.70	4.35	3.18	11.24	3.78	1.18	1.43	25.15
四川	0.08	0.04	0.01	0.13	0.05	0.01	0.04	0.20	0	0.43
甘肃	6.91	2.28	3.12	12.31	8.14	23.88	4.67	2.12	3.19	54.31
宁夏	3.13	0.79	1.14	5.06	6.94	47.86	6.46	0.89	4.34	71.55
内蒙古	4.10	0.58	2.26	6.95	10.38	75.30	6.63	1.78	4.98	106.01
陕西	12.66	3.25	6.61	22.53	19.36	33.68	5.53	2.55	7.18	90.82
山西	10.13	2.76	4.62	17.50	9.79	27.81	2.59	1.16	5.57	64.42
河南	6.97	2.38	2.98	12.32	11.12	30.46	1.57	1.58	4.25	61.30
山东	3.31	0.99	1.08	5.38	4.30	12.16	0.80	1.02	1.92	25.59
黄河流域	49.32	13.69	23.52	86.53	73.26	262.39	32.07	12.48	32.85	499.59
上中游六省区	38.97	10.29	19.45	68.71	57.79	219.75	29.66	9.67	26.68	412.27

3.3　流域水资源供需矛盾突出

（1）现状用水已超过承载能力。据 2001—2019 年统计，黄河流域现状地表水开发利用率接近

80%,目前黄河流域有 13 个地级市地表水超载,其中黄河干流超载 9 个,支流超载 4 个。干流头道拐断面和利津断面年均实测径流量分别为 179.7 亿 m^3 和 174.9 亿 m^3,与断面生态需水量 197 亿 m^3 和 220 亿 m^3 相比,断面生态亏缺水量 17.3 亿 m^3 和 45.1 亿 m^3。汾河、沁河、大黑河、大汶河等支流断流情况严重,河流生态功能受损。浅层地下水超采量 12.79 亿 m^3,形成了大量的地下水降落漏斗。

(2)综合考虑生态保护、河流健康、地下水位控制以及经济技术合理性因素,预测黄河流域地表水、地下水、非常规水和外调水等各种水源多年平均可供水总量为 495.06 亿 m^3,缺水量为 113.53 亿 m^3,其中黄河上中游六省区缺水量 98.35 亿 m^3,上中游六省(区)生活、工业缺水量为 78.26 亿 m^3(见表 5),缺水将严重制约黄河流域经济社会高质量发展。

表 5　2035 年黄河流域上中游六省(区)供需形势分析(多年平均)　　单位:亿 m^3

省(区)	流域内需水量	流域内供水量					流域内缺水量	流域内缺水率/%	流域外供水量
		地表水	地下水	其他	外调水	合计			
青海	25.15	12.43	2.89	0.63		15.94	9.21	36.6	
甘肃	54.31	26.02	4.17	3.59		33.78	20.52	37.8	1.33
宁夏	71.55	43.04	6.57	1.35		50.95	20.59	28.8	
内蒙古	106.01	53.77	23.58	2.88		80.23	25.79	24.3	
陕西	90.82	33.27	23.17	4.90	16.37	77.71	13.12	14.4	
山西	64.42	32.85	17.98	4.47		55.31	9.12	14.2	4.15
上中游六省区	412.27	201.37	78.36	17.82	16.37	313.92	98.35	23.9	5.48

4　南水北调西线调水量及其配置

根据南水北调西线总体规划,南水北调西线工程从长江上游主要支流金沙江、雅砻江、大渡河多年平均年调水总量为 170 亿 m^3,工程分三期实施[4-5],按照轻重缓急、分步实施的原则,西线一期工程从雅砻江干流及其支流、大渡河干流调水 80 亿 m^3,重点解决黄河上中游六省(区)生活、工业等行业及石羊河流域生态环境用水需求[6]。

结合受水区水资源条件,统筹黄河水和调入水量,高水高用,优化配置。首先退还国民经济挤占的河道生态环境用水、超指标用水以及超采地下水,而后统筹考虑不同河段、不同省(区)以及生活生产生态用水的用水需求,协调存量与增量、时间与空间的关系,优先保证事关国计民生的生活、工业等重点行业用水,提高对黄河流域生态保护和高质量发展的支撑能力。西线一期调水量 80 亿 m^3 省(区)配置:黄河流域上中游六省(区)青海、甘肃、宁夏、内蒙古、陕西和山西分别配水 7.6 亿 m^3、18.4 亿 m^3、14.7 亿 m^3、17.9 亿 m^3、10.0 亿 m^3 和 7.4 亿 m^3;用水配置:生活、工业、生态移民、城乡环境配置水量分别为 28.8 亿 m^3、35.5 亿 m^3、5.5 亿 m^3 和 3.9 亿 m^3;向石羊河流域供水 4.0 亿 m^3。

5　结论

(1)黄河水资源总量不足,近 60 a 来黄河天然径流量呈现持续减少的趋势,减幅达 16%,人类活动改变下垫面导致降水径流关系改变是主要原因,预测未来黄河径流和可供水量仍将进一步减少。

(2)近 40 a 黄河流域用水持续增长,流域用水效率显著提高,当前流域用水水平相对较高,节水潜力有限。随着黄河流域生态保护和高质量发展深入推进,经济社会发展对水资源需求将进一步增长,由于黄河可供水量减少,供需矛盾进一步加剧,2035 年流域缺水量达到 113.53 亿 m^3,水资源短缺将严重制约重大国家战略深入推进。

(3)南水北调西线一期工程调水 80 亿 m^3,重点考虑解决黄河上中游六省(区)工业用水、生活用水短缺问题,调入水量配置要统筹黄河水与西线调水、时间与空间需求,优化黄河流域内外、行业之间的水量配置关系,提高流域水资源承载能力。

参考文献

[1] 彭少明,郑小康,王煜,等.黄河流域水资源-能源-粮食的协同优化[J]. 水科学进展, 2017, 28(5): 681-690.

[2] 彭少明,郑小康,严登明,等.黄河流域水资源供需新态势与对策[J]. 中国水利, 2021, 16(5): 18-20.

[3] 刘同凯,贾明敏,马平召.强化刚性约束下的黄河水资源节约集约利用与管理研究[J]. 人民黄河, 2021,43(8): 70-73.

[4] 张金良,景来红,唐梅英,等. 南水北调西线工程调水方案研究[J].人民黄河, 2021, 43(9): 9-13.

[5] 张金良,马新忠,景来红,等.南水北调西线工程方案优化[J].南水北调与水利科技, 2020, 18(9): 109-114.

[6] 景来红. 南水北调西线一期工程调水配置及作用研究 [J]. 人民黄河, 2016, 38(10):122-125.

某一引水工程超埋深隧洞高地温风险研究

张党立　郭卫新　姚　阳　杨继华

（黄河勘测规划设计研究院有限公司，河南郑州　450003）

摘　要：某引水工程一洞段长约 5 800 m，最大埋深约 1 100 m，属于超大埋深隧洞，通常来说，地下工程埋深越大，其围岩温度会越高，施工中遇到高地温的风险也就越大。本文利用多种方法对对超深埋段隧洞地温进行了计算预测，几种计算预测结果具有一致性，预测结果表明，在埋深大于 700 m 的洞段存在高地温风险，最大深埋处地温大于 40 ℃，为高地温洞段，存在高地温风险洞段长度约 790 m。本文的地温风险研究为工程设计提供参考，建议采取相应的工程措施。

关键词：隧洞；地温；预测

1　引言

近年来，地下空间工程的建设迅速发展[1-2]，尤其是在引调水工程中，隧洞向长距离、大埋深跨进。随着隧洞等地下空间工程埋深的增加，施工中遇到和可能遇到的高地温问题风险越大[3-10]。

施工时，如果遇到高地温问题，将较大影响施工效率，并对施工人员安全和施工设备寿命带来不良影响，进而影响施工进度，增加施工成本。工程建成后，会对工程的长期运行造成不良影响。对深埋地下空间地温进行研究是十分有必要的。

目前，对地下工程的地温研究以定性分析和经验公式计算为主，经验公式主要以地温梯度法和一维稳态热传导方程为主[11-17]，文献资料表明，使用地温梯度法和一维稳态方程进行地下深部地温预测是合适的。在使用地温梯度法和一维稳态方程进行计算时，多采用恒温带作为计算基准温度。

从一维稳态热传导方程本身定义来说[18]，计算时采用的基准温度参量较为灵活，只要为一固定量值即可，一些文献中采用恒温带温度主要是因为研究区恒温带温度有实测数据或较容易由相关资料获取。实际上，恒温带温度受多种因素的影响，宏观影响因素有纬度位置、地层条件、构造状况、水文地质条件和地形地貌等，微观因素主要受导热系数、导温系数、地表与大气表面传热系数和大气温度年振幅等。而恒温带理论计算较为复杂，涉及的参数较多[19]，应用较为不便。各地恒温带温度和深度多有不同，即使同一地区，也有差别。本文采用地表多年平均气温作为深部地温计算的基本参量，多年平均气温对一定区域范围来说，基本无变化，将其作为基本参量可避免其他因素的影响，具有较高的可靠性。本文依据多年平均气温对获取的数据进行了参数反演，与实测地温相比，误差较小，说明利用多年平均气温为基本参量是合适的，可以用于深部地温的模拟计算，在此基础上，进行了深部地温计算预测。

2　隧洞概况

某引水工程一段施工隧洞位于青藏高原区，地貌以高山峡谷和山高原为主，平均海拔 3 100 m，最高海拔 4 072 m。拟建施工隧洞洞长约 5 810 m，埋深 10～1 100 m，埋深变化范围大，隧洞区地面高程 2 900～3 600 m。地层岩性主要为白垩系巨厚层砂砾岩、砂岩夹泥岩，以砂砾岩和砂岩为主。隧洞区断层构造不发育，工程区场地 50 年超越概率为 10% 的地震动峰值加速度为 0.15g，相应的地震基本烈度为Ⅶ度，基本地震动加速度反应谱特征周期为 0.40 s。

作者简介：张党立（1979—），男，硕士，高级工程师，主要从事工程地质与水文地质相关工作。

隧洞属大陆性高原气候，全年日照时间长，太阳辐射强；气温日较差大，年较差小，结冰期长，多年平均气温 0.6 ℃，无霜期仅 40 d，年平均降雨量 466 mm[20]。

为查明隧洞围岩特征，于洞身段实施了勘探钻孔，钻孔深度 510 m，钻到隧洞底板以下 20 m。于洞内进行了地温测试。

3　地温计算基准参数的反算

3.1　实测地温

隧洞钻孔揭露岩性为砂砾岩及砂岩，由于上部岩体较破碎，套管下至 280 m，钻孔温度测量从 300 m 开始，每 10 m 测量一个数据，测至孔深 510 m。实测数据 22 组，钻孔测量数据见图 1。

实测数据表明，温度曲线基本成线性增长，具有利用实测钻孔温度数据，对该地层的地温梯度进行了计算，最小地温梯度为 3 ℃/100 m，最大地温梯度为 5 ℃/100 m，平均地温梯度 3.9 ℃/100 m。

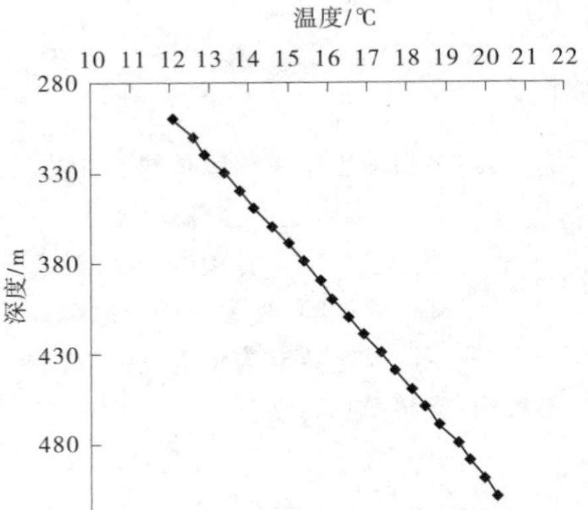

图 1　钻孔温度分布

3.2　基于地温梯度公式的参数反算

常用的地温梯度公式为：

$$T = T_0 + G(H - H_0) \tag{1}$$

式中：T 为地下某深度处地温，℃；G 为地温梯度，℃/100 m；H 为地下某处深度，m；H_0 为恒温带温度深度，m；T_0 为恒温带温度，℃。恒温带深度和温度受较多因素的影响，参数不易获取，本文中 T_0 利用年平均气温来替代，H_0 采用 0 来替代，利用实测地温数据计算出的平均地温梯度来进行参数反演。

反演计算表明，实际温度与计算温度的最大偏差为 0.2 ℃，最小偏差为 0.01 ℃，使用梯度公式计算地温与实际地温对比见图 2。偏差很小，说明在高海拔寒冷地区，采用年平均气温来计算地温是合适的。

3.3　基于一维稳态热传导方程的地温反算

对深部地温场，常常不能直接测量地温，只能使用间接法进行推断。地下空间工程埋深较深，受制于现场钻孔勘察实施条件、勘察经费等因素的限制，一些超深埋地下空间工程无法在超深埋部位进行钻孔勘探，无法直接获取地温数据，因此间接进行地温计算和预测显得尤为重要。

对于深部地温的通常可以采用一维稳态热传导方程进行推算[14-17]，一维稳态热传导方程的微分方程为：

$$\frac{\mathrm{d}}{\mathrm{d}z}\left(k\frac{\mathrm{d}T}{\mathrm{d}z}\right) + q = 0 \tag{2}$$

式中：z 为深度；k 为导热系数；T 为 z 深度处的温度；q 为热源。

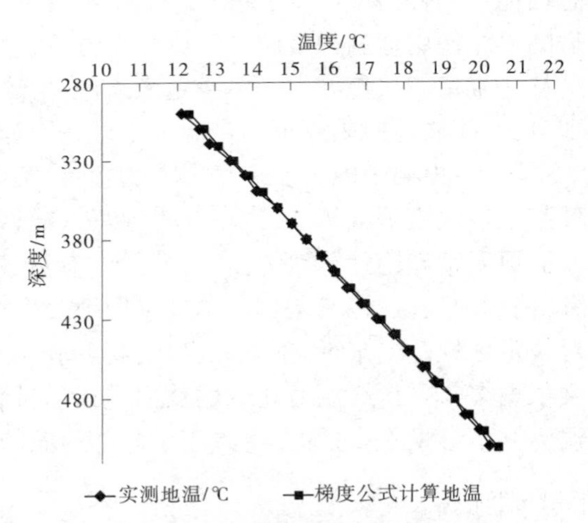

图 2　实际地温与梯度公式计算地温对比图

对热传导微分方程进行积分并变换，最终可以得到一维热传导方程的常用形式，即：

$$T_Z = T_0 + \frac{2QZ - AZ^2}{2K} \tag{3}$$

式中：T_Z 为 Z 深度下的地下温度，℃；T_0 为常恒温带温度，℃；Q 为深度 Z 内的平均热流，mW/m^2；Z 为地下某一处深度；A 为生热率，uW/m^3；K 为热导率，W/(m·K)。

经过与文献资料中实测相关参数的对比分析[14-17、20-21]，提出了适合于本文的应用一维稳态热传导方程进行地温反演参数，计算参数见表1。

表1 计算参数

T_0/℃	K/[W/(m·K)]	Q/(mW/m²)	A/(uW/m³)
0.6	1.8	70	7.02

通过一维稳态热传导方程，利用计算参数对实测地温进行了反算，计算结果表明，实际温度与计算温度的最大偏差为0.48 ℃，最小偏差为0.01 ℃，平均偏差0.29 ℃，使用一维稳态热传导方程计算地温与实际地温对比见图3。偏差很小，说明在本地区，采用地表年平均温度使用一维稳态热传导方程计算深部地温是合适的。

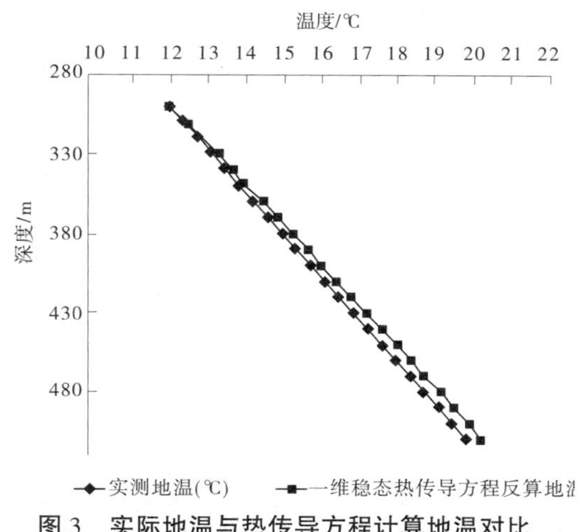

图3 实际地温与热传导方程计算地温对比

4 超深埋隧洞地温计算预测

利用实测地温拟合法，在隧洞最大埋深处的地温为42 ℃，利用地温梯度法计算出最大埋深处的地温为43.5 ℃，利用一维稳态热传导议程计算最大埋深处的地温为41.02 ℃。三种方法计算的隧洞埋深均大于40 ℃，三种计算方法之间相差最大约为2.5 ℃，相关小，说明三种方法进行深部地温计算具有一致性。

根据地温对施工的影响程度，一般可将地温分为正常地温、一般高地温、高地温、超高地温等四个级别。

(1)正常地温：地温小于28 ℃，对施工影响不大，采取常规方法能够达到降温要求。

(2)一般高地温：地温28~35 ℃，对正常施工有明显的影响，需采取降温措施。

(3)高地温：地温35~60 ℃，严重影响施工，需采取综合性降温措施。

(4)超高地温：地温大于60 ℃，降温难度大，需采取综合性的降温措施后才能施工。

经计算，超过28 ℃地温洞段埋深大于700 m，长约790 m，超过35 ℃地温洞段埋深大于930 m，长约377 m。建议针对超过28 ℃的洞段采取相应工程措施。

5 结论

通过梯度公式和一维稳态热传导方程与实际地温的反算验证，进行深部地温计算时，基准温度参数的选择不是固定的，可以选择恒温带温度作为基准，也可以选择多年平均气温作为基准。经本文的验证，在高海拔寒冷地区，在使用梯度公式和一维稳态热传导方程推算深部地温时，使用多年平均气温作为计算基准参数是合适的。该施工隧洞在埋深大于700 m的洞段，存在高地温的风险，建议采取工程措施。

参考文献

[1] 洪开荣. 近2年我国隧道及地下工程发展与思考(2017—2018年)[J]. 隧道建设(中英文)，2019，39(5)，710-723.

[2] 洪开荣，冯欢欢. 近2年我国隧道及地下工程发展与思考(2019—2020年)[J]. 隧道建设(中英文)，2021，41(8)：1259-1280.

[3] 黄勇，孟祥连，胡卸文，等. 雅安至林芝交通廊道重大工程地质问题与对策研究[J]. 工程地质学报，29(2)：307-325.

[4] 田四明，王伟，唐国荣，等. 川藏铁路隧道工程重大不良地质应对方案探讨[J]. 隧道建设(中英文)，2021，41(5)：697.
[5] 李修选. 小浪底引黄工程深埋隧洞地应力及地温问题分析[J]. 山西水利科技，2014(4)：49-51.
[6] 刘东康，孙新建，江浩源，等. 高地温、高地应力等不利条件下黄河谷地软岩洞室稳定性分析及相应措施研究[R]. 西宁，青海省水利水电勘测设计研究院，2016.
[7] 王卓，张亮. 高黎贡山隧道施工热环境通风降温计算方法应用研究[J]. 隧道建设(中英文)，2020，40(S2)：144-150.
[8] 李占先. 娘拥水电站引水隧洞超高地温段综合施工技术[J]. 铁道建筑技术，2014，(10)：64-68.
[9] 张镜剑，傅冰骏，李仲奎. 南水北调及其西线工程[J]. 华北水利水电学院学报，2008(5)：1-6.
[10] 王学潮，马国彦. 南水北调西线工程及其主要工程地质问题[J]. 工程地质学报，2002，10(1)：38-45.
[11] 舒磊，楼文虎，王连俊. 羊八井隧道地温分析[J]. 冰川冻土，2003，25(S1)：24-28.
[12] 焦国锋. 拉萨—日喀则铁路高地温分布特征研究[J]. 铁道建筑，2013，(8)：101-104.
[13] 陈永萍，谢强，宋丙林. 秦岭隧道岩温预测经验公式的建立[J]. 隧道建设，2003，23(1)：46-49.
[14] 孙少华，刘顺生，汪集旸. 鄂尔多斯盆地地温场与烃源岩演化特点[J]. 大地构造与成矿学，1996，20(3)：255-261.
[15] 常健，邱楠生，赵贤正，等. 渤海湾盆地冀中坳陷现今地热特征[J]. 地球物理学报，2016，59(3)：1003-1006.
[16] 王伟，刘建刚. 马尾山硫铁矿围岩温度特征及开采层地温计算[J]. 科学技术与工程，2013，13(17)：4893-4897.
[17] 上官拴通. 河北柏乡干热岩地热资源潜力评估[J]. 能源与环保，2017，39(9)：56-60.
[18] 林睦曾. 岩石热物理学及其工程应用[M]. 重庆：重庆大学出版社，1991.
[19] 周阳，张卉，江星辰，等. 陕西省恒温层深度主要影响因素及其估算[J]. 中国地质调查，2019，6(3)：81-86.
[20] 罗松达哇. 中华人民共和国政区大典·青海省卷[M]. 北京：中国社会出版社，2016.
[21] 冯昌格，刘绍文，王良书，等. 塔里木盆地现今地热特征[J]. 地球物理学报，2009，52(11)：2752-2762.

浅谈国内外跨流域调水

翟　鑫[1]　王文成[1]　黄　茜[2]

（1. 黄河勘测规划设计研究院有限公司，河南郑州　450003；
2. 中铁工程装备集团有限公司，河南郑州　450016）

摘　要：本文在大量工程实例基础上，概述国内外跨流域调水发展沿革。介绍大型跨流域调水工程——中国南水北调工程，截至 2020 年 12 月底，南水北调东线一期工程累计调水量 46.57 亿 m^3、中线一期工程累计调水量 351.88 亿 m^3，经济效益、社会效益、生态效益发挥显著。归纳了跨流域调水的积极影响和可能出现的负面影响。对目前跨流域调水提出看法和建议。

关键词：跨流域调水；沿革；工程实例；南水北调；影响

水是生命体赖以生存的基础，缺水可能导致生命体的死亡，甚至一个或多个物种的消失。水资源更是制约人类社会和经济发展的一个重要因素。全球水资源分布极为不均，具体到不同国家，还存在水资源的时空分布不均情况。解决水资源地区分布不均的主要措施是修建跨流域调水工程，自古至今，国内国外已有很多成功案例。

1　何谓跨流域调水

跨流域调水是指通过人工方式，将水资源较丰富流域的水调到水资源紧缺的流域，以达到调剂地区间水量的目的，跨流域调水工程是实现跨流域调水的载体。

跨流域调水工程按功能划分主要有 6 大类：①以航运为主的跨流域调水工程；②以灌溉为主的跨流域灌溉工程；③以供水为主的跨流域供水工程；④以水电开发为主的跨流域水电开发工程；⑤跨流域综合开发利用工程；⑥以除害为主要目的的跨流域分洪工程。国内外跨流域调水工程实例[1-6]见表 1。

表 1　国内外跨流域调水工程实例

按功能分类	工程实例
①以航运为主的跨流域调水工程	古代的京杭大运河
②以灌溉为主的跨流域灌溉工程	印度萨尔达－萨哈亚克调水工程（灌溉面积 160 万 hm^2），印度巴克拉－南加尔调水工程（灌溉面积 133.33 万 hm^2），甘肃省引大入秦工程（灌溉面积 5.87 万 hm^2）
③以供水为主的跨流域供水工程	山东引黄济青工程（年供水量 2.43 亿 m^3），广东东深供水工程（年供水量 17.43 亿 m^3）
④以水电开发为主的跨流域水电开发工程	加拿大魁北克调水工程（年发电量 678 亿 kW·h），云南省以礼河梯级水电站开发工程（年发电量 16 亿 kW·h）
⑤以跨流域综合开发利用工程	美国加利福尼亚调水工程（供水、防洪、灌溉、发电、旅游等），美国中央河谷工程（供水、灌溉、防洪）；澳大利亚雪山水电工程（发电、灌溉、供水），巴基斯坦西水东调工程（发电、灌溉）
⑥以除害为主要目的的跨流域分洪工程	江苏、山东两省的沂沭泗河洪水东调南下工程

大型跨流域调水工程通常是发电、供水、航运、灌溉、防洪、旅游、养殖及改善生态环境等目标和用途

作者简介：翟鑫（1994—），男，工程师，主要从事水利水电工程设计和项目管理工作。

的集合体，比如美国的加利福尼亚调水工程、澳大利亚的雪山调水工程和中国的南水北调东线、中线、西线工程，等等。

2 跨流域调水发展沿革

2.1 国外发展沿革

人类社会繁衍生息，首先要解决吃饭问题，可以说粮食生产是人类各项生产活动的重中之重，而农业灌溉是保证粮食稳产、高产的重要因素之一。由于水资源的时空分布不能满足农业灌溉的需求，早在公元前 2400 年，古埃及兴建了尼罗河引水灌溉工程，从尼罗河引水至今埃塞俄比亚高原南部，以满足该地区的灌溉用水需求，这是世界上第一个跨流域调水工程。

进入 20 世纪以来，全球人口的不断增长、工农业的快速发展以及城市化建设进程的不断加快，人类对淡水资源的需求持续、快速增加，在某些地区已经超过了水资源可持续供给的能力；同时，日益严重的水污染问题，使得许多国家可以利用的水资源进一步减少；此外，一些国家因能源短缺，需要大力开发水电能源资源。出于各方面考虑，许多国家纷纷开始兴建各种用途的跨流域调水工程，满足人类对淡水资源的需求，支撑经济和社会发展[7]。

现代化的跨流域调水工程最早出现在 19 世纪的澳大利亚、印度和美国。20 世纪后，以色列、加拿大、中国等紧随其后。目前，世界上已有 40 多个国家和地区建成了 350 余项调水工程，年调水规模超过 5 000 亿 m^3，约相当于中国长江多年平均径流量的一半。统计资料显示，国外在 1940—1980 年期间是大型跨流域调水工程建设的高峰期[1,3,8-9]，见表 2。

表 2　国外部分跨流域调水工程

工程名称	所在国家	主要功能指标	建设年份
中央河谷工程	美国	年调水量 53 亿 m^3，灌溉面积 100 万 hm^2	1937—1940
西水东调工程	巴基斯坦	电站总装机容量 310 万 kW，年调水量 148 亿 m^3，灌溉农田 153.3 万 hm^2	1960—1977
澳大利亚雪山水电工程	澳大利亚	电站总装机容量 374 万 kW，年发电量 50 亿 kW·h，年调水量 11.3 亿 m^3	1949—1974
加利福尼亚调水工程	美国	电站总装机容量 138 万 kW，年发电量 66 亿 kW·h，年调水量 80 亿 m^3	1959—1985
魁北克调水工程	加拿大	电站总装机容量 1 019 万 kW，年发电量 678 亿 kW·h，年调水量 382 亿 m^3	1973—1985
科罗拉多河-大汤姆逊河调水工程	美国	年调水量 3.8 亿 m^3，灌溉面积 28 万 hm^2	1938—1959

20 世纪 80 年代后，跨流域调水对生态、社会的负面影响相继显现，并逐渐引起人们的关注和重视。在一些发达国家，跨流域调水工程的建设速度明显放慢，并对已建工程增加环保设计或生态保护的补充措施，而发展中国家仍在建设[7]。

2.2 国内发展沿革

古代中国，公元前 486 年修建了引长江水入淮河的邗沟工程；公元前 361 年修建了引黄河水入淮河的鸿沟工程；公元前 246 年由郑国主持，约十年时间修成郑国渠，西引泾水东注洛水，使贫瘠的渭北平原变成富饶的八百里秦川；公元前 219 年建成了引湘江水入珠江水系的灵渠工程[10]。

新中国成立后，在 20 世纪 70 年代之前，跨流域调水多以农业灌溉为目标，如甘肃引大入秦工程等。随着城市用水的增加，为解决城市缺水，从 80 年代起，陆续建设了一批以城市供水为目标的跨流域调水工程，如天津引滦入津工程、山东引黄济青工程、山西引黄入晋工程、辽宁引碧入连工程等。

进入 21 世纪以来，我国经济快速发展，城市化进程加快，工业、农业、城市需水量急剧增加，水资源分布不均的矛盾更加突出,跨流域调水的项目论证和实施进度明显加快,比如举世瞩目的南水北调东线和中线的一期工程先后开工建设并建成通水。

2014 年 5 月,国务院作出了加快推进 172 项节水供水重大水利工程(其中包含众多跨流域调水项目)的决策部署,之后,引汉济渭、引江济淮、珠江三角洲水资源配置等重大跨流域调水工程相继开工建设。可以看出,列入 172 项或后续经国务院确定的 150 项重大水利工程中的跨流域调水工程多数呈现建设难度大、开发目标多元、投资大、社会影响大等特点。

新中国成立后国内建设的著名跨流域调水工程见表 3。

表 3 国内著名的跨流域调水工程

工程名称	所在地域	主要功能指标	建设年份
东深供水工程	广东	经三期改扩建后,年设计供水能力为 17.43 亿 m^3,其中向香港供水 11 亿 m^3,向深圳供水 4.93 亿 m^3,向沿海城镇供水 1.5 亿 m^3	1964—1965
引大入秦工程	甘肃	年引水量 4.43 亿 m^3,灌溉面积 5.87 万 hm^2	1976—1995
引滦入津工程	河北、天津	向天津、河北唐山市供水,年引水量 10 亿 m^3	1982—1983
引黄济青工程	山东	向青岛供水,年引水量 2.43 亿 m^3	1986—1989
引黄入晋工程	山西	向太原、大同、朔州供水,年引水量 12 亿 m^3	1993—2011
南水北调东线工程	江苏、河北、山东、安徽	分三期建设,年调水量 148 亿 m^3	一期工程 2002—2013
南水北调中线工程	河南、河北、北京、天津	分两期实施,年调水量 130 亿 m^3	一期工程 2003—2014
引汉济渭工程	陕西	年调水量 15 亿 m^3,电站总装机容量 18 万 kW	2013—
引江济淮工程	安徽、河南	年调水量 33 亿 m^3	2016—
珠江三角洲水资源配置工程	广东	向广州南沙区、东莞市、深圳市供水,年调水量 17.87 亿 m^3	2019—

3 典型案例——中国南水北调工程

1952 年 10 月,毛泽东主席在视察黄河时说:南方水多,北方水少,如有可能,借点水来也是可以的。后来在视察长江时,又对时任长江水利委员会主任的林一山说道:南方水多,北方水少,能不能调一点给北方?从此,“南水北调”成了长江水利发展规划的重要战略方向,南水北调工程成了中国跨世纪的鸿篇巨作。

南水北调工程共分东线、中线、西线三条调水线。目前,东线、中线一期工程已建成,西线还在论证中。南水北调东线、中线一期工程的建成通水,初步构筑了我国“四横三纵、南北调配、东西互济”的水网格局,经济效益、社会效益、生态效益发挥显著。

3.1 南水北调东线工程

南水北调东线工程[11]以长江下游扬州江都水利枢纽为起点,利用京杭大运河及与其平行的河道逐级提水北送,并连接起调蓄作用的洪泽湖、骆马湖、南四湖、东平湖,出东平湖后分两路输水:一路向北,穿黄河输水到天津;另一路向东,通过济平干渠、胶东输水干线经济南输水到烟台、威海、青岛。规划调水规模 148 亿 m^3。东线一期工程于 2013 年 11 月 15 日通水,输水干线全长 1 467 km,抽水扬程 65 m,年抽江水量 88 亿 m^3,向江苏、山东两省 18 个大中城市 90 个县(市、区)供水,补充城市生活、工业和环境用水,兼顾农业、航运和其他用水。截至 2020 年 12 月底,南水北调东线一期工程累计调水量 46.57 亿 m^3。

3.2 南水北调中线工程

南水北调中线工程[11]从丹江口水库引水,沿黄淮海平原西部边缘开挖渠道,经唐白河流域西部过长江流域与淮河流域的分水岭方城垭口,在郑州以西李村附近穿过黄河,沿京广铁路西侧北上,基本自流到北京、天津,规划调水规模 130 亿 m^3,分二期建设。中线一期工程于 2014 年 12 月 12 日通水,输水干线全长 1 432 km,多年平均年调水量 95 亿 m^3,向北京、天津、河北、河南等 4 省(直辖市)24 个大中城市的 190 多个县(市、区)提供生活、工业用水,兼顾农业和生态用水。截至 2020 年 12 月底,南水北调中线一期工程累计调水量 351.88 亿 m^3。

3.3 南水北调西线工程

西线工程论证始于 1952 年,经过初步研究、超前期规划、规划等阶段,2001 年下半年进入项目建议书阶段[12]。按照国务院批复的《南水北调工程总体规划》,西线工程主要解决涉及青海、甘肃、宁夏、内蒙古、陕西、山西等 6 省(区)的黄河上中游地区缺水问题。具体调水方案仍在深入论证中。

4 跨流域调水的影响

跨流域调水是人为干涉大自然,对水资源的配置做出改变,以解决水资源分布不均且供需矛盾等问题。工程实践表明,建设跨流域调水工程的好处是显而易见的,但或多或少存在负面影响。

4.1 积极影响

跨流域调水无非是解决调入区的工业、农业、城市、生态与环境等的用水问题,通过建设跨流域调水工程,基本上可以达到预期目标。国内外大量的调水工程实例表明,跨流域调水不仅使调入区受益,输水线路区也受益。受益不仅体现在用水上,还体现在一些意想不到的正面溢出效应方面,比如改善气象条件、改善生态环境等[13]。南水北调东线一期工程和中线一期工程建成后,就产生了很多溢出效益[11]。

4.2 负面影响

所谓负面影响,即跨流域调水工程建设期间和建成后可能存在某些风险,这些风险采取一些工程措施或管理措施后,能全部消除或降低。当然,个别负面影响是无法消除的。可能的负面影响大致有以下几个方面。

4.2.1 对生态环境的负面影响

对生态环境的负面影响主要体现在调出区,也可能出现在调入区和输水线路区。如可能会产生新的水土流失;恶化河道条件;造成河流鱼类种群减少;造成野生动植物种群生存环境和栖息地的破坏;造成河岸带和湿地减少;造成河流和地下水大面积污染;造成局部水体富营养化;诱发地质灾害;在低洼地区,出现沼泽化现象;在含盐较高的土壤中,引发土壤次生盐碱化,等等[1,13-15]。

4.2.2 对经济的负面影响

对经济的负面影响主要体现在调出区。调出区水量的减少,可能会减少调出水库及下游电站的发电效益;减少水运收入;减少渔业养殖收入;兴建水源水库会造成淹没损失,等等。

调出区、调入区和输水线路区均有可能因生态环境改变造成相关经济损失。

4.2.3 对社会的负面影响

因跨流域调水引起的社会问题在调出区、调入区和输水线路区都可能存在。比如移民搬迁引起的社会矛盾,少数民族风俗习惯和宗教不同引起的社会问题,利益分配不公引起的社会矛盾,等等。

4.2.4 对文化的负面影响

对文化的负面影响调出区、调入区和输水线路区都可能存在。比如因占地造成名胜古迹的消失,因移民造成非物质文化遗产的消失,考古发掘造成的遗漏和破坏,等等。

多数负面影响可通过直接经济赔偿、修建补偿工程、加强相关管理等措施和方法予以解决或减轻。

5 看法和建议

关于目前我国跨流域调水有以下几点看法：

（1）目前是修建跨流域调水工程的大好时机，党中央、国务院非常重视重大水利工程的建设，各地拉动经济也有需求；

（2）黄河流域生态保护和高质量发展战略已提出近3年，落地需要重大项目做支撑；

（3）跨流域调水是功在当代、利在千秋的事业，尽管修建跨流域调水工程有利有弊，只要经充分论证利大于弊，即可行；

（4）水资源匮乏已掣肘很多地方经济和社会发展，迫在眉睫，需要解决。

建议相关单位和部门以强烈的责任心和使命感，加快172或150项目的推进，让论证充分并具备开工条件的项目尽早上马，发挥其应有作用。

参考文献

[1] 陈天慧. 美国重点调水工程之中央河谷工程概述[J]. 科技风，2018(21)：102，133.

[2] 河北省南水北调工程办公室赴印度考察组. 印度跨流域调水工程设计、运行及管理[J]. 南水北调与水利科技，2002，23(2)：43-46.

[3] 郑连第. 世界上的跨流域调水工程[J]. 南水北调与水利科技，2003，1(S1)：8-9.

[4] 黄渝桂，曾桂菊，李燕. 沂沭泗河洪水东调南下工程成就与展望[J]. 治淮，2020(12)：19-22.

[5] 魏松，李杨，赵立宾，等. 引黄济青工程输水渠防渗改造设计研究[J]. 中国水利，2018(14)：45-46，51.

[6] 聂艳华，刘东，黄国兵. 国内外大型远程调水工程建设管理经验及启示[J]. 南水北调与水利科技，2010，8(1)：148-151.

[7] 崔国韬，左其亭，窦明. 国内外河湖水系连通发展沿革与影响[J]. 南水北调与水利科技，2011，9(4)：73-76.

[8] 陈玉恒. 国外大规模长距离跨流域调水概况[J]. 南水北调与水利科技，2002，23(3)：42-44.

[9] 陈椿庭. 美国两项跨流域调水工程和技术特点[J]. 南水北调与水利科技，2003，1(5)：11-14.

[10] 郑连第. 中国历史上的跨流域调水工程[J]. 南水北调与水利科技，2003，1(21)：5-8.

[11] 水利部南水北调工程管理司，水利部南水北调规划设计管理局. 中国南水北调工程效益报告2020[R]. 2021.

[12] 张金良，马新忠，景来红，等. 南水北调西线工程方案优化[J]. 南水北调与水利科技（中英文），2020，18(5)：109-114.

[13] 何越人. 浅析跨流域调水工程中的生态环境影响[J]. 四川水泥，2018(4)：111.

[14] 王先达，王峻峰. 我国跨流域调水工程的环境影响问题[J]. 治淮，2021(4)：4-6.

[15] 刘振杰，范泽帅，黄琳茵，等. 浅谈中国跨流域调水的影响[J]. 科技风，2018(17)：196，211.

跨流域调水系统水资源综合管理研究

杨玲丁　丁建勇

（郑州黄河河务局中牟黄河河务局，河南郑州　451450）

摘　要：跨流域调水是处理水源时空分布不均匀的一条重要途径，但因为跨流域调水的多元性、所涉及问题的综合性及其各跨流域调水系统本身的详细情况不一，致使到现在为止，对跨流域调水系统水资源保护问题的探究并未完善、健全。本文融合了可持续发展观，对跨流域调水系统水源信息管理中还没有被充足研究而又关键的有关概念与方式进行了研究。

关键词：跨流域调水；水资源管理

1　跨流域调水的基本概念

随着人口数量的提高和经济的发展，水源问题已经成为牵制 21 世纪可持续发展的短板因素[1]。水资源分布不均匀与人类社会需水不均衡的客观现实促使引水变成必然结果。跨流域调水是在 2 个或 2 个以上的河段系统中根据调济水流量余缺所实现的有效水资源开发和利用，这是改进水土资源组合的合理布局，完成水源合理布局，确保国家、社会、经济发展和自然环境不断共享发展的一项关键战略任务，所以受到世界各地政府的关心[2]。如图 1 所示，跨流域调水系统一般包含引水区、受水区和水量通过区三部分。引水区就是指这些水流量丰富、能够被外界其他河段借用的河段和地域；而受水区则是这些水流量比较紧缺、急需从外界其他河段引水补充的旱灾河段和地域；沟通以上两者的地域范畴即是水量通过区[3]。水量通过区依不一样的引水系统，经常也是引水区或者受水区。因此，大家有时候把跨流域调水系统直接分成工程引水区和受水区两部分。从工程设施视角考虑，跨流域调水系统一般包含水源工程（如储水、引水、提水等工程）、输配水设备（渠道或管道、隧道和河流等）、渠系建筑物（如交叉式、控制和分水等建筑），受水区里的储水、引水、提水等设备。

图 1　跨流域调水系统关系示意图

2　跨流域调水系统研究与实施的作用与意义

跨流域调水系统研究与执行的功效与实际意义大致可概括为：

（1）水土资源分布不均匀和供求矛盾突显是研究和执行跨流域调水系统的直接原因。我国水资源总量相对较多，但平均和亩均水流量偏少，水源时空分布极不均衡、水土资源不相符合；降雨及径流量的年内分配集中，年际转变较大；建设工程不配套，节水措施少，自来水浪费现象比较严重；水资源开发不科学，工程经济效益差；水源污染状况日趋严重等[4]。跨流域调水可合理调节水资源分配与社会经济发展的关联，缓解水源的供求矛盾。

（2）跨流域调水是处理少水地域水源严重供求矛盾的重要环节之一。跨流域调水不但有助于推动节约用水、防治水污染、水资源量与质的统一管理和地区水资源保护的合理布局，而且是处理我国少水地域水源不足的重要途径。但节约用水、保护水源、预防水源污染、进一步挖本地水源等对策，是执行跨流域调水的先决条件和基本；提升水源整体规划与管理是完成跨流域调水经济效益的关键保证[5]。

作者简介：杨玲丁（1972—），女，高级工程师，研究方向为水文泥沙、水资源与环境保护。

(3)跨流域调水是推动地区共同发展、完成全民经济可持续发展的关键保证,具体表现在如下几个方面:

①跨流域调水是推动我国城市、产业发展和改进人民生活水平的主要对策;

②跨流域调水是推动我国农田灌溉发展和增强我国粮食作物产量的主要方式;

③跨流域调水有助于推动我国洪、涝、旱、碱灾难的综合整治;由于任何一项规划有效的跨流域调水工程,不仅仅可通过对少水地域的水资源补充实现其耐旱效益,并且可通过对洪涝水在时间上和空间上的不一遭遇开展适度配制来完成跨流域调水工程的防汛、除涝效益,根据灌排系统的合理规划和地下水的操纵,预防土壤次生盐碱化,进而推动洪、涝、旱、碱灾害的环境整治[6]。

总而言之,目前情况下在我国执行跨流域调水工程,不但有助于提升工业和农业生产的经济收益,推动社会经济不断、融洽、平稳、迅速的进步;还有益于城市工业生产的快速发展和人民生活水平的提升,生态资源的有效综合利用,生态环境保护的改善,推动社会经济可持续发展。

3 跨流域调水系统规划与管理决策涉及的基本问题

因为跨流域调水会再次调节水土资源配备与社会经济发展的关系,因而其影响极大且久远。一项跨流域调水工程的策划与战略会涉及很多烦杂又艰难的情况,主要包含政治与法律、技术性、社会经济发展、自然环境四个方面的情况[7]。

3.1 政治与法律层面

在跨流域调水诸难题中,政治与法律层面的现象通常最复杂。不同的国家对水权有不同的法律。在我国,《宪法》规定水源属国家所有,从法律上为中央执行跨流域调水方案提供了根据。但是,鉴于水源的重新配置将非常大的影响到地区经济和社会的发展,因此一项跨流域调水方案的决定和执行,也会碰到来源于地区行政当局明确提出的各类规定和阻力,无法决策,这种事例是数不胜数的。虽然存在着以上政治和法规层面的难题,但当一项跨流域调水整体规划真真正正被确定会给所涉及的地区经济和经济发展产生明显权益并获得众多群众的共识后,此项规划可能受到大力支持和执行,这些方面的成功事例都是众多和令人振奋的。

3.2 社会经济方面

跨流域调水会牵涉到很多社会经济方面的难题,也会对社会经济发展造成诸多方面的影响。开展跨流域调水规划战略决策,需实际研究如下难题:

(1)研究社会主义社会市场经济下跨流域调水的有偿服务标准和价值体系;

(2)探讨创建与社会主义市场经济相一致的跨流域调水工程的运作管理模式;

(3)研究工程运行管理情况下发生争水矛盾与利益冲突问题的处理方法;

(4)研究水质维护的现行政策、法规及监督制度。

3.3 调水区的环境问题

一般来说,跨流域调水要求引水区域的水质优良。如引水区已受污染,则宜先治理污染后引水,并采取合理的水源保护对策,预防水资源污染。即使如此,引水区也会因水流量调出而发生下列环境污染问题:①引水将不同程度地危害水源局部地区,如气温上升、水温上升、水质恶化、细沙沉积、水库地震、水生生物变迁、吞没历史古迹、毁坏自然风光;②引水有益于缓解水资源中下游地域的洪水灾害,但也会因中下游水流量的降低而造成中下游河堤的航深降低、河堤冲淤规律转变、生物多样性消失、已有水利工程设备作用减少乃至无效、农牧业供水量降低;③若引水渠口距江河入海口过近,还会继续改变河口区水位线,造成河口区细沙沉积,增加海水(盐水)侵入,造成河口区与临海的生态体系转变;若在某河段的支流引水,则可能会因该支流汇到主流的水流量降低,导致支流受干流河水顶托而排污能力下降,在支流出口处产生水质恶化等。

4 跨流域调水系统水资源及其承载力问题研究

水源是人类社会存在与发展不可缺少的生态资源。现阶段,水源已经或正在成为牵制大部分地域可持续发展的短板因素，水资源分布的不均匀性与人类社会需水不均衡的客观现实促使引水变成必然结果。跨流域调水系统由跨流域的引水区、引(输)水系统与受水区组成，因为它牵涉到2个乃至2个以上河段的水源问题，而且通常输水线路长、输水量大，因此不管是从项目的视角，或是从管理的视角来说，它比一般的引水系统更烦杂，与此同时，伴随着时代的发展，水源概念的含义也在不断扩展和演变，而跨流域调水系统资源以及承载能力情况研究是跨流域调水系统水资源保护的先决条件和基本。理论上讲，跨流域调水系统是由引水区、引(输)水系统及各受水区组成的复合系统，但从水源的由来与构成上考虑，该体系的水源由各地区(主要是引水区与受水区)水源构成，由此本文将以地区水源以及承载能力问题研究为基本，从而通过水土资源承载能力的应用分析对跨流域调水系统总体水源相关情况进行一定分析。

5 跨流域调水系统水质管理问题研究

跨流域调水系统的水土资源承载能力由组成该体系的引水区及各受水区各自的水土资源承载力构成，该体系中各地区的水源情况、社会经济状况、生态环境情况的不同，决定了系统中各地区水源承重情况的不同，也决定了跨流域调水的必要性与可能性，从某种程度上讲，跨流域调水便是水源承载力在系统各区域间的迁移和分配。水源承载能力适合于跨流域调水系统研究的以下层面。

5.1 跨流域调水系统的可行性分析

跨流域调水管理决策的主要问题之一便是剖析引水的必要性及明确有效的调水流量，水为地区发展-经济发展-生态环境复合系统中最活跃、最关键的形成因素之一，引水会对调水区与受水区的现状以及持续发展造成主要影响，因而跨流域调水的可行性研究要牵涉到引水区及受水区的社会(包含政治)、经济发展、生态环境等各个领域，本质上是一个多目标决策问题，若单单从引水区与受水区二者水源自身的丰缺情况对比来考虑问题，显而易见是不全面的，但若从多目标决策的视角进行分析论述，则往往会因为各目标的抽象性、多元性、主观性、目标间的互相矛盾、不协调以及指标处理与决策求解的主观简化等原因，而使得最终的决策结果往往难以客观、合理。水源承载力是在水与地区发展、经济发展、生态环境相互作用关系分析的基础上，全方位体现水对地区发展、经济发展、生态环境存有与发展适用能力的一个综合技术指标，是体现地区水源丰缺情况的一个相对指标。因而，根据引水前后引水区与受水区水源承载力的数据分析科学研究论述跨流域调水的可行性分析问题是有效的。

5.2 实际运行中合理调水量的分析确定

具体情况下，因为跨流域调水系统中各地区(河段)的水源情况以及社会发展、经济发展、生态环境情况都会出现变化，因此系统中各地区的水源承重情况也在发生变化，这就可根据水土资源承载能力剖析来确认某阶段系统的有效调水流量或评价引水的合理性。

5.3 跨流域调水的后评价

对已完工且应用的跨流域调水系统，可依据水源承载力分析评价相关标准并对具体引水运行情况开展后评价，为进一步引水的整体规划决策给予参考。

跨流域调水过程中，虽然有很高的水质保护规定，但常常因为通水路线长，输水量较大，具体过程中难以避免会出现向输水河堤或与输水河堤有水力发电关系的相邻水体排污的状况，特别是在对兼作输水水渠道的自然河堤或与该河道有水力发电关系的相邻水质，这样的状况下，适当的污水处理是可以容许的，但需依据水体规定和具体情况将有限的容许污水处理总量(或以水质指标浓度值表明)在各排污者间开展合理分配。本文称作跨流域调水输水河堤系统的水质管理难题。跨流域调水输水河堤系统的水质管理实质上是一个非线性规划问题。系统中，水体监督机构(引水监督机构)的目标是依据水体的功能在一定水质指标范围内尽量提升水质检测标准，水体越好，其满意程度越高；而各排污者却费尽心思尽量减少污染去除水准以降低处置费用，处理水准越低，其满意程度越高。

6 结论

跨流域调水是处理水资源分布不均匀的一条有效措施，但因为跨流域调水的复杂性、所涉及难题的综合性及其各跨流域调水系统本身实际特性的差异，促使迄今为止，对跨流域调水系统的水资源管理问题研究尚不系统，本文虽对于跨流域调水系统和水资源保护的相关难题进行了一些研究，但因为各种原因，特别是受作者水准所限，仍难做到系统、深层、全方位的研究，有待进一步探讨的难题如下：

（1）水源承载力除与水源自身相关外，还与水源的布局、节水潜力、社会用水构造等要素互相关联，在可持续发展观观念的指导下，科学地研究水源合理布局等问题将使水源承载力的研究更趋合理。

（2）跨流域调水系统全线仿真与整体优化调度问题需要进一步深入研究。水的销售市场是建立水源高效运用的重要途径，目前我国在这些方面的研究才刚刚发展，因而开展这方面的研究分析与实践具备迫切的实际意义。

参考文献

[1] 万文华，郭旭宁，雷晓辉，等. 跨流域复杂水库群联合调度规则建模与求解[J]. 系统工程理论和实践，2016，36(4)：1072-1075.

[2] 曹玉升，畅建霞，黄强，等. 南水北调中线输水调度实时控制策略[J]. 水科学进展，2017，28(1)：133-136.

[3] 许丹津. 引滦供水系统多目标优化调度的研究[D]. 北京：清华大学，1999.

[4] 杨辉. 跨流域调水系统水资源规划问题研究[D]. 北京：清华大学，1998.

[5] 石海峰. 跨流域调水工程模拟模型及其决策支持系统[D]. 北京：清华大学，1997.

[6] 张吉伟. 跨流域调水工程的综合评价[D]. 天津：天津大学，1993.

[7] 邵东国. 跨流域调水工程规划调度决策理论与应用[M]. 武汉：武汉大学出版社，2001.

有压引调水工程不衬砌隧洞设计方法探讨

陈晓年　翟　鑫　杨继华

（黄河勘测规划设计研究院有限公司，河南郑州　450003）

摘　要：有压输水隧洞因布置灵活、运行方便等优点逐渐成为工程设计者首选的一种输水形式，当满足一定条件时，目前国内外有压输水隧洞都趋于采用不衬砌，以节省不必要的投资，不衬砌有压输水隧洞核心，是建立在以围岩为内水压力的承载主体，国内部分学者进行了一些研究，但主要集中在洞室围岩稳定理论分析方法，受制于地质条件的复杂性和不确定性，实际工程建设过程中很难有效进行判别。本文依托福建省龙岩市万安溪引水工程，提出一套基于地质条件与隧洞设计紧密结合的系统不衬砌有压输水隧洞设计方法和思路，有效解决了不衬砌有压输水隧洞在实际应用过程中的设计难题，可为类似工程提供借鉴和参考。

关键词：输水隧洞；内水压力；不衬砌；围岩稳定

随着国家水网战略的发展，长距离引调水工程呈现越来越多的趋势，有压输水隧洞因布置灵活、运行方便等优点逐渐成为工程设计首选的一种输水形式，常规有压输水隧洞，特别是水头100 m以上的高压隧洞，为了工程安全和运行需要，一般要采用钢筋混凝土衬砌或预应力混凝土衬砌，高压隧洞甚至采用钢衬形式，其主要目的是防止内水外渗发生大量渗漏，甚至引起水力劈裂，严重影响隧洞的安全运行。

有压输水隧洞是否采用衬砌，主要有两方面因素控制：一是围岩满足隧洞受力要求。有压输水隧洞的内水压力作用到围岩上是否会发生水力劈裂和大量渗漏[1]，影响到隧洞的安全，如果隧洞的埋深足够大、围岩条件足够好，在不衬砌或透水衬砌的情况下，即使高内水压力直接作用在围岩上，也不会发生水力劈裂和大量的渗漏，否则隧洞就要采用限裂设计或直接采用钢衬。二是工程设计的自身需要，如水力条件要求。近年来，随着施工方法的进步，长距离引调水工程采用TBM掘进的越来越多，TBM输水隧洞不同于常规钻爆法施工，TBM掘进过程中对围岩扰动较少，掘进后形成的隧洞断面也较为光滑，因此在水头允许的条件下，一般也不需要采用混凝土衬砌以减少糙率来降低水头损失。

与常规衬砌有压输水隧洞相比，不衬砌有压输水隧洞具有成本低、施工快等显著优点，因此在同时满足上述两方面要求的前提下，应提倡修建不衬砌有压输水隧洞，但不衬砌有压输水隧洞目前尚无系统的设计方法，本文以福建省龙岩市万安溪引水工程为依托，在综合分析大量地质资料和试验数据基础上，基于挪威准则框架，提出有压输水隧洞不衬砌设计的边界条件，针对不同围岩类型采用不衬砌+钢筋混凝土透水衬砌的组合支护开形式，构建不衬砌设计思路与准则，进一步探讨不衬砌有压输水隧洞设计难题。

1　不衬砌设计理论分析

1.1　挪威准则和最小地应力理论

对于有压隧洞，岩体作为承担内水压力的结构主体，需要同时满足覆盖岩体不上抬、不发生水力劈裂和渗透失稳破坏等要求[2]，最小岩体覆盖层厚度一般应满足挪威准则要求，但满足挪威准则前提下并不能保证不发生水力劈裂和渗透失稳，因为在深埋岩体中一般存在不同程度的地质构造，出现最小地应力值低于自重应力的最小值，此时隧洞内最小地应力可能小于隧洞内水压力，有压隧洞将发生水力劈

作者简介：陈晓年（1983—），男，硕士，高级工程师，主要从事水工结构设计研究等工作。

裂和渗透失稳，危及工程安全，因此对于有压输水隧洞，在满足挪威准则的条件下，还要特别对地应力进行判别，以便合理选择隧洞衬砌支护形式，同时兼顾安全性和经济性。

1.2 不衬砌有压隧洞设计流程

从目前的工程设计和研究成果来看，一般对于埋深足够大、围岩条件足够好的有压输水隧洞，隧洞埋深满足挪威准则和最小地应力要求，有压输水隧洞高内水压力作用在围岩上，不会发生水力劈裂和大量的渗漏，并且输水水头不需要采用混凝土衬砌来减少糙率，水工有压隧洞设计中宜优先考虑不衬砌隧洞方案，这在理论及工程实践中是可行的。

不衬砌有压隧洞是有条件限制的，尤其是对围岩条件要求很高，因此它的应用范围受到了一定的限制，隧洞的围岩具有非均匀性、不连续性、环境赋存性、各向异性等特点[3]，且还存在一定的构造应力，因此不同工程相同类别的围岩，其稳定性程度也会有较大的差别，甚至同一工程相同类别的围岩，其稳定性程度也不相同，甚至有较大的差异，因此不衬砌有压输水隧洞设计条件很难准确量化，目前也尚无统一的理论标准。另外，隧洞是否进行衬砌还应与工程的功能和需求结合起来，做到系统分析和整体设计。

本文根据作者参与的几个国内外输水隧洞工程[4-5]设计经验，在已有研究的基础上，依托福建省龙岩市万安溪引水工程，提出一套不衬砌有压输水隧洞设计思路和方法，见图1，希望为类似工程提供参考和借鉴。

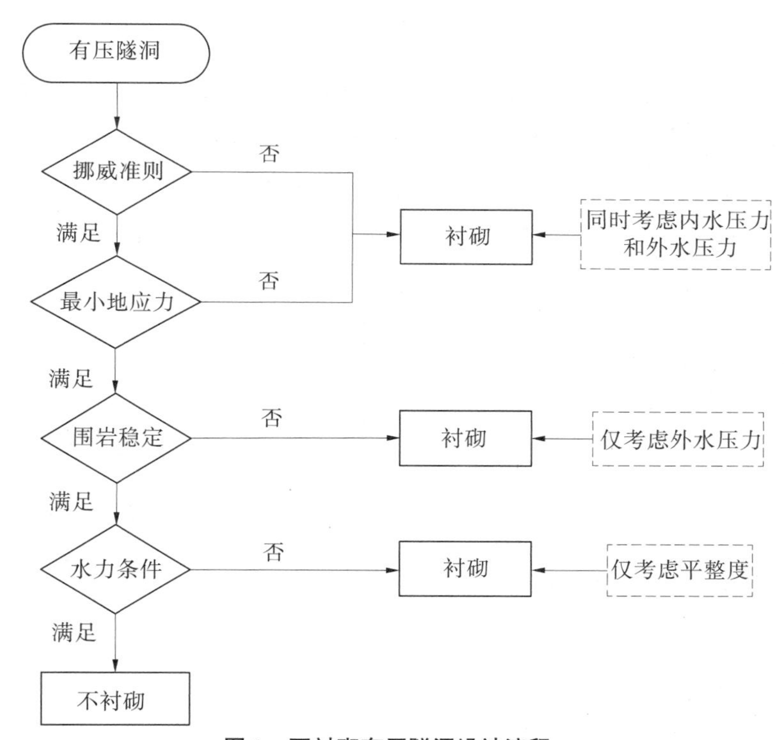

图1 不衬砌有压隧洞设计流程

2 典型工程设计与研究

龙岩市万安溪引水工程是解决龙岩市主城区中、远期供水需求的引调水工程，工程平均引水流量为2.34 m^3/s，设计引水流量2.93 m^3/s，多年平均引水量0.723 9亿m^3，工程规模为中型，等别为Ⅲ等，主要建筑物为3级。工程从大灌水电站发电尾水取水，通过引水隧洞及管道引水至新罗区北翼水厂，主要建筑物由大灌尾水取水建筑物、输水隧洞、沿线交叉建筑物、引水管道等组成，线路总长度约35 km，全程采用有压重力流输水。其中，输水隧洞长约28 km，以桩号D13+000.00为界，上游隧洞采用钻爆法施工，下游隧洞采用TBM法施工，TBM开挖断面为洞径3.8 m，输水隧洞最大埋深约800 m，隧洞最大内水压力水头约 80 m。

2.1 地质条件分析

输水隧洞洞室上覆岩体厚度一般为 100~800 m，冲沟段厚度较薄，弱—微风化岩体透水性微弱，如图 2 所示。其中桩号 D0+000~D24+700 段隧洞围岩为燕山早期侵入岩，岩性主要为黑云母花岗岩、花岗闪长岩，以Ⅱ~Ⅲ类为主；桩号 D24+700~D27+936 段隧洞围岩为泥盆系上统沉积岩，岩性主要为泥质粉砂岩夹砂砾岩、砾岩、石英砾岩、砂砾岩等，也以Ⅲ~Ⅳ类为主，断层带附近和进出口段为Ⅴ类围岩。

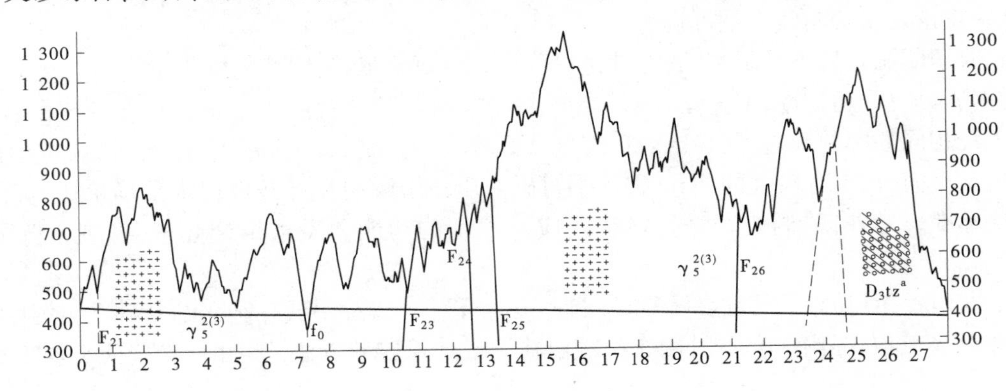

图 2 输水隧洞纵断面示意图

参照附近其他引水工程围岩分类经验，结合本工程的岩质类型、纵波速度、RQD 值、风化程度、断裂发育情况、岩体结构特征与强度及地下水等，将工程区隧洞围岩分为Ⅱ、Ⅲ、Ⅳ、Ⅴ四大类，同时考虑围岩性质，将Ⅲ类又分为$Ⅲ_A$、$Ⅲ_B$两个亚类，侵入岩体围岩分类见表 1。

表 1 侵入岩体围岩分类

围岩类别	围岩稳定性评价	饱和抗压强度/MPa	地震波速/(m/s)	岩体结构和完整性	地下水状态
Ⅱ	基本稳定—稳定：局部受节理切割影响，可能产生组合小块体失稳，围岩坚固系数 f 为 6~8，弹性抗力系数 k_0 为 6~8 GPa/m	70~100	4 200~5 000	块状、次块状，较完整—完整	洞壁湿，渗水
$Ⅲ_A$	局部稳定性差：会产生规模较小的变形和破坏，围岩坚固系数 f 为 4~6，弹性抗力系数 k_0 为 5~6 GPa/m	60~80	3 300~4 200	镶嵌—次块状，较破碎—完整性差	渗水、滴水
$Ⅲ_B$	局部稳定性差：局部会产生塑性变形，发生规模较大的掉块或破坏，围岩坚固系数 f 为 3~4，弹性抗力系数 k_0 为 3~5 GPa/m	40~60	2 600~3 300	镶嵌—碎裂，完整性差	渗水、滴水
Ⅳ	不稳定：可能发生规模较大的破坏，围岩坚固系数 f 为 1~3，弹性抗力系数 k_0 为 0.5~3 GPa/m	20~40	1 800~3 300	碎裂—镶嵌，破碎—较破碎	渗水、滴水、局部流水
Ⅴ	极不稳定、不能自稳	—	800~1 600	散体、碎裂，呈土状，饱水易软化	滴水、流水、局部涌水

输水隧洞Ⅱ类围岩洞段累计长度约 15 479 m，占 55.8%；Ⅲ类累计长度约 7 442 m，占 26.8%；Ⅳ类围岩洞段累计长度约 4 114 m，占 14.8%；Ⅴ类围岩洞段累计长度约 695 m，占 2.5%，如图 3 所示。

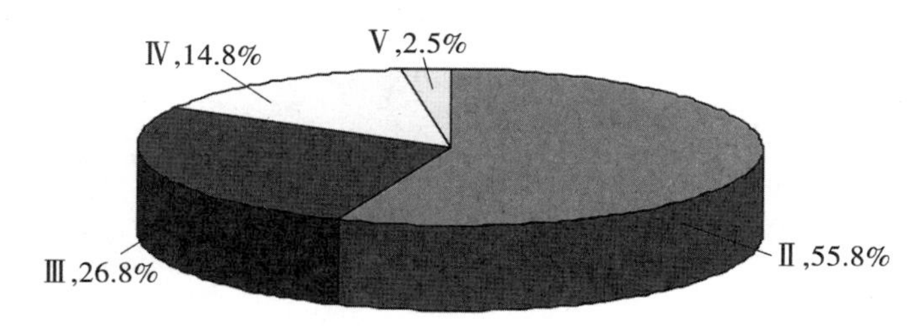

图 3　输水隧洞围岩分类统计

2.2　不衬砌隧洞设计

2.2.1　挪威准则复核

根据本文梳理的不衬砌有压输水隧洞设计思路及流程，首先针对隧洞进行挪威准则复核。根据工程布置，洞室上覆岩体厚度一般为 100~800 m，根据相关规范[6]规定，大部分洞段均能满足挪威准则要求，仅在隧洞的进、出口一定范围及覆盖层厚度较薄洞段不满足最小岩体覆盖要求，需要考虑工程措施[7]，该段隧洞设计主要是抗内水压力，考虑采用钢衬+回填 C20 自密实混凝土衬砌形式。压力钢衬段设计成果见表 2。

表 2　压力钢衬段设计成果

位置	桩号/m	内径	设计水力(含水锤)/MPa	计算壁厚/mm	设计壁厚/mm
满竹溪隧洞进口	D00+000~D00+060	2 000	0.30	6.91	12
不满足挪威准则	D04+850~D05+090	2 000	0.50	9.52	14
麻林溪隧洞出口	D07+070~D07+190	1 600	0.60	10.82	14
麻林溪隧洞进口	D07+396~D07+446	1 600	0.35	7.56	14
林邦溪隧洞出口	D27+816~D27+936	1 600	0.80	13.42	18

2.2.2　最小地应力复核

在桩号 D23+500 附近的 CZK06 钻孔布置 9 组水压致裂法地应力测试，结果表明工程区总体的应力规律满足 $S_H>S_v>S_h$，在实测深度范围(204.73~398.37 m)内，最大水平主应力值为 5.22~17.31 MPa，最小水平主应力值为 4.28~11.00 MPa，最大水平主应力方向为 N24°~54°W，应力场状态以 NW 向的挤压为主。

根据测试结果绘制钻孔地应力与测试深度曲线，如图 4 所示，从图中可以看出应力量值与深度呈现一定的线性关系，随着深度的增加应力量值随之增大，即深度与应力量值呈正相关，最大和最小水平主应力与深度的关系见式(1)。

$$\left.\begin{aligned} S_H &= 0.027\,2H + 1.160 \\ S_h &= 0.022\,9H + 0.078 \end{aligned}\right\} \tag{1}$$

为进一步验证本次地应力测试结果，收集福建龙岩附近工程的地应力测试结果，见表 3，从表 3 中可以看出附近各地下工程上覆岩体厚度为 300~420 m 处最大水平主应力基本在 11.0~16.0 MPa，最小水平主应力基本在 8.0~12.0 MPa，属中等偏低地应力场。

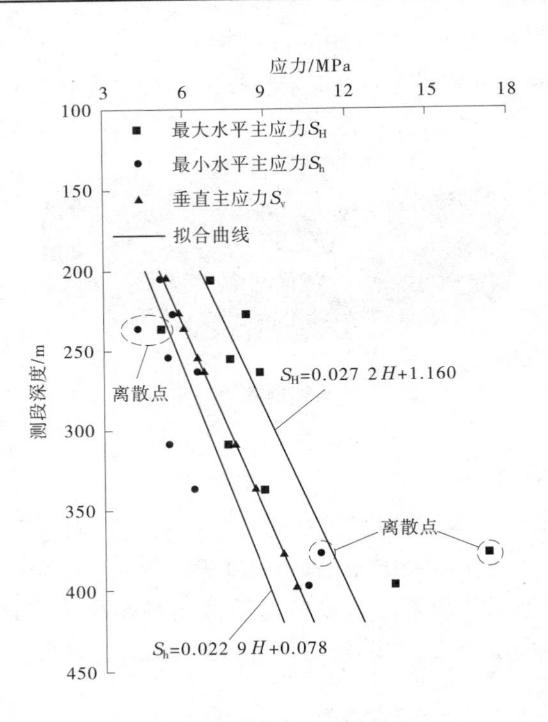

图4　地应力与测试深度关系

表3　龙岩附近工程地应力测试成果统计

项目	漳平抽水蓄能电站		仙游抽水蓄能电站	永泰抽水蓄能电站	厦门抽水蓄能电站	
工程部位	地下厂房	下平洞	岔管、支管	地下厂房	地下厂房	下平洞
岩性	角岩化粉砂岩、角岩化泥岩		凝灰熔岩	凝灰熔岩	晶屑熔结凝灰岩	
埋深/m	338~393	360~380	405~420	430~480	304~358	348~390
最大水平主应力/MPa	14.45~16.26	15.18~15.83	13~16	13.7~16.38	10.76~12.67	12.32~13.7
最小水平主应力/MPa	11.24~12.75	11.84~12.39	7~8	10.72~12.17	8.79~10.35	10.06~11.18

综上所述，工程区最小地应力以构造应力为主，分析测试数据可以得出最小水平主应力与自重应力之比为0.67~1.11，平均值为0.87，考虑隧洞围岩条件整体较好，根据工程经验判断[8]，最小地应力计算可取自重应力的80%，在挪威准则的框架下，对钢衬外其余洞段进行计算复核，结果均满足最小地应力要求。

2.2.3　围岩稳定计算与复核

本工程地质条件较好，尤其是Ⅱ类、$Ⅲ_A$类围岩，整体性较好，自稳能力强，通过挪威准则和最小地应力复核，满足不衬砌条件，因此推荐采用Ⅱ类、$Ⅲ_A$类围岩不进行衬砌；但是Ⅳ类、Ⅴ类和$Ⅲ_B$类围岩（破碎及涌水段），整体性较差，围岩压力和外水压力较大，自稳能力差，需要进行衬砌，此时衬砌设计时不再以内水压力为标准进行控制，主要应考虑抗外水压力和围岩压力的作用。

衬砌结构计算采用国际知名的结构通用有限元分析设计软件LUSAS进行，主要考虑检修工况下的外水压力、围岩压力、自重等，根据有限元计算出衬砌的内力，见图5，最后根据内力进行结构配筋计算，成果见表4。

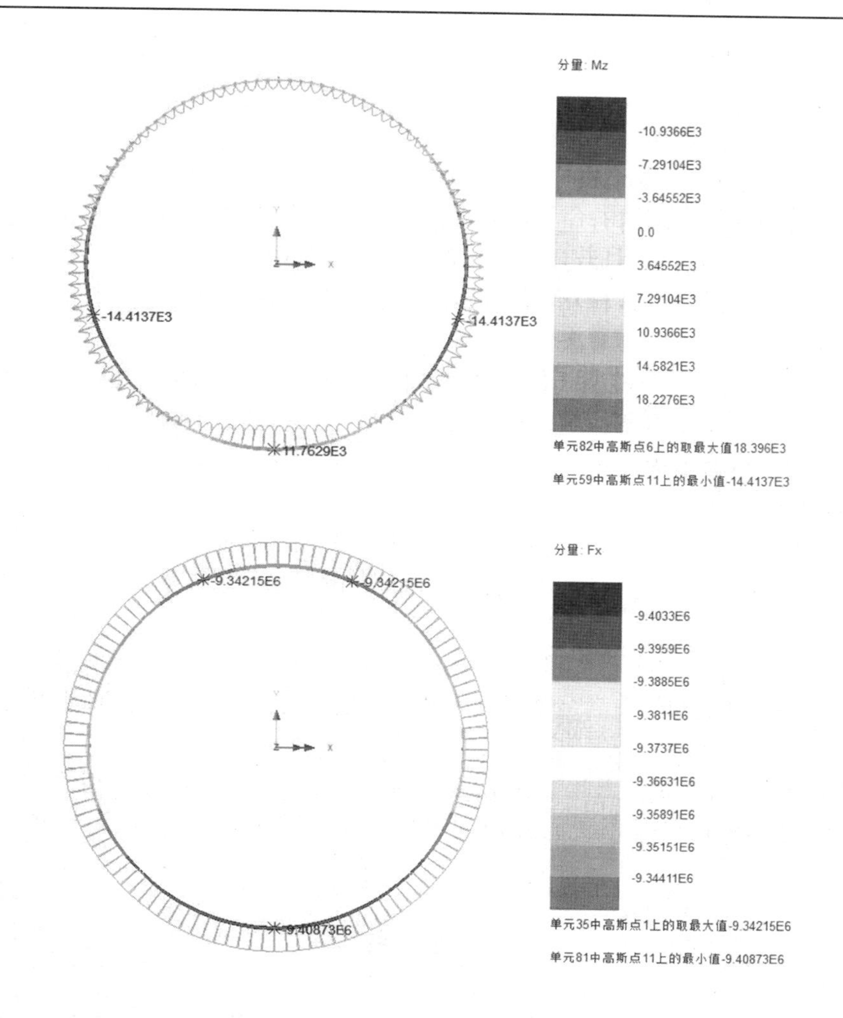

图 5　检修期衬砌结构弯矩和轴力云图　（单位：N）

表 4　配筋计算成果

围岩类别	衬砌厚度/m	选配钢筋	
		内侧	外侧
$Ⅲ_B$	0.4	20@ 150	20@ 150
Ⅳ	0.4	22@ 150	22@ 150
Ⅴ	0.6	25@ 150	25@ 150

另外，对深埋隧洞而言，考虑影响隧洞安全的荷载主要为外水压力，为了进一步减少外水压力对隧洞衬砌的影响，针对外水压力较大的Ⅳ类、Ⅴ类围岩，在隧洞顶拱部位设置了排水孔，可有效降低外水压力，保证隧洞的安全[9]。

2.2.4　水力学条件复核

工程设计输水流量为 2.93 m^3/s，隧洞的截面大小为施工断面控制，故隧洞内水流流速相对较低，沿程水头损失也较小。按照糙率的经验取值[10]对不衬砌隧洞的水头损失进行复核计算，其中钻爆法施工段衬砌部分糙率取 0.014、不衬砌部分糙率取 0.043，TBM 法施工段的衬砌糙率部分取 0.014、不衬砌部分糙率取 0.025，倒虹吸及埋管钢管糙率取 0.015，其他局部损失系数、流量等参数均取上限，通过计算，整个输水线路水头损失为 18.71 m，全线也满足有压重力流输水的要求，北翼水厂调流调压阀前末端水头压力为5.79 m,满足一般水厂大于3 m的设计要求,因此设计上不需要采取措施降低糙率,具备不衬砌的设计条件。

3 结论与体会

针对不衬砌有压输水隧洞,国内有一些学者进行了研究讨论,但焦点主要集中在洞室围岩稳定理论研究,受制于地质条件的复杂性和不确定性,实际工程建设过程中很难有效进行判别,目前也尚无统一的标准和认识,本文结合实际工程,以一个设计者的角色,针对不衬砌有压输水隧洞的设计过程进行研究论述,主要结论如下:

(1)不衬砌有压输水隧洞的关键是要保证洞室围岩自身稳定,需同时满足隧洞的埋深足够大和围岩条件足够好两个因素,但是围岩条件准确判别在目前工程上是比较困难的,主要受制于地质条件的复杂性和不确定性,使得一些参数无法进行量化,因此设计需要梳理一个简单而有效的判别方法,即挪威准则和最小地应力理论。

(2)不同地质条件下有压输水隧洞的衬砌作用机制也是不同的,很多设计者不加以区分,均按照内水压力进行控制是错误的,对于不衬砌有压输水隧洞而言,围岩条件较差洞段考虑衬砌其作用主要是抗外水压力而非内水压力。

(3)对于不衬砌有压输水隧洞,除了要考虑挪威准则、最小地应力理论、围岩稳定、水力条件等,本文认为还应考虑地下水水位情况,在满足挪威准则和最小地应力的条件下,还要同时满足外水压力要大于内水压力,保证内水不会外渗。

不衬砌有压输水隧洞主要受制于地质条件,但同时也与工程本身条件息息相关,需要设计者进行综合判断,同时在设计过程中也可根据隧洞开挖的围岩揭露情况进行针对性设计,以进一步保证工程的安全。

参考文献

[1] 李志刚,漆文邦,景晓蓉,等.无衬砌压力隧洞设计中若干问题的探讨[J].西北水电,2013(3):26-30.

[2] 程长清,杨自友,殷海波,等.有压隧洞围岩最小覆盖层厚度弹塑性力学分析[J].地下空间与工程学报,2021,17(2):413-420.

[3] 侯龙.不衬砌有压引水隧洞成洞条件及围岩稳定研究[D].重庆:重庆大学,2007.

[4] 谢遵党,陈晓年.CCS水电站输水隧洞设计关键技术问题研究[J].人民黄河,2019,41(6):85-88,93.

[5] 杨风威,房敬年,杨继华,等.兰州水源地工程超长输水隧洞初始地应力反演研究[J].水电能源科学,2018,36(8):94-97,73.

[6] 中华人民共和国水利部.水工隧洞设计规范:SL 279—2016 [S].北京:中国水利水电出版社,2016.

[7] 齐文彪,刘阳,薛兴祖,等.吉林引松工程超长有压隧洞关键技术[J].隧道建设(中英文),2019,39(4):684-693.

[8] 杨继华,齐三红,杨风威,等.CCS水电站输水隧洞工程地质条件分析与处理[J].人民黄河,2019,41(6):94-98,106.

[9] 于茂,王浏刘,辛凤茂.高外水隧洞衬砌堵排水方案及降压效果分析[J].水利规划与设计,2019(7):145-148.

[10] 张良然.不衬砌隧洞的糙率[J].水利水电科技进展,1997(5):50-52.

不同湿度扩散情况下泥质砂岩隧洞围岩稳定性分析

杨风威[1,2]　全　亮[1,2]　李冰洋[1,2]

(1. 黄河勘测规划设计研究院有限公司,河南郑州　450003;
2. 水利部黄河流域水治理与水安全重点实验室(筹),河南郑州　450003)

摘　要:以兰州市水源地建设工程输水隧洞泥质砂岩为研究对象,开展了不同吸水时间试样单轴、常规三轴压缩试验,结合矿物成分及 SEM 电镜扫描细观试验,从宏细观角度分析了水对泥质砂岩强度、变形等力学性质的弱化影响,并通过数值模拟分析研究了不同湿度扩散深度时围岩的变形稳定性问题。研究结果表明:泥质砂岩力学性质受水的影响显著,单轴压缩强度及弹性模量均随饱水时间的增加呈负指数变化,相对干燥试样,饱水试样单轴压缩强度和弹性模量分别降低了 81%、87%,三轴压缩抗剪强度参数黏聚力及内摩擦角均随饱水系数的增加而减小。围岩变形及塑性区最大深度均随湿度扩散深度增加而逐渐增加,且劣化程度随深度大致呈线性增加。

关键词:泥质砂岩;饱水时间;微观结构;力学特性;围岩变形

1　引言

在工程建设中,岩体经常受到水环境的影响而导致隧洞涌水、滑坡、坝基变形、巷道坍塌等灾害[1-2]。兰州市水源地引水隧洞建设工程中,受开挖过程中地下水入侵影响,不良地质洞段软岩地层易产生围压大变形导致衬砌开裂,影响隧洞施工安全及进度。

岩石的强度变形等力学性质,除受内在结构特征和组成成分影响外,水也是重要的影响因素之一[3]。试验研究表明对于砂岩,泥岩、黏土岩等沉积岩岩石在饱和状态下其单轴抗压强度及弹性模量损失可高达 90%左右[4-5]。熊德国等[6]对不同含水状态下的砂岩、泥岩及砂质泥岩开展了试验,得出饱水后泥岩的强度与变形特征影响最大,抗压、抗拉强度、弹性模量均减小。邓华锋等[7]研究表明损伤岩样的强度劣化速度更快,水岩作用对损伤岩样的耦合损伤效应明显。

试验研究能直观地看出岩石的变形、破坏方式,而数值模拟则可以从整体环境中表现出围岩的变形破坏机制。张智健等[8]研究了云南马家寨隧道工程富水软弱围岩隧道穿越断层破碎带围岩稳定性问题。李荣军等[9]基于引汉济渭秦岭引水隧洞典型断面的应力实测结果与地形地质构造条件,分析了隧洞开挖期围岩变形稳定性问题。李海宁等[10]以青海省引大济湟部分引水隧洞为例,研究了不同产状下层状岩体施工中围岩位移、塑性区范围、最大主应力等围岩稳定性特征。龚林金等[11]以水阳高速胜利隧道为例,通过数值模拟方法研究了隧道穿越不同倾角断层破碎带时的围岩变化规律。杨青莹[12]以永莲隧道为背景,分析了隧道围岩在不同断层倾角、厚度以及水头压力下的变形特征。原先凡等[13]以玉瓦水电站引水隧洞围岩的变形失稳为研究对象,系统总结分析了陡立薄层岩体中顺向开挖隧洞围岩的失稳模式。

本文以兰州市水源地建设工程 T15+100~T16+110 洞段泥质砂岩为研究对象,通过开展不同吸水时间岩样宏细观试验,研究了吸水时间对泥质砂岩变形、强度等力学性质的影响。在此基础上,通过数值模拟方法,分析了不同湿度扩散深度情况下围岩的变形问题,研究结果可为隧洞施工中围岩稳定性分析提供参考依据。

作者简介:杨风威(1985—),男,高级工程师,博士,主要从事水利水电工程勘察设计和研究工作。

2 工程概况及试样制备

2.1 工程概况

兰州市水源地建设工程将刘家峡水库作为引水水源,经新建水厂净化处理后,向兰州市供水。工程设计日供水规模为227.3万m^3(含新区应急用水),合26.3 m^3/s(全天供水),年引水能力8.3亿m^3。输水隧洞主洞全长31.29 km,彭家坪输水支线全长约9.39 km,芦家坪输水支线长约1.35 km,均为压力引水隧洞。输水隧洞一般埋深超过400 m,最大埋深920 m。现场地应力测试表明,输水隧洞沿线应力场以水平构造应力为主,最大水平主应力为10~18 MPa,最小水平主应力为4~9 MPa,属中等地应力水平,主构造线方向NW310°~NW340°,构造应力方向NE40°~NE70°,隧洞轴线方向NE50°,与构造应力方向近平行。兰州市水源地工程布置示意图见图1。

图1 兰州市水源地工程布置示意图

输水隧洞沿线地层岩性复杂多样,围岩类别以Ⅲ类为主,存在部分Ⅳ类、甚至Ⅴ类不良地质洞段。穿过的地层岩性主要有:前震旦系马衔山群($AnZmx^4$)黑云石英片岩和花岗岩(γ_3^2);白垩系下统河口群(K_1hk^1)砂岩与泥质砂岩互层及砂砾岩;奥陶系上中统雾宿山群($O_{2-3}wx^2$)变质安山岩、变质玄武岩及安山凝灰岩。其中白垩系地层中部分洞段以薄层—厚层砂岩与泥质砂岩互层、砂砾岩形式出露,黏土矿物含量较高,存在遇水崩解等问题。

2.2 试样制备及试验方案

结合现场实地勘察工作,在以砂岩、泥质砂岩为主的Ⅳ类和Ⅴ类围岩地层中,存在岩石遇水崩解导致的围岩开挖失稳问题,因此在此洞段通气井处取芯,将岩芯加工打磨成直径为50 mm、长度为100 mm的圆柱形标准试样,试样两端面不平行度不大于0.02 mm,满足岩石力学试验规程要求。制备的标准试样为泥质砂岩,呈红褐色,没有肉眼可见的明显裂隙。测其天然密度为2.60~2.63 g/cm^3,纵波波速为3 267.2~3 397.6 m/s,试样整体质地均匀。

将制备好的泥质砂岩岩样放入110 ℃烘箱中干燥24 h后取出冷却至室温后称重,之后将试样分成3组。通过自然浸泡吸水的方式按照规范要求制备不同吸水时间试样[14]。当试样从水中取出后及时用防水薄膜包裹以防水分流失。

为研究不同含水状态下泥质砂岩的力学特性,本文采用RMT-150C型电液伺服岩石力学试验系统进行单轴和常规三轴压缩试验,试验采用位移控制,轴向加载速率为0.002 mm/s,围压加载速率0.1 MPa/s,围压控制在0~30 MPa。

3 试验结果分析

3.1 细微观试验结果分析

图 2 给出泥质砂岩标准试样及 X 射线衍射分析结果，泥质砂岩的主要矿物成分为石英、高岭石、蒙脱石、钠长石、方解石和正长石。其中，黏土矿物主要是高岭石和蒙脱石，两种矿物所占比例分别为 4.80%和 10.63%，这两种矿物遇水后均表现出软化及膨胀变形特性，研究表明当高岭石含量为 4.5%，蒙脱石含量为 15.2%时，岩石的膨胀变形率可达到 7%左右[15]。根据相应岩性划分标准，此泥质砂岩属于弱膨胀性软岩。

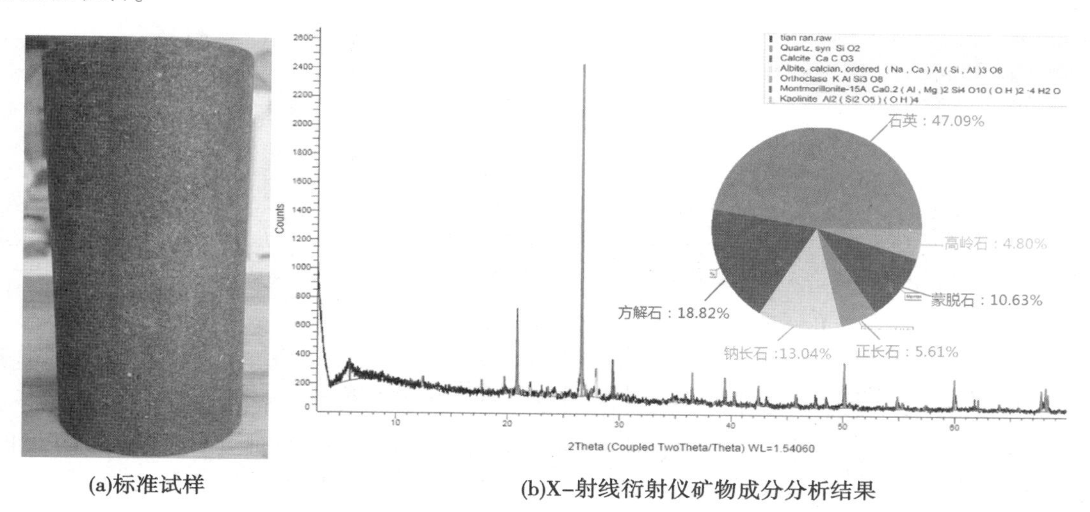

(a)标准试样　　(b)X-射线衍射仪矿物成分分析结果

图 2　泥质砂岩试样及矿物成分组成

图 3 给出了泥质砂岩在天然及饱和状态下 SEM 电镜扫描试验结果。从图 3 中可以看出饱和状态下泥质砂岩的微观结构发生显著变化。天然状态下试样内存在少量微裂纹及孔隙，矿物颗粒完整，石英、长石等骨架颗粒之间主要通过蒙脱石、高岭石等黏土矿物形成的“蜂窝状结构”胶结。饱水后，黏土矿物吸水溶解破坏，试样中孔隙变大，颗粒间连结变得松散，结构疏松多孔，骨架颗粒表面附着黏土矿物崩解后产生不规则絮状物。这可解释为饱水时，水分子进入砂岩的孔隙和裂隙中，吸附在黏土矿物颗粒表面，形成了极化的水分子层，水分子层不断吸水变厚，从而引起了黏土矿物体积膨胀，胶结物部分被软化或溶解，继而导致了矿物颗粒的碎裂和解体。

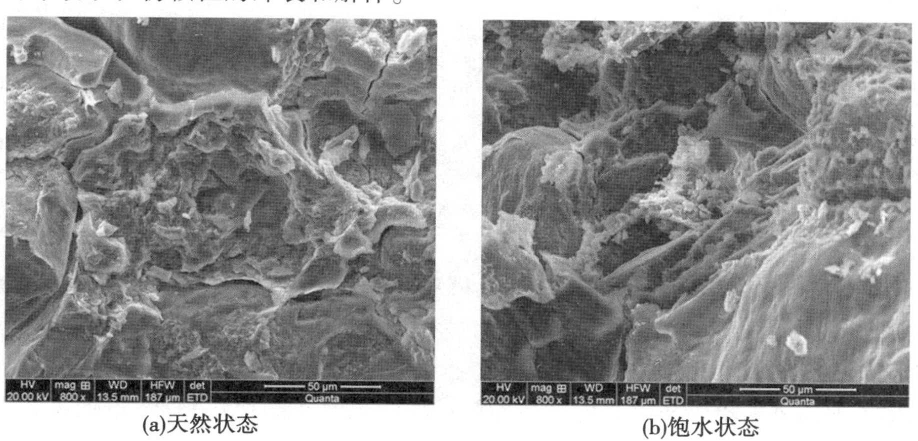

(a)天然状态　　(b)饱水状态

图 3　泥质砂岩天然和饱水状态下 SEM 电镜扫描结果

3.2 宏观试验结果分析

3.2.1 单轴压缩试验结果

图 4 给出了不同吸水时间下泥质砂岩的单轴压缩试验结果,图中泥质砂岩的单轴压缩强度随饱水时间的增长逐渐减小;而峰值应变随吸水时间的增加而增加,天然及饱水 8 h 的岩样峰值应力附近产生明显的应力跌落现象,随着饱水时间的增长,泥质砂岩的破坏形式逐渐由脆性向延性转换,这与泥质砂岩吸水后,黏土矿物产生膨胀变形有关,在轴向压缩过程中变形增加。

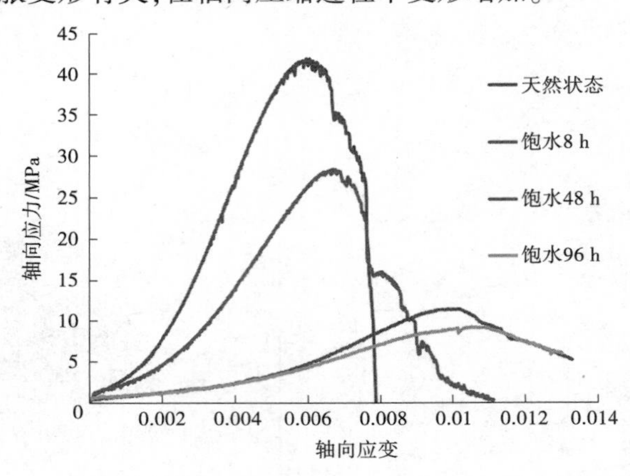

图 4 泥质砂岩单轴压缩应力-应变曲线

表 1 给出了泥质砂岩在不同吸水时间后的单轴压缩试验结果。用于表征岩石饱水软化程度的弱化系数也在表中给出,其通过饱和试样与天然状态试样的力学参数比值来定义,定义公式为

$$\left.\begin{aligned} K_1 &= \sigma_t/\sigma_0 \\ K_2 &= E_t/E_0 \end{aligned}\right\} \tag{1}$$

式中:K_1,K_2 分别为强度软化系数和弹性模量软化系数;σ_t, E_t 分别为对应饱水时间下的单轴压缩强度和弹性模量;σ_0, E_0 分别为天然状态下单轴压缩强度和弹性模量。

表 1 不同含水状态下泥质砂岩单轴压缩力学参数

饱水时间/h	单轴抗压强度/MPa	弹性模量/GPa	强度软化系数 K_1 、	弹模软化系数 K_2
0	38.6	10.64	1.00	1.00
8	28.4	7.21	0.74	0.68
48	11.4	2.84	0.29	0.27
96	9.2	1.78	0.24	0.17
144	7.3	1.37	0.19	0.13

从表 1 中可以看出,水对单轴压缩强度和弹性模量的弱化影响显著,天然状态下的单轴抗压强度约为 38.60 MPa,弹性模量为 10.64 GPa,与天然状态试样相比,饱水 144 h 后,单轴压缩强度和弹性模量分别降低了 81%、87%。

图 5 中给出了泥质砂岩单轴压缩强度及弹性模量随饱水时间的变化规律,单轴压缩强度随饱水时间呈现非线性的变化规律,通过拟合发现其变化规律可以通过指数方程描述:

$$\sigma_c(t) = a_0 e^{-bt} + a_1 \tag{2}$$

式中:σ_c 为单轴压缩强度;t 为饱水时间;a_0,a_1,b 为拟合参数,参数 a_0 与 a_1 之和代表天然状态下的单轴压缩强度值,b 表示饱水时间对强度的损伤弱化率。单轴压缩强度与弹性模量随饱水系数的拟合结果在图5中给出。

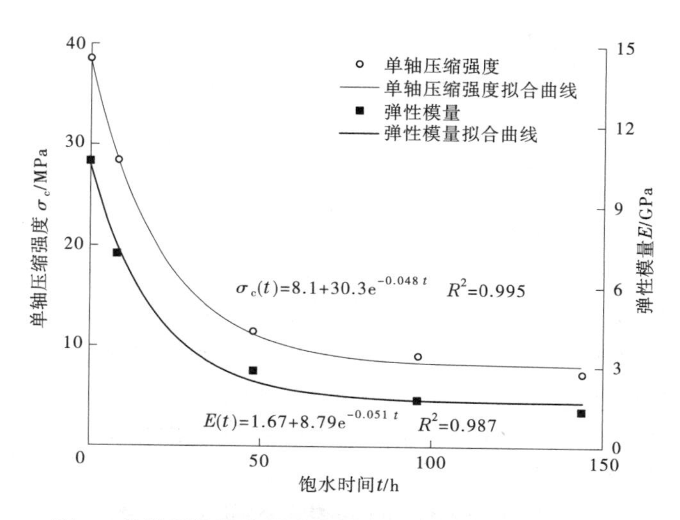

图5 单轴压缩强度及弹性模量随饱水系数的变化规律

3.2.2 三轴压缩试验结果

图6给出了不同吸水时间岩样三轴压缩应力应变曲线，吸水时间相同时，随着围压的增加，试样峰值强度增加，弹性模量及峰值附近塑性屈服应变增加，岩样由单轴压缩下以“张拉剪切破坏”逐渐向“剪切破坏”转变。同一围压下，随着饱水时间的增长，峰值应力及试样破坏后应力跌幅逐渐减小，试样的破坏后峰值强度和残余强度也逐渐减小。说明围压的影响减弱了水对泥质砂岩的软化作用。

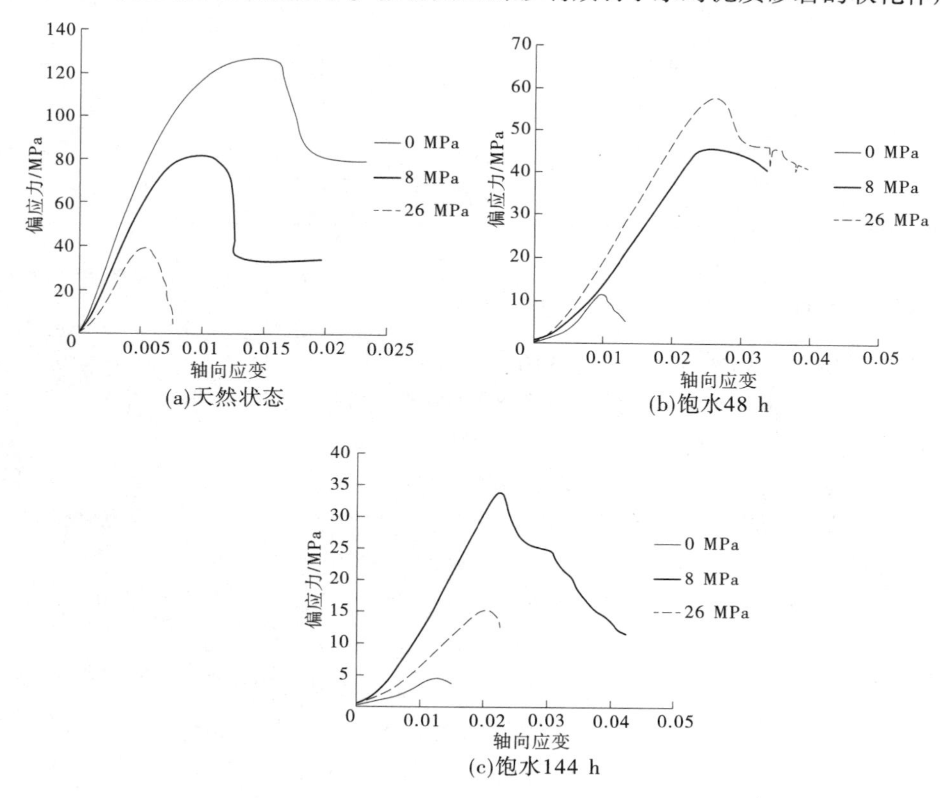

图6 不同饱水时间下泥质砂岩三轴压缩应力-应变曲线

围压作用下岩样的三轴压缩强度随围压大致呈线性变化，可以用 Coulomb 准则描述其变化特征。

Coulomb 准则表达式为：

$$\sigma_s = Q + K\sigma_3 \tag{3}$$

式中：σ_3 为围压；σ_s 为试样承载的轴向应力；K,Q 为拟合参数，它们与岩石的黏聚力 c 和内摩擦角 φ 之间的关系为：

$$K = (1 + \sin\varphi)/(1 - \sin\varphi) \tag{4}$$

$$Q = 2c\cos\varphi/(1 - \sin\varphi) \tag{5}$$

表 2 给出了不同饱水时间泥质砂岩常规三轴压缩试验结果。通过 Coulomb 准则确定的黏聚力及内摩擦角等参数也在表中给出。由试验结果可知：天然状态下泥质砂岩的黏聚力为 11.8 MPa，内摩擦角为 37.9°；饱水 48 h 后黏聚力约为 6.26 MPa，内摩擦角为 20.2°；饱水 144 h 后黏聚力约为 4.73 MPa，内摩擦角为 19.2°。可见，随着饱水时间的增长，泥质砂岩的黏聚力和内摩擦角均有不同程度的弱化减小。由微观分析结果可知，岩样吸水后黏土矿物与水发生反应使得试样颗粒间胶结物溶解丧失黏结力；另外，水分子进入岩石材料颗粒间隙，在颗粒表面形成结合水膜，弱化颗粒间的摩擦效应，岩石发生软化现象，主要表现为岩石剪切强度参数的降低。

表 2　不同饱水时间泥质砂岩三轴压缩力学参数

饱水时间/h	围压/MPa	峰值强度/MPa	弹性模量/GPa	泊松比	黏聚力/MPa	内摩擦角/(°)
0	0	38.60	10.64	0.48	11.80	37.9
	8	95.86	12.34	0.34		
	26	153.20	15.07	0.45		
48	0	11.44	0.92	0.10	6.26	20.2
	8	53.65	2.27	0.86		
	26	84.01	3.43	0.22		
144	0	4.55	0.48	0.17	4.73	19.2
	8	41.93	0.93	1.10		
	26	61.31	1.85	1.14		

4　泥质砂岩段考虑水劣化下围岩的受力分析

本文计算的典型断面选取为 T15+100～T16+110 白垩系下统河口群泥质砂岩地层。围岩不同湿度扩散深度的模型如图 7 所示，模型宽和高为 120 m，沿轴向方向长度约 4.53 m。由图 7 可知，考虑湿度扩散深度 25 cm 时，则将①区域考虑为湿度扩散范围；考虑湿度扩散深度 50 cm 时，则将①和②区域同时考虑为湿度扩散范围；考虑湿度扩散深度 75 cm 时，则将①、②和③区域同时考虑为湿度扩散范围；考虑湿度扩散深度 100 cm 时，则将①、②、③和④区域同时考虑为湿度扩散范围。计算时，采用应变硬化-软化力学模型，结合前期工程地质报告、试验结果和工程经验，岩体变形模量为 4 GPa，泊松比为 0.3，黏聚力为 0.35 MPa，内摩擦角为 38°，剪胀角为 20°。隧洞轴向为法向约束，模型四周设置为固定边界条件，隧洞内壁为自由边界。根据前期的地应力反演结果，该位置 sxx 为-1.36×10^7 Pa，syy 为-1.77×10^7 Pa，szz 为-1.98×10^7 Pa，sxy 为-4.87×10^6 Pa，syz 为-1.28×10^6 Pa，sxz 为 2.61×10^6 Pa。不同湿度扩散深度围岩，变形模量、黏聚力、内摩擦角等参数的取值在表 3 中给出。

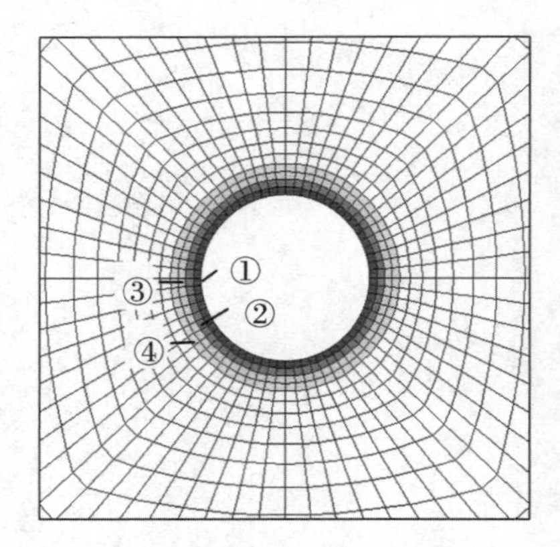

图 7　泥质砂岩不同湿度扩散深度模型

表 3　不同湿度范围围岩力学参数

工况	软化部位	变形模量/GPa	泊松比	黏聚力/MPa	内摩擦角/(°)	剪胀角/(°)
未考虑湿度软化	—	4	0.3	0.35	40	20
湿度范围 25 cm	①	2.125	0.3	0.213	40	20
湿度范围 50 cm	①	0.234	0.3	0.061	40	20
	②	2.125	0.3	0.213	40	20
湿度范围 75 cm	①	0.099	0.3	0.032	40	20
	②	0.211	0.3	0.056	40	20
	③	2.125	0.3	0.213	40	20
湿度范围 100 cm	①	0.045	0.3	0.017	40	20
	②	0.072	0.3	0.025	40	20
	③	0.199	0.3	0.054	40	20
	④	2.125	0.3	0.213	40	20

图 8 给出了不同工况下,围岩位移及塑性区计算结果。从图 8 中可知,在围岩湿度扩散深度分别为 25 cm、50 cm、75 cm、100 cm 时,围岩的最大位移分别约为 160 mm、170 mm、220 mm、300 mm,围岩塑性区最大深度分别约为 4.6 m、4.8 m、5.2 m、5.3 m。对比分析可知,围岩变形及塑性区最大深度均随湿度扩散深度增加而逐渐增加,所不同的是位移增加幅度(87.5%)远大于塑性区深度增加幅度(15.2%)。

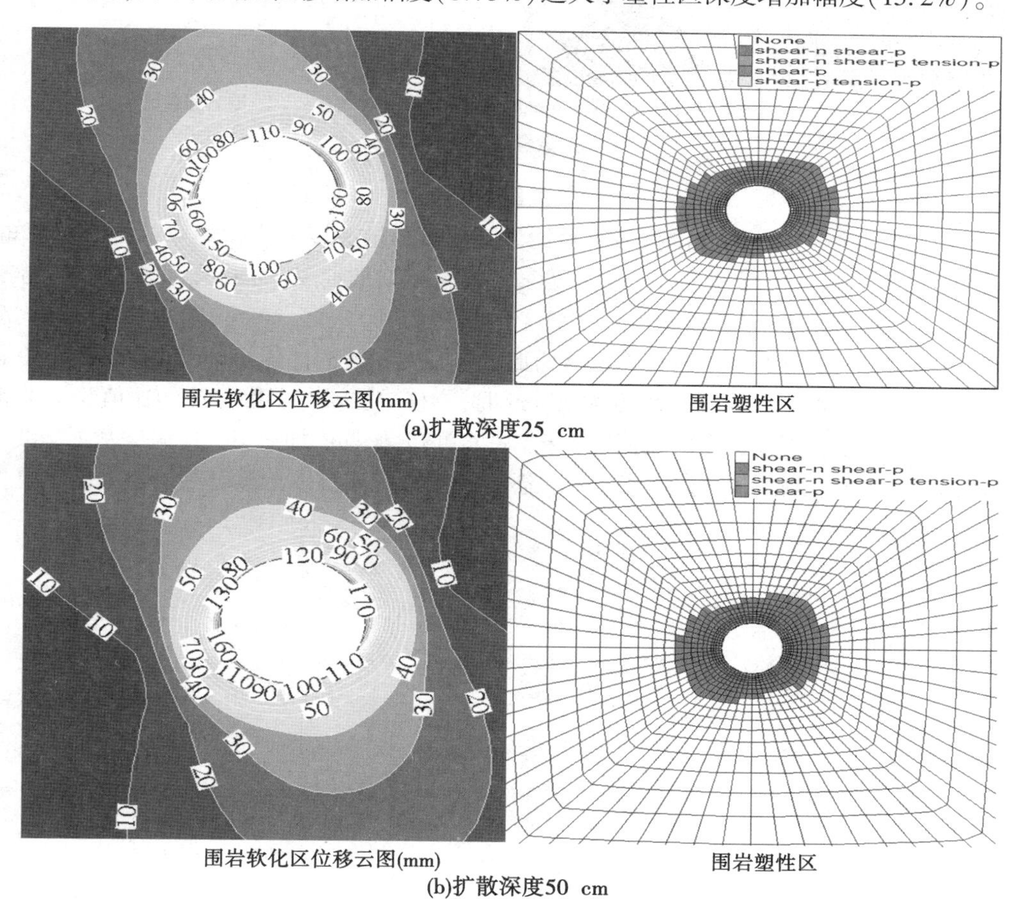

图 8　不同湿度扩散深度围岩最大位移及塑性区计算结果

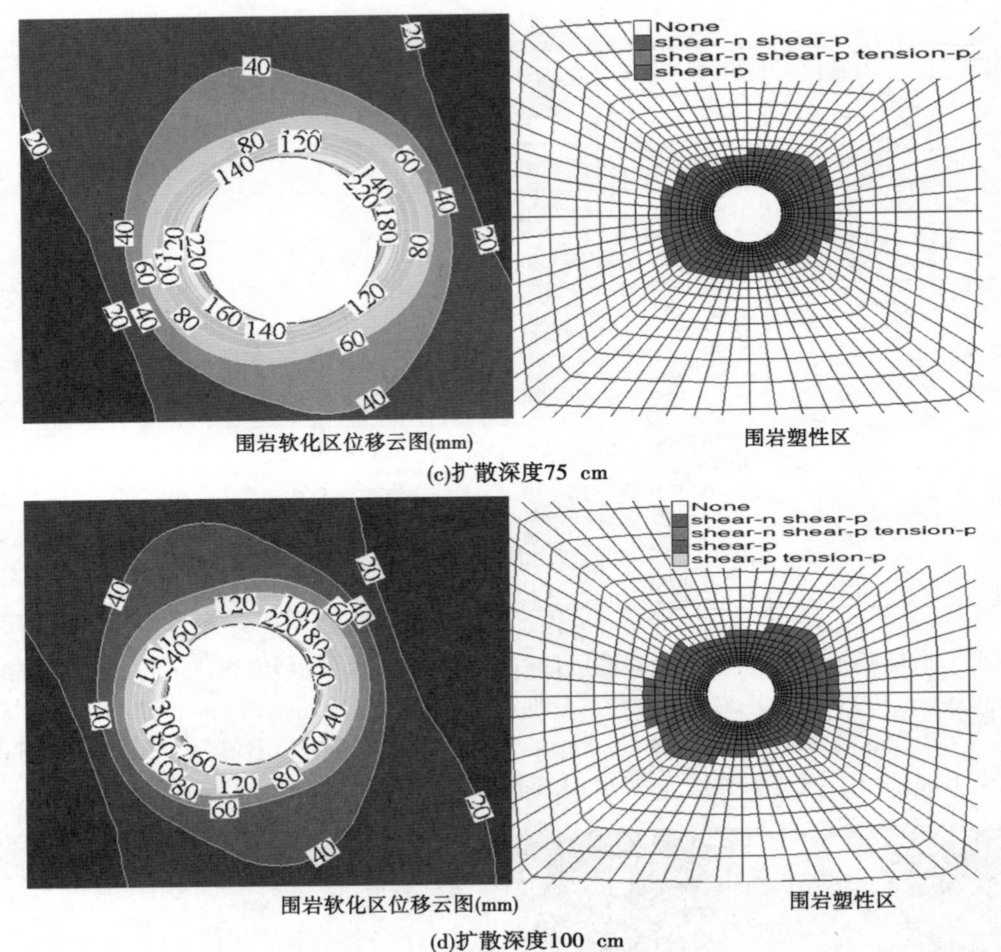

(c)扩散深度75 cm

(d)扩散深度100 cm

续图 8

图 9 给出了围岩最大位移及围岩位移与半径比值随湿度扩散深度的变化规律。由图 9 可知，随着湿度扩散深度的增加，围岩最大位移由 160 mm（湿度深度 25 cm）增加到 300 mm（湿度深度 100 cm）；位移与半径比值由 5.1%（湿度深度 25 cm）增加到 10.95%（湿度深度 100 cm）。可见，随着围岩湿度劣化程度的增加，围岩变形也随之增大。此外，通过计算位移增加量与湿度深度的比值得到，湿度深度为 50 cm 时，位移增加量与湿度深度的比值为 0.6；湿度深度为 75 cm 时，位移增加量与湿度深度的比值为 1.1；湿度深度为 100 cm 时，位移增加量与湿度深度的比值为 1.6。由此可知，位移增加量与湿度深度基本呈线性快速增加。建议对该洞段施工时，开挖后尽早封闭围岩并施加支护，以减小湿度扩散对围岩的劣化作用。

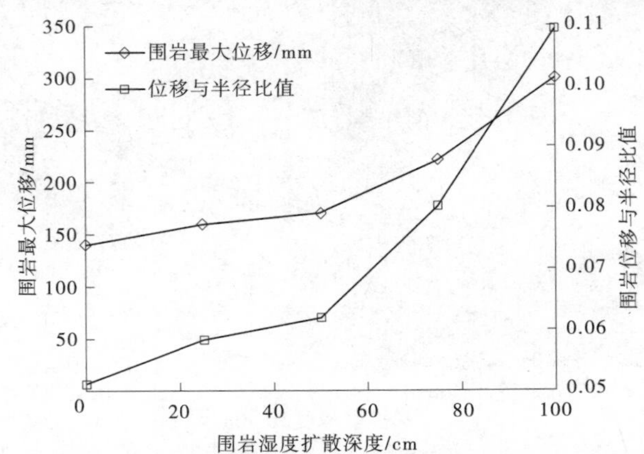

图 9　围岩最大位移和位移半径比值随湿度扩散深度变化曲线

5 结论

本文以兰州市水源地建设工程不良地质段隧洞泥质砂岩为研究对象，对不同含水状态下岩样的力学性质进行了试验研究，在此基础上利用数值模拟方法，计算分析了泥质砂岩段考虑湿度劣化的围岩受力变形稳定情况，具体研究结论如下：

（1）饱水后，泥质砂岩中黏土矿物吸水溶解破坏，试样中孔隙变大，颗粒间连结变得松散，结构疏松多孔，骨架颗粒表面附着黏土矿物崩解后产生的不规则絮状物，部分矿物颗粒之间的胶结能力弱化甚至丧失导致微观黏结力减小。

（2）泥质砂岩吸水后力学性质明显降低，饱水 144 h 后相对干燥试样，单轴压缩强度和弹性模量分别降低了 81%、87%，单轴压缩强度及弹性模量随饱水时间的增加呈负指数变化规律。随着饱水时间的增加，泥质砂岩三轴压缩抗剪强度参数黏聚力和内摩擦角均弱化减小，黏聚力及内摩擦角减小幅度分别达到 59.2%和 51.6%。

（3）泥质砂岩洞段施工期湿度扩散对围岩有一定的劣化作用，围岩变形及塑性区最大深度均随湿度扩散深度增加而逐渐增加，且劣化程度随深度大致呈线性增加，所不同的是位移增加幅度远大于塑性区深度增加幅度。建议对上述洞段施工时，开挖后尽早封闭围岩并施加支护，以减小湿度扩散对围岩的劣化作用。

参考文献

[1] 黄润秋，王贤能．深埋隧道工程主要灾害地质问题分析[J]．水文地质工程地质，1998(4)：21-24.

[2] Hudson JA. Harrison JP (2000) Engineering rock mechanics—an introduction to the principles. Elsevier, New York.

[3] Wong LNY, Varun M, Liu G. Water effects on rock strength and stiffness degradation[J]. Acta Geotechnica, 2016, 11: 713-737.

[4] 杨健锋，梁卫国，陈跃都，等．不同水损伤程度下泥岩断裂力学特性试验研究[J]．岩石力学与工程学报，2017，36(10)：2431-2440.

[5] Erguler Z A, Ulusay R. Water-induced variations in mechanical properties of clay-bearing rocks[J]. International Journal of Rock Mechanics and Mining Sciences,2009,46(2):355-370.

[6] 熊德国，赵忠明，苏承东，等．饱水对煤系地层岩石力学性质影响的试验研究[J]．岩石力学与工程学报，2011，30(5)：998-1006.

[7] 邓华锋，肖志勇，李建林，等．水岩作用下损伤砂岩强度劣化规律试验研究[J]．岩石力学与工程学报，2015，34(增1)：2690-2698.

[8] 张智健，梁斌，徐红玉，等．富水软弱围岩隧道穿越断层破碎带的稳定性分析及施工技术[J]．河南大学学报(自然科学版)2020,50(3),356-364,378.

[9] 李荣军，韩福，雷龙，等．引汉济渭秦岭隧洞开挖期围岩稳定性数值分析[J]．人民黄河，2021,43(11),137-139,146.

[10] 李海宁，王尚，梁庆国，等．层状岩体引水隧洞围岩稳定性数值模拟分析[J]．水电能源科学 2021,39(9):145-148,144.

[11] 龚林金，任锐，王亚琼，等．隧道斜穿不同倾角断层破碎带围岩变形特征分析[J]．公路工程，2021,66(7)：313-319.

[12] 杨青莹．富水断层破碎带对隧道围岩稳定性的影响[J]．煤矿安全，2019,50(8):148-153.

[13] 原先凡，刘兆勇，郑志龙．陡立薄层岩体隧洞围岩失稳机理及支护研究[J]．地下空间与工程学报，2017(增刊2)：828-832.

[14] 中华人民共和国水利部．水利水电工程岩石试验规程：SL264—2007[S]．北京：中国水利水电出版社，2020.

[15] 冒海军，郭印同，王光进，等．黏土矿物组构对水化作用影响评价[J]．岩土力学，2010，31(9)：2723-2728.

生态保护约束下高性能水性环氧防护材料设计

杨　勇[1]　王迎宾[2]　高帅明[3]　王玲花[3]　沈细中[1]

（1. 黄河水利科学研究院，河南郑州　450003；
2. 河南省水利厅，河南郑州　450003；
3. 华北水利水电大学，河南郑州　450045）

摘　要：水利水电工程中将环氧树脂作为防护材料应用广泛，它具有力学性能好、黏结力强、稳定性强、效果良好等优点，也普遍存在带水作业固化性能较差和施工过程“三废”对环境和人身健康的影响问题。随着黄河流域生态保护和高质量发展上升为重大国家战略，在日益重视水电工程生态环境保护形势约束下，发展环境友好水性环氧树脂材料应用将是未来发展趋势。然而目前水性环氧只是应用在对力学性能要求不高的防护修补工程中，对此本文分析了水性环氧所具备的颠覆性创新特点，着力突破提高水性环氧防护材料性能这一瓶颈问题，采用聚氨酯与环氧树脂化学接枝的改性方法，研制双环氧基活性非离子乳化剂、环氧聚氨酯复合乳液、水乳水溶混合型环氧，提出抗冲耐磨砂浆、灌浆材料和防渗材料等水工材料基于高性能水性环氧的设计思路，结合初步力学试验结果，水性环氧具备替代油性环氧树脂的性能要求。

关键词：环境友好；颠覆性创新；高性能水性环氧；防护材料

1　研究背景

环氧树脂材料具有力学性能好、黏结力强、施工便利等优点，因此它广泛应用在水工防护材料中。但是环氧树脂的缺点也非常明显：①它是黏稠状液体，使用时需要有机稀释溶剂，有一定挥发性和毒性，环保性和安全性差；②不溶于水，施工过程对沾黏环氧的器具清洗，清洗剂也大多是环保性较差的有机溶剂；③部分材料施工工艺落后，现场加热，释放有害气体；④潮湿面和带水作业固化性能差，难以满足一些无法干燥处理的水利施工需求。

随着生态保护力度的加大，采用低 VOC、可以用水清洗的水性环氧材料受到广泛关注，也一直是环境友好水工防护材料研究的热点问题[1]。水性环氧是指环氧树脂以微粒、液滴、胶体分散在水相中所形成的乳液，但是对环氧进行水性化处理，随注水量的增加，固含量降低，会导致水性环氧基材料力学性能快速下降，这是限制水性环氧材料应用推广的瓶颈问题。得益于我国化工行业的飞速发展，环氧树脂和环保、卫生、安全、高效助剂的种类和性能不断提高，通过优化水性环氧基材料设计，可以达到兼顾生态保护与水工防护的双重功能。

2　颠覆性技术特点

2021 年科技部在国科发火〔2021〕195 号文中指出，在认真研判颠覆性技术创新特点和规律的基础上，挖掘具有战略性、前瞻性的颠覆性技术方向，为我国产业转型升级和经济高质量发展提供强大动力引擎。“颠覆性创新”是克莱顿・克里斯坦森通过比对“延续性创新”所提出的创新模式[2-3]，相对于水工防护材料用的油性环氧树脂，水性环氧具备所描述的颠覆性技术特点如下：

（1）颠覆性技术首先在成熟企业出现。环氧树脂出现于 20 世纪初，工业化于 20 世纪 50 年代，至今

作者简介：杨勇（1972—），男，教授级高级工程师，主要从事水利量测、清淤和水工防护材料研究工作。

产品不断丰富,质量不断提高。环氧基材料一般使用有机溶剂,制作和使用过程中,产生大量 VOC。随着生态环境保护意识的逐步增强,出台了相应法律法规限制 VOC 和 HAS 排放,在此约束下,以水为溶剂的低 VOC 水性环氧产品于 20 世纪 70 年代应运而生。

(2)颠覆性创新技术首先应用于低端市场。水性环氧具有环保性好的优点,但是由于注水量对力学性能影响大,产品最初出现在防护性能要求不高的应用中。如在抗冲耐磨等恶劣工况下仍然使用油性环氧砂浆材料进行修补加固,水性环氧树脂砂浆几乎没有实际使用案例;中国科学研究院广州化学所研制的水溶性灌浆材料,使用在防渗堵漏或水土保持等抗压强度不高的领域,达不到补强灌浆的性能要求。

(3)随着市场的不断扩展和技术的不断进步,颠覆性技术开始向高端市场转移。限制水性环氧应用的瓶颈问题在于材料力学性能不高,达不到规范要求。随着化工行业的快速发展,环氧树脂材料种类、高性能助剂、低毒高效稀释剂不断丰富,为提高水性环氧防护材料性能设计提供了支撑,初步研究表明,以水性环氧为基础,可以研制出高性能防护材料,为水性环氧材料进军高端市场奠定了基础。目前水性环氧防护材料研究和应用基本处于这一阶段,突破水性环氧的高性能瓶颈问题至为关键。

(4)成熟企业以发展延续性创新技术应对,最终被颠覆性创新技术取代。根据颠覆性创新理论,在国家大力推动生态保护和高质量发展背景下及相关政策扶持下,未来水工防护材料将会实现颠覆性创新驱动产业发展范式,即油性环氧基防护材料全面被转型升级的水性环氧取代。

3　高性能水性环氧研制

采用环氧树脂和聚氨酯化学接枝,分别制成双环氧基活性非离子乳化剂和水性环氧聚氨酯复合乳液。对相反转法进行改进,取适量自制双环氧基活性非离子乳化剂混合环氧搅拌均匀,逐渐注入复合乳液,而不是向其中注入水,制成水溶水乳混合型环氧。这不仅是对制备工艺的创新,而且性能更为优异,其机制有待进一步研究。化学接枝法可设计性好,可以根据性能要求,制备不同水性环氧。

水性环氧作为原料在水工防护材料中起的首要作用是粘接剂,通过潮湿面粘接试验验证水溶水乳混合型环氧性能。按照《环氧树脂砂浆技术规程》(DL/T 5193—2004)制作聚合物水泥砂浆“8”字形试块,水中浸泡 48 h;按比例取水溶水乳混合型环氧(固含量 65%)、固化剂、环保增韧剂和 P · O 525 水泥制成环氧水泥界面剂,聚灰比为 1;试件粘接面涂抹界面剂,固定后养护 28 d 后,做拉伸破坏试验。

试验结果表明,粘接强度超过 3 MPa,且全部试件是都是非粘接面破坏(如图 1 所示),即粘接面强度均超过试件本体的抗拉强度。另外,采用聚灰比为 1 的浆液,掺入水泥与环氧质量相等,界面剂的线胀系数相对更接近混凝土,粘接耐久性更好。

图 1　非粘接面破坏

4　高性能水性环氧基水工防护材料

水工防护材料如砂浆、化学灌浆和防渗材料等,环氧树脂都是重要的原料,基于高性能水性环氧,提出这些常用的水工防护材料设计方法,初步试验表明,完全可以达到高性能指标要求。

4.1　抗冲磨水性环氧砂浆

高速挟沙水流作用下的泄水建筑物表面产生严重冲蚀破坏,环氧砂浆是最常见的防护材料,针对这种恶劣冲磨工况的选材要求,长期经验认为环氧砂浆抗压强度应在 80 MPa 以上,相关规范为 75 MPa,以此作为衡量水性环氧砂浆材料是否具有高性能的标准。

高性能水性环氧砂浆设计:采用黏结性好的 E44 环氧树脂制成水溶水乳混合型环氧,固含量 65%;脂肪胺固化剂;P · O 525 水泥,聚灰比为 1;选择环保型增韧剂,传统水性环氧砂浆定位于低端市场,很少添加增韧剂，抗压强度不高，加入增韧剂成为刚韧性环氧，有助于增强抗冲磨能力，避免选择有毒有害化学品，如邻苯二甲酸二辛酯(DOP)增韧性能很好，但是被欧盟列入高关注物质危害分类，勿选此类高毒性化学品，再如邻苯二甲酸二丁酯(DBP)虽然限制范围内可以使用，但是水下易迁移和析出，影响水体卫生，慎选此类高水抽出性化学品；填料采用标准砂，环氧含量∶标准砂=1∶6.6。

按照《环氧树脂砂浆技术规程》(DL/T 5193—2004)制作试块，养护 72 d，砂浆抗压强度达到 79 MPa，超过了抗冲磨砂浆相关规范规定的 75 MPa，极其接近抗冲磨约定俗成的 80 MPa，远高于目前市场同样固含量水性环氧砂浆的抗压强度。

从材料设计角度进一步优化砂浆配比，从两方面提高抗冲磨性能，一是进一步提高环氧作为粘接剂的刚韧性；二是采用高抗磨填料。研究表明[4]，环氧加入填料的砂浆试块比环氧浇筑试块抗磨蚀能力高约 9 倍，因此抗磨损起主要作用的是填料。河流泥沙中磨料一般是石英砂、长石和方解石，解石硬度较低，长石和石英砂莫氏硬度为 6~7，填料硬度比石英砂高，砂浆抗磨损性能才能更好。优化设计如下：降低注水量，即提高水溶水乳混合型环氧的固含量达到 88%以上；采用高性能助剂，进一步提高环氧的力学性能；填料采用金刚砂，其莫氏硬度为 8~9。

试块养护 72 d，抗压强度超过 100 MPa，从技术性能指标上完全可以替代抗冲磨油性环氧砂浆。

4.2　水性环氧灌浆材料

有机高分子灌浆材料性能优异，是水利工程中必不可少的灌浆材料，但是使用大量有机溶剂，易污染环境和危害人类健康，开发无公害浆材是重要的研究方向。中国科学院广州化学研究所采用衣康酸和环氧进行酯化反应[5]，合成了分子链两端为活泼的不饱和双键的水溶性环氧树脂，添加少量有机溶剂和其他助剂，研制出新型水性环氧灌浆材料，纯聚合物胶体抗压强度为 0.4~1.3 MPa，高于常用丙稀酸盐灌浆材料加砂的抗压强度(0.3~0.9)MPa。经过对该水性环氧灌浆材料进行改进[6]，加砂抗压强度达到 5 MPa。本文采用水性环氧聚氨酯复合乳液作为灌浆材料，以水为溶剂进行稀释，复合乳液浓度为 25%，加标准砂制作抗压试块，抗压强度高达 8 MPa。上述浆材用于抗渗堵漏或固结粉细砂，不能用于力学性能要求高的补强灌浆材料。

依据《混凝土裂缝用环氧树脂灌浆材料》(JC/T 1041—2007)，补强灌浆料浆液黏度应低于 200 MPa·s，抗压强度应达到 70 MPa。补强灌浆材料的难点在于加入大量有机溶剂降低浆液黏度的同时，使固结体具有高的抗压强度。传统补强灌浆材料采用丙酮和糠醛作为稀释剂调节黏度，丙酮和糠醛在灌浆料的固化过程中形成呋喃树脂，与环氧树脂形成互穿聚合物网络结构，固化物具有良好的力学特性。水性环氧材料只有达到补强灌浆材料的要求，才能称为高性能突破。

随着低毒高效低分子环氧活性稀释剂的出现，设计高性能水性环氧灌浆材料成为可能。E51 环氧树脂固化物抗压强度可以达到 100 MPa，但是含水量增加，固结物力学性能下降较快。相对于环氧用量，固化剂用量低，较少的加水量可以制备出水性固化剂，加水量对固化物力学性能影响小，因此考虑对固化剂水性处理的材料设计方案更为合理。设计如下：采用黏度较低的 E51 环氧树脂；脂肪胺固化剂，用量为环氧树脂的 10%，加入等量的双环氧基活性非离子乳化水溶液，水溶液浓度为 50%，对固化剂水性化处理；活性稀释剂，选择低毒高效稀释剂调节黏度；环保增韧剂，增加浆液韧性，也可以进一步降低浆液黏度；偶联剂、活性剂和高性能助剂等，进一步提高浆液的渗透性和有水作业性能；环氧树脂和水性固化剂体系中，含水量约 4%，对固化物力学性能影响较小，可以推断能够超过标准要求的抗压强度 70 MPa，具体验证试验有待于进一步开展。

4.3　防渗材料

水泥和水的反应，理想的水灰比是 0.27，实际拌和用水量远大于理论用水量，一般为 0.4~0.5。过量的水残留于混凝土中并最终挥发掉，混凝土易收缩，形成空隙，遇水后产生渗水。对此，多年来曾研究各种类型的减水剂，尽量减少用水量；还研究了将各种防水剂拌入水泥中，制备防渗型混凝土，称内防水，以及各种类型的防水涂料应用于混凝土迎水面，称外防水。

外防水材料研究较多，聚氨酯是防水性能良好的常用材料。研制的水性环氧聚氨酯复合乳液或水溶水乳混合型环氧都含有一定比例的聚氨酯,可以根据要求设计不同含量聚氨酯,提高防水性能。这种涂料完全用水作为溶剂,VOC 测定为 7(国家标准小于 200,欧盟标准小于 75),环保无味。另外,水性环氧聚合物以一定比例加入水泥砂浆中作为外防水材料,这种聚合物水泥砂浆研究较多。本文重点探讨乳化剂作为表面活性剂具备的减水和内防水双重作用。

聚羧酸是目前常用的水泥减水剂,用量为水泥的 0.4%时,减水率达到 25%~45%[7],其本质是一种表面活性剂。常用防水添加剂一般用量相对较大,为提高防渗等级,用量会超过 5%。双环氧基活性非离子乳化剂本身也是一种表面活性剂,机制上可以作为减水剂使用,而且这种乳化剂聚氨酯含量高,有较好的防渗性,因此乳化剂理论上可以兼作减水剂和防渗剂,设计如下:将乳化剂溶于水制成水溶液,按照一定比例拌和水泥和标准砂,进行减水试验和渗透试验。

初步研究表明,乳化剂含量占水泥的 1%时,减水最大为 20%,减水作用明显;渗透系数减少了 1 倍,乳化剂具有防渗能力,但是一般渗透系数减少 10 倍说明防渗等级有明显提高,因此乳化剂添加量还应继续增加。未来将进一步进行相关性能测试。

5 展望

水性环氧以水为溶剂,作为环境友好材料从出现至今具有颠覆性技术特点和发展规律,现阶段瓶颈问题是如何提高其力学性能。通过水工常用防护材料如抗冲磨砂浆、灌浆材料和防渗材料的设计和初步试验表明,水性环氧基材料具备了水利工程和规范标准的高性能要求。在黄河流域生态保护和高质量发展的背景下,加大瓶颈问题研究力度,结合建设工程或运行维护作为试点,持续扩大推广应用范围,将会实现颠覆性技术市场转型升级的发展范式。

参考文献

[1] 张瑞珠,王重洋. 水性环氧树脂的研究进展[J]. 河南科技, 2019(28):63-66.
[2] Clayton M. Christensen. 创新者的窘境[M]. 北京:中信出版社, 2010.
[3] Clayton M. Christensen. 颠覆性创新[M]. 北京:中信出版社, 2019.
[4] 张剑新. 高分子复合材料抗磨蚀性能的试验研究[J]. 水利水电技术, 1994(5):59-61.
[5] 石红菊,张亚峰,葛家良. 新型水溶性环氧灌浆材料的制备[C]. 2020, 1994-2020 China Academic Journal Electronic Publishing House.
[6] 张维欣, 张亚峰, 徐宇亮,等. 水溶性衣康酸环氧酯树脂灌浆材料的制备及其性能[J]. 2008,24(5):45-48.
[7] 王子明. 聚羧酸系高性能减水剂[M]. 北京:中国建筑工业出版社,2009.

碾压混凝土重力坝坝基三维渗流特性研究

白正雄[1,2]　魏　源[1,2]　金俊超[1,2]

(1. 黄河勘测规划设计研究院有限公司博士后科研工作站,河南郑州　450003;
2. 水利部黄河流域水治理与水安全重点实验室(筹),河南郑州　450003)

摘　要:黄河中游某水利枢纽坝址区岩体高倾角节理裂隙、表面风化卸荷带和多层顺层剪切破碎带发育,为减少渗漏和保障工程运行安全,该工程河床坝段坝基上、下游设封闭灌浆帷幕的方式进行防渗处理。针对坝体和坝基系统的防渗设计,构建坝址区三维模型,通过计算研究了坝体和坝基系统及周围山体的渗流场分布,确定了最大水力坡降,对大坝防渗体系的有效性和防渗设计合理性进行了评估。结果表明,等水头线在帷幕附近比较密集,渗流经帷幕的降压作用之后,坝基的孔隙水压显著降低,渗压得到了有效控制;不同位置坝段帷幕渗透坡降值差异较大,左岸河床发育多处剪切带,上游帷幕渗透坡降明显大于右岸河床坝段,帷幕渗透坡降在剪切带附近相对较大,易发生渗透破坏。

关键词:坝基渗流、压力水头、帷幕、渗透坡降、剪切带

重力坝在水压力及其他荷载作用下,主要依靠坝体自重产生的抗滑力来满足稳定要求。坝基扬压力方向与坝体重力方向相反,不利于坝体稳定[1,2],减小坝基扬压力的主要措施为防渗和排水[3-7]。防渗主要通过延长渗流路径的方式,减少出逸压力梯度。排水则是通过排除坝基中存在的渗透水,降低坝基的出逸压力[8]。前期地质勘查结果表明,黄河中游某水利枢纽库盆的地质、地形、地貌条件良好,但坝址区岩体高倾角节理裂隙、表面风化卸荷带和多层顺层剪切破碎带发育,外加两岸坝肩上、下游均发育有规模较大的冲沟,可能存在较为严重的坝基及坝肩绕坝渗漏问题[9],渗漏量较大时严重影响水库效益的发挥;复杂的地质条件,可能存在渗透变形问题[10],严重威胁大坝安全[11]。因此,在设计阶段对坝基进行渗流分析,研究大坝在不同排水措施、不同运行期水位条件下不同坝段的渗流场分布、坝基扬压力和重点部位渗透坡降情况,分析坝基防渗设计条件下渗控效果和重点部位的渗透稳定性,对整个坝体的安全运行至关重要。

1　工程概况

黄河中游北干流的某水利枢纽工程作为黄河干流的七大控制性骨干工程之一,不仅控制了黄河洪水、泥沙的主要来源区(特别是粗泥沙),而且库容大、距离小浪底水库较近,在拦沙并与小浪底水库联合调水调沙协调黄河水沙关系方面有着独特的地理优势,在黄河治理开发和水沙调控体系方面具有极为重要的战略作用。

大坝采用碾压混凝土重力坝,坝顶宽 15 m,坝顶高程 630 m,重力坝下游侧河床水垫塘、消力池及尾水渠末端采用钢筋混凝土板防护。水垫塘末端设防冲护坦,护坦长度 50 m,衬护厚度 2 m。根据水垫塘底板抗浮稳定要求,水垫塘底板下部设排水孔、管等组成的排水降压系统等抗浮稳定措施。

1.1　碾压混凝土重力坝防渗与排水

河床坝段坝基上、下游设封闭灌浆帷幕,上游帷幕布置在坝踵附近靠近上游坝面处的基础灌浆廊道内。上游帷幕采用三排帷幕,排距 1 m,孔距 2 m,最上游一排帷幕深入 1 Lu 相对不透水层线以下 5 m,帷幕最低高程 334 m,第二排、第三排帷幕均采用第一排帷幕的一半深度。下游帷幕布置在坝趾附近的

作者简介:白正雄(1986—),男,高级工程师,博士,主要从事岩石力学数值模拟工作。

基础灌浆廊道内，下游帷幕一排，孔距 2 m，底部深入 3 Lu 以下及 403 m 高程顺层剪切带，帷幕底高程 395 m。

两岸坝高小于 100 m 的坝段，帷幕深入 3 Lu 相对不透水层线以下 3 m，按两排布置，排距 1 m，孔距 2 m；左、右两岸坝肩部位，灌浆帷幕向左、右岸延伸至水库正常蓄水位与 3 Lu 线相交位置，其中左岸坝肩帷幕延伸长度约 189 m，右岸坝肩帷幕延伸长度约 319 m。

河床坝段坝基排水系统布置在灌浆帷幕后，设一道主排水孔幕，主排水孔在灌浆帷幕下游侧不小于 2 m，孔底高程 370 m，向下游倾斜 10°，孔径 110 mm，孔距 2.5 m。除主排水孔幕外，坝基面设置 4 排辅助排水幕，上游两排辅助排水幕排水孔底高程 388 m，下游两排辅助排水幕排水孔底高程 397 m，辅助排水孔方向是垂直的，孔径 110 mm，孔距 2.5 m。坝基面下游坝趾封闭帷幕上游设置副排水孔幕，排水孔方向向上游倾斜 10°，孔径 110 mm，孔距 2.5 m。

岸坡坝段坝基排水系统仅布置在灌浆帷幕下游，设置一排主排水孔幕，主排水孔向下游倾斜 10°，孔径 110 mm，孔距 2.5 m，孔深为灌浆帷幕的 0.5 倍。

1.2 水垫塘防渗与排水

水垫塘底板结构采用分块分缝布置，缝间设止水，考虑水垫塘底板的水力特性，止水按 2 道铜止水、1 道橡胶止水设计，靠近板面上部布置。水垫塘底板底部高程 448 m。水垫塘防渗帷幕结合压盖防渗布置，左侧防渗帷幕位于桩号 0+300 位置，右侧防渗帷幕位于桩号 0+612 位置，下游防渗帷幕布置坝下 0+388 位置，上游侧帷幕与坝体下游侧防渗帷幕衔接。帷幕防渗最大水头约 28 m，根据坝基地质勘察成果和岩体渗透特性，防渗帷幕底高程为 415 m，单排布置，灌浆孔距 2 m。水垫塘外围采用防渗帷幕封闭。

水垫塘底板排水采用排水廊道结合暗埋排水沟(管)布置形式，底部设排水孔幕，排水孔深 10 m，间距 2.5 m。排水廊道间设纵横向暗埋排水沟(管)并设置集水井和抽水泵站，水垫塘渗水通过排水廊道汇入集水井内，再由抽水泵站抽排水至水垫塘下游河道。

1.3 工程地质

坝址区发育一套三叠系陆相碎屑沉积岩，两岸及坝基岩体产状近水平，大型区域垂向构造不发育，在水平应力的作用下形成多层水平顺层剪切破碎带。因此，理论上讲，同一高程范围内岩体的透水性能较为接近，垂向上初始分为两个大层，即覆盖层和地层。为了更加精细地描述不同覆盖层/地层的渗透特性，又将覆盖层从上至下划分为 $T_2t_1^{2-3}$、$T_2t_1^{2-2}$、$T_2t_1^{2-1}$、$T_2t_1^{1}$，地层从上至下划分为 $T_2er_2^{11}$、$T_2er_2^{10}$、$T_2er_2^{9}$、$T_2er_2^{8}$、$T_2er_2^{7}$、$T_2er_2^{6}$、$T_2er_2^{5}$。

坝址区砂泥岩地层在水平构造应力的作用下形成多层水平顺层剪切破碎带，部分顺层剪切带附近岩体完整性差、裂隙发育且隙宽较大，容易形成透水通道。根据前期工程地质勘查成果，JQD-03 和 JQD-04 埋深较浅，风化卸荷作用对其影响程度大于构造作用，又因为其对工程设计方案影响不大，这里不对其进行分析和研究。根据左、右岸河床渗透性变化规律，JQD-05、JQD-06、JQD-08、JQD-09、JQD-10、JQD-11 和 JQD-12 属于透水性剪切带，JQD-07 属于不发育剪切带。JQD-08 的水文地质性质左、右两岸差异较大，左岸河床表现为不发育剪切带，右岸河床表现为透水性剪切带。需要着重说明的是，JQD-05、JQD-06、JQD-09 和 JQD-10 的透水性较强，平均值均大于 8 Lu，是强径流带，在坝基渗控工程的设计中需要予以重视；JQD-12 与所在岩组渗透性差异较大，也需考虑；JQD-11 与所在岩层 $T_2er_2^{9}$ 渗透系数差别不大，不对其进行专门研究。因此，本文仅考虑 JQD-05、JQD-06、JQD-08、JQD-09、JQD-10 和 JQD-12。

2 模型构建

2.1 计算模型

模型范围为：左、右岸岸坡延伸 900 m，上游边界延伸 1 200 m，下游边界延伸 1 500 m，底边界至最下层相对隔水层。

模型对坝基地层分区、剪切带进行了模拟，建立古贤碾压混凝土重力坝坝址区三维模型。上游帷幕宽 3 m，帷幕最低高程 334 m；下游帷幕宽 1 m，帷幕底高程 395 m，如图 1 所示。主排水孔及岸坡坝段排水孔孔深为灌浆帷幕的 1/2,孔底高程 361 m;上游副排水孔孔深为灌浆帷幕的 1/3,孔底高程 379 m;下游两排辅助排水幕排水孔底高程 397 m,下游坝趾封闭帷幕上游副排水孔底高程 403 m,如图 2 所示。水垫塘底板防渗帷幕底高程为 415 m,宽 1 m;底部设排水孔幕,排水孔深 10 m。排水孔间距均为 2.5 m。

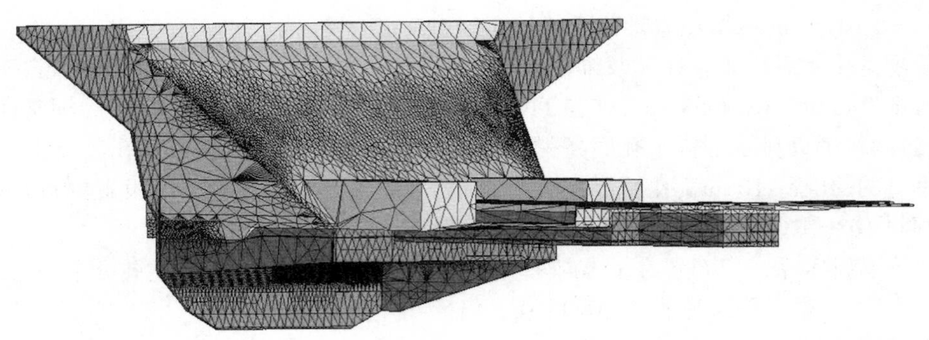

图 1　碾压混凝土重力坝、帷幕及坝下建筑物模型

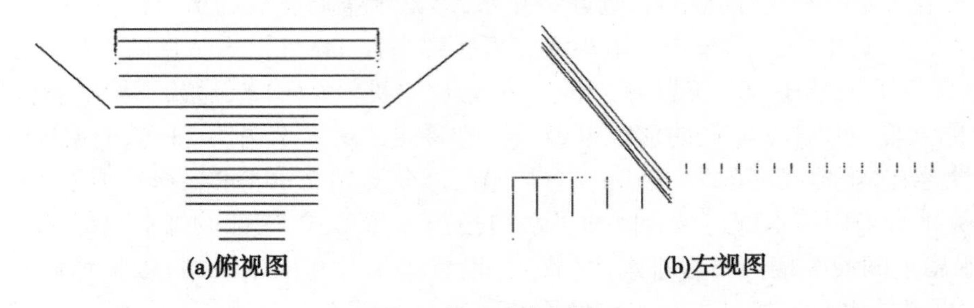

(a)俯视图　　(b)左视图

图 2　排水孔布置图

根据上述原则,采用四面体单元剖分,共划分单元 2 217 485 个,结点 368 398 个,模型如图 3 所示。

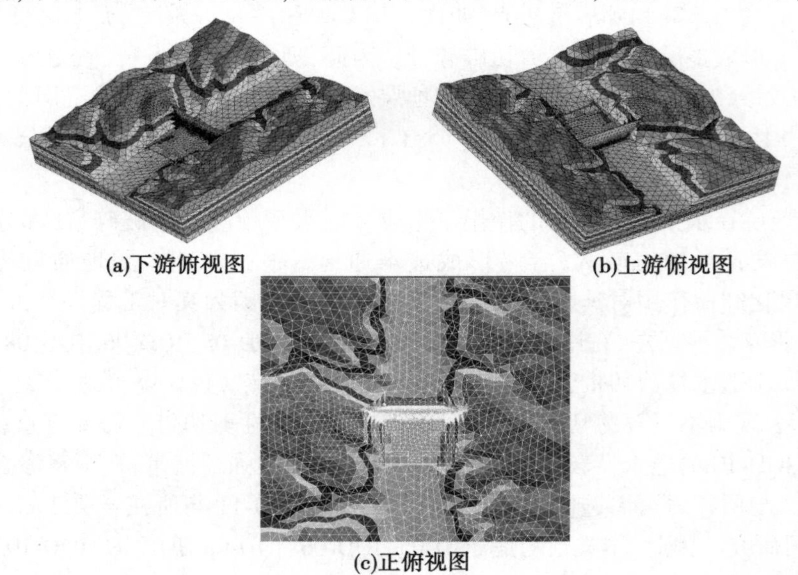

(a)下游俯视图　　(b)上游俯视图

(c)正俯视图

图 3　碾压混凝土重力坝坝址区三维模型

2.2　边界条件

上下游侧边界视为隔水边界,模型底部边界也视为隔水边界,河床表面结点为已知水头边界——河床水位。坝基、岸坡、水垫塘排水孔水头为廊道所在高程(坝基排水孔水头为 433 m,岸坡排水孔水头根据高程不同分别设为 433 m、477 m、509 m、559 m、602 m,水垫塘排水孔水头为 449 m)。

2.3 计算参数

根据提供的地质资料，坝基岩体、剪切带基本渗流计算参数如表 1、表 2 所示。坝体碾压混凝土渗透系数 1×10^{-9} m/s。

表 1 古贤坝址岩组简表

岩组符号		左岸坝肩 ($\times10^{-7}$ m/s)			左岸河床 ($\times10^{-7}$ m/s)			右岸河床 ($\times10^{-7}$ m/s)			右岸坝肩 ($\times10^{-7}$ m/s)		
		$K_{垂河}$	$K_{顺河}$	$K_{垂直}$	$K_{垂河}$	$K_{顺河}$	$K_{垂直}$	$K_{垂河}$	$K_{顺河}$	$K_{垂直}$	$K_{垂河}$	$K_{顺河}$	$K_{垂直}$
风化卸荷带		800	800	800	1 000	1 000	1 000	1 000	1 000	1 000	800	800	800
$T_2t_1^{2}$	$T_2t_1^{2-3}$	2.7	82	7.5							2.5	136	12.5
	$T_2t_1^{2-2}$	3.5	125.5	9.27							3.5	475	41.8
	$T_2t_1^{2-1}$	3.5	107	12.2							4	155	21.4
$T_2t_1^{1}$		2.2	11.02	5.63							2.5	30.2	4.5
$T_2er_2^{11}$		2	4	3.5							2	4	3.5
$T_2er_2^{10}$		2	5.5	5	7	418	136	59.7	707	256	2	5.5	5
$T_2er_2^{9}$		2	4	3	4	158	27.3	3.5	74.6	8.8	2	4	3
$T_2er_2^{8}$		2	4	3	5	126	18	5	126	18	2	4	3
$T_2er_2^{7}$		1.5	5.5	3	1.5	5.5	3	1.5	5.5	3	1.5	5.5	3
$T_2er_2^{6}$		1.5	3	2.5	1.5	3	2.5	1.5	3	2.5	1.5	3	2.5
$T_2er_2^{5}$		1	2	1.5	1	2	1.5	1	2	1.5	1	2	1.5

表 2 河床坝基关键层位剪切带渗透系数

剪切带	所在岩组	分布高程/m	$K(\times10^{-7}$ m/s)
JQD-05	$T_2er_2^{09}$	427~433	596
JQD-06		418~423	209
JQD-08		402~405	109
JQD-09		386~391	634
JQD-10		376~381	780
JQD-12	$T_2er_2^{07}$	357~362	154

3 计算结果与分析

采用编写的三维有限元渗流分析软件(计算原理见文献[12-16])。

3.1 计算工况

工况 1:正常蓄水位 627.00 m,相应下游水位 472.00 m;主排水孔孔底高程 370 m,上游两排辅助排水幕排水孔底高程 388 m,下游两排辅助排水幕排水孔底高程 397 m,下游坝趾封闭帷幕上游副排水孔底高程 403 m。

工况 2:正常蓄水位 627.00 m,相应下游水位 472.00 m;主排水孔及岸坡坝段排水孔孔深为灌浆帷幕的 1/2 倍,孔底高程 361 m;上游副排水孔孔深为灌浆帷幕的 1/3,孔底高程 379 m。

工况 3:死水位 588.00 m,相应下游水位 470.57 m。

确定的渗流计算工况如表 3 所示。

表 3　渗流计算工况

单位:m

工况	上游水位	下游水位	主排水孔孔底高程	上游副排水孔底高程
工况 1	627.00	472.00	370	388
工况 2	627.00	472.00	361	379
工况 3	588.00	470.57	370	388

3.2　**渗流特性分析**

在水库正常蓄水位工况下,不饱和区范围如图 4 所示,河床及部分冲沟饱和,与实际情况相符。

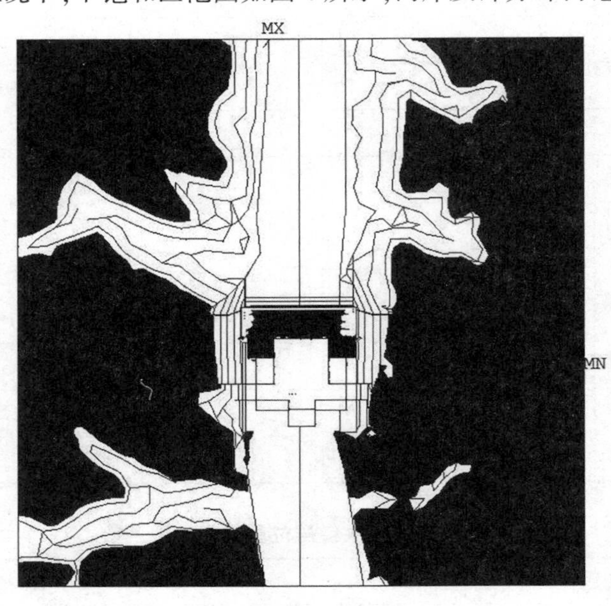

图 4　坝址区饱和区范围(白色区域为饱和区)

左岸河床泄洪表孔坝段(21 号坝段)(见图 5)等水头线分布特征见图 6,不同工况典型断面剖面[左岸河床泄洪表孔坝段(21 号坝段)、右岸河床泄洪中孔坝段(28 号坝段)、左岸河床发电引水坝段(15 号坝段)、右岸河床发电引水坝段(32 号坝段)、右岸河床挡水坝段(37 号坝段)]上、下游,水垫塘帷幕前后压力水头见表 4~表 6。

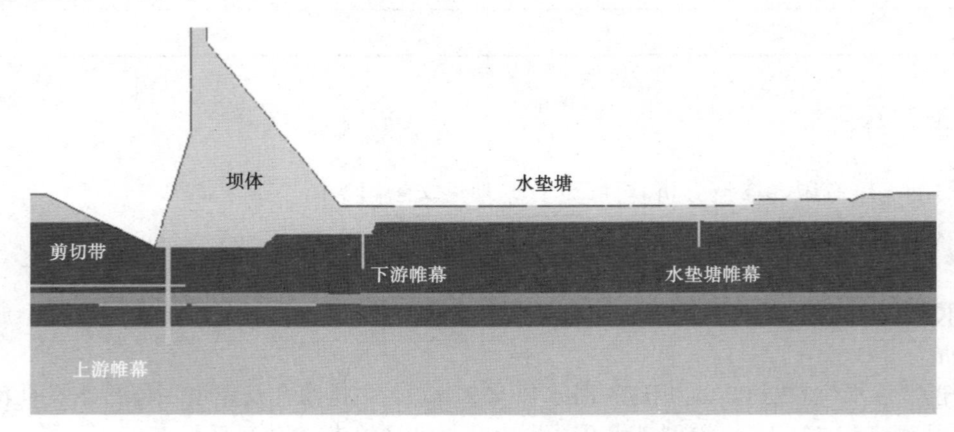

图 5　左岸河床泄洪表孔坝段(21 号坝段)主要建筑物

A=442.73 B=464.41 C=486.09 D=507.77 E=529.45 F=551.14 G=572.82 H=594.50 I=616.18

A'=433 B'=437.88 C'=442.75 D'=447.63 E'=452.5 F'=457.38 G'=462.25 H'=467.13 I'=472

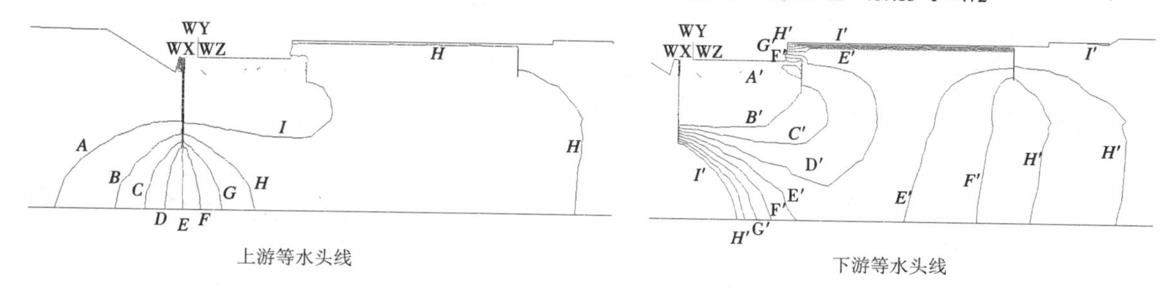

图6 左岸河床泄洪表孔坝段(21号坝段)剖面局部等水头线图 (单位:m)

表4 上游帷幕前后压力水头

单位:m

剖面位置	工况	帷幕顶部前/m	帷幕顶部后/m	降比/%	帷幕底部前/m	帷幕底部后/m	降比/%
左岸河床泄洪表孔坝段剖面	工况1	211.62	18.01	91.49	216.44	199.69	7.74
	工况2	211.62	18.01	91.48	216.90	199.63	7.96
	工况3	172.69	18.01	89.57	195.18	181.81	6.85
右岸河床泄洪中孔坝段剖面	工况1	211.23	18.02	91.47	212.65	196.75	7.48
	工况2	211.22	18.02	91.46	211.70	195.66	7.57
	工况3	172.38	18.02	89.55	192.18	179.51	6.59
左岸河床发电引水坝段剖面	工况1	211.35	18.01	91.48	215.75	203.43	5.71
	工况2	211.34	18.01	91.47	214.02	201.47	5.86
	工况3	172.49	18.01	89.56	194.78	184.96	5.04
右岸河床发电引水坝段剖面	工况1	210.85	18.01	91.46	201.70	184.51	8.52
	工况2	210.78	18.01	91.45	199.61	182.24	8.74
	工况3	172.08	18.01	89.53	181.28	167.59	7.55
右岸挡水坝段剖面	工况1	204.00	18.00	91.18	107.27	72.92	32.02
	工况2	203.42	18.00	91.15	103.59	71.17	32.29
	工况3	166.58	18.00	89.19	96.82	69.48	28.24

表5 下游帷幕前后压力水头

单位:m

剖面位置	工况	帷幕顶部前/m	帷幕顶部后/m	降比/%	帷幕底部前/m	帷幕底部后/m	降比/%
左岸河床泄洪表孔坝段剖面	工况1	5.05	19.01	73.44	43.70	44.24	1.22
	工况2	5.05	19.00	73.42	43.68	44.22	1.22
	工况3	5.05	18.96	73.36	43.62	44.15	1.20
右岸河床泄洪中孔坝段剖面	工况1	5.08	20.50	75.22	45.09	45.68	1.29
	工况2	5.08	20.48	75.20	45.00	45.59	1.29
	工况3	5.08	20.36	75.05	44.83	45.41	1.28
左岸河床发电引水坝段剖面	工况1	5.32	30.32	82.45	49.39	50.30	1.81
	工况2	5.31	30.27	82.46	49.32	50.23	1.81
	工况3	5.29	28.98	81.75	48.75	49.61	1.73
右岸河床发电引水坝段剖面	工况1	5.13	31.52	83.72	48.90	49.87	1.95
	工况2	5.13	31.41	83.67	48.73	49.68	1.91
	工况3	5.12	30.41	83.16	48.30	49.21	1.85
右岸挡水坝段剖面	工况1	7.82	44.00	82.23	55.52	56.54	1.80
	工况2	7.82	44.00	82.23	55.10	56.10	1.78
	工况3	7.70	42.57	81.91	53.68	54.61	1.70

表6　水垫塘帷幕前后压力水头　　单位:m

剖面位置	工况	帷幕顶部前/m	帷幕顶部后/m	降比/%	帷幕底部前/m	帷幕底部后/m	降比/%
右岸河床泄洪中孔坝段剖面	工况1	1.02	21.93	95.35	43.89	44.62	1.64
	工况2	1.02	21.93	95.35	43.86	44.60	1.66
	工况3	1.02	20.58	95.04	43.11	43.80	1.58
左岸河床泄洪表孔坝段剖面	工况1	1.21	21.30	94.32	45.43	46.24	1.75
	工况2	1.21	21.29	94.32	45.42	46.24	1.77
	工况3	1.20	20.01	94.00	44.65	45.41	1.67

由图6可见,水头等势线在帷幕附近岩体中比较密集。渗流经上、下游防渗帷幕的降压作用之后,坝基的孔隙水压显著降低。

由表4~表6可知,①不同排水深度下上、下游底部帷幕前后压力水头有所差异,随着排水深度的增加,上、下游底部帷幕水头减小,降压效果增大;水垫塘帷幕变化不明显。②不同上、下游水头工况下(工况1、2:正常蓄水位627 m,相应下游水位472 m,水头差155 m;工况3:死水位588 m,相应下游水位470.57 m,水头差117.43 m)顶部帷幕及底部帷幕压力水头差异较大,降压效果有所差异,随着上游水位及上、下游水位差的升高,帷幕降压效果增强。③同一工况不同坝段帷幕的降压效果有所差异,由于不同剖面位置上游帷幕底部高程不同(右岸挡水坝段典型剖面帷幕底高程为377.67 m、左岸河床发电引水坝段剖面帷幕底高程为333.33 m、左岸河床表孔、右岸河床中孔、左岸河床发电引水坝段剖面帷幕底高程为323 m),帷幕底部降压效果差异较大,降比为5.04%~32.17%,随着帷幕底高程的升高,帷幕降压效果增强。由于左岸河床表孔坝段剖面及右岸河床中孔坝段剖面下游水垫塘压力水头的作用,其下游帷幕降压效果相较于其他剖面帷幕降压效果有所降低。

3.3　坝基扬压力分析

不同工况典型断面剖面坝基扬压力分布如图7~图11所示,关键部位扬压力如表7所示。

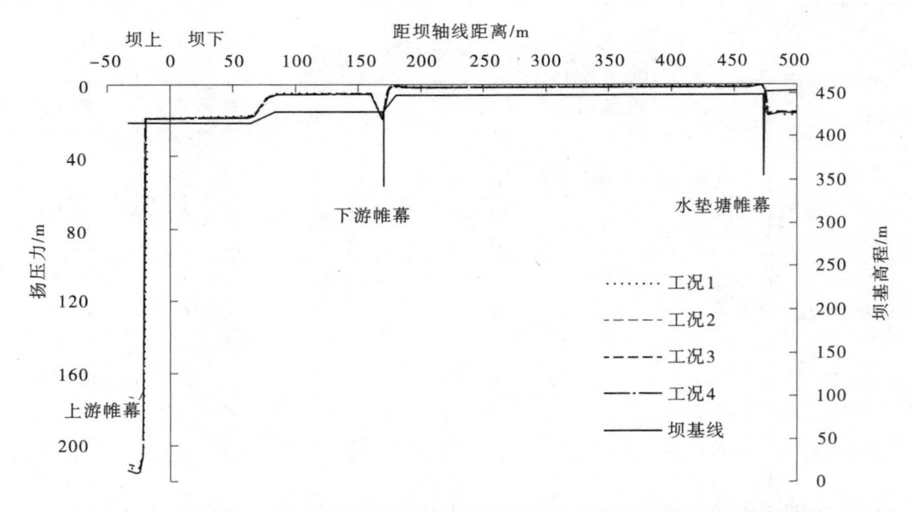

图7　不同工况左岸河床泄洪表孔坝段(21号坝段)坝基扬压力分布

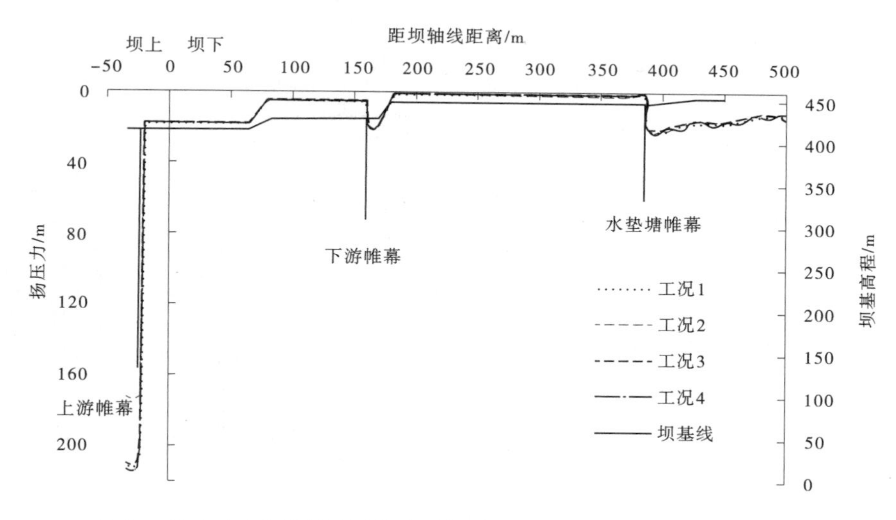

图 8 不同工况右岸河床泄洪中孔坝段(28 号坝段)坝基扬压力分布

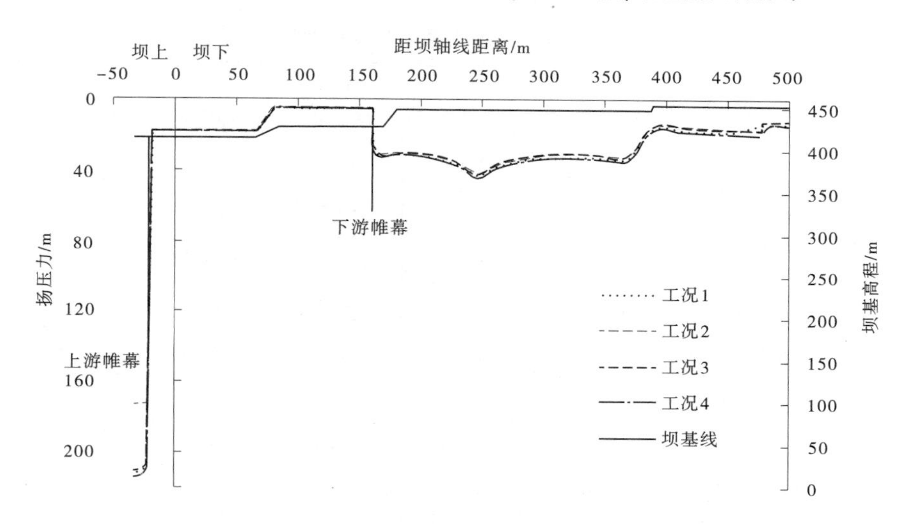

图 9 不同工况左岸河床发电引水坝段(15 号坝段)坝基扬压力分布

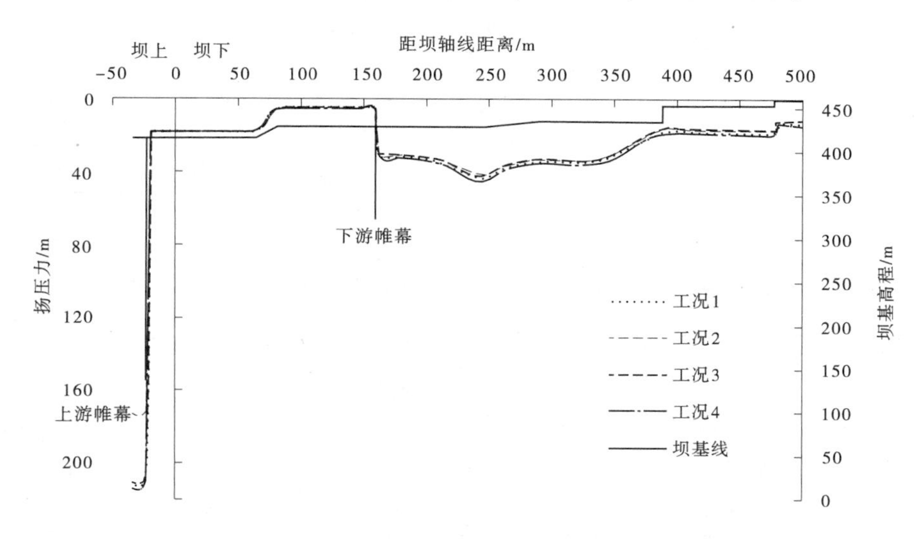

图 10 不同工况右岸河床发电引水坝段(32 号坝段)坝基扬压力分布

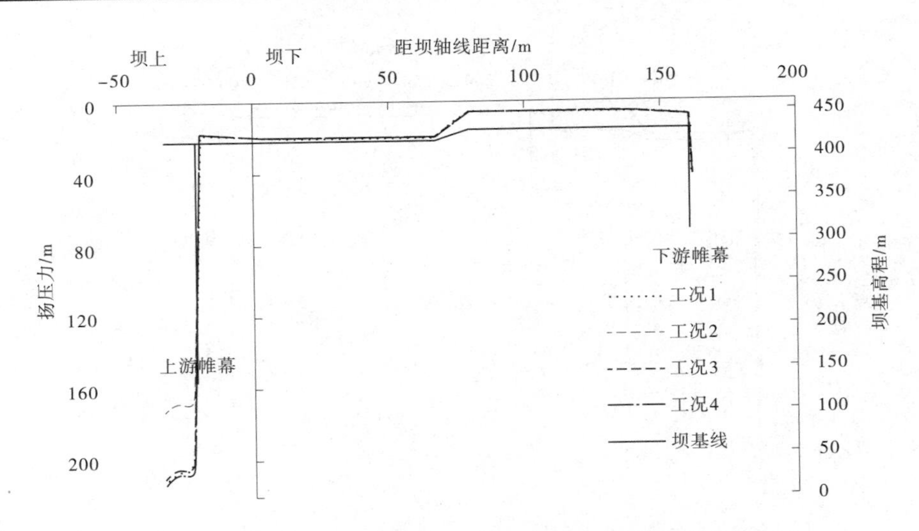

图 11　不同工况右岸河床挡水坝(37 号坝段)坝基扬压力分布

表 7　不同工况下典型剖面坝基重点部位扬压力

剖面位置	工况	上游帷幕前	上游帷幕后	下游帷幕前	下游帷幕后	水垫塘帷幕前	水垫塘帷幕后
左岸河床泄洪表孔坝段剖面	工况 1	211.62	18.01	5.04	19.15	1.21	16.28
	工况 2	211.62	18.01	5.04	19.15	1.21	16.28
	工况 3	172.69	18.01	5.04	19.11	1.2	14.99
右岸河床泄洪中孔坝段剖面	工况 1	211.23	18.02	5.08	20.5	1.02	21.93
	工况 2	211.22	18.02	5.08	20.48	1.02	21.93
	工况 3	172.38	18.02	5.08	20.36	1.02	20.58
左岸河床发电引水坝段剖面	工况 1	210.97	18.04	5.32	30.32	—	—
	工况 2	210.96	18.04	5.31	30.27	—	—
	工况 3	172.18	18.03	5.29	28.98	—	—
右岸河床发电引水坝段剖面	工况 1	210.85	18.01	5.12	31.52	—	—
	工况 2	210.78	18.01	5.12	31.41	—	—
	工况 3	172.08	18.01	5.12	30.41	—	—
右岸挡水坝段剖面	工况 1	204	18	7.82	44	—	—
	工况 2	203.42	18	7.82	44	—	—
	工况 3	166.58	18	7.7	42.57	—	—

由图 7~图 11 可以看出:①坝基扬压力经过上、下游帷幕,水垫塘帷幕后显著降低,上游帷幕效果更为显著;②上游帷幕前坝基扬压力随着上游水位的升高而增大。

由表 8 可知:①不同排水深度工况下,随着排水孔深度的增加,坝基重点部位扬压力较正常蓄水位变化不大。②不同上、下游水头工况下,上游帷幕扬压力也随着上游水位的升高而增大,工况 1、2 最大,工况 3 最小;下游帷幕后扬压力与水垫塘帷幕后扬压力随着下游水位升高而增大,工况 1、2 最大,工况 3 最小。③同一工况、不同位置坝段坝基重点部位扬压力差异较大,河床中部上游帷幕前扬压力明显大于河床两岸。

3.4 渗流稳定分析

典型坝段重点部位渗透坡降如图 12 所示,不同工况下典型坝段帷幕渗透坡降值如表 8 所示。

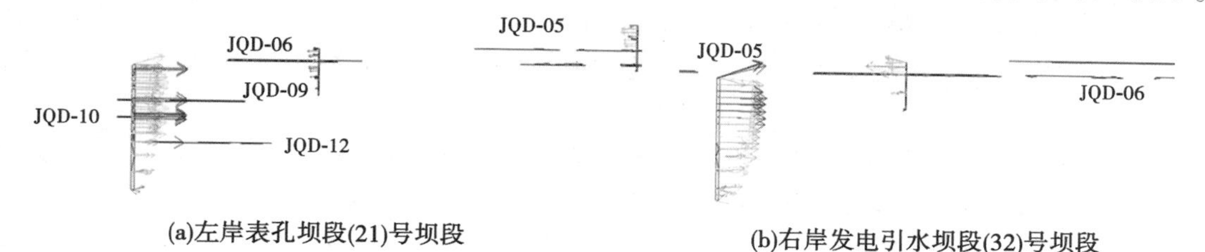

(a)左岸表孔坝段(21)号坝段

(b)右岸发电引水坝段(32)号坝段

图 12 不同坝段帷幕及剪切带渗透坡降

表 8 不同工况下典型剖面帷幕渗透坡降值

剖面位置	工况	平均渗透坡降		
		上游帷幕	下游帷幕	水垫塘帷幕
左岸河床泄洪表孔坝段剖面	工况 1	32.34	7.22	7.54
	工况 2	32.39	7.22	7.54
	工况 3	25.84	7.18	7.06
右岸河床泄洪中孔坝段剖面	工况 1	25.93	6.98	8.74
	工况 2	25.99	6.96	8.74
	工况 3	20.71	6.88	8.16
左岸河床发电引水坝段剖面	工况 1	31.59	10.68	—
	工况 2	31.69	10.66	—
	工况 3	25.24	10.16	—
右岸河床发电引水坝段剖面	工况 1	25.56	12.75	—
	工况 2	25.57	12.69	—
	工况 3	20.41	12.21	—
右岸挡水坝段剖面	工况 1	21.96	13.75	—
	工况 2	21.53	13.69	—
	工况 3	17.53	13.02	—

对比图 12 中左、右河床帷幕及剪切带渗透坡降可知:①剪切带主要分布在左岸河床,帷幕渗透坡降在剪切带附近相对较大;②帷幕渗透坡降最大值在上游帷幕;③帷幕顶渗透坡降大于帷幕底,渗透坡降随着帷幕深度的增加而减小。

由表 8 可知:①随着排水孔深度的增加,上游帷幕渗透坡降平均值随着排水孔深度的增加较正常蓄水位略有增大,下游帷幕渗透坡降平均值随着排水孔深度的增加较正常蓄水位略有减小,水垫塘帷幕渗透坡降平均值变化不大。②由于不同工况下上、下游水头及水头差不同,帷幕前后压力水头差异较大,上游帷幕渗透坡降平均值也随着上游水位及上、下游水头差的升高而增大,工况 1、2 最大,工况 3 最小。下游帷幕渗透坡降平均值变化不大,水垫塘帷幕渗透坡降平均值随着下游水位的升高而增大,工况 1、2 最大,工况 3 最小。③同一工况不同位置坝段帷幕渗透坡降平均值差异较大,左岸河床上游帷幕渗透坡降明显大于右岸河床,这是因为剪切带主要分布在左岸河床,帷幕渗透坡降在剪切带附近相对较大。

4 结论

(1)坝基防渗排水系统的渗流控制效果显著,经帷幕灌浆的降压作用之后,坝基孔隙水压显著降低,渗压得到了有效控制。水头等势线在帷幕附近岩体中比较密集。帷幕降压效果随着帷幕底高程的升高、排水孔深度的增加以及上、下游水位差的升高而增强。

(2)坝基扬压力经过上、下游,水垫塘帷幕后显著降低,上游帷幕效果更为显著。上游帷幕前坝基扬压力随着上游水位的升高而增大,下游帷幕、水垫塘帷幕后扬压力随着下游水位的升高而增大。不同位置坝段坝基重点部位扬压力差异较大,河床中部上游帷幕前扬压力明显大于河床两岸。

(3)剪切带主要分布在左岸河床,帷幕渗透坡降在剪切带附近相对较大;帷幕渗透坡降最大值在上游帷幕;帷幕顶渗透坡降大于帷幕底,渗透坡降随着帷幕深度的增加而减小。上游帷幕渗透坡降平均值随着排水孔深度的增加以及上、下游水头差的升高而增大,下游帷幕渗透坡降平均值变化不大,水垫塘帷幕渗透坡降平均值随着下游水位升高而增大。

参考文献

[1] 余记远, 张学朋, 李祥俊. 重力坝的三维仿真分析[J]. 中国水运, 2007, 7(9): 79-80.

[2] 张艳芳. 大坝基础扬压力模型研究及其应用[D]. 南京:河海大学,2006.

[3] 彭琦,高大水,高江林,等. 关联帷幕防渗性能变化的重力坝结构稳定评价方法[J]. 水利与建筑工程学报, 2020, 18(3):65-68.

[4] 王镭,刘中,张有天. 有排水孔幕的渗流场分析[J]. 水利学报,1992(4):15-20.

[5] 徐金英, 胡明庭. 混凝土重力坝坝基扬压力预测模型研究[J]. 人民黄河, 2021, 43(S1): 252-254.

[6] 朱岳明, 匡峰, 冯树荣, 等. 高碾压混凝土重力坝防渗结构型式研究[J]. 水力发电, 2003(11):20-25.

[7] 字林, 洪建辉, 李浪. 黄登水电站坝基渗流特性研究及实践[J]. 云南水力发电, 2021, 37(11):74-80.

[8] 邓佳, 李久江, 李新月, 等. 基于坝基分层结构的防渗墙渗流场分布[J]. 科学技术与工程, 2022, 22(6): 2454-2561.

[9] 黄河勘测规划设计有限公司研究院. 古贤水利枢纽渗漏专题研究[R]. 郑州:黄河勘测规划设计有限公司研究院, 2017.

[10] 白正雄, 李斌, 宋志宇. 古贤水利枢纽工程重力坝典型坝段地基渗流分析[J]. 水电能源科学, 2019,37(1):85-87,126.

[11] 柳莹, 吴俊杰, 马军, 等. 某水库复杂坝基沥青混凝土心墙坝渗透安全评价[J]. 人民黄河,2021,43(7):137-140.

[12] Bai Z X, Chen Y F, Ran H U, et al. Seepage flow test on drain sand flume and validation of variational inequality method of Signorini condition[J]. Rock Soil Mechanics, 2012, 33(9):2829-2836.

[13] 白正雄,武艳娜,李斌. 蓄集峡水利枢纽放空洞排水系统渗控效果比选[J]. 人民黄河, 2020, 42(5):135-137.

[14] 陈力华, 靳晓光. 有限元强度折减法中边坡三种失效判据的适用性研究[J]. 土木工程学报,2012,45(9): 136-146.

[15] 毛新莹,潘少华,白正雄. 双江口水电站复杂坝基初始渗流场反分析[J]. 岩土力学, 2008, 29(S1):135-139.

[16] 潘少华,毛新莹,白正雄. 面板坝垂直缝及止水失效渗流场有限元模拟[J]. 岩土力学, 2008, 29(S1):145-148,154.

超高混凝土重力坝的深层抗滑稳定分析研究

张彩双　张　奇　仵　凡

（黄河勘测规划设计研究院有限公司，河南郑州　450003）

摘　要：随着水利资源的不断开发，地质良好的坝址越来越少，当坝基岩体内存在缓倾角的软弱夹层时，坝体便有可能带动部分基岩沿软弱夹层滑动，对大坝的抗滑稳定十分不利，因此必须计算坝体带动基岩沿深层软弱面失稳的可能性，研究坝体的深层抗滑问题。重力坝的深层抗滑稳定是保证大坝安全的一个重要条件，基岩内经常有各种形式的软弱面存在，当它们的产状有利于其上的坝体的滑动时，便很容易成为安全的控制因素。本文主要的工作是首先对规范推荐的刚体极限平衡法进行研究分析，编制相应的程序通过计算比较讨论下游剪出角度及滑块间的作用力夹角对安全系数的影响，选择合适的安全系数，以利于工程设计。并将该程序应用在黄河古贤水利枢纽工程在含有软弱夹层的地基上修建 200 m 高的重力坝方案中。

关键词：软弱夹层；安全系数；刚体极限平衡法；深层抗滑

1　前言

重力坝坝基深层抗滑稳定的计算分析还处于半理论半经验状态。近些年来，深层抗滑稳定研究仍然是重力坝设计工作的重点，已有的研究成果进一步加深了人们对深层滑动模式机制的认识，因而建立起相应的计算方法和安全评价的基本规定。

重力坝深层滑动模式大致分为以下几类：单滑面模式、双滑面模式、三滑面模式、多滑面模式和“切脖子”模式[1]等。在实际工程中，上述各种失稳模式可能在同一工程的不同坝段存在。例如，在向家坝重力坝深层抗滑稳定的分析中就存在上述二滑面、三滑面和“切脖子”滑动模式。

双滑面是重力坝深层抗滑稳定最常见的一种失稳模式[2]。这类模式的分析方法也有多种，常用的有两种：①被动抗力法，即假定被动滑体的安全系数为 1，据此计算作用在主动滑体上的条间力，这方法被混凝土重力坝设计规范所采用；②等 K 法，在双滑面条件下，等 K 法和 Sarma 法是等效的，即假定两块体的安全系数相等，该方法在重力坝设计中应用最为广泛。

2　工程概况

黄河古贤水利枢纽位于黄河中游北干流下段，壶口瀑布上游 10 km。左岸为山西省吉县，右岸为陕西省宜川县。枢纽控制黄河流域总面积的 65%，控制黄河 80% 的水量、60% 的沙量和 80% 的粗泥沙，是黄河水沙调控体系的重要组成部分，是黄河干流七大控制性骨干工程之一。枢纽的开发任务为：以防洪减淤为主，兼顾供水、灌溉和发电等综合利用。

水库正常蓄水位 627 m，总库容 129.42 亿 m^3，其中防洪库容 12 亿 m^3，调水调沙库容 20 亿 m^3，拦沙库容 93.42 亿 m^3。电站总装机容量 2 100 MW，多年平均年发电量 54.42 亿 kW · h。本枢纽工程等别为 Ⅰ 等工程，工程规模为大(1)型。坝型采用混凝土重力坝，最大坝高 215 m。

作者简介：张彩双(1980—)，女，高级工程师，研究方向为水工设计。

3　坝体断面设计

3.1　主要荷载

3.1.1　坝体自重荷载

古贤碾压混凝土重力坝最大坝高超过 200 m，其碾压混凝土重度需根据试验确定，按一般工程经验选取，混凝土容重取 24.0 kN/m^3。

3.1.2　水荷载

古贤水利枢纽是以防洪减淤为主的大型水利枢纽，大坝坝体断面设计时充分考虑黄河洪水泥沙特点，分析不同条件下的坝前水流含沙量和相应浑水容重，不同运用水位条件下的坝前浑水容重见表 1。

表 1　不同运用水位条件下坝前浑水容重

水位条件	水位/m	入库含沙量/(kg/m^3)	计算排沙比/%	出库含沙量/(kg/m^3)	浑水容重/(t/m^3)
校核洪水位	628.75	580	27.8	161.2	1.10
设计洪水位	627.52	630	28.0	176.3	1.11
正常蓄水位	627	769	18.4	141.2	1.09
汛限水位	617	660	63.7	420.7	1.26
死水位	588	760	97.6	742.0	1.46

3.1.3　坝前淤沙高程

根据工程布置条件和排沙建筑物运用要求确定。

排沙底孔两侧坝段按 0.3∶1的冲刷漏斗横向坡度向上外延确定。

3.1.4　扬压力

河床坝段坝基上游设置防渗帷幕、主排水孔，坝基下游设置封闭帷幕、副排水孔，中间设置辅助排水孔并采用抽排，主排水孔前的扬压力强度系数强度 $\alpha_1=0.20$，残余扬压力强度系数 $\alpha_2=0.50$。

作用在坝基下部深层滑动面上的扬压力：以坝基面渗透扬压力为基准，考虑坝基面与滑动面之间的浮力作用。

坝体内部排水孔后扬压力系数 $\alpha=0.20$。

3.2　抗滑稳定计算方法

3.2.1　滑移模式

碾压混凝土重力坝坝体抗滑稳定分析应包括沿坝基面、碾压层(缝)面和基础深层滑动面的抗滑稳定[3]。

古贤坝址河段河床坝基普遍存在近于水平的泥化率较高的顺层剪切带，是控制混凝土重力坝坝体抗滑稳定的主要因素，坝体断面设计除进行大坝建基面抗滑稳定计算外，还需要计算沿顺层剪切带层面的深层抗滑稳定。

本阶段坝体断面设计以刚体极限平衡法和材料力学法计算成果为依据，有限元法为辅助。坝体抗滑稳定刚体极限平衡法[4]采用抗剪断强度公式计算，同时采用抗剪强度公式对比分析。滑移模式 1、滑移模式 2 简图详见图 1、图 2。

3.2.2　滑移模式 1 抗滑稳定计算方法

坝体底部顺层剪切带近于水平分布，坝基滑动面按水平考虑，坝趾后部仅考虑岩体的抗力作用，混凝土压盖仅计算岩体滑裂面范围内的压盖重量，坝基抗滑稳定计算采用《混凝土重力坝设计规范》(SL 319—2018)附录 C 推荐的深层抗滑稳定计算公式，滑移模式为双滑动面，按“等 K 法”计算。

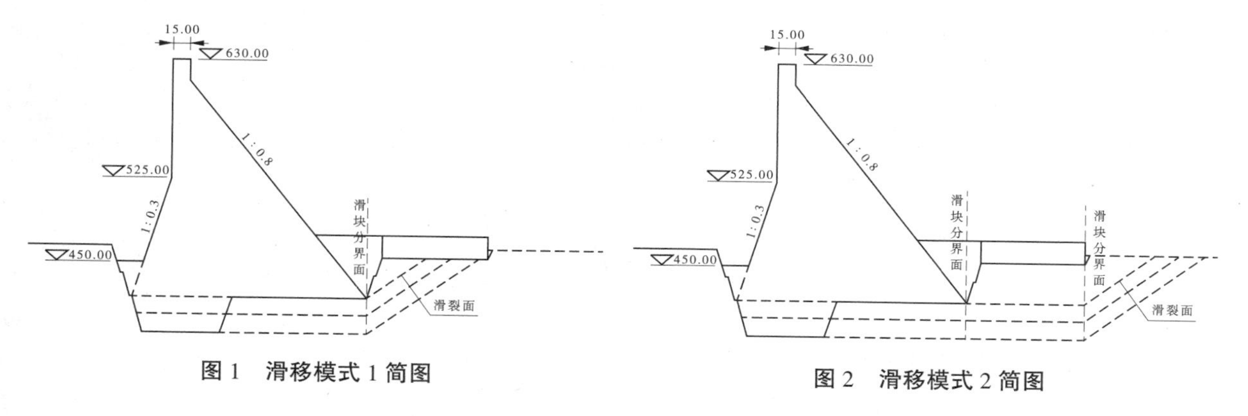

图 1　滑移模式 1 简图　　　　图 2　滑移模式 2 简图

3.2.3　滑移模式 2 抗滑稳定计算方法

坝基建基面以及近于水平的分层顺层剪切带层面组成的坝基滑动面、压盖滑动面按水平考虑，压盖末端考虑岩体的抗力作用，坝基抗滑稳定计算采用《混凝土重力坝设计规范》(SL 319—2018)附录 C 推荐的深层抗滑稳定计算公式，滑移模式按分段三滑动面考虑，按"等 K 法"计算，计算简图见图 3。

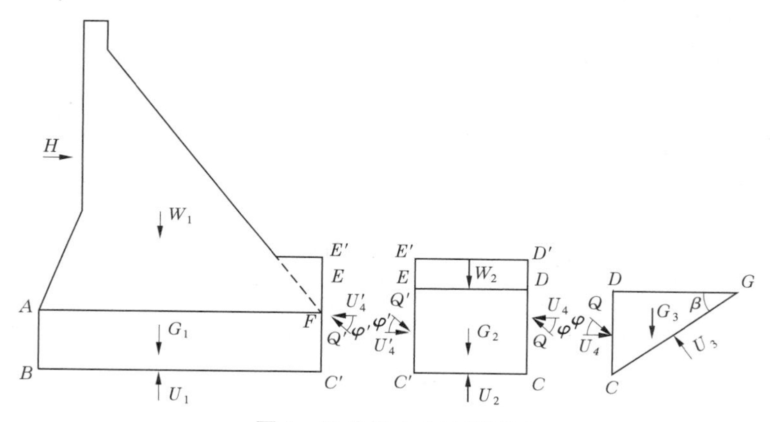

图 3　滑移模式 2 计算简图

(1)采用抗剪断强度公式计算时，BC'面与水平面夹角为 0°，考虑 $ABC'F$ 块的稳定，则有

$$K'_1=\frac{f'_1[(W_1+G_1)-Q'\sin\varphi'-U_1]+c'_1A_1}{H-U'_4-Q'\cos\varphi'} \tag{1}$$

$C'C$ 与水平面的夹角为 0°，考虑 $C'CDE$ 块的稳定，则有

$$K'_2=\frac{f'_2[(W_2+G_2)+Q'\sin\varphi'-Q\sin\varphi-U_2]+c'_2A_2}{U'_4-U_4+Q'\cos\varphi'-Q\cos\varphi} \tag{2}$$

考虑 CDG 块的稳定，则有

$$K'_3=\frac{f'_3[G_3\cos\beta+Q\sin(\varphi+\beta)-U_3+U_4\sin\beta]+c'_3A_3}{Q\cos(\varphi+\beta)-G_3\sin\beta+U_4\cos\beta} \tag{3}$$

式中　K'_1、K'_2、K'_3——按抗剪断强度计算的抗滑稳定安全系数；

W_1——作用于坝体上全部荷载(不包括扬压力，下同)的垂直分值，kN；

W_2——作用于盖重上全部荷载的垂直分值，kN；

H——作用于坝体上全部荷载的水平分值，kN；

G_1、G_2、G_3——岩体 $ABC'F$、$C'CDE$、CDG 重量的垂直作用力，kN；

f'_1、f'_2、f'_3 ——BC' 、$C'C$、CG 滑动面的抗剪断摩擦系数；

c'_1、c'_2、c'——BC'、$C'C$、CG 滑动面的抗剪断凝聚力，kPa；

A_1、A_2、A_3——BC'、$C'C$、CG 面的面积，m^2；

β——CG 面与水平面的夹角；

U_1、U_2、U_3、U_4、U'_4——BC'、$C'C$、CG、CD、$C'E$ 面上的扬压力，kN；

Q、Q'——CD、$C'E$ 面上的作用力，kN；

φ、φ'——CD 面上的作用力 Q 与水平面的夹角，$C'E$ 面上的作用力 Q' 与水平面的夹角。从偏于安全考虑 φ、φ' 均取 0°。

（2）采用抗剪强度公式计算时，BC' 面与水平面夹角为 0°，考虑 $ABC'F$ 块的稳定，则有：

$$K_1 = \frac{f_1[(W_1 + G_1) - Q'\sin\varphi' - U_1]}{H - U'_4 - Q'\cos\varphi'} \tag{4}$$

$C'C$ 与水平面的夹角为 0°，考虑 $C'CDE$ 块的稳定，则有：

$$K_2 = \frac{f_2[(W_2 + G_2) + Q'\sin\varphi' - Q\sin\varphi - U_2)]}{U'_4 - U_4 + Q'\cos\varphi' - Q\cos\varphi} \tag{5}$$

考虑 CDG 块的稳定，则有：

$$K_3 = \frac{f_3[G_3\cos\beta + Q\sin(\varphi + \beta) - U_3 + U_4\sin\beta]}{Q\cos(\varphi + \beta) - G_3\sin\beta + U_4\cos\beta} \tag{6}$$

式中 K_1、K_2、K_3——按抗剪强度计算的抗滑稳定安全系数；

f_1、f_2、f_3——BC'、$C'C$、CG 滑动面的抗剪摩擦系数。

Q、Q'——CD、$C'E$ 面上的作用力，kN；

φ、φ'——CD 面上的作用力 Q 与水平面的夹角，$C'E$ 面上的作用力 Q' 与水平面的夹角。从偏于安全考虑 φ、φ' 均取 0°。

3.3 抗滑稳定计算工况

根据规范要求，结合古贤水利枢纽特殊的水沙条件，坝体抗滑稳定计算工况及荷载组合见表 2、表 3。

表 2 抗滑稳定计算工况组合表

荷载组合	工况	备注
基本组合	正常蓄水位	
	设计洪水位	
	汛期限制水位	高含沙浑水
特殊组合（1）	校核洪水位	
特殊组合（2）	正常蓄水位+地震	

表 3 抗滑稳定计算荷载组合表

荷载组合	工况	荷载						
		自重	静水压力	扬压力	浪压力	淤沙压力	动水压力	地震荷载
基本组合	正常蓄水位	√	√	√	√	√		
	设计洪水位	√	√	√	√	√	√	
	汛期限制水位	√	√	√	√	√	√	
特殊组合	校核洪水位	√	√	√	√	√	√	
	正常蓄水位+地震	√	√	√	√	√		√

3.4 坝体断面抗滑稳定计算成果

根据以上公式进大坝抗滑稳定计算，结果见表 4。

表 4　建基面 428 m 抗滑稳定计算结果

压盖厚度/m	20			25			30		
压盖长度/m	90			80			72		
计算层面	齿槽长度/m	抗剪断 K'	抗剪 K	齿槽长度/m	抗剪断 K'	抗剪 K	齿槽长度/m	抗剪断 K'	抗剪 K
428 m 建基面滑移模式 1	90	4.355	2.049	87	4.637	2.202	85	4.937	2.375
428 m 建基面滑移模式 2		3.715	1.671		3.778	1.722		3.835	1.768
420 m 层面滑移模式 1	85	3.519	1.584	82	3.724	1.706	80	3.980	1.855
420 m 层面滑移模式 2		3.015	1.321		3.008	1.331		3.010	1.344
403 m 层面滑移模式 1	65	3.514	1.700	65	3.808	1.869	60	4.096	2.035
403 m 层面滑移模式 2		3.022	1.434		3.037	1.448		3.012	1.440
390 m 层面滑移模式 1	0	3.466	1.605	0	3.782	1.783	0	4.160	1.992
390 m 层面滑移模式 2		3.009	1.386		3.008	1.397		3.008	1.388

4　结论

通过上述坝体断面设计及稳定分析成果，确定 428 m 高程建基面方案河床挡水坝段坝体断面形式如下：坝体基本三角形断面顶点高程 630 m，坝顶宽 15 m，上游坝面设单折坡，起坡点高程 525 m 以上直立，525 m 高程以下坝面坡度 1∶0.3，下游坝面坡度 1∶0.8，建基面高程 428 m。基础处理采用齿槽+抗剪洞处理方案，420 m 高程顺层剪切带泥化夹层采用齿槽处理，齿槽底高程 417 m，齿槽底宽 120 m；403 m 高程顺层剪切带泥化夹层采用 6 条 6 m 宽、7 m 高的抗剪洞处理；坝后压盖长 90 m，厚 20 m，见图 4。

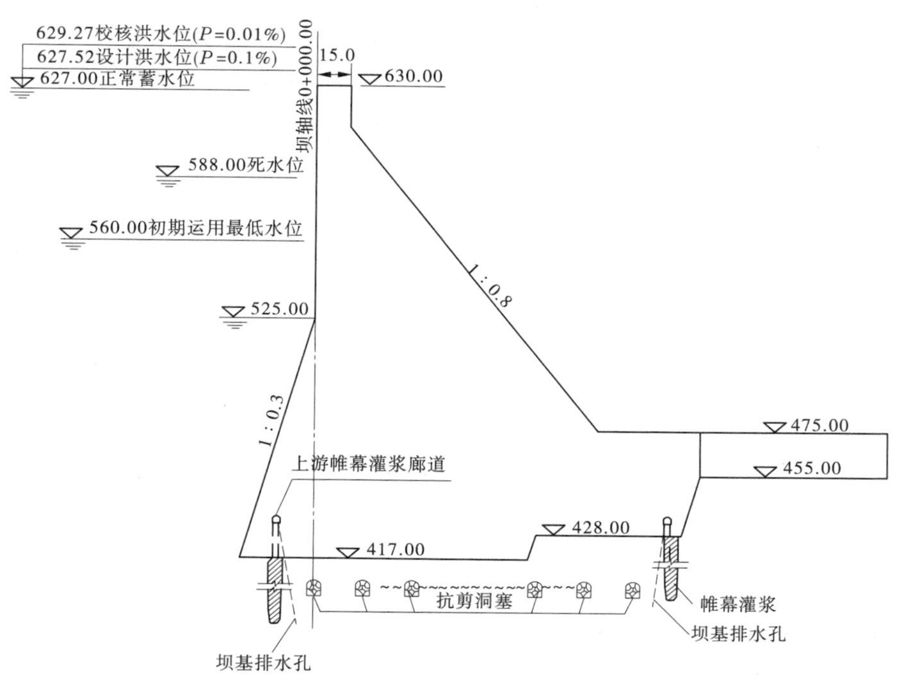

图 4　河床挡水坝段典型断面图

参考文献

[1] 潘家铮. 工程地质计算和基础处理[M]. 北京:水利电力出版社,1985.
[2] 龚晓南,土塑性力学[M].2 版. 杭州:浙江大学出版社,1999.
[3] 马力,张玉美,张良骞. 重力坝深层抗滑稳定计算中的几个问题[J]. 水利学报,1984,15(1):27-35.
[4] 王素芳,李刚,刘金龙. 高坝洲水电站重力坝深层抗滑稳定研究[J]. 东北水利水电,2001,19(5):11-13.

混掺粉煤灰与硅粉混凝土抗碳酸腐蚀性能研究

杨　林[1,2]　卫海涛[3]　杨　静[4]

(1. 江河工程检验检测有限公司,河南郑州　450003;
2. 郑州大学,河南郑州　450001;
3. 洛阳农发黄河水利建设开发有限公司,河南洛阳　471000;
4. 郑州市规划勘测设计研究院,河南郑州　450052)

摘　要:几内亚凯乐塔水利枢纽工程当地水体对混凝土具有碳酸型中等腐蚀作用,为提高混凝土的抗碳酸腐蚀性能,配制双掺合总量20%、比例为7:3的粉煤灰和硅粉的混凝土试件,分别装入碳酸腐蚀箱及氢氧化钙养护液箱,至相应测试时间后取出,测试其抗渗性能、中性化深度、抗压强度,并由此构建混凝土强度劣化模型。结果表明,混掺粉煤灰和硅粉混凝土的抗渗耐久性要优于对比组,且受腐蚀后中性化深度和增幅均小于对比组,模型计算结果与实测值基本吻合。按混掺最佳比例混掺粉煤灰和硅粉组混凝土在实验室条件下受腐蚀200年后强度保留值比基准组高23%,按总掺量20%和7:3的比例混掺粉煤灰和硅粉可有效提高混凝土的长期抗腐蚀性能。

关键词:粉煤灰;硅粉;抗碳酸腐蚀;强度劣化模型

几内亚凯乐塔水利枢纽工程位于西非国家几内亚境内孔库雷河上。地质勘察资料表明,当地水体对混凝土具有碳酸型中等腐蚀作用。由于水质对混凝土的腐蚀性,大坝溢流面、护坦及挡墙、泄洪底孔过流面及引水坝段过流面等临水部位需考虑增强混凝土抗碳酸型中等腐蚀性能。

高碳酸含量的水常见于潮湿、炎热和多雨的环境中[1]。在孔库雷河两岸,沿岸植被茂盛,沿岸和河底均有大量腐殖质堆积。当土壤层的渗透性不好时,就会出现厌氧菌,在这些细菌的作用下,土壤中的有机肥就会分解,产生大量的CO_2。游离CO_2以气体分子状态溶于水时并没有侵蚀性,但当游离CO_2和水结合后成为离子态,成为具有弱酸性的碳酸时就具备了侵蚀性。此外,与水中碳酸氢钙相平衡的CO_2没有侵蚀性,称作平衡CO_2,其余的才是侵蚀性CO_2。侵蚀性CO_2形成的碳酸会与混凝土中的碱性水泥浆体发生化学反应,产生溶于水的碳酸盐,导致水泥基材料结构发生破坏。当水中的游离CO_2含量较多时,会对混凝土产生侵蚀破坏作用[2]。

粉煤灰、硅粉等辅助胶凝材料掺入混凝土可以提高混凝土的强度和抗侵蚀能力。有研究结果表明[3-8]:粉煤灰掺量在20%以内时,可以提高水泥浆体抗碳酸侵蚀能力,体系各龄期的质量损失率和抗压强度损失率均低于纯水泥浆体;粉煤灰掺量大于30%时,水泥浆体更易遭受碳酸侵蚀破坏。文献[9]的研究结果表明,掺15%硅粉混凝土具有比基准混凝土更好的耐酸腐蚀能力。因此,本课文题将选择粉煤灰和硅粉作为辅助胶凝材料,研究两者提高混凝土抗腐蚀性能的可能,并建立所配制混凝土受腐蚀的强度损伤模型,以供工程建设参考。

基金项目:国家重点研发计划项目(2019YFC1509905);国家自然科学基金项目(51809085)。

作者简介:杨林(1987—),男,博士,主要从事水工材料研究工作。

1 试验

1.1 试验原材料

采用同力牌42.5级中热硅酸盐水泥,比表面积289 m^2/kg,28 d抗压强度46.3 MPa。粉煤灰采用华能沁北电厂济源五龙实业总公司生产的Ⅰ级粉煤灰,需水量比为97%,细度10.2%。硅粉采用洛阳济禾微硅粉有限公司生产的微硅粉,细度5.1%。水泥、粉煤灰和硅粉的物理化学性能见表1。细骨料采用天然砂,经检测,其细度模数为2.62,表观密度为2 780 kg/m^3,云母含量为0.4%。粗骨料采用5~20 mm、20~40 mm灰岩人工碎石。试验用减水剂为郑州建苑FDN-1型高效减水剂,减水率为18.2%,含气量为2.0%。拌合水采用自来水。

表1 胶凝材料化学成分

类别	CaO	SiO_2	Al_2O_3	Fe_2O_3	MgO	SO_3	f-Ca	LOSS
水泥/%	62.18	21.66	4.47	5.38	2.06	0.20	0.78	0.04
粉煤灰	3.3	52.4	25.6	5.4	1.2	1.1	—	6.2
硅灰	0.5	94.3	0.05	0.03	1.1	—	—	2.3

1.2 试验配合比

经前期混凝土配合比设计,选择水胶比为0.45,砂率38%,小石:中石比例为60%:40%,高效减水剂掺量1.0%。双掺粉煤灰和硅粉,掺合料总量(粉煤灰+硅粉)为20%,粉煤灰:硅粉为7:3。共计2个配合比,配合比参数见表2。配合比编号中,JZ代表基准组,不掺加辅助胶凝材料;F、G分别代表粉煤灰、硅粉,字母后数字代表粉煤灰与硅粉掺量比例,最后数字代表掺合料总量,以百分计。配合比工作性能、强度和抗渗性能检测结果见表3。

表2 混凝土配合比

编号	掺量/%		材料用量/(kg/m^3)							
	粉煤灰	硅粉	水	水泥	粉煤灰	硅粉	砂	碎石		减水剂
								5~20 mm	20~40 mm	
JZ	—	—	150	333.0	—	—	727.2	711.9	474.6	3.33
F7G3-20	14	6	150	266.4	46.62	19.98	727.2	711.9	474.6	3.33

表3 混凝土性能

编号	拌合物性能					强度		抗渗性能
	容重/(kg/m^3)	坍落度/mm	泌水	含砂	棍度	7 d	28 d	
JZ	2 400	160	无	中	上	23.5	31.9	≥W6
F7G3-20	2 400	153	无	中	上	23.2	32.2	≥W6

1.3 试验方法

按表2成型混凝土试件。每个配合比成型基准强度值立方体试件一组,饱和氢氧化钙养护30 d、60 d、90 d、120 d、150 d立方体试件共5组,碳酸腐蚀30 d、60 d、90 d、120 d、150 d立方体试件共5组

(每组4块,其中一块用于测定中性化深度),共计11组。成型基准抗渗圆台试件1组,饱和氢氧化钙养护150 d圆台试件1组,碳酸腐蚀150 d圆台试件1组,共计3组。标准养护28 d之后,测定混凝土抗压强度基准值和渗水高度基准值。将混凝土抗压强度和抗渗试件分别装入碳酸腐蚀箱及饱和氢氧化钙养护液箱,至相应腐蚀时间后取出,测试。过程见图1。碳酸腐蚀箱是专门研发的用于开展水泥基材料碳酸腐蚀试验用的装置,已获得发明专利授权,详细信息可见文献[10]。

(a)成型　　(b)养护

(c)入箱完毕　　(d)腐蚀开始

图1　成型、养护及入箱过程

混凝土的耐久性大多与混凝土的传质能力有关。重碳酸型腐蚀与碳酸型腐蚀都是在水的渗入下而对混凝土产生破坏作用,本文所研究的水工混凝土多处在某一水压力之下。因此,混凝土的抗水渗透性能也是评价混凝土抗腐蚀性能的重要指标之一。试验采用渗水高度法测定腐蚀前后混凝土在某恒定水压下的渗水高度,以渗水高度的高低评价配制混凝土的抗渗性能的变化。在碳酸型腐蚀条件下,水泥石孔溶液中氢氧根离子和碱性离子向外迁移,孔溶液的pH下降,经过较长时间后,水泥石的pH下降至8以下,这一过程可称为中性化过程,中性化区域的深度称为"中性化深度"或"腐蚀深度"[11]。通过测定中性化深度研究混凝土的抗碳酸入侵能力。

2　结果与讨论

2.1　抗渗性能

采用高压渗透试验,腐蚀进行0 d和150 d龄期时将抗渗试件取出,在2.0 MPa的水压力下保持24 h,劈开试件,测量渗水高度。试验结果见表4。

表 4　渗水高度试验结果

编号	腐蚀时间/d	水压力/MPa	恒压时间/h	平均渗水高度/cm
JZ	0	2	24	1.0
F7G3-20	0			0.5
JZ	150			2.1
F7G3-20	150			1.3

根据表 4 绘制 JZ 组与 F7G3-20 组渗水高度与腐蚀龄期的关系图，如图 2 所示。由表 4 和图 3 可见，F7G3-20 组未腐蚀前的渗水高度为 JZ 组的 50%，腐蚀后约为 JZ 组的 62%，F7G3-20 组渗水高度在腐蚀前后均大幅低于 JZ 组；比较两组趋势线的斜率可见，F7G3-20 组斜率小于 JZ 组趋势线斜率，说明 F7G3-20 组受腐蚀后渗水高度增幅要缓，混凝土抗渗性能退化较慢。由此可见，在控制辅助胶凝材料的混掺掺量和混掺比例的前提下，混掺粉煤灰和硅粉混凝土的抗渗耐久性要优于对比组。

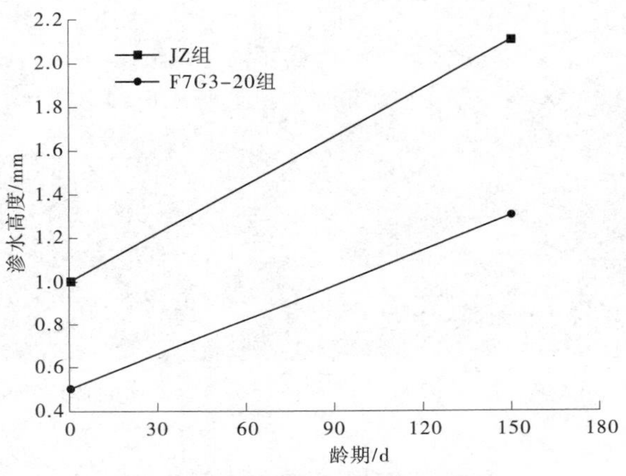

图 2　渗水高度与腐蚀龄期的关系

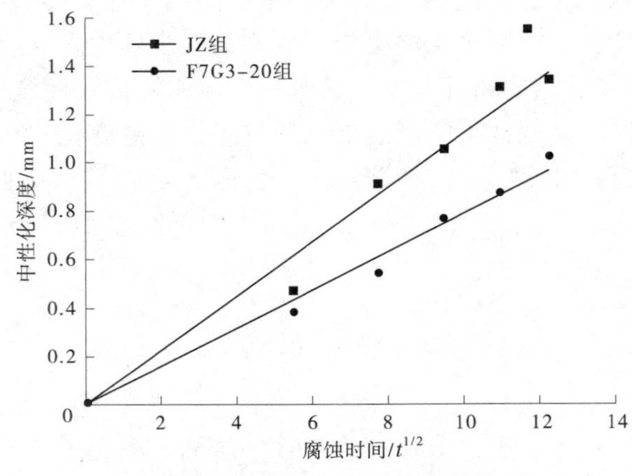

图 3　中性化深度与腐蚀时间的关系

2.2　中性化深度

按照测定混凝土劈裂抗拉强度的方法将立方体抗压试件劈开，在新鲜劈裂面上刷涂酚酞试剂，显色稳定后量取混凝土试件的中性化深度。试验结果见表 5。

表 5　中性化深度试验结果

单位：mm

编号	腐蚀时间/d					
	0	30	60	90	120	150
JZ		0.47	0.91	1.05	1.31	1.34
F7G3-20	0	0.38	0.54	0.76	0.87	1.02

根据已有研究成果[12-13]，水泥基材料在纯水、硝酸铵等溶液中，一维方向的腐蚀深度与腐蚀作用时间的平方根成正比，这也与混凝土在空气中的碳化规律相似。因此，绘制混凝土试件的中性化深度与腐蚀龄期的平方根的关系图，如图 3。可见，水泥基材料在碳酸腐蚀液中的腐蚀深度与腐蚀作用时间符合这一规律。将中性化深度表示为腐蚀时间的函数，函数形式为：

$$d = \varphi\sqrt{t} \tag{1}$$

式中：d 为中性化深度；t 为腐蚀时间；φ 为中性化深度系数。由趋势线回归分析公式，JZ 组$\varphi=0.111\,9$，F7G3-20 组 $\varphi=0.078\,9$。显然，F7G3-20 组受腐蚀后中性化深度和增幅均小于 JZ 组。

2.3　抗压强度

表 6 为混凝土的抗压强度结果。由表 6 可见，饱和 $Ca(OH)_2$ 溶液养护组与碳酸腐蚀组的抗压强度都有一定程度的增长。一方面，28 d 龄期后，粉煤灰的“二次水化作用”对强度的贡献开始发挥；另一方面，硅粉对混凝土的后期强度也具有一定的提升作用。混凝土耐久性的劣化是一个长期缓慢的过程，由于腐蚀时间相对较短，且混凝土试件的尺寸相对较大，因此抗压强度的变化较小。

表 6　混凝土抗压强度

单位：MPa

龄期/d	0	30		60		90		120		150	
腐蚀条件	基准值	养护液	腐蚀液	养护液	腐蚀液	养护液	腐蚀液	养护液	腐蚀液	养护液	腐蚀液
JZ	31.9	33.7	32.3	34.3	33.7	35.0	33.9	35.6	34.8	35.7	34.3
F7G3-20	32.2	35.0	34.6	36.8	36.3	37.1	36.6	37.2	36.8	37.4	36.2

2.4　混凝土强度劣化模型

目前已有文献[14-15]中，对水泥基材料受腐蚀后耐久性能的退化模型常用的建模方法有量纲分析法、灰色系统理论法、力学模型法等，其中力学模型法概念清晰，符合土木工程领域的建模思路，本文以力学模型法建立特定条件下受腐蚀后混凝土的强度劣化模型，供评价和预测混凝土的耐久性寿命使用。

由对腐蚀机制的研究可知，受腐蚀后水泥石孔溶液中氢氧根离子和碱性离子向外迁移，孔溶液的 pH 下降，微观结构成松散粉状，且由于脱钙收缩导致多处存在微裂缝，整体性变差。如图 4 所示，将受腐蚀后混凝土立方体试件上下承压面由外到内分为腐蚀区和未腐蚀区两个区域，以测定中性化深度时变色和非变色区域的分界作为腐蚀区和未腐蚀区的分界。为简化计算，在此认为腐蚀区混凝土不能承担有效荷载，强度为零，但同时认为计算受腐蚀后混凝土抗压强度时受压面积包括腐蚀区的面积。

试件未受腐蚀时，有效承压面积：

$$A_0 = L^2 \tag{2}$$

受腐蚀后中性化深度为 d 时，有效承压面积降低为：

$$A_t = (L - d)^2 \tag{3}$$

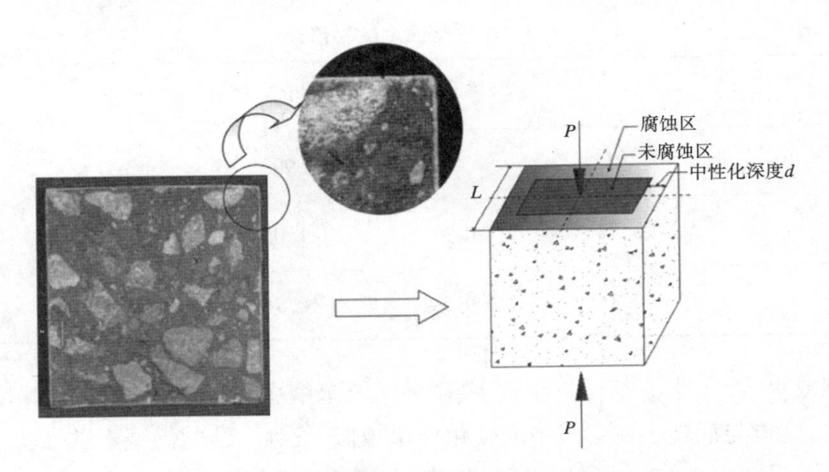

图 4 混凝土受腐蚀后抗压受力模型

由试件抗压强度计算公式:

$$\sigma = \frac{F}{A} \tag{4}$$

式中:σ 为强度,MPa;F 为最大荷载,kN;A 为试件承压面积。

可得:

$$F = \sigma A \tag{5}$$

则试件未腐蚀前可承担的有效荷载为:

$$F_0 = \sigma_0 A_0 \tag{6}$$

式中:σ_0 为试件未腐蚀前的强度。

未腐蚀区域在腐蚀后的强度保持不变,试件受腐蚀后可承担有效荷载为:

$$F_t = \sigma_0 A_t \tag{7}$$

则试件受腐蚀后可承担有效荷载可表示为:

$$F_t = F_0 \frac{A_t}{A_0} = F_0 \frac{(L-d)^2}{L^2} \tag{8}$$

受腐蚀后试件的强度为:

$$\sigma_t = \frac{F_t}{A_0} = \frac{F_0}{A_0} \frac{(L-d)^2}{L^2} = \sigma_0 \frac{(L-d)^2}{L^2} \tag{9}$$

即

$$\sigma_t = \sigma_0 \frac{(L-d)^2}{L^2} \tag{10}$$

由表 9 可知,湿养护条件下混凝土的强度在 28 d 龄期之后仍有明显的增长,这部分增长量将部分程度抵消腐蚀引起的强度降低,因此建立强度退化模型时要予以考虑。根据普通混凝土强度与龄期的关系经验公式,设想用对数函数形式反映龄期对强度的影响,即:

$$\sigma_{0,t} = \sigma_{0,28}(\alpha \ln t + \beta) \tag{11}$$

式中:$\sigma_{0,28}$ 为混凝土未腐蚀前 28 d 龄期强度,$\sigma_{0,t}$ 为混凝土未腐蚀 t d 龄期强度,α,β 为强度增长系数,根据试验确定。

则受腐蚀后试件的强度可表示为:

$$\sigma_t = \sigma_{0,t} \frac{(L-d)^2}{L^2} = \sigma_{0,28}(\alpha \ln t + \beta) \frac{(L-d)^2}{L^2} \tag{12}$$

将中性化深度 d 用(1)表示,受腐蚀后试件的强度可最终表示为:

$$\sigma_t = \sigma_{0,28}(\alpha \ln t + \beta)\frac{(L - \varphi\sqrt{t})^2}{L^2} \tag{13}$$

下面根据试验数据确定强度增长系数 α、β 的值。将混凝土未受腐蚀的抗压强度试验数据列于表 7。用 JZ/31.9、F7G3-20/32.2 分别表示 JZ、F7G3-20 组各龄期强度与初始 28 d 强度的相对值。

表 7 混凝土无腐蚀抗压强度试验数据

单位:MPa

龄期/d	0	30	60	90	120	150
JZ	31.9	33.7	34.3	35.0	35.6	35.7
F7G3-20	32.2	35.0	36.8	37.1	37.2	37.4
JZ/31.9	1.00	1.06	1.08	1.10	1.12	1.12
F7G3-20/32.2	1.00	1.09	1.14	1.15	1.16	1.16

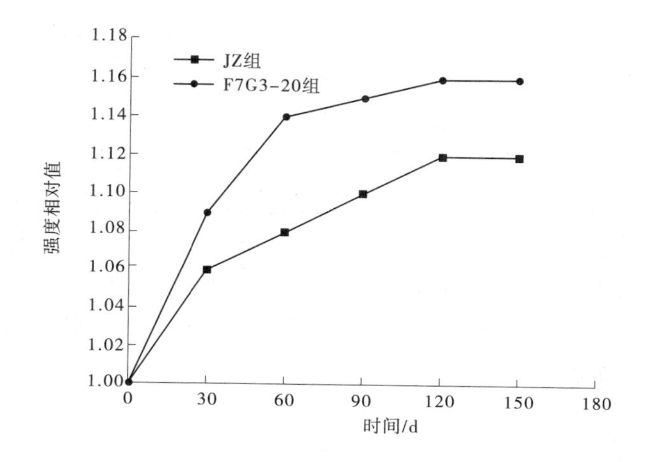

图 5 强度相对值与时间的关系

绘制强度相对值与时间的关系，见图 5。按对数关系对其进行回归分析，并给出趋势线的拟合公式，可得：

对 JZ 组，$\alpha = 0.041\,6$，$\beta = 0.911\,5$；受腐蚀后强度可表示为：

$$\sigma_t = \sigma_{0,28}(0.041\,6\ln t + 0.911\,5)\frac{(L - 0.111\,9\sqrt{t})^2}{L^2} \tag{14}$$

对 F7G3-20 组，$\alpha = 0.044\,8$，$\beta = 0.944\,6$，受腐蚀后强度可表示为：

$$\sigma_t = \sigma_{0,28}(0.044\,8\ln t + 0.944\,6)\frac{(L - 0.078\,9\sqrt{t})^2}{L^2} \tag{15}$$

式(14)、(15)中：σ_t 为混凝土腐蚀 t d 后强度，MPa；$\sigma_{0,28}$ 为混凝土未腐蚀前 28 d 龄期强度，MPa；t 为腐蚀时间，d；L 为混凝土立方体试件边长，取 100 mm。

式(14)、(15)为混凝土强度随腐蚀时间的退化模型，受试验条件所限，模型仅考虑了在恒定侵蚀性 CO_2 浓度和温度的情况下的强度劣化情况。

按式(14)、(15)计算 JZ 组和 F7G3-20 组碳酸型腐蚀 30 d、60 d、90 d、120 d、150 d 后的强度，并与实测值相比较，见表 8。经检验，模型计算结果与实测值基本吻合。

表 8　混凝土强度实测值与计算值

单位:MPa

时间/d	JZ		F7G3-20	
	实测值	计算值	实测值	计算值
30	32.3	33.2	34.6	35.0
60	33.7	33.9	36.3	35.9
90	33.9	34.3	36.6	36.4
120	34.8	34.6	36.8	36.7
150	34.3	34.8	36.2	36.9

按式(14)、(15)计算 JZ 组和 F7G3-20 组强度相对于 28 d 强度值随腐蚀龄期的变化,列于表 9。

表 9　混凝土强度相对值

时间(年)	JZ	F7G3-20	时间(年)	JZ	F7G3-20
0	1.00	1.00	100	0.83	1.02
25	1.03	1.16	150	0.74	0.95
50	0.95	1.10	200	0.67	0.90

由表 9 可知,总掺量为 20%时,按混掺粉煤灰和硅粉的混凝土的强度退化明显减缓。当然,实际工程中混凝土受腐蚀的情况要复杂得多。例如:水工坝面混凝土多为单面受腐蚀状态,腐蚀进行到钢筋保护层厚度时,腐蚀作用大大加速,即可产生难以修复的破坏;水流冲刷严重时,腐蚀速度将加快;腐蚀区受冲刷剥落后,腐蚀深度和时间的平方根将不再符合线性关系;水质浑浊时,杂质堵塞混凝土表面空隙,腐蚀速率将下降。因此,要根据实际情况对模型进行修正。

3　结论

为提高混凝土的抗碳酸腐蚀性能,配置双掺掺和总量 20%、比例 7:3的粉煤灰和硅粉的混凝土试件,分别装入碳酸腐蚀箱及氢氧化钙养护液箱,至相应复试时间后取出,测试其抗渗性能、中性化深度、抗压强度,并由此构建混凝土强度劣化模型。结论如下:

(1)根据渗水高度、中性化深度和强度试验结果,混掺粉煤灰和硅粉混凝土的抗渗耐久性要优于对比组,且受腐蚀后中性化深度和增幅均小于对比组。

(2)根据混凝土强度、腐蚀时间、中性化深度试验数据,建立了混凝土强度退化模型,经检验,模型计算结果与实测值基本吻合。计算结果显示,按混掺最佳比例混掺粉煤灰和硅粉组混凝土在实验室条件下受腐蚀 200 年后强度保留值比基准组高 23%,按总掺量 20%和 7:3的比例混掺粉煤灰和硅粉可有效提高混凝土的长期抗腐蚀性能。

参考文献

[1] 王铠. 低碱度软水及其对混凝土的腐蚀与评价[J]. 勘察科学技术,2004(1) 36-39.

[2] 李世通. 工程场地地下水腐蚀性变化分析[J]. 大众科技,2008(7):70-73.

[3] Bensted J. (1976): Examination of the hydration of slag and pozzolanic cement by infrared spectroscopy[J]. Cement, 73 (4), 209-214.

[4] 董芸,杨华全,王磊. 碳酸侵蚀条件下水泥基材料性能劣化试验研究[J]. 建筑材料学报,2014,17(5):235-238.

[5] BENSTED J. Examination of the hydration of slag and pozzolanic cement by infrared spectroscopy[J]. Cement,1976,73(4):209-214.

[6] 张云升,孙伟,刘斯凤,等.矿物掺合料对高强砂浆抗化学侵蚀性能的影响[J].东南大学学报:自然科学版,2002,32(2): 241-244.

[7] 郭高峰.侵蚀性 CO_2 对水泥基材料的腐蚀特性研究[D].广州:华南理工大学,2012.

[8] 王健.侵蚀性二氧化碳作用下的混凝土耐久性试验研究[D].郑州:郑州大学,2012.

[9] 李林威. 硅灰对混凝土耐久性的影响[J]. 湖南农机, 2012(9): 259-260.

[10] 陈俊,杨林,于立新,等. 多功能混凝土劣化仪. 中国, CN20130286346.8[P].

[11] 郭高峰.侵蚀性 CO2 对水泥基材料的腐蚀特性研究[D].广州:华南理工大学,2012.

[12] Fabrizio Gherardi, Pascal Audigane, Eric C. Gaucher. Predicting long-term geochemical alteration of wellbore cement in a generic geological CO_2 confinement site: Tackling a difficult reactive transport modeling challenge[J]. Journal of Hydrology 420-421(2012) 340-359.

[13] Tom Van Gervena, Johnny Moors, Veroniek Dutre, Carlo Vandecasteele. Effect of CO_2 on leaching from a cement stabilized MSWI fly ash[J]. Cement & Concrete Composition, 2004,34:1103-1109.

[14] 张英姿,范颖芳,赵颖华. 受盐酸腐蚀混凝土抗压强度的灰色预测模型[J]. 建筑材料学报,2007,10(4):397-401.

[15] 张扬. 酸雨环境下粉煤灰混凝土耐久性研究[D].西安:西安建筑科技大学, 2008.

跨流域调水工程用高性能聚硫防水密封胶的研究

张海龙[1]　佘安宇[2]　张燕红[2]　仝玉萍[1]　崔　洪[2]

(1. 华北水利水电大学材料学院,河南郑州　450045;
2. 郑州中原思蓝德高科股份有限公司,河南郑州　450007)

摘　要:跨流域调水工程的输水道通常采用混凝土工程,其变形缝的有效粘接和防水密封对调水工程的安全性非常重要。本文主要研究了研发产品双组分聚硫密封胶与不同厂家同类产品的性能对比。结果表明:研发产品具有低粘度、零下垂度等优异的施工性能;具有低水蒸气透过率、低浸水后体积膨胀率、高的弹性恢复率等优异的物理性能;具有高的拉伸粘接强度和伸长率,尤其是浸水后具有最高的拉伸粘接强度(0.45 MPa)和最大的伸长率(302%);浸水后定伸(伸长率100%)保持良好的黏结性能,且冷拉-热压后(拉压幅度25%)黏结性能非常好;经检测该产品没有毒性。因此,研发产品是一款非常适合跨流域调水工程用防水密封材料,且属于绿色环保型产品。

关键词:聚硫密封胶;防水材料;力学性能;定伸性能;安全性

1　引言

跨流域调水工程是解决局部地区对水资源的需求以及促进该地区经济社会可持续发展的一种重要措施。南水北调是当今世界上最大的跨流域调水工程,有效地缓解了北方水资源严重短缺局面,促进了受水区域经济的可持续发展,有利于社会安定团结稳定,并优化了生态环境建设。

南水北调的输水道采用明渠、倒虹吸、隧洞、涵洞和暗渠相结合的方式。这种大型的输水工程建设,离不开混凝土的使用。变形缝是这类工程的一个重要组成部分,也是非常薄弱的环节,如果处理不好,极易产生渗漏,造成水质污染和水资源浪费,还有可能造成地基不均匀沉淀,从而破坏箱涵的稳定性,并且给以后的维护工作带来困难,增加运行成本,影响供水的安全性[1-4]。

目前,混凝土变形缝由中埋式止水带、填缝材料和嵌缝密封材料三部分组成[5]。水利工程变形缝的防水措施采用两道止水结构:第一道止水结构为嵌缝密封材料,具有止水密封作用并能适应变形的能力;第二道止水结构为中埋式止水带[6-7],具有止水和适应变形的能力。嵌缝密封材料通常选用双组分聚硫密封胶,除在设计上有特殊的要求外,通常要求密封胶具有低模量、高伸长率、高弹性恢复率等性能,能够满足连续伸缩、振动以及变温等情况并保持良好的粘接性、气密性和防水性能,在饮水工程中,还应该满足无毒、安全等要求。

因此,本文主要研究自发研制的双组分聚硫密封胶防水材料与国内市场上同类产品的性能对比,针对施工性能、物理性能、力学性能和定伸黏接性能进行了分析,并对研发产品的安全性进行了第三方检测。

2　实验部分

2.1　原材料

双组分聚硫防水密封胶,郑州中原思蓝德高科股份有限公司(自主研发)所产命名为Z产品;购置

基金项目:郑州市高新区创新领军团队项目。

作者简介:张海龙(1981—),男,副教授,从事纳米复合材料研究工作。

国内市场国内公司生产的同类型双组分聚硫防水密封胶,分别命名为 G1、G2、G3;购置国内市场上国外公司生产的同类型双组分聚硫防水密封胶,分别命名为 F1、F2。

2.2 样品制备

研发产品 Z 产品按照 A 组分和 B 组分的质量比 10:1进行充分混合,排出气泡后装入模具中,在温度(23±2)℃、相对湿度(50±5)%条件下硫化 14 d;其他产品按照说明书的要求进行组分配比,在相同的条件下进行硫化。试验黏接基材选用水泥砂浆基材,材质(水泥砂浆)和尺寸(50 mm×12 mm×12 mm)符合 GB/T 13477—2017 的规定,采用方法 M1 制成表面光滑平整的基材。将不同厂家的双组分聚硫密封胶制成 50 mm×12 mm×12 mm 的"工"形样品,在规定的条件下进行养护。

2.3 试验方法

密度、表干时间、质量损失率、浸水 20 d 后体积膨胀率、拉伸模量、弹性恢复率、定伸粘接性(伸长率100%)、浸水后定伸(伸长率 100%)粘接性、冷拉-热压后(拉压幅度 25%)粘接性等采用《聚硫建筑密封胶》(JC/T 483—2006)和《建筑密封材料试验方法第 10 部分:定伸粘接性的测定》(GB/T 13477. 10—2017)中规定的测试方法。

下垂度:采用 GB/T 13477—2017 中规定的试验方法,试件在(50±2)℃的恒温箱中垂直放置 24 h。

粘接强度和伸长率:标准条件养护 14 d 后进行拉伸测试,标准时间养护 14 d 后浸水 4 d 再进行测试。试验方法采用 GB/T 13477—2017 规定要求。

水蒸气透过率:采用 ENI 279-4 方法,制备成 2 mm 后的片状样品。将水分含量小于 5%的分子筛置于水蒸气透过率测试仪的透湿杯中,最后将胶样放到透湿杯上,再将透湿杯置于(23±1)℃、相对湿度≥90%的试验箱中,间隔一定的周期称量透湿杯的质量,并绘制时间—质量曲线图,依据直线的斜率获得水蒸气透过率。

安全性:依据《生活饮用水输配水设备及防护材料的安全性评价标准》(GB/T 17219—1998)和《生活饮用水卫生标准检验方法》(GB/T 5750—2006)进行检测。

3 结果与分析

3.1 施工性能

双组分聚硫密封胶的施工工艺性能对现场施工非常重要。表 1 为研发产品 Z 与国内市场 3 家国内企业产品(G1、G2、G3)和 2 家国外企业产品(F1、F2)的施工工艺性能对比。从表 1 中可以看出,该项目产品的 A 组分和 B 组分的黏度适中,均小于国外同类产品(F1、F2);研发产品 Z 的适用期为 2.0 h,小于国内外同类产品的适用期,能够满足国家标准和现场施工的要求;研发产品的表干期为 4.0 h,远低于国内同类产品(G1、G2、G3)的表干期,略低于国外同类产品的表干期,施工后密封胶产品的表面能够快速失去黏性;项目产品的下垂度为 0,低于国内外同类产品的下垂度,能够在水利工程的斜坡施工不流淌,特别是在竖缝、顶缝的地方进行施工,不会出现密封胶从施工缝中脱落现象。

表 1 产品 Z 与国内外同类产品的施工性能对比

项目		Z	G1	G2	G3	F1	F2
A	黏度/(Pa·s)	350	380	254	290	600	550
B		90	100	55	70	110	130
适用期/h		2.0	5.5	6.0	5.0	2.5	3.6
表干期/h		4.0	24.0	36.0	26.0	5.0	6.5
下垂度/mm		0	6.0	1.5	4.5	1.0	2.2

3.2 物理性能

表 2 为该研发产品 Z 与国内外同类产品的物理性能对比。从表 2 中可以看出,研发产品 Z 硫化后

的密度为1.62 g/cm^3,低于国内外同类产品固化后的密度;水蒸气透过率为3.95 g/(m^2·d),远低于国内同类产品,略低于国外同类产品,这有利于防水材料的使用;在相同测试条件下,研发产品Z的质量损失率为0.52%,远低于国内同类产品,与国外同类产品相差不大,说明研发产品Z内几乎不含低沸点添加剂,质量比较稳定;浸水20 d后体积膨胀率为1.1%,远低于国内同类产品,与国外同类产品相差不大,说明研发产品Z相对国内同类产品具有较高的抗水浸泡能力;23 ℃在定伸100%时,研发产品Z的弹性恢复率为89%,高于国内外同类产品的弹性恢复率,说明密封胶产品在受到同样的作用力然后释放后,项目产品Z的弹性性能恢复得非常好。

表2　研发产品Z与国内外同类产品的物理性能对比

项目	Z	G1	G2	G3	F1	F2
硫化后密度/(g/cm^3)	1.62	1.79	1.69	1.65	1.72	1.76
水蒸气透过率/[g/(m^2·d)]	3.95	7.26	6.45	9.10	4.71	4.57
质量损失率/%	0.52	5.6	4.7	3.9	0.55	0.49
浸水20 d体积膨胀率/%	1.1	4.4	3.0	3.9	1.3	1.1
23 ℃弹性恢复率(定伸100%)/%	89	50	77	70	70	68

3.3　力学性能

表3为研发产品Z在同等测试条件下与国内外同类产品的力学性能对比数据。从表3可以看出,研发产品Z在23 ℃时,拉伸模量较高,在-20 ℃时,拉伸模量适中,满足国家标准对产品拉伸模量的要求;23 ℃固化14 d后,研发产品Z的拉伸粘接强度较高,对应最大拉伸强度时的伸长率也高,这说明研发产品Z具有高的抗应力能力,且破坏时具有大的变形能力;23 ℃固化完全后浸水4 d后,研发产品Z的拉伸粘接强度最高,达到0.45 MPa,衰减速率比较慢,对应最大拉伸强度时的伸长率为302%,高于国内外同类产品,这说明研发产品Z产品浸水后仍能保持较好的抗应力能力,且破坏时具有最高的抗变形能力。研发产品Z长期在水中浸泡后,相对于国内外同类产品而言,防水性能和适应变形缝伸缩要求的能力最强。

表3　研发产品Z与国内外同类产品的力学性能对比

项目		Z	G1	G2	G3	F1	F2
拉伸模量/MPa	23 ℃	0.29	0.09	0.12	0.16	0.26	0.29
	-20 ℃	0.49	0.29	0.58	0.48	0.49	0.49
23 ℃×14 d性能	拉伸粘接强度/MPa	0.50	0.15	0.23	0.33	0.49	0.51
	最大拉伸强度时伸长率/%	400	389	279	222	298	307
23℃×浸水4 d性能	拉伸黏结强度/MPa	0.45	0.11	0.15	0.26	0.39	0.41
	最大拉伸强度时伸长率/%	302	206	169	231	199	248

3.4　定伸粘接性能

定伸粘接性能表达了双组分聚硫密封材料在定伸状态下的拉伸粘接性能。表4为研发产品Z与国内外同类产品定伸粘接性能的对比数据。从表4中可以看出,在伸长率为100%定伸的情况下,研发产品Z没有发生破坏,与国外同类产品的性能相当,而国内其他三种同类产品发生不同程度的破坏,而破坏类型有的是黏结破坏,有的是内聚破坏;在伸长率为100%定伸的情况下,通过浸水后定伸,研发产品Z没有发生破坏,而国内外其他三种同类产品均发生破坏,破坏类型有黏结破坏和内聚破坏;在拉压幅度为25%,通过冷拉-热压实验,研发产品Z没有发生破坏,而国内的一种同类产品没有发生破坏,其他两种同类产品均为黏结破坏,国外的同类产品均发生破坏,且为内聚破坏类型。这说明该研发产品在定伸(伸长率100%)和浸水定伸(伸长率100%)具有良好的粘接性能,在受到冷拉-热压(拉压幅度25%)具有良好的粘接性,能够在较大变形范围内保持良好的粘接性和防水性能。

表4　研发产品Z与国内外同类产品的定伸粘接性能对比

项目		Z	G1	G2	G3	F1	F2
定伸黏结性/伸长率100%	破坏情况	无	破坏	破坏	破坏	无	无
	最大破坏深度/mm	0	6.0	7.0	12.0	0	0
	破坏类型	无	黏结	黏结	内聚	无	无
浸水后定伸黏结性/伸长率100%	破坏情况	无	破坏	破坏	破坏	破坏	破坏
	最大破坏深度/mm	0	12.0	12.0	12.0	2.0	3.0
	破坏类型	无	黏结	黏结	黏结	内聚	内聚
冷拉-热压黏结性/拉压幅度25%	破坏情况	无	无	破坏	破坏	破坏	破坏
	最大破坏深度/mm	0	0	5.5	6.5	7.0	6.0
	破坏类型	无	无	黏结	黏结	内聚	内聚

注:表中无指无破坏。

3.5　安全性能

研发产品Z送到第三方检测机构进行毒性检测。依据《生活饮用水输配水设备及防护材料的安全性评价标准》(GB/T 17219—1998)和《生活饮用水卫生标准检验方法》(GB/T 5750—2006),检测结果为:该样品浸泡水对KM小鼠的经口LD_{50}>10 000 mg/kg体重,根据急性毒性分级,属实际无毒,符合《生活饮用水输配水设备及防护材料的安全性评价标准》(GB/T 17219—1998)3.4.1要求。

4　结论

(1)研发产品Z双组分聚硫密封材料具有低黏度、表干期短等优异的施工性能,尤其是下垂度为0,能够在跨流域工程中的竖缝、顶缝等处施工。

(2)研发产品具有低的硫化密度、低的水蒸气透过率、低的质量损失率和低体积膨胀率等优异的物理性能。且在定伸100%时弹性恢复率达到89%,弹性非常好,能够适应伸缩缝的要求。

(3)研发产品具有高的拉伸粘接强度(0.50 MPa)和最大拉伸强度时的伸长率(400%),且在浸水4 d后仍然具有0.45 MPa的拉伸粘接强度和302%的伸长率。能够在水下保持良好的力学性能和高的伸长率。

(4)在定伸(伸长率为100%)时,研发产品没有发生破坏;亲水后定伸(伸长率为100%)时,研发产品没有破坏;冷拉-热压(拉压幅度25%)时,研发产品没有破坏。研发产品相对于国内外同类产品而言,具有优异的粘接性能。

(5)研发产品没有毒性,属于绿色环保型产品。

参考文献

[1] 赵毅. 混凝土输水箱涵变形缝表层止水技术研究[D]. 天津:天津大学, 2015.
[2] 蔡文. 寒区公路涵洞变形缝防水材料试验研究[D]. 西安:长安大学, 2012.

[3] 彭永平. 双组份聚硫密封胶填缝止水材料的应用[J]. 黑龙江水利科技, 2013, 41(9): 269-270.
[4] 何克文, 王世清. 地铁天津站交通枢纽工程地下结构新型防水材料应用技术[J]. 新型建筑材料, 2007(7):40-44.
[5] 刘益军, 何凤, 卢安琪. 土木建筑用聚氨酯密封胶的现状和发展动向[J]. 新型建筑材料, 2005(8):6-9.
[6] 赵金义,姜法治, 毕雪玲. 聚氨酯密封胶在建筑中的应用[J]. 特种橡胶制品, 2008(5):54-57.
[7] 刘杰胜,吴少鹏, 陈美祝. 伸缩缝止水材料的性能及应用[J]. 水科学与工程技术, 2008(4):6-8.

推进数字孪生黄河建设

基于深度学习的河防工程边坡坍塌检测

安新代　吴　迪　谢向文　宋克峰

（黄河勘测规划设计研究院有限公司，河南郑州　450003）

摘　要：针对河防工程边坡坍塌监测工作中存在监测效率低、人身安全风险大、人力成本高等问题，本文提出了一种基于深度学习技术的河防工程边坡坍塌智能检测方法，该方法首先利用基于注意力机制的轻量化 U-net 图像分割模型对工程边坡区域进行精准分割，然后再利用背景建模算法对边坡区域中产生的运动进行识别，最后设计一个轻量化卷积神经网络对识别到的运动目标进行分类，判断运动目标是否为边坡本身。通过在模拟河防工程坍塌数据以及实际现场数据上的试验结果表明，所提出的算法可以有效地对河防工程边坡坍塌事件进行识别，具有较强的应用价值。

关键词：深度学习；河防工程边坡坍塌；图像分割；图像识别

黄河是中华民族的母亲河，孕育了古老而伟大的中华文明。同时，黄河“善淤、善决、善徙”，历史上曾“三年两决口、百年一改道”，洪灾频发，给沿岸人民群众带来深重灾难[1]。新中国成立以来，党和国家高度重视黄河治理，特别是党的十八大以来，持续推进防洪工程体系建设[2]，大规模建设的堤防工程和河道整治工程（简称河防工程）为黄河防洪安全提供了重要保障。

管理维护好河防工程，保证工程长期发挥防洪保安作用是水行政主管部门的重要工作内容[3]。管涌渗漏[4]、根石坍塌[5]等是河防工程变形破坏的主要表现形式。千里之堤毁于蚁穴，早发现、早防治是河防工程安全管理的现实需求，也是水行政主管部门最重要的工作任务。目前这项任务主要依靠人力进行巡检排查[6]，然而，黄河河防工程规模巨大，以黄河下游为例，临黄堤、东平湖围堤等各类堤防总计 2 429.6 km、险工和控导工程 456 处、11 526 道坝垛，长度 907.3 km[7]，面对如此宏大的工程，依靠人工进行巡视、巡查不仅需要耗费大量的人力以及物力，而且难以避免漏检、迟检等失误的出现。

进入新世纪以来，随着信息化技术的发展，以水利大数据为基础的信息化技术在黄河等流域的治理中得到了越来越多的应用[8]。中共中央、国务院在印发的《国家信息化发展战略纲要》中提出“着力提高信息化应用水平，……，引导新一代信息技术与经济社会各领域深度融合”，水利部印发的《关于推进水利大数据发展的指导意见》《水利信息化资源整合共享顶层设计》《智慧水利总体方案》等文件中多次提出“利用天地一体化动态监测数据，……，重点开展水旱灾害预测预警新服务”等重大举措。开展河防工程动态监控和安全风险预警研究，可以有效弥补当前“数字黄河”工程监管信息采集和感知能力等方面的不足。本文针对上述河防工程巡检任务中存在的痛点问题，拟采用深度学习算法结合图像处理技术来设计对应的检测识别模型，用以辅助或者代替人力对河防工程边坡稳定性的巡检。

1　现状及问题

对河防工程边坡稳定性的监测目前主要依靠人工进行排查，存在以下重大问题：

（1）人工巡检成本高。其一，黄河河防工程类型多、范围广、线路长，需要全面、经常性地进行人工巡检，人员数量投入较大。其二，人工巡检需要具备一定的专业素养、配备专业技术人员、建立相关管理机构，管养经费支出量大，仅以黄河下游河防工程的管护情况为例，每年每千米堤防的管护费用 17 万元

基金项目：黄河勘测规划设计研究院有限公司一类科研项目（2021KY015）。

作者简介：安新代（1966—），男，硕士，教授级高级工程师，主要研究领域为水文与水资源工程。

左右,险工的管护费用20万元左右,堤防和险工两项工程每年投入的管护费用达到了2亿~3亿元。

(2)人工巡检可靠性低。其一,人工巡检易受自然及交通条件限制。洪水期间,往往伴随降雨、强对流天气等过程,夜间受照明条件限制,仅仅借助简易设备,人工巡检范围受限,很难实现河防工程的全覆盖和险情的及时捕捉。其二,黄河早期河防工程质量参差不齐,新建工程缺乏大洪水检验,堤身、坝基存在较多隐患与险点,洪水时可能发生险情的频次较高、突发性较强。

(3)人工巡检人身安全风险大。其一,洪水期间河道水位上涨、流速较大,可能发生河势变动、塌岸等险情,堤防偎水可能发生渗水、管涌等险情,这些险情往往突发性强,巡检人员的人身安全面临较大风险。其二,黄河洪水特别是上游洪水往往历时较长,平均洪水期在40 d左右,连续作战使巡检队伍面临"人困马乏"的局面,疲劳状态进一步增加了人身安全风险。

此外,有学者尝试利用机器视觉算法对泥石流、山体滑坡等进行自动监测,这类方法主要利用背景差分算法对滑动区域进行识别,在一定程度上实现了实时的智能监测,然而这些方法容易受到外界运动物体的干扰,误报率较大。除此之外,目前尚未有工作对河防工程稳定性监测进行研究,其仍然是科研界以及工业界亟待解决的重大问题。

针对上述现状及存在的问题,本文提出了一种基于深度学习以及图像处理技术的河防工程边坡坍塌监测方法,该方法首先对边坡区域进行精准分割,然后在分割结果的基础上对边坡区域中的运动目标进行检测,最后对检测到的运动目标进行识别,以此排除不相干运动目标的干扰。在模拟以及现实场景数据上的试验结果表明所提出的方法在有效检测到运动目标的同时,可以对干扰运动进行排除,具有很好的实际应用效果。

2 河防工程边坡坍塌检测算法

2.1 算法总体结构

本文提出的检测算法框架如图1所示,整体分为四个步骤:

首先采集用于边坡区域分割的边坡数据集并对其进行标注;其次设计一个基于Attention机制的轻量化U-net网络模型,并用采集到的数据集对其进行训练;再次用背景建模运动目标检测算法对分割出的边坡区域进行运动目标检测;最后设计一个轻量化卷积神经网络对检测到的运动目标进行识别,以此判断运动目标是否为边坡坍塌产生的运动。下面分别对其中的每一步进行详细阐述。

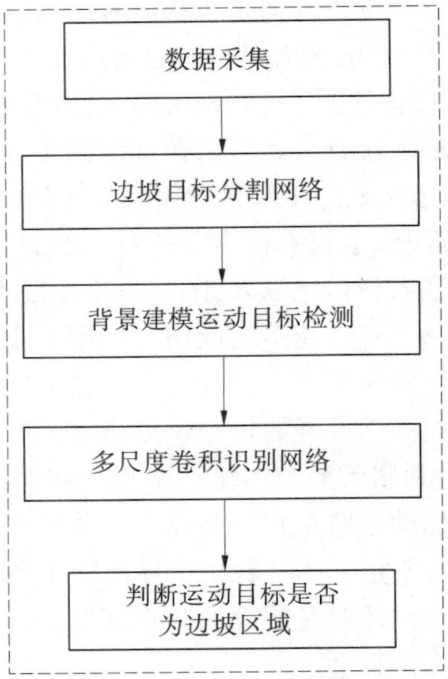

数据采集

边坡目标分割网络

背景建模运动目标检测

多尺度卷积识别网络

判断运动目标是否为边坡区域

图1 算法框架图

2.2 基于深度学习的工程边坡图像分割

对河防工程边坡区域进行精准地分割是本文算法流程的第一步,其分割效果对后面的运动检测结果有着直接的影响。考虑到算法的准确性以及时效性,本文设计一个基于Attention机制的轻量化U-Net分割网络对工程边坡区域进行分割。

U-Net网络结构是被O Ronneberger等[9]提出的,该模型通过一个"U"形的网络结构以及对称层之间的跳跃连接机制来实现高分辨率信息与低层语义信息之间的融合,可以很好地适用于图像分割任务。该网络主要包含收缩路径以及扩张路径,收缩路径用于提取上下文信息,可以在减少特征空间维度的同时增加特征通道的数量。原始网络中收缩路径包含四个阶段,其中每个阶段包含两个3×3的卷积操作以及一个2×2的最大池化操作,在每个收缩阶段的通道数都会比上一阶段加倍。与收缩路径相似,扩张路径同样包含四个阶段,这几个阶段主要通过上采样操作来实现原始恢复图像中的目标细节,其中每个阶段的特征空间维度比上一阶段大小加倍,特征通道数减半。网络的最后一层为一个 1×1 大小的卷积操作,其将特征图数量映射为 2,然后经过 sigmoid 函数输出预测概率值。

在本文中,为了提高算法的效率,我们设计了一个轻量化的 U-net 网络模型。具体是将原始模型中收缩路径以及扩张路径中的四个阶段变为三个阶段,其中每个阶段的特征数量再减少为之前的 1/3,其余设置不变。以此来增加算法模型的时效性。此外,为了加强 U-net 模型对重要特征信息的关注度,本文进一步在该轻量级分割网络中引入注意力机制模块,该类模块已经被广泛应用至各类计算机视觉任务中,其中常见的注意力机制模块有 SENet[10](Squeeze-and-Excitation Networks),CBAM[11](Convolutional Block Attention Module),BAM[12](Bottleneck Attention Module)以及 SKNet[13](Selective Kernel Networks)。本文采用的注意力机制模型为 BAM,其包含一个通道注意力模块以及一个空间注意力模块。通道注意力模块由一个平均池层以及两个线性层映射层组成,可以为每个特征图输出一组对应的权重系数;空间注意力模块包含两个含有 1×1 卷积操作的缩减层以及两个含有 3×3 卷积操作的卷积层。整个注意力机制模块最后将通道注意力以及空间注意力的输出进行基于元素的逐项求和操作,并将求和结果经过 *Sigmoid* 激活函数得到最终的权重概率值。在本文中,将 U-net 的每一中间输出特征输入至 BAM 注意力机制模块中,对特征提取结果进行重新强调或者抑制。引入注意力机制模块的轻量级 U-net 可以将提取到的特征关注度集中在那些关键的空间或者通道特征上,对干扰特征进行有效地抑制,增加了所提取特征的语义信息,提高分割的性能。

2.3 基于背景建模的工程边坡运动检测

在工程边坡区域分割的基础上,本文拟采用背景减除法模型对分割到的边坡区域进行运动检测,背景减除法的基本原理是用一个数学背景模型对模拟的背景进行逼近,然后用当前帧的图像与该背景模型进行区分,得到运动区域。常见的背景模型包含混合高斯模型、K 近邻模型以及密码本模型等,本文采用混合高斯模型(GMM)对工程边坡区域进行运动检测。

GMM 模型[14]首先定义 $K(K\geqslant 2)$ 个单高斯分布,在检测过程中,将图像中的每个像素分别输入至这 K 个高斯分布中,如果这 K 个高斯分布中有满足条件(1)的,则将这个像素归为背景像素部分,反之则将其归为前景。

$$p - u \leqslant 2.5\sigma \tag{1}$$

其中 P 是当前像素值,μ 和 σ 分别代表为高斯分布的均值与标准差。

该过程又可公式化为:

$$P(X_t) = \sum_{i=1}^{K} \omega_{k,t} \times \eta(X_t, \mu_{k,t}, \delta_{k,t}^2) \tag{2}$$

式中:K 为高斯分布的个数; $\omega_{k,t}$ 为在 t 时刻地 k 个高斯模型的权重; $\eta(\mathrm{X}_t, \mu_{k,t}, \delta_{k,t}^2)$ 为 t 时刻第 k 个高斯模型的概率密度函数; $\mu_{k,t}$ 和 $\delta_{k,t}^2$ 分别为对应概率密度函数的均值和方差。

为了提升运动检测模型的鲁棒性,用 $\dfrac{\omega_{k,t}}{\delta_{k,t}}$ 来表示 t 时刻中第 k 个高斯分布的可靠性参数,并根据该参数的大小将 k 个高斯分布从大到小进行排列,这样可以将干扰因素产生的分布排在后面,可以有效描述背景变化的分布排在前面。实际计算过程如公式(3)所示,通过设置阈值 T 来选取前 B 个分布:

$$B = \underset{b}{\operatorname{argmin}}\left(\sum_{k=1}^{b} \omega_{k,t} \geqslant T\right) \tag{3}$$

采用如式(4)对 GMM 算法进行权重更新:

$$\omega_{k,t+1} = (1 - \alpha)\omega_{k,t} + \alpha M \tag{4}$$

$\omega_{k,t+1}$ 表示在 $t+1$ 时刻第 k 个高斯分布的权重值, α 为学习率,当像素值满足公式(1)时,M 取 1,反之取 0。

对于与待测像素值匹配的高斯分布,其均值与方差更新规则如式(5)所示:

$$\left.\begin{aligned}\mu_{k,t+1} &= (1-\rho)\mu_{k,t} + \rho X_{t+1} \\ \delta_{k,t+1}^2 &= (1-\rho)\delta_{k,t}^2 + \rho(X_{t+1} - \mu_{k,t+1})^T(X_{t+1} - \mu_{k,t+1}) \\ \rho &= \alpha\eta(X_{t+1}, \mu_{k,t+1}, \textstyle\sum_{k,t+1})\end{aligned}\right\} \tag{5}$$

式中:ρ 为学习率的权重。在更新过后,重新按照可靠性参数将高斯分布从大到小进行排列,得到更新后的背景模型,进而完成一次更新。

2.4 基于轻量化卷积神经网络的干扰运动排除

在实际工程环境中,除边坡坍塌形成的运动信息外,还有很多干扰运动,例如:飞鸟、行人、树叶飘动等,这些干扰源带来的运动信息同样可以被背景建模算法检测到,从而导致我们整体算法产生边坡运动误检测的情况发生。为了对检测到的运动目标进行有效地鉴别,本文设计了一个轻量化卷积神经网络对检测到的运动源进行识别,用以提升算法的检测精度。算法模型如图 2 所示。

模型主体网络框架基于 squeezenet[15] 模块,包含两个卷积层、一个最大池化层、一个全局平均池化层、五个 fire 层以及一个 softmax 概率输出层,具体网络参数设定在实验章节展示。其中 fire 模块包含 squeeze 以及 expand 两部分,squeeze 为卷积核大小为 1×1 的卷积操作,expand 由 1×1 以及 3×3 卷积操作共同组成。

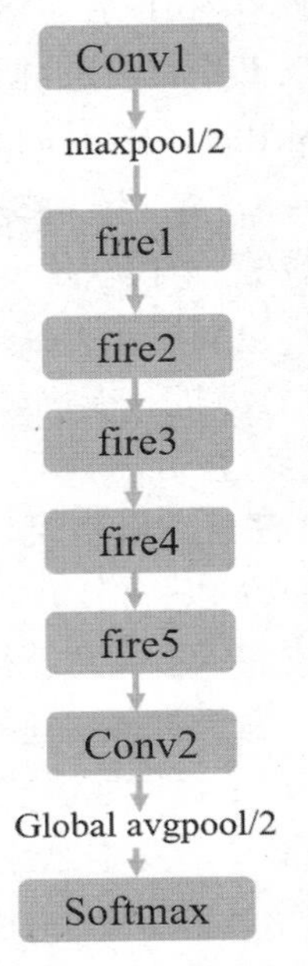

图 2 轻量级卷积神经网络示意图

3 实验及分析

3.1 数据集

本文试验数据主要包含如下三种:工程边坡分割数据集、运动检测数据集以及干扰排除数据集。下面分别对这三种数据集进行介绍。

3.1.1 工程边坡数据集

为了对边坡区域进行有效分割,本文在郑州黄河马渡险工以及焦作大玉兰处采集了近 1 000 张根石边坡图像数据,并对其中的 500 张图片进行图像分割标准化标记,数据样例如图 3 所示。

图 3 根石边坡数据样例图

3.1.2 运动检测数据集

为了验证本文所采用的背景建模算法对滑坡运动检测的效果,分别采集到马渡险工以及大玉兰两处边坡出险视频片段,除此之外,进一步地模拟了滑坡运动场景,数据样例如图 4 所示,其中图 4(a)为本文模拟边坡滑塌运动现场,图 4(b)为马渡险工处根石滑塌现场,图 4(c)为焦作大玉兰段根石滑塌现场。

3.1.3 干扰排除数据集

由于边坡区域内可能会出现人、飞鸟、狗等干扰源,这些干扰源产生的运动同样会被背景建模算法

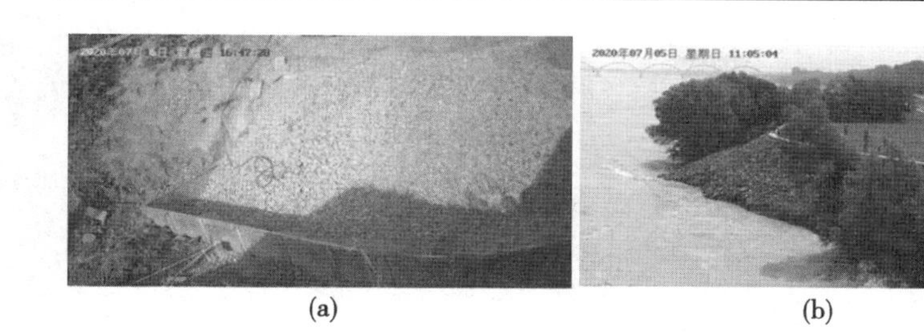

(a) (b)

(c)

图 4　运动检测数据集样例

检测到,从而带来运动干扰。为了对这些干扰运动进行排除,仅仅保留边坡滑动带来的运动,在马渡以及大玉兰两处险工区域采集到近 2 000 张有关行边坡、行人、飞鸟、树叶、猫、狗等可能造成运动的图像数据,并将该数据集分为 10 类,每类中包含图像数量 150~220 张,数据图例如图 5 所示。本文用该数据集对轻量化卷积神经网络模型进行训练,从而可以使其对运动目标进行有效地识别,排除边坡滑动以外的干扰运动,提升算法的识别精度。

图 5　干扰排除数据样例图

3.2　试验参数设置

对于 U-net 网络试验部分,将工程边坡数据集中有标记信息图片的尺寸全部转换为 640×320 像素大小,在 Pytorch 框架下对其进行编码实现,并采用 SGD 优化算法对其进行参数优化,初始学习率大小设置为 0.005,衰减率为 10%,训练迭代次数设置为 50。

对于轻量化卷积神经网络,将干扰排除数据集中图片大小转换为 50×50 大小,第一层卷积层的特征维度设置为 256,fire1~fire5 的特征维度分别设置为 128、128、256、128、128,由于干扰排除数据集中的样例类别有 10 种,所以将预测层的特征维度设置为 10。在 Pytorch 框架下实现该轻量级算法,采用 adam 优化算法对其进行优化,初始学习率设置为 0.01,衰减率为 10%,迭代次数设置为 500。

3.3　试验结果及分析

3.3.1　边坡分割试验

将 500 张标注的边坡数据集分为 400 张训练集以及 100 张测试集,分别对本文 U-net 模型进行训练和测试,部分测试结果如图 6 所示,从图中可以看出所设计的模型可以很好的将根石边坡区域分割出来。

为了验证引入 attention 机制的有效性,本文进一步地用 IoU 指标值对所提出的模型的性能进行评估,指标测试结果如表 1 所示,其中 U-net/attention 为未引入 attention 机制的模型,U-net 为本文所提出的模型,从表中可以看出加入了 attention 机制的 U-net 分割网络达到了更高的 IoU 值,从而可以得出本文引入的 attention 机制的有效性。

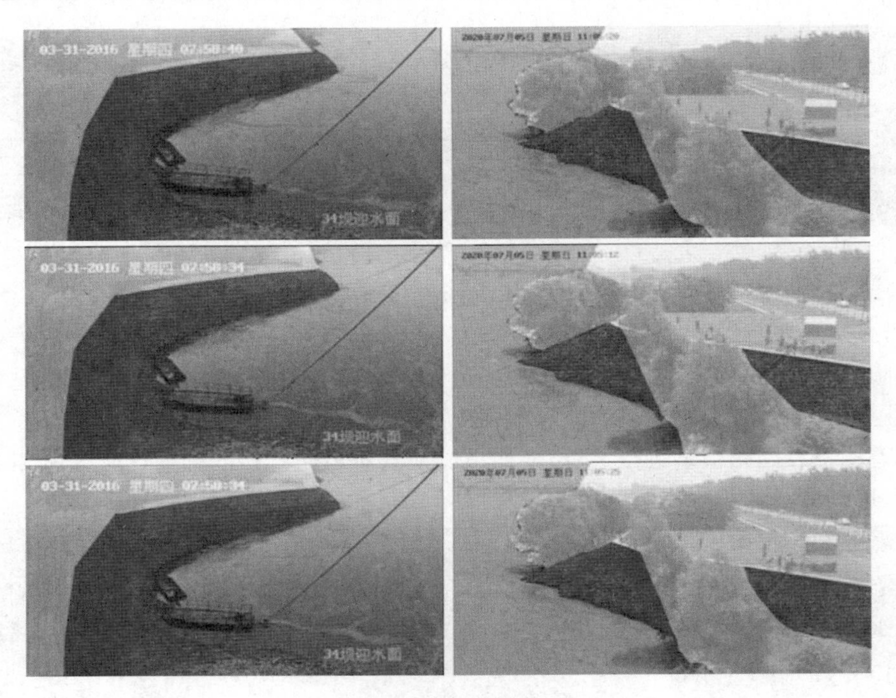

图 6　分割效果图

表 1　IoU 指标对比结果

Model	IoU
U-net/$_{attention}$	0.865
U-net	0.881

此外,为了验证本文所设计轻量化 U-net 模型的有效性,在工程边坡数据集上同时对原始 U-net 模型以及所设计的轻量化 U-net/attention 模型进行训练并测试,并用 IoU 值以及对单张图片的分割所耗费时间作为比对指标,对比结果如表 2 所示,从中可以看出两种模型的 IoU 指标值几乎持平,而本文所设计的轻量化 U-net 模型分割单张图片所耗费的时间更短,效率更高。

表 2　两种模型的效率对比

Model	IoU	Time Cost
U-net/attention	0.865	0.083
原始 U-net	0.868	0.125

3.3.2　运动检测试验

在上述运动检测数据集上对本文所采用的基于 GMM 的运动检测算法进行验证,试验结果如图 7 所示,左边为产生运动的原始视频截图,右边标红处为本文所采用运动检测算法的检测结果,对比视频中的运动区域得出算法很好地将边坡区域产生的运动检测到了,从而验证了所采用运动目标检测算法的有效性。

3.3.3　干扰排除试验

将采集并标注的 2 000 张运动目标数据集划分为 1 500 张训练集以及 500 张测试集。为了验证本文所设计轻量级卷积神经网络框架的合理性,我们进一步地设计了两个额外的对比模型,其中一个模型在本文模型的基础上增加了两个 fire 层,并将其命名为 CNN+,另外一个模型在本文模型的基础上去掉了 fire2 和 fire3 层,并将其命名为 CNN-。分别对这三个模型在数据集上进行训练并测试,用 Top-1 识别率作为测试指标,对比实验结果如表 3 所示,从表中可以看出本文所设计的 CNN 模型取得了最高识

图 7　运动检测效果图

别率，相比之下，无论是增加或是减少模型的深度都会导致算法识别性能的降低，由此可得出本文所设计轻量化卷积神经网络模型结构的有效性以及合理性。

表 3　三种模型的 Top-1 指标对比

Model	Top-1(%)
CNN	98.6
CNN+	97.9
CNN-	97.3

3.3.4　工程应用试验

我们将本文所设计的算法嵌入至监控摄像硬件设备中，在此基础上研制了河防护岸图像识别一根杆设备，将设备安放在黄河马渡险工处对边坡进行 24 h 无人值守式监控。如图 8 所示，在 2020 年 7 月 5 日，算法有效地捕捉到了护岸边坡的滑塌场景（图 8 下方阴影处），并通过网络传输设备通知相关防御局工作人员对滑塌位置进行加固。

图 8　实际工程应用效果

上述所有试验结果表明，本文所提出的算法无论在模拟数据还是在现实场景应用中，对工程边坡坍塌都具有良好的检测效果，由此可得出本文所设计算法的合理性。

4 总结与结论

针对目前工程边坡安全巡检的痛点,本文设计了一种基于深度学习技术的工程边坡坍塌检测算法,该算法首先对边坡区域进行自动分割提取,然后在分割的结果上对运动目标进行检测,最后对检测到的运动目标进行有效地识别。所提出的算法对模拟和现实数据场景中的边坡滑塌都有着较好的检测以及识别结果,具有良好的应用前景。

参考文献

[1] 张金良,刘继祥,万占伟,等.黄河下游河道形态变化及应对策略——“黄河下游滩区生态再造与治理研究”之一[J].人民黄河,2018,40(07):1-6,37.

[2] 牛玉国,张金鹏.对黄河流域生态保护和高质量发展国家战略的几点思考[J].人民黄河,2020,42(11):1-4,10.

[3] 张吉涛.浅谈黄河河道整治工程管理[J].科技视界,2014(6):317.

[4] 李帝铨.探测堤坝管涌渗漏隐患的“拟流场法”仪器揭秘[J].国土资源科普与文化,2020,(1):20-22.

[5] 周莉,郭玉松,崔炎锋.黄河河道整治工程根石探测新技术研究[J].人民长江,2011,33(7):5-6.

[6] 薛英博,雒崇安,杜鹛,等.一种堤防变形、渗漏预警诊断方法及系统[J].科技创新与应用,2020(19):124-126.

[7] 水利部.黄河流域综合规划 : 2012—2030 年[M].郑州 : 黄河水利出版社, 2013.

[8] 蒋云钟,治运涛,赵红莉,等.水利大数据研究现状与展望[J].水力发电学报,2020,39(10):1-32.

[9] Ronneberger O. Invited Talk: U-Net Convolutional Networks for Biomedical Image Segmentation[J]. 2015, 9351:234-241.

[10] J Hu, L Shen, G Sun. "Squeeze-and-Excitation Networks," arXiv: Computer Vision and Pattern Recognition, 2017.

[11] S Woo, J Park, J Lee, et al, "CBAM: Convolutional Block Attention Module," in european conference on computer vision, 2018, 3-19.

[12] J. Park, S. Woo, J. Lee, and I. S. Kweon, "BAM: Bottleneck attention module," 2018, arXiv:1807. 06514.

[13] J. Park, S. Woo, J. Lee, and I. S. Kweon, "BAM: Bottleneck Attention Module," arXiv: Computer Vision and Pattern Recognition, 2018.

[14] Kim K, Chalidabhongse T H, Harwood D. Real-time foreground-background segmentation using Codebook model[J]. Real-time imaging, 2005, 11(3): 172-185.

[15] Iandola, Forrest N., et al. "SqueezeNet: AlexNet-level accuracy with 50x fewer parameters and< 0. 5 MB model size." *arXiv preprint arXiv*:1602. 07360 (2016).

数字孪生水利工程智能安全监测技术研究

何刘鹏　王戈飞　葛创杰

（黄河勘测规划设计研究院有限公司，河南郑州　450003）

摘　要：随着智慧水利的建设实施，现有的安全监测体系难以满足孪生工程的智能化要求，针对存在的问题，本文提出一套适用于数字孪生工程建设的智能安全监测体系。通过天-空-地-内一体化的复合感知体系获取多维立体监测数据，借助智能安全分析模型开展工程安全评估和预警，最后基于孪生平台构建智能安全监测系统，实现安全监测信息查询分析、成果展示预警等功能。该体系可为工程安全运行提供决策参考，有效提升工程安全管理的技术水平。

关键词：数字孪生水利工程；复合感知体系；智能安全分析；智能安全监测系统

1　引言

数字孪生水利工程是将数字孪生技术和水利工程建设管理等环节进行深度融合，构建水利工程数字孪生系统，增强水利工程全仿真的展示能力、多维度的感知能力、深层次的分析能力、全流程的预警能力、全方位的决策能力，大幅提高水利工程的智能化水平[1-2]。数字孪生水利工程是数字孪生流域的重要组成部分，是智慧水利建设的突破点。2022 年 2 月，水利部印发《数字孪生水利工程建设技术导则》（试行），指导数字孪生水利工程建设工作，明确对工程安全监测感知能力和工程安全智能分析预警提出要求。

聚焦水利工程安全监测，如何得到全面反映工程安全性状的监测数据，并从海量监测数据中挖掘工程安全状态，仍是当今水利工程研究的热点和焦点，也是数字孪生工程建设的迫切需求。开展水利工程安全监测的理论与技术研究，对做好我国水利工程安全监测和风险防控工作具有重大意义，也将有利提升孪生工程智能化建设和运行管理水平。

基于复合感知体系的智能监测是孪生水利工程实现“四预”功能的基础，包含数据全域标识、精准动态感知、数据实时分析、模型科学分析等，为数字孪生平台注入了内生动力，为推动水利高质量发展提供重要支撑。本文在剖析水利工程安全监测现状的基础上，分析存在问题，提出以搭建天-空-地-内一体化的复合感知体系为基础，将异构监测数据进行同构化处理，并引入数据印证的理念，改变以往数据即拿即用的方式，加强数据验证，提高数据可靠性，在多源可信数据的基础上，构建智能安全分析模型并建立智能安全监测系统，实现工程监测数据的可看、可查、可追溯，对水利工程运行状态进行全方位展示与动态分析，为孪生水利工程平台提供可靠的安全评估预警功能。

2　水利工程安全监测现状剖析

本文以水利枢纽工程为例，介绍水利工程安全监测现状。截至 2020 年，我国已建成各类水库 9.8 万余座，总库容超 9 300 亿 m^3，是世界上拥有水利枢纽工程最多的国家，其中调蓄能力强的水库与河道、蓄滞洪区等水利设施，共同构成调控水资源时空分布、优化水资源配置的重要工程基础，是经济社会发展的基础支撑和生态环境改善的重要保障。

作为国家水网的关键节点，水利枢纽工程在挡水过程中，随着运行环境的不断变化及与水体的相互

作者简介：何刘鹏（1980—），男，高级工程师，主要从事水利信息化工作。

作用,加上工程磨损、老化等情况的存在,不可避免地会对其自身的安全性和承载能力造成一定的影响[3-5]。安全监测则是通过仪器观测和巡视检查对水利工程的安全性态进行测量和评估的主要手段。

为全面摸清我国水利枢纽工程安全监测系统的建设、运行状况及存在问题,2016年水利部下发了《水利部监管司关于开展全国水库大坝安全监测情况调查的通知》,对各大中小型水库进行调查[6-7]。各类型水库监测项目设置的比例情况见表1。

表1　水库大坝安全监测情况调查统计

水库类型	监测项目				监测自动化系统	监测设施正常运行	专职监测队伍
	水位	降雨量	表面变形	渗流量			
大型	93%	87%	44%	66%	66%	44%	71%
中型	81%	75%	39%	49%	34%	39%	45%
小型	50%	—	9%	7%	—	—	—

注:—为缺失资料或未统计。

从本次大规模调研可得出:一方面,大中型水库大坝存在着安全监测项目不完善的问题。虽然在近几年部分水库大坝陆续建设或完善了安全监测设施,但由于经费不足或者从业人员技术水平的限制,依然存在着监测项目不完备、安装位置与工程问题结合不紧密、安装埋设不规范、监测设施完好率偏低等诸多问题[8],同时,各类监测数据之间缺少校核,难以确保数据的可靠性。

另一方面,随着安全监测系统的提升改造,大中型水库逐渐积累了大量的监测记录与数据,但由于自动化系统建设不完备,技术人员分析研判能力不足,目前大部分数据滞留在水库管理单位,监测资料可靠性未能及时甄别,整编分析大多也未能及时进行,全面深入的剖析和挖掘工作更是无从谈起,无法准确分析水库大坝的安全运行性态,导致水库大坝安全隐患与异常不能及时发现。

因此亟需增强感知数据分析研判能力,加快推进大数据、人工智能等新一代信息技术与大坝安全监测技术进行深度融合,提高水利工程的信息化和智慧化管理水平。

3　水利工程智能安全监测总体架构

从建设目的和需求出发,水利工程的安全监测流程分为四个环节,分别为数据获取、数据传输、数据管理与数据智能分析。针对目前水利工程安全监测所存在的问题,提出构建天-空-地-内一体化的复合感知体系,全面获取水库大坝整体与部分的安全监测数据;将异构数据同构化,利用同类要素的多源感知数据进行互相印证,避免因安装不规范、设备失效、状态异常等原因导致数据可靠性受到影响,在确保数据可信的基础上对多源数据进行融合;并建立水利工程智能安全分析模型,以此为基础构建智能安全监测系统,提高监测数据资料分析的实时性,实现监测数据与异常问题的可看、可查、可追溯,为水利工程的安全管理提供技术支撑。水利工程智能安全监测体系总体架构如图1所示。

4　构建天-空-地-内的复合感知体系

当前,面向水利工程的透彻感知不够,信息采集和感知体系不健全,采集网络薄弱,采集密度和范围不够,因此亟需构建天空地内相结合、可相互印证的复合感知体系,实现对水利工程重点区域、重点位置的多手段、多时态、动静结合的全方位立体感知,弥补现有安全监测项目不全的缺陷。

4.1　“天”——卫星遥感技术

遥感技术已在水利现代化与信息化方面展现出广泛的应用前景,通过加强卫星遥感监测建设,可提高水利工程遥感监测数据一体化管理、自动处理、智能解译与分析评价能力[9]。基于InSAR数据,定期监测水库大坝变形、近坝岸坡滑坡等问题,分析发现隐患变化趋势;基于光学遥感图像,自动提取库区水面、植被、建筑物等信息,实时监测“四乱”(乱占、乱采、乱堆、乱建)和水生态等问题。

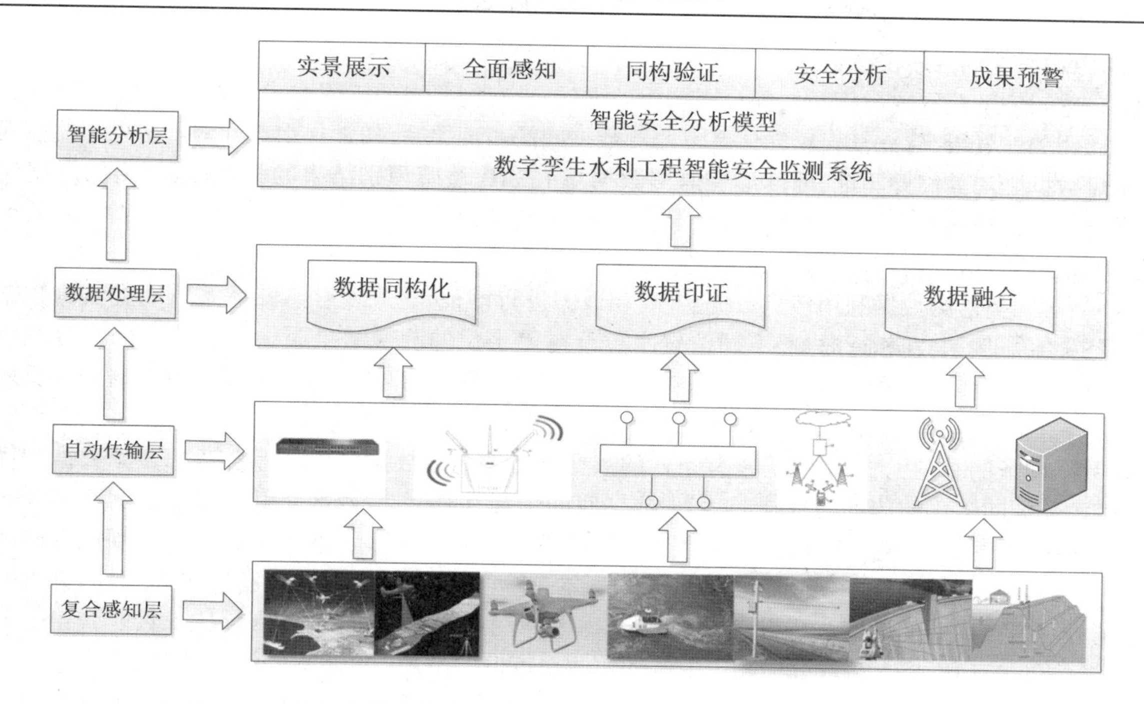

图1 数字孪生水利工程智能安全监测体系总体架构

4.2 “空”——无人机技术

无人机技术的出现为地学信息的准实时采集提供了可能。利用无人机搭载可见光、红外、LiDAR等传感器设备，可获取工程的高精度影像数据和三维点云数据，构建精细三维模型，为库区监管和智能安全分析平台提供统一的地理基础和数据底座，同时采用贴近摄影测量技术[10-11]，定期对边坡、坝体、溢洪道等重点部位进行监测，运用计算机视觉、大数据分析技术等，及时发现大坝表面破损、沉积、变形、渗流、崩塌等安全隐患，提升对大坝安全监测的全面性和准确性，并能进行库区日常巡查与监管，及时发现库区违规取用水、人员非法侵入、库区偷窃捕捞等问题。

4.3 “地”——多传感器监测

在水利工程重点部位布设多种地面测量和智能视频监测设备，实现对工程外部变形、水情形势的全天候、全时段、多维度监测。基于GNSS、测量机器人等测量设备，获取高精度坐标信息，计算水平、垂直方向形变；基于水位计、流量计、水质仪等设备，直观监测库区水位、流量、水质等信息；基于视频监控智能分析，监测大坝、水闸等水工建筑物的表面性态，获取闸门开度、水位变化等工程运行状态信息。

4.4 “内”——内生感知设备

在水库大坝内部及周边关键部位布设温度计、渗压计、测斜仪、位移计、应力计等传感器设备，完成对大坝主体、库区边坡、水闸等工程的温度、渗流、垂直水平位移、混凝土应变力（压力）、钢筋应力、锚索应力及闸基扬压力等的监测。

5 构建多源数据智能安全分析模型

5.1 异构数据同构化处理

同构化数据是数据利用的前提和基础。在复合感知体系中，水利工程安全监测包括常规监测手段（如变形监测、渗流监测、应力、应变及温度监测、环境量监测、其他各类专项监测等）和新型监测手段（包括视频监控、无人机巡检、遥感影像等），影像、视频、数值等多源数据的异构性阻碍了复合感知体系中数据的相互融合，降低了数据的利用水平。基于深度学习的遥感影像智能解译、机器视觉智能识别等先进技术，将图像参量转换为数值参量，如将InSAR干涉相位图转化为形变数值、热红外影像转换为温度数值、监控视频识别出水位和闸门开度值，化异构数据为同构的数值数据，为复合感知数据印证对比奠定基础。

5.2 多源数据的相互印证融合

复合感知体系获取的异构数据经过同构化处理后,针对同要素的不同方式监测结果将具有可比性,通过开展相关性分析,建立复合感知体系下监测数据间的印证关系,如常规水位计测量结果与监控视频识别水尺数据之间的彼此印证,地基形变监测数据与 InSAR 遥感识别结果的相互印证,闸门开度仪记录数据与现场监控视频识别结果相互印证等,可避免常规监测中可能因监测项目单一造成的数据不可靠,增强数据的可信程度,减少人工巡视次数。

同时,对同类监测数据利用多点数据、多时相数据进行印证,建立复合感知体系下同类监测数据内部的印证关系。例如,在相近时刻,不同位置水位计对库水位的测量结果应保持一致或处在合理范围内,并结合历史资料,运用大数据分析、趋势分析等手段,印证数据是否存在异常情况并及时做出反应与预警。

在数据印证的基础上,对于有需求有条件的数据进行融合。数据融合将综合考虑多源数据的优缺点,在多源数据同构化与印证的基础上,实现数据间的优势互补[12]。如水准测量技术精度高、GNSS 连续观测测量技术时间分辨率高、InSAR 技术空间分辨率高,可充分利用三种不同技术在大坝沉降监测中的优势互相补充,采用集合卡尔曼滤波同化算法融合三种监测数据,获得监测精度更高、时间分辨率更高、空间分辨率更优的变形监测成果,准确反映水库大坝变形规律,弥补水准测量技术只能获得部分离散点沉降信息、InSAR 技术在部分失相干地区的监测精度低的不足[13-14]。

除变形监测数据外,其他多源数据在经过可靠性印证之后,可采用不同的融合方法实现在空间位置和采集频率上的加密,真正发挥复合感知体系的作用,增强数据效能,为水利工程智能安全分析模型提供丰富有效的数据来源。

5.3 建立智能安全分析模型

水利工程安全评价是在考虑其运行期间影响安全性的各种定量与非定量因素所表现出来特征的基础上,对水利工程安全性所做出的分析与评价。目前,国内在水利工程安全评价模型方面主要分为以下几类:陈诚[15]、李新华[16]、周红梅[17]等分别以层次分析法为基础,结合变权、模糊算法等方法,建立了各种定量评价模型,取得一定效果;李靖华、孙玮玮[18]分别探讨了主成分分析法在大坝安全评价中的应用,结合评价标准最终确定大坝安全风险等级;姚云鹏[19]、喻桂成[20]、巫俊锋[21]等分别将模糊算法应用于大坝安全监测,建立了相应的大坝安全模糊综合评价模型;何金平[22]、刘亚莲[23]等则基于突变理论对水库大坝整体安全性进行研究。

以上研究分别从不同角度取得了一定的应用成果,且具有良好的系统性。但多牵扯到专家打分等主观性因素较强的部分,无法很好地适应可能会出现的各种新情况。

人工神经网络具有较强的学习能力,可通过训练充分吸收学习样本中专家的思维和经验,在输出的评价结果中进行再现,无须用显式的表达式来表示,具有较强的非线性映射能力。然而神经网络本身存在收敛速度慢、稳定性差、易陷入局部最小等问题[24]。遗传算法则对目标函数的状态没有具体要求,具有很好的全局搜索能力,能较好地弥补神经网络算法的缺陷,避免网络陷入局部极值,加快网络的训练速度[25]。考虑到上述因素,利用遗传算法对神经网络的连接权值进行优化,尽量避免局部极小、提高训练速度,最终采用遗传神经网络模型对水利工程进行安全分析。

同时,传统分析方法得到的定性结果不能为神经网络算法提供合适的学习样本,因此拟结合安全度值的概念,将定性结果量化。将工程整体及各因子安全程度以数值化体现,将安全度值置于(0-1]的区间上,从高到低依次划分确定为(0.8-1],(0.6-0.8],(0.4-0.6],(0.2-0.4],(0-0.2],分别对应正常、基本正常、轻度异常、重度异常和恶性失常 5 种状态。

通过将指标因子分层,计算每个最底层因子的安全度值,再判断下层因子相对于上层因子安全程度的权重,逐级进行评价,最终得到工程的整体安全度值并作为样本。例如,将大坝结构安全分为变形、渗流、内观、巡查等多个方面,变形又将细分为水平位移、垂直位移、倾斜、接缝裂缝四个底层因子,分别利用不同测点的观测值计算最底层因子安全度值,结合专家经验对各级因子间权重进行赋值,最后综合计算得到工程整体安全度值。至此，获得了网络模型的训练样本。

将整理后的多维感知数据输入到训练完成的遗传神经网络模型，即可直接输出得到水库大坝的整体安全度值[26]，实现水利工程安全状态的实时评估，为工程的运行管理、提升改造提供参考信息。

6 基于孪生平台构建智能安全监测系统

基于孪生平台开发工程智能安全监测系统，在系统中接入库区多维感知数据、集成多源数据智能安全分析模型，实现对水库大坝运行状态的准确分析与直观展示，为水利工程安全管理提供参考。

（1）监测信息实时连接。接入工程中布设完善的复合感知数据，包括水位水质数据、形变位移数据、裂缝数据、渗流数据、视频监控数据等各项数据，实现全方位监测数据在实景三维场景基底上的一屏可观。

（2）多源数据同构验证。研发异构数据同构化模块，例如，利用深度学习算法将视频、图像等参量转换为数值数据，用于识别水位、闸门开度等数据；研发多源数据印证模块，包括视频智能识别得到的数值数据与水位计数据、闸门开度仪数据等相互印证模块、InSAR 影像反演形变数据与位移计等形变监测数据的相互印证模块；研发多源数据融合模块，包括 InSAR 数据与 GNSS、水准数据的融合模块、热红外影像识别温度数据与现有点状温度数值数据的融合模块等。

（3）智能安全分析模型。实现工程安全度值的自动化流程计算，同时，保留各环节调整接口，可根据不同情况增加新样本，优化网络模型；可在接入原始监测数据后，利用内置的训练完毕的网络模型直接计算出工程整体安全度量值。

（4）成果数据展示预警。成果展示包括单指标因子的趋势分析与异常预报，在数据分析后，如果存在与历史数据发展趋势不吻合的监测数据，及时进行预警；此外，利用多指标因子进入智能安全分析模型计算得到实时诊断结果，对于不同的安全等级做出不同程度的安全提示与预警，对水利工程管理者做出决策提供技术支撑，以便决定是否进行现场排查，或者召集大坝安全领域专家进行更加系统全面的安全评价。

7 结语

据水利部统计，已建成水库中约 40% 为病险水库，体量大、分布广，同时涉及坝型较多，病害险情也各不相同。在数字孪生水利工程推进过程中，实现对工程安全状态的实时预报和及时预警将尤为重要。

本文在分析水利工程安全监测目前存在问题的基础上，提出构建天-空-地-内一体化的复合感知体系；并引入数据印证理念，在将异构数据同构化处理之后，开展多源数据对于同类要素的相互印证和不同点位、不同时期数据对同类要素的相互印证，提高数据可靠性；同时综合多源数据的优点和长处，对数据进行融合，增强数据效能；运用安全度量值概念生产大量样本，结合遗传算法改进神经网络模型，经过不断迭代和优化，得到适宜的工程安全分析模型；最后，将模型嵌入孪生平台，为水利工程安全分析评估预警提供技术支撑。

参考文献

[1] 张绿原，胡露骞，沈启航，等. 水利工程数字孪生技术研究与探索[J]. 中国农村水利水电，2021，(11)：58-62.
[2] 蒋亚东，石焱文. 数字孪生技术在水利工程运行管理中的应用[J]. 科技通报，2019，35(11)：5-9.
[3] 张钟元，郭翔宇，阚飞，等. 灌区水利工程全方位安全监测探析[J]. 四川水利，2021，42(2)：151-155.
[4] 李佳宇. 水利工程大坝的安全监测技术与发展[J]. 河南水利与南水北调，2015，(4)：12-13.
[5] 王德厚. 大坝安全与监测[J]. 水利水电技术，2009，40(8)：126-132.
[6] 王健，王士军. 全国水库大坝安全监测现状调研与对策思考[J]. 中国水利，2018，(20)：15-19.
[7] 江超，肖传成. 我国水库大坝安全监测现状深度剖析与对策研究[J]. 水利水运工程学报，2021，(6)：97-102.
[8] 刘六宴，张国栋. 关于加强水库大坝安全监测管理工作的思考[J]. 水利建设与管理，2013，33(7)：51-54.

[9] 李纪人. 与时俱进的水利遥感[J]. 水利学报,2016,47(3):436-442.
[10] 言司. 第三种摄影测量方式的诞生:中国工程院院士张祖勋谈贴近摄影测量[N]. 中国自然资源报,2019-11-11(5).
[11] 王小刚,赵薛强,王建成. 贴近摄影测量在水利工程监测中的应用[J]. 人民长江,2021,52(S1):130-133.
[12] 麻源源,左小清,麻卫峰,等. 利用数据同化技术实现InSAR和水准数据融合研究[J]. 工程勘察,2019,47(8):49-55.
[13] 李怀展,查剑锋,米丽倩. 基于卡尔曼滤波的D-InSAR和水准监测数据融合方法研究[J]. 大地测量与地球动力学,2015,35(3):472-476.
[14] 李更尔,周元华. InSAR、水准及GPS数据融合处理方法[J]. 测绘通报,2017,(9):78-82.
[15] 陈诚,花剑岚. 改进层次分析法在土石坝安全评价中的应用[J]. 水利水电科技进展,2010,30(2):58-62.
[16] 李新华. 基于层次分析法的水电站工程的风险评价与风险管理研究[D]. 昆明:昆明理工大学,2007.
[17] 周红梅. 基于改进的AHP-PP模型的重力坝安全综合评价方法[J]. 水电能源科学,2014,32(2):90-92.
[18] 孙玮玮,李雷. 基于主成分分析法的大坝风险后果综合评价模型[J]. 长江科学院学报,2010,27(12):22-26.
[19] 姚云鹏,周明. 基于多层次模糊评价法的水库大坝安全鉴定研究[J]. 技术研发,2013,20(8):12-14.
[20] 喻桂成,田小娟,徐骏,等. 基于改进AHP法的大坝安全性模糊综合评价[J]. 水利科技与经济,2014,20(4):31-34.
[21] 巫俊锋. 多层次模糊法在飞来峡大坝实测安全形态综合评价中的应用[J]. 南昌工程学院学报,2013,32(7):10-12.
[22] 何金平,李珍照. 基于突变理论的大坝安全动态模糊综合分析与评判[J]. 系统工程,1997,15(5):39-43.
[23] 刘亚莲,周翠英. 突变理论在堤防安全综合评价中的应用[J]. 水利水运工程学报,2011,(1):60-65.
[24] 镇方雄,李跃新. 基于改进遗传算法的神经网络优化[J]. 湖北大学学报(自然科学版),2006,28(4):345-349.
[25] 吴伟. 基于改进遗传算法的神经网络结构优化研究[D]. 苏州:苏州大学,2012.
[26] 张帆,胡伍生. 遗传神经网络在大坝安全评价中的应用[J]. 测绘工程,2014,23(7):41-45.

基于智能图像识别算法的典型畸形河湾演变分析

曹智伟[1,2]　宗虎城[1,2]　吴　迪[1,2]　樊金生[1,2]　郎　毅[3]

（1. 黄河勘测规划设计研究院有限公司，河南郑州　450003；
2. 水利部黄河流域水治理与水安全重点实验室（筹），河南郑州　450003；
3. 黄河水利委员会河南水文水资源局，河南郑州　450003）

摘　要：20世纪80年中期代以来，黄河下游水沙条件发生重大变化，畸形河湾问题日益严重，对防洪安全产生重要影响。本研究利用人工智能图像识别算法从多年时间序列卫星影像上获取数据要素，改进了高效识别和分析畸形河湾演变趋势的研究方法，也为游荡性河道河势稳定性分析提供了研究基础。本文以黄河下游九堡-黑岗口河段为例，深入分析1989-2021年间的畸形河湾演变过程，研究发现该河段河势整体向好发展，但由于其特殊性仍存在畸形河湾需要重点关注；畸形河湾具有自身演变规律，可以为黄河下游综合治理提供科学支撑。

关键词：黄河下游；畸形河湾；智能图像识别；卫星影像

1　前言

20世纪80年代中期以来，黄河下游的来水来沙发生了较大变化，河道不断萎缩，经常发生畸形河湾[1-3]。畸形河湾给黄河下游的防洪安全和滩区治理带来了严重威胁，研究黄河下游游荡性河段畸形河湾的演变规律能为游荡性河道治理提供科学依据。

近年来，很多学者对黄河畸形河湾进行了研究，并取得了丰硕成果[4-13]。各学者对于畸形河势的研究一般都是利用河势图和实测资料，或者是模型试验成果和实测资料进行分析，但这些资料都比较稀少且难以获得，例如黄河下游河势图每年只出版一次。而传统人工查河的方式难度大、成本高，所得河势信息精度有限[13]。近年来，随着卫星遥感技术飞速发展，利用卫星对地拍摄的高分辨率遥感影像，可以快速、准确地进行地表水体信息提取，实时同步观测河道的演变情况[14]。遥感影像数据具有时间序列长、连续性好、覆盖范围广、可直接从互联网上下载等优点，极大地方便了学者对黄河畸形河势的研究工作[12]。但在当前的黄河下游河势研究中，无论是利用河势图资料，还是卫星遥感影像资料，都要对河道水边线等要素进行手工勾绘，不仅费时费力，且准确性低。因而，许多学者对遥感影像自动提取河流信息的方法进行了研究，通过算法实现对遥感影像信息的自动化、智能化提取[14]。徐灵等[15]在利用遥感影像生成的灰度图像上选取河流初始区域，确定范围和阈值，得到河流边界，再经过处理后生成矢量文件。付晓等[16]将监督分类和非监督分类方法结合起来，提出基于彩色遥感影像提取河流信息的算法。王民等[17]提出了综合影像中光谱、纹理、几何特性等多特征联合提取河流信息的方法。

本研究采用智能图像识别算法提取水边线等河流信息，同时利用时空分析等工具库，将大幅度提高黄河下游畸形河势研究效率和准确度，为游荡性河道综合治理提供了新的研究方法。

2　理论方法

卫星遥感技术的发展，让学者可以方便快捷地获得大量遥感影像，突破了传统的测量数据难以获得

基金项目：黄河勘测规划设计研究院有限公司自主研发项目（2020YF003、2021KY042、2021BSHZL03）。

作者简介：曹智伟（1979—），男，博士，高级工程师，主要从事黄河流域战略前沿研究。

的限制,利用智能图像识别技术从卫星影像上提取数据要素是与之相应的技术。畸形河湾识别与分析技术路线见图1。

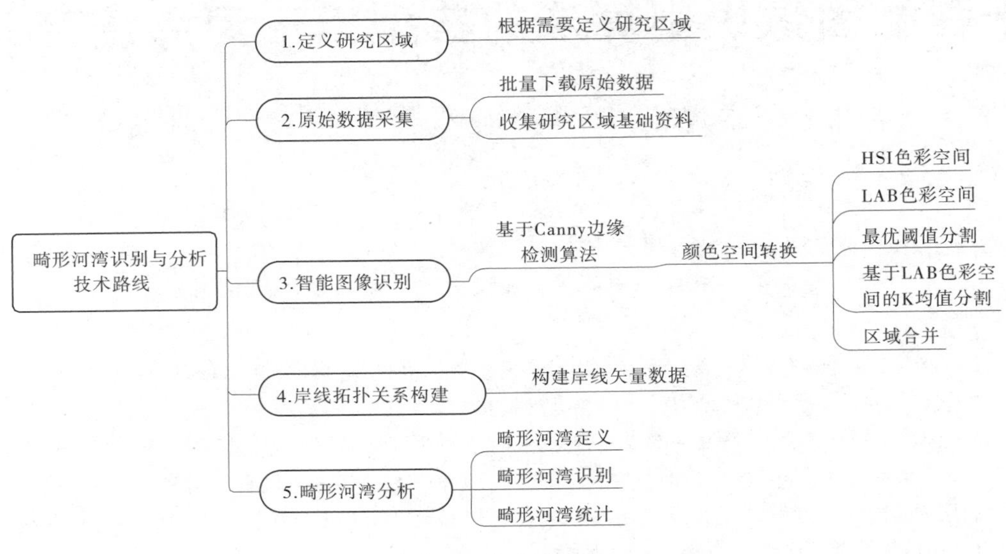

图1 技术路线图

2.1 定义研究区域

根据研究需要选择研究对象区域。

2.2 原始数据采集

本研究采用美国航空航天局提供的 Landsat 系列遥感数据,该数据可直接从互联网上下载(下载网站 http://earthexplore. usgs. gov/),且具有时间序列长、连续性好、覆盖范围广、易获得等优点,是遥感领域重要的数据来源。因为影像资料较多,应选择最具有代表性且云量较少的遥感影像,对于典型畸形河湾选择其演变时期具有代表性的汛前或汛后遥感影像。

2.3 智能图像识别

水边线智能图像识别是基于 Canny 边缘检测算法,通过颜色空间转换实现。色彩空间的选取直接影响着图像分割的最终效果,常见的 RGB 色彩空间将颜色看作三种基色的组合,这三种基色之间存在着较强的关联性,不适合用于基于三种基色独立运算的图像色彩分割。HSI 色彩空间从亮度、色调以及饱和度三方面对色彩进行描述,三个分量之间较为独立,且较为符合人类的视觉特性,此外,LAB 空间是目前颜色最为均匀的色彩空间,可以包含自然场景下人类视觉能够感觉到的所有颜色信息,因此本文选取 HSI 和 LAB 作为颜色分割的基础色彩空间,具体流程为:首先利用最优阈值法在 HSI 色彩空间进行阈值分割,然后采用 K 均值聚类方法在 LAB 色彩空间内进行图像分割,最后通过区域合并将两次分割结果进行结合得到最终分割结果,见图2和图3。

2.3.1 HSI 色彩空间

HSI 色彩空间中的 H 为色度,用以表示不同的颜色;S 为饱和度,表示颜色的深浅;I 代表亮度,反映颜色的明暗程度。本文首先将河道 RGB 图像转换为 HSI 色彩图像,转换方式如下:

$$\begin{cases} H = \arccos\left\{\dfrac{\frac{1}{2}[(R-G)+(R-B)]}{[(R-G)^2+\frac{1}{2}(R-B)(G-B)]}\right\} \\ S = 1 - \dfrac{3}{R+G+B}[\min\{R,G,B\}] \\ I = \dfrac{R+G+B}{3} \end{cases} \tag{1}$$

图 2　合成假彩色的卫星影像图

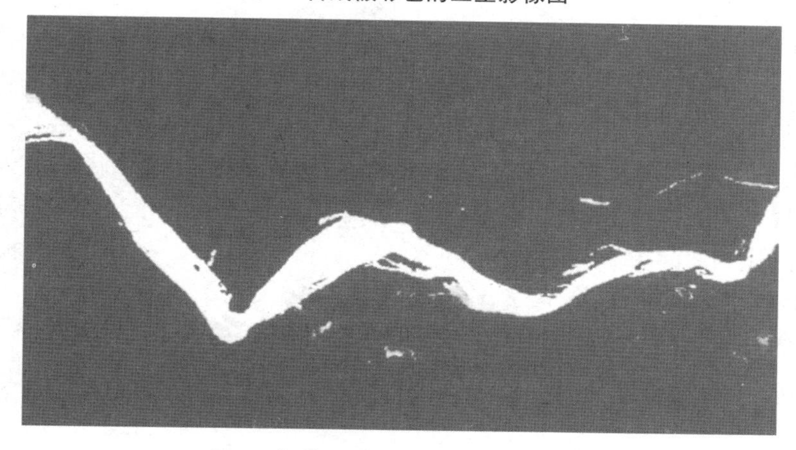

图 3　智能图像识别后的边界分割图

2.3.2　LAB 色彩空间

LAB 是国际照明委员会在 1976 年提出的一种色彩空间，由三个基本坐标组成，其中 L 表示颜色亮度，坐标 A 的负端表示绿色，正端表示为红色，坐标 B 的正端代表黄色，负端代表蓝色。类似地，本文首先将 RGB 河道图像转换到 XYZ 色彩空间，再由 XYZ 色彩空间转换为 LAB 色彩空间，具体为：

$$\begin{cases} X = 0.49 \times R + 0.31 \times G + 0.2 \times B \\ Y = 0.177 \times R + 0.812 \times G + 0.011 \times B \\ Z = 0.01 \times G + 0.99 \times B \end{cases} \tag{2}$$

$$L = 116f(Y) - 16, a = 500\left[f\left(\frac{X}{0.982}\right) - f(Y)\right], b = 200\left[f(Y) - f\left(\frac{Z}{1.183}\right)\right] \tag{3}$$

其中，$f(x) = 7.787x + 0.138, x \leqslant 0.008\,856, f(x) = x^{1/3}, x > 0.008\,856$。

2.3.3　最优阈值分割

将 RGB 转换为 HSI 色彩空间后，分别以 H、S、I 三分量进行分区域处理，然后利用大津法确定每个区域的阈值，再将三个分量分割后的图像进行合并得到在 HSI 色彩空间下的分割结果。

2.3.4　基于 LAB 色彩空间的 K 均值分割

首先用形态学操作将转换到 LAB 色彩空间后的河道图像进行平滑滤波，以此来消除孤立点，提高分割精度；然后利用 K 均值聚类算法将颜色相近的像素点划分到同一簇中，得到基于 LAB 色彩空间的初始分割结果。具体步骤为：

(1)将色彩划分为预先设定好的 K 个簇，并为每一个簇定义一个质心。

(2)将每个色彩与距它最近的质心联系起来，直至再无颜色点可以与质心相关联。

(3)根据合并结果重新计算 K 个质心作为每个簇的质心。

(4)重复步骤(2)操作,直至准则函数收敛至最小:

$$J = \sum_{j=1}^{k} \sum_{i=1}^{n} \| x_i^{(j)} - C_j \|^2 \quad (4)$$

其中,$\| \quad \|^2$ 为距离度量函数,表示每个数据点与各个质心的距离。

2.3.5 区域合并

本文将基于两种色彩空间分割后的图像相结合,以取得最佳分割结果,具体为:对基于 HSI 色彩空间以及 LAB 色彩空间的二值分割图像做数学或运算得到最终的分割结果。

2.4 岸线拓扑关系构建

利用 ArcGis 软件将智能图像识别获得的水边线栅格数据转换为矢量数据,并剔除无效数据,例如不与水边线相连的水洼边线等。

2.5 畸形河湾分析

2.5.1 畸形河湾定义

畸形河势是黄河下游河势演变的一种特殊的自然现象[4],其平面表现形式多为横河、斜河,其水流轴线与规划流路轴线的夹角一般大于 65°,往往形成 S 形、Z 形、Ω 形等畸形河湾。从黄河下游河相关系式分析,满足 $R = (2 \sim 6)B$ 的为正常河势;$R = (0.8 \sim 2.0)B$ 及 $R > 6B$ 的为一般河势;$R < 0.8B$ 的为畸形河势(R 为弯曲半径、B 为河宽)[7]。畸形河湾的弯道曲率大,平面形状不规则[5]。因而,在本研究中将畸形河湾定义为 $R < 0.8B$ 的河湾。

2.5.2 畸形河湾识别

根据水边线矢量数据,读取弯道处河宽 B 和近似弯曲半径 R,当满足判定条件 $R < 0.8B$ 时,则该弯道和相邻的弯道一起称之为一个畸形河湾;如果与畸形河湾相连的弯道也满足判定条件,则该畸形河湾和与之相连的弯道一起称为一个大畸形河湾。

2.5.3 畸形河湾统计分析

长时间序列的遥感影像通过智能图像识别提取水边线后,对其畸形河湾进行判别后统计分析。

3 案例分析

3.1 研究区域

黄河下游游荡性河道起于河南孟津白鹤,止于山东东明高村,全长 299 km,河床断面宽浅,河势多变,到目前尚未得到完全控制。九堡—黑岗口河段位于小浪底下游约 145 km,滩地宽广,畸形河湾频发,是历年汛期重点防守河段,所以选为本次研究河段。

3.2 研究数据

本次研究采用美国航空航天局提供的 Landsat 系列遥感数据,批量下载黄河下游九堡-黑岗口河段 1989—2021 年历年汛前或汛后少云清晰且有代表性的遥感影像。之后对遥感影像选择近红外、中红外及红波段三个对水体敏感波段进行合成,合成的遥感影像为非标准假彩色图像,能突出水陆边界,便于智能识别。

3.3 畸形河湾统计

将黄河下游九堡—黑岗口河段 1989—2021 年汛前或汛后卫星影像经过智能图像识别后,统计畸形河湾数量,在 33 年的统计时间内,该河段总计产生畸形河湾 16 次,见表 1。

表 1　九堡—黑岗口河段畸形河湾统计表

河段	畸形河湾出现年份	存在时间/a
九堡—黑岗口	1994—1995、1998、2002、2010—2021	16

3.4 黄河下游九堡—黑岗口河段典型畸形河湾演变分析

2010—2014 年,主流出九堡下延工程后,在三官庙控导工程前滩地坐弯,折转向东南,流至韦滩工程上首滩地,再折转东北向,流至仁村堤,然后流向东南,经过大张庄控导工程至黑岗口上延工程,在九堡—仁村堤间形成倒"Ω"形畸形河湾。由于九堡下延工程的送流能力逐年增强,主流逐渐靠近三官庙控导工程,九堡—仁村堤间倒"Ω"形畸形河湾逐年上提,仁村堤—大张庄段流路逐年下挫,见图 4。

2015 年,主流出九堡下延工程后在三官庙控导工程上段靠河,沿工程行河 600 m 后,折转东南向,流至韦滩工程上首滩地坐弯北上仁村堤,沿仁村堤行河约 2 km 后,折转东南向,过韦滩工程下首滩地至黑岗口险工,在三官庙—韦滩段形成"S"形畸形河湾。

2016—2019 年,三官庙控导工程靠河长度逐年增加,"S"形畸形河湾进一步发展,韦滩工程上首弯道左右双向塌滩展宽,弯顶向下移动,工程下首流路塌滩下挫,到 2019 年 7 月在韦滩工程上段滩地形成一个倒"Ω"形畸形河湾,见图 5。

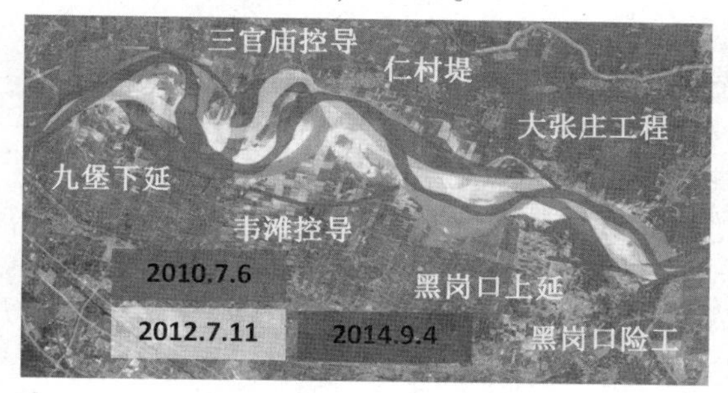

图 4　九堡—黑岗口段 2010—2014 年河势图

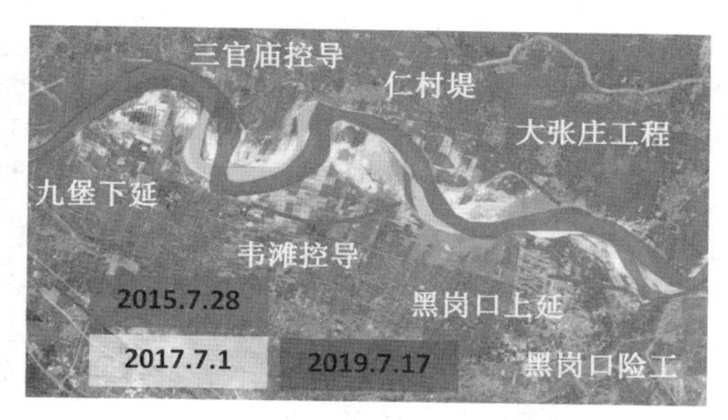

图 5　九堡—黑岗口段 2015—2019 年河势图

2019—2021 年,从 2019 年 8 月开始,三官庙控导工程下段全部靠河,主流东南向直冲韦滩工程上段滩地,坐弯折转北向至仁村堤,然后折转南下至韦滩工程下首滩地,再坐弯东北向至大张庄工程;到 2020 年,韦滩工程靠河,仁付堤靠河位置下移,主流沿仁村堤经大张庄工程直达黑岗口险工,韦滩工程下首滩地弯道发生裁弯消失,剩下韦滩工程前倒"Ω"形畸形河湾;到 2021 年,韦滩工程靠河长度逐渐增加,弯顶位置下移,仁村堤靠河位置不变,最后主流在韦滩工程上段滩地分成南北两股支流,北支流东北向到仁付堤,沿堤东南向流经大张庄工程前滩地,南支流沿韦滩工程东向流至大张庄工程前滩地与北支流汇合,然后东南向流至黑岗口险工,见图 6。

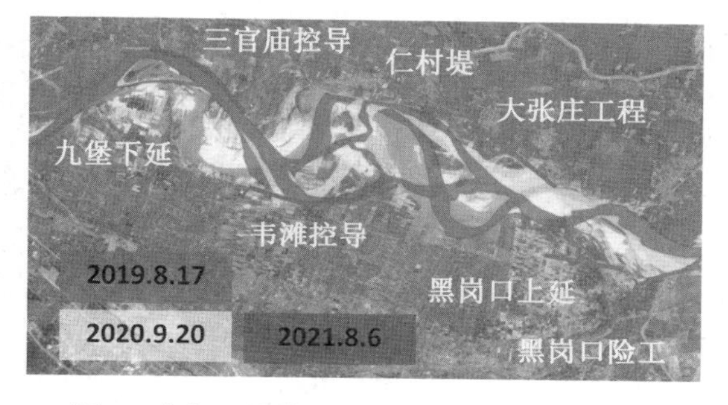

图 6　九堡—黑岗口段 2019—2021 年河势图

4　结论和讨论

4.1　结论

本研究以黄河下游九堡—黑岗口河段为例,采用卫星影像数据,利用人工智能图像识别算法,对该河段畸形河湾演变进行了统计分析,得到以下结论:

(1)黄河下游九堡—黑岗口河段经过不断的治理,其河势持续向好的方向发展。2010 年以来,虽然九堡—黑岗口河段每年都产生畸形河湾,但该河段的控导工程靠河总长度逐年增加,塌滩面积逐年减小,流路也越来越归顺。九堡—黑岗口河段具有自身的特殊性,在当前的水沙条件下容易出现畸形河湾,需要重点关注和加强研究。

(2)黄河下游九堡—黑岗口河段畸形河湾演变的显著特点是形成一个倒"Ω"形河湾从上游向下发展。每个畸形河湾都有自身的演变规律,在河道治理时可以采取针对性的措施。例如,在该河段可以通过卫星影像对河势进行监测,采取滩地防护和开挖引河等措施,遏止畸形河湾发育和促进流路归顺,从而减少畸形河湾对防洪的不利影响。

4.2 讨论

卫星影像技术的发展,为黄河下游河道演变研究提供了大量的、容易获得的影像数据,而智能图像识别能够大幅度提高影像数据处理速度。智能图像识别技术与卫星影像相结合,为高效识别和分析畸形河湾演变提供了新颖的方法,也为进一步分析游荡性河道稳定性提供了研究基础,势必极大地推动黄河下游河势研究的发展,并且智能图像识别技术有广泛的应用前景,可以应用于很多方面,因而对智能图像识别技术需要更进一步研究,不断提高识别速度和精确度。

参考文献

[1] 陈建国,邓安军,戴清,等.黄河下游河道萎缩的特点及其水文学背景[J].泥沙研究, 2003,(4) :1-7.
[2] 许炯心,孙季.黄河下游游荡河道萎缩过程中的河床演变趋势[J].泥沙研究,2003,(1):10-17.
[3] 许炯心.黄河下游河道萎缩对冲淤临界的影响[J].地理科学,2010,(3):403-408.
[4] 许炯心,陆中臣,刘继祥.黄河下游河床萎缩过程中畸形河湾的形成机理[J].泥沙研究,2000,(3):36-41.
[5] 胡一三.黄河下游河势演变中的畸形河湾[J].人民黄河,2016,38(10):43-48.
[6] 孙赞盈,叶春生,曲少军,等.畸形河势对河道排洪能力的影响及对策[J].人民黄河,2007,29(8):13-15.
[7] 牛玉国,端木礼明,周念斌,等.黄河下游畸形河势成因及治理对策[J].人民黄河,2013,35(8):1-2,9.
[8] 江恩慧,曹常胜,曹永涛,等.黄河下游游荡型河段河势演变规律[J].人民黄河,2009,31(5):26-27.
[9] 张林忠,董其华,万强.黄河下游畸形河势演化规律及其整治措施[J].人民黄河,2015,37(11):32-35.
[10] 万强,李军华,夏修杰,等.黄河下游畸形河势现状及对策[J].人民黄河,2019,41(4):11-13,57.
[11] 韩琳,刘学工,张艳宁,等.黄河下游畸形河湾遥感监测分析研究[J].人民黄河, 2008,30(6):18-20.
[12] 江青蓉,夏军强,周美蓉,等.黄河下游游荡段不同畸形河湾的演变特点[J].湖泊科学,2020,32(6):1837-1847.
[13] 张向,李军华,江恩慧,等. 基于遥感的黄河下游九堡至大张庄河段河势演变分析[J].人民黄河,2022,44(2):55-57.
[14] 管伟瑾,曹泊,王晓艳,等.河流信息提取方法比较[J].人民黄河,2017,39(2):51-55.
[15] 徐灵,侯小风.基于区域生长的遥感影像河流提取[J].测绘与空间地理信息,2015,38(3) : 198-200.
[16] 付晓,严华,贺新.基于遥感图像的河流提取方法及应用研究[J].人民黄河,2014,36(3):10-12.
[17] 王民,卞琼,高路.高分辨率遥感卫星影像的河流提取方法研究[J].计算机工程与应用,2014,50(18):193-196.

从 2021 年黄河秋汛洪水防御看黄河水工程防灾联合调度系统建设

刘红珍[1,2,3]　李保国[1,2]　李阿龙[1,2]

（1. 黄河勘测规划设计研究院有限公司，河南郑州　450003；
2. 水利部黄河流域水治理与水安全重点实验室（筹），河南郑州　450003；
3. 宁夏回族自治区水利厅，宁夏银川　750000）

摘　要：2021 年黄河中下游发生新中国成立以来最严重秋汛洪水。本文通过对 2021 年黄河秋汛洪水调度工作的复盘分析，梳理了黄河水工程联合调度系统存在的问题。在智慧水利总体框架下，按照"需求牵引、应用至上"等要求，结合水工程防灾联合调度的需求和目标，提出了以扩展基础设施为支撑，智能中枢为核心，智慧调度应用为重点，以网络安全体系和保障体系为保障的黄河水工程防灾联合调度系统的总体框架。黄河水工程防灾联合调度系统对提升工程调度决策效率和科学水平，充分发挥水工程的综合效益，尽早实现调度管理现代化、信息化和智能化目标具有重要的支撑作用。

关键词：智慧水利；黄河流域；水工程防灾联合调度；秋汛洪水

近年来，我国智慧水利体系建设正有序推进，已经成为新阶段水利高质量发展的最显著标志[1-2]。国家"十四五"新型基础设施建设规划明确提出，要推动大江大河大湖数字孪生、智慧化模拟和智能业务应用建设。水利部党组全面部署智慧水利建设，先后出台《关于大力推进智慧水利建设的指导意见》《"十四五"期间推进智慧水利建设实施方案》等系列重要文件，将数字孪生流域建设作为构建智慧水利体系、实现"四预"的核心和关键[3-5]。黄河水利委员会印发《数字孪生黄河建设规划（2022—2025）》，要求"十四五"期间加快构建具有"四预"功能的数字孪生黄河，为黄河流域"2+N"水利智能业务应用提供数字化场景和智慧化模拟支撑，以数字化、网络化、智能化支撑带动黄河保护治理现代化[6-7]。

2021 年 8 月下旬至 10 月上旬，黄河中下游发生了新中国成立以来最严重的秋汛洪水。在习近平总书记和党中央的坚强领导下，在水利部党组的有力指导下，黄河水利委员会积极践行"两个坚持、三个转变"防灾减灾救灾新理念，锚定"不伤亡、不漫滩、不跑坝"防御目标，科学谋划、统筹部署，最大限度减轻了洪水灾害损失，取得了秋汛洪水防御的全面胜利。黄河水利委员会主任汪安南在黄河秋汛防御总结表彰大会上指出，本次秋汛洪水防御工作让我们更加深切地感受到，在应对极端天气影响、处理防洪调度的复杂局面等方面，亟需加快提升洪水防御的智慧化水平、提升监测预警能力。黄河流域水工程防灾联合调度系统是强化水工程调度手段、提升防灾减灾决策科学水平的重要抓手，是数字孪生黄河建设的重点工程之一，根据水利部的统一部署和要求，项目由黄河水利委员会水旱灾害防御局组织，黄河勘测规划设计研究院有限公司技术牵头，黄河水利委员会水文局、黄河水利委员会信息中心、黄河水利科学研究院等单位共同编制。

1　2021 年黄河秋汛洪水防御概况

2021 年秋季，黄河流域遭遇罕见的华西秋雨，中游累计发生 7 次强降雨过程，其中泾渭河、北洛河、汾河、三花区间、大汶河累积降雨量较常年同期偏多 2～5 倍，列有实测资料以来同期第一位。受持续降

作者简介：刘红珍（1972—），女，教授级高级工程师，主要研究方向为水文水资源、水库群防汛调度。

雨影响，黄河中下游干流 9 d 内连续发生 3 场编号洪水，潼关站 9 月 27 日、10 月 5 日流量分别达到 5 020 m^3/s、5 090 m^3/s，形成 2021 年黄河第 1 号、第 3 号洪水，10 月 7 日洪峰流量 8 360 m^3/s，为 1979 年以来最大；花园口站 9 月 27 日流量达到 4 020 m^3/s，为 2021 年黄河第 2 号洪水。支流渭河、伊洛河、沁河发生 9 月同期最大洪水，汾河、北洛河发生 10 月同期最大洪水。总体来看，2021 年秋汛洪水具有峰高量大、持续时间长、干支流同时来水的特点。

在 2021 年秋汛洪水防御中，黄河流域干支流水工程联合防洪调度发挥了关键的、重要的作用。水工程调度既有诸如来水总量的空间调配，水库、下游滩区、滞洪区、河道等各自的防洪安全及作用等“战略”问题，又包含水库的蓄泄时机、干支流流量过程精准对接等这些具体“战术”问题。既要审时度势，又要统筹平衡，是一个复杂、系统、科学的决策过程。做好调度方案分析预演，是保障调度有序、支撑科学决策的关键环节。调度过程中，在确保水库安全前提下，及时调整小浪底水库下泄流量，精准控制花园口站流量，三门峡水库视情投入滞洪运用。同时利用干流上中游刘家峡、万家寨及支流张峰等水库拦蓄基流。充分发挥干支流水库拦洪、削峰、错峰作用，减轻下游防洪压力。黄河下游实施东平湖滞洪区与金堤河补偿泄洪调度，实时动态调控东平湖、金堤河向黄河泄水流量，有效应对大汶河洪水，减轻金堤河洪水灾害；在确保涵闸安全前提下，通过 16 座引黄涵闸分洪，减轻滨州、东营等下游河段防洪压力。

干支流水库全力防洪运用后，小浪底、河口村、故县水库防洪运用水位创历史新高，陆浑水库接近历史最高运用水位，下游出现长历时、大流量洪水过程。总体来看，秋汛洪水防御中的水工程调度呈现出调度范围广、投入工程多、会商频次密、水位流量控制精度高等特点。

2　现状水工程联合调度存在的主要问题

2021 年秋汛洪水防御中也暴露出现状水工程防灾联合调度存在的一些问题，主要包括：

(1) 水工程联合调度范围不够全面，基础数据不足。

水工程防灾联合调度的业务范围不仅包含黄河干流，也包括渭河、泾河、北洛河、伊洛河、沁河等黄河重要支流。已有水工程调度系统及方案由于建设、编制目的不同，目前大部分系统汇入方案仅覆盖了黄河干流，对于重要支流的覆盖程度不足。针对联合调度的水工程，已有各个系统和方案仅覆盖了部分重要水库、堤防及蓄滞洪区，部分地区水工程调度的系统建设和方案编制基础薄弱，信息化管理工作刚刚起步。流域实时工情、险情、灾情信息完整性不足，水文监测工作仍需加强；缺乏全面的水雨情及凌情预报信息；基础地理和遥感影像数据不全，精度不足，无法有效支撑防灾调度数字化场景建设；支持防洪调度业务的输入数据自动化程度低；黄河上游防洪调度系统和中下游调度系统数据整合和标准化程度较低；防汛会商主题数据库的建设仍待加强；缺少黄河上游支流及部分干流水库防洪调度成果、黄河中下游防凌调度成果、流域的洪灾评估结果、洪水风险分析成果等基础数据。

(2) 水工程调度业务功能发展不均衡，与预报预警结合不够紧密。

调度业务中，预报方面目前中长期径流预报不确定性还较大，精度需要进一步提高；防洪调度方面调度方案需要优化，水沙联合调度尚不成熟；防凌调度还缺少可操作性的调度方案；流域应急水量调度缺少流域性的指导方案，系统建设和方案编制基础还很薄弱。现有洪水、凌情预报系统主要针对河道内水文状况进行预报，而针对水工程的水文预报覆盖范围小、结合不够密切；现有各类调度系统缺乏对于气象灾害、水文灾害等重要预警预报信息的集成；调度对于预报信息的反馈还需人工干预，效率不高；调度前期形势研判还偏重于经验，科学性不足；已集成的视频监控资源无法自动探测到大面积流凌、水位超预警线等重大突发事件。

(3) 水工程联合多目标调度一体化、智能化程度不足。

黄河流域水工程防灾联合调度的目标包括防洪防凌、调水调沙、应急水量调度、生态调度等。不同调度目标的调度时间、调度对象、调度指标等有所不同，存在着调度指标相互制约、年内不同时期的调度难以有机结合、平稳过渡等问题。同时由于调度的业务功能相对独立，存在着调度工作在空间上相割裂、调度业务流程之间衔接不紧密等问题。针对复杂而又要求高的防灾调度需求，目前还主要依靠人工调度经验,智能化程度不足,防灾调度知识库基础薄弱,调度知识和调度经验欠缺。

(4)信息化新技术的应用不足。

目前,黄河水利委员会已对云计算、大数据等新技术也进行了初步探索,实现了围绕突发事件对水情、工情和位置等信息的自动定位和展现,初步搭建了黄河云基础设施。然而,目前的预报和调度手段依然依赖于传统的数据回归或时间序列模型分析,相对结合云计算技术的大数据分析算法中的其他类算法,其预测精度和最优化分配策略都有明显不足。此外,由于已有系统模块化分割严重,预测预报、调度分析和指挥执行等功能没有形成有机的联动整体。

以上问题的存在严重制约着黄河流域水工程防灾联合调度科学、有效、有序开展。加快建设流域水工程防灾联合调度系统,一是能够提升水利支撑与保障能力;二是能够有效履行重要水工程防汛抗旱调度等方面的职责;三是能够提升水工程调度决策效率和科学水平、充分发挥水工程综合效益;四是能够强化流域水工程统一调度与管理。

3 黄河水工程防灾联合调度系统概述

黄河流域水工程防灾联合调度系统是智慧水利建设的有机组成部分,是数字孪生黄河建设的重点工程之一。在智慧水利总体框架下[3],本系统将实现在防洪、抗旱两项业务上促进新技术应用,深化水利系统内的资源整合和行业内外的数据共享,完善系统功能,提高水旱灾害监测、预报、调度与抢险技术支撑能力和智能化水平,强化预警、蓄滞(分)洪区管理、洪水模拟与风险分析,构建旱情监测评估结果校核体系,推进水旱灾害防治体系和防治能力现代化,并为水利其他业务智慧能力提升提供示范。

3.1 建设目标

系统建设目标是在智慧水利建设总体框架下,按照“需求牵引、应用至上、数字赋能、提升能力”的要求[8-11],有效利用相关系统成果,完善优化业务流程和功能,深度融合水利业务与信息技术,采用预报调度耦合、水工程联合调度、云计算和大数据等技术,达到全流域洪水预报、工程调度成果的自动计算、生成和输出、比选,实现各类水工程联合调度和预报调度一体化、灾情评估实时化和会商、方案模拟实景化;基本实现水利大数据分析处理和挖掘应用;实现流程优化和水旱灾害业务的智能应用,在数字化映射中实现“预报、预警、预演、预案”,为流域防灾调度管理提供技术支持,提升流域水旱灾害防御科学调度决策支持能力[12]。

3.2 建设范围

系统建设以干流、主要支流重要河段等为重点,重要水工程为龙头,具体实施按照先干流后支流、先重要后一般的顺序逐步推进。建设空间范围包括干流龙羊峡以下至河口河段,其中防洪调度还包括湟水、洮河、无定河、渭河、伊洛河、沁河等 6 条重要支流,应急水量调度在以上基础上增加泾河、北洛河 2 条重要支流。系统涵盖联合调度的水库、蓄滞洪区、涵闸、泵站、引调水等水工程 111 座,监测监控节点 711 个,预报节点 202 个,调度目标节点 175 个。黄河流域水工程防灾联合调度工程范围概化图见图 1。

3.3 建设任务

本系统依据智慧水利总体框架进行建设,拟在原国指系统基础上,对比已有系统功能和防灾业务目标需求,秉承“继承性发展”的总体思路,以“数字化场景,智慧化模拟,精准化决策”为路径,在数字孪生流域中实现“四预”。建设任务包括扩展基础设施、建设防灾数据底板、建设调度模型库和知识库,建设数字孪生流域,实现“四预”的智慧调度应用等。

3.3.1 基础设施建设

新增国产资源池服务器、GPU 服务器及相应虚拟化、云管理授权,补充扩容块存储、NAS 存储容量,扩容本地备份及异地数据备份存储能力,纳入黄河云平台及黄河水利委员会数据存储管理体系统一管理,建立健全智能运维监控系统,完善机房基础运行环境,为水工程防灾联合调度建设提供稳定、高效、安全的基础设施运行环境。

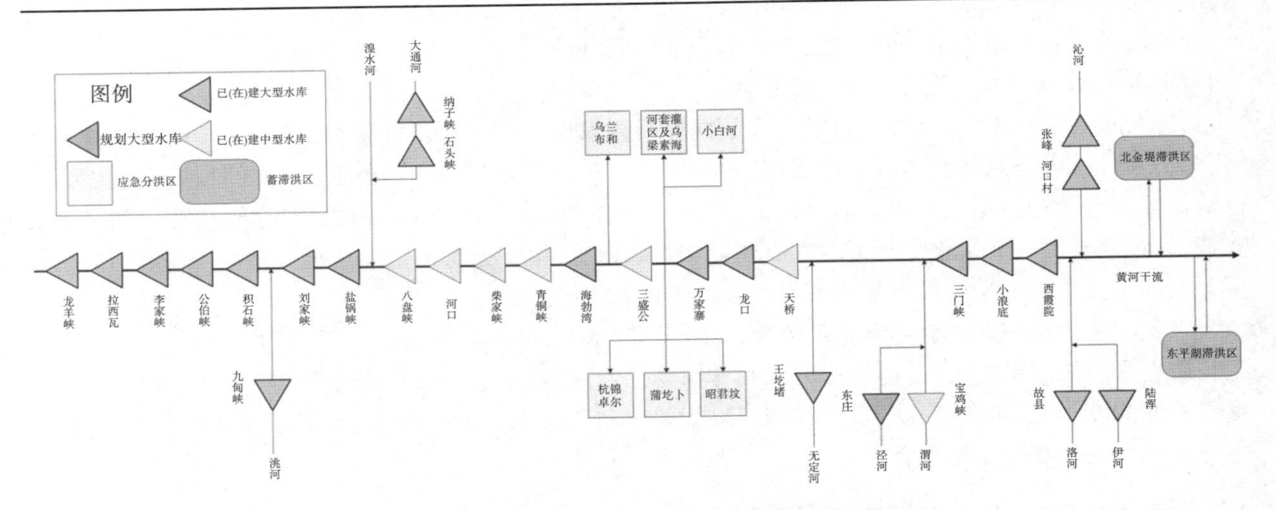

图 1　黄河流域水工程防灾联合调度工程范围概化图

3.3.2　防灾数据底板建设

满足不同类型数据存储管理的异构数据库及其一体化管理系统、多维多时空尺度的黄河流域防灾数据模型、初始数据建设、防灾数据汇聚与治理、防灾数据资源管理与服务以及旱情评估基础数据和评估模型建设。

3.3.3　模型平台建设

建设流域防灾调度专业模型,包括水文、水力学、泥沙动力学、防洪调度、应急水量调度等防灾调度专业模型,以及流域专有模型等。升级应用支撑平台。应用支撑平台主要为水利业务应用提供基础性的统一服务,是水利应用的综合集成环境,实现大量应用基础组件和公共服务能力,以"水利一张图"为智慧水利应用提供地理信息平台和空间展示框架。

3.3.4　知识平台建设

建设流域调度规则库、历史案例库、专家经验库、方案预案库。建设防灾智慧调度引擎。围绕防灾业务需求,开展流域模拟、调度计算、风险分析等所需通用模型及数据挖掘、机器学习、知识图谱等算法工具建设,通过数据挖掘、知识运用、业务建模、融合分析、规则应用等手段,进行防灾决策智能的开发与能力输出,支撑水工程防灾联合调度的智能应用。

3.3.5　开发智慧调度应用

围绕水情旱情监测预警、水工程防洪抗旱调度、应急水量调度、防御洪水应急抢险技术支持等重点工作,提升水工程联合调度和流域防洪工程联合调度能力,构建流域模型,提升洪水预报精细化水平、预报调度一体化和工程联合调度能力;加强数据共享完善全国抗旱基础数据体系,完善旱情综合分析建设全国旱情监测预警综合平台,提升旱情预报预警和综合评估能力。

3.4　总体架构

系统架构自下而上分为基础设施(运行环境和智能感知)、智能中枢(防灾数据底板、模型平台和知识平台)、智慧防灾应用(防洪、防凌、应急水调等业务的预报、预警、预演、预案"四预"工作应用)等。系统逻辑构架见图 2。

3.4.1　基础设施(运行环境和智能感知)

以流域已建黄河云和国产化运行环境为基础,基于国产化技术路线的弹性云架构,在整合利用现有资源前提下,为满足本系统需求,扩展建设计算、存储和网络服务能力,以满足防灾调度计算、存储资源需求,并根据需要完善水文监测设施和会商环境。

3.4.2　智能中枢(防灾数据底板、模型平台和知识平台)

本系统智能中枢建设主要目标是将物理流域及其影响区域映射到数字空间,建设包括防灾数据底板、流域水利模型平台、流域水利知识平台等内容组成的数字孪生流域,与物理流域同步仿真运行、虚实

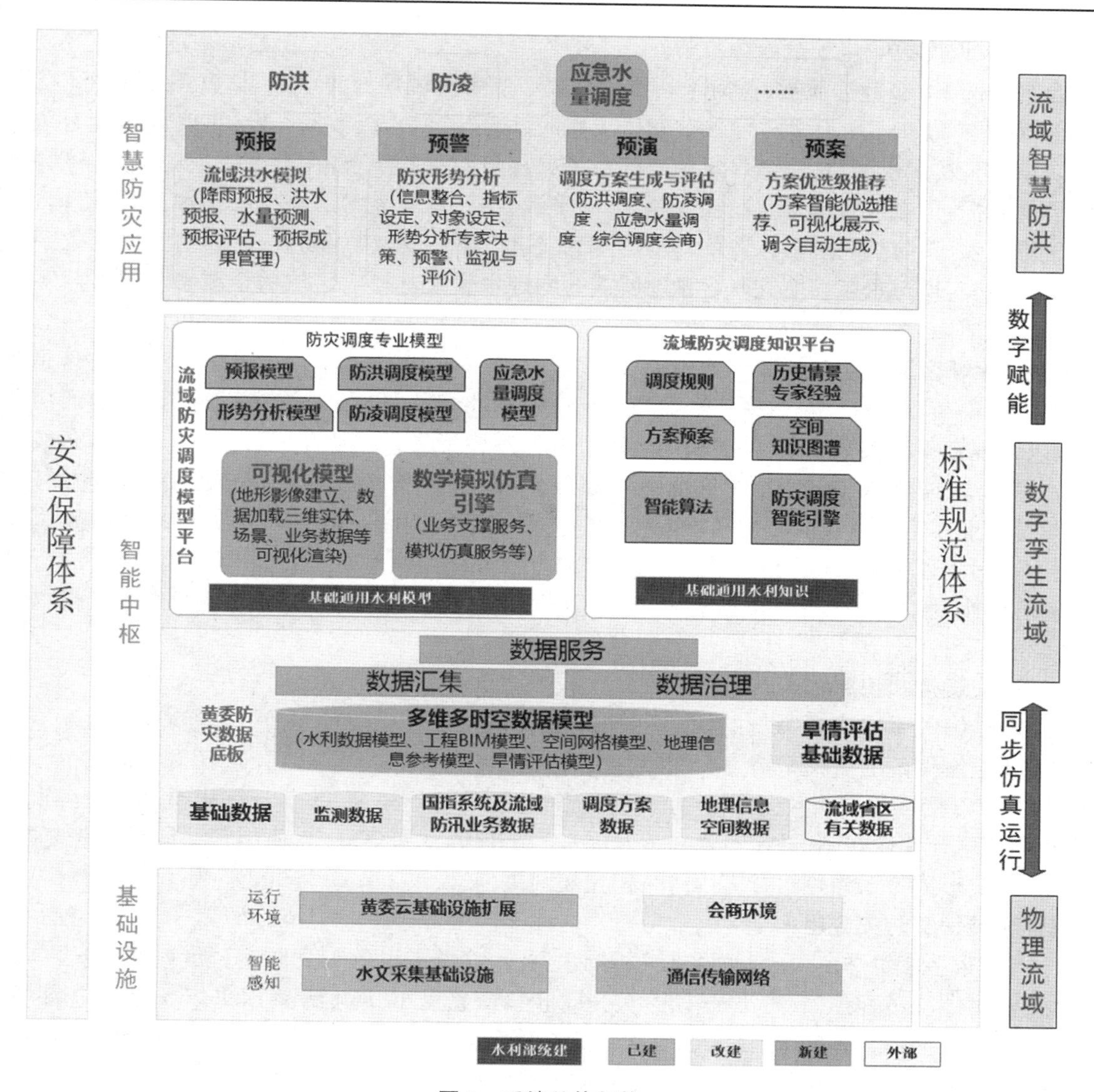

图2　系统总体架构

交互、迭代优化，支撑流域智慧防灾业务的预报、预警、预演、预案。

3.4.3　智慧防灾应用

智慧防灾应用系统建立在智能中枢的基础之上，依托应用支撑环境，实现流域防洪、防凌、应急水调等业务的预报（洪水、水量模拟，水情预报）、预警（监视与评价、防灾形势分析）、预演（调度方案生成与评估、洪水风险分析、防灾联合调度会商）、预案（方案优选级推荐）等“四预”工作应用。

4　黄河水工程防灾联合调度系统建设内容

充分利用科技创新和数字赋能，按照“大系统设计，分系统建设，模块化链接”的思路，完善流域防洪、防凌、调水调沙、应急水量调度业务“四预”功能，完善快速准确预报能力，升级精准预警能力，扩展仿真预演能力，提升预案优化能力，扩大水工程联合调度范围，实现流域及重点防洪、防凌调度区域，应急水量调度保障区域的水工程防灾联合调度全覆盖。达到洪水（冰凌、泥沙、水量）及时快速准确预报，水情、凌情、旱情精准预警，水工程调度同步仿真预演，精细智能数字预案生成，实现各类水工程防灾联合调度和预报调度一体化、灾情评估实时化以及会商、方案模拟实景化，显著提升水旱灾害防御调度数字化、网络化、智能化水平。主要建设内容包括定制防灾调度数字化场景、扩展数字孪生流域防灾调度专业模型、构建防灾调度知识库、搭建流域智慧防灾应用。

4.1 定制防灾调度数字化场景

融合水利部 L1 级数据底板、黄河水利委员会数字孪生流域项目建设的 L2 级数据底板(重要区域 1 处、重要河段 4 处)、工程管理单位数字孪生工程项目建设的 L3 级数据底板(重要水工程 18 个)。根据流域防洪、防凌、调水调沙、应急水量调度等水旱灾害防御业务需求,在数据底板上接入基础数据、实时监测监视数据、预报预警数据、社会经济数据等多源数据,定制降雨洪水冰凌预报、水雨工情预警、水工程调度方案预演、防洪风险动态评估、调度方案比较优选等业务应用场景,建设防灾调度数字孪生流域专用数据库,实现对水工程防灾联合调度所需的物理水利及其影响区域的全要素、全过程、实时动态数字化场景表达。

4.2 扩展数字孪生流域防灾调度专业模型

参照水利部与黄河数字孪生模型平台建设与评价标准,调用和管理水利部统一建设的通用专业模型,升级改建现有黄河数学模型,并对应用效果好的调度模型进行模块化、标准化和云服务封装。新编干支流水库防洪、防凌、调水调沙、应急水量调度等 15 个方案,开发研发建设流域特有的防洪防凌、水沙动力学等专业模型。新建及改建预报模型 16 套,新建预报调度一体化等调度方案编制支撑模型 15 套,新建水工程多目标调度等调度应用支撑模型 11 套。调用水利部建设的可视化模型,进行自然背景、流场动态、水利工程等 VR、AR、MR 扩充。开发数学模拟仿真引擎,实现数字孪生流域与物理流域实时同步仿真运行。

4.3 构建防灾调度知识库

建设支撑 16 个防灾调度方案的调度规则库,建设包括 7 项已有预案的专家经验库,建设包含 8 个防汛、应急水量案例的历史典型情景案例库,建设包含 299 套预报方案、15 个新编调度方案的预报调度方案(预案)库。调用国家水利大数据中心项目统筹建设的智能模型,实现计算机自动获取各调度对象的调度规则和联合调度规则,基于专家决策开展水利工程调度历史复演,典型预报调度过程复盘、历史相似要素提取,形成一系列可组合应用的结构化规则集,嵌入水工程联合调度应用。

4.4 搭建流域智慧防灾应用

基于黄河数字孪生平台,开发防洪、防凌、调水调沙、应急水量等智慧防灾调度应用,包含信息监视查询、降雨洪水泥沙过程预报、防汛抗旱形势分析、预警信息发布、调度方案预演、多方案比选评估、方案优选决策等,实现“预报、预警、预演、预案”全链条功能。完善防汛会商系统,实现预报调度结果与数字孪生流域的实时交互、快速迭代与反馈,支撑智慧调度与精准决策。

5 结语

2021 年秋汛洪水防御取得了全面胜利,同时也在实际调度中暴露出一些问题。当前黄河流域水工程调度仍存在工程联合调度覆盖不全面、基础数据不足,调度业务功能发展不均衡、预报调度结合不够紧密,多目标调度一体化、智能化程度不足,信息化新技术应用不足等。黄河水工程防灾联合调度系统的构建,能够在统一调度框架下实施全流域联合调度、统一管理,统筹发挥流域整体水旱灾害防御能力,是新形势下水工程调度的有效抓手,是补齐防灾减灾短板的重要手段。为进一步提升国家防灾减灾能力,迫切需要强化以水工程防灾联合调度系统为重点的防灾非工程措施建设,提升国家防灾减灾能力、保障国家水安全,支撑水利高质量发展。同时,加强水工程防灾调度也是水利部门履行重要水工程防洪调度和应急水量调度等职责的需要。

参考文献

[1] 李国英. 集聚推动新阶段水利高质量发展的奋进力量[J]. 中国水利, 2021,(14):1-3.

[2] 蔡阳, 成建国, 曾焱, 等. 大力推进智慧水利建设[J]. 水利发展研究, 2021, 21(9):32-36.

[3] 水利部网信办. 智慧水利总体方案[R]. 2019.

[4] 中华人民共和国水利部. 水利部关于印发加快推进智慧水利的指导意见和智慧水利总体方案的通知(水信息〔2019〕220号)[Z]. 北京：中华人民共和国水利部，2019.
[5] 李国英. 推动新阶段水利高质量发展　为全面建设社会主义现代化国家提供水安全保障——在水利部“三对标、一规划”专项行动总结大会上的讲话[J]. 水利发展研究，2021，21(09)：1-6.
[6] 李文学. 新时期黄河科研发展的思考[J]. 水利发展研究，2021，21(7)：75-78.
[7] 吴晖，李长松. 黄委信息化“六个一”推动智慧黄河建设[J]. 水利信息化，2018(4)：11-14.
[8] 水利部参事咨询委员会. 智慧水利现状分析及建设初步设想[J]. 中国水利，2018(5)：1-4.
[9] 蔡阳. 智慧水利建设现状分析与发展思考[J]. 水利信息化，2018(4)：1-6.
[10] 张金良，张永永，霍建伟，等. 智慧黄河建设框架与思考[J]. 中国水利，2021(22)：71-74.
[11] 寇怀忠. 智慧黄河概念与内容研究[J]. 水利信息化，2021(5)：1-5.
[12] 水利部信息中心. 水工程防灾联合调度系统建设可行性研究报告修编指南[R]. 2021.

BIM+GIS 多源数据融合在数据底板建设中的研究及应用

尤林奇　翟　鑫

（黄河勘测规划设计研究院有限公司，河南郑州　450003）

摘　要：近年来，随着数字孪生流域和工程在水利行业的提出，对于基础平台的多源数据兼容、渲染、模拟仿真等能力要求逐渐提升。然而，BIM+GIS 技术存在数据量大、加载慢、数据源多样化、融合标准化程度低等问题。本文详述常用 BIM 平台模型的普适性模型轻量化方法，以及针对基础平台的工程多源数据融合方法，尤其是采用无插件方法将达索 3DExperience 高质量模型轻量化导入 GIS 平台，并与其他数据源融合。以及通过编码和深度处理，展示其在点状枢纽工程和线状渠道工程管理平台中的应用效果，为水利工程管理集成化、协同管理高效化和过程管理信息化提供基础。

关键词：BIM；GIS；多源数据融合；模型轻量化；3DExperience

1　引言

1.1　研究背景

近期，水利部相继发布《智慧水利建设顶层设计》《“十四五”智慧水利建设规划》《关于大力推进智慧水利建设的指导意见》等政策文件，指出以推动水利高质量发展为主题，按照“需求牵引、应用至上、数字赋能、提升能力”要求，以构建数字孪生流域为核心，全面推进算据、算法、算力建设，加快构建具有预报、预警、预演、预案（简称“四预”）功能的智慧水利体系，赋能水旱灾害防御、水资源集约节约利用、水资源优化配置、大江大河大湖生态保护治理，并发布《数字孪生流域建设技术大纲（试行）》《数字孪生水利工程建设技术导则（试行）》等技术指导文件指导各流域、工程建设数字孪生平台。

数据底板作为数字孪生平台的基础，根据相关要求，需要利用多源多尺度数据融合技术对工程全生命周期的全阶段、全要素、各业务信息进行集成和统一管理，是实现数字孪生应用的基础。其内容包括 BIM 模型、倾斜摄影数据、地形数据、正射影像数据、GIS 坐标数据、监测数据、业务数据、外部共享数据等多源数据在同一场景中，对水利工程、江河湖泊和管理对象等要素进行数字化映射，且对于数据底板的保真度要求越来越高。基于上述要求，需选用高保真度的仿真引擎，利用 BIM 模型、GIS 数据[正射影像（DOM）、数字地形（DEM）等]的可集成性，通过统一编码、接口将数据挂接到可视化模型，建立空间与数据的拓扑关系与数据索引等。

近年来信息化技术飞速发展，政府对智慧工程建设的鼓励和引导力度持续加大。智慧工程需要利用信息化计划对工程全生命周期的全阶段、全要素、各业务信息进行集成和统一管理。BIM+GIS 技术作为工程智慧化的基础，越来越多地应用于点状和长线型水利水电工程项目中，其需求呈井喷式增长。而 BIM+GIS 技术需融合 BIM 模型、倾斜摄影数据、地形数据、正射影像数据、GIS 坐标数据等多源数据在同一场景中，为工程打造趋近于真实的“数字孪生”场景。

然而，目前多源数据的来源多样、格式不统一，数据之间的转化和融合没有明确的方法，也没有固定标准的数据融合技术路线。在实际工程项目中，多源数据如 BIM 模型建立往往是由各参建单位分别完

作者简介：尤林奇（1989—），男，工程师，主要研究方向为 BIM 应用及工程信息化。

成的，使用的建模软件各不相同，加上倾斜摄影等其他数据，使得 GIS 平台很难在不损失精度和信息的情况下融合所有多源数据。

目前，市面上基于 Bentley 平台通过自主开发等手段将模型较高质量的融入到超图 GIS 平台中，并保留了模型几何结构、位置、纹理等属性[1-6]已应用于水利水电工程和其他行业，然而 Benylty 对长距离工程支持较差；基于 Autodesk 系列软件和 GIS 平台构建了 BIM+GIS 场景，其技术路线为本研究提供了一定借鉴[7-13]；同时，一些研究[14-24]基于 IFC 中间格式，采用实例参数和类型参数的方式添加模型属性，通过 IFC 中间格式融合到 WebGIS 或直接基于 Cesium 二次开发的 GIS 场景中，此方法具有一定通用性，但几大 BIM 平台导出的 IFC 模型构建机制和兼容机理有所区别，因此在多源数据融合时会有一定麻烦。以 ifcXML 和 CityGML 格式为主要形式的研究[25-29]从底层对 BIM 模型和 GIS 场景进行了融合，具有推广价值。冯振华[30]等研究了 CATIA CATPart、CATProduc 等格式融入超图 GIS，也需要通过其他软件中转处理，对本研究有一定借鉴意义。熊欣、杨克华等[31]在高速公路智慧建造中通过定制化插件探索了达索 3DExperience 平台（以下简称 3DE 平台）和超图 GIS 平台的初步融合过程，但融合后模型未带纹理效果，且模型轻量化方法较为复杂，且项目数据来源较为单一，难以适用于体型复杂的水利水电工程。鲍榴、杨斌等[32]提出了 BIM、GIS、倾斜摄影模型等铁路工程多源数据的轻量化和融合方法，其 GIS 数据融合有一定借鉴意义，但仅支持. rvt、. dgn 和 IFC 格式模型。

1.2 现状分析及研究意义

综上所述，目前水利行业现有的研究和实践多是通过 IFC 中间格式或针对 Autodesk 系列和 Bentley 系列模型格式，但存在以下问题：

（1）模型数据量大。数据融合的 BIM 模型往往是由设计单位建立设计模型和施工单位建立的施工深化模型，而这两种模型数据过于复杂、体量过大，导致其往往无法运用于融合的场景中。目前也没有模型普适性轻量化方法。

（2）模型数据源多样化。在项目实施的过程中，工程各参建方通常会采用不同的数据创建平台，导致工程最终搭建的工程管理平台的 BIM+GIS 一张图场景中模型数据格式不统一、编码方式不同；此外，还需要融合 BIM 数据、倾斜摄影、激光扫描等模型数据，还需添加坐标系、地形 DEM、正射影像 DOM 等 GIS 数据，以及工程设计、施工以及运维全生命周期的业务管理数据。如何高效融合上述所有数据，并在一张图场景中，保证系统操作流畅，是亟待解决的难题之一。

未基于超图 GIS 平台研究一套 3DE 模型数据融合流程。

3DE 平台由于其支持超大范围 BIM 设计方面优于其他平台，被广泛应用于长线性引调水水利工程和复杂点状枢纽工程设计中，因此如何在 3DE 模型保留几何、属性及纹理信息的情况下融合到 GIS 场景的研究势在必行。

本研究将详述工程多源数据[包括 BIM 模型数据（主要是 3DE 平台模型）、倾斜摄影、GIS 数据等]在同一管理平台中基于超图 GIS 平台进行轻量化融合的方法，尤其是在无插件的情况下，将 3DE 高质量模型轻量化导入超图 GIS 平台，以及在点状枢纽工程和线状渠道工程管理平台中的应用效果。

2 BIM 模型数据融合

2.1 多源 BIM 模型分类

对于不同 BIM 平台的设计模型，由于要考虑设计因素，在建立时的精度、细度会较深，导致模型体量过大，直接将其融入系统场景中会造成系统卡顿、影响平台使用体验等负面效果，因此在多源数据融合时需要将设计模型进行轻量化处理，进而简化为展示模型，才能更好地进行融合。设计模型和展示模型的对比如表 1 所示。

2.2 BIM 模型轻量化

对于研究及实践过程中的经验进行总结，设计模型转化为展示模型的方法大致有模型转换与简化、模型重构、模型内部结构的删减、模型拆分和重组、重复模型的轻量化方法几种。

表1　设计模型与展示模型的对比

	设计模型	展示模型
包含信息	设计阶段的全部信息	展示所需信息
建模依据	前期勘测、规划数据，项目建设目标、投资等	展示所需的内容
建模精度	完全按照设计数据进行建模，可进行等比例缩放	对重点展示的部分的外观进行精细化，非重点展示部分简化，不展示部分不建立模型
建模人员	设计人员，或建模人员根据设计人员的成果进行翻模	建模人员根据外观进行建模
应用场景	有限元分析、工程量计算、工程进度分析、工程质量控制、辅助竣工验收、辅助设计交底等	施工模拟、虚拟仿真、工程展示等
数据大小	非常大	较小

2.2.1　删减法

删减法是目前简化模型中最常用的一种模型简化方法。该方法通过重复依次删除对模型特征影响较小的几何元素来达到简化模型的目的。根据删除的几何元素的不同，通常又可以分成顶点删除法、边折叠法和三角面片折叠法等。3DE 模型导出 CATIAV5 格式模型，在第三方软件中通过镶嵌网格的方式转化为 MESH，转化过程中需对镶嵌网格参数值进行调整。保证满足外形需求的同时镶嵌网格数量最小化。如图1所示。

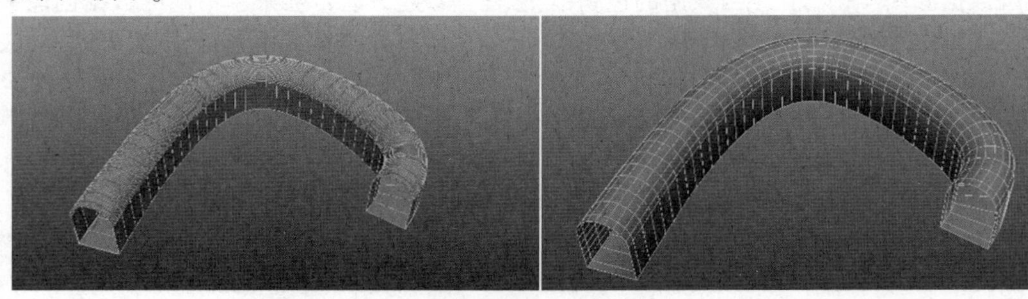

图1　删减法实例

2.2.2　重构法

由于后期处理软件中对于正圆、正多边形等正形状识别较好，而对于孔洞、不规则弧线，不规则曲面等形状识别较差，这种不规则的形状成为异形体，容易导致模型失真，在设计模型轻量化的过程中，应当避免这种形状的产生，减少异形体或将异形体转化为规则形状的过程称为模型重构。

在对设计模型轻量化之前，对设计模型进行识别，识别其中的异形体，根据展示内容的具体要求，模型重构的过程主要有以下两种：

(1)对于要求不高部分的模型，对异形体直接进行删除，用外观相似的规则形状替代原有的异形体。

(2)对于要求较高的局部模型，将原有的异形体用形状类似的规则曲面进行重新建立。

2.2.3　采样法

将顶点或体素添加到模型表面或模型的三维网格上，然后根据物理或几何误差测度进行顶点或体素的分布调整，最后在一定的约束条件下，生成尽可能与这些顶点或体素相匹配的简化模型(见图2)。采样法适合于无折边、尖角和非连续区域的光滑曲面的简化，对于非光滑表面模型简化效果较差。

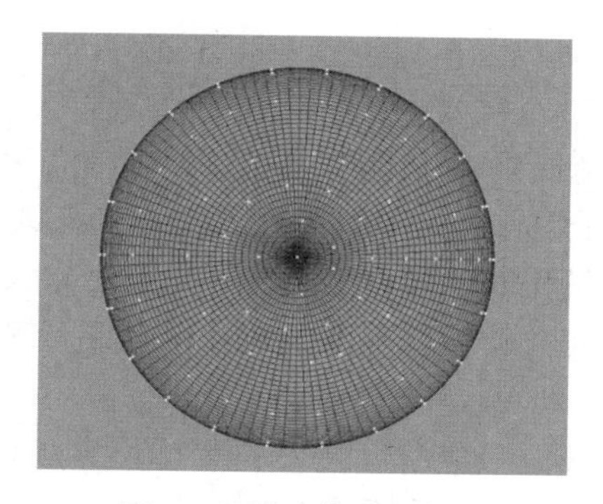

图 2　采样法模型示意图

2.2.4　自适应子分法

在优化和简化地形模型时，通过构造简化程度最高的基网格模型，然后根据一定的规则，反复对基网格模型的三角面片进行子分操作，依次得到细节程度更高网格模型，直到网格模型与原始模型误差达到给定的阈值（见图 3）。自适应子分法具有算法简单、实现方便等特点，但只适合于容易求出基网格模型的一些应用（如地形网格模型简化等），另外简化模型对于具有尖角和折边等特征的保持效果较差。

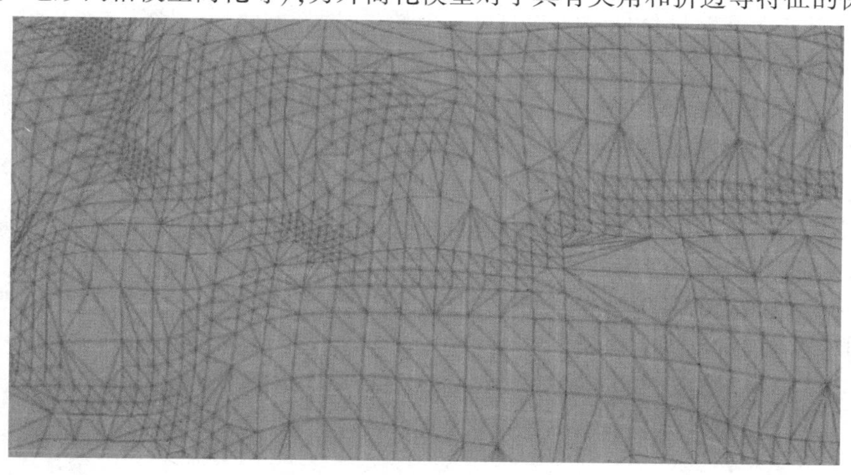

图 3　自适应子分法模型示意图

2.2.5　多边形合并法

通过将近似共面的三角网格面片合并成一个平面，然后对形成的平面重新三角化，来实现减少顶点和面片数量的目的，也被称为面片聚类（见图 4）。此方法多用于对地形和异形模型的处理，来减少模型顶点和面片数量，提升模型在 GIS 场景中的加载速度和效率。

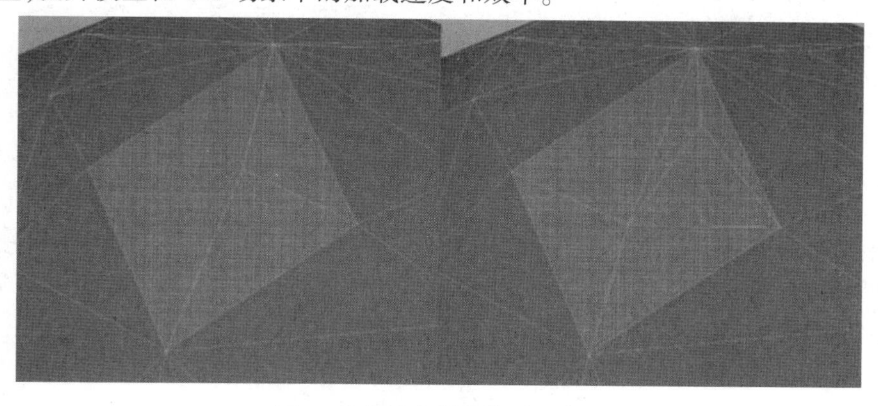

图 4　多边形合并法模型示意图

2.3 BIM 模型融合

2.3.1 3DE 平台数据

由于3DE平台模型多以构造精细化零件为主,其模型精度很高,尤其是机电专业、金属结构专业的模型,如单个闸门的导出模型往往会达到1.0 GB以上。因此,为保证BIM+GIS场景运行流畅不影响用户体验,必须要进行2.2节中的轻量化处理和一定的模型转换才能融合到超图GIS平台中。目前市面上无成熟技术路线,因此本文探索和总结了以下三个3DE模型导入的技术路线,其主要技术路线归纳如下:

路线一:从3DE平台中导出CATIA V5格式模型,在CATIA V5中通过同标度场景打开并对模型进行处理、轻量化和贴图。由于管理平台中对单体模型的属性查询需求,将需查询的最小单位模型处理成零件Part级别并保留其应有属性,随后经过滤等轻量化处理,而后统一坐标系和定位点位置,通过CATIA插件将模型转换为数据集导入。

路线二:从3DE平台处理好模型后,直接导出3dxml格式模型导入,这种方法简单便捷,但由于3DE平台独特的贴图机制,模型材质无法导入。

路线三:从3DE平台处理好模型后,通过中间文件转换格式后带贴图导入。

综上所述,为保证模型轻量化且兼顾贴图等展示效果,选择路线一或路线二较为合适。

2.3.2 Bentley 平台数据

对于Bentley平台,超图GIS平台有对应的Microstation V8i/V10i插件可直接将模型数据转换为数据集导入,并能将模型的属性、颜色等带入平台中,这就给数据融合带来了极大的便利,然而部分无法带入贴图纹理及透明幕墙等效果。因此,需探索通过其他方式处理模型并导入。

路线一:直接在MicroStation中对模型进行轻量化、架构、属性、贴图、定位等处理,最后通过插件转换为数据集导入。

路线二:将MicroStation模型导出到中间模型软件中,而后进行坐标定位、轻量化、架构和贴图处理。此种方法可适用于对MicroStation平台不熟悉的情况下对其模型进行数据融合(见图5)。

图5 MicroStation模型融合到场景效果

2.3.3 Autodesk Revit 平台数据

相比于以上两平台,Revit平台模型较为轻量化、平台更为开源等优势,因此在数据融合时所带入的属性、颜色和材质更优,可经简单处理直接通过插件导入。Autodesk Revit模型融合效果见图6。

2.3.4 其他平台数据

其他当前常用BIM平台数据如3D Max、Maya、Tekla等都可通过插件或转出通用格式导入超图GIS平台。此外,如IFC等通用常用格式也有专门的插件导入,为最终将所有常用模型数据格式融入提供了可能。

图 6　Autodesk Revit 模型融合效果

3　GIS 数据融合

3.1　dem 和 dom 数据融合

dem 和 dom 数据是 GIS 场景中使用最广泛的数据，在实际项目中，往往需要用其表示工程所在地的地理位置和地形起伏，而超图 GIS 平台对 GIS 数据有着天然的高兼容性和导入处理的便捷性优势，通过简单的栅格数据导入等方式就能将 dem 和 dom 数据导入对应位置。随后利用中镶嵌、开挖、挖洞等操作对其进行处理，使其能更好的和导入的高精度地形模型进行贴合（见图 7）。

图 7　dem/dom 数据和地形模型数据融合效果

3.2　坐标系融合

在 BIM 设计平台如 3DE 平台中设计时会首先根据测绘数据资料建立平面坐标系，而后在此坐标系下进行设计。在模型导入超图 GIS 平台时有以下三种方式对应坐标系：

（1）导入已有坐标系。通过导入的方式导入.xml、.shp、.prj、.mif 等格式坐标文件获取设计 BIM 模型的坐标系。

（2）新建地理坐标系。根据 3DE 平台（采用 PRJ4 投影）的设计坐标系，直接新建对应地理坐标系，设置大地基准面和中央子午线信息。

（3）新建投影坐标系。根据 BIM 设计坐标系及其偏移情况，设置大地基准面、中央子午线、投影方式、水平和垂直偏移量等信息，与 BIM 坐标系相对应，保证与设计坐标一致。通过此方法，可将 BIM 设计软件的平面坐标系转换为 GIS 场景的球面坐标系，使得 BIM 模型更好的贴合在球面上，防止模型在球面场景中出现上翘的情况。

4 倾斜摄影数据融合

4.1 融合技术路线

倾斜摄影技术通过多视角同步采集影像,获取到丰富的建筑物顶面及侧视的高分辨率纹理。在本研究中,在超图 GIS 平台中融合倾斜摄影技术路线和路线图如图 8 所示。

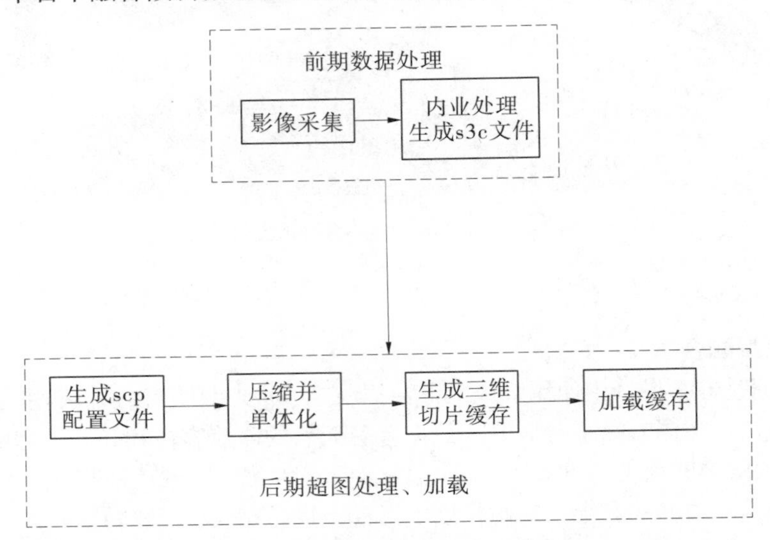

图 8 倾斜摄影融合技术路线

利用无人机或其他设备进行影像采集;

对采集的影像进行内业处理,生成 s3c 和索引数据文件;

根据处理后的数据和坐标系文件,生成符合类型的倾斜摄影配置文件;

压缩并单体化生成三维切片缓存文件;

加载三维切片缓存。

4.2 场景融合

基于以上路线,在某项目上进行了深度应用,应用效果如图 9 所示。

图 9 倾斜摄影场景融合效果

5 多源数据编码

为了在最终的管理平台中统一对融合的数据进行控制,需对导入融合的模型进行唯一编码。其中 SmID 是超图 GIS 平台中对每个单体模型默认赋予的唯一编号,在数据编码和数据库设计中往往以此来对应每个模型的名称。此外,对于工程全生命周期各阶段由于分块和变更较多的情况,采用自主研发的模型分块和命名工具对模型进行分块(见图 10),可采用一定的编码策略,如对应高程、导出 Excel 统一处理等方法(见图 11)。

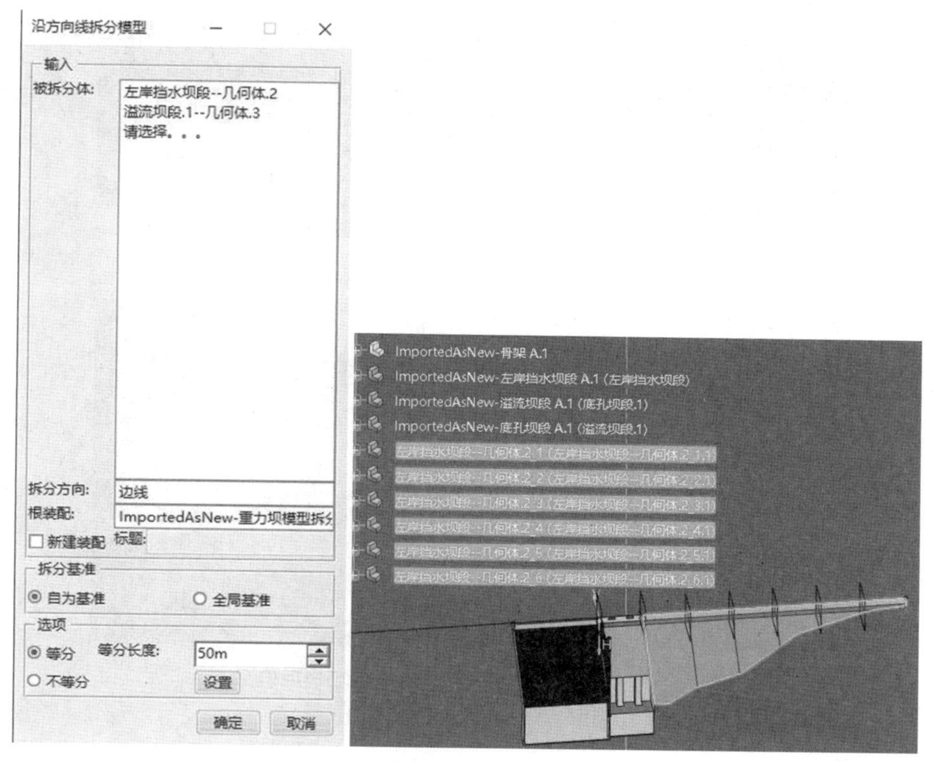

图 10　3DE 中利用分块工具拆分模型

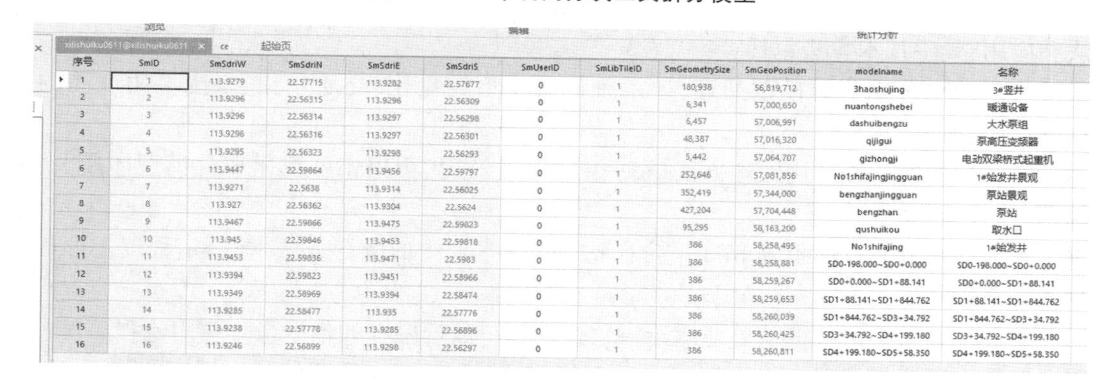

序号	SmID	SmSdriW	SmSdriN	SmSdriE	SmSdriS	SmUserID	SmLibTileID	SmGeometrySize	SmGeoPosition	modelname	名称
1	1	113.9279	22.57715	113.9282	22.57677	0	1	180,938	56,819,712	3haoshujing	3#竖井
2	2	113.9296	22.56315	113.9296	22.56309	0	1	6,341	57,000,650	nuantongshebei	暖通设备
3	3	113.9296	22.56314	113.9297	22.56298	0	1	6,457	57,006,991	dashuibengzu	大水泵组
4	4	113.9296	22.56316	113.9297	22.56301	0	1	48,387	57,016,320	qijigui	泵高压变频器
5	5	113.9295	22.56323	113.9298	22.56293	0	1	5,442	57,064,707	gizhongji	电动双梁桥式起重机
6	6	113.9447	22.59864	113.9456	22.59797	0	1	252,646	57,081,856	No1shifajingjingguan	1#始发井景观
7	7	113.9271	22.5638	113.9314	22.56025	0	1	352,419	57,344,000	bengzhanjingguan	泵站景观
8	8	113.927	22.56362	113.9304	22.5624	0	1	427,204	57,704,448	bengzhan	泵站
9	9	113.9467	22.59866	113.9475	22.59823	0	1	95,295	58,163,200	qushuikou	取水口
10	10	113.945	22.59846	113.9453	22.59818	0	1	386	58,258,495	No1shifajing	1#始发井
11	11	113.9453	22.59836	113.9471	22.5983	0	1	386	58,258,881	SD0-198.000~SD0+0.000	SD0-198.000~SD0+0.000
12	12	113.9394	22.59823	113.9451	22.58966	0	1	386	58,259,267	SD0+0.000~SD1+88.141	SD0+0.000~SD1+88.141
13	13	113.9349	22.58969	113.9394	22.58474	0	1	386	58,259,653	SD1+88.141~SD1+844.762	SD1+88.141~SD1+844.762
14	14	113.9285	22.58477	113.935	22.57776	0	1	386	58,260,039	SD1+844.762~SD3+34.792	SD1+844.762~SD3+34.792
15	15	113.9238	22.57778	113.9285	22.56896	0	1	386	58,260,425	SD3+34.792~SD4+199.180	SD3+34.792~SD4+199.180
16	16	113.9246	22.56899	113.9298	22.56297	0	1	386	58,260,811	SD4+199.180~SD5+58.350	SD4+199.180~SD5+58.350

图 11　在超图 GIS 平台中进行编码

6　技术应用案例

本项技术应用于多个点状及线性水利工程管理平台中,用于开发平台“一张图”功能,BIM 模型数据由 3DE 平台创建,GIS 平台选用超图 GIS 平台,在模型转换和导入的过程中使用到了中间处理软件进行模型转换、轻量化处理、贴图等操作。通过数据融合的一张图场景,可视化的展示了工程全景,并通过“一张图”发起各种业务管理流程、查看工程管理信息,在一定程度上实现了工程的“数字孪生”。点状工程下游视图场景融合效果见图 12,线状工程倾斜摄影+BIM 模型场景融合效果见图 13。

图 12　点状工程下游视图场景融合效果

图 13　线状工程倾斜摄影+BIM 模型场景融合效果

7　结论

综上所述,本文叙述了多源数据包括多平台 BIM 模型数据以及常用 GIS 数据在“一张图”场景中的融合方法和应用,其中技术方法包括:

提出了基于 3DE 平台设计模型处理、导入且保持模型轻量化、高质量化、系统可用性高的技术路线,并得到应用验证。

提出了一系列的模型轻量化处理方法,在一定程度上解决了 BIM 可视化平台模型体量大、平台加载慢的问题。

探索了市面基本上所有的主流 BIM 平台在超图 GIS 平台中的融合方法,在一定程度上形成了多源 BIM 数据融合流程。

提出并验证了倾斜摄影数据从外业测绘→数据处理→数据融合的数据采集应用流程。

然而多源数据融合技术仍有很大的可提升空间,如建设期 BIM 模型体量大、块数多、更新快,现有的数据编码手段很难高效的解决问题,需要通过一定的标准化流程、二次开发等手段提高数据处理和融合的效率。

参考文献

[1] 赵杏英,陈沉,杨礼国. BIM 与 GIS 数据融合关键技术研究[J]. 大坝与安全,2019,2(2):7-10.
[2] 薛向华,皇甫英杰,皇甫泽华,等. BIM 技术在水库工程全生命期的应用研究[J]. 水力发电学报, 2019(7):87-99.
[3] 谢温祥. BIM+GIS 在水利工程中的应用[J]. 黑龙江水利科技, 2019(4):130-132.
[4] 撒文奇,次旦央吉,于伦创,等. 基于 BIM+GIS 的水闸安全监控与预警处置系统研发[J]. 水利水电技术, 2020,S1:202-207.
[5] 贾玉豪,万艳. 基于 BIM+3D GIS 的大坝安全监测管理系统设计与实现[J]. 陕西水利, 2020,05:149-151,158.

[6] 张臻,高正,张鹏. 智慧水利关键技术及系统设计[J]. 浙江水利科技, 2019(4):66-70.
[7] 袁媛,史赟,丁维馨,等. BIM 与 GIS 集成的三维建模方法在水里工程管理中的应用[J]. 江西水利科技, 2020,4(2):151-156.
[8] 傅蜀燕,赵志勇,杨硕文,等. 基于三维 BIM_WebGIS 技术的区域数字水库构建[J]. 长江科学院院报, 2018,35(4):134-136,142.
[9] 张芙蓉,杨雅钧,齐明珠,等. 结合 BIM 与 GIS 的城市工程项目智慧管理研究[C]//第六届 BIM 技术国际交流会——数字建造在地产、设计、施工领域应用与发展论文集, 2019-9-25, 69-76.
[10] 皋思琴,杨朝东,黄浩,等. BIM 技术在市政建设和管理中智能应用——以上海市世博会地区会展及商务区 A 片区地下市政空间建设为例[J]. 城市勘测, 2018,S1:111-113.
[11] 蔡文文,冯振华,周芹,等. 面向数字化城市设计的三维 GIS 关键技术[J]. 地理信息世界, 2019(03):122-127.
[12] 张晓燕,姚勇. BIM+GIS 技术在冬奥场馆智能化管理平台中的应用[J]. 中国信息化, 2020(06):56-59.
[13] Hao Wang, Yisha Pan, Xiaochun Luo. Integration of BIM and GIS in sustainable built environment: A review and bibliometric analysis[J]. Automation in Construction, 2019, 103:41-52.
[14] 张志伟,何田丰,冯奕,等. 基于 IFC 标准的水电工程信息模型研究[J]. 水力发电学报. 2017,(02):83-91.
[15] 李献忠,张社荣,王超,等. 基于 BIM+GIS 的长距离引调水工程运行管理集成平台设计与实现[J]. 水电能源科学, 2020,09: 91-95.
[16] 褚靖豫,熊自明,姜逢宇,等. 基于 BIM 与 GIS 数据融合的智慧地铁运维系统研究[J]. 信息技术与网络安全,2020, 05: 75-79,85.
[17] 刘金岩,刘云锋,李浩,等. 基于 BIM 和 GIS 的数据集成在水利工程中的应用框架[J]. 工程管理学报,2016,04(8):96-99.
[18] 张杜荣,徐彤,张宗亮,等. 基于 BIM_GIS 的水电工程施工期协同管理系统研究[J]. 水电能源科学,2019,8:132-135.
[19] 翟晓卉,史健勇. BIM 和 GIS 的空间语义数据集成方法及应用研究[J]. 图学学报,2020(01):148-157.
[20] 张芙蓉,杨雅钧,齐明珠,等. 结合 BIM 与 GIS 的城市工程项目智慧管理研究[J]. 土木工程信息技术,2019(06)(6):42-49.
[21] 武鹏飞,刘玉身,谭毅,等. GIS 与 BIM 融合的研究进展与发展趋势[J]. 测绘与空间地理信息,2019(01):1-6.
[22] 张佳琪. BIM 与 GIS 数据融合方法研究[D]. 长春:长春工程学院,2018.
[23] F. Rechichi. CHIMERA: A BIM+GIS SYSTEM FOR CULTURAL HERITAGE [J]. ISPRS- International Archives of the Photogrammetry, Remote Sensing and Spatial Information Sciences, 2020, XLIII-B4-2020:493-500.
[24] 徐照,徐夏炎,李启明,等. 基于 WebGL 与 IFC 的建筑信息模型可视化分析方法[J]. 东南大学学报(自然科学版), 2016(02):444-449.
[25] A. U. Usmani, M. Jadidi, G. Sohn. AUTOMATIC ONTOLOGY GENERATION OF BIM AND GIS DATA[J]. ISPRS-International Archives of the Photogrammetry, Remote Sensing and Spatial Information Sciences,2020,77-80.
[26] 翟晓卉,史健勇. BIM 和 GIS 的空间语义数据集成方法及应用研究[J]. 图学学报, 2020,01:148-157.
[27] Kavisha Kumar, Anna Labetski, Ken Arroyo Ohori, et al. The LandInfra standard and its role in solving the BIM-GIS quagmire [J]. Open Geospatial Data, Software and Standards, 2019, 4(1):1-16.
[28] Yi Tan, Yongze Song, Junxiang Zhu, et al. Optimizing lift operations and vessel transport schedules for disassembly of multiple offshore platforms using BIM and GIS [J]. Automation in Construction, 2018, 94:328-339.
[29] Ken Arroyo Ohori, Abdoulaye Diakité, Thomas Krijnen, et al. Processing BIM and GIS Models in Practice: Experiences and Recommendations from a GeoBIM Project in The Netherlands [J]. ISPRS International Journal of Geo-Information, 2018, 7(8).
[30] 冯振华,王博,蔡文文. BIM 和 SuperMap 三维 GIS 融合的技术探索[C]. 第三届全国 BIM 学术会议论文集.
[31] 熊欣,杨克华,赵喜锋,等. BIM+GIS 在高速公路智慧建造中的关键技术[J]. 中国公路, 2020,10:112-113.
[32] 鲍榴,杨斌,杨威,等. 基于 BIM+GIS 的铁路工程建设管理一张图关键技术研究及应用[J/OL]. 铁道标准设计:1-6[2020-11-13].

黄河防洪“四预”应用的实践与探索

胡德祥　王　丹

（黄河勘测规划设计研究院有限公司，河南郑州　450003）

摘　要：本文深入分析了防洪“四预”的内涵及其与数字孪生流域的关系，提出了预报调度一体化的实现逻辑；回顾了黄河防洪相关应用系统的建设历程及其在“四预”方面的探索；剖析了存在的问题；梳理了黄河防洪“四预”应用的一些新探索；简要分析了黄河防洪调度工作面临的新形势，展望了未来开展黄河防洪“四预”应用建设的若干思路。

关键词：黄河防洪；“四预”；数字孪生流域；数字孪生黄河；预报调度一体化

1　对防洪“四预”内涵的理解

1.1　防洪“四预”的内涵

“四预”是对水利业务预报、预警、预演、预案功能的统称。其中，预报是基础，预警是前哨，预演是关键，预案是目的，四者环环相扣，层层递进[1]。预报是对水安全要素的发展趋势做出不同预见期的定量或定性分析；预警是依据水灾害风险指标和阈值生成预警信息，通过各种渠道将信息发布至工作一线；预演是对典型历史事件、设计、规划或未来预报场景下的水工程调度进行模拟仿真，进而发现问题，迭代优化方案；预案是依据预演确定的方案，确定水工程运用方式[1]。

防洪“四预”里面，预报是难点，预演是重点，预警、预案分别是预报、预演的信息发布和结果呈现，是“四预”的落脚点，重要性不言而喻，但是其工作基础还是预报和预演。因此“四预”的重难点还是在预报和预演上。

预报的关键在于延长预见期和提高预报精度。防洪相关的预报包括降雨预报、洪水预报。在降雨预报上，降雨过程直接影响洪水的发生和发展，因此洪水预报对短期降雨预报的精确性和实时性要求很高，需要基于不同的数值预报产品提供满足调度要求的不同时间尺度降雨预报成果。在洪水预报上，目前，中国的洪水预报方法基本可分为基于相关图法的实用水文预报方案和基于物理概念的流域水文模型两种方法[2]。第一种方法主要基于统计分析和科学归纳，以及大量预报经验的积累和运用；第二种方法主要基于具有明确产汇流机制的水文预报模型。高强度的人类活动引起的下垫面变化、全球气候变化等因素影响了这些方法的有效性，降低了预报精度。变化环境下的预报技术面临着一系列新的问题和挑战[2]。

预演有三个层面的涵义。第一个层面，是防洪调度方案的制定过程。即启用各类水工程进行拦洪调蓄后，工程和河道的流量、水位等水情变化过程。这个过程中的流量演算也包含两个深度，一个是通过蓄量演算法，一个是通过动力波演算法。第二个层面，是在数字孪生流域的基础上，结合工程的物理参数、社会经济数据、防汛队伍和物资的分布等，对工程可能的出险情况、调度后可能导致的淹没损失、需要提前调配的人员和物资等进行分析预判。第三个层面，是基于数字模拟仿真引擎，对调度预演结果在孪生体三维场景中进行模拟和呈现。

1.2　防洪“四预”与数字孪生流域的关系

智慧水利建设的主要任务是构建数字孪生流域、建设具有“四预”功能的“2+N”业务应用体系和完

作者简介：胡德祥（1985—），男，高级工程师，主要从事智慧水利和智慧防汛工作。

善网络安全防护体系[3]。防洪“四预”是“2+N”业务中的核心业务应用之一,因此防洪“四预”与数字孪生流域之间是并列的关系,都是智慧水利建设的重要组成部分。同时,“四预”是在数字孪生流域基础上建设的,是数字孪生流域建设的出发点和落脚点,也是检验数字孪生流域建设成果的主要标准。[1]二者又是相辅相成、互为依托的关系。

1.3 预报调度一体化

预报调度一体化是聚焦“四预”关键环节、实现“四预”功能有机集成的重要技术手段(见图1)。洪水预报调度一体化的重点在于将洪水预报与防洪调度的过程,通过数据逻辑、业务逻辑、功能逻辑等耦合在一起。

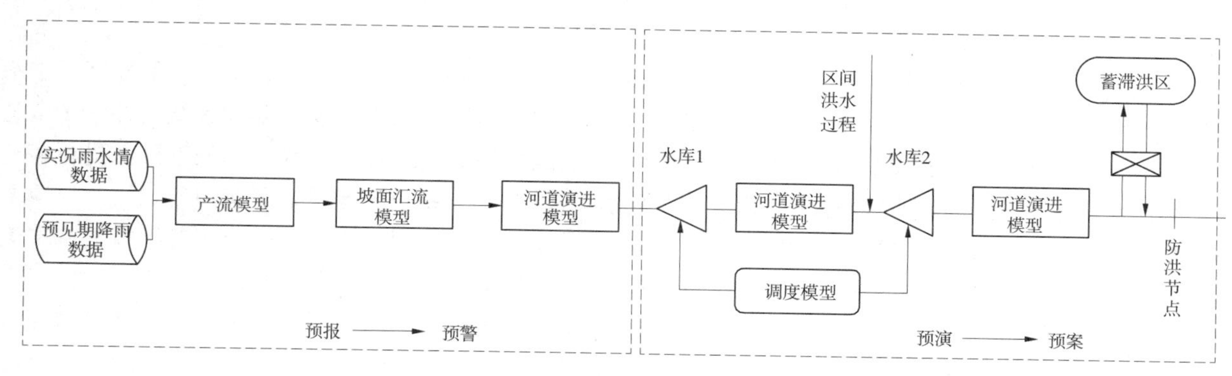

图1 预报调度一体化流程及其与“四预”的关系

在数据逻辑上,洪水预报的输入数据分为两大类:一是模型参数和初始状态;二是实时雨水情数据。输出数据为预报断面的预见期流量过程及最终状态。防洪调度的输入数据主要是入库断面的预见期流量过程。洪水预报和防洪调度的数据流程前后吻合,洪水预报的输出结果可作为防洪调度的输入数据,这也是当下防洪调度工作中多采用的对接方式,即数据层面的对接。

在业务逻辑上,洪水预报是实时防洪调度的先决条件。洪水预报包括产流、坡面汇流、河道演进以及水工程调度等过程,防洪调度包括水工程调度、河道演进等过程。二者在两个方面有重合,一是水工程调度,这是水工程下游断面预报的计算条件,同时也是防洪调度的计算过程;在洪水预报作业时,通常采用水库敞泄运用、维持现状下泄流量、假定河流为天然状态等方式为调算依据;二是河道演进,要求在计算时采用同一套河道演进算法及参数,以保证结果一致性。

此外,在进行规则调度时,需进行补偿调节计算,即通过目标节点指定流量过程,反算水库群的泄流过程,需经过多次试算才能得到预期结果。在这个过程中,区间流量过程是变量之一,需要通过区间产汇流计算得到。

在功能逻辑上,洪水预报与防洪调度可共用页面。在进行实时预报调度时,首先计算得出流域初始场,进而进行水工程调洪计算,这两个步骤都需要同时调用预报模型和调度模型。在功能页面设计上,预报和调度可以合并为一个功能按钮,即预报调度计算。

此外,预报和调度的时间步长应保持一致。预报结果时间序列的时段长在不同地区有所不同。以黄河中下游为例,黄河中游三花区间的预报方案通常采用2 h步长,黄河下游的预报方案采用基于马斯京根河道演进模型的漫滩洪水预报模型,通常采用8 h步长。在进行水工程调度时,应按预报的时间步长进行调度运用。三花区间五座水库联合调度时,采用2 h步长;下游东平湖和北金堤蓄滞洪区运用时,采用8 h步长。

2 黄河防洪“四预”应用实践探索

2.1 黄河防洪相关应用系统的建设历程

黄河防洪相关应用系统的建设历程基本可以按国家防汛抗旱指挥系统工程和其他应用系统两方面阐述。

2.1.1 国家防汛抗旱指挥系统

国家防汛抗旱指挥系统工程(简称国指系统)是全国范围内的战略性水利基础设施,覆盖了水利部本级、7个流域机构、全国31个省(自治区、直辖市)和新疆生产建设兵团;作为"金水工程"龙头项目,其起步早、规模大、影响深远[4]。工程分两期建设,一期工程于2005年6月进入全面建设阶段,并已于2011年1月通过水利部竣工验收[4]。二期于2014年5月正式开工建设,目前大部分单项工程已通过竣工验收。据此建成了从前端采集到后端应用、从洪水预报到防洪调度的国家级防汛抗旱决策支撑体系,产生了巨大的经济社会效益。

依托国指系统,黄河流域已经建成并投入使用的"四预"应用有黄河洪水预报系统、黄河防洪调度系统(一期)和黄河上游防洪调度系统。

(1)黄河洪水预报系统。黄河洪水预报系统是黄河流域最常用的洪水预报系统[5]。系统基于中央洪水预报系统软件平台定制开发,分两期建设而成,一期工程建设了29个预报断面预报方案、12个适用于黄河流域的经验预报模型,以及前期影响雨量等相关辅助软件,二期工程在一期的基础上进行扩充和优化,新增和改进了19项软件功能,新增了6个水文模型[5-6]。系统范围覆盖了黄河流域干支流重要防洪河段和区域,功能主要包括定制预报方案、模型参数率定、实时预报、人机交互修正等13项,基本满足防洪调度对洪水预报的需求,在近年的防汛工作中提供了大量预报信息[5]。

(2)黄河防洪调度系统(一期)。黄河防洪调度系统(一期)依托国指系统一期建设,实现了潼关以下干流及重要支流河段防洪调度及初步水沙调控功能[5]。调度对象为三门峡、小浪底、陆浑、故县水库群,以及东平湖、北金堤蓄滞洪区,演进范围至利津。业务功能包括洪水调度预案计算、实时洪水调度和调度评估决策等。系统可实现设计洪水过程、实测或模拟洪水过程的调度计算,以及下游河道洪水演进计算,也可进行单库调度和多库组合的调度计算[5]。

(3)黄河上游防洪调度系统。黄河上游防洪调度系统依托国指系统二期建设,实现了龙羊峡至头道拐河段的防洪调度功能。调度对象为龙羊峡、刘家峡水库,演进范围至头道拐。系统包括防洪形势分析、调度预案计算、实时调度计算、调度成果上报等7项功能。其中,调度预案计算是基于设计洪水和典型洪水进行方案计算和推演,实时调度计算是基于预报洪水进行方案计算和预演,调度成果上报实现了调度方案向水利部防洪调度系统的上报功能。

(4)其他应用系统。除预报调度相关系统外,国指系统还建设了天气雷达应用系统等,为洪水预报作业提供雷达定量降水估算数据;建设了会商系统、综合信息服务系统等,这些应用虽然不是直接参与"四预"业务,但为其提供会商环境、信息汇集等周边功能,也在防洪工作中承担了重要角色。

2.1.2 其他应用系统

除国家防汛抗旱指挥系统外,黄河水利委员会(简称黄委)各相关部门针对洪水预报调度还进行了相关卓有成效的建设,主要有黄河中下游五库联合调度模型系统、小花间分布式水文模型预报系统等。这些系统一般侧重于规划层面的计算需求或偏重研究,在作业预报和实时调度上有所欠缺。

2.1.3 已有应用系统在"四预"方面的探索

已有应用系统在"四预"方面进行了大量探索,为历年防汛工作提供了较好的技术支撑。在预报上,建设了以黄河洪水预报系统为主的预报应用体系,构建了覆盖全流域重要防洪河段和区域的预报方案,研发了从经验模型到分布式水文模型的预报模型集。在预警上,部分应用系统内部建设了预警模块。在预演上,建设了较完善的防洪调度系统,基本能满足历年防洪调度工作需要。在预案上,形成了比较完善的工程调度运用和非工程措施预案。

另外,这些探索都是有限探索。主要体现在三方面:第一,在建设内容上,这些应用系统都是侧重"四预"中的一至两个部分,尤其着重于预报和预演,并且在预演中,也只侧重于调度方案计算,而在调度仿真模拟上探索不够深入;第二,在专业协同上,没有系统性的将"四预"串联在一起形成整体;第三,预案尚未形成知识图谱,与在线使用存在一定距离。

2.2 存在的问题

(1)洪水预报方案不够完善。部分预报断面只建有一套预报方案,不能满足洪水预报分级管理的需求,也不能满足预报会商时对多种预报方案的成果进行比较优选的要求。

(2)洪水预报模型可复用性不足。黄河洪水预报系统中的模型都是以DLL(动态链接库)的形式存在,导致其只能在该系统中适配和运行,无法在服务器端为Linux操作系统的应用中调用。并且模型的输入输出数据是文本文件,因此难以进行多用户并发计算。

(3)防洪调度系统技术架构不一,难以整合。防洪调度系统按上游和中下游分期建设,上游系统基于.NET框架开发,属于B/S(浏览器/服务器)架构,而中下游系统基于VB语言开发,属于C/S(客户端/服务器)架构;两套系统从技术架构上无法整合。

(4)防洪调度范围没有覆盖全流域。已有防洪调度系统的建设范围包括黄河上游和中下游潼关以下河段,缺失北干流河段。该河段有多条大支流汇入,且是主要产沙区,对潼关过程影响显著,是中下游防洪调度中不可或缺的区域。

(5)没有实现预报调度一体化。在防汛会商过程中,预报和调度需要紧密结合才能快速进行调度方案实时调算。但是在已有的建设中,预报和调度都是作为单独的系统运行,相互之间的信息传递采用文件或中间数据库的形式。

2.3 黄河防洪“四预”应用的新探索

2.3.1 黄河流域水工程防灾联合调度系统

国家水工程防灾联合调度系统是在国指系统等现有资源基础上,采用模型库、知识库、预报调度一体化等技术和理念,建成覆盖水利部本级和七大流域的水工程防灾联合调度系统。按流域管理机构行政管辖职责分别建设,黄河流域水工程防灾联合调度系统是其中的重要组成部分[5]。系统前期工作起步于2018年11月,分别于2019年10月和12月经水利部对可行性研究报告进行审查,2021年根据新发布的《智慧水利建设顶层设计》由水利部防御司组织进行报告修编,目前处于可研报批阶段。

系统在构建模型平台和知识平台的基础上,系统性研究论述了“四预”应用的建设思路和技术路线,对拟建的智慧调度应用做了深入设计。系统涵盖防洪、防凌和应急水量调度三大业务,其中防洪调度建设范围为黄河干流龙羊峡至黄河口河段,包括湟水、洮河、无定河、渭河、伊洛河、沁河等6条重要支流,涉及水工程联合调度范围的洪水预报节点154个,纳入联合调度的水库29座,蓄滞洪区3处,以及伊洛河夹滩等重要区域。系统的建成使用将为黄河防洪的精准化决策提供有力支撑。

2.3.2 黄河中下游洪水预报调度一体化系统

黄河中下游洪水预报调度一体化系统是针对洪水预报调度一体化思路所做的探索,也是对黄河流域水工程防灾联合调度系统建设所做的尝试。于2019年12月启动系统开发工作,2020年5月投入试运行,并应用于2020年汛前防御大洪水调度演练中。

系统选取了从三门峡入库至利津的29个预报断面,将DLL格式的预报模型通过微服务封装;针对每个用户构建一套用于存储模型和输入输出文件的文件系统,解决了多用户不能并发计算的问题;将采用JAVA语言编写的中下游五库联合调度模型与DLL格式的演进模型动态耦合在一起,优化了花园口补偿调节计算模块。

系统在预报调度一体化上所做的尝试在黄河防洪调度工作中是全新的。联合了黄委下属多个单位,充分发挥各自的技术优势,共同建设而成,为后续探索打下了良好的基础。但是系统也存在一些问题,首先是深度不够,表现在各预报断面只有一套预报方案;其次是灵活性不够,表现在防洪调度模型的粒度不够精细,导致不能分段计算,计算过程也无法实时在界面显示。

2.3.3 其他探索

黄委相关防汛技术支撑部门结合防汛会商时的实时调算方案的需求,共同开发了黄河中下游防洪会商预演系统,可进行单库与库群的实时调算,在计算的灵活度上较之前系统有了较大提升,但在小浪底入库等预报断面的计算方式上做了简化处理,仅采用上游断面实测流量加传播时间演进等方式获取,因此在计算精度上存在不足。

3　黄河防洪“四预”应用的思考

3.1　黄河防洪调度工作面临的新形势

人民治黄70年以来,流域防洪工程体系不断完善,干支流一大批骨干水库、堤防、蓄滞洪区相继建成并发挥作用[5]。通过水工程联合防洪调度,保障了流域防洪安全;通过水工程水沙联合调控,河道萎缩态势初步遏制,下游最小平滩流量由2000年前后的不足2 000 m^3/s逐步恢复到现在的4 500 m^3/s左右[5]。但也应清醒地认识到,黄河流域洪水灾害威胁长期存在,随着国民经济和社会发展,洪灾所造成的损失日趋严重。在2021年黄河秋汛防御中,对洪水预报精度和预见期的要求、水库水位和下泄流量的控制、洪水演进时间差和空间差的把握,都到了精益求精的地步。黄河洪水防御对精准化预报、精细化调度的要求越来越高。

3.2　未来开展黄河防洪“四预”应用建设的思路

一是紧扣顶层规划的思路与目标。《智慧水利建设顶层设计》《“十四五”智慧水利建设规划》《数字孪生黄河建设规划(2022—2025)》等规划和顶层设计相继颁发,在开展黄河防洪“四预”应用建设时,应遵循上述规划总体要求,紧扣实现路径,落实各项重点建设任务。

二是在数字孪生黄河基础上构建。数字孪生黄河建设分为构建黄河数字孪生平台,完善黄河信息基础设施、构建“2+N”业务应用、完善黄河网络安全体系和保障体系[7]。防洪“四预”应用需调用黄河数字孪生平台中的水利专业模型、智能模型、可视化模型、预报调度方案库、流域知识库、业务规则库、历史场景库、专家经验库等资源,应构建在其基础之上。

三是推进预报调度一体化。预报调度一体化是在技术层面保证防洪“四预”应用之间良好互动的关键,提升预报调度一体化水平对防汛会商和实时调度至关重要。

四是结合黄河水沙和工程特色开展工作。黄河的特点之一是水少沙多、水沙关系不协调。防洪调度与调水调沙需协调进行;在构建防洪“四预”应用时,应兼顾防洪和泥沙,在防洪调度、洪水演进计算的同时,需考虑水库泥沙冲淤计算、河道泥沙冲淤计算的需求。在关键技术攻关上,应加强在泥沙预报模型、水沙联合调度模型等薄弱环节上的投入。

五是加强部门间业务协同和数据共享。黄河防洪调度是黄委的重要职能,在黄河防汛抗旱总指挥部领导之下,由黄委水旱灾害防御局负责实施,委属相关单位提供技术支撑。为保证防洪“四预”充分发挥作用,应加强各单位和部门之间业务协同和数据共享。

3.3　总结

(1)防洪“四预”里,预报是难点,预演是重点。预报的关键在于延长预见期和提高预报精度。预演有三个层面的涵义,分别是防洪调度方案制定、调度过程可能造成后果的分析预判、调度预演结果在孪生场景中呈现。

(2)预报调度一体化是聚焦“四预”关键环节、实现“四预”功能有机集成的重要技术手段。洪水预报调度一体化的重点在于将洪水预报与防洪调度的过程,通过数据逻辑、业务逻辑、功能逻辑等耦合在一起。

(3)黄河防洪“四预”应用经过多年实践与探索,做了大量卓有成效的工作,建设了一系列预报调度模型和应用系统,积累了丰硕经验,为数字孪生黄河的建设打下了坚实基础。

(4)未来,黄河洪水防御对精准化预报、精细化调度的要求越来越高。为加快建设完善黄河防洪“四预”应用,应紧扣顶层规划的思路与目标,在数字孪生黄河基础上,结合黄河水沙和工程特色,推进预报调度一体化,并加强部门间业务协同和数据共享。

(5)分析重点是防洪“四预”的应用和模型,没有过多阐述三维模拟仿真、信息展示等服务支撑和基础应用,还需要进一步研究和梳理。

参考文献

[1] 水利部. 水利部关于印发《水利业务“四预”基本技术要求(试行)》的通知[Z]. 2022-03-30.
[2] 张建云. 中国水文预报技术发展的回顾与思考[J]. 水科学进展,2010,(4):435-443.
[3] 蔡阳,成建国,曾焱,等. 加快构建具有“四预”功能的智慧水利体系[J]. 中国水利,2021,(20):4.
[4] 水利部水利信息中心,等. 国家防汛抗旱指挥系统二期工程初步设计报告[R]. 北京:水利部水利信息中心,2013:1-53.
[5] 水利部黄河水利委员会. 黄河流域水工程防灾联合调度系统可行性研究报告[R]. 郑州:水利部黄河水利委员会,2022:16-71.
[6] 黄委国家防汛抗旱指挥系统工程项目建设办公室,等. 国家防汛抗旱指挥系统二期工程黄委建设项目初步设计报告(报批稿)[R]. 郑州:黄委国家防汛抗旱指挥系统工程项目建设办公室,2013:19-20.
[7] 水利部黄河水利委员会. 数字孪生黄河建设规划(2022—2025)[R]. 郑州:水利部黄河水利委员会,2022:21.

基于地理空间数据的多尺度数字孪生流域数据底板建设

高永红　田帅帅　陈乐旻　王　芳

（黄河勘测规划设计研究院有限公司，河南郑州　450003）

摘　要：数据底板是流域数字化映射的成果，是数字化场景构建的基础，是智慧化模拟参数计算与迭代更新的依据，是数字孪生流域“四预”目标实现的“基石”。根据水利部智慧水利实施方案和流域信息化需求，本文研究提出了基于地理空间数据的数字孪生底板建设方案思路，明确了地理空间数据底板构建的目标，提出了多来源、多尺度数字孪生底板数据构建的具体方式，阐明了包括数据来源、数据获取、数据治理、数据融合的理论和方法，细化了 L1～L3 级数据底板的建设内容和技术路线，补充完善了流域基础数据，给出了完整的数字孪生项目数据底板建设的思路和方法；通过三级底板建设与共享，发挥各级建设成果最大应用效益，构建高精度可视化场景，为智慧防汛、水资源管理与调配等业务化应用提供强有力数据支撑。

关键词：数字孪生；地理空间数据；数据底板；可视化场景；数据融合

1　引言

地理空间数据除了具备信息的一般特性外，还具有区域性、多维性和动态性等特点[1]。测绘便是针对地理空间信息的表示、获取、处理、存储、分析和应用的技术手段。由于地球的几何结构与外观具有典型的三维和动态变化特点，因此地球时空信息的动态三维表达是测绘的基本任务[2]。通过 GIS 地理信息数据，包括矢量数据、高程数据、影像数据等多源异构数据，构建流域基于地理空间数据的数字孪生底板，还原流域的地形、植被、工程、建筑等多尺度时空场景，为智慧化模拟参数计算与迭代更新提供依据。

实景三维模型技术是近年来测绘学科和计算机视觉方面研究的热门问题，其以高精度、高还原度、信息丰富的特点在各个领域承载着重要的数据支撑作用[3]。实景三维模型其特点如字面意思，“实景”反映了模型对真实场景的高还原度，“三维”说明模型包含了丰富的立体结构信息，利用实景三维模型可以较好地实现地理实体与场景外部信息表达[4]。

传统测绘通常注重场景或建筑的外部信息表达，而对内部信息及模型构建研究不够充分，数字孪生流域类项目除注重地理实体的外部情况外，对一些险工、发电设施、泵站等内部模型效果也同样关注，为统筹室外-室内场景表达还需在数据底板建设中引入建筑信息模型（BIM）。BIM 在建筑和设计行业多用于在施工完成前对预期成果的展示和在施工过程中通过模型输出精细化图纸来指导施工，其信息丰富、且兼顾室内外模型[5]，在数字孪生项目中更是承担着模型分析、情景推演等重要角色，在数据孪生底板建设中可用 BIM 模型来对测绘成果进行有效的室内信息补充。

近年来，水利行业的发展呈现出各学科高度互联、交融的情况，依靠传统分专业、分部门开展研究的情况，已经无法全面、准确分析各种复杂的现象和情况，行业亟需有效手段提升对整个流域庞大、复杂系统的模拟及预测。早在 2001 年李国英提出“数字黄河”[6-8]概念，利用信息技术，构建黄河流域自然、地

作者简介：高永红（1974—），女，高级工程师，主要从事航空摄影测量工作。

理、经济、社会的数字化集成平台，并在此基础上通过建立各种专业的业务模型和数学模型形成模拟及分析黄河流域情况的虚拟环境；近几年各行业迅速发展为建设数字孪生流域提供了较为成熟的技术环境，2021 年 9 月，在水利部召开的深入推动黄河流域生态保护和高质量发展工作座谈会上，李国英部长明确提出了建设数字孪生黄河的要求[9]；2022 年 3 月水利部印发了关于《数字孪生流域建设技术大纲（试行）》的通知，通知中明确“数字孪生平台主要由数据底板、模型平台、知识平台等构成”，其中数据底板汇聚水利信息网传输的各类数据，经处理后为模型平台和知识平台提供数据服务。本文结合近两年测绘行业不断发展，各类采集处理软硬件与技术不断丰富，融合实景三维技术与建筑信息模型（BIM），以数据底板建设为目标，从测绘专业出发融合其他学科优势，提出了数字孪生流域 L1～L3 级数据底板建设的具体方案。

2 数据底板建设方案

数据底板是对“水利一张图”的升级扩展，是对数据类型、数据范围、数据质量的进一步提升。通过对基础地理信息数据、实景三维模型以及 BIM 模型等进行融合进一步优化分析计算、场景可视化等功能。根据数字孪生流域的建设目标以及数字孪生平台不同的业务需求，搭建 L1～L3 多尺度时空数据底板。本文以黄河下游为例，介绍数字孪生流域的数据底板建设，见图 1。

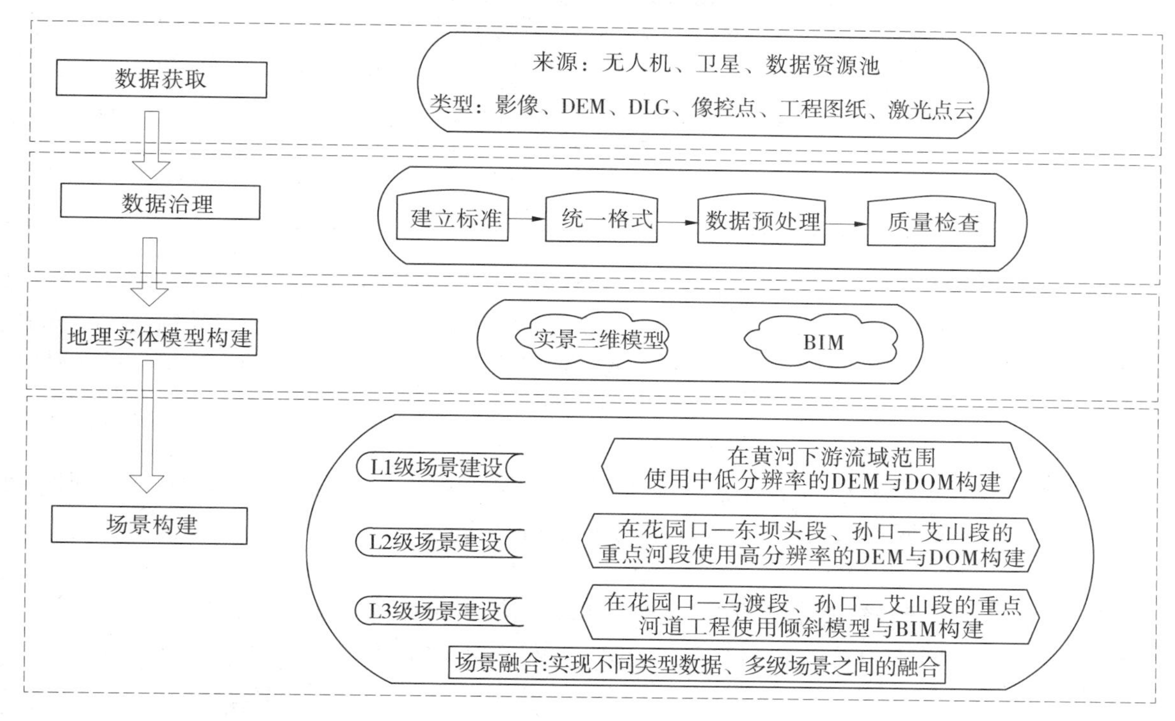

图 1 数据底板建设方案

黄河下游流域数据底板建设区域面积大、数据类型多样、格式不同、信息丰富，因此通过空间跨度和分辨率尺度跨度构建一个兼顾大场景和部分险工等重要位置的融合场景十分重要；场景的构建要在适应不同尺度展示和分析基础上保障数据浏览加载的流畅性。

通过对获取的多源数据进行梳理整治，明确数据格式、质量等要求，分级别展开数据底版建设。L1 级数据底板是在黄河下游流域范围内进行中低精度的建模，包括整个流域范围的 DOM（数字正射影像）和 DEM（数字高程模型）/DSM（数字地表模型）等数据。L2 级数据底板是在黄河下游花园口—马渡段、孙口—艾山段典型区段获取高精度 DEM、DOM 数据。L3 级数据底板是在黄河下游花园口—马渡段、孙口—艾山段典型区段的重点堤防、险工、控导、防洪闸、分洪闸进行精细建模，采用实景三维模型和建筑信息模型（BIM）结合的方式，精细表达重要地理实体对象的内外部的信息。

3 数据底板建设流程

3.1 多源数据获取

3.1.1 影像数据

使用卫星遥感技术采集的流域分辨率为 1 m 的影像数据,作为 L1 级场景建设的基础。收集遥感影像数据时,最好采用同时相或相邻时相的影像,避免由于季节变化、地物变化等原因,造成影像数据的接边问题。收集数据时,还需注意云层遮盖等问题。

使用无人机的航飞影像采集流域重点区域分辨率为 0.2 m 的影像数据,作为 L2 级场景建设的基础,如花园口—马渡段、孙口—艾山段。使用无人机获取影像时,需注意天气,考虑风力、光照等因素,以防采集的影像存在过曝、色调不一致等问题。

无人机倾斜摄影是指通过无人机搭载多个相机传感器,实现在一次航飞中同时获取多个角度影像的摄影技术,获取的影像数据可用于三维重建等,目前已是行业内较为成熟的影像获取方式[10]。在流域重点区域通过无人机倾斜摄影的方式获取高分辨率影像数据作为构建 L3 级场景所需的原始数据,具体参数见表 1。

表 1 倾斜摄影技术参数

地面分辨率	优于 3 cm	航向重叠度	80%
相机数量	5	旁向重叠度	70%
倾斜相机角度	45°	传感器尺寸	23.5×15.6 mm
镜头焦距	下视 25 mm 侧视 35 mm	有效像素	2 400 万×5

严格按规范规定的太阳高度角要求选择摄影时间,倾斜摄影应考虑光照、阴影等因素对成像的影响,适当选择摄影时间,航摄时太阳高度角应大于 40°,阴影倍数小于 1.2。保证影像清晰、反差适中、颜色饱和、色彩鲜明、色调一致。有较丰富的层次、能辨别与地面分辨率相适应的细小地物影像,满足室内判读的要求。

3.1.2 高程数据

使用空间分辨率分别为 15 m、5 m 分辨率的 DEM、DSM 数据作为 L1、L2 级场景的高程数据。使用空间分辨率分别为 2 m 或者 0.5 m 分辨率的 DEM 数据作为 L3 级场景的高程数据。

3.1.3 DLG 数据

使用 1∶100 万、1∶25 万数据库中的水文站、水利枢纽、堤防、断面线、河道中心线、水库、流域分区等点线面矢量信息,通过符号化或者数据升维等手段,丰富可视化场景的内容。

3.1.4 像控点数据

像控点测量采用高精度双频 GNSS 接收机,基于千寻 CORS 网络 RTK 技术施测,精度参照国家相关规范执行,为保证 L3 级场景较好的数学精度像控点按照 150~200 m 间距进行布设,为保证内业判读精度应在航飞前在硬化地面使用红色油漆喷涂布设"L"地标(见图 2),测量地标拐角内角。

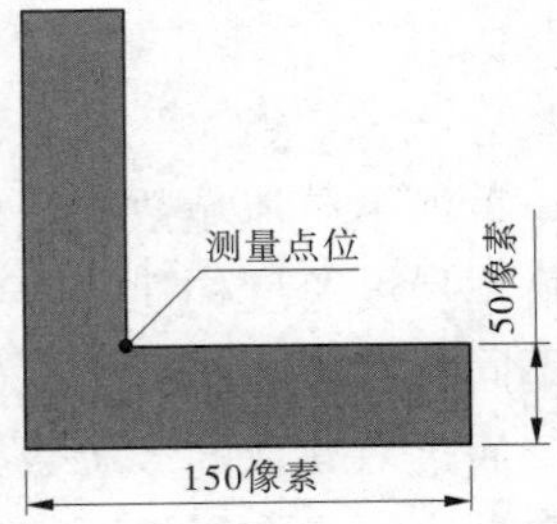

测量点位

50像素

150像素

图 2 控制点标志示意图

3.1.5 已建工程图纸数据

收集重点建、构筑物设计与施工图纸,用于构建 L3 级场景部分内部模型。

3.1.6 室内点云数据

由于数字孪生流域范围较大,各类建、构筑物情况复杂,且部分重点建筑物年代久远内部情况已发生变化,本着采集现实、现状的原则,在收集图纸的基础上还需获取室内点云构建现势性较强的室内模型。

SLAM(simultaneous localization an mapping),即时定位与地图构建,是一种在测量环境的同时获取该环境中位置的方法,实现了在无 GPS 信号的环境下进行位置测量,将它与移动测量相结合实现了复杂环境下地理信息数据的获取[11-12],将计算机视觉领域的 SLAM 技术引入三维激光扫描系统中,不仅克服了室内无 GPS 信号的问题,并实现全景影像与激光点云同步采集与匹配,极大地提高地下空间三维数据采集的效率与精度。

本研究采用 SLAM 技术获取重点建筑物室内点云数据,并结合闭合导线的方式对 SLAM 各个站点进行空间位置上的校正,结合点云数据与实时获取的全景照片为室内建模做好数据储备。

3.1.7 激光雷达点云数据

激光雷达技术以其高精度和具有一定的穿透性为特点,常作为倾斜摄影数据的补充以及重点建、构筑物的高程精化[13]。本研究采用两种方式获取激光雷达点云数据:①采用机载激光雷达对黄河下游重点堤防、大型水工建筑等进行航拍,获取高精度 DEM 数据,与 L2 级地形场景融合构建高精度地面高程模型。②对下游重点建筑物,在采集倾斜摄影影像的基础上补充采集地面激光扫描数据,作为对倾斜摄影数据的补充。

3.2 数据治理

数据治理是对数据资产管理行使权力和控制的活动集合。数据治理的最终目标是提升数据的价值,是企业实现数字战略的基础,它是一个管理体系,包括组织、制度、流程、工具。利用数据库开发技术、ETL 数据技术、质量控制技术等数据治理技术,针对地理空间数据归一化处理、一致化处理、图斑处理、实体编码与关联、质量检查与入库等需求,整合形成面向对象建模、统一语义、分布式存储与管理的黄河流域水利数据资源。

地理空间数据主要包括遥感数据、行政区划、道路、兴趣点、地名地址、地形要素数据等。治理过程包括数据梳理盘查、投影转换、匀光匀色、影像镶嵌、数据检查、数据入库等。

3.2.1 数据梳理

对地理空间数据的存量数据情况进行细致清点,描述各项数据的数据存储地点、方式、数据量、数据存储时长等情况,形成存量数据清册和存量数据分析报告。

3.2.2 投影转换

地理空间数据的坐标系统一转换为 CGCS2000 坐标系。

3.2.3 影像处理

针对不同时相的影像数据进行几何校正、影像拼接镶嵌、匀光匀色等处理,获取地物信息可读性更强,质量更好的影像数据。

3.2.4 数据检查

遵照数据真实性、数据准确性、数据唯一性、数据完整性、数据一致性、数据关联性、数据及时性等数据质量管理原则,编制数据质量标准和校验规则,并对已掌握的地理空间数据质量开展评价工作,并编制数据质量分析报告,对已掌握数据质量问题进行分析和定位,努力提高数据质量水平。

3.2.5 数据入库

地理空间数据种类多样,内容丰富。为了将其有机的进行组织,有效的进行存储、管理和检索应用,需将数据按一定的规律进行分类编码,按类别进行存储。通过制定统一的分类代码标准,将多格式地理空间数据统一整理转换入库,形成统一的数据库,为地理空间数据共享与交换奠定良好的基础,同时通过建立统一的地理空间数据库,避免多部门协作时出现重复劳动。

3.3 地理实体模型构建

3.3.1 实景三维模型

实景三维模型采用自动生成的 MESH 模型和人工单体化模型融合的方式构建最终的精细化场景。

MESH 模型构建主要分为空三加密、生成白模和纹理映射三部分:①采用光束法区域网整体平差,以一张像片组成的一束光线作为一个平差单元,以中心投影的共线方程作为平差单元的基础方程,通过各光线束在空间的旋转和平移,使模型之间的公共光线实现最佳交会,将整体区域最佳地加入到控制点坐标系中,从而恢复地物间的空间位置关系。②根据高精度的影像匹配算法,匹配出所有影像中的同名点,并从影像中抽取更多的特征点构成密集点云,从而更精确地表达地物的细节。地物越复杂,建筑物越密集的地方,点密集程度越高;反之,则相对稀疏。利用影像密集匹配的结果,由空三建立的影像之间的三角关系构成三角 TIN,再由三角 TIN 构成白模。③根据白模与影像的空间位置关系,结合后方交会的方法对白模和影像色彩进行匹配,从影像中计算对应的纹理,并自动将纹理映射到对应的白模上形成实景三维模型。部分重点建、构筑物将采集的地面激光雷达扫描数据与倾斜摄影点云数据进行配准生成融合三维 MESH 模型。

重点建、构筑物采用单体建模的方式,采集单体模型并结合外业实地纹理补拍,构建高精度、结构清晰、纹理自然的单体化模型并与三维 MESH 模型进行融合构成精细化实景三维模型,作为 L3 级场景的外部场景表达。

3.3.2 建筑信息模型

对于现状与设计变更不大的建、构筑物,采用图纸翻模的方式进行三维模型构建。

对于现状与设计图纸相差较大的建、构筑物,以采集的点云和影像为参照,对建、构筑物现状进行真实情况的还原,构建内部外模型。

以建筑信息模型细腻的室内场景展示与表达构建 L3 及场景的内部场景部分(见图 3)。

图 3 内部模型示意图

3.4 多层级场景构建(L1\L2\L3)

3.4.1 L1 级场景构建

L1 级是进行数字孪生流域中低精度面上建模,建设黄河下游从洛阳公路桥至黄河入海 79.5 万 km^2 的可视化场景。L1 级场景主要以 2.5 维的数字高程模型(DEM)为主,叠加遥感影像作为正射影像(DOM),构建直观表达连续地形起伏特征的数字地形景观模型,或可量测地面高程的虚拟现实场景[14],见图 4。

利用 SuperMap 或 CesiumLab 等软件分别对 DEM、DOM 进行地形与影像的缓存切片,各种 DLG 数据包括水利枢纽、堤防等,都可叠加在该细节层级场景中,对流域宏观的范围在平台上进行可视化表达。

3.4.2 L2 级场景构建

L2 级是进行数字孪生流域重点区域精细建模,主要包括重点区域的高分辨率 DOM、高精度 DSM、倾斜摄影影像/激光点云等数据。数字孪生流域的 L2 级场景展示的重点区域范围仍然较大,宜采用 DSM 叠加正射影像构建 L2 级场景,同样可以叠加断面数据、监测点位等数据。

L2 级场景构建范围是花园口—马渡和孙口—艾山段。针对孙口—艾山段的洪水演进模拟,数字化场景数据需包括区域 5 m 分辨率 DSM 数据、0.2 m 分辨率的 DOM 数据、水下地形数据、河道断面数据

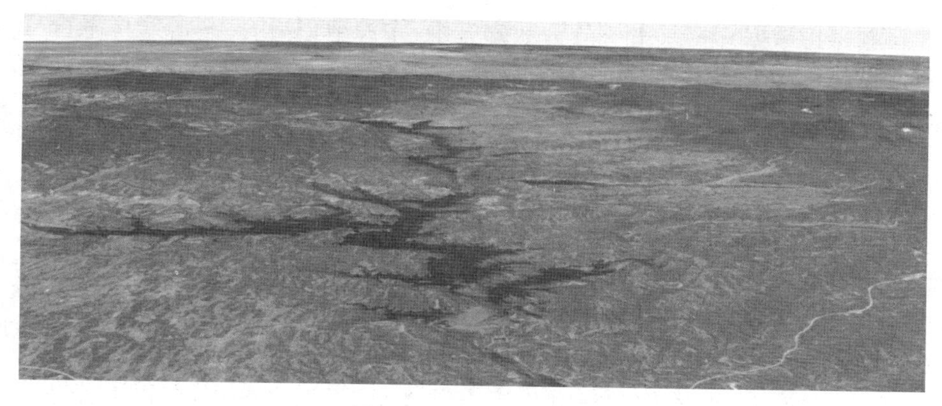

图4　L1级场景效果图

等基础地理信息数据,以及河道、堤防、道路、水体、监测站点等,为水文水动力学模拟流场和淹没分析提供数据基础。

3.4.3　L3级场景构建

L3级场景为重要区域的水利工程模型和涉水要素空天地三维融合数据,主要包括工程外观及其周边环境精细化三维模型、工程内部及设施建筑信息模型(BIM)、是进行数字孪生流域重要实体场景建模,主要包括重要水利工程相关范围倾斜摄影影像/激光点云、BIM等数据。L3级的建筑物以单体化的模型、点云模型或矢量表面模型等多模态进行表示,在具备真实感外观的基础上,地理实体被赋予了更详细的语义信息,不仅包含了实体的模型表面信息,而且描述了实体的3D立体组成结构、属性、部件间的语义关联关系及其动态变化。L3级场景示意图见图5。

图5　L3级场景示意图

对花园口—马渡段的控导险工、堤防工程;孙口—艾山的司垓闸、张秋闸、清河门闸、位山闸、张庄闸实现关键局部的单体化建模,石洼闸、林辛闸、十里堡闸进行BIM建模。根据闸站的单体化、BIM模型将倾斜摄影的场景进行压平处理,完成模型与场景的融合。

3.4.4　场景融合

通过可视化支撑平台对数据进行融合处理,集成基础数字化场景、倾斜摄影和BIM模型数据,实现不同分辨率、不同范围的空间数据之间的自动融合。

数字场景融合主要实现全场景数据底板及空间数据进行统一融合,使不同数据精度、不同数据源的空间数据在三维空间实现融合,达到数据资源的层级无缝转换、数据与地形无缝构建的孪生场景。数据融合工作主要包括不同类型和精度的空间数据(矢量数据、模型数据、BIM数据、地形数据、影像数据、激光点云数据、倾斜摄影数据）融合，主要分为数据升维、多源地形融合、多源影像融合、BIM 与地形融合匹配四个方面，制作 S3M 格式多维多时空数据底板，最终实现黄河下游数字孪生 L1～L3 级数据底板间的数据层级浏览、地形交接处无缝贴合、地形与模型无缝贴合、模型与模型无缝贴合。

4 结语

本文讨论了数字孪生流域建设中数据底板构建的方法，以黄河下游为例详述了 L1～L3 级数字孪生底板构建的数据获取、数据处理、数据融合等技术，为构建多尺度数字孪生流域底板建设提供切实可行的技术路线和方案，为数字孪生平台提供了坚实的数据支撑。但仍有部分研究不够深入，下一步应围绕以下问题进行技术攻关：

（1）本研究中的 L3 级场景内部模型利用 BIM 翻模及 SLAM 技术实现，取得了较好的效果，但在效率方面仍有可以提升的空间，下一步可以外部 MESH 模型构建为思路，研究内部模型的自动构建方法。

（2）L3 级场景可以做到 MESH 模型、BIM 模型与外部地形无缝衔接，且地形数据可以作为精确数据用于洪水演进等模型计算，还需要进一步实验尝试。

（3）不同可视化平台的选择也会造成数据处理过程中的差异，如何流程化规范化数据底板的数据处理准备过程也是需要下一步研究的问题。

参考文献

[1] 张广运，张荣庭，戴琼海，等. 测绘地理信息与人工智能 2.0 融合发展的方向[J]. 测绘学报，2021，50(8)：1096-1108.

[2] 刘昌军，吕娟，任明磊，等. 数字孪生淮河流域智慧防洪体系研究与实践[J]. 中国防汛抗旱，2022，32(1)：47-53.

[3] 孙杰，谢文寒，白瑞杰. 无人机倾斜摄影技术研究与应用[J]. 测绘科学，2019，44(6)：145-150.

[4] 李德仁，刘立坤，邵振峰. 集成倾斜航空摄影测量和地面移动测量技术的城市环境监测[J]. 武汉大学学报(信息科学版)，2015，40(4)：427-435，443.

[5] 孙少楠，张慧君. BIM 技术在水利工程中的应用研究[J]. 工程管理学报，2016，30(2)：103-108.

[6] 李国英. "数字黄河"工程建设"三步走"发展战略[J]. 中国水利，2010，(1)：14-16，20.

[7] 李国英. "数字黄河"工程建设实践与效果[J]. 中国水利，2008，(7)：30-32.

[8] 李国英. 建设"数字黄河"工程[J]. 中国水利，2002，(2)：29-32，80.

[9] 李国英. 水利部召开深入推动黄河流域生态保护和高质量发展工作座谈会上的讲话[R]. 2021.

[10] 王娟娟，耿以凡. 无人机倾斜摄影在城市三维建模中的应用研究[J]. 科技资讯，2019，17(33)：176-177.

[11] 刘浩敏，章国锋，鲍虎军. 基于单目视觉的同时定位与地图构建方法综述[J]. 计算机辅助设计与图形学学报，2016，28(6)：855-868.

[12] 顾照鹏，刘宏. 单目视觉同步定位与地图创建方法综述[J]. 智能系统学报，2015，10(4)：499-507.

[13] 谢云鹏，吕可晶. 多源数据融合的城市三维实景建模[J]. 重庆大学学报，2022，45(4)：143-154.

[14] 王密，龚健雅，李德仁. 大型无缝影像数据库管理系统的设计与实现[J]. 武汉大学学报(信息科学版)，2003(3)：294-300.

郑州数字孪生黄河综合管理系统的研发及应用

吕军奇　周皖豫　白领群　万继熙　栗士棋

（河南黄河河务局郑州黄河河务局，河南郑州　450003）

摘　要：数字孪生黄河建设以习近平新时代中国特色社会主义思想为指导，按照把握新发展阶段、贯彻新发展理念、构建新发展格局、推动高质量发展的战略要求，落实“节水优先、空间均衡、系统治理、两手发力”的治水思路和网络强国重要战略思想。按照“需求牵引、应用至上、数字赋能、提升能力”的要求，以数字化、网络化、智能化为主线，以数字化场景、智慧化模拟、精准化决策为路径，全面推进算据、算法、算力现代化建设，构建具有预报、预警、预演、预案功能的数字孪生黄河，为黄河流域“2+N”水利智能业务应用提供数字化场景和智慧化模拟支撑。

关键词：数字孪生黄河；综合管理系统；应用软件系统开发；SOA 架构；大数据融合；视频监控

1　前言

1.1　研究背景

郑州数字孪生黄河建设以习近平新时代中国特色社会主义思想为指导，按照把握新发展阶段、贯彻新发展理念、构建新发展格局、推动高质量发展的战略要求，落实“节水优先、空间均衡、系统治理、两手发力”的治水思路和网络强国重要战略思想。按照“需求牵引、应用至上、数字赋能、提升能力”的要求，以数字化、网络化、智能化为主线，以数字化场景、智慧化模拟、精准化决策为路径，全面推进算据、算法、算力现代化建设，构建具有预报、预警、预演、预案功能的数字孪生黄河，为黄河流域“2+N”水利智能业务应用提供数字化场景和智慧化模拟支撑。

1.2　项目研究解决的具体问题

郑州数字孪生黄河综合管理系统根据实际需要进行调研，通过先进的软件系统架构及先进的数字信息化数据平台技术[1]。将各级单位部门，各个业务系统进行统一的打通融合，最终通过集成开发建立统一的郑州数字孪生黄河综合管理系统。统一融合，为以下业务解决了数据的统一问题。

1.2.1　防汛抗旱

（1）查勘河势：根据防汛抗旱实际应用要求，进行新功能开发及完善，实现在监控系统上直接查勘河势等功能。

（2）水位观测：依托调用河南黄河水情监测及洪水分析系统，进行功能集成及进一步优化。

（3）水情信息：依托黄河水情信息查询会商系统，进行功能集成及进一步优化。

1.2.2　工程管理与水政水资源

基本信息、应用管理、移动视频控制调度子系统、系统接口：依托调用现有黄委、省局等系统，进行功能集成及进一步优化。

1.2.3　前端视频点

根据郑州局的实际情况及监控需求，本次项目中新增以下视频监控点。

（1）惠金段。根据黄河滩区管理的需求，在花园口养护基地（花园口浮桥东侧）建设一个视频监控

作者简介：吕军奇（1973—），男，高级工程师，从事水文水资源、水利工程研究工作。

点,可对周边方圆1 km左右的滩区范围进行监控,可有效地进行实时滩区远程视频巡查及监控。

(2)中牟段。根据黄河滩区及河道管理的需求,在九堡下延(管理班)、赵口控导1坝、杨桥管理班各建设一个视频监控点,可对周边方圆1 km左右的滩区范围进行监控,可有效的进行实时滩区远程视频巡查及监控。

(3)荥阳段。根据黄河滩区及河道管理的需求,在金沟管理班、牛口峪管理班各建设一个视频监控点,可对周边方圆1 km左右的滩区范围进行监控,可有效的进行实时滩区远程视频巡查及监控。

(4)巩义段。根据黄河滩区及河道管理的需求,在裴峪管理班、赵沟管理班各建设一个视频监控点,可对周边方圆1 km左右的滩区范围进行监控,可有效的进行实时滩区远程视频巡查及监控。

2 技术内容

2.1 研发主要内容

本研究平台遵循面向服务的软件体系架构,采用分布式的服务组件模式,提供统一的服务容器管理,具有良好的开放性,能较好地满足系统集成和应用不断发展的需要;层次化的功能设计,能有效对数据及软件功能模块进行良好的组织,对应用开发和运行提供理想环境;针对系统和应用运行维护需求开发的公共应用支持和管理功能,能为应用系统的运行管理提供全面的支持。

通过本项目的研发和部署,将实现郑州黄河管理所属各个部门,各级单位所有视频数据的统一采集入库,转发处理,分析调用;实现各种数据的可视化展现;实现移动巡检的全功能覆盖,将前端移动巡检和后端各个部门的链接打通,可以灵活下达巡检业务指令,前端巡检信息也可智能推送到不同的业务部门;实现了前端数据和后端管理业务的实时互动,前端的视频、水情、气象、物资等各种设备状态和信息数据都可以实时传递,后端也可实时向前端发送实时命令,进行实时交互。极大地提高了整个郑州黄河管理部门的工作效率。

2.2 研究的流程及方法

对郑州数字孪生黄河综合管理系统中的应用软件系统开发采用瀑布迭代式模型,即软件生命周期包括项目计划阶段、需求阶段、需求原型确认阶段(初步设计阶段)、概要设计阶段、详细设计阶段、编码阶段、软件集成阶段、系统测试阶段及系统维护阶段。软件模型、里程碑(基线)及各阶段成果。基于上述的生命周期模型,可将软件开发分成多个阶段完成,具有以下几个好处:

需求原型确认阶段提供一种可视化的需求确认方式与项目客户、用户进行需求确认,便于最终用户交流,避免到系统交付使用后,发现需求偏离。同时在本阶段完成系统概要设计。提高软件开发的并行性。在需求原型确认阶段可以进行测试用例的编写、用户使用手册及在线帮助的编写,缩短开发周期。便于基于里程碑的过程控制。便于项目风险控制。

2.3 研究的技术路线

2.3.1 SOA架构,提高系统集成性、灵活性、扩展性

系统应用经常变化,需要不断建设新的系统、新的功能、新的数据。因此,要求系统总体框架具有集成性、灵活性、扩展性。任一跨系统/资源事务的完成,均需要服务提供者与服务消费者协作完成。

应用系统采用SOA面向服务架构,将实现项目相关的各类数据与应用间灵活调用,从而使整个项目可以灵活扩展数据和增加新的应用[2]。

SOA在数据、应用之间建立了一个独立的服务交易"市场",便于"数据、应用"间服务交易。数据和应用都将不同粒度的服务发布到交换"市场",使得服务的调用只需要与服务"市场"打交道,而不用直接与服务拥有者打交道。

2.3.2 总线技术,提升系统的灵活性、可维护性

应用系统主要应用的总线包括应用服务总线和交换总线(及消息总线)。

应用服务总线用于各种控制应用、公共服务组件、通用业务组件、门户之间的连接、路由、转换。

交换总线用于实现交换中心、交换节点间建立连接通道、队伍管理、交换路由及监控等。总线的建

立将大大减少对象间(如系统与系统间、交换节点间)直接连接的接口,提升系统的可维护性,并且提升系统的可灵活性、可扩展性(包括集成新的应用系统、增加新的交换节点等)[3]。

2.3.3 组件技术,增强系统复用性

组件模型是系统架构的一种形式,软件开发从过程功能模型、面向对象模型,演化到组件模型。广义上说,组件就是实现一类业务功能的,可重用、可独立部署和设计的程序的集合,这些程序有明确和完善的接口定义,通过接口完成功能请求,而具体实现则通过封装机制屏蔽。

采用组件模型可以通过业务功能封装在不同组件中,实现功能分解,降低系统的耦合程度,保证系统中的各个组件能够独立地修改和扩展。同时,组件模型还支持通过增加组件扩展系统功能,是保证系统能够可持续扩展的基础。

在系统设计过程中,通过提炼业务功能需求和系统需求,分解业务处理流程,把系统划分为若干通用组件;通过组件复用性,提升控制应用系统开发速度。

2.3.4 综合门户技术

采用门户技术,为用户提供统一的访问入口,统一认证,单点登录,方便统一的平台上获取个性相关服务,包括各种信息、各种应用。同时,门户能根据不同用户的角色提供个性服务,包括门户样式定制、门户页面布局。

3 创新点及效益分析

3.1 创新点

(1)采用一源多用、功能复用,支撑多目标、多任务和多层次应用的总体、数据和应用等架构;综合应用相关 GIS、中间件等技术,汇聚整合相关部门的多源异构信息,实现郑州数字孪生黄河综合管理系统信息整合共享功能,达到了提高郑州治黄工作高效性的效果。

(2)采用多媒体视频流技术,实现了监控视频的全平台通用功能,达到了信息整合视频共享的效果。本项目不是一个独立单一的视频监控,而是为郑州数字孪生黄河综合管理系统的各个业务部门及各个层级管理人员提供其业务需要的视频监控内容。监控视频系统整合郑州黄河区域各个不同管理段,各个不同部门,不同时期建设的各种有线实时视频监控、无线视频监控及移动 APP 的手机视频等其他辅助监控手段,打破各个独立系统,独立视频采集设备,独立视频设备,满足综合业务需求,支持多种前端视频采集设备格式,视频内容的智能分析及分类输出,服务后台具备多种扩展接口,可在郑州数字孪生黄河综合管理系统上对接多种业务子系统。

(3)采用了移动巡检系统技术,实现了结合综合平台的业务需求,创新性的开发部署了由统一平台向下的互动互通的信息流程。

(4)郑州数字孪生黄河综合管理系统的搭建实现了资源整合、信息共享、异地会商、动态预警,大大提高了部门工作效率,有效减少了人员疲于奔会的现象。

从数据采集和汇集、系统分析到地图发布,加快了信息传递的频次和速度,减少了信息传递环节。该应用系统可以经受洪涝、暴雨、水资源突发事件的严峻考验,在防汛指挥部,根据郑州数字孪生黄河综合管理系统提供的决策支持进行现场指挥。确保城市平稳正常运转和人民群众生命财产安全。

3.2 社会、经济和环境等效益分析

3.2.1 社会效益及环境效益

(1)郑州数字孪生黄河综合管理系统的搭建实现了资源整合、信息共享、异地会商、动态预警,大大提高了部门工作效率,有效减少了人员疲于奔会的现象。

从数据采集和汇集、系统分析到地图发布,加快了信息传递的频次和速度,减少了信息传递环节。该应用系统可以经受洪涝、暴雨、水资源突发事件的严峻考验,在防汛指挥部,根据该平台提供的决策支持进行现场指挥。确保城市平稳正常运转和人民群众生命财产安全。

(2)其与现有工程措施和非工程措施相结合,可最大程度地减少洪涝灾害,避免出现重大人员伤

亡,保障社会经济发展和社会安定。

郑州数字孪生黄河综合管理系统规模大、技术先进,需要大批人员参加建设管理,技术人员参与系统的规划设计、实施和运行,从事具体的业务开发,学习现代的管理知识,熟悉和掌握现代信息技术、现代防汛抗旱决策的专业知识和解决实际问题的能力。通过对中牟县防汛抗旱指挥系统工程的建设,可以有效提高行业信息化水平。

3.2.2 经济效益分析

(1)过去,各部门和单位在信息化建设中分头进行,自成体系,缺乏总体规划和资源整合,信息难以共享。通过该平台使多个相互封闭的信息系统有机关联起来,实现了资源整合和分级共享,初步改变了原来各系统独立运行、数据孤岛、功能重复、效率低下的局面,减少重复建设,降低了建设和运维成本。

(2)郑州数字孪生黄河综合管理系统关于水利信息化的核心和关键工程,其信息资源的开发利用、建立的数据库系统、形成的水利信息计算机网络及应用软件体系、制定出的一系列规范和标准等都是水利信息化最基础的设施,为水资源、土质、水土保持、电子办公等其他系统的信息化提供了有力的技术支持和牢固的物质基础,会大大促进水利信息化的发展。

4 结语

本文研究设计的郑州数字孪生黄河综合管理系统系统具有高效管理、精准数据可视化、操作简单、界面简洁、功能强大等优点。已在郑州黄河日常管理及防汛工作中进行应用,并起到了非常重要的作用。

在传统江河治理智慧转型的大背景下,黄河郑州段的现代化治理也面临新时代的挑战和机遇,不仅要汲取已成熟的智慧流域管理模式,还应结合黄河流域独特的水情、工情以及郑州黄河特色水文化,创新管理平台与服务平台功能,打造可供全河借鉴的智慧平台管理系统。使其通过一个平台进行郑州黄河河势查勘、水位观测、水情收集、水政监察、黄河水文化解说等,功能齐全,应用前景和应用潜力可观。

参考文献

[1] 梅青,王洋,饶磊,等. GIS 和管网平差软件在城市供水系统规划中综合应用案例分析[J]. 给水排水,2020,56(S1):911-914,918.

[2] 吴科可. 基于 GIS 的杭州水务管网综合管理系统的设计与实现[D]. 杭州:浙江大学,2015.

[3] 周军. 城市水务综合管线 GIS 软件设计与实现[J]. 城镇供水,2017,(4):49-56.

数字孪生黄河数字化场景构建

孟　杰　单亮亮

（黄河水文勘察测绘局，河南郑州　450000）

摘　要：国家“十四五”规划纲要明确提出：构建智慧水利体系，以流域为单元提升水情测报和智能调度能力。快推进数字孪生流域建设，实现预报、预警、预演、预案功能，是智慧水利建设的重要内容。目前黄委党组已经明确了新阶段黄河流域水利高质量发展的主题，其中要求加强数字孪生黄河建设，提升科学精准决策支撑能力。黄河流域数字化场景构建是数字孪生黄河平台建设重要的组成部分，能够推动数字孪生黄河的建设工作，这对实现黄河流域数字化、现代化发展，构建智慧黄河水利体系，实现黄河流域的高质量发展有着深远的意义。

关键词：智慧水利；数字孪生；黄河流域；数字化场景；高质量发展

1　前言

数字孪生平台是由数据、模型、知识等资源及管理、表达、驱动这些资源的引擎组成的服务平台，提供在网络空间虚拟再现真实地物的能力，为行业应用提供支撑[1-2]。数字化场景是对人类生产、生活和生态空间进行真实、立体、时序化反映和表达的数字虚拟空间，是新型基础测绘标准化产品，为经济社会发展和各部门信息化提供统一的空间基底[3]。为落实贯彻国家十四五规划和水利部提出的智慧水利的发展规划，黄委按照“需求牵引、应用至上、数字赋能、提升能力”的要求，结合企业数字化转型需要，以数字化、网络化、智能化为主线，构建数字孪生黄河数字化场景，为智慧化模拟、精准化决策打下基础，推进算据、算法、算力建设，加快构建具有预报、预警、预演、预案[4]功能的现代化黄河水利体系，助力推进数字孪生黄河平台建设、智慧黄河水利体系建设。

2　建设原则

（1）统筹规划、示范引领：遵循《智慧水利建设顶层设计》，按照智慧水利建设“全国一盘棋”思路，统筹考虑黄河流域各级智慧水利建设。同时，推进有条件的单位开展数字化场景建设先行先试，发挥技术攻关和示范引领作用，形成一批可复制推广成果，有序推进数字化场景建设和应用。

（2）整合共享、集约建设：按照“整合已建、统筹在建、规范新建”的要求，注重信息化资源整合与共建公用，充分利用现有的信息采集、网络通信、计算存储等基础设施及国家新型基础设施，实现水利信息化资源集约、节约利用和共享，避免重复建设。

（3）融合创新、先进实用：紧紧抓住水利业务与新一代信息技术融合创新的关键，强化数字孪生黄河和“四预”功能应用，切实解决黄河流域各级水利单位的实际问题。

（4）整体防护、安全可靠：按照网络安全等级保护基本要求，在重点强化水利关键信息基础设施安全防护的同时，构建安全可靠的信息服务安全体系，强化国产安全可靠软硬件应用，全面提升网络风险态势感知、预判与信息安全防护能力，保障网络等基础设施、数据和信息系统的安全。

3　数字化场景平台构建

3.1　系统构成

数字孪生黄河数字化场景平台构建由空间数据体、物联感知数据和支撑环境三部分构成，其系统结

作者简介：孟杰（1975—），男，高级工程师，主要从事水文测验和管理、水文信息化方面的研究工作。

构如图 1 所示，该系统在信息化基础设施[5]（主要包括监测感知设施、通信网络设施、自动化控制设施、信息基础环境等）的基础上，通过典型应用实现流域水利数据的实时监测。

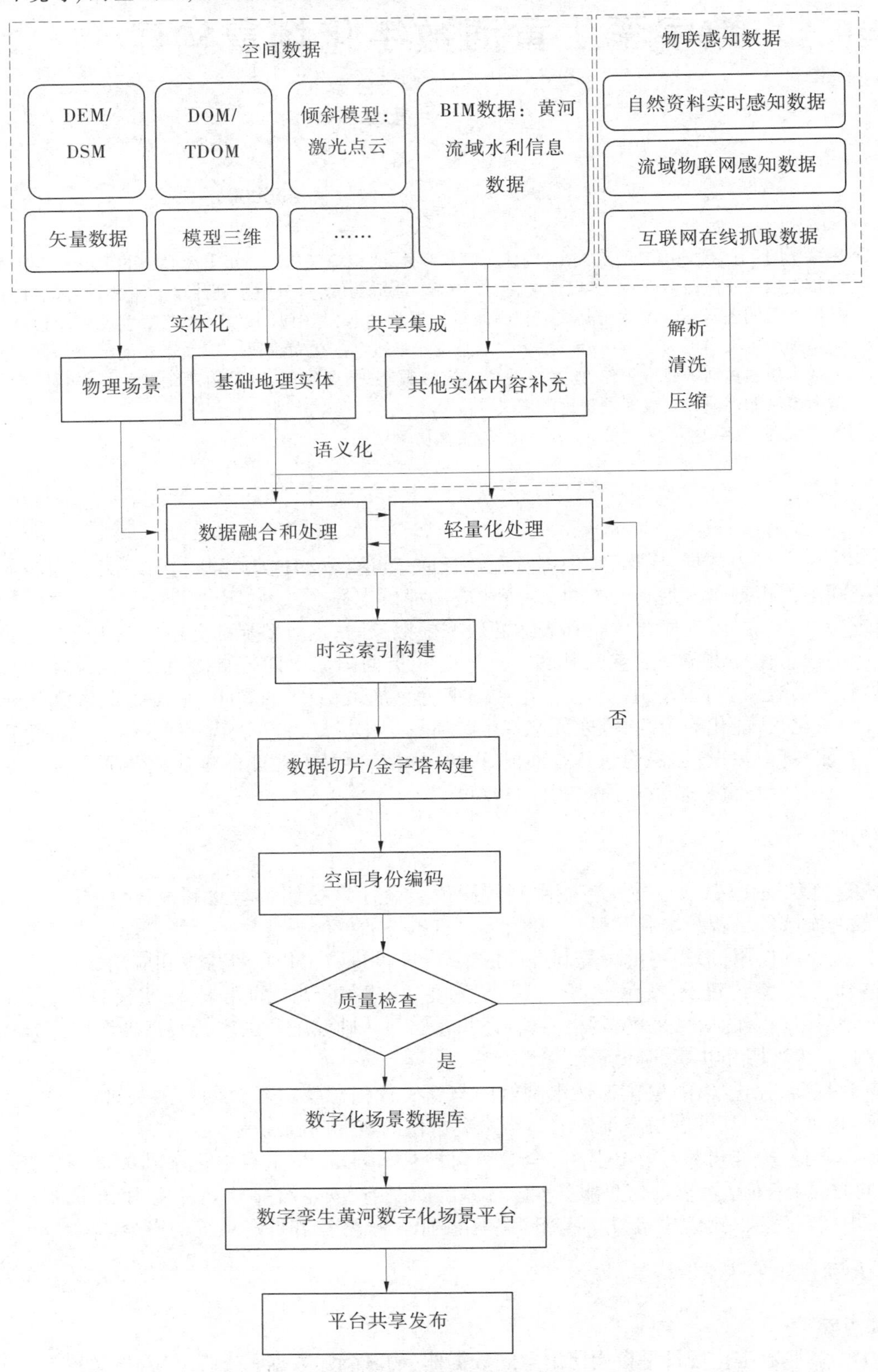

图 1　数字孪生黄河数字化场景构建技术路线

3.1.1 空间数据体

数字化场景平台构建空间数据体主要包括数字高程模型(DEM)、数字表面模型(DSM)、数字正射影像(DOM)、真正射影像(TDOM)、倾斜摄影三维模型、激光点云、BIM 数据、水利信息数据、其他数据等。

3.1.2 物联感知数据

包括自然资源实时感知数据、流域物联网感知数据、互联网在线抓取数据等。自然资源实时感知数据包括通过自然资源管理业务获得的实时视频、图形图像,以及自动化监测设备实时信息等。流域物联网感知数据包括黄河流域所有部门所具有的实时视频及图像等。互联网在线抓取数据包括流域在线获取的地理位置、文本表格等。

3.1.3 支撑环境

包括数据获取处理、建库管理和应用服务系统,以及支撑上述系统运行的软硬件基础设施等。获取处理系统指对空间数据体和物联感知数据进行获取、处理、融合的各系统。建库管理系统指对数据集成建库和数据库管理的各系统。应用服务系统是面向应用的服务系统。软硬件基础设施指自主可控的网络、安全、存储、计算显示设备,以及支撑软件等。

3.1.4 典型应用

主要包括泥沙冲淤分析、洪水演进分析、防凌、险工险段监测、巡查管护动态监测、生态监测、水土保持监测等应用,具备预报、预警、预演、预案功能,为黄河流域防洪防汛、水量调度提供技术支持。

3.2 数据底板

数字化场景重点是构建数字流场,主要任务是建设数据底板[6],按照数据底板中地理空间数据精度将数据底板分为 L1、L2、L3 三级。在地理空间数据基础上,可根据业务需要,接入基础数据、监测数据、业务管理数据、跨行业共享数据等,构成数据底板,融合形成数字化场景。数据底板采用水利部本级、流域管理机构和省级水利部门、工程管理单位三级布局、内容互补、共享共用的建设模式。

3.2.1 L1 级数据底板

以全国水利一张图为基础,整合构建全国 L1 级数据底板。L1 级数据底板覆盖全国,包括高分卫星遥感影像、全国水利一张图矢量、30 m DEM 数据、补充的局部区域测图卫星 DEM 数据等,主要是进行数字孪生流域中精度面上建模。

3.2.2 L2 级数据底板

在 L1 级数据底板的基础上,建设黄河流域 L2 级数据底板,其中航空遥感影像数字正射影像、大断面水下地形(1 年 2 次),航空倾斜摄影数据和激光雷达点云数据(5 年 1 次),局部发生重大变化时及时对变化区域进行重新采集与更新。对于重点河段和重点区域,采集 1:2 000 比例尺等精度影像和地形数据(对应的影像精度 0.2 m 和高程精度优于 0.2 m),构建区域高精数字底板。

3.2.3 L3 级数据底板

采用水利工程设计图和工程区域优于 5 cm 航空倾斜摄影和激光雷达点云数据(5 年更新 1 次)、建筑设施及机电设备的 BIM 数据(发生重大变化及时对变化区域进行重新采集与更新)、工程区域的水下地形数据(每年至少更新 1 次),构建重点水利工程精细实景模型。

3.3 时空基准与数据格式

按照统一时空基准进行建设,时间基准采用公元纪年和北京时间,坐标系统采用 2000 国家大地坐标系(CGCS2000),当采用其他坐标系统时,应与 2000 国家大地坐标系(CGCS2000)建立联系,高程基准采用 1985 国家高程基准。空间数据库按经纬度坐标系组织。服务发布时采用 Web 墨卡托投影或 CGCS2000 经纬度投影。

外业采集得到的地理数据成果包括 DEM、DOM、倾斜模型、激光点云数据等,对应的成果数据中,DEM 格式为(.tiff)、DOM 格式为(.tiff)、倾斜模型格式为(.osgb)、激光点云格式为(.las)。

由二维图元构成的基础地理实体数据格式:采用 ShapeFile、DXF、DWG、GeoJSON、MDB、GPKG、Post-

GIS 等。

实体属性及实体关系需单独记录时的数据格式:采用 Excel、RDF、Access、MDB 等。

3.4 空间数据与业务数据融合

对不同类型和精度的空间数据(二维数据、三维数据、模型数据、BIM 数据、地形数据、影像数据、倾斜摄影数据)及业务数据(监测数据、多媒体数据、施工图纸数据、业务流数据)等按照应用要求及统一规范进行多维多尺度数据融合。

3.4.1 空间数据融合

空间数据融合将全场景数据底板及空间数据进行统一融合,使不同数据精度、不同数据源的空间数据在三维空间实现融合,达到数据资源层级无缝转换、数据与地形无缝构建的孪生场景。数字孪生场景融合的数据资源有二维矢量数据、三维矢量数据、多源地形数据、多源影像数据、倾斜摄影数据、激光点云数据、BIM 模型等。空间数据融合需满足数字孪生黄河数据底板间的数据层级浏览、地形交接处无缝贴合、地形与模型无缝贴合、模型与模型无缝贴合。

3.4.2 业务数据融合

实时接入水文、水资源、水土保持、水利工程等监测感知、视频监控数据、遥感监测数据和业务管理数据,共享流域内各省(区)居民点、人口、交通、能源等跨行业数据,在地理空间数据基础上融合形成流域数字化场景。业务数据融合将空间数据、模型数据、监测数据、文件数据、音视频数据等按标准规范统一编码和映射,建立空间实体对象与业务对象间的关系连接,通过统一接口规范及索引技术实现业务数据的融合和应用。业务数据融合需满足数字化场景平台应用中实体对象与业务数据的图形交互应用,支撑实时数据渲染、数据综合查询、空间分析应用、多维度统计分析等功能。

3.5 专业地理信息库建设

专业地理数据库是应用计算机数据库技术对地理数据进行科学组织和管理的硬件与软件系统,是地理信息系统的核心部分。它能够科学存储、打开黄河流域的底板数据如水利数据、地理基础数据、其他数据等。数字化场景构建应开发数据库管理系统,用于数据的统一存储管理、数据编辑和查询统计等,以智慧时空大数据平台或地理信息公共服务平台为依托构建应用服务系统。

3.6 模型库建设

数字化场景平台应具有水利专业模型、智能识别模型、可视化模型。

水利专业模型:应基于水循环自然规律等机制规律,基于地理信息库构建水利专业模型,如洪水演进模型、水土保持监测模型、防汛模型、水政执法模型等。

智能识别模型:应利用机器学习等方法从遥感、视频、音频等数据中自动识别河湖“四乱”、漂浮物、地质灾害、违规入侵、水体颜色等,构建遥感识别、视频识别、音频识别等智能识别模型。

可视化模型:宜依托数据底板地理空间数据、监测数据和水利专业模型、智能识别模型,构建黄河流域动态监测等可视化模型,充分集成 BIM 模型,满足仿真模拟和综合展示等需要。

3.7 知识库与数字化场景引擎

知识库:在共享水利部、黄河流域管理机构等部门相关知识库的基础上,构建黄河流域洪水预报调度方案库、流域水安全知识库、业务规则库等流域水利知识库,并不断积累更新。

数字化场景引擎:数字化场景引擎应满足数据加载、模型计算、实时渲染等大容量、低时延、高性能等要求,应兼容国产软硬件环境;应提供丰富的开发接口或开发工具包,支撑上层业务应用,开发接口宜以网络应用程序接口(Web API)或软件开发工具包(SDK)等形式提供。

3.8 数字化场景共享平台构建

在实时水利信息自动收集软件开发、水利信息综合管理数据库(包括基础水利信息、实时测验信息、地理服务信息等)建设、梳理地理信息共享服务平台建设和测验信息综合管理功能模块开发的基础上,利用网络通信技术,GIS 地理信息服务技术,开发一站式服务平台,实现水利水文测验信息的综合管理能力和信息服务能力的综合提高。

利用水利地理信息服务作为系统入口和部分图表显示窗口，具有地理信息的要素可分类显示在地图上，其他管理信息显示在导航窗口中，使得图形显示直观，必要时动态显示或三维显示，增强立体感。在此平台上，基于数据，通过相应的水利模型，可实现黄河流域水情的实时监测，提升预报、预警、预演、预案能力，为新阶段黄河流域的高质量发展提供有力支撑与强力驱动。

4　结论

数字孪生黄河数字化场景构建是一项复杂的工程，该系统包括数字化场景平台和信息化基础设施，通过典型应用调用数字化场景构建提供的算据、算法、算力等资源，去动态、实时的实现黄河流域水利数据与数字黄河水利数据之间的双向映射；然后通过相应的水利专业模型，实现黄河流域水情的实时监测，提升预报、预警、预演、预案能力，为新阶段黄河流域的高质量发展提供有力支撑与强力驱动。此外，在进行系统构建时，应加强网络安全体系、保障体系支撑数字化场景平台安全运行，使数字化场景平台持续可靠发挥作用。

参考文献

[1] 聂蓉梅，周潇雅，肖进，等. 数字孪生技术综述分析与发展展望[J]. 宇航总体技术，2022，6(1)：1-6.

[2] 陈翠，安觅，董家贤，等. 基于 BIM 的水闸数字孪生平台设计与应用研究[J]. 水利技术监督，2022，(3)：43-46.

[3] 王玉平. 数据如何赋能数字化场景应用[J]. 中国教育网络，2022，(1)：75.

[4] 陈胜，刘昌军，李京兵，等. 防洪"四预"数字孪生技术和应用研究[J/OL]. 中国防汛抗旱：1-6[2022-06-10]. DOI：10. 16867/j. issn. 1673-9264. 2022199.

[5] 李国锋，曾新军，王雄辉. 信息化基础设施的技术框架研究[J]. 科学技术创新，2018，(32)：100-101.

[6] 刘业森，刘昌军，郝苗，等，吕娟. 面向防洪"四预"的数字孪生流域数据底板建设[J/OL]. 中国防汛抗旱：1-9[2022-06-10]. DOI：10. 16867/j. issn. 1673-9264. 2022196.

基于自适应 Savitzky-Golay 滤波的河道洪水反向演算问题研究

李阿龙[1,2]　刘　童[1,2]

(1. 黄河勘测规划设计研究院有限公司，河南郑州　450003
2. 水利部黄河流域水治理与水安全重点实验室(筹)，河南郑州　450003)

摘　要:河道洪水演进与反向演算对洪水预报、水利工程防洪调度决策、防洪减灾等工作具有重要意义。马斯京根法和过程迭代法应用于河道洪水反向演算时存在结果跳跃、震荡的问题。本文根据 S-G (Savitzky-Golay)滤波滤除噪声的同时可以确保信号的形状、宽度不变的特点，将 S-G 滤波与河道洪水演算马斯京根法相结合，尝试通过自适应方式合理设置滤波的参数，提出了基于自适应 S-G 滤波的河道洪水反向演算过程迭代法。将其应用于黄河流域小花间河道洪水反向演算，并统计洪峰流量相对误差、洪量相对误差和确定性系数，结果表明，基于自适应 S-G 滤波的河道洪水反向演算法在一定程度上克服了传统方法存在的结果跳跃、震荡的问题，洪水模拟精度更高，且再经过马斯京根法沿流向还原计算时不变形。

关键词:洪水反向演算;Savitzky-Golay 滤波;自适应;马斯京根法;黄河流域

1　引言

河道洪水演进与反演计算对洪水预报、水利工程防洪调度决策、防洪减灾等工作具有重要意义。马斯京根法在河道洪水正向演算中应用广泛且可靠性较高，但在河道洪水反向演算中被证明了结果的不稳定性[1,2]。对此，国内外学者开展了大量研究，整体上可以归纳为两个方向：一是研究 Saint Venant 方程的稳定性并分析、调整反向演算马斯京根法的参数[3-5]，二是构建新的水流反向演算模型和方法[6,7]。然而，Saint Venant 方程在离散与求解的过程中存在逆向数值迭代不稳定、不收敛的问题，目前还难以从根本上有效解决[8]。一些新提出的反向演算方法仍存在需要人工修匀、得到的洪水过程出现局部跳动等问题[9-11]。还有近年来蓬勃发展的启发式算法，例如基于 BP 神经网络的演算方法也存在诸多问题(需要大量资料训练、计算时间较长等)[12-14]。对此，钟平安等[15]提出了过程迭代方法，将马斯京根法和过程迭代试算相结合构建河道洪水反流向演算过程迭代算法，过程迭代法可以直接利用马斯京根法的参数，而且保证计算出的上游断面入流，再经过马斯京根法正流向还原计算时不变形。这种方法原理清晰且便于操作，更重要的是，由于此方法在计算中与马斯京根河道洪水正向演算方法相结合，使反向演算后的洪水，经河道正向还原计算后与原值误差较小，且可以直接利用马斯京根法参数，不用重新率定参数。通过对现有方法的对比分析，过程迭代法效果相对较好，特别是跟马斯京根法结合使用，但此方法得到的洪水过程仍存在局部跳动、震荡的问题。

Savitzky-Golay 滤波(通常简称为 S-G 滤波)最初由 Savitzky A 和 Golay M 于 1964 年提出[16]，发表于 Analytical Chemistry 杂志，之后被广泛地运用于数据流平滑除噪[17]，是一种在时域内基于局域多项式最小二乘法拟合的滤波方法。这种滤波最大的特点在于在滤除噪声的同时可以确保信号的形状、宽度

作者简介:李阿龙(1989—):男，博士，工程师，主要从事水利水电工程规划设计、水库调度、水旱灾害防治等研究工作。

不变,能够更有效地保留信号的变化信息[18]。本文考虑将反向演算后明显跳跃震荡的洪水过程视为有噪声的波形,借鉴滤波的原理对数据进行降噪处理,探索性地提出一种基于 S-G 滤波的河道洪水反向演算方法,以求在达到平滑数据的同时,使得到的洪水过程尽可能逼近原洪水过程,有效地保留洪水过程和变化信息,克服反向演算后洪水过程经常出现的局部跳动和振荡问题。

2 S-G 平滑滤波基本原理

S-G 平滑滤波法是对待处理数据中某一连续 N 个数据点(即宽度为 N 的窗口中的数据点)选用某一拟合阶次 d 进行最小二乘多项式拟合,进而将拟合得到的曲线在数据窗口中心点处的取值作为滤波后值,并移动窗口,重复此过程,从而达到对所有数据进行平滑的目的。S-G 平滑滤波的核心思想是对窗口内的数据进行加权滤波,但是它的加权权重是对给定的高阶多项式进行最小二乘拟合得到的。S-G 平滑滤波的关键在于滤波器的系数矩阵的求解,其基本计算原理如下[18-19]:

设滤波器窗口宽度为 N,且 $N = 2M + 1$,待平滑数据为 X,数据点数为 L,设滤波器窗口内的数据组成向量 x,即

$$x = [x_{-M}, \cdots, x_{-1}, x_0, x_1, \cdots, x_M]^{\mathrm{T}} \tag{1}$$

用阶次为 d 的多项式对向量 x 中的 N 点数据进行拟合,得窗口内各点平滑后值:

$$\hat{x}_m = c_0 + c_1 m + \cdots c_d m^d,\ -M \leqslant m \leqslant M \tag{2}$$

定义多项式基向量 $s_i, i = 0, 1, \cdots, d$,

$$s_i(m) = m^i,\ -M \leqslant m \leqslant M \tag{3}$$

定义 $N \times (d+1)$ 维矩阵 S,

$$S = [s_0, s_1, \cdots, s_d] \tag{4}$$

平滑后值 $\hat{x}$ 以向量形式表示:

$$\hat{x} = \sum_{i=0}^{d} c_i s_i = [s_0, s_1, \cdots, s_d]\begin{bmatrix} c_0 \\ c \\ \vdots \\ c_d \end{bmatrix} = SC \tag{5}$$

最小二乘多项式拟合,即是通过选择不同的多项式系数 c_i 使得拟合多项式的平方误差最小,即

$$\zeta = \sum_{m=-2}^{2} e_m^2 = \sum_{m=-2}^{2} [x_m - (c_0 + c_1 m + c_2 m^2)]^2 = \min \tag{6}$$

其中,e_m 表示拟合误差,即

$$e_m = x_m - \hat{x}_m = x_m - (c_0 + c_1 m + c_2 m^2),\ -M \leqslant m \leqslant M \tag{7}$$

又因 $e = x - \hat{x} = x - Sc$ 将式(6)以点积形式进行表示,如下:

$$\zeta = e^{\mathrm{T}} e = (x - Sc)^{\mathrm{T}}(x - Sc) = x^{\mathrm{T}} x - 2c^{\mathrm{T}} S^{\mathrm{T}} x + c^{\mathrm{T}} S^{\mathrm{T}} Sc = \min \tag{8}$$

欲满足式(8),则必须使得 $\dfrac{\partial \zeta}{\partial c} = 0$,并求解出 c,即

$$\frac{\partial \zeta}{\partial c} = -2S^{\mathrm{T}} e = -2S^{\mathrm{T}}(x - Sc) = -2(S^{\mathrm{T}} x - S^{\mathrm{T}} Sc) = 0 \Rightarrow S^{\mathrm{T}} e = 0 \tag{9}$$

式(9)称为正规方程组或法方程组。它等价于:

$$S^{\mathrm{T}} Sc = S^{\mathrm{T}} x \tag{10}$$

定义 $d \times d$ 对称矩阵 $F = S^{\mathrm{T}} S$,其矩阵元素为基向量的点积,即

$$F_{ij} = s_i^{\mathrm{T}} s_j (i, j = 0, 1, \cdots, d) \tag{11}$$

定义 $M \times d$ 矩阵 G,其即是 S-G 差分滤波器的系数矩阵。

$$G = S(S^{\mathrm{T}}S)^{-1} = SF^{-1} = [g_0, g_1, \cdots, g_d] \tag{12}$$

定义 $M \times M$ 矩阵 B ,其即是 S-G 平滑滤波器的系数矩阵。

$$B = SG^{\mathrm{T}} = GS^{\mathrm{T}} = S(S^{\mathrm{T}}S)^{-1}S^{\mathrm{T}} = [b_{-M}, \cdots, b_0, \cdots, b_M] \tag{13}$$

则可得最优解:

$$c = (S^{\mathrm{T}}S)^{-1}S^{\mathrm{T}}x = G^{\mathrm{T}}x \quad \Leftrightarrow \quad c_i = g_i^{\mathrm{T}}x \quad (i = 0, 1, \cdots, d) \tag{14}$$

将上式代入式(5),可得

$$\hat{x} = Sc = SG^{\mathrm{T}}x = S(S^{\mathrm{T}}S)^{-1}S^{\mathrm{T}}x = Bx \tag{15}$$

其中, $\hat{x}_m = b_m^{\mathrm{T}}x$, $-M \leqslant m \leqslant M$ 。

可知,数据窗口中间值 y_0 均是通过平滑滤波器系数矩阵 B 的中间值 b_0 获得的,即

$$y_0 = b_0^{\mathrm{T}}x = \sum_{m=-M}^{M} b_0(m)x_m \tag{16}$$

移动滤波器窗口

$$x \rightarrow [x_{n-M}, \cdots, x_{n-1}, x_n, x_{n+1}, \cdots, x_{n+M}]^{\mathrm{T}}$$

即可对滤波器窗口的中间点进行平滑,又因 b_0 关于其中间点对称,则

$$y(n) = \sum_{m=-M}^{M} b_0(-m)x(n-m) \quad (M \leqslant n \leqslant L-1-M) \tag{17}$$

令 $x_M = [x_{N-1}, x_{N-2}, \cdots, x_0]^{\mathrm{T}}$, $x_{L-1-M} = [x_{L-1}, x_{L-2}, \cdots, x_{L-N}]$,待平滑数据左边界处 $M+1$ 个数据点平滑后值可由式(18)计算得出:

$$y_{M-m} = b_m^{T}x_M \quad (m = 0, 1, \cdots, M) \tag{18}$$

重构上式如下:

$$y_i = b_{M-i}^{\mathrm{T}}x_M \quad (i = 0, 1, \cdots, M) \tag{19}$$

而待平滑数据右边界处 M+1 个数据点平滑后值则由下公式计算得出:

$$y_{L-1-M+m} = b_{-m}^{\mathrm{T}}x_{L-1-M} \quad (m = 0, 1, \cdots, M) \tag{20}$$

由此可知,S-G 平滑的关键在于滤波器系数矩阵 B 的求解,只要滤波器窗口宽度 N,多项式拟合阶次 d 及待平滑数据 X 已知,就可以求出系数矩阵 B ,从而由式(18)、式(19)得到平滑后的数据值。

3 基于自适应 S-G 滤波的过程迭代法

3.1 自适应 S-G 滤波

S-G 滤波法只有窗口大小 N 和多项式拟合阶数 d 这两个参数需要设定,这是该方法的一大优势。对于给定的信号,这两个参数选择的正确与否会直接导致滤波效果的不同,低阶大窗口会造成处理后的波形失真,并且削弱波形的峰值,同时拉宽线型,难以保留所需要的信息;高阶小窗口虽可以较好地保留波形信息,但同样对噪声的滤除效果较弱[20]。研究表明,N 值越大结果越平滑,多项式拟合的次数 d 一般在 2~4 之内[21],较低的次数可以得到更平滑的结果,但同时会引入异常值,较高的次数可以降低异常值,但也可能因过于拟合而导致出现更多噪声的结果[22]。所以合适的参数值需要根据具体研究情况而定。如何正确设置 S-G 算法参数使滤波效果在去噪不足和过度滤波之间找到平衡点,是该滤波算法应用的关键问题。

在对反向演算后明显跳跃震荡的洪水过程进行滤波处理的设计思路中,待处理的洪水过程并非一成不变的,最佳窗口大小和多项式阶数随不同的洪水过程而发生变化,使用固定参数的 S-G 滤波难以达到最佳效果。本文提出参数自动优选的自适应 S-G 滤波算法,采用遍历窗口大小 N 和多项式拟合阶数 d 的形式,通过将经过 S-G 滤波后的洪水过程与处理前的洪水过程比对洪峰相对误差和确定性系数,实现参数自动、动态优选。算法流程见图 1。

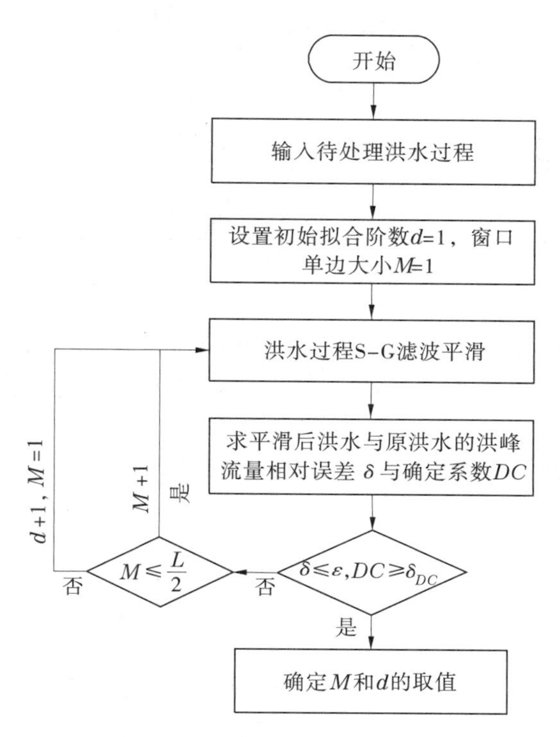

图1　S-G 滤波参数自动优化流程

3.2　基于自适应 S-G 滤波的过程迭代法计算步骤

设下游控制断面的流量过程为 O_t，上游控制断面流量过程为 Q_t，上下断面的洪水传播时间为 T，基于 S－G 滤波的河道洪水反向演算过程迭代法计算步骤如下：

(1)率定研究河段的马斯京根法流量演算系数。

(2)采用简单平移法拟定上游洪水过程初值，令 $Q_t = O_{t-T}$，T 为洪水传播时间。

(3)将 Q_t 利用马斯京根法演算，得控制断面相应流量过程 O_t'。

(4)如 $\max(|O_t-O_t'|, t=1,\cdots,n)<\varepsilon$，计算结束，$Q_t$ 为所求，否则，转(5)。

(5)计算 $\Delta Q_t=O_t-O_t'$，$\Delta Q_{t-T}'=\Delta Q_{t-T}\cdot\alpha$，其中，$\alpha=\max(Q_t)/\max(O_t')$，令 $\bar{Q}_t=Q_t+\Delta Q_{t-T}'$；

(6)S-G 滤波参数自动优化。

①设置参数遍历的取值范围，多项式拟合的次数 d 一般在 2 ~ 4，单侧数据点数不超过$\frac{L}{2}$(L 为数据点数)。

②设置参数优选标准，洪峰流量相对误差和确定性系数，可根据具体问题精度要求确定。

(7)根据确定的参数对 $\bar{Q}_t$ 进行 S-G 滤波数据平滑处理后转(3)。

4　算例

4.1　数据

为验证本文提出的河道洪水反向演算 S-G 滤波法的有效性，以 2020 年黄河干流小浪底至花园口河段的实测洪水为例，开展洪水反向演算实例计算。由于小浪底至花园口间还有沁河和伊洛河汇入，为降低支流汇入对洪水反向演算的影响，特选取沁河、伊洛河入流较小的花园口实测洪水，洪水特征值见表 1。

表 1　小浪底站、花园口站洪水特征值

河名	站名	峰现时间	洪峰流量/(m^3/s)	小浪底至花园口洪水传播时间/h
黄河	小浪底	6月28日13:00	5 687	12
黄河	花园口	6月29日05:00	5 494	12

4.2　结果分析

分别采用S-G滤波法和过程迭代法，将花园口断面洪水过程反向演算至小浪底坝址断面。本文统一设置S-G滤波多项式阶数不超过4，单侧数据点数不超过洪水历时的1/2，参数优选标准为洪峰流量误差小于5%，确定性系数大于0.95。

两种方法反向演算得到的洪水过程如图2、图3所示，利用小浪底实测洪水过程检验两种方法的反向演算效果，结果见表2。

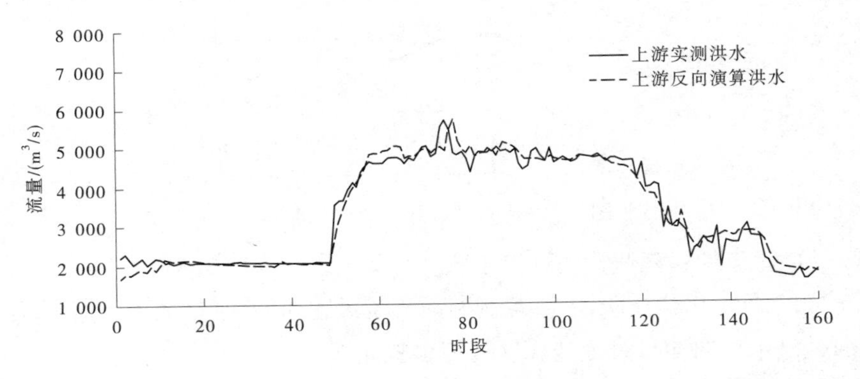

图 2　S-G 滤波法反向演算结果

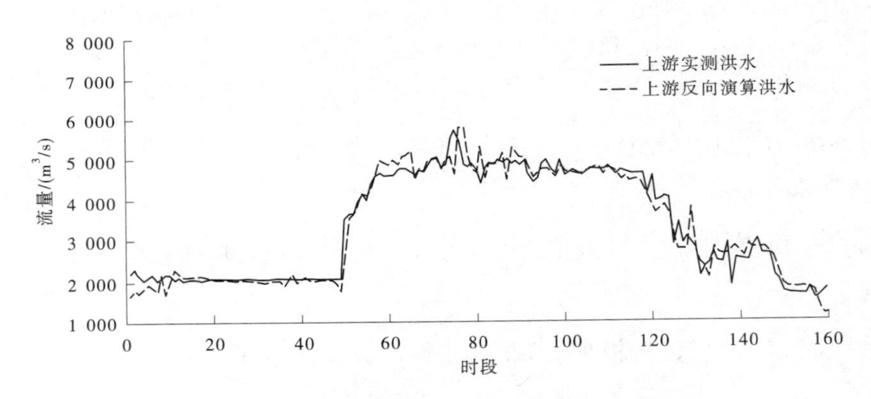

图 3　过程迭代法反向演算结果

表 2　两种方法计算结果对比表

方法	实测洪峰/(m^3/s)	洪峰流量相对误差/%	峰现时间误差/h	洪量相对误差/%	确定性系数
S-G滤波法	5 687	0.28	4	0.05	0.97
过程迭代法	5 687	1.36	4	-0.27	0.96

以上演算结果表明，两种方法都能将下游断面的洪水过程反向演算至上游，得到具有一定精度的上

断面洪水过程。从表 2 结果来看，两种方法的峰现时间误差相同，S-G 滤波法的精度相对较高，与实测洪水过程拟合较好。从图 2、图 3 的洪水过程模拟来看，与过程迭代法相比，S-G 滤波法得到的洪水过程局部跳跃性较小，相对更平稳。这是因为洪水反向演算中引入 S-G 滤波后，对反向演算后的洪水过程进行了平滑降噪，在保持洪水形状、洪峰流量等基本特征不变的前提下，有效地避免了演算后的洪水过程局部振荡问题。

花园口断面洪水反向演算至小浪底后，再利用马斯京根法正向演进到花园口断面，检验反向演算到上游的洪水还原演算后的有效性，两种方法的洪水还原演算结果见图 4、图 5。

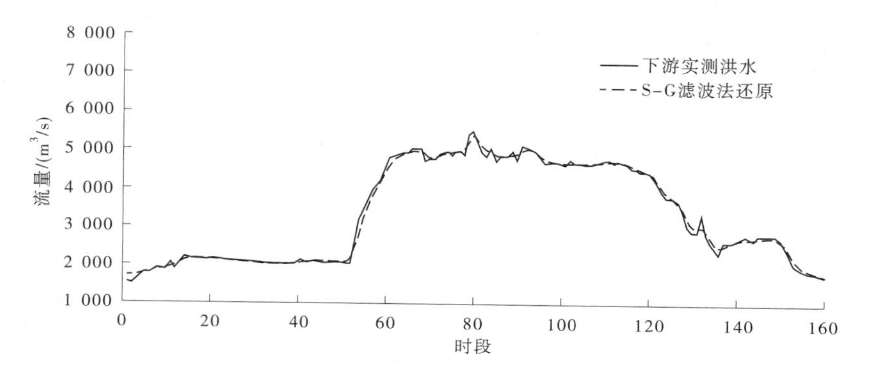

图 4　S-G 滤波法还原计算结果

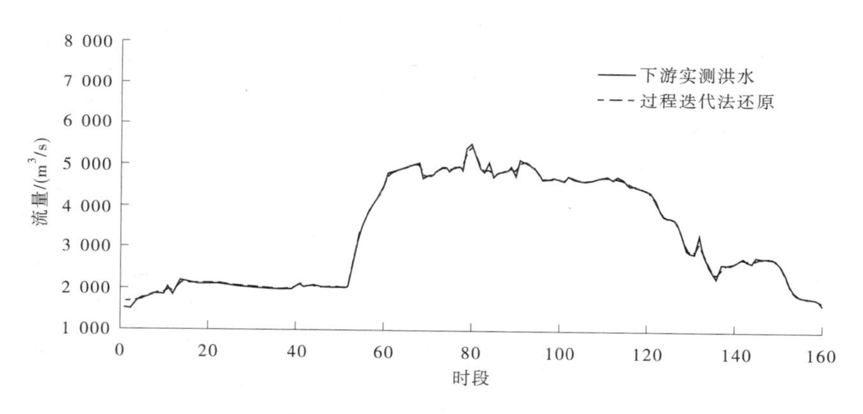

图 5　过程迭代法还原计算结果

从图 4、图 5 的洪水还原演算结果可以看出，两种方法的洪水还原演算模拟结果与实测洪水过程基本吻合，没有明显变形。这是因为两种方法都是以马斯京根法为基础的，保证了反向演算至上游断面的洪水过程再还原演算至下游断面时洪水过程不变形。

5　结论

河道洪水演进与反向演算对洪水预报、水利工程防洪调度决策等工作具有重要意义。本文针对洪水反向演算方法存在的不稳定问题，将反向演算后明显震荡的洪水过程视为有噪声的声波，利用滤波除噪的原理对洪水数据进行降噪处理，根据 S-G 滤波滤除噪声的同时可以确保信号的形状、宽度不变的特点，将 S-G 滤波法引入过程迭代法，同时结合马斯京根法，提出了基于自适应 S-G 滤波的河道洪水反向演算迭代法，在平滑数据的同时，有效地保留了洪水过程和变化信息，尤其是洪峰变化信息。实例计算结果表明，该方法在一定程度上克服了反向演算结果跳跃、震荡的问题，是实用有效的。

参考文献

[1] KOUSSIS A D, MAZI K. Reverse flood and pollution routing with the lag-and-route model[J]. Hydrological Sciences Journal,2016,61(10):1952-1966.

[2] 陈森林, 万飚. 水库防洪完全补偿调度方式研究[J]. 中国防汛抗旱,2018,28(4):8-14.

[3] ELI R N,WIGGERT J M, CONTRACTOR D N. Reverse flow routing by the implicit method[J]. Water Resources Research, 1974, 10(3):597-600.

[4] DAS A. Reverse stream flow routing by using Muskingum models[J]. Sadhana, 2009, 34(3): 483-499.

[5] 王家彪, 赵建世, 雷晓辉. 基于旋转 x-t 平面的河渠水流反向演算[J]. 清华大学学报(自然科学版), 2020,60(10): 855-863.

[6] 李兰. 扩散波的时空反演与洪水实时预报技术[J]. 水文, 1998,(6):2-6.

[7] D'ORIA M,TANDA M G. Reverse flow routing in open channels: A Bayesian geostatistical approach[J]. Journal of Hydrology, 2012, 460-461:130-135.

[8] ABDULWAHID M H, KADHIM K N, ALBAZAZ S T. Inverse flood wave routing using Saint Venant equations[J]. Journal of Babylon University, 2014, 22(1):60-66.

[9] 钟平安, 李伟, 胡功宇. 河道洪水反向演算问题的研究[J]. 水力发电, 2003,29(11):3-5.

[10] 关志成, 吴海龙, 崔军, 等. 马斯京根法洪水演进反演计算方法的探讨[J]. 水文, 2006, 26(2):9-12.

[11] 唐文涛,陆宝宏,徐玲玲,等. 基于马斯京根法推求入库洪水计算方法的改进[J]. 水电能源科学,2012, 30(12):52-54,215.

[12] 王尧, 李兴凯, 王建群. 基于模拟退火粒子群算法的河道洪水反流向演算[J]. 水文,2012,32(6):6-10.

[13] ZUCCO G, TAYFUR G, MORAMARCO T. Reverse flood routing in natural channels using genetic algorithm[J]. Water Resources Management,2015,29(12):4241-4267.

[14] 刘欢, 陆宝宏, 陆建宇, 等. 基于 BP 神经网络模型的河道洪水反向演算研究[J]. 水电能源科学, 2016, 34(3):52-54.

[15] 钟平安,张慧,郦建平,等. 河道洪水反流向演算过程迭代方法[J]. 水文,2007, 27(2):37-39.

[16] Savitzky,Golay-M-J-E. Smoothing and differentiation of data by simplified least squares procedures[J]. Analytical Chemistry,1964,36(8):162-175.

[17] A Gorry-P. General least-squares smoothing and differentiation by the convolution (Savitzky-Golay method[J]. Analytical Chemistry,1990,62(6):570-573.

[18] Orfanidis S J. Prentice Hall[M]. Englewood Cliffs, NJ: Prentice Hall,1996.

[19] 陆化普,屈闻聪,孙智源. 基于 S-G 滤波的交通流故障数据识别与修复算法[J]. 土木工程学报,2015,48(5):123-128.

[20] 赵安新, 汤晓君, 张钟华, 等. 优化 Savitzky-Golay 滤波器的参数及其在傅里叶变换红外气体光谱数据平滑预处理中的应用[J]. 光谱学与光谱分析, 2016,36(5):1340-1344.

[21] 周旻悦, 沈润平, 陈俊, 等. 基于像元质量分析和异常值检测的 LAI 时序数据 S-G 滤波重建研究遥感技术与应用[J]. 遥感技术与应用,2019,34(2), 323-330.

[22] 李杭燕, 颉耀文, 马明国. 时序 NDVI 数据集重建方法评价与实例研究[J]. 遥感技术与应用, 2009, 24(5):596-602.

基于数字孪生理论的小浪底库周地质灾害监测预警系统

李国权[1,2]

（1. 黄河勘测规划设计研究院有限公司，河南郑州　450003；
2. 水利部黄河流域水治理与水安全重点实验室（筹），河南郑州　450003）

摘　要：小浪底水库库周境内地质灾害的类型主要为采空塌陷、滑坡、水库塌岸、水库浸没，将崩塌、滑坡、泥石流、岩溶塌陷、采空塌陷、地裂缝、地面沉降等地质灾害分布特征的全空间信息融合于基于数字孪生技术的水库区地质灾害监测预警系统，可以逼真再现地质灾害现场所有的信息，实现地质灾害的实时快速预警。地质灾害综合监测自动预警主要分成监测数据监控、监测数据预处理、监测预警综合分析以及预警信息发布四个工作阶段。

关键词：小浪底；地质灾害；数字孪生；监测预警；信息发布

1　引言

黄河小浪底库区地跨晋、豫两省七县（市），地处黄河最后一个峡谷段。自 1999 年 10 月蓄水运行后，随着丰水、枯水年的水量不均，加上水库调水调沙运用，库水位的变化，库岸再造现象时有发生，库周局部相继出现采空塌陷、水库塌岸、滑坡为主的地质灾害。尤其是近几年，水库高水位运行，灾害危及范围有所扩大。库周因强降雨和水库高水位运行引发或加剧了崩塌、滑坡、水库塌岸、采空区塌陷等地质灾害，造成了库周部分公路桥梁损毁、耕地塌于库区、房屋开裂倒塌等经济损失。

为确保蓄水安全，保障小浪底库周地质灾害影响区人民群众的生命和财产安全，对水库区可能发生地质灾害的重点区域，构建基于数字孪生技术的水库区地质灾害监测预警系统，对实时监测数据及时分析和整理，利用仿真手段模拟库周地质灾害场景，实现对库周地质灾害体发展状态的映射并将地质灾害监测和预警网络一体化、信息化，增强水库区地质灾害预警应急响应速度，为地质灾害防灾减灾提供实时信息服务，为地方政府决策提供可靠的技术支撑[1-2]。

2　库周地质灾害分布

黄河小浪底库区库尾至三门峡大坝，北岸为中条和王屋两山，南岸为秦岭山系的淆山山脉，两岸山岭相对高度 150~300 m，库区发育有四级阶地，均呈不对称分布。

小浪底水库库周境内地质灾害的类型主要为采空塌陷、滑坡（变形体）、水库塌岸（区内主要为水库黄土岸坡塌岸）、水库浸没（区内主要为黄土浸没湿陷）。库周采空塌陷地质灾害主要分布于黄河右岸新安县、孟津县境和黄河左岸济源市境、平陆县老鸦石渡口附近；滑坡（变形体）主要分布于黄河右岸渑池县境白浪库段、南村库段、新安县境峪里库段、孟津县境竹峪—小浪底库段和黄河左岸的垣曲县古城镇、济源市邵原镇、平陆县临库局部地段段；黄土塌岸主要发生于黄河右岸渑池县境南村库段、孟津县境竹峪—小浪底库段和黄河左岸的济源市境支流逢石河、大峪河两岸、沇河、亳清河等河岸的黄土岸坡；黄土浸没湿陷地质灾害主要分布于沇河、亳清河两岸高程较低（268~280 m）的区域[3]。

作者简介：李国权（1973—），男，高级工程师，长期从事地质灾害评估、勘察、治理工作。

3 库周地质灾害数字孪生模型的构建

地质灾害常发生于复杂的地质环境中,基于地质灾害区三维地质结构模型[4],融合崩塌、滑坡、泥石流、岩溶塌陷、采空塌陷、地裂缝、地面沉降等地质灾害分布特征的全空间信息进行地质灾害监测预警系统建设[5],建立一套集远程数据采集、处理、分析和预警预报于一体的地质灾害监测预警系统,将地质灾害区的气象、水文、灾害体等数据通过数字化仿真的方式在计算机上进行展示、查询和控制,逼真地再现地质灾害现场所有的信息,以行政村作为最小预警点,打造基于数字孪生的库周地质灾害监测预警系统。

地质灾害监测预警系统的体系结构采用以数据库为技术核心、地理信息系统为支持的 B/S 模式,即在系统软件和支撑软件的基础上,建立应用软件层/信息处理层/数据支撑层的多层结构,不同的服务层具有不同的应用特点,在处理系统建设中也具有不同程度的复用和更新。

数据层:主要提供整个系统的数据以及各种基础数据的存储和管理。这一层的服务是整个系统运行的基础,孪生数据是数字孪生的驱动,构建孪生数据中心需要将涵盖水库地质灾害监测预警系统的所有有效数据进行融合存储。

组件层:主要提供业务层使用的相关组件,包括相关的模型和算法,是一种细粒度的服务。其中的各种算法会随着监测数据的积累和应用的深入不断完善。

业务层:业务层主要提供面向最终用户使用的各类服务,其内容包括三维地理信息子系统、地质灾害数据子系统、专业监测子系统、群测群防子系统、预警分析子系统、系统管理子系统和地质灾害点三维激光扫描成果展示子系统。

表现层:表现层主要包括人机交互服务和输入输出服务等。这一层次的服务和其他服务都有一定的相关性。系统可远程访问,通过登录模式进行登录操作,对用户进行认证。不同的用户根据不同的角色进行操作界面的组织,实现不同级别的用户同步操作。

以数字孪生为主要思想,将现实物理空间在虚拟空间中完成映射,对采集的物理空间的运行数据进行仿真分析,依据动态物理空间实时映射的信息对物理实体的运行状态进行监控[6],在对地观测技术和互联网技术的推动下,当前较前沿的地灾监测方式是采用基于互联网的地理信息系统,即基于 B-S 构架的 WEBGIS 系统,并在大数据量的支持下构建类似 Google Earth 数字地球模式的真实场景,将各类信息在三维场景中进行可视化管理和分析,并通过互联网方式提供远程进入方式。地质灾害监测预警系统的体系结构如图 1 所示。

4 监测预警系统主要功能模块

监测预警系统的主要功能模块包括三维地理信息子系统、地质灾害数据子系统、专业监测子系统、群测群防子系统等。

三维地理信息子系统作为本系统的主要操作界面,以数字地球的三维场景展示方式集成了水库库区的影像和地形,并叠加各类矢量数据,以及地灾实时监测数据、传感器相关信息等属性数据[7]。地质灾害数据子系统包括地质灾害数据采集和地质灾害数据管理,通过地质灾害信息管理模块实现崩塌、滑坡、坍岸等调查表的信息录入、维护、浏览、查询和专题信息可视化。

专业监测子系统集成了自动监测数据和人工观测数据的管理。自动监测主要针对库周地质灾害监测地点的位移、温度、水位、雨量等监测项进行远程实时监控;人工观测数据通过人工巡检等方式观察和记录各种地灾观测值,形成位移和沉降等观测数据表,定期收集并录入到系统的数据库中。系统提供了以曲线图的方式展现实时监测数据和人工观测数据,并对数据进行一定的统计分析,提供依传感器和依监测项目进行统计的功能。基本的框图如图 2 所示。

地质灾害群测群防工作是地质灾害易发区内广大人民群众和地质灾害防治管理人员直接参与地质灾害点的监测和预防,及时捕捉地质灾害前兆、灾体变形、活动信息,迅速发现险情,及时预警自救,减少

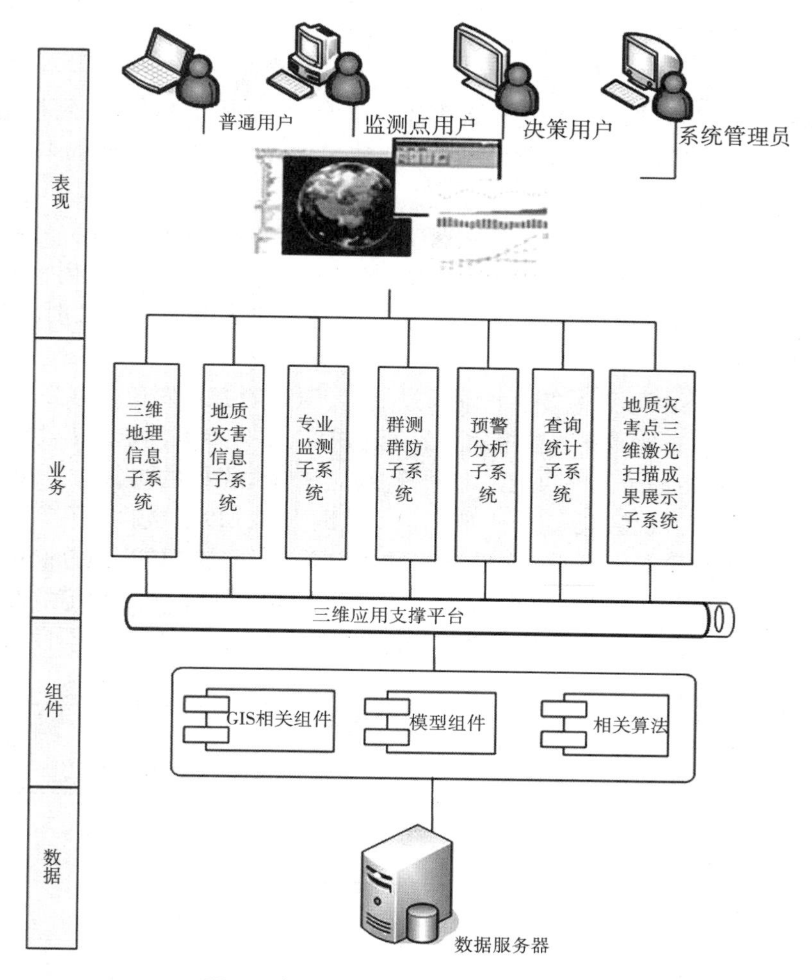

图 1　地质灾害监测预警系统体系结构

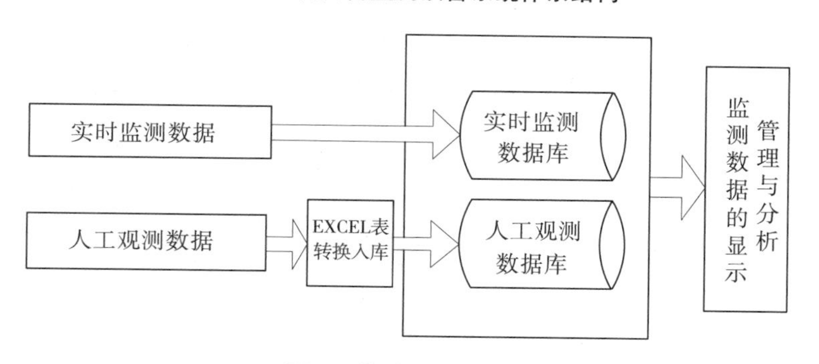

图 2　监测子系统框架

人员伤亡和经济损失的一种防灾减灾手段[8]。

5　预警系统分析与发布流程

根据地质灾害实时跟踪监测预警具体要求,地质灾害综合监测自动预警主要分成四个工作阶段,分别为监测数据监控、监测数据预处理、监测预警综合分析以及预警信息发布阶段。

5.1　监测数据监控阶段

监测数据接收端从仪器部署好后便一直处于工作状态,但是此时地质灾害并不一定处于加速变形阶段,即不需要立即启动预警程序,当其变形超过了设定的阈值时,再自动启动以增强系统运行效率。因此,监测数据监控阶段主要是观察各个地质灾害监测点的数据变化情况,及时发现存在的数据异常信息以便快速对现场监测设备进行检查。

5.2 监测数据预处理阶段

启动监测预警程序后,为了判定当前地质灾害体发展阶段,实现自动监测预警模型与方法的计算分析,首先需要对所获取的监测数据进行常规的预处理。本系统设计了相对稳健的采样方式。

5.3 监测预警综合分析阶段

在监测数据预处理的基础上,根据该地质灾害实际所布设的监测类型自动匹配对应的预警方法,主要包括基于变形预警判据条件(改进切线角方法、临界累积位移、临界速率以及累积加速度),辅助判据条件(雨量、地下水水位),在此基础上再进行综合计算分析得到地质灾害当前实时状态的预警结果[9]。

5.4 监测预警信息发布阶段

得到地质灾害实时预警结果后,系统会自动通过短信、网络等方式发送。第一类是专家用户,专家经过会商讨论后给出是否发布地质灾害警报信息的最终决定,如果专家判定不需要发布,则可以将地质灾害预警等级信息重新设置;如果最终决定发布预警,则应将事先做好的应急方案或行动建议发送至相应的接收人。第二类主要是系统管理人员、一般用户即监测责任人以及威胁对象等相关用户,预警系统可以根据预先设定的不同预警级别所对应的指定接收人,以通知的方式传达预警信息,一般用户不能对系统设定的阈值等参数进行编辑操作,但可以查看[10]。预警综合分析与发布流程如图3所示,这里专家系统的作用主要是为了避免系统自动发布错误的警报信息,造成社会恐慌等不良影响。

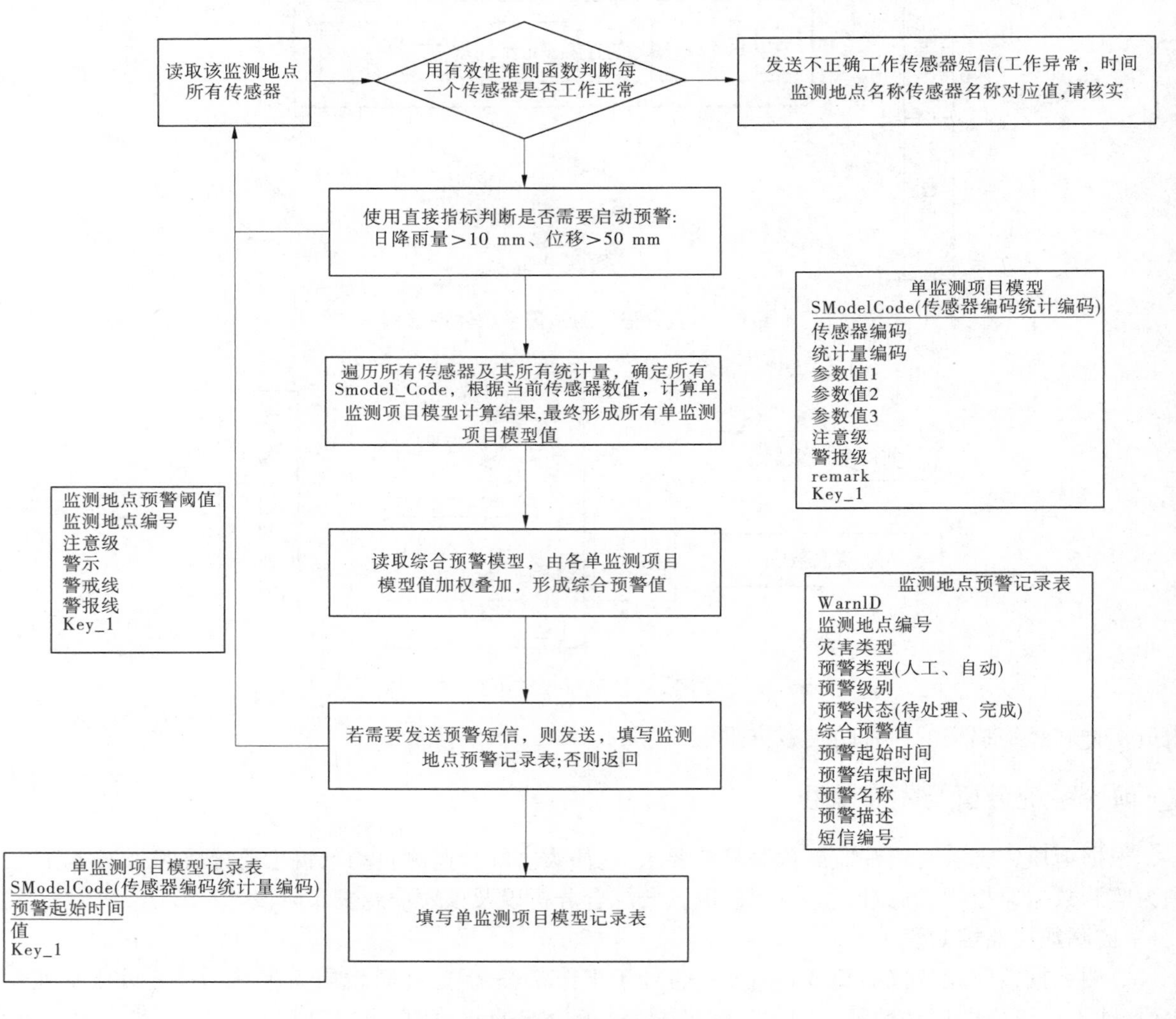

图3 预警综合分析与发布流程

6 结语

（1）地质灾害监测综合数据管理平台可对各类数据进行规范管理，基于数字孪生的地质灾害监测预警平台开发是地质灾害风险评估及预测预警的重要手段，可以实时掌握水库区地质灾害动态变化情况并及时做出响应。除构建地质灾害监测系统外，还需要建立地质灾害监测预警模型，基于地质灾害多样性及其变化的随机性和非稳定性特点，综合数字孪生技术分析地质灾害点的地形地貌、地质、气象、水文等诱发要素，计算各个因素导致地质灾害发生的权重指数及各监测站点的易发级别。

（2）小浪底库区地质灾害监测预警系统以实现地质灾害监测预警智能化为核心目标，建设基于数字孪生技术下的地质灾害监测预警系统具有可扩展功能和网络模式下的实用化预警决策支持系统，实现流畅的海量数据交换及基于真实场景的三维信息展示。通过业务流程管理模式和专业预警模型开发，具备地质灾害风险的专业分析、评价、模拟及灾害防治的决策支持功能，实现基于专业监测信息的智能化、响应快速化、决策科学化的地质灾害预警系统。

（3）科学有效地做好地质灾害防治工作是保障经济社会全面协调可持续发展的重要工作。引发或加剧地质灾害的影响因素繁多，仅仅依靠有限的实测监测点数据难以全面获得小浪底水库库区地质灾害的危险等级和重点防治区域信息。因此，运用先进的数字孪生科技手段，提高地质灾害的预报预警能力和防治水平，建设具有智能决策支持的地质灾害监测预警系统是促进库区经济全面协调发展，实现人与自然和谐相处的有利保障。

参考文献

[1] 卢世主，郭雨晴. 基于数字孪生的革命旧址监测与预警系统研究[J]. 包装工程，2021，42(14)：47-55，64.

[2] 李强. 基于数字孪生技术的城市洪涝灾害评估与预警系统分析[J]. 北京工业大学学报，2022，48(5)：476-485.

[3] 黄河勘测规划设计有限公司. 黄河小浪底水库库周地质灾害影响处理可行性研究报告[R]. 2018.

[4] 蔡向民，栾英波. 北京平原第四系的三维结构[J]. 中国地质，2009，36(5)：1021-1029.

[5] 王闯，王瑞刚，张欢. 基于数字孪生驱动的山体地质灾害监测与预警系统及方法[ZL]. 201910260974. 6.

[6] 周瑜，刘春成. 雄安新区建设数字孪生城市的逻辑与创新[J]. 城市发展研究，2018，25(10)：60-67.

[7] 孟天杭. 海量三维空间数据可视化技术研究[J]. 科学技术创新，2021，(1)：110-112.

[8] 徐岩岩，李芳. 陕西省地质灾害群测群防动态更新系统建设[J]. 地质灾害与环境保护，2015，(4)：92-96.

[9] 李高，谭建民. 滑坡对降雨响应的多指标监测及综合预警探析：以赣南罗坳滑坡为例[J]. 地学前缘，2021，(6)：283-294.

[10] 付世军，李晓容. 南充市地质灾害分型及致灾雨量阈值研究[J]. 防灾科技学院学报，2018，(3)：73-80.

基于数字孪生的明渠流量智能化计量方法研究

郭秋歌[1,2]　杨　航[3,4]　刘　杨[3,4]　彭彦铭[3,4]　袁正道[5]

(1. 河南黄河河务局信息中心,河南郑州　450003;
2. 河南黄河智慧研究院,河南郑州　450003;
3. 黄河勘测规划设计研究院有限公司,河南郑州　450003;
4. 水利部黄河流域水治理与水安全重点实验室(筹),河南郑州　450003;
5. 河南开放大学,河南郑州　450008)

摘　要:以数字孪生为代表的新一代信息技术正在加速推进水利信息科技的发展,针对黄河等北方多泥沙河流来说,现有计量技术中存在复杂形态计量不精确、计量能力不稳定等问题。为推进数字孪生技术在明渠流量计量中的应用及成果转化,本文基于数字孪生技术和贝叶斯分层模型,融合时间序列预测和智能化管理技术,提出一种新型明渠流量智能化计量方法。在黄河流域“引黄入冀补淀”工程中,采用该方法对区域内明渠流量计量进行了实地测试。研究结果表明,与现有计量技术相比,本文所提的方法改变了现有流量计量方法中流速不稳定、冲淤变化条件下流量不精确的问题,能够更为精准地完成流量计量,并能有效预测出未来小时间尺度内各项数据的变化。该方法的提出,加速推进了明渠流量智能化管理的系统性、科学性、实用性,推动了黄河流域水利信息技术的高质量发展。

关键词:黄河流域;数字孪生;智能计量;贝叶斯分层模型;时间序列预测

数字孪生(Digital Twin)作为一种在信息世界刻画物理世界、仿真物理世界、优化物理世界、可视化物理世界的重要技术,为实现数字化转型、智能化(如智慧城市、智能制造)、服务化、绿色可持续等全球工业和社会发展趋势提供了有效途径[1-3]。目前,数字孪生在水利行业也受到广泛关注和研究,主要集中在水工程防灾联合调度,水资源管理与调度、水资源保护、水文水情计量管理、水工程仿真决策等领域[4-6]。

根据“十四五”智慧水利建设的总体目标,坚持以“需求牵引、应用至上、数字赋能、提升能力”为总体要求,以数字化、网络化、智能化为主线,以数字化场景、智慧化模拟、精准化决策为路径,全面推进算据、算法、算力建设,构建数字孪生流域,加快建造具有预报、预警、预演、预案功能的智慧水利体系”[7]。黄河流域数字孪生建设是充分利用新一代信息技术,将黄河流域及影响区域内的物理空间要素和相关经济社会空间要素及状态实时同构映射到虚拟空间,形成数字化场景,为重点对象构建高保真数字孪生体,对重大问题进行仿真模拟分析、预报预警预演,确定决策方案,并运用于黄河保护治理实际工作[8]。

目前,在黄河流域水文水情智能化计量管理方面,水利信息化系统基础感知及远程集中监视控制系统已有发展,但是,将数字孪生技术应用于黄河流域的智能化水情监测,构建系统的水文监测技术体系相关的研究较少。本文基于数字孪生技术和贝叶斯分层模型[9-10],融合时间序列预测和智能化管理技术,提出一种新型明渠流量智能化计量方法。改变了现有流量计量方法中流速不稳定、冲淤变化条件下流量不精确的问题,能够更为精准地完成流量计量,并能有效预测出未来小时间尺度内各项数据的变化。

基金项目:国家重点研发计划(2018YFC0407506)。

作者简介:郭秋歌(1992—),男,工程师,主要从事水利信息化等研究工作。

1 基于数字孪生技术的明渠流量智能化计量方法

水利工程中数字孪生技术就基础组成来讲，主要分为两个部分，物理实体和虚拟体。物理实体从广义上讲包括信息化系统和数据质量管理系统。信息化系统主要包括闸泵监控、水情监测、工程安全监测、水质监测等系统。虚拟体从广义上讲包括数字模型和决策算法。数字模型主要包括产汇流模型、河网水动模型、水质模型等，以及黑箱模型，如神经网络模型、时间序列模型等[11]。

本文基于数字孪生技术，通过数据感知、数据传输与存储、数据处理和智能决策，实现明渠流量智能化精确计量并可视化，且有效预测出未来小时间尺度内各项数据的变化。框架如图 1 所示。数据感知系统首先通过各种传感器采集所需要的基础数据（渠道水位高程 H、分层断面平均流速 $v_{分层}(v_1,v_2,v_3,v_4)$、明渠表面平均流速 $v_{表面}$ 及平均淤积厚度 $H_{淤积}$），然后通过传输存储数据并进行处理，利用贝叶斯分层模型和时间序列预测完成明渠渠道流速、流量、冲淤变化预测。该测淤系统渠道断面实物图如图 2 所示。

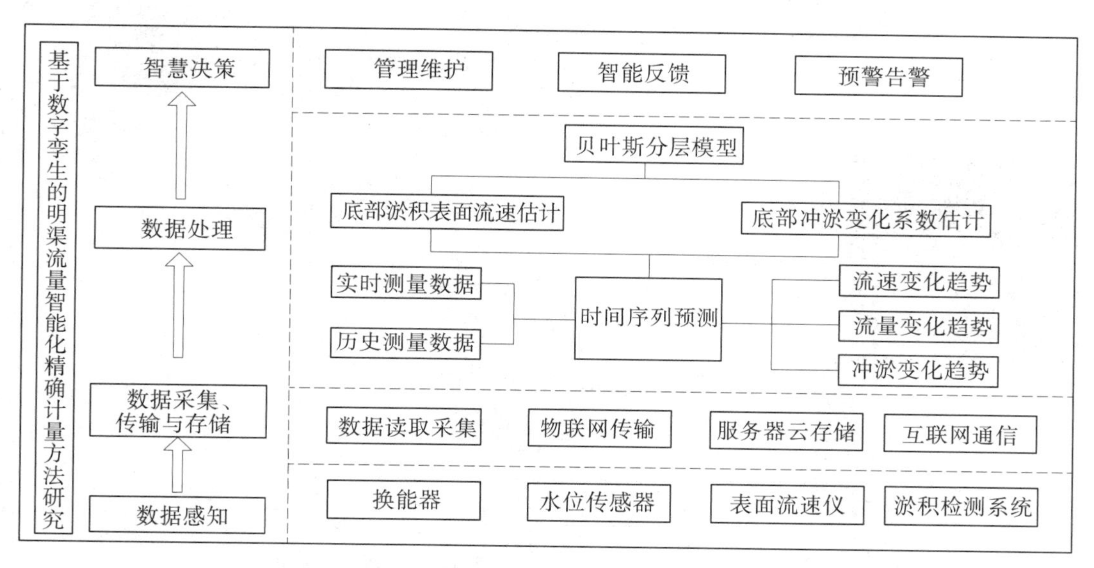

图 1 基于数字孪生的技术的明渠流量智能化计量框架

1.1 数据感知及数据采集、传输与存储

数据感知系统由换能器、水位传感器、表面流速仪、淤积检测系统[12-13]构成。该感知系统首先完成对明渠渠道水位高程 H、分层断面平均流速 $v_{分层}(v_1,v_2,v_3,v_4)$、明渠表面平均流速 $v_{表面}$ 及平均淤积厚度 $H_{淤积}$ 等基础数据的实时采集，如图 3 所示。然后通过物联网、互联网及云存储完成实时基础数据存储，将各类型数据与数字孪生系统一一建立映射关系，根据需求，实现实时数据动态响应及相互调用。数据感知、传输与存储结构框图如图 4 所示。

1.2 数据处理

数据处理作为数字孪生系统最关键的部分，是解决明渠流量智能化计量的最主要手段，如何选取精确的处理方法对流量计量的准确性十分关键。基于断面流速分布经验公式提出一种“流速-水位法”，用来流量测量[14-15]。基于粒子图像测速技术[16]，设计基于径向基神经网络模型流量软测量方法，但两者都是针对无淤积的情况，不适用于黄河多泥沙明渠。但是，通过自主研发设计的多泥沙明渠淤积检测系统[13]，提出一种流量智能化精确计量方案，但该技术只能实时获取固定时段的明渠冲淤变化情况，没有考虑明渠底部流速对淤积的影响，且在冲淤变化剧烈的情形下，无法在小时间尺度内预测各项基础数据变化趋势。

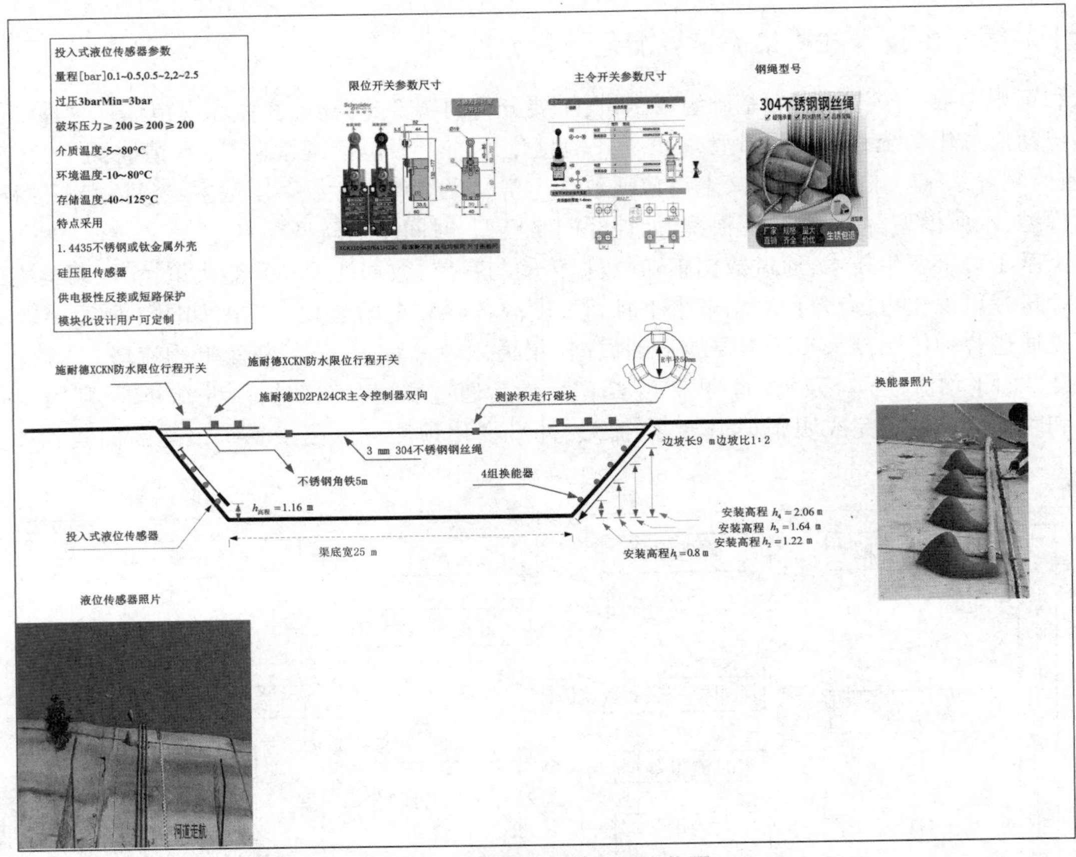

图 2　测淤系统渠道断面实物图

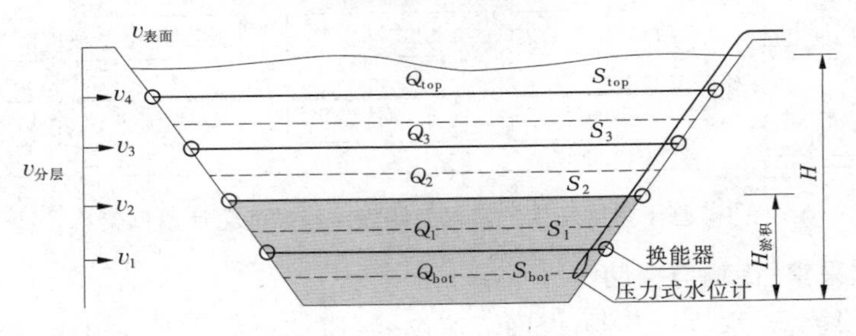

图 3　数据感知系统

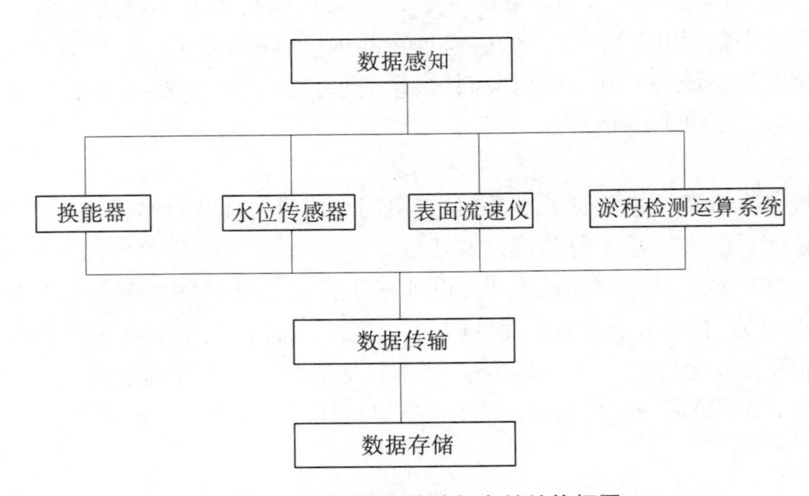

图 4　数据感知、传输与存储结构框图

本文首先构建流速-面积贝叶斯稀疏分层模型[9,10]，通过消息传递算法估计出淤积表层流速 $v_{淤积估}$，通过引入修正系数 α，得到分层流速 v_1 与淤积表层流速 $v_{淤积}$ 的关系 $v_{淤积新}=\alpha\times v_1+v_{淤积估}$，通过引入修正系数 β，得到淤积厚度变化量 $\Delta h_{淤积}=\beta\times v_{淤积新}+c$，进而得到 $h_{淤积}$ 与 $\Delta h_{淤积}$ 的关系，利用[17]结合时间序列预测[18-19]完成对流速、流量、冲淤变化趋势的预测。

方法具体过程如下，具体计算公式参考本文附录：

(1)通过数据感知系统采集基础数据(H 、$v_{分层}$、$v_{表面}$、$H_{淤积}$)；

(2)估计出淤积表层流速[9-10]；

(3)引入流速矫正系数 α，修正淤积厚度 $h_{淤积}$ 与淤积表层流速 $v_{淤积表面}$ 关系；

(4)使用指数平滑法完成冲淤变化 $h_{淤积}$、流量变化 Q 、水位变化 $h_{预测}$。

具体方法流程如图 5、图 6 所示。

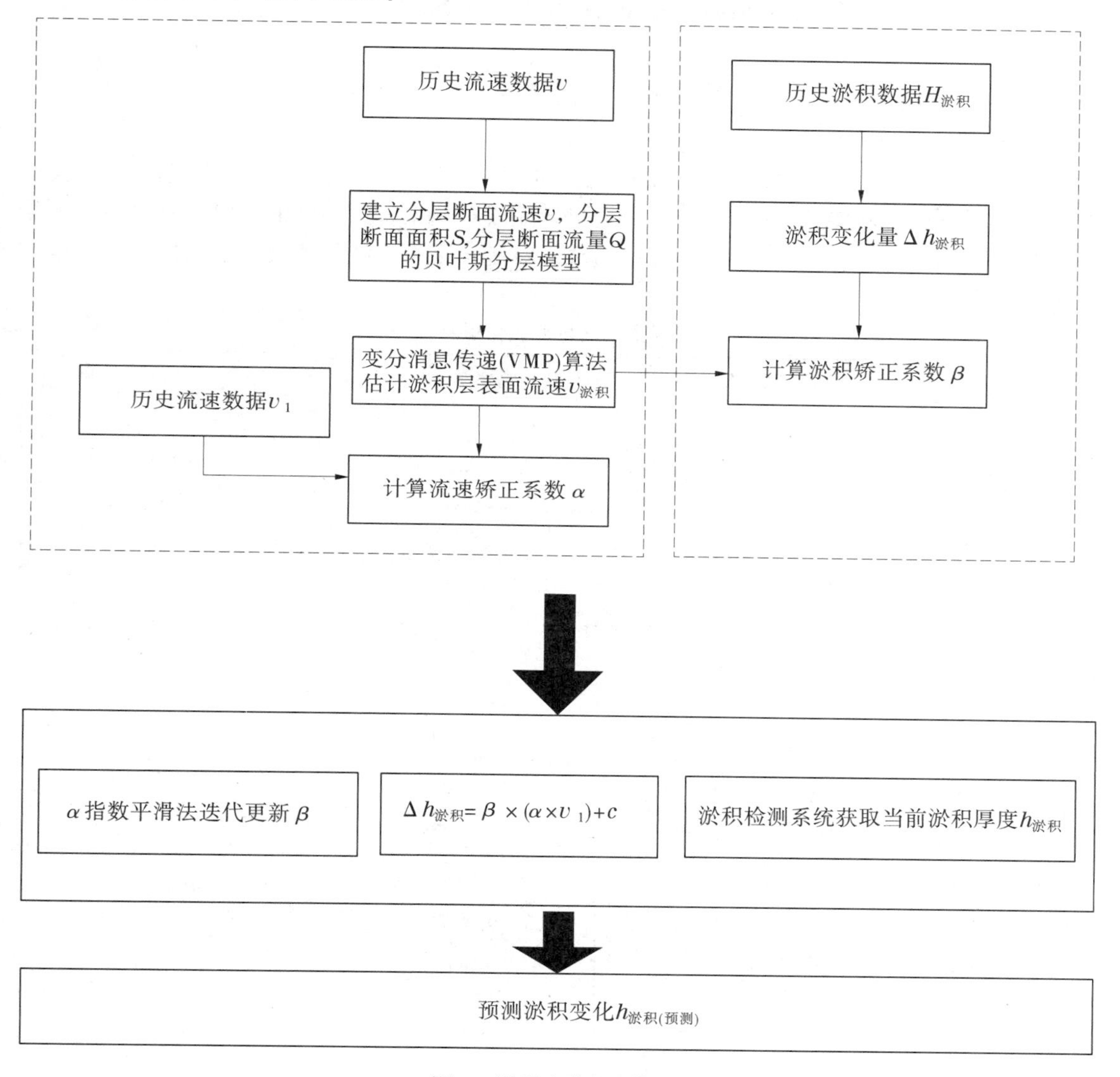

图 5 淤积变化预测框图

1.3 智慧决策

现有的智能决策方案一般都以应对已发生的问题为主，结合已有经验进行决策分析，这会使得决策方案科学性降低，且决策相对滞后。基于数字孪生技术的系统可根据实时数据进行自主更新并反馈。根据对感知数据的处理，形成智能管理方案，实现对明渠流量智能化计量及科学运维管理。当预测值超出临界值或警戒值时，可预先进行灾害预警，为维护治理明渠中的薄弱环境提供依据，实现明渠流量

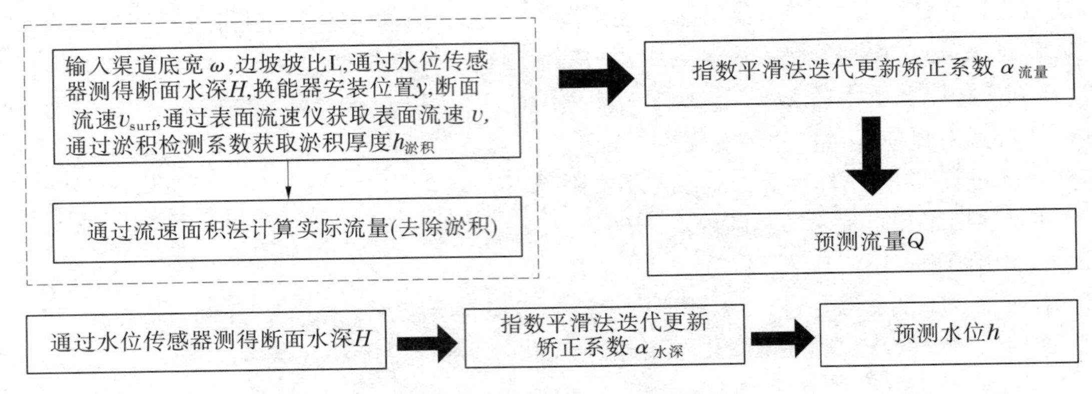

图 6　流量预测框图和水位预测框图

智能化计量及管理。

2　应用实例

此方法已成功应用于“引黄入冀补淀”渠村渠首闸引黄明渠中,在渠首闸引黄明渠汇总,我们根据明渠实际的情况,将渠道断面分为四层,进而通过附录完成对明渠各项指标的计算。本文将从明渠三种情况入手,对流速变化、流量变化、淤积变化进行分析,对比实际人工测量值、智能化计量值、智能预测值之间的关系,见表 1。

表 1　淤积测量数据与智能化预测数据对比

时间(年-月-日)	淤积测量数据/cm	历史流速数据/(m/s)	智能化预测数据/cm
2020-04-01	1.63	0.43	1.59
2020-04-03	2.89	0.36	2.65
2020-04-08	26.95	0.06	24.35
2020-04-09	69.42	0.86(三声道)	68.41
2020-04-13	28.1	0.62	25.7
2020-05-05	63.7	1.04	64.52
2020-05-06	92	1.00	94
2020-05-07	60.1	1.19	62.8
2020-05-11	40.9	0.53	42.35
2020-05-12	28.5	0.77	29
2020-05-13	25.6	0.76	23.55
2020-05-14	30.6	0.92	28.45
2020-05-15	43.6	0.93	41
2020-05-16	43.2	0.87	45.13
2020-05-19	55.8	0.53	57
2020-05-20	42.7	0.85	40

表 1 给出的是 2020 年 4 月 1 日至 5 月 20 日共 16 d 的日平均数据,每一天数据共 96 组。对比淤积测量数据与智能化预测数据可知,大多数智能化预测数据都低于测量数据,其原因主要有以下几方面:①预测数据所选取的真实测量值不精确;②数据感知系统受外部环境影响(天气、温度、湿度等),导致测量不准确;③冲淤变化是时时刻刻存在的,在进行智能化预测时,所选取的数据只能在相对固定的时

间段进行短时预测。从图7看出，实际值和预测值误差在5%以内，在可允许范围内，精度指标达到水文测验规范要求。

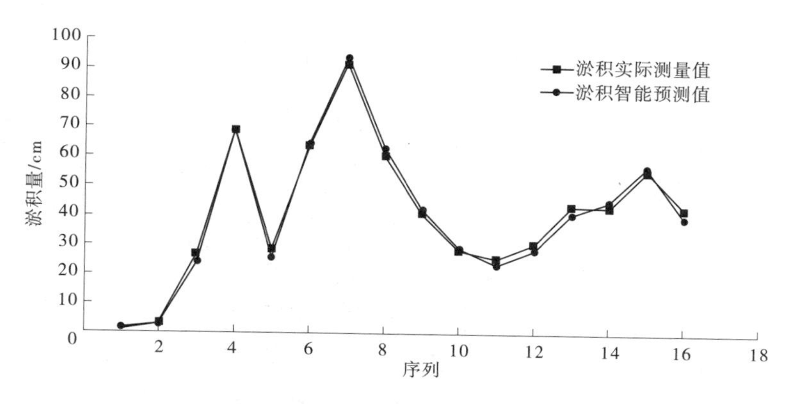

图7 淤积实际测量值与预测值对比曲线

表2给出的是2020年4月1日至5月20日共16 d的日平均水位数据，每一天数据共20组。使用一次指数平滑法获取20组数据的平均修正系数 $\overline{\alpha}_{水位}$，作为日平均修正系数 $\overline{\alpha}_{水位/日}$，再对修正系数进行拟合得到日平均系数的曲线关系。对比预测数据和实测数据如图8所示，流量误差在3%以内，精度指标达到水文测验规范要求。

表2 流量测量数据与智能化预测数据对比(流量)

时间(年-月-日)	流量测量数据/(m^3/s)	日平均流量修正系数 $\overline{\alpha}_{流量/日}$	智能预测数据/(m^3/s)
2020-04-01	20.43	1.03	21.05
2020-04-03	15.49	0.87	13.48
2020-04-08	68.90	0.98	68.1
2020-04-09	45.29	0.97	44.26
2020-04-13	42.50	0.97	41.5
2020-05-05	74.63	0.98	73.42
2020-05-06	82.73	0.98	81.57
2020-05-07	68.53	1.03	70.32
2020-05-11	64.77	1.01	65.68
2020-05-12	52.20	1.06	55.47
2020-05-13	52.39	1.04	54.68
2020-05-14	68.40	1.03	70.25
2020-05-15	69.54	0.99	68.97
2020-05-16	65.72	1.02	66.74
2020-05-19	70.18	1.01	71.25
2020-05-20	68.44	1.02	69.55

表3给出的是2020年4月1日至5月20日共16 d的日平均水位数据，每一天数据共20组。使用

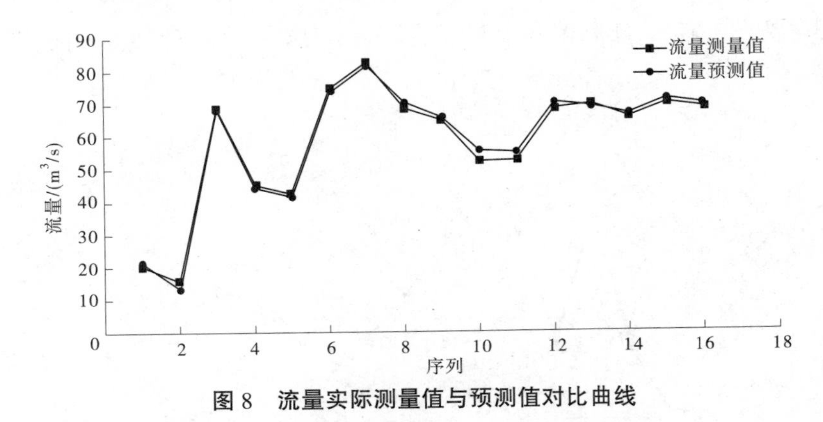

图 8　流量实际测量值与预测值对比曲线

一次指数平滑法获取 20 组数据的平均修正系数 $\overline{\alpha}_{水位}$，作为日平均修正系数 $\overline{\alpha}_{水位/日}$，再对修正系数进行拟合得到日平均系数的曲线关系。对比预测数据和实测数据如图 9 所示，流量误差在 3%以内，精度指标达到水文测验规范要求。

表 3　水位测量数据与智能化预测据对比（水位）

时间（年-月-日）	水位测量数据/m	日平均水位修正系数 $\overline{\alpha}_{水位/日}$	智能预测值/m
2020-04-01	1.71	0.847	1.702
2020-04-03	1.59	0.14	1.56
2020-04-08	1.85	0.22	1.80
2020-04-09	1.81	0.225	1.82
2020-04-13	2.22	0.98	2.3
2020-05-05	1.13	0.45	1.10
2020-05-06	1.35	0.98	1.33
2020-05-07	1.31	0.67	0.88
2020-05-11	0.92	0.9	0.87
2020-05-12	0.77	0.84	0.65
2020-05-13	0.75	1.06	0.80
2020-05-14	0.91	1.04	0.95
2020-05-15	0.91	0.95	0.86
2020-05-16	1.00	0.965	0.97
2020-05-19	0.99	0.96	0.95
2020-05-20	0.96	1.03	0.99

综上，通过对渠村引黄明渠现场的流量、水位、淤积实测数据和智能预测数据对比可知，本文所提出的方法能够在小时间尺度内较准确预测各项数据，误差精度指标达到水文测验规范要求，为明渠流量智能化管理的系统性、科学性、实用性提供科技支撑，加快推进了黄河流域水利信息技术的高质量发展。

3　结论

本文基于数字孪生技术和贝叶斯分层模型，融合时间序列预测和智能化管理技术，提出一种新型明渠流量智能化计量方法。通过对水位、淤积、流量三类数据的实际测量值和预测值分析对比，验证了所提方法的有效性和可靠性，在智慧决策时，可以通过预测值，来设置预告预警，通过实际测量值进行实时

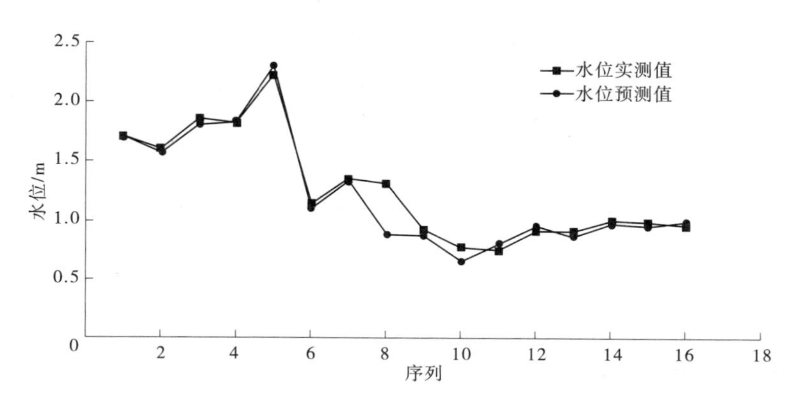

图 9　水位实际测量值与预测值对比曲线图

自适应智能反馈。数据分析结果表明，本文所提的方法改变了现有流量计量方法中流速不稳定、冲淤变化条件下流量不精确的问题，能够更为精准地完成流量计量，并能有效预测出未来小时间尺度内各项数据的变化，加快推进了黄河流域水利信息技术的高质量发展。

本文附录

1. 通过数据感知系统完成基础数据采集

通过液位传感器测得水位高程 H；

通过明渠渠道坡比计算明渠分层 i；

通过换能器测得分层流速 v_i；

通过表面流速仪测得表面流速 $v_{表面}$；

通过淤积测量系统测得淤积厚度 $H_{淤积}$。

2. 构建流量 Q、流速 v、分层面积 S 之间的分层模型

假设 $i=4$，结合图 2，可知

$$Q = Sv + \omega \tag{1}$$

其中 $Q \in C^i, \omega \in C^i, S \in C^{i \times L}, v \in C^L (L>i)$

在计算中通常我们考虑 $L=i+1$；

使用 VMP 算法估计表面流速，计算公式如下：

（1）初始化 λ, η, γ；

（2）计算 $v=\lambda \sum S^T Q$；

$$\sum = \lambda S^T S + A(\gamma)^{-1}; \tag{2}$$

（3）更新：λ, η, γ；

其中：

$$\lambda = \frac{i + c}{(\| Q - Sv \|_2^2) + d} \tag{3}$$

式中：c,d 为常数。

$$\eta = \frac{\varepsilon + a}{\gamma + b} \tag{4}$$

a,b 为常数。

$$\gamma = \left(\frac{|a|^2}{\eta}\right)^{-\frac{1}{2}} \frac{K_{p+n}\left(2\sqrt{\eta \times |a|^2}\right)}{K_p\left(2\sqrt{\eta \times |a|^2}\right)} \tag{5}$$

K_p 为 p 阶贝塞尔函数，一般的 $p = 0, n = \frac{1}{2}$。

经过若干次迭代，待算法收敛后得到 v，则估计的淤积流速 $v_{淤积估} = v - v_i$。

(4) $v_{淤积新} = \alpha \times v_1 + v_{淤积估}$，其中 v_1 为第一层流速。

$$\Delta h_{淤积} = \beta \times v_{淤积新} + c \tag{6}$$

$$h_{淤积新} = h_{淤积} + \Delta h_{淤积} \tag{7}$$

完成对淤积数据的预测。

参考文献

[1] TAO Fei,QI Qinglin . Makemore digital twins [J]. Nature,2019,573:490-491.

[2] TAO Fei,ZHANG M,NEE A. Digittwin driven smart manu-facturing[M]. Amsterdam,the Netherlands :Elsevier,2019.

[3] 陶飞,马昕,胡天亮,等. 数字孪生标准体系[J]. 计算机集成制造系统,2019,25(10):2405-2418.

[4] 黄艳,喻杉,罗斌,等. 面向流域水工程防灾联合智能调度的数字孪生长江探索[J]. 水利学报,2022,53(3):253-269.

[5] 夏润亮,李涛,余伟,等. 流域数字孪生理论及其在黄河防汛中的实践[J]. 中国水利,2021,(20):11-13.

[6] 刘海瑞,奚歌,金珊. 应用数字孪生技术提升流域管理智慧化水平[J]. 水利规划与设计,2021,(10):4-6,10,88.

[7] 曾焱,程益联,江志琴,等. "十四五"智慧水利建设规划关键问题思考[J]. 水利信息化,2022,(1):1-5.

[8] 李文学,寇怀忠. 关于建设数字孪生黄河的思考[J]. 中国防汛抗旱,2022,32(2):27-31.

[9] 陈平,郭秋歌,李攀,等. OFDM 系统中基于贝叶斯学习的联合稀疏信道估计与数据检测[J]. 计算机科学,2020,47(S2):349-353.

[10] 王忠勇,郭秋歌,王法松,等. 基于分层模型的 SC-FDE 系统低复杂度稀疏信道估计[J]. 信号处理,2015,31(9):1106-1111.

[11] 张绿原,胡露骞,沈启航,等. 水利工程数字孪生技术研究与探索[J]. 中国农村水利水电,2021,(11):58-62.

[12] 郭秋歌,王玉晓,王小远,等. 一种多泥沙渠道断面冲淤变化智能化检测装置[P]. CN210603294U,2020-05-22.

[13] 王玉晓,崔峰,郭秋歌,等. 多泥沙明渠流量智能化精确计量系统设计研究[J]. 人民黄河,2020,42(11):166-168.

[14] 胡云进,万五一,蔡甫款,等. 窄深矩形断面明渠流速分布的研究[J]. 浙江大学学报(工学版),2008,(1):183-187.

[15] 李勃,雷鑫,张进,等. 河套灌区梯形渠道流量测算方法[J]. 内蒙古水利,2014,(2):172-173.

[16] 张振,徐立中,韩华,等. 基于径向基神经网络的明渠流量软测量方法[J]. 仪器仪表学报,2011,32(12):2648-2655.

[17] 王小远,王玉晓,郭秋歌,等. 人工多泥沙明渠流量自动化精确计量方法[P]. CN112052425A,2020-12-08.

[18] 杨海民,潘志松,白玮. 时间序列预测方法综述[J]. 计算机科学,2019,46(1):21-28.

[19] 王栋,魏加华,章四龙,等. 基于 CEEMD-BP 模型的水文时间序列月径流预测[J]. 北京师范大学学报(自然科学版),2020,56(3):376-386.

CREST 模型在伊河东湾以上流域的模拟与应用

严昌盛　轩党委　王　鹏

（黄河水利委员会水文局，河南郑州　450004）

摘　要：为探究 CREST 模型在伊洛河流域的适用性和对伊洛河流域洪水预报提供新的模型参考，以伊河东湾站以上控制流域为研究区域，构建东湾站以上区域小尺度分布式模型 CREST，利用东湾站实测径流数据、研究区降雨蒸发数据来驱动模型进行流域径流模拟。结果表明：9 场洪水的纳什效率系数和相关系数的均值分别为 0.75、0.89，洪量相对误差和洪峰相对误差的总体合格率分别为 67%、45%，CREST 模型整体模拟效果较好，可为伊洛河流域洪水预报提供一定参考。

关键词：CREST 模型；洪水模拟；伊洛河流域；分布式水文模型

Coupled Routing and Excess Storage 分布式水文模型（简称 CREST 模型）是由美国俄克拉荷马大学和 NASA SERVIR 项目小组共同开发完成的网格分布式水文模型[1]。CREST 模型对网格降雨数据的兼容性较好，能够将流域高程数据与气象格点降雨数据有机地耦合起来，较为准确地反映流域水文气象的时空变化过程[2]。CREST 模型使用可变渗透能力曲线计算流域产流，并利用多线性水库对地表和地下径流进行模拟。主要的水通量（例如入渗和汇流）在物理上受土地表面特征（即植被，土壤类型等）影响。CREST 模型在较低的大气边界层，地面和地下水之间比其他分布式水文模型具有更现实的相互作用[1]。目前 CREST 模型已在我国秦淮河流域、赣江流域等地区中被成功应用[3-4]。黄河流域因中下游干支流水库、橡胶坝等调蓄工程较多，对洪峰过程和洪水量级有较大影响而应用较少。

伊洛河流域是黄河中下游重要的洪水来源之一，受地形地貌、下垫面等因素影响，流域降雨情况复杂多变，区域产汇流条件也不尽相同。2000—2021 年间，伊河东湾站出现 1 000 m^3/s 以上洪峰流量的年份有 6 年，其中 2010 年、2021 年东湾站洪水的最大洪峰流量分别达到了 3 780 m^3/s、2 970 m^3/s，并对下游河道防洪减灾、水库调蓄带来了巨大的挑战。CREST 模型作为分布式水文模型，将流域划分为多个小单元，能有效解决流域各点水力学特征分布不均匀的情况。因此，研究 CREST 模型在伊洛河流域的适用性具有重要意义，一是拓宽 CREST 模型在国内的应用范围，二是为伊洛河流域洪水模拟与预报提供新的模型参考。

1　研究区域与数据

1.1　流域基本情况

伊洛河地处河南、陕西交界，位于东经 109°43′~113°11′，北纬 33°39′~34°54′之间，是黄河三花区间最大的支流，也是黄河下游重要的暴雨洪水来源之一。流域面积约 18 881 km^2，河道长约 447 km，形状狭长，两岸支流众多，源短流急，多呈对称平行排列，出口水文站黑石关控制整个流域约 98%的面积。流域平均年气温 7.8~13.9 ℃，年降雨量 710~930 mm。

作者简介：严昌盛（1996—），男，助理工程师，硕士，主要从事水文气象方面的研究工作。

选取研究区域为伊河东湾站以上流域，东湾水文站位于河南省嵩县德亭乡山峡村，东经111°59′，北纬34°3′，控制面积2 623 km²，河道全长116.3 km，流域西高东低，形状近于圆形，有小河、明白川等大小10余条支流汇入。该区有大面积的林地，植被良好，产汇流条件好，研究区域位置及地形见图1。

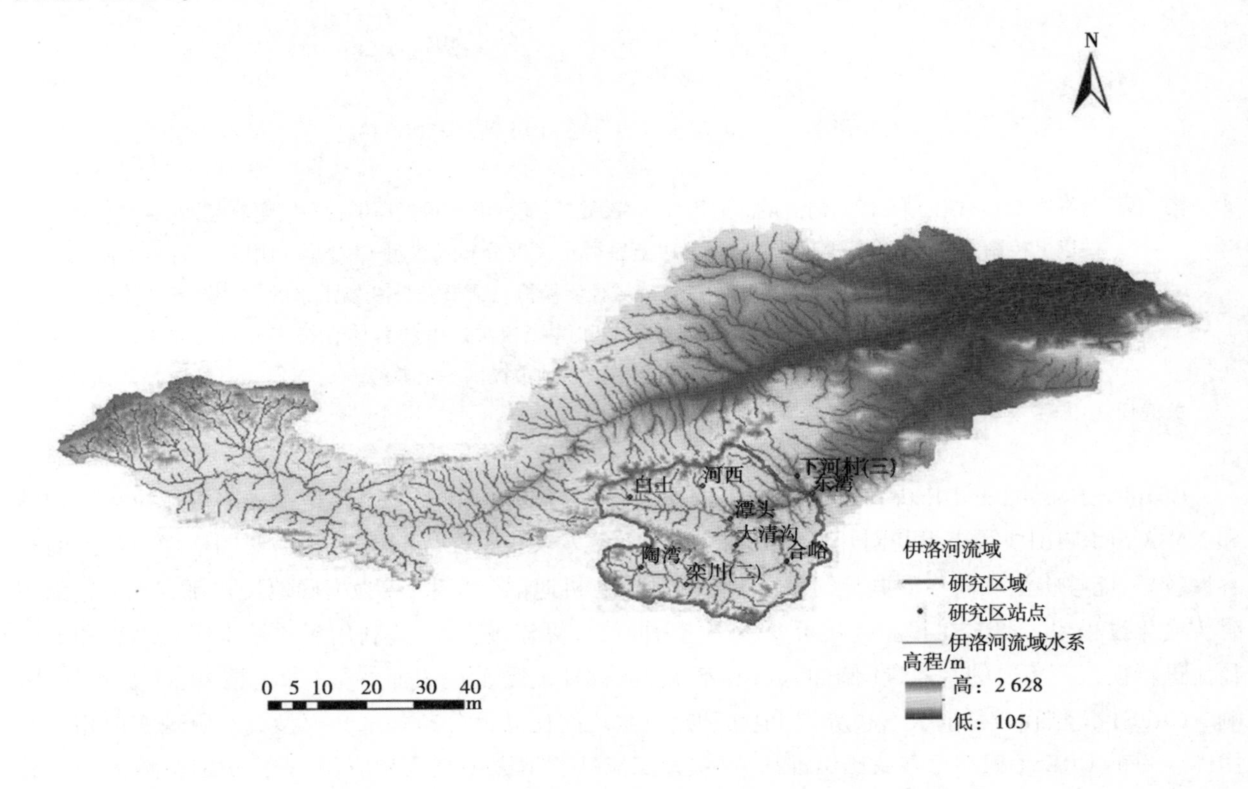

图1 研究区域

1.2 研究数据

1.2.1 降雨数据

基于场次洪水数据时段，收集2007—2021年流域内9个站点的2 h降雨数据，各站点数据均经过了严格的质量控制，可疑和错误数据已给予了人工核查和更正，并利用算数平均法进行插补，最后得到1 h尺度的降雨数据(蒸发数据同理)，各站点位置见图1。

1.2.2 蒸发数据

从中国气象数据网（http://data.cma.cn)上下载了栾川站2007—2021年气温、气压和湿度等气象因子数据，采用Penman-Montieth公式计算得到场次洪水对应时段的蒸发量数据。

1.2.3 径流数据

选取伊河东湾站2007年以来10场洪峰流量大于300 m³/s的洪水，并采用分段线性插值方法将流量数据插补为1 h数据。

1.3 DEM数据及其预处理

来自地理空间数据云网站(http://www.gscloud.cn/)的数字高程模型数据，主要包括分辨率为90 m的SRTM数字高程数据。通过ArcGIS水文分析工具处理得到CREST模型的流域基础信息数据，见图2。

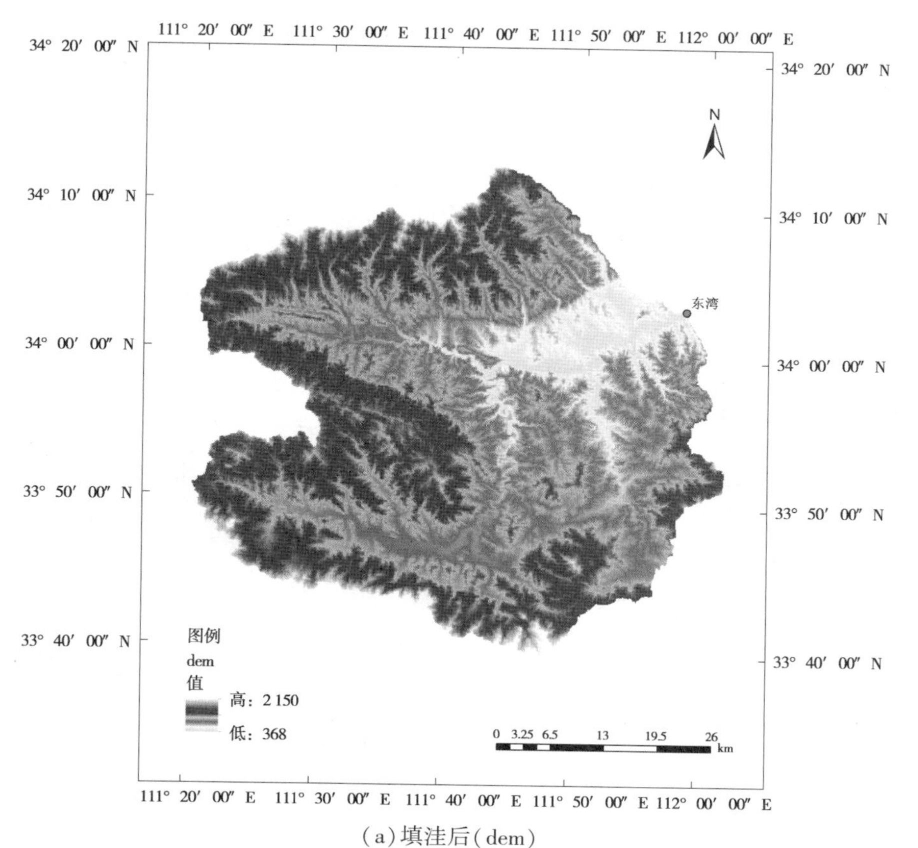

(a)填洼后(dem)

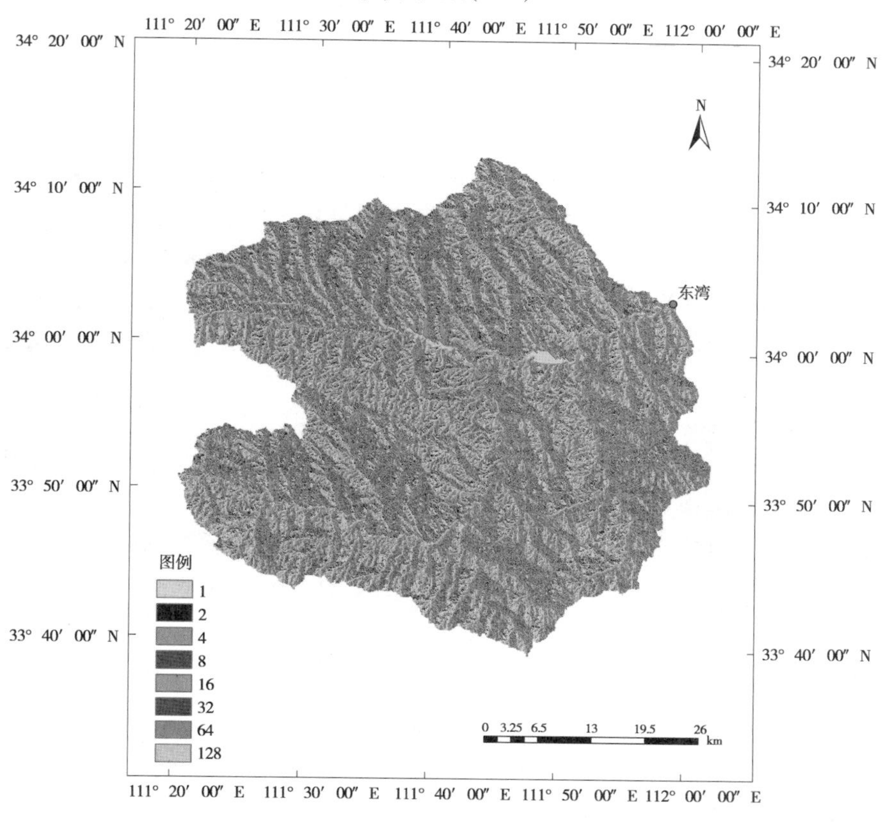

(b)流向(fdr)

图 2　流域基础信息数据

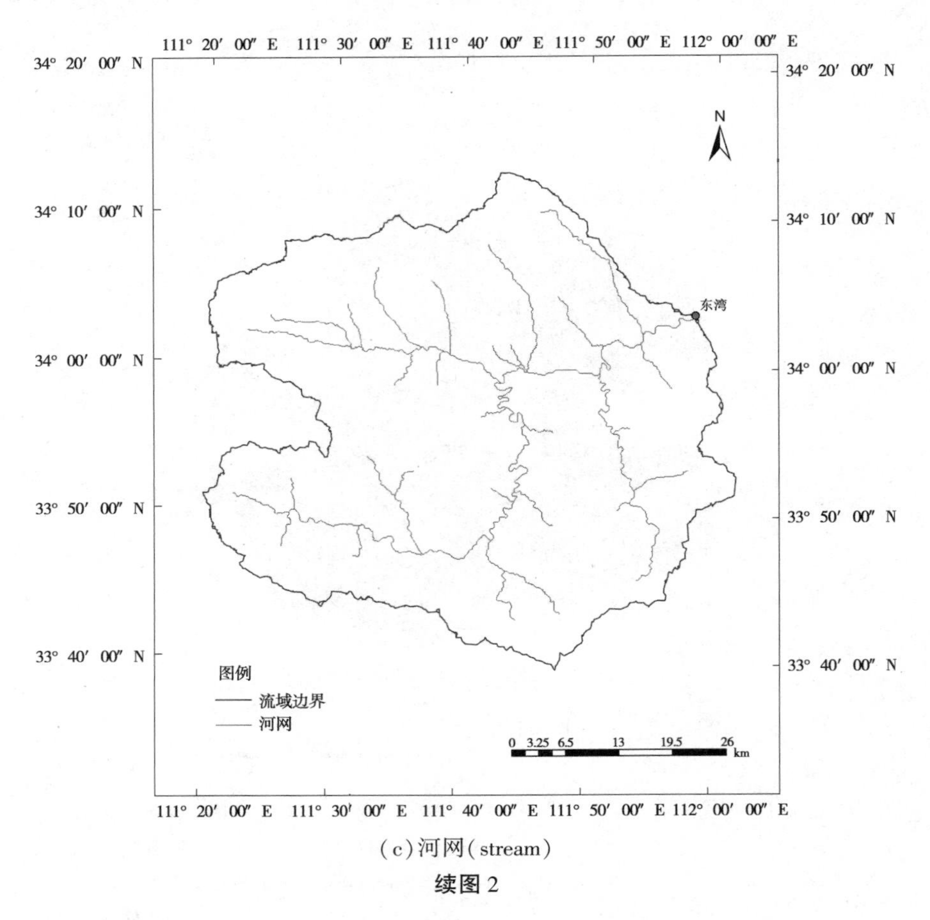

(c)河网(stream)

续图 2

2 研究方法

2.1 CREST 水文模型简介

CREST 模型的基本结构如图 3 所示,模型将研究区划分为很多个格点,每个格点在垂直方向上可以分为 3 层,每层有不同的物理过程[见图 3(a)]。第一层是最上层的植被冠层,大气中的降雨会被部分截留,还有一部分被蒸散发,又返回大气中,剩下的部分进入了土壤表面。第二层是土壤表层,这层主要包括两个方向上的运动,一是垂直方向上的下渗运动,二是水平方向上的地表径流、产汇流过程等。第三层在土壤层的内部,其内部包括壤中流、地下径流等水文物理过程。垂直方向上最主要的过程是蒸散发和下渗。

2.2 径流模拟精度评价方法

精度评估的统计指标众多,多数指标仅能反映误差的某一方面,常需要结合多项指标综合分析。本文从定量误差、空间一致性两个角度进行精度评估。

选用相对偏差 BIAS、均方根误差 RMSE、相关系数 CC 和纳什效率系数 NSE 作为定量评价误差的指标,其中相对偏差分为洪量相对误差和洪峰相对误差两种。具体公式如下:

$$BIAS = \frac{\sum_{i=1}^{n}(S_i - G_i)}{\sum_{i=1}^{n} G_i} \times 100\% \tag{1}$$

$$RMSE = \left(\sqrt{\frac{1}{n}\sum_{i=1}^{n}(S_i - G_i)^2}\right) / \bar{S} \tag{2}$$

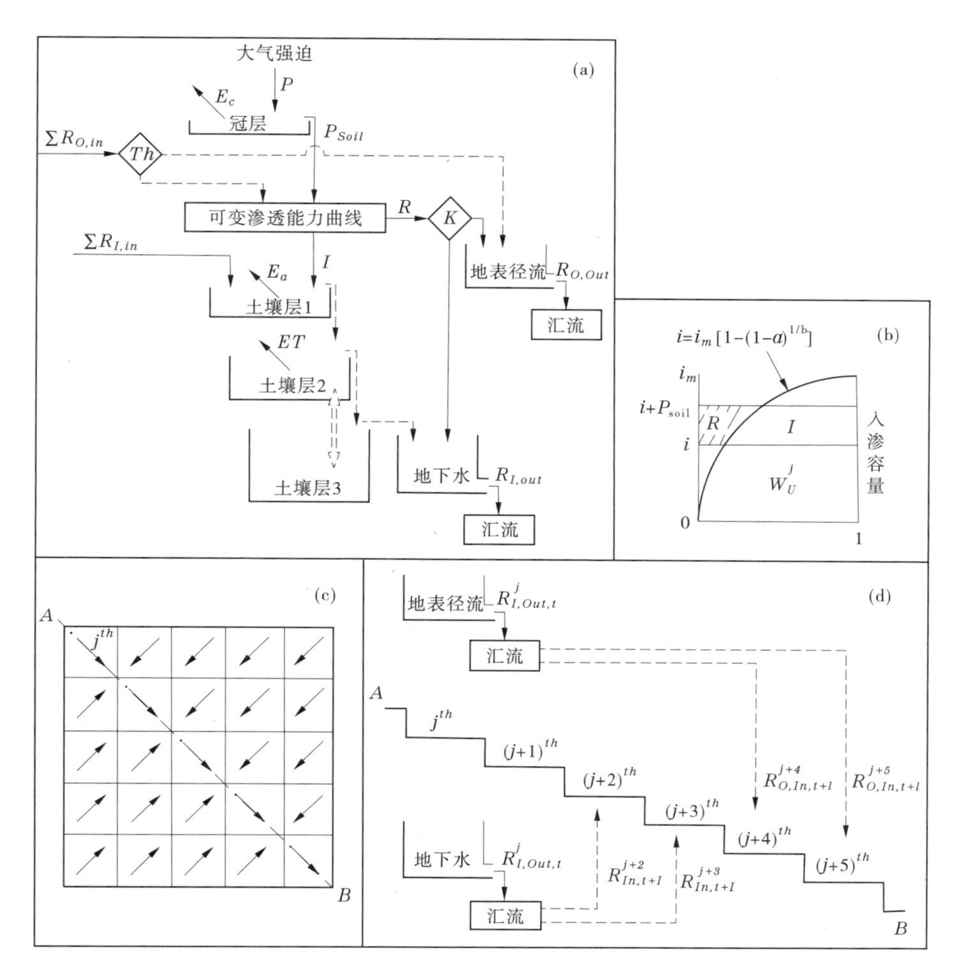

图 3 CREST 模型结构示意图

$$CC = \frac{\sum_{i=1}^{n}(S_i - \overline{S_i})(G_i - \overline{G_i})}{\sqrt{\sum_{i=1}^{n}(S_i - \overline{S_i})^2 \sum_{i=1}^{n}(G_i - \overline{G_i})^2}} \tag{3}$$

$$NSE = 1 - \sum_{i=1}^{n}(S_i - G_i)^2 / \sum_{i=1}^{n}(G_i - \overline{G})^2 \tag{4}$$

式(1)~式(4)中，G_i 和 S_i 分别为某评价单元第 i 时段对应的实测径流和模拟径流；$\overline{G}$ 和 $\overline{S}$ 分别为该时刻东湾站实测径流和模拟径流的均值；n 为场次洪水的时段数。

3 结果与分析

3.1 参数率定

CREST 模型所采用的参数率定方法为 SCE-UA 自动优化算法[5]，模型中参数共有 12 个，包括土壤、降雨和河道相关的参数。将 1 场洪水（2007-06-25 08:00—2007-07-11 13:00）作为预热期对模型初始条件进行模拟，并选取 2007—2021 年的另外 9 场典型洪水过程用于率定和验证，最终得到模型参数的最优解，具体的参数值见表 1。

表 1　CREST 模型各参数设定列表

参数	描述	范围	参数值	单位
Ksat	土壤饱和导水率	1~2 400	2 019. 697	mm/day
Rainfact	降水指数	0. 3~1	0. 699	—
WM	平均土壤含水量	1~120	97. 288	mm
B	可变渗透能力曲线指数	0~1. 3	0. 247	—
IM	不透水面积比率	0~0. 5	0. 005	—
KE	潜在蒸散发转化为实际蒸散发系数	0. 1~1	0. 303	—
coeM	地表径流速度系数	1~150	104. 812	—
coeR	地表径流转化为河道径流的指数	0. 1~2. 5	2. 123	—
coeS	地表径流转化为地下径流的指数	0. 1~1. 8	0. 565	—
KS	地表线性水库排泄参数	0~1. 2	0. 536	—
KI	地下线性水库排泄参数	0~1	0. 105	—
expM	地表径流速度指数	0. 5~2	0. 722	—

3. 2　模型适用性评估

选取 2007—2021 年的 9 场典型洪水用于模型参数的率定和验证，以 2007—2011 年的 6 场洪水作为率定期，并选定 2021 年的 3 场洪水来进一步验证模型参数。图 4 为率定期和验证期各场次洪水过程模拟图，表 2 为各场次洪水模拟评价结果。

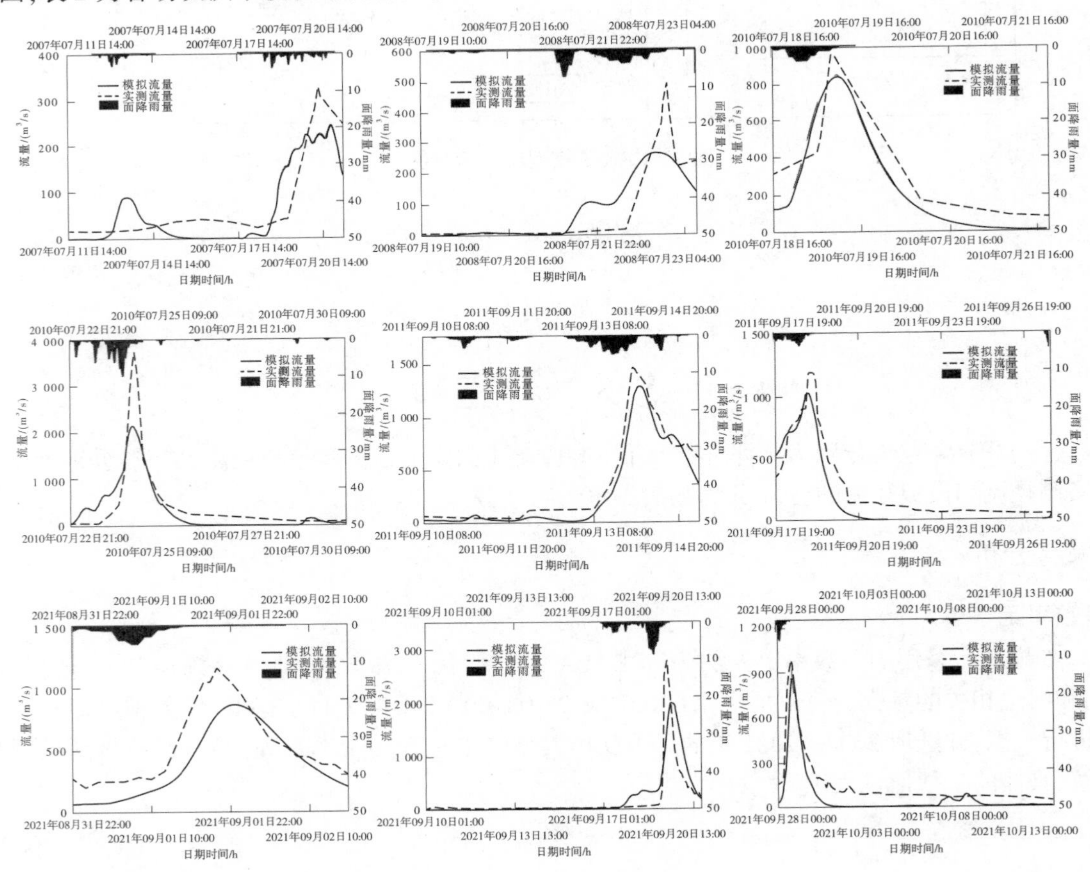

图 4　率定期、验证期各场次洪水过程模拟

表 2　各场次洪水过程评价结果

时期	洪水场次	实测洪峰流量/(m^3/s)	模拟洪峰流量/(m^3/s)	洪量相对误差/%	洪峰相对误差/%	均方根误差/(m^3/s)	相关系数	纳什效率系数
率定期	200707111400	326	242	13.95	25.68	46.69	0.85	0.71
	200807191000	494	264	14.93	46.55	62.70	0.85	0.71
	201007181600	964	844	24.95	12.35	114.29	0.96	0.81
	201007222100	3 750	2 170	17.51	42.15	311.52	0.90	0.79
	201109100800	1 460	1 290	19.85	11.72	102.66	0.99	0.94
	201109170900	1 190	905	35.67	13.40	117.66	0.96	0.84
验证期	202108312200	1 160	863	25.58	25.59	188.24	0.90	0.58
	202109100100	2 780	1 990	12.18	28.55	248.07	0.84	0.69
	202109280000	982	861	18.19	12.30	90.65	0.96	0.72

总体来看,9 场洪水的洪量相对误差合格率为 67%,洪峰相对误差合格率为 45%,均方根误差均值为 142.49 m^3/s,相关系数均值为 0.91,说明模拟洪水过程与实测洪水过程拟合效果较好,纳什效率系数均值为 0.75,其中 7 场洪水大于 0.7,根据《水文情报预报规范》(GB/T 22482—2008)的要求[6],达到乙级预报标准,这表明 CREST 模型在伊河东湾站以上流域适用性比较好,对流域洪水预报具有一定的参考价值。

从表 2 中可以发现,对于实测洪峰流量大于 1 500 m^3/s 的洪水场次,CREST 模型的整体拟合效果较好,纳什效率均值为 0.74,但对洪峰流量的模拟较差,洪峰相对误差均超过了 28%;对于实测洪峰流量在 500~1 500 m^3/s 区间的洪水场次,洪水模拟效果最好,纳什效率均值达到 0.78,洪峰误差均小于 26%,洪峰预报合格率达到 80%;对于实测洪峰流量小于 500 m^3/s 的洪水场次,模型模拟效果最差,纳什效率系数均值为 0.71,洪峰相对误差的均值达到 36%。

4　结论

基于伊河东湾站以上流域的水文气象历史资料构建了一个高时空分辨率(1 h、1 km)的分布式水文模型 CREST,结果表明 CREST 模型在该地区有较好的适用性,纳什效率系数和相关系数的均值分别为 0.75、0.89,能够较准确地模拟出洪水的涨退过程,为伊河流域的洪水预报工作提供一种新的参考。CREST 模型对于实测洪峰流量在 500~1 500 m^3/s 区间的洪水场次模拟效果最好,对实测洪峰流量小于 500 m^3/s 和大于 1 500 m^3/s 的洪水场次模拟效果较差。

CREST 模型对洪峰流量的模拟存在一定的低估,尤其是大洪峰流量(大于 1 500 m^3/s)和小洪峰流量(小于 500 m^3/s),主要原因有以下两点:一是本文所用原始降雨数据为 2 h 间隔的数据,模型中输入的是算数平均后的 1 h 降雨数据,因此降雨峰值要小于实际峰值,最终模型模拟得到的洪峰流量也较小;二是由于数据时段不足,缺少足够长的预热期来对模型初始下垫面条件进行模拟。

参考文献

[1] Wang J H, Hong Y, Li L, et al. The coupled routing and excess storage (CREST) distributed hydrological model [J]. Hydrological Sciences Journal, 2011, 56(1): 84-98.

[2] 严昌盛. 基于雷达临近降雨预报的淮河上游流域洪水预报研究[D]. 南京:南京信息工程大学, 2021.

[3] 汪佳莉. 秦淮河流域潜在蒸散发对 CREST 模型水文模拟影响研究[D]. 南京:南京大学,2016.
[4] 马秋梅. 多源卫星降水产品在长江流域径流模拟中的适用性研究[D]. 武汉:武汉大学,2019.
[5] Duan Q Y, Sorooshian S, Gupta V K. Optimal use of the SCE-UA global optimization method for calibrating watershed models [J]. Journal of Hydrology, 1994, 158(3-4):265-268.
[6] 孙娜,周建中,张海荣,等. 新安江模型与水箱模型在柘溪流域适用性研究[J]. 水文,2018,38(3):37-42.

小浪底水文站 MRV-1 雷达在线测流系统应用分析

毛　旸　刘儒雪

（黄河水利委员会河南水文水资源局，河南郑州　450003）

摘　要：本次分析研究将 MRV-1 雷达在线测流系统与流速仪法进行不同流量级的比测试验，通过三项检验、误差分析等手段对 MRV-1 雷达在线测流系统进行应用分析，结果表明：MRV-1 雷达在线测流系统在小浪底水文站适应性好，测验精度满足相关规范要求，当流量范围为 200～5 000 m^3/s 时，可使用 MRV-1 在线测流系统实测流量代替流速仪法流量测验。该系统在测验控制、测验质量、测验精度、减少人力资源等方面有着显著的功效，应用前景良好。

关键词：小浪底水文站；MRV-1 雷达在线测流系统；应用分析

1　MRV-1 雷达在线测流系统简介

1.1　系统特点

本系统是一款非接触式的测量水面水位仪器。主要由雷达波测速仪（5 台）、雷达水位计（1 台）、数据采集终端（RTU）、通信设备以及后台管理平台组成。系统具备以下功能：实时显示水位、流速、流量数据及过程线；计算、显示、导出原始测验报表及过程线，显示时段内水位、流量过程线；设置测验断面信息和测流垂线、岸边系数等预置参数；设置流速测量历时、水位测量历时等采集参数；数据查询、汇总、打印。

1.2　仪器工作原理

测流时利用多普勒原理，布设定若干条垂线，测取设定垂线的流速并依据后端算法计算流量。此系统安装在小浪底水文站基本断面上游 667 m 处，共有 5 个固定雷达测流探头和 1 个雷达水位计。5 个雷达测流探头起点距分别为 29 m、81.5 m、162 m、222 m、252 m。雷达水位计及遥测数据传送前端机，实时收集在线水位、流量数据。通过测得水面流速乘以经验系数后算得垂线平均流速 v，然后根据雷达水位计提供的水位数据，推算出水深，从而计算出部分面积 A，得到部分流量 Q，通过部分流量进一步算得断面内的总流量 $Q_{总}$，即 $Q_{总}=\sum Q$。雷达测速探头如图 1 所示。

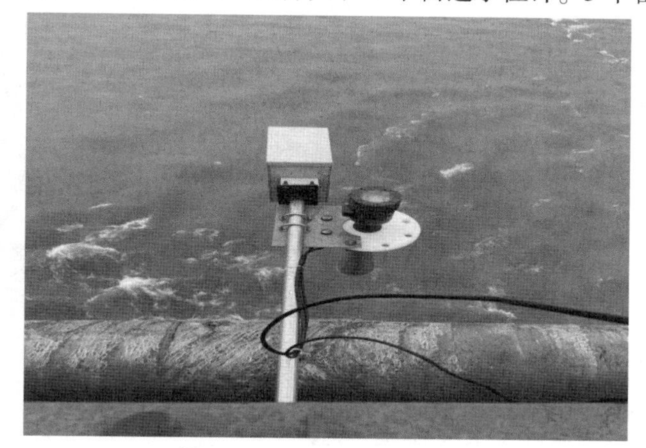

图 1　MRV-1 系统雷达探头

2　比测实验方案

将 MRV-1 雷达在线测流系统与流速仪法进行不同流量级的比测试验[1]，收集不少于 30 次的有效比测资料，利用比测试验，通过三项检验、误差分析等手段分析 MRV-1 雷达在线测流系统测验精度是否满足相关规范要求。其中，本站 ADCP 经过比测，已经得到正式批复，在流量 6 000 m^3/s 以下，含沙量 9.5 kg/m^3 以下，可作为正式测验成果资料，$Q_{流速仪}=1.000Q_{ADCP}$。故本次比测研究的数据可采用流速仪法或 ADCP 法所测的流量。

作者简介：毛旸（1993—），男，工程师，主要从事水文水资源测报业务管理工作。

通过采用实测流量和雷达在线测流系统同步采集不同水流、含沙量及西霞院库水位条件下的断面流量数据，建立相关关系，对比测成果进行影响因素分析和误差评定分析。

3 比测实验情况及成果分析

3.1 数据来源

本次分析共收集小浪底站 2021 年 8 月 8 日至 11 月 12 日期间实测流量成果 76 份，相应水位级范围为 132.46~136.35 m，流量为 259~4 280 m^3/s。期间，共搜集其对应时段比测数据 76 份。其成果资料经过整理分析[2]，具有可靠性和代表性。

3.2 资料分析结果

西霞院库水位范围为 129.79~133.92 m，含沙量变化范围为 0~55.1 kg/m^3，实测最大流量为 4 280 m^3/s。通过对 76 份原始数据进行处理，绘制流速仪法实测流量与 MRV-1 系统流量相关关系图见图 2(a)，从图中可以看出，比测期间流速仪法实测流量与 MRV-1 流量在线监测系统实测虚流量的关系较好。再将无沙期及排沙期分别筛选相应数据绘制相关关系图进行分析，见图 2(b)和图 2(c)。

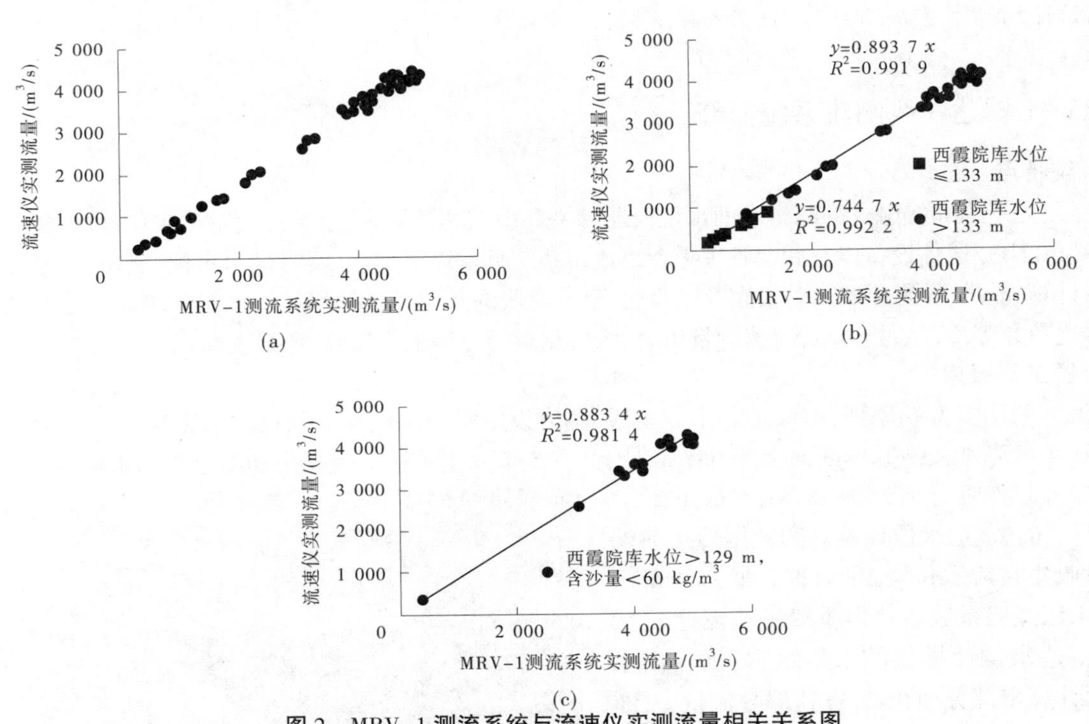

图 2 MRV-1 测流系统与流速仪实测流量相关关系图

由于无沙期时，点据呈现明显的两条关系线趋势，根据各测点对应的西霞院水库水位，并考虑到回水影响，按库水位 133 m 为界分为两种情况进行分析。当西霞院水库库水位小于等于 133 m 时，相关关系为 $Q_{流速仪}=0.745Q_{MRV-1}$；大于 133 m 时，相关关系为 $Q_{流速仪}=0.894Q_{MRV-1}$。

排沙期时，搜集到的资料最大含沙量为 55.1 kg/m^3，西霞院库水位均大于 129 m，相关关系为 $Q_{流速仪}=0.883Q_{MRV-1}$。以上几种情况相关性均较高。

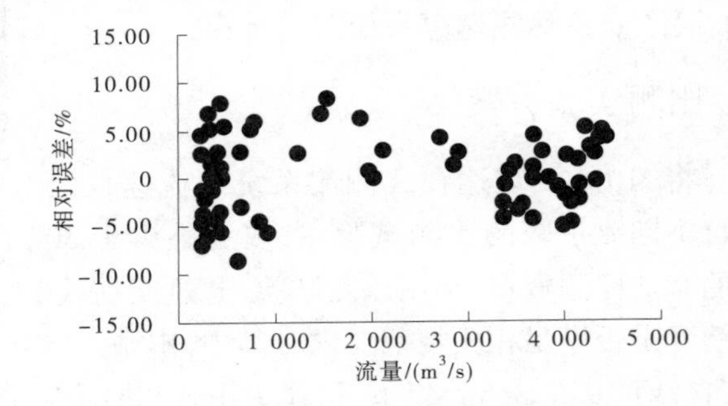

图 3 MRV-1 测流系统误差分布

绘制相对误差随流量变化分布见图 3，可知，点据误差分布整体较好。相对误差偏差在 5%以下的测次占总数的 79%,偏差在 10%以下的测次达到 100%。

对此三种工况进行系统误差及随机不确定度计算,结果见表 1。

表 1　各工况下系统误差及随机不确定度

应用工况	系统误差	标准差	随机不确定度
西霞院库水位≤133 m	-0.84%	3.62%	7.25%
西霞院库水位>133 m	0.71%	3.52%	7.04%
西霞院库水位>129 m,含沙量<60 kg/m³	-0.19%	3.70%	7.41%

对各关系线进行符号、适线、偏离数值三项检验[3]。

流速仪法实测流量与 MRV-1 测流系统实测流量的相关关系线按照下面的方法进行检验:

(1)符号检验。

$$u = \frac{|k - np| - 0.5^{*}}{\sqrt{npq}} = \frac{|k - 0.5n| - 0.5}{0.5\sqrt{n}} \tag{1}$$

式中:u 为统计量;n 为测点个数;k 为正号或负号个数;p、q 为正、负号概率,各为 0.5;* 为连续改正数(离散型转换为连续型)。

(2)适线检验。

$$u = \frac{(n-1)p - k - 0.5}{\sqrt{(n-1)pq}} = \frac{0.5(n-1) - k - 0.5}{0.5\sqrt{n-1}} \tag{2}$$

式中:u 为统计量;n 为测点总数;k 为变换符号次数,$k<0.5(n-1)$时作检验,否则不作此检验;p、q 为变换、不变换符号的概率,各为 0.5。

(3)偏离数值检验。

$$t = \frac{\bar{p}}{S_{\bar{p}}} \tag{3}$$

$$S_{\bar{p}} = \frac{S}{\sqrt{n}} = \sqrt{\sum (p_i - \bar{p})^2 / [n(n-1)]} \tag{4}$$

式中:t 为统计量;$\bar{P}$ 为平均相对偏离值;$S_{\bar{p}}$ 为$\bar{P}$ 的标准差;s 为 10p 的标准差;n 为测点总数;p_i 为测点与关系线相对偏离值。

本次试验中,符号检验与适线检验的 α 取 0.10,其临界值按表 2 确定。偏离数值检验 α 取 0.05,其临界值按表 3 确定。

表 2　临界值 $u_{1-\alpha/2}$ 与 $u_{1-\alpha}$

显著性水平 α	0.05	0.10	0.25
置信水平 $1-\alpha$	0.95	0.90	0.75
$u_{1-\alpha/2}$	1.96	1.64	1.15
$u_{1-\alpha}$	1.64	1.28	—

表 3　临界值 $t_{1-\alpha/2}$

α	k							
	6	8	10	15	20	30	60	∞
0.05	2.45	2.31	2.23	2.13	2.09	2.04	2.00	1.96
0.10	1.94	1.86	1.81	1.75	1.73	1.70	1.67	1.65
0.20	1.44	1.40	1.37	1.34	1.33	1.31	1.30	1.28
0.30	1.13	1.11	1.09	1.07	1.06	1.06	1.05	1.04

注：k 为自由度，$k=n-1$。

三项检验结果见表 4。

表 4　三项检验结果

西霞院库水位≤133 m	限值	计算值	结论
符号检验	1.15	0.36	通过
适线检验	1.64	0.18	通过
偏离数值检验	1.70	1.35	通过
西霞院库水位>133 m	限值	计算值	结论
符号检验	1.15	0.91	通过
适线检验	1.64	0.74	通过
偏离数值检验	1.75	1.15	通过
西霞院库水位>129 m，含沙量<60 kg/m^3	限值	计算值	结论
符号检验	1.15	1.03	通过
适线检验	1.64	0.80	通过
偏离数值检验	1.70	0.21	通过

以上检验结果说明，相关关系线确定为分段单一线符合规范要求，可以应用于生产实际。搜集整理的数据中，虽宏观上修订的趋势线穿过了点群中心，测点左右分布均匀，但分布具有明显的连续型正偏、负偏现象。在实际应用中也发现，当小浪底水文站断面流量过小（临界值 200 m^3/s），测点流速小于 0.5 m/s 时，探头应用不稳定，今后仍需进一步搜集资料进行分析检验和优化。

4　结论与建议

（1）MRV-1 在线测流系统适应性好，系统安全系数较高，且具有较强的快速测量与数据化处理，以及远程传输功能。

（2）当流量为 200～5 000 m^3/s 时，可使用 MRV-1 在线测流系统实测流量代替流速仪法流量测验，在使用过程中注意水面流速系数的选取。

（3）清水期：当西霞院水库库水位≤133 m 时，$Q_{流速仪}=0.745Q_{MRV-1}$；当西霞院水库库水位>133 m 时，$Q_{流速仪}=0.894Q_{MRV-1}$；浑水期：当西霞院库水位>129 m，含沙量<60.0 kg/m^3，$Q_{流速仪}=0.883Q_{MRV-1}$。

（4）当断面流量过小（临界值 200 m^3/s），测点流速小于 0.5 m/s 时，探头应用不稳定，今后仍需优化。

参考文献

[1] 王丁坤，席占平，刘月. ADCP 在小浪底水文站流量测验中的可行性研究[J]. 人民黄河，2005，27(8)：22-23.
[2] 中华人民共和国住房和城乡建设部. 河流流量测验规范：GB 50179—2015[S]. 北京：中国计划出版社，2016.
[3] 张留柱. 水文勘测工[M]. 郑州：黄河水利出版社，2021.

其 他

“7·20”郑州特大暴雨水汽条件输送特征分析

马永来

（黄河水利委员会水文局，河南郑州 450004）

摘 要：本文基于拉格朗日轨迹追踪方法分析了“7·20”郑州特大暴雨的水汽输送路径和环流特征。结果表明，此次暴雨主要水汽源地是西太平洋和南海。暴雨水汽输送主要集中在中低层，1 000 m 以下水汽输送主要为偏东气流经江苏、安徽到达郑州，该路径的水汽通量贡献率占85%以上。大尺度环流形势上，台风“烟花”、西北太平洋副热带高压和印缅槽为本次强降水过程主要天气影响系统，印度洋、太平洋的水汽辐合为此次暴雨提供了充足的水汽条件；深厚的东风急流及稳定的低涡切变，配合太行山特殊地形对东南气流的强辐合抬升效应，造成了“7·20”郑州特大暴雨。

关键词：水汽源地；水汽输送；拉格朗日轨迹模式；天气形势

1 引言

2021年7月20日河南省多地市发生了极端降水事件，郑州的日降雨量突破历史极值。极端降雨天气产生的洪灾已严重威胁我国经济活动及社会安全，类似的极端降水事件会在未来频繁出现。暴雨是多种尺度天气系统和环流系统相互作用的结果，其发生与环境有密切的关系，陶诗言等（1979）总结出暴雨发生所需的条件包括：位势不稳定层结、低层水汽辐合、位势不稳定释放机制、低空急流或高空急流存在[1]。持续性暴雨需要一定的大尺度环流条件（1980），在大尺度环流研究中，陶诗言（1980）突出强调了低纬环流系统的重要性，并指出我国大部分暴雨都与热带环流系统有关[2]。当热带辐合带异常活跃时，其北侧的暖湿气流可以携带大量水汽北上到达华北地区，当与北方冷空气相遇时，形成不稳定层，当水汽充足时发生强降水。若大尺度环流稳定，则可形成持续性暴雨天气，如“63·8”华北持续性大暴雨和2012年北京“7·21”大暴雨[3]。仇永炎（1998）还专门研究了北方夏季台风暴雨，提出了台风与西风槽相互作用型[4]，可见北方（华北）地区发生暴雨，需有来自热带持续的水汽输送或台风北上直接与西风槽相互作用。

由于强降水本身需要有充足的水汽输送，越来越多的研究开始着眼于与降水相关的水循环过程，包括水汽源头、水汽输送路径以及降水终点。基于拉格朗日的轨迹追踪方法可以更直观清晰地表示水汽的运动轨迹，并量化不同水汽源地对目标区降水的贡献[5]，得到气块在输送过程中的空间位置和物理属性随时间的变化规律。在这方面，HYSPLIT 模式较其他模式具有更好的性能[6]。Rapolaki 等[7]（2020）研究了非洲 Limpopo 流域36年夏季强降水的水汽来源，结果表明副热带南印度洋对强降水贡献更多。Li 等[8-9]（2016）根据环流形势将中国东南暴雨分为副热带高压西伸型、热带风暴型和强冷空气活动型等，并详细分析了三种类型暴雨的水汽输送轨迹和水汽来源。江志红等[10-11]采用基于拉格朗日方法的轨迹模式（HYSPLIT）先后分析了2007年淮河流域强降水以及1998年长江流域特大洪水期的水汽来源和水汽输送特征，并提出了水汽贡献率的计算方法。

结合上述研究，本文利用 NCEP 再分析资料，基于拉格朗日轨迹追踪模式，分析研究2021年7月20日河南省郑州特大暴雨的水汽来源、水汽输送轨迹和主要水汽通道，并在此基础上量化不同水汽源对降水输送的贡献率；同时利用 ERA5 再分析资料分析了此次暴雨的大气环流形势。将上述两种方法所得

作者简介：马永来（1966—），男，正高级工程师，主要从事水文水资源测报管理与研究工作。

结果相互对比、验证和补充，从而系统性地找出"7·20"郑州特大暴雨水汽源及水汽输送路径，为三花（三门峡—花园口）区间台风暴雨预报提供技术支撑。

2 资料和方法

2.1 资料

本文采用2021年7月19—22日ERA5大气环流再分析资料，用于"7·20"郑州特大暴雨发生前后水汽通量场、风场和位势高度场等环流形势诊断，其时间分辨率为6 h，水平分辨率为0.25°×0.25°；以及2021年7月NCEP GDAS全球数据，用于驱动MeteoInfo TrajStat拉格朗日轨迹模式，模拟该次特大暴雨的水汽输送状况，其时间分辨率为6 h，水平分辨率为1°×1°；以及全国基本站逐小时降水资料，分析河南省暴雨的时空分布，河南省地形和测站分布如图1所示。

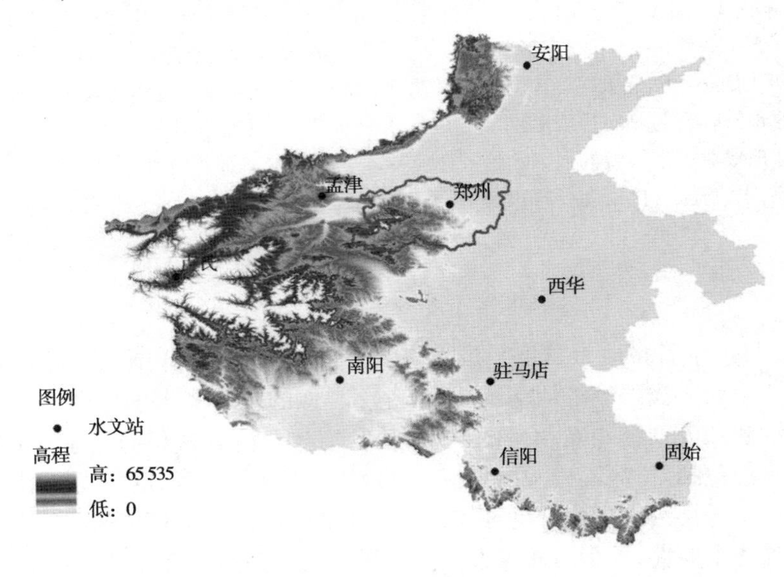

图1 河南省测站分布

2.2 方法

2.2.1 后向轨迹模式

MeteonInfo TrajStat软件（Wang，2009）是基于GIS技术，利用NOAA开发的拉格朗日混合单粒子轨迹模式（hybrid single-particle lagrangian integrated trajectory，HYSPLIT）来计算气块运动轨迹[12]。其中，HYSPLIT由美国国家海洋大气局（NOAA）等机构联合开发[13]，该模式采用拉格朗日方法计算平流和扩散，模式采用σ地形坐标，可变时间步长（本文取$\Delta t=1$ h），垂直方向为28层，可用于处理输送、扩散、沉降过程的模式系统[14]。

2.2.2 TSV聚类方法

为更直观地展示各轨迹路径，采用簇分析法对大量轨迹聚类，其聚类的基本思路是按照轨迹最接近原则，对多条轨迹合并和分组。根据空间方差定义为聚类簇内每条轨迹与簇平均轨迹对应点的距离平方和，总空间方差（total spatial variance，TSV）为各簇方差之和，当总空间方差增加最小时，即为最优聚类方式。

2.2.3 水汽通道贡献率计算公式

估算不同水汽输送通道对暴雨区的水汽贡献率（江志红，2007），公式如下：

$$Q_s = \frac{\sum_{1}^{m} q_{\text{last}}}{\sum_{1}^{n} q_{\text{last}}} \times 100\% \tag{1}$$

式中：Q_s 为某水汽源地的水汽贡献率；q_{last} 为通道上最终位置处的比湿；m 为通道包含的轨迹数目；n 为轨迹总数。

2.2.4 水汽收支方程

整层水汽通量公式：

$$\begin{cases} Q_u = \dfrac{1}{g}\displaystyle\int_{P_s}^{P_t} qu\mathrm{d}p \\ Q_v = \dfrac{1}{g}\displaystyle\int_{P_s}^{P_t} qv\mathrm{d}p \end{cases} \tag{2}$$

水汽收支方程：

$$\begin{cases} Q_{\mathrm{EW}} = \displaystyle\int_{\lambda_\mathrm{S}}^{\lambda_\mathrm{N}} Q_u R\mathrm{d}\lambda \\ Q_{\mathrm{SN}} = \displaystyle\int_{\lambda_\mathrm{W}}^{\lambda_\mathrm{E}} Q_v R\cos\varphi\mathrm{d}\lambda \end{cases} \tag{3}$$

式中：u 为纬向风；v 为经向风；q 为比湿；λ_S 为南边界纬度；λ_N 为北边界纬度；λ_E 为东边界经度；λ_W 为西边界经度；R 为地球半径；Q_{EW} 和Q_{SN} 分别为通过东西和南北边界的水汽通量。

3 “7·20”郑州特大暴雨降水特性及水汽收支

受台风和副热带高压共同影响，2021 年 7 月 18 日河南全省开始出现降水天气，7 月 20—21 日河南省多地出现暴雨、大暴雨和特大暴雨。7 月 19—22 日河南省累计降水量分布如图 2 所示，特大暴雨带分布在山前地形梯度较大的郑州和安阳。7 月 19—22 日郑州、安阳和西华累计降水量达 815.2 mm、582.4 mm 和 267.1 mm[见图 3(a)]，7 月 20 日 16:00 郑州 1 h 降水量达 201.9 mm[见图 3(b)]，为有记录以来最大值。此次暴雨具有持续时间长、累计雨量大、强降水范围广、降水时段集中的特点。

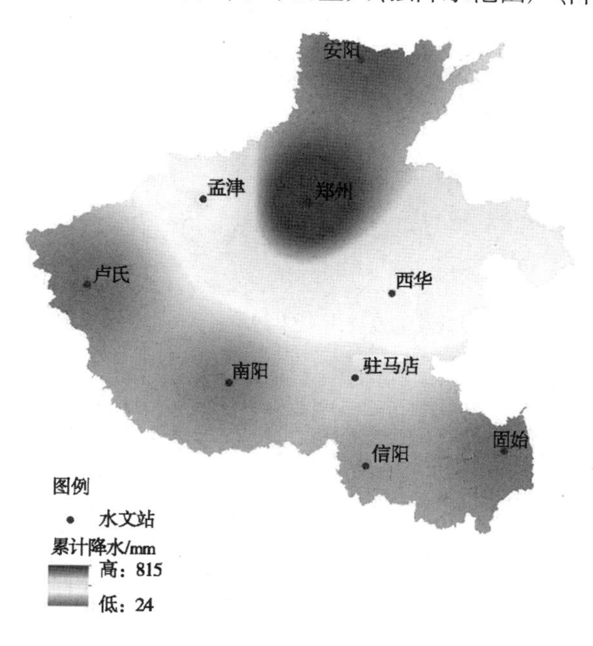

图 2 2021 年 7 月 19—22 日河南省累计降水量空间分布

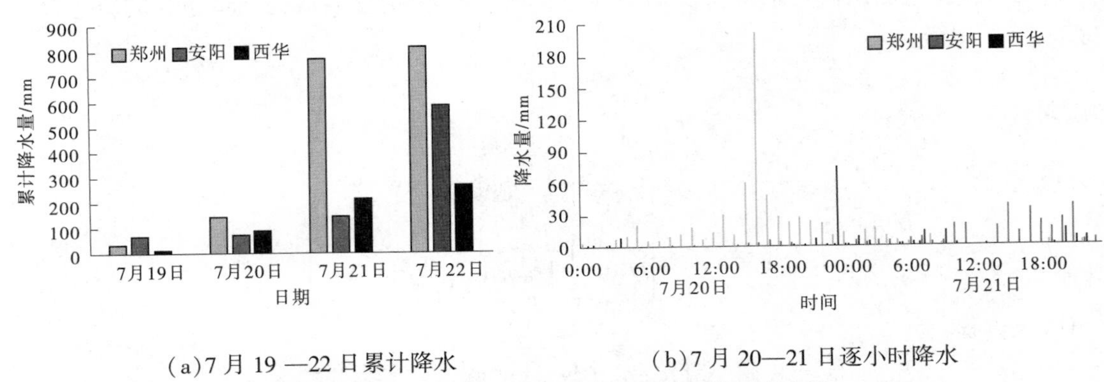

(a)7 月 19 —22 日累计降水　　(b)7 月 20—21 日逐小时降水

图 3　郑州、安阳和西华累计降水量和逐小时降水量

进一步运用水汽收支方程分析暴雨发生前后郑州区域(34.0°~34.5°N,112.5°~114.0°E)各边界的整层水汽收支情况(见图 4)。由于 300 hPa 以上水汽很少,这里计算了 300 hPa 以下水汽通量。经计算,7 月 19 日前(暴雨前)水汽主要从北边界输入,从南边界输出。7 月 19 日后,南边界水汽输入迅速增加并成为主要水汽输入,在 7 月 20 日达到峰值,为 92.3×10^6 kg/s;北边界以水汽输出为主。南边界和东边界为本次河南省郑州暴雨提供了充足的水汽输入,对降水的贡献较大;西边界和北边界为主要的水汽流出方向。从整个降水时段上区域整层水汽通量特征看,区域外的水汽输送为本次降水最主要的水汽来源。因此,这里通过后向轨迹模式诊断到达郑州区域水汽的输送路径,以及不同路径对目标区域的水汽贡献。

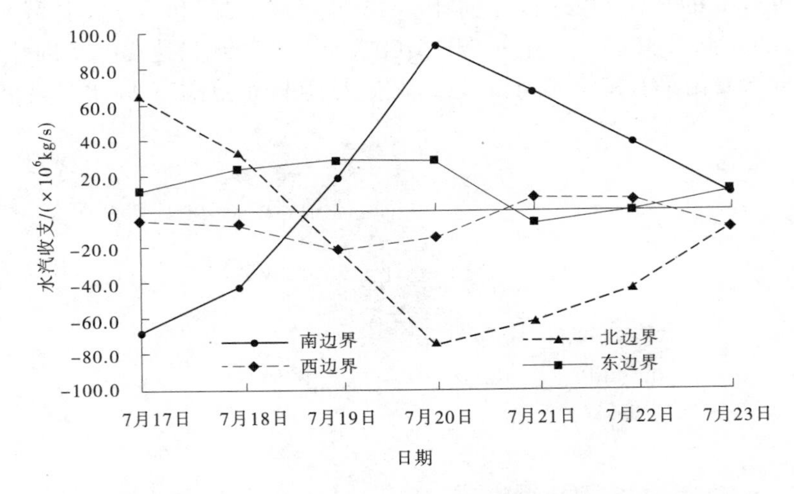

图 4　2021 年 7 月 17—23 日郑州各边界水汽收支时间序列

4　郑州暴雨水汽输送路径

4.1　后向轨迹模式模拟方案

选取郑州内区域(34.4°~34.9°N,113.1°~114.1°E),运用 HYSPLIT 模式对 2021 年 7 月 19—22 日气块每 1 h 向后追踪 9 d(水汽在大气中大约停留 9 d),得到气块的三维运动轨迹。轨迹初始点的水平分辨率为 0.25°×0.5°,垂直方向选择 500 m、1 500 m 和 3 000 m 作为初始高度,可以更好地代表水汽输送,整个模拟空间轨迹初始点为 36 个。500 m、1 500 m 和 3 000 m 三个高度各得到 864 条轨迹,同时插值得到轨迹相应位置气块对应的比湿。由于在不发生相变情况下,气块比湿不随环境温度和气压变化(Malin,2010)[15],因此可以利用轨迹上气块的比湿情况来表示水汽输送。采用簇分析方法对所有轨迹聚类,可以更直观看出轨迹分布情况。

4.2　水汽输送路径

图 5 为 7 月 19—22 日郑州暴雨的水汽通道，从 500～3 000 m 输送的水汽依次减少，不同高度各水汽通道贡献见表 1。其中，500 m 高度的轨迹聚类后得到 5 条轨迹簇［见图 5(a)］，均来自西太平洋并从浙江或江苏登陆，经过安徽进入河南，这条水汽输送路径为 500 m 高度上最主要的水汽通道。通道 1 和通道 4 均携带了西太平洋水汽且经过日本后进入中国大陆，其水汽贡献较高，分别为 35.7% 和 22.0%。通道 3 发源于东海附近，可能受台风气旋的影响气流发生逆时针旋转，到日本后继续深入中国大陆，其水汽贡献率为 19.4%。

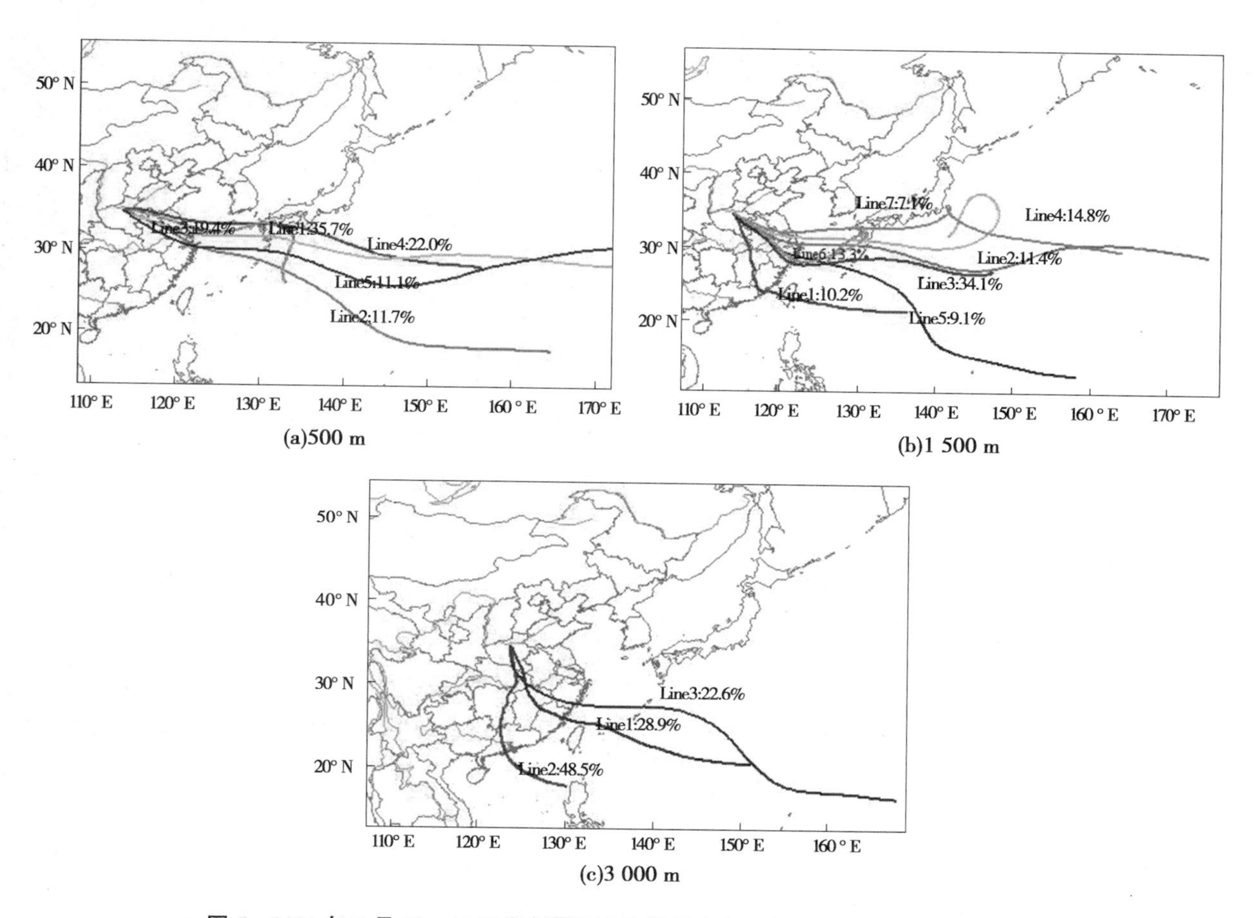

图 5　2021 年 7 月 19—22 日郑州暴雨水汽输送路径(216 h)空间分布及水汽贡献

表 1　三个高度层各通道的水汽贡献

高度层	水汽贡献率/%						
	通道 1	通道 2	通道 3	通道 4	通道 5	通道 6	通道 7
500 m	35.7	11.7	19.4	22.0	11.1	—	—
1 500 m	10.2	11.4	34.1	14.8	9.1	13.3	7.1
3 000 m	28.9	48.5	22.6	—	—	—	—

1 500 m 高度的轨迹聚类后得到 7 条轨迹簇［见图 5(b)］，与 500 m 高度的轨迹相似，均来自西太平洋。主要水汽通道(除通道 1)仍然是从浙江或江苏登陆后经过安徽进入河南，此部分水汽比例约占 89.8%。通道 1 较为特殊，通过台湾在福建登陆，经过江西、湖北进入河南，此部分水汽所占比例较少，约为 10.2%。

3 000 m 高度的轨迹聚类后得到 3 条轨迹簇[见图 5(c)],通道 1 和通道 3 来源于西太平洋从福建和浙江登陆,经过广西、湖北进入河南,此部分水汽所占比例约为 51.5%。通道 2 由中国南海向北输送的气流聚类而成,从广东登陆,经过湖南、湖北进入河南,此部分水汽约占 48.5%。

综上,可以将此次郑州暴雨的水汽通道分为两类,一类是与台风气旋相联系的源自西太平洋的水汽通道,该通道是此次暴雨过程的主要水汽通道;一类是与南海夏季风相联系的源自中国南海的水汽通道。这与前面计算得到的主要降水时段内以南边界和东边界为主要的水汽输入相一致。

图 6 是水汽输送过程中各通道气块高度和比湿随时间的变化。各高度通道的初始高度范围在 700~950 hPa,且大部分通道初始高度大约在 900 hPa,初始比湿为 5~16 g/kg。在 500 m 和 1 500 m 高度上,降水发生前 1 日,气块均经历了下沉后又上升,对应比湿值也随之降低和升高;3 000 m 高度上,降水发生前 1 日,气块上升,比湿降低。

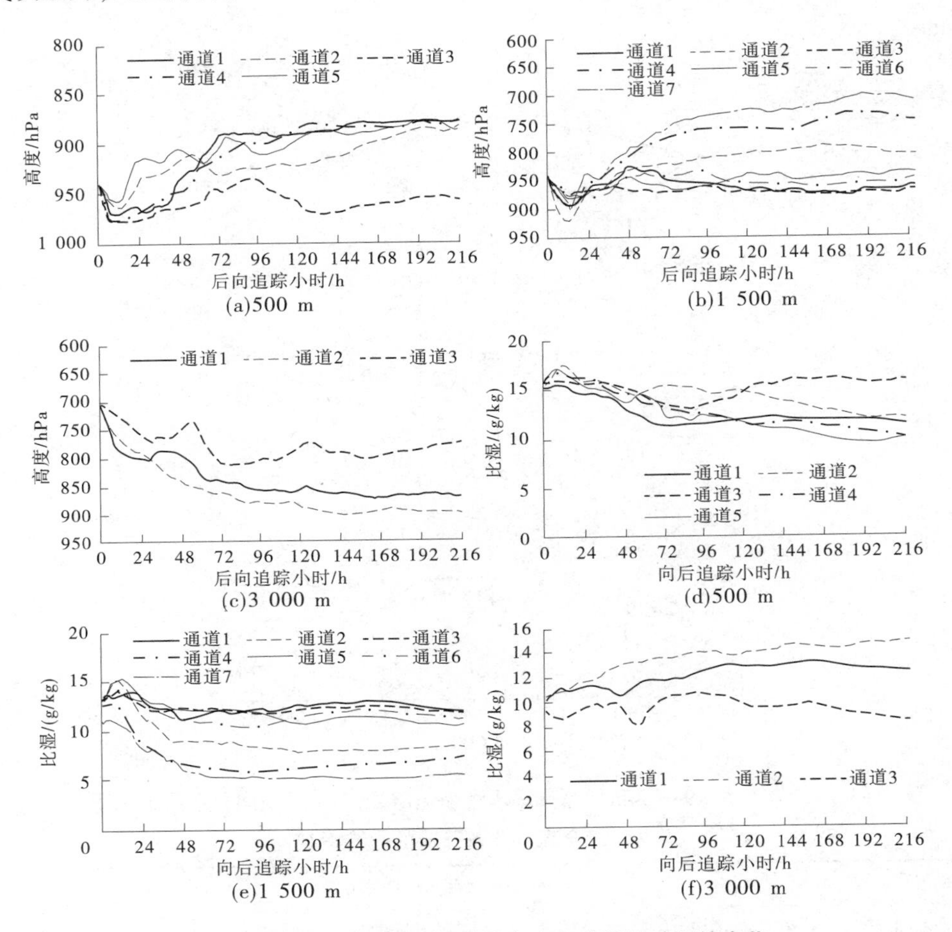

图 6　水汽输送过程中通道的高度和比湿随时间的变化

5　环流形势

为了更加深入、细致地分析这场暴雨为何发生在郑州且持续多天的原因,以及这场暴雨与台风“烟花”的关联性,进一步采用 ERA5 再分析资料分析 7 月 19—22 日大气环流形势。

暴雨发生和持续的条件之一是要有源源不断的水汽输送和水汽辐合,仅靠当地已有的水汽是无法形成暴雨的,因此分析水汽通量及水汽通量散度是非常有必要的。图 7 展示了 7 月 19—22 日整层水汽输送通量及整层水汽通量辐合(MFC),台风“烟花”增强后,与西南水汽强烈相互作用,南亚季风和东亚季风汇合而成的偏南暖湿气流,为暴雨产生创造了充足的水汽条件。台风“烟花”的涡轮助推,印度洋、太平洋的水汽合流,源源不断的水汽输送造成了此次特殊的天气形势。7 月 21 日和 22 日,东南风顺转为南风,水汽继续北上,河省郑州等区域暴雨逐渐减弱。

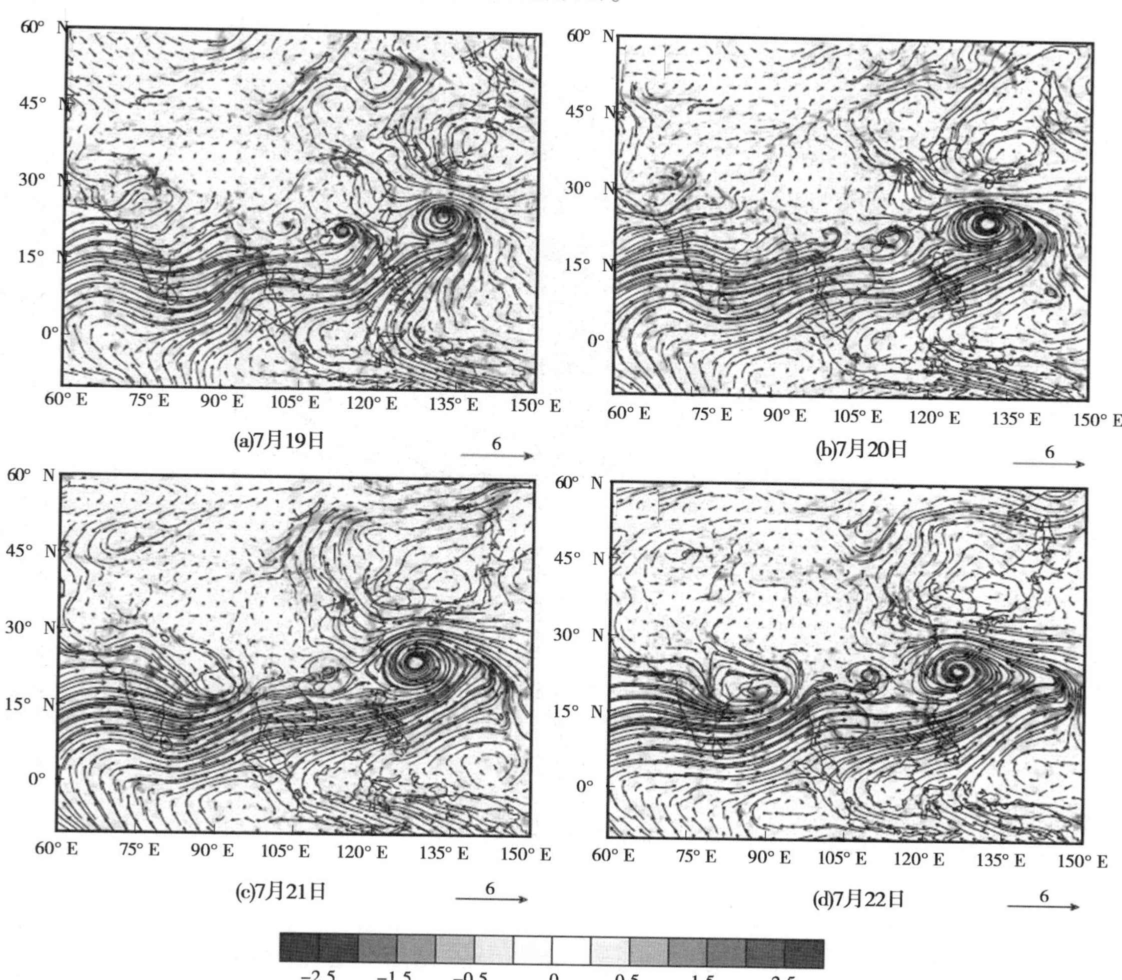

图 7 整层水汽输送通量[10^5 g/(m·s)]及通量辐合[g/(m^2·s)]

图 8 为 2021 年 7 月 19—22 日 500 hPa 位势高度场和 850 hPa 风场的合成图,由图可知,西太平洋副热带高压稳定北抬,盘踞在日本海上空,阻挡了上游系统移动,导致西风带低值系统在华北、黄淮地区长时间维持。受深厚的东风急流及稳定的低涡切变影响,配合河南省太行山区、伏牛山区特殊地形(见图 1)对东南气流的强辐合抬升效应,有利于强降水中心在河南省西部、西北部沿山地区稳定少动,导致河南多地的长时间降水。

6 结论

本文基于拉格朗日法的后向轨迹模式(HYSPLIT),模拟了"7·20"郑州特大暴雨的水汽输送轨迹,明确了水汽源地和水汽贡献,并分析暴雨发生期间的环流形势,揭示了该次暴雨形成的原因。主要结论如下:

(1)2021 年 7 月 19—22 日郑州累计降水量达 815.2 mm,7 月 20 日 16:00 郑州 1 h 降水量达 201.9 mm,突破历史极值。此次郑州暴雨有大量外界水汽主要通过南边界和东边界输入,北边界和西边界输出。

(2)2021 年 7 月 20 日郑州暴雨的水汽源地主要有两个,分别是西太平洋和南海。其中 500 m 和 1 500 m 高度的水汽主要由西太平洋提供,从浙江或江苏登陆,经过安徽进入河南,水汽贡献分别为 100%和 89.8%。3 000 m 高度的水汽有两类,一类源于西太平洋从福建和浙江登陆,经过广西、湖北进

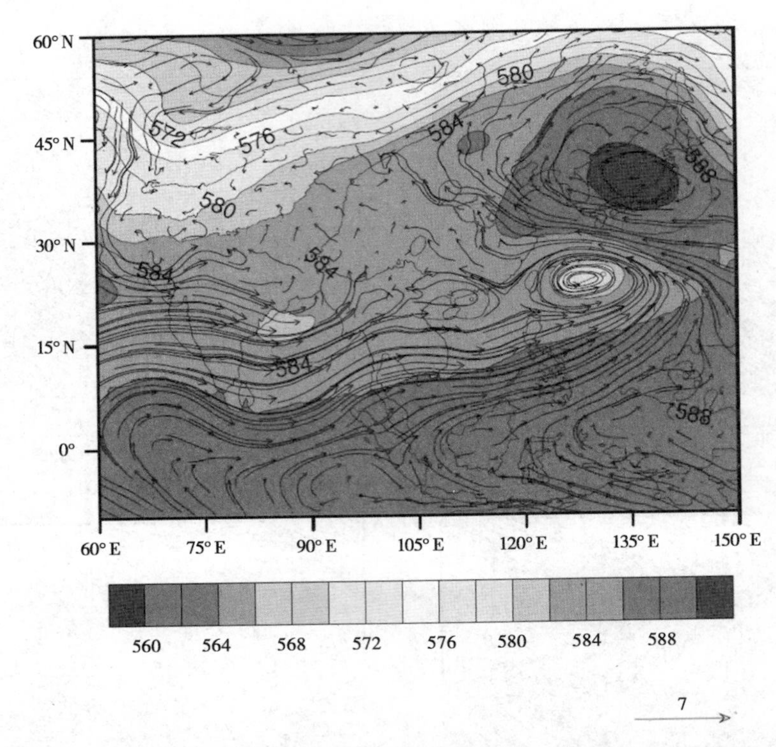

图 8　2021 年 7 月 19—22 日 500 hPa 位势高度场(dagpm)和 850 hPa 风场(m/s)合成

入河南,水汽贡献约为 51.5%;一类由中国南海向北输送的气流聚类而成,从广东登陆,经过湖南、湖北进入河南,水汽贡献约为 48.5%。

(3)大部分轨迹初始高度约在 900 hPa,初始比湿在 5~16 g/kg。在 500 m 和 1 500 m 高度上,降水发生前 1 日,气块均经历了下沉后又上升,对应比湿值也随之降低和升高;3 000 m 高度上,降水发生前 1 日,气块上升,比湿降低。

(4)台风"烟花"的涡轮助推,印度洋、太平洋的水汽合流,源源不断的水汽输送为此次暴雨提供了充足的水汽条件。受深厚的东风急流及稳定的低涡切变影响,配合河南省太行山区、伏牛山区特殊地形对偏东气流的强辐合抬升效应,为此次暴雨提供了有利的动力条件。

参考文献

[1] 陶诗言.有关暴雨分析预报的一些问题[J]. 大气科学,1977,1(1):64-72.

[2] 陶诗言,等.中国之暴雨[M].北京:科学出版社,1980.

[3] 柳艳菊,丁一汇,张颖娴,等. 季风暖湿输送带与北方冷空气对"7·21"暴雨的作用[J]. 热带气象学报,2015,31(6):721-732.

[4] 仇永炎.北方盛夏台风暴雨的一些问题[M]. 北京:气象出版社,1998.

[5] 王佳津,王春学,陈朝平,等. 基于 HYSPLIT4 的一次四川盆地夏季暴雨水汽路径和源地分析[J]. 气象,2015,41(11):1315-1327.

[6] Makra L, Matyasovszky I, Guba Z, et al. Monitoring the long-range transport effects on urban PM10 levels using 3D clusters of backward trajectories [J]. Atmos. Environ. 2011,45(16): 2630-2641.

[7] Rapolaki R S, Blamey R C, Hermes J C, et al. Moisture sources associated with heavy rainfall over the Limpopo River Basin, southern Africa[J]. Climate Dynamics,2020.

[8] Li, X Z, W. Zhou, and Y. Q. Chen, 2016: Detecting the origins of moisture over Southeast China: Seasonal variation and heavy Rainfall. Adv. Atmos. Sci,33(3), 319-329, doi: 10.1007/s00376-015-4197-5.

[9] Brimelow J C, Reuter G W. Transport of Atmospheric Moisture during Three Extreme Rainfall Events over the Mackenzie

River Basin[J]. Journal of Hydrometeorology, 2005, 6(4):423-440.

[10] 江志红,梁卓然,刘征宇,等. 2007 年淮河流域强降水过程的水汽输送特征分析[J]. 大气科学,2011,35(2):361-372.

[11] 江志红. 1998 年长江流域特大洪涝期水汽输送过程的诊断分析[J]. 大气科学学报, 2017,40(3):289-298.

[12] Wang Y Q,Zhang X Y, Draxler R R. TrajStat: GIS-based software that uses various trajectory statistical analysis methods to identify potential sources from long-term air pollution measurement data[J]. Environmental Modelling & Software, 2009, 24(8):938-939.

[13] Draxler R R,Hess G D,1998. An overview of the HYSPLIT_4 modelling system for trajectories, dispersion, and deposition [J]. Australian Meteorological Magazine 47, 295-308.

[14] Draxler, R R,Hess G D. 1997. Description of the HYSPLIT_4 Modeling System[J]. NOAA. Tech. Memo. ERL ARL-224, NOAA Air Resources Laboratory, Silver Spring,1-24.

[15] Malin G D,Chen D L. Extreme rainfall events in southern Sweden: where does the moisture come from? [J]. Tellus A, 2010, 62(5):605-616.

厄瓜多尔 CCS 水电站电缆洞边坡特征及滚石风险分析

杨风威[1,2]　齐三红[1,2]　杨继华[1,2]　娄国川[1,2]　郭卫新[1,2]

（1. 黄河勘测规划设计研究院有限公司，河南郑州　450003；
2. 水利部黄河流域水治理与水安全重点实验室（筹），河南郑州　450003）

摘　要：在厄瓜多尔 CCS 水电站特有的地形地貌、频繁暴雨等地质、气象条件下，边坡滚石成为一种常见的工程地质灾害。针对地下厂房电缆洞洞口边坡存在的滚石风险，开展地质调查和测绘，结合理论计算确定合理的滚石碰撞恢复系数和边坡摩擦角，运用 Rocfall 软件模拟计算边坡滚石的运动轨迹，分析不同重量滚石的反弹高度、位移及速度等运动参数，结果表明：滚石质量越大，其最大反弹高度越小，但总动能越大，通过反弹高度和动能变化曲线，可确定防护措施的最佳位置。综合计算结果和地形条件，提出电缆洞边坡铅丝石笼挡墙防护方案，并基于滚石运动速度和冲击力验算挡墙抗倾覆稳定性，保障了电缆洞洞口施工及运行期的安全。

关键词：水电站；边坡；滚石；运动轨迹；防护

滚石是指个别块石从坡体表面分离出来后，经过下落、反弹、跳跃、滚动或滑动等作用方式的一种或多种组合沿着坡面向下快速运动，最后在较平缓的地带或障碍物附近静止下来的动力学过程[1]。由于山区特有的地形地貌等地质条件，边坡滚石成为山区一种常见的工程地质灾害。滚石运动具有多发性、突发性、随机性，决定了滚石运动的相关研究的复杂性[2]。针对滚石灾害的风险评价，章照宏等[3]采用事件树的方法，通过每一个可能引起滚石灾害伤亡发生的概率事件，对滚石灾害风险水平做出了评价。苏胜忠[4]根据运动学原理，对崩塌落石的运动轨迹进行了计算分析。杨海清等[5]根据落石运动的 5 种常见形式，考虑碰撞阶段地面的弹塑性变形，得到了各种运动形式的运动速度计算公式，并根据接触力学的有关理论计算了碰撞冲击力。文献[6-8]对影响滚石运动轨迹的主要因素进行了研究。针对滚石的防护措施，周晓宇等[9]基于 LS-DYNA 数值模拟对滚石撞击柔性防护结构响应进行了分析，获得了拦石网动态响应特征。叶四桥等[10]提出了基于落石特性计算布设拦石网的原则和方法。目前，在水利水电工程中有关滚石运动学的计算研究较少，且尚未形成较为成熟的体系。本文针对厄瓜多尔 CCS 水电站电缆洞洞口边坡存在的滚石风险，进行地质调查和测绘，并运用 Rocfall 软件模拟计算边坡滚石的运动轨迹。在分析滚石的速度、弹跳高度、位移及动能的基础上，提出铅丝石笼挡墙防护的最佳位置，并基于滚石运动速度和冲击力对挡墙抗倾覆稳定性进行了分析验算，保障了电缆洞洞口施工及运行期的安全，也为类似边坡滚石灾害处理提供了工程借鉴。

1　工程背景

CCS 水电站工程位于厄瓜多尔 Napo 省和 Sucumbios 省境内的 COCA 河下游，为引水式电站，总装机容量 1 500 MW。电缆洞位于地下厂房主变室左下侧，出口与场内公路相连，轴线方向为 240°，洞身段采用城门洞型断面，总长 482.05 m。厂区位置及地形地质条件见图 1。

电缆洞洞口边坡整体植被较发育，局部基岩裸露，地形起伏较大，自然坡度一般为 30°~65°，地面高程 630~1 010 m，边坡中上部基岩出露，岩性主要为灰色、灰绿色和紫色 Misahualli 地层火山凝灰岩，场地内多覆盖崩积块石，岩性以青灰色火山凝灰岩和肉红色火山角砾岩为主，尺寸一般为 10~50 cm，磨圆

作者简介：杨风威（1985—），男，高级工程师，博士，主要从事水利水电工程勘察设计和研究工作。

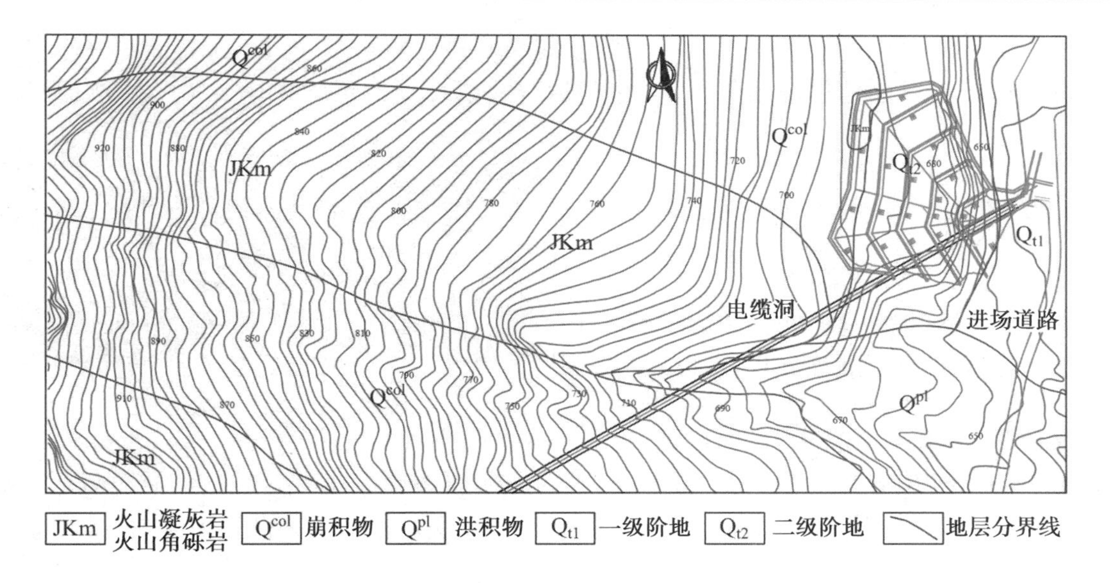

图 1 电缆洞厂区位置及地形地质简图

度较差,以棱角—次棱角状为主,松散、无胶结。边坡基岩裸露区域易产生崩落滚石,对下方电缆洞及出线场施工造成威胁。滚石易发区位于高程 685~930 m 范围内,宽度 20~70 m,坡度 35°~45°,下边界距离电缆洞洞口水平距离约 120 m,垂直距离约 40 m。滚石易发区基岩裸露,无植被覆盖,下边界到电缆洞洞口之间发育热带雨林植被,密度较稀疏,如图 2 所示。

图 2 电缆洞山体边坡

2 边坡危岩体特征及失稳模式

2.1 危岩体分布及特征

边坡危岩体是滚石发生的基础条件。经地表测绘,基岩裸露区边坡主要发育 3 组节理:①220°~245°∠60°~70°,②150°~160°∠65°~75°,③50°~70°∠70°~85°,节理张开 5~15 mm,局部泥质充填,其中第②组节理为顺坡向。3 组节理相互切割,加之卸荷影响,边坡危岩体较发育,在暴雨、施工爆破振动等工况下易发生滚落。通过地表调查,估算可能产生的滚石方量约 90 m^3。危岩体岩性为火山凝灰岩和火山角砾岩,多呈次块状,中等风化,体积一般不超过 0.5 m^3。参考电缆洞取样试验资料,火山凝灰岩密度为 2.60 g/cm^3,岩石单轴抗压强度 110 MPa,属于坚硬岩。

2.2 危岩体变形及失稳模式分析

危岩体的失稳破坏取决于岩体结构面的状况,随着结构面的张开及黏结程度下降,危岩块体会发生失稳。根据边坡危岩体分布及特征,以 830 m 高程为界,将危岩体失稳类型划分为两个分区,如图 3 所示。Ⅰ区边坡(高程 830 m 以上区域)受裂隙纵横切割和卸荷影响,岩体结构松弛变形破坏现象明显,危岩体失稳模式以解体崩落为主;Ⅱ区边坡(高程 830 m 以下区域)坡度变缓,受顺坡向节理影响,发育不同规模的潜在不稳定危岩体,危岩体失稳模式以局部滑移崩落或倾倒为主。

3 边坡滚石风险分析

3.1 Rocfall 计算模型

边坡危岩体受自然营力作用失稳后,在重力作用下加速向下运动,变成滚石,在下落过程中遵循能量转化和守恒定律。滚石与坡面发生碰撞时，由于坡面地形和覆盖条件不同，滚石与边坡碰撞作用的恢复系数和摩擦系数也不同，导致滚石的反弹高度不同。碰撞过程中坡面对滚石产生消能作用，使滚石的动能不断衰减，直至为零。

图 3　危岩体失稳模式分区

Rocfall 程序是一款用来评价边坡滚石风险的统计分析软件，通过滚石运动轨迹模拟，得到滚石沿边坡运动的动能、速度和反弹高度包络线以及滚动终点位置等一系列特征参数。通过设定相应参数的概率分布区间，可获得其统计学分布规律。计算程序将滚石简化为质量均匀且不会破碎的各向同性理想弹性体，坡面为各向同性的弹塑性体，同时忽略空气阻力，主要计算参数包括滚石重量、法向碰撞恢复系数、切向碰撞恢复系数和坡面摩擦角等。

根据 CCS 水电站电缆洞边坡地形地貌，选择电缆洞中轴线方向为典型剖面，如图 4 所示，建立滚石计算模型，边坡模型宽度 708 m，上顶点高程 972.5 m，坡脚高程 625 m，电缆洞洞口位于横坐标 585 m 处。根据现场测绘情况，滚石发生区地表类别设置为基岩露头，滚石发生区与电缆洞洞口之间地表类别设置为稀疏植被覆盖坡积物。

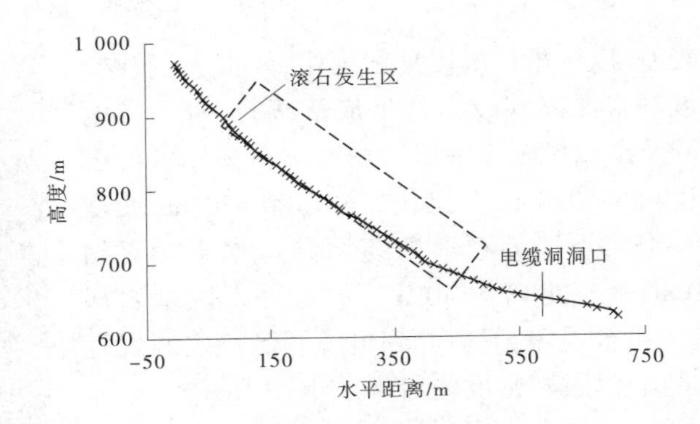

图 4　Rocfall 边坡计算剖面

3.2　边坡坡面碰撞恢复系数

边坡坡面碰撞恢复系数表征碰撞前后滚石能量的耗散程度，为滚石碰撞后速度或动能与碰撞之前速度或动能的比值，是影响滚石运动轨迹的关键因素。已有研究表明，边坡坡面岩土体越松散，碰撞就越趋向完全非弹性碰撞，其法向碰撞恢复系数 R_n 和切向碰撞恢复系数 R_t 就越小；相反，边坡坡面岩土体越坚硬，碰撞就越趋向弹性碰撞，其碰撞恢复系数就越大。经验表明，滚石碰撞的法向恢复系数在 0.2~0.5，切向恢复系数在 0.8~0.9，当边坡坡面为基岩出露时，取大值；坡面为无植被覆盖或少量植被覆盖的软岩或硬土时，取中间值；坡面为松散残积土或黏土时，取小值[11]。

根据 Pfeiffer 等[12]的研究，由于滚石在碰撞过程中会不断产生裂隙，而裂隙的存在会进一步影响碰撞恢复系数，因此应在模拟计算时考虑碰撞恢复系数随滚石速度的折减，采用折减比例系数 S_f 表示，具体计算公式为

$$S_f = \frac{1}{1 + \left(\frac{v_{in}}{K}\right)^2} \tag{1}$$

式中：K 为经验常量，Pfeiffer 等通过试验确定其数值为 9.144 m/s；v_{in} 为滚石碰撞前的运动速度，m/s，Rocfall 软件首先根据滚石质量、初始速度和参数等获得第一次碰撞前速度，完成第一次碰撞计算后通过迭代进入后续计算。S_f 和 v_{in} 的关系则如图 5 所示。考虑 S_f 折减后的坡面法向碰撞恢复系数 R_{ns} 的计算式为：

$$R_{ns} = S_f R_n \tag{2}$$

式中：R_n 为法向碰撞恢复系数。

3.3　边坡坡面摩擦角

滚石在滚落过程中与坡面产生摩擦,也会对滚石运动轨迹和特性产生影响,计算中用边坡坡面摩擦角来表征。当滚石沿坡面滚动或滑动下落时,边坡坡面摩擦角决定了滚石能量损失的大小,若滚石主要是反弹、跳跃下落,边坡坡面摩擦角的影响力度就较小,甚至可以忽略,可采用边坡切向碰撞恢复系数进行估算:

$$\varphi = \frac{180}{\pi}\left(\frac{1 - R_t}{R_t}\right) \tag{3}$$

式中:φ 为边坡摩擦角;R_t 为切向碰撞恢复系数。

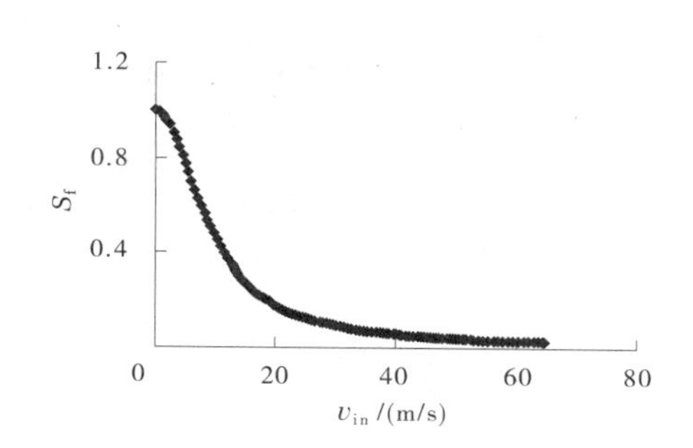

图5　R_n 折减系数曲线[13]

依据碰撞恢复系数、边坡摩擦角计算公式及相关研究成果,结合 CCS 水电站电缆洞边坡出露地层类别,确定两种地层类型的法向碰撞恢复系数、切向碰撞恢复系数及边坡摩擦角,见表1,其中 R_n 在模拟计算过程中按照式(2)设置折减比例。

表1　边坡滚石计算参数

地层类别	法向碰撞恢复系数/R_n		切向碰撞恢复系数/R_t		边坡摩擦角 φ/(°)	
	均值	标准差	均值	标准差	均值	标准差
基岩露头	0.35	0.04	0.85	0.04	10	2
植被覆盖坡积物	0.20	0.04	0.80	0.04	15	2

3.4　滚石运动轨迹

山体滚石崩落具有随机性,初始位置不易确定,根据边坡基岩出露情况,设定高程 685 m 以上坡面为滚石发生区域,在 Rocfall 软件中,通过设置线性滚石区进行模拟计算。根据电缆洞附近区域散落块石和基岩出露区潜在滚石的调查统计,体积一般小于 0.5 m^3,因此滚石质量分别设定为 100 kg、500 kg 和 1 000 kg,形状近似圆形。滚石初始状态一般为静止,因此初始滚落速度设定为 0。以 100 kg 质量滚石为例,计算得到滚石运动轨迹如图6所示。

从模拟结果可以看出,滚石在运动过程中,多次与边坡坡面发生碰撞,并出现反弹跳跃,随着运动距离的增加,边坡坡度变缓,滚石反弹高度呈减小趋势,在水平距离 400 m 以后,转变为沿坡面的滚动。图7显示了某水平位置以上坡面累计停积的滚石数量所占比例,可以看出,水平距离 560 m 以上坡面无滚石停积,电缆洞洞口位置(585 m)以上停积的滚石数量约 24%,穿过电缆洞的滚石数量达 76%,因此需设置一定的防护措施,保障洞口施工安全。

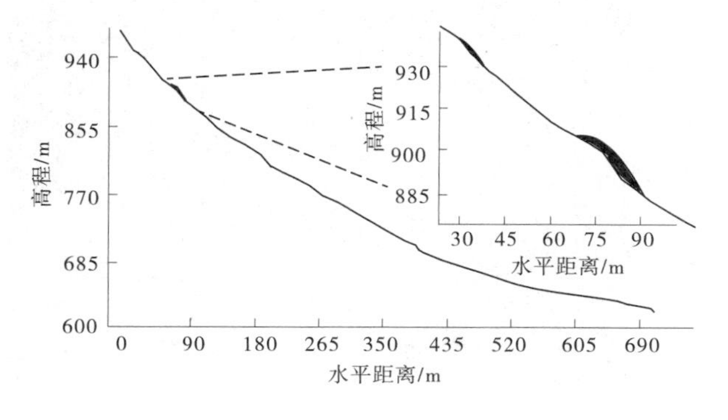

图6　滚石运动轨迹示意图

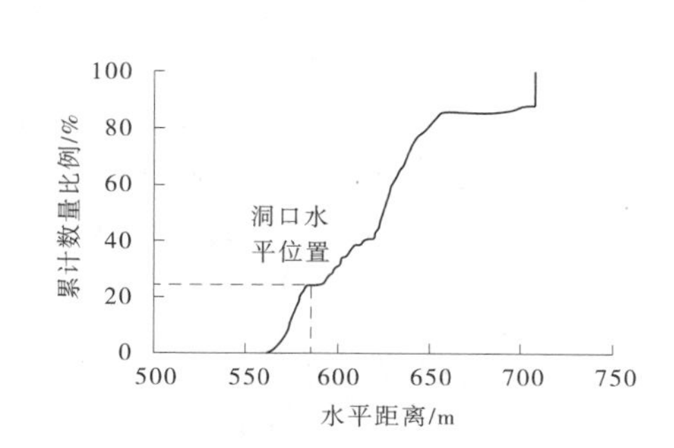

图7　滚石停积累计数量比例

3.5　滚石运动特征分析

图8为质量 100 kg 和 1 000 kg 滚石在边坡滚落过程中的反弹高度统计,从结果可以看出,滚石在下

落过程中共发生 4 次较为显著的反弹，100 kg 滚石最大反弹高度为 7.8 m，1 000 kg 滚石最大反弹高度为 6.9 m，质量越大，其最大反弹高度越小。图 9 分别为不同质量滚石在边坡滚落过程中反弹高度和动能的统计 100 kg、500 kg 滚石最大动能分别为 21 229 J、105 765 J，均出现在水平位置 85 m 处，1 000 kg 滚石最大动能为 213 829 J，出现在水平位置 396 m 处。根据滚石动能分布和电缆洞口实际地形条件，可在水平距离约 552 m 处设置拦挡设施。该位置滚石处于沿坡面滚动状态，动能相对较低，且距离洞口较近（约 30 m），交通便利。

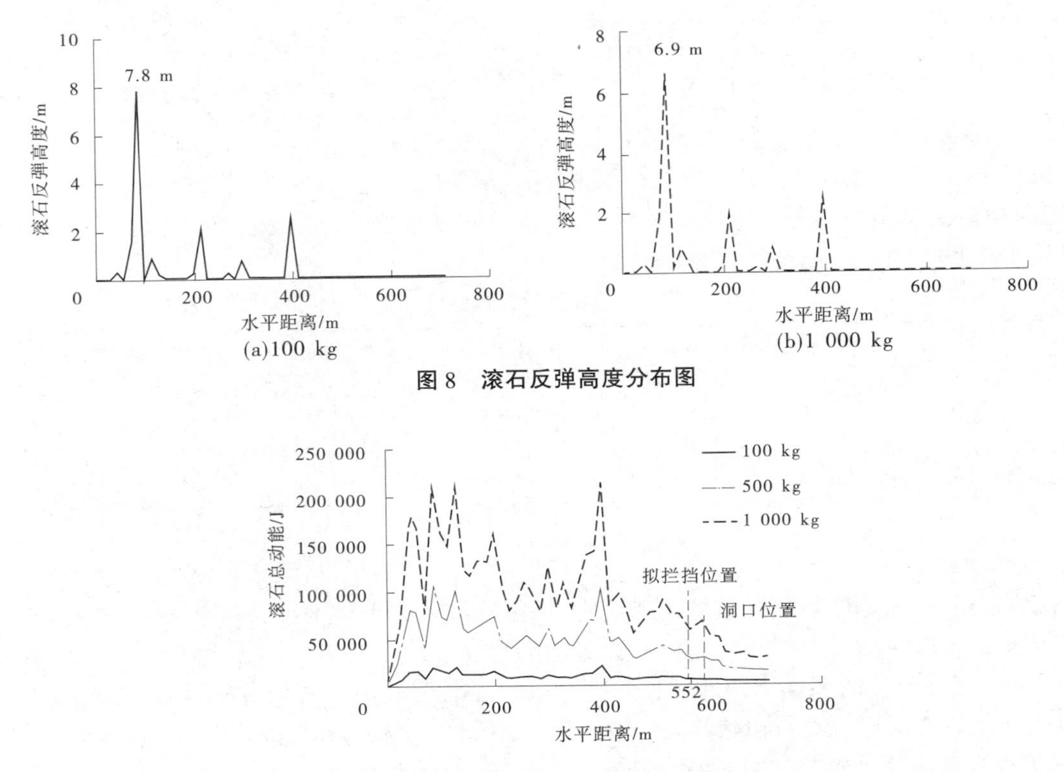

图 8　滚石反弹高度分布图

图 9　滚石下落总动能分布图

4　滚石防护措施及抗倾覆稳定验算

边坡滚石灾害的防护措施分为主动防护和被动防护，主动防护是在滚石易发区进行防护，如坡面固网、嵌补、危岩清除等，从根源上进行治理，发挥预防作用；而被动防护则是在边坡条件比较复杂且设置主动防护比较困难的情况下设置的，如截石沟、拦石网、防滚石棚等，主要起到拦截滚石的作用。

依据电缆洞边坡滚石灾害 Rocfall 计算结果及山体基岩出露范围，在距离电缆洞洞口外侧约 30 m 处（水平距离 552 m）设置铅丝石笼挡墙，设计挡墙高度 2.8 m，其中入土深度 0.25 m，挡墙宽度 2.0 m，总长 140 m，如图 10 所示。

图 10　铅丝石笼拦挡设施

铅丝石笼挡墙抗倾覆稳定性验算公式为

$$F = \frac{\gamma h d^2}{2PL} \tag{4}$$

式中：F 为挡墙抗倾覆稳定性系数；d 为挡墙顶宽，m；h 为挡墙高度，m；γ 为挡墙重度，取 20 kN/m^3；P 为滚石冲击力，kN/m；L 为滚石冲击作用高度，m。

滚石冲击力 P 采用日本道路公团方法计算[14-15]：

$$P = 2.108(mg)^{\frac{2}{3}}\lambda^{\frac{2}{5}}\left(\frac{v^2}{2g}\right)^{\frac{3}{5}} \tag{5}$$

式中：m 为落石质量，t；λ 为拉梅系数，一般取 1 000 kN/m^2；v 为滚石与挡墙碰撞的速度，m/s。

根据调查，取 1 000 kg 滚石质量进行稳定验算，Rocfall 计算得到滚石在挡墙处运动速度为 8.7 m/s，由式(5)计算可知滚石冲击力为 344.9 kN，代入式(4)得到铅丝石笼挡墙的抗倾覆稳定系数 F 为 1.3，作为临时防护措施，大于规范对于悬臂式挡墙规定的安全系数 1.15[16]，满足稳定要求。通过施工期和运行期的观测统计，5 年时间内共拦挡滚石 40 余块，最大体积 0.39 m^3，总体积约 11 m^3，挡墙整体处于稳定状态，电缆洞、出线场区域未遭到边坡滚石的冲击，进一步证明了对滚石采取的拦挡措施是合适、有效的。

5 结论

在地质调查和测绘的基础上，结合运动参数理论计算，运用 Rocfall 软件对 CCS 水电站电缆洞边坡滚石灾害进行了模拟分析，得到的主要结论如下：

(1)通过 Rocfall 软件对滚石灾害进行模拟计算，确定滚石运动轨迹、反弹高度和能量大小的方法，可为边坡滚石灾害的预测和防护提供一定的理论依据。

(2)滚石质量越大，其反弹高度越小，但总动能越大，通过反弹高度和动能变化曲线，确定了设置防护措施的最佳位置，最大程度减少滚石灾害造成的影响。

(3)基于 Rocfall 模拟获得的滚石运动速度，对滚石冲击力和铅丝石笼挡墙抗倾覆稳定性进行了计算，为类似工程边坡滚石处理提供借鉴。

参考文献

[1] 张路青，杨志法，许兵. 滚石与滚石灾害[J]. 工程地质学报，2004，12(3)：226-231.
[2] 叶圣生，李会中，梁梁，等. 某安置点场地滚石运动特征及影响范围[J]. 资源环境与工程，2016，30(3)：262-265.
[3] 章照宏. 边坡落石灾害评价与风险分析[J]. 路基工程，2007(1)：158-160.
[4] 苏胜忠. 边坡工程勘察中崩塌落石运动模式及轨迹分析[J]. 工程地质学报，2011，19(4)：577-581.
[5] 杨海清，周小平. 边坡落石运动轨迹计算新方法[J]. 岩土力学，2009，30(11)：3411-3416.
[6] 何思明，吴 永，李新坡. 滚石冲击碰撞恢复系数研究[J]. 岩土力学，2009，30(3)：623-627.
[7] 黄润秋，刘卫华. 基于正交设计的滚石运动特征现场试验研究[J]. 岩石力学与工程学报，2009，28(5)：882-891.
[8] 章广成，向欣，唐辉明. 落石碰撞恢复系数的现场试验与数值计算[J]. 岩石力学与工程学报，2011，30(6)：1266-1273.
[9] 周晓宇，陈艾荣，马如进. 滚石柔性防护网耗能规律数值模拟[J]. 长安大学学报(自然科学版)，2012，32(6)：59-66.
[10] 叶四桥，唐红梅，祝辉. 基于落石运动特性分析的拦石网设计理念[J]. 岩土工程学报，2007，29(4)：566-571.
[11] 吕庆，孙红月，翟三扣，等. 边坡滚石运动的计算模型[J]. 自然灾害学报，2003，12(2)：79-84.
[12] Pfeiffer T J，Bowen T D. Computer simulation of rockfalls[J]. Bulletin of the Association of Engineering Geologists，1989，25(1)：135-146.
[13] Warren Douglas Stevens. Rocfall：A tool for probabilistic analysis，design of remedial measures and prediction of rockfalls[D]. Toronto：University of Toronto，1998.
[14] 叶四桥，陈洪凯，唐红梅. 落石冲击力计算方法的比较研究[J]. 水文地质工程地质，2010，37(2)：59-64.
[15] 白伟，王吉亮，李志，等. 层状岩质高位自然边坡危险源判定及处理[J]. 资源环境与工程，2018，32(3)：425-429.
[16] 中华人民共和国住房和城乡建设部. 建筑基坑支护技术规程：JGJ 120—2012[S]. 北京：中国建筑工业出版社，2012.

防溃决新型淤地坝保护层安全特性研究

李潇旋[1,2]　宋志宇[1,2]　盖永岗[1,2]

(1. 黄河勘测规划设计研究院有限公司,河南郑州　450003;
2. 水利部黄河流域水治理与水安全重点实验室(筹),河南郑州　450003)

摘　要:淤地坝是黄土高原地区水土流失治理最有效的措施之一。由于淤地坝土质坝身不可过流运用,历年汛期时常发生溃坝。为突破淤地坝坝身过流瓶颈,借助自主研发的新型固化黄土技术,通过在坝身铺设溢洪道,实现了淤地坝坝身过流、漫顶不溃,并设计了新型淤地坝坝面局部固化防护的复合坝工结构。基于新型固化黄土半刚性、淤地坝坝高低于 30 m 的特点,应用有限元软件,对不同坝高、不同强度固化黄土和不同防护层厚度工况在漫顶水流条件下进行数值模拟,对各工况下坝身和溢洪道结构的应力变形指标进行验证和预测,结果表明坝体和保护层的应力和位移满足一般规律,30 m 高坝坝体和保护层之间有脱空的风险,施工时需加以控制。

关键词:防溃决;淤地坝;防冲刷保护层;有限元;应力变形

在我国西北黄土高原地区,大陆性季风气候导致降雨集中且迅猛,加之近年来人类的剧烈活动造成的环境恶化,深厚的黄土层形成了沟壑纵横的特殊地型地貌,同时也是入黄泥沙的主要来源[1-3]。长期的工程实践和科学研究表明,淤地坝既能拦减入黄泥沙,改善沟道侵蚀作用,又能淤地造田、增产粮食、改善交通条件和生态环境等,是黄土高原地区修复生态最有效的水土保持措施[4-5]。

由于早期淤地坝是当地人民群众自发填筑的黄土均质坝,单坝控制面积一般小于 10 km^2,坝高一般在 30 m 以下,工程规模较小,建设标准较低。经过几十年的拦沙淤泥,滞洪库容逐渐减小,并且受制于均质土坝坝身不能过流的瓶颈,遭遇超标准洪水后溃决风险高,且往往诱发坝系连溃,出现诸如溃决风险高、拦沙不充分等问题[6-8]。因此,对淤地坝漫顶不溃的研究就十分地迫切和必要。

为了避免淤地坝漫顶,一般可采用开设岸边溢洪道和加高坝体的方法。罗启北等[9]认为常规的溢洪方式不仅投资大,符合常规设置溢洪道的坝址会越来越少,难以推广。杨业奇等[10]认为加高坝体影响已淤好坝地农业效益的发挥,并且加高并非无限制,最终仍会淤满漫顶,具有一定的局限性。因此,一种新的溢洪护坝思路——坝面过水应运而生。杨业奇等[10]对我国过水土坝的发展概况、其重要性和可行性,以及当前存在的问题及研究方法进行了介绍;邢文仲等[11]对柔性材料在过水土坝中的应用进行了研究,认为柔性材料与刚性材料相比,能较好地适应坝体不均匀沉陷,抗冲性能亦能满足要求,施工方便,造价低;李先炳等[12]针对浆砌条石护面狮子庵过水土坝,对坝体结构、护面形式、过堰单宽流量选择及坝体施工进行了研究;张黎明[13]认为,采用混凝土楔形体护面,可以承受相当大的流速冲刷和单宽流量,并对溢流堰体形和布置形式的优化进行了介绍。贾金生等[14-15]提出了胶结颗粒料坝的概念,并对断面设计、材料配比、性能试验方法和施工质量控制进行了介绍,提出该坝具有安全经济、漫顶不溃的优点,且可节约投资 10%~20%。

上述提到的各种护面形式均有其独特优势,但均不适合在黄土高原的淤地坝上推广。一是淤地坝数量多,约 5.88 万座;二是淤地坝的分布具有“散、偏、远”的特点;三是当地只有黄土材料,缺乏砂砾石料、沥青材料等。张金良等[16-17]采用自主研发的固化剂固化当地黄土,作为淤地坝的护面材料,提出了

基金项目:中国博士后科学基金项目(2021M701375);中国保护黄河基金重点资助项目(2021YF013)。

作者简介:李潇旋(1990—),男,博士后,工程师,主要研究方向为水工结构计算。

适用于淤地坝的漫顶过流不溃决的技术,并对坝面溢流的布置给出了详细介绍,本文基于新型固化黄土半刚性、淤地坝坝高低于 30 m 的特点,针对其坝面局部防护形式,考虑在漫顶水流条件下不同工况坝身和溢洪道结构的应力变形指标进行验证和预测,以期为新型淤地坝的设计和推广应用提供理论依据。

1　防溃决新型淤地坝基本原理

张金良等[16-17]研制出一种非早强、持久型的强碱激发凝胶材料,即新型黄土固化剂,固化黄土后具有较高的强度、较低的吸水率和冻融强度损失率及质量损失率。90 d 龄期固化黄土的强度满足 10 MPa;浸水 5 d 后吸水率小于 5%;30 次冻融循环下强度损失率小于 25%,质量损失率小于 3%。通过专用施工设备将固化黄土铺设在坝身形成溢流通道(防冲刷保护层)(见图 1),可以实现漫顶溢流不溃决。

2　实际工程概况

西峰示范坝(见图 2)地处黄河水土保持西峰治理监督局南小河沟水土保持试验场,邻近花果山水库,坝长 70 m,坝高 10 m,下游坡度约 1:1.7。示范坝是在旧坝上改造而成的,主要包括进水池、阀门井、出水池、水泵及抽水管道、下游防冲刷保护层、上下游蓄水池及下游消力池、液压翻板、控制室及电气设备。下游防冲刷保护层采用黄土固化新材料碾压铺设,厚度约为 1.5 m,坝顶浇筑 1 m 厚的混凝土来支撑液压翻版,溢洪道两侧边墙采用砖砌结构。西峰示范坝可将花果山水库内蓄水抽取到上游蓄水池,液压翻板开启后可使下泄流量与抽水量达到平衡状态,模拟连续的漫顶洪水冲刷过程。

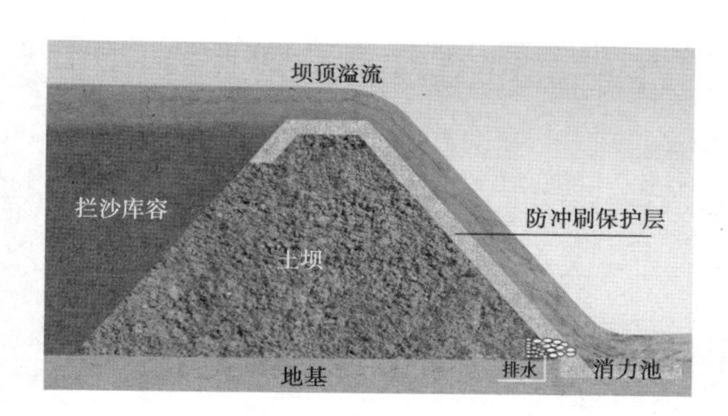

图 1　防溃决新型淤地坝示意图

图 2　西峰示范坝实景图

3　有限元数值分析

3.1　有限元模型

坐标系:顺水流方向为 X 轴正向,竖直向上为 Z 轴正向,沿坝轴线方向从右到左为 Y 轴正向。边界条件:模型底部约束全部自由度,侧面法向约束。网格:八节点六面体等参单元(C3D8)为主,节点 231 676 个,单元 216 267 个(见图 3)。

本构模型:坝体和坝基采取常用的邓肯张 E-B 本构模型,以切线弹性模量和切线体积模量为计算参数;黄土固化新材料铺设的防护层等结构采用线弹性材料,其参数取值通过试验确定[16],具体见表 1、表 2。

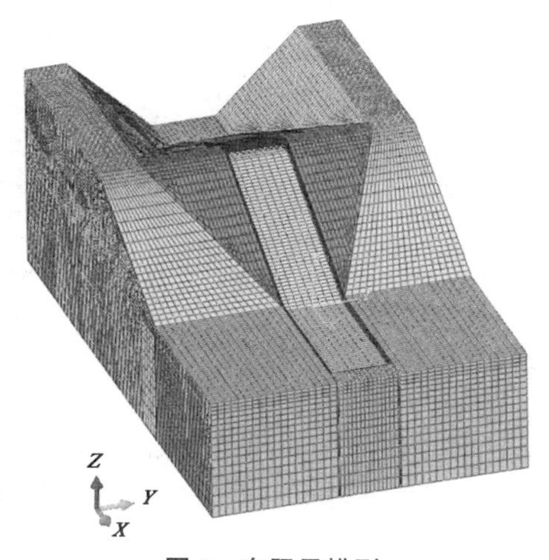

图 3　有限元模型

表 1　坝体和坝基邓肯张模型参数

材料	ρ/(kg/m³)	φ_0/(°)	$\Delta\varphi$/(°)	c/kPa	K	n	R_f	K_{ur}	K_b	m
坝体	1 800	30	0.85	15	350	0.35	0.8	620	210	0.2
坝基	1 700	26	0.8	13	320	0.32	0.8	550	190	0.15

表 2　弹性材料参数

材料	干密度/(g/cm³)	弹性模量/GPa	泊松比
砌体墙	1.9	2	0.16
混凝土	2.0	20	0.167
黄土固化新材料	1.8	6	0.2

接触设置:防冲刷保护层与坝身之间法向采用刚性接触,切向采用摩擦接触,摩擦系数为 $\tan(0.75\varphi_0)$。载荷:对模型施加 gravity 重力,并在初始时进行地应力平衡;采用沿着保护层向下增大的切向力表征漫顶溢流的冲刷力,垂直于保护层的均布载荷表征漫顶溢流的压力。本文模拟旧坝改造工况,即在沉降完成的坝身上铺设保护层,模拟工况如表 3 所示。

表 3　模拟工况

工况		坝高/m	固化黄土强度/MPa	保护层厚度/m
1	1.1	10	6	1.0
	1.2	10	6	1.5
	1.3	10	8	1.0
	1.4	10	8	1.5
2	2.1	20	6	1.0
	2.2	20	6	1.5
	2.3	20	8	1.0
	2.4	20	8	1.5
3	3.1	30	6	1.0
	3.2	30	6	1.5
	3.3	30	8	1.0
	3.4	30	8	1.5

3.2　有限元模拟结果及分析

3.2.1　坝体应力变形分析

图 4 为坝体中间断面的应力和变形云图。分析可知,坝体应力分布较为规则,大主应力最大值为 0.103 MPa,为压应力;小主应力最大值为 0.585 MPa,为压应力,因坝体为旧坝,故大、小主应力最大值均位于底部。在漫顶过流作用下,坝体保护层挤压坝体,产生的顺水流向位移最大值为 0.356 cm,指向上游,最大沉降值为 0.621 cm,位于坝体中上部。

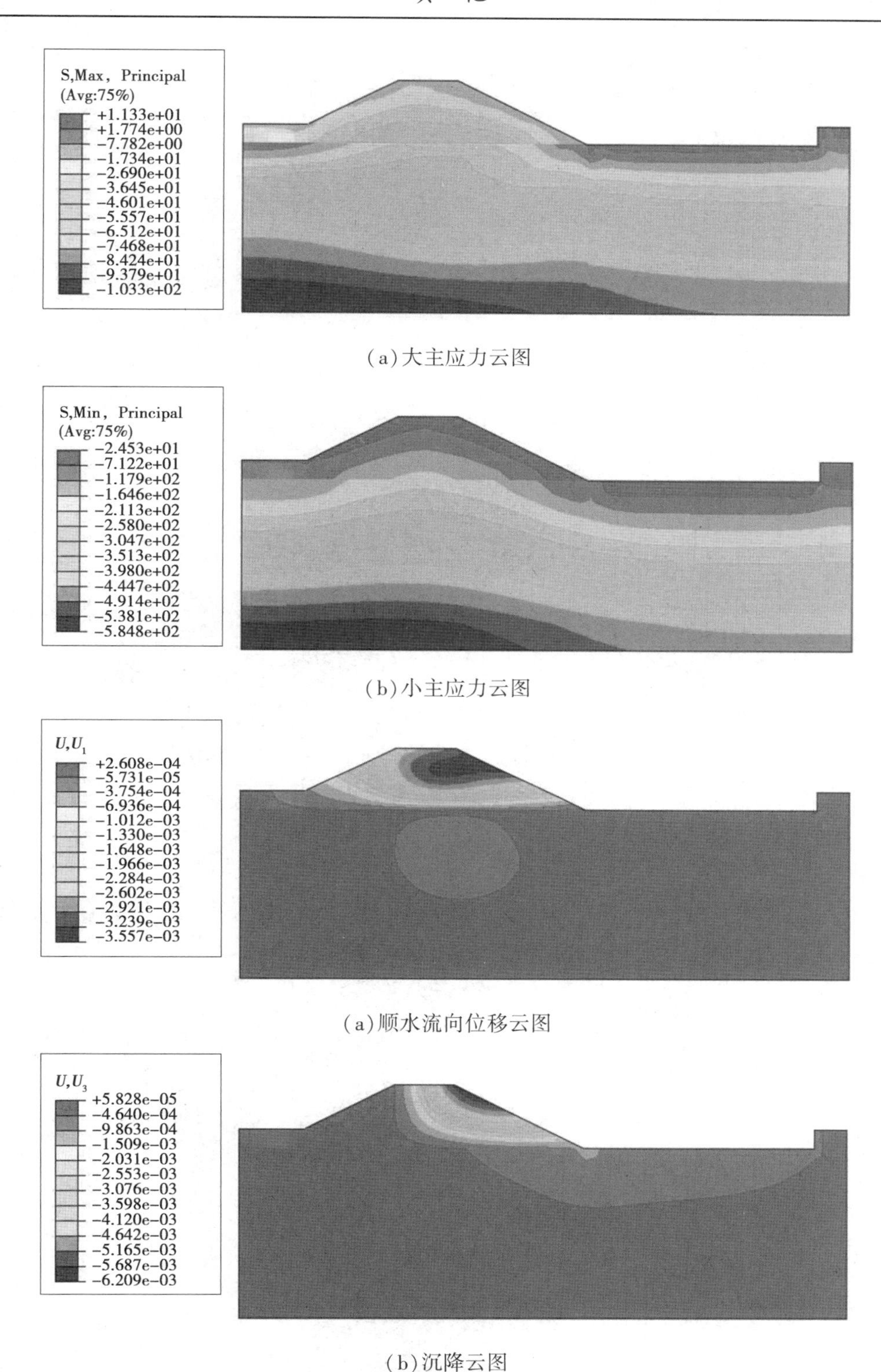

(a)大主应力云图

(b)小主应力云图

(a)顺水流向位移云图

(b)沉降云图

图4　坝体的应力和变形云图

3.2.2　*保护层应力变形分析*

图5为覆盖坝体上保护层的应力和变形云图。大主应力最大值为0.237 MPa,为拉应力;小主应力最大值为0.344 MPa,为压应力,最大值位于坝脚处。固化黄土形成的保护层经过室内试验测得抗拉强度约为1.1 MPa,抗压强度约为8 MPa,因此保护层的应力满足抗拉和抗压强度要求。顺水流向位移最大值为0.164 cm,指向上游,最大沉降值为0.726 cm,位于保护层中上部。

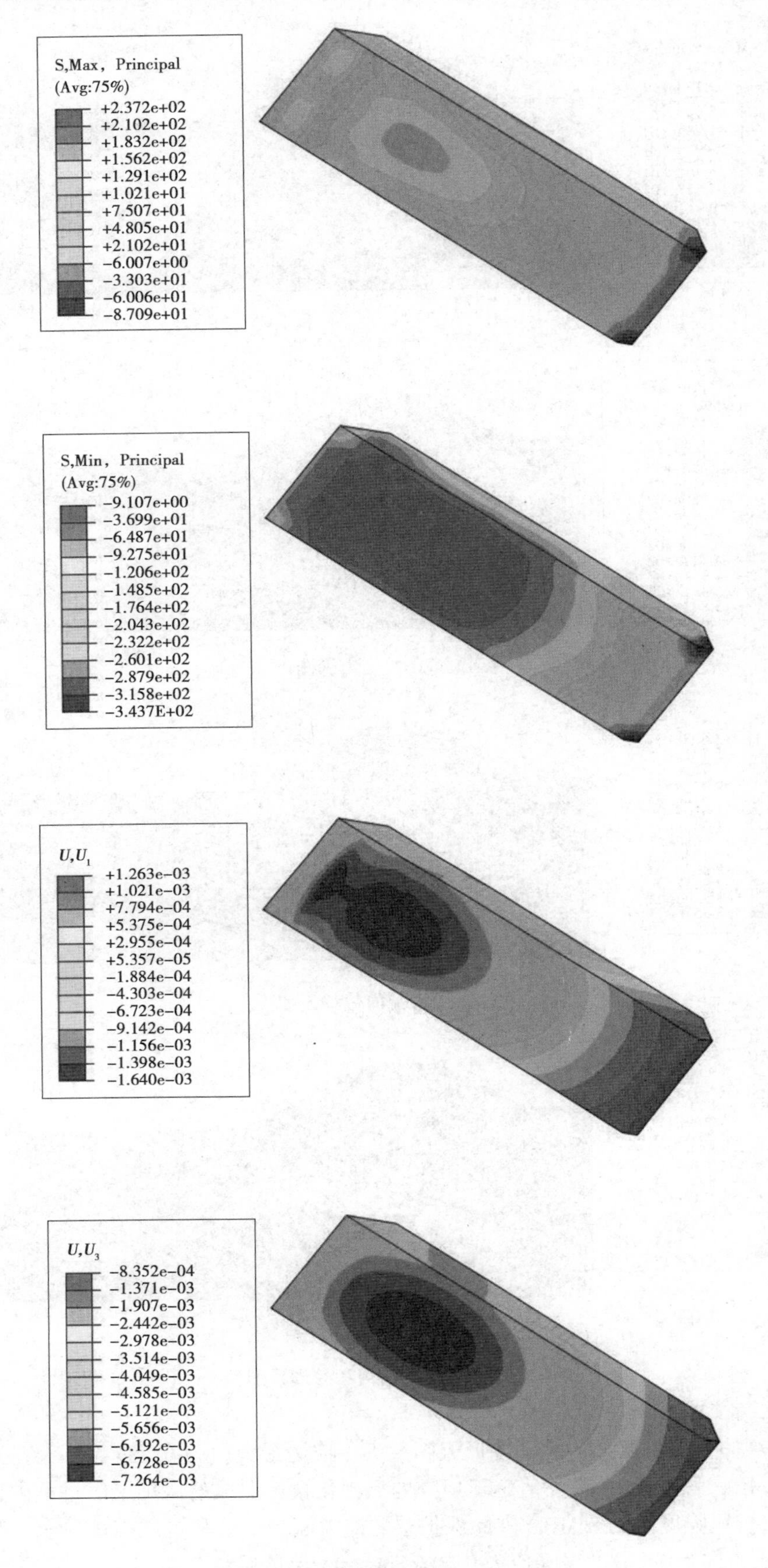

图 5　保护层的应力和变形云图

3.2.3 不同工况下坝体应力变形特征值

根据表3所示的模拟工况，通过有限元计算分别得出了坝体的应力变形特征值，见表4。由表4分析可知，当坝高一定时，保护层的强度和厚度的变化对坝体的大、小主应力的最大值无影响。当坝高和保护层强度一定时，保护层厚度增大后，U_1 和 U_3 也随之增大（工况1.1和工况1.2、工况1.3和工况1.4、工况2.1和工况2.2、工况2.3和工况2.4、工况3.1和工况3.2、工况3.3和工况3.4）；当坝高和保护层厚度一定时，保护层强度增大后，U_1 和 U_3 也随之减小（工况1.1和工况1.3、工况1.2和工况1.4、工况2.1和工况2.3、工况2.2和工况2.4、工况3.1和工况3.3、工况3.2和工况3.4）；当保护层的强度和厚度一定时，增大坝高，U_1 和 U_3 也随之增大（工况1.1、工况2.1和工况3.1，工况1.2、工况2.2和工况3.2，工况1.3、工况2.3和工况3.3，工况1.4、工况2.4和工况3.4）。

表4 坝体应力变形特征值

工况		大主应力 S_{max} 最大值/MPa	小主应力 S_{min} 最大值/MPa	顺水流向位移 U_1 最大值/cm	沉降 U_3 最大值/cm
1	1.1	-0.103	-0.585	-0.290	-0.509
	1.2	-0.103	-0.585	-0.356	-0.621
	1.3	-0.103	-0.585	-0.288	-0.477
	1.4	-0.103	-0.585	-0.350	-0.579
2	2.1	-0.127	-0.725	-0.582	-1.127
	2.2	-0.127	-0.725	-0.756	-1.432
	2.3	-0.127	-0.725	-0.572	-1.067
	2.4	-0.127	-0.725	-0.754	-1.345
3	3.1	-0.148	-0.847	-0.963	-2.030
	3.2	-0.148	-0.847	-1.344	-2.661
	3.3	-0.148	-0.847	-0.983	-1.938
	3.4	-0.148	-0.847	-1.331	-2.541

3.2.4 不同工况下保护层应力变形特征值

不同工况下保护层应力变形的有限元计算结果如表5所示。坝高10 m时，四种工况（工况1.1、工况1.2、工况1.3、工况1.4）的大主应力的最大值为0.303 MPa，为拉应力，小主应力最大值为0.394 MPa，为压应力。坝高20 m时，四种工况（工况2.1、工况2.2、工况2.3、工况2.4）的大主应力的最大值为0.309 MPa，为拉应力，小主应力最大值为0.475 MPa，为压应力。坝高30 m时，四种工况（工况3.1、工况3.2、工况3.3、工况3.4）的大主应力的最大值为0.391 MPa，为拉应力，小主应力最大值为0.649 MPa，为压应力，均未超过材料的抗拉和抗压强度。U_1 和 U_3 具有与坝体类似的变形规律，值得注意的是，每种工况坝体和保护层之间的变形存在一定的差值，有脱空的风险，特别是30 m高坝，需要在施工时注意控制。

表5 保护层应力变形特征值

工况		大主应力 S_{max} 最大值/MPa	小主应力 S_{min} 最大值/MPa	顺水流向位移 U_1 最大值/cm	沉降 U_3 最大值/cm
1	1.1	0.151	-0.238	-0.109	-0.603
	1.2	0.237	-0.344	-0.164	-0.726
	1.3	0.195	-0.266	-0.127	-0.561
	1.4	0.303	-0.394	-0.172	-0.676

续表 5

工况		大主应力 S_{max} 最大值/MPa	小主应力 S_{min} 最大值/MPa	顺水流向位移 U_1 最大值/cm	沉降 U_3 最大值/cm
2	2.1	0.221	-0.385	-0.290	-1.27
	2.2	0.250	-0.424	-0.44	-1.59
	2.3	0.286	-0.440	-0.327	-1.19
	2.4	0.309	-0.475	-0.464	-1.50
3	3.1	0.283	-0.529	-0.57	-2.22
	3.2	0.343	-0.580	-0.88	-2.86
	3.3	0.369	-0.615	-0.63	-2.11
	3.4	0.391	-0.649	-0.93	-2.73

4 结论

本文针对防溃决新型淤地坝漫顶过流问题，从数值模拟的角度，对不同坝高、不同强度固化黄土和不同防护层厚度工况进行了模拟，对坝体和保护层的应力和变形特征进行分析，得到如下结论：

（1）坝身过流条件下，坝体和保护层的应力分布满足一般规律，且均未超过材料的抗拉和抗压强度，结构强度满足要求。保护层的应力随着厚度、强度和坝高的增加而呈现增大的趋势。

（2）坝体和保护层的位移与坝高和保护层的厚度成正比，与材料的强度成反比，模拟结果符合材料的变形特性。

（3）由于坝体和保护层之间的材料性能存在差异，载荷作用下二者之间存在一定的不协调变形，施工时需要提高施工质量，并在理论上对该问题进一步深化研究。

参考文献

[1] 高照良，杨世伟．黄土高原地区淤地坝存在问题分析[J]．水土保持通报，1999，19(6)：16-19.
[2] 刘晓燕．黄河近年水沙锐减成因[M]．北京：科学出版社，2016.
[3] 郑宝明，王晓，田永红，等．淤地坝试验研究与实践[M]．郑州：黄河水利出版社，2003.
[4] 冉大川，罗全华，刘斌，等．黄河中游地区淤地坝减洪减沙及减蚀作用研究[J]．水利学报，2004，35(5)：7-13.
[5] 付凌．黄土高原典型流域淤地坝减沙减蚀作用研究[D]．南京：河海大学，2007.
[6] 郑宝明．黄土丘陵沟壑区淤地坝建设效益与存在问题[J]．水土保持通报，2003，23(6)：32-35.
[7] 吴伟．淤地坝设计技术和泥沙淤积进程研究[D]．杨凌：西北农林科技大学，2010.
[8] 刘晓燕，高云飞，马三保，等．黄土高原淤地坝的减沙作用及其时效性[J]．水利学报，2018，49(2)：145-155.
[9] 罗启北，郭胜娟，汤伟．过水土石坝综述[J]．水利科技与经济，2010，16(9)：1023-1025.
[10] 杨业奇，张隆荣，戴伟忠，等．黄河中游地区土坝过水方案的论证研究[J]．中国水土保持，1990(6)：24-28，65.
[11] 邢文仲，方素丽．柔性材料在过水土坝中的应用研究[J]．人民长江，2001(9)：21-23.
[12] 李先炳，胡昌顺．狮子庵过水土坝的设计与施工[J]．人民长江，1989(3)：39-47.
[13] 张黎明．过水土石围堰和土坝护面防护经验分析[J]．水利水电工程设计，1998(4)：48-50.
[14] 贾金生，刘宁，郑璀莹，等．胶结颗粒料坝研究进展与工程应用[J]．水利学报，2016，47(3)：315-323.
[15] 贾金生．中国水利水电工程发展综述[J]．Engineering，2016，2(3)：88-109.
[16] 张金良，苏茂林，李超群，等．高标准免管护淤地坝理论技术体系研究[J]．人民黄河，2020，42(9)：136-140.
[17] 张金良，宋志宇，李潇旋，等．高标准免管护新型淤地坝坝身过流安全性研究[J]．人民黄河，2021，43(12)：1-4，17.

同位素技术在水文学中的应用及实例分析

许　佳

（新疆寒旱区水资源与生态水利工程研究中心（院士专家工作站），新疆乌鲁木齐　830000）

摘　要：同位素技术是一门正在迅速发展的边缘性科学，被广泛应用于许多重要生产过程的控制和自动检测，解决一些常规检查和测量方法所不能解决的问题。本文介绍了同位素的基本概念和技术方法，并从稳定同位素和放射性同位素两方面分别阐述了其在水文学中的应用。最后，结合塔河下游生态输水，将稳定同位素的测算水量转化功能进行了实例分析。

关键词：同位素；水文；应用；稳定同位素；放射性同位素

1　同位素基本概念

1.1　定义及分类

同位素（isotope）指的是元素之间的原子序数一样，即质子数一致，在元素周期表中的位置相同，但质量数不同[1]，亦即中子数不同的一组核素，相同元素的同位素的化学性质相同[2]。同位素根据衰变与否和来源可以进一步划分，未发生衰变则为稳定同位素，发生衰变则为放射性同位素[3]；从自然得来的则是天然同位素，由人们通过技术手段合成的则为人工同位素。

1.2　发展简史

同位素的研究起源于英国化学家索迪，他发现通过试验分离出来的放射性元素，远远超出了元素周期表的空位，因此索迪于1910年提出了著名的同位素假说：存在不同原子量和放射性，但其物理、化学性质完全一样的化学元素变种，这些变种应该处在周期表的同一位置上，因而命名为同位素。1912年，英国物理学家汤姆逊发明了质谱仪，通过试验成功发现了两种不同质量的氖，证实了索迪的同位素假说。1919年，英国物理学家阿斯顿，通过改进质谱仪的测量精度，发现了200多种同位素，并荣获了1922年的诺贝尔化学奖。至此，同位素技术的研究及应用已全面开启。

现如今，放射性同位素应用已深入到了人类生产生活的各个领域。工业生产中各种测试计器，各种过程的示踪，农业上的育种、防止病虫害，食品的保存，医学上的诊断、治疗的各个方面，水文、气象、探矿、环境科学、海洋科学、自然资源及其他科学研究都在使用着各种放射性同位素[4-6]。

2　同位素技术方法

2.1　技术参数指标

同位素丰度（isotope abundance）主要指的是相对含量，并且特指同一个元素的不同同位素，用百分比来表示，用来反映它们在地壳中的相对含量，如^{1}H、^{2}H和^{3}H的丰度分别为99.980%、0.016%和0.004%，而^{16}O、^{17}O、^{18}O的丰度分别为99.757%、0.038%和0.205%。同位素比值（isotope ratio）则是不同同位素之间丰度的比值，也只针对同一种元素，算法如式（1）所示：

$$R = \frac{\text{稀有同位素的丰度}}{\text{丰富同位素的丰度}} \tag{1}$$

基金项目：中国科学院“西部青年学者”项目（2019-XBQNXZ-A-001）和新疆天山青年计划（2019Q006）共同资助。

作者简介：许佳（1984—），高级工程师，从事水利工程建设与管理研究工作。

同位素千分差值 δ 与样品的两个比值有关,一个是稳定同位素比值,一个是标准相应比值,某个元素这两个比值的千分偏差就是 δ,式(2)为计算方式。可以从 δ 值的大小判断样品和稀有样品中稀有元素的大小,即直接显示出相对标准样品而言,样品同位素组成的变化方向以及程度。如果 δ 为正值,那么与标准样品相比,样品中的稀有元素更多;为负值则样品中的稀有元素少于标准样品的稀有元素含量。

$$\delta = \frac{R_{样品} - R_{标准}}{R_{标准}} \times 1\ 000 \tag{2}$$

2.2 同位素分馏技术

同位素分馏(isotopic fractionation)是指同位素以不同比例在不同物质间的分配。因为同位素质量不是相同的,所以在各种作用过程中,同一种元素中存在的不同同位素,在不同物相中存在不同的分配,进而形成不同的同位素比值,且物相需要保证至少为两种物质。同位素分馏非常容易发生,自然界中大部分反应都能导致这种情况。分馏系数 α 与同位素成分有关,即不同物质中含有的同位素比值。可以通过式(3)计算分馏系数 α,主要起到定量评价的效果。

$$\alpha = \frac{R_A}{R_B} \tag{3}$$

2.3 放射性同位素衰变过程

放射性指的是多种不同的射线来自于原子核,且为它主动放射,放射性同位素指的是该同位素可以发生放射性。放射性同位素由于发射某些射线,原子核内部发生变化,这种现象称为放射性同位素的放射衰变。放射性同位素衰减规律可以采用式(4)来表示。

$$N = N_0 e^{-\lambda t} \tag{4}$$

式中:N_0 为 $t=0$ 时同位素的放射性强度;λ 为常数,表示单位时间内原子核的衰变概率,其大小只与放射性同位素的种类有关;t 为时间;N 为经历时间 t 后同位素的放射性强度。

2.4 同位素技术方法的一般程序

同位素技术方法通常分为三步:首先,要按照一定要求,采集待测试的样品,并按规定进行包装;其次,把样品送到实验室进行测试;最后,根据测试结果进行仔细分析。

3 同位素技术在水文学中的应用

作为现代手段的同位素技术,在20世纪50年代就已经开始应用于水科学领域。同位素技术不仅可以处理水文学问题,还可以解决水文地质学中的一些难题。通过对水体的同位素或水体中某类溶解盐的同位素进行分析,能够利用它的示踪功能分析水循环转化过程,摸清水体的来源、转移路径及转化数量比例,也可以分析掌握水体的年龄,从而推测地球岩石与水体之间反应的化学过程。同位素技术突破了传统技术瓶颈,在气候变化、水循环调控、地下水转换、水污染溯源等方面,能够明确各类水体来源转化和演变过程,为研究分析提供重要的科学依据。

3.1 稳定同位素的应用

与放射性同位素相比,稳定同位素的应用更为广泛。稳定同位素作为天然的示踪剂,无论是同一物质的不同相,还是不同物质的不同相,都容易出现分馏现象。常用的稳定同位素包括 ^{18}O、D、^{34}S 及 $^{53}C_r$ 等,常被应用于大气降水、地表水循环等方面的研究,用来分析形成的机制和相互之间的转换关系。

3.1.1 通过天然同位素 D 分析大气降水

随着不同地区地理环境与气候条件的变动[7],大气降水中的天然同位素氘(D)的盈余值也会发生变化。因此,各个地区的降水线 LMWL 存在一定的差异。全球大气降水线(global meteoric water line, GMWL,见图1)由全球众多 MWL 计算得到,是一个衡量标准的平均值,可用于全球尺度的研究中。通过某地区 LMWL 与 GMWL 的对比分析,可以获得该地区的降水规律、水汽来源和复杂转换过程带来的变化。研究发现一个重要的结论就是，如果一个地区气候偏冷，同位素 D 就会出现亏损现象；反之，若这个地区气候偏暖，同位素 D 则会出现富集现象。

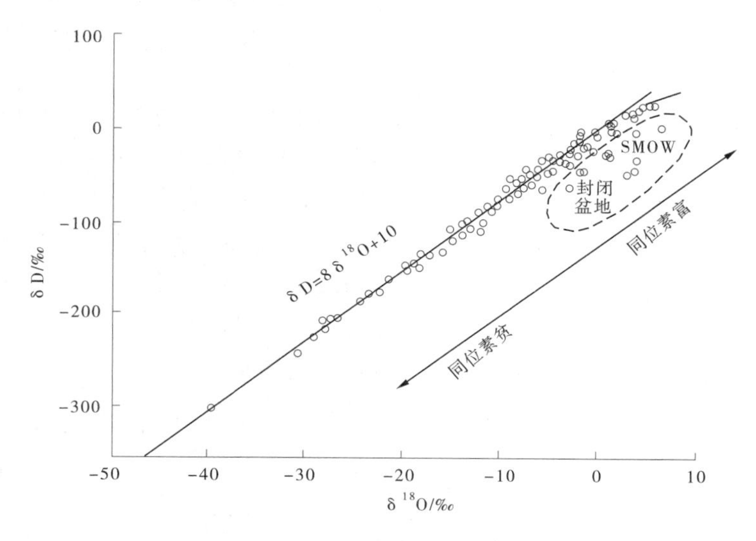

图 1　全球大气降水线（GMWL）

通过以上研究，发现降水过程中同位素成分受到多个因素的影响，进而发生变化，若干“效应”指的就是这种变化。主要因素有地理位置的变化、降雨量的大小，以及四季气候的变化等。其中若干“效应”包括季节效应、高程效应或者是雨量效应[9]。

3.1.2　通过 δD 和 $\delta^{18}O$ 分析地下水污染

Maloszewski 等提出需要定期对研究区内的河流进行测量[7]，为了数据的准确性，还测量了井水，主要测量的是它们含有的 D 和 ^{18}O，根据季节变化看河流与供水井之间的关系，以及河流的贡献程度，对水层的特征展开分析，是建立河流被污染情况下含水层污染物的传播时间和速度的水力扩散模型的基础。当河流污染情况确定时，利用扩散模型，将污染物到出口断面的时间计算出来，然后算出浓度。

3.1.3　利用同位素分析地下水与地表水转换关系

对含水层的等势面展开分析，同时确定与地表水水位之间的关系，进而发现地下水和地表水两者存在补排关系。它们水位的差异并不能通过水的实际流动来说明，主要原因就是具有较大的渗透性变化。这种情况在工业化领域最为明显，当工厂将污染物随意排放进河流里的时候，含水层被污染的可能性变大，海水也存在入侵周边城市的隐患，所以需要实时监控水体实际迁移的情况，用来关注地下水是否受到污染，以及被污染后受污染的程度，这是保证人类安全用水极其重要的一点。鉴别水体实际迁移的方式有很多，同位素方法就是其中的一种，也是该技术存在的价值之一，不仅可以了解地下水和地表水之间的相互转换过程，还能确定它们之间转换的数量。通常情况下，该研究用的同位素包括 ^{18}O、D、^{4}He 和 ^{222}Rn 等，由于地表水流及水体的水面暴露在大气之下，容易蒸发，对比氘和 ^{18}O 含量，最高的是地表水中含量，地下水和大气降水次之。因此，水力联系是否存在可以通过 δD 及 $\delta^{18}O$ 值来判断，同时 δD-$\delta^{18}O$ 图上的斜率也能作为判断的依据。主要原因是降水直线的计算公式为：$\delta D=8\delta^{18}O+10$，若直线斜率发生了变化，就说明降水转换成了地表水，且出现蒸发现象。地下水的补给来源如果不由同一地区提供，而是来自多个地区，分别出现降水蒸发现象，δD-$\delta^{18}O$ 图上的直线会由于不同的凝结条件，而发生变化，斜率和截距也会不同，进而确定地下水的补给来源。

3.2　放射性同位素的应用

3.2.1　利用放射性同位素衰变测算地下水年龄

地下水年龄，通俗来讲就是指水何时流入的地下，可以利用地下水中放射性同位素衰减规律来测定。其基本原理就是根据放射性衰变周期长短，不同的放射性同位素分别用于不同年龄区间的地下水测龄。如氚(T)的半衰期只有 12.4 a，可以用于现代水(<40 a)的测龄；^{39}Ar 的半衰期为 269 a，可以用于次现代水(40~1 000 a)的测龄；^{14}C 的半衰期大约为 5 568 a，可以用于古地下水(>1 000 a)的测龄。

3.2.2 通过 T 和^{14}C 推算评价区域地下水属性

放射性同位素对于地下水的研究，T 和^{14}C 最常被使用。岩溶水的研究主要利用的是氚同位素，除研究盆地周边岩溶水外[10]，还研究了平凉隐伏岩溶水，结果发现更容易形成的是后者，也就是平凉隐伏岩溶水，其中混入的现代水含量非常多，平均混入量达到 54%，因此补给能力和更新能力更强的是平凉隐伏岩溶水。结合环境同位素 EPM 模型和 EM 模型，对地下水的滞留时间进行计算，发现长达 36 a，储水量和储水系数分别为 $1.131\ 4\times10^{12}\ m^3$ 和 7.129，与传统勘探方法相比，两者具有较高的一致性。

4 应用实例——通过稳定同位素^{18}O 测算水量转化比例

塔里木河下游已持续实施生态输水 19 a，为了厘清水量的转化过程，我们设计了基于稳定同位素的水量转化实验。

4.1 数据来源及计算方法

4.1.1 样品采集

(1)地表水取样。需要在塔里木河下游处设立断面，数量为 4 个，然后分别将河水样和地下水样取出，其中地下水样取水面往下 30 cm 处，水样瓶需要用带取水样重复清洗，次数为 3 次，然后来取样。同时断面上游也需要取水样，取样范围从检测面算起，15~30 km 为好，此次选择 15 km 处取断面水样；断面与断面之间需要相隔 30~40 km，选择实际断面间隔的一半处将所需水样取出。每次取样过程中重复采取 3 次样品(计算均值)，共计取 24 个河水样品。

(2)地下水取样。每个断面监测井的分布位置如表 1 所示。除喀尔达依断面 G6 井由于设备损坏无法取样外，针对其余监测井都进行采样，最终采集数量为 22 个，为了避免出现同位素分馏的情况，水样样品全部用密封样品瓶密封保存，同时共采集地下水样 22 个。

表 1 塔里木河下游各断面监测井分布

序号	断面	流向	河段	监测井					
4	依干不及麻	↑	塔里木河	I1 ◎	I2 ◎	I3 ◎	I4 ◎	I5 ◎	I6 ◎
				50 m	150 m	300 m	500 m	750 m	1 050 m
3	阿拉干			H1 ◎	H2 ◎	H3 ◎	H4 ◎	H5 ◎	H6 ◎
				50 m	150 m	300 m	500 m	750 m	1 050 m
2	喀尔达依	↑	其文阔尔河	G1 ◎	G2 ◎	G3 ◎	G4 ◎	G5 ◎	G6 ◎
				50 m	150 m	300 m	500 m	750 m	1 050 m
1	英苏				F1 ◎	F2 ◎	F3 ◎	F4 ◎	F5 ◎
					150 m	300 m	500 m	700 m	1 050 m

注：表中监测井上方为编号，下方为离河岸距离。

(3)土壤水采样。在监测井周边钻取土壤用于土壤水分的提取。土壤水同位素分别从 0~30 cm、30~60 cm、60~100 cm、100~150 cm、150~200 cm、200~250 cm 和 250~300 cm 处土壤剖面进行采样，每层重复采集 3 组样品，最终共采集 483 个土壤水样品。所有样品采集之后都迅速装入玻璃瓶内盖好瓶塞并使用 parafilm 封口，然后放入冰盒，带回实验室进行同位素测定。

(4)植物水取样。在监测井附近设置 25 m×25 m 的大样方，每个样方内选取 3 株长势良好、树干通直的胡杨进行木质部取样，再选取 3 株长势均匀、冠幅适中的柽柳进行树枝取样。需要注意的是，胡杨和柽柳均选择超过 2 年的茎，一般选取长为 3~5 cm 、直径约为 0.3~0.5 mm 的枝条段，再将其外皮和韧皮部剥除，只保留木质部。本文共取胡杨样品 60 个，柽柳样品 63 个。对于有草本分布的样方还需要随机选定 3 株芦苇，按照上述步骤操作，共取草本样品 18 个。将样品装入玻璃瓶内密封并放入冰盒带回实验室。所有样品在进行同位素测定前，需要置于-20 ℃进行冷冻。

4.1.2　样品处理

试验地点选择中国科学院新疆生态与地理研究所荒漠与绿洲国家重点实验室，对样品中的^{18}O进行研究，分析工作主要使用的是 MAT-252 气体质谱仪，测量精度保持±0.2‰。真空蒸馏法用来提取土壤中的水分，同时还要提取植物木质部水分。各部分水分的稳定氢和氧同位素比率全部利用 LGR 液态水同位素分析仪完成：

$$\delta D(‰)=\frac{(D/H)_m-(D/H)_s}{(D/H)_s}\times 1\,000/‰ \tag{5}$$

$$\delta^{18}O(‰)=\frac{(^{18}O/^{16}O)_m-(^{18}O/^{16}O)_s}{(^{18}O/^{16}O)_s}\times 1\,000/‰ \tag{6}$$

式中：m 为样品；s 为标准样。精确度(1δ)$^{18}O/^{16}O$ 超过 0.1%，且测试误差低于 0.2%；D/H 超过 0.3%，且测试误差低于 1.0%。

4.1.3　计算方法

(1)水量转化研究方法。河水对地下水的转化：大概算出地下水中河水的占比，依据质量守恒原理和方程，具体见式(7)[11]：

$$C_sQ_s=C_gQ_g+C_b(C_s-Q_g) \tag{7}$$

式中：河水、地下水以及河流截面上游取样的$\delta^{18}O$值分别用 C_s、C_g 以及 C_b 来表示；地下水排泄量和河水流量则分别用 Q_g 和 Q_s 来表示[12]。因此，两者之间的百分比关系方式为

$$f=(Q_g/Q_s)\times 100\%=\frac{C_s-C_b}{C_g-C_b}\times 100\% \tag{8}$$

同上述步骤，可以得出河水转化为土壤水比例、地下水转化为土壤水比例。两部分之和即为土壤水来源于河水的总比例。

(2)植物水分来源计算方法。在本文中，初步判断各种植物的水分来源后，将植物水$\delta^{18}O$值和各潜在水源的$\delta^{18}O$值代入模型，构建质量平衡公式。

$$\delta_M=f_A\delta_A+f_B\delta_B \tag{9}$$

$$1=f_A+f_B \tag{10}$$

式中：δ_M 为植物水的$\delta^{18}O$值；δ_A、δ_B 为各水源的$\delta^{18}O$值；f_A、f_B 为植物水来源于地下水和土壤水的比例。

4.2　研究结果

4.2.1　基于氧同位素(^{18}O)水资源转化比例

(1)各断面河水与地下水的氧同位素(^{18}O)值。表 2 为各个取样点$\delta^{18}O$值的取样结果。

表 2　地下水和河水的 $\delta^{18}O$ 值(‰)测定结果

取样点	河水 $\delta^{18}O$ 值	地下水 $\delta^{18}O$ 值	上游河水 $\delta^{18}O$ 值
英苏	-8.404 89	-8.070 884	-8.712 51
喀尔达依	-7.849 08	-7.301 915	-8.274 23
阿拉干	-7.724 68	-7.817 403	-7.927 55
依干不及麻	-7.516 4	-7.244 601	-7.712 98
考干	-7.274 35	-6.929 014	-7.494 25

(2)各断面河水对地下水的转化比例。由表 3 可以看出不同水体的同位素含量还是存在较大差异的,因此可运用式(8)估算出河水对地下水补给的百分比。

表 3　塔里木河下游各断面河水对地下水的转化率(‰)

取样点	C_s 值	C_g 值	C_b 值	f 值
英苏	-8.404 89	-8.070 884	-8.712 51	47.94
喀尔达依	-7.849 08	-7.301 915	-8.274 23	43.73
阿拉干	-7.724 68	-7.817 403	-7.927 55	54.29
依干不及麻	-7.516 4	-7.244 601	-7.712 98	41.97
考干	-7.274 35	-6.929 014	-7.494 25	38.9

通过表 3 可以明显地发现,5 个地区中河水对地下水的转化率排在第一的是阿拉干断面,虽然此次取样只选取了其文阔尔河一条支流,但事实上该断面是两条支流相交的地方,还有一条支流是老塔里木河,转化率超过了 54%,高达 54.29%,老塔里木河的河水忽略为地下水。混合来源的百分比需要多种示踪剂,才能保证结果的准确性,试验只采取了一种示踪剂,那么还需要结合其他的示踪剂,换句话说就是还要对水中其他的同位素进行分析,水化学离子也可。本文另一种示踪剂选择的是氢同位素(δD),计算方式则选择的是三相混合,扩展式(7)后,得到式(11):

$$C_sQ_s = C_gQ_g + C_aQ_a + C_c(Q_s - Q_g - Q_a) \tag{11}$$

式中:河水、地下水以及河流截面上游取样的 $\delta^{18}O$ 值分别用 C_s、C_g、C_b 来表示;地下水排泄量和河水流量则分别用 Q_g 和 Q_s 来表示;其文阔尔河水样和老塔里木河水样氢同位素值分别用 C_a 和 C_c 表示。代入后获得的转化率仅为 44.28%,不足 50%,远远低于 54.29%。所以,塔里木河下游地区河水对地下水的转化率为 43.36%,即地下水中约有一半水量是通过河水转化而来。

(3)各断面河水转化为地下水与土壤水比例。利用河水、地下水、土壤水的同位素特征,可以得出塔里木河下游不同断面水资源转化特征(见表 4)。因此,在生态输水的过程中,土壤水的补给水量约占总水量的 40.18%。

表 4　各断面河水对地下水和土壤水的转化特征　　%

取样点	河水	地下水	土壤水		
			0~100 cm	100~200 cm	200~300 cm
英苏	100	47.94	9.12	14.16	21.12
喀尔达依	100	43.73	8.24	12.71	19.83
阿拉干	100	44.28	8.79	15.56	22.34
依干不及麻	100	41.97	6.83	13.24	18.57
考干	100	38.9	6.15	11.87	12.36

5 结语

水体的属性与同位素方法之间密不可分,将不同水体同位素进行比较,可以确定水循环途径、水体之间的水力联系和水资源可再生能力等,为水循环研究、水环境保护、水资源可持续利用等提供了一种十分有价值的分析工具。本文从稳定同位素和放射性同位素两方面分别阐述了其在水文学研究中的实际应用,并以塔里木河下游为例介绍稳定同位素^{18}O测算水量的方法,计算出了各断面河水转化为地下水与土壤水的比例。研究结果为塔里木河水资源合理配置提供了技术支撑,具有实际指导意义。

参考文献

[1] 张强. 金沙江观音岩电站红层钙质砂岩类岩溶发育特征及渗透稳定性研究[D]. 成都:成都理工大学, 2010.
[2] 陈昀暄. 岩溶环境系统 CO_2 浓度与水解无机碳(DIC)$\delta^{13}C$ 的环境特征研究——以重庆芙蓉洞为例[D]. 重庆:西南大学, 2012.
[3] 翁剑伟, 任雅娴, 兰晶晶. 浅析岛屿和内陆应用稳定同位素分析地下水补给关系的效果[J]. 人民珠江, 2015, 36(3): 55-59.
[4] 贺国平, 刘培斌, 吴琼,等. 北京城区承压水水质特征及硝酸盐的同位素辨识[J]. 水利规划与设计, 2014(3): 33-37.
[5] 贾峰. 某水利工程隧洞环境放射性评价研究[J]. 水利规划与设计, 2018(6): 99-102.
[6] 郭涵, 胡明利, 赵新生. 浅议同位素测沙仪率定规范的制定[J]. 水利技术监督, 2021(8): 10-12.
[7] 谭忠成, 陆宝宏, 汪集旸,等. 同位素水文学研究综述[J]. 河海大学学报(自然科学版), 2009, 37(1): 16-22.
[8] 赵家成, 魏宝华, 肖尚斌. 湖北宜昌地区大气降水中的稳定同位素特征[J]. 热带地理, 2009, 29(6): 6.
[9] 刘鑫, 宋献方, 夏军,等. 黄土高原岔巴沟流域降水氢氧同位素特征及水汽来源初探[J]. 资源科学, 2007, 29(3): 8.
[10] 赵野. 同位素技术在水文研究中的应用[J]. 山西建筑, 2011, 37(17):197-199.
[11] 刘志东. 干旱区荒漠植物群落凝结水的形成与利用[D]. 乌鲁木齐:新疆大学, 2017.
[12] 张红. 基于遥感反射率分类的悬浮物浓度反演模型构建[D]. 南京:南京师范大学, 2011.

高水头低地应力压力隧洞支护理论研究与应用

陈晓年　邢建营　吕小龙

（黄河勘测规划设计研究院有限公司，河南郑州　450003）

摘　要：高水头低地应力条件下压力隧洞的安全经济支护一直是水利水电工程中的设计难题，本文依托厄瓜多尔辛克雷水电站引水发电压力隧洞，针对该问题，在挪威准则的框架内，采用钢衬+钢筋混凝土透水衬砌的组合支护形式，构建考虑地应力影响的钢衬与钢筋混凝土透水衬砌耦合理论模型，以此确定钢衬起点；基于三维渗流场分析，确定高压隧洞钢筋混凝土透水衬砌最佳灌浆深度和压力，通过运行期监测资料分析，表明压力隧洞组合支护各项指标选择是合适的。该项研究有效解决了高水头低地应力隧洞安全经济支护难题，保证了压力隧洞结构的安全与稳定，相关成果对国内外的类似工程有一定的借鉴及指导意义。

关键词：高水头；低地应力；压力隧洞；支护理论；耦合模型

对于有压隧洞，岩体作为承担内水压力的结构主体，需要同时满足覆盖岩体不上抬、不发生水力劈裂和渗透失稳破坏等要求[1]，最小岩体覆盖层厚度一般应满足挪威准则[2]的要求，但在满足挪威准则的前提下并不能保证不发生水力劈裂和渗透失稳，因为在深埋岩体中一般存在不同程度的地质构造，出现最小地应力值低于自重应力的最小值[3]，此时隧洞内最小地应力可能小于隧洞内水压力，有压隧洞将发生水力劈裂和渗透失稳，危及工程安全，因此对于高水头有压隧洞，在满足挪威准则的条件下，还要特别注意地应力的大小，以便合理选择隧洞衬砌支护形式[4]，同时兼顾安全性和经济性。

本文以厄瓜多尔辛克雷水电站引水发电压力隧洞为依托，在综合分析大量地勘资料和试验数据基础上，基于挪威准则的框架，采用钢衬+钢筋混凝土透水衬砌的组合支护形式，构建钢衬与钢筋混凝土透水衬砌耦合理论模型，以此确定钢衬起点；针对钢筋混凝土透水衬砌关键措施固结灌浆，基于三维渗流场特征，确定高压隧洞钢筋混凝土透水衬砌最佳灌浆深度和压力，进一步探讨高水头低地应力压力隧洞设计难题。

1　钢衬与透水衬砌耦合理论研究

1.1　高压隧洞经济性评价

为节省投资，降低施工难度，高压隧洞上一般采用钢衬和钢筋混凝土衬砌组合方式进行，同时为了保证钢筋混凝土衬砌的结构安全，钢筋混凝土透水衬砌段需要进行固结灌浆，由于辛克雷水电站引水发电压力隧洞水头高、洞线长，因此透水衬砌起点位置的选择不仅直接关系着工程的运行安全，而且对工程的投资影响巨大[5]，基于此，本文建立高压隧洞衬砌经济模型：

$$S(x) = M_{透水衬}(L - x) + M_{钢衬}(x) \tag{1}$$

式中：$M_{透水衬}(L - x)$ 为钢筋混凝土衬砌费用，主要由钢筋混凝土衬砌费用和固结灌浆费用组成；$M_{钢衬}(x)$ 为钢衬费用；L 为隧洞总长；x 为钢衬段长度。

1.2　高压隧洞安全性评价

为同时满足覆盖岩体不上抬、不发生水力劈裂和渗透失稳破坏等要求，针对有压隧洞，在挪威准则的框架下，引入地应力安全性评价指标：

作者简介：陈晓年（1983—），男，硕士，高级工程师，主要从事水工结构设计研究等工作。

$$\left.\begin{aligned} F_S(h) &= \sigma(h)/P_w(h) \\ h &= x \cdot \tan\alpha \end{aligned}\right\} \tag{2}$$

式中：$\sigma(h)$ 为隧洞内某点的最小主应力；$P_w(h)$ 为洞内静水压力；h 为隧洞内某点埋深；α 为地表岩体坡角，当 $\alpha > 60°$ 时，取 $\alpha = 60°$。

1.3　钢衬与透水衬砌耦合模型

对于高压隧洞，一般钢衬段长度越长，压力隧洞投资越多，工程安全性越高；反之，钢衬段长度越短，高压隧洞越经济，工程安全性越低。因此，高压隧洞组合衬砌经济和安全可表示为如下耦合模型：

$$\left.\begin{aligned} \min S(x) &= M_{透水衬}(L - x) + M_{钢衬}(x) \\ \max F_S(h) &= \sigma(h)/P_w(h) \end{aligned}\right\} \tag{3}$$

为综合考虑工程的经济性和安全性，寻求经济性和安全性的最佳平衡。首先根据地应力测试和地应力分布规律，确定满足高内水压力要求的隧洞埋深和位置，以此确定钢衬段位置。

李新平等[6]通过收集 600 多组深部岩体地应力实测资料，整理了埋深大于 500 m 的实测垂直主应力、最大水平主应力、最小水平主应力以及侧压力系数与埋深的关系。研究结果表明，深部岩体内地应力随埋深呈线性关系变化，实测应力散点分布在一个倾斜的平行带内，即

$$\sigma(h) = kh + t \tag{4}$$

地应力安全性评价指标 $F_S(h)$ 可根据工程规模和围岩情况确定，参照《水工隧洞设计规范》(SL 279—2016)中挪威准则的经验系数 F 值[7]，$F_S(h)$ 可取 1.3~1.5。

2　压力隧洞支护理论研究

厄瓜多尔辛克雷水电站引水发电系统由高压引水管道、机组流道及尾水洞组成，其中高压引水管道系统采用 2 洞 8 机的布置方式，2 条压力隧洞均由进水塔、上平段、上弯段、竖井段、下弯段、下平段和岔支管段组成。

2.1　基于高压隧洞衬砌耦合模型确定钢衬起点

2.1.1　地应力测试

开展压力隧洞地应力测试，在 1#压力隧洞和 2#压力隧洞选取 PSK01、PSK02 两个测孔开展水压致裂测试(见表 1、表 2)。测孔 PSK01 位于 1#压力隧洞下平段，孔深 50 m，孔径 75 mm，垂直向下。孔内满水，且有较强的承压水，钻孔岩层主要为凝灰岩；测孔 PSK02 位于 2#压力隧洞下平段，孔深 50 m，孔径 75 mm，垂直向下。孔内满水。根据钻孔岩芯编录，钻孔岩层较为完整，主要为微风化的凝灰岩，岩芯呈长柱状，局部有少量的裂隙。

表 1　压力隧洞下平段 PSK01 水压劈裂地应力测量结果

序号	测量段深度/m	压裂参数/MPa						应力值/MPa		
		P_b	P_r	P_s	P_H	P_0	T	S_H	S_h	S_v
1	8.6~9.2	11.58	9.58	6.08	0.08	0.08	2.00	8.58	6.08	12.97
2	12.0~12.6	7.62	6.32	4.12	0.12	0.12	1.30	7.92	4.12	13.05
3	16.6~17.2	13.66	7.66	6.36	0.16	0.16	6.00	11.26	6.36	13.17
4	25.0~25.6	13.94	8.74	6.74	0.24	0.24	5.20	11.24	6.74	13.38
5	30.5~31.1	—	8.59	5.79	0.29	0.29	—	9.49	5.79	13.51
6	34.0~34.6	—	12.83	8.33	0.33	0.33	—	12.83	8.33	13.60

注：P_b 为岩石原地破裂压力；P_r 为破裂面重张压力；P_s 为破裂面瞬时闭合压力；P_H 为静水柱压力；P_0 为孔隙压力；T 为岩石抗拉强度；S_h 为水平最小主应力；S_H 为水平最大主应力；S_v 为垂直应力，计算 S_v 时取上覆岩石的容重为 2.60 g/cm³，下同。

表 2　压力隧洞下平段 PSK02 水压劈裂地应力测量结果

序号	测量段深度/m	压裂参数/MPa						应力值/MPa		
		P_b	P_r	P_s	P_H	P_0	T	S_H	S_h	S_v
1	13.0~13.6	9.83	7.43	5.13	0.13	0.13	2.40	7.83	5.13	12.83
2	18.0~18.6	13.18	10.18	7.68	0.18	0.18	3.00	12.68	7.68	12.95
3	23.0~23.6	21.23	13.53	9.93	0.23	0.23	7.70	14.03	9.93	13.08
4	30.0~30.6	12.08	4.74	5.74	0.30	0.24	3.20	11.24	6.74	13.25
5	38.0~38.6	—	12.37	11.37	0.37	0.37	—	16.37	10.37	13.45
6	42.0~42.6	—	8.41	4.91	0.41	0.41	—	5.91	4.91	13.55

根据水压致裂平面水平主应力测试计算理论，PSK01 测孔最大水平主应力 S_H 为 7.92~12.83 MPa，最小水平主应力 S_h 为 4.12~8.33 MPa，计算自重应力为 12.0~13.0 MPa；PSK02 测孔最大水平主应力 S_H 大小在 5.91~14.03 MPa，最小水平主应力 S_h 在 4.91~10.37 MPa，计算自重应力为 12.0~13.0 MPa。PSK01、PSK02 测孔均出现最小地应力值低于自重应力的情况，表明压力隧洞下平段为低地应力，应重点考虑。

2.1.2　确定钢衬起点

针对 1#压力隧洞，根据地应力测试结果，按照式(4)，对地应力进行拟合，即 $\sigma(h)=0.032h-3.54$，根据隧洞安全性评价公式(2)，考虑工程规模及围岩情况，取 $F_S(h)=1.5$，即 $F_S(h)=(0.032h-3.54)/6.0>1.5$，计算满足安全要求的隧洞最小埋深为 392 m。根据 1#隧洞地表岩体坡角 $\alpha=48.25°$，得出钢衬长度 350 m，同样计算可得，2#压力隧洞钢衬长度 430 m。

根据式(3)，按照工程造价，透水衬砌(包含固结灌浆)每米概算投资约 16 万元，每米钢衬概算投资约 26 万元。可建立投资与安全性对比曲线，见图 1。

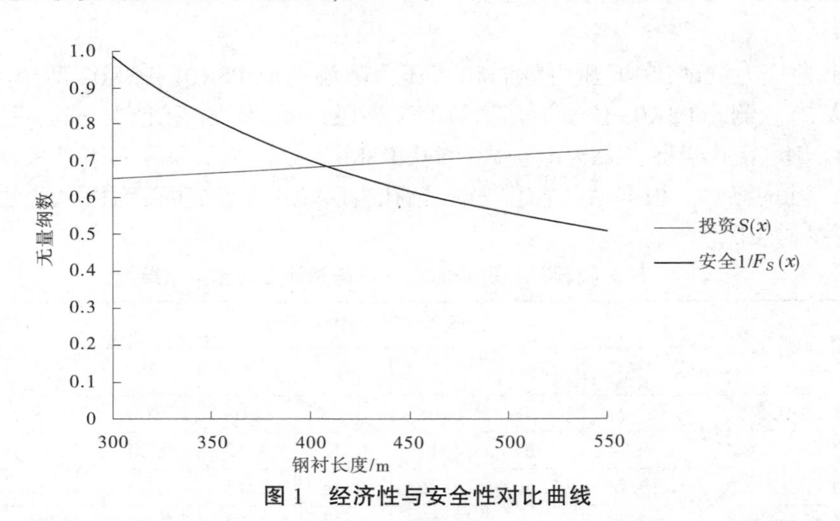

图 1　经济性与安全性对比曲线

随钢衬长度的增加，高压管道总投资增加，安全性增加。同样，在安全裕度许可范围内，安全系数越低，投资越省。

2.2　高压隧洞透水衬砌结构设计与研究

2.2.1　透水衬砌结构设计

钢衬起点确定后，钢衬的长度和结构设计就基本确定了，剩余洞段则采用钢筋混凝土透水衬砌。对于透水衬砌，在高内水压力作用下，衬砌混凝土开裂[8]，内水进行外渗，此时高压隧洞的内水压力全部由主筋来承担，根据钢筋的强度允许值进行结构的配筋设计，计算需要的最大钢筋面积为 676 mm^2；对于水锤产生的压力部分，可以认为是作用在衬砌内表面的均布力，此部分由衬砌的钢筋单独承担，进而根据各个断面的水锤压力计算对应需要的钢筋面积，计算需要的最大钢筋面积为 5 797 mm^2。

2.2.2　灌浆深度确定

固结灌浆措施是保证高压引水隧洞钢筋混凝土透水衬砌结构安全的关键，在正常工况下，下平段内水压力较大，衬砌开裂程度较为严重，内水外渗现象较为明显，确定该区域的固结灌浆最佳深度尤为重要，选取 2#压力隧洞下平段典型截面附近区域进行固结灌浆深度的敏感性分析。

计算采用 FLAC3D，考虑流体与岩土体之间的相互作用，模型的边界条件通过正常蓄水条件下，对应区域的渗流场及孔压分布[9]情况来确定，结合渗流计算结果，模型衬砌内表面孔压 5.98 MPa，左侧边界孔压 2.54 MPa，右侧边界孔压 2.45 MPa，顶部边界孔压 2.02 MPa，底部边界孔压 2.83 MPa，前后 2 个侧面按照不透水边界处理，衬砌充分考虑开裂，取渗透系数为 8×10^{-7} m/s；围岩渗透系数取为 3×10^{-7}m/s；固灌圈渗透系数取 5×10^{-8} m/s。

固结灌浆深度的敏感性分析是将衬砌内表单位长度渗漏量作为因变量，通过控制边界条件的变化，调整固结灌浆的深度，分析渗漏量的变化。通过渗流量的变化情况确定最优固结灌浆深度。通过 7 组固结灌浆深度的计算方案，计算得到了衬砌内表单位长度渗漏量，见表 3。

表 3　固结灌浆深度敏感性分析计算结果

编号	固结灌浆深度/m	渗漏量/[L/(s·m)]	灌浆深度增加 1 m 时的渗流减少量	
			L/(s·m)	%
1	0	0.276	—	—
2	1	0.184	0.092	33.3
3	2	0.146	0.038	20.7
4	3	0.124	0.022	15.1
5	4	0.110	0.014	11.3
6	5	0.100	0.010	9.1
7	6	0.092	0.008	8.0

如表 3 所示，随着固结灌浆深度的增加，衬砌内表单位长度渗漏量不断降低，但是降低的幅度越来越小。当固结灌浆达到一定的深度(4 m)时，进一步增加固结灌浆深度，对于减小衬砌内表单位长度的渗漏量，作用非常有限(灌浆深度从 4 m 增加到 5 m 时，渗流量减小百分比仅 11.3%，见图 2)。因此，综合考虑衬砌结构的防渗要求以及工程造价，初步建议固结灌浆深度取 4 m。

2.3　钢衬与透水衬砌交界处灌浆处理

在压力隧洞下平段混凝土衬砌末端，设置帷幕灌浆圈，以延长混凝土衬砌段渗水的渗径，降低钢衬段外水压力，避免渗水直接沿着钢衬外侧形成直接渗流通道。

帷幕灌浆布置在压力隧洞混凝土段末端的渐变段上，共设置 7 排，入岩深入 12 m，每环 11 孔，分 2 序孔施工。帷幕灌浆压力参照下平段灌浆，最大灌浆压力 7 MPa。

3　压力隧洞监测分析验证

3.1　围岩变形监测

为验证压力隧洞组合支护各项指标选择是否满足设计要求、压力隧洞运行是否平稳，在压力隧洞上、下平段共安装 50 套多点位移计，布置情况见图 3，监测结果见图 4、图 5。

从监测结果可知，压力隧洞上、下平段各监测部位围岩深层变形稳定，累积最大围岩变形为 −34.7 mm，围岩月变形增量在 −0.3~0.4 mm，未发现异常变形趋势。

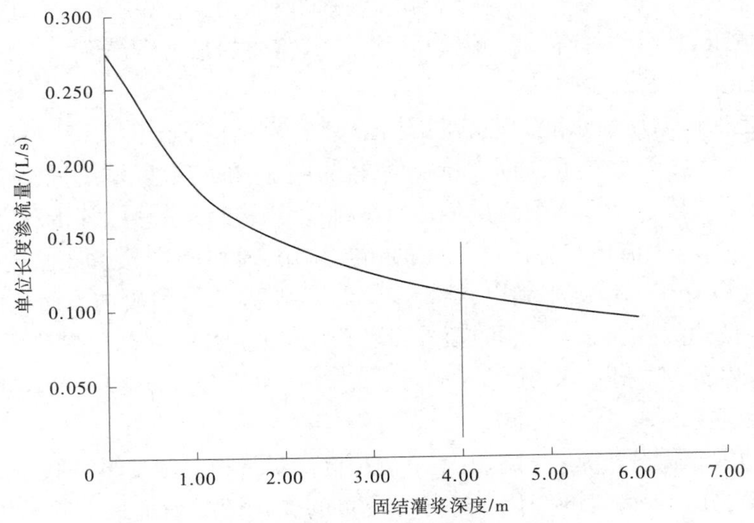

图 2　衬砌内表单位长度渗漏量

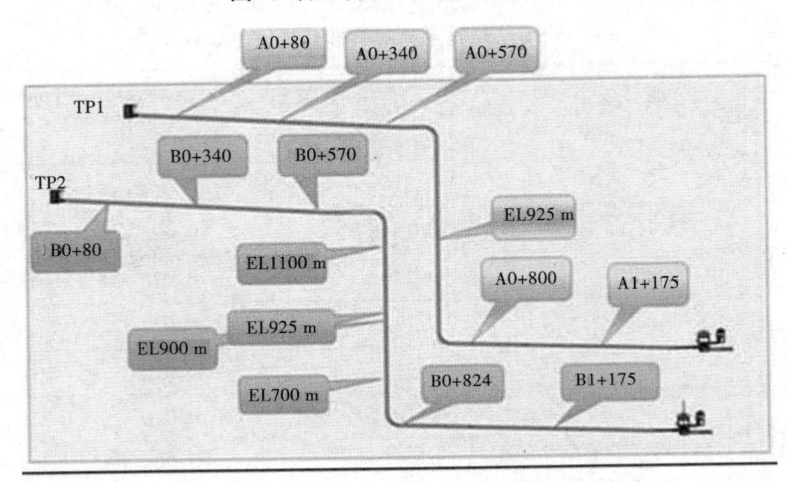

图 3　上、下平段(1#洞和 2#洞)监测图

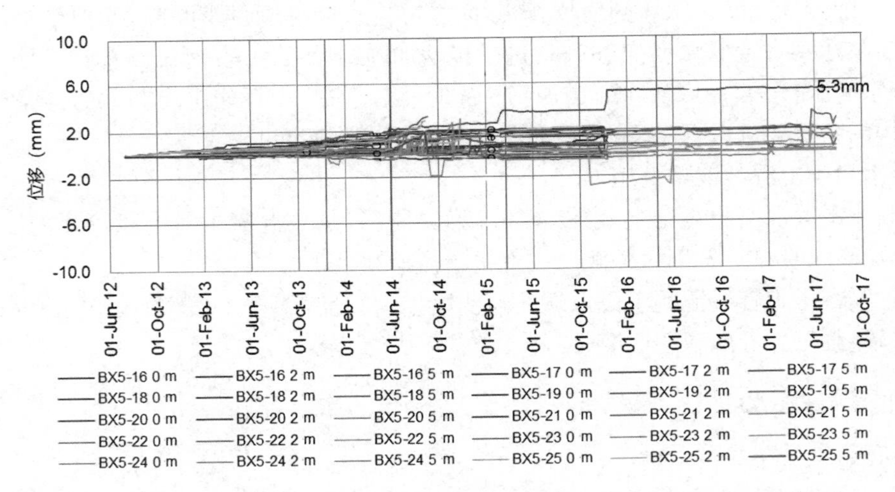

图 4　1#压力隧洞下平段围岩变形监测成果过程线

3.2　渗透水压力监测

压力隧洞下平段共安装 12 支渗压计，监测结果见图 6、图 7。

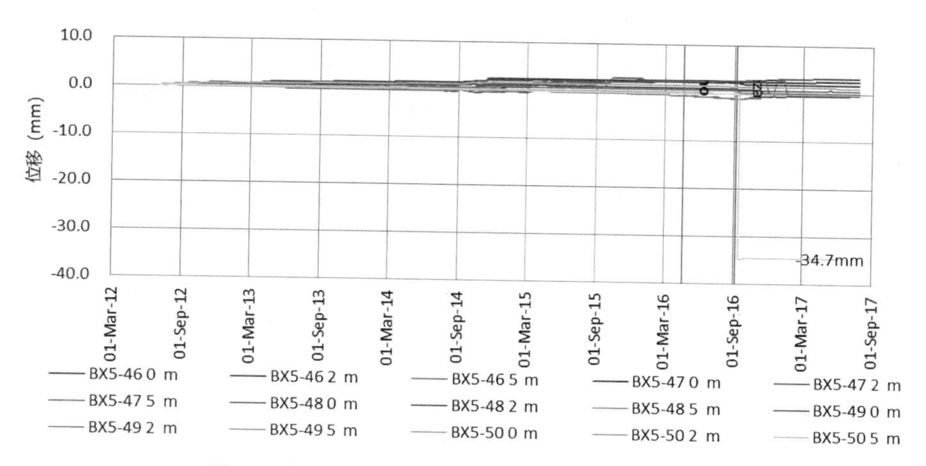

图 5　2#压力隧洞下平段围岩变形监测结果过程线

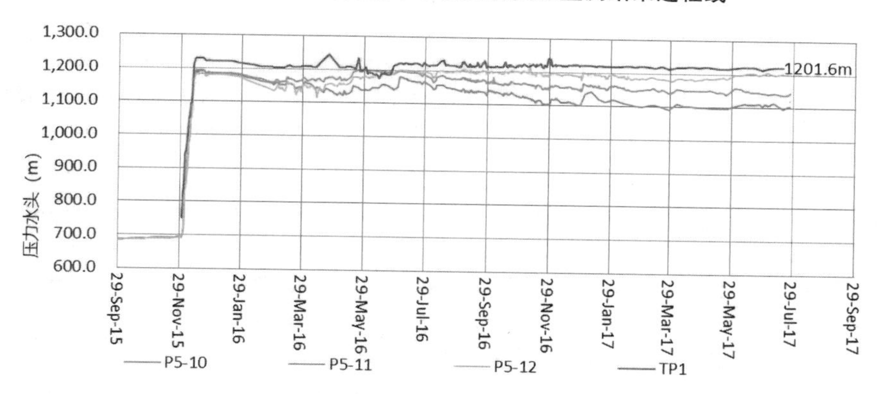

图 6　1#压力隧洞下平段 0+800 渗透水压力监测结果过程线

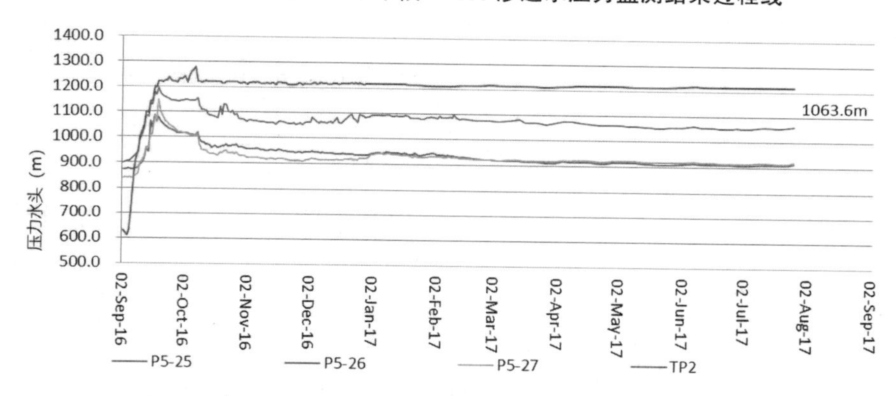

图 7　2#压力隧洞下平段 0+824.41 渗透水压力监测结果过程线

从监测结果可分析，监测时间范围内 2#压力隧洞下平段 0+824.41 桩号最大水位变化为 8.3 m；换算水头在 917.6~1 063.6 m；1#压力隧洞下平段渗透压力水位较上月上升 3.2 m，混凝土浇筑完成的部位承压水头大约在 560 m。1#、2#压力隧洞钢衬段 A(B)1+174 断面监测水压力基本为稳定，水头约为 63 m，监测结果表明，压力隧洞的组合衬砌设计是合适的。

4　结语

高水头低地应力条件下压力隧洞的安全经济支护一直是水利水电工程中的设计难题，高水头压力隧洞的上覆围岩较厚，一般均能满足挪威准则的要求，而深埋岩体中，围岩小主应力主要受构造地应力影响，若隧洞内某一点围岩的小主应力小于洞内水压力，将产生水力劈裂，危及电站的安全运行，针对该

问题,本文研究成果如下:

(1)在挪威准则的框架内,针对钢衬+钢筋混凝土透水衬砌的组合支护形式,构建考虑地应力影响钢衬与钢筋混凝土透水衬砌耦合理论模型,以此确定钢衬起点,有效解决了钢衬与钢筋混凝土衬砌安全与经济最优起点问题。

(2)针对钢筋混凝土透水衬砌,基于三维渗流场特征,通过控制边界条件的变化,将衬砌内表单位长度渗漏量作为因变量,调整固结灌浆的深度,分析渗漏量的变化,以此确定高压隧洞钢筋混凝土透水衬砌最佳灌浆深度和压力。

(3)工程运行后,通过运行期监测资料分析,工程运行状况良好,经济效益显著,表明压力隧洞组合支护各项指标选择是合适的。

该项研究有效解决了高水头低地应力隧洞安全经济支护难题,保证了压力隧洞结构的安全与稳定,相关成果对国内外的类似工程有一定的借鉴及指导意义。

参考文献

[1] 姚阳,娄国川,魏斌,等. CCS 水电站压力管道下平段水力劈裂分析及处理[J]. 人民黄河,2020,42(12):106-110.

[2] 胡云进,方镜平,黄东军,等. 压力隧洞设计与结构计算研究进展[J]. 水力发电,2011,37(7):15-18,49.

[3] 周宏伟, 谢和平, 左建平. 深部高地应力下岩石力学行为研究进展[J]. 力学进展,2005,35(1): 91-99.

[4] Simanjuntak T D Y F, Marence M, Mynett A E, Schleiss A J. Pressure tunnels in non-uniform in situ stress conditions[J]. Tunnelling and Underground Space Technology, 2014, 42: 227-236.

[5] 张金良,谢遵党,邢建营. CCS 水电站若干设计难点研究与突破[J]. 人民黄河,2019,41(5):96-100,105.

[6] 李新平,汪斌,周桂龙. 我国大陆实测深部地应力分布规律研究[J]. 岩石力学与工程学报,2012,31(S1):2875-2880.

[7] 水工隧洞设计规范: SL 279—2016[S]. 北京: 中国水利水电出版社, 2016.

[8] 王玉杰,陈晨,曹瑞琅,等. 高内水压力隧洞钢筋混凝土衬砌裂缝控制标准[J]. 水力发电学报,2020,39(9):111-120.

[9] 林太清,高江林. 高压隧洞裂隙渗流的离散元数值分析[J]. 水力发电,2018,44(5):40-44.

基于流态分区的三维裂隙网络渗流分析

白正雄[1,2]　杨风威[1,2]

(1. 黄河勘测规划设计研究院有限公司,河南郑州　450003;
2. 水利部黄河流域水治理与水安全重点实验室(筹),河南郑州　450003)

摘　要:针对三维裂隙网络渗流问题,根据裂隙糙率和水的流态,采用雷诺数 *Re* 将裂隙渗流分为平行流和非平行流共 5 个流态分区;在立方定理的基础上,利用 Louis 公式和广义达西定律,针对不同的流态分区采用不同的渗透系数表达式来描述裂隙的渗透特性;进而采用薄层单元模拟透水裂隙,求解水流运动方程来进行三维裂隙网络渗流分析;最后通过与 Grenoble 试验数据对比分析,表明该方法可较好地反映裂隙水流的运动规律,但还有待于进一步在实际工程应用中进行验证。

关键词:裂隙网络渗流;立方定理;广义达西定律;流态分区

1　引言

岩体渗流是岩体水力学研究的重要内容,大量试验和工程实践使人们认识到岩体中的水流主要沿着裂隙网络所形成的通道流动,即岩体渗流实质上是裂隙网络渗流。目前,针对二维裂隙网络渗流问题的研究相对比较成熟。由于三维裂隙网络渗流的非均质性和各向异性,许多学者基于离散裂隙网络模型开展了大量研究工作。毛昶熙等[1]将裂隙网络视为电阻网络或水管网,进行各向异性裂隙岩体的渗流分析;王恩志等[2-3]运用图论理论来描述裂隙网络的组成,建立了相应的裂隙网络渗流数值模型。鉴于裂隙分布具有明显的空间特征,学者们针对三维裂隙网络渗流分析提出了圆盘裂隙网络模型、三维多边形裂隙网络模型、圆形管道模型等[4-6]来模拟裂隙网络。实际中裂隙网络渗流可能呈现不同的流态(层流或紊流等),随之表现出的渗流特性也不尽相同。为此,本文基于不同流态分区的渗流特性,以立方定理、Louis 公式和广义达西定律为基础建立三维裂隙网络渗流模型,求解水流运动方程;利用 Grenoble 试验算例来验证算法的合理性。

2　裂隙网络渗流分析

2.1　单裂隙的水力特性

将单裂隙概化为光滑理想平行板,当裂隙内的渗流为层流时,渗流符合立方定理:

$$q = -k_f bi = -\frac{gb^2}{12\nu}bi = -\frac{gb^3}{12\nu}i \tag{1}$$

式中:q 为单宽流量;b 为平行板宽;i 为水力梯度;k_f 为裂隙渗透系数;g 为重力加速度;ν 为水的运动黏滞系数。

实际上,天然裂隙的表面粗糙且部分接触,裂隙内的渗流符合立方定理或修正后的立方定理。Louis[7]根据裂隙糙率和水的流态,将裂隙渗流分为平行流和非平行流两大类共 5 个流态分区,见表 1。

基金项目:国家重点研发计划项目(2018YFC0406905),黄河勘测规划设计研究院有限公司自立科研项目(2013ky—02)。
作者简介:白正雄(1986—),男,高级工程师,博士,研究方向为岩石力学数值模拟。

表 1　不同流态分区的渗透系数和 α 值

分区		流态	渗透系数	α 值
Ⅰ	平行流 ($n/2b \leqslant 0.033$)	层流	$k_f = gb^2/(12\nu)$	1.0
Ⅱ		紊流	$k_f = (1/b)[(g/0.0079)(2/\nu)^{0.25}b^3]^{(4/7)}$	4/7
Ⅲ		紊流	$k_f = 4\sqrt{g}\log[3.7/(n/D_h)]\sqrt{b}$	0.5
Ⅳ	非平行流 ($n/2b>0.033$)	层流	$k_f = gb^2/\{12\nu[1+8.8(n/D_h)^{1.5}]\}$	1.0
Ⅴ		紊流	$k_f = 4\sqrt{g}\log[1.9/(n/D_h)]\sqrt{b}$	0.5

注：n 为裂隙面糙率；b 为隙宽；D_h 为水力半径，等于 2 倍隙宽；α 为与流态分区有关的常数。

表 1 中各个流态分区雷诺数 Re 的分区标准[1]如下：

（1）平行流（$n/2b \leqslant 0.033$）。

Ⅰ～Ⅱ区：$Re=2\ 300$；

Ⅱ～Ⅲ区：$Re = 2.552\{\lg[3.7/(n/D_h)]\}^8$。

（2）非平行流（$n/2b>0.033$）。

Ⅳ～Ⅴ区：$Re = 845\{\lg[1.9/(n/D_h)]\}^{1.14}$。

裂隙内的平均渗流速度满足广义达西定律，即

$$v_b = k_f \cdot i^\alpha \tag{2}$$

式中：v_b 为平均流速；i 为水力梯度；α 为与流态分区有关的常数（见表 1）。

2.2　有限元求解

当裂隙内水流为恒定流时，基于地下水运动方程，通过不同裂隙交叉区的水头相等将全部裂隙联系起来，可得到恒定流的有限元方程组

$$[K]\cdot\{h\} = \{f\} \tag{3}$$

式中：$[K]$ 为渗透传导矩阵；$\{h\}$ 为节点水头列阵；$\{f\}$ 为节点等效流量列阵。

针对式（3）中的渗透传导矩阵，裂隙单元可用透水薄层来模拟[1]，薄层内沿法向水头值假定为相同，即 $\dfrac{\partial H}{\partial n}=0$。以四结点的面单元来模拟裂隙透水薄层，设其厚度为 b，渗透系数为 k（由表 1 求出），则薄层单元的泛函为

$$\begin{aligned} I^e[H] &= \iiint_V \frac{k}{2}\left[\left(\frac{\partial H}{\partial x}\right)^2 + \left(\frac{\partial H}{\partial y}\right)^2 + \left(\frac{\partial H}{\partial z}\right)^2\right]\mathrm{d}V \\ &= \frac{1}{2}\{H^e\}^{\mathrm{T}}[K]^e\{H^e\} \end{aligned} \tag{4}$$

式中：$\{H^e\}^{\mathrm{T}} = \{H_1, H_2, H_3, H_4\}$；$[K]^e$ 为单元渗透矩阵

$$[K]^e = k\iiint_V [B]^{\mathrm{T}}[B]\mathrm{d}V \tag{5}$$

式中：$[B]$ 的行向量为 $[B_i] = \{\frac{\partial N_i}{\partial x}\ \frac{\partial N_i}{\partial y}\ \frac{\partial N_i}{\partial z}\}$；$N_i(\xi,\eta) = \frac{1}{4}(1+\xi_i\xi)(1+\eta_i\eta)$；$i = 1, 2, 3, 4$。

$$\begin{Bmatrix} \dfrac{\partial N_i}{\partial x} \\ \dfrac{\partial N_i}{\partial y} \\ \dfrac{\partial N_i}{\partial z} \end{Bmatrix} = J^{-1}\begin{Bmatrix} \dfrac{\partial N_i}{\partial x} \\ \dfrac{\partial N_i}{\partial y} \\ 0 \end{Bmatrix} \qquad J = \begin{bmatrix} \dfrac{\partial x}{\partial \xi} & \dfrac{\partial y}{\partial \xi} & \dfrac{\partial z}{\partial \xi} \\ \dfrac{\partial x}{\partial \eta} & \dfrac{\partial y}{\partial \eta} & \dfrac{\partial z}{\partial \eta} \\ J_1 & J_2 & J_3 \end{bmatrix}$$

$$J_1 = \begin{vmatrix} \frac{\partial y}{\partial \xi} & \frac{\partial z}{\partial \xi} \\ \frac{\partial y}{\partial \eta} & \frac{\partial z}{\partial \eta} \end{vmatrix} \quad J_2 = \begin{vmatrix} \frac{\partial x}{\partial \eta} & \frac{\partial z}{\partial \eta} \\ \frac{\partial x}{\partial \xi} & \frac{\partial z}{\partial \xi} \end{vmatrix} \quad J_3 = \begin{vmatrix} \frac{\partial x}{\partial \xi} & \frac{\partial y}{\partial \xi} \\ \frac{\partial x}{\partial \eta} & \frac{\partial y}{\partial \eta} \end{vmatrix}$$

得　　$dV = b\sqrt{J_1^2 + J_2^2 + J_3^2}\, d\xi d\eta$

有限元计算时，初始假设裂隙渗流为线性达西层流，计算求解后判别水流流态分区，若为层流，则计算结束；若为紊流，则需进行非线性迭代计算，直至符合非线性流的收敛标准（前后两次计算水头误差小于给定值）计算结束。

3　试验验证

Grenoble 通过建立物理试验模型来模拟裂隙网络水流问题[8]，试验模型如图 1 所示，在模型两侧施加不同水头值，上下边界为不透水边界。试验工况见表 2。

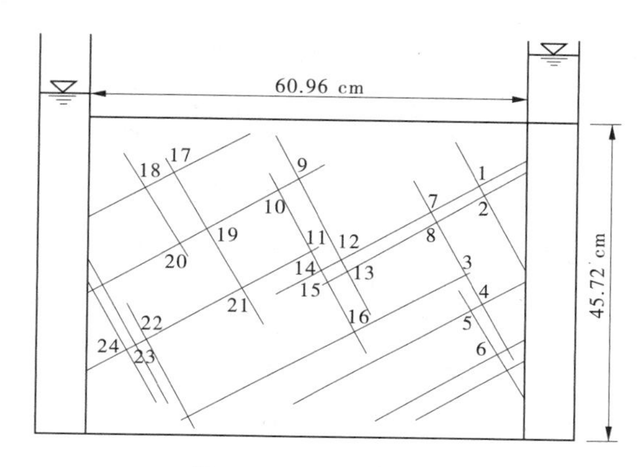

图 1　Grenoble 试验模型

表 2　试验工况

试验序号	H/cm	h/cm	Δh/cm	L/cm	$i(\Delta h/L)$
T1-5	80.52	71.76	8.76	60.96	0.14
T1-7	115.7	71.37	44.33	60.96	0.73
T1-10	227.2	54.36	172.84	60.96	2.84

删除模型中孤立型裂隙面片后，形成稳定渗流分析所需的渗流网络，再经网格划分后形成渗流分析有限元模型（见图 2），其中划分单元 388 个，节点 756 个。

选取表 2 中试验工况进行稳定渗流分析，左右侧计算边界为定水头边界。测点试验数据与计算结果对比分析见表 3。表中 E_i 为相对误差，E_h 为平均误差，相对误差计算如下：

$$E_i = \frac{h_t - h_a}{H - h} \tag{6}$$

式中：h_t 为测点的试验值；h_a 为测点的计算值；H 为上游水头；h 为下游水头。

通过对比分析可知，三种工况下各测点的计算水头值与实测水头值吻合较好，两者误差最大不超过 10.73%，平

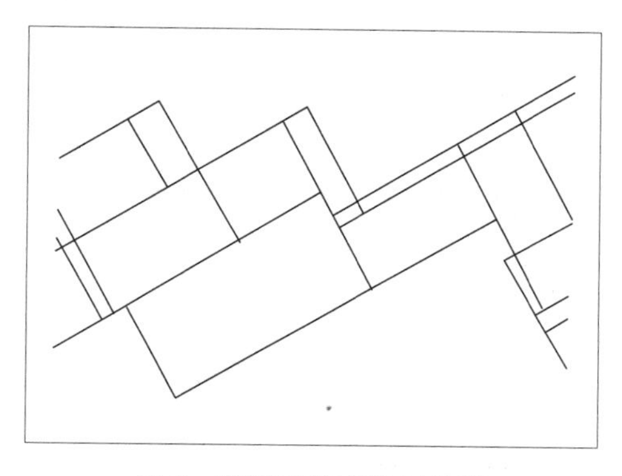

图 2　渗流网络有限元模型

均误差不超过3.49%,说明本文计算模型合理,可以正确反映裂隙网络水流的运动规律。

表3 试验数据与计算结果对比分析

测点序号	T1-5			T1-7			T1-10		
	h_t/cm	h_a/cm	E_i/%	h_t/cm	h_a/cm	E_i/%	h_t/cm	h_a/cm	E_i/%
1	79.88	79.78	1.14	112.65	111.99	1.49	217.81	212.74	2.93
2	79.88	79.83	0.57	113.16	112.21	2.14	218.57	213.61	2.87
3	79.25	79.19	0.68	109.22	108.97	0.56	201.93	200.96	0.56
4	79.88	79.97	-1.03	112.52	112.92	-0.90	217.04	216.39	0.38
5	80.01	80.02	-0.11	113.54	113.2	0.77	218.06	217.45	0.35
6	80.26	80.34	-0.91	114.68	114.81	-0.29	224.03	223.73	0.17
7	78.99	78.86	1.48	108.2	107.34	1.94	200.79	194.63	3.56
8	78.99	78.9	1.03	108.46	107.5	2.17	201.17	195.25	3.43
9	74.8	75.74	-10.73	91.19	91.56	-0.83	141.61	133.08	4.94
10	75.31	75.43	-1.37	89.41	89.98	-1.29	133.86	126.93	4.01
11	75.95	75.96	-0.11	91.82	92.64	-1.85	144.4	137.29	4.11
12	76.96	76.97	-0.11	97.79	97.74	0.11	165.1	157.19	4.58
13	76.96	77.05	-1.03	98.68	98.18	1.13	167.39	158.92	4.90
14	76.45	76.61	-1.83	95.63	95.92	-0.65	157.99	150.08	4.58
15	76.58	76.79	-2.40	96.52	96.85	-0.74	163.2	153.71	5.49
16	76.71	77.0	-3.31	97.28	97.88	-1.35	163.96	157.72	3.61
17	72.77	73.09	-3.65	77.72	78.1	-0.86	86.49	80.63	3.39
18	72.39	72.78	-4.45	76.45	76.55	-0.23	77.98	74.56	1.98
19	73.53	73.75	-2.51	81.79	81.48	0.70	100.46	93.8	3.85
20	72.9	73.16	-2.97	78.74	78.48	0.59	89.66	82.11	4.37
21	74.04	74.31	-3.08	84.33	84.29	0.09	113.67	104.75	5.16
22	72.52	72.87	-4.00	77.34	77.01	0.74	87.76	76.36	6.60
23	72.26	72.56	-3.42	75.82	75.43	0.88	78.11	70.21	4.57
24	71.88	72.34	-5.25	74.17	74.31	-0.32	71.63	65.82	3.36
E_h/%	2.38			0.94			3.49		

4 结论

本文提出了一种三维裂隙网络渗流分析方法。首先,根据裂隙糙率和水的流态,采用雷诺数 *Re* 将裂隙渗流分为平行流和非平行流共5个流态分区。然后,在立方定理的基础上,利用Louis公式和广义达西定律,采用不同的渗透系数描述不同流态分区裂隙的渗透特性。接着,采用薄层单元模拟透水裂隙,求解水流运动方程来进行三维裂隙网络渗流分析。这种方法较为全面地考虑了裂隙网络渗流可能呈现的不同流态(层流或紊流等),通过与 Grenoble 试验数据对比分析,表明本文提出的方法可以较好地反映裂隙网络水流的运动规律,但还需进一步验证在实际工程的适用性。

参考文献

[1] 毛昶熙,段祥宝,李祖贻,等.渗流数值计算与程序应用[M].南京:河海大学出版社,1999.

[2] 王恩志.岩体裂隙的网络分析及渗流模型[J].岩石力学与工程学报,1993,12(3):214-221.

[3] 王恩志.三维离散裂隙网络渗流模型与实验模拟[J].水利学报,2002,33(5):37-40.

[4] Long C S, Gilmour P, Witherspoon P A . A model for steady fluid flow in random three-dimensional networks of disc-shaped fractures[J]. Water Resour. Res. , 1985, 21 (8) : 1105- 1153.

[5] Dershowitz W S, et al. A new three dimensional model for flow in fractured rock . Mem[J] . Int. Assoc. Hydrogeol, 1985, 17 (7) : 441-448.

[6] 万力,李定方,李吉庆.三维裂隙网络的多边形单元渗流模型[J].水利水运科学研究,1993(4):347-353.

[7] Louis C. A study of groundwater flow in jointed rock and its influence on the stability of rock masses[R]. Imperial College Rock Mechanics Research Report, 1969.

[8] Grenoble B A. Influence of Geology on Seepage and uplift in Concrete Gravity Dam Foundations[D]. Ph. D. thesis, University of Colorado at Boulder, CO, 1989.

生态水利工程设计在水利建设中的运用

张华岩

(黄河水利委员会新闻宣传出版中心,河南郑州　450003)

摘　要:水利建设与民生具有密切联系,其能够在一定程度上对社会经济发展产生影响。但随着社会环保意识的不断增强,传统水利建设方法已无法满足社会需求,导致水利工程整体效益明显下降。因此,为解决上述问题,促进水利事业发展,满足社会需求,本文通过调查与分析文献资料,围绕水利建设现状展开探讨,并对生态水利工程设计在水利建设中的应用进行研究,以期为业内人员开展水利工程建设作业提供可靠依据。

关键词:生态;水利工程设计;水利建设;应用

在水利事业持续发展的背景下,如何提高水利建设质量,保证工程整体效益逐渐成为业内人员的重点研究对象。水利建设与民生具有密切联系,其能够在一定程度上对社会经济发展产生影响[1]。但随着社会环保意识的不断增强,传统水利建设方法已无法满足社会需求,导致水利工程整体效益明显下降。生态水利工程设计是保障水利建设效益及质量的重要手段,其能够促使水利工程的生态效益实现最大化,有效保护生态环境,满足人民群众的需求[2-3]。因此,应对该项手段加以重视,充分掌握其核心内容,并在水利建设中对生态水利工程设计进行合理运用,深层次挖掘其潜在价值,该点对促进水利工程可持续发展具有重要意义。

1　水利建设现状

通过对我国水利建设现状进行分析,可发现虽然社会已对该项工程给予高度重视,但目前水利建设在发展过程中仍存在许多缺陷,致使社会经济发展无法得到保障,造成生态环境健康发展受到不良影响[4-7]。水利建设中存在的问题主要表现在:首先,在开展水利工程建设作业时,部分建设单位未对配套工程建设作业的重要性形成正确认知。从整体的角度出发,可发现进行水利工程建设作业的人员应具有较强的细致性,因此正式进行施工作业时,必须从多个角度出发,深入分析工程项目各项内容,以更全面性的方式实施配套工程的建设作业。在此基础上,水利工程后续施工的顺利进行将得到保障。但在水利工程建设作业中,部分单位过于注重江河水利工程的建设,未针对水利配套项目投入充足资金,致使配套工程对资金费用的需求无法得到满足,造成工程建设受益范围明显缩减,该点对配套工程发挥自身的实际作用及展现功能性极为不利。其次,部分地区的水利工程存在不合理区域,例如,在开展水利工程设计工作的过程中,未提高对质量的关注度,导致水利工程建设质量对设计工作具有的要求无法得到满足。水利工程建设质量将明显降低。

2　生态水利工程设计的作用

生态水利工程设计是生态环保理念的衍生物[8-9],其能够显著提高水利建设作业的科学性及合理性。通过调查可以发现,生态水利工程设计在水利建设中具有的作用主要表现在以下两个方面。

(1)能够为生态环境提供保护,促进其健康发展。针对以往的水利工程建设作业而言,部分建设单位未对生态策划方面加以重视,导致水利工程在施工过程中及投入使用后对附近生态系统产生不良影

作者简介:张华岩(1983—),女,副编审,主要从事水利工程研究及编审出版工作。

响，造成生态环境无法实现健康发展，甚至直接威胁人民群众的日常生活，致使自然灾害发生的可能性增加，造成工程项目整体效益下滑。因此，正式开展生态水利工程建设作业时，必须对策划工作的重要性形成正确认知，从自然生态环境、人与自然的关系、经济运行等多个角度出发，以此展开深入研究与分析，全面提高工程策划方面的科学性及合理性[10]，实现在有效保障自然生态环境的前提下，推动水利工程建设区域的经济发展，进而满足社会需求。由此可以发现，生态水利工程设计在水利建设中能够发挥自身的实际作用，因此相关单位必须提高对生态水利工程设计工作的重视程度，促使水资源的使用实现合理化，严禁浪费水资源现象发生。

（2）推动水利事业健康发展。针对生态水利工程设计而言，该项工程的策划与我国可持续发展理念及相应的策划观念具有一定的相似性，均是围绕人与自然的关系展开探索与思考的观念，因此生态水利工程设计能够对生态环境产生积极影响，有效保护环境，满足水利工程在建设方面的各项要求。从整体的角度出发，可发现生态水利工程策划工作具有较强的复杂性，其涉及的知识内容相对较多，涵盖多个领域，因此该项工作的综合性相对较强，且具有较高的系统化水平。在开展生态水利工程策划工作的过程中，工作人员不仅应对普通水利工程的性能进行综合考量，例如供水及防洪等，而且还要在策划过程中对生态水利工程具体状况进行分析与研究，从整体的角度上对工程项目进行计划，以确保生态水利工程各方面均具有良好的科学性，进而满足人民群众的生活需求，实现高效利用水资源，防止水资源浪费现象发生，促进水利事业长远发展。此外，生态水利工程设计在水利工程建设作业中属于重要内容，其具有当前水利工程具有的各项要求及未来工程项目需要的各种条件[11-12]。由此可以发现，在严格做好生态水利工程设计工作的情况下，水利工程事业的未来发展将得到保障。

3　生态水利工程设计的应用原则

在水利建设中，应用生态水利进行工程设计时，必须充分贯彻以下几项原则：①为水体系统提供有效保护。在开展生态水利工程设计工作的过程中，必须对建设区域的水体加以重视，以此为基础开展各项设计环节。进行各项工作时，工作人员应结合标准科学安排水体，并对建设区域的地下水及地表水等各类水资源采取有效的保护措施。在完成上述操作后，才能开展生态水利工程的建设作业，进而实现从根源上防止水资源污染及浪费现象发生[13]。该项原则在生态水利工程设计的应用中具有重要地位，因此业内人员必须予以关注。②对河流生态系统进行保护。当前的水利工程项目在开展建设作业时，大多将地方区域的江海河流作为重要基础，以此实施各项建设作业。在实际施工中，考虑到不同区域的江海河流均具有不同特征，且可能受到环境、地势及气候等多项因素的影响，故而进行水利工程建设作业时，必须对地方区域具体状况进行综合考量，构建针对性标准，以此对不同水利工程项目进行约束。在开展生态水利工程设计工作的过程中，工作人员必须通过相应手段开展对建设区域环境、地质、气候等多项因素的调查工作，充分了解水利工程建设作业涉及的各项因素，并分析水流附近的自然环境，明确其实际状况，进而为后续生态水利工程设计工作的顺利开展奠定良好基础。此外，对生态水利工程进行策划与开展施工作业时，必须对水流附近的动植物予以关注，对其采取有效的保护措施，非必要情况下应避免搬动动植物，以防止对生态系统造成破坏，避免生态水利工程的整体效益降低。

4　生态水利工程设计在水利建设中的应用

4.1　注重堤岸建设

堤岸工程在水利工程建设作业中属于重要内容，能够在一定程度上对水利工程建设质量产生影响，且与水利工程的整体效益及附近环境的健康发展具有密切联系。此外，在水利工程建设作业结束后，堤岸能够发挥自身的实际作用，以此对洪水进行防治，有效保障人民群众的日常生活和确保财产安全。因此，应对该项基础工程的重要性形成认知，并对堤岸工程进行科学建设[14]。正式开展生态水利工程设计工作的过程中，对堤岸进行策划时，工作人员必须及时转变自身观念，严禁对早期水利工程堤岸策划理念进行应用，而是必须和充分结合建设区域水体的具体状况，贯彻可持续发展原则，以此开展设计工作,全面提高各项工作环节的科学性及合理性,满足地方区域水利工程具有的建设要求。工作人员对堤岸工程进行设计时,应充分结合规范要求,采取相应措施,尽可能提高堤岸的多样性,以实现对水体内部生物的破坏性进行有效控制,全面提高水体保护方面的生态稳定性。在堤岸工程具备良好多样性的情况下,水体中生物的生长将得到保障,且多样性将明显提升。通过对堤岸工程进行深入分析,可发现其本身具有较强的复杂性,若未对各方面进行严格把控,有可能导致工程设计缺陷或建设质量降低,致使工程在投入使用后,无法充分展现自身的核心价值。因此,为实现对上述问题的有效应对,工作人员在开展设计工作前,必须结合要求对水体附近的自然生态环境进行调查,充分了解其各项内容,以具备全面性的方式对工程项目进行预测,实现科学运用水体附近的环境,积极影响堤岸的稳固性、安全性及科学性。通过大量实践可以发现,在生态水利工程设计工作中,堤岸植被能够对水分进行充足的储存。考虑到水分中普遍具有大量的微生物,且微生物能够促使土壤实现多孔化,故在建设堤岸植被的情况下,河道水资源将得到有效调控,该点对确保水利工程稳定、安全运行具有重要作用,且能够明显提升工程项目的生态效益与社会效益。

4.2 提升水资源自净能力

水资源在人类生存中具有重要地位,是人类生活与工作的重要基础。在社会环保意识不断增强的背景下,水资源保护已成为各个国家的重点关注对象,例如我国已相继推出多项法规政策,以此对工业行为进行约束,防止水资源受到破坏或污染。虽然我国对水资源保护的重视程度正在不断提高,但当前的水资源状况仍较为恶劣,导致社会经济发展受到不良影响,造成人民群众的各项需求无法得到满足。在水资源保护工作中,若相关部门仅对人为方法进行应用,将导致保护效果明显降低,致使工作难度增加,因此相关部门必须采取相应措施,全面提高水体的自净能力,并对水体自净功能与人为保护方法进行充分结合,以此减少各项因素对水资源造成的破坏。在开展生态水利工程设计工作的过程中,工作人员不仅要对地方群众进行综合考量,而且要不断增强水体自净功能,实现通过生态水利工程设计工作为水资源提供保护,有效涵养水体,并在水体内部构建合理的循环系统,以促使水体中存在的污染物转变为无机物,进而提高水资源净化效果,有效控制水资源污染。

4.3 保护生态系统

对水利工程而言,建设单位大多选择在江海河流等自然水体附近开展工程项目建设作业。在实际施工中,考虑到该项工程设计的内容呈现多样化,故进行施工作业时,江海河流极有可能受到破坏,导致工程项目的整体效益降低。因此,为对上述问题进行有效应对,在开展生态水利工程设计与建设作业时,必须与可持续发展理念进行充分结合,并革新各项工作方式,严格依照标准开展设计与施工作业。此外,工作人员有必要对地方区域的水体附近环境展开调查与研究,充分掌握各项信息,进而对施工方式进行科学调整,减轻工程建设作业对水体附近动植物造成的不良影响。在此基础上,人与自然的关系将得到平衡,且可持续发展理念将完整融入生态水利工程建设中。

4.4 合理改变河道

针对处在河流附近的水利工程,在施工过程中必须对河道加以重视,采取合理措施改道,提高水利工程建设作业的简便性,积极提高水资源利用效率,满足人民群众的各项需求。通过实际调查发现,虽然改变河道能够在一定程度上提高水资源利用效率,但可能影响自然生态环境的长远发展,破坏生态系统。因此,设计人员应认识到生态环保理念与可持续发展理念的重要性,掌握其核心内容,并在生态水利工程建设中对两项理念进行充分结合。对河道采取相应的改变措施时,应调查建设区域附近的自然环境,并在自然环境的基础上对后期施工进行调整。例如,可选择对人工生态护岸进行利用,以此改变河道,提高河道的生态平衡性,防止其受到破坏。在开展生态水利工程设计工作的过程中,必须保留河流附近的生态环境,进而提高河道改变方面的科学化与系统化水平。

4.5 应用新技术与材料

将生态水利工程设计应用到水利建设作业时,工作人员不仅应贯彻生态理念,而且要充分利用新型生态技术材料,例如应将先进的水闸技术或翻板闸技术应用到各项施工中。针对上述两项技术,其在操作方面均具有良好的简便性,且结构精简,能够在水利建设中取得良好的应用效果。进行水利工程建设作业时,可结合实际状况对其他新型材料进行使用,例如石笼、植草专用砖等。考虑到生态理念的应用及水利工程的长远发展对材料技术具有较强的依赖性,故在未来发展中,业内人员必须加大对材料技术的研究投入,不断对原有材料技术进行革新或研发新型材料技术,进而满足水利建设要求。

5 结语

综上所述,生态水利工程设计具有良好的应用效果,其能够提高水利建设作业的生态效益与社会效益,防止水资源污染及浪费现象发生。因此,应对生态水利工程设计加以重视,并采取提高水体自净能力、合理运用新技术材料、科学改变河道等措施,展现生态水利工程设计的核心价值,保障水利事业实现高质量发展。

参考文献

[1] 董宝昌,张浩. 生态水利的重要作用及其若干思考[J]. 水土保持应用技术,2019(3):48-49.
[2] 刘志. 生态水利工程项目和谐建设的思考[J]. 治淮,2019(8):54-55.
[3] 段红东,王建平,李发鹏. 国外生态水利工程建设理念、实践及其启示[J]. 水利发展研究,2019,19(7):64-67.
[4] 张霞. 生态理念下的现代水利工程设计研究[J]. 河南科技,2019(22):101-103.
[5] 段红东. 生态水利工程概念研究与典型工程案例分析[J]. 水利经济,2019,37(4):1-4,75.
[6] 李倩倩,金弈. 生态水利工程典型案例研究[J]. 水利规划与设计,2019(10):145-148.
[7] 刘峰峰. 生态水利工程设计在水利建设中的运用[J]. 工程技术研究,2022,7(4):196-197,225.
[8] 邓铭江,黄强,畅建霞. 广义生态水利的内涵及其过程与维度[J]. 水科学进展,2020,31(5):775-792.
[9] 黄强,邓铭江,畅建霞,等. 生态水利学初探[J]. 人民黄河,2021,43(10):17-23.
[10] 刘进霞. 生态水利工程建设的基本原则与策略[J]. 山东水利,2019(8):23-24.
[11] 何楠,张亚琼,李佳音,等. 基于黄河流域治理的生态水利 PPP 项目风险评估[J]. 人民黄河,2021,43(3):11-17.
[12] 王延杰. 基于三维动画技术的生态水利工程管理系统[J]. 水利科技与经济,2022,28(6):140-144.
[13] 王勤. 生态水利工程建设中的若干原则[J]. 河南水利与南水北调,2021,50(6):7-8.
[14] 崔保山,刘康,宋国香,等. 生态水利研究的理论基础与重点领域[J]. 环境科学学报,2022,42(1):10-18.

新型淤地坝过流试验及仿真研究

袁高昂[1,2]

(1. 黄河勘测规划设计研究院有限公司,河南郑州 450003;
2. 水利部黄河流域水管理与水安全重点实验室(筹),河南郑州 450003)

摘 要:防溃决多拦沙新型淤地坝是黄土高原水土保持的重要工程措施之一,为明晰新型淤地坝的过流安全特性,在现场过流试验的基础上,开展两相流、流固耦合作用下的新型淤地坝过流数值计算,分析淤地坝的水力学要素及防护层的力学特性。研究结果表明:现场过流试验中 2 m 水头工况下,测得下游最大流速为 11.13 m/s,压力值约为 11.6 kPa;数值分析中 2 m 水头下,下游最大流速为 11.66 m/s,与实测值相对误差为 4.76%;坝面水流压力约为 12.74 kPa,与实测值相对误差为 9.82%;表明该模型是可靠有效的;坝面的水流流速、压力在过水 3 s 后趋于稳定;防护层的 Mises 应力在放水初期最大,而后逐渐降低;正交试验设计分析表明堰上水头对坝面水流流速和压力影响较大;防护层模量和厚度对结构层的 Mises 应力和位移的影响较大;基于数值分析结果构建了不同评价指标的预估模型;研究成果完善了新型淤地坝的过流安全检验体系。

关键词:新型淤地坝;防护层;过流特性;水流流速;水流压力;Mises 应力

修建淤地坝是黄土高原地区拦沙淤地、防洪减灾、抬高侵蚀基准面、控制水土流失、拦减入黄泥沙、确保黄河下游河床不抬高的一项根本措施[1-3]。淤地坝为均质黄土土坝,坝身设计不能过流,漫坝后易溃易决,甚至诱发连锁溃坝,水沙俱下,造成严重灾害[4-5]。针对均质黄土淤地坝的溃决风险高、管护压力大、拦沙不充分三大痛点[6-8],张金良等[9]研发能够实现淤地坝坝身过流的新型复合淤地坝,突破淤地坝坝身严禁过流的技术瓶颈;并对其结构应力、变形及滑移脱空情况进行分析,认为坝体产生的增量位移较小,对坝体的稳定性、安全性影响较小[10]。淤地坝的安全性和稳定性是其重要的研究内容。李星南[11]基于淤地坝台阶式全断面坝面过流特性分析,提出柔性台阶式溢洪道设计方法。梁军等[12]分析了洪水漫顶造成下游堆石料被冲刷流失及纵向增强体土石坝的安全运行机制。于沭等[13]基于坝体泄流模型试验提出了一种具有良好的抗冲刷特性的新型复合 PET 材料以及柔性溢洪道布置形式。王亮等[14]基于流固耦合理论和强度折减法分析认为土工膜和黏土防渗斜墙改造方案满足安全性和防渗要求。新型淤地坝的过流安全是影响其服役性能的关键因素,本文基于现场过流试验结果,综合两相流相场和流固耦合理论,对淤地坝的过流过程进行数值计算及可视化研究,研究成果为防溃决多拦沙新型淤地坝的设计和施工提供理论依据,支撑黄河流域生态保护和高质量发展。

1 项目概况

西峰淤地坝位于黄河水土保持西峰治理监督局南小河沟水土保持试验场,西峰淤地坝坝长 50 m,坝高约 10 m,下游坡度约 1:1.7。岩性主要是中、重粉质壤土以及少量黏土;未发现断层通过,地质构造不发育。西峰淤地坝下游坝坡采用防冲刷材料进行护坡,坝顶浇筑 1 m 厚的混凝土用于支撑液压翻板,溢洪道两侧边墙为砖砌结构。

2 过流试验

通过西峰淤地坝坝身过流试验,研究淤地坝坝身防冲刷保护层的抗冲刷性能,研究坝身过流对坝体及

作者简介:袁高昂(1989—),男,博士,工程师,主要从事工程材料与结构设计研究工作。

泄流结构安全性的影响,通过试验总结规律,为新型淤地坝设计中黄土固化材料设计指标选定、新型坝工结构设计提供依据和支撑。防溃决多拦沙新型淤地坝设计理念通过采用黄土固化新材料在淤地坝坝身设置防冲刷保护层,实现土坝坝身过流而不致溃决,从而达到防溃决、多拦沙的目标。在现场开展上游库区堰上水头与溢流特性监测、消力池脉动压力分布监测及坝体和防护结构过流安全检验(位移检测)。

2.1 流速

采用 LS300-A-II 型高精度流速仪,布置在坡面和消力池水面的交界部位,在上游开闸泄流过程中,通过终端电机控制调节探头位置以进行流速测量。采用非接触式红外线激光测速仪,监测上游泄流过程中坡面的流速大小及变化情况。在 2 m 水头工况下,泄流过程中的流速变化如图 1 所示。结果表明:在 2 m 水头工况下,测得下游最大流速为 11.13 m/s,坡面最大流速为 6.04 m/s。

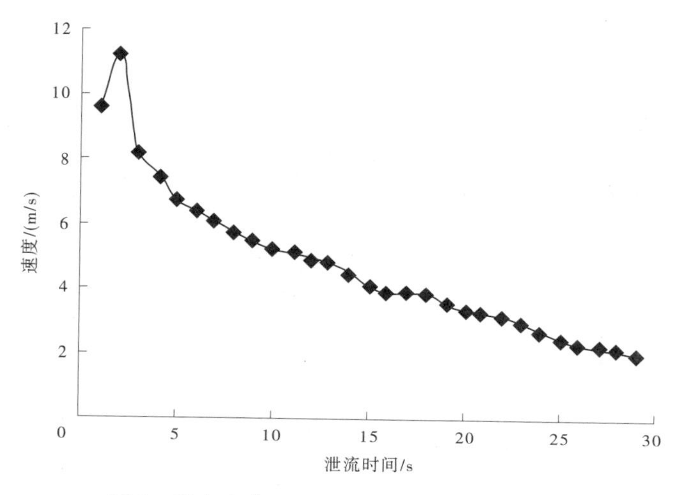

图 1 堰上水头 2 m 工况下泄流过程流速变化

2.2 脉动压力

采用 HM-90 高频动态脉动压力传感器监测脉动压力,该传感器的布设位置为坡脚侧墙处,距坡面 20 cm,距消力池底部 10 cm。传感器的一头经集线器与电脑相连,通过相应的配套软件,可实时读取传感器探头的压力变化情况并做可视化处理。监测结果如图 2 所示。在最不利工况下,上游 2 m 水头的泄流过程中,瞬间捕获到脉动压力值约为-11.6 kPa。

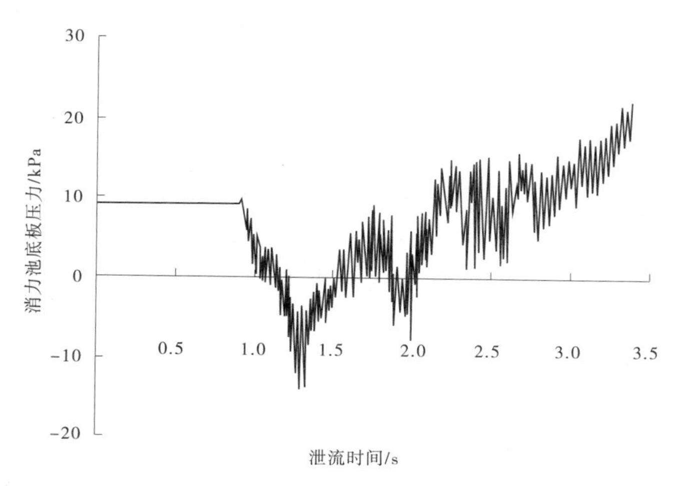

图 2 堰上水头 2 m 工况下下游消力池底板压力

2.3 坝体及防护结构过流安全检验

通过地质雷达探测技术开展对下游坝坡防冲保护层的检测,查明下游坝坡防冲刷材料护坡与原坝面之间是否存在脱空情况及其他缺陷,评价防冲保护层的施工质量。根据现场实际采集的资料,进行计算分析。现场检测时,分别使用 200 MHz、400 MHz 天线对西峰淤地坝下游坝坡防冲刷保护层进行检测,结合西峰淤地坝工程实际情况,共布设 3 个监测基准点及工作基点,且在垂直坝轴线方向布设 2 个监测横断面,平行坝轴线方向布设 4 个监测纵断面,纵横监测断面交点部位共设 8 个监测墩,拟采用前方交会法进行表面垂直位移监测及水平位移监测。泄洪道坝坡测线天线雷达检测结果如表 1 所示。检测结果表明,累计变化量及变化速率正常。

表 1　泄洪道坝坡测线天线雷达检测结果

项目	测点编号	最大变形速率/(mm/d)	累计变形最大值/mm
水平位移	W4-3	0.29	2.30
竖向位移	W4-3	-0.46	-3.70

3　西峰淤地坝过流数值计算分析

根据西峰淤地坝的几何模型构建数值模型。模型中包含空气、堰上水头、坝体背部淤沙、地基、防冲刷保护层(防护层),具体模型如图 3 所示。坐标系定义为:X 为顺河向,指向下游为正;Y 为垂直向,向上为正。模型采用三角形网格,共有单元总数 5 788 个。坝基底部约束所有方向位移;坝基两侧 Y 向位移约束。

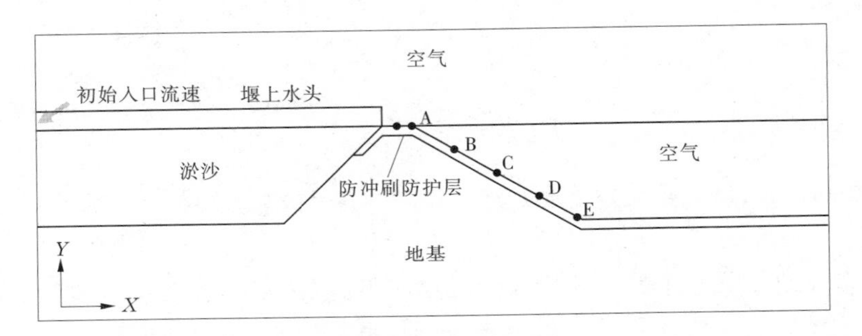

图 3　数值计算模型

注:A~E 为测点

3.1　计算参数

研究中各材料计算参数如表 2 所示。计算采用空气-流体两相流和流固全耦合分析,流体采用不可压缩流体,固体采用线弹性材料。

表 2　各材料的计算参数

材料	密度/(kg/m^3)	弹性模量/MPa	泊松比	动力黏度/(Pa·s)
地基	1 300	80	0.35	
淤沙	1 200	100	0.3	
防护层	1 700	1 000	0.4	
空气	1.29			1.79×10^{-5}
水	1 000			1.01×10^{-3}

3.2　数值模型构建及验证

根据现场过流试验结果,采用堰上水头 2 m、初始入口水流流速 1 m/s,开展两相流相场、流固耦合作用下的淤地坝坝面过流分析研究,相场(空气、水)采用层流分析,地基、淤沙和防护层采用固体力学分析;研究采用瞬态分析(过流时间为 30 s);分析计算结果如图 4 所示。研究表明:坝面水流流速在坝体下游获得最大值，水流压力则在防护层坡脚和堰上水头处获取最大值，水流分布沿顺河向逐渐降低，坝体 Mises 应力在防护层坡脚处获得最大值；坝体位移和体积应变则在淤沙部分取得最大值。

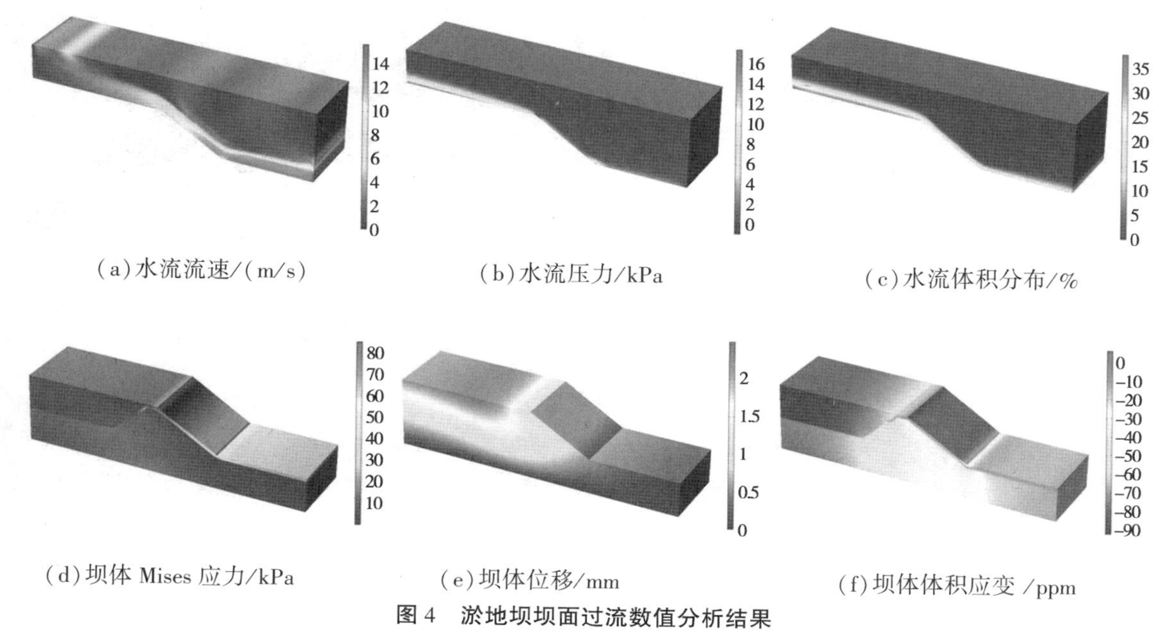

(a)水流流速/(m/s)　(b)水流压力/kPa　(c)水流体积分布/%

(d)坝体 Mises 应力/kPa　(e)坝体位移/mm　(f)坝体体积应变 /ppm

图 4　淤地坝坝面过流数值分析结果

根据上述分析，对坝体中轴线的坝顶中部 A：$H=10$ m、B：$H=7.5$ m、C：$H=5.0$ m、D：$H=2.5$ m 和 E：$H=0$ m 六个关键点的水力学要素（坝面水流流速和水流压力）和力学要素（防护层 Mises 应力和纵向位移）分析，结果如图 5 所示。计算结果表明：2 m 堰上水头条件下，最大坝面水流流速为 11.66 m/s，与现场监测的 11.13 m/s 相比，相对误差为 4.76%；坝面中部的水流流速为 6~10 m/s。坝面水流压力约为 12.74 kPa，与现场监测的 11.6 kPa 相比，相对误差为 9.83%。结果表明，该两相流、流固耦合模型分析淤地坝坝面过流是合理可行的。坝面水流流速在泄流前 3 s 内剧烈变化，且达到最大值，3 s 后则趋于稳定；坝面水流压力则在泄流 3 s 后达到最大值；对固体力学部分进行分析，防护层最大 Mises 应力为 99.2 kPa，最大纵向位移约为 1.38 mm，二者均在泄流初始阶段（0.2~0.3 s）即达到最大值。

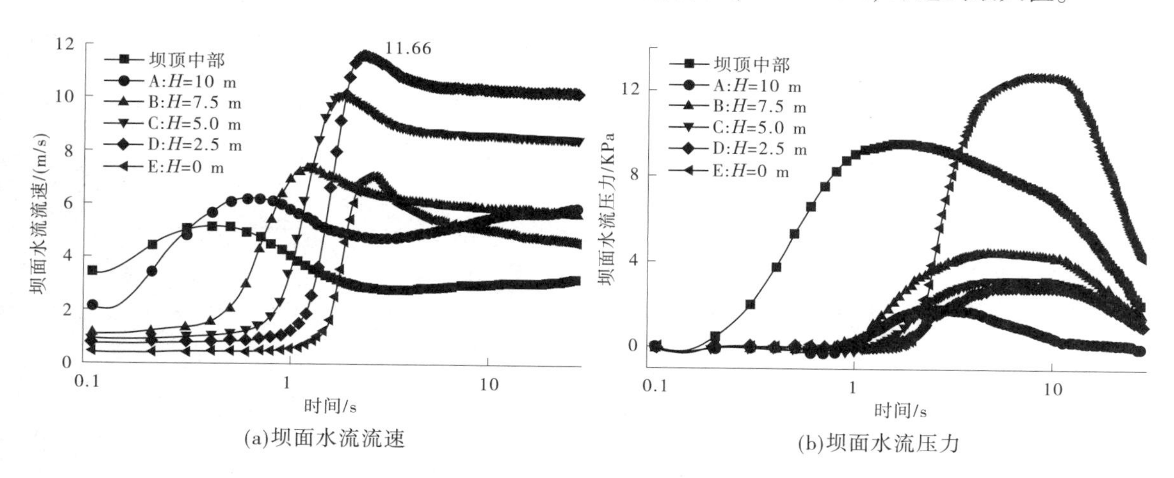

(a)坝面水流流速　(b)坝面水流压力

图 5　堰上水头 2 m 工况下淤地坝过流分析结果

3.3　正交试验设计及结果分析

正交试验方法是一种可解决多因素、多水平及多指标的试验方法，且能挑选出最优的因素水平组合，从而优化试验方向[15-16]。基于前期的试算分析，优选堰上水头 H、防护层模量 M、防护层厚度 h 等 3 个因素及各因素的 3 个参数水平，采用正交试验设计 3 因素 3 水平的正交试验表，并基于前文的模型开

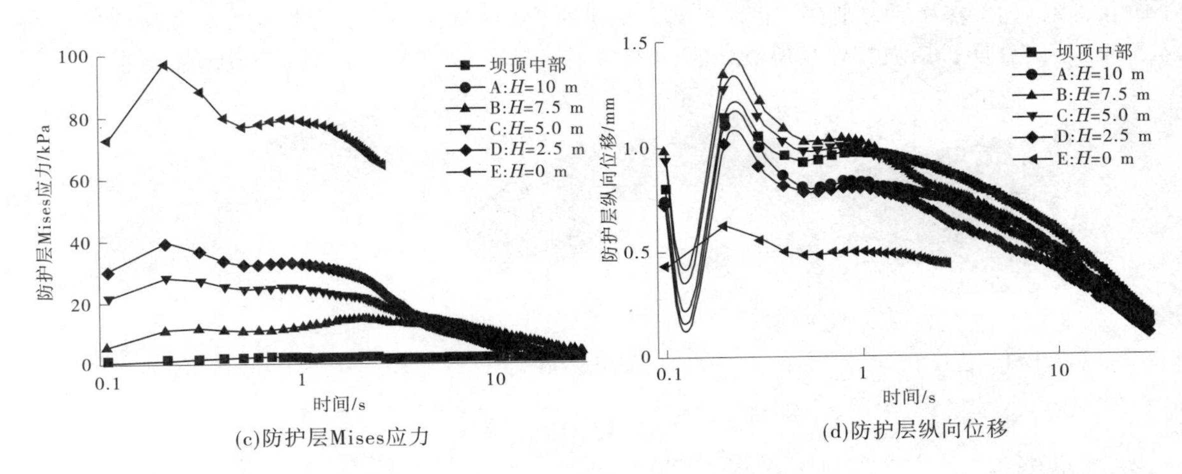

(c)防护层Mises应力

(d)防护层纵向位移

续图 5

展数值计算,以坝面水流流速 v、坝面水流压力 P、防护层纵向位移 u 和防护层 Mises 应力 S 作为评价指标,正交试验表及数值分析结果如表 3 所示。针对表 2 中正交试验数值计算结果,对每个评估指标,按 3 因素 3 水平开展各个评价指标的极差分析,结果如表 4 所示。表 4 中 K 为统计平均值,K 的下标 1、2、3 为 3 个因素水平,R 为统计平均值的极差,其大小反映该因素水平对评价指标影响的大小。极差分析结果表明:对坝面水流流速影响的各因素排序为:堰上水头>防护层模量>防护层厚度,对坝面水流压力影响的各因素排序为:堰上水头>防护层厚度>防护层模量,对防护层纵向位移影响的各因素排序为:防护层厚度>防护层模量>堰上水头,对防护层 Mises 应力影响的各因素排序为:防护层模量>防护层厚度>堰上水头;分析结果为新型淤地坝的结构设计及过流安全评价提供参考。

表 3　正交试验表及数值分析结果

编号	堰上水头 H/m	防护层模量 M/MPa	防护层厚度 h/m	坝面水流流速 v/(m/s)	坝面水流压力 P/kPa	防护层纵向位移 u /mm	防护层 Mises 应力 S/kPa
1*	3	1 500	0.5	10.61	20.97	2.18	228.92
2*	1	1 000	1.5	11.9	6.26	0.69	46.89
3*	3	500	1.5	12.27	21.21	2.28	80.36
4*	1	1 500	1	11.72	6.19	0.68	70.61
5*	2	1 500	1.5	11.91	12.83	1.18	111.51
6*	3	1 000	1	12.14	21.14	2.17	152.62
7*	2	1 000	0.5	10.47	12.75	1.61	117.17
8*	2	500	1	11.92	12.94	1.53	58.48
9*	1	500	0.5	9.96	6.02	0.85	33.49

表 4　正交试验数值分析统计结果

统计量	v/(m/s)			P/kPa			u/mm			S/kPa		
	H	M	h	H	M	h	H	M	h	H	M	h
K_1	12.03	11.19	11.78	6.16	13.47	8.34	1.5	1.38	1.05	50.33	61.91	65.85
K_2	10.86	11.43	11.56	18.35	13.3	12.84	1.44	1.54	1.96	95.72	101.09	146.67
K_3	11.67	11.97	11.41	21.11	13.33	13.41	1.35	2.21	0.74	87.01	153.97	87.49
R	0.81	0.78	0.37	14.95	0.17	5.07	0.15	0.88	1.22	44.39	92.06	80.82

根据正交试验所得的坝面水流流速 v、坝面水流压力 P、防护层纵向位移 u 和防护层 Mises 应力 S 的结果,采用回归分析方法预估不同因素对评价指标的影响,同时用 R^2 来验证模型预测值和实测值之间的线性关系。根据方差分析结果,得到不同评价指标的预估模型,且相关性较好;表明采用多参数模型能较好预测出两相流相场、流固耦合作用下的淤地坝坝面过流过程中各评价指标,见式(1)~式(4)。

$$v = 10 + 0.59H - 0.0007M + 0.74h + 0.35(H-2)^2 - 0.0019(H-2)(M-1000) - 1.5(H-2)(h-1) + 0.0028(M-1000)(h-1) \quad (R^2 = 0.9403) \tag{1}$$

$$P = -2.09 + 7.5H - 0.0001M + 0.074h + 0.82(H-2)^2 - 0.0002(H-2)(M-1000) - 0.21(H-2)(h-1) + 0.0002(M-1000)(h-1) \quad (R^2 = 0.9999) \tag{2}$$

$$u = 0.45 + 0.69H - 0.0002M - 0.16h - 0.004(M-1000)(h-1) + 0.02(h-1)^2 \quad (R^2 = 0.9975) \tag{3}$$

$$S = -38.83 + 50.05H + 0.079M - 46.94h - 0.01(M-1000)(h-1) + 36.61(h-1)^2 \quad (R^2 = 0.9996) \tag{4}$$

4 小结

现场过流监测结果表明：在 2 m 水头工况下，测得下游最大流速为 11.13 m/s，坡面最大流速为 6.04 m/s，泄流过程的液位变化符合概化后的小流域洪水过程；下游消力池底板在最不利工况下脉动压力为-11.6 kPa；坝体的水平位移最大值为 2.30 mm，竖向位移最大值为 3.70 mm，表明坝体及防护结构在过流中是安全的。

两相流相场和流固耦合作用下淤地坝的坝面过流分析结果表明：2 m 堰上水头条件下，最大坝面水流流速为 11.66 m/s，与现场监测结果的相对误差为 4.76%；坝面中部的水流流速为 6～10 m/s；坝面水流压力约为 12.74 kPa，与现场监测结果的相对误差为 9.83%；验证该模型分析新型淤地坝过流是合理可行的。

正交试验设计及结果分析表明：堰上水头对淤地坝坝面过流过程中的水力学要素（坝面水流流速和压力）影响较大；防护层模量和厚度对结构的力学特性（Mises 应力和位移）的影响较大；采用回归分析方法构建了不同评价指标的预估模型。

参考文献

[1] Zhang J, Ge Y, Yuan G, et al. Consideration of high-quality development strategies for soil and water conservation on the loess plateau. Sci Rep 12, 8336 (2022).

[2] 曾鑫，孙凯，王晨沣，等. 淤地坝对次洪事件侵蚀动力及输沙的调控作用[J/OL]. 清华大学学报（自然科学版），2022(26):1-10.

[3] 陈祖煜，李占斌，王兆印. 对黄土高原淤地坝建设战略定位的几点思考[J]. 中国水土保持，2020(9):32-38.

[4] 祖强，陈祖煜，于沭，等. 极端降雨条件下小流域淤地坝系连溃风险分析[J]. 水土保持学报，2022，36(1):30-37.

[5] 张幸幸，陈祖煜. 小流域淤地坝系的溃决洪水分析[J]. 岩土工程学报，2019，41(10):1845-1853.

[6] 周嘉伟. 淤地坝系连溃过程反演及风险分析[D]. 西安：西安理工大学，2020.

[7] 席国珍，董俊天. 关于淤地坝管护的思考[J]. 中国水土保持，2005(8):30-31.

[8] 杨吉山，张晓华，宋天华，等. 宁夏清水河流域淤地坝拦沙量分析[J]. 干旱区资源与环境，2020，34(4):122-127.

[9] 张金良，苏茂林，李超群，等. 高标准免管护淤地坝理论技术体系研究[J]. 人民黄河，2020，42(9):136-140.

[10] 张金良，宋志宇，李潇旋，等. 高标准免管护新型淤地坝坝身过流安全性研究[J]. 人民黄河，2021，43(12):1-4，17.

[11] 李星南. 淤地坝台阶式过水坝面过流特性分析及其生态袋构建初步研究[D]. 西安：西安理工大学，2019.

[12] 梁军，陈晓静. 纵向增强体土石坝漫顶溢流安全性能分析[J]. 河海大学学报（自然科学版），2019，47(3):238-242.

[13] 于沭，陈祖煜，杨小川，等. 淤地坝柔性溢洪道泄流模型试验研究[J]. 水利学报，2019，50(5):612-620.

[14] 王亮，聂兴山，郝瑞霞. 淤地坝蓄水加固改造方案的渗流和稳定性分析[J]. 人民黄河，2021，43(4):137-141.

[15] 王晋伟，迟世春，邵晓泉. 正交－等值线法在堆石料细观参数标定中的应用[J]. 岩土工程学报，2020，42(10):1867-1875.

[16] 王瑞骏，李阳，丁占峰. 堆石料流变模型参数敏感性分析的正交试验法[J]. 水利学报，2016，47(2):245-252.

高拱坝施工期未封拱坝段悬臂挡水可行性分析

金俊超[1,2]　白正雄[1,2*]　宋志宇[1,2]

(1. 黄河勘测规划设计研究院有限公司,河南郑州　450003;
2. 水利部黄河流域水治理与水安全重点实验室(筹),河南郑州　450003)

摘　要:大坝汛期能否经受住临时挡水的考验,是关系大坝安全的关键问题之一。以某在建高拱坝为例,采用非线性有限元方法,考虑横缝的接触非线性,实现了大坝汛前、汛期及汛后挡水全过程模拟,分析了施工期未封拱坝段临时断面悬臂挡水对坝体应力、变形以及横缝开度的影响。计算结果表明,在设计拟定的浇筑进度、灌浆进度和汛期高水位条件下,坝体悬臂应力总体小于 0.5 MPa,基本满足规范要求;悬臂挡水使坝体顺河向变形由向上游转变为下游,使未封拱部位横缝呈压紧趋势,横缝开度最大减小 3.16 mm;由于坝体总体处于弹性阶段,水荷载释放后,横缝开度基本上能恢复原状。仿真计算结果为高拱坝施工期采用悬臂挡水设计提供了科学依据。

关键词:高拱坝;施工期;悬臂挡水;横缝开度;数值仿真

1　引言

高拱坝施工期,相邻坝段一般设置若干横缝,将坝体分割成柱状浇筑块,当坝体冷却至规定温度后进行接缝灌浆,从而使大坝形成整体。在横缝未接缝灌浆前,单坝段浇筑块的受力状态如同悬臂梁,随着坝体不断浇筑上升,未接缝灌浆高度超过一定值后,在坝体已接缝灌浆处或者基础部位即相当于悬臂梁的根部处。对施工期坝体拦洪度汛而言,当大坝混凝土浇筑高程超过上游围堰顶高程时,会由大坝临时断面挡水度汛,而此时若拱坝封拱灌浆高程低于上游水位,存在未封拱坝段悬臂挡水问题。为保证坝体临时断面度汛挡水的安全性,对未封拱悬臂部位的应力、变形以及横缝开度进行分析论证是很有必要的。

目前,有关蓄水对混凝土坝体及基础工作性态影响机制的研究已取得了不少成果,主要集中在以下几个方面:①采用原型监测法对坝体和坝基变形的分析[1-5],如赵代深等[1]、韩世栋等[2]和杨杰等[3]对小湾拱坝、李家峡拱坝和构皮滩拱坝的垂线、多点位移等监测资料进行了分析研究,重点探究了库水位、气温与坝体和坝基变形的关系。②采用数值计算手段对坝体应力的分析[6-11],如甘海阔等[6]基于三维有限差分法,对小湾拱坝施工全过程进行了数值仿真,并进行了极限承载分析;罗丹旎等[7]将数值计算与监测分析结合,对溪洛渡特高拱坝初期蓄水工作性态进行了分析研究;管俊峰等[8]以国内在建的某特高拱坝为例,给出了特高拱坝施工期全坝段个性化悬臂高度控制的数值分析方法。③采用理论和数值方法对横缝的分析[12-16],如周伟等[12]考虑施工期至运行期全过程瞬态温度荷载和水荷载的影响,采用无厚度的接触单元模拟诱导缝的工作性态,分别采用整体模型和子模型对小湾高拱坝坝踵附近诱导缝的设置效果进行了全面、深入分析;何婷等[13]采用复合接触单元,将接触元件隐含在薄层混凝土单元中,通过动态调整接触元件的刚度系数,可有效地模拟缝的形成过程、开合效应及灌浆作用;孙伟等[14]对坝体接缝力学行为进行较为合理的模拟,提出法向和切向本构关系均采用双曲线模型的薄层接缝单元,算例验证这种薄层接缝单元可以较好地模拟在循环荷载作用下接触面拉压交替的现象。

然而,关于高拱坝施工期未封拱坝段悬臂挡水问题研究则相对较少。鉴于高拱坝工程的规模巨大、

作者简介:金俊超(1992—),男,博士后,从事岩土工程数值计算方面的研究工作。

地形地质复杂及失事后果严重等，本文以某在建高拱坝为研究对象，采用三维非线性有限元方法实现了横缝接触非线性模拟，对施工过程中汛期悬臂挡水问题进行研究，分析挡水前后坝体的变形规律，以及悬臂挡水过程中横缝开度的变化规律，判断是否影响大坝接缝灌浆。

2　工程背景

陕西省某水利枢纽工程等别为Ⅰ等，工程规模为大(1)型，枢纽由混凝土双曲拱坝、坝下消能防冲水垫塘和二道坝、左岸发电引水系统、供水洞、排沙洞、库区防渗工程及码头等组成。坝顶高程804.00 m，建基面高程574.00 m，最大坝高230.00 m。

在施工过程中，左岸进水口地质条件变化等问题，导致左右岸坝肩下部实际开始时间晚于计划时间30余d，使得坝肩开挖与上游围堰开挖、浇筑在施工时间上存在重叠，空间上存在交叉作业，进而影响了2024年汛前大坝混凝土施工进度。

施工单位提出了多种调整补救方案，本文以其中一种情况为例，进行计算分析。如图1所示，根据大坝混凝土浇筑边界参数取值，适当增加施工人员、设备，合理赶工，赶工后截至2024年5月31日的大坝混凝土浇筑高度为94~110 m，接缝灌浆高度为49 m。

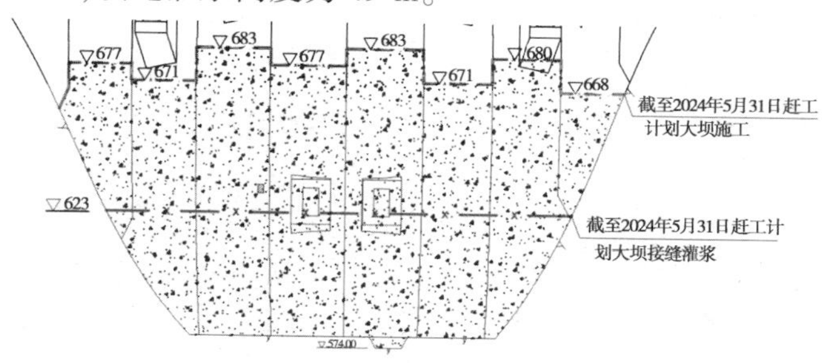

图1　大坝接缝灌浆形象图

3　计算模型及模拟方法

3.1　计算模型

基于大型通用有限元软件ABAQUS，建立拱坝三维计算模型，如图2(a)所示，共划分六面体网格24 730个，节点总数为30 245。图2(b)为拱坝横缝示意，结合有限元网格尺寸，取坝高0~45 m的横缝建立接触，定义为已灌浆横缝；坝高45.6~106 m的横缝建立接触，定义为未灌浆横缝。

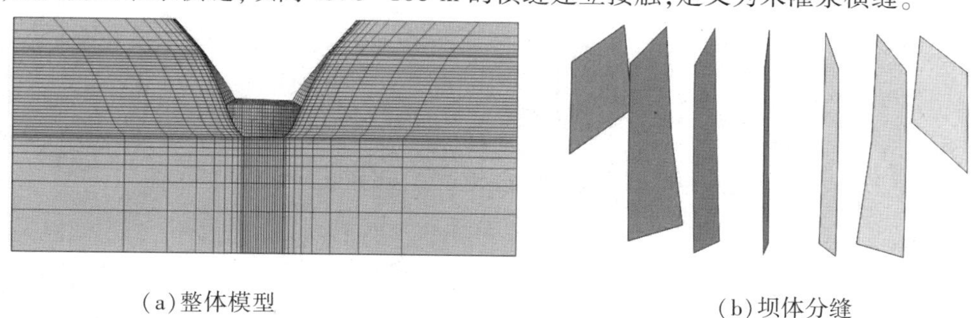

(a)整体模型　　(b)坝体分缝

图2　全坝仿真计算模型及坝体分缝

3.2　计算方法

3.2.1　横缝模拟方法

本文在坝段接缝间建立接触，利用Newton-Raphason方法，采用ABAQUS/Standard模块进行计算[7]。模拟计算中，接触使用surface-surface进行定义，接触属性取罚函数摩擦类型，滑移模式采用有限滑移，具体计算流程如图3所示。

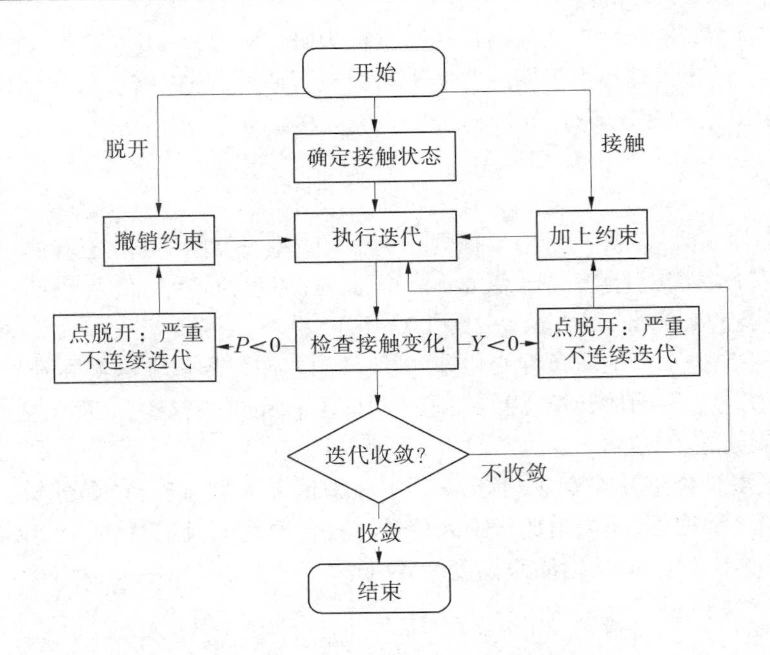

图 3　ABAQUS/Standard 模块接触算法

鉴于本文着重考查拱坝施工期未封拱坝段悬臂挡水问题，计算时，将已灌浆横缝面采用软接触模拟，见图 4(a)，考虑接触面之间的抗拉承载能力，参考文献[14]，取接触面摩擦系数 f=0.65，抗拉强度为 0.4 MPa。对于未灌浆横缝面，则采用硬接触模拟，见图 4(b)，不考虑接触面之间的抗拉承载能力，取接触面摩擦系数 f=0.50(接近考虑灌浆的 80%)。

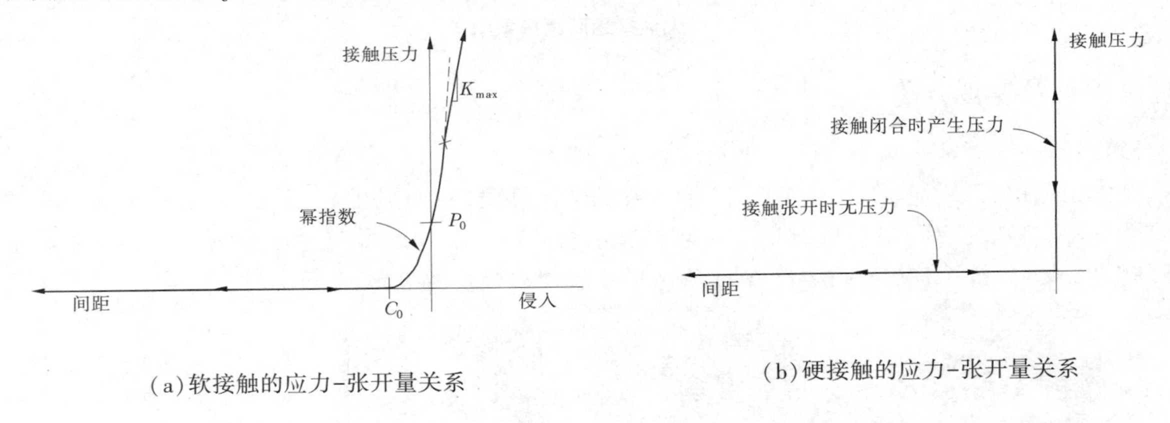

图 4　ABAQUS 中软、硬接触的应力-张开量关系示意

3.2.2　材料参数

坝体混凝土屈服准则采用等面积圆 Drucker-Prager 屈服准则，引用小湾高拱坝中计算参数[12]，已灌浆横缝面的坝体混凝土黏聚力 c=1.60 MPa，摩擦系数 f=1.40，弹性模量 E=24.0 GPa，泊松比 v=0.16，密度为 2.8 g/cm^3；未灌浆横缝面的坝体混凝土，由于其养护龄期相对较短，将强度参数及弹性模量取为已灌浆横缝面的 80%。岩石采用线弹性模型，弹性模量为 8.0 GPa，泊松比为 0.24，密度为 2.4 g/cm^3。

3.2.3　计算条件

参考文献[7]，考虑到施工期已接缝坝体残余温度应力、淤砂压力对大坝-基础整体变形影响有限，以及侧重研究临时挡水对大坝-基础整体的作用和对未接缝灌浆横缝张开的影响规律，本文计算荷载未考虑坝体施工期温度应力,主要荷载为坝体自重和上游水压。

具体计算步骤如下:

(1)施加坝体自重,进行自重应力场计算。

(2)施加汛前水位 30 m,分析坝体应力、变形特征,以及接缝张开量特征,此工况为汛前工况。

(3)施加汛期水位 100 m,分析坝体应力、变形特征,以及接缝张开量特征,此工况为汛期工况。

(4)施加汛后水位 30 m,分析坝体应力、变形特征,以及接缝张开量特征,此工况为汛后工况。

4　计算结果分析

4.1　汛前工况分析

4.1.1　坝体位移分析

图 5 给出了顺河向位移分布,位移以向上游为正,可以看到,在汛前水位 30 m 时,河床坝段因自重作用仍处于倒悬状态,产生向上游的变形;对于同一坝段,坝体下部顺河向位移较小,而上部顺河向位移增大;拱冠梁处顺河向位移最大,为 20.65 mm,向左、右拱端逐渐减小。

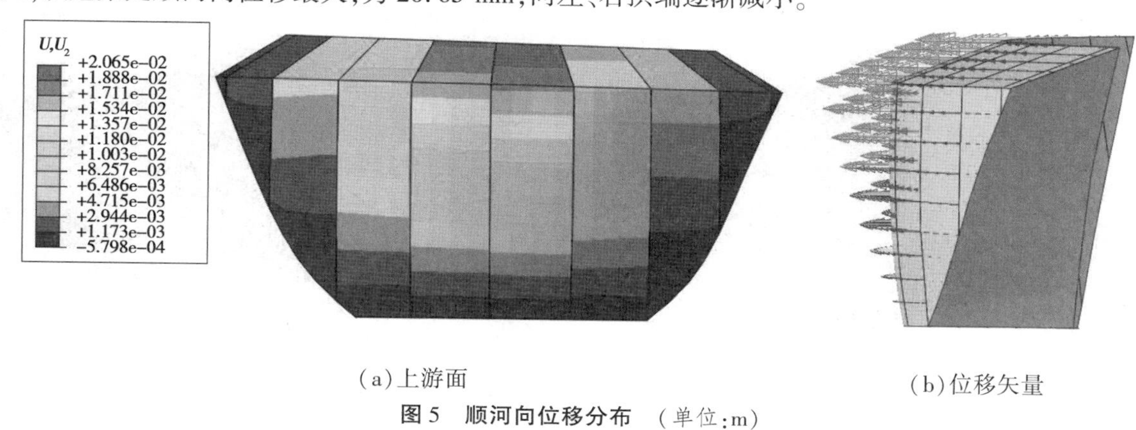

(a)上游面　　(b)位移矢量

图 5　顺河向位移分布　(单位:m)

图 6 给出了横河向位移分布,位移以向右岸为正,可以看到,坝体最大横河向位移出现在左、右拱端附近,向两岸山里变形,拱冠梁附近位移较小;对于同一坝段,坝体下部横河向位移较小,最大位移发生在悬臂顶部,最大横河向位移为 4.62 mm。

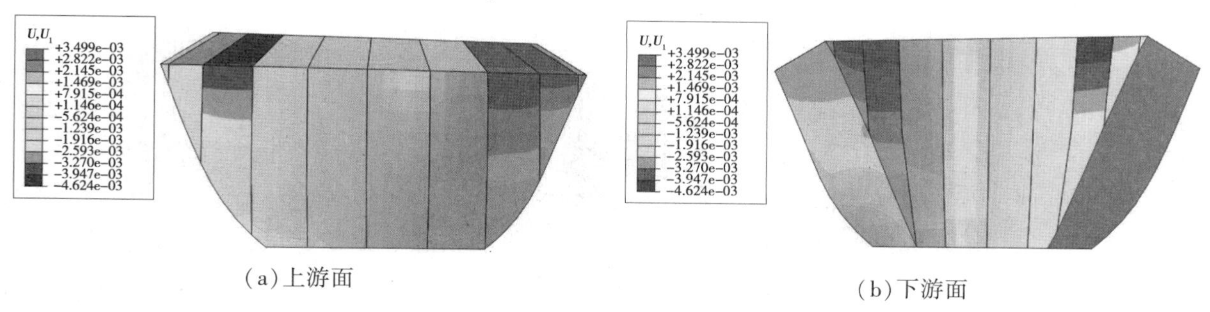

(a)上游面　　(b)下游面

图 6　横河向位移分布　(单位:m)

4.1.2　坝体应力分析

图 7 给出了坝体主拉应力分布,可以看到,坝体主拉应力总体小于 0.5 MPa,仅两侧受陡坡约束发生应力集中,为 1.0 MPa 左右,最大值为 1.23 MPa,但该区域占整个坝体的比例不大。《混凝土拱坝设计规范》(SL 282—2018)中 7.3.3 条规定:施工期未封拱坝体最大拉应力不宜大于 0.5 MPa。根据计算结果,坝体拉应力基本满足规范要求[17]。

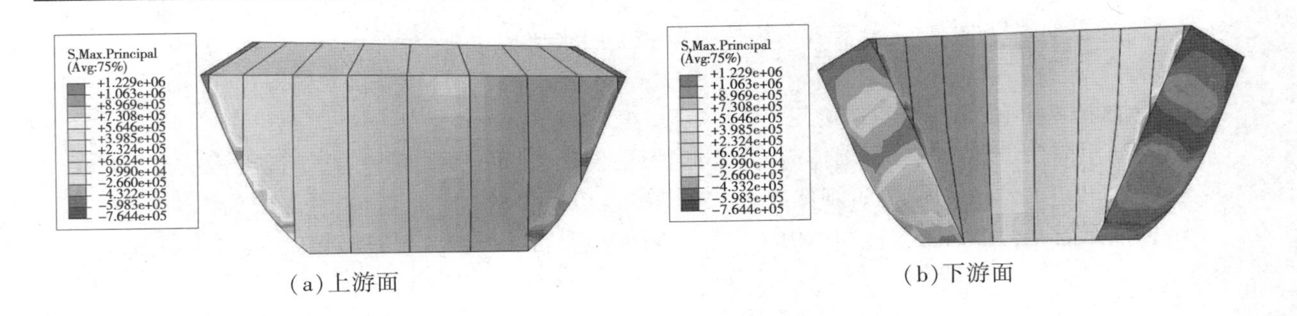

(a)上游面　　(b)下游面

图7　主拉应力分布　(单位:Pa)

图8给出了坝体主压应力分布,由图可知,坝体主压应力总体小于5.0 MPa,仅上游建基面附近受陡坡约束和应力集中影响,为6.0 MPa左右,最大值为7.41 MPa,但大主压应力区域占整个坝体的比例不大。《混凝土拱坝设计规范》(SL 282—2018)[17]中7.3.1条规定:混凝土的容许压应力等于混凝土强度除以安全系数,1级、2级拱坝安全系数为4.0;7.3.2条规定:坝体混凝土最大压应力不应大于混凝土的容许压应力。根据计算结果,坝体压应力基本满足规范要求。

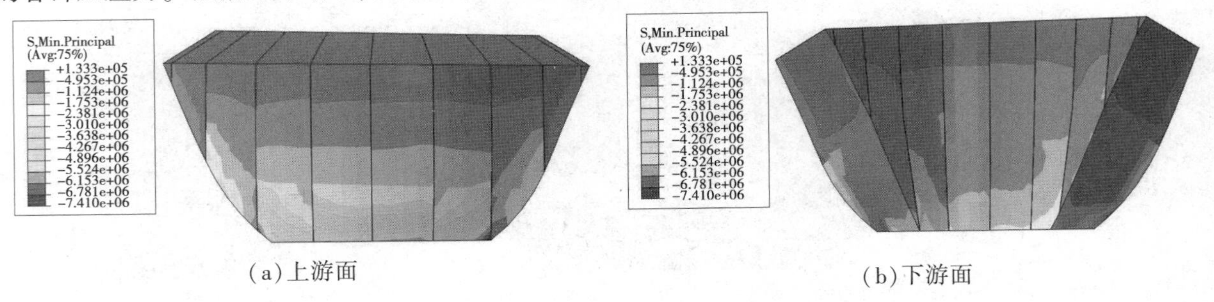

(a)上游面　　(b)下游面

图8　主压应力分布　(单位:Pa)

4.1.3　横缝变形分析

图9给出了横缝张开量,其中正值表示张开,负值表示压缩,横缝张开量由拱冠梁向两侧拱端增大,灌浆横缝的最大张开量为1.52 mm,未灌浆横缝的最大张开量为3.36 mm。

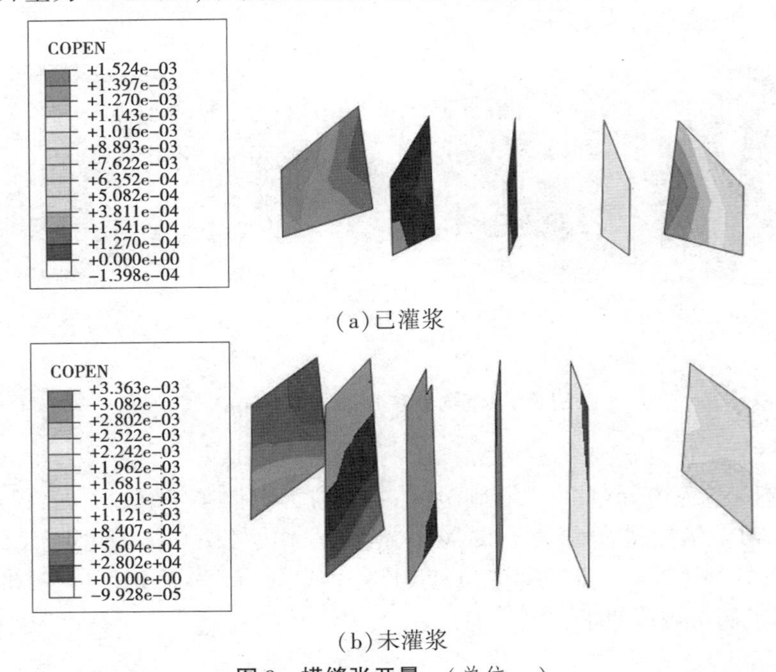

(a)已灌浆

(b)未灌浆

图9　横缝张开量　(单位:m)

4.2　汛期工况分析

4.2.1　坝体位移分析

图 10 给出了顺河向位移分布，可以看到，水位增大 100 m，坝体总体表现为向下游变形，最大位移为 9.98 mm；两侧拱端受岸坡约束，仍表现为向上游变形，最大位移为 1.69 mm。

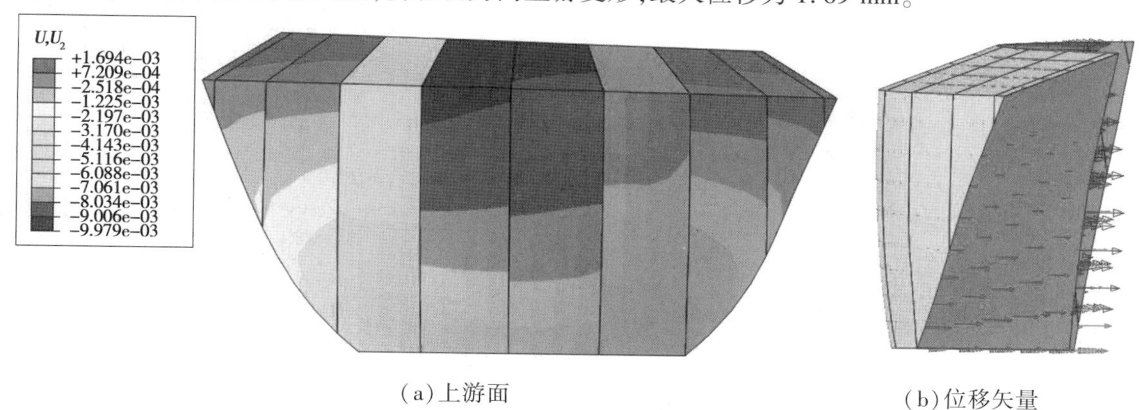

(a)上游面　　(b)位移矢量

图 10　顺河向位移分布　(单位:m)

图 11 给出了横河向位移分布，受拱坝三维体型及岸坡约束的影响，坝体横河向位移空间呈螺旋状分布，左岸拱端附近坝体上游面位移最大，下游面位移最小；右岸拱端附近坝体上游面位移最小，下游面位移最大；最大横河向位移为 2.58 mm。

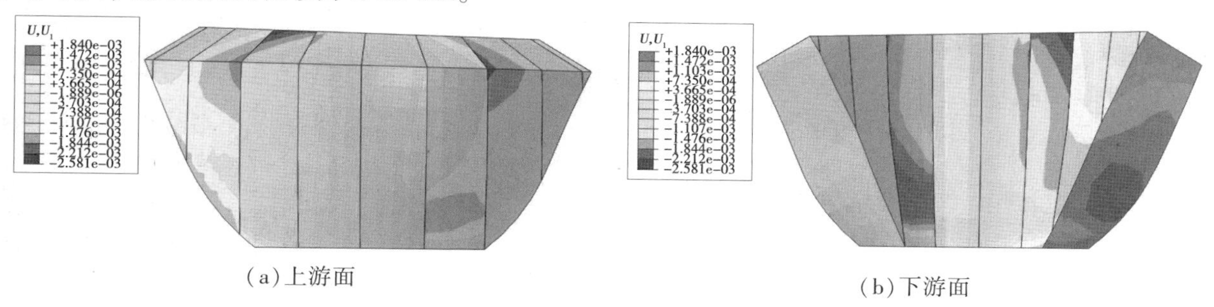

(a)上游面　　(b)下游面

图 11　横河向位移分布　(单位:m)

4.2.2　坝体应力分析

图 12 给出了坝体主拉应力分布，主拉应力总体小于 0.5 MPa，仅两侧受陡坡约束发生应力集中，为 1.0 MPa 左右，最大值为 1.38 MPa，但该区域相较汛前工况的范围有所减少，且占整个坝体的比例不大。因此，根据计算结果，坝体拉应力基本满足《混凝土拱坝设计规范》(SL 282—2018)[17]要求。

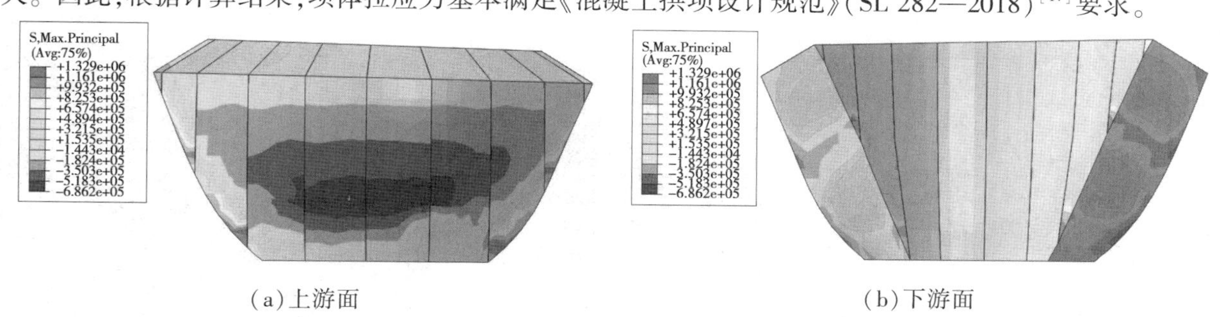

(a)上游面　　(b)下游面

图 12　主拉应力分布　(单位:Pa)

图 13 给出了坝体主压应力分布，主压应力总体小于 5.0 MPa，仅上游建基面附近受陡坡约束和应力集中影响，为 6.0 MPa 左右，最大值为 7.05 MPa，且大主压应力区域占整个坝体的比例不大。根据计算结果，坝体压应力基本满足《混凝土拱坝设计规范》(SL 282—2018)[17]要求。

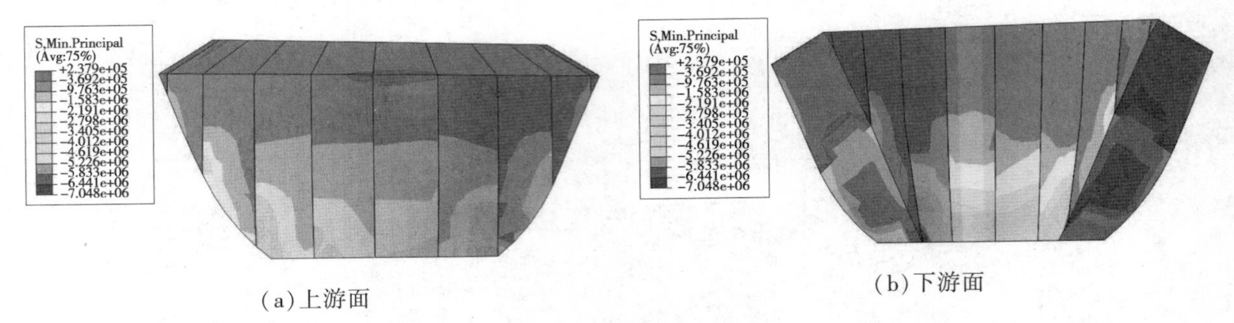

(a)上游面　　(b)下游面

图 13　主压应力分布　(单位:Pa)

图 14 给出了坝体塑性区分布,整个坝体只在应力集中部位发生了塑性屈服,范围非常小,坝体具有良好的稳定性。

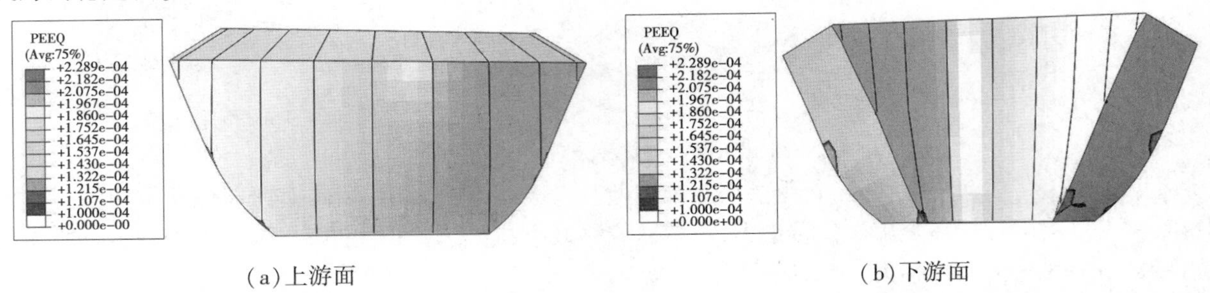

(a)上游面　　(b)下游面

图 14　塑性区分布

4.2.3　横缝变形分析

图 15 给出了横缝张开量,当水位增加至 100 m 后,受坝体向内挤压变形的影响,横缝张开量明显减小,灌浆横缝的最大张开量为 0.99 mm,未灌浆横缝的最大张开量为 0.20 mm。

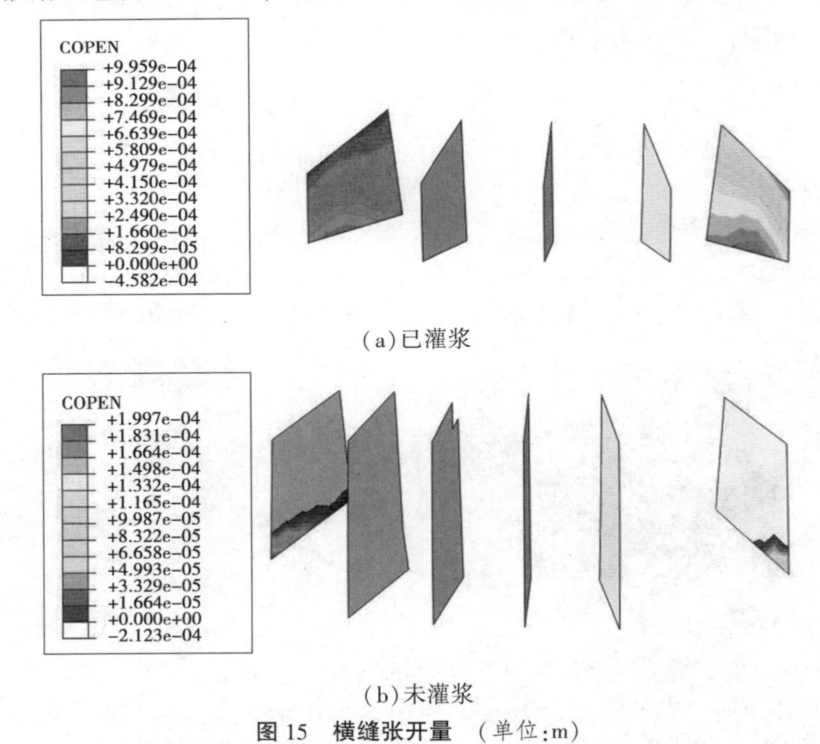

(a)已灌浆

(b)未灌浆

图 15　横缝张开量　(单位:m)

4.3　汛后工况分析

4.3.1　坝体位移分析

图 16 给出了顺河向位移分布,可以发现,在汛后水位下降到水深 30 m 后,河床坝段变形分布规律与汛前的一致:整体产生向上游的变形;对于同一坝段,坝体下部顺河向位移较小,而上部顺河向位移增大;拱冠梁处顺河向位移最大,为 20.01 mm,向左、右拱端逐渐减小。

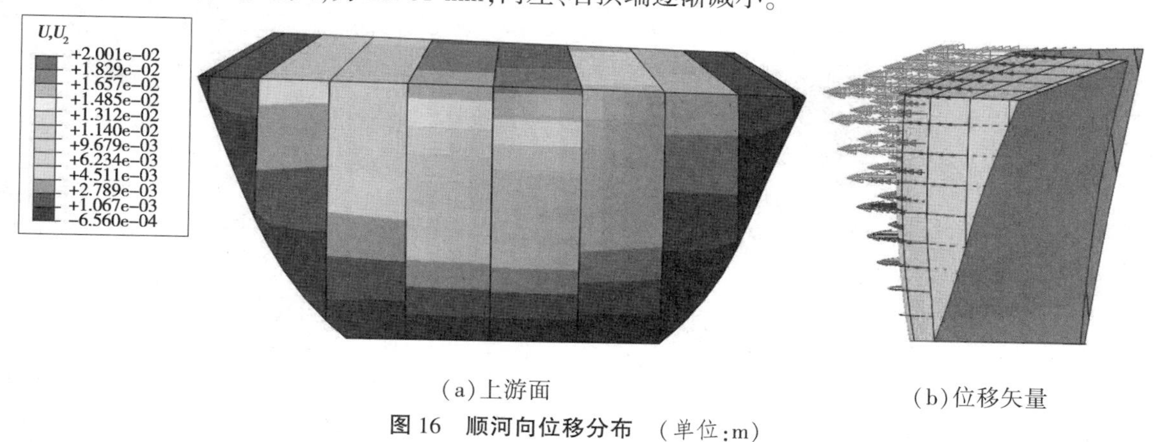

(a)上游面　　(b)位移矢量

图 16　顺河向位移分布　(单位:m)

图 17 给出了横河向位移分布,在汛后水位下降到水深 30 m 后,河床坝段变形分布规律与汛前的一致:最大横河向位移出现在左、右拱端附近,向两岸山里变形,拱冠梁附近位移较小;对于同一坝段,坝体下部横河向位移较小,最大位移发生在悬臂顶部,最大横河向位移为 4.23 mm。

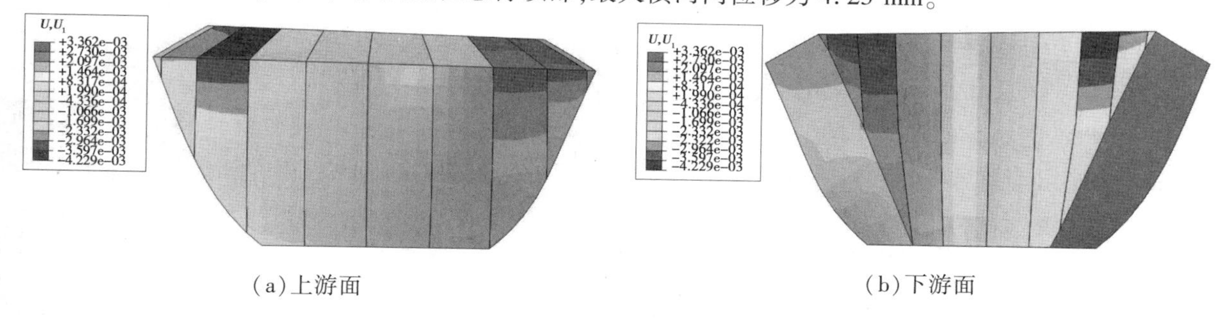

(a)上游面　　(b)下游面

图 17　横河向位移分布　(单位:m)

4.3.2　坝体应力分析

图 18 给出了坝体最大主应力分布,拉应力总体小于 0.5 MPa,仅两侧受陡坡约束发生应力集中,为 1.0 MPa 左右,最大值为 1.12 MPa,相较汛前工况的范围有所减少,且大主拉应力区域占整个坝体的比例不大。因此,根据计算结果,坝体拉应力基本满足《混凝土拱坝设计规范》(SL 282—2018)[17]要求。

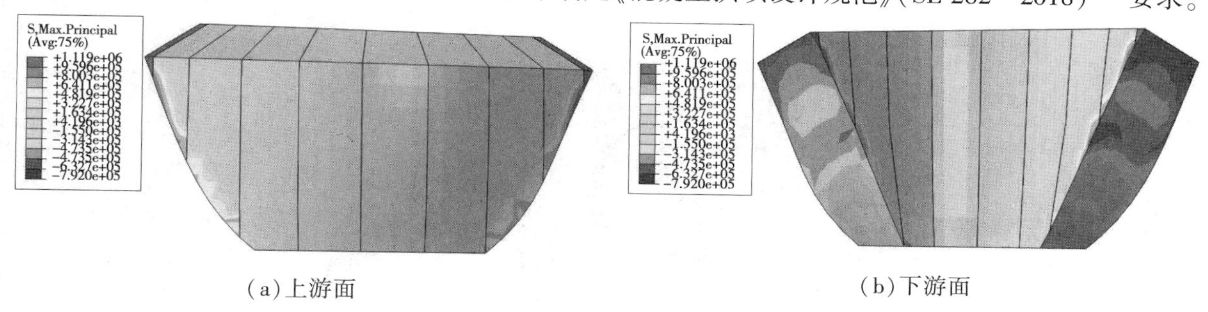

(a)上游面　　(b)下游面

图 18　最大主应力分布　(单位:Pa)

图 19 给出了坝体最小主应力分布,可以看到,压应力总体小于 5.0 MPa,仅上游建基面附近受陡坡约束和应力集中影响,为 6.0 MPa 左右,最大值为 7.46 MPa,且大主压应力区域占整个坝体的比例不

大。根据计算结果,坝体压应力基本满足《混凝土拱坝设计规范》(SL 282—2018)[17]要求。

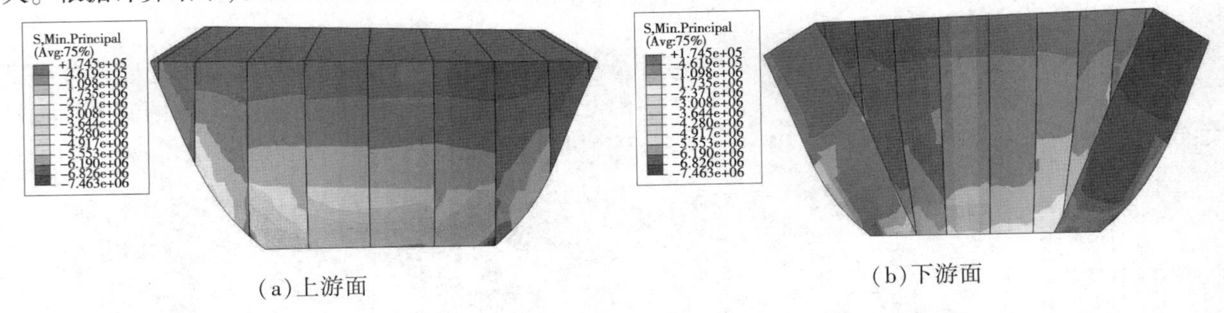

(a)上游面

(b)下游面

图 19　最小主应力分布　(单位:Pa)

图 20 给出了坝体塑性区分布,可以看到,在汛后水位下降到水深 30 m 后,坝体无新增塑性区,具有良好的稳定性。

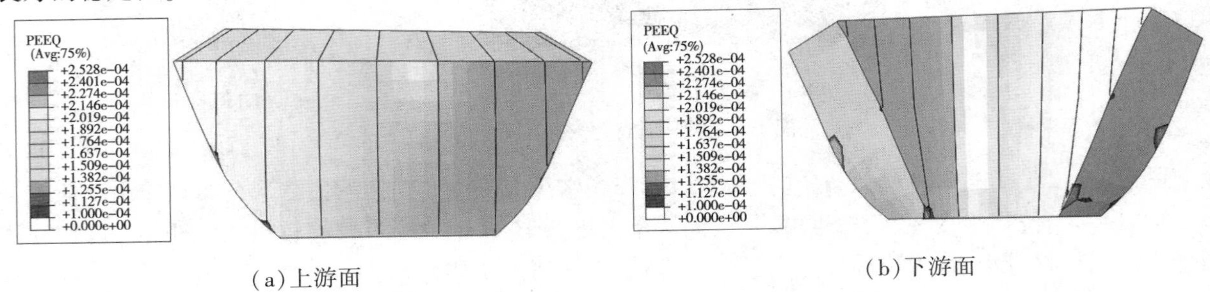

(a)上游面

(b)下游面

图 20　塑性区分布

4.3.3　横缝变形分析

图 21 给出了横缝张开量,当水位减小到 30 m 后,横缝张开量重新恢复,灌浆横缝的最大张开量为 1.46 mm,相较汛前减小 0.06 mm;未灌浆横缝的最大张开量为 3.12 mm,相较汛前减小 0.24 mm。

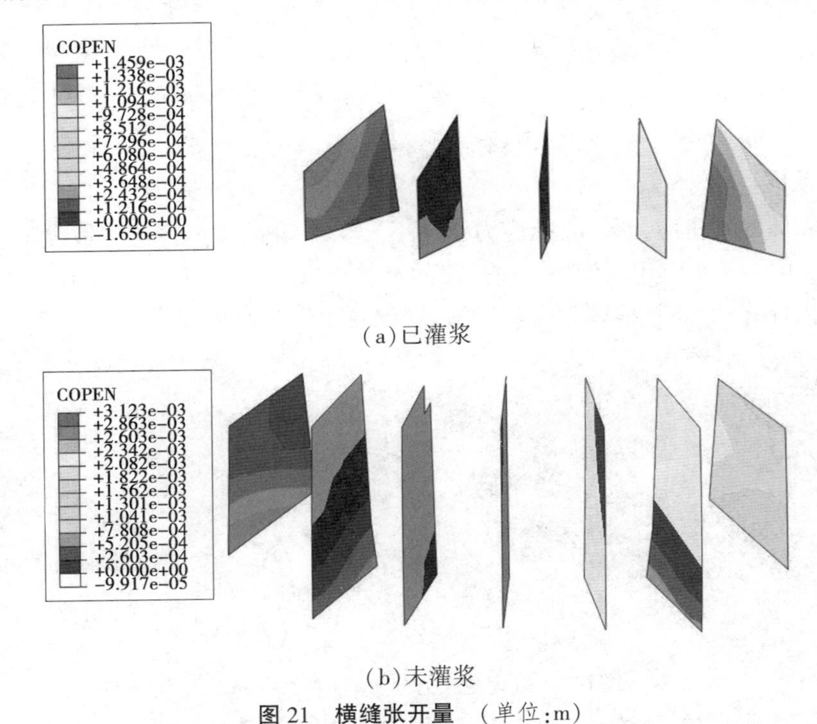

(a)已灌浆

(b)未灌浆

图 21　横缝张开量　(单位:m)

5　结论

（1）在汛前，坝体整体向上游变形，最大顺河向位移为20.65 mm，最大横河向位移为4.62 mm；坝体主拉应力总体小于0.5 MPa，主压应力总体小于5.0 MPa，基本满足规范要求；没有出现塑性区；未灌浆横缝的最大张开量为3.36 mm。

（2）随着汛期水位的增大，坝体整体向下游变形，最大顺河向位移为9.98 mm，最大横河向位移为2.58 mm；坝体主拉应力总体小于0.5 MPa，主压应力总体小于5.0 MPa，基本满足规范要求；在坝体应力集中部位出现局部塑性区；未灌浆横缝的最大张开量减小至0.20 mm。

（3）随着汛后水位的减小，坝体整体向上游变形，最大顺河向位移为20.01 mm，最大横河向位移为4.23 mm；坝体主拉应力总体小于0.5 MPa，主压应力总体小于5.0 MPa，基本满足规范要求；无新增塑性区；横缝基本恢复至汛前的开度，未灌浆横缝的最大张开量为3.12 mm。

参考文献

[1] 赵代深，薄钟禾，李广远，等. 混凝土拱坝应力分析的动态模拟方法[J]. 水利学报，1994(8)：18-26.

[2] 韩世栋，赵斌，廖占勇，等. 小湾特高拱坝蓄水初期垂线监测成果分析评价[J]. 大坝与安全，2010(3)：38-41.

[3] 杨杰，陈德平，王建春. 蓄水期李家峡拱坝与坝肩挠度变位分析[J]. 人民黄河，2006，28(5)：67-68.

[4] 王仁坤，林鹏，周维垣. 复杂地基上高拱坝开裂与稳定研究[J]. 岩石力学与工程学报，2007，26(10)：1951-1958.

[5] 林鹏，康绳祖，李庆斌，等. 溪洛渡拱坝施工期岩体质量评价与大坝稳定分析[J]. 岩石力学与工程学报，2012，31(10)：2042-2052.

[6] 甘海阔，赖国伟，李业盛. 基于三维有限差分法的小湾拱坝施工步模拟及极限承载分析[J]. 岩石力学与工程学报，2013，32(S2)：3918-3927.

[7] 罗丹旎，林鹏，李庆斌，等. 溪洛渡特高拱坝初期蓄水工作性态分析研究[J]. 水利学报，2014，45(1)：18-26.

[8] 管俊峰，朱晓旭，林鹏，等. 特高拱坝悬臂高度个性化控制的分析研究[J]. 水利学报，2013，44(1)：97-103.

[9] 葛劭卿，张国新，喻建清. 自重与初次蓄水对特高拱坝应力的影响[J]. 水力发电，2006，32(9)：25-27.

[10] 苏超. 高拱坝分期施工和分期蓄水仿真计算软件研制[J]. 水力发电，2006，32(2)：56-58.

[11] 王志宏，胡清义，余昕卉，等. 构皮滩水电站初期蓄水拱坝工作性态分析[J]. 人民长江，2010，41(22)：29-31.

[12] 周伟，常晓林，喻建清，等. 基于施工期温度仿真的小湾高拱坝结构诱导缝设置效果分析[J]. 四川大学学报(工程科学版)，2008，40(1)：51-57.

[13] 何婷，汪卫明，张雄，等. 复合接触单元及其在带缝高拱坝仿真中的应用[J]. 水力发电学报，2012，31(5)：216-222.

[14] 孙伟，何蕴龙，熊堃，等. 薄层接缝单元及其在拱坝接缝模拟中的应用[J]. 四川大学学报(工程科学版)，2014，46(S2)：26-35.

[15] 王刚，马震岳，张运良，等. 考虑重力坝纵缝结合程度的非线性有限元数值模拟[J]. 水力发电学报，2009，28(2)：41-46.

[16] 张社荣，于茂，肖峰，等. 横缝开合状态对高坝深孔结构力学行为影响[J]. 水利学报，2013，44(10)：1249-1256.

[17] 中华人民共和国水利部. 混凝土拱坝设计规范：SL 282—2018[S]. 北京：中国水利水电出版社，2018.

172 项(150 项)中重大引调水工程进展综述

翟　鑫[1]　黄　茜[2]

(1. 黄河勘测规划设计研究院有限公司,河南郑州　450003;
2. 中铁工程装备集团有限公司,河南郑州　450016)

摘　要:党中央、国务院高度重视重大水利工程建设,2014 年和 2020 年先后确定了 172 项和 150 项要强力推进的重大水利工程项目。目前,在媒体上能够看到的 172 项(150 项)的信息非常碎片化。为帮助广大读者了解 172 项(150 项)的来历,掌握相关项目的最新进展状态,本文在大量收集资料、整理、分析和汇总的基础上,呈现了一份相对最全、最新关于 172 项(150 项)重大水利工程特别是其中重大引调水工程的信息,具有一定参考价值。

关键词:172 项(150 项);重大水利工程;引水;调水;进展

1　172 项(150 项)的来历

党中央、国务院高度重视重大水利工程建设,2014 年 5 月 21 日,国务院第 48 次常务会议确定,2014 年、2015 年以及"十三五"期间分步建设纳入规划的 172 项重大水利工程,这就是"172 项"的来历[1]。2020 年 7 月 8 日,国务院第 100 次常务会议研究部署 2020 年及后续重点推进的 150 项重大水利工程建设,提出要抓紧推进建设,这就是"150 项"的来历。150 项重大水利工程和 172 项重大水利工程的关系,既是一个接续的关系,又有拓展和提升[2]。

2　172 项(150 项)重大水利工程概况

172 项重大水利工程分六大类,具体包括重大农业节水工程 2 项、重大引调水工程 24 项、重点水源工程 44 项、江河湖泊治理骨干工程 62 项、新建大型灌区工程 25 项、其他工程 15 项。172 项工程建成后,将实现新增年供水能力 800 亿 m^3 和农业节水能力 260 亿 m^3、增加灌溉面积 520 多万 hm^2,使我国骨干水利设施体系显著加强[1]。

150 项重大水利工程有五大类型,具体包括防洪减灾工程 56 项、水资源优化配置工程 26 项、灌溉节水和供水工程 55 项、水生态保护修复工程 8 项、智慧水利工程 5 项,其中有 96 项都涉及京津冀协同发展、长江经济带发展、黄河流域生态保护和高质量发展等国家重大战略。与 172 项工程相比,150 项重大水利工程在继续加强防洪减灾、水资源优化配置、灌溉节水和供水工程建设的同时,新增了两个大的类型,一是水生态保护修复工程,二是智慧水利工程[2]。

3　重大水利工程进展

3.1　172 项重大水利工程

172 项推出后,进展迅速,安徽引江济淮工程、广西大藤峡水利枢纽等一批标志性的工程陆续开工建设,南水北调东中线一期工程、河南出山店水库等工程相继建成,发挥了显著的经济效益、社会效益和生态效益。截至 2019 年底,172 项重大水利工程已经开工 142 项,剩余的 30 个项目中有 17 项纳入 150 项重大水利工程当中,其他的几个项目,由于前期论证或者建设条件不是很成熟,暂缓实施[2]。

作者简介:翟鑫(1994—),男,工程师,主要从事水利水电工程设计和项目管理工作。

据不完全统计,172 项重大水利工程中引调水工程 24 项,截至 2022 年 7 月 16 日,各引调水工程进展状态[3-23]见表 1。

表 1　引调水工程进展状态统计

工程名称	进展状态
南水北调东中线一期工程	东线一期工程于 2002 年 12 月 27 日江苏段开工,2013 年 8 月 15 日通过全线通水验收,11 月 15 日通水,12 月 10 日正式通水;中线一期工程于 2003 年 12 月 30 日京石段开工,2014 年 12 月 12 日正式通水
青海引大济湟调水总干渠工程	2004 年 8 月开工,2015 年 12 月 15 日试通水成功,2016 年 12 月 14 日正式通水, 2020 年 1 月通过通水阶段验收
云南省牛栏江滇池补水工程	2008 年 12 月 30 日开工,2013 年 9 月 25 日通水,2018 年 12 月 28 日通过竣工验收
陕西引汉济渭工程	2011 年 12 月 8 日全线开工
安徽淮水北调工程	2012 年 9 月开工建设,2016 年 2 月 1 日干线工程试通水,2019 年元月通过竣工验收
辽宁观音阁水库输水工程	2013 年 9 月 26 日开工,2018 年 7 月 1 日正式通水
吉林中部城市引松供水工程	2013 年 12 月开工,2021 年 12 月 16 日通过全线通水验收
甘肃引洮供水二期工程	2015 年 8 月 6 日开工,2021 年 9 月 28 日试通水
湖北鄂北水资源配置工程	2015 年 10 月 22 日开工,2020 年 1 月 6 日实现通水
河北引黄入冀补淀工程	2015 年 10 月 26 日开工,2017 年 11 月 16 日试通水
海南南渡江引水工程	2015 年 11 月 18 日开工,2020 年 12 月 30 日通水,2022 年元月全面完工, 2022 年 4 月 13 日通过竣工验收
贵州夹岩水利枢纽及黔西北供水工程	2015 年 12 月开工,夹岩水利枢纽 2021 年 12 月 28 日下闸蓄水
浙江舟山市大陆引水三期工程	2016 年 7 月 22 日开工,2020 年 11 月大沙调蓄水库通过了下闸蓄水阶段验收
福建平潭及闽江口水资源配置	2016 年 10 月开工
安徽引江济淮工程	2016 年 12 月 29 日开工
吉林西部供水工程	2017 年 7 月 26 日开工
云南滇中引水工程	2017 年 8 月 4 日开工
珠江三角洲水资源配置工程	2019 年 5 月 6 日全线开工
内蒙古引绰济辽一期工程	2019 年 11 月 25 日开工
新疆生产建设兵团奎屯河引水工程	2020 年 6 月主体工程开工
南水北调东中线二期工程	二期引江补汉工程已于 2022 年 7 月 7 日开工
甘肃引哈济党工程	正在做可行性研究
甘肃白龙江引水工程	可行性研究报告已报国家发展和改革委
南水北调西线一期工程	尚未审批项目建议书

3.2　150 项重大水利工程

150 项工程实施之后,预计可以新增防洪库容约 90 亿 m^3,治理河道长度约 2 950 km,新增灌溉面积约 2 800 万亩,增加年供水能力约 420 亿 m^3,年均新增就业岗位 80 万个,对扩大内需、拉动经济增长的作用非常明显[2]。据不完全统计,截至 2022 年 4 月底,150 项重大水利工程已开工或建成 70 余项。目前,150 项中引调水工程进展状态[4,17,23-25]见表 2。

表 2　150 项中引调水工程进展状态统计

工程名称	进展状态
吉林中部城市引松供水工程	已建成(含在 172 项中)
内蒙古引绰济辽一期工程	2019 年 11 月 25 日开工(含在 172 项中)
珠江三角洲水资源配置工程	2019 年 5 月 6 日全面开工(含在 172 项中)
甘肃引哈济党工程	正在做可行性研究(含在 172 项中)
新疆生产建设兵团奎屯河引水工程	2020 年 6 月主体工程开工(含在 172 项中)
甘肃白龙江引水工程	可行性研究报告已报国家发展和改革委(含在 172 项中)
陕西引汉济渭二期工程	2021 年 6 月 17 日开工
安徽引江济淮二期工程	可行性研究报告已报国家发展和改革委
湖北鄂北水资源配置二期工程	正在做可行性研究
南水北调东东线二期工程	正在编制南水北调工程整体规划,东线二期不确定
南水北调中线引江补汉工程	2022 年 7 月 7 日开工
海南琼西北供水工程	2021 年 7 月 13 日开工
四川毗河供水二期工程	正在做可行性研究
青海引黄济宁工程	可行性研究报告已报国家发展和改革委
湖南省引资济涟工程	正在做可行性研究

4　172 项(150 项)中已建成引调水工程简介

据不完全统计,截至 2022 年 7 月 16 日,172 项(150 项)重大水利工程中引调水工程已建成 15 项,下面简要介绍 10 项工程。

4.1　南水北调东中线一期工程[3]

南水北调东线一期工程于 2013 年 11 月 15 日通水,输水干线全长 1 467 km,抽水扬程 65 m,年抽江水量 88 亿 m^3,向江苏、山东两省 18 个大中城市 90 个县(市、区)供水,补充城市生活、工业和环境用水,兼顾农业、航运和其他用水。截至 2020 年 12 月底,南水北调东线一期工程累计调水量 46.57 亿 m^3。

南水北调中线一期工程于 2014 年 12 月 12 日通水,输水干线全长 1 432 km,多年平均年调水量 95 亿 m^3,向北京、天津、河北、河南等四省(直辖市)24 个大中城市的 190 多个县(市、区)提供生活、工业用水,兼顾农业和生态用水。截至 2020 年 12 月底,南水北调中线一期工程累计调水量 351.88 亿 m^3。

4.2　吉林省中部城市引松供水工程

2013 年 12 月开工,2021 年 12 月 16 日通过全线通水验收。主要建设任务是从第二松花江上游丰满水库引水至吉林省中部地区。输水线路总长 634.53 km,由干线工程和支线工程两部分组成。干线工程包括渠首枢纽、输水总干线、分水枢纽、长春干线、四平干线和辽源干线。输水总干线和各干线总长 263.45 km,其中隧洞长 133.98 km,PCCP 管线(含钢管、现浇涵管)长 129.47 km。工程通水运行后,预期每年可从松花江丰满水库向吉林中部地区引来 8.98 亿 m^3 优质水源,改善长春、四平、辽源 3 个地级市及所属的 8 个县(市、区)26 个乡(镇)的生产生活用水需求,受益人口 1 060 万。兼有改善农业灌溉和生态环境方面的综合效益。工程建成后,每年可退还农业用水 1.48 亿 m^3,补偿河道内生态环境用水 1.4 亿 m^3,减少地下水超采量 2.83 亿 m^3,新增灌溉面积 48.2 万亩[4]。

4.3　云南省牛栏江滇池补水工程

2008 年 12 月 30 日开工,2013 年 9 月 25 日通水,2018 年 12 月 28 日通过竣工验收。工程自牛栏江引水至滇池,改善滇池水环境和水资源条件,并具备为昆明市应急供水的能力;远期主要任务是向曲靖市供水，与滇中引水工程共同向滇池补水，同时作为昆明市的备用水源。工程由水源工程德泽水库、提水工程干河泵站和长距离输水线路工程组成，德泽水库蓄水经提水泵站引至输水线路后自流至盘龙江进入滇池[5]。调水距离长达 115.85 km，工程多年平均设计引水量 5.72 亿 m^3，向滇池补水 5.66 亿 m^3。

4.4　青海引大济湟调水总干渠工程

引大济湟工程是从大通河引水，穿越大坂山进入湟水流域的大型跨流域调水工程。该工程由“一总、两库、三干渠”组成，即调水总干渠、石头峡水库、黑泉水库、北干渠一期、北干渠二期和西干渠，分三期建设。工程建成运行后，每年可从大通河调水 7.5 亿 m^3 补给湟水流域，可实现农田“旱改水”6.67 万 hm^2，保障东部城市群 300 万人饮用水、湟水干流各工业园区生产用水、东部百里长廊特色现代农牧业用水以及生态用水需求。调水总干渠工程主要由引水枢纽、引水隧洞、出口明渠三部分组成。引水隧洞设计流量 35 m^3/s。调水总干渠于 2016 年 12 月 14 日正式通水[6]。

4.5　辽宁观音阁水库输水工程

2013 年 9 月 26 日开工，2018 年 7 月 1 日正式通水。该工程主要通过铺设输水管道从观音阁水库坝上取水向市区供水，以改变城区单一水源的现状，解决城市未来发展日益凸现的用水供需矛盾。工程总投资 16.79 亿元，输水线路总长 91.3 km，其中输水隧洞 41.5 km、管线 49.8 km，设计日输水能力 125 万 m^3，年供水量 4.08 亿 m^3，工程总投资 16.79 亿元[7-8]。

4.6　安徽淮水北调工程

2012 年 9 月开工建设，2016 年 2 月 1 日干线工程实现试通水，2019 年 1 月通过竣工验收。淮水北调工程从淮河五河站调水后，贯穿蚌埠、宿州、淮北 3 市，经过八级提水过程，输水至萧县岱山口闸，调水线路总长 268 km。淮水北调工程兼有工业供水、灌溉补水和减少地下水开采、生态保护等综合效益[9]。

4.7　河北引黄入冀补淀工程

2015 年 10 月 26 日开工，2017 年 11 月 16 日成功试通水。工程跨越黄河、海河两大流域，自河南省濮阳市渠村引黄闸取水，向河南、河北两省沿线受水区及白洋淀输水，最终进入白洋淀。途经河南、河北两省 6 市 22 个县(市、区)，全部为自流引水，线路总长 482 km，其中河南境内长 84 km，河北境内长 398 km。工程建成后，将为沿线部分地区农业供水和向白洋淀实施生态补水，缓解沿线地区农业灌溉缺水及地下水超采状况，改善白洋淀生态环境和当地生活生产条件，并可作为沿线地区抗旱应急备用水源[10-11]。

4.8　海南南渡江引水工程

2015 年 11 月 18 日开工，2022 年 1 月全面完工，2022 年 4 月 13 日通过竣工验收。工程建成后，将有效缓解海口城市生活和工业缺水问题，解决羊山地区农业灌溉用水问题，兼顾改善五源河防洪排涝条件等综合利用。工程建设内容主要包括东山取水首部枢纽、水源提水泵站、分水泵站、灌溉泵站、输配水工程、五源河综合整治工程及水库连通工程等。工程供水线路总长 50.34 km，五源河综合整治工程河段长 12.57 km，永庄水库至沙坡水库连通工程全长 3.02 km，灌溉工程新建灌区配套泵站 10 座，灌溉总干管长 5.93 km[12-13]。

4.9　贵州夹岩水利枢纽及黔西北供水工程

2015 年 12 月开工，夹岩水利枢纽 2021 年 12 月 28 日下闸蓄水。主要由水源工程、毕节大方新城区供水工程和灌区骨干输水工程等组成。水库总库容 13.25 亿 m^3，最大坝高 154 m；输水干渠总长 384 km，支渠 22 条总长 624 km，毕大供水工程线路总长 26 km。该工程受水区涉及黔西北地区的毕节市七星关区、大方县、黔西县、金沙县、织金县、纳雍县、赫章县和遵义市的红花岗区、遵义县、仁怀市共 10 个县（市、区），工程多年平均供水总量 6.58 亿 m^3，供水人口 273.88 万，设计灌溉面积 90.2 万亩(其中新增灌溉面积 85.52 万亩、改善灌溉面积 4.68 万亩)，水电站装机容量 7.5 万 kW[14]。

4.10　甘肃引洮供水二期工程

2015 年 8 月 6 日开工，2021 年 11 月骨干工程通水。引洮供水二期工程覆盖白银、定西、天水、平凉 4 市的会宁、通渭、安定区、甘谷、武山、秦安、静宁、陇西 8 县(区)，348 万人口。主要建设内容包括 1 条总干渠,长 95 km;6 条干渠及 2 条分干渠,长 300 km;18 条供水管(渠)线,长 176 km。设计年引水量 3.13 亿 m^3。工程建设后可从根本上解决甘肃中部干旱地区极度短缺的城乡生活供水、工业供水及生态环境用水[15-16]。

5 结语

(1)总体来看,172 项重大水利工程进展基本符合预期,150 项重大水利工程进展略显滞后。重大引调水工程的实施对扩大内需、拉动经济增长的作用非常明显,对调入区的经济、社会和生态效益显著。

(2)媒体上能够看到的 172 项(150 项)的信息非常碎片化,本文起到一个穿针引线的作用,尽可能系统展现了 172 项(150 项)重大引调水工程的相关情况,数据力求相对最新、最准、最全,对有矛盾的资料都做了校验。

(3)172 项(150 项)在水利行业的影响是深远的,撰写本文的目的是帮助广大读者了解 172 项(150 项)的来历,掌握相关项目的最新进展状态。但因资料有限,疏漏在所难免,还请大家原谅。

参考文献

[1] 杨婧. 国务院常务会部署加快推进节水供水重大工程建设[J]. 中国勘察设计,2014(6):11.

[2] 张振. 重大水利工程建设取得显著成效——国家发展改革委副秘书长苏伟出席吹风会介绍重大水利工程建设情况[J]. 中国经贸导刊,2020(16):4-5.

[3] 水利部南水北调工程管理司,水利部南水北调规划设计管理局. 中国南水北调工程效益报告 2020[R/OL]. (2021-06)[2022-07-16]. http://nsbd.mwr.gov.cn/zw/gcgk/gczs/202204/P020220415565580543834.pdf.

[4] 中国水利网. 吉林省中部城市引松供水工程通过全线通水验收[EB/OL]. (2021-12-21)[2022-07-15]. http://www.yrcc.gov.cn/xwzx/sszl/202112/t20211221_236333.html.

[5] 易水. 滇池换"血"牛栏江——滇池补水工程输水线路通水[J]. 创造,2013(10):16-20.

[6] 青海日报. 青海"一号水利工程" 引大济湟调水总干渠今日正式通水[N/OL]. (2016-12-14)[2022-07-15]. http://www.gov.cn/xinwen/2016-12/1htm4/content_5147747.

[7] 王景来. 辽宁本溪市"引观入本"工程开工[J]. 中国水利 ,2013(19):80.

[8] 中国水利报. 辽宁观音阁水库输水工程提前 11 个月通水[N/OL]. (2018-08-01)[2022-07-16]. http://www.chinawater.com.cn/js/172jxs/201808/t20180801_718467.html.

[9] 水利部网站. 安徽省淮水北调工程通过竣工验收[EB/OL]. (2019-02-01)[2022-07-16]. http://www.gov.cn/xinwen/2019-02/01/content_5363012.htm.

[10]《河北水利》编辑部. 黄河之水入冀来——写在引黄入冀补淀工程试通水之际[J]. 河北水利,2017(11):1.

[11] 河北省引黄工作领导小组办公室. 引黄入冀补淀工程试通水[J]. 河北水利,2017(11):6.

[12] 南海网. 海口市南渡江引水工程开工 将缓解海口缺水问题[EB/OL]. (2015-11-18)[2022-07-16]. http://www.hinews.cn/news/system/2015/11/18/017942142.shtml.

[13] 证券时报网. 南渡江引水工程在海南正式通水 解决 230 万人饮水问题[EB/OL]. (2020-12-31)[2022-07-16]. https://www.h2o-china.com/news/319189.html.

[14] 杨静. 贵州水利"一号工程"夹岩水利枢纽下闸蓄水[N]. 贵州日报地方报,2020-12-29(1).

[15] 甘肃日报. 引洮供水工程全线建成[N/OL]. (2021-11-16)[2022-07-16]. https://www.ndrc.gov.cn/fggz/dqjj/sdbk/202111/t20211116_1304150.html? code=&state=123.

[16] 徐崇锋. 引洮供水二期工程建设管理的回顾与思考[J]. 发展,2022(2):56-61.

[17] 央视网. 内蒙古引绰济辽工程开工 输水线路全长 390.3 公里[EB/OL]. (2019-11-26)[2022-07-16]. https://www.sohu.com/a/356001077_428290.

[18] 夏热轩,韩玮. 贯通江淮的梦想照进现实——引江济淮工程侧记[J]. 大江文艺,2018(2):6-9.

[19] 刘加喜. 倾尽全力 超常规推进滇中引水工程建设[J]. 水利建设与管理,2021,41(8):8-10.

[20] 舟山广播电视台. 点赞! 舟山市大陆引水三期工程有重大进展! [EB/OL]. (2020-11-18)[2022-07-16]. https://www.sohu.com/a/432734028_100188376.

[21] 岱山新闻网. 舟山大陆引水三期工程岱山段全面开工建设[EB/OL].(2018-05-08)[2022-07-16]. https://dsnews.zjol.com.cn/dsnews/system/2018/05/08/030876055.shtml.
[22] 湖北日报. 鄂北水资源配置工程今日顺利通水(附图解)[N/OL].(2020-01-06)[2022-07-16]. http://news.cnhubei.com/content/2020-01/06/content_12596064.html.
[23] 人民网. 南水北调后续工程正式拉开序幕 引江补汉工程开工建设[EB/OL].(2022-07-07)[2022-07-16]. http://finance.people.com.cn/n1/2022/0707/c1004-32469264.html.
[24] 陕西日报. 陕西省引汉济渭二期工程全面开工建设[N/OL].(2021-06-18)[2022-07-16]. http://www.shaanxi.gov.cn/xw/sxyw/202106/t20210618_2179707.html.
[25] 中国新闻网. 国务院重大水利工程建设项目海南省琼西北供水工程开工[EB/OL].(2021-07-14)[2022-07-16]. http://www.hi.chinanews.com.cn/hnnew/2021-07-14/590665.html.

黑河黄藏寺水利枢纽双重死水位研究

杨永建　杨丽丰　成鹏飞

（黄河勘测规划设计研究院有限公司，河南郑州　450003）

摘　要：水库在正常运用情况下，允许消落到的最低水位称为死水位，是水库规划设计中的重要指标。黄藏寺水库是黑河干流控制性骨干调蓄工程，其开发任务主要是向下游生态供水，同时改善中游灌溉供水条件，具有很强的公益性；黄藏寺水库论证过程中通过对死水位选择的主要制约因素分析，结合混流式水轮机的运行条件，对不同水头段分别装机、分期死水位、机组阶梯布置和一次性抬高死水位等方案进行了详细的技术经济比较，将黄藏寺正常死水位由项目建议书阶段的 2 560 m 抬高到 2 580 m；同时，为保障特大干旱年份或极端事件下流域供水安全，设置极限死水位 2 560 m，形成了黄藏寺水库双重死水位方案，既兼顾了电站的发电效益，同时保障了特大干旱年流域的水资源安全，为工程规模的最终确定和项目后期的可持续运行起到关键性作用。

关键词：双死水位；论证；黄藏寺水库；黑河

1　死水位选择影响因素

水库在正常运用情况下，允许消落到的最低水位称为死水位，死水位以下的库容，称为死库容。一般用于容纳水库淤沙、抬高水头和保持库区水深。在正常运用中不调节径流，也不放空。只有因特殊原因，如排沙、抢修和战备等，才考虑泄放这部分容积；在特殊枯水年水库已消落到死水位仍需紧急供水或动用水电站事故备用容量时，也可视情况动用部分死库容供水、发电。一般来说，死水位选择的主要控制因素有[1]：

（1）死水位的高程应满足综合利用各部门的用水要求。如灌溉和供水对取水高程的要求，上游航运、渔业、旅游等对水库水位的要求等。

（2）若工程承担发电任务，则死水位选择应考虑水轮机运行条件的限制，避免机组运行到死水位附近，由于水头过低，出现机组效率迅速下降，甚至产生气蚀振动等不良现象；同时也应避免死水位过低，机组受阻容量过大，影响水电站效益的发挥[2]。

（3）对于多沙河流，应考虑水库泥沙淤积对死库容和坝前淤积高程的要求。死水位一般要高于水库泥沙淤积年限的坝前泥沙淤积高程。

（4）进水口闸门制造难度及启闭能力也是影响死水位选择的因素。

2　黄藏寺水库死水位选择的主要制约因素

黄藏寺水库位于黑河上游，海拔较高，灌区和生态供水对象位于中下游，死水位的选择不受供水对象高程的制约，水库死水位的选择主要受制于泥沙淤积高程和水轮机运行水头变幅，其中混流式水轮机的运行水头范围是影响最大的因素。

混流式水轮机适应的运行水头变幅是有限的，过大的水头变幅将导致机组稳定运行安全问题，当运行水头远离额定水头时，水流将与水轮机叶片形成较大冲角，水流在叶片处形成过大的冲角使叶片头部

基金项目：国家重点研发计划项目（2017YFC04044300）。

作者简介：杨永建（1983—），男，高级工程师，主要研究方向为工程规划与水资源管理。

形成脱流空化、二次流和叶道涡,是转轮振动、气蚀破坏的根源,将引起水轮机水力不稳定,甚至破坏。根据《水力发电厂机电设计规范》(NB/T 10878—2021),对于安装混流式水轮机的水电站来说,在其运行水头变化范围内选择水轮机是合理的。当黄藏寺死水位分别为 2 560 m、2 570 m 和 2 575 m 时,水头变幅较大,倍比(最大水头/最小水头)分别达到 3. 11、2. 45 和 2. 24,超过合理区间,需要采用变频机组,但考虑到变速机组在国内的实际运行实例较少,机组设备的设计制造技术还处于研究试验阶段,还没有达到技术成熟阶段,同时存在机组本身设计制造工艺复杂、运行维护费用高的缺点,方案比较时不考虑变频机组。

3 项目建议书阶段死水位

根据水库泥沙淤积形态设计,黄藏寺水库淤积形态为三角洲淤积,水库在长期运用过程中三角洲将不断向坝前推进。尾部段淤积占总淤积量的 13. 2%,三角洲淤积占总淤积量的 58. 1%,沿程段淤积为总淤积量的 14. 2%,坝前淤积量为总淤积量的 14. 5%。根据设计的淤积形态,经铺沙计算水库运用 50 年后坝前淤积高程为 2 555 m。

根据水库开发任务和开发目标,推荐黄藏寺水库死水位为 2 560 m,正常蓄水位 2 624 m,水头变化范围为 33. 65~102. 71 m,结合水头变幅情况和机组适宜运行范围,确定水库的发电最低水位为 2 580 m(当水库水位在 2 560~2 580 m 时不发电),存在一定的发电效益损失。

4 可研阶段正常死水位论证

根据黄藏寺死水位选择的主要制约因素,结合国内对常规机组和变频机组的研究进展和实际应用情况,对黄藏寺水库两段水头分别装机方案、分期死水位方案、机组阶梯布置方案和一次性抬高死水位至 2 580 m 方案进行了深入的分析比较,最终推荐黄藏寺水库正常死水位采用 2 580 m。

4.1 两段水头分别装机方案

由于水头变幅的限制,项目建议书阶段,当水位在 2 560~2 580 m 时机组不发电,装机容量 36 MW。本阶段,为了充分利用 2 560~2 580 m 的水头,增加发电量,设计在水位 2 560~2 580 m 单独装设一套机组,满足低水头发电要求;水位在 2 580~2 624 m 单独装设一套机组,满足正常发电要求。根据水机专业规范,机组最大水头和最小水头之比为 1. 8 倍左右比较合适,为充分利用水量,考虑水位 2 580~2 590 m 两套机组都可以发电,即两套机组在水位 2 580~2 590 m 适当搭接,充分利用水量,增加电站发电量。根据动能计算,水位 2 560~2 590 m 和水位 2 580~2 624 m 装机容量分别为 20 MW 和 36 MW。水位 2 560~2 580 m 时电量累积曲线如图 1 所示。

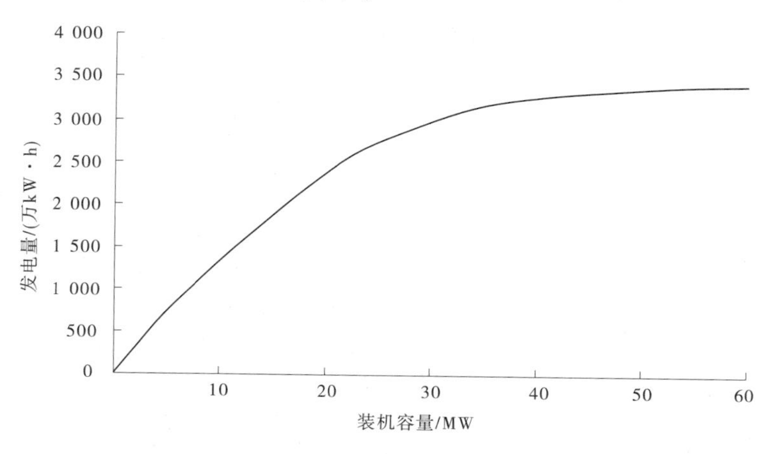

图 1 2 560~2 580 m 时电量累积曲线

对项目建议书方案(方案 1)、两段水头分别装机(方案 2)和可研推荐方案(方案 3)进行技术经济比较,不同方案技术经济指标如表 1 所示。

表 1　两段水头方案技术经济比较[3]

<table>
<tr><th colspan="2">项目</th><th>方案 1
（项目建议书方案）</th><th colspan="2">方案 2
（两段装机方案）</th><th>方案 3
（可研推荐方案）</th></tr>
<tr><td colspan="2">死水位/m</td><td>2 560</td><td colspan="2">2 560</td><td>2 580</td></tr>
<tr><td colspan="2">最低发电水位/m</td><td>2 580</td><td colspan="2">2 560</td><td>2 628</td></tr>
<tr><td colspan="2">正常蓄水位/m</td><td>2 624</td><td colspan="2">2 624</td><td>2 628</td></tr>
<tr><td colspan="2" rowspan="2">装机容量/MW</td><td rowspan="2">36</td><td colspan="2">56</td><td rowspan="2">49</td></tr>
<tr><td>20</td><td>36</td></tr>
<tr><td colspan="2">机组运行范围/m</td><td>2 580~2 624</td><td>2 560~2 590</td><td>2 580~2 624</td><td>2 580~2 628</td></tr>
<tr><td rowspan="2">地盘子电站</td><td>地盘子发电量/（万 kW·h）</td><td>5 000</td><td colspan="2">5 000</td><td>4 584</td></tr>
<tr><td>地盘子差额电量/（万 kW·h）</td><td colspan="2">0</td><td colspan="2">416</td></tr>
<tr><td colspan="2" rowspan="2">黄藏寺发电量/（万 kW·h）</td><td rowspan="2">14 824</td><td colspan="2">17 195</td><td rowspan="2">20 776</td></tr>
<tr><td>2 371</td><td>14 824</td></tr>
<tr><td colspan="2" rowspan="2">利用小时数/h</td><td rowspan="2">4 118</td><td colspan="2">3 071（综合）</td><td rowspan="2">4 240</td></tr>
<tr><td>1 186</td><td>4 118</td></tr>
<tr><td colspan="2">差额电量/（万 kW·h）</td><td colspan="2">2 371</td><td colspan="2">3 581</td></tr>
<tr><td colspan="2">总投资/万元</td><td>239 254</td><td colspan="2">245 841</td><td>250 273</td></tr>
<tr><td colspan="2">差额投资/万元</td><td colspan="2">6 587</td><td colspan="2">4 432</td></tr>
<tr><td colspan="2">差额度电投资/[元/(kW·h)]</td><td colspan="2">2.78</td><td colspan="2">1.24</td></tr>
<tr><td colspan="2">差额内部收益率/%</td><td colspan="2">11.44</td><td colspan="2">22.64</td></tr>
</table>

4.2　分期死水位方案

由于水头变幅的限制,项目建议书阶段,当水位在 2 560~2 580 m 时机组不发电,装机容量 36 MW。考虑到水库泥沙为三角洲淤积形态,调节库容前期大、后期小,为充分利用水位 2 560~2 580 m 的水头,增加发电量,考虑根据不同泥沙淤积年限分期确定死水位,即根据水库泥沙淤积的情况逐步降低死水位,分期计算发电量;同时,将机组发电最低水位下调到常规机组的极限水头变幅(2 575 m)。

根据不同的泥沙淤积年限,在满足调节库容的前提下,可以确定不同时段的分期死水位,如表 2 所示。

表 2　不同分期死水位电站水流电量情况

最终死水位/m	2 560			2 580		
分期时段	0~20 年	20~30 年	30~50 年	0~20 年	20~30 年	30~50 年
分期死水位/m	2 574	2 571	2 560	2 587	2 585	2 580
最低发电水位/m	2 575	2 575	2 575	2 587	2 585	2 580
水流电量/(亿 kW·h)	2.10	2.04	1.87	2.36	2.35	2.31
加权水流电量/(亿 kW·h)	2.00			2.34		
差额水流电量/(亿 kW·h)	0.34					

根据表 2,当最终死水位为 2 560 m 时,泥沙淤积年限 0~20 年,同期死水位采用 2 574 m,水流电量 2.10 亿 kW·h;泥沙淤积年限 20~30 年,同期死水位采用 2 571 m,水流电量 2.04 亿 kW·h;泥沙淤积

年限 30~50 年,同期死水位采用 2 560 m,水流电量 1.87 亿 kW·h;50 年加权水流电量 2.00 亿 kW·h。

当最终死水位为 2 580 m 时,泥沙淤积年限 0~20 年,同期死水位采用 2 587 m,水流电量 2.36 亿 kW·h;泥沙淤积年限 20~30 年,同期死水位采用 2 585 m,水流电量 2.35 亿 kW·h;泥沙淤积年限 30~50 年,同期死水位采用 2 580 m,水流电量 2.31 亿 kW·h;50 年加权水流电量 2.34 亿 kW·h。

对项目建议书方案(方案 1)、分期死水位方案(方案 2)和可研推荐方案(方案 3)进行技术经济比较,不同方案技术经济指标如表 3 所示。

表 3　分期死水位方案技术经济比较

项目	方案 1 (项目建议书方案)	方案 2 (分期死水位方案)	方案 3 (可研推荐方案)
死水位/m	2 560	2 560	2 580
最低发电水位/m	2 580	2 575	2 580
正常蓄水位/m	2 624	2 624	2 628
装机容量/MW	36	42	49
黄藏寺水库发电量/(万 kW·h)	14 824	17 335	20 776
差额电量/(万 kW·h)	2 511		3 441
静态总投资/万元	250 269	252 314	260 790
差额投资/万元	2 045		8 476
差额度电投资/[元/(kW·h)]	0.81		2.46
差额内部收益率/%			12.15

根据表 3,方案 1 装机容量 36 MW,多年平均发电量 14 824 万 kW·h,静态总投资 250 269 万元;方案 2 装机容量 42 MW,50 年加权发电量 17 335 万 kW·h,静态总投资 252 314 万元,比方案 1 增加投资 2 045 万元,度电投资 0.81 元/(kW·h);方案 3 装机容量 49 MW,多年平均发电量 20 776 万 kW·h,静态总投资 260 790 万元,比方案 2 增加电量 3 441 万 kW·h,增加投资 8 476 万元,差额度电投资 2.47 元/(kW·h),差额内部收益率 12.15%。

综合比较,方案 3 技术经济指标更优。

4.3　机组阶梯布置方案

根据黄藏寺水库出库流量、水头、平均出力分段统计成果(见表 4),充分考虑不同水头范围出库流量频率、出力的特点,装机容量采用分段装机、上下兼顾、合理搭接的方案,即将水位在 2 580~2 624 m 分成两套机组,一套机组兼顾中小流量,运行范围在 2 580~2 624 m,另一套机组充分利用剩余流量,运行水头范围在 2 575~2 615 m,其余一套机组运行范围在 2 560~2 580 m,充分兼顾汛期大流量下泄流量。

表 4　黄藏寺水库出库流量、水头及平均出力分段统计成果

水位范围/m	时段数/旬	频率/%	平均流量/(m^3/s)	最大流量/(m^3/s)	最小流量/(m^3/s)	平均水头/m	最大水头/m	最小水头/m	平均出力/m
2 620<H<2 624	561	32.47	21.43	250	9	100.94	103.1	97.5	17.95
2 615<H<2 620	205	11.86	24.84	140.6	9	95.34	98.5	95.5	19.65
2 610<H<2 615	191	11.05	32.84	250	9	89.99	93.5	87.8	24.53
2 605<H<2 610	105	6.08	56.25	250	9	84.04	88.4	79.9	39.24
2 600<H<2 605	123	7.12	48	250	9	79.12	83.3	80.2	31.52
2 595<H<2 600	112	6.48	47.53	200	9	74.15	78.2	73.9	29.25

续表 4

水位范围/m	时段数/旬	频率/%	平均流量/(m^3/s)	最大流量/(m^3/s)	最小流量/(m^3/s)	平均水头/m	最大水头/m	最小水头/m	平均出力/m
$2\ 590<H<2\ 595$	78	4.51	50.65	250	9	69.07	73.3	66.5	29.04
$2\ 585<H<2\ 590$	63	3.65	54.79	200	9	64.03	68.2	62.7	29.12
$2\ 580<H<2\ 585$	59	3.41	69.58	250	9	58.57	62.7	56.4	33.83
$2\ 575<H<2\ 580$	67	3.88	54.62	136.8	9	53.83	58.3	54.8	24.4
$2\ 570<H<2\ 575$	53	3.07	69.92	175.5	9	48.35	53.4	46.7	28.06
$2\ 565<H<2\ 570$	47	2.72	72.81	122.5	9	43.02	46.4	43.9	26
$2\ 560<H<2\ 565$	64	3.70	72.85	206.6	10.2	36.57	41.3	35.2	22.11

对不同水位范围内流量按照不同范围继续划分，如表 5 所示，根据对水库不同库水位范围出库流量、出力的统计和分析，在水位 2 560~2 580 m 布置 3 套机组，不同机组运行范围考虑一定搭接。根据计算，水位 2 560~2 580 m 装机容量 25 MW，主要运行在低水头；水位 2 575~2 615 m、水位 2 580~2 624 m 装机容量均为 20 MW，主要运行在中高水头范围。

表 5　黄藏寺水库不同水位范围流量组成

水位范围/m	流量范围/(m^3/s)	时段数/旬	频率/%	流量范围/(m^3/s)	时段数/旬	频率/%	流量范围/(m^3/s)	时段数/旬	频率/%	流量范围/(m^3/s)	时段数/旬	频率/%
$2\ 620<H<2\ 624$	$Q<10$	260	46.35	$10<Q<40$	238	42.42	$40<Q<75$	53	9.45	$Q>75$	10	1.78
$2\ 615<H<2\ 620$	$Q<10$	107	52.20	$10<Q<40$	50	24.39	$40<Q<75$	41	20	$Q>75$	7	3.41
$2\ 610<H<2\ 615$	$Q<10$	93	48.69	$10<Q<40$	47	24.61	$40<Q<75$	31	16.23	$Q>75$	20	10.47
$2\ 605<H<2\ 610$	$Q<10$	28	26.67	$10<Q<40$	18	17.14	$40<Q<75$	29	27.62	$Q>75$	30	28.57
$2\ 600<H<2\ 605$	$Q<10$	30	24.39	$10<Q<40$	25	20.33	$40<Q<75$	46	37.40	$Q>75$	22	17.89
$2\ 595<H<2\ 600$	$Q<10$	26	23.21	$10<Q<40$	19	16.96	$40<Q<75$	47	41.96	$Q>75$	20	17.86
$2\ 590<H<2\ 595$	$Q<10$	19	24.36	$10<Q<40$	16	20.51	$40<Q<75$	25	32.05	$Q>75$	18	23.08
$2\ 585<H<2\ 590$	$Q<10$	12	19.05	$10<Q<40$	12	19.05	$40<Q<75$	25	39.68	$Q>75$	14	22.22
$2\ 580<H<2\ 585$	$Q<10$	10	16.95	$10<Q<40$	8	13.56	$40<Q<75$	23	38.98	$Q>75$	18	30.51
$2\ 575<H<2\ 580$	$Q<10$	10	14.93	$10<Q<40$	11	16.42	$40<Q<75$	29	43.28	$Q>75$	17	25.37
$2\ 570<H<2\ 575$	$Q<10$	8	15.09	$10<Q<40$	5	9.43	$40<Q<75$	16	30.19	$Q>75$	24	45.28
$2\ 565<H<2\ 570$	$Q<10$	4	8.51	$10<Q<40$	2	4.26	$40<Q<75$	14	29.79	$Q>75$	27	57.45
$2\ 560<H<2\ 565$	$Q<10$	0	0	$10<Q<40$	9	14.06	$40<Q<75$	34	53.12	$Q>75$	21	32.81

对项目建议书方案（方案 1）、机组阶梯布置方案（方案 2）和可研推荐方案（方案 3）进行技术经济比较，不同方案技术经济指标如表 6 所示；根据表 6，方案 1，电站装机容量 36 MW，总投资 239 254 万元；方案 2，电站总装机容量 65 MW，总投资 248 258 万元，差额投资 9 004 万元，差额电量 1 806 万 kW·h，差额投资内部收益率 6.30%；方案 3，电站装机容量 49 MW，总投资 250 273 万元，比方案 2 增加投资 2 015 万元，差额内部收益率 40.74%，超过 8%。

表6 机组阶梯布置方案技术经济比较

<table>
<tr><td>项目</td><td>方案1
(项目建议书方案)</td><td colspan="3">方案2
(机组阶梯布置方案)</td><td>方案3
(可研推荐方案)</td></tr>
<tr><td>死水位/m</td><td>2 560</td><td colspan="3">2 560</td><td>2 580</td></tr>
<tr><td>最低发电水位/m</td><td>2 580</td><td colspan="3">2 560</td><td>2 628</td></tr>
<tr><td>正常蓄水位/m</td><td>2 624</td><td colspan="3">2 624</td><td>2 628</td></tr>
<tr><td rowspan="2">装机容量/MW</td><td rowspan="2">36</td><td colspan="3">65</td><td rowspan="2">49</td></tr>
<tr><td>25</td><td>20</td><td>20</td></tr>
<tr><td>机组运行范围/m</td><td>2 580~2 625</td><td>2 560~2 580</td><td>2 575~2 615</td><td>2 580~2 624</td><td>2 580~2 628</td></tr>
<tr><td rowspan="2">发电量/(万 kW·h)</td><td rowspan="2">14 824</td><td colspan="3">16 630</td><td rowspan="2">20 776</td></tr>
<tr><td>2 014</td><td>3 859</td><td>10 757</td></tr>
<tr><td rowspan="2">利用小时数/h</td><td rowspan="2">4 118</td><td colspan="3">2 558(综合)</td><td rowspan="2">4 240</td></tr>
<tr><td>806</td><td>1 929</td><td>5 378</td></tr>
<tr><td>差额电量/(万 kW·h)</td><td colspan="3">1 806</td><td colspan="2">4 146</td></tr>
<tr><td>总投资/万元</td><td>239 254</td><td colspan="3">248 258</td><td>250 273</td></tr>
<tr><td>差额投资/万元</td><td colspan="3">9 004</td><td colspan="2">2 015</td></tr>
<tr><td>差额度电投资/[元/(kW·h)]</td><td colspan="3">4.98</td><td colspan="2">0.49</td></tr>
<tr><td>差额内部收益率/%</td><td colspan="3">6.30</td><td colspan="2">40.74</td></tr>
</table>

4.4 一次性抬高死水位至2 580 m方案

本阶段对死水位2 560m(项目建议书方案)、2 570 m、2 575 m、2 580 m和2 585 m五个方案,从不同死水位的工程规模、发电效益、淹没影响、工程投资以及经济效益等方面进行技术经济比较,不同死水位方案技术经济指标如表7所示。

表7 不同死水位方案技术经济指标(全部常规机组)

<table>
<tr><td colspan="2">项目</td><td colspan="2">项目建议书方案</td><td colspan="2">方案1</td><td colspan="2">方案2</td><td colspan="2">方案3</td><td colspan="2">方案4</td></tr>
<tr><td rowspan="4">工程规模</td><td>死水位/m</td><td colspan="2">2 560</td><td colspan="2">2 570</td><td colspan="2">2 575</td><td colspan="2">2 580</td><td colspan="2">2 585</td></tr>
<tr><td>正常蓄水位/m</td><td colspan="2">2 624</td><td colspan="2">2 626</td><td colspan="2">2 627</td><td colspan="2">2 628</td><td colspan="2">2 629.5</td></tr>
<tr><td>设计洪水位/m</td><td colspan="2">2 624.00</td><td colspan="2">2 626.05</td><td colspan="2">2 627.07</td><td colspan="2">2 628.00</td><td colspan="2">2 630.34</td></tr>
<tr><td>校核洪水位/m</td><td colspan="2">2 625.44</td><td colspan="2">2 626.82</td><td colspan="2">2 627.87</td><td colspan="2">2 628.70</td><td colspan="2">2 631.16</td></tr>
<tr><td rowspan="5">黄藏寺动能指标</td><td>最低发电水位/m</td><td colspan="2">2 580</td><td colspan="2">2 580</td><td colspan="2">2 580</td><td colspan="2">2 580</td><td colspan="2">2 585</td></tr>
<tr><td>装机容量/MW</td><td colspan="2">36</td><td colspan="2">40</td><td colspan="2">44</td><td colspan="2">49</td><td colspan="2">51</td></tr>
<tr><td>利用小时数/h</td><td colspan="2">4 118</td><td colspan="2">4 140</td><td colspan="2">4 131</td><td colspan="2">4 240</td><td colspan="2">4 209</td></tr>
<tr><td>黄藏寺发电量/(万 kW·h)</td><td colspan="2">14 824</td><td colspan="2">16 561</td><td colspan="2">18 178</td><td colspan="2">20 776</td><td colspan="2">21 466</td></tr>
<tr><td>电量差值/(万 kW·h)</td><td></td><td colspan="2">1 737</td><td colspan="2">1 617</td><td colspan="2">2 598</td><td colspan="2">690</td><td></td></tr>
<tr><td rowspan="3">地盘子动能指标</td><td>原发电量/(万 kW·h)</td><td colspan="2">7 294</td><td colspan="2">7 294</td><td colspan="2">7 294</td><td colspan="2">7 294</td><td colspan="2">7 294</td></tr>
<tr><td>有黄发电量/(万 kW·h)</td><td colspan="2">5 000</td><td colspan="2">4 804</td><td colspan="2">4 700</td><td colspan="2">4 584</td><td colspan="2">4 428</td></tr>
<tr><td>电量差值/(万 kW·h)</td><td></td><td colspan="2">196</td><td colspan="2">104</td><td colspan="2">116</td><td colspan="2">156</td><td></td></tr>
</table>

续表 7

项目		项目建议书方案	方案 1	方案 2	方案 3	方案 4
投资	工程投资/万元	151 546	153 674	153 789	155 420	156 544
	移民淹没投资/万元	86 692	89 810	91 631	93 339	95 911
	环保、水保投资/万元	12 031	12 031	12 031	12 031	12 031
	工程静态总投资/万元	250 269	255 515	257 451	260 790	264 486
	差额投资/万元	5 246	1 936	3 339	3 696	
经济指标	内部收益率/%	9.41	9.43	9.55	9.71	9.67
	差额内部收益率/%	10.35	21.59	19.65	7.00	
	差额度电投资/[元/(kW·h)]	2.97	1.22	1.29	5.36	

不同死水位方案黄藏寺水库总发电量和时段发电量如图 2 和图 3 所示，随着死水位的抬高，发电量逐步增大，从 2 560 m 到 2 580 m 发电量增加较大，继续抬高增加较小；从各方案对地盘子电站发电量的影响来看基本接近，表明黄藏寺水库抬高死水位增加的电量大于地盘子电站减小的电量，增加死水位是有利的；其次，从各方案的工程投资并结合经济评价，2 580 m 方案指标最优，因此最终推荐黄藏寺水库死水位采用 2 580 m。

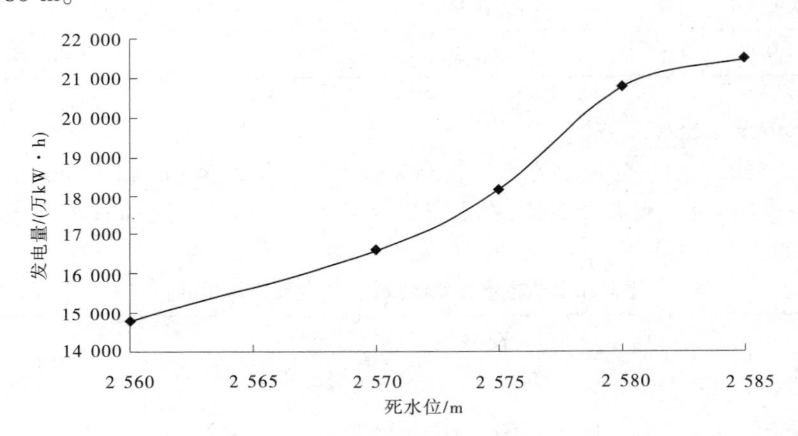

图 2　发电量随死水位的变化情况

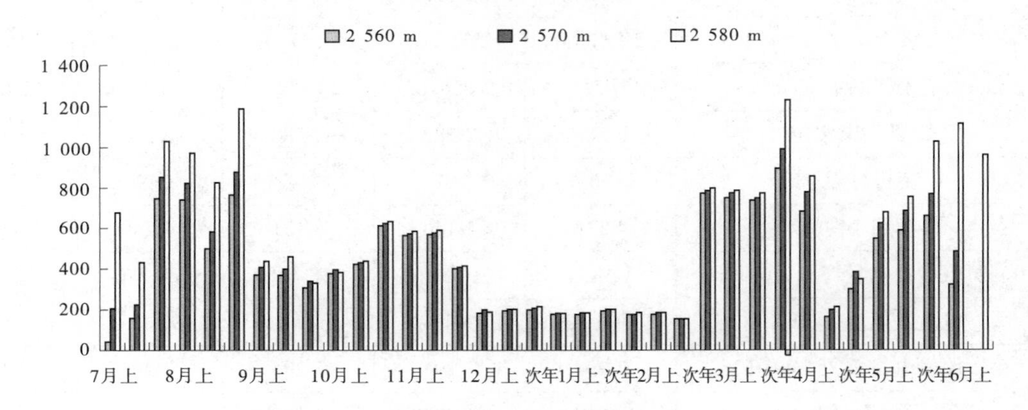

图 3　不同死水位时段发电量对比

5 极限死水位论证

根据上述技术经济比较，黄藏寺水库正常死水位为 2 580 m。当来水量小于多年平均情况时，尤其是小于保证率 90%年份时，黑河流域水资源供需矛盾将十分紧张。考虑到水位 2 560~2 580 m 有原始库容 0.46 亿 m^3，淤积 50 年后还有 0.36 亿 m^3，如果将这部分库容的水量用于黑河中游灌溉，估算可增加中游供水量约 0.2 亿 m^3，可保灌溉面积 3 万亩，产量约 1.8 万 t；如果保障下游生态用水，鉴于正义峡水库建设与否的不确定性，利用黄藏寺水库该部分库容的蓄水量，还可在正义峡水库建成前相机向下游增加生态补水量，保障下游生态安全。因此，在黄藏寺水库正常蓄水位的基础上设置极限死水位 2 560 m，形成黄藏寺水库双重死水位方案，来保障流域特大干旱年或极端事件下的供水安全。

6 结论

黄藏寺水库是黑河干流骨干调蓄水库，其开发任务主要是生态和灌溉，具有很强的公益性功能，发电虽然不是水库的主要功能，但在不影响水库主要功能实现的前提下，水库应尽可能多发电，充分开发利用河段水能资源，增加经济效益；同时，黄藏寺水库将来的财务收益主要是发电，发电收入需要承担项目的全部运行费用和贷款偿还。因此，在经济合理的情况下，应尽可能多发电，以维持工程的良性运行。另外，黄藏寺水库为黑河干流的骨干调蓄水库，适当抬高死水位，增大死库容，有利于应对特大干旱年份中下游地区的基本用水需求，对保障流域经济和生态用水安全具有重要的作用。

为了保证水库建成后可以良性运行，提高自身的财务生存能力，水库死水位论证过程中通过对水头段分别装机方案、分期死水位方案、机组阶梯布置方案和一次性抬高死水位方案等进行了大量的技术经济比较，将黄藏寺水库正常死水位由项目建议书阶段的 2 560 m 抬高到 2 580 m，在满足水库主要开发任务的同时，增加了电站的发电效益，增强了本工程的财务指标，有利于电站的良性运行；同时根据 2 560 m 作为水库的极限死水位，有利于应对特大干旱年份中下游地区的基本用水需求。综上，黄藏寺水库设立正常死水位和极限死水位，既兼顾了电站的发电效益，同时保障了特大干旱年流域的水资源安全。

参考文献

[1] 叶守则. 水文水利计算[M]. 北京：中国水利水电出版社，1992.

[2] 周之豪，沈曾源，施熙灿，等. 水利水能规划[M]. 2 版. 北京：中国水利水电出版社，1997.

[3] 黄河勘测规划设计有限公司. 黑河黄藏寺水利枢纽工程可行性研究报告[R]. 郑州：黄河勘测规划设计有限公司，2015.

[4] 闫大鹏，王莉. 黑河干流生态水量调度方案[J]. 人民黄河，2011，33(1)：54-58.

[5] 水利部. 黑河流域近期治理规划[M]. 北京：水利水电出版社，2002.

[6] 水利部黄河水利委员会. 黑河流域综合规划[R]. 郑州，2018.

基于 Civil3D 集成造价的计算方法在截渗墙投资编制工作中的应用

连　祎　贾海涛

（黄河勘测规划设计研究院有限公司，河南郑州　450003）

摘　要：常规截渗墙造价工作在计算各地层工程量时占用大量时间，导致造价编制时长严重超出，有时为了压缩时间导致计算精度不足，效率与精度很难同时得到保证。本次为了解决这个问题，将基于Civil3D 集成造价的方法在截渗墙造价编制中进行应用，提高工作效率与成果质量。

关键词：Civil3D；截渗墙；投资

1　研究背景

在应对水利工程地基防渗加固这一常见工程难题方面，截渗墙因其施工速度快、工程成本低且效果显著，被广泛应用于水利工程地基处理。然而经项目调查研究发现，许多截渗墙工程的投资编制工作经常会出现时间超支现象，不得不采取加班、压缩工程其他分部工程的编制时间或者延长项目整体时间的措施，严重制约了工程正常生产进度；或者为了保证项目计划时间节点，只能简化计量过程，取主要地层计算投资，这样就会导致项目投资与实际费用存有偏差，很难统筹效率与精度。究其根本原因，在于截渗墙造价编制需要区分地层、墙厚、孔深等参数，需在图上人工量取每层地层的工程量并且在套用定额时根据地层类别进行一一对应，且工程中往往不止一道截渗墙，在不同位置截渗墙的地质情况各不相同，所设计的截渗墙规模也会相差较大，墙厚孔深地层等参数也不尽相同，人工统计对应过程耗时耗力[1]。

鉴于目前在编制造价过程中采用的常规方法效率较为低下，项目组对截渗墙造价编制进行了深入的研究及应用。

2　研究内容

2.1　现状调查

为调查现状截渗墙造价编制存在的具体问题，项目组针对选取的典型项目，对其中的编制工序进行了详细的调查，整理结果见表1、图1。

表1　现状问题调查结果

序号	工序名称	项目一	项目二	项目三	项目四	项目五	项目六	项目七	项目八	项目九	项目十	耗时小计	平均耗时	工序编制时间占比
1	计算截渗墙工程量	4.5	5	4	6.5	6.5	11	6	7	4.5	2	57	5.7	45.60%
2	选套截渗墙定额	4	4.5	4	4.5	6	5	5	6	4	1	44	4.4	35.20%

作者简介：连祎（1990—），女，硕士，工程师，主要从事水利工程造价工作。

续表 1

序号	工序名称	项目一	项目二	项目三	项目四	项目五	项目六	项目七	项目八	项目九	项目十	耗时小计	平均耗时	工序编制时间占比
3	套用定额	0.5	1	0.5	0.5	0.5	0.5	0.5	0.5	1	1	6.5	0.65	5.20%
4	计算投资	0.5	0.5	1	1	1	0.5	0.5	0.5	0.5	1	7	0.7	5.60%
5	汇总投资	0.5	0.5	0.5	0.5	0.5	0.5	0.5	1	0.5	0.5	5.5	0.55	4.40%
6	其他	0.5	0.5	0.5	0.5	0.5	0.5	0.5	0.5	0.5	0.5	5	0.5	4.00%
耗时小计		10.5	12	10.5	13.5	15	18	13	15.5	11	6	125	12.5	

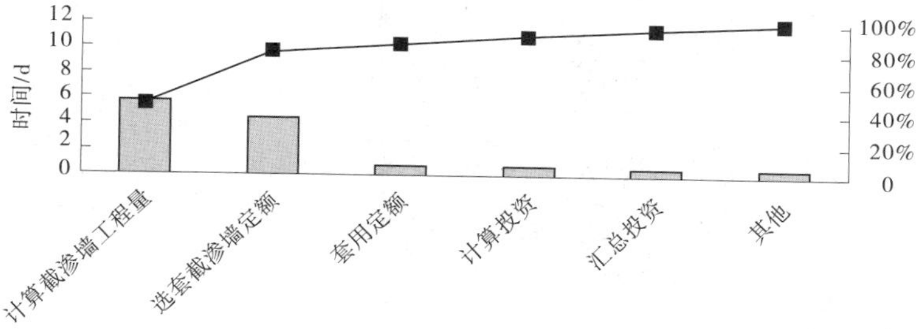

图 1 现状问题排列图

从统计图表中可以看到，计算截渗墙工程量和选套定额是主要问题，只要有效解决了这两项问题，截渗墙造价编制时间超支的问题就能得到很好的控制。

2.2 原因分析

针对计算截渗墙工程量和选套定额两个关键工序，编制时间过长，项目组经过分析，得出以下几种原因。

2.2.1 识图量取方法落后

在截渗墙的算量过程中，调查之前所做的项目造价，均为人工识图，识图量取方法落后，需要在图中按照不同地层将截渗墙分成若干层分别进行量取，效率低下，并且给校核工作造成很大的负担，校核人员与设计人员量取的数值容易出现误差，返工重新量取，浪费时间[2]。

2.2.2 地质资料地层划分与定额不一致

调查之前所做的项目，发现工程勘察通过钻孔岩土取样，根据岩土性质标出每层地层，这些地层往往有很多，因为有交互式地质，存在相同地层，如粉土、粉质黏土等，而定额中将土质分为 4 种，地质资料地层分类与定额分类没有一一对应，需要造价人员查询相关规范，了解岩土特性，寻找匹配信息，例如，地质分层中的耕土、素填土等都属于定额中的种植土，因此需要造价人员花费较长时间对地质识别分类。

2.2.3 缺乏单价模板，选套定额时间长

截渗墙计算需从墙厚、孔深、地层三个方面综合分类套用单价，经过调查发现，目前项目大多数采用部颁定额或河南省定额计算截渗墙造价，其人、材、机消耗量是一样的，但一直未形成统一的模板可以调用单价，每次都是根据参数去编制分析单价或寻找别的项目相同单价进行复制使用，这耗用大量的时间，也增加了校核工作量。

2.3 制定对策

(1)针对识图量取方法落后，改变识图方式，用 Civil3D 三维量取。传统截渗墙工程量采用人工识图算量，工作量大、效率低，容易出错。通过研究，将 Civil3D 软件中的三角网体积曲面法[3]应用到截渗墙识图量取中，改变传统的识图算量方式，提高工作效率和质量。

Civil3D 软件是一款三维软件,在 Civil3D 中建立各地层三维曲面[4],在其中布置截渗墙,将各地层信息赋予各地层曲面,将各地层作为基础曲面,截渗墙曲面作为对照曲面,利用软件中三角网体积曲面法建立各地层与截渗墙的三角网体积曲面,可以清晰地看到截渗墙的地层情况,同时经过软件内部布尔运算,可自动统计各地层工程量并列表显示,一目了然[5]。将工程量信息复制到 Excel 表中,调整处理数据(见图 2)。该识图取量过程极大地提高了工作效率,工作质量得以加强,也大大减少了校核人员的工作量。

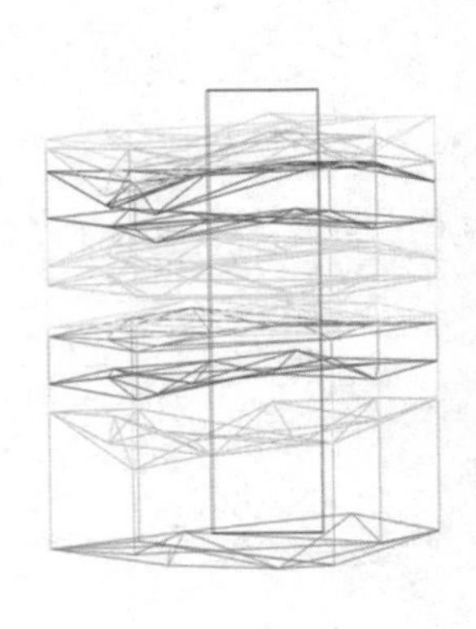

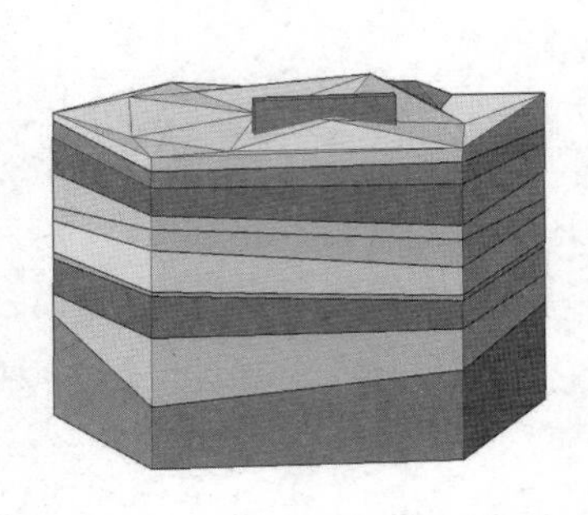

截渗墙工程量表(孔深8 m、墙厚22 cm)

序号	地质土层	工程量/m³
1	素填土	9.5
2	粉土质砂	8.87
3	粉细砂	9.62
4	粉质壤土	10.35
5	砂壤土	11.2
6	泥质砂卵石	8.21
7	粉质黏土	7.65
8	砾质黏土	4.89
9	碎石土	4.25
10	砂砾石	3.69

图 2　Civil3D 电子识图及导出工程量

通过 Civil3D 三维量取,可以直接得出每层地质的工程量,相比人工识图量取,速度更快、误差更小,而且校核也更方便,节省校核人员时间。

(2)针对地质资料地层划分与定额不一致,统一土层信息。由于截渗墙套用定额需要区分地层,地质资料的地层划分是按岩土性质,定额中将土质分为 4 类,地质资料地层分类与定额分类没有一一对应,需要造价人员查询相关规范,了解岩土特性,寻找匹配信息,因此需要造价人员花费较长时间对地质识别分类才能够满足套用定额。工程中数道截渗墙均需造价人员在统计时花费时间去进行匹配地层,工作烦琐,且不利于项目校核工作,因此项目组决定统一土层信息,方便项目使用。

项目组将地质资料中常用的地层与定额分别列表,通过查阅相关规范,根据特性匹配附属关系,将地质的常用土层与定额土层一一匹配,归属于定额分类中的一类土层用统一颜色标注,并将土层所属的定额土层分类用同色加重,由于选套定额时主要依据的是定额土层分类,因此在表格中将所属的定额土层分类用深色重点标出(见表 2),另外不同的分类标注不同颜色以示区分。采用 Excel 建立两个土层分类汇总计算表,包含墙厚、孔深、地质等分类信息,利用"vlookup"多表格查找函数把对策 1 的地质输出表和对策 2 的地质分类表进行智能匹配[6],自动填充截渗墙每层地质地层的定额分类信息。再利用"sumif"函数,汇总计算截渗墙的不同定额层厚度。

表 2　地质的常用土层与定额土层一一匹配

序号	常用土层	定额土层	定额土层分类
1	粉土质砂	砂土	I
2	含细粒土砂	种植土	
3	粉细砂		
4	砂层		
5	耕土		
6	素填土		

续表 2

序号	常用土层	定额土层	定额土层分类
7	粉质壤土	壤土	
8	淤泥	淤泥	Ⅱ
9	砂壤土	含壤种植土	
10	粉质黏土	黏土	
11	黄土	干燥黄土	
12	泥质砂卵石	干淤泥	Ⅲ
13	含砾中粗砂	含少量砾石黏土	
14	砂卵石层	坚硬黏土	
15	砾质黏土	砾质黏土	Ⅳ
16	碎石土	含卵石黏土	
17	砂砾石		

按对策实施后，土层信息分类明了，地质资料中每层地层都能快速找到定额对应土层[7]，并分层累加得到汇总工程量，这样可快速套取定额，提高造价工作效率，同时方便工程量的计算和校核。

(3)针对缺乏单价模板选套定额时间长，编制单价模板通过函数判别自动匹配相应单价。在地层统一后，截渗墙选套定额还需考虑墙厚、孔深等参数。在工程中往往布置数道截渗墙，不同部位截渗墙设计有差异，墙厚、孔深等会有差别，在编制造价时每次都要编制相应的单价，较为麻烦，因此项目组采用预先编制单价形成模板，利用函数自动匹配相应单价。

由于目前项目大多数采用部颁定额计算截渗墙造价，其人、材、机消耗量是一样的，因此项目组根据定额情况将不同参数的截渗墙单价进行预先编制，在实践中仅需根据当地情况修改材料价格即可。然后项目组采用 Excel 建立工程量表与单价表的联系，利用“IF”函数进行判别，将符合参数的项目自动匹配单价，完成造价工作。

按对策实施后，大大提高了选套截渗墙定额的效率，节约了截渗墙造价编制时间。

3　总结

3.1　成果的先进性与创新性

通过调查，常规截渗墙造价编制要么详细计算地层占用大量时间，导致造价编制时长严重超出；要么准确性不够，统计地层后取主要地层计算投资，导致项目投资与实际费用会有偏差，效率与精度很难同时得到保证。

本次为了解决这个问题，将基于 Civil3D 集成造价的方法在本工程中进行应用。

(1)引入 Civil3D 软件，通过三维算量，将各个地层的工程量直接导出至 Excel，相比 CAD 中按不同地层将截渗墙分成若干层分别进行量取的传统做法，计算工程量更方便快捷，且准确性也有更好的保证[8]。

(2)统一土层信息制作土层信息表，并在工程量计算表中通过函数方式建立与地层的从属关系，汇总计算截渗墙的不同定额层厚度，节省选套定额时间[9]。

(3)通过参数判别自动匹配单价模板(在实践中根据当地情况修改材料价格)，从而使截渗墙造价工作时间大大缩短，提高了精确性。

通过实践证明,所做的工作确实在相当程度上提高了截渗墙造价的编制效率,提升了产品质量,实现了截渗墙造价工作的突破:

(1)形成一套多覆盖层截渗墙投资计算标准化成果。该标准化成果使得多覆盖层截渗墙的造价编制高效有序,可以用于指导和规范后续工作。

(2)将三维算量与地层信息结合起来,使得工程量带地层信息输出,方便快捷。

(3)实现三维与造价的融合,提高造价成果质量,提升工作效率。

3.2 推广及应用

开封 A 河道总长约 16 km,在河道中布置了数道截渗墙。将基于 Civil3D 集成造价的方法在本工程中进行应用,通过引入 Civil3D 软件三维算量得出各地层工程量,然后根据地层信息进行分类,在单价模板中按当地价格修改相应单价后,进行参数匹配得到相应的截渗墙单价,计算工程投资准确高效,在有限的时间内高效完成工作,缩短了编制时间,校核更加便捷省时,极大提高了工作效率。另外,由于统计地层全面,也提高了投资的准确度,目前工程已经完工,在工程后期的结算中发现投资较常规方法更贴合实际。

基于 Civil3D 集成造价的方法在该工程中的应用缩短了造价编制时间保证了工期,投资准确性也有提高[10],这为基于 Civil3D 集成造价的计算方法的推广使用打下了坚实的基础,同时可为其他类似工程提供借鉴意义。

参考文献

[1] 刘莉,牛作鹏. 基于 Civil3D 的三维地质覆盖层建模技术及应用[J]. 水运工程,2021(4):153-157,179.
[2] 李青元,贾慧玲,王宝龙,等. 三维地质建模的用途、现状、存在问题与建议[J]. 中国煤炭地质,2015,27(11):74-78.
[3] 王国光,徐震,单治钢. 地质三维勘察设计系统关键技术研究[J]. 水力发电,2014,40(8):13-17.
[4] 钱骅,乔世范,许文龙,等. 水利水电三维地质模型覆盖层建模技术研究[J]. 岩土力学,2014,35(7):2103-2108.
[5] 牛作鹏,李国杰,刘莉. 一种基于 Civil3D 平台的三维地质建模改进方法[J]. 水运工程,2019(10):171-175.
[6] 朱良峰,潘信,吴信才. 三维地质建模及可视化系统的设计与开发[J]. 岩土力学,2006,27(5):828-832.
[7] 潘懋,方裕,屈红刚. 三维地质建模若干基本问题探讨[J]. 地理与地理信息科学,2007,23(3):1-5.
[8] 杨龙,刘忠根. 基于 Civil3D 平台的道路工程三维地质建模[J]. 北方建筑,2019,4(6):11-16.
[9] 刘帮,张树理,张凌国. Civil3D 创建地质模型方法几种对比分析[J]. 建筑工程技术与设计,2017(30):1594.
[10] 李万红. 基于 AUTO Civil3D 的三维地质建模与应用[J]. 人民长江,2020,51(8):123-129.

平原注入式水库大坝安全管理应急预案编制要点思考

盖永岗[1,2]　沈　洁[1,2]　马莅茗[1,2]　王　旭[3]

（1. 黄河勘测规划设计研究院有限公司，河南郑州　450003；
2. 水利部黄河流域水治理与水安全重点实验室（筹），河南郑州　450003；
3. 新疆水利水电规划设计管理局，新疆乌鲁木齐　830000）

摘　要：平原注入式水库有其独特的洪水条件、坝体特征和灾害特点。水库大坝一般不受入库洪水威胁，但大坝溃坝洪水对下游威胁严重；水库大坝坝体一般较长，坝体工程量大，多为当地材料坝，坝体安全风险点多，大坝安全风险较混凝土坝等坝型高。水库下游一般地势平坦，工农业活动密集，水库大坝失事后影响范围广、危害重，对大坝安全保障要求高。结合工程实例，提出了预案编制应着重考虑大坝溃决原因分析、溃坝洪水演进模拟及淹没影响分析、撤离路线分析及转移安置方案，为平原注入式水库大坝安全管理应急预案编制提供了有益参考。

关键词：平原注入式水库；当地材料坝；溃坝；洪水；预案

1　研究背景

当前，我国筑坝技术处于世界领先水平，我国大坝具有总数多、分布广、空间差异大、土石坝占比大、坝型种类多、高坝特高坝数量多的特点，因此大坝安全管理任务繁重[1]。水库大坝工程一旦失事，将直接影响下游人民生命财产安全、工农业生产和社会稳定，因此大坝安全关乎社会公共安全，近年来国家政府和各级大坝主管单位高度重视大坝安全问题，水库大坝安全应急管理也越来越受到重视。为适应水库大坝安全应急管理需要，指导水库大坝突发事件应急预案编制，2007 年 5 月，水利部发布了《水库大坝安全管理应急预案编制导则（试行）》，经过多年实践和总结，2015 年 9 月，水利部正式发布《水库大坝安全管理应急预案编制导则》（SL/Z 720—2015）[2]（简称《导则》），对原试行导则进行了修订，将其上升为行业标准，对进一步规范水库大坝安全管理，指导水库管理单位、主管部门和政府部门做好水库大坝突发事件应对，最大限度减少损失具有重要意义[3]。

在《导则》的指导下，经过多年实践和运行，水库大坝安全管理应急预案（简称大坝应急预案）的框架不断完善，内容不断充实，技术不断进步，已经成为我国水库大坝安全管理和风险管理建设的基本制度之一。结合大坝应急预案的编制实践，及时总结大坝应急预案编制和运行中的实践经验，对提高我国大坝应急预案编制水平、完善预案编制技术、增强预案可操作性、指导水库大坝安全管理具有积极作用[4]。

本文基于大坝应急预案编制的实践经验，对平原注入式水库大坝的特点、洪水事件原因、突发洪水灾害特点进行了分析梳理，对该类水库大坝应急预案的编制要点进行了总结和提炼，为日后该类水库大坝应急预案编制提供技术参考，推动大坝应急预案编制技术的发展。

基金项目：国家重点研发计划项目（2017YFC0404602）。

作者简介：盖永岗（1982—），男，高级工程师，主要从事水利规划、水文分析计算和水情自动测报系统设计等相关工作。

2 平原注入式水库大坝特点分析

在我国新疆、甘肃等西北内陆地区,降雨稀少,常年干旱,本地水资源相对匮乏,在平原地区经济社会活动集中,其发展对水资源依赖性强,因而常常需要外调水源,为使外调水源符合用水需求,常在该地区建设平原注入式水库,主要目的就是对外调而来的宝贵水资源根据用户端的需求进行调蓄。

2.1 坝体特征

平原注入式水库建设地区地势相对平坦,水库大坝一般需要围筑而成,大坝坝体一般较长,大坝高度则相对较低,水库库容主要依靠增大库区面积来获取。西北内陆地区地广人稀,疆域辽阔、土地资源相对富足,因而具有较好的空间资源用于修建该类水库。如我国的克拉玛依风城高库、三坪水库、西郊水库均是典型的平原围坝注入水库,坝体长达 4~5 km,最大坝高在 37 m 左右。

由于该类水库坝体长,导致大坝工程量一般较大,从工程投资经济性考虑,一般选用当地材料为大坝主要填筑料,因此大坝基本为土石坝坝型。

2.2 洪水特征

平原注入式水库建设的主要目的是对外调水源根据本地区用户端用水需求进行调蓄,因此水库设置的库容主要用于调蓄外流域调来的资源性水源,水库大坝在选址时一般选取避开上游有洪水汇入的河流沟道,以尽量不再为水库大坝自身防洪而专门设置相应的防洪库容,从而降低工程规模,节约工程投资。因此,平原注入式水库大坝本身一般不受入库洪水威胁。

3 平原注入式水库大坝突发洪水事件原因分析

水库大坝突发事件是指突然发生的,可能造成重大生命、经济损失和严重社会环境危害,危及公共安全的紧急事件,主要分为自然灾害、事故灾难、社会安全事件、其他突发事件等四类[2]。但是,对于水库工程来说,这四类突发事件往往只是成因,结果却表现为溃坝、重大工程险情、超标准泄洪、水污染等四类突发事件[4],其中大坝的溃坝、重大工程险情、超标准泄洪均会导致突发洪水事件。

平原注入式水库大坝突发洪水事件的原因与其坝体特征及洪水特征紧密相关。由于该类水库本身一般不受入库洪水威胁,因此不存在超标入库洪水导致大坝坝体安全问题而引发的突发洪水事件。平原注入式水库大坝突发洪水事件主要由其坝体本身特征所引起,由于平原注入式水库大坝坝线长,坝体安全防范点多量大;大坝坝体填筑料主要为当地土石材料,鼠害、蚁害等导致的坝体损坏检查难度大,坝体易于出险点位多,对坝体的安全监测难以面面俱到,而且一旦坝体出现渗水、管涌或漫顶,散粒体结构的土坝坝体耐受水流的能力较差,难以抵抗水流冲刷,易于造成溃坝灾害;另外,若发生战争或恐怖袭击等社会安全类事件,土坝坝体材料易于遭受破坏,可能造成坝体受损等工程重大险情,甚至造成溃坝灾害。综合而言,该类大坝的安全风险相较混凝土等坝型高。

4 平原注入式水库大坝突发洪水灾害特点

由于平原注入式水库的修建主要是调蓄用户端的水量过程,为便于自流供水,其水库大坝选址位置高程一般高于其供水区域的高程,供水区域一般位于水库大坝下游,且地势平坦,工农业等社会经济活动密集,村镇、人口集中分布,大量的交通、电力、能源等基础设施和公共设施配套建设齐全,人民生命财产安全的保护需求高度集中。

因此,平原注入式水库对于下游经济社会体而言,就是头顶的“一盆水”,而盛水的“盆”还是溃决风险相对较高的土石坝坝型,若该类水库大坝一旦遭遇突发事件,出现开裂、管涌等险情或发生大坝漫顶,散粒体结构的土坝坝体难以抵抗水流冲刷,极易造成溃坝灾害。由于平原注入式水库高程较高,而水库下游地势平坦,地形开阔,溃坝洪水形成后会快速向下游四周扩散,相对于山区河谷型水库而言,其影响范围要广得多;平原注入式水库因大坝较长,溃坝时溃口宽度大,导致溃坝洪峰流量大,溃坝洪水演进到达之处将对下游居民的生命财产造成毁灭性的灾害,危害严重。因此,平原注入式水库大坝溃不起,溃坝洪水灾害的严重性显示出对其大坝安全保障要求的重要性。

5 平原注入式水库大坝安全管理应急预案编制实践及要点思考

笔者承担完成了新疆 WB 水库大坝安全管理应急预案的编制工作,WB 水库即为平原注入式水库,针对该水库大坝安全管理应急预案的编制要点进行了总结。

5.1 WB 水库大坝及洪水特点分析

WB 水库位于新疆首府乌鲁木齐北部经济区,水库建设的主要任务是对外流域调入水资源进行调蓄,工程建设的定位是作为外调水资源的尾部调节库,该工程可大大缓解乌鲁木齐经济区内工业和城市生活用水压力。WB 水库地处平原地区上游区域,下游地区经济社会活动发达,村镇密集,人口众多,农田成片。

WB 水库为典型的平原注入式水库,工程影响区气候干燥,炎热少雨,属典型大陆性气候,降水稀少,多年平均降水量 128 mm,蒸发强烈,年蒸发量 2 153 mm。水库选址时考虑了避开上游天山北坡山洪沟道的汇入,水库两侧分布有山洪沟道从水库左、右旁侧分别流向下游,但均距水库工程有一定距离。因此,WB 水库大坝不受库外洪水影响,库外洪水也不会进入水库库区,水库设计中无正常运用及非常运用洪水标准问题。

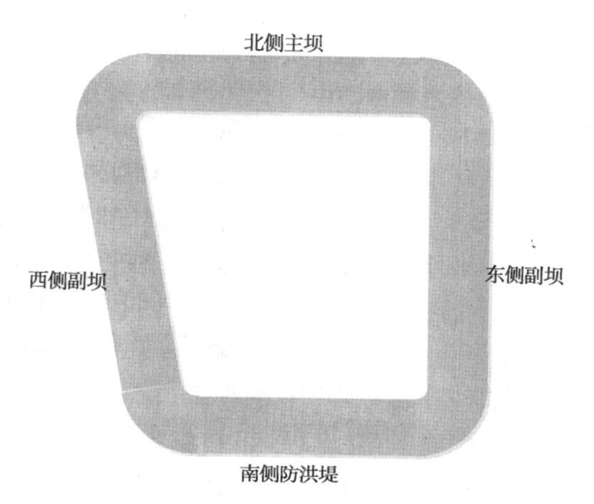

图 1 WB 水库大坝布置示意图

WB 水库位于天山北坡洪积扇下缘平原区,是一座人工建坝四面围筑而成的平原注入式水库,水库大坝为均质土坝,由北侧主坝段、东西侧副坝段和南侧防洪堤四面封闭而成,见图 1。水库北侧下游端中坝段为主坝体,东西两侧的东坝段、西坝段为副坝坝体,南侧上游端建有防洪堤。WB 水库大坝全长超过 17 km,主坝体长超过 5 km,最大坝高近 30 m。主坝体中坝段采用坝下埋涵形式布设有放水兼放空涵洞,为钢筋混凝土结构。

为保证 WB 水库大坝安全,布设有安全监测设施,监测项目主要有坝体的变形监测、渗流监测、土压力监测和库水位监测。其中,变形监测包括表面变形、内部变形、涵洞与坝体接触部位变形、涵洞结构缝变形。渗流监测包括渗透压力观测、坝体渗透水位观测和围坝下游地下水位观测。

5.2 WB 水库大坝安全管理应急预案编制要点思考

在 WB 水库大坝安全管理应急预案编制中,针对大坝突发洪水事件原因,充分考虑 WB 水库为平原注入式水库的特点,从水库大坝工程位置及本身面临的洪水条件进行分析,认为 WB 水库不存在周边入库洪水,不存在超标准特大洪水的威胁。首先,从 WB 水库周边的地质地形条件看,大坝不存在库区山体滑塌等地质灾害现象,地震是引起 WB 水库大坝工程险情和溃坝的主要地质原因。其次就是从 WB 大坝坝型及坝体结构特征、大坝安全监测设施布设等方面的条件进行分析,水库大坝线长面广,大坝自身发生险情时,若未能及时发现和处理,也可能导致溃坝事件发生;再就是战争与恐怖袭击或人为破坏等不可控因素也可能导致 WB 水库大坝溃坝事件发生。因此,WB 水库突发洪水事件主要是由水库大坝因地震、工程自身险情、战争与恐怖袭击或人为破坏等导致水库超标准泄洪乃至溃坝后发生的影响水库下游区域的突发性洪水。

由地震、工程险情、战争与恐怖袭击及人为破坏诱发的溃坝,与由超标准洪水导致的溃坝不同,其可能在一年中的任何时候发生,因此 WB 水库大坝溃决时的运行水位,按照不利情况考虑,选择正常蓄水位。由于 WB 水库大坝为均质土坝,且大坝很长,仅主坝的直线长度就超过 5 km,因此大坝不会瞬溃,通过溃坝经验公式计算,并结合美国国家气象局 DAMBRK 溃坝洪水计算数学模型进行综合分析计算,认为 WB 水库大坝溃决时间为 15~20 min;在溃坝洪水计算方案上,结合大坝工程实际情况,从洪水演进和淹没的不利角度,主要考虑主坝溃决进行分析计算,拟定了大坝左侧 1/2 溃、左侧 1/3 溃、右侧 1/2 溃、右侧 1/3 溃和全溃五种方案,分别进行了计算。

WB 水库溃坝洪水的演进主要受下游地区的地形地势控制,因此采用 DHI 公司的 MIKE ZERO 系列模型中 MIKE21 模块构建 WB 水库下游地区的二维洪水演进模型,模拟计算出溃坝洪水在下游影响区域的到达时间、洪水流速、淹没水深、淹没历时等水力要素。根据溃坝洪水的演进分析计算成果,对各方案影响区域的淹没范围取外包进行考虑,对淹没范围内以村镇、企事业单位为单元统计受影响人口数量,受淹道路等基础设施情况,并对淹没区的经济损失情况进行评估。基于“以人为本、确保安全、就近安置”的原则,对溃坝洪水淹没影响区域的人口就近选取安全的位置,采用集中安置的方式对受淹区域人员进行转移路线分析和临时安置方案分析。

6 结语

我国大坝数量众多,大坝安全管理任务繁重,大坝安全管理需求越来越强烈,水库大坝安全管理应急预案是水库大坝安全管理的一项重要非工程措施,对于指导水库大坝做好突发事件应对,最大限度减少损失具有重要意义。结合不同类型的水库大坝特点,总结分析其大坝安全管理应急预案的编制要点可有效推动大坝安全管理应急预案编制技术的发展。

对于平原注入式水库,其具有独特的洪水条件、坝体特征和灾害特点。水库大坝一般不受入库洪水威胁,但大坝一旦溃坝,溃坝洪水对下游人民群众的生命财产安全威胁严重。该类水库大坝坝体一般较长,坝体工程量大,多为当地材料坝,坝体安全风险点多,大坝安全风险相较混凝土坝等坝型高。该类水库下游一般地势平坦,工农业活动密集,水库大坝失事后溃坝洪水影响范围广、危害重,因此对该类大坝安全保障的要求高。文章结合工程实例,提出了预案编制应着重考虑大坝溃决原因分析、溃坝洪水演进模拟及淹没影响分析、撤离路线分析及转移安置方案,为平原注入式水库大坝安全管理应急预案编制提供了有益参考。

参考文献

[1] 谭界雄,李星,杨光,等. 新时期我国水库大坝安全管理若干思考[J]. 水利水电快报,2020,41(1):55-61.
[2] 中华人民共和国水利部. 水库大坝安全管理应急预案编制导则: SL/Z 720—2015[S]. 北京: 中国水利水电出版社,2015.
[3] 李鸿君,陈萌. 水库大坝安全管理应急预案编制有关问题探讨[J]. 人民黄河,2018,40(12):49-52.
[4] 贺顺德,张志红,崔鹏. 水库大坝安全管理应急预案编制实践和思考[J]. 中国水利,2019(12):25,33-36.

黄河大堤(河南段)白蚁种类及分布调查

屈章彬[1]　蔡勤学[1]　张树田[1]　张金水[2]　石　磊[3]
王建国[4]　徐　业[4]　李国勇[5,6]　刘银占[5,6]

(1. 黄河水利水电开发集团有限公司,河南济源　459017;
2. 水利部小浪底水利枢纽管理中心,河南郑州　450004;
3. 上海万宁有害生物控制技术有限公司,上海　200082;
4. 江西农业大学,江西南昌　330045;
5. 河南大学生命科学学院,河南开封　475004;
6. 河南省全球变化生态学国际联合实验室,河南开封　475004)

摘　要:“千里之堤,溃于蚁穴”。近年来,随着全球气候变暖,我国白蚁活动范围逐渐向北和向西移动。民间一直有“白蚁不过黄河”的说法,为了解黄河流域白蚁的种类及分布情况,2019 年首次对黄河大堤(河南段)和沁河大堤开展了白蚁现场调查。总共采集了 112 份标本,经鉴定隶属于白蚁科土白蚁属 1 种、鼻白蚁科散白蚁属 2 种,其中在黄河大堤右岸高家庄护滩工程、白鹤控导工程、铁谢险工及裴峪控导工程首次发现了会对堤坝产生危害的黑翅土白蚁 *Odontotermes formosanus* 活动迹象,其余大部分堤段未见白蚁危害;在沁河大堤焦作武陟段发现了黑胸散白蚁 *Reticulitermes chinensis* 在河南省分布的实例。通过对黄河大堤气候环境和土壤 pH 的调查分析,对黄河流域白蚁发展趋势进行了预测,并提出了下一步工作建议。

关键词:黄河大堤;白蚁;种类;分布;调查

黄河流域界于北纬 32°~42°,干流中下游地区与我国土栖白蚁分布存在交叉;土栖白蚁作为危害水库堤坝安全的重大隐患之一,当其进入坝体后会在浸润线以上、坝面以下深度 2 m 左右筑巢繁殖[1],并随白蚁巢群发展而不断破坏坝体结构。传统认为黄河流域的气候生态和盐碱化土壤不适宜土栖白蚁生存,因而未对黄河大堤开展过白蚁危害调查。近年来,随着全球气候变化以及黄河流域生态保护工作的推进,流域的生态环境已发生变化,中游地区的陕西[2-4]、山西[5-6]和下游地区的河南[7]陆续发现土栖白蚁。为避免土栖白蚁对黄河大堤造成危害,及时开展堤坝防治白蚁工作,需要对白蚁的种类、分布区域、危害程度等情况开展调查研究。

本研究在中国保护黄河基金会的大力支持下,历史上首次对黄河小浪底水利枢纽以下河南境内的黄河大堤和沁河大堤开展白蚁种类及分布调查研究,以期通过掌握大堤堤防结构、生态环境与白蚁危害的关系,为分析和预测黄河流域白蚁生存与发展趋势和下一步防治工作提供参考。

1　调查方法与范围

1.1　采集范围设置

本次调查范围为河南省境内 565 km 的黄河大堤和 161.6 km 的沁河下游堤防,具体堤段详见表 1,根据《建设工程白蚁危害评定标准》(GB/T 51253—2017)规定[8],结合现场实际工况,确定采集范围为大堤的内外堤坡、堤顶和堤脚线外 50 m 以内。

基金项目:中国保护黄河基金会资助项目“黄河小浪底水利枢纽及下游堤坝白蚁防控技术研究”(CYRF2018001)。

作者简介:屈章彬(1962—),男,正高级工程师,主要从事水利水电工程建设和运行管理及白蚁防治工作。

表 1　黄河大堤和沁河大堤的具体调查堤段

<table>
<tr><th colspan="2">大堤名称</th><th>调查堤段</th><th>长度/km</th></tr>
<tr><td rowspan="5">黄河大堤</td><td rowspan="2">右岸临黄堤</td><td>孟津堤,自孟津牛庄至和家庙</td><td>7.6</td></tr>
<tr><td>自河南郑州市的邙山脚下,经中牟、开封、兰考段</td><td>141.5</td></tr>
<tr><td rowspan="3">左岸临黄堤</td><td>自河南孟州中曹坡,经温县、武陟、原阳至封丘鹅湾</td><td>171.1</td></tr>
<tr><td>贯孟堤,自封丘鹅湾至吴堂</td><td>9.3</td></tr>
<tr><td>自河南长垣县大车集经濮阳、范县至台前张庄段</td><td>216.5</td></tr>
<tr><td colspan="2">沁河大堤</td><td>左岸大堤(武陟、博爱、沁阳、济源)至五龙口,而后从济源沁河右岸五龙口返回沁阳</td><td>161.6</td></tr>
</table>

1.2　采集方法

调查以人工踏勘法为主,结合饵料引诱和直接寻找等方法在大堤蚁患区与蚁源区通过查找白蚁蛀蚀物、蚁巢指示物(鸡枞菌、炭棒菌)、泥被泥线等活动迹象找寻白蚁活体,现场采集样本,采集时间集中在 2019 年的 5~10 月,采集样本分为白蚁虫体样本和土壤样本两类。采集的虫体标本在现场做初步的分类和处理,并登记采集时间、地点等原始信息,保证样本完好,回实验室进一步分离、处理、鉴定命名;土壤标本的采样参照《土壤质量 土壤采样技术指南》(GB/T 36197—2018)执行,土壤 pH 值测定参照《土壤中 pH 值的测定》(NY/T 1377—2007)执行。

1.3　白蚁种类鉴定方法

通过形态分类特征和分子生物学对白蚁标本进行鉴定,采用初步鉴定、复核的方式确定白蚁种类。白蚁种类初步鉴定后,由江西农业大学王建国教授团队进行复核鉴定。

2　调查结果

2.1　调查地点分布白蚁名录

本次河南省境内黄河大堤和沁河大堤白蚁调查共采集到白蚁样本 112 份,合并一些重复样本后,共计得到样本 52 份,形态特征镜检显示其中有 39 份为土白蚁属样本,另外 13 份为散白蚁样本,再经分子鉴定隶属于白蚁科土白蚁属 1 种,为黑翅土白蚁 *Odontotermes formosanus*;鼻白蚁科散白蚁属 2 种,分别为圆唇散白蚁 *Reticulitermes labralis* 和黑胸散白蚁 *Reticulitermes chinensis*,详细信息见表 2。

表 2　黄河大堤和沁河大堤白蚁名录与分布

<table>
<tr><th>目</th><th>科</th><th>中文名</th><th>学名</th><th>采集地点</th></tr>
<tr><td rowspan="3">等翅目</td><td>白蚁科</td><td>黑翅土白蚁</td><td>Odontotermes formosanus</td><td>黄河大堤高家庄护滩工程、白鹤控导工程、铁谢险工、裴峪控导工程</td></tr>
<tr><td rowspan="2">鼻白蚁科</td><td>圆唇散白蚁</td><td>Reticulitermes labralis</td><td>黄河大堤铁谢险工、赵沟控导工程、桃花峪控导工程、沁河大堤右岸</td></tr>
<tr><td>黑胸散白蚁</td><td>Reticulitermes chinensis</td><td>焦作市武陟县沁河右岸 55 km 处</td></tr>
</table>

2.2　调查地点土壤 pH 值和主要树种分布

本次现场提取土样 100 组,有效利用土样 74 组,经测定土壤 pH 值区间基本在 7.5~8.5,见表 3。其中,黄河大堤右岸高家庄至裴峪控导工程段,土壤 pH 在 8.12 以下,大堤两侧的防浪林和防护林多为杨树及柳树,部分区域有构树,堤顶多为女贞树,堤坡草被良好,适宜白蚁滋生繁衍,发现有土栖白蚁和散白蚁;黄河大堤右岸裴峪控导工程以下至东明段、左岸沁河口至陶城铺段土壤 pH 值一般大于 8.3,植被偏少，此段未发现白蚁；沁河两岸堤防土壤 pH 值一般在 8.08～8.35，仅发现了散白蚁。

表 3　河南境内黄河大堤和沁河大堤各堤段土壤 pH 值及主要树种

大堤名称	采样堤段	土壤 pH 区间	白蚁种类	主要树种
黄河大堤	右岸高家庄至裴峪控导工程段	7.81～8.12	黑翅土白蚁 *O. formosanus* 圆唇散白蚁 *R. labralis*	大堤两侧的防浪林和防护林多为杨树和柳树，部分区域有构树，堤顶多为女贞树
	右岸裴峪控导工程以下至东明段、左岸沁河口至陶城铺	8.16～8.59	未发现白蚁	植被数量偏少
沁河大堤	左右两岸堤防	8.08～8.35	黑胸散白蚁 *R. chinensis*	植被数量较少

3　讨论

本次河南境内黄河大堤和沁河大堤白蚁种类及分布调查共计在 7 个堤段 16 处取到白蚁活体，其中土栖白蚁 10 处，散白蚁 6 处，因散白蚁对堤坝基本无危害，不是本文讨论的重点。河南境内的黄河大堤在北纬 35°附近，调查时在大堤南北两岸均采集到黑翅土白蚁虫体，2005 年以来，陆续在黄河小浪底水利枢纽和西霞院反调节水库管理区发现洛阳土白蚁[9]，这与蔡邦华描述的我国土白蚁北界线大约位于北纬 35°（洛阳）相符[10]。但本文对国内相关土栖白蚁分布文献系统归纳后发现，山西阳城、沁水及泽州县山西土白蚁发生较重[5]，陕西安康、西安和甘肃陇南陆续发现黑翅土白蚁危害[2]，王建国根据形态特征和分子数据认为山西土白蚁、洛阳土白蚁、紫阳土白蚁和卤土白蚁均为黑翅土白蚁的同物异名[11]，上述文献中土白蚁分布范围与前人[10]研究的全国土栖白蚁分布范围存在出入，我们推算土栖白蚁当前分布界线已在前人的研究基础上逐渐向北向西推移（见图 1），具体分布边界有待进一步实地调查验证。

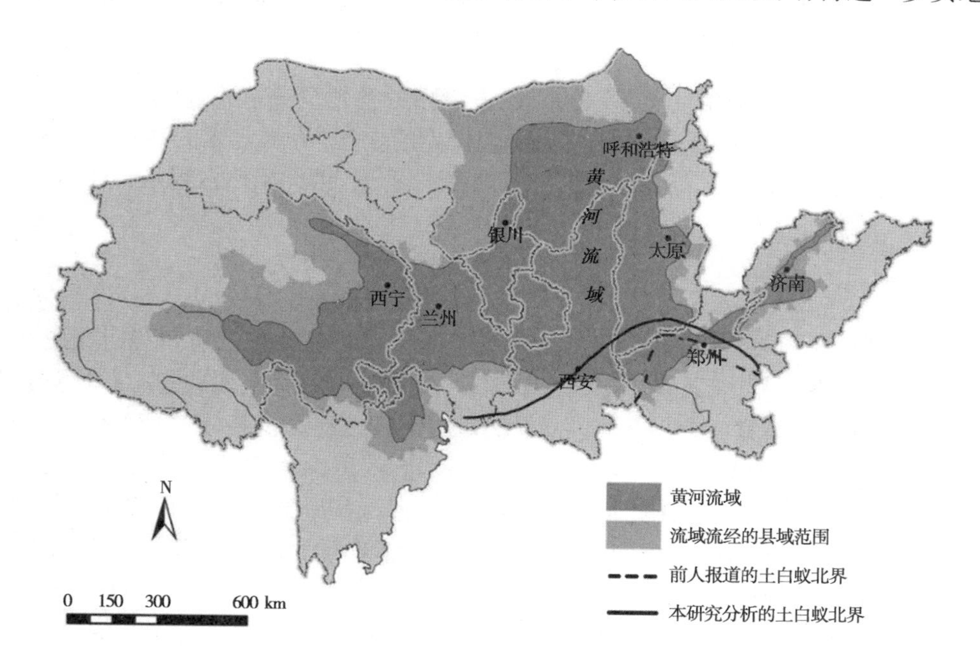

图 1　黄河流域土栖白蚁分布北界

王治国对河南西北部白蚁分布调查后仅发现黑胸散白蚁,认为该区干热少雨(见表4),是白蚁危害轻度区[7],但2001年以来随着黄河小浪底水利枢纽和西霞院反调节水库陆续建成投运,形成最大约270 km^2 的水面,2002年开始持续20年的调水调沙运用,黄河主槽的过洪能力已从最初的1 800 m^3/s 增加到了5 000 m^3/s 左右,黄河主河道形成并趋于稳定,滩区稳定,基本杜绝了断流或漫滩现象,黄河中下游湿地迅速恢复,流域生态持续向好转变[12],加之全球气候变暖和我国雨带北移的不断影响,适合白蚁生存繁衍的地域不断扩大,导致土栖白蚁越过黄河不断向北向西入侵,这种现象也与《中国陆地木材腐朽与白蚁危害等级区域划分》(GB/T 33041—2016)中介绍的我国木材白蚁危害等级区域划分相符[13]。目前,黄河大堤河南段受白蚁危害的堤段较少,大部分堤段还未发现白蚁活动痕迹,这可能与大堤土壤pH值呈偏碱性相关。黑翅土白蚁倾向pH在4~8的偏酸性土壤环境中筑巢繁殖[14],但并不代表剩余堤段不会遭受蚁害,浙江省钱塘江海塘的高填方盐碱土质堤塘在长期淋晒后土壤发生改性从而遭受严重白蚁危害就是例证[15-16]。因此,本文认为很有必要定期开展黄河流域的白蚁种类及分布调查工作,弄清土栖白蚁分布区内黄河流域的白蚁危害情况和发展趋势,为及时进行白蚁防治工作提供基础数据,同时为白蚁防治管理和决策提供科学依据。

表4　大堤周边各地年平均气温和年平均降雨量

序号	地区	年平均气温/℃	年平均降雨量/mm
1	洛阳	15.0	630
2	郑州	14.4	632
3	开封	14.0	650
4	济源	14.3	650
5	焦作	14.0	600~700
6	新乡	14.0	600
7	濮阳	13.0	500~600

本次受时间和经费限制未对黄河大堤(山东段)开展白蚁种类及分布调查,山东省境内散白蚁分布较多,马星霞等通过研究近10年来Scheffer气象指数发生的变化,估测气候变暖对中国木材腐朽及白蚁危害区域划分的影响后将山东已划入了白蚁危害的高危区[17],因此土栖白蚁是否在山东境内存在尚需实地调查。

4　结论

本次对河南境内的黄河大堤和沁河大堤南北两岸白蚁种类分布调查,总共采集了112份标本,经形态特征初步鉴定和分子鉴定复核后,共鉴定出白蚁3种,隶属于白蚁科土白蚁属1种、鼻白蚁科散白蚁属2种,其中仅在黄河大堤高家庄护滩工程、白鹤控导工程、铁谢险工及裴峪控导工程首次发现了会对堤坝产生危害的黑翅土白蚁 *Odontotermes formosanus* 活动迹象,其余大部分堤段还未发现白蚁危害;在沁河大堤焦作武陟段发现了黑胸散白蚁 *Reticulitermes chinensis* 在河南省分布的实例。《建设工程白蚁危害评定标准》(GB/T 51253—2017)中介绍的堤坝白蚁在本次调查中有发现,建议对黄河大堤有蚁害堤段尽早开展蚁害灭治,防止隐患扩大而增加治理难度;针对还未发现土栖白蚁活动的重点堤段定期开展跟踪调查。

参考文献

[1] 张琦. 坝体白蚁防治技术研究及应用[J]. 水电能源科学, 2010(4):3.

[2] 邢连喜, 胡萃. 西北地区白蚁调查[J]. 浙江农业大学学报, 1999(1):81-85.

[3] 袁秋苴, 齐海波, 谢绍亮. 浅谈临潼白蚁危害现状及防治对策[J]. 黑龙江农业科学, 2012,(10):58-60.

[4] 张英俊. 西安市白蚁危害园林研究初报[J]. 西北大学学报(自然科学版), 1990, 20(1):3.

[5] 常宝山. 晋城市白蚁发生现状及防治对策[J]. 山西林业, 2006(5):35-36.

[6] 周志伯, 沈庚展. 山西运城市山林白蚁危害及治理[J]. 城市害虫防治, 2009(3):3.

[7] 王治国. 河南省等翅目地理分布的探讨[J]. 河南科学院学报, 1984(3):36-43.

[8] 中华人民共和国住房和城乡建设部. 建设工程白蚁危害评定标准:GB/T 51253—2017 [S]. 北京:中国计划出版社,2017.

[9] 屈章彬, 石磊, 陈立云,等. 水库大坝白蚁危害调查分析[J]. 河南水利与南水北调, 2019(3):3.

[10] 蔡邦华, 陈宁生. 中国白蚁分类和区系问题[J]. 昆虫学报, 1964(1):25-37.

[11] 王建国. 分子系统学方法在白蚁分类中的应用[D]. 广州:华南农业大学, 2004.

[12] 黄维华,李杰. 小浪底水利枢纽生态影响分析与实践[J]. 水利建设与管理,2021,41(12):59-65.

[13] 中华人民共和国国家质量监督检验检疫总局,中国国家标准化管理委员会. 中国陆地木材腐朽与白蚁危害等级区域划分:GB/T 33041—2016 [S]. 北京:中国标准出版社,2016.

[14] 张贞华. 黑翅土白蚁和黄翅大白蚁主巢土壤的物理和化学特性研究[J]. 杭州大学学报(自然科学版), 1987(1):83-93.

[15] 宋晓钢, 纪生花, 阮冠华. 新建海塘白蚁综合治理的应用研究[J]. 中华卫生杀虫药械, 2005, 11(6):3.

[16] 陈来华, 徐有成. 盐碱土壤防治堤坝蚁害初探[J]. 科技通报, 2003, 19(6):4.

[17] 马星霞,蒋明亮,王洁瑛. 气候变暖对中国木材腐朽及白蚁危害区域边界的影响[J]. 林业科学,2016, 51(11):83-90.

2021 年渭河秋汛暴雨洪水简析

张永生[1]　刘龙庆[1]　温娅惠

（黄河水利委员会水文局，河南郑州　450004）

摘　要：本文利用 2021 年渭河秋汛期间 6 次主要降雨洪水过程报汛资料，统计了区间降雨及相应洪水来源与组成，分析了林家村至魏家堡、魏家堡至咸阳、咸阳和桃园至临潼 3 个主要来水区间的降雨径流特性；并通过对千河千阳站以上和黑河陈河站以上 2 个典型流域次洪径流系数和雨洪滞时分析，发现以石山林区为主的黑河流域的次洪径流系数明显大于以土石山区和黄土丘陵为主的流域；渭河下游河段漫滩严重，洪水演进复杂，临潼至华县河段漫滩洪水传播时间基本正常，但各次洪峰削减率相差较大，给洪水的分析及预报等工作带来了更大的不确定性。

关键词：渭河；暴雨；洪水；降雨径流；洪水演进；2021 年

受华西秋雨持续影响，2021 年渭河出现严重的秋汛洪水，洪水场次之多、过程之长、量级之大较为罕见。8 月下旬至 10 月上旬，渭河流域降雨过程多、降雨量大、持续时间长、主雨区重叠度高，相应洪水发生次数多且峰高量大，其中咸阳站 9 月 27 日 5 时 54 分洪峰流量 6 050 m^3/s，为 1935 年有实测资料以来 9 月同期最大洪水，渭河下游河段发生严重漫滩。

1　主要降雨过程

2021 年 8 月中下旬至 10 月上旬，受西风槽和西北太平洋副热带高压共同影响，黄河流域发生长时间华西秋雨，渭河流域先后出现了 6 次持续的降雨过程，分别为 8 月 19—23 日、8 月 30 日至 9 月 1 日、9 月 3—5 日、9 月 15—19 日、9 月 22—27 日和 10 月 2—10 日，其中，第 4、5、6 次过程降雨量最大。渭河林家村站以下主要降雨过程统计见表 1。

表 1　2021 年渭河秋汛期间林家村站以下主要降雨统计

降雨场次	起止日期（月-日）	林家村至魏家堡			魏家堡至咸阳			咸阳、桃园至临潼			林家村至临潼
		面平均降雨量/mm	最大雨量/mm	站点	面平均降雨量/mm	最大雨量/mm	站点	面平均降雨量/mm	最大雨量/mm	站点	面平均降雨量/mm
1	8-19—8-23	45.6	70	鹦鸽	52.1	90.8	杜家梁	80.6	216.6	青岗树	52.7
2	8-30—9-1	49.4	59.8	鹦鸽	80.2	133.2	八里坪	47.7	105.2	二十里庙	50.9
3	9-3—9-5	62.0	80.8	观音堂	83.5	126.6	八里坪	45.8	129.0	大峪	56.1
4	9-15—9-19	102.0	155.8	观音堂	160.2	147.6	田峪口	84.8	175.0	玉川	100.2
5	9-22—9-27	168.0	209.4	北湾	174.5	256.6	田峪口	129.7	269.0	大峪	147.6
6	10-2—10-10	119.1	210.7	石庄子	86.3	135.0	黑峪口	70.0	145.6	大峪	96.1
合计		546.1			636.8			458.6			503.6

注：林家村至魏家堡区间面积 6 351 km^2，魏家堡至咸阳区间面积 5 911 km^2（不含漆水河），咸阳和桃园至临潼区间面积 5 099 km^2。

第 1、2 次降雨过程主雨区分别位于咸阳和桃园至临潼区间、魏家堡至咸阳区间，面平均降雨量分别

作者简介：张永生（1990—），男，工程师，硕士，主要从事水文水资源情报预报工作。

为 80.6 mm、80.2 mm，相应最大点雨量为沣河青岗树站 216.6 mm 和涝河八里坪站 133.2 mm。第 3 次降雨过程主雨区位于林家村至魏家堡、魏家堡至咸阳区间，面平均降雨量分别为 62.0 mm、83.5 mm，最大点雨量仍在涝河八里坪站 126.6 mm，同时咸阳和桃园至临潼区间也出现局地强降雨，其中潏河大峪站降雨量达 129.0 mm。

第 4~6 次降雨过程主雨区均为林家村至魏家堡、魏家堡至咸阳、咸阳和桃园至临潼 3 个区间。第 4 次降雨三个区间面平均降雨量分别为 102.0 mm、160.2 mm、84.8 mm，最大点雨量分别为清姜河观音堂站 155.8 mm、黑河支流田峪河田峪口站 147.6 mm、灞河支流辋川河玉川站 175.0 mm。第 5 次降雨过程为秋汛 6 次降雨过程中最大，最大点雨量分别为千河北湾站 209.4 mm、黑河支流田峪河田峪口站 256.6 mm、潏河大峪站 269.0 mm。第 6 次降雨过程面平均降雨量分别为 119.1 mm、86.3 mm、70.0 mm，最大点雨量分别为千河石庄子站 210.7 mm、黑河黑峪口站 135.0 mm、潏河大峪站 145.6 mm。

2 洪水来源与组成

受上述 6 次降雨过程影响，2021 年 8 月中下旬至 10 月上旬渭河相应发生了 6 次洪水过程（见图 1）。其中以第 5、6 次洪水过程为最大。第 5 次洪水过程咸阳站 9 月 27 日 5 时 54 分洪峰流量 6 050 m^3/s，临潼站 27 日 17 时洪峰流量 5 830 m^3/s。渭河下游发生严重漫滩，华县站 28 日 19 时洪峰流量 4 860 m^3/s。第 6 次洪水过程咸阳站 10 日 5 日 12 时 48 分洪峰流量 4 020 m^3/s，临潼站 7 日 8 时洪峰流量 4 810 m^3/s，华县站 8 日 9 时洪峰流量为 4 560 m^3/s。

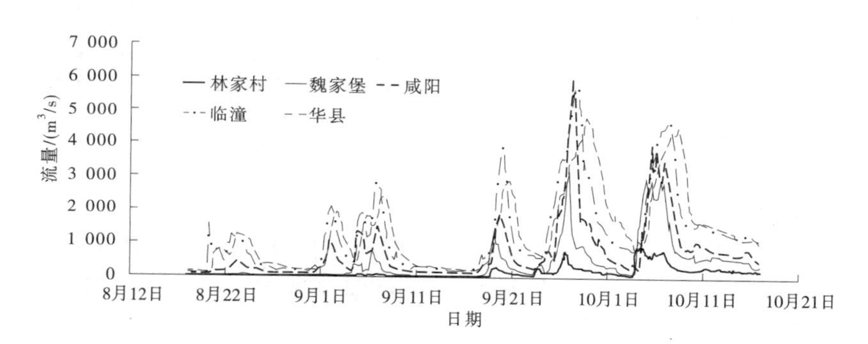

图 1 2021 年秋汛渭河干流主要站洪水过程

通过分析可以看出，林家村至临潼之间的 3 个区间是洪水的主要来源区，华县站次洪总量分别为 4.6 亿 m^3、3.42 亿 m^3、6.94 亿 m^3、7.36 亿 m^3、21.71 亿 m^3、23.05 亿 m^3，林家村至临潼之间的相应水量分别占华县站的 79.6%、90.9%、85.2%、84.3%、70.8%和 56.9%。6 次洪水过程中 3 个区间来水又有所不同，其中，第 1 次洪水咸阳和桃园至临潼区间洪水占比最大，为 52.2%；第 2~4 次洪水魏家堡至咸阳、咸阳和桃园至临潼两区间占比最大，其中第 2 次合计占比高达 87.1%；第 5、6 次洪水来水量最大且各区间来水量较均匀，其中第 6 次洪水来自泾河桃园以上占比为 23.8%（见表 2）。

表 2 2021 年秋汛渭河 6 次洪水各区间次洪水量统计

洪水序号	区间	林家村以上	林家村至魏家堡	魏家堡至咸阳	泾河桃园以上	咸阳、桃园至临潼	临潼至华县	华县
1	次洪水量/亿 m^3	0.06	0.19	1.07	0.48	2.40	0.40	4.60
	占比/%	1.3	4.1	23.3	10.4	52.2	8.7	
2	次洪水量/亿 m^3	0.02	0.13	1.38	0.11	1.60	0.18	3.42
	占比/%	0.6	3.8	40.3	3.2	46.8	5.3	

续表 2

洪水序号	区间	林家村以上	林家村至魏家堡	魏家堡至咸阳	泾河桃园以上	咸阳、桃园至临潼	临潼至华县	华县
3	次洪水量/亿 m^3	0.18	1.10	2.34	0.41	2.47	0.44	6.94
	占比/%	2.6	15.9	33.7	5.9	35.6	6.3	
4	次洪水量/亿 m^3	0.57	1.30	1.77	0.50	3.13	0.09	7.36
	占比/%	7.7	17.7	24.1	6.8	42.5	1.2	
5	次洪水量/亿 m^3	1.96	3.95	7.10	2.72	4.31	1.67	21.71
	占比/%	9.0	18.2	32.7	12.5	19.9	7.7	
6	次洪水量/亿 m^3	4.25	7.51	2.93	5.49	2.68	0.19	23.05
	占比/%	18.5	32.6	12.7	23.8	11.6	0.8	
合计	次洪水量/亿 m^3	7.04	14.18	16.59	9.71	16.59	2.97	67.08
	占比/%	10.5	21.2	24.7	14.5	24.7	4.4	

3 降雨径流分析

为进一步分析主要产流区的产汇流特性，对林家村至魏家堡、魏家堡至咸阳、咸阳和桃园至临潼 3 个区间的产汇流特性进行初步分析，选取受水利工程影响较小且下垫面条件差别较大的千河千阳水文站以上、黑河陈河水文站以上区域作为典型流域，分析其流域次洪径流系数[1]（次洪水量与降水总量之比）和雨洪滞时（主雨结束至峰现时间的时差）。

3.1 主要来水区间产流分析

通过次洪径流系数统计分析可以看出：

（1）林家村至魏家堡区间次洪径流系数总体上呈依次增大趋势，区间平均次洪径流系数为 0.41，由于受前期 5 次持续降雨过程影响，土壤含水量基本饱和，同时流域内千河冯家山水库、石头河的石头河水库等大部分已蓄满，先后开始增大泄量，致使产流能力进一步增强，相应次洪水量为 7.51 亿 m^3，次洪径流系数高达 0.96。

（2）魏家堡至咸阳区间呈波动式增大趋势，平均次洪径流系数为 0.41，受前期 4 次持续降雨过程影响，土壤含水量趋于饱和，且流域内黑河的金盆等水库先后开始增大泄量，同时北部漆水河流域经过长时间的持续性降雨，也有部分径流汇入渭河，使区间产洪能力进一步增强，最后两次洪水次洪径流系数分别为 0.64、0.53。

（3）除第 3 次降雨过程外，咸阳、桃园至临潼区间其余 5 次降雨过程的次洪径流系数相差不大，平均为 0.57，其中第 3 次降雨过程的次洪径流系数高达 0.85。

（4）对比三个主要来水区间，以南山支流为主的咸阳、桃园至临潼区间更易产流，次洪径流系数最大（见表 3）。

表 3　渭河主要洪水来源区次洪径流系数统计

次洪序号	起止日期(月-日)	林家村至魏家堡	魏家堡至咸阳	咸阳和桃园至临潼
1	8-19—8-23	0.07	0.32	0.47
2	8-30—9-1	0.04	0.27	0.53
3	9-3—9-5	0.28	0.44	0.85
4	9-15—9-19	0.2	0.17	0.58
5	9-22—9-27	0.37	0.64	0.52
6	10-2—10-10	0.96	0.53	0.6
平均		0.41	0.41	0.57

3.2 典型流域产汇流分析

3.2.1 流域基本情况

千河流域[2]地处渭河中游林家村至魏家堡区间，流域面积3 493 km^2，发源于六盘山区，千阳站集水面积2 935 km^2。流域地势北高南低，流域形状呈对称柳叶形，左侧为千山，右侧为关山，沟壑纵横，山、丘、塬、川等地貌皆有，部分为土石山区，部分为丘陵沟壑和黄土台塬区，植被覆盖较好，林草覆盖率30%左右。产流方式属蓄满、超渗混合方式，产洪能力较强，汇流速度较快。

黑河流域[3]地处渭河中游魏家堡至咸阳区间，流域面积2 258 km^2，发源于秦岭，陈河站集水面积1 380 km^2。流域地势南高北低、山大沟深、河道稳定，流域内植被良好，森林覆盖率达50%左右，属石山林区；支流发育，大小支流10余条。秋雨季节产流方式以蓄满产流为主，产洪能力强、汇流速度快。

3.2.2 径流系数分析

通过对典型流域次洪径流系数统计分析可以看出：①千阳站以上流域次洪径流系数呈逐渐增大的趋势，由于受前期持续降雨过程影响，土壤含水量趋于饱和，10月2—5日降雨过程的次洪径流系数为0.29，各次平均次洪径流系数为0.19。②陈河站以上流域次洪径流系数总体呈增大的趋势，持续的降雨过程使得土壤含水量逐渐饱和，9月下旬至10月上旬的两次降雨次洪径流系数高达0.9以上，各次平均次洪径流系数为0.66。③不同下垫面条件对流域产流能力影响较大，以石山林区为主的黑河流域的产洪能力明显强于以土石山区和黄土丘陵为主的千河流域，就2021年秋汛而言，首次降雨次洪径流系数2个典型流域分别为0.04和0.23，末场降雨次洪径流系数分别为0.29和0.99（见表4）。

表4 典型流域次洪径流系数统计

典型流域	场次降雨（月-日）	降雨量/mm	产流量/亿 m^3	径流深/mm	次洪径流系数
千阳站以上流域	9-17—9-18	62.2	0.065	2.21	0.04
	9-24—9-27	106.8	0.459	15.64	0.15
	10-2—10-5	149.8	1.292	44.02	0.29
	合计	318.8	1.816	61.87	0.19*
陈河站以上流域	8-21—8-22	53.6	0.168	12.17	0.23
	8-30—8-31	76.4	0.624	45.22	0.59
	9-3	63.5	0.426	30.87	0.49
	9-5	37.3	0.297	21.52	0.58
	9-15—9-18	91	0.37	26.81	0.29
	9-23—9-27	157.3	2.022	146.52	0.93
	10-3—10-7	91.4	1.25	90.58	0.99
	合计	570.5	5.157	373.70	0.66*

注： *代表场次降雨过程总径流深与总降雨量比值。

3.2.3 雨洪滞时分析

通过对典型流域雨洪滞时统计分析可以看出：①千阳站各次降雨洪水过程雨洪滞时差别较大，平均约为6.5 h；9月17—18日、9月24—27日过程的雨洪滞时分别为8.4 h、8.3 h；10月2—5日过程的暴雨中心位于东风站，距千阳站河道距离约27 km，降雨强度大，4 h降雨量71.4 mm，加之前期降雨影响，土壤含水量趋于饱和，产洪能力增大、速度加快，使得洪水过程线陡涨陡落、峰型尖瘦，雨洪滞时仅为2.7 h。②陈河站雨洪滞时总体呈减小的趋势，最长为6.4 h，最短为1.3 h，平均为3.6 h。这是因为随着降雨过程的持续，土壤含水量逐渐增大，有利于产流，雨洪滞时缩短。③总体来看，以土石山区和黄土丘陵为主的千河流域千阳站雨洪滞时总体大于以石山林区为主的黑河流域陈河站，这主要与流域面积、流域形状和产汇流特性有关（见表5、图2）。

表5　渭河2个典型流域雨洪滞时统计

典型流域	场次降雨（月-日）	主雨历时/h及最大雨量/mm	雨量站	主雨结束时间	峰现时间	洪峰流量/(m^3/s)	雨洪滞时/h
千阳站以上流域	9-17—9-18	14、57.4	八渡镇	9月18日16:00	9月19日00:25	124	8.4
	9-24—9-27	12、40.2	上关	9月25日20:00	9月26日04:20	276	8.3
	10-2—10-5	4、71.4	东风	10月3日14:00	10月3日16:40	1 960	2.7
	平均	10、56.3					6.5
陈河站以上流域	8-21—8-22	6、40.2	板房子	8月22日04:00	8月22日10:24	255	6.4
	8-30—8-31	18、61.4	板房子	9月1日04:00	9月1日08:04	672	4.1
	9-3	8、59.6	板房子	9月4日02:00	9月4日06:20	1 115	4.3
	9-5	6、25.4	玉皇庙	9月5日18:00	9月5日22:15	630	4.3
	9-15—9-18	10、48.4	杜家梁	9月18日16:00	9月18日17:17	661	1.3
	9-23—9-27	10、70.6	杜家梁	9月25日02:00	9月25日04:48	1 290	2.8
		14、82.8	白羊滩	9月26日10:00	9月26日12:58	2 230	3.0
	8-21—8-22	8、43.4	玉皇庙	10月4日18:00	10月4日21:50	701	3.8
		6、19	冉家梁	10月5日12:00	10月5日14:36	1 110	2.6
	平均	9.6、50.1					3.6

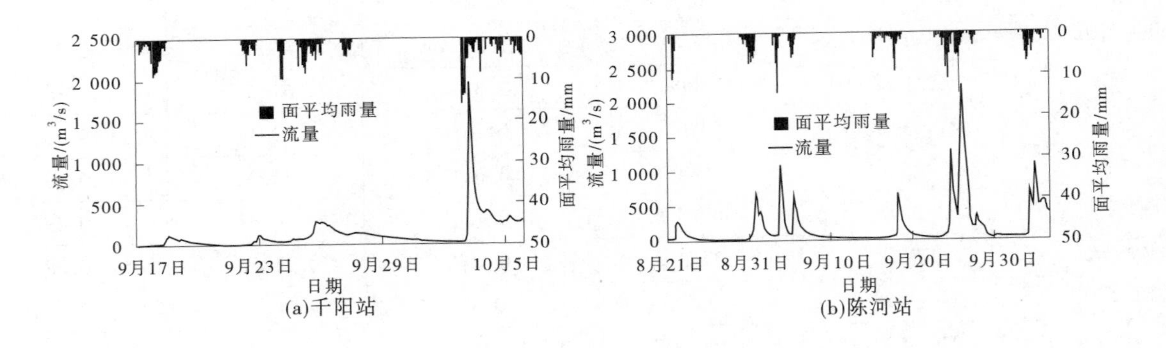

(a)千阳站　(b)陈河站

图2　雨洪过程线

4　临潼至华县河段洪水演进分析

现状河道条件下，临潼至华县河段6次洪水演进表现各异。从水位过程看，各站水位峰谷相应、峰型相近（见图3）。从传播时间和削峰率看，第1~3次洪水，临潼至华县河段洪水演进基本不漫滩，洪水在主槽内演进，传播时间较短，为15~18 h，而削峰率随洪峰流量的增大而增大，这是由于洪峰流量增大使河面展宽、过水断面平均糙率增大，导致洪水过程进一步坦化变形；第4次洪水临潼站洪峰流量3 930 m^3/s，造成部分河段发生漫滩，传播时间达14 h，削减率为26.2%，符合首次漫滩洪水演进规律；第5、6次洪水临潼站洪峰流量分别为5 830 m^3/s、4 810 m^3/s，大大超过了目前渭河下游河段平滩流量，河段漫滩程度进一步加重，导致传播时间增大，分别为26 h、25 h。同时，由于第4次漫滩洪水过后，已满足部分滩地损失，洪峰削减率减小，第5、6次洪水临潼至华县削减率分别为16.6%、5.2%（见表6）。

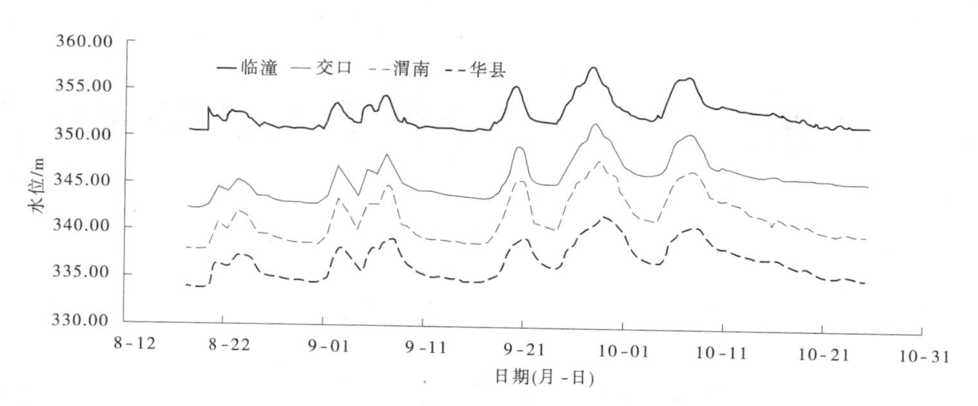

图 3　2021 年秋汛渭河下游临潼至华县河段水位过程线

表 6　临潼至华县洪水演进特征统计

洪水场次	临潼		华县		传播时间/h	削峰率
	洪峰流量	峰现时间	洪峰流量	峰现时间		
1	1 270	2021 年 8 月 22 日 16:00	1 200	2021 年 8 月 23 日 09:06	17.1	5.5%
2	2 110	2021 年 9 月 2 日 02:30	1 940	2021 年 9 月 2 日 18:00	15.5	8.1%
3	2 880	2021 年 9 月 6 日 20:00	2 430	2021 年 9 月 7 日 14:00	18	15.6%
4	3 930	2021 年 9 月 20 日 00:00	2 900	2021 年 9 月 20 日 14:00	14	26.2%
5	5 830	2021 年 9 月 27 日 17:00	4 860	2021 年 9 月 28 日 19:00	26	16.6%
6	4 810	2021 年 10 月 7 日 08:00	4 560	2021 年 10 月 8 日 09:00	25	5.2%

从定性上来讲,洪水漫滩后,由于河面展宽,过水断面糙率增大,河段滞蓄作用增大,洪水过程变形严重,峰顶坦化,使削峰率增大;主槽洪水和滩地洪水的传播速度不同步,后者大大低于前者,洪水过程历时变长,洪峰的传播时间相对延长,同时,洪水期间测验断面冲於剧烈,测验难度加大,加之滩地内道路、作物的影响,使下游洪峰的出现时间具有一定随机性和不确定性。如遇连续洪水,洪水演进更为复杂。从定量上准确判断漫滩洪水的洪峰流量削减率和传播时间有一定难度。

5　结语

(1)2021 年秋汛期间共发生 6 次降雨过程,累积降雨量大,且降雨在林家村至魏家堡、魏家堡至咸阳、咸阳和桃园至临潼等区间频繁发生,相应地形成了渭河中下游 6 次明显的洪水过程,且峰高量大。

(2)以石山林区为主的黑河流域的次洪径流系数明显大于以土石山区和黄土丘陵为主的千河流域,且前者的雨洪滞时总体来看小于后者,都说明了黑河流域产流能力明显强于千阳流域,这主要是由于下垫面条件导致的。

(3)此次秋汛洪水期间,渭河下游河段漫滩严重,洪水演进复杂。临潼至华县河段漫滩洪水传播时间基本正常,但各次洪峰削减率相差较大,给洪水的分析及预报等工作带来了更大的不确定性。

参考文献

[1] 黄国如, 芮孝芳, 石朋. 泾洛渭河流域产汇流特性分析[J]. 水利水电科技进展, 2004,24(5):21-23.
[2] 杨凌, 查小春. 千河流域近 540 a 来旱涝灾害变化规律研究[J]. 干旱区地理, 2012, 35(1):133-138.
[3] 刘睿翀, 霍艾迪, Chen X H,等. 基于 SUFI-2 算法的 SWAT 模型在陕西黑河流域径流模拟中的应用[J]. 干旱地区农业研究, 2014, 32(5):213-217.

复合型支护结构对边坡稳定性影响的研究与应用

南晓飞

(濮阳黄河河务局,河南濮阳 457001)

摘　要:深基坑工程虽为临时工程,但施工周期长、规模大、危险性强、技术难题多,增加了工程施工难度,影响总体施工进度。深基坑工程在实际施工过程中非常重要的一个环节就是支护结构设计,需要综合考虑安全、经济、施工便捷等多方面因素。本工程结合工程实际,对基坑支护采取分段实施、联合支护,优化了支护结构设计,提出了复合型支护结构对基坑边坡进行支护的措施方案,措施是有效的,效果是明显的。

关键词:支护设计;复合型支护结构;优化分析;效果

1　引言

深基坑开挖和支护相对主体工程来说为临时性工程,但对主体工程能否顺利实施起到至关重要的作用。本项目工程的基坑开挖受地理、水文环境所限,基坑右岸开挖上边线垂直距离村民房屋只有 7 m 左右,根据主体工程结构布局,现场开挖的边坡比仅为 1∶0. 75,形成不了稳定的边坡,存在较大的安全隐患,为保证基坑开挖、支护工程的安全性和周边建筑物使用功能的完整性,就对深基坑支护方案提出了更高、更严格的要求。

2　研究的意义

基坑支护形式有放坡开挖支护、悬臂式支护、土钉墙支护、内撑式支护、锚杆式支护等。由于地质条件和施工方案的不同,在进行深基坑开挖和安全支护结构设计及施工过程中,在做好地质勘查工作的同时,要充分了解拟建场地工程地质和水文地质条件,走访当地群众、了解周边建筑物房台基础成因,并在此基础上设计出合理有效的基坑支护结构方案,在施工过程中规范化施工管理并采用深基坑和周边土层的变形监测手段及必需的预防应变的措施,最终确保深基坑在施工过程中的安全稳定,同时也保证周围邻近建筑、道路的安全使用。

3　深基坑支护结构优化设计

范县彭楼灌区改扩建工程渠首闸闸室段和上游连接段基坑开挖深度超过 15 m,土方开挖形成的边坡比为 1∶0. 75,为保证边坡的稳定和安全性,对基坑边坡采用分段实施支护措施,一是边坡上部采用土钉墙防护,二是下部采用“微型桩+连续墙+内支撑”联合支护,最终形成以复合型支护结构对边坡进行防护的优化方案[1]。

3. 1　上部土钉墙

土钉支护是由密集的土钉群、被加固的土体、钢筋网片、喷射混凝土面层组成,形成一个复合、自稳、类似于重力式挡土墙的挡土结构以抵抗墙后传来的土压力和其他作用力,从而使开挖的基坑和边坡稳定的一种支护结构。

根据渠首闸闸室和上游连接段基坑土方开挖的现状,边坡土方的防护以土钉墙支护方案对边坡进

作者简介:南晓飞(1968—),男,高级工程师,主要从事水利工程建设与管理工作。

行加固和防护。边坡锚杆采用梅花形布置6排,间距为1.5 m,第1~2排采用Φ18钢筋锚杆,第3~6排采用打入式φ60钢管锚杆,水平角均向下15°;坡面设置2排泄水孔,第1排设置在第3排钢管锚杆下方,第2排设置在第4排钢管锚杆下方,泄水孔采用φ50PVC管,打入护坡2 m,泄水孔横向间距1.5 m;坡面锚杆间采用Φ14斜拉筋加强锚固,坡面采用挂Φ8@250×250钢筋网片后喷射80 mm厚C20混凝土,以保持坡面和锚杆间土体稳定,如图1所示。

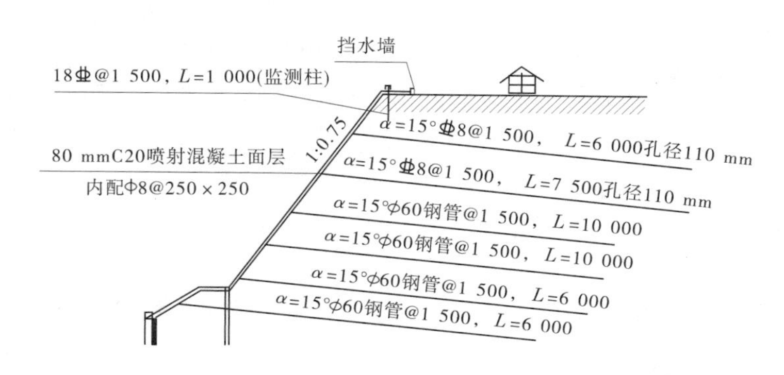

图1　上部支护

3.2　下部(微型桩+连续墙+内支撑+传力构件)支护

护坡下部支护由微型桩、水泥连续墙和内支撑组成联合支护。竖直方向设置2排微型桩(钢管桩),马道坡脚设置1排,水泥土连续墙外侧设置1排,微型桩采用打入式φ60钢管,钢管壁厚3 mm,钢管长度为6 m,间距1 m。为加强边坡整体稳定性和抗倾覆性,内支撑为在水泥土连续墙初凝前插入6 m长22a工字钢,间距1.2 m(隔二插一),如图2所示。

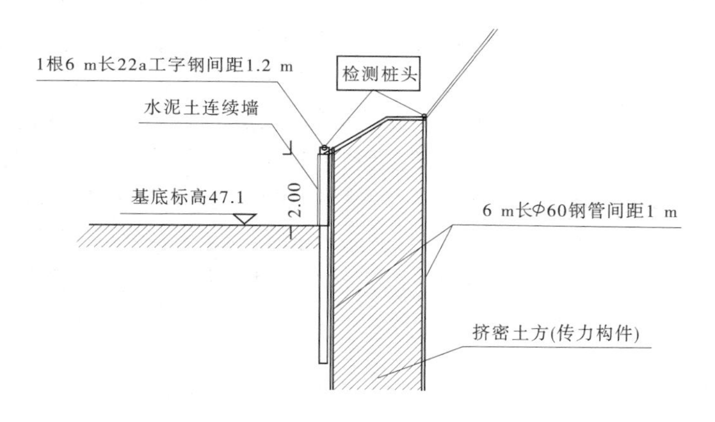

图2　下部支护

3.3　复合型支护结构

为保证渠首闸基坑开挖后边坡整体的稳定性和保护边坡顶部既有建筑民房的安全性,同时为更好地传递上部土钉墙的下滑荷载并由坡脚的水泥土连续墙和内支撑承担,依靠马道坡脚的微型桩与水泥土连续墙之间挤密后的土体作为一种传力构件进行支撑传力相连,这种传力构件能较好地将边坡段的下滑荷载传递给插入连续墙的工字钢复合承载体,形成的传力构件能够改善整个深基坑的整体受力特性[2],能显著提高内支撑的抗弯拉强度和增强边坡的抗倾覆性,提高整个深基坑的稳定性。基坑和边坡的稳定系统总体为五级防护即“土钉墙+微型桩+连续墙+内支撑+传力构件”的复合型支护结构来确保边坡整体的稳定性、抗倾覆性和安全性,如图3、图4所示。

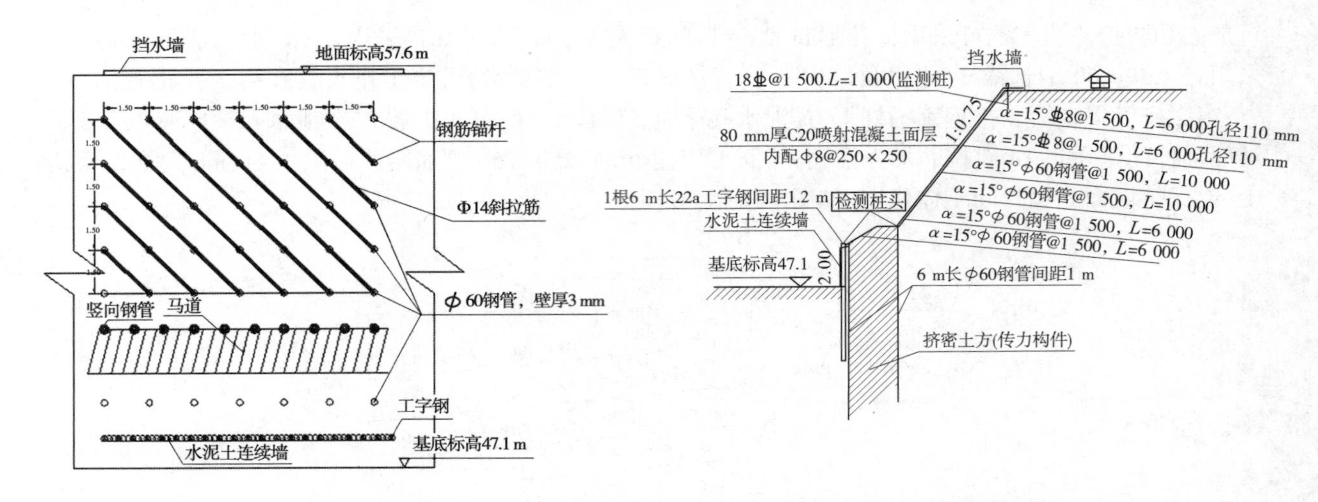

图 3　复合型支护结构平面图

图 4　复合型支护结构立面图

4　基坑支护优化结果分析

为观测边坡支护优化设计方案实施后的效果，在边坡顶、坡脚微型桩顶和水泥土连续墙顶分别设置若干个水平位移观测点，从设置观测点到主体工程完工土方回填，每天观测并记录汇总，观测时长 120 d。

4.1　基坑地表水平位移监测

沿平行基坑开挖边线顶布设一排水平位移监测点，监测点距基坑顶边缘不宜大于 2 m，每排监测点间距宜为 2 m，共布设地表水平位移点 24 个。

4.2　桩顶水平位移监测

桩顶水平位移监测点位置分别在边坡脚微型桩（钢板桩）顶和水泥土连续墙顶部各设置一排 12 个监测点，按照 4 m 间距布设测点，水平位移共布设 24 个监测点。

4.3　变形监测分析

为保障基坑边坡的安全性、稳定性和优化方案的可行性，分析复合型支护结构的性能，观测边坡是否有失稳苗头，同时也为方案效果提供数据支撑，绘制了各个测点的水平位移曲线，对基坑水平位移进行了监测。随着基坑开挖深度的增加，基坑各测点的支护水平位移逐渐增大，整体水平位移向基坑内侧滑动，这是因为坑内土体的卸载，使支护结构外的土体形成了主动土压力而发生了水平位移，水平位移也随之增大，且表现为底部变形较小，顶部变形较大，这与工程实际相吻合。监测结果如图 5 所示。

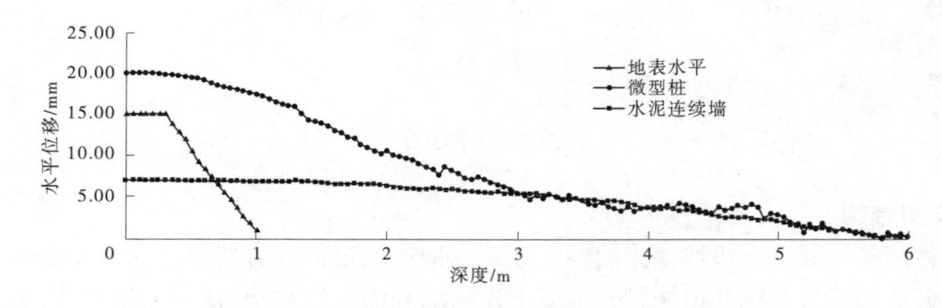

图 5　水平位移变化曲线

从图 5 和数据结果的统计分析可以看出，边坡坡顶地表水平位移为 15. 1 mm，坡脚下的微型桩（钢管桩）水平位移最大发生在桩顶位置 20. 1 mm，而连续墙施加工字钢后桩顶位移仅为 7. 2 mm，说明水泥土墙和工字钢的位移始终连续，水泥土搅拌墙与工字钢之间接触良好，具有很好的变形协调性，有助于减小水平位移。根据曲线图分析，认为这种优化后的复合型支护结构能满足工程实际需求，效果较好。

基坑边坡共布设的水平位移监测点 48 个，安排专人每天进行一次监测记录，通过计算汇总出了最大变形值,监测的最大变形值见表 1。

表 1　监测变形最大值

监测项目	监测点号	累计变形最大值/mm	累计变形控制值/mm	预警等级
地表水平位移	DB-1-16	15.1	±30.0	正常
微型桩水平位移	WXZ-2-115	20.1	±30.0	正常
水泥连续墙顶水平位移	LXQ-3-83	7.2	±30.0	正常

4.4　优化效果

(1)通过统计观测数据分析,从 2021 年 3 月 5 日开始到 2021 年 7 月 10 日结束,共 120 余 d 的地表水平位移观测期间,未出现异常,最大位移处为渠首闸主体工程荷载集中处,随着时间的推移和复合支护体系结构的联合受力,位移值变得平缓稳定,最大位移变形也满足规范要求。

(2)土体最大总位移发生在基坑坡脚微型桩底部,最大水平位移发生在悬空部分的微型桩(钢板桩)1/3 靠上部位,但位移值满足规范要求。

(3)水泥土搅拌墙中插入直线式工字钢,在工程中能达到很好的加固挡土、止水效果、增加强度和刚度的效果,且能有效地控制基坑外侧和顶部的土体变形。

(4)在基坑边坡开挖成型至土方回填期间,边坡五级防护"土钉墙+微型桩+连续墙+内支撑+传力构件"的施加有利于减小土体和桩体的位移,所以复合型支护结构对基坑边坡支护的措施是有效的,能有效约束基坑变形,对其他基坑工程支护优化设计有一定的借鉴意义。

5　结语

范县彭楼灌区改扩建工程的渠首闸为引用黄河水水源涵闸工程,紧临黄河,基坑开挖深度达 15 m,透水率和施工难度大,根据现场周边环境条件和地质条件,项目对支护结构进行了优化设计,采用了"土钉墙+微型桩+连续墙+内支撑+传力构件"的复合型支护结构,对基坑陡边坡的稳定起到了强化作用,实践表明,这种支护结构是安全可靠的。在整个基坑施工过程中,地表变形、坡面位移、微型桩、水泥土连续墙变形等均满足相关规范要求,该工程采用的支护结构的成功实施,为同类型的水闸深基坑施工提供了技术支撑。

参考文献

[1] 段石敦,秦沛,熊宗喜,等. 复合支护体系在深基坑工程中的应用[J]. 建筑技术,2014,45(7):628-630.

[2] 徐平,张天航,孟芳芳. 工字钢水泥土搅拌墙基坑支护的力学性能研究[J]. 岩土力学,2016,S2:769-774.

太阳能光伏面板对干旱区土壤降水再分配的影响与模拟

骆　原[1,2]　蔡　明[1,2]　Markus Berli[3]

(1. 黄河勘测规划设计研究院有限公司,河南郑州　450003;
2. 水利部黄河流域水治理与水安全重点实验室(筹),河南郑州　450003;
3. 沙漠研究所,美国内华达　89183)

摘　要:本研究通过野外监测的手段探究太阳能光伏面板对干旱区土壤降水再分配的影响,并利用HYDRUS-2D模拟降水的动态分布情况,从而对探讨太阳能光伏设施对局地微环境的影响。一年的监测结果表明,降雨更多集中在光伏面板下檐集水带沿线,与排间和面板遮挡区域相比,雨水渗透更深。这对于干旱少雨地区太阳能光伏设施周边的土壤养分和动植物物种多样性变化的研究具有重要意义。

关键词:光伏面板;干旱区;降水再分配;模拟

随着近年来国际局势的动荡,传统能源市场价格的快速上涨严重威胁了我国的经济发展和居民生活水平的提高。太阳能作为一种清洁可再生能源,在我国西北地区,尤其是黄河流域中上游地区储量丰富且分布广泛。充分利用太阳能光伏发电不但能减小我国对传统化石能源的依赖,也能有效降低温室气体排放,支持"双碳"目标的实现,同时还可以助力西北地区经济发展,提高农村人均收入,对黄河流域生态保护和高质量发展重大国家战略具有重要价值。西北地区气候干燥,有着充足的太阳能和大量未开发的裸地,为光伏电站的建设提供了得天独厚的条件[1]。然而,该地区生态环境脆弱敏感,水土流失严重,光伏电站的建设和运行过程中引发的土壤侵蚀、对区域物种多样性和对局地微气候影响的不确定性制约了电站的可持续发展[2]。目前,光伏电站的环境评价主要集中在较大尺度的工程建设和运营期产生的各种废弃物、噪声和大气污染,以及区域水土流失等方面的定性描述,对于小尺度的光伏面板下土壤水分的定量变化规律研究较少。由于受到光伏面板的扰动影响,光伏电站内土壤水分的变化规律相比电站区内外的土壤水分变化特征更为复杂[2]。

低降雨量和高蒸散量是我国西北干旱地区的两个主要特征,这导致降雨对土壤和地下水补给的量十分有限。如果降雨能够集中起来,那么有限的降雨也可以提供相对充足的水源以支持干旱环境中的生命[3]。在太阳能电站中,光伏(PV)板可以通过改变雨水到达土壤的方式影响土壤的水分分布。美国西南部地区的气候特征和我国的西北地区十分相似,干旱少雨,生态系统脆弱。位于内华达州的拉斯维加斯地区更是属于沙漠地区。本研究通过在拉斯维加斯地区采用野外监测的手段探究太阳能光伏板阵列对干旱区土壤降水再分配的影响,并利用HYDRUS模拟降水在光伏板阵列下的动态分布情况,从而探讨太阳能光伏设施对局地微环境的影响。

作者简介:骆原(1988—),男,工程师,博士,研究方向为土壤水文学模型。

1　材料与方法

1.1　研究区概况

试验区位于美国内华达州拉斯维加斯沙漠研究所(Desert Research Institute, DRI)东侧的Solar 1号太阳能光伏试验电站,该设施共有5排光伏面板(见图1),总计200块。电站建设过程中曾经对整个试验场的地表土进行了翻挖,后使用原土平整,土层表面为裸土无植物。整块光伏板由4块小光伏面板组成,中间有分缝,水流可以通过。光伏面板与地面呈30°夹角。每块小光伏面板在地面的垂直投影长度约为80 cm。

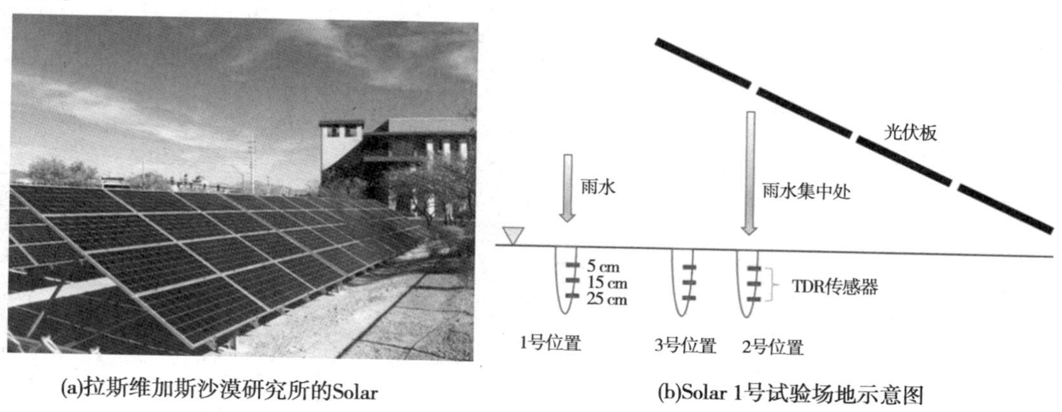

(a)拉斯维加斯沙漠研究所的Solar 1号太阳能光伏电站　(b)Solar 1号试验场地示意图

注:在三个研究对照点位1号、2号和3号位置的5 cm、15 cm与25 cm深度处分别埋设了TDR传感器监测土壤含水率变化情况。

图1　光伏面板

该研究区位于亚热带沙漠气候带,气候的典型特征是夏季漫长而酷热;冬季短,白天温和,夜晚凉爽。全年阳光充足,平均每年有310个晴天。降雨量稀少,每年大约有26个降雨日,平均年降雨量为110 mm,平均年蒸发量2 800 mm。

1.2　试验设计与土样分析

2017年12月29日选取了光伏面板阵列中间地带为研究区域并选取了三个位置作为研究对照点位:从面板之间的未遮挡区域的1号位置、雨水集中带的2号位置和光伏面板正下方遮挡区域的3号位置。每个位置分别取0~10 cm、10~25 cm和25~35 cm厚度的土壤样本至少500 g,并在每个位置三个深度分别布设TDR (Meter Environment Inc.)传感器监测土壤含水率变化情况。TDR每1 h读取5 cm、15 cm和25 cm处的体积含水率。收集的土壤样品在土壤实验室进行处理。首先对样品进行称重,再在105 ℃下烘干24 h,再进行二次称重,以确定土壤的质量含水率。接着对样品进行筛选,去除直径大于2 mm的颗粒。经过筛选的土壤在实验室测定土壤粒度分布(Malvern Mastersizer 3000)和有机质含量(使用烧失法)。

根据实验室测定的土壤质量含水率q_g以及野外测量的土壤体积含水率q_v,使用式(1)计算0~10 cm、10~25 cm和25~35 cm处的土壤容重:

$$\rho = \frac{q_v}{q_g} \tag{1}$$

筛过的土壤也用于测定土壤水分特性曲线和非饱和导水率曲线,分别使用土壤水分特征曲线测量仪HYPROP(UMS)和露点水势仪WP4C(Meter Environment Inc.)测定。

HYPROP装置适用于测量土壤水吸力在$10^2 \sim 10^3$ cm范围内的土壤水分特性曲线和导水率函数[4],该系统具有操作简便、野外采集原状土携带方便、试验数据量大及测定精确等优点[5]。联合使用WP4C与分析天平(Mettler-Toledo MS 104 TS)可以得到$10^{3.3} \sim 10^{6.3}$cm范围的土壤水分特性曲线。通过

HYPROP 与 WP4C 的结合,能够获得较为完整的土壤水分特性曲线,土壤水吸力范围 0~$10^{6.3}$ cm,即基本覆盖从完全饱和到完全干燥的整个过程。

1.3 土样物理性质

表 1 显示了 0~10 cm、10~25 cm 和 25~35 cm 三个深度处经过筛选的土壤的粒径和有机质含量。总体来看,三个不同位置的相同深度处的砂土、粉土和黏土含量十分接近,因此在计算中认为 1 号位置的参数也适用于 2 号和 3 号位置。

表 1 土样基本物理特性和有机质含量

位置	深度/cm	干容重/(g/cm^3)	粒径组成/%			有机质含量/%
			<0.02 mm	0.02~0.5 mm	>0.5 mm	
面板之间 1 号位置	0~10	1.64	7.96	47.68	44.36	1.05
	10~25	1.52	9.37	50.66	39.97	1.08
	25~35	1.44	8.43	54.08	37.49	2.32
雨水集中带 2 号位置	0~10	1.67	7.84	48.6	43.56	1.33
	10~25	1.53	9.15	51.37	39.48	1.42
	25~35	1.56	8.52	56.15	35.33	3.27
光伏面板下方 3 号位置	0~10	1.49	8.13	46.68	45.19	1.01
	10~25	1.61	9.25	49.66	41.09	1.23
	25~35	1.40	8.33	53.76	37.91	2.75

1.4 土壤水分运动方程

尽管多年来已经有不少经典的土壤水运动方程被学界提出来[6-8],但其中大多数以毛细管水作为水分运动的基础,忽略了更细小的层流水和气态水对整个水分运动的影响。这种假设在含水率相对较高的土壤中使用是合适的,但是在非常干燥、含水率极低的土壤中使用会对计算结果产生较大的影响[9]。

Peters[9]提出了一种同时兼顾毛细管水、层流水和气态水的土壤水分运动方程,适用范围从土壤含水率完全饱和至完全干燥,极大地提高了模型在极低含水率情况下的准确性。后经过 Duner 和 Iden[10]的进一步改进,该方法最终命名为 PDI 方程。本研究将 PDI 方程作为建模的基础。

1.5 气象数据

试验研究区的气象数据由附近一个小型气象站(CEMP)进行记录。该小型气象站距离 Solar 1 太阳能试验站以西约 200 m,每隔 15 min 收集一次降水量,每隔 1 h 收集一次太阳辐射、气温、相对湿度和风速等气象数据。使用 FAO 方法和 Penman-Monteith 方程计算潜在蒸散量(PET)[11]。裸土表面的实际蒸发量(ET)使用式(2)估算,其中 n 是 Koonce[12]分析了内华达州位于博尔德市的 SEPHAS 大型蒸渗仪四年蒸发数据后得出的经验因子。

$$\mathrm{ET} = \mathrm{PET} \cdot n \tag{2}$$

式中:n 为实际蒸发(ET)和潜在蒸发(PET)之间的比率。

模拟周期分别选择了冬季和夏季两个时期,以探讨不同气候条件对 Solar 1 号区域土壤水分再分配的影响。根据 Koonce[12]的数据,拉斯维加斯地区冬季的系数 n 在 5% ~ 15%,夏季的系数 n 在 2% ~ 4%。因此,本研究中取 n = 3% 用于夏季模拟,而冬季模拟使用两个 n 值进行比较:n = 8%和 11%。冬季模拟期为 2018 年 1 月 1 日至 3 月 31 日,共 88 d。夏季模拟期为 2018 年 7 月 1 日至 9 月 30 日,共 91 d。图 2 为 2018 年小型气象站记录的全年降雨日期和降雨量。

1.6　模型建立与边界条件

本研究运用 HYDRUS-2D[13-14] 软件构建二维的土壤水运移模型，模拟 Solar 1 号光伏阵列下方土壤中的降雨水分再分配过程。HYDRUS-2D 可以通过有限元方法求解 Richard 方程[15]，模拟变饱和多孔介质中的水、热和溶质运动。

本次研究中，建立了一个长 806 cm、深 200 cm 的二维模型区域，如图 3 所示。其中包含 10 525 个节点的有限元三角形网格。

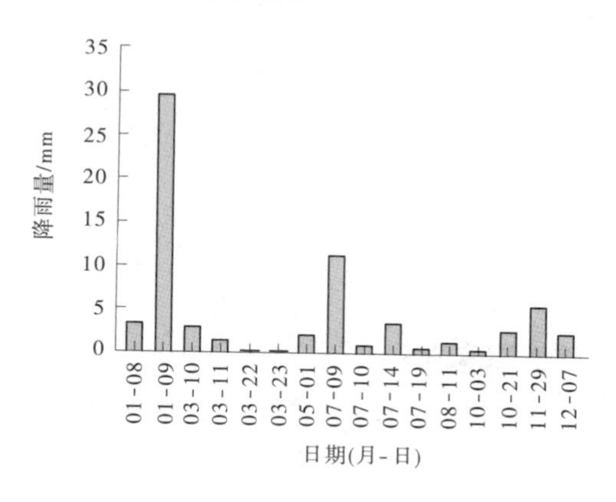

图 2　2018 年降雨日期和降雨量

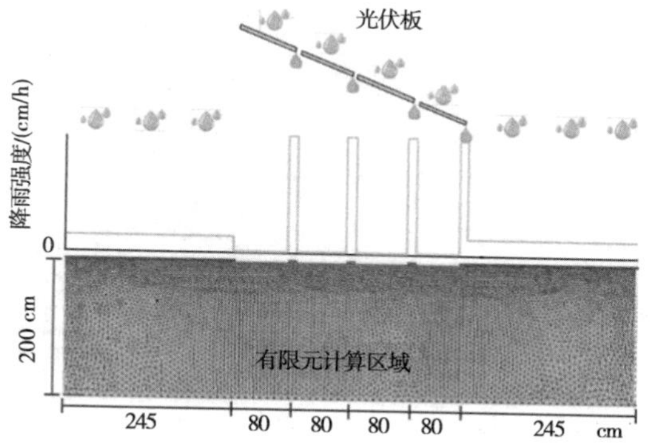

有限元计算区域各部分长度

图 3　HYDRUS-2D 模型示意图

根据试验开始时的 TDR 传感器的数据作为模型的初始土壤含水率。模型的上边界(包括面板行之间区域)设为随时间变化的大气边界条件(又称为“正常通量”边界条件)，此为 1 号位置所在区域；光伏面板下檐雨水集中带设为变水头边界条件(又称为“集中通量”边界条件)，此为 2 号位置所在区域；面板下方遮挡区域设为无通量边界条件(又称为“零通量”边界条件)，此为 3 号位置所在区域。在降雨期间，假设光伏阵列之间和光伏面板下檐集水带的区域分别有正常和集中的降水进入土壤，而面板下方的区域没有降雨。由于研究区域地下水位较深，所以未考虑地下水的影响，模型的下边界条件为自由排水。模型两侧为无通量边界条件。

1.7　模型的检验

用 2018 年夏天的土壤含水率数据进行参数率定，用 2018 年冬天的数据来验证模型的模拟精度。模型的检验使用均方根误差(RMSE)和决定系数(R^2)。RMSE 越接近于 0，表明模型模拟精度越高；R^2 接近于 1，说明模型可以很好地捕捉到实测值的变动趋势。

2　结果与讨论

2.1　土壤含水率的年际变化

图 5 显示了 2018 年 1 月 1 日至 2018 年 12 月 13 日的 Solar 1 号试验区三个位置不同深度(5 cm、15 cm 和 25 cm)处的土壤含水率的年际变化。这些数据展现了自然降雨以及雨后水分在土壤中的渗透、重新分布和蒸发的过程，体现出了典型的土壤干湿循环。其中最突出的两次降雨是 2018 年 1 月 9 日和 7 月 9 日，也对应了图 3 中的降雨时间分布。1 月 9 日的降雨是一整年中规模最大的一次，在 2 号位置的 5 cm 深度处达到了最高土壤含水率为 42%。

总体上，光伏面板下檐集水带处 2 号位置和光伏面板之间 1 号位置的土壤含水率变化趋势相似，且含水率均高于面板下方的 3 号位置。降雨期间，1 号位置和 2 号位置的含水率发生较大幅度的变化，但面板下方的 3 号位置无明显变化。三个位置的不同深度的土壤含水率都呈现出随着深度增加而升高的趋势。2018 年春、夏、秋三季发生的较小降雨似乎对土壤总体含水率没有太大影响，且含水率的大幅变化主要发生在较浅 5 cm 深处，而不是 15 cm 或 25 cm 深处。2018 年仅有的两次对土壤含水率产生较大影响的降雨发生在 2018 年 1 月 9 日和 7 月 9 日。

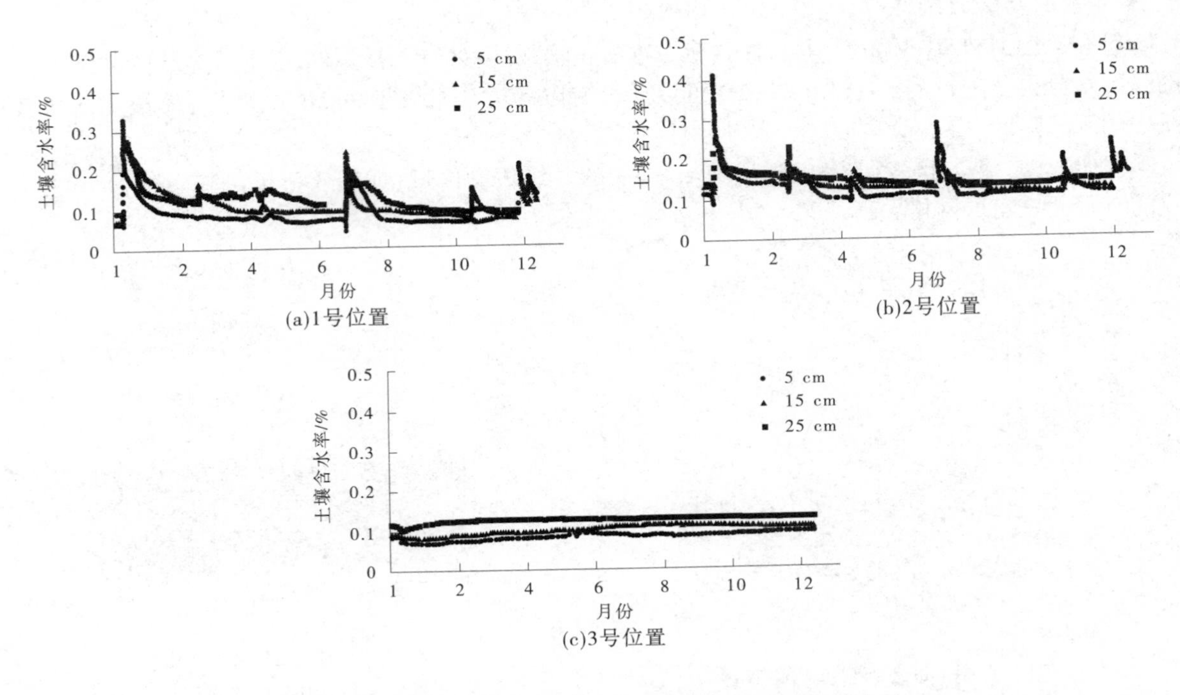

图 5　TDR 记录的三个位置不同深度的土壤含水率的变化

2.2　土壤含水率模拟结果

本节展示了 Solar 1 试验区实测和模拟的土壤含水率之间的比较。图 6 显示了 2018 年 7 月 9 日发生的一系列夏季降雨后土壤水分在三个位置不同深度变化的模拟结果和野外测量值的比较。每个不同位置模拟值相较测量值的均方根误差（RMSE）和决定系数（R^2）分别显示在各图像下方。

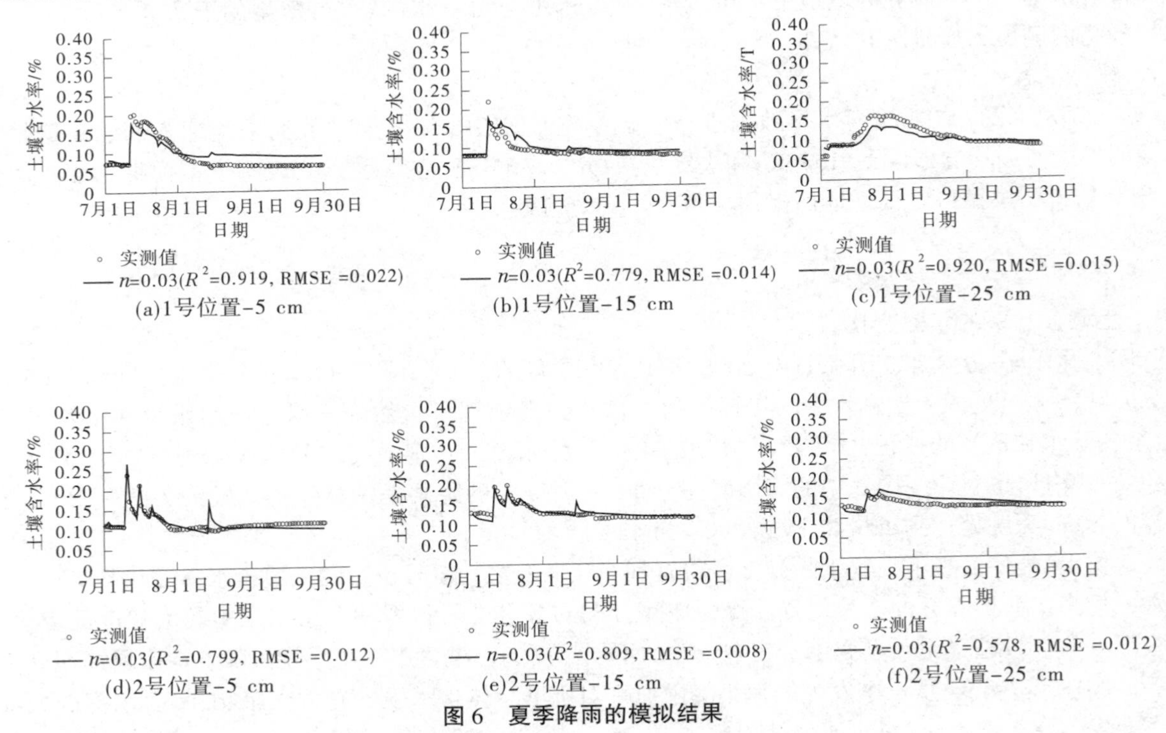

图 6　夏季降雨的模拟结果

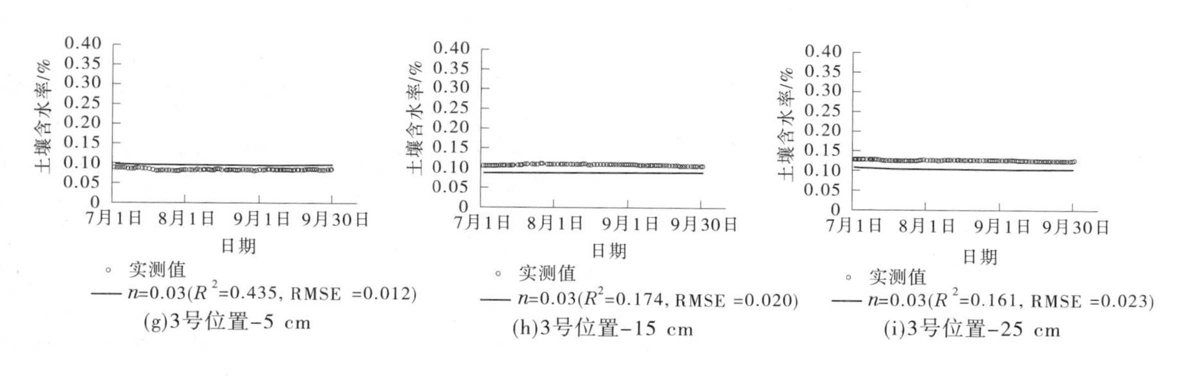

续图 6

根据式(2),假设实际蒸发量(ET)等于潜在蒸散量(PET)的 3%,即 $n=3$。模拟从 2018 年 7 月 1 日开始至 9 月 30 日结束,共进行了 3 个月。总体来看,HYDRUS-2D 能够捕捉到大部分的土壤水分运动趋势,但一些 TDR 传感器记录的土壤水分再分配的细节无法很好地再现。可能的原因是样本采集的是 0~15 cm、15~25 cm、25~35 cm 这三层的土壤,但是 TDR 记录的是 10 cm、15 cm、25cm 这三个点位的土壤含水率,并不是完全对应的关系,且模型假设土壤在各薄层内为均质,忽略了各薄层内土壤的异质性。

经过对比可以发现,HYDRUS-2D 在 2 号位置的模拟效果最佳。对于 1 号位置的土壤水分再分配的模拟,则会低估一些降雨后的峰值。3 号位置由于在面板下方,土壤含水率基本上没有变化,符合预期。

对冬季的降雨情况模拟结果如图 7 所示。根据式(2),假设实际蒸发量(ET)分别等于潜在蒸散量(PET)的 8%和 11%,模拟从 2018 年 1 月 1 日至 3 月 31 日的三个月时间。对于 1 号和 2 号位置来说,$n=11\%$的模拟效果要优于 $n=8\%$的模拟效果,说明在这个时段内,$n=11\%$的假设更接近该试验区的真实气候条件。由于 3 号位置基本不受降雨的影响,因此土壤含水率没有明显变化。模型对 3 号位置的模拟结果与测量值出现了较大偏差可能是由于实验室测量的水分特性曲线和导水率函数曲线为筛后直径小于 2 mm 的土壤样本,这会使得模型使用的土壤容重略微小于实际值。同时,模型假设了 1 号位置的土壤参数作为三个位置的共同土壤参数,从结果来看,3 号位置的土壤参数与 1 号位置可能有较大的差异性。

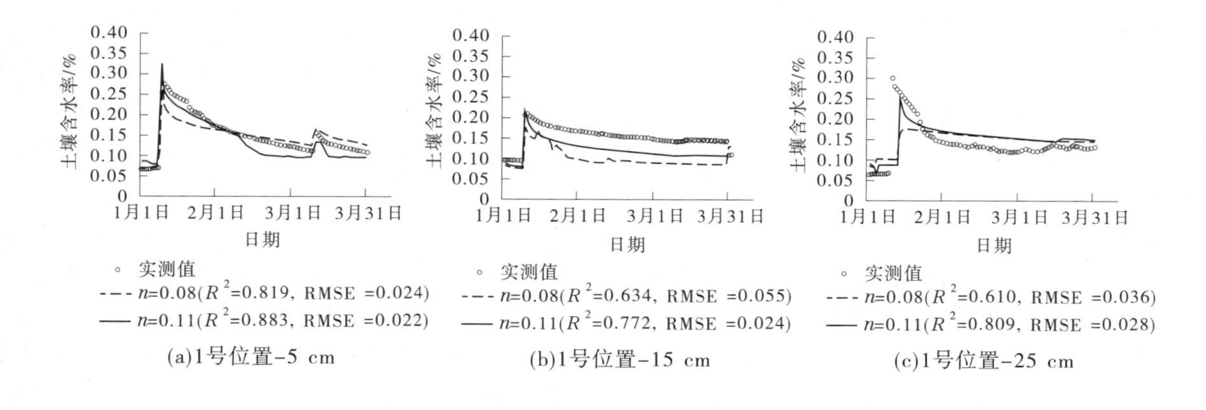

图 7　冬季降雨的模拟结果

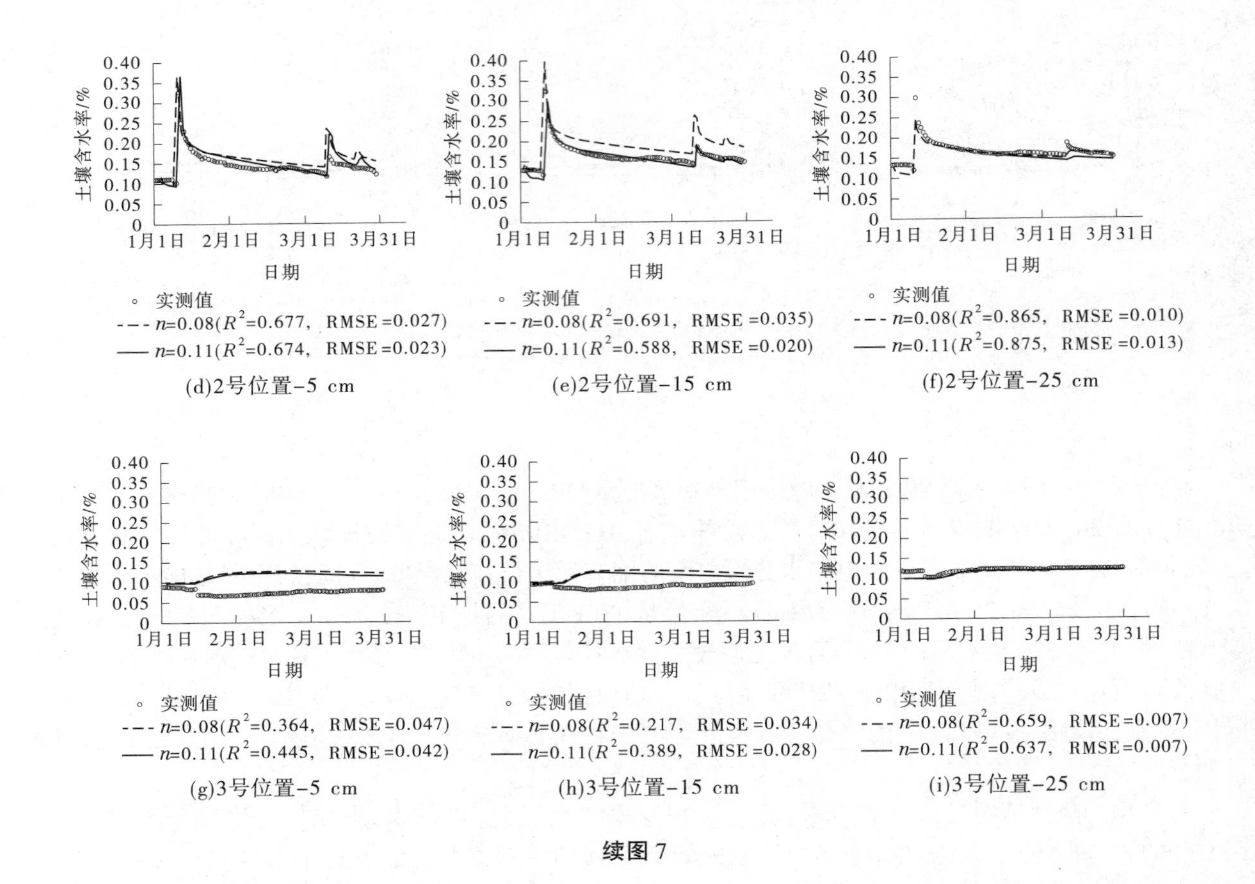

续图 7

另外,发现在 3 号位置的 5 cm 深度,TDR 记录了约为 7%的土壤含水率,这是在 2018 年内记录到的最低含水率。在野外观测中还注意到,由于地面土质较硬,十分干燥,因此在降雨期间,降雨偶尔会在土壤的表层形成小的积水坑(直径小于 5 cm,深度小于 2 cm),HYDRUS-2D 对于这种情况无法很好地处理,也可能会在一定程度上影响模拟结果的准确性。

3 结论

黄河流域中上游地区丰富的光能可以合理有效利用,不但能减小我国对传统化石能源的依赖,支持“双碳”目标的实现,也可以提高西北地区经济发展水平,为黄河流域生态保护和高质量发展助力。然而,西北地区干旱少雨、生态环境脆弱的特点也使得太阳能的开发利用必须遵循自然规律以及科学的规划和发展。本研究通过野外监测的手段探究太阳能光伏板面板对干旱区土壤降水再分配的影响,并利用 HYDRUS-2D 模型模拟降水在光伏面板下的动态分布情况,从而对探讨太阳能光伏设施对局地水环境的潜在影响。

研究表明,有太阳能光伏面板的情况下,降雨集中在光伏面板下檐的集水带,这导致雨水沿集水带的渗透深度相比排之间的未遮挡区域更深,意味着土壤可以储存更多的水分。这一发现与最近的蒸渗仪对裸露干旱土壤的渗透和蒸发的研究一致[12,16],该研究认为,雨水在土壤中的下渗越深,蒸发返回大气的部分越少,长期留在土壤中的部分越多。同样,此发现也和翟波等的研究结论[2]相一致。这对于干旱少雨地区太阳能光伏电站附近的土壤养分和生物多样性变化的研究具有重要意义[17]。

HYDRUS-2D 的模拟结果与野外布设的 TDR 记录值显示出同样的变化趋势。在拉斯维加斯的气候条件下,冬季假设实际蒸发量(ET)等于潜在蒸散量(PET)的 11%有较好的模拟结果,而夏季则为 3%。说明气候条件的变化(温度、湿度、风速、辐射),对于土壤中的降雨再分配具有非常重要的影响。模拟结果说明,HYDRUS-2D 模型可以较准确地在非常干旱的条件下(7%左右)模拟降雨的下渗过程,可以作为研究太阳能光伏电站在干旱少雨地区降水再分配的有力工具。

参考文献

[1] 杨世荣，蒙仲举，党晓宏，等. 库布齐沙漠生态光伏电站不同覆盖类型下土壤粒度特征[J]. 水土保持研究，2020，27(1)：7.

[2] 翟波，党晓宏，陈曦，等. 内蒙古典型草原区光伏电板降水再分配与土壤水分蒸散分异规律[J]. 中国农业大学学报，2020.

[3] Prinz，D. (1996) Sustainability of Irrigated Agriculture. In：Pereira，L. S. (ed) Sustainability of Irrigated Agriculture，Balkema，Rotterdam. 135-144.

[4] Dijkema，J.，J. Koonce，R. Shillito，T. Ghezzehei，M. Berli，M. Van der Ploeg and M. T. Van Genuchten (2016). "Simulating water redistribution in an arid soil of a large weighing lysimeter." Vadose Zone Journal.

[5] 王晓蕾，黄爽，黄介生，等. 利用 HYPROP 系统测定土壤水分参数的优缺点及改进[J]. 中国农村水利水电，2012(6)：5.

[6] Brooks，R. H.，and A. T. Corey (1964)，Hydraulic properties of porous media，Hydrol. Pap. 3，pp. 1-27，Colo. State Univ.，Fort Collins，Colo.

[7] Kosugi，K. (1996)，Lognormal distribution model for unsaturated soil hydraulic properties，Water Resour. Res.，32，2697-2703，doi：10.1029/96WR01776.

[8] van Genuchten，M. T. (1980)，A closed-form equation for predicting the hydraulic conductivity of unsaturated soils，Soil Sci. Soc. Am. J.，44(5)，892-898，doi：10.2136/sssaj1980.03615995004400050002x.

[9] Peters，A.，2013. Simple consistent models for water retention and hydraulic conductivity in the complete moisture range. Water Resources Research 49，6765-6780. https://doi.org/10.1002/wrcr.20548.

[10] Peters，A. (2014)，Reply to comment by S. Iden and W. Durner on "Simple consistent models for water retention and hydraulic conductivity in the complete moisture range"，Water Resour. Res.，50，7535-7539，doi：10.1002/2014WR016107.

[11] Richard G. Allen；Luis S. Pereira；Dirk Raes；Martin Smith (1998). Crop Evapotranspiration-Guidelines for Computing Crop Water Requirements. FAO Irrigation and drainage paper 56. Rome，Italy：Food and Agriculture Organization of the United Nations. ISBN978-92-5-104219-9.

[12] Koonce，J. E. (2016) Water Balance and Moisture Dynamics of an Arid and Semi-Arid Soil：A Weighing Lysimeter and Field Study，University of Nevada Las Vegas，Las Vegas，NV.

[13] Šimůnek，J.，van Genuchten，M. T. and Sejna，M. (2006) The HYDRUS Software Package for Simulating Two- and Three-Dimensional Movement of Water，Heat，and Multiple Solutes in Variably-Saturated Media，Czech Republic.

[14] Šimůnek，J.，van Genuchten，M. T. and Sejna，M. (2016) Recent developments and applications of the HYDRUS computer software packages. Vadose Zone Journal 15(7).

[15] Richards，L. A. (1931) Capillary conduction of liquids through porous mediums. Physics 1(5)，318-333.

[16] Lehmann，P.，Berli，M.，Koonce，J. E. and Or，D. (2019) Surface evaporation in arid regions：Insights from lysimeter decadal record and global application of a surface evaporation capacitor (SEC) model. Geophysical Research Letters 46 (16)，9648-9657.

[17] 王涛，王得祥，郭廷栋，等. 光伏电站建设对土壤和植被的影响[J]. 水土保持研究，2016，23(3)：5.

基于生态护坡射流试验的抗冲刷特性研究

刘明潇　骆亚茹　孙东坡　朱勇杰

（华北水利水电大学港口航道与海洋研究发展中心，河南郑州　450046）

摘　要：在“绿水青山”与生态保护战略背景下，兼具功能、环保与景观性的生态护坡正逐渐被推广，但基于护坡功能的植被性能研究还很缺乏。有必要对渠（河）道水流冲刷作用下，生态护坡的抗冲性、不同植被固土力学特性等进行系统深入研究。本文选取常见的水土保持优势植物高羊茅和狗牙根为研究对象，对植物模型边坡进行射流冲刷试验，对比探讨了不同岸坡环境下边坡冲刷破坏机制和侵蚀变化特征。试验表明，射流冲刷时，两种边坡及素土边坡的土体流失量 M_{LDS} 随冲刷流速增加呈指数型增长，而与冲刷角度则呈线性关系。种植高羊茅、狗牙根后，各冲刷流速和角度下坡面侵蚀量均大幅降低，表明优势草种的根系具有明显的固土抗冲性能。但射流角度、流速的增加对植被的抗侵蚀率不利，可使其缩减 10%～67%。此外，试验研究还表明粒径在 0.112～0.15 mm 的中等粒径的泥沙流失量最大，黏性胶体微粒特有的絮凝现象，阻碍了细颗粒泥沙的起动、运动难度，使其不易被冲刷。研究成果可为生态护坡技术发展和工程应用提供一定的理论参考。

关键词：植物护坡；模型试验；水流冲刷；抗冲性能；絮凝

1　引言

草本植物具有茎叶发达茂密、覆盖范围广且密度大等特点，会对裸地形成一个柔性的保护罩，可以有效分解水流的冲击力，减少水土流失。早在 1960 年就有人提出生物措施是最有效且最根本的防止水土流失的方法[1]。特别是厚层基材喷射护坡技术和植被混凝土生态护坡技术[2-3]的提出成为国内植物护坡研究的一个里程碑，在生态护坡工程中迅速被广泛应用。植物护坡草系的根系能减小水对土壤的分散功能，提高土壤抗蚀性[4]。吴钦孝[5]等通过系列试验研究发现，草本植物地下部分的根系固土效应才是土壤抵抗侵蚀的关键。曾信波[6]等在对根系对紫色土的抗冲性能研究时，认为根系密度是影响土体抗冲性能的重要因素。

对植草边坡的冲刷研究表明，植被根系可以明显减少坡面沟蚀，直径小于 1 mm 的须根根系可以增加土体中团聚体数量，改善土壤结构从而增强土体整体稳定性及抗蚀性[7-9]。Morgan 在植物边坡的固土抗侵蚀机制方面提出了采用生态工程控制坡面侵蚀的理论[10]。孟飞[11]通过植物模型边坡的渠道冲刷试验，揭示了种植密度与狗牙根的抗冲刷特性的密切关系。

本文针对河道非定向主流冲刷条件下，对几种常见的优势草种覆盖的植物护坡，进行了多种主流冲刷情景下的系列抗冲性能试验及机制研究。试验设计时有别于以往传统的降雨径流冲刷，而是模拟河道（渠道）面流对植物边坡的冲刷破坏模式，揭示同来流条件对侵蚀过程的影响、不同植物的抗冲特性及机制。探讨了面流条件下植物边坡的抗冲性机制，为保证试验的精度，本文通过设计、种植不同岸坡环境的植被边坡上开展的射流冲刷试验，为生态护坡工程的推广应用提供技术支撑和理论依据。

基金项目：河南省高等学校重点科研项目计划（21A570002）；国家自然基金重点科学基金项目（41930643）。

作者简介：刘明潇（1986—），女，副教授，博士，从事生态水力学研究工作。

2　试验设计与布置

2.1　模型设计与试验装置概述

基于河工模型的相似原理,根据河(渠)道冲刷特点及主要影响因素,通过对河道面流冲刷边界、水流条件进行了概化处理[4]。制作了包括半坡渠道、植物护坡、射流系统及侵蚀收集装置等部件的概化模型试验系统,如图1所示。其中,植物护坡上的草体已剪除上部植被茎叶,以便于进行射流冲刷试验及进行侵蚀状况的观测工作。

模型由1.5 m×0.9 m×0.35 m的长方体无盖有机玻璃板黏合而成,坡度为1:2.25。预留了宽度为18 cm的底坡,下接泥沙收集装置如图2所示。植物边坡草种边坡采用高羊茅植物边坡、狗牙根植物边坡和纯素土边坡三种作为对照组。

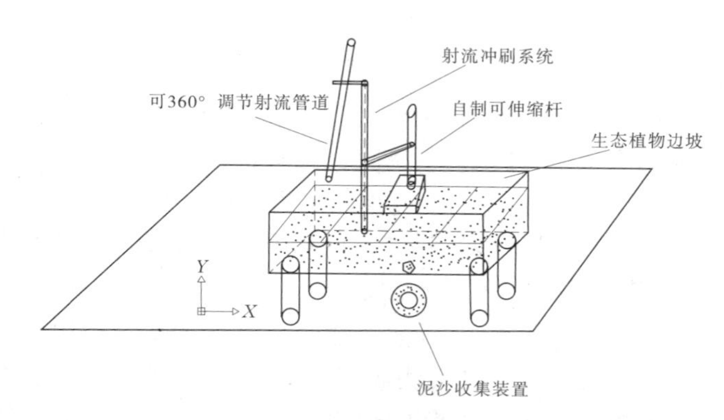

图1　模型布置简图

射流系统主要由变频加压泵和自制调节平台组成,变频加压泵功率为100~600 W,额定流量1 m^3/s,最大流量2 m^3/s,出流孔口直径为4 cm;自制调节平台(见图2)可以在地面自由移动,上下伸缩可以调节喷头垂直高度,左右旋转可以调节水平角度,自制调节平台可以固定射流管口并控制射流的方位和角度;射流末端出流管道直径为1 cm。调节自动调节平台的高度和方位,射流喷口水平方向对应的1/2边坡处,与坡面的夹角可进行180°调节,自动调节平台距边坡中线距离在0.8 m。

此外,为定量观测不同来流角度与强度条件下各种生态护坡土体的侵蚀程度,还自制了侵蚀泥土收集装置,如图3所示。侵蚀泥土收集装置设置在紧挨护坡坡脚处。

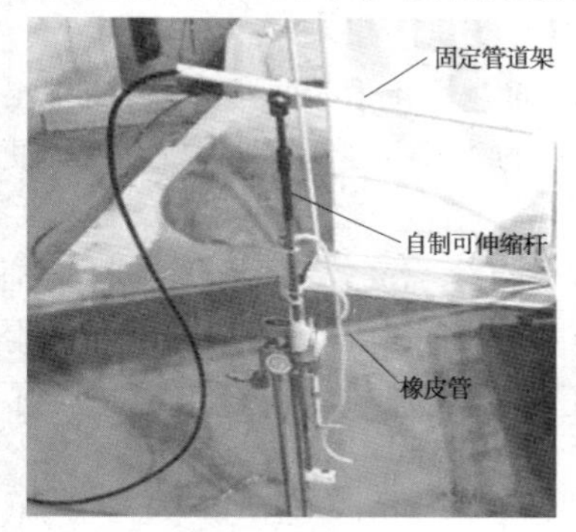

图2　自制射流调节平台

图3　侵蚀泥土收集装置

2.2　试验草种的选择与样本制备

本文研究植被区域地处暖温带,南部跨亚热带,属北亚热带向暖温带过渡的大陆性季风气候。模型试验设计时通过充分调查研究区域当地的河流附近的生态环境与岸坡处植被覆盖种类后,选择本地常见的、抗冲刷性表现较好的草种作为试验草种。

草系的选择和培育是本试验的基础和重要组成部分,为满足试验效果和试验的可行性、可信性,遵循两点要求选择试验草系:①生长周期短、适应力强且具有代表性的草本植物;②在植物护坡工程中已经普遍应用,具有一定的工程和理论支撑。因此,在试验设计初期,对研究区域多处河流湖泊的护坡植物进行实地考察与调研,同时对各个渠道收集的植被护坡相关资料进行整理分析,最终选取最为常见的高羊茅和狗牙根作为试验草种的培育对象,进行优势草种抗冲机制试验研究的探索。

由于本次试验所用植被为实物,植物种植、培育需要时间较长,因此试验周期较长且需多阶段进行。

相关试验是建立植物护坡模型的基础上,因此草系的种植与培育是试验前一个重要准备环节。草系培育在华北水利水电大学河南省水利水运实验室内进行。为便于观察冲刷时的侵蚀程度,进行侵蚀深度、泥沙量的测量收集等工作,试验前将边坡植物上部的茎叶剪掉,只留下 1~2 cm 主茎,作为生态护坡样本,进行冲刷试验。

3 原理与方法

3.1 试验原理与思路

本文通过对覆盖有不同植被类型的边坡,开展不同射流流速、角度下的冲刷试验,模拟滩区不同岸坡环境的边坡抗冲机制。将天然河流、渠道的生态护坡概化为植物边坡模型系统,河道主流则概化为射流模拟系统。具体地,将天然河(渠)道中水流流速概化为射流流速,将水流流向与河堤或岸坡的夹角概化为射流角度,即水流射流方向与坡面的夹角。试验研究思路为:

(1)宏观上,通过试验观测与实测试验数据分析相结合的方式,对比分析不同植物护坡的冲刷破坏情况,建立植被护坡破坏程度评判标准,建立边坡破坏过程。

(2)微观上,对设定测点处的冲刷情况和坡面流失泥土量进行量测、筛分,定量分析侵蚀特征、流失泥土在不同射流流速、射流角度组合条件下的变化规律,对比分析不同植被护坡的抗冲效果及特点;通过宏观和微观两种尺度观测研究相结合,揭示植被边坡在不同岸坡环境下的冲刷破坏机制。

由于泥土收集器紧邻护坡坡脚,距离较近且中间无其他泥土流失通道,如图 1 所示。根据二项恒定流动与质量守恒,可认为从生态护坡冲刷下来的泥土基本全部流入泥土收集装置内,称量泥土收集装置内泥土质量即为生态护坡的土体侵蚀量。利用自制的泥沙收集仪器进行泥沙含量测定,对每试验组次冲刷的泥沙进行收集、烘干、称重,所得泥沙干重即为土体流失量 M_{LDS},并对泥沙粒径进行分析。土体流失量降低值用 ΔM_{LDS} 表示,其计算公式可表示为

$$\Delta M_{LDS} = 有根土壤\ M_{LDS} - 无根土壤\ M_{LDS} \tag{1}$$

式中:M_{LDS} 为土体流失量,ΔM_{LDS} 为土体流失量降低值。

3.2 试验方法与数据提取

在进行模拟渠道来流冲刷试验时,通过变频加压泵进水口接通水源,通过增加和减小压强来控制出流流速,利用旋桨式流速仪流速对管道出流流速进行测量,根据试验流速的大小适当移动射流平台,使其冲射至边坡的流速为设计流速。

利用泥土收集仪器(见图 3)对流失泥沙进行收集,因为水流较大容易满溢,每 5 min 对泥沙收集桶进行沉淀清理。每次计时停止后对泥沙收集仪器里的泥水混合物进行烘箱烘干,用电子秤进行称重,得到土壤侵蚀量净重。为深入揭示不同来流角度强度的侵蚀机制差异,还对侵蚀土样的粒径组成进行了多级筛分与颗粒分析。

3.3 试验条件设计

射流位置和射流速度调试完毕后,对不同类型边坡进行 15 min 的均匀射流冲刷,冲刷时间符合设计组次和工况(见表 1)。

表 1 射流试验工况

<table>
<tr><td rowspan="2">射流流速/(m/s)</td><td colspan="4">射流角度</td></tr>
<tr><td>5°</td><td>30°</td><td>60°</td><td>90°</td></tr>
<tr><td>0.8</td><td rowspan="5" colspan="4">素土(无植被)
高羊茅
狗牙根</td></tr>
<tr><td>1.6</td></tr>
<tr><td>2.4</td></tr>
<tr><td>3.2</td></tr>
<tr><td>4</td></tr>
</table>

生态护坡模型如图 4 所示。

(a)素土边坡

(b)生态护坡

图 4　生态护坡模型

4　基于射流冲刷试验对植物坡面抗侵侵蚀特性分析

4.1　射流角度对土体流失量 M_{LDS} 的影响

按照冲刷流速的变化因素对土体流失量 M_{LDS} 数据进行整理并分析相关的变化趋势，如图 5 中的 (a)~(d) 分别为不同冲刷角度下土体流失量随冲刷流速变化关系。由图 5 可见，在冲刷角度一定的情况下，高羊茅边坡、狗牙根边坡、自然素土边坡与冲刷流速之间有较大的相关性，三种土况的土体流失量都与冲刷流速呈指数函数关系，其指数函数表明随着流速的增大，土体流失量的增速变大，在流速超过 1.6 m/s 后各工况土体流失量增幅均有明显增大趋势，在达到 4 m/s 时土体流失量达到最大。

根据坡面土体流失量随射流流速变化曲线（见图 5）分析，三种护坡的土体流失量与冲刷流速大致都呈指数函数关系：

$$y = a\mathrm{e}^{mx} \tag{2}$$

式中：y 为泥沙流失质量；x 为冲刷流速；a、m 分别为相应的系数、指数。试验数据发现函数关系式的 a、m 随着来流角度调整呈规律性变化，如表 2 所示。指数函数表明随着流速的增大，土体流失量的增速变大，在流速超过 1.6 m/s 后各工况土体流失量增幅均有扩大趋势，在达到 4 m/s 时土体流失量达到最大。

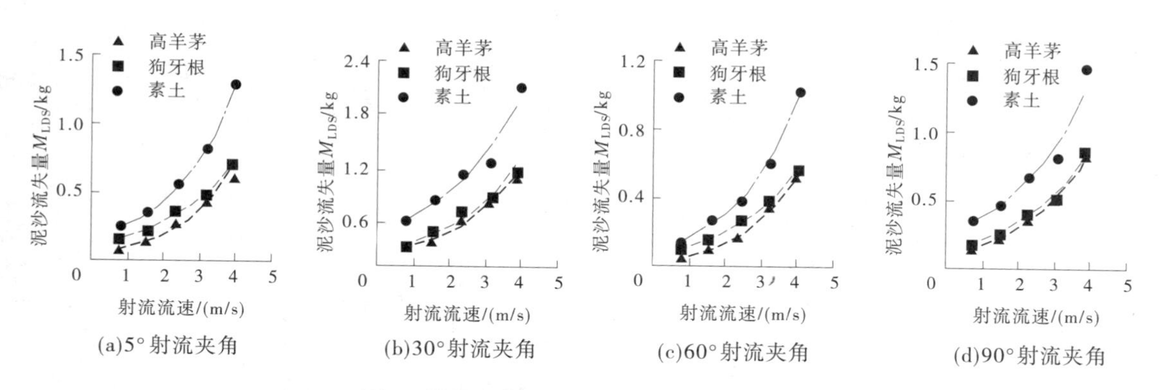

图 5　坡面土体流失量随射流流速变化曲线

从图 6 可以看出，对于高羊茅、狗牙根、自然素土三种植被类型，坡面侵蚀梯度随射流角度增大的变化趋势基本一致，均呈指数型增长。代表自然素土护坡的曲线位于最上方，可见在试验的几种射流角度下自然素土坡面侵蚀梯度都是最大的，因此改变射流角度并不会影响坡面的侵蚀程度。而种植高羊茅、狗牙根后，坡面侵蚀梯度明显降低，并且侵蚀梯度随着射流角度增加的程度也显著减缓，相应参数减小了38%~67%。射流角度相同时,相较于狗牙根、高羊茅的坡面侵蚀梯度更小。但随着射流角度的增大,两者的侵蚀梯度越来越接近,在顶冲冲刷时,二者的侵蚀梯度基本一致。

表2 边坡土体流失量与射流流速拟合关系

边坡类型	冲刷角度/(°)	拟合趋势线方程	相关度 R^2
高羊茅	5	$y=0.0381e^{0.6743x}$	0.992 8
	30	$y=0.0488e^{0.6684x}$	0.977 2
	60	$y=0.1029e^{0.5205x}$	0.992 5
	90	$y=0.1347e^{0.5264x}$	0.979 7
狗牙根	5	$y=0.0693e^{0.5414x}$	0.992 5
	30	$y=0.1076e^{0.4726x}$	0.992 5
	60	$y=0.1323e^{0.4638x}$	0.992
	90	$y=0.1612e^{0.5x}$	0.963 5
自然素土	5	$y=0.0922e^{0.6009x}$	0.991 6
	30	$y=0.149e^{0.5381x}$	0.998 8
	60	$y=0.2444e^{0.4228x}$	0.974 5
	90	$y=0.3661e^{0.4149x}$	0.969 7

综上所述,对于来流冲刷为锐角时,高羊茅的坡面抗侵蚀性能最强,但是当形成直角的顶冲冲刷时,这一优势并不明显。因此,在河(道)渠道较大转弯处的护坡设计时,应考虑采用抗冲工程防护设施与植物护坡相结合的方式才能保证边坡安全。

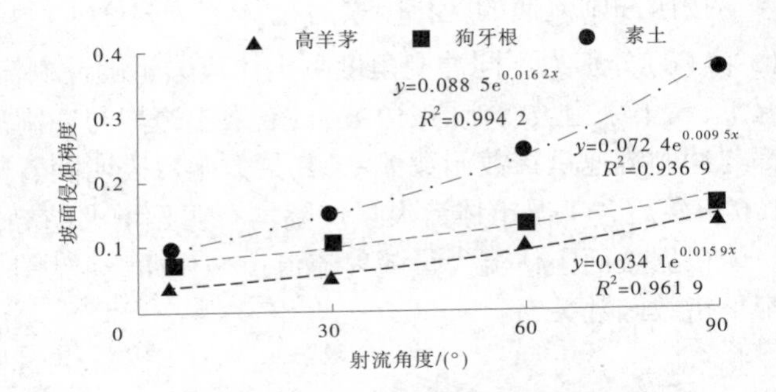

图6 射流角度与坡面侵蚀梯度关系

4.2 射流流速对土体流失量 M_{LDS} 变化规律的影响

按照冲刷角度的变化因素对土体流失量 M_{LDS} 数据进行整理进而分析相关的变化趋势,如图7所示分别为三种土况在不同冲刷流速下土体流失量随冲刷角度变化曲线。

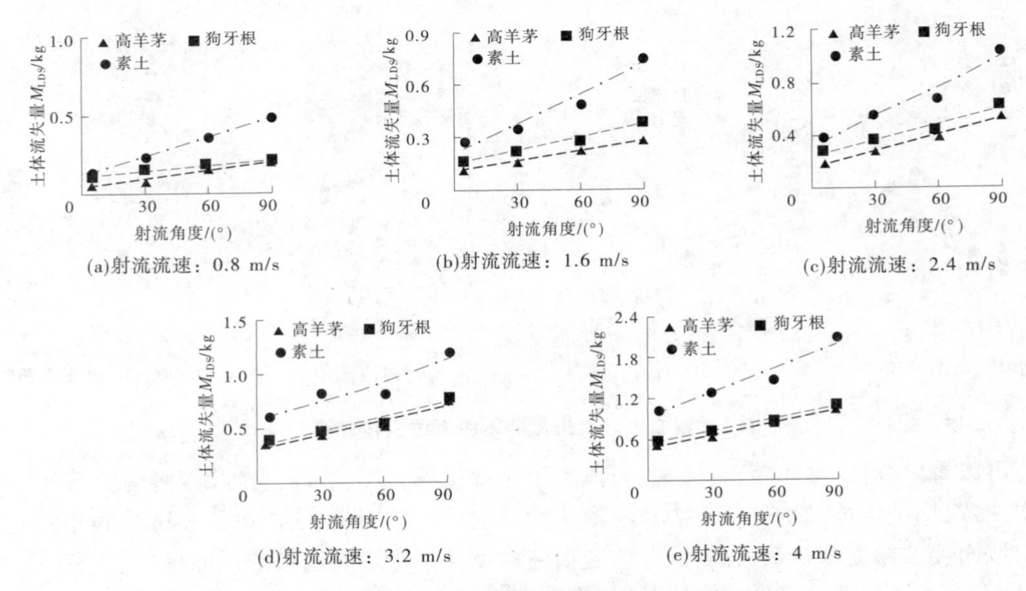

图7 坡面土体流失量随射流角度变化曲线

从以上 5 张图中,可以看出每一个曲线的趋势大致相同,以此来说明冲刷角度对冲刷泥沙量的影响不太大。高羊茅和狗牙根根系具有一定的固土抗冲能性能,且高羊茅的耐冲效果优于狗牙根。

根据坡面土体流失量随射流角度变化曲线(见图 7)分析,在冲刷流速一定的情况下,高羊茅边坡、狗牙根边坡、素土边坡与冲刷角度有较大的相关性,三种土况的土体流失量都与冲刷角度呈线性函数关系,如式(3)所示:

$$y = kx + b \tag{3}$$

式中:y 为泥沙流失质量;x 为冲刷流速。k、b 分别为相应的参数。试验数据发现函数变化梯度与冲刷速度的关系密切,如表 3 所示。

表 3　边坡土体流失量 M_{LDS} 与冲刷角度拟合关系

边坡类型	冲刷流速/(m/s)	回归趋势线方程	相关度 R^2
高羊茅	0.8	$y=0.0018x+0.0418$	0.943 3
	1.6	$y=0.0044x+0.3144$	0.927 7
	2.4	$y=0.0042x+0.1549$	0.984 3
	3.2	$y=0.0044x+0.3144$	0.927 7
	4	$y=0.006x+0.4777$	0.982 4
狗牙根	0.8	$y=0.0012x+0.109$	0.920 8
	1.6	$y=0.0026x+0.1408$	0.970 1
	2.4	$y=0.004x+0.2426$	0.936 3
	3.2	$y=0.0044x+0.3455$	0.915 7
	4	$y=0.006x+0.5351$	0.994 1
自然素土	0.8	$y=0.0042x+0.112$	0.996 8
	1.6	$y=0.0057x+0.2021$	0.945 7
	2.4	$y=0.0074x+0.3241$	0.951 3
	3.2	$y=0.0062x+0.5718$	0.879
	4	$y=0.0115x+0.9307$	0.936 1

在冲刷流速一定的情况下,随着冲刷角度的增大其对应的土体流失量越大,在 90°达到最高值。各流速梯度下不同角度的高羊茅和狗牙根边坡的土体流失量比较接近,高羊茅略低于狗牙根,但两者均较大程度低于素土边坡。从表 3 与图 7 中可以看出,对于高羊茅、狗牙根、无覆盖素土三种不同的植被覆盖条件,随着射流流速的增加坡面侵蚀梯度也越来越大;对于同一种冲刷流速,素土的坡面侵蚀梯度最大;当冲刷流速小于或等于 2.4 m/s 时,高羊茅的坡面侵蚀梯度比狗牙根的大;当冲刷流速大于 2.4 m/s 时,狗牙根比高羊茅的坡面侵蚀梯度大。综上所述,对于不同冲刷流速范围,不同植被类型呈现的坡面抗侵蚀特性也不同。

从图 8 可以看出,对于高羊茅、狗牙根、自然素土三种植被类型,坡面侵蚀梯度随射流流速增大的变化趋势基本一致,均呈线型增长。代表自然素土护坡的曲线位于最上方,可见在试验的几种射流流速下自然素土坡面侵蚀梯度都是最大的。而种植高羊茅、狗牙根后,坡面侵蚀梯度明显降低,并且侵蚀梯度随着射流流速增加的程度也显著减缓,相应参数变化了 10%~59%。射流流速相同时,相较于高羊茅、狗牙根的坡面侵蚀梯度更小。但随着射流流速的增大,两者的侵蚀梯度越来越接近,在冲刷流速为

3.2 m/s 时,二者的侵蚀梯度基本一致。综上所述,对于来流冲刷流速大于 0.8 m/s 小于 3.2 m/s 时,狗牙根的坡面抗侵蚀性能最强,但是当来流冲刷流速大于 3.2 m/s 时,这一优势并不明显,此时,高羊茅的坡面抗侵蚀性能最强。

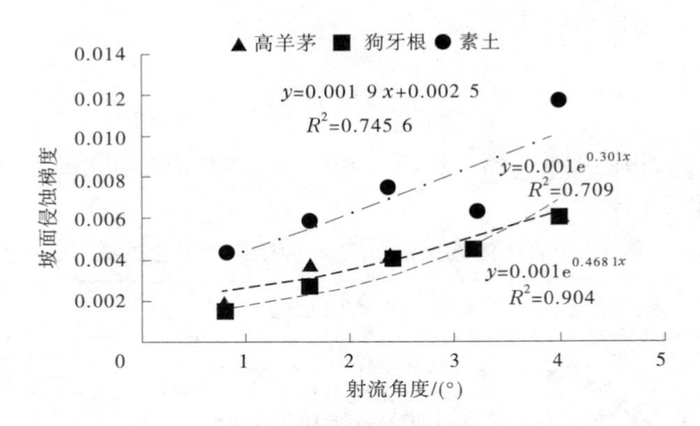

图 8　射流流速与坡面侵蚀梯度关系

4.3　射流侵蚀过程中坡面泥沙流失规律

为分析冲刷流速、冲刷角度对植被的抗冲表现的影响,进行了多试验工况的对比。抗冲性用抗侵蚀率 $\Delta M'_{LDS}$来反映,即种植植被前后护坡侵蚀量(土体流失量)的差值/自然素土护坡侵蚀量,$\Delta M'_{LDS}=(\Delta M_{LDS素}-\Delta M_{LDS植})/\Delta M_{LDS素}$,以百分数计量,并绘出了不同射流流速、角度条件下,植被的抗侵蚀率 $\Delta M'_{LDS}$ 表现如图 9 所示。流速在 1.6 m/s 时,高羊茅边坡和狗牙根边坡的 $\Delta M'_{LDS}$相对于其他流速均最大,高羊茅最大为 63%、狗牙根最大为 55%,流速超过 1.6 m/s 之后,两种植被护坡的抗侵蚀率 $\Delta M'_{LDS}$开始下降;表明流速在达到某一临界值后,植物根系对边坡土体的固土抗侵蚀能力下降,最大原因可能是水流的作用力即将达到根土复合体的黏结力最大极限;当冲刷流速一定时,各流速梯度下高羊茅的 $\Delta M'_{LDS}$ 平均变化幅度为 10%,狗牙根的 $\Delta M'_{LDS}$平均变化幅度为 8%,随冲刷角的增大,高羊茅边坡和狗牙根边坡 ΔM_{LDS} 基本上呈下降趋势,但下降幅度不大,这反映种植植物的边坡较素土边坡具有较好的抗侵蚀性能,同时渠道来流与坡面形成夹角增大会降低植被对土体的抗冲刷性能,使土体流失量增大。

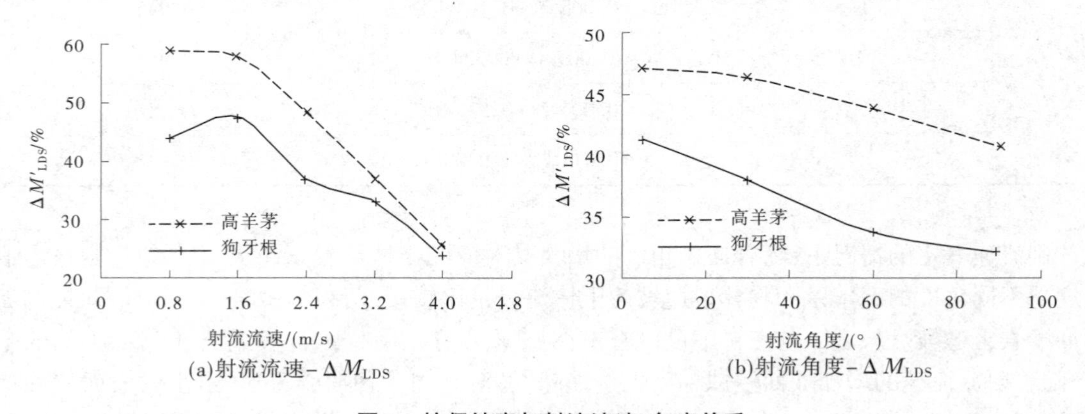

图 9　抗侵蚀率与射流流速、角度关系

冲刷出的泥沙经过烘干机烘干后,除用称重计称泥沙的重量外,又对泥沙进行了筛分粒径的处理,共进行了三组筛分,筛分结果绘制的曲线如图 10 所示,从图 10 中可以看出来,粒径分布在 0.112~0.15 mm 的泥沙最多,这也就表明中等粒径的泥沙更容易被冲刷。其原因在于,当黏性沙的颗粒粒径较小时,颗粒之间具有胶体微粒特有的絮凝现象,其形成发展对于水流冲刷下泥沙的运动影响较大,有助于增加较细颗粒泥沙的起动、运动难度,使其不易被冲刷。根据试验可以推出黄河滩区植被的存在即根系的固土作用增加了滩涂的抗冲刷特性。

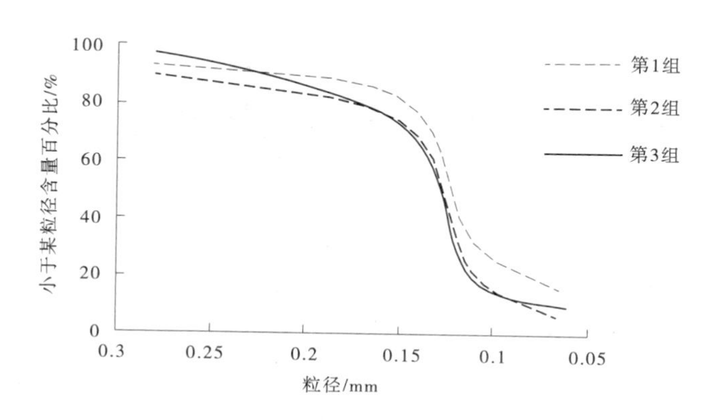

图 10 流失土体泥沙粒径级配曲线图

5 结论

通过建造无植被根系模型边坡并进行不同射流流速及射流角度的水流射冲试验，局部微观上，分析土体流失量在不同射流流速和不同射流角度上的变化规律，对比分析不同植被在其工况上的抗冲效果，得到以下结论：

（1）在射流冲刷时，自然素土及植被边坡的土体侵蚀量对流速的增加更加敏感，较于冲刷角度而言。土体流失量即侵蚀量随冲刷流速呈指数型函数关系，其变化梯度会随流速而增大，在 1.6 m/s 时出现明显拐点，并在 4 m/s 时达到最大，而侵蚀量随冲刷角度则呈线性变化。

（2）种植高羊茅、狗牙根后，各冲刷流速和角度下坡面侵蚀量均明显降低，可见优势草种的根系具有明显的固土抗冲性能，且高羊茅的抗冲效果优于狗牙根。但射流角度、射流流速对植被的抗侵蚀率有不利影响，可使 $\Delta M'_{LDS}$ 分别减小 38%～67%、10%～59%，可见射流角度的增大对植被的抗冲性更为不利。

（3）粒径分布在 0.112～0.15 mm 的泥沙最多，可见中等粒径的泥沙较易被冲刷，而细粒径的泥沙颗粒流失量较少。这是由于对于黏性沙来讲，较细的泥沙颗粒具有胶体微粒特有的絮凝现象，其形成发展有助于增加较细颗粒泥沙的起动、运动难度，使其不易被冲刷。

参考文献

[1] 朱显谟. 黄土地区植被因素对于水土流失的影响[J]. 土壤学报，1960(2)：110-121.
[2] 孟飞. 河道植物护岸耐冲性研究[D]. 沈阳：沈阳农业大学，2017.
[3] 王元立. 内河航道生态护坡防冲效果研究[D]. 合肥：合肥工业大学，2013.
[4] 刘科. 基于草根锚固效应的生态护坡抗冲机制研究[D]. 郑州：华北水利水电大学，2021.
[5] 李勇，吴钦孝，朱显谟，等. 黄土高原植物根系提高土壤抗冲性能的研究——Ⅰ. 油松人工林根系对土壤抗冲性的增强效应[J]. 水土保持学报，1990(1)：1-5，10.
[6] 曾信波. 贵州紫色土上植物根系提高土壤抗冲性能的研究[J]. 贵州农学院学报，1995(2)：20-24.
[7] 吴彦，刘世全，王金锡. 植物根系对土壤抗侵蚀能力的影响[J]. 应用与环境生物学报，1997(2)：119-124.
[8] 吴彦，刘世全，付秀琴，等. 植物根系提高土壤水稳性团粒含量的研究[J]. 土壤侵蚀与水土保持学报，1997(1)：46-50.
[9] 刘国彬，蒋定生，朱显谟. 黄土区草地根系生物力学特性研究[J]. 土壤侵蚀与水土保持报，1996(3)：21-28.
[10] MorganL. Hydroponics and protected Cultivation：apractical guide[M]. CABI：2021-01-01.
[11] 孟飞. 河道植物护岸耐冲性研究[D]. 沈阳：沈阳农业大学，2017.

泾渭河流域极端降雨洪水变化特征分析

刘吉峰　靳莉君　张永生

(黄河水利委员会水文局,河南郑州　450004)

摘　要:极端暴雨洪水突发性强、破坏力巨大,其研究备受关注。基于最新气象水文资料分析泾渭河流域极端降雨洪水事件特征、规律和天气学成因,结果表明:最近60年该区极端降水总量、暴雨频次和强度均有所增加,极端降水变化大致可以分为三个阶段,1961—1985年为波动增加阶段,1986—2000年为持续减少阶段,2001—2020年为急剧增加阶段,各指数极大值多发生在2000年以后,目前仍然处于增加趋势,极端洪水变化趋势与降水基本一致。2021年秋季西太平洋副热带高压较同期强度偏强、面积偏大,西伸脊点异常偏西,其北界压在黄淮之间,非常有利于黄河中游形成大范围极端暴雨天气,因而出现新中国成立以来最严重秋汛洪水。

关键词:泾渭河;极端降水;极端洪水;副热带高压

1　引言

极端降雨及其引起的洪涝灾害给经济社会发展带来巨大损失,直接影响人民生活。在全球气候变暖背景下,全球极端降雨事件发生的频率显著增大[1-2],中国极端降雨强度变化具有明显区域性,但总体呈增大趋势[3-4]。根据气候预测,气候变化正在加剧水循环,将带来更强的降雨和洪水或干旱(IPCC,第六次评估报告)[5],因此研究区域极端降雨及其引发的洪水事件变化特点和规律具有重要意义。

渭河发源于甘肃省渭源县,由西向东横贯关中盆地,在潼关县注入黄河,干流总长818 km,为黄河第一大支流,华县水文站以上流域面积10.65万km^2,其中支流泾河集水面积约4.54万km^2。泾渭河流域主要受大陆性季风气候影响,属于中国半湿润半干旱过渡区域,洪涝干旱等灾害事件频繁。利用1961—2021年泾渭河流域气象水文数据,统计分析极端降雨和洪水事件特征和发生规律,为流域治理规划和水旱灾害防御决策提供服务依据。

2　资料与方法

本文所使用的降水数据来自国家气象信息中心提供的泾渭河流域55个气象站1961—2021年逐日降水数据,该套数据经过质量控制,缺测较少,对个别缺测值采用反距离权重法插补。另外,2021年降水数据为1~10月,来自于实时地面报文。气象站点分布见图1。在极端降水成因分析中,使用NCEP/NCAR提供的空间分辨率为2.5°×2.5°的全球格点再分析日平均位势高度场资料。洪水数据则源于黄河水文部门整编资料,其中张家山、咸阳、华县站年最大流量资料开始于1961年,临潼站开始于1965年,资料截至时间均为2021年。

从世界气象组织(WMO)气候变化监测指数专家组(ETCCDMI)推荐的27个极端气候指数(http://etccdi.pacificclimate.org/list_27_indices)中选取以下8个极端降水指数,定量分析泾渭河流域极端降水变化特征。具体定义见表1。

作者简介:刘吉峰(1972—),男,正高级工程师,理学博士,主要从事黄河气象水文预测预报技术研究工作。

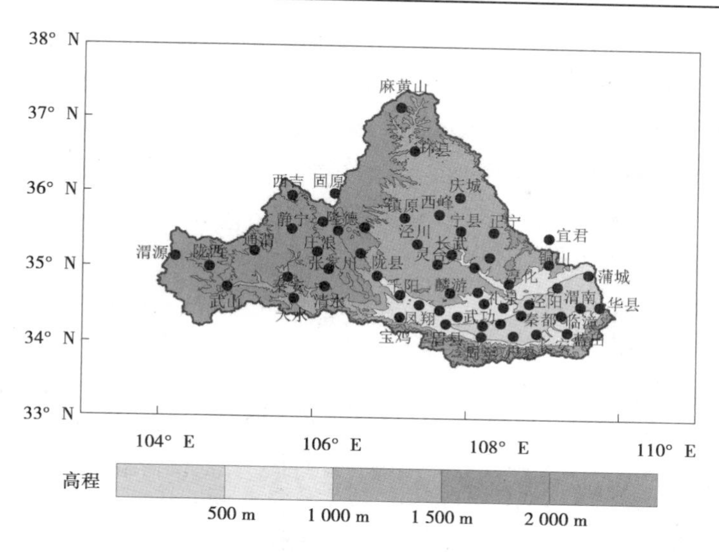

图 1　泾渭河流域气象站点分布

表 1　极端降水指数及其含义

名称	定义	单位
*R*x1day	年内日最大降水量	mm
*R*x5day	年内连续 5 日最大降水总量	mm
SDII	年降水总量/降水日数(日降水量≥1 mm)	mm/d
R10	年内日降水量≥10 mm 的总日数	d
*R*20	年内日降水量≥20 mm 的总日数	d
*R*50	年内日降水量≥50 mm 的总日数	d
*R*95pTOT	日降水量≥95 百分位日降水量的降水总量	mm
*R*99pTOT	日降水量≥99 百分位日降水量的降水总量	mm

其中,*R*95pTOT、*R*99pTOT 的计算涉及百分位阈值的界定,本文参考 Bonsal 等[6]工作,将降水序列(日降水量≥1 mm)按升序排列 $x_1, x_2, x_3, ..., x_n$,某个值小于或等于 X_m 的概率为 $P=(m-0.31)/(n+0.38)$。

3　极端降水特征

3.1　极端降水指数的时间变化特征

图 2 为采用一元线性回归和九点滑动平均得到的泾渭河流域 1961—2020 年 8 个极端降水指数的时程变化曲线,图中黑色实线为极端降水指数的年变化曲线,黑色虚线为一元线性回归曲线,红色实线为九点滑动平均曲线。可以看出,近 60 年来,除 *R*10 呈弱下降趋势外,其余 7 个极端降水指数均呈增加趋势,其中 *R*x1day 通过了 $\alpha=0.05$ 的信度检验,*R*50、*R*95pTOT、*R*99pTOT 也通过了 $\alpha=0.1$ 的信度检验,呈显著增加趋势。这表明受全球气候变化影响,研究区极端降水总量、最大 1 日降水量及暴雨频次发生了明显变化。经统计,泾渭河流域 *R*x1day 的多年均值为 50.5 mm,最大值为 70.1 mm(2013 年),最小值为 36.9 mm(1993 年)。*R*50、*R*95pTOT、*R*99pTOT 多年均值分别为 0.6 d、132.7 mm、42.1 mm,最大值分别为 1.5 d(2011 年)、243 mm(2003 年)、104.1 mm(2011 年),最小值仅 0.1 d(1993 年)、68.7 mm

(1997 年)、8.5 mm(1993 年)。*R*x5day、SDII、*R*20 呈增加趋势,但不显著($P>0.1$),意味着该区极端降水总量和暴雨频次增加的同时,强度亦有所增加。*R*10 则表现为不显著的下降趋势,下降幅度为 0.27 d/10 a,多年均值为 17.4 d,最大值为 26.7d(1983 年),最小值为 10.1 d(1997 年)。此外,从波动幅度来看,*R*50、*R*95pTOT、*R*99pTOT 年际间波动幅度最大,变异系数达 0.33~0.54,其次为 *R*x1day、*R*x5day、*R*10、*R*20,变异系数达 0.18~0.26,年际变化相对平稳,SDII 波动幅度最不显著,变异系数仅 0.1。

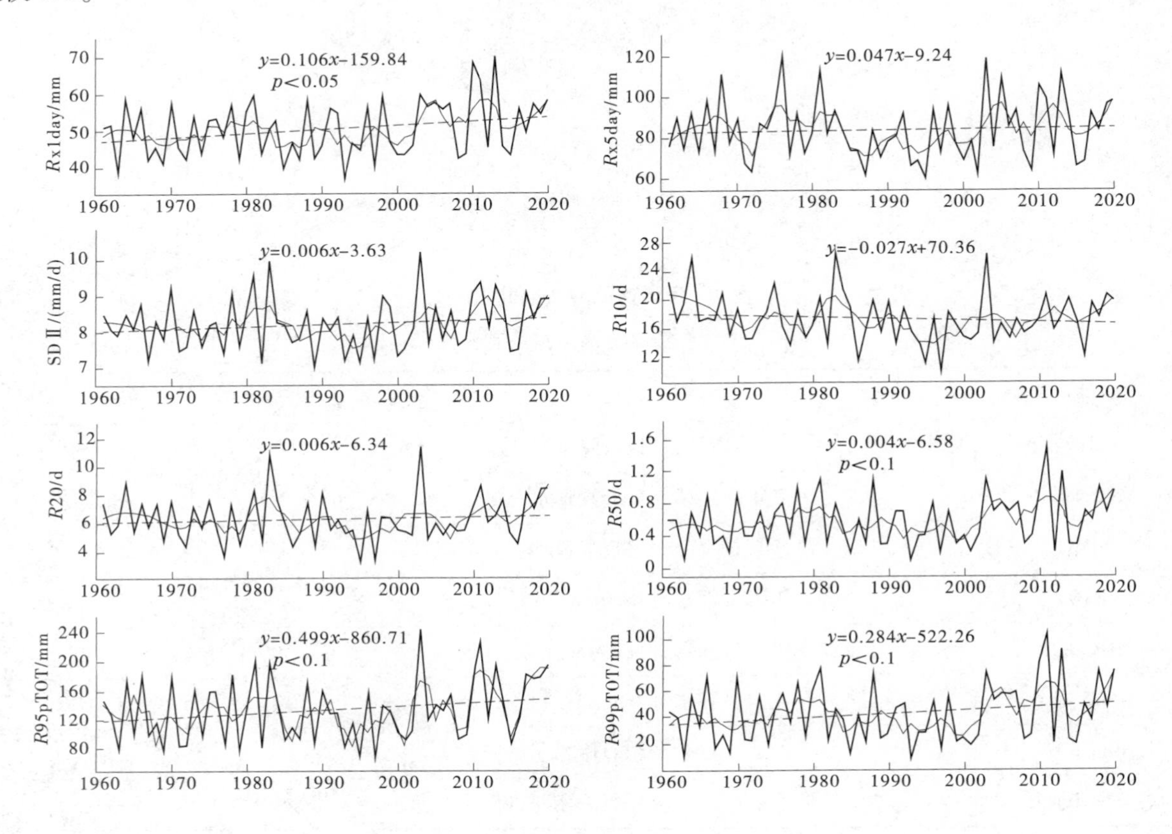

图 2　泾渭河流域极端降水指数时间变化序列

从年代际变化(九点滑动平均曲线)上看,各极端降水指数具有典型的年代际振荡特征,其中 *R*x1day、*R*x5day、SDII、*R*20、*R*50 及 *R*99pTOT 表现为一致性"增加—减少—增加"的阶段性变化趋势,20 世纪 60 年代至 80 年代初上述指数波动增加,之后波动减少并持续至整个 90 年代,进入 21 世纪后各指数明显增加并达到整个研究时段最强。*R*10 表现为"减少—增加—减少"的变化趋势,20 世纪 60 年代为研究时段最多,之后逐渐减少,80 年代初出现小波动增长并形成波峰,之后再次减少,整体处于减少期,但 2001—2003 年、2011 年前后增长明显。与其他指数都不同的是 *R*95pTOT 呈现多波型变化,但也表现出 20 世纪 80 年代中期至 90 年代为低值区,2000 年以后快速增加的趋势。由此可见,泾渭河流域极端降水变化大致可以分为三个阶段,1961—1985 年为波动增加阶段,1986—2000 年为持续减少阶段,2001—2020 年为急剧增加阶段,目前仍然处于增加趋势中。从表 2 也可以看出,2001—2020 年极端降水事件的增加趋势非常明显,除 *R*10 较低值阶段(1986—2000 年)增幅 6%外,其他指数增幅均超过 10%,特别是 *R*50、*R*95pTOT、*R*99pTOT 增加了 28%~49%,较多年均值偏多 12%~22%,并且从前述分析也可以看出,各指数极大值多发生在 2000 年以后。

表 2　泾渭河流域极端降水指数年代际变化

时段	Rx1day/mm	Rx5day/mm	SDII/(mm/d)	R10/d	R20/d	R50/d	R95pTOT/mm	R99pTOT/mm
1961—1985 年	49.3	85.4	8.2	18.4	6.4	0.6	129.9	39.5
1986—2000 年	48.1	76.1	7.9	15.6	5.6	0.5	116.2	34.4
2001—2020 年	53.7	87.2	8.4	17.3	6.6	0.7	148.5	51.3
1961—2020 年	50.5	83.7	8.2	17.4	6.3	0.6	132.7	42.1

3.2　极端降水指数的空间分布

从泾渭河流域极端降水指数的空间分布(见图 3)可以看出,*R*x1day 高值区位于临潼以下的蓝田—华县一带,最大值出现在蓝田站,多年均值 59.9 mm。另外,以渭河中游宝鸡、凤翔为中心包括其以北地区为次大值区,*R*x1day 普遍达 55 mm。流域上游为低值区,最小值出现在渭河上游的武山站,多年均值 37.2 mm,泾河上游 *R*x1day 也相对较小,张家川—西峰以上普遍不超过 50 mm。总体来看,*R*x1day 呈现出自上游向下游逐渐增加的分布态势。其他指数的空间分布和 *R*x1day 的分布大致相同,也呈现自上游向下游递增的趋势,但也不尽相同:①各指数最大值均出现在渭河下游蓝田站,最小值多数出现在渭河上游武山、通渭、陇西之间,但 *R*95pTOT、*R*99pTOT 出现在泾河上游麻黄山—环县,说明泾河上游极端降水总量不如渭河上游;②各指数空间跨度最大的是 *R*10、*R*20、*R*50,其中 *R*10 介于 10.2~23.2 d,*R*20 介于 3.2~9.1 d,*R*50 介于 0.2~1.0 d,变幅均超过 1 倍,跨度最小的是 SDⅡ,其变化范围为 6.6~9.5 mm/d,变幅为 44%,说明尽管极端降水日数差异大,但总降水强度并未构成明显差别;③流域中游南部地区极端降水指数普遍大于北部地区,极端降水事件发生的频次以及总降水量以渭河宝鸡、千阳、凤翔为中心偏多,泾河宜君、铜川附近为次多,两地区之间为明显的低值带,但 SDⅡ 和 *R*10 表现为自西向东递减分布,南北两侧大值中心不明显,也就是说这二者东西差异大于南北差异。

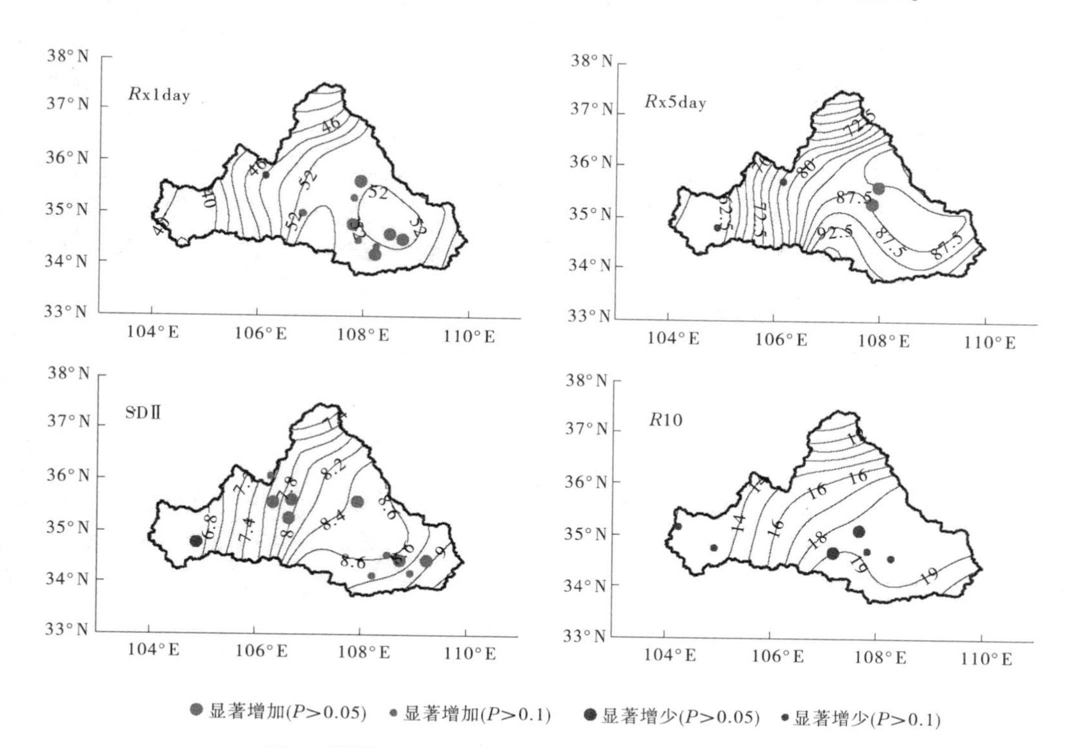

图 3　泾渭河流域极端降水指数空间分布及变化趋势

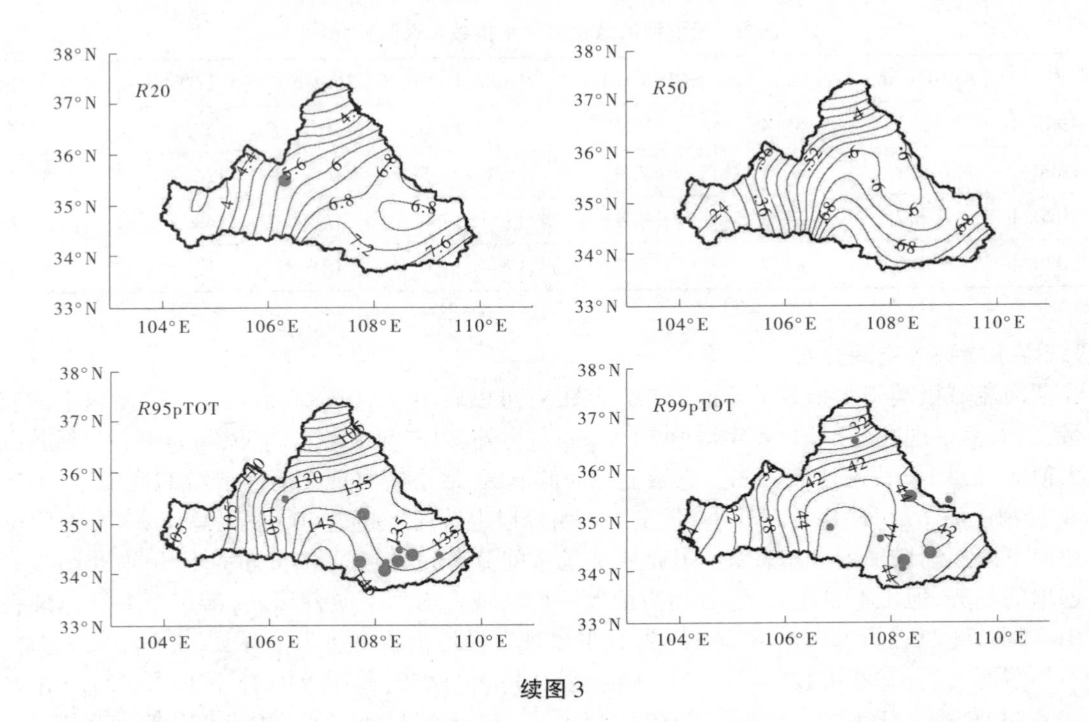

续图 3

1961—2020 年，除 $R10$ 外，泾渭河流域大部站点极端降水指数均呈增多趋势，特别是 Rx1day、SDⅡ、R95pTOT、R99pTOT，这四种指数呈增多趋势的站点超过 3/4，$R10$ 大部站点（超过 83%）则呈减少趋势（图略），不难看出，该区域极端降水变化具有一定的趋同性。进一步分析可以看出，极端降水显著增多的区域主要集中在渭河中游的周至至临潼区间以及泾河中游长武、宁县附近，上述站点极端降水强度以及降水总量增加非常明显，特别是秦都和宁县站，前者 SDⅡ、R1xday、R95pTOT、R99pTOT 均达到 0.05 显著性水平，后者 SDⅡ、R1xday、R5xday 均达到 0.05 显著性水平。这与张菁等[7]研究结果相似。另外，泾渭河上游特别是张家川以上以及下游的铜川—富平—渭南—华县一带，极端降水指数呈不显著减少趋势、$R10$ 呈不显著增加趋势（图略）。

从以上分析可以看出，泾渭河流域极端降水指数及变化趋势存在显著空间差异，极端降水强度及总量的高、低值区分别位于临潼以下和张家川以上，长期变化均呈现为不显著减少，流域中游南部以渭河宝鸡、千阳、凤翔为中心是极端降水次大值区，中游东南部周至—临潼区间以及长武、宁县是极端降水显著增加地区，其他地区为不显著增加。

3.3 2021 年极端降水特征

2021 年 1—10 月，泾渭河累积降水量 717.8 mm，较全年平均降水量（557.8 mm）偏多 29%，为丰水年。汛期（6—10 月，下同）降水 561.4 mm，相当于全年降水量，较同期偏多 37%，其中 6 月降水接近同期，7—8 月偏少 10%~22%，9—10 月偏多 1.2~1.5 倍，秋雨特征十分显著。

对本年度 1—10 月极端降水进行统计，结果发现：SDⅡ、$R20$ 分别有 18 站、19 站突破历史极值达到近 61 年来最大，表现出极端降水强度强、大雨以上量级雨日多的特点。另外，$R10$、Rx5day、$R50$ 也分别有 1 站、6 站、7 站突破历史极值。突破极值站点主要集中在渭河中游的秦都至渭南区间以及泾河下游宜君—铜川—蒲城一带。以长安站为例，Rx5day、SDⅡ、$R10$、$R20$ 多年均值分别为 92.6 mm、9.3 mm/d、21.4 d、8.6 d，2021 年 1—10 月高达 200.2 mm、13.3 mm/d、37 d、18 d，较年均值偏多 43%~116%，降水的异常性、极端性可见一斑。另外，从整个区间的平均极端降水指数来看，Rx5day、SDⅡ、$R20$ 为近 61 年来最大，$R50$ 仅次于 2011 年，因此本年度极端降水强度之强、大雨以上降雨日数之多均为历史罕见。

3.4 极端降水异常年份

对 8 个极端降水指数序列做标准化处理，并取绝对值≥1.5 作为极端降水的异常年份，结果见表 3。

结合各指数定义，可以看到：典型极端降水偏强年有2003年、2011年、2013年、2021年以及1981年、1983年。其中2003年极端降水表现出日降水强度大（SDⅡ第二）、中到大雨日数多（*R*10、*R*20均列第二）的特点，因此极端降水总量*R*95pTOT（第一）较*R*99pTOT显著，1983年与之相似。2011年极端降水则表现出最大日降水强（*R*x1day第三）、暴雨日数多（*R*50第一）的特点，使得该年极端降水总量*R*99pTOT列第一，2013年与之相似，均呈现出与2003年和1983年不同的特征。2021年特征上文已有分析，不再赘述。1981年极端降水较前述年份偏弱，主要表现为日降水强度大（SDⅡ第四）、暴雨日数多（*R*50第四）的特点，极端降水总量亦比较大。典型极端降水偏弱年有1993年、1995年和1997年。

表3　1961—2021年泾渭河流域极端降水异常年份统计

（标准化值不小于1.5个标准差，并按绝对值高低排序）

指数	指数偏高年份	指数偏低年份
*R*x1day	2013，2010，2011	1993，1963，1985
*R*x5day	2021，1976，2003，1981，2013，1968，2005	1995
SDⅡ	2021，2003，1983，1981	1989，1995，1982
*R*10	1983，2003，1964，1961	1997，1995，1986，2016
*R*20	2021，2003，1983	1995，1997，1977
*R*50	2011，2021，2013，1981，1988，2003	1993，1963
*R*95pTOT	2003，2011，1981，2020，1983，2013	1997，1995
*R*99pTOT	2011，2013，2010，2020，1981	1993

分析极端降水异常年份对应年降水发现，2003年作为典型的极端降水强年，该年泾渭河流域年降水量793.8 mm，为近61年来最大，汛期降水636.8 mm，其中6月降水偏少21%，7～10月持续偏多，特别是8月偏多1.1倍，9—10月分别偏多64%、79%，受持续性强降雨影响，8月下旬至10月上旬，渭河连续发生6次洪水过程[8]。年降水量排名前10的年份中，仅有2年未出现任何极端降水指数异常。反观极端降水弱年1995和1997年，也是年降水量最少的年份，降水量分别为362.7 mm、348.7 mm，不及2003的年一半，从以上分析可看到年降水偏多（少）的年份，极端降水出现概率亦较大（小），但不排除降水正常年份也会发生极端降水的可能。比如2005年，泾渭河年降水量540.8 mm，较多年均值略偏少，但该年连续5天累积降水量达109.1 mm，为*R*x5day偏高年（见表3），其中6月27日至7月4日、9月27日至10月2日发生两次连续暴雨事件，最大*R*x5day为户县204.4 mm。

选取2003年、2021年作为极端降水偏强年，1995年作为极端降水偏弱年，具体分析其极端降水异常的气象成因。2003年极端降水主要发生在8月24日至9月1日，最大日降水出现在庆城站184.8 mm（8月25日），过程中42站/次出现暴雨（日降水量≥50 mm），39站最大连续5 d累积降水量超过100 mm。暴雨过程中［见图4（a）］，欧亚中高纬度经向环流异常发展，并且非常稳定，乌拉尔山高压脊强盛，为正距平，巴尔喀什湖—贝加尔湖直至东北亚上空低槽深厚，为负距平，同时，西太平洋副热带高压呈纬向分布，西伸脊点在105°E，脊线位于28°N附近，较常年异常偏西、偏强，处在有利于黄河中下游降水的位置，大槽底部不断分裂小股冷空气东移南下，与副高边缘暖湿气流持续交汇于泾渭河流域，加之较强的低空急流、切变线活动[9]，为暴雨提供了充沛的水汽和能量条件，从而形成了持续性暴雨天气过程。2021年极端降水主要发生在9月22—27日和10月2—6日，最大日降水出现在陇县108.1 mm（10月3日），最大连续5 d累积降水量达223 mm，出现在灵台站（10月2—6日），仅次于2003年庆城站226.4 mm（8月25—29日），从发生时间上看，10月出现如此之强降水实属罕见。在这次暴雨过程中［见图4（b）］，巴尔喀什湖至我国新疆北部上空形成切断低涡，黄河流域处于低涡前部西南暖湿气流中，西太平洋副热带高压较同期强度偏强、面积偏大，西伸脊点异常偏西，平均位置到达

100°E(多年平均为 125°E),其北界压在黄淮之间,本应出现在盛夏的副高形态一直维持至 10 月中旬后期才南撤至 25°N 以南,这在历史上是很罕见的情况。在这样的环流配置下,低涡加深引导冷空气东移南下与副高外围暖湿气流交汇,在黄河中游形成大范围雨区。1995 年是泾渭河流域极端降水异常偏少年,除 Rx1day、*R*50、*R*99pTOT 外,其余 5 个极端指数均在该年达历史最低或者次低值,其主要原因为西太平洋副热带高压异常偏南,6 月副高脊线一直在 18°N 附近,7—8 月副高有短暂北抬但不稳定,且南北摆动幅度大,由此造成的强降雨多为单站暴雨,落区分散。杨新等[10]指出,1995 年陕西发生冬春夏秋四季连旱,农作物严重减产,历史罕见。

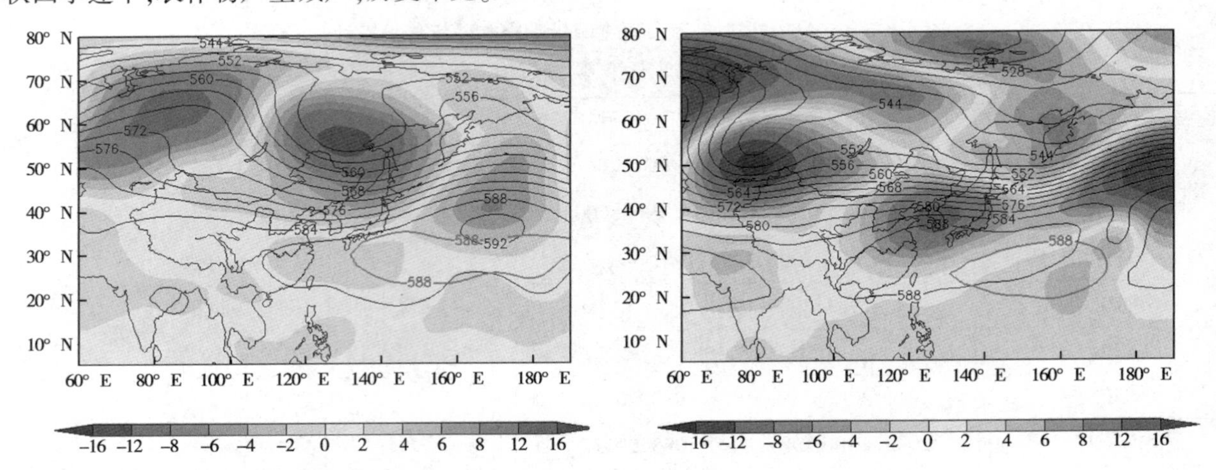

(a)2003 年 8 月 24 日制 9 月 1 日　　　　(b)2021 年 10 月 2—6 日

图 4　500 hPa 平均高度场(等值线,单位:dagpm;红线表示多年平均的副热带高压位置)及距平(填色,气候值取 1981—2010 年)

4　极端洪水特征

4.1　极端洪水时间变化特征

在本文中,使用年流量极值作为特征量,以此分析 1961—2020 年渭河干流的咸阳、临潼、华县站和支流泾河张家山站的极端洪水变化情况,见图 5,图中黑色实线为年流量极值的逐年变化曲线,红色虚线为一元线性回归曲线。可以看出,泾河张家山站年流量极值总体呈波动减小的趋势,20 世纪 60~70 年代明显较其他时段流量极值高,并以 1966 年 7 520 m^3/s 为最大;80 年代开始流量极值显著减少,90 年代至 21 世纪初波动增加,2010 年之后再次减少。渭河咸阳站在 20 世纪 60~80 年代中期年流量极值呈波动增加趋势,最大值出现在 1981 年,为 6 210 m^3/s,之后流量极值减少,进入 21 世纪后,年流量极值呈显著增加趋势。临潼和华县站年流量极值变化与咸阳站类似,均在 20 世纪 60~80 年代中期呈现波动增加趋势,90 年代为流量极值的低谷期,2000 年以后再次增加。从年际变化趋势上看,不论是泾河张家山站还是渭河咸阳、临潼、华县站,年流量极值均呈减少线性趋势。

总体来看,泾河极端洪水呈“增大—减小—增大—减小”变化趋势,渭河极端洪水可分为三个时期,20 世纪 60~80 年代中期呈波动增加趋势,80 年代中期至 90 年代减少,21 世纪初至今,极端洪水再次呈增加趋势。这与极端降水的变化特征大体是一致的。

4.2　2021 年极端洪水特征

2021 年泾渭河流域极端降水强度、大雨以上降雨日数均为历史罕见,且主要发生在秋季。受极端降雨影响,泾渭河共发生 6 次明显洪水过程,其中以第 5 次洪水为最大,历时长达 10 d。受 9 月 22—27 日持续长时间降雨过程影响,泾渭河干支流普遍涨水,咸阳站 27 日 5 时 54 分洪峰流量 5 600 m^3/s(为

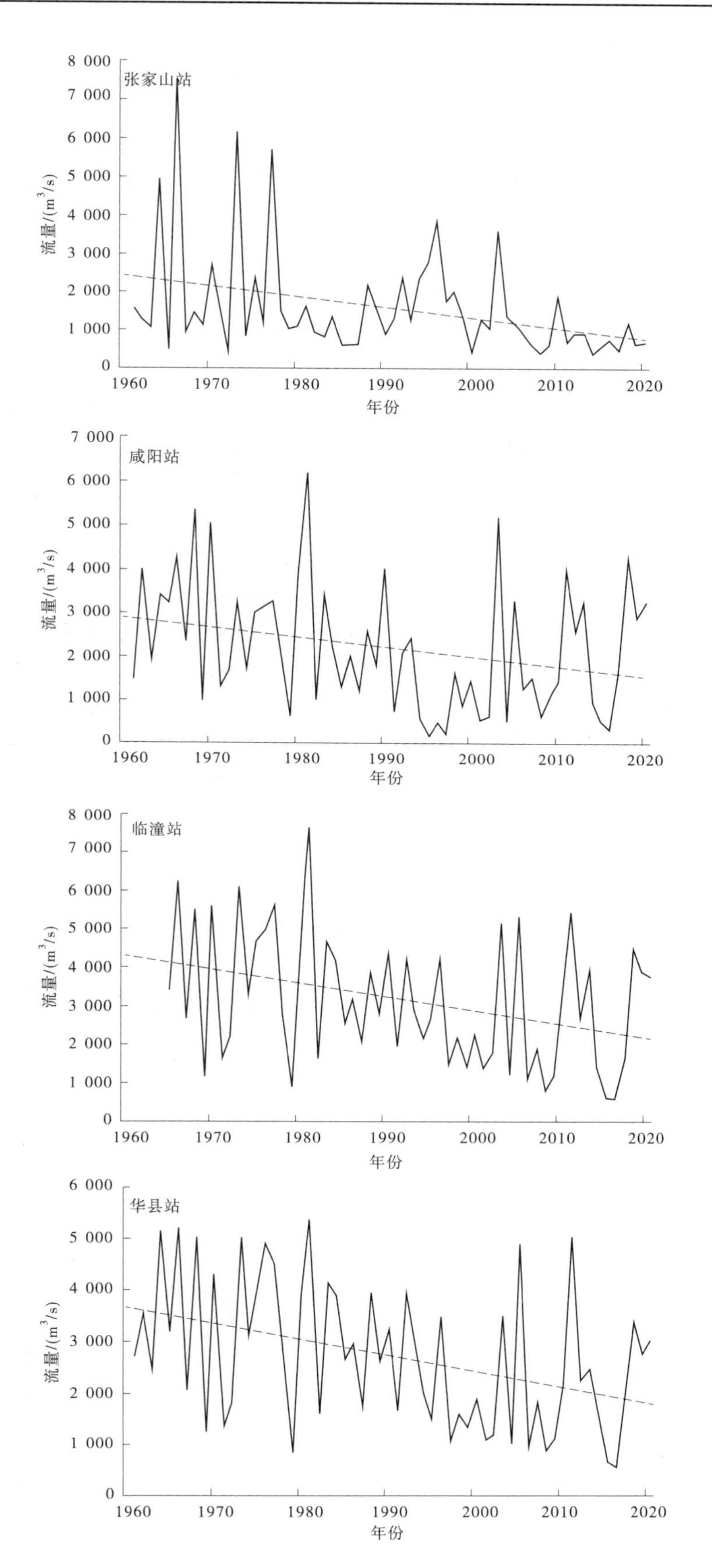

图 5 泾渭河张家山、咸阳、临潼、华县站 1961—2020 年流量极值序列

1935 年有实测资料以来 9 月同期最大洪水),泾河张家山站 27 日 3 时 35 分最大流量 590 m^3/s,汇入渭河后,渭河临潼站 27 日 16 时洪峰流量 5 860 m^3/s。演进过程中渭河下游严重漫滩,华县站 28 日 17 时洪峰流量 4 860 m^3/s,临潼至华县洪峰流量削减率 16.6%。

5 结论

本研究全面分析了 1961—2020 年泾渭河流域 8 个极端降水指数的时空分布、变化趋势以及该流域主要控制站极端洪水变化规律等;基于典型极端降雨洪水异常年份,讨论了其发生的气象成因,并对 2021 年极端降水和极端洪水特征也进行了分析,主要结论如下:

(1)1961—2020 年,泾渭河流域 Rx1day、*R*50、*R*95pTOT 和 *R*99pTOT 呈显著增加趋势,*R*10 呈不显著减少,其他指数也都呈不显著增加,说明该区极端降水总量和暴雨频次增加的同时,强度亦有所增强。年代际尺度上,极端降水变化大致可以分为三个阶段,1961—1985 年为波动增加阶段,1986—2000 年为持续减少阶段,2001—2020 年为急剧增加阶段,各指数极大值多发生在 2000 年以后,目前仍然处于增加趋势中。

(2)各极端降水指数均呈现出自上游向下游逐渐增加的分布态势,并且中游南部地区极端降水指数普遍大于北部地区。同时,从趋势变化上看,大部站点极端降水指数均呈增多趋势,*R*10 呈减少趋势,极端降水显著增加地区主要位于中游东南部周至—临潼区间以及长武、宁县。

(3)渭河极端洪水呈"增大—减小—增大"趋势,20 世纪 60~80 年代中期波动增加,80 年代中期至 90 年代减少,21 世纪初至今,极端洪水再次呈增加趋势,这与极端降水的变化特征大体是一致的。

(4)2021 年受秋季西太平洋副热带高压较同期强度偏强、面积偏大,西伸脊点异常偏西影响,黄河中游 9 月 22—27 日形成大范围雨区,泾渭河大洪水持续时间超过 10 d,咸阳站 9 月 27 日 5 时 54 分洪峰流量 5 600 m^3/s(为 1 935 年有实测资料以来 9 月同期最大洪水)。

参考文献

[1] Easterling D R, Kunkel K E, Wehner M F, et al. Detection and attribution of climate extremes in the observed record[J]. Weather and Climate Extremes, 2016, 11:17-27.

[2] Donat M G, Lowry A L, Alexander L V, et al. More extreme precipitation in the world's dry and wet regions[J]. Nature climate Change. 2016,6(5):508-513.

[3] Wang H J, Sun J Q, Chen H P, et al. Extreme climate in China: Facts, simulation and projection[J]. Meteorologische Zeitschrift. 2012, 21(3):279-304.

[4] Sun J Q, Ao J. Changes in precipitation and extreme precipitation in a warming environment in China[J]. Chinese Science Bulletin. 2013, 58(12):1395-1401.

[5] https://www.ipcc.ch/report/ar6/wg1/(SixthAssessment Report).

[6] Bonsal B R,Zhang X,Vincent L A,et al. Characteristics of daily and extreme temperatures over Canada[J]. Journal of Climate,2001,14(9):1959-1976.

[7] 张菁,张珂,王晟,等. 陕甘宁三河源区 1971—2017 年极端降水时空变化分析[J]. 河海大学学报(自然科学版),2021,49(3):288-294.

[8] 霍世青,王庆斋,刘龙庆,等. 2003 年黄河流域雨水情特点分析[J]. 人民黄河,2004,26(1):14-16.

[9] 王春青,彭梅香,张荣刚,等. 2003 年黄河流域汛期天气成因分析[J]. 人民黄河,2004,26(1):17-19.

[10] 杨新,李士高. 1995 年陕西特大干旱[J]. 灾害学,1997,12(1):77-79.

延迟时间下固化土材料的性能研究

袁高昂[1,2]

(1. 黄河勘测规划设计研究院有限公司,河南郑州 450003;
2. 水利部黄河流域水管理与水安全重点实验室(筹),河南郑州 450003)

摘　要:坝面防冲刷保护层是采用固化材料对当地土体进行固化形成的防护结构层,是解决极端天气诱发中小型土石坝溃坝风险的重要措施。为探讨施工过程中延迟时间对固化土材料的性能影响,以自主研发的新型固化剂固化黄土为研究对象,通过孔隙特性、无侧限抗压强度和间接拉伸强度等试验,研究固化剂掺量、延迟时间、养护龄期等因素对固化土的性能的影响规律。结果表明:延迟时间的增加会增大固化土的孔隙度,弱化固化土的强度;固化剂掺量、养护龄期的增加则有利于改善固化土的强度;统计分析知新型固化土的抗拉强度、抗压强度之比约为 1/10;固化土拌合后的 2 h 内是其性能指标快速变化阶段;研究成果可为固化土的施工控制及强度预判提供依据。

关键词:固化土;孔隙特性;无侧限抗压强度;间接拉伸强度;时间效应

我国现存大量中小型土石坝工程,发挥了巨大的防洪、减淤、供水效益,但是存在建设年代早、安全隐患多、中小型工程设计标准低等问题。在变化气候背景下,我国局地超标准暴雨洪水事件频发,超标洪水给中小型土石坝安全运行和下游防洪安全带来了巨大的风险[1-2]。以郑州“7·20”特大暴雨为例,造成郭家咀水库漫坝,坝体 40% 冲毁,随时有垮塌风险,沿线人民群众生命财产受到严重威胁。如何防范区域极端天气造成的溃坝风险,实现中小型土石坝“漫而不溃”“漫而缓溃”,避免“降雨炸弹”催生“水库炸弹”,是当前亟待解决的重大问题。为此,基于取材便利、防冲刷、高性能的需求,研发了坝面防冲刷保护层固化土新材料。已有研究结果表明:影响固化土性能的因素有土的颗粒级配、塑性指数、压实度、养护条件、碳化程度[3-9]等。但传统固化材料在增强土体特性方面表现出不足[10-11]。大多数学者主要研究水泥、粉煤灰、氧化镁等材料固化黄土的力学性能、抵抗浸水、干湿及冻融等性能[12-15],有关试样制备工艺的研究成果较少。延迟时间是指固化土从加水拌合至压实完成所经历的全部时间,延迟时间会影响固化土的强度和干密度,以及压实后的压实度和平整度[16-17]。因此,本文基于固化黄土的孔隙特性、无侧限抗压强度和间接拉伸强度试验研究,系统地探讨延迟时间效应下的新型固化黄土的性能变化规律;研究成果为固化黄土的理论研究及现场施工工艺和质量控制提供了判据参考。

1　试验材料及方案

1.1　试验材料

试验所用土为甘肃庆阳花果山水库库区黄土,遵循就地取材原则,选用去除根植层的浅层黄土作为原材料,按照《土工试验方法标准》(GB/T 50123—2019)测试黄土基本物理性质,如表 1 所示。固化剂为自主研发的灰色粉末状新型材料,具有较好的抗腐蚀和耐久性,对粉粒、黏粒含量较高的土体具有较好的固化效果,材料特性如表 2 所示。

表 1　黄土基本物理指标

密度/(g/cm^3)	砂粒/%	粉粒/%	黏粒/%	液限/%	塑限/%	塑性指数
2.70	0.7	85.2	14.1	28.8	17.6	11.2

作者简介:袁高昂(1989—),博士,工程师,主要从事工程材料与结构设计研究工作。

表 2　固化剂材料特性

物理特性	结果	化学成分	含量/%
表观	灰色粉末	SiO_2	64.50
细度/%	4.8	Al_2O_3	20.72
密度/(g/cm³)	3.2	Fe_2O_3	7.69
比表面积/(m²/kg)	436	MgO	2.11
初凝时间/min	134	K_2O	3.18
		SO_3	1.8

1.2　试验方法

固化剂掺量(固化剂干粉质量与干土质量之比)设定为 10%、15%、20%和 25%,结合工程实际情况,预设延迟时间为 0 h、0.5 h、1 h、1.5 h、2 h、3 h、4 h、6 h,试样养护龄期设定为 7 d、14 d、28 d 和 90 d。

采用静压法制备圆柱试样,具体过程如下:①将风干黄土过 2 mm 筛,按设计方案称取固化剂、黄土,采用水泥胶砂搅拌机进行机械搅拌,形成干混合物,一次搅拌量不宜超过 2 kg。②按照最优含水量向搅拌均匀的干混合物中加入相应质量的去离子水,然后搅拌均匀。拌合时,先低速拌合 60 s,停止 15 s,同时将黏附在叶片和锅壁的物料刮入锅内,接着高速搅拌 45 s 后停止。③将拌合后的固化黄土在室温条件下分别静置 0 h、0.5 h、1 h、1.5 h、2 h、4 h、6 h 作为延迟时间,此时模拟施工现场试样运输、摊铺和压实过程的时间。此时,拌合后的混合料是松散堆积的,温度应保持在 20±0.5 ℃,相对湿度不低于 60%;该过程中混合料与空气接触,模拟了自然状态下的固化反应过程及水分的迁移情况。④搅拌均匀的固化土混合物按照《公路工程无机结合料稳定材料试验规程》(JTG E51—2009)方法进行制样。将单个试样混合料分 3 份依次装入内壁事先涂好凡士林的直径为 50 mm、高度为 100 mm 的圆柱体模具,放置在油压千斤顶上挤压成型后,静置 4 h 后开始脱模。⑤参考 JTG E51—2009,利用保鲜膜将固化黄土试样进行密封、编号,并放置恒温恒湿箱 20±0.5 ℃、相对湿度≥95%养护至设定龄期后,按照规程的测试方法进行强度试验。⑥强度试验采用 SANS-50 型电子万能试验机进行,加载速率控制在 1 mm/min。每组试样制备 3 个平行样,取其平均值作为代表值。

2　试验结果及分析

2.1　孔隙特性

固化土试样的孔隙率 n 与初始含水率、压实程度、延迟时间以及水化产物生产量等有关。由测量的试样尺寸、质量和含水率等参数可以计算得到试样的孔隙率(计算方法参见文献[18]),其变化规律如图 1 所示。随着固化剂掺入量或养护龄期的增加,固化剂的水化反应或火山灰反应的产物增多,产物填充于试样孔隙中,使得固化土孔隙率有一定程度的降低。28 d 和 90 d 养护龄期时,试样的孔隙率持续降低,这表明固化剂的水化反应或火山灰反应持续时间较长,28 d 养护龄期后固化土强度还将随养护龄期的增加继续增长。随着延迟时间的增加,含水量降低,水化或火山灰反应不充分,压实后其相应的孔隙率也较大。这是因为含水量降低,其最大干密度也减小,土颗粒间的间距增大,孔隙率变大。同时发现,固化剂掺量较低(10%)时,固化剂的水化产物或火山灰产物也较少,土体间的孔隙填充效果有限,为此在延迟时间效应下可适当提高固化剂的掺量来改善固化土的物理特性。

2.2　无侧限抗压强度

无侧限抗压强度(unconfined compression strength)是研究固化土性质以及施工质量控制时最常采用的指标,也是固化土组成设计主要的参数。

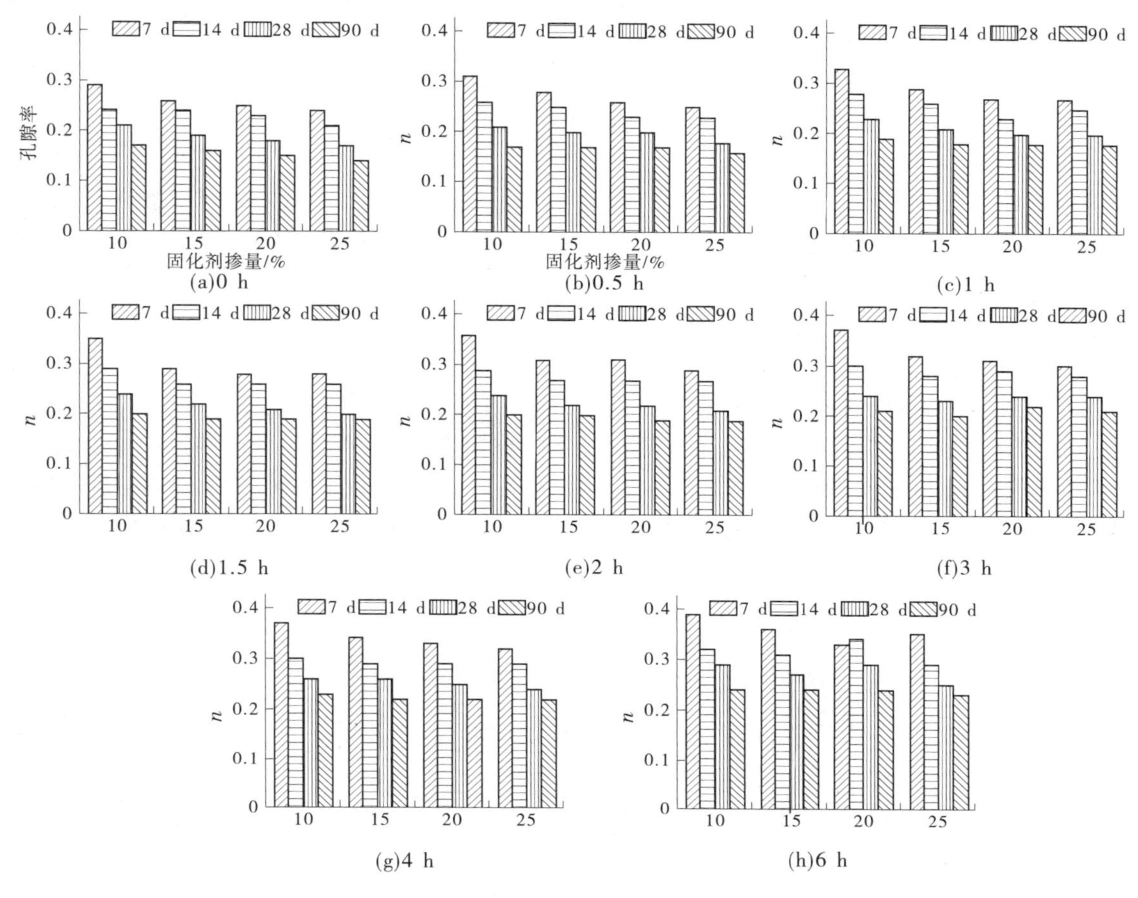

图 1　固化土试样的孔隙率

2.2.1　固化土强度与养护龄期的关系

以固化剂掺量为 10%的试样结果进行分析，其无侧限抗压强度随养护龄期的变化如图 2 所示。相同固化剂掺量和延迟时间条件下，各试样无侧限抗压强度随养护龄期的增加而逐渐提高。由于随着养护龄期的增加，固化剂的水解水化反应程度增加，水化产物数量也随之增加，因此固化土强度的增加；同时，固化土的强度与养护龄期呈幂函数关系，且相关性较好。10%固化剂掺量、2 h 延迟时间下固化黄土

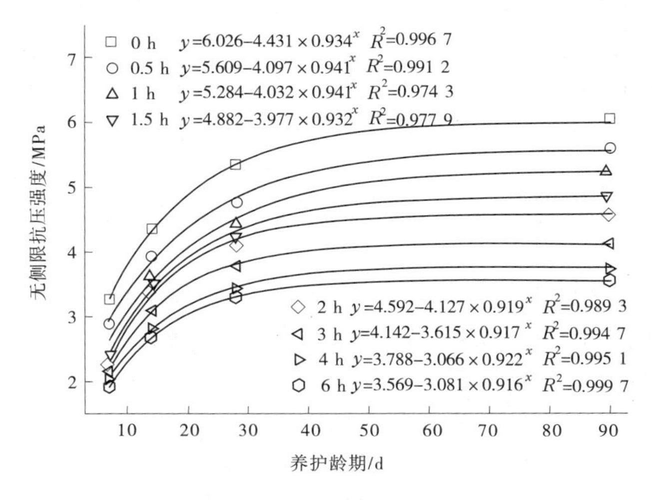

图 2　无侧限抗压强度随养护龄期的变化规律

14 d、28 d 和 90 d 与 7 d 龄期无侧限抗压强度相比,分别增长了 48.9%、89.6%和 124.1%。这表明养护时间可以有效改善固化土的无侧限抗压强度,工程应用时应保证固化土的养护龄期。但是无侧限抗压强度在养护初期(0~14 d)无侧限抗压强度增长速率较快,之后随着时间推移,无侧限抗压强度增长速率则随养护龄期增加逐渐变缓,直至养护龄期达到 90 d 时趋于稳定。

2.2.2 固化土强度与固化剂掺量的关系

以养护龄期为 28 d 的试样测试结果进行分析,其无侧限抗压强度随固化剂掺量的变化如图 3 所示。相同延迟时间和养护龄期条件下,固化黄土试样的无侧限抗压强度随着固化剂掺量的增加而增大。随着固化剂掺入量的增加,固化剂发生化学反应生成的水化硅酸钙和水化铝酸钙等产物增多,产物又与土颗粒发生一系列的离子交换、胶结、凝硬等物理化学反应,增加土体的强度。固化剂掺量较低(10%)时,固化土的强度较低且增长幅度较小,这是由于此时土粒间水化或火山灰反应产物过少,对土体强度的影响相对较小;随着固化剂掺入量的增加,土粒间的水化或火山灰反应产物增多,土体中形成较强的胶结,固化土强度增加速率逐渐变大。2 h 延迟时间、90 d 养护龄期下不同固化剂掺量(10%、15%、20%和 25%)固化黄土试样的无侧限抗压强度分别提高了 130.3%、152.9%和 176.8%。这表明增加固化剂掺量也可改善固化黄土试样的强度,在成本可控范围内适当提高固化剂掺量可保障其较高的强度。

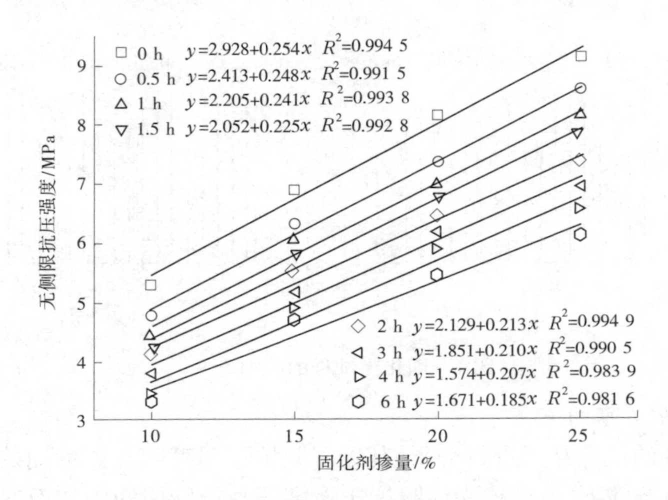

图 3 无侧限抗压强度随固化剂掺量的变化规律

2.2.3 固化土强度与延迟时间的关系

以养护龄期为 28 d 的试样结果进行分析,其无侧限抗压强度随延迟时间的变化如图 4 所示。相同固化剂掺量和养护龄期条件下,延迟时间越长,固化黄土的早期强度和长期强度也越低。延迟时间会影响固化黄土试样的含水量,可抑制水化或火山灰反应程度,进而降低固化土试样的早期和长期强度。10%固化剂掺量、90 d 养护龄期下不同延迟时间(0.5 h、1 h、1.5 h、2 h、3 h、4 h、6 h)下固化黄土试样的无侧限抗压强度分别降低 6.95%、12.33%、18.57%、23.38%、31.09%、36.98%和 40.80%。这表明延迟时间不利于固化土强度的形成,故在工程应用时应控制固化土的施工时间以保障其较高的强度。

2.2.4 固化土强度与孔隙率的关系

当固化剂掺入量或养护龄期增加时,随着水化反应或火山灰反应的进行,固化土反应生成的水化硅酸钙和水化铝酸钙等产物填充于试样孔隙中,使固化土的孔隙比或孔隙率随之减小,从而土体越密实,土颗粒之间的接触面积越大,强度也就越高。养护后试样的孔隙率与初始含水率、压实程度以及水化产物生产量等有关。固化土初始含水率大,其相应的孔隙比较大,而压实后的固化土,其孔隙比降低。为了消除不同试样初始孔隙比及固化剂掺量对其强度的影响,本文采用孔隙率/固化剂掺量作为指标,探讨其与固化土强度的关系。图 5 给出了 28 d 养护龄期的固化土强度随着孔隙率与固化剂掺入量比值的变化规律。可知相同延迟时间条件下,随着孔隙率与固化剂掺入量比值的减小,固化土的强度随之增

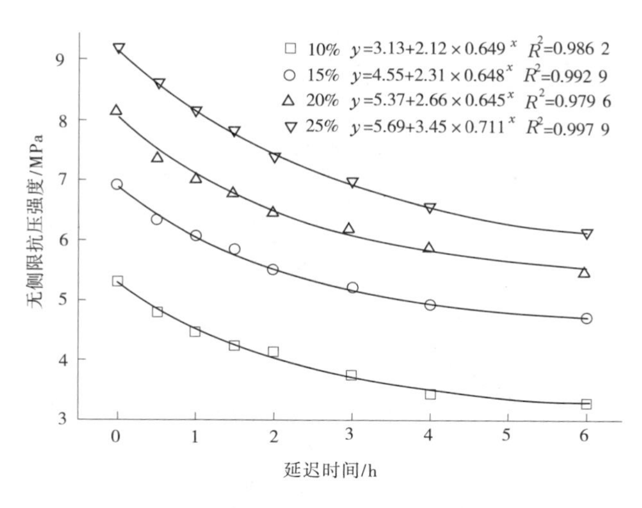

图 4　无侧限抗压强度随延迟时间的变化规律

大,表明提高固化土强度既可以通过增加固化剂掺入量,还可以通过提高压实度来实现;而随着延迟时间的增加,固化土的强度逐渐降低。从图中也可以看出延迟时间在 1 h 以内固化土的强度变化幅度是最大的,延迟时间继续增加,固化土强度的变化幅度逐渐减低,在延迟时间 2 h 以后,固化土的强度变化速率趋于稳定。随着延迟时间的增加,固化剂水化产物生成量会因初始含水率的降低而会降低,固化土孔隙率会增大,孔隙率与固化剂掺入量比值增大。因此,孔隙率与固化剂掺入量比值可以在一定程度上反映延迟时间效应对固化土性能的影响。

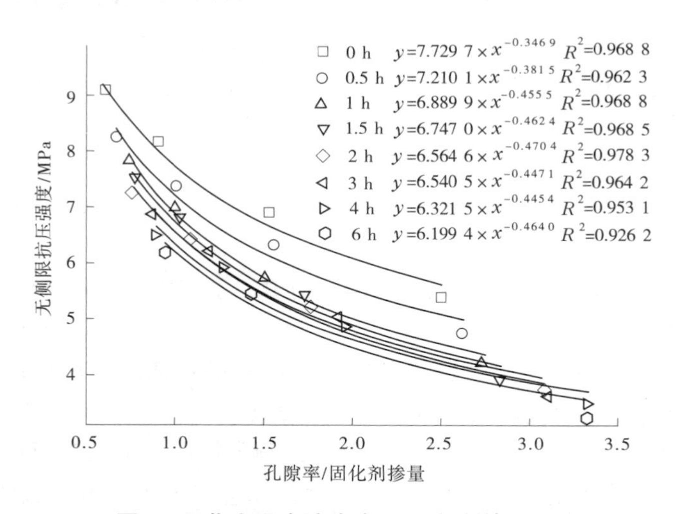

图 5　固化土强度随孔隙比/固化剂掺入量的关系

2.3　间接拉伸强度

间接拉伸强度(indirect tensile strength,简称 ITS)试验间接反映材料的抗拉性能。通过室内试验结果,构建延迟效应下固化黄土的间接拉伸强度与无侧限抗压强度的预估模型,如图 6 所示。可知,间接拉伸强度与无侧限抗压强度间存在较好的线性关系,同时在不考虑固化剂掺量、养护龄期的影响下,固化黄土的抗拉强度:抗压强度接近 1:10,这与传统岩土材料的拉压强度比例相符,验证本试验固化黄土力学性能参数的合理性和有效性。同时拟合发现固化黄土的拉-压比(抗拉强度:抗压强度)与延迟时间存在非线性关系,即先随着延迟时间的增大而增大,后又随着延迟时间的增大而降低,但其变化程度较小,这可能是因为该物理力学参数与材料本身的性能有关,为此可以根据材料无侧限抗压强度预估其间接拉伸强度。

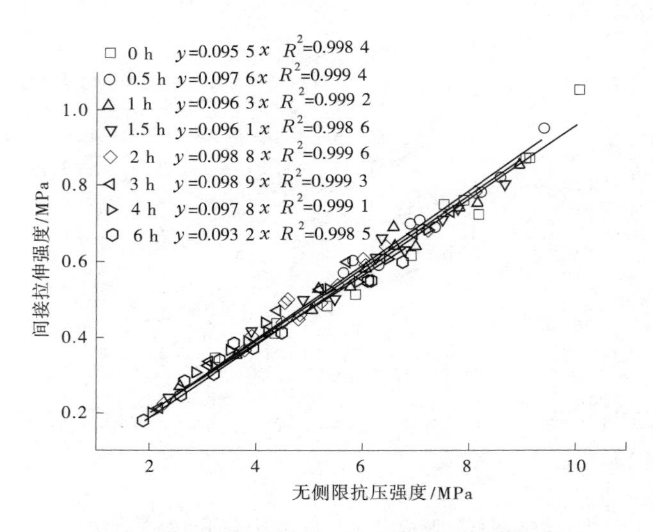

图 6　间接拉伸强度 vs. 无侧限抗压强度

3　分析与讨论

天然黄土主要是由粉土和黏土颗粒组成,具有较发达的孔隙结构,粒间的胶结作用是其力学性能的主要组成部分。通过添加固化剂进行改良后,粒间空隙被胶结产物填充而形成稳定结构,进而具有良好的力学性能。在固化过程中,环境温度、施工时间控制均会影响固化反应的反应速度和固化程度,进而影响固化土的强度。延迟时间为 0 h,松散的固化黄土被机械压实后,固化剂发生固化反应,固化产物填充于粒间孔隙结构中,使得孔隙减小,进而生成稳定且较高强度的固化土。延迟时间大于 0 h 时,在松散状态下固化反应产物裹覆在黄土颗粒表面,在机械压实过程中,颗粒会受到颗粒相互作用而产生滑动或者滚动,使得粒间孔隙结构发生改变,进而影响固化土的力学性能。因此,研究固化土强度与延迟时间的关系,对固化土的施工质量控制具有重要意义。

4　结论

通过开展一系列室内试验,对不同掺量、延迟时间、养护龄期下固化黄土的孔隙特性及强度演变规律进行分析,得出以下结论:

(1)固化黄土的孔隙度和平均孔径随着固化剂掺入量或养护龄期的增加而逐渐降低;随着延迟时间的增加而逐渐增大;孔隙特性受固化剂的掺量影响较为显著。

(2)不同掺量、延迟时间及养护龄期新型固化黄土的无侧限抗压强度发展规律较为一致;固化剂掺量和养护龄期的增加有利于改善固化土的强度;而延迟时间则会降低固化黄土试样的强度,这将不利于工程施工质量的控制。基于统计分析,初步构建新型固化黄土的宏观强度与孔隙度的函数关系。

(3)新型固化黄土的间接拉伸强度发展规律与其无侧限抗压强度规律相似;拟合分析发现其抗拉强度:抗压强度接近1:10,与传统岩土体材料的力学特性规律相符合。

(4)基于室内试验结果,初步判定固化土拌合后的 2 h 是其宏-细观性能指标快速变化阶段,研究成果为固化黄土的碾压工艺时间及强度预判控制提供了依据。

参考文献

[1] 张士辰, 李宏恩. 2021 年我国土石坝溃决或出险事故及其启示[J/OL]. 水利水运工程学报:2022:1-9.

[2] 周建银, 姚仕明, 王敏, 等. 土石坝漫顶溃决及洪水演进研究进展[J]. 水科学进展, 2020,31(2):287-301.

[3] Nagaraj H B, Rajesh A, Sravan M V. Influence of soil gradation, proportion and combination of admixtures on the properties

and durability of CSEBs[J]. Construction and Building Materials, 2016, 110(1), 135-144.

[4] 刘松玉,曹菁菁,蔡光华,等. 压实度对 MgO 碳化土加固效果的影响及其机理研究[J]. 中国公路学报, 2018, 31(8):30-38.

[5] 王东星,高向雯,邹维列,等. 高温效应下 MgO-矿粉/粉煤灰固化土强度预测[J]. 华中科技大学学报(自然科学版), 2019, 47(6): 92-97.

[6] 陈成. 压实及石灰改良黄土的力学和水力特性试验研究[D]. 西安:西安理工大学, 2019.

[7] 吴燕开,史可健,胡晓士,等. 海水侵蚀下钢渣粉+水泥固化土强度劣化试验研究[J]. 岩土工程学报, 2019, 41(6): 1014-1022.

[8] Zhang R J, Lu Y T, Tan T S, et al. Long-term effect of curing condition on the strength behavior of cement solidified clay[J]. Journal of Geotechnical &Geoenvironmental Engineering, 2014,140(8).

[9] Chen R, Cai G, Dong X, et al. Mechanical properties and micro-mechanism of loess roadbed filling using by-product red mud as a partial alternative[J]. Construction and Building Materials, 2019(216):188-201.

[10] Gu L Y, Lv Q F, Wang S, et al. Effect of sodium silicate on the properties of loess solidified with alkali-activated fly ash-based[J]. Construction and Building Materials, 2021, 280.

[11] Chitambira B . Accelerated ageing of cement solidified/solidified contaminated soils with elevated temperatures[D]. Cambridge: Department of Engineering, University of Cambridge, 2004.

[12] Zheng F, Shao S J, Wang S. Effect of freeze-thaw cycles on the strength behaviour of recompacted loess in true triaxial tests[J]. Cold Regions Science and Technology, 2021:181.

[13] 王天亮,刘建坤,田亚护. 水泥及石灰改良土冻融循环后的动力特性研究[J]. 岩土工程学报, 2010, 32(11): 1733-1737 .

[14] 胡再强,梁志超,吴传意,等. 冻融循环作用下石灰改性黄土的力学特性试验研究[J]. 土木工程学报, 2019, 52(S1): 211-217.

[15] Mahedi M, Cetin B, Cetin K S. Freeze-thaw performance of phase change material (PCM) incorporated pavement subgrade soil[J]. Construction and Building Materials, 2019(202):449-464.

[16] Sriram Karthick Raja P, Thyagaraj T. Effect of compaction time delay on compaction and strength behavior of lime-treated expansive soil contacted with sulfate[J]. Innovative Infrastructure Solutions, 2020,5(3).

[17] Kolawole J O, Charles M N. Compaction Delay Effects on Properties of Lime-Treated Soil[J]. Journal of Materials in Civil Engineering, 2006,18(2).

[18] 曹智国,章定文. 水泥土无侧限抗压强度表征参数研究[J]. 岩石力学与工程学报, 2015,34(5):3446-3454.

伊洛河流域“2021·9”大洪水分析

轩党委　李　振　许珂艳　严昌盛

（黄河水利委员会水文局，河南郑州　450004）

摘　要：选取伊洛河流域2021年9月一场较大洪水，从降雨的空间分布、洪水组成、洪水特性、工程调度运用等方面进行分析。结果表明：该次致洪性降雨强度较大，主雨区位于伊河东湾以上和洛河白马寺以上流域，洛河累计降雨量明显高于伊河；伊洛河流域多站出现大洪水过程，其中白马寺、黑石关站均出现1982年以来最大洪峰流量，黑石关站次洪水量7.49亿m^3；洛河卢氏以上流域、伊河东湾以上流域和白马寺、龙门镇至黑石关区间径流系数均比2000—2020年多年平均偏小；故县、陆浑两座水库及河道对大洪水调蓄作用明显，有效削减洪峰。

关键词：黄河流域；伊洛河；大洪水

1　引言

伊洛河是黄河中游的重要支流，汛期降雨具有强度大，范围广的特点，严重影响黄河下游防洪安全。近年来国内外学者从降雨时空分布、洪水演变规律等方面对伊洛河流域洪水过程进行了研究。马志有[1]分析了伊洛河流域降雨、蒸发、径流和泥沙等变化情况，总结出伊洛河流域具有暴雨较多，汇流快等特点；李海荣等[2]研究了伊洛河夹滩地区对伊洛河入黄的影响，指出夹滩地区对入黄洪水的滞洪作用与洪水量级大小、洪水过程胖瘦、堤防决溢程度等因素有关，强调夹滩地区的容量有限，对洪水总量的滞蓄作用不大；董年虎等[3]基于多年来较大洪水统计资料，通过试验方法，研究得出三花间洪水和三门峡以上的洪量基本相等；许珂艳等[4]分析2010年7月洛河的洪水在伊河龙门镇、洛河白马寺—黑石关河段传播时间延长、削峰率大等异常现象原因是伊洛夹滩漫滩和橡胶坝影响；颜亦琪等[5]对2011年伊洛河秋汛洪水特性进行了分析，指出2011年秋汛洪水降雨强度大，持续时间长，且洪水径流系数大，下游洪水削峰率大。牛玉国等[6]介绍了伊洛河洪水的特性及危害，指出伊洛河流域存在上中游控制性工程能力不足、对下游造成的防洪压力大等问题。因此，伊洛河流域洪水防御存在上中游控导工程不足、夹滩地区滞留蓄作用不大、大洪水在伊洛河流域仍不能有效控制等问题。因此，分析研究2021年9月的大洪水（简称“2021·9大洪水”）演变过程进行具有重要意义。

2　流域基本情况

伊洛河地处河南、陕西交界，位于东经109°43′~113°11′，北纬33°39′~34°54′，是黄河三花区间最大的支流，也是黄河下游重要的暴雨洪水来源之一。流域面积约18 881 km^2，河道长约447 km，流域平均宽42 km，形状狭长，两岸支流众多，源短流急，多呈对称平行排列，出口水文站黑石关控制整个流域约98%的面积。流域平均年气温7.8~13.9 ℃，年降雨量710~930 mm。伊洛河两大支流上建有两座大型水库，分别是伊河陆浑水库、洛河故县水库，两座水库总库容分别为13.20亿m^3、11.75亿m，分别控制面积3 492 km^2、5 370 km^2，合占伊洛河流域面积的44.6%。伊洛河流域区位图见图1，主要水文站基本情况见表1。

作者简介：轩党委（1994—）男，硕士，主要从事流域洪水模拟与预报工作。

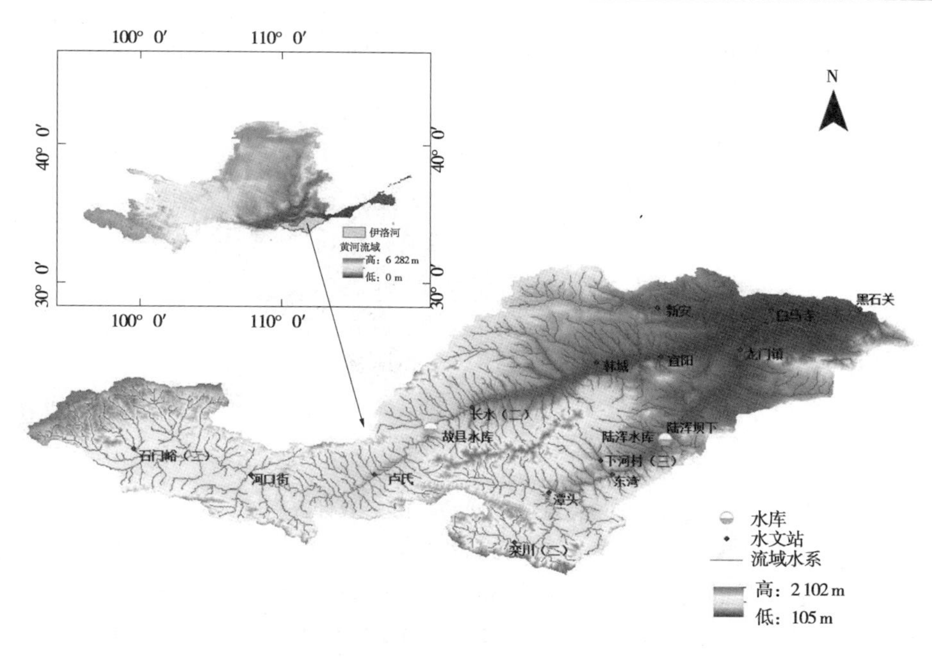

图 1 伊洛河流域范围

表 1 伊洛河主要水文站基本情况

河名	站名	集水面积/km²	距入黄河口距离/km	河长/km	区间面积/km²
伊河	栾川	326	228	37	326
	潭头	1 695	162	66	1 369
	东湾	2 623	127	35	928
	陆浑(三)	3 492	95	32	869
	龙门镇	5 318	41	57	1 826
洛河	灵口	2 476	356	91	2 476
	河口街	3 023	340	16	547
	卢氏	4 623	251	89	1 600
	故县	5 370	212	39	747
	长水	6 244	188	24	874
	宜阳	9 713	110	78	3 469
	白马寺	11 891	58	52	2 178
伊洛河	黑石关	18 563	21	37	1 354
	全流域	18 881		447	318

3 降雨概况

受西风槽、副高、切变线及低空急流共同影响，2021 年 9 月 17—18 日，伊洛河流域发生一次暴雨过程，期间流域累积面平均雨量达 109.2 mm。从空间分布上看，此次降雨覆盖范围广，涵盖伊洛河流域全境，100 mm 以上降雨笼罩面积 14 327.14 km^2，约占流域总面积 75.9%。主降雨区主要位于洛河白马寺以上流域和伊河东湾以上流域，主雨区面平均降雨量均达 110 mm 以上，最大点雨量为伊河上游核桃坪站 201.6 mm，最大点雨强 35 mm/h（栾川站），降雨等值面见图 2。

图 2　伊洛河流域 9 月 17—18 日累计降雨量

由表 2 可知，伊洛河流域各分区 18 日降雨量远高于 17 日，其中东湾以上流域，卢氏至故县区间、宜阳至白马寺区间和白、龙至黑石关区间 18 日降雨量约为 17 日的 2 倍。洛河各分区、伊河东湾以上流域 9 月 17 日、18 日累计降雨量均达到 100 mm 以上，其中东湾以上流域、长水—宜阳和宜阳—白马寺分区降雨分别为 125.69 mm、126.06 mm、131.62 mm，洛河两日累计降雨量明显高于伊河。

表 2　伊洛河流域分区降雨统计表

河名	分区	分区面积/km^2	降雨/mm		合计/mm
			9 月 17 日	9 月 18 日	
伊河	东湾以上	2 638	35.95	89.74	125.69
	东湾—陆浑	854	33.90	52.50	86.40
	陆浑—龙门镇	1 826	38.53	56.04	94.57
洛河	卢氏以上	4 488	47.78	62.56	110.34
	卢氏—故县	813	36.25	75.65	111.90
	故县—长水	943	47.29	71.50	118.79
	长水—宜阳	3 464	52.12	73.94	126.06
	宜阳—白马寺	2 190	43.30	88.32	131.62
伊洛河	白、龙至黑石关	1 665	26.33	52.50	78.83

4　洪水分析

4.1　洪水组成

东湾站 9 月 19 日 12 时 48 分洪峰流量 2 810 m^3/s，为 2010 年以来最大洪水，排历史第 4 位，经陆浑水库调蓄后，龙门镇站 19 日 16 时 12 分洪峰流量 1 290 m^3/s。洛河卢氏站 9 月 19 日 7 时 12 分洪峰流量 2 430 m^3/s，为 1951 年建站以来同期最大洪水，经故县水库调蓄，最大出库流量 1 000 m^3/s。长水站 19 日 9 时洪峰流量 1 330 m^3/s，宜阳站 19 日 9 时 48 分洪峰流量 1 840 m^3/s，白马寺站 19 日 17 时 12 分洪峰流量 2 900 m^3/s，为 1982 年（5 380 m^3/s）以来最大洪水。

伊河和洛河洪水汇合后，伊洛河黑石关站 20 日 9 时洪峰流量 2 970 m^3/s，为 1982 年（4 110 m^3/s）以来最大洪水，也是 1950 年有实测资料以来同期最大洪水。

4.2　洪量特征

洛河故县水库下泄水量 2.92 亿 m^3，占白马寺站水量的 57.7%；白马寺站次洪水量 5.06 亿 m^3，故白区间加水 2.14 亿 m^3，其中故县出库—长水、长水—宜阳、宜阳—白马寺区间分别加水 0.07 亿 m^3、0.7 亿 m^3、1.38 亿 m^3。

伊河洪水以陆浑水库以上来水为主，伊河陆浑坝下次洪水量 2.16 亿 m^3，占龙门镇站水量的 86.4%，龙门镇站次洪水量 2.5 亿 m^3。白龙黑区间加水较少，加之河道调蓄损失，黑石关站次洪水量 7.49 亿 m^3。主要水文站洪水特征值统计见表 3。

表 3　伊洛河 9 月 18—21 日洪水特征值统计

河名	站名	洪峰流量/(m^3/s)	峰现时间	开始时间	结束时间	洪水历时/h	次洪水量/(亿 m^3)
洛河	灵口	1 420	9 月 19 日 00:06	9 月 17 日 12:00	9 月 21 日 08:00	92	1.41
	河口街	1 410	9 月 19 日 00:00	9 月 17 日 13:00	9 月 21 日 09:00	92	1.64
	卢氏	2 430	9 月 19 日 07:12	9 月 17 日 20:00	9 月 21 日 16:00	92	2.38
	故县出库	1 000		9 月 17 日 04:00	9 月 23 日 04:00	144	2.92
	长水	1 330	9 月 19 日 09:00	9 月 17 日 08:00	9 月 23 日 08:00	144	2.99
	宜阳	1 840	9 月 19 日 09:48	9 月 17 日 17:00	9 月 23 日 17:00	144	3.68
	白马寺	2 900	9 月 19 日 17:12	9 月 18 日 00:00	9 月 24 日 00:00	144	5.06
伊河	栾川	532	9 月 19 日 07:24	9 月 18 日 14:00	9 月 22 日 02:00	84	0.31
	潭头	2 120	9 月 19 日 09:48	9 月 18 日 20:00	9 月 22 日 08:00	84	1.01
	东湾	2 810	9 月 19 日 12:48	9 月 19 日 00:00	9 月 22 日 12:00	84	1.55
	陆浑坝下	1 000	9 月 19 日 10:48	9 月 17 日 10:00	9 月 23 日 10:00	144	2.16
	龙门镇	1 290	9 月 19 日 16:12	9 月 17 日 16:00	9 月 23 日 16:00	144	2.50
伊洛河	黑石关	2 970	9 月 20 日 09:00	9 月 18 日 08:00	9 月 24 日 08:00	144	7.49
合计							7.56

注：合计次洪水量数值为白马寺次洪水量与龙门镇次洪水量之和。

4.3　洪水特性分析

4.3.1　雨洪滞时及径流系数

选取受水库调蓄较小的洛河卢氏以上流域、伊河东湾以上流域和白马寺、龙门镇至黑石关流域，对其雨洪滞时，径流系数等因素进行分析，雨洪滞时图见图 3，水文特征值见表 4。

洛河卢氏以上流域，卢氏站 2021 年 9 月 19 日 7 时 12 分出现 2 430 m^3/s 的洪峰流量，雨洪滞时 7.2 h，径流系数 0.35。卢氏站雨洪滞时、径流系数与 2000—2020 年平均（雨洪滞时 9 h，径流系数 0.38）相比均偏小。伊河东湾以上流域，受局地强降雨影响，东湾站 9 月 19 日 12 时 48 分洪峰流量 2 810 m^3/s，雨洪滞时 4.8 h，径流系数为 0.36，雨洪滞时、径流系数均比 2000 年以来洪水的平均值偏小（2000—2020 年东湾以上平均雨洪滞时 5.6 h，径流系数 0.40）。伊洛河白马寺、龙门镇至黑石关区间，受白马寺、龙门镇来水共同影响，黑石关站 9 月 20 日 9 时洪峰流量 2 970 m^3/s，径流系数 0.22，比 1982—2010 年典型洪水平均径流系数 0.30 偏小。

流域产汇流过程时一个复杂的过程，雨洪滞时，径流系数等与流域前期土壤含水量、降雨强度等有一定的关系，部分站点亦受区间汇流及水库放水影响。查阅实测资料可知，该次大洪水致洪性降雨距上次降雨间隔为 10 d，距离时间较长，伊洛河流域雨洪滞时，径流系数比平均值偏小与前期影响雨量有一定的关系。

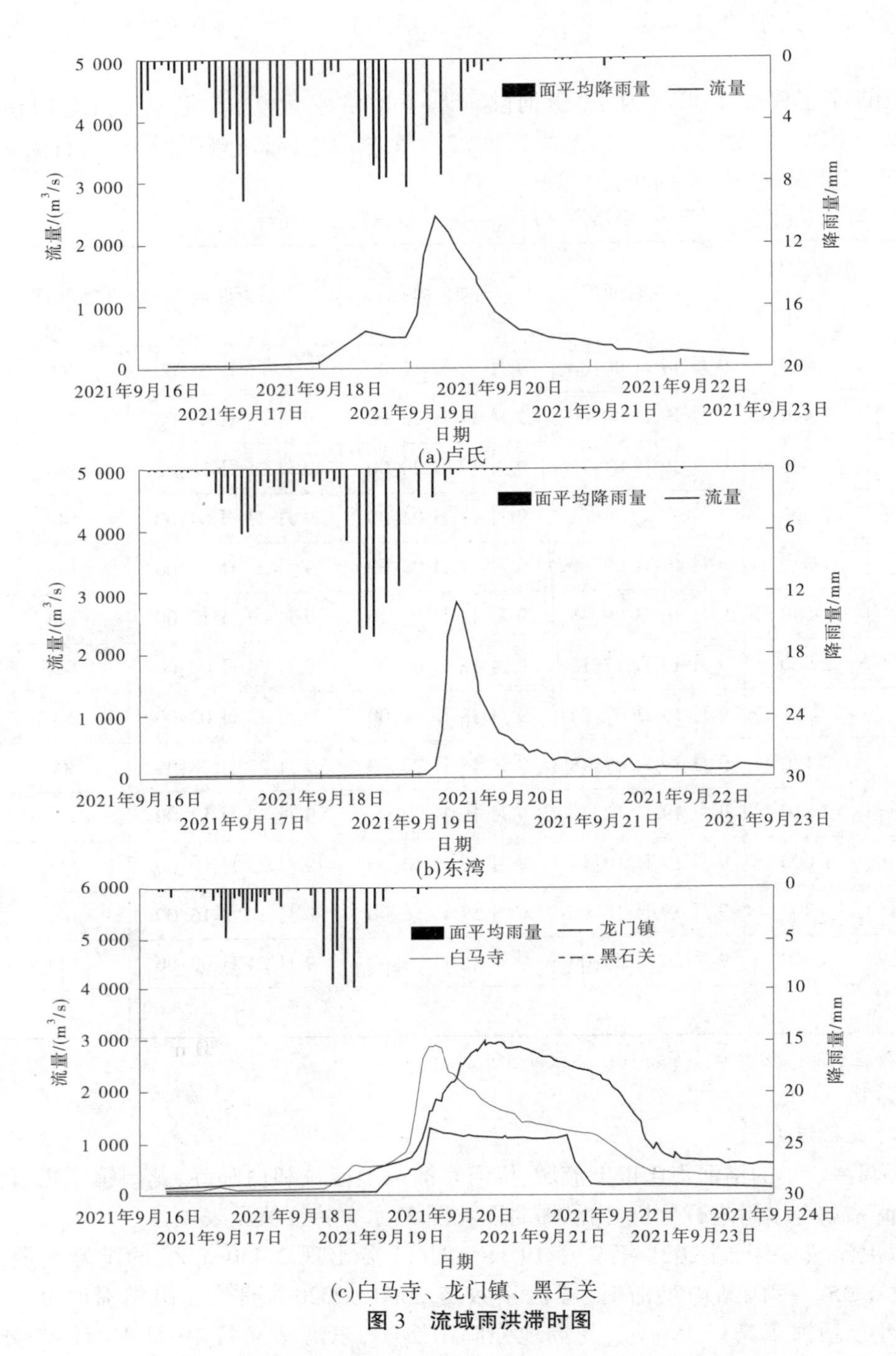

图 3　流域雨洪滞时图

表 4　伊洛河流域“2021 · 9”大洪水特征值统计

站名	峰现时间	洪峰流量/(m^3/s)	前期土含/mm	降雨量/mm	雨洪滞时/h	水量/亿 m^3	径流系数(扣基流)
卢氏	9 月 19 日 07:12	2 430	53.4	133	7.2	2.38	0.35
	2000—2020 年平均				9.0		0.38
东湾	9 月 19 日 12:48	2 810	53.4	136	4.8	1.55	0.36
	2000—2020 年平均				5.6		0.4
黑石关	9 月 20 日 09:00	2 970	39.6	115		0.33	0.22

注:前期土含为反映流域土壤湿度的指标,计算起始时间取暴雨洪水前 40 d。

4.3.2 洪水演进

洪水因传播时间易受水库调蓄影响,因此文章选取故县水库以上流域、长水至白马寺区间、陆浑水库以上流域及白马寺、龙门镇到黑石关区间四个分区计算洪水在各站的传播时间,伊洛河流域洪水在各站的传播时间见表5、表6。

表5 伊洛河流域洪水传播时间统计

洪水	分区	站名	洪峰流量/(m^3/s)	峰现时间	传播时间/h
2021年9月	卢氏以上	灵口	1 420	9月19日00:06	
		卢氏	2 430	9月19日07:12	7.1
	陆浑水库以上	栾川	532	9月19日07:24	
		潭头	2 120	9月19日09:48	2.4
		东湾	2 810	9月19日12:48	3
	长水至白马寺区间	长水	1 330	9月19日09:00	
		宜阳	1 840	9月19日09:48	0.8
		白马寺	2 900	9月19日17:12	7.4

表6 伊洛河白、龙—黑洪水传播时间及削峰率统计

龙门镇		白马寺		相应	合成	黑石关		削峰率/%	传播时间/h	
流量/(m^3/s)	时间	流量/(m^3/s)	时间	流量/(m^3/s)	流量/(m^3/s)	流量/(m^3/s)	时间		白—黑	龙—黑
1 290	9月19日16:12	2 900	9月19日17:12	1 200	4 100	2 970	9月20日9:00	27.6	15.8	16.8

由表5可知,在卢氏以上流域,灵口站9月19日0时6分洪峰流量1 420 m^3/s,受区间加水影响,卢氏站9月19日7时12分洪峰流量2 430 m^3/s,洪水传播时间为7.1 h;陆浑水库以上流域,栾川站9月19日7时24分洪峰流量532 m^3/s,潭头9月19日9时48分洪峰流量2 120 m^3/s,东湾站9月19日12时48分洪峰流量2 810 m^3/s,栾川—潭头、潭头—东湾洪水传播时间分别为2.4 h、3 h;长水—宜阳区间,长水站洪峰流量受故县水库下泄流量影响,如果故县水库—长水区间加水较小,长水站流量会比较平,难以找到对应于宜阳站的洪峰流量。该场洪水故县水库—长水区间加水较小,传播时间仅为0.8 h,远小于长水-宜阳平均传播时间7 h。宜阳站9月19日9时48分洪峰流量1 840 m^3/s,白马寺9月19日12时12分洪峰流量2 900 m^3/s,宜阳—白马寺洪水传播约为7.4 h。

由图3可知,白马寺站流量2 800 m^3/s以上持续4 h,龙门镇站受陆浑水库下泄流量影响,1 200 m^3/s以上持续5 h,伊、洛河洪水汇合,洛河洪水顶托伊河洪水,使得黑石关站峰现时间推后,洪水传播时间延长,白马寺—黑石关洪水传播时间为15.8 h,龙门镇—黑石关洪水传播时间为16.8 h。龙门镇、白马寺合成洪峰流量为4 100 m^3/s,黑石关站9月20日9时洪峰流量为2 970 m^3/s,该场洪水的削峰率为27.6%,受前期多场洪水冲刷河道的影响,削峰率略低于1982—2014年典型洪水的平均削峰率29.3%,但河道调蓄作用仍然显著。

5 工程调度情况

文章统计了“2021·9”大洪水期间,伊洛河流域两座水库最大入库、出库流量以及蓄量,见表7。在

大洪水期间,陆浑水库最大入库流量为 9 月 19 日 12 时 48 分 2 810 m^3/s,陆浑水库最大出库流量为 1 000 m^3/s,为下游削峰 1 810 m^3/s,削峰率 64.4%。陆浑水库水位从 9 月 19 日 6 时 317.95 m 最高涨至 9 月 20 日 0 时 319.15 m,蓄水量增加 0.468 亿 m^3。故县水库最大入库最大流量 9 月 19 日 7 时 12 分 2 430 m^3/s,故县出库最大流量为 1 000 m^3/s,为下游削峰 1 430 m^3/s,削峰率 58.8%。故县水库水位自 9 月 19 日 2 时 533.39 m 升至 9 月 20 日 0 时 536.05 m,水位抬高了 2.66 m,蓄水量增加 0.56 亿 m^3。

表 7　陆浑水库和故县水库"2021·9"大洪水期间调度情况统计

水库名	项目	峰现时间	流量/(m^3/s)	峰现时间	水库水位	蓄量/亿 m^3
陆浑水库	最大入库	9 月 19 日 12:48	2 810	9 月 19 日 06:00	317.95	6.062
	最大出库	9 月 19 日 18:00	1 000	9 月 20 日 00:48	319.15	6.53
故县水库	最大入库	9 月 19 日 07:12	2 430	9 月 19 日 02:00	533.39	5.97
	最大出库	9 月 19 日 00:00	1 000	9 月 20 日 00:00	536.05	6.53

注:表中陆浑水库最大入库采取水库上游东湾水文站洪峰流量;故县水库最大入库采取水库上游卢氏水文站洪峰流量。

在大洪水期间,伊洛河流域故县和陆浑两座水库最大限度运用调洪库容,有效拦蓄洪水,削减洪峰,效果显著,对保障下游河段的防洪安全有重要意义。

6　结论

(1)"2021·9"大洪水降雨量极大,空间分布范围广,降雨中心主要位于洛河及东湾以上流域;受次降雨影响,伊洛河多站出现大洪水过程,流域雨洪滞时,径流系数均比历史平均值偏小,河道调蓄作用明显;陆浑、故县水库调蓄作用明显,有效拦蓄洪水,削减洪峰,避免了伊洛河上游来水与中下游洪水遭遇。

(2)陆浑、故县两座水库以及伊洛河夹滩地区对伊洛河流域洪水的调蓄作用较大,但伊洛河夹滩地区的容量有限,对洪水总量的滞蓄作用不大,因此两座水库以下流域的强降雨来水仍然不能被有效控制,本场洪水经过水库调蓄后黑石关水文站仍出现 2 970 m^3/s 洪峰流量,此情况应引起相关部门的重视。

参考文献

[1] 马志有. 伊洛河水系水文特性浅析[J]. 水文,1998(2):58-59.
[2] 李海荣,慕平,王宝玉,等. 伊洛河夹滩地区对伊洛河入黄洪水的影响[J]. 人民黄河,2000(11):26-27,46.
[3] 董年虎,孙振谦,赵新建,等. 伊洛河发生大洪水对入汇区黄河局部河段河势的影响[C]//第十八届全国水动力学研讨会文集,2004:803-808.
[4] 许珂艳,范国庆,冯玲. 2010 年 7 月洛河洪水特性分析[J]. 水利与建筑工程学报,2010,8(6):67-68,138.
[5] 颜亦琪,郭卫宁,杨特群,等. 2011 年伊洛河秋汛洪水特性分析[J]. 人民黄河,2012,34(12):43-45.
[6] 牛玉国,端木礼明,吕文堂. 伊洛河洪水对黄河防洪的影响[J]. 人民黄河,2012,34(6):7-9.